名品

최신 출제기준 반영
산림기사 · 산업기사

권현준 저

필기

2026 최신개정

BEST
명품강의
보러가기
www.kisa.co.kr

실시간 카톡문의
@kisa
1544-8509

자격시험안내

1. 개요

산에 나무를 심는 것 뿐만 아니라 산에 자라는 나무를 효율적으로 관리하여 산림자원을 보호 또한 부대시설인 임도의 개설, 사방·수문·벌출·기계화·측량분야 등 산림의 공학적 분야에 대한 이해를 전제로 경제적이고 합리적인 임업경영을 수행하면, 인간의 생활환경에 알맞는 산림의 공익적 기능을 발휘될 수 있다. 산림의 공학적 분야를 총괄적으로 이해한 산림 전문가가 산림자원을 효율적이고 합리적으로 개발할 수 있도록 도모하기 위해 자격제도를 제정.

2. 시행기관 및 원서접수

한국산업인력공단(www.q-net.or.kr)

3. 수행직무

산림과 관련한 기술이론 지식을 가지고 영림계획편성, 경영분석, 산림휴양시설의 설계 및 관리 등의 기술업무를 수행 및 산림실무의 사방설계 및 시공, 임도설계, 시공 임업기계 비용, 기술 등의 직무 수행

4. 시험과목 및 검정방법

구분	산림기사	산림산업기사
필기시험	① 산림조성 ② 산림경영 ③ 사방·산지복구 ④ 산림기반시설 ⑤ 산림보호	① 산림조성 ② 산림경영 ③ 산림토목 ④ 산림보호
실기시험	산림경영실무(필답형)	산림경영실무(필답형+작업형)

5. 합격기준

① 필기 : 100점을 만점으로 하여 과목당 40점 이상, 전 과목 평균 60점 이상
② 실기 : 100점을 만점으로 하여 60점 이상

6. 응시절차

1	필기원서접수	• Q-net를 통한 인터넷 원서접수 • 필기접수 기간 내 수험원서 인터넷 제출 • 사진(6개월 이내에 촬영한 90×120픽셀 사진파일(JPG) 수수료 전자결제 • 수험표 본인 선택(선착순)
2	필기시험	수험표, 신분증, 필기구(흑색 싸인펜 등), 공학용계산기 지참
3	합격자 발표	• Q-net를 통한 합격확인(마이페이지 등) • 응시자격(기술사, 기능장, 산업기사, 서비스 분야 일부종목) • 제한종목은 합격예정자 발표일부터 8일 이내에(토, 공휴일 제외) • 반드시 응시자격서류를 제출하여야되며 단, 실기접수는 4일 임.
4	실기원서 접수	• 실기접수기간 내 수험원서 인터넷(www.Q-net.or.kr)제출 • 사진(6개월 이내에 촬영한 반명함판 사진파일(JPG), 수수료(정액) • 시험일시, 장소, 본인 선택(선착순) 단, 기술사 면접시험은 시행 10일 전 공고
5	실기시험	수험표, 신분증, 필기구, 공학용 계산기, 수험자 지참준비물(작업형 시험한정) 지참
6	최종합격자 발표	Q-net를 통한 합격확인(마이페이지 등)
7	자격증 발급	• (인터넷) 공인인증 등을 통한 발급, 택배가능 • (방문수령) 여권규격사진 및 신분확인 서류

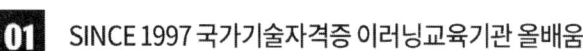

01 SINCE 1997 국가기술자격증 이러닝교육기관 올배움

02 고객이 신뢰하는 브랜드대상 수상기관

03 합격생이 인정하는 최고의 명품강의

전국 한국산업인력공단 안내

기관명	주소	연락처
서울지역본부	(02512)서울 동대문구 장안벚꽃로 279(휘경동 49-35)	02-2137-0590
서울서부지사	(03302)서울 은평구 진관3로 36(진관동 산100-23)	02-2024-1700
서울남부지사	(07225)서울시 영등포구 버드나루로 110(당산동)	02-876-8322
서울강남지사	(06193)서울시 강남구 테헤란로 412 알레르망타워 15층(대치동)	02-2161-9100
인천지사	(21634)인천시 남동구 남동서로 209(고잔동)	032-820-8600
경인지역본부	(16626)경기도 수원시 권선구 호매실로 46-68(탑동)	031-249-1201
경기동부지사	(13313)경기 성남시 수정구 성남대로 1214 광우빌딩(1~7층)	031-750-6200
경기서부지사	(14488) 경기도 부천시 길주로 463번길 69(춘의동)	032-719-0800
경기남부지사	(17561)경기 안성시 공도읍 공도로 51-23	031-615-9000
경기북부지사	(11801)경기도 의정부시 바대논길 21 해인프라자 3~5층(고산동)	031-850-9100
강원지사	(24408)강원특별자치도 춘천시 동내면 원창 고개길 135(학곡리)	033-248-8500
강원동부지사	(25440)강원특별자치도 강릉시 사천면 방동길 60(방동리)	033-650-5700
부산지역본부	(46519)부산시 북구 금곡대로 441번길 26(금곡동)	051-330-1910
부산남부지사	(48518)부산시 남구 신선로 454-18(용당동)	051-620-1910
경남지사	(51519)경남 창원시 성산구 두대로 239(중앙동)	055-212-7200
경남서부지사	(52733)경남 진주시 남강로 1689(초전동 260)	055-791-0700
울산지사	(44538)울산광역시 중구 종가로 347(교동)	052-220-3277
대구지역본부	(42704)대구시 달서구 성서공단로 213(갈산동)	053-580-2300
경북지사	(36616)경북 안동시 서후면 학가산 온천길 42(명리)	054-840-3000
경북동부지사	(37580)경북 포항시 북구 법원로 140번길 9(장성동)	054-230-3200
경북서부지사	(39371)경상북도 구미시 산호대로 253(구미첨단의료 기술타워 2층)	054-713-3000
광주지역본부	(61008)광주광역시 북구 첨단벤처로 82(대촌동)	062-970-1700
전북지사	(54852)전북특별자치도 전주시 덕진구 유상로 69(팔복동)	063-210-9200
전북서부지사	(54098)전북특별자치도 군산시 공단대로 197번길 풍산빌딩 2층(수송동)	063-731-5500
전남지사	(57948)전남 순천시 순광로 35-2(조례동)	061-720-8500
전남서부지사	(58604)전남 목포시 영산로 820(대양동)	061-288-3300
대전지역본부	(35000)대전광역시 중구 서문로 25번길 1(문화동)	042-580-9100
충북지사	(28456)충북 청주시 흥덕구 1순환로 394번길 81(신봉동)	043-279-9000
충북북부지사	(27480)충북 충주시 호암수청2로 14 (호암동) 충주농협 호암행복지점 3~4층	043-722-4300
충남지사	(31081)충남 천안시 서북구 상고1길 27(신당동)	041-620-7600
세종지사	(30128)세종특별자치시 한누리대로 296(나성동)	044-410-8000
제주지사	(63220)제주 제주시 복지로 19(도남동)	064-729-0701

7. 출제기준

산림기사

직무분야	농림어업	중직무분야	임업	자격종목	산림기사	적용기간	2026.1.1.~2029.12.31.

○ 직무내용
　산림과 관련한 공학적 기술이론 지식을 가지고 산림조성, 산림경영, 산림토목, 산림보호 및 복원 등 업무를 수행하는 직무이다

필기검정방법	객관식	문제수	100	시험시간	2시간 30분

필기과목명	문제수	주요항목
산림조성	20	1. 산림환경　　　　　　　　2. 산림갱신 3. 산림조성사업 설계　　　　4. 산림조성사업 감리
산림경영	20	1. 산림경영 체계　　　　　　2. 지황조사 3. 임황조사　　　　　　　　4. 산림경영계획 5. 목재수확 작업계획 수립
사방·산지복구	20	1. 사방계획　　　　　　　　2. 사방지 조사 측량 3. 사방지 설계도서 작성　　　4. 산림유역 수리수문분석 5. 사방지시공　　　　　　　6. 산지 복구·복원 사전 준비 7. 산지 복구·복원 시공
산림기반시설	20	1. 임도계획　　　　　　　　2. 산림토목감리 3. 임도 설계도 작성　　　　4. 임도 설계서 작성 5. 임도 토공사　　　　　　　6. 임도 구조물 공사
산림보호	20	1. 산림병해충 방제 설계　　　2. 산림병해충 방제시공 3. 산림 병해충 감리　　　　4. 산불 예방 및 진화

산림산업기사

직무 분야	농림어업	중직무 분야	임업	자격 종목	산림산업기사	적용 기간	2026.1.1. ~2029.12.31.

○ 직무내용
　산림과 관련한 기초이론 및 기술을 가지고 산림조성, 산림경영, 산림토목, 산림보호 등 조사·실행 업무를 수행하는 직무이다.

필기검정방법	객관식	문제수	80	시험시간	2시간

필기과목명	문제수	주요항목
산림조성	20	1. 산림환경　2. 묘목생산 후 관리 3. 용기묘 생산 후 관리　4. 어린나무가꾸기 5. 솎아베기　6. 천연림가꾸기 7. 식재　8. 식재지 관리 9. 가지치기　10. 산림조성사업 안전관리
산림경영	20	1. 산림경영 체계　2. 지황조사 3. 임황조사　4. 산림경영계획 사전조사 5. 식재·육림작업 장비운용　6. 임목수확작업 장비운용
산림토목	20	1. 사방지 조사 측량　2. 사방지시공 3. 산지 복구·복원　4. 임도공학 5. 임도 토공사　6. 임도 구조물 공사
산림보호	20	1. 산림병해충 예찰　2. 산림병해충 방제시공 3. 산불 예방 및 진화

차례

1과목 산림조성

- 1-1 산림환경 ········· 2
- 1-2 산림갱신 ········· 85
- 1-3 산림무육 ········· 97
- ▮ 1과목 단원문제 100제 ········· 109

2과목 산림경영

- 2-1 산림경영체계 ········· 136
- 2-2 지황조사 ········· 176
- 2-3 임황조사 ········· 181
- 2-4 산림측정 ········· 188
- 2-5 목재수확 작업계획 수립 ········· 200
- ▮ 2과목 단원문제 100제 ········· 232

3과목 사방·산지복구

- 3-1 사방계획 ········· 260
- 3-2 산림유역 수리수문 분석 ········· 265
- 3-3 사방지시공 ········· 269
- 3-4 산지 복구·복원 사전 준비 ········· 289
- ▮ 3과목 단원문제 100제 ········· 291

4과목 산림기반시설

- 4-1 임도계획 ········· 318
- 4-2 임도 설계도 작성 ········· 331
- 4-3 임도 설계서 작성 ········· 333
- 4-4 임도 토공사 ········· 345
- 4-5 임도 구조물 공사 ········· 350
- ▮ 4과목 단원문제 100제 ········· 361

5과목 산림보호

- 5-1 수목병 ········· 390
- 5-2 산림병해충 방제 설계 ········· 408
- 5-3 산림병해충 방제 시공 ········· 421
- 5-4 산불 예방 및 진화 ········· 429
- 5-5 기상 및 기후에 의한 피해 ········· 433
- ▮ 5과목 단원문제 100제 ········· 442

부록 I 산림기사 문제

- ▪ 2019년 산림기사 과년도문제
  - 1회 ········· 468
  - 2회 ········· 485
  - 3회 ········· 502
- ▪ 2020년 산림기사 과년도문제
  - 1·2회 ········· 518
  - 3회 ········· 536
  - 4회 ········· 554
- ▪ 2021년 산림기사 과년도문제
  - 1회 ········· 570
  - 2회 ········· 587
  - 3회 ········· 605
- ▪ 2022년 산림기사 과년도문제
  - 1회 ········· 622
  - 2회 ········· 639
- ▪ CBT 산림기사 모의고사 문제
  - 1회 ········· 657
  - 2회 ········· 673
  - 3회 ········· 688
  - 4회 ········· 704
  - 5회 ········· 720

부록 II 산림산업기사 문제

- 2019년 산림산업기사 과년도문제
  - 1회 ··· 738
  - 2회 ··· 750
  - 3회 ··· 763
- 2020년 산림산업기사 과년도문제
  - 1·2회 ····································· 776
  - 3회 ··· 788
- CBT 산림산업기사 모의고사 문제
  - 1회 ··· 801
  - 2회 ··· 813
  - 3회 ··· 825
  - 4회 ··· 839
  - 5회 ··· 852
  - 6회 ··· 865
  - 7회 ··· 878
  - 8회 ··· 890
  - 9회 ··· 903
  - 10회 ······································· 915

PART 1

산림조성

산림조성

01 산림환경

1. 산림생태

(1) 산림대

① 산림대를 결정하는 주요 요인으로 기후가 있다. 그중에서도 기온과 강수량이 가장 큰 요인이다.

② 식물의 분포와 영향을 주는 기온관련 지수로 연평균기온, 온량지수, 한량지수, 일생육적산온도가 있다.

온량지수	월평균기온을 기준으로 5℃ 이상인 달에 5℃와의 차를 1년 동안 합한 값
한량지수	월평균기온을 기준 5℃ 이하인 달에 5℃를 감한 수치를 1년 동안 합한 값
일생육적산온도	일평균기온이 5℃ 이상인 날에 대하여 5℃를 감한 수치를 1년 동안 합한 값

③ 우리나라의 산림은 기온에 따라 난대림, 온대림, 한대림으로 나누고 온대림의 경우 이를 다시 남부, 중부, 북부로 구분하여 5개의 지역으로 나눈다.

산림대	위도(북위)	연평균기온	임상	대표 수종
난대림	35° 이남	14℃ 이상	고유 상록활엽수 임상은 거의 파괴되고 낙엽활엽수, 침활혼합림, 소나무림화된 곳이 많음	붉가시나무, 동백나무, 후박나무, 아왜나무, 가시나무, 사철나무, 해송, 삼나무, 편백
온대림	35°~43° 내 고산지대를 제외한 지역	5~14 ℃	고유의 낙엽활엽수 임상은 거의 파괴되고 소나무림화 된 것이 많음	참나무류, 느티나무, 소나무, 곰솔, 잣나무, 전나무
- 온대 남부	전남, 경북이남	12~14 ℃	소나무, 곰솔의 단순림과 서어나무, 단풍나무, 굴피나무 등의 혼효림 많음	개비자나무, 곰솔, 굴피나무, 단풍나무
- 온대 중부	경기, 강원, 황해 3도(해안:함남, 중부, 평남 중부이남)	10~12 ℃	소나무순림과 신갈나무, 때죽나무 등의 혼효림 많음	때죽나무, 신갈나무, 향나무, 느티나무
- 온대 북부	온대 중부 이북	5~10 ℃	피나무, 박달나무, 신갈나무, 잣나무 혼효림과 소나무 순림 많음	피나무, 박달나무, 신갈나무, 전나무, 잣나무
한대림	평안북도, 함경남북도의 고원 및 고산지대	5℃ 미만	고유의 침엽수림이 파괴되고 자작나무, 사시나무, 황철나무 등의 활엽수 또는 침활혼합림이나 잎갈나무 순림	가문비나무, 분비나무, 잎갈나무, 주목, 잣나무, 전나무

④ 국내의 산림대를 보면 온대림이 차지하는 면적이 가장 넓다.
⑤ 한라산은 난대, 온대, 한대의 수직적 분포가 잘 나타나며 설악산은 온대와 한대의 수직적 분포가 나타난다.

(2) 산림천이

① 천이는 산림이 오랜 시간 동안 일어나는 자연적 변화를 통해 안정적인 모습을 갖추어 진행되는 현상을 말한다.
② 산림천이에서 식생반작용은 특정 식생이 주변 환경의 상호 작용에 의해 환경을 변화시키거나 영향을 주는 것을 말한다.
③ 천이를 통해 종다양성이 증가하고 유기물함량이 증가한다.

④ 최종적으로 안정된 식생이 오랜 시간 지속될 경우 이를 극상이라 표현하며 천이의 마지막 단계이다.

⑤ 우리나라의 천이 과정

천이 과정 →				
맨땅 (이끼류)	한해살이 ~여러해살이 풀 (1~다년생초본류)	빛이 필요한 키 작은 나무류 (관목류)	빛이 필요한 키큰 나무류 (양수교목류)	적은 양의 빛에서 잘 자라는 나무 (음수교목)

⑥ 1차천이와 2차천이
  ㉠ 1차 천이
    · 1차 천이는 암반노두, 사구, 용암류 등 이전 군집이 존재하지 않는 곳에서 군집이 정착되는 곳을 말한다.
    · 1차 천이가 시작되는 장소에 따라 호수, 습원, 해안 간석지 등과 같이 물에서 비롯되는 천이를 습색천이라 하고 암석지나 사구와 같이 건조한 곳에서 시작되는 천이를 건생천이라 한다.
    · 1차 천이가 진행되면 최종적으로 내음성이 강한 교목이 우점하게 된다.
  ㉡ 2차 천이
    · 2차 천이는 이전 군집이 파괴된 곳에서 새로이 형성되는 군집이 정착하는 것으로 1차 천이와 유사한듯 하나 천이 계열이 빠르게 나타난다.
    · 2차 천이는 1차 천이와 다르게 토양에 충분한 유기물이 있고 동시에 하루살이풀, 여러해살이풀, 관목, 교목 등 다양한 식생군이 한번에 들어와 서로 섞여 자라게 된다.
    · 2차 천이는 식생이 자연적 교란이나 인간 활동에 의해 교란을 받은 후 진행되는 천이이다.

(3) 물질순환

① 물의 순환
  ㉠ 태양열에 의해 지표면의 강이나 바다의 물이 증발하여 구름이 되고 다시 비나, 눈 등의 형태로 지상으로 돌아오게 되는데 이러한 과정을 물의 순환이라 한다.
  ㉡ 생물계에서도 동물은 호흡이나 배설, 식물은 광합성, 호흡, 증산 등을 통해 물의 순환에 관여한다.

② 탄소 순환
  ㉠ 탄소의 순환은 광합성, 호흡, 화석연료의 생성, 연소로 인한 이산화탄소의 방출, 이산화탄소의 물에 녹는 등의 다양한 현상에 의해 순환한다. 식물이 이용하는 공기 중의 이산화탄소의 경우 대략 0.03% 정도 차지하고 있다.
  ㉡ 생물에 의한 이산화탄소의 동화량과 동식물의 호흡에 의한 이산화탄소, 연료의 연소 등으로 발생되는 이산화탄소의 합의 값은 거의 같으며 이를 탄소평형이라 말한다.

③ 질소 순환
  ㉠ 질소는 대기 중에 약 78% 정도 구성하고 있으며 식물의 경우 질소동화작용에 의해 암모늄염이온(NH_4^+), 질산이온(NO_3^-) 형태로 흡수하여 이용한다. 질소(N_2)는 불활성이라 생물체가 영양소로 사용할 수 없다.
  ㉡ 질소고정은 미생물에 의하여 암모늄형태로 환원되는 생물적 질소고정, 번개에 의하여 대기권에서 NOx 형태로 산화되는 광화학적 질소고정, 비료공장에서 합성되는 산업적 질소고정의 3가지가 있다.
  ㉢ 살아있는 생물이 죽을 경우 미생물이나 세균에 의해 분해되어 암모늄이온, 질산이온으로 변화하여 흡수되며 토양미생물인 탈질균은 이러한 질산염을 가스의 형태로 대기로 돌아간다.

암모니아화성작용	유기물의 단백질, 아미노산 등을 토양미생물이 분해하여 암모니아태 질소를 생성하는 작용
질산화성작용	암모늄이 산화하여 질산태질소로 되는 작용
질산환원작용	질산이나 아질산을 환원하여 암모늄을 생성하는 작용
탈질작용	질소, 질산태 질소가 토양층에서 환원되어 가스의 형태로 공중으로 발산하는 작용
질소고정작용	대기중의 질소를 토양 혹은 식물에 공급하는 작용

④ 양분의 순환
  ㉠ 산림생태계는 양분의 순환을 크게 지화학적 순환, 생지화학적 순환, 생화학적 순환으로 구분한다.
  ㉡ 지화학적 순환은 양분이 대기나 모암에서 식생이나 토양사이를 순환하는 것으로 생태계 간의 이동이다.
  ㉢ 생지화학적 순환은 양분이 식생과 토양 사이를 이동하는 것으로 식생에서 낙엽, 낙지 등을 통해 토양으로 가고 토양에서 다시 식생으로 흡수되어 사용되는 순환이

라 하겠다.
　　ⓔ 생화학적 순환은 양분이 식생 내에서 잎, 줄기, 뿌리 사이를 이동하는 것으로 식생 내에서의 순환이라 하겠다.
⑤ 분해
　　㉠ 분해는 미생물이나 효소의 작용으로 유기물이 변화되는 것으로 이전에 존재하던 구조가 불안정화되는 유기물 저하의 초기단계나 토양에서 무기광물이나 암석이 화학적 풍화에 의하여 부셔지는 것 등을 말한다.
　　㉡ 이러한 분해에 관여하는 것을 분해자라 하고 유기물을 분해하는데 관여하는 동물 및 미생물을 가리킨다.
　　㉢ 온대림에서 분해상수는 활엽수림에서 침엽수림보다 높아 활엽수림의 죽은 유기물 분해속도가 빠르다. 침엽수의 경우 큐틴의 발달로 낙엽의 분해 속도가 상대적으로 느리게 된다.
　　㉣ 분해상수는 전 지구적으로 0.006 ~ 4.993 정도로 차이가 크다. 열대우림의 분해상수가 가장 크며 습지, 활엽수림, 혼효림, 초지, 관목지, 침엽수림, 툰트라 순서로 툰트라의 분해상수가 작다.
　　㉤ 열대우림 및 활엽수림의 분해속도가 빠른 것은 산림의 기온이 높고 강수량이 많기 때문이며 1차 생산성도 높아진다.

2. 산림일반

(1) 산림 일반

① 산림은 목재 및 부산물의 공급에 대한 경제적 기능 뿐 아니라 산사태 방지, 국토보전, 수자원 함양 등의 공익적 기능과 문화, 종교, 예술에 대한 문화적 기능 등 다양한 기능을 발휘한다.
② 산림의 공익기능에 대한 평가에서 수원함양기능, 대기정화기능, 토사유출방지의 기능이 50% 이상의 평가를 받고 있다. 여기에서 수원함양기능은 약 26%, 대기정화기능은 약 20%, 토사유출방지기능은 약 19%, 산림휴양기능은 약 18% 등의 순으로 평가받고 있다.
③ 지속가능한 산림자원 관리지침에서 기능별 종류로는 목재생산림, 수원함양림, 산지재해방지림, 자연환경보전림, 산림휴양림, 생활환경보전림이 있다.
④ 국내의 산림 분포상 침엽수림은 약 42%, 활엽수림 25%, 혼효림 29%, 죽림 및 무립목지 3 % 정도로 침엽수림이 가장 많이 분포하고 있다.

(2) 산림의 기능

① 수원함양 기능
임분에 의해 가장 큰 영향을 받는 것은 낙엽, 낙지의 공급을 받는 표층토양이므로 표층토양의 물리적 증대 및 유지가 단기적으로 수원함양기능을 증진시키는 효율적인 방법이며, 산림토양 속에는 공극이 풍부하여 수원함양기능을 발휘하게 된다.

② 수질정화기능
대기 중 오염물질이 비와 함께 산림으로 떨어지면 나무, 낙엽, 흙, 돌 등을 거치면서 오염물질이 감소한다. 숲속을 흐르는 계류에는 부영양화를 일으키는 질소나 인은 나무가 거의 흡수한다.

③ 대기정화기능
교목들은 자신이 서 있는 곳의 토양면적보다 10배나 더 많은 표면적을 갖고 있어 오염된 공기를 정화해 주는 것은 물론 분진 흡착능력도 상당히 크다. 오염물질을 감소시키기 위해서는 오염물질에 내성을 가지는 나무를 활용하는 것이 효율적이다.

④ 토사유출방지 기능
산림은 지표에서 빗물의 유수속도를 완화시키며 임목의 뿌리는 토양을 고정시켜 토사의 유출을 방지하므로 토양을 보전하고 침식을 방지한다.

⑤ 토사붕괴 방지기능
토사붕괴 방지기능은 산림의 붕괴방지작용에 대한 붕괴토사량과 붕괴지의 표면침식 토사량의 합계로 나타낸다.

⑥ 산림휴양 기능

개인적 편익	심리적 편익, 환경적 편익, 건강편익, 공동체에서의 야외휴양 등
사회적 편익	가족공감대 형성, 사회적 결속감 강화, 놀이문화의 건전성 제고
경제적 편익	휴양자원의 개발 및 관리로 고용확대, 지역사회의 발전 등

⑦ 야생동물 보호기능
야생동물의 서식지를 제공함과 동시에 먹이 및 수분공급 등 생존의 필수요소 제공한다.

⑧ 그 밖의 소음완화기능, 기후완화 기능, 온실가스 흡수기능

(3) 산림의 분류

① 순림
  ㉠ 산림이 한 수종만으로 구성된 경우를 말한다.
  ㉡ 순림의 특징
    • 유리한 수종으로 구성이 가능하다.
    • 산림 작업과 경영이 용이하다.
    • 임목의 벌채 비용 등 경제적으로 유리하다.
    • 경관상 아름답다.
    • 한 수종으로 구성되어 병해충에는 약하다.
  ㉢ 순림이 형성되는 경우
    • 인공조림에 의해 순림이 형성된 경우
    • 기상이나 토양의 조건이 극단적으로 형성되어 특정 수종만 생존이 가능할 경우
    • 산불 이후 양수의 순림이 형성되는 경우
    • 강한 음수 수종이 다른 나무에 피음을 주는 경우
    • 종자가 다량의 양분을 보유하여 다른 수종의 유묘와의 경쟁에서 이기는 경우

② 혼효림
  ㉠ 수종이 두 가지 이상으로 구성된 산림을 말한다.
  ㉡ 혼효림 특징
    • 바람에 대한 저항성이 높다.
    • 토양 및 수관의 공간 이용에 효율적이다.
    • 유기물 분해가 빨라 양분 순환이 양호하다.
    • 병충해 및 기타 피해에 저항성 증가한다.
  ㉢ 혼효림의 종류에는 수종이 고르게 섞여 있는 단목혼효, 무더기로 섞인 군상혼효, 줄로 섞여 있는 열상혼효가 있다.
  ㉣ 동령 혼효림의 고려 사항
    • 가능하면 음수와 양수를 혼효시키도록 한다.
    • 수종의 혼효가 지력을 소모시키는 경우가 적어야 한다.
    • 내음성이 비슷할 경우 생장이 느린 수종을 우선적으로 심는다.

③ 동령림
  ㉠ 나무의 나이가 같은 경우로 임분을 구성하는 나무의 수령 범위가 평균임령의 20% 내외 이면 동령림으로 취급한다.

ⓒ 개벌, 모수림작업, 산벌작업 등에 의해 이루어진 인공림은 동령림으로 유도된다.
　　ⓓ 동령림 장점
　　　• 조림 및 육림 등의 작업이 간편하다.
　　　• 단위면적당 다량의 목재 생산이 가능하다.
　　　• 우량 목재 생산이 용이하다.

④ 이령림
　　㉠ 다양한 나이를 가진 나무들로 구성된 임분을 의미한다.
　　ⓒ 이령림 장점
　　　• 지속적인 경영과 소득이 가능
　　　• 시장 상황에 따라 탄력적 벌채가 가능
　　　• 천연갱신 유리
　　　• 병충해 및 피해에 대한 저항력 증가

⑤ 천연림
　　㉠ 사람의 간섭이 없는 산림을 의미한다.
　　ⓒ 원시림은 재해를 받은 적이 없는 산림을 말하며 처녀림이라고도 한다.
　　ⓓ 천연림은 여러 식물이 발달하면서 식생의 층상구조가 나타난다.

⑥ 인공림
　　㉠ 인위적 간섭을 받은 산림을 의미한다.
　　ⓒ 인공조림 혹은 천연갱신에 의해 이루어진 산림을 인공림이라 한다.
　　ⓓ 벌목이나 화재 등으로 원생림이 파괴된 후 회복된 산림을 2차림이라 한다.

⑦ 경제림
　　㉠ 산림의 하나의 경제 수단으로 취급함을 경제림이라 한다
　　ⓒ 우리가 경영하는 대부분의 목재 및 기타 임산물의 생산 수단으로 경제림에 속한다.

⑧ 보안림
　　㉠ 경제림과는 다르게 생산에 목적을 두기보다 간접적 혹은 공익적 이익에 중점을 두는 산림을 의미한다.
　　ⓒ 토사의 유출 방지, 붕괴의 방지, 생활환경의 보호, 수원 함양의 기능, 명소의 경관 보존 등의 간접적 효과를 위해 보존되는 산림을 말한다.

⑨ 국유림
  ㉠ 국가가 소유한 산림을 의미한다.
  ㉡ 국유림면적은 전체 산림면적의 약 23% 이다.

⑩ 사유림
  ㉠ 현재 국내의 산림은 사유림이 69 % 로 가장 높고 다음으로 국유림 23 %, 공유림 7.6 % 정도이다.
  ㉡ 개인이 소유한 산림을 의미한다.
  ㉢ 지방자치단체 및 공공단체가 소유하는 경우 공유림이라 한다.

⑪ 교림 및 왜림
  ㉠ 교림은 실생묘로부터 성숙한 키가 큰 나무가 대부분인 숲을 말하며 주로 용재의 생산을 목적으로 한다.
  ㉡ 왜림은 움돋이로 갱신되는 숲으로 일명 맹아림, 저림, 신탄림이라 불린다.

(4) 산림의 역사

① 지질시대의 역사
  ㉠ 인류 역사의 시작인 1만년 전을 기준으로 지질지대라 하며 선캄브리아대, 고생대, 중생대, 신생대로 구분한다.

구분		특징
고생대	실루리아기	하등한 양치식물이 상륙
	데본기	석송, 속새류, 고사리 등 양치식물이 번성
	석탄기	대형 양치식물이 거대 숲을 형성
	페름기	소철, 소나무, 전나무, 은행나무 등의 겉씨식물이 나타남
중생대	백악기	속씨식물인 활엽수가 나타남
신생대	제3기	초본류가 급격히 증가

  ㉡ 지구상에서 육상식물이 출현은 크게 선태식물을 시작으로 양치식물, 구과식물, 현화식물 순서로 나타났다.

② 국내 산림의 변천

기간	특징
1만 7천만년~1만 5천만년	· 가문비나무속, 전나무속, 낙엽송 등 · 한랭 기후
1만 5천만년~1만년전	· 초본류, 고사리류 · 한랭 기후
1만년~6700년 전	· 온대성 낙엽활엽수 증가 · 온난습윤기후
6700년~4500년 전	· 소나무류, 참나무류, 서어나무속 번성 · 온난건조기후
4500년~1400년 전	· 참나무속, 소나무류, 서어나무류, 개암나무, 느릅나무, 가래나무속 · 한랭습윤기후
1400년~현재	· 소나무류, 참나무

3. 수목생리

(1) 수목의 생장

① 수목의 생장은 개체가 커지는 영양생장과 다음 세대를 만들기 위한 생식생장이 있다. 수목의 생장은 분열조직에 의해 나타나며 분열조직은 수고생장, 비대생장, 뿌리생장에 관여한다.

② 대부분의 피자식물은 어린 시절 정아우세 현상이 있으나 곧 없어지고 곁가지 발달이 왕성하여 구형의 수관형이 된다.

③ 침엽수는 정아우세 현상이 강하여 수관폭이 좁은 원추형이나 우산형의 형태를 가지며 활엽수는 정아우세현상이 약해 수관폭이 넓은 구형이나 난형을 띠게 된다.

(2) 영양생장

① 수고생장

수목의 키가 커지는 것을 말하며 수종 및 환경에 의해 생장에 차이가 발생한다. 이러한 생장의 차이에 의해 유한생장, 무한생장, 고정생장, 자유생장으로 분류한다.

생장의 종류	특징
유한생장	• 정아가 뚜렷하여 정아생장이라고도 하며 일정기간 한정된 생장을 말한다 • 대표수종으로 소나무, 가문비나무, 참나무 등이 있다
무한생장	• 정아 없이 측아가 정아의 역할을 하여 자라는 것으로 생장이 정지 하지 않는 것을 의미한다 • 대표수종으로 자작나무, 버드나무, 아까시나무, 느릅나무 등이 있다
고정생장	• 줄기의 생장이 대부분 봄에 이루어지는 것을 말한다 • 대표 수종으로 적송, 잣나무, 가문비나무, 너도밤나무 등이 있다 • 가문비나무의 경우 어린 묘목 때는 자유생장을 보이기도 한다
자유생장	• 자유생장은 가을 늦게 까지 생장하기에 수고 생장이 빠르다 • 대표 수종으로 은행나무, 낙엽송, 아까시나무, 포플러, 주목, 버드나무 등이 있다

② 비대생장
  ㉠ 비대생장은 형성층에 의해 식물이 옆으로 커지는 현상으로 직경생장이 이루어진다.
  ㉡ 형성층은 사부와 목부사이의 경계에 존재하는 얇은 세포층이다.
  ㉢ 사부와 목부의 생장량을 비교하면 환경이나 수종에 관계 없이 목부의 생장량이 사부보다 많은 편이다.
  ㉣ 수간의 내부로부터 외부쪽의 배열을 보면 <수-1차목부-2차목부-형성층-2차사부-1차사부-껍질> 순으로 배치되어 있다. 이때 수(pith)는 나무의 한가운데 위치하면서 기계적지지 기능을 담당하게 있고 사부조직은 탄수화물과 같은 양분의 이동통로 역할을 한다.
  ㉤ 형성층을 기준으로 바깥쪽은 체관세포, 안쪽으로 물관세포가 형성된다.

③ 뿌리생장
  ㉠ 뿌리는 일반적으로 유근에서 시작하여 직근이 발달하며 다음으로 측근이 생긴다.
  ㉡ 뿌리는 발달 형태에 따라 크게 심근성과 천근성으로 분류한다. 심근성은 땅속 깊이 자라는 형태이며 천근성은 뿌리가 지표 가까이에 퍼지는 형태를 의미한다.

(3) 생식생장

① 생식기관의 발육단계로서 꽃눈이 만들어진다.
② 생식기관의 종류는 꽃, 열매, 종자가 있으며 영양기관에는 수목의 잎, 뿌리, 줄기가 있다.
③ 한그루에 암꽃과 수꽃이 함께 달리는 것을 자웅동주(암수한그루, 1가화), 다르게 달리는 것을 자웅이주(암수딴그루, 2가화)라 한다. 대표 수종들은 아래와 같다.

자웅동주	오리나무, 삼나무, 소나무, 굴참나무, 가래나무, 호두나무, 밤나무 등
자웅이주	버드나무, 꽝꽝나무, 은행나무, 초피나무, 소철, 주목, 사시나무 등

④ **피자식물**
　㉠ 피자식물은 배주가 자방 중에 쌓여 있어 나자식물보다는 진화된 식물에 해당된다.
　㉡ 자엽이 2개가 있는 쌍자엽식물과 1개가 있는 단자엽식물의 두 그룹으로 분류된다.
　㉢ 피자식물의 기관은 꽃받침, 꽃잎, 암술, 수술 등 4가지가 기본이 되며 4가지를 모두 가지고 있는 경우 완전화, 4가지 중 한가지라도 없는 경우 불완전화라 한다. 완전화에는 벚나무, 자귀나무 등이 있으며 불완전화에는 포플러, 가래나무, 버드나무, 자작나무 등이 있다.
　㉣ 속씨식물인 활엽수는 수종에 따라 자웅이주와 자웅동주로 분류되며 꽃은 양성화, 단성화, 잡성화로 분류된다.

양성화	암술과 수술이 한 꽃에 있는 경우
단성화	암술과 수술 중에서 한 가지만 가지는 경우
잡성화	양성화와 단성화가 한 그루에 달리는 경우

　㉤ 양성화에는 벚나무, 목련, 백합나무, 자귀나무 등이 있다.
　㉥ 단성화에는 참나무류, 사시나무류, 자작나무, 호두나무, 밤나무, 버드나무류 등이 있다.
　㉦ 잡성화에는 물푸레나무, 단풍나무 등이 있다.

⑤ **나자식물**
　㉠ 피자식물과 함께 꽃을 피우고 종자를 형성하는 현화식물이다.
　㉡ 나자식물에는 소철목, 은행목, 구과목, 마황류 등 4그룹으로 분류된다.
　㉢ 소나무류, 가문비나무, 전나무, 낙엽송, 편백 등의 침엽수는 자웅동주(1가화)이다.
　㉣ 소철류, 은행나무 등은 자웅이주(2가화)이다.
　㉤ 나자식물은 중복수정을 하지 않기 때문에 모체의 조직의 일부가 배유가 된다.
　㉥ 나자식물의 배유는 수정되어 발생한 것은 아니기에 소포자체의 유전자는 가지고 있지 않다.
　㉦ 나자식물은 암꽃의 배주가 노출되어 있고 중심부에 주심이 크게 발달한다.

4. 임목 종자

(1) 개화 결실

① 유성생식
  ㉠ 유성생식은 감수분열 과정에서 종자의 모수나 화분수 유전자를 받은 반수체이다. 생식과정에서 다른 유전자를 지닌 생식핵은 수분과 수정 과정을 통하여 새로운 유전자 특성을 가진 종자가 나타난다. 이러한 과정을 통해 다양한 특성을 지닌 수목의 집단이 형성되게 된다.
  ㉡ 수목의 개화생리의 순서는 화아형성 후 화아분화를 통해 꽃눈이 형성되고 암술 및 수술의 꽃눈들이 서로 만나는 수분을 하고 수정이 이루어진다.

② 수분과 수정
  ㉠ 침엽수종은 1개의 정핵과 난세포의 핵이 합쳐지면서 수정을 한다. 이때 정핵과 난핵이 수정하여 n의 배유가 형성된다.
  ㉡ 활엽수종은 배낭세포의 핵이 분열하여 8개의 유리핵을 만든다.
  ㉢ 활엽수종은 2개의 정핵 중에서 1개는 난세포의 핵과 결합하고 다른 1개는 2개의 극핵과 결합한다. 1개의 배낭 안에서 2가지 종류의 수정이 이루어지며 이를 중복수정이라 하며 3배체로 된 세포로 배유조직이 형성된다.

  > 활엽수종(속씨식물)
  > - 정핵(n) + 난핵(n) → 배(2n)
  > - 정핵(n) + 2개 극핵(2n) → 배젖(3n)

③ 국내 주요 수종의 개화 시기
  ㉠ 잎보다 꽃이 먼저 피는 것을 선화후엽이라 하며 대표적인 수종으로 개나리, 생강나무, 벚나무, 박태기, 진달래, 산수유, 목련 등이 있다.
  ㉡ 삼나무는 개화한 그 해 5월쯤 자라 수정하고 가을에 성숙한다.
  ㉢ 향나무는 개화한 해 수정해서 다음해 자라지 않고 2년째 가을에 성숙한다.
  ㉣ 소나무는 개화한 해 거의 자라지 않고 다음해 5~6월쯤 빨리 자라 수정하여 2년째 가을에 성숙한다.
  ㉤ 노간주나무는 개화한 해 거의 자라지 않고 다음해 봄에 수정하여 크게 자라 3년째 가을에 성숙한다.
  ㉥ 졸참나무, 떡갈나무, 갈참나무, 신갈나무 등은 개화한 해 8~9월 빨리 자라 가을에

성숙한다.
Ⓐ 상수리나무, 굴참나무 등은 개화한 해 거의 자라지 않고 다음해 가을에 빨리 자라 성숙한다.

④ 개화 결실의 주기
㉠ 수목의 개화 결실주기 및 결실량은 환경 및 조건에 따라 달라질 수 있다.
㉡ 수목의 개화 결실에 영향을 주는 요인으로 환경, 수목의 영양상태, 식물호르몬 등이 있다.
㉢ 수목의 환경에 큰 이변이 없는 경우 수종에 따른 개화 결실 주기는 다음과 같다.

주기	수종
해마다 결실	버드나무류, 오리나무류, 포플러류
격년결실	소나무류, 오동나무, 아까시나무, 자작나무
2~3년 주기	참나무류, 들메나무, 느티나무, 편백, 삼나무, 솔송나무류
3~4년 주기	전나무, 가문비나무, 녹나무
5년 이상	낙엽송, 너도밤나무

⑤ 개화 결실의 촉진
㉠ 개화 결실의 영향인자로 수목의 유전적 특징, 수령, 영양상태, 생장조절물질 및 환경(빛, 온도, 수분 등) 등이 있다.
㉡ 개화 결실의 방법은 크게 생리적방법, 화학적방법, 물리적방법 등으로 분류할 수 있다.
㉢ 생리적 방법

C/N 율 조절	• 환상박피, 단근, 접목 등이 있으며 탄수화물의 함량을 많게 하여 개화결실을 촉진한다. • 환상박피나 접목을 영양물질의 이동을 방해하여 탄수화물이 지상부에 다량 분포하여 C/N 율을 높여 개화를 결실을 촉진한다. • C 는 탄수화물, N 은 질소를 의미하며 C/N 율이 높으면 화성을 유도하고 낮으면 영양생장이 지속된다.
시비	• 비료의 3요소인 질소, 인산, 칼륨을 조절하는 것으로 화아분화기에 시비시 결실이 촉진된다. • 질소보다는 인산, 칼륨이 조절에 더 효과적이다.

㉣ 화학적 방법
• 식물호르몬인 지베렐린, 옥신, 사이토키닌 등의 처리를 통해 개화결실을 촉진시키는 방법이 있다.

- 생장조절물질의 함유량이 종자가 성숙하는 동안 변화하는데 옥신의 경우 처음에는 농도가 증가하다가 이후 종자가 성숙하면서 감소한다.
 ⑩ 물리적 방법
  - 건조 및 상처주기 등의 기계적 처리를 통해 결실 촉진한다.
  - 간벌 등의 임목밀도 조절로 수광량을 증가시켜 결실을 촉진한다.
  - 숲가꾸기나 관수조절을 통해 일사량, 온도 등의 환경 변화에 의한 결실 촉진 방법이 있다.

⑥ 종자의 생태형
 ㉠ 생태형은 환경에 의해 같은 수종이라도 임목의 특징에 차이가 있는 것을 의미한다.
 ㉡ 대표적으로 소나무는 분포 지역에 따라 6개의 생태형으로 분류된다.

생태형	지역	특징
동북형	함경남도, 강원도	수형은 줄기가 곧고 수관은 난형이며 지하고가 짧다.
금강형	금강산, 태백산	수형은 줄기가 곧고 수관이 가늘고 좁으며 지하고가 길다.
중남부 평지형	서해안 일대	줄기가 굽고 천박하고 넓게 퍼지며 지하고가 길다.
위봉형	전라북도 완주 지역	전나무 모양을 닮았으며 수관이 좁고 줄기생장은 저조하다.
안강형	울산지역	줄기가 매우 굽으며 수관은 위가 평평하고 수고가 낮고 난쟁이 형이다.
중남부 고지형	평안남도, 전라남도 내륙지방	금강형과 중남부평지형의 중간형으로 환경에 따라 금강형 혹은 중남부 평지형을 띤다.

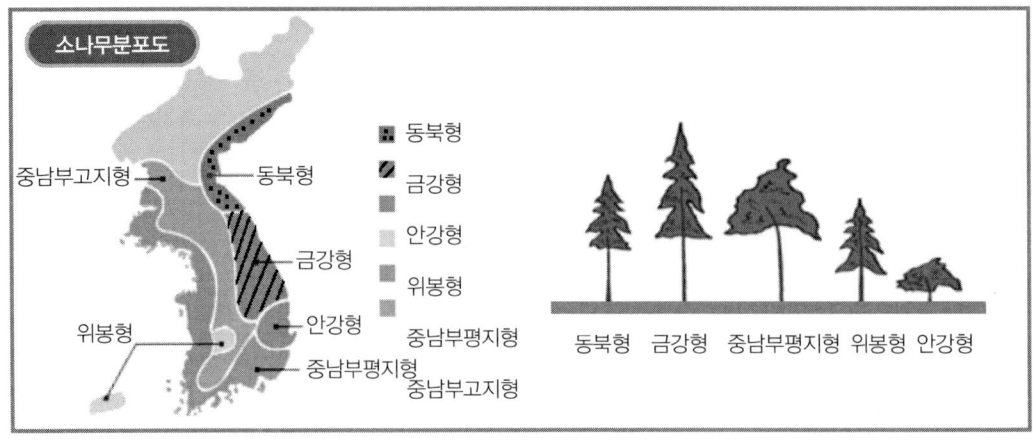

(2) 종자의 발달과 성숙

① 종자의 발달 관계
  ㉠ 꽃을 구성하는 자방 및 내부의 조직들은 수정 이후에 종자나 열매의 일부로 발달하게 된다.
  ㉡ 자방은 주로 열매로 발달하고 일부 수종은 자방 이외의 다른 부분이 자방과 함께 열매를 구성한다.
  ㉢ 배주는 종자로 발달하고 대부분의 종자는 열매와 분리되어 발달하나 일부는 열매와 함께 발달하기도 한다. 배주는 주피, 주심, 극핵, 난핵 등으로 구성되어 있으며 종자의 일부로 발달한다.
  ㉣ 배유에 다량의 양분을 저장한 종자는 유배유종자라 하고 배유가 없거나 양분이 자엽에 존재하는 경우 무배유종자라 한다.

유배유종자	소나무, 전나무, 물푸레나무, 잣나무
무배유종자	칠엽수, 상수리나무, 밤나무, 호두나무, 아까시나무

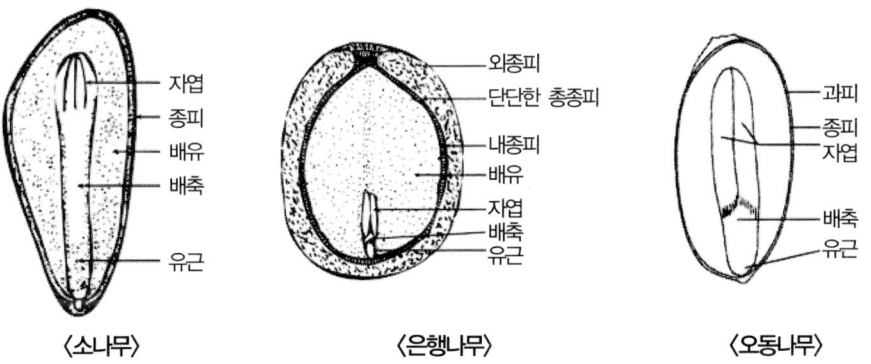

〈소나무〉 〈은행나무〉 〈오동나무〉

주피	주피는 배주를 둘러싸고 있으며 외주피와 내주피로 분류된다.
주심	저장조직인 외배유나 내종피로 변화하며 퇴화하기도 한다.
난핵	웅핵과 결합하고 2배체의 배(접합자)로 발달한다.
극핵	속씨식물은 2개의 극핵이 1개의 웅핵과 결합하여 3배체의 저장조직인 배유로 발달한다.

씨방(자방) → 열매	주심 → 내종피
밑씨(배주) → 종자	극핵(2개)+정핵 → 배젖(속씨식물)
주피 → 씨껍질(종피)	난핵 + 정핵 → 배

◎ 열매 및 종자의 배치 순서

바깥	과피 (씨방벽)	주피 (씨껍질)	주심 (내종피)	배유 (씨젖)	배 (씨눈)	안

② 종자의 발아
  ㉠ 지상자엽형
   • 종자가 발아할 때 자엽이 하배축(자엽 아래의 배축)의 신장에 의하여 지상으로 올라와 펴지면서 유아가 자라서 본엽을 형성한다.
   • 종자가 비교적 작은 수종에서 나타나는데 단풍나무, 물푸레나무, 아까시나무 그리고 대부분의 겉씨식물의 발아 형식이다.
  ㉡ 지하자엽형
   • 종자가 발아할 때 자엽이 지하에 그대로 머물러 있고 상배축(epicotyl; 자엽 위쪽의 배축)이 지상으로 자라 올라와 본엽을 형성한다.
   • 종자가 비교적 큰 수종인 참나무류, 밤나무, 호두나무, 버드나무 등이 대표적이다.

③ 수종별 종자 성숙 및 산포 시기

시기		수종
개화당년	5월	버드나무류, 포플러류, 비술나무, 사시나무, 미루나무
	6월	느릅나무, 벚나무, 앵두나무, 난티나무
	7월	회양목, 벚나무, 산딸기류
	8월	스트로브잣나무, 섬잣나무, 노간주나무, 향나무, 칠엽수
	9~10월	낙엽송, 전나무, 가문비나무, 주목, 은행나무, 호두나무, 신갈나무, 느티나무
	11월	동백나무, 회화나무
개화 이듬해 여름		후박나무, 육박나무
개화 이듬해 가을		소나무, 잣나무, 향나무, 개잎갈나무, 상수리나무, 굴참나무, 붉가시나무
개화 3년째 가을		개잎갈나무류, 소나무류

④ 종자의 채취
  ㉠ 종자 채취 시기
   • 종자는 성숙 정도에 따라 저장양분, 함수량의 정도에 따라 고유한 색채를 가지게 되며 이를 통해 유숙기, 황숙기, 과숙기로 구분하여 채취 시기를 결정한다.

유숙기	종피의 색은 녹색으로 내부 형태는 아직 유상으로 있을 경우
황숙기	종피의 색은 황색 혹은 갈색으로 종자의 내부 요소들이 채취 적기에 이른 경우
과숙기	과도한 건조로 인해 종피 내부로 수분 침투가 곤란해 발아력이 저하된 경우

• 종자의 성숙기와 채집기를 판정하는 종자의 외적 요인은 다음과 같다.

밀도	구과의 밀도 혹은 단단함 정도(단단함이 약할 때)
함수량	수분 함유 정도(수분 함유 정도가 적을때)
색상	색의 퇴색 정도(색이 퇴색할 때)

• 구과 성숙시 수종별 색의 변화를 통해 판단하며 주요 수종의 색의 변화는 아래와 같다.

수종	색
소나무	녹색
측백나무	황녹색
가문비나무	흑색
향나무	청색

ⓒ 종자 채취 방법

방법	특징
벌도법	• 종자 성숙기나 이용가치가 적은 나무를 벌도하여 채집하는 것
절지법	• 결실가지의 기부나 중간부를 자르는 방법 • 깊은 산에서 주로 하는 작업으로 결실 가지가 없어져 보속생산이 불가능한 단점이 있음
장대따기	• 장대 혹은 도구를 이용하여 충격을 주어 떨어뜨리는 방법 • 주로 밤나무, 참나무류 등 종자가 잘 떨어지는 수종에 적용함
훑어따기	• 손으로 훑어서 따는 방법 • 편백, 느티나무, 느릅나무 등 가지에 종자가 모여서 달리는 수종에 주로 적용하는 방법

⑤ 종자의 성숙 및 채집
  ㉠ 종자의 건조

건조법	특징
양광 건조법	• 햇빛이 충분한 곳에 구과를 펴서 하루 2~3회 뒤집어 건조시킴 • 대표 수종으로 소나무류, 낙엽송, 전나무, 회양목 등
반음 건조법	• 햇볕에 약한 종자를 통풍이 잘되는 옥내에 얇게 펴서 건조하는 방법 • 대표 수종 오리나무류, 포플러류, 편백, 화백, 미루나무, 참나무류 등
인공 건조법	• 건조기를 이용하여 건조시키는 방법 • 보통 25℃ ~ 40℃ 까지 온도 유지, 50℃ 이상으로는 올리지 않음

  ㉡ 탈종은 건조가 끝난 구과에서 종자를 빼내는 작업으로 수종에 따라 적합한 탈종의 방법이 있으며 아래와 같이 분류된다.

탈종방법	특징
건조 봉타법	• 막대기로 가볍게 두드려서 씨를 빼는 방법으로 구과, 협과, 삭과 등에 이용한다. • 대표 수종 아까시나무, 박태기나무, 오리나무 등이 있다.
부숙 마찰법	• 과육이 두껍게 덮인 육과나 습과는 부숙시킨 이후 마찰을 하여 과피를 분리한다. • 대표 수종으로 은행나무, 벚나무, 비자나무, 가래나무, 주목, 호두나무, 쥐똥나무, 목련 등이 있다.
유궤법	• 육질과나 장과 등의 열매의 과피를 그대로 뭉개서 종자를 분리시키는 방법이다. • 대표 수종으로 은행나무, 주목, 탱자 등이 있다.
도정법	• 종피를 정미기에 넣어 깎아 내는 기계적 방법으로 발아촉진의 효과도 있다. • 대표 수종 옻나무
구도법	• 열매를 절구에 넣어 공이로 찧는 방법이다. • 대표 수종 옻나무, 아까시나무

⑥ 종자의 정선
  ㉠ 정선 시기는 수확 직후 혹은 저장고 저장 후에 하며 종자의 수분 함량이 높을 경우 종자의 피해 방지를 위해 공기 중에 건조시켜 수분 함량을 낮춘 뒤에 정선한다.
  ㉡ 종자의 정선이란 종자외의 협잡물인 쭉정이, 나무껍질, 모래 등을 제거하여 양질의 종자를 얻는 방법을 말한다.

종류	특징
입선법	• 굵은 종자나 열매를 손으로 선별하는 방법이다. • 대표 수종 밤나무, 가래나무, 호두나무, 상수리나무, 칠엽수, 개암나무 등 대립종자가 있다.
풍선법	• 날개 및 가벼운 과피, 쭉정이를 분리할 목적, 바람을 이용하는 방법이다. • 가장 간단한 방법은 종자 무더기를 높은 곳에서 떨어뜨리면 날개, 가벼운 찌꺼기는 바람에 의해 날아가고 수직으로 떨어진 순수한 종자를 모으는 방법이다. • 소나무류, 가문비나무류, 낙엽송류, 자작나무 등이 있다.
사선법	• 종자보다 크거나 작은 체를 이용하여 정선하는 방법으로 대부분 수종의 1차 선별방법이다. • 구형의 종자에는 적합하나 넓적하거나 날개를 갖는 종자에는 적합하지 않다. • 사선법의 대표 수종으로 팽나무, 계수나무, 싸리 등이 있다.
액체선법	• 액체선법은 물, 식염수, 비눗물, 알코올 등의 비중액을 이용한다. • 수선법은 깨끗한 물에 24시간 침수 시켜 가라앉는 종자를 취하는 방법이다. • 수선법은 잣나무, 향나무, 주목, 비자나무, 상수리나무 등의 수종이나 대립종자에 적용한다. • 식염수선법은 옻나무처럼 비중이 큰 종자의 선별에 이용, 물 1L 에 소금 280g 넣어 비중 1.18 의 액에서 선별한다.

ⓒ 형태 및 표면의 질감으로 종자를 선별하기도 한다. 원형 종자, 납작형과 무게, 밀도, 표면 특성 등에 의해 종자와 기타 물질과 구분하는 방법이다. 잣나무 종자와 같이 비교적 크고 가벼운 종자 등이 이 방법으로 정선이 가능하다.

(3) 종자 발아 검사

① 항온 발아기

ⓐ 온도는 대체로 20~25℃ 정도를 적용하고 종자 발아를 위한 최적온도는 23℃에서 실험한 것으로 한다. 수종에 따라 변온조건이 필요한 경우 주간 20~30℃, 야간 10~20℃ 로 온도를 조절한다.

ⓑ 발아력 검사는 종자가 발아하는데 소요되는 기간별로 수종은 다음과 같다.

기간	대표 수종
14 일간	사시나무, 느릅나무, 계수나무
21 일간	가문비나무, 편백, 화백, 아까시나무
28 일간	소나무, 해송, 낙엽송, 삼나무, 자작나무, 오리나무
42 일간	전나무, 느티나무, 옻나무, 목련

ⓒ 종자 발아 기준은 유아나 유근이 나온 것을 기준으로 하며 만약 종료일까지 발아되지 않았을 경우는 절단을 하여 검사 후 발아에 이상이 없을 때는 이것 역시 발아립으로 간주한다.

② 환원법
ⓐ 환원법에 사용되는 약품으로 테룰루산소다(Na₂TeO₂)나 테트라졸륨 1% 의 수용액이 있다.
ⓑ 약액 침지 후 테룰루산소다를 사용한 배는 흑색이나 암갈색으로, 테트라졸륨을 사용한 배는 적색 혹은 분홍색일때 건전한 배로 간주하고 죽은 종자는 색의 변화가 없다.
ⓒ 환원법에 효율적인 검사 수종은 피나무, 주목, 향나무, 잣나무가 있다.
ⓓ 환원법에 의한 발아율은 아래와 같이 구하도록 한다.

$$발아율(\%) = \frac{건전립수}{작업시료수} \times 100(\%)$$

ⓔ 테트라졸륨 용액은 휴면종자에도 잘 나타나며 침엽수 종자의 경우 배와 배유가 함께 염색되도록 한다.

③ 절단법
미발달배는 종자의 발아실험을 하는데 어려움이 있어 종자를 절단하여 배와 배유의 발달 상태를 육안으로 판단하는 방법이다.

④ X 선 분석법
ⓐ 종자를 X 선으로 촬영하여 내부의 상태를 확인하는 방법이다.
ⓑ X선 촬영을 통해 종자 내부의 기계적 상처, 해충피해, 다배성 등을 관찰하게 된다.
ⓒ 염화바륨 수용액을 종자에 처리하고 X선 분석으로 활력도를 검정하게 되면 죽은종자의 경우 X선이 투과하지 못해 검은색을 띤다.

(4) 종자의 검사기준

① 검사 기준

  ㉠ 종자의 품질검사 항목으로 순량률, 용적중, 실중, L당 입수, kg 당 입수, 수분, 발아율, 효율 등이 있다.

  ㉡ 종자의 크기 분류 기준

크기	기준
대립종자	· 1L 당 1,000 립 이하의 잣보다 큰 종자 · 대표 수종 밤나무, 상수리나무, 호두나무, 은행나무, 가래나무
중립종자	· 1L 당 1,000~3,000 립 정도의 잣과 비슷한 크기의 종자 · 대표 수종 잣나무, 물푸레나무, 백합나무, 피나무
소립종자	· 1L 당 3,000 ~ 100,000 립 정도의 종자 · 대표 수종 소나무, 분비나무, 전나무, 벚나무
세립종자	· 1L 당 100,000 립 이상 종자 · 대표 수종 낙엽송, 자작나무, 편백, 삼나무, 오리나무

  ㉢ 종자검사시 요구되는 작업시료량 및 횟수

구분	용적중(g)	순량률(g)	실중(립)	수분(g)	발아율(립)
대립종자	300×4반복 = 1,200g	300×4반복 = 1,200g	100×4반복 = 400립	5×4반복 = 20g	30×5반복 = 150립
중립종자	100×4반복 = 400g	100×4반복 = 400g	500×4반복 = 2,000립	5×4반복 = 20g	50×5반복 = 250립
소립종자	50×4반복 = 200g	50×4반복 = 200g	1,000×4반복 = 4,000립	5×4반복 = 20g	100×5반복 = 500립

  ㉣ 종자 검사 후 합격한 종자는 품질보증표를 종자의 용기나 포장 외부에 부착하며 아래와 같이 구분한다.

구분	표기 색깔
채종임분 종자	황색
채종림 종자	녹색
미검정 채종원 종자	분홍색
검정 채종원 종자	청색

② 순량률
  ㉠ 작업시료에서 협잡물, 파쇄립 등을 선발, 순정종자와의 중량의 백분율로 표시하며 공식은 아래와 같으며 대립종자의 경우 순량률을 산출하지 않는다.
  $$순량률(\%) = \frac{순정종자량(g)}{작업량(g)} \times 100$$
  ㉡ 가문비나무, 솔송나무속, 개잎갈나무속 수종의 종자는 날개를 갖고 있는데 날개 붙은 종자를 순수종자로 취급하고 날개를 제거할 필요는 없다.

③ 실중량
  ㉠ 종자 1,000 립의 무게를 의미 하며 단위는 g 이다.
  ㉡ 순정종자를 기준으로 실중 값이 높으면 종자가 충실한 것으로 판단한다.

④ 용적중
  ㉠ 종자 1L 당 무게를 g 단위로 나타낸다.
  ㉡ 씨 뿌림량을 결정하는 주요 인자 중 하나이다.
  ㉢ 종자가 1L 미만의 경우 부라웰곡립계를 이용하기도 한다.

⑤ 발아율
  ㉠ 발아율은 준비한 전체 시료 종자수에서 일정기간 동안 발아된 종자입수의 백분율로 표시하며 공식은 아래와 같다.
  $$발아율(\%) = \frac{발아한 종자수}{전체 시료 종자수} \times 100$$
  ㉡ 종묘사업실시요령에 근거 종자 품질 기준에서 발아율은 아래의 값을 가진다.

수종	발아율	수종	발아율
리기다소나무	85	분비나무	32
소나무	87	구상나무	37
측백나무	84	전나무	25
잣나무	74	자작나무	10
은행나무	67	낙우송	11

⑥ 발아세
  ㉠ 발아세는 발아시험을 위한 일정 기간 동안 발아하는 종자수의 비율을 말하며 통상 발아율보다 수치가 적다. 발아시험 기간 동안 발아가 왕성한 시기까지의 발아율을 의미하기도 한다.
  ㉡ 발아세를 구하는 방법은 아래의 식에 따른다.

$$발아세(\%) = \frac{기간 중 가장 많이 발아한 날까지 종자수}{발아시험용 총 종자수} \times 100$$

⑦ 효율
　㉠ 실제 종자의 사용 가치를 표현하는 것으로 구하는 방법은 아래의 식에 따른다.

$$효율(\%) = \frac{순량률 \times 발아율}{100}$$

　㉡ 종묘사업실시요령에 의거 종자품질 기준의 효율은 아래와 같다.

수종	효율	수종	효율
곰솔	88	잣나무	69
소나무	82	은행나무	66
리기테다소나무	80	주목	53
붉나무	73	분비나무	26
무궁화	77	자작나무	8

　㉢ 효율을 통해 묘포에서의 파종량 결정에 많이 활용된다.

(5) 종자의 저장

① 종자는 수종 및 저장조건에 따라 수명이 결정된다.
② 포플러류, 버드나무류, 사시나무 등은 종자의 수명이 대단히 짧아 성숙한 종자는 바로 파종하는 것이 좋다.
③ 오리나무, 단풍나무, 느릅나무, 옻나무, 느티나무, 목련, 회화나무, 삼나무, 노각나무 등은 수명이 짧은 수종으로 이듬해 바로 파종하는 것이 좋다.
④ 임목종자의 저장에 있어 수명 및 종자 품질에 영향을 미치는 인자로 온도, 수분, 공기, 광선 등이 있으며 기타 미생물 및 동물의 피해가 있다.
⑤ 은단풍나무, 참나무류, 밤나무, 호두나무, 칠엽수 등은 종자에 수분이 다량 함유되어 있어 건조한 곳에 두면 함수량이 떨어지면서 부패하기 쉽다. 그래서 수분의 조건을 적절하게 유지해주는 것이 중요하다.
⑥ 임목종자는 저장과정에서 호흡에 의한 양분 손실 및 세포 변화가 일어나 부패할 가능성이 있다. 호흡량을 줄이기 위해 2~5℃ 정도의 낮은 온도, 어두운 조건에서 저장하는 것이 좋다.

(6) 종자의 저장법

① 건조 저장법
　㉠ 소나무, 해송, 리기다소나무, 삼나무, 편백 등의 침엽수종 소립종자 적합한 방법이다.
　㉡ 상온 저장법
　　• 종자를 건조시켜 용기에 담아 실온에서 보관하는 방법으로 자귀나무, 족제비싸리, 아까시나무 등에 적용할 수 있다.
　　• 상온의 조건으로 저장하기에 장기간 저장에는 적합하지 않은 방법이다.
　㉢ 저온 저장법(밀봉 저장법)
　　• 종자를 건조시켜 진공상태로 밀봉하여 저온(5℃ 이하)에 저장하는 방법이다.
　　• 저장 용기로는 유리병이 가장 좋고 그 밖에 철제, 알루미늄, 폴리에틸렌, 폴리에스테르, 라미네이트 등을 이용할 수 있다. 그 중에서 수분 흡수와 종자의 발아력 유지에 대해 유리병과 철제 용기가 가장 효과가 있다.
　　• 온도가 낮아지면 습도 조건이 높아질 수 있기에 실리카겔, 생석회 등과 같은 건조제와 함께 밀봉하는 것이 좋다. 실리카겔과 같은 건조제는 종자 중량의 10% 정도가 적당하다.
　　• 주로 결실주기가 긴 수종에 적용하기에 유리하다.
　　• 적합한 수종으로는 소나무, 전나무, 가문비나무, 향나무, 낙엽송, 삼나무, 편백, 포플러류, 물푸레나무, 단풍나무, 박태기나무, 옻나무 등이 있다.

② 보습 저장법
　㉠ 보습 저장법
　　• 수분함량과 온도의 조절 없이 보습 저장하는 것은 겨울을 넘겨 몇 달간 활력을 유지하는 종자의 저장에 적합하다.
　　• 건조시 발아력을 상실하는 참나무, 가래나무, 목련 등에 적용하는 방법으로 습도를 유지하는 것이 특징이다.
　　• 보습 저장법은 공기 중 온도가 너무 높은 열대 지역에서는 열대성 난저장성 수종에는 적절하지 않다.
　㉡ 노천매장법
　　• 종자의 저장과 발아 촉진 효과를 동시에 얻는 방법이다.
　　• 건조에 의해 활력을 쉽게 잃게 되는 종자를 저장하는데 적합한 방법이다.
　　• 50~100cm 깊이로 땅을 파서 자갈을 먼저 깔아 배수를 양호하게 하고 모래와

종자를 섞어 넣는다. 마지막에는 모래만 덮고 그 위에 철망 및 낙엽 등으로 마무리한다.
- 대립종자와 같이 종피가 두껍고, 종피에 수분흡수를 방해하는 물질이 있는 경우에는 장기간 매장하고, 소립종자는 1개월 정도 매장한다.
- 매장 시기는 대표수종에 따라 다음과 같다.

종자채취 직후(9월~10월) 매장	들메나무, 단풍나무, 잣나무, 호두나무, 느티나무, 백합나무, 은행나무, 목련, 백송 등
토양동결 전(11월 하순) 매장	벽오동나무, 물푸레나무, 신나무, 피나무, 층층나무, 옻나무 등
토양동결이 풀린 후 파종 1개월전(3월 중순) 매장	소나무, 해송, 낙엽송, 가문비나무, 전나무, 리기다소나무, 방크스소나무, 삼나무, 편백 등

ⓒ 보호저장법
- 모래와 종자를 섞어서 용기 안에 저장하는 방법으로 건사저장법이라 한다.
- 종자에 전반적으로 함수량이 많은 전분질 종자를 저장하는데 적합하다. 대표수종 은행나무, 밤나무, 굴참나무 등이 있다.
- 오염되지 않고 습하지 않은 모래에 섞으며 종자의 함수율이 건물 중의 30% 이하로 내려가지 않도록 한다.

ⓔ 냉습적법
- 종자의 발아촉진을 목적으로 후숙에 중점을 둔 저장법이다.
- 용기 안에 보습재료로 이끼, 모래, 톱밥 등과 종자를 섞어 3~5℃ 저장하는 방법으로 봄철 파종 전에 충분한 후숙과 발아촉진 처리가 되도록 한다.
- 종자의 함수율은 건물 중 20~25% 유지하도록 한다.

③ 냉건 저장법
ⓐ 냉건저장의 온도는 0~10℃ 정도가 적당하고 장기 저장을 하려면 0℃ 이하의 온도가 좋다.
ⓑ 저장 장소의 상대습도는 50~60% 정도가 적절하다.
ⓒ 가장 좋은 방법은 온도 조절이 가능한 냉실에 두는 것으로 건조한 종자를 밀봉해서 온도 조절이 되는 저장고에 두는 것이 안전하다.
ⓓ 수목 종자로서 1년 이상 저장할 필요가 있을 때는 냉장하며 전나무류, 단풍나무류, 팽나무류, 물푸레나무류, 향나무류, 잎갈나무류, 가문비나무류, 소나무류 등이 냉건 저장하기 적합한 종자들이다.

(7) 종자의 휴면

① 종자 휴면
  ㉠ 임목 종자가 발아를 위한 조건을 갖추었음에도 발아가 되지 않는 경우, 이러한 현상을 종자 휴면 혹은 발아휴면이라 한다.
  ㉡ 종자의 휴면은 수종에 따라 종자의 상태에 따라 발생 원인이 상이하고 휴면을 타파하기 위한 방법도 다양하다.
  ㉢ 종자가 모수에서 성숙할 경우 휴면 상태에 있을 때 1차 휴면이라 하고 모수에서 분리되어 광, 산소, 온도, 수분 등의 여러 조건이 발아하기 불리한 조건에서 유발되는 휴면을 2차 휴면이라 한다.

② 종자 휴면의 원인
  ㉠ 종자휴면은 외곽조직에 의한 휴면으로 종피 불투수성, 물리적요인, 가스교환의 억제, 생장억제물질 등이 있다.
  ㉡ 종자의 내부원인에 의한 휴면으로 미성숙배, 생리적 원인에 의한 휴면 등이 있다.

원인	특징
종피 불투수성	• 종피나 과피가 단단하거나 두꺼운 경우에 발생한다. • 건습조건을 반복, 변온처리, 종피의 상처를 주는 처리 등을 통해 불투수성을 약화시킬 수 있다. • 발생 수종 : 자귀나무, 주엽나무, 회화나무, 아까시나무
가스교환	• 종자의 내부와 외부의 가스교환을 억제하는 경우 휴면이 발생한다. • 외부의 산소흡수 및 내부의 이산화탄소 배출이 제한되어 이산화탄소로 인해 종자가 휴면한다. • 호흡으로 축적된 이산화탄소로 인해 종자가 휴면하게 된다.
미발달배 (미성숙배)	• 배의 발달이 불완전한 경우 휴면이 발생한다. • 미발달배는 후숙 과정을 통해 발아를 유도할 수 있다. • 발생 수종 : 은행나무, 들메나무, 향나무, 주목
배휴면	• 배 자체의 휴면에 의해 종자휴면이 발생한다. • 발생수종 : 사과나무, 복숭아나무, 배나무
생장억제물질	• 발아억제 물질이 식물체 내 존재하는 경우에 휴면이 발생한다. • 발아 억제 물질로 ABA(abscisic acid), 페놀성 화합물 등으로 종자의 휴면이 유도된다. • 종자의 저장과정에서 억제물질이 감소하며 발아촉진 처리를 통해 휴면을 타파한다. • 발생수종 : 감귤류, 사과나무, 배나무, 피나무, 포도나무
이중 휴면성	• 종자 휴면의 원인을 몇가지 함께 가지는 경우 • 대표적으로 주목의 경우 단단한 종피의 물리적 요인과 미발달배 등 2가지 이상의 원인에 의해 휴면이 발생

(8) 종자의 발아조건

① 종자가 성장하는 과정을 발아라고 하며 온도, 습도, 공기, 광선의 조건에 영향을 받는다.

분류	특징
산소	• 산소 공급이 충분하여야 발아가 잘 이루어진다. • 산소가 없을 경우 무기호흡에 의해 발아하기도 한다.
수분	• 대부분의 종자는 일정량의 수분이 있어야 발아를 할수 있다. • 수분 흡수를 통해 종피가 연해지고 가스교환이 용이해진다.
온도	• 발아를 위한 최적 온도의 범위는 20~30℃ 이다.
광선	• 수종에 따라 광선에 의해 발아 혹은 억제되기도 한다. • 가중나무, 개오동나무, 느릅나무, 주엽나무 등은 광선에 큰 영향을 받지 않는다. • 주로 적색광과 청색광에는 발아가 촉진되고 적외선에서는 발아가 억제된다.

② 발아 과정
  ㉠ 종자의 발아 과정은 수분흡수를 시작으로 효소의 활성 및 배의 성장과정을 거쳐 종피가 파열되면서 유묘가 형성된다.
  ㉡ 수분흡수 단계에서는 수분을 흡수하여 표면이 연해져 발아가 용이해지고 가스교환이 쉬워진다. 종자의 발아 초기에는 빠른 수분흡수로 종피가 부드러워지고 종피가 벗겨진 후 종자 내의 저장양분이 소화되면서 수분 흡수가 느려지게 된다.
  ㉢ 배유와 자엽에 보유된 전분, 단백질, 지방 등의 양분이 효소작용으로 활성화된다.
  ㉣ 발아시 어린뿌리가 나와 땅속에 뿌리를 내리고 종피에서 떡잎과 어린줄기가 출현한다.
  ㉤ 유근과 유아의 출현은 보통 유근이 먼저 출현한다.

(9) 종자의 발아촉진

① 종피파상법
  • 종피나 과피에 상처를 내는 방법으로 종피가 단단하고 왁스층이 두껍게 발달한 경우 적용한다.
  • 향나무, 주목, 옻나무의 종자 처리에 효과적이다.

② 침수처리법
  • 물에 담가 종피를 연하게 하고 발아억제물질 제거에 효과적이다. 침수처리는 매일 물을 갈아주어 산소 공급을 원활하게 하고 이산화탄소를 제거해준다.

- 온도에 따라 냉수침지법과 온탕침지법으로 분류하며 냉수침지법은 차가운 물에 하루정도를 담그는 방법이고 온탕침지법은 종피가 두꺼운 종자를 50~100℃ 조건에 짧은 시간 침지시키는 방법이다.

온탕침지법	옻나무, 주엽나무, 아까시나무 등
냉수침지법	소나무류, 낙엽송, 삼나무, 편백, 화백, 가문비나무 등

③ 황산처리법
- 종자를 황산에 넣어 표면을 부식시킨 후 세척하여 파종하는 방법으로 탈납법이라 한다.
- 종자에 수분침투 및 가스교환이 잘 되지 않을 경우 실시하면 효과적이다.
- 옻나무, 피나무, 콩과수목 등 종자가 단단하거나 밀랍 성분이 많은 경우 효과적이다.

④ 노천매장법
종자의 저장과 발아촉진이 효과가 있다.

⑤ 층적법
습한 모래 혹은 이끼를 종자와 층층이 쌓아 두는 방법으로 주로 배 휴면 종자에 적용한다.

⑥ 약품처리법
각종 호르몬제와 화학약품을 통해 발아촉진을 하는 방법으로 지베렐린, 시토키닌, 에틸렌, 질산칼륨 등을 이용한다.

⑦ 복합처리
종자에 이중휴면성이 나타나는 경우 한 가지 발아촉진방법으로는 종자의 휴면타파가 어려워 두 가지 이상의 발아촉진법을 적용하는 것을 말한다.

(10) 열매의 분류

구분			수종 및 특징
침엽수	건구과		• 성숙한 구과로 나출된 상태로 붙어 있던 종자가 떨어져 나온 것 • 소나무류, 전나무류, 가문비나무류, 솔송나무류, 삼나무 등
	육과		• 1개의 종자가 구조물에 둘러싸인 것 • 은행나무, 주목, 비자나무류, 향나무류 등
활엽수	건열과	삭과	• 2개 혹은 여러개의 심피가 유합해서 여러실로 된 자방을 만들고 각 심피에 종자가 붙어 있는 경우 • 포플러류, 버드나무류, 오동나무류, 개오동나무류, 동백나무, 무궁화 등
		협과	• 1개 심피로 된 자방이 성숙하면서 2줄로 갈라지는 경우 • 자귀나무, 주엽나무, 박태기나무 등
		대과	• 심피 지방이 성숙한 열매로 봉선에 의해서만 갈라진다. • 목련류
	건폐과	수과	• 과피가 얇고 막질이고 1개의 종자가 과피 안에 있고 과피와 종피가 전면응착하지 않으나 1개의 종자처럼 생긴 것 • 으아리류
		견과	• 과피가 목질 혹은 혁질로 되어 그 안에 1개의 종자가 들어 있으나 과피와 종자가 밀착하지 않은 경우 • 밤나무, 참나무류, 너도밤나무, 오리나무류, 자작나무류, 개암나무류
		시과	• 과피가 발달해 날개처럼 된 것 • 단풍나무, 물푸레나무류, 느릅나무류, 가중나무
		영과	• 과피가 얇은 피질이고 종피와 완전히 유착된 경우 • 대나무, 벼과식물 등
	습과	핵과	• 과피가 3개 층으로 뚜렷하게 나누어지며 외과피가 얇은 경우 • 살구나무, 호두나무, 복숭아나무, 벚나무, 산딸나무류
		장과	• 중, 내과피가 육질로 되고 단단한 종자를 가지는 것 • 포도나무류, 감나무류, 까치밥나무류, 매자나무류
		이과	• 씨방 이외 꽃턱이나 꽃받침의 밑부분이 다육질로 되어 씨방을 덮어 이루어진 열매이다. • 배나무류, 사과나무류, 마가목류, 산사나무류
		감과	• 내과피에 의해 과육이 여러 개 방으로 분리되어 있는 과실로 외과피가 일반적으로 억세고 질기며 중과피는 두껍고 부드러운 해면상이다. • 귤, 유자, 탱자 등

5. 임목과 수분

(1) 수분 포텐셜

① 토양수분과 수분포텐셜

  ㉠ 토양수분장력은 Potential Force 의 앞자를 따서 pF 로 표기한다. 토양에 수분이 어느정도의 힘으로 있는가를 수주 높이로 표시한 것이다.
  ㉡ pF = log H (H : 수조 높이, 단위 : cm)
  ㉢ 토양의 수분함량에 따라 아래와 같이 정의한다.

용어	pF	특징
최대용수량	0	토양내에 모든 공극에 물이 찬 상태의 수분함량
포장용수량	1.7~2.7	최대용수량에 중력수가 제거 되고 모세관의 수분 함량 기준
위조점	4.2	식물이 수분을 흡수하지 못하고 영구히 시들어버리는 시점, 이때의 수분함량은 위조계수라 한다.
흡습계수	4.5	마른 토양의 수분함량
수분당량	2.7~3.0	물을 포화시킨 토양에 원심력 적용후 토양에 남아 있는 수분

  ㉣ 유효수분은 포장용수량~영구위조점까지 pF 2.7~4.2 정도이다.
  ㉤ 토양수분의 종류는 아래와 같이 분류된다. 결합수와 흡습수는 식물이 사용할 수 없는 수분이고 주로 모관수가 수목이 이용 가능한 수분이다.

종류	pF	특징
결합수	7.0↑	토양에 강하게 결합되어서 쉽게 제거할 수 없는 물로 100℃로 가열해도 분리되지 않는 수분
흡습수	4.5~7	토양입자 표면에 피막 상을 분자인력에 의해 흡착되어 있는 수분
모관수	2.7~4.5	모세관의 모관력에 의해 유지되는 수분으로 식물이 실제 사용하는 유효수분
중력수	2.5↓	중력의 영향으로 토양에서 배수되는 물

② 수목의 수분 포텐셜

  ㉠ 수목 내에서 수분의 이동은 수분포텐셜이 높은 곳에서 낮은 곳으로 이루어진다.
  ㉡ 세포질의 삼투포텐셜과 세포벽의 압력포텐셜의 절대값이 같아지면 세포의 수분포텐셜은 0이 되어 더 이상 물의 흡수는 없다.

ⓒ 팽압은 용질이 용액에 녹아서 생기는 삼투압과는 달리 물리적 압력을 말하며 수분을 많이 흡수할수록 팽압은 커지게 된다.
ⓔ 식물의 수분포텐셜은 뿌리, 줄기, 잎 순서로 뿌리가 가장 높은 편이며 잎은 낮시간보다는 밤시간에 수분포텐셜이 높아지는 경향을 보인다.
ⓜ 토양의 수분포텐셜이 뿌리의 수분포텐셜보다 높아야 식물 뿌리가 토양으로부터 수분을 흡수 할 수 있다.

(2) 수분의 흡수 과정

① 수분의 흡수를 담당하는 뿌리는 뿌리골무, 생장점, 신장부, 근모부로 분류되며 근모부에서 수분의 흡수가 가장 활발하게 이루어진다.
② 나무에서 수분의 이동통로는 목부부분이 담당하며 양분의 이동통로는 사부에서 이루어진다. 목부는 수분의 이동통로이기도 하지만 뿌리를 통해 흡수한 무기양료의 이동통로가 된다.
③ 수종에 따라 침엽수의 경우 가도관이 대부분이며 도관이 없고 활엽수는 목부에 도관이 발달한 것이 특징이다.

(3) 증산 작용

① 잎의 기공에서 수목의 수분이 대기로 배출되는 것을 증산작용이라 하며 이때 잎의 온도가 낮아지게 된다.
② 증산작용의 조건은 광도가 강할 때, 습도가 낮을때, 온도가 높을때, 기공이 크고 밀도가 높을때, 기공 개폐가 빈번할 때 많이 일어난다.
③ 잎의 증산작용은 수목의 온도 조절과 무기염 흡수를 촉진시키는 역할을 한다. 이때 도관을 타고 수분과 함께 무기염이 위쪽으로 올라가게 된다.
④ 잎의 수분포텐셜이 높아지면 잎의 기공이 열리고 증산작용이 촉진된다. 반대로 잎의 수분포텐셜이 낮아지면 수분이 부족한 상태라 기공이 닫히게 된다.
⑤ 총엽면적이 클수록 증산량도 증가한다.

(4) 수분 스트레스

① 수목의 함수량이 저하되면 시들기 시작하는데 이를 위조현상이라 한다.
② 이러한 시드는 과정은 정도에 따라 초기위조, 일시적위조, 영구위조로 구분된다.

초기위조	· 수목의 지상부가 시들기 시작하는 상태이다. · 식물 생육억제의 초기 단계, pF 3.9 정도이다.
일시적 위조	· 초기 위조 이후 진행된 상태, 그러나 관수에 의하지 않아도 회복이 가능한 단계이다. · 보통 작물의 증산이 흡수보다 클 때 일어난다.
영구위조	· 수목의 뿌리가 흡수조차 불가능한 상태로 회복할 수 없는 시점이다. · pF 는 통상 4.2 정도이다.

③ 강우량이 많은 해는 연륜폭이 넓어지며 춘재의 양이 증가한다. 춘재의 구성세포가 건조한 때보다는 직경이 크고 세포벽이 얇아지게 된다.
④ 수분스트레스는 춘재에서 추재로의 이행을 촉진한다.
⑤ 토양의 온도가 낮을수록 수목의 뿌리에서 수분 흡수력은 저하된다.
⑥ 토양의 수분이 부족하면 뿌리에서 생성된 아브시스산(abscisic acid) 물질이 잎으로 이동하게 되는데 기공을 폐쇄하고 증산을 억제하여 수분의 소비를 줄이게 된다.

(5) 수목의 요수량

① 요수량의 정의는 건물 1g 을 생산하는데 소요되는 수분량으로 요수량은 가뭄에 대한 저항성의 척도가 되기도 한다. 보통 요수량이 작은 수종은 건조에 대한 저항성이 강한 편이다.
② 요수량이 많은 수종에는 가문비나무, 참나무, 서어나무, 버드나무, 낙우송, 오리나무, 삼나무 등이 있다.
③ 요수량이 적은 수종 중에서도 향나무, 노간주나무, 자작나무, 소나무, 신갈나무 등이 있으며 그 중에서 신갈나무가 가장 낮다.
④ 습생식물은 수분의 요구도가 상대적으로 크며 습생식물에는 들메나무, 버드나무, 포플러, 오리나무 등이 있다. 반대로 자작나무, 서어나무, 곰솔 등과 같은 수종들은 건생식물에 해당한다.

6. 임목과 양분

(1) 임목의 주요 양분

① 탄수화물
  ㉠ 임목의 탄수화물
    • 임목에서 탄수화물은 주로 유세포가 탄수화물을 저장하는 역할을 한다.
    • 임목에서 탄수화물의 이동은 사부에서 이루어지며 위에서 아래로 운반되거나 저장된다.
  ㉡ 임목의 탄수화물 기능
    • 세포벽의 주요 성분이 된다.
    • 에너지를 저장하는 화합물이다.
    • 광합성에 의해 생성되는 물질이다.
    • 세포액의 삼투압을 증가시키는 용질이다.
    • 호흡과정에서 산화되어 에너지를 발생시키는 물질이다.

② 지방
  ㉠ 임목의 지질은 건중량 대비 1% 미만으로 매우 적은량이 분포되어 있다.
  ㉡ 열매와 종자의 지질함량이 높은편이고 수피의 지질함량은 목부의 심재 및 변재보다 높다.
  ㉢ 작은 종자에 지질이 많은 편이고 큰 종자는 탄수화물이 많은 편이다.
  ㉣ isoprenoid 계의 종류에는 terpenes, carotenoids, 수지 등이 있으며 phenol 화합물 계통으로 리그닌, 탄닌, flavonoid 등이 있다.
  ㉤ 임목에서 지질은 세포 구성성분으로 저장물질의 기능을 가진다.
  ㉥ 보호층을 조성하여 저항성을 증진시키며 2차 산물의 역할을 한다.

③ 단백질
  ㉠ 단백질은 아미노산이 여러 개 모여 만들어진 화합물이다.
  ㉡ 식물 단백질은 원형질의 구성성분, 효소, 저장물질, 전자 전달의 매개체로 이용된다.
  ㉢ 식물이 아미노산을 합성하기 위해서는 토양의 무기질소를 흡수한다.

(2) 무기염류

① 무기염류의 분류
　㉠ 수목의 생육에 필요한 필수원소 16가지가 있으며 이러한 원소들이 많이 필요한 것들을 다량원소, 소량 필요할 경우를 미량원소라 한다.
　㉡ 원소별 분류 및 상대량은 다음과 같다.

구분		흡수 형태	상대량(%)
다량원소	탄소(C)	CO_2	45
	산소(O)	O_2, H_2O	45
	수소(H)	H_2O	6
	질소(N)	NO_3^-, NH_4^+	1.5
	칼륨(K)	K^+	1.0
	칼슘(Ca)	Ca^{2+}	0.5
	마그네슘(Mg)	Mg^{2+}	0.2
	인(P)	$H_2PO_4^-$, HPO_4^{2-}	0.2
	황(S)	SO_4^{2-}	0.1
미량원소	염소(Cl)	Cl^-	0.01
	철(Fe)	Fe^{3+}, Fe^{2+}	0.01
	망간(Mn)	Mn^{2+}	0.005
	붕소(B)	H_3BO_3	0.002
	아연(Zn)	Zn^{2+}	0.002
	구리(Cu)	Cu^+, Cu^{2+}	0.0006
	몰리브덴(Mo)	MoO_4^{3-}	0.00001

② 수종별 양분의 요구도
　㉠ 보통 수목의 양분 요구량은 농작물보다 적다.
　㉡ 활엽수가 침엽수보다 더 많은 영양소를 요구한다.
　㉢ 일반적으로 생장이 빠를수록 양분의 요구도가 높다.
　㉣ 수종에 따른 상대적인 양분의 요구량은 아래와 같다.

양분요구정도	수종
상(上)	오동나무, 느티나무, 전나무, 밤나무, 물푸레나무, 참나무
중(中)	낙엽송, 잣나무, 서어나무, 가문비나무, 전나무
하(下)	소나무, 해송, 향나무, 아까시나무, 자작나무, 오리나무, 버드나무, 사시나무

③ 수목의 체내에서 무기양분의 특성에 따라 이동이 용이한 원소가 있고 어려운 원소가 있으며 아래와 같이 분류된다.

이동이 용이한 원소	N, P, K, Mg
이동이 어려운 원소	Ca, Fe, B
이동이 중간 원소	S, Zn, Mn, Cu

(3) 양분의 특징

① 질소
　㉠ 대기 중의 78% 정도를 차지하는 원소로 수목의 단백질, 아미노산 등의 유기화합물을 구성하는 필수 원소이다. 수목에서 무기 원소 중에서 가장 많은 양을 차지한다.
　㉡ 식물 내의 질소의 함량이 가장 많은 부위는 잎이며 다음으로 측지, 주지, 수간의 순서로 분포를 한다.
　㉢ 질소 부족현상은 늙은 잎에서 먼저 발생하는데 이는 수목의 질소 부족 현상이 일어나면 늙은 잎의 질소가 어린잎으로 이동하기 때문이다. 낙엽 직전에는 질소량은 감소하는 경향을 보인다.
　㉣ 질소 결핍 증상
　　• 잎의 생장이 불량하고 잎이 짧아진다.
　　• 잎 전체의 황화 현상이 나타나며 심할 경우 괴사한다.
　　• 새로운 가지는 짧고 가늘며 적갈색을 띤다.
　㉤ 질소 과잉 증상
　　• 잎이 짙은 녹색이 되면서 도장현상이 나타난다.
　　• 가뭄, 병충해 등의 저항성이 약해진다.

② 인산
　㉠ 인산은 핵산과 원형질막의 구성 성분으로 광합성과 호흡 대사에 관여한다.
　㉡ 강산성 토양에서 인산은 철, 알루미늄, 망간과 결합하여 식물이 이용할 수 없게 된다.
　㉢ 중성 토양의 경우 인산의 유효도가 증가한다.
　㉣ 가지, 잎, 뿌리의 신장을 촉진하고 내한 및 내건성을 증가시킨다.
　㉤ 인산은 잎에 가장 많이 분포하여 있고 식물이 흡수할 때는 주로 이온형태로 흡수한다.
　㉥ 인산 결핍 증상
　　• 뿌리 발달이 늦어 식물의 발육도 늦어진다.
　　• 노엽은 암록색을 띠고 개화결실이 불량해진다.

- 과실 및 종자의 형성이 불충실해진다.
- 생육초기 발육지연으로 신초의 신장이 불량하다.

ⓢ 인산 과잉 증상
- 아연, 철, 고토의 결핍을 유발하고 황화현상을 일으킨다.
- 영양생장이 멈추고 성숙이 빨라져 수확량이 감소한다.

③ 칼륨
㉠ 탄수화물대사, 단백질대사, 효소 활성화 등의 촉매역할을 한다.
㉡ 뿌리의 발육과 개화결실에 도움을 준다.
㉢ 뿌리, 줄기를 강하게 하고 병해충에 대한 저항력을 증가시킨다.
㉣ 칼륨은 잎의 기공에 개폐기작에 관여한다.
㉤ 광합성이 왕성한 잎, 분열조직이 많은 줄기, 뿌리의 선단부에 많이 분포한다.
㉥ 칼륨 결핍 증상
- 늙은잎의 선단에서 황화하고 결국 갈색변하다 고사한다.
- 어린잎은 암록색이 되고 신장이 나쁘게 된다.
- 뿌리의 생장이 제한되고 뿌리썩음병이 일어나기 쉽다.
- 유기물(탄수화물)의 전류 및 질소 대사에 영향을 준다.

④ 칼슘
㉠ 정단 분열조직 발달, 세포막의 구조형성, 단백질의 합성, 뿌리 및 지상부의 신장에 관여한다.
㉡ 식물체 내에서는 잎에 함유량이 많으며 낙엽 직전에는 칼슘량이 증가하는 경향을 보인다.
㉢ 칼슘 결핍 증상
- 분열조직의 생장이 감퇴한다.
- 칼슘은 식물체내에서도 이동성이 낮아 신엽(새잎, 어린잎), 경엽 등에서 결핍증상이 나타난다.
㉣ 칼슘 과잉 시 철, 마그네슘, 아연 등의 흡수를 방해한다.

⑤ 마그네슘
㉠ 마그네슘은 식물의 광합성에 필수적인 엽록소의 구성성분이다. 식물체내에서 가동성이므로 결핍 시 구엽에서 신엽으로 이동하여 결핍증상은 주로 구엽에서 먼저 나타나게 된다.
㉡ 칼륨, 망간에 길항작용을 한다.

ⓒ 마그네슘이 결핍되면 인산의 이용이 감소하는 경향을 보인다.
　　　ⓔ 마그네슘 결핍 증상
　　　　• 늙은 잎에서 먼저 황화현상이 나타나고 심할 경우 백화현상이 일어난다.
　　　　• 뿌리, 줄기의 생장이 저해된다.

⑥ 황
　　㉠ 토양내 유기태, 무기태 형태로 있으며 대부분 유기태로 존재한다.
　　㉡ 토양의 유기태 황은 미생물에 의해 무기화되어 식물에 이용된다.
　　㉢ 단백질, 아미노산, 비타민의 구성성분으로 식물의 생리작용에 관여한다.
　　㉣ 결핍 시 생장이 저조해지며 뿌리혹박테리아에 의한 질소고정능력이 저하된다.
　　㉤ 과잉 시 토양의 산성화를 촉진한다.

⑦ 철
　　㉠ 엽록소의 생성 및 호흡효소 활동에 관여한다.
　　㉡ 광합성, 호흡에서 전자를 전달하는 단백질과 효소의 구성성분이다.
　　㉢ 결핍시 엽록소 생성이 방해되며 새잎에서 황백화가 발생한다.
　　㉣ 과잉시 망간, 인산의 결핍을 조장한다.
　　㉤ 알칼리성 토양에서 결핍증상이 자주 나타난다.

⑧ 망간
　　㉠ 산화효소를 도와 산화, 환원반응에 관여한다.
　　㉡ 엽록소의 생성에 관여한다.
　　㉢ 망간 결핍증상
　　　• 잎의 소형화, 잎의 황화 현상이 일어나기도 한다.
　　　• 알칼리성 토양에서 결핍증상이 자주 발생된다.
　　　• 잎이 기형이 되기도 한다.
　　㉣ 과잉 시 철의 결핍을 조장한다.

⑨ 붕소
　　㉠ 세포의 분열과 화분의 수정에 관여한다.
　　㉡ 붕소 결핍 증상
　　　• 생장점의 발육이 중지되고 심할 경우 뿌리 생장도 느려진다.
　　　• 꽃가루 생성이 불량하고 불임이 발생한다.
　　㉢ 과잉 시 잎의 황화 현상이 발생 되며 심할 경우 고사한다.

⑩ 몰리브덴
  ㉠ 질소를 고정하는 근류균의 생육에 도움을 준다.
  ㉡ 단백질의 합성에 관여한다.
  ㉢ 결핍 증상
    • 광엽이 엽면의 안쪽으로 감아 휘게 된다.
    • 늙은잎에서부터 황화현상이 발생된다.

7. 임목과 광선

(1) 광합성

① 광합성

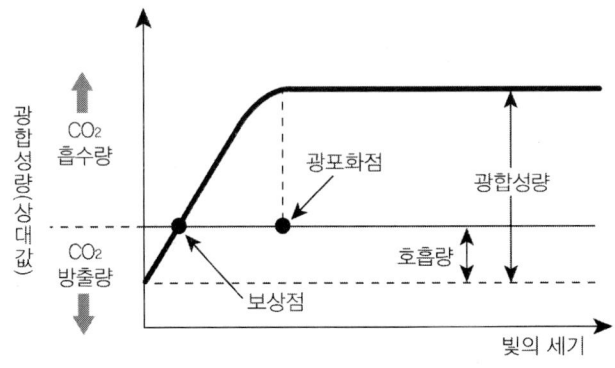

㉠ 식물은 광합성을 하는 동안 유기물의 합성과 호흡이 동시에 일어난다. 일반적으로 수목의 광합성은 가시광선(400~700nm)가 유효한 광선영역이다.
㉡ 보상점은 광도 곡선 상에서 광합성 속도가 호흡 속도와 같아지는 지점에서의 빛의 세기를 말한다.
㉢ 광포화점은 광도가 높아짐에 따라 광합성이 증가하다가 어느 한계점에 이르러는 더 이상 광합성이 증대되지 않는 점을 말한다.
㉣ 식물이 빛에너지를 이용하여 엽록체에서 CO_2와 물로부터 유기물을 합성하는 동화작용으로 반응식은 아래와 같다.
  $6CO_2 + 12H_2O \rightarrow C_6H_{12}O_6(포도당) + 6H_2O + 6O_2$
㉤ 엽면적지수는 지면 단위면적당 지상부 식물 잎의 총면적의 비로 광합성량이나 수분의 소모량 등을 추정하는데 유용하다.

② 광반응과 암반응
  ㉠ 엽록체의 구조에서 엽록소를 함유하고 있는 그라나(grana)와 엽록소가 없는 스트로마(stroma)로 구분되어 각각 광반응과 암반응을 담당한다.
  ㉡ 광반응은 그라나속의 엽록소가 빛에너지를 모아 물분자를 분해하여 산소를 방출하고 전자 및 수소이온을 NADP 와 ADP 에 전달하여 자유에너지가 높은 NADPH + H^+와 ATP 를 생성하는 반응이다.
  ㉢ 암반응은 엽록소가 없는 스트로마에서 광반응으로 만들어진 $NADPH_2$, ATP를 이용하여 CO_2를 환원시켜 유기물로 합성하는 반응이다.

③ 파이토크롬(Phytochrome)
  ㉠ 파이토크롬은 빛을 흡수하여 흡수 스펙트럼의 형태가 가역적으로 변하는 식물의 색소단백질로 어두운 곳에서 생장한 식물체에서 많이 검출된다.
  ㉡ 파이토크롬은 어떤 파장의 빛을 받느냐에 따라 다른 형태로 존재하며 식물체내에 있는 색소 중에서 광질에 반응을 나타낸다.
  ㉢ 파이토크롬의 반응에 의해 종자는 적외선으로 인하여 발아가 억제되는 현상이 나타난다.

(2) 광합성의 영향 인자

① 주요 인자
  ㉠ 온도
    식물의 광합성은 10~35℃가 최적이고 그 이상 높아지면 감소되는 경향을 보인다.
  ㉡ 광도
    보상점보다 빛을 더 강하게 주면 광합성은 이에 따라 증가하나 어느 시점에 도달하면 그 이상의 광도를 주어도 광합성의 양은 증가되지 않는다.
  ㉢ 이산화탄소
    • 통상 이산화탄소에 따라 광합성속도는 어느 정도 증가하다가 일정 농도가 되면 일정하다.
    • 일조량이 많을 경우 이산화탄소 농도가 식물의 광합성에 제한 요소가 되기도 한다.
  ㉣ 수분과 양분
    • 양분이 부족하면 광합성의 양은 감소하나 양분의 종류에 따라 차이는 있다.
    • 식물체에서 수분의 양이 부족하면 시들게 되면서 광합성이 현저하게 줄어든다.

・양분 중 탄수화물은 잎 속에 축적되어 광합성을 저하시킨다.

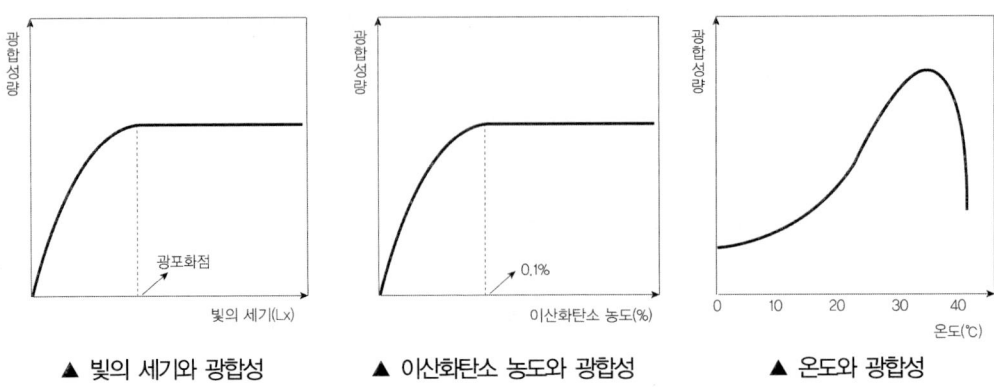

▲ 빛의 세기와 광합성   ▲ 이산화탄소 농도와 광합성   ▲ 온도와 광합성

② 기타 인자
  ㉠ 수종
    ・수종에 따라 광합성정도에 차이가 있다.
    ・양수, 음수에 의해 차이가 나며 음수는 작은 광도에도 광합성을 한다.
  ㉡ 양엽, 음엽
    ・양엽과 음엽을 비교하면 음엽의 광합성이 더 좋다. 또한 낮은 광도 조건에서도 음엽의 광합성 효율이 더 좋다.
    ・양엽은 광포화점이 높고 음엽은 광포화점이 낮다.
    ・양엽은 음엽에 비해 책상조직이 빽빽하게 발달한다.
    ・양엽이 음엽보다 색이 더 진하고 잎이 두껍다.
  ㉢ 환경 변화
    ・시간에 따른 광도의 변화로 통상 11시가 최대치를 보여준다.
    ・계절에 의한 온도, 광도, 잎면적의 변화에 영향을 받는다.
  ㉣ 약제 살포
    ・잎 표면이 약제에 의해 기공이 막히거나 광도를 막아 광합성량을 줄인다.

(3) 광도별 생장 반응

① 일장의 변화는 위도와 계절에 영향을 받으며 이러한 일장의 변화는 식물 분포에 영향을 미치게 된다. 장일, 단일 등 개화조건은 아래와 같이 분류한다.

장일식물	낮이 길게 되어 화아가 유발되는 식물로 14시간 이상의 일장 조건
단일식물	낮이 밤 길이보다 짧은 조건에서 화아가 유발되는 식물로 12시간 이하의 일장 조건
중성식물	일장에 관계 없이 화아하는 식물(=중일식물)
정일식물	단일, 장일에서 개화하지 않고 특정한 일장에서만 개화하는 식물(=중간식물)

② 수목은 광의 성질인 파장에도 영향을 받으며 파장은 적외선, 가시광선, 자외선으로 분류하는데 이 중 가시광선에 가장 큰 영향을 받는다. 파장의 범위는 아래와 같다.

자외선	400nm 미만
가시광선	400~700 nm
적외선	700nm 초과

③ 광합성은 650~700nm 적색부분과 400~500nm 의 청색 부분에서 가장 효과적이며 자외선의 경우 파장이 짧아 식물의 성장을 억제시키기는 성질이 있다.
④ 식물의 잎은 가시광선에서 적색광과 청색광의 파장흡수율이 좋고 녹색광의 흡수율은 낮아 시각적으로 식물의 잎이 녹색으로 보인다.

(4) 내음성

① 내음성 영향인자

내음성은 광조건이 낮은 곳에서도 생장이 가능한 성질 혹은 음지에서 견디는 정도를 말하며 수령, 토양의 수분 및 양분, 온도, 종자 등에 영향을 받는다.

수령	수령이 많아지면 내음성은 감소한다.
수분 및 양분	수분 및 양분이 부족한 곳보다 적당한 토양이 내음성이 높다. 단, 토양내 뿌리경쟁이 심할 경우 내음력이 감소하기도 한다.
온도	온도가 높을수록 수목의 내음성이 감소한다.
위도	고위도 지방에 자라는 수목의 경우 광합성을 위해 광선요구량이 증가하고 내음성은 약한 편이다.
종자	큰 종자일수록 양분 함유량이 많아 내음성이 높다.

② 내음성 정도

내음성이 강한 수종을 음수, 약한 수종은 양수, 그 중간을 중용수로 분류한다.

극음수	주목, 개비자나무, 사철나무, 회양목
음수	전나무, 가문비나무, 너도밤나무, 단풍나무류, 녹나무, 서어나무
중용수	편백, 참나무류, 물푸레나무, 층층나무, 피나무, 굴피나무, 벚나무류
양수	은행나무, 소나무류, 측백나무, 향나무, 낙우송, 밤나무, 오리나무, 사시나무
극양수	방크스소나무, 버드나무, 자작나무, 포플러, 낙엽송

③ 양수와 음수
  ㉠ 수목의 광요구도에 따라 양수와 음수로 분류된다.
  ㉡ 양수는 비교적 광포화점이 높으며 양지쪽에서 잘 자란다. 음수는 약한 광도에서 잘 생육하는 수목으로 양수와는 반대로 햇볕이 강한 양지쪽에서 생육이 불량하기도 하다.
  ㉢ 일반적으로 교목성의 음수도 생장하게 되면 많은 일사량을 요구하며 동백나무, 가시나무류, 철쭉나무류 등은 음수는 아니지만 치수기에는 강한 햇볕은 피하는 것이 좋다.

(5) 수목의 호흡

① 수목의 호흡
  ㉠ 수목의 호흡은 살아있는 원형질을 가진 세포 중에서 미토콘드리아라는 작은 소기관에서 이루어진다.
  ㉡ 밀식된 임분의 경우 호흡량이 많아지면서 수목의 성장속도가 느려지는 원인이 된다.
  ㉢ 엽육 세포 내부의 이산화탄소 농도가 높아지면 기공이 닫히게 된다.
  ㉣ 호흡-미토콘드리아에서 기질을 산화시켜 에너지를 생성시키는 과정이다.
  ㉤ 발생에너지는 ATP에 저장되었다가 에너지가 필요로 하는 대사과정에 활용된다.

② 수목의 부위별 호흡
  ㉠ 잎은 유세포가 많아 호흡활동이 가장 많은 부위이다. 잎이 완전히 성숙하면 가장 왕성한 활동을 보여준다. 시간이 지나면서 호흡활동이 감소하고 가을에 생장이 정지하거나 낙엽 직전에 최소가 된다.
  ㉡ 심재부위는 대부분 죽은 세포로 호흡량이 거의 없다.
  ㉢ 과실은 결실 직후 호흡량이 가장 많으나 과실이 자람에 따라 급격하게 저하된다.

과실이 익으면 최소 호흡량을 보여주다가 완전히 성숙할 때 일시적으로 증가한다.
ⓔ 종자는 개화 및 성장을 하는 동안 호흡량이 많으나 성숙하면 감소하는 경향을 보인다.
ⓜ 뿌리는 토양 속에서 산소호흡을 한다.

8. 생장조절물질

(1) 생장조절물질의 종류

① 옥신
- 줄기, 뿌리 선단부분에서 세포 신장에 영향을 주는 호르몬으로 주로 신장촉진에 관여하며 발근촉진, 개화촉진 등의 특징을 가진다.
- 옥신은 수목의 측아 발달을 억제하고 정아우세 현상을 유지시킨다.
- 대표적으로 천연호르몬인 IAA 와 합성호르몬 NAA, IBA, 2·4-D 등이 있다.
- 옥신은 운반이 느리고 극성을 띤다.
- 옥신은 식물의 굴지성에 영향을 준다.

② 지베렐린
- 지베렐린은 줄기의 신장 생장을 촉진하며 개화 및 결실을 돕는 역할을 한다.
- 지베렐린은 극성이 없어 식물체에서 자유롭게 이동이 가능하다.
- 옥신과 함께 작용 시 그 효과가 극대화되며 벼의 키다리병을 일으키는 호르몬과 관련이 있다.

③ 시토키닌(사이토키닌)
- 주로 뿌리에서 합성하며 옥신과 함께 작용하여 세포분열을 촉진한다.
- 뿌리 끝에서 생성된 시토키닌은 줄기를 통해 운반된다.
- 시토키닌의 생리적 효과로 세포분열, 노쇠의 지연, 정아우세현상의 억제, 종자의 발아 촉진, 엽록소 합성의 촉진 등이 있다.

④ 에틸렌
- 과실의 성숙 및 개화를 촉진하나 줄기와 뿌리의 생장은 억제한다.
- 잎에 이층 형성을 촉진하여 탈리현상을 유도한다.
- 에틸렌은 식물에 상처가 발생하면 발생량이 증가한다.

⑤ ABA
- Abscisic acid(아브시스산) 라 하며 대표적인 생장억제물질로 수목이 외부의 스트레스를 감지하는 역할을 한다.
- ABA는 휴면의 유도 및 탈리현상의 촉진, 종자의 발아 억제 등의 현상이 나타난다.

9. 조림일반

(1) 수목의 분류

① 일반 분류

수목은 종을 기본단위로 하여 변종, 품종, 영양계로 분류한다.

종	생물 분류의 기본 단위, 생식작용으로 계승 가능한 식물군
변종	같은 종류의 생물에서 변이가 생겨 특성이 달리하는 것
품종	생물 분류학상 종의 하위단위, 임업상의 품종은 통상 지리적 분포에 의함
영양계	수목의 접목, 삽목 등의 무성 증식으로 한 개체를 증가시켜 유전적으로는 동일한 개체군

② 형태에 따른 분류

㉠ 관목과 교목

관목	교목
• 성숙한 단계의 수고가 5~6m • 대표 수종으로 싸리, 쥐똥나무, 무궁화, 개나리, 장미, 회양목 등	• 성숙한 단계의 수고 10m 이상 • 대표 수종으로 소나무, 낙엽송, 오동나무, 은행나무, 포플러 등

㉡ 겉씨식물
- 대표 수종으로 은행나무, 소나무, 주목, 측백나무, 낙엽송, 삼나무, 비자나무, 구상나무 등이 있다.
- 꽃잎, 꽃받침이 없고 단성화이며 중복수정은 하지 않는다.
- 소나무나 가문비나무는 씨방이 없고 배주만 있다.
- 주목이나 비자나무는 배주가 발달할 때 배병이 발육한다.
- 겉씨식물 암꽃의 씨방이 없고 밑씨가 노출되어 있으며 잎맥은 평행(나란히맥)이다.
- 관다발이 발달되어 있고 도관이 없고 대부분 가도관(헛물관)이며 체관에 반세포가 없다.
- 체관은 잎에서 만들어진 양분이 뿌리나 줄기로 이동하는 통로를 말한다.

③ 속씨식물
- ㉠ 대표 수종으로 상수리나무, 개나리, 매실나무, 사과나무, 느티나무, 밤나무, 협죽도 등이 있다.
- ㉡ 오리나무, 물푸레나무는 씨방 속에 배주가 있다.
- ㉢ 꽃잎, 꽃받침이 있으며 양성화로 중복수정을 한다.
- ㉣ 속씨식물은 씨방이 발달하여 밑씨를 보호하고 목질부에 도관이 발달되어 있다.
- ㉤ 속씨식물은 그물맥의 잎맥을 보이며 반세포가 있는 체관이 존재한다.

④ 상록수
- ㉠ 일년 내내 푸른 잎을 달고 있는 수목이다.
- ㉡ 대표 수종으로 주목, 리기다소나무, 사철나무, 비자나무, 동백나무 등이 있다.
- ㉢ 상록수는 낙엽수와 비교하면 탄수화물의 함량이 계절적 변화가 적은 편이다.

⑤ 낙엽수
- ㉠ 계절에 따라 낙엽이 일제히 떨어지거나 고엽의 일부분이 붙어 있는 수목이다.
- ㉡ 대표 수종으로 은행나무, 낙엽송, 낙우송, 상수리나무, 모란, 층층나무, 배롱나무 등이 있다.
- ㉢ 침엽수 중에서도 낙엽송, 낙우송 등은 낙엽침엽수에 해당한다.

(2) 수목의 형태

① 수형
- ㉠ 나무의 형태를 수형이라 하며 동일 수종에서도 환경에 따라 그 형태가 달라지기도 한다.
- ㉡ 침엽 교목은 주로 원추형이나 우산형의 형태를 가지며 활엽 교목은 구형 혹은 난형의 형태를 가진다.
- ㉢ 수형에 따른 수종은 아래와 같이 분류할 수 있다.

수형	수종
원추형	낙우송, 삼나무, 소나무, 독일가문비나무, 낙엽송
우산형	편백, 화백, 층층나무, 편백나무, 매화나무, 왕벚나무
구형	회화나무, 화살나무, 녹나무, 가시나무, 졸참나무
난형	벽오동, 백합나무, 측백나무, 벽오동, 목련

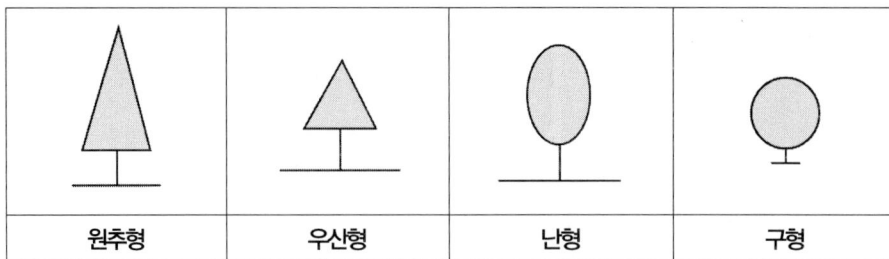

| 원추형 | 우산형 | 난형 | 구형 |

② 수관
   ㉠ 수관의 형태는 주위의 환경에 따라 그리고 수종에 따라 그 형태가 다양하다.
   ㉡ 수관이 밀집된 임분의 녹색부분을 임관이라 한다.

③ 수간
   ㉠ 수간은 곧바르게 자란 것을 직간, 자연스럽게 곡선으로 자란 것을 곡간, 줄기가 옆으로 비스듬하게 자란것을 사간이라 정의한다.
   ㉡ 직간에는 가문비나무, 잣나무, 낙우송 등이 대표적이며 곡간에는 소나무, 낙엽송 등이 있다.

(3) 주요조림수종

① 수종 선택 원칙

경제적 원칙	・재적 수확량이 많을 것 ・재질이 우량하고 수요가 많을 것 ・경제적 가치가 높을 것
생물적 원칙	・병충해에 대한 저항력이 강할 것 ・적응력이 뛰어날 것
조림적 원칙	・조림이 용이할 것 ・수종 생리 상태가 작업종에 알맞을 것 ・임지 보호에 도움이 될 것

② 국내에 도입된 해외 수종

분류	수종
미국	리기다소나무, 낙우송, 스트로브소나무, 아까시나무
일본	삼나무, 낙엽송, 편백, 오리나무
유럽	독일 가문비, 유럽 소나무, 이태리 포플러

(4) 묘목의 식재

① 식재시기

ⓐ 국내의 묘목의 식재는 봄에 주로 이루어지나 가을에 식재하는 것이 효과적인 경우도 있다.

ⓑ 용기묘는 겨울을 제외하고 연중 식재가 가능하나 지나치게 건조하고 기온이 높은 여름철이나 추위가 시작되는 늦가을에는 경화처리를 하여도 피해를 입을 가능성이 있다.

ⓒ 봄철 식재는 초봄에 서리 피해가 없을 시기에 빨리 심도록 하며 한다.

온대 남부지역	2월 하순 ~ 3월 중순
온대 중부지역	3월 초순 ~ 4월 초순
북부 고산지역	3월 하순 ~ 4월 하순

② 묘목 배식 설계

ⓐ 배식 설계는 심는 거리 및 위치에 따라 다음과 같이 분류할 수 있다.

정방형 식재	전후좌우를 동일한 간격으로 식재하는 방법
장방형 식재	가로 및 세로 길이가 다르게 식재하는 방법
정삼각형	삼각형 형태로 식재하는 방법
2중 정방형	각각의 정방형 식재지의 중앙에 묘목을 하나씩 추가하여 심는 방법

ⓑ 부분밀식에서 식재열 간의 간격이나 식재열 내의 묘목 간격이 ha 당 3000 본의 식재밀도를 기준으로 하나 필요에 따라 조정 가능하다.

ⓒ 군상식재의 종류 및 기준은 아래와 같다.

종류	식재목간 거리(m)	식재군간 거리(m)
2열부분밀식	1	6.6
3본군상식재	0.6	3.3 × 3.0
5분군상식재	1.2	4.1

③ 식재 방법
　㉠ 정방형 식재
　　묘목 사이의 간격이 동일하여 공간의 이용이 가장 효율적이다.

> $N = \dfrac{A}{a^2}$
>
> N : 식재 묘목수, A : 조림지 면적, a : 묘목, 줄 사이 거리

　㉡ 장방형 식재
　　줄사이 간격이 서로 다르게 식재하는 방법이다.

> $N = \dfrac{A}{a \times b}$
>
> N : 식재 묘목수, A : 조림지 면적, a : 묘목사이 거리, b : 줄사이 거리

　㉢ 정삼각형 식재
　　정삼각형의 꼭지점 지점에 심는 것으로 묘목 사이 간격은 동일하며 정방형식재 대비 묘목 1본의 차지 면적이 86.6 % 감소한다. 대신 식재 묘목본수는 15.5% 증가한다.

> $N = \dfrac{A}{a^2 \times \sqrt{(1^2 - 0.5^2)}} = \dfrac{A}{a^2 \times 0.866} = 1.155 \times \dfrac{A}{a^2}$
>
> N : 식재 묘목수, A : 조림지 면적, a : 묘목, 줄 사이 거리
> 0.866값 : 삼각형 높이 비율

④ 수하식재
　㉠ 장령 혹은 노령의 임목이 생육하고 있는 숲속에 하목을 식재하는 것으로 수종은 내음력이 강한 음수가 적합하다.
　㉡ 기존임목의 생장을 촉진하기 위해 비료목을 식재하는 목적으로 심는 경우도 있다.
　㉢ 수하식재에 적합한 수종으로 삼나무, 편백, 전나무 등이 있다.

(5) 식재 밀도

① 식재 밀도
  ㉠ 식재 밀도가 낮으면 단목의 엽량이 증가하면서 직경생장이 촉진되며 단목의 평균간재적은 커지는 편이다.
  ㉡ 식재 밀도가 높으면 연륜폭은 좁아지고 자연낙지가 많아져 지하고는 높아지고 지하재가 적은 우량재가 된다.
  ㉢ 임목의 밀도는 수고생장에는 큰 영향이 없으나 직경생장에 큰 영향을 미친다.
  ㉣ 임목을 소립할수록 흉고직경이 커지고 밀식할수록 지름은 가늘고 완만재가 된다.
  ㉤ 대표 수종 ha당 식재 기준은 다음과 같다.

본/ha 기준	수종
3000~6000	참나무, 물푸레나무, 느티나무, 편백
3000	잣나무, 전나무, 낙엽송, 해송
600	수원포플러, 오동나무
400	밤나무
330~400	이태리포플러
300	호두나무

② 밀식의 특징
  ㉠ 밀식조림의 장점
    • 조기에 수관이 울폐되어 임지의 건조 및 침식을 막을 수 있다.
    • 경쟁식생의 발생이 억제된다.
    • 풀베기 작업의 비용을 줄일 수 있다.
    • 줄기는 곧고 완만해지며 가지가 가늘고 일찍 떨어져 지하고가 높아진다.
    • 옹이의 발생을 줄일 수 있다.
    • 연륜폭이 균일해져 고급재 생산에 유리하다.
  ㉡ 밀식조림의 단점
    • 조림지 준비 소요 비용 및 식재비용 등이 증가한다.
    • 초기 노동력 수급에 어려움이 발생할 수 있다.
    • 밀식한 나무를 방치하면 줄기가 가늘어지고 뿌리의 발달이 약화된다.
    • 뿌리 발달의 약화로 풍해, 설해, 병해충 등의 취약 할 수 있다.
    • 하층식생의 발달이 약해 산림생태계의 건전성이 약화된다.

③ 식재밀도 영향 인자
　㉠ 식재 밀도 결정 및 영향인자로 수종, 임지 특성, 경영 목적 및 목표, 조림지 주변의 환경 및 여건, 산주의 경영조건 등이 있다.
　㉡ 신탄재 및 펄프재와 같은 소경재 생산을 위해서는 밀식 조림하는 것이 좋다.
　㉢ 비옥한 임지에서는 나무의 생장이 빨라 조기 울폐되기에 소식하는 것이 유리하다.
　㉣ 고급재 생산을 위해서는 초기 밀식을 하고 솎아베기 및 가지치기를 실시하여 밀도를 조절해주는 것이 좋다.

(6) 식재 방법
① 묘목의 식재 방법은 수종, 묘목의 규격 및 형태, 임지의 조건, 식재시기, 뿌리 분뜨기 유무 등에 따라 차이가 있다.
② 노지묘 식재
　㉠ 구덩이를 파기 위해 지름 0.5~1m 범위의 낙엽 및 지피물을 한쪽으로 치우도록 한다.
　㉡ 묘목의 근계발달을 위해 충분히 넓은 깊이 및 구덩이를 파도록 한다.
　㉢ 구덩이를 채우고 흙을 밝기 전 묘목을 살짝 잡아 올리면서 가볍게 흔들어주면 뿌리가 잘 펴지고 흙이 고르게 채워지게 된다.
　㉣ 채운 흙을 진압을 위해 밟아주고 주변에 있던 낙엽 및 지피물을 이용하여 표토가 마르지 않게 덮어주도록 한다.
③ 대묘 식재(큰나무 이식)
　• 대묘를 식재할 경우 굴취된 뿌리 전체를 보호할 정도의 크기로 뿌리에 흙을 붙여 이식한다. 이러한 뿌리 돌림을 통해 근주 부근에 세근을 발달시켜 활착을 돕는다.
　• 굴취 및 식재 과정에서 흙덩이가 파손되지 않도록 주의하고, 식재 후 바람에 넘어질 가능성이 있어 지지대를 세우도록 한다.
　• 뿌리돌림의 시기는 아래와 같다.

상록 침엽수종	3~4월, 10월
상록 활엽수종	5~6월, 9~10월
낙엽수종	2~3월, 11~12월

(7) 직파조림

① 직파조림은 종자를 직접 뿌려 어린나무를 발생시키는 방법으로 파종조림이라고도 한다.

② 어린나무를 식재하기 힘든 암석지나 접근이 어려운 급경사지에 적용하기 적합한 방법이다. 하지만 열악한 산지에 종자를 직파하기에 어린나무를 발생시키기 불리한 환경 및 기후로 실패할 가능성이 큰 편이다.

③ **직파조림 영향인자**

㉠ 수종 및 종자
- 직파조림에 용이한 수종은 종자생산이 많고 쉽게 수집할수 있어야 한다.
- 내음성이 높고 주변 경쟁 식생 및 불리한 환경조건에 대한 적응력이 강해야 한다.
- 조기발아가 가능하고 발아 초기 생장이 빨라야 한다.

㉡ 지형 및 토양 조건
- 경사는 완만한 지역이 좋다.
- 지면에 낙엽 및 지피물이 많을 경우 종자의 뿌리 내림이 방해되기에 제거해주도록 한다.
- 토양의 비옥도, 토성, 수분, 통기성, 미생물의 분포 등에 영향을 받는다.

㉢ 기후인자
- 온도나 광선, 수분 및 습도, 바람 등의 기후 인자는 종자의 발아 및 묘목의 생육에 영향을 미친다.
- 직파를 할 경우 온도는 대상 수종의 발아에 적당한 온도를 유지하고 약간의 온도변화가 있는 곳이 유리하다.
- 어린나무는 수종의 광합성 특성에 따라 영향을 받으며 초기에 강한 광선에 의한 피해가 발생할수 있기에 피음조건에서 직파조림하는 것이 유리하다.
- 수분 및 습도는 직파된 종자의 발아 및 어린나무 생장에 많은 영향을 준다.

㉣ 경쟁식생
- 직파조림지에서 발생하는 초본류 및 맹아가 발생하는 목본류의 경우 종자 발아에 방해가 된다.
- 경쟁식생에서 발생되는 낙엽으로 인하여 생성되는 타감작용물질(allelopathy) 물질은 종자 발아를 억제하는 물질이 발생하기도 한다.

④ 직파조림 수종
   ㉠ 직근의 세력이 강한 수종에 유리하다.
   ㉡ 직파조림에 유리한 수종은 아래와 같다.

침엽수종	소나무, 해송, 리기다소나무, 잣나무, 들메나무, 느티나무 등
활엽수종	물푸레나무, 밤나무, 가래나무, 자작나무, 벚나무, 참나무류 등

   ㉢ 전나무, 분비나무, 구상나무, 낙엽송, 주목 및 일부 단풍나무류 등은 직파조림이 어려운 수종이다.
   ㉣ 종자의 경우 수종에 따라 발아시기에 차이가 있으며 아래와 같이 분류할 수 있다.

파종한 당년에 발아하는 수종	삼나무, 소나무, 낙엽송, 편백, 해송, 전나무, 가문비나무, 은행나무, 오동나무, 자작나무, 거제수나무 등
파종한 익년에 발아하는 수종	음나무, 피나무, 후박나무, 주목, 층층나무 등

⑤ 파종방법
   ㉠ 직파조림의 시기는 주로 봄, 가을이며 가을은 11월 중, 하순에 실시한다. 봄에 직파조림을 할 경우 지역에 따라 아래와 같이 시기적 차이가 있다.

남부지역	3월 중, 하순
중부지역	3월 하순 ~ 4월 상순
고산지역	4월 초, 중순

   ㉡ 직파조림을 할 경우 종자는 사전에 발아촉진제, 살균제, 기피제 등을 도포하여 파종하는 것이 좋다.
   ㉢ 직파의 방법은 수종 및 지역에 따라 산파, 점파, 조파 등의 방법을 선택하도록 한다.

(8) 복토 및 짚덮기

① 복토
  ㉠ 복토는 흙덮기 작업으로 보통 종자 지름의 1~4배 정도로 덮어주게 된다.
  ㉡ 오동나무, 자작나무, 오리나무류 등의 세립종자는 가는 모래를 뿌려주거나 종자를 뿌린 지면을 가볍게 눌러준다.
  ㉢ 파종 후 복토를 너무 두껍게 하면 종자의 발아가 지연되거나 부패할 가능성이 있다. 너무 얇게 덮으면 종자가 건조되어 발아가 실패하는 경우도 있어 적정한 복토가 필요하다.

② 짚덮기
  ㉠ 흙덮기가 끝나고 파종상에 지면을 가려주는 작업으로 볏짚을 깔아 지면이 건조하는 현상을 막아주고 바람이나 비로 인한 토양의 유실을 보호해준다.
  ㉡ 종자가 발아하면 짚을 걷어주는데 파종된 종자의 절반 혹은 2/3 정도가 발아한 시기에 걷어주는 것이 좋다.
  ㉢ 발아가 절반 이상 되면 2회에 걸쳐 나누어 짚을 걷고 짚을 잘라 묘목사이에 깔아 묘상의 수분 건조를 막아준다.

10. 산림토양

(1) 토양의 화학적 조성
① 지각을 구성하는 원소는 약 80 종 이상으로 다양하게 존재한다.
② 산소와 규소는 지각의 암석들에서 가장 많이 분포되어 있고 산소는 약 47%, 규소는 약 28% 정도를 차지하고 있다. 그 외 알루미늄이 약 8%, 철이 5% 등으로 이루어져 있다.
③ 토양을 이루는 주요 골격 성분으로 SiO_2, Al_2O_3 등이 80% 정도를 차지하고 있다.
④ 토양을 구성하는 산화물의 함량 순서를 보면 규산(SiO_2), 알루미나(반토, Al_2O_3), 산화철(Fe_2O_3), 석회(CaO), 고토(MgO), 소도(Na_2O), 칼륨(K_2O) 이다.

(2) 토양생성 작용인자
① 성대성토양은 토양생성 중 기후, 식생을 가장 많이 받은 토양으로 토양의 분화가 빠르게 일어나는 토양이다.
② 간대성 토양은 토양생성 중 모재, 지형, 배수 등 지역적 조건의 영향을 많이 받아 생성된 토양이다.

③ 토양의 생성에 있어 소극적(수동적)인자에 모재, 지형이 있고 적극적(능동적)인자에는 기후, 식생, 시간이 있다.

(3) 암석

① 토양의 암석

  ㉠ 지각표면에 주요 암석으로 화성암, 퇴적암, 변성암이 있으며 화성암과 변성암이 95% 정도를 처지하고 퇴적암이 5% 정도 차지한다.

  ㉡ 주요 암석의 특징은 다음과 같다.

종류	특징
화성암	• 마그마나 용암이 굳어 형성된 것으로 규산함량에 따라 암석의 색이 영향을 받는다. • 규산함량이 많을수록 색이 상대적으로 밝고 규산함량이 적고 염기가 많을 경우 어두운 색을 가진다. • 화성암의 종류로 화강암, 섬록암, 현무암, 안산암 등이 있다.
퇴적암	• 중량분포로 표면의 암석권에 5%를 차지하나 면적으로는 대륙의 80%, 바다의 대부분을 덮고 있으며 풍화, 침식작용에 의해 퇴적물이 굳은 것이다. • 퇴적암은 수성암이라고 하며 종류에는 사암, 혈암, 석회암 등이 있다.
변성암	• 변성암은 높은 열과 압력을 받아 성질이 변하는 변성 작용에 의해 만들어진 것이다. • 화강암은 열과 압력을 받아 편마암으로, 사암은 규암, 석회암은 대리암으로 변성 한다.

  ㉢ 규산함량

분류	산성암 (규산>66%)	중성암 (규산 52~66%)	염기성암 (규산<52%)
심성암	화강암	섬록암	반려암
반심성암	석영반암	섬록반암	휘록암
화산암	유문암	안산암	현무암

(4) 토양 생성

① 토양 생성 작용 종류

포드졸화작용	· 한랭 습윤지대의 침엽수림에 주로 발생한다. · 토양표층의 철과 알루미늄 등이 용탈되어 하층토에 집적된다.
라테라이트화작용	· 고온다습한 아열대, 열대지방에 일어난다. · 규산의 용탈이 심한 적색토양을 띤다.
석회화작용	· 중위도의 건조 기후 하에 일어난다. · 칼슘과 마그네슘 등이 토양에 집적되어 석회화작용이 일어난다.
글라이화작용	· 배수불량지나 지하수가 높은 저습지에서 산소공급이 부족한 환원상태에서 발생한다. · 표층은 담청색, 녹청색, 청회색 등을 띤다.
염류화작용	· 건조지대의 모세관을 따라 올라온 수분이 증발하면서 생성되는 토양이다. · 모세관을 따라 올라온 수분이 증발하고 남은 가용성의 염류가 표토에 집적하게 되는 것을 염류화 작용이라 한다.
점토화작용	· 2차적인 점토광물의 생성작용을 한다. · 온난습윤지대와 같이 충분한 수분과 온도 조건에서 발생한다.

(5) 토양 단면

토양은 성분이 용탈과 집적의 차이로 구분되며 이때 빛깔과 입자의 크기에 따라 층으로 구분한다.

O층(유기물층)	· O1 : 분해되지 않은 유기물이 있어 육안관찰 가능 · O2 : 분해된 유기물이 있어 육안관찰 불가
A층(용탈층)	· 부식된 유기물 및 광물질이 쌓여 검은색을 띤다. · A1 : 유기물 및 광물질이 있음 · A2 : 용탈이 가장 심한 층(E층)
B층(집적층)	· A층에서 용탈된 물질이 있는 층 · B1 : A층의 전이층 · B2 : 집적이 가장 많은 층 · 집적층은 전반적으로 갈색이나 황갈색을 띠며 가용성 염기류가 많다.
C층(모재층)	위층의 물질이 쌓이거나 토양의 생성작용을 거의 받지 않은 층
R층(모암층)	굳어져 있는 암반층

11. 토양의 물리적 성질

(1) 토성

① 토양은 고상, 기상, 액상으로 구성되어 있으며 고상의 대부분은 무기물이, 기상은 토양공기, 액상은 토양수분을 의미하며 고상:액상:기상=50:25:25 비율로 구성되어 있는 것이 작물이 성장하기에 가장 이상적인 구조이다.

② 토성은 모래(미사, 조사), 점토 함량을 기준으로 분류하는데 주로 점토를 기준으로 분류하며 사토, 식토, 양토, 사양토, 식양토 등으로 분류된다.

토양	진흙정도(%)	촉감에 의한 판정
사토	12.5 이하	거의 모래 뿐인 것 같은 촉감이다.
사양토	12.5 ~ 25.0	대부분 모래인 것 같은 촉감이다.
양토	25.0 ~ 37.5	반 정도 모래인 것 같은 촉감이다.
식양토	37.5 ~ 50.0	약간의 모래가 있는 것 같은 촉감이다.
식토	50.0 이상	진흙으로만 된 것 같은 촉감이다

③ 토양의 공극 및 상태에 따라 통기성 및 투수성이 결정되며 토성 중 사토가 가장 크며 다음 순서로 사양토, 양토, 식양토, 식토의 순서로 식토가 가장 작다.

④ 국제토양학회에서는 토양입자의 입경에 따라 아래와 같이 분류된다.

입자	입경(mm)
자갈	2.0 이상
조사(거친모래)	0.2 ~ 2.0
세사(가는모래)	0.02 ~ 0.2
미사(고운모래)	0.002 ~ 0.02
점토	0.002 이하

⑤ 자갈이나 모래가 많은 토양의 경우 빈공극이 많아 통기성이 좋으나 보수력이나 보비력이 낮아 작물의 생육에는 오히려 불리하다. 점토함량이 많은 토양의 경우 보수력과 보비력은 좋으나 공극이 작아 통기성이 불량하고 뿌리 발달은 불리하다.

⑥ 토성 삼각도법
  ㉠ 모래, 미사, 점토의 함량비를 이용한다.
  ㉡ 2 가지 이상의 함량비를 삼각도표 보조 선상에서 검색한다.
  ㉢ 삼각형 안으로 각 변과 평행하게 선을 그어 만나는 점의 구역이 토성이 된다.
  ㉣ 만나는 점이 경계에 있을 경우 작은 알갱이가 많은 토성의 이름을 정한다.

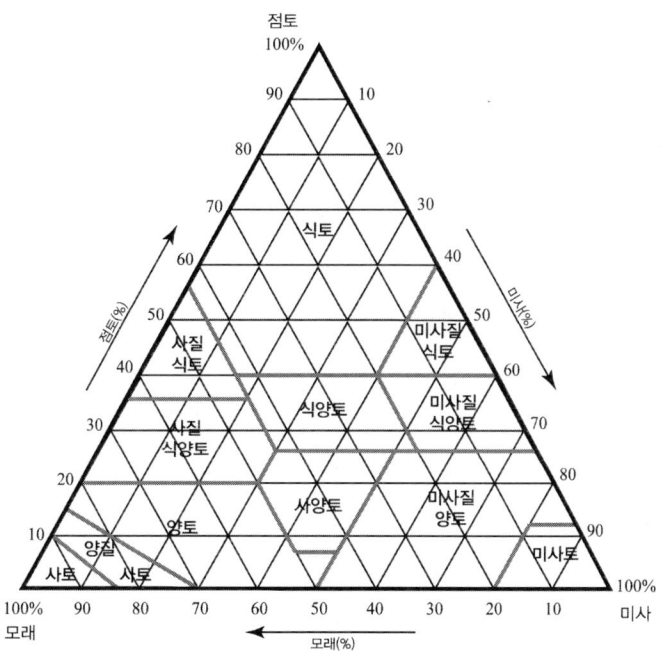

(2) 토양의 구조

① 토양 구조는 토양입자의 배열상태를 말하며 토양입자가 개별적으로 있는 경우 단립구조, 서로 결합되어 무리를 이루는 경우를 입단구조라 정의한다.

단립구조(홑알구조)	입단구조(떼알구조)
· 토양에서 각각 독립적으로 존재하는 구조로서 큰공극이 많아 수분 및 비료의 함량이 적은 편이다. · 대표적으로 모래와 미사가 단립구조를 가진다.	· 여러 입자들이 하나의 단체를 만들고 단체끼리 모여 입단을 만드는 구조로 통기성이 좋고 적정량의 수분을 보유한다. · 식물이 생육하기에 수분 및 공기의 유동에 적합한 구조이다.

② 입단을 조성하기 위해서는 칼슘(Ca^{2+})과 같은 양이온의 작용과 점토, 유기물 등을 첨가, 콩과식물의 재배, 토양의 피복, 토양개량제(krillium, PVC) 등을 통해 구조를 개선해야 한다.

③ 입단의 분해 혹은 파괴가 일어나는 경우는 과도한 경운작업과 같은 물리적 충격을 주거나 환경 및 기상에 의한 입단의 수축, 팽윤의 반복 혹은 입단구조에서 반발력이 있는 이온(나트륨이온 등)이 과다할 경우 발생한다.

④ 토양구조는 모양에 따라 구상구조(입상구조), 괴상구조, 주상구조, 판상구조 등이 있다.
  ㉠ 구상구조는 입상구조라 하며 주로 유기물이 많은 표층토에서 발달하고 입단이 구상을 나타낸다. 외관은 거의 구상이고 유기물이 많은 건조한 곳에서 생성된다. 모양은 둥글고 직경은 1cm 이하의 작은 입단으로 되어 있다.
  ㉡ 괴상구조는 배수와 통기성이 양호하고 뿌리의 발달이 원활한 심토층에 주로 발달하며 주로 B층에서 관찰된다.
  ㉢ 각주상 구조는 건조 또는 반건조지역의 심층토에 주로 지표면과 수직한 형태로 발달한다. 단위구조의 수직길이가 수평길이보다 긴 기둥모양이다.
  ㉣ 원주상 구조는 기둥모양의 주상 구조이지만 각주상 구조와 달리 수평면이 둥글게 발달한다.
  ㉤ 판상구조는 접시와 같은 모양이거나 수평배열의 토괴로 구성된 구조로 토양생성과정 중에 발달하는 편이며 토양의 투수성과 통기성이 불량하다.

(3) 토양공극

① **토양의 공극률**
  ㉠ 진비중은 입자밀도 혹은 진밀도라고 하며, 가비중은 용적밀도 혹은 용적중이라고 한다.
  ㉡ 토양의 공극은 토양 속에서 공기와 물이 차지하고 있는 부분이다.
  ㉢ 토양의 공극률은 다음과 같이 구할 수 있다.

$$공극률(\%) = (1 - \frac{가비중}{진비중}) \times 100$$

② **토양공극에 따른 생육**
  ㉠ 토양 공극의 크기가 작으면 공기의 유통이 불량하여 임목의 호흡이 저하되어 뿌리 발달이 불량해진다.
  ㉡ 토양 공극의 크기가 너무 크면 수분의 보유력이 작아 한해를 받기 쉽다.

③ **토양밀도**
  ㉠ 토양에서 입자밀도는 고상을 구성하는 자체밀도로서 $2.5 \sim 2.7 g/cm^3$ 으로 평균 $2.65 g/cm^3$ 이다.
  ㉡ 용적밀도는 사토, 사양토, 양토, 식양토, 식토 순서로 사토가 가장 높다.

(4) 토양의 반응

① 양이온 치환

㉠ 토양 입자에 흡착되어 있는 양이온이 치환되는 경우 치환성양이온이라 하며 종류로 Ca^{2+}, Mg^{2+}, K^+, Na^+ 등이 있으며 이 중에서 Ca^{2+} 의 비율이 가장 높다.

㉡ 토양이 양이온에 흡착할 수 있는 능력을 양이온 치환용량이라 하며 CEC 라 표기한다. 양이온 치환용량은 토양 100g 에 보유되는 음전하의 수와도 같다. 이러한 양이온치환용량이 크다는 것은 비옥한 토양을 의미한다.

㉢ 토양에 따른 양이온 치환능력은 식토 > 식양토 > 양토 > 사양토 > 사토 순이다.

② 염기포화도

㉠ 토양에 양이온치환용량의 H^+, Al^+ 이온을 제외한 치환성염기인 Ca^{2+}, Mg^{2+}, K^+, NH_4^+, Na^+의 함유비율을 염기포화도라 정의하며 치환성 염기량과 양이온 치환용량의 백분율로 나타낸다.

$$염기포화도 = \frac{치환성염기량}{양이온치환용량} \times 100(\%)$$

㉡ 토양은 염기포화도가 높을수록 알칼리성을 띠게 되며 낮을수록 산성을 띤다.

③ 토양의 가용도

㉠ 토양을 산성, 염기성, 중성 토양으로 분류하는 것을 pH 로 수치화하며 1~14 까지 분류한다. pH 7 을 중성으로 수가 작을수록 산성, 수가 클수록 염기성 혹은 알칼리성 토양이라 한다.

㉡ 토양 산도에 따른 가용 원소들은 아래와 같이 분류된다.

산성토양에서 가용도가 높은 원소	알루미늄(Al), 구리(Cu), 철(Fe), 망간(Mn), 아연(Zn)
산성토양에서 가용도가 낮은 원소	붕소(B), 칼슘(Ca), 마그네슘(Mg), 인산(P)

(5) 산성토양

① 산림토양의 산정도는 4계절 중 겨울이 가장 높고 여름철이 낮은 편이다. 이는 환경조건의 영향으로 그 차이가 발생 된다. 예를 들어 임상의 pH 의 경우 가을에는 낙엽에서 발생 되는 염기로 인해 pH 가 높아지게 된다.

② 일반적인 나무들은 중성토양에서 잘 생육하며 pH 에 따른 수종의 적합성은 아래와 같다.

산성토양	소나무, 낙엽송, 리기다소나무, 가문비나무, 잣나무, 낙엽송 등
중성토양	피나무, 단풍나무, 참나무 등
염기성토양	호두나무, 백합나무, 물푸레나무, 오리나무, 측백나무 등

③ 산성토양의 경우 산림에 피해를 주기도 하는데 주요 피해 내용은 아래와 같다.
　㉠ 산성토양에서 미생물이나 소동물의 활동이 저해되고 미생물의 활동 저해 때문에 유기물의 분해가 느려진다.
　㉡ 산성토양으로 인해 인, 칼슘과 같은 필수원소들의 유효도가 낮아서 결핍 현상이 일어나기도 한다.
　㉢ 산성토양에서 망간, 알루미늄이 다량 용해될 경우 나무의 생육을 더디게 한다.
④ 산성토양의 피해를 완화하기 위해서 염기성 물질인 석회를 사용하는 것이 효과적이다.
⑤ 산성토양에서는 상대적으로 세균보다 진균의 활동이 양호하여 암모늄 형태의 질소 분해에 도움을 준다.

(6) 토양미생물

① 세균류
　㉠ 세균은 세포분열에 의해 증식하고 토양미생물 중 가장 많이 분포한다.
　㉡ 자급영양세균은 암모니아, 철 등의 무기물을 산화하여 에너지를 얻는다.
　㉢ 타급영양세균은 토양유기물을 산화하여 에너지를 얻는다.
　㉣ 토양세균은 온도 25~30℃, pH 6~8 정도에서 생육이 양호한데 황세균과 같이 pH 2~4에 최적화되어 있는 세균도 있다.
　㉤ 세균에는 자급영양세균에는 질산화성균, 황세균, 철세균이 있다. 광합성 자급영양생물에는 *cyanobacteria*(남세균, 남조류), *green bacteria*(녹색세균), *purple bacteria*(홍색세균)이 있다.
　㉥ 타급영양세균에는 단독유리질소고정세균(호기성세균, 혐기성세균), 공생유리질소고정세균(근류균), 암모니아화성균, 섬유소분해균 등이 있다.
　㉦ 단독생활 질소고정균으로 호기성 고정균에는 *Azotobacter*, 혐기성 고정균에는 *Clostridium*이 있고 다른 생물과 공생하여 공중질소를 고정하는 것으로 *Rhizobium*이 있다.
　㉧ 토양미생물 중 질소순환에 관여하는 균 중 질산화균에는 암모니아산화균과 아질산산화균이 있다. 암모니아산화균에는 *Nitrosomonas*, *Nitrosococcus*, *Nitrosospira*가 있으며 아질산산화균에는 *Nitrobacter*, *Nitrocystis*가 있다.

② 균류
　㉠ 균사(사상균)로 번식하며 대부분 유기물을 분해하여 에너지를 얻는다.
　㉡ 균근은 식물의 뿌리가 토양 중 있는 곰팡이와 공생하는 형태를 말한다.
　㉢ 보통 호기성이며 토양의 통기성이 불량하면 활동이 저조해진다.
　㉣ 광범위한 pH 조건에서도 잘 생육하며 산성토양에도 적응력이 좋다.
　㉤ 식물 뿌리와 상리공생 하면서 기주 식물의 수분이나 질소와 황과 같은 무기염 등의 양분의 흡수에 도움을 준다.
　㉥ 균류는 크게 외생균근, 내생균근, 내외생균근으로 분류한다.

외생균근	• 균사가 뿌리 표면에 공생하며 뿌리내 세포까지는 침입하지 않는다. • 균사가 뿌리 표면을 두껍게 싸서 균투를 형성하고 세포 간극에 하티그 망(Hartig net)을 형성한다. • 인산이온처럼 이동성이 느린 이온의 흡수를 도와주고 지력이 낮은 곳에서 큰 역할을 한다. • 외생균근과 공존하는 대표수종으로 자작나무, 참나무, 소나무, 가문비나무, 오리나무, 포플러 등이 있다. • 외생균근의 예로 소나무 주위에 발생하는 송이버섯이 있다.
내생균근	• 균사가 뿌리 피층세포 안까지 침투하여 공생 혹은 기생한다. • 균투를 형성하지 않고 감염된 식물의 뿌리털이 정상적으로 발달한다. • 외생균근과 비교하여 기주범위가 넓은 편이다. • 대표 수종으로 은행나무, 향나무, 낙우송, 호두나무 등이 있다.
내외생균근	• 외생균, 내생균의 특징을 모두 가지고 있으며 외생균근 곰팡이의 균사가 세포 안으로 침투하여 자란다. • 형태적으로 외생균근과 흡사하고 대표수종으로 피나무가 있다.

③ 방사상균(방선균)
　㉠ 실모양의 사상이며 토양에 있는 유기물을 분해하며 세균과 곰팡이의 중간적 성질을 가진 미생물로 취급한다.
　㉡ 방사상균은 호기성이며 토양의 통기성이 좋아야 잘 생육하며 산성토양에서는 생육이 억제된다.
　㉢ 방사상균은 토양에서 세균 다음으로 많으며 한발에 내성을 가지고 있지 않으나 방사상균이 만드는 포자는 한발에 견딜 수 있다.

④ 조류
　㉠ 조류는 엽록소를 가지고 광합성을 하는 남조류, 녹조류 등이 있으며 엽록소가 없고 토양의 유기물을 이용하는 종류도 있다.
　㉡ 질소균과 공생, 유기물의 생성, 공중질소의 고정, 산소의 공급 등 토양의 많은

요소에 관여를 한다.

⑤ 토양미생물 생육

수분	최대용수량 60~80%
온도	최적온도 27~28℃ , 생육온도 0~80℃
pH	중성이 비교적 적당
토양 깊이	깊이 2~3cm 정도 최대 번식

⑥ 토양미생물 작용

유익작용	유해작용
· 탄소의 순환 · 토양구조 입단화 · 암모니아화성작용 · 질산화성작용 · 공중질소고정작용 · 인산 가급태화 · 토양미생물간 길항작용	· 병해의 유발 · 질산환원작용 · 탈질 작용 · 환원성 유해물질 생성 집적 · 무기성분의 변화 · 황산염의 환원작용

12. 임지시비

(1) 임지시비(임지비배)

① 임목의 생장 증가를 목적으로 비료를 살포하는 작업을 말하며 임지시비 혹은 임지비배라 한다.
② 유령림 비배에서 식재 전 식혈을 만들어 비료를 시비하는 것을 식혈시비라 한다.
③ 봄에 시비를 하지 못했을 경우 11월 경에 실시하며 2~3년 동안 지속적으로 실시한다.
④ 질소질 비료의 공급은 나무의 생장을 돕기에 5월쯤 시비해야 흡수율이 가장 높다.

(2) 비료의 종류

① 비료의 분류

  ㉠ 원료에 따른 분류
   · 유기질 비료 : 동물질 비료와 식물질 비료가 있다.
   · 무기질 비료 : 광물질비료가 있으며 황산암모늄, 과석, 용성인비, 과인산석회, 석회질소 등이 있다.

ⓒ 배합에 따른 분류
- 단일비료 : 비료의 3요소 중 1성분만 포함한 비료로 요소, 황산암모늄, 황산가리 등이 있다.
- 배합비료 : 2가지 이상의 단일비료를 혼합한 것이다.

ⓒ 효과에 따른 분류
- 속효성 비료 : 비효가 빠르게 나타나는 비료로 요소, 복합비료, 황산암모늄 등의 화학비료이다.
- 완효성 비료 : 비료성분이 서서히 녹아 작물이 양분을 필요로 할 때 이용할 수 있도록 만든 비료이다.
- 지효성 비료 : 퇴비, 구비 등 비효가 어느 시기가 지나서 늦게 나타나는 비료이다.

ⓒ 시기에 따른 분류
- 밑거름(기비) : 파종 전 혹은 이식 전, 발아 전에 주는 비료이다.
- 덧거름(추비) : 묘목이 자라나는 동안 추가로 주는 비료이다.

ⓒ 주성분에 따른 분류
- 질소질비료 : 황산암모늄, 요소, 염화암모늄, 질산암모늄, 석회질소, 질산석회 등이 있다.
- 인산질비료 : 과린산석회, 용성인비, 중과석, 용과린 등
- 가리질비료 : 황산가리, 염화가리, 황산가리고토, 초목회 등
- 복합비료 : 비료 3요소 중 2가지 이상을 함유한 비료
- 규산질비료 : 규산석회질, 규산고토질, 규회석비료 1호 등
- 석회질비료 : 생석회, 소석회, 석회석, 석회고토 등
- 미량원소비료 : 붕산, 망간, 철, 아연 등 미량성분을 포함한 것

② 주요산림비료

    ㉠ 완효성 비료

        비료의 효과가 천천히 나타나는 비료로서 지효성 비료라고도 한다. 생육시기에 따라 필요한 성분량만큼 비료를 공급할수 있고 비효지속기간이 긴 장점을 가진다.

고형복합비료	• 산림에서 가장 많이 사용되는 비료로 질소:인산:칼륨의 비가 3:4:1 • 조개탄모양으로 개당 15~20g 정도의 무게이며 덩어리 형태 • 일반비료보다 상대적으로 천천히 녹아 비료의 유실이 적음
항공시비용 입상비료	직경 2mm 내외로 작으며 질소:인산:칼륨의 비가 장기수용은 15:20:5 사방지용은 15:25:5 정도이다.
규산피복 요소비료	질소가 서서히 용해되어 식물이 이용할 수 있는 양분 유효도가 높은 장점을 가지나 가격이 비싼 편이다.

    ㉡ 속효성 산림비료는 요소, 용과린, 염화칼륨 등이 가장 많이 쓰이는 단일비료로 묘포나 사방지에 많이 사용된다.

(3) 시비의 효과

① 임지시비 특징

    ㉠ 임목의 조기생장에 큰 효과를 가진다.

    ㉡ 사방, 식재, 파종 조림의 식재에 시비시 뿌리의 근계가 발달하고 건조에 대한 저항력이 증가한다.

    ㉢ 가지치기, 간벌 등의 작업 이후 시비하는 것이 효과적이다.

    ㉣ 시비로 인해 생장이 빨라지면 숲이 울창해지고 강우로 인한 토실의 유실도 방지된다.

    ㉤ 시비는 봄에 시비하는 것이 가장 좋으며, 가을의 경우 11월 쯤 시비하는 것이 좋다.

② 임지시비 방법

    ㉠ 전면시비는 수관의 밑을 파고 전면에 시비한다.

    ㉡ 환상시비는 나무의 주위에 원으로 홈을 파 골고루 시비한다.

    ㉢ 측방시비는 경사지 위쪽에 같은 간격의 구멍 4개를 파고 시비한다. 산림용 고형복합 비료의 시비에 알맞다.

(4) 시비량

① 시비량 공식

㉠ 이론적 시비량

$$시비량(kg/ha) = \frac{비료요소흡수량 - 천연공급량}{비료의 흡수율} \times 100(\%)$$

$$시비량(kg/ha) = \frac{시비기준량}{비료성분량} \times 100$$

㉡ 성분량을 실중량으로 환산

$$실중량 = \frac{성분량}{비료의 성분함량} \times 100(\%)$$

② 비료에 포함된 성분에서 식물이 흡수하여 이용하는 양을 비료 이용률이라 한다. 통상 비료 3요소인 질소, 칼륨이 높고 인산은 가장 낮다.

③ 수종별 표준시비량(단위 : g/본)은 다음과 같다.

수종	질소	인산	칼리(칼륨)
소나무, 해송	6~8	4~5	4~5
낙엽송	10~14	7~8	5~8
삼나무, 편백, 전나무	8~12	5~7	5~7
포플러	24~40	16~28	12~34
오동나무	24~48	16~32	12~40
일반활엽수	10~14	7~8	5~8

(5) 비료목

① 임지의 지력 향상에 도움을 주기 위해 심어주는 나무를 비료목이라 한다.

② 비료목에는 콩과수목으로 아까시나무, 자귀나무, 칡, 싸리 등이 있으며 비콩과수목에는 오리나무, 보리수나무, 소귀나무 등이 있다. 붉나무나 백합나무 등은 질소고정식물은 아니지만 엽량이 많아 비료목으로 활용되기도 한다.

콩과식물	아까시나무, 칡, 자귀나무, 싸리, 족제비싸리 등
비콩과식물	오리나무, 보리수나무, 소귀나무, 사방오리나무
기타 비료목	붉나무, 플라타너스, 백합나무, 식나무, 포플러, 딱총나무 등

③ 비료목에는 근류균이 있어 질소를 고정하는데 도움을 주는데 콩과수목에는 Rhizobium 속이 있으며 비콩과수목에는 Frankia 가 있다.
④ 비료목은 균근의 형성에 도움을 주며 낙엽을 통해 유기물을 공급하면서 임지의 지력 유지 및 향상에 도움을 주게 된다.

13. 묘목 생산

(1) 종자번식 및 영양번식

① 종자 번식(유성번식)
  ㉠ 종자번식은 이름 그대로 종자를 이용하여 방법으로 측방하종, 씨뿌림 등의 방법이 해당된다.
  ㉡ 번식 방법이 쉬운 편이다.
  ㉢ 우량종 개발이 가능하다.
  ㉣ 영양번식과 비교 시 발육이 왕성하고 수명이 길다.
  ㉤ 종자의 수송이 용이하다.
  ㉥ 육묘비가 저렴하다.
  ㉦ 육종된 품종에 변이가 일어나기도 한다.

② 영양 번식(무성번식)
  ㉠ 무성번식은 모체를 이용하는 방법으로 취목, 분주, 삽목, 접목, 조직배양 등이 해당된다.
  ㉡ 모체와 유전적으로 동일한 개체를 얻을 수 있다.
  ㉢ 초기 생장이 좋다.
  ㉣ 바이러스 감염 시 제거가 불가능하다.
  ㉤ 종자번식 대비 저장과 운반이 어렵다.
  ㉥ 종자번식에 비해 증식률이 낮은 편이다.
  ㉦ 종자번식이 불가능한 경우 유일한 번식 방법이다.

(2) 채종림과 채종원

① 채종림은 천연림이나 인공림에서 형질이 우수한 나무를 통해 유전적으로 우량종자를 채집할 목적의 산림이다.
② 채종림 선발은 우량목, 중간목, 불량목으로 구분하고 우량목이 전체 나무의 50% 이상, 불량목은 20% 이하일 경우 양호한 상태라 할 수 있다.

③ 채종원은 우량종자를 지속적으로 공급할 목적으로 채종림에서 선발된 수형목의 종자나 클론에 의해 조성된 1세대 채종원으로 인위적인 수목 집단이다.
④ 1단지의 면적이 1만㎡ 이상 이며 모수가 150본 이상인 산림이고 채종림의 지정기준에 적합한 경우 채종림으로 지정이 가능하다. 또한 지위지수가 '중' 이상인 임지로 배수가 잘되는 평탄지 또는 경사지는 경사 15° 이내가 바람직하다.
⑤ 채종원의 배치 시 각 클론 간의 교배 기회는 고르게 되도록 해야 하나 동일 클론의 경우 교배 빈도가 낮도록 관리해야 한다.
⑥ 채종원은 해마다 제초를 하여 병해충에 대해 방제하는 것이 좋고 주위에 다른 수종으로 방풍림대를 조성하는 것이 좋다.
⑦ 채종원의 조성 조건
  ⊙ 채종원은 외부 화분에 의한 수정을 막기 위하여 동종 임분에서 500m 이상 떨어진 곳으로 선택한다.
  ⓒ 선발된 수형목의 위치에서 남쪽으로 되도록 가깝고 고도는 다소 낮은 곳으로 한다.
  ⓒ 채종원의 면적은 최소 5ha를 초과해야 하고, 원형에 가까운 곳으로 한다.
  ② 통풍과 배수가 원활하고 평지나 완경사지인 곳이 좋다.
⑧ 채종원의 관리
  ⊙ 채종원의 비옥도는 종자 생산량에 직접적인 영향을 주므로 충분한 시비가 필요하다.
  ⓒ 수령이 증가하면 수관 하부의 결과지는 수광량 부족으로 고사되며 화분의 밀도가 위치에 따라 균일하지 못하여 종자의 품질이 떨어지는 등 여러 가지 우량종자의 대량 생산에 차질이 발생하므로 채종목의 수형조절이 필요하다.
  ⓒ 채종원은 하층에 풀이 나게 하여 지표침식을 방지하도록 한다. 단, 해마다 풀베기를 통해 관리는 해주도록 한다.
  ② 주위에 방풍림 형성시 다른 수종으로 방풍림대를 형성하도록 한다.
  ⓜ 생장 및 결실 촉진을 위한 환상박피 및 외상처리 등은 피하도록 한다.

(3) 묘포 적지 선정

① 지형 및 위치 조건
  ⊙ 평탄한 곳보다 5° 이하의 약간 경사진 곳이 관수 및 배수에 유리하다. 침엽수는 1~2° 정도의 경사지, 그 외는 3~5° 정도의 경사지가 적당하다.
  ⓒ 만약 지형 특성상 경사가 5° 초과되면 계단식 경작이 유리하다.

ⓒ 위도나 고도가 높고 한랭한 기후인 지역은 동남향이 좋고 기후가 따뜻한 남쪽지역이나 저지대는 북쪽 사면이 좋다.
② 고도가 높은 산간지역의 좁은 계곡은 기류가 정체되면서 서리의 피해가 발생할 수 있기에 피하는 것이 좋다.
⑪ 위치 선정 시 조림지와 근접하며 묘목수급이 용이하고 충분한 면적을 가지고 있는 곳이 좋다.
ⓗ 묘포는 동서로 길게 설치하며 묘상이 남쪽을 향하도록 하는 것이 좋다.
ⓢ 북반구에서는 조림할 장소보다 북쪽에 있는 것이 유리하다.

② **토양조건**
㉠ 토심은 30cm 이상 깊고 부식질이 많은 비옥한 사양토 혹은 식양토가 좋다. 그러나 과하게 비옥한 토지는 도장의 가능성이 있기에 피하도록 한다.
㉡ 토양의 성질에서 배수, 통기성, 보수성 등의 물리적 성질이 좋은 토양을 고르도록 한다.
㉢ 토양의 산도는 pH 5.5~6.5 정도가 양호하며 침엽수는 pH 5.0~5.5, 활엽수는 pH 5.5~6.0 이 적당하다.
㉣ 토양의 산도에 따른 적정 생육 수종은 아래와 같이 분류할 수 있다.

토양산도(pH)	수종
3.9 이하	지의류, 선태류
4.0 ~ 4.7	소나무, 리기다소나무, 낙엽송 등
4.8 ~ 5.5	잣나무, 참나무류, 가문비나무류 등
5.6 ~ 6.5	참나무, 단풍나무, 피나무 및 대부분 침엽수
6.6 ~ 7.3	호두나무, 양버즘나무, 측백나무 등
7.4 ~ 8.0	오리나무, 네군도단풍, 물푸레나무, 측백나무 등
8.1 ~ 8.5	포플러 등

③ **기타조건**
㉠ 묘포지 주위로 하천 및 저수지가 있어 관수 공급이 원활한 곳이 유리하다.
㉡ 강우량, 강설량, 기온 등을 사전에 조사하여 적지를 선정한다.
㉢ 조류 및 소동물, 토양미생물 등 묘포지의 양묘에 위해를 가할 수 있는 곳은 피하도록 한다.
㉣ 묘포에서 기비는 무기질 비료, 추비는 속효성 비료를 사용하는 것이 좋다.

(4) 묘포 설계

① 묘포면적

㉠ 묘포의 면적을 산출할 때는 수종, 묘목 규격, 묘목 생산량, 이식작업의 횟수, 저수지, 방풍림, 부속시설, 도로, 제지 등을 고려하여 산출한다.

㉡ 육묘상의 면적은 전체 묘포 소요면적의 60~70% 정도로 한다.

㉢ 묘포의 용도별 소요면적의 비율은 아래와 같다.

육묘포지	60~70%
관배수로, 부대시설, 방풍림 등	20%
기타 소요면적 및 퇴비장 등	10 %

㉣ 목적 및 지대에 따라 아래와 같이 분류하여 정의 한다.

포지	묘목이 재배되는 지역, 휴한지, 통로 등
부속지	창고, 작업실 등 재배를 위한 시설 부지
제지	계단상의 경사면

② 묘포 구획

㉠ 묘포의 구획은 묘상의 크기와 형태, 도로의 배치를 중심으로 기본 설계를 하고 부대시설의 배치를 적당한 곳에 정한다.

㉡ 크게 구획된 묘상들 사이로 주도로를 설치하고 세분된 묘상 간에는 부도로를 설치하며 필요에 따라 임시도로를 설치한다.

㉢ 묘상은 동서방향으로 길게 하고 상의 너비는 1~2m, 보도너비는 30~50cm 로 한다.

(5) 실생묘 생산

① 파종상 만들기

㉠ 파종상은 종자의 정착과 발아, 발육을 도와주기 위해 정지작업을 실시하는데 밭갈이(경운), 쇄토, 표토 및 상만들기(작상) 순서로 이루어진다. 그러나 너무 과도한 정지작업을 실시하면 풍화작용이 가속화되기도 한다.

㉡ 밭갈이 작업

• 밭갈이 작업은 늦가을이나 초봄에 실시하며 필요에 따라 봄, 가을 2회 반복할 수 있다.

• 가을에 실시하는 밭갈이는 해충구제의 효과가 있다.

- 토양을 부드럽게 풀어 배수 및 통기성을 개선해주며 토양 내 이산화탄소를 제거하고 산소를 공급해준다.
- 토양의 보수력 및 보온력, 양분흡수, 가용성을 증가시킨다.
- 유용 미생물의 증식을 촉진한다.
- 잡초의 뿌리를 제거하여 잡초 발생량을 억제할 수 있다.

ⓒ 쇄토
- 밭갈이작업 이후 지표면 위의 흙덩이를 잘게 부수는 작업이다.
- 자갈, 풀뿌리 및 기타 이물질을 함께 제거한다.

ⓔ 상만들기

구분	상만들기	수종
소나무상 (고상)	10cm 높이의 상을 만들면서 상의 표토를 1cm 이하 눈을 가진 체로 쳐서 균일하게 덮은 후 나무 판으로 평탄하게 다진다.	소나무, 낙엽송, 삼나무, 편백, 가문비나무, 전나무
상수리나무상 (고상)	소나무처럼 상을 만들지만 상면은 레이크 등으로 쇄토하면서 평탄하게 한다. 흙체로 치지 않아 다소 거칠게 조성된다.	참나무, 밤나무, 칠엽수, 은행나무
오리나무상 (평상)	상 높이를 고랑높이와 같게 하지만 나머지 작업은 소나무상에 준한다.	오리나무, 자작나무
호두나무상 (평상)	상 높이는 고랑높이와 같게 하며 나머지 작업은 상수리나무상에 준한다.	호두나무, 물푸레나무
버드나무상 (저상)	상 높이를 고랑높이보다 7~10cm 낮게 하며 나머지 작업은 소나무상에 준한다.	버드나무, 사시나무

(6) 파종작업

① 파종량계산

㉠ 적정 파종량 계산을 위해 아래 공식과 같이 파종량을 산출하며 산파 작업에 적용한다. 줄뿌림이나 점뿌림에서는 파종량이 다소 줄어들 수 있다.

$$파종량(g) = \frac{파종상면적(m^2) \times 단위면적(m^2)당 잔존 묘목수}{1g당 종자수 \times 순량률 \times 발아율 \times 득묘율}$$

㉡ 득묘율은 경험에 의해 얻어진 안전율로 0.3 ~ 0.5 범위 내에서 결정한다.
㉢ 순량률, 발아율, 득묘율은 백분율이 아닌 소수로 대입하여 계산하도록 한다.
㉣ 득묘율이 높을 경우 파종작업에 관련된 기술의 수준이 높음을 의미한다.

② 파종방법
　㉠ 산파(흩어뿌림)
　　• 소나무, 삼나무, 편백, 낙엽송, 가문비나무, 오리나무, 자작나무 등의 세립종자는 흩어 뿌림을 하는 것이 유리하다.
　　• 파종상 고르게 뿌리기 위해 파종할 종자의 절반이나 2/3 정도를 전면에 뿌리고 나머지 잔량으로 파종이 잘 안된 부분에 보충하여 뿌려준다.
　㉡ 조파(줄뿌림)
　　• 느티나무, 아까시나무, 물푸레나무, 단풍나무, 옻나무 등의 중립종자는 줄뿌림을 하는 것이 유리하다.
　　• 주로 발아 후 실생묘의 생육이 빠른 종자들의 경우 줄뿌림을 해준다.
　　• 줄뿌림의 줄 간격은 수종에 따라 다르나 10~20cm 범위에서 조절을 한다.
　㉢ 점파(점뿌림)
　　• 참나무류, 밤나무, 호두나무, 칠엽수 등의 대립종자는 종자를 하나씩 선상으로 점뿌림한다.
　　• 일부 수종은 종자를 2~3 입자씩 모아 점뿌림 하는 상파도 가능하다.

(7) 파종상 관리

① 해가림
　㉠ 파종상에서 햇빛에 피해를 받을수 있는 내음성이 강한 수종에 주로 실시하며 양수수종에는 해가림이 거의 필요 없다.
　㉡ 내음성이 강한 전나무, 잣나무, 삼나무, 편백, 낙엽송, 가문비나무 등에 주로 실시한다.
　㉢ 해가림은 광선이 약해지거나 묘목이 어느 정도 자란 8월경부터는 제거해주도록 하며 9월 이후에는 완전히 제거하도록 한다.

② 솎아내기
　㉠ 일반적으로 불량한 묘목을 솎아내는 작업으로 묘목의 상태나 밀도 등을 고려하여 작업을 실시하고 8월 하순까지 2~3회 정도 작업을 한다.
　㉡ 성장주기가 두 번 있는 낙엽송, 삼나무, 편백 등은 2~3회, 성장주기가 1회인 소나무류, 전나무류, 가문비나무류는 1~2회 실시한다.

③ 제초작업
   ㉠ 제초작업은 양묘사업에서 노동력과 비용이 가장 많이 소요되는 작업 중 하나이다.
   ㉡ 화학적 제초작업을 할 경우 묘목에 피해를 주지 않기 위해 선택성 제초제를 사용한다.

④ 관수
   ㉠ 발아 직후 어린 묘는 건조에 취약하기 때문에 주기적으로 관수를 해주어야 한다.
   ㉡ 관수는 상토가 충분히 물을 흡수할 때까지 지속하고 어린 묘는 고랑에 물을 채워 관수를 한다.
   ㉢ 관수는 가급적 보도관수를 실시하고 어려울 경우 스프링클러로 관수하며 관수 시간은 아침이나 저녁에 실시하는 것이 좋다.
   ㉣ 관수는 기상조건에 따라 시기에 차이가 있으나 중부지방의 경우 이식작업이 끝나고 장마철이 오기 전 4~6월에 실시한다.

⑤ 단근
   ㉠ 단근은 뿌리의 일부를 자르는 작업으로 뿌리의 직근 발달이 억제되고 측근이나 세근 발달이 촉진된다.
   ㉡ 단근작업을 하게 되면 묘목의 뿌리 발달이 촉진되어 활착률을 높일 수 있다.
   ㉢ 측근이 잘 발달하는 1년생 산출묘는 단근이 필요 없으나 이식 없이 파종상에서 산출되는 2년생 이상의 묘목은 단근작업을 해주는 것이 좋다.
   ㉣ 단근작업을 실시하면 직근의 발달이 억제되어 나무의 뿌리가 깊이 내리지 못해 수간의 통직성이 저하되기에 수종 및 환경조건 등을 고려하여 단근작업을 실시해야 한다.
   ㉤ 산출묘의 경우 수종에 따라 단근작업 여부를 결정한다.

1년생 산출묘로 단근 하는 것	상수리나무, 굴참나무, 졸참나무
1년생 산출묘로 단근하지 않는 것	낙엽송, 느티나무, 전나무, 삼나무, 편백
2년생 이상으로 단근하는 하는 것	• 직근성 : 소나무, 해송, 상수리나무, 졸참나무 • 천근성 : 낙엽송, 느티나무, 전나무, 가문비나무, 편백, 삼나무

⑥ 시비
　㉠ 비료를 주는 작업인 시비는 파종 전에 밭갈이 작업과 함께 뿌려주는 밑거름과 종자 발아 이후나 묘목의 이식 후에 주는 덧거름이 있다.
　㉡ 밑거름은 지효성 무기질 비료를 주는 것이 좋으며 덧거름은 속효성 무기질 비료를 주는 것이 좋다.

⑦ 상체(이식)
　㉠ 상체는 발아한 묘목을 자람에 따라 파종상에서 옮겨 심는 작업을 말한다.
　㉡ 상체를 통해 묘목의 줄기가 가늘고 길게 웃자라는 것을 방지하여 도장의 위험이 적어진다.
　㉢ 상체 작업을 봄에 할때는 판갈이 자를 이용하여 일정 간격으로 줄을 맞추어 심어주며 작업 중 뿌리 건조를 주의하도록 한다. 봄에 상체를 할 때는 지상부의 성장이 빨리 시작되는 수종을 먼저 작업해주도록 한다.
　㉣ 수목의 상체 시기

1년생 상체 수종	소나무, 해송, 편백, 삼나무, 낙엽송
2년생 상체 수종	독일가문비, 잣나무, 참나무류
3년생 상체 수종	전나무

(8) 판갈이 작업
　① 판갈이 작업은 서리의 피해가 없는 경우 이른 봄에 눈이 트지 않은 시기에 실시하는 것이 좋다.
　② 판갈이의 시작년도는 빠를수록 좋으며 초기생장이 빠른 소나무, 낙엽송, 편백 등은 1년생을 이식하지만 전나무, 가문비나무 등은 생장이 느려 1~2년 혹은 그 이상 파종상에 거치했다가 이식한다.
　③ 판갈이 작업을 하고 나면 충분히 관수를 해주도록 한다.
　④ 필요한 경우 해가림을 해주어 이식된 묘목의 광선에 의한 피해를 경감시키도록 한다.
　⑤ 판갈이에서 밀도는 다음과 같은 관계를 고려해야 실시한다.
　　㉠ 묘목이 클수록 소식한다.
　　㉡ 지엽이 옆으로 확정하는 경우 소식한다.
　　㉢ 양수는 음수보다 소식한다.
　　㉣ 땅이 비옥할수록 소식한다.

(9) 삽목

① 삽목
  ㉠ 식물의 줄기나 뿌리 등 특정 부위를 잘라낸 후 이것을 발근시켜 독립된 식물로 성장시키는 것을 삽목이라 한다.
    · 모수의 특징을 이어받는다.
    · 묘목 양성기간이 단축된다.
    · 개화결실이 빨라진다.
    · 병충해 저항력이 커진다.
    · 결실이 어려운 수목의 번식이 가능하다.
  ㉡ 삽수의 끝눈을 남향으로 향하게 한다.
  ㉢ 대부분의 수종의 삽수는 상단면이 북쪽을 향하게 하고 30° 정도 경사지게 세운다. 단, 속성수의 경우 삽수를 수직으로 세운다.
  ㉣ 작업 중 삽수가 건조하거나 눈이 상하지 않게 주의한다.
  ㉤ 바람은 삽목에 영향을 주기에 주의하도록 하며 과습한 상태도 주의를 해야 한다.
  ㉥ 삽목은 수액이 유동하는 3~4월에 실시하는 것이 좋다.
  ㉦ 삽수는 생육 개시 직전의 어린나무의 1년생 가지를 채취하는 것이 좋다.
  ㉧ 삽목에는 뿌리는 이용하는 근삽이 있으며 가죽나무, 백합나무, 뽕나무, 산사나무, 등나무, 황매화, 오동나무 등의 수종에 적합한 방법이다.
  ㉨ 발근이 어려운 수종은 발근촉진제를 이용하는데 이때 삽수 아래쪽을 살균제로 소독하고 인돌초산(IAA), 인돌부티르산(IBA), 나프탈렌초산(NAA) 등의 식물호르몬을 이용하여 처리한다.

② 삽수 발근에 영향인자
  ㉠ 삽수 발근에 영향을 미치는 인자로 삽수 자체의 특성이나 삽목의 환경, 삽수의 발근촉진처리 인자가 있다.
  ㉡ 삽수 자체 인자
    · 세포, 조직 내의 질소화합물에 대한 탄소화합물의 비율(C/N 율)이 높은 삽수가 발근이 잘된다.
    · 주지보다 측지에서 채취한 삽수가 발근이 양호하다.
    · 수관의 상부보다 하부에서의 가지가 발근에 유리하다.
  ㉢ 삽수 발근에 영향을 주는 환경인자
    · 공기, 수분, 온도, 광선, 미생물의 존재 등이 삽수에 영향을 미친다.

- 삽수는 적당한 온도에서 대사활동이 촉진되는데 대부분 온도 20~25°C 내외에서 발근이 잘되며 10°C 이하 혹은 30°C 이상 조건에서는 발근이 불리하다.
    ② 삽수 발근에 영향을 주는 식물호르몬
    - 삽수의 발근촉진에 영향을 주는 식물호르몬에는 옥신류, 인돌초산(IAA), 인돌부티르산(IBA), 나프탈렌초산, 2,4-D 등이 있다.
    - 2,4-D 의 경우 고농도에서는 제초효과를 보이며 저농도에서는 발근효과를 나타낸다.
③ 삽목발근 수종

삽목발근이 용이한 수종	삽목발근이 어려운 수종
포플러류, 버드나무류, 개나리, 무궁화, 족제비싸리, 쥐똥나무, 모과나무, 찔레, 매자나무, 노각나무, 배롱나무, 사철나무, 식나무, 동백나무, 회양목, 꽝꽝나무, 은행나무, 삼나무, 향나무, 주목	참나무류, 감나무, 밤나무, 호두나무, 느티나무, 벚나무, 오리나무, 너도밤나무, 자작나무, 물푸레나무, 자귀나무, 아까시나무, 사시나무, 백합나무, 소나무, 전나무, 가문비나무, 낙엽송

④ 삽목상 준비
   ㉠ 삽목 발근이 잘 되는 포플러류, 버드나무류, 무궁화 등의 삽목상은 야외 포지에 파종상과 같은 형태로 상을 만든 후 삽목한다.
   ㉡ 건조를 막거나 수종에 따라 필요한 경우 해가림을 하도록 한다.
   ㉢ 삽목상 사용되는 상토는 보수성과 통기성이 양호한 배양토를 사용한다.
   ㉣ 일반 포지에 삽목할 경우 모래가 많은 사질양토나 거칠게 풍화된 마사토로 삽목상을 만든다.
   ㉤ 삽목상 30°C 이상의 고온이 유지되거나 15°C 이하로 내려가면 발근율이 감소하거나 발근이 지연될 수 있다.

(10) 접목묘 생산

① 접목
   ㉠ 뿌리부분을 대목, 줄기와 가지 부분을 접수라 한다.
   ㉡ 접수와 대목이 잘 유합되는 정도는 동종간 > 동속이품종간 > 동과이속간 순이다.
   ㉢ 과가 같고 속이 다른 개체간 접목은 속간접목이라 하며 대표적으로 탱자나무와 귤속을 접목할 때 해당된다. 종이 다른 경우의 접목은 종간접목이라 하며 해송이 대목, 섬잣나무가 접수인 경우가 해당된다.
   ㉣ 대목과 접수의 유전적 성질은 변하지 않는다.

ⓜ 접수와 대목의 형성층에서 캘러스 조직이 형성되어 유합하게 된다. 그래서 접목의 활착을 위해 대목과 접수의 형성층을 밀착시켜주는 것이 중요하다.
ⓑ 접목 부위로 식물바이러스가 침입할 수 있기에 주의가 요구된다.
ⓢ 접목의 경우 수종이나 주위 조건에 따라 적합한 방법을 선택하며 소나무류나 낙엽활엽수는 할접을 적용한다.
ⓞ 접목의 특징

장점	단점
• 모수의 클론 보존이 가능 • 개화결실 촉진 • 수세 회복이 가능 • 병충해의 피해 감소	• 고도의 기술을 요구 • 특정 수종끼리만 가능 • 접수, 대목의 보존의 어려움 • 일시에 많은 묘목 생산이 어려움

ⓩ 접목의 시기는 보통 접수는 휴면상태, 대목은 활발한 상태일 때 접목의 적기이다
ⓒ 접수
  • 접수는 병충해 및 동해가 없는 1년생 가지가 좋다.
  • 봄철(2~3월)에 수액이 유동하기 전에 채취하여 저장 후 사용하는 것이 좋다.
  • 접수를 저장시 온도 0~5℃, 공중습도 80% 정도에 하단을 습한 모래에 묻어 저장한다.
ⓚ 대목
  • 대목은 병해에 강한 묘목으로 접목하고자 하는 수종의 1~3년생 실생묘가 좋다.
  • 수종 특성상 접수와 대목을 같은 수종으로 해야 하는 경우가 있으며 대표적으로 밤나무와 은행나무의 경우 접수와 대목을 같은 수종으로 한다.
  • 주요 수종별 접수와 대목은 아래와 같다.

접수 - 대목	접수 - 대목
소나무류 - 해송	장미나무 - 찔레나무
섬잣나무 - 해송	호두나무 - 가래나무
귤나무 - 탱자, 감귤나무	사과나무 - 해당화
대추나무 - 묏대추	

② 접목유합에 영향 인자
  ㉠ 접목유합에 영향을 주는 요인으로 유전적 특성, 접목재료, 환경요인 등이 있다.
  ㉡ 대목과 접수의 유전적인 접목친화성이 있어야 가능하며 유전적으로 가까운 종일수록 접목성공확률이 높아진다.

ⓒ 같은 종에서도 수종에 따른 생리적 특성 차이로 접목이 힘든 수종도 있다. 수액분비가 심하거나 접목에 방해되는 물질이 많은 호두나무, 참나무류, 피나무 등은 접목이 어려운 수종으로 분류된다. 반대로 소나무, 밤나무, 포도나무, 뽕나무 등은 접목이 쉬운 수종에 속한다.

ⓔ 환경인자에는 주변의 온도, 습도, 산소의 공급이 적절히 유지되어야 한다. 캘러스 조직 발달을 위해서는 온도는 20~30℃ 정도로 유지하고 대기습도를 마르지 않도록 유지해준다.

③ **접목의 종류와 방법**

㉠ 접목의 종류에는 줄기접, 근접, 근관접, 종자접, 아접 등이 있다.

㉡ 유대접은 참나무류나 밤나무의 대립종자를 발아시켜 유경(어린줄기)을 절단하고 자엽병 사이에 접수를 꽂는 방법이다.

㉢ 줄기접은 절접, 박접, 할접, 설접, 복접, 합접, 기접, 호접, 교접 등이 있다.

절접	• 밤나무 등과 같은 유실수 및 기타 수종에 적용하는 방법이다. • 접수와 대목의 삭면에 평행으로 노출된 형성층을 밀착시켜 접목끈으로 묶는다.
박접	대목의 수피에 1~2줄의 칼집을 넣어 접수를 목질부와 껍질 사이의 형성층 부위로 밀어 넣어 대목과 접수의 형성층을 밀착시킨 후 접목끈으로 묶는다.
할접	• 대목이 굵고 세로로 잘 쪼개지는 감나무나 소나무 등에 적용한다. • 대목은 절단면의 중심부를 수직으로 갈라 틈을 만들고 접수를 틈 한쪽 혹은 양쪽으로 끼운다.
설접	• 뿌리와 같이 유연한 대목을 사용하거나 접수와 대목의 굵기가 비슷할 때 적합한 방법이다. • 접수와 대목은 동일한 길이와 형태를 지닌 삭면을 2중으로 만들어 삭면을 서로 끼워 형성층에 밀착되도록 하고 접목끈으로 묶는다.
복접	굵은 대목의 측면부에 비스듬히 삭면을 만들고 쐐기모양의 삭면을 지닌 접수를 조제하여 끼워 넣는다.
합접	• 줄기가 단단하고 탄력이 적으며 수조직이 발달하거나 수액이 지나치게 많은 호두나무 등에 적합한 방법이다. • 대목의 상단과 접수의 하단에 비스듬한 삭면을 대칭으로 만들어 밀착시키는 방법이다.
기접	접수용 묘목과 대목용 묘목을 나란히 접근시켜 양쪽 묘목의 측면에 삭면을 만들어 밀착시킨 다음 접목끈으로 묶는 방법이다.

호접	• 대목의 상단부가 사전에 절단 제거되는 것이 기접과 다른 점이다. • 호접은 접수로 사용되는 나무의 밑둥이나 뿌리가 썩어 고사할 가능성이 있는 나무를 살리기 위한 방법으로 이용된다.
교접	나무의 줄기 아래에 상처가 발생하여 통도장애에 의한 고사 위험이 있을 경우 상처난 줄기의 상, 하부를 이어주는 접수를 조제하여 접목시켜 물질의 통도기능을 회복시켜 주는 방법이다.

④ 취목묘

㉠ 취목법(휘묻이)은 압조법이나 복조법이라고도 한다.

㉡ 가지의 부정근 발생을 통해 하나의 독립된 개체로 분리하는 무성번식 방법이다.

㉢ 취목은 방법에 따라 단부취목, 단순취목, 파상취목, 맹아지취목, 매간취목, 공중취목 등이 있다.

(11) 묘목의 품질과 규격

① 묘목의 품질조사

㉠ 묘목의 품질은 산지 식재 후 활착 및 생장에 영향을 미치며 임지 생산성에 주요한 결정 인자가 된다.

㉡ 묘목의 품질조사는 유전적 특성, 형태적 특성, 생리적 특성 등을 종합하여 평가하고 우량 묘목의 조건은 아래와 같다.

• 종자산지 및 출처를 확인할 수 있는 채종원, 채종림에서 생산된 종자로 우량 유전 성질을 지녀야 한다.

• 발달 상태가 양호하며 수세가 왕성하고 조직이 단단하고 충실해야 한다.

• 주지가 세력이 강하고 곧게 자라며 정아가 측아보다 우세해야 한다.

• 주지를 압도하지 않는 범위에서 측지가 사방으로 고르게 발달해야 한다.

• 근계 발달이 충실하고 주근, 측근, 세근이 균형 있게 발달해야 한다.

• 지상부와 지하부가 균형을 이루어 T/R 율이 정상 범위에 있어야 한다.

• 상처나 병해충의 피해가 없어야 한다.

• 침엽수종은 하아지(여름눈)가 발달하지 않은 것이 좋다.

② 실생묘의 나이
　㉠ 실생묘의 처음 숫자는 파종상에서 지낸 연수, 뒤의 수는 판갈이상에서 지낸 연수를 의미한다.
　㉡ 실생묘의 표기는 아래와 같다.

표기	의미
1-0 묘	파종상에서 1년, 이후 판갈이가 없는 1년생 실생묘
1-1 묘	파종상 1년, 이후 1회 이식되어 1년을 지낸 2년생 실생묘
2-0 묘	파종상 2년, 이후 이식된 적이 없는 2년생 실생묘
2-1-1 묘	파종상 2년, 이후 2회의 이식이 있었으며 각 1년을 지낸 4년생 실생묘

　㉢ 실생묘의 나이 표기에 추가하여 파종시기를 표기할 경우 봄과 가을로 구분하며 봄은 S, 가을은 F 를 묘목의 나이 앞에 표기한다. 표기 예시로 <S 2-2>, <F 2-2-2> 등으로 나타낸다.
　㉣ 단근 작업을 했을 경우 P 를 붙여 표기하기도 한다. 표기는 <2-2 P>, <2-2-2 P> 등으로 나타낸다.

③ 삽목묘 나이
　㉠ 삽목묘는 뿌리의 나이를 분모, 줄기의 나이를 분자로 나타내며 C 1/1 식으로 표기한다.
　㉡ 접목묘는 삽목묘와 동일하며 C 대신 G 로 나타내며 G 1/1 식으로 표기한다.
　㉢ 삽목묘의 표기는 아래와 같다.

표기	의미
C 1/1 묘	줄기 나이 1년, 뿌리 나이 1년인 삽목묘
C 2/3 묘	줄기 나이 2년, 뿌리 나이 3년인 삽목묘 1/2 묘가 1년 경과한 경우
C 0/3 묘	줄기가 없고, 뿌리 나이 3년 인 삽목묘

　㉣ 줄기의 나이가 뿌리의 나이보다 적은 경우의 묘는 대절묘라 한다.

④ 묘목의 규격
　㉠ 묘목은 묘령, 묘고, 간장, 근원경, 뿌리 길이 및 발달형태, 이식횟수, T/R율, H/D율, 잎의 색 등을 평가 대상으로 한다.
　㉡ 일반적으로 적용되는 묘목의 규격은 수종별, 나이별로 줄기 길이(간장), 뿌리길이

(근장), 뿌리 지름(근원직경)으로 구분하여 합격묘의 최소기준으로 한다.
ⓒ 묘목의 T/R 율은 지상부와 지하부의 중량비를 의미하며 수치가 작을수록 우량묘목에 가깝게 된다. 수종이나 묘목의 연령에 따라 차이가 있으나 보통은 3.0 정도가 좋다.

(12) 묘목의 관리

① 묘목의 굴취 및 선묘
  ㉠ 묘목의 굴취는 늦가을이나 이듬해 봄에 실시하며 상록성 침엽수나 활엽수는 묘상에 그대로 월동시키고 이듬해 봄에 굴취하도록 한다.
  ㉡ 묘목 굴취는 토양이 습하고 이슬이 마른 시간에 굴취하는 것이 좋다.
  ㉢ 굴취한 묘목은 건전한 것만 골라 크기에 따라 선묘하여 동일한 규격을 가진 묘목끼리 다발로 묶어준다.
  ㉣ 묘포장에서 묘목을 굴취하여 식재하기까지의 굴취, 선묘, 곤포, 수송, 가식의 작업순서로 진행된다.

② 묘목의 가식
  ㉠ 묘목을 심기 전 잠시 뿌리를 묻어 건조를 방지하고 묘목의 생기를 회복하기 위한 작업을 가식이라 한다.
  ㉡ 묘목 굴취 후 바로 선묘하며 가능하면 하루 이내 산지로 운반해 가식하는 것이 좋다.
  ㉢ 봄에 굴취한 것은 배수가 좋은 남향의 사양토 혹은 식양토에 가식하고 서북풍을 막을 수 있는 온화한 장소를 선택한다.
  ㉣ 가을에 굴취한 묘목은 동북향의 서늘한 곳에 가식한다.
  ㉤ 가식 시 뿌리 부분을 부채살 모양으로 열가식하도록 한다.
  ㉥ 묘목의 끝은 가을에는 남쪽, 봄에는 북쪽으로 45° 경사지게 한다.
  ㉦ 지제부가 10cm 이상 깊게 가식하도록 한다.
  ㉧ 단기간 가식시 다발째, 장기간 가식시 결속을 풀어 작업한다.
  ㉨ 비가 오거나 온 직후에는 바로 가식하지 않는다.

③ 묘목의 포장 및 수송
  ㉠ 묘목을 조림 예정지까지 수송하기 위해 묘목을 포장하는 곤포작업을 거치게 된다.
  ㉡ 곤포작업에 필요한 재료로 거적, 비닐, 부직포 등을 이용하며 포장과정에서 뿌리가 곤포 밖으로 노출되지 않도록 하며 줄기 부분은 곤포 밖으로 노출시킨다.

ⓒ 뿌리 사이에 보습을 위해 물이끼나 짚을 끼워 넣도록 한다.
　　ⓔ 보통 한 곤포는 약 500~2000본 단위로 포장하고 무게는 20~30kg 정도가 되도록 포장하는 것이 편리하다.

④ 보식
　　㉠ 식재된 묘목이 1~2년 정도 지나면 일부 묘목이 고사하는 경우가 발생한다. 이러한 고사목을 보충하기 위해 식재된 묘목보다 수령이 1~2년 많은 것을 심는 것을 보식이라 한다.
　　㉡ 초기 식재밀도가 높은 경우 고사율이 높아도 보식할 필요가 없으며 일반적인 고사율은 10~20% 정도이다.
　　㉢ 소나무, 해송, 낙엽송, 느티나무 등의 양수는 일반적으로 보식을 하지 않아도 되는 수종이다.
　　㉣ 밤나무, 오동나무 등과 같이 식재 간경이 넓은 수종의 경우 보식을 통해 빈 공간에 대한 밀도를 조절한다.

(13) 지존작업(조림지준비)

① 지존작업
　　㉠ 조림지 준비를 위해 묘목을 심을 땅에 미리 잡초, 관목, 덩굴, 벌채 잔해물 등을 정리하며 이를 지존작업이라 한다.
　　㉡ 지존작업에는 풀베기, 소각법, 약제살포법 등이 있다.
　　㉢ 지존작업의 풀베기에도 일반적인 풀베기와 마찬가지로 모두베기, 줄베기, 둘레베기가 있다.
　　㉣ 소각법은 화입법이라 하며 식재 지역에 불을 놓아 잡초와 관목을 제거하는 방법이다.
　　㉤ 약제살포법은 약제를 살포하여 관목 및 잡초를 죽이는 방법으로 인력 및 경비를 절감하는 장점이 있다.

② 지존작업 효과
　　㉠ 식재된 묘목이나 발아된 실생묘와 경쟁식생의 경합을 완화시킬수 있다.
　　㉡ 과습지역의 배수로를 만들어 초기 토양수분의 생태를 개선할 수 있다.
　　㉢ 상층목의 밀도를 조절하여 식재된 묘목의 초기활착과 생장을 개선할 수 있다.
　　㉣ 벌채잔해물을 제거하여 식재작업 조건을 개선할 수 있다.
　　㉤ 식재 후 무육관리 작업조건을 개선할 수 있다.

ⓑ 야생동물의 은신처를 개선할 수 있다.
ⓢ 산불의 위험을 줄일 수 있다.
ⓞ 병해충을 감소시킬 수 있다.
ⓩ 산림의 경관가치를 개선할 수 있다.

02 산림갱신

1. 갱신유형 결정

(1) 인공갱신

① 인공갱신은 개벌로 시작되는 경우가 많으며 재조림, 무입목지의 조림, 수종의 갱신을 목적으로 할 때 주로 실시한다.

② 천연갱신에 비해 이익이 발생하지만 조림의 실패 위험 및 보육 경비가 많이 드는 단점을 가진다.

장점	단점
· 조림 수종 선택이 가능하다. · 성림의 형성이 빠르다. · 대량 생산 등 경제적으로 유리하다.	· 임지가 건조하기 쉽다. · 토양 유실의 가능성이 있다. · 병충해에 대한 저항성이 약하다.

③ 인공갱신 실패 및 대책

원인	대책
· 잘못된 수종 선택 · 잘못된 품종 및 산지 선정 · 불량 종자 채취 · 동령순림의 조성	· 적절한 수종 선택 · 혼효이령림의 조성 · 임분밀도의 조절 · 적정 조림사업 규모의 선정

(2) 천연갱신

① 천연갱신은 후계림을 만들어 자연적으로 종자가 낙하하여 발아하는 천연하종 혹은 맹아를 이용하여 새로운 임분을 만드는 것으로 보안림, 휴양림에 적합한 방법이다.

② 천연갱신의 특징

장점	단점
· 그 지역에 가장 적합한 수종으로 자라기에 저항력이 크고 생태적으로 안정된 모습을 보인다. · 천연갱신에 의한 모수는 그 지역 조림지에 대한 적응력이 좋기에 인공조림을 해도 실패의 확률이 낮다. · 천연갱신지의 치수는 모수의 보호를 받아 안정된 생육이 가능하다.	· 벌채목 선정이 어렵고 작업과정에 치수에 손상이 발생할 수 있다. · 해마다 수확량이 달라 예측이 어렵다. · 갱신시기 및 기간이 불확실하다. · 인공갱신에 비해 산림 작업 및 임분 관리가 어렵고 전문적인 육림기술이 필요하다.

③ 갱신수종의 선정 기준

갱신능력	결실량이 풍부하고 치수의 생육이 용이해야 한다.
지력	토질에 알맞은 수종을 선택하고 지력향상에 유리한 수종으로 선정한다.
저항력	산림의 보호를 위해 풍해, 충해 등에 대한 저항력이 있는 수종으로 선택한다.
생장량	산림경영목표에 의한 생장량을 고려하여 수종을 선택한다.
재질	수요가 많은 재질로 선택한다.
수종	천연갱신이 유리한 수종을 선택한다. ■ 침엽수종: 소나무, 곰솔, 잣나무, 전나무, 가문비나무 등 ■ 활엽수종: 상수리나무, 아까시나무, 오리나무, 참나무류 등

2. 작업종 결정

(1) 작업종

① 작업종은 조림원칙에 따라 임분을 조성, 무육, 수확, 갱신하기 위한 조림방식을 말한다.
② 작업종의 분류에는 임분의 기원, 벌채종, 벌구의 모양과 크기에 따라 여러 종류가 있고 작업종을 분류하기 위해 갱신에서부터 교림, 중림, 왜림의 구조형태가 나타난다.

(2) 개벌작업

① 모두베기는 개벌작업이라 하며 임분 전체를 1회의 벌채로 모두 제거하는 것을 말한다.
② 모두베기 이후 조성되는 임분은 통상 동령림이나 단순림으로 조성되며 두 가지 이상의 수종으로 심게 되면 동령혼효림이 된다.
③ 개벌작업은 주로 양수에 적용된다.
④ 개벌작업의 장·단점

장점	단점
• 수종 변경 시 적합하다. • 작업이 간단하다. • 일시에 수확하기에 경제적으로 유리하다.	• 임지의 황폐와 지력저하가 발생한다. • 토양유실이 발생하고 지하수위가 높아진다. • 잡초 및 관목이 번성한다. • 건조 및 한해를 받기 쉽다.

⑤ 개벌 천연하종갱신법에는 갱신면의 크기 및 모양에 따라 구분된다.
  ㉠ 대면적 개벌법
    • 대면적의 임분을 한번에 개벌하여 측방천연하종으로 갱신하는 방법이다.
    • 종자가 가볍고 바람에 비산하기 쉬운 수종에 적용이 효율적이다.

- 벌목, 집재, 운재 등 작업으로 인해 치수에 피해를 주지 않는다.
- 갱신기간이 짧고 후계림 조성이 빠르다.
- 수종별 비산거리는 다음과 같다.

자작나무류, 느릅나무	모수 수고의 4~8배
소나무, 해송, 오리나무류	모수 수고의 3~5배
단풍나무류, 물푸레나무류	모수 수고의 2~3배

ⓒ 교호 대상개벌법
- 교호대상개벌법은 임지를 띠모양의 구역을 나누어 교대로 2회에 걸쳐 벌채하는 방법으로 대폭의 결정을 위해 지형, 내음력, 수종에 따른 종자의 비산능력, 풍도 등을 고려한다.
- 측방천연하종갱신 일 때는 대상 벌채구의 폭은 모수림 수고 2~3배 정도로 한다.
- 1차 벌채와 2차 벌채 사이의 기간은 10년 이내가 유리하며 20년이 넘지 않도록 한다.

ⓒ 연속 대상개벌법
- 대상개벌법에서 띠의 수를 늘려 작업하는 것으로 벌채와 갱신이 동시에 이루어지고 작업기간은 10~15년 정도로 한다.
- 임분의 한쪽부터 갱신을 시작하여 완료 후 순차적으로 다음 대상지로 진행한다.

ⓔ 군상 대상개벌법
- 대상임지의 기복이 심하거나 임상이 불규칙할 경우 임분내 수개의 군상개벌면을 정하고 주위의 모수림으로부터 하종을 갱신하는 방법이다.
- 보통 군상지의 크기는 3~10a(0.03~0.1ha) 가 적당하며 모양은 상관없다.
- 갱신기간은 보통 4~5년 간격을 두고 다음 갱신지를 확대해 나간다.
- 벌목 및 반출 시 치수 손상을 입을 수 있다.

(3) 산벌작업

① 산벌작업의 정의
　㉠ 산벌작업은 비교적 짧은 갱신기간 동안 수 차례 갱신벌채로 벌채 및 새로운 임분을 만드는 방법으로 윤벌기가 완료되기 이전에 갱신이 완료된다하여 전갱작업이라고도 한다. 또한 수확과 갱신에 모두 중점을 두는 작업이라 할 수 있다.
　㉡ 산벌작업은 천연하종갱신을 통해 가장 안전한 작업으로 취급되며 동령림 갱신에 유리하다.
　㉢ 음수 수종 혹은 발아휴면성이 약한 수종에 적합하며 양수 갱신에도 가능하다.
　㉣ 산벌작업은 갱신을 위해 예비벌, 하종벌, 후벌의 과정을 거치며 후벌의 마지막인 종벌의 순서로 작업이 진행되는데 이를 순차벌이라 한다. 하종벌부터 종벌까지의 기간을 갱신기간으로 한다.

② 산벌작업 특징 및 필요성
　㉠ 산벌은 성숙목이 많은 불규칙한 숲에 적용할 수 있고 동령림의 갱신에 가장 알맞은 방법이다.
　㉡ 산벌작업의 장점
　　• 상대적으로 택벌작업보다 간단하고 개벌작업보다 복잡하다.
　　• 임지 생산력이 보호되고 전나무, 너도밤나무, 가문비나무와 같은 음수 갱신에 유리하다.
　　• 동령림으로 굵기가 고르며 줄기가 곧게 자란다.
　　• 윤벌기가 끝나기 전에 갱신이 시작되면 윤벌기간을 단축시킬 수 있다.
　　• 우량한 임목을 남겨 유전적 형질을 개량할 수 있다.
　㉢ 산벌작업의 단점
　　• 벌채하려는 나무가 분산되어 있어 비용이 많이 들며 개벌작업에 비해 기술요구도가 높다.
　　• 만약 천연갱신만으로 진행될 경우 작업기간이 매우 길다.
　　• 후벌작업 시 벌채될 나무는 풍해의 피해를 받을 수 있고 어린나무에 피해가 가기도 한다.

③ 산벌작업의 순서
　㉠ 예비벌
　　• 산림의 갱신준비 작업을 예비벌이라 이라 하며 천연갱신에 적합한 임지상태를 만든다.

- 예비벌은 성숙한 임분을 대상으로 1~수회에 나누어 목표를 달성한다.
- 예비벌은 관리가 잘된 임분이나 상황에 따라 생략이 가능하다.
- 벌채 대상은 주로 중용목과 피압목, 형질이 불량한 우세목과 준우세목도 벌채 가능한다.
- 임목재적의 10~30% 정도를 작업한다.

ⓒ 하종벌
- 하종벌은 예비벌 후 3~5년 후에 종자의 결실이 풍부하고 완전 성숙 후 다량 낙하시켜 발아시키기 위한 작업으로 종자의 결실량이 많을 때 실시하는 것이 좋다.
- 1회 벌채를 목적으로 하지만 상황에 따라 추가 작업을 할 수도 있다.
- 양수는 강하게 음수는 상대적으로 약하게 벌채하는 것이 적당하다.
- 예비벌 이전 임분 재적의 25~75% 정도를 작업한다.

ⓒ 후벌
- 후벌은 하종벌 작업 기점으로 3~5년 이후 실시하며 1회~수회 실시한다. 후벌에서도 처음 벌채를 수광벌, 마지막 벌채를 종벌이라 한다.
- 치수 보호를 목적으로 남겨둔 모수를 벌채하는 작업이다.

ⓛ 산벌작업의 모식도는 다음과 같다.

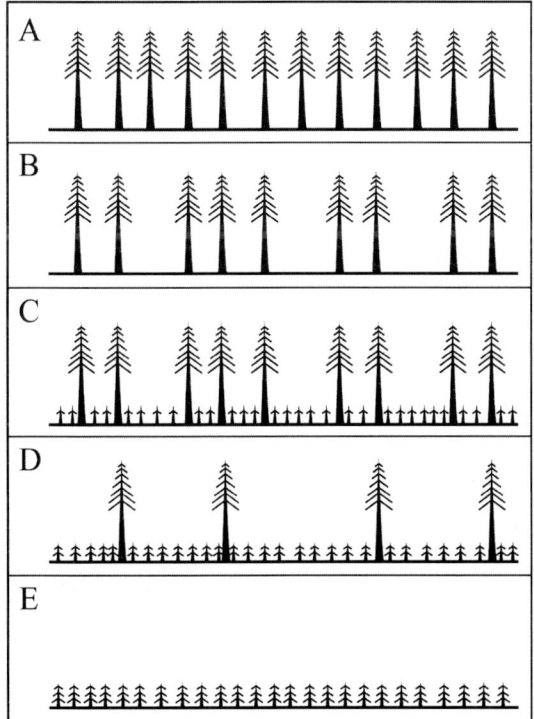

A : 초기임상, B : 예비벌, C : 하종벌, D : 후벌, E : 종벌

(4) 택벌작업

① 택벌작업

  ㉠ 택벌작업은 벌기, 벌채량, 방법 등 제한이 없고 성숙한 임목을 골라 벌채하는 방법으로 일종의 이령림 작업에 속하는 갱신 작업종이다.
  ㉡ 택벌작업은 전 구역에서 연년생장량에 해당하는 재적을 매년 벌채해야 하나 어려움이 있어 몇 개의 벌채구를 지정하여 작업한다. 그리고 처음 작업한 구역을 다시 작업하게 되는 것을 순환택벌이라 한다.
  ㉢ 순환택벌에서 처음 작업한 구역으로 돌아오는데 걸리는 기간을 회귀년이라 한다.
  ㉣ 회귀년이 길면 한 구역에서의 생장기간이 길어져 재적이 증가하고 반대로 짧은 회귀년을 가질 경우 재적 역시 감소한다. 회귀년은 윤벌기를 벌채구로 나눈 값으로 나타낸다.

② 택벌작업 특징

장점	단점
· 지력유지 및 토사유실 방지를 통해 임지의 보호 효과가 높다. · 음수의 무거운 종자 수종에 유리하다. · 좁은 면적의 산림에서도 보속적 수확이 가능하다. · 미적으로 가치가 높다. · 산림생태계 유지에 유리하다. · 병충해에 대한 저항력이 높다. · 상층목의 결실이 양호하다.	· 고도의 작업 기술을 요구한다. · 양수수종 적용이 어렵다. · 치수에 손상이 발생하기도 한다. · 벌채비용이 많이 든다. · 택벌작업으로 숲이 퇴화하는 경향이 있다. · 이령림에서 생산된 목재는 동령림에서 생산된 것보다 대체로 불량하다.

③ 항속림

  ㉠ 항속림
    · 산림은 주로 임목 이외에 지상식물, 산림토양 속의 미생물, 그 밖의 야생동물 등의 유기적 관계의 건전한 조화에 근거로 하여 유지된다는 사상으로써, 임지의 보호와 임목의 보육에 중점을 두면서 산림의 건전성을 유지하기 위한 택벌시업으로 이루어지는 산림이다.
    · 항속림은 택벌림에 가까워지는 것으로 항속림사상을 Moller 가 주장하였다.
    · 정해진 윤벌기가 없고 갱신을 고려하지 않는다.
    · 벌채방법은 간벌, 산벌, 택벌 등 모든 방법이 동원될 수 있다.
    · 항속림 사상의 기준으로 생태학적 유지 및 미관상 택벌작업이 가장 양호하며

다음으로 산벌작업이 항속림 사상에 부합된다. 모수작업이나 개별작업은 일시에 벌채가 이루어지면서 토양의 유실 및 황폐화 등의 가능성이 있어 항속림 사상에는 반대되는 개념의 작업이다.

ⓒ 항속림 특징
- 항속림은 이령혼효림이다.
- 개벌을 금하고 해마다 간벌형식의 벌채를 반복한다.
- 지력을 유지하기 위해 지표유기물을 잘 보존하도록 한다.
- 천연갱신을 원칙으로 한다.
- 단목택벌을 원칙으로 한다.
- 벌채목의 선정은 택벌작업의 선정기준에 준한다.

(5) 중림작업

① 중림작업
  ㉠ 용재 생산이 목적인 교림작업, 연료재 생산이 목적인 왜림작업을 동시에 실시하는 것을 중림작업이라 한다.
  ㉡ 상목
    - 용재 생산이 목적인 교림은 택벌식으로 벌채된다.
    - 소나무, 전나무, 낙엽송, 해송, 층층나무 등의 침엽수종이 적합하다.
    - 상층목은 지하고가 높고 수관밀도가 낮은 수종이 적합하다.
  ㉢ 하목
    - 연료재 생산을 목적인 왜림은 윤벌기로 개벌된다.
    - 서어나무, 신갈나무, 참나무류 등의 활엽수종이 적합하다.
    - 하층목은 비교적 내음성이 강한 수종이 유리하다.
    - 윤벌기는 통상 10~20년 정도이다.

② 중림작업 특징
  ㉠ 장점
    - 왜림작업보다 지력이 잘 보호된다.
    - 임업자본이 적어도 경영이 가능하다.
    - 용재와 땔감을 동시에 생산할 수 있다.
    - 심미적 가치가 높다.
    - 상층목이 일사량이 충분하여 생장량이 높아진다.

ⓛ 단점
- 경영, 기술 등 숙련이 필요하다.
- 작업방법이 복잡하다.
- 작업시 다른 나무에 피해를 주기도 한다.
- 하목의 경우 상목의 피압으로 인해 피해를 받기도 한다.
- 지력이 약한 곳에서는 작업이 어렵다.
- 상층목과 하층목의 수종 차이로 인한 친화성 문제가 발생하기에 수종 선택이 중요하다.

(6) 모수작업

① 모수작업

㉠ 성숙 임분을 대상으로 실시하는 것이 유리하며 종자를 공급할 수 있는 모수만을 남기고 다른 나무를 일시에 베어내는 작업을 말한다. 원칙적으로는 동령림으로 조성되나 모수가 많을 경우 2단림 등이 형성될 수도 있다.

㉡ 종자 공급을 목적으로 남겨둘 모수의 기준은 아래와 같다.

본수 기준	2~3 %
재적 기준	10 %
ha 당 기준	15~30 본

㉢ 모수작업은 소나무, 곰솔 등의 양수에 적용되는 것에 유리하며 바람에 날려 전파가 용이한 수종에 적당하다.

㉣ 모수의 선발 요건은 아래와 같다.
- 바람에 대한 저항성이 강해야 하고 종자의 생산성이 좋아야 하며 비산성이 양호해야 한다.
- 양수 수종으로 심근성이며 두꺼운 수피를 가진 것이 좋다.
- 불리한 환경에서의 생존력이 강해야 하고 입지에 대한 요구도가 낮은 수종이어야 한다.

② 모수작업 장·단점

㉠ 장점
- 갱신 완료까지 모수를 남겨두기에 실패 확률이 낮다.
- 작업이 집중되기에 작업이 비교적 간단하고 비용이 적게 든다.
- 작업의 용이성이 개벌작업 다음으로 좋은 편이다.

- 모수가 종자를 공급하여 갱신하기에 넓은 면적을 일시에 벌채할 수 있다.
ⓒ 단점
- 임지가 노출되어 토양유실 우려가 있다.
- 잡초나 관목이 발생하여 갱신에 지장을 주기도 한다.
- 미관이 산벌작업, 택벌작업보다 못하다.
- 수종 선택이 제한적이다.

③ 보잔목작업
㉠ 보잔목작업
모수 작업과 유사한 갱신 작업종으로 모수 작업의 모수 본수보다 다소 많은 모수의 수광생장을 촉진 시켜 다음 벌기에 대경재를 생산하면서 갱신을 동시에 실시하는 방법이며 이때 남겨질 임목을 보잔목이라 한다.
ⓒ 작업 특성
- 보잔목은 수세가 좋으며 수관발달이 충분한 임목을 남긴다.
- 1ha 에 남겨질 임목본수는 30본 내외가 적당하다. 상황에 따라 50~75 본정도 남길 수 있으며 모수작업의 본수보다 더 많이 남긴다.
- 소나무, 낙엽송 등의 양수 수종에 적합한 방법이다.

(7) 왜림작업

① 왜림작업
㉠ 활엽수림에 연료재 생산을 목적으로 짧은 벌기령을 가지며 개벌 후 근주로부터 나오는 맹아로 갱신하는 방법을 왜림작업이라 한다. 다른 이름으로는 저림, 신탄림 이라고도 한다.
ⓒ 맹아 갱신이 가능한 수종으로 상수리나무, 신갈나무, 굴참나무, 서어나무, 물푸레나무, 오리나무, 포플러, 피나무, 밤나무, 아까시나무 등이 있다. 상대적으로 맹아력이 강한 수종으로 아까시나무, 신갈나무, 굴참나무, 밤나무 등이 있다.
ⓒ 맹아를 이용한 갱신은 톱밥, 펄프, 숯 등 소경재 생산을 목적으로 하는 산림으로 지위는 '중' 이상의 지력이 좋다.
㉣ 작업 시 벌채는 생장휴지기인 11월~2월 쯤 실시하는 것이 좋다.

② 왜림작업 방법
㉠ 그루터기 주위에 움싹이 잘 발생할 수 있게 정리해주어야 한다.
ⓒ 벌채점인 그루터기 높이는 지상 10cm 정도로 낮게 벌채하며 벌채면은 약간 기울이

는 것이 물이 고이는 것을 방지할 수 있다.
ⓒ 왜림작업의 각 벌채구역 사이는 수림대를 남겨 두며 간격은 약 20m 정도로 한다.
ⓔ 3년 이내 맹아가 4000본/ha 미만일 경우 보완조림을 실시한다.
ⓜ 맹아를 정리할 경우 V형보다는 U형 연결이 되도록 한다.
ⓗ 맹아갱신의 작업 단면 특성은 아래와 같다.

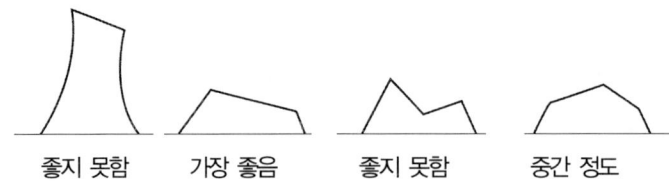

③ 왜림작업 특징
  ㉠ 왜림작업은 근맹아, 근주맹아(측면맹아)를 중심으로 이루어지며 대부분 수종은 근주맹아 위주로 발생한다.

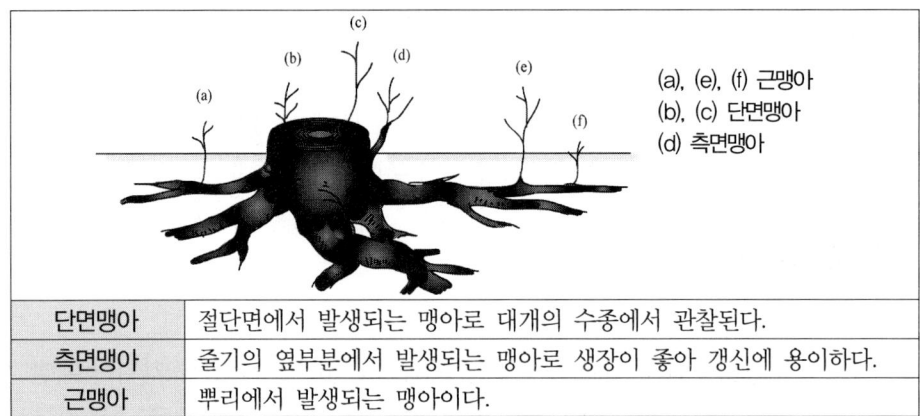

단면맹아	절단면에서 발생되는 맹아로 대개의 수종에서 관찰된다.
측면맹아	줄기의 옆부분에서 발생되는 맹아로 생장이 좋아 갱신에 용이하다.
근맹아	뿌리에서 발생되는 맹아이다.

  ㉡ 왜림작업의 장점
    • 연료재 생산 시 적합한 작업 방법이다.
    • 벌기가 짧아 생산량이 많다.
    • 비교적 작업이 간단하고 비용이 적게 들며 투자 자본의 회수가 빠르다.
    • 맹아의 생장이 왕성할 때 벌채하므로 병해충 및 재해에 대한 피해가 적은 편이다.
    • 종자에 의한 갱신보다는 안전한 방법이다.
  ㉢ 왜림작업의 단점
    • 용재 생산은 어렵다.
    • 윤벌기가 짧고 생산된 줄기 및 가지 등의 대부분 부위를 이용하기에 임지 생산력이 낮아지고 지력의 소비가 많아진다.
    • 새로운 맹아는 늦가을까지 자라서 서리의 해를 받기 쉬우며 냉해의 피해를 받을

수 있다.
- 환경보호 및 생태적 안정 측면에서는 불리하다.

④ 개별왜림작업

㉠ 개별왜림작업
- 임지의 모든 나무를 짧은 기간 내에 모두 베어내고 맹아로 후계림을 조성하는 작업이다.
- 작업은 일반 왜림작업과 마찬가지로 11월에서 이듬해 2월 사이의 생장휴지기에 실행하는 것이 좋다.

㉡ 개별왜림작업 특징
- 작업이 간단하고 갱신이 빠르며 단벌기 경영에 적합하다.
- 비용이 적게 들고 자본의 회수가 빠르다.
- 단위면적당 생육의 축적이 낮다.
- 맹아의 자람이 빠르고 양료의 요구도가 높아 지력이 좋지 않다.
- 지력소모가 심하여 상황에 따라 병해충이 발생하기도 한다.
- 심미적 가치가 낮고 임지가 표토의 침식 우려가 있다.

(8) 이단림 작업

① 이단림 작업

㉠ 이단림 작업은 천연활엽수림의 수직구조를 상층과 하층으로 구분하여 시차를 두고 두 차례 수확하는 벌채방법이다. 상층을 벌채하기 전 이미 하층에 후계목이 자리를 잡고 자라는 것이 특징이다.

㉡ 본수는 상층 100~150본/ha, 하층 700~800 본/ha 정도를 유지한다.

㉢ 이단림에서 상층부의 임목은 충분한 생육공간 확보가 가능하고 경쟁목이 없기에 비대생장이 임령에 비해 높아 고급대경재 생산에도 유리하다.

② 이단림 작업의 특징

㉠ 장점
- 임지의 큰 공지를 만드는 일이 없어 임지 노출이 방지된다.
- 상층목은 일사량이 충분하여 생장량이 좋다.
- 각종 피해에 저항력이 크다.
- 상층목에서 천연하종갱신이 가능하다.
- 심미적 가치가 높다.

ⓛ 단점
- 고도의 기술을 요구한다.
- 상층목의 벌채량 조절이 어렵다.
- 상층의 수관이 닫혀 하층목의 발생 및 생장이 억제된다.

(9) 복층림 조성

① 복층림
ㄱ 복층림은 2층 이상의 목본 임관층을 갖는 산림을 말한다.
ⓛ 복층림의 장점
- 임목수확기간이 길어지고 균일한 생장으로 고가치재를 생산할 수 있다.
- 상층목의 보호효과, 표토유실 방지효과 등으로 재해에 대한 저항성이 커진다.
- 표층 유실 감소, 낙엽.낙지에 대한 원활한 물질순환으로 지력 유지에 효과적이다.
- 수원함양기능이 향상된다.
- 낙엽, 낙지에 의한 원활한 물질순환이 일어나 지력 유지에 효과가 기대된다.
ⓒ 복층림의 단점
- 작업이 집약적이다. 즉 기술적인 수확 행위의 반복이 필요하며, 한 번에 수확되는 목재의 양이 적으므로 작업로 등의 기반 시설이 정비되어야 한다.
- 벌채 및 반출 시 하층목이 손상되기 쉽다.
- 벌출 경비가 증가한다.

03 산림무육

1. 숲가꾸기

① 숲가꾸기는 이용목적에 따라 원하는 형태의 숲을 만드는 것을 의미한다. 경영목적에 따라 풀베기, 어린나무가꾸기, 가지치기, 솎아베기 등이 있으며 이러한 순서로 작업을 실시한다.

② 숲가꾸기의 목표는 경제림 조성, 지속가능한 산림의 조성, 나무의 생장촉진 및 수확기간의 조절 및 단축, 우량재 생산, 환경 보전 등이 있다.

③ 제벌은 밑깎기와 간벌 작업의 중간에 실시하는 작업으로 불필요한 나무를 제거하는 작업이다.

④ 위생벌은 병해충에 감염되어 치유될 수 없는 혹은 물리적 손상을 입은 나무를 제거하는 것이다.

2. 풀베기

(1) 풀베기 작업

① 풀베기(밑깎기, 하예작업)이라 하며 조림목의 생장을 위해 주변의 잡초나 맹아지를 잘라주는 작업을 말한다.

② 풀베기 작업방법으로 모두베기, 줄베기, 둘레베기 등이 있다.

종 류	특징
모두베기	• 모두베기는 조림지의 전면의 잡초목을 모두 베어내는 방법이다. • 임지가 비옥하거나 식재목에 광선 요구량이 많을 경우 적합하다. • 대표적으로 소나무, 낙엽송, 삼나무, 편백 등의 조림지에 적용된다. • 모두베기의 경우 토양침식 등의 악영향을 주기도 한다.
줄베기	• 가장 많이 이용되는 방법으로 식재열에 따라 약 90~100cm 기준으로 시행한다. • 모두베기와 비교할 때 경비와 노력이 절감된다. • 초기에 많은 광선을 요구하지 않는 잣나무, 전나무 등과 같은 수종에 적합하다. • 한해 및 풍해가 예상되는 지역에 적용한다.
둘레베기	• 조림목 반경 50cm 정도 정방형 혹은 원형으로 잘라내는 방법이다. • 강한음수나 군상식재지에 한해의 보호가 필요할 경우 적용한다.

(2) 풀베기 시기 및 횟수

① 풀베기 작업은 6~8월에 실시하고 잡초목의 생장이 왕성한 경우 6월과 8월쯤 1년에 2회 실시하도록 한다.
② 한해와 풍해 등의 위험성이 있는 경우 9월 이후에는 풀베기를 피하도록 한다.
③ 조림목의 수고가 잡초목의 수고보다 약 1.5배 혹은 60~80cm 클 때까지 실시하는 것을 원칙으로 한다.
④ 잣나무, 소나무류 조림지는 5~8회를 기준으로 하며 낙엽송, 참나무류는 5회를 기준으로 풀베기를 한다. 임목과 잡초의 상황에 따라 작업 횟수는 조절할 수 있다.
⑤ 생장이 빠른 속성수의 경우 식재 후 3년간 실시하는 것을 원칙으로 하며 생장이 느린 수종은 5~6년간 실시한다.
⑥ 양수는 주위 식생으로부터 피압의 피해를 받기 쉬워 우선적으로 풀베기작업을 실시한다.

(3) 화학적 방법

① 제초제를 이용한 화학약제 처리는 짧은 시간에 대면적의 임지에 적용할 수 있어 경제적이고 간편한 방법이다.
② 제초제의 종류 및 혼합방법, 살포량, 살포방법 등에 의해 처리효과가 달라지고 식물의 종류에 따라 제초효과의 차이가 발생하기도 한다.
③ 제초제로 인하여 주변 농작물에 피해를 주거나 수질오염, 잔류 독성 등의 환경문제가 발생할 수 있다.
④ 제초제의 종류에는 글라신액제, 헥사지논 및 피클로람, 시마진 등이 있다.
　㉠ 글라신액제
　　· 글라신액제는 비선택성 경엽살포제이다.
　　· 작업 시기는 7~8월이 최적기이다.
　　· 희석농도 100배로 ha 당 6~8 L 정도로 상온의 깨끗한 물을 사용한다.
　㉡ 헥사지논
　　· 선택성 제초제로 침엽수 중 소나무, 해송, 전나무 조림지에 적용하며 낙엽송, 편백, 화백 등은 약해가 있어 주의를 요한다.
　　· 작업 시기는 3~4월쯤의 봄이나 늦가을쯤 토양에 수분이 많을 때 살포하는 것이 좋다.
　　· ha 당 50kg 을 초과하지 않도록 하며 조림목 수관 하부에 약제가 묻지 않도록 한다.

ⓒ 기타제초제

피클로람	K-pin 이라고 하며 덩굴성식물에 효과가 있는 호르몬형 제초제로 흡수이행성이 강하다. 식물의 주두에 주로 처리한다.
시마진	광엽잡초 제거에 효과적이며 선택성 흡수이행성 제초제이다. 주로 뿌리에 흡수시킨다.
엠시피피액제	MCP제는 목본식물, 광엽잡초 제거에 효과적이며 호르몬형 제초제로 경엽에 처리한다.
염소산염제	조릿대 제거에 효과적이며 비호르몬형, 비선택성 접촉형 제초제이다. 토양 표면이나 경엽에 주로 처리하며 발화의 위험성이 있다.

3. 어린나무 가꾸기

(1) 어린나무가꾸기 대상 및 시기

① 어린나무가꾸기(제벌)는 보통 풀베기작업이 끝나고 조림목과 경쟁하는 목적 이외의 수종과 조림목에서 형질불량목, 폭목 등을 제거하고 전반적인 임분 형질의 향상에 도움을 주는 작업이다.

② 유해수종을 제거하고 밀생지의 경우 공간 조절을 할 수 있는데 보통 수관간의 경쟁이 시작되고 조림목의 생육이 저해된다고 판단되는 시점이 적당한 작업시기로 제거 대상목의 맹아력이 약해지는 6~9월 사이에 실시를 하는 편이다.

③ 작업은 조림 후 5~10년이 경과하고 수관경쟁이 시작되는 임분에 실시한다. 대부분 1차 작업은 풀베기 작업이 끝난 3~5년 후, 2차 작업은 1차 작업이 종료되고 3~5년 이후 실시한다.

(2) 작업방법

① 어린나무 가꾸기 제거 대상목은 유해수종, 덩굴류, 피해목, 폭목 등으로 선정한다. 제거 대상목은 불량목으로 이용하기 어려워 중간수익을 기대하기 힘들다.

② 보육하고자 하는 나무의 생장에 지장을 주는 나무의 제거부위는 가급적 지표에 가깝게 제거한다.

③ 유용 하층식생의 경우 작업에 지장이 없다면 제거하지 않는다.

④ 폭목은 벌채 시 근처의 인접목에 대한 피해가 생기지 않도록 하며 경관 유지 및 밀도조절 등을 고려하여 제거하지 않을 수도 있다.

⑤ 어린나무의 가지치기의 경우 전정가위로 실시한다.

4. 덩굴제거

(1) 덩굴제거 대상 및 시기
① 덩굴식물은 햇빛을 좋아하여 다른 식물을 감아 오르면서 성장하거나 땅으로 기는 식물을 말한다. 주로 충분한 광선이 많은 지역에 분포하는 경향을 보인다.
② 덩굴제거는 덩굴이 발생하여 경영대상목의 생육에 지장이 있다고 판단될 때는 언제든지 실시할 수 있다. 덩굴제거의 적기는 생장기인 5~9월쯤이며 그중에서도 7월 전후가 가장 적합하다.
③ 주로 발생하는 덩굴류에는 칡, 다래, 머루, 으아리류, 담쟁이덩굴, 으름덩굴, 등칡, 참마류 등이 있다. 이 중에서 칡이 수목에 가장 큰 피해를 주는 덩굴식물이다.
④ 덩굴제거를 위해 굴취와 같은 물리적 방법과 약품을 사용하는 화학적 방법이 있다.

(2) 물리적 덩굴 제거
① 물리적 덩굴제거는 통상 2~3회 정도 실시하며 덩굴줄기 제거 및 덩굴의 완전제거를 위해 뿌리 굴취를 실시한다.
② 국내의 가장 많은 피해를 주는 것으로 칡이 있으며 어릴 때 제거하는 것이 가장 효과적이다.

(3) 화학적 덩굴 제거
① 작업 대상지
  ㉠ 화학약제 사용 시 주위 임목, 임지 등에 피해가 없는 지역에 사용한다.
  ㉡ 작업 시 덩굴의 종류와 양을 고려하여 2~3회 실시한다.
② 약제사용 시 주의 사항
  ㉠ 화학적 방법은 약품을 이용한 방법으로 인력이 절감되나 약해 및 농약 중독에 유의해야 한다.
  ㉡ 약제가 빗물이나 관개수에 흘러들어 조림목이나 다른 작물에 피해를 줄 수 있기에 흘리거나 취급에 주의를 한다.
  ㉢ 약제 처리 시 24시간 이내 강우가 예상될 경우 중지한다.
  ㉣ 디캄바액제는 30℃ 이상의 고온에서 증발할 경우 식물에 피해를 줄 수 있어 작업을 중지한다.
  ㉤ 사용한 도구는 세척하여 보관하며 빈병은 회수하여 지정장소에서 처리한다.

③ 디캄바액제
   ㉠ 디캄바액제는 호르몬형 이행성 선택성 제초제이다.
   ㉡ 칡, 아까시 등의 콩과식물 및 광엽 잡초에 사용한다.
   ㉢ 처리 시기는 2~3월 혹은 10~11월경에 실시한다.

④ 글라신액제
   ㉠ 글라신액제는 비선택성 이행형 제초제로 식물의 경엽에 처리된 약제가 뿌리까지 이동하여 살초효과를 발휘한다.
   ㉡ 처리 시기는 5~9월에 실시하고 덩굴이 무성할 7~8월이 최적기이다.
   ㉢ 약제주입기로 주두부에 약액을 주입한다.
   ㉣ 약제 처리 시 식물의 신진대사를 교란시키고 뿌리까지 고사시킨다.

5. 가지치기

(1) 가지치기

① 우량 목재 생산을 위해 가지를 끊어주는 작업을 가지치기라 정의하며 형질이 좋은 나무를 우선적으로 실시한다.
② 죽은 가지의 제거는 작업시기에 상관이 없으며 죽은가지를 방치하면 부패되면서 목재의 질을 떨어뜨리고 병해충 및 산불 피해의 원인이 된다.
③ 임분 생장에 따른 최초의 가지치기는 간벌 이전부터 실시하며 10~15년생쯤에 첫 가지치기를 실시한다.
④ 생장기는 상처로 인한 피해가 우려되기에 생장휴지기인 11월 이후~이듬해 2월까지가 작업하기 적합한 시기이다.
⑤ 수관에서 가장 굵은 가지인 으뜸가지 이하의 것을 자르는 것을 원칙으로 한다. 대표적으로 참나무류, 사시나무, 포플러류 등은 역지(으뜸가지) 이하의 가지만 잘라준다.
⑥ 강도의 생가지치기는 추재의 비율을 증가시켜 목재의 질을 개선하기도 한다.
⑦ 수목의 수령이 높을수록 가지치기의 효과가 감소한다.

(2) 가지치기 특징

장점	단점
• 무절재 생산이 가능하다. • 수간의 완만도를 높인다. • 하목 수광량이 증가한다. • 직경 생장을 촉진한다. • 나무간의 경쟁을 완화시킨다. • 산림화재(수관화)의 피해를 줄일수 있다.	• 과도한 가지치기는 나무의 생장이 줄어들 수 있다. • 부정아 발생이 증가한다. • 노동력과 비용이 발생한다.

(3) 작업 방법

① 어린나무 가꾸기 작업시 가지치기는 전정가위로 실시하며 수고의 절반 높이까지 가지를 제거해 준다.
② 솎아베기 작업에서 가지치기는 톱으로 실시하며 수고의 절반 높이까지 가지를 제거한다.
③ 침엽수종은 절단면이 줄기와 평행하게 작업을 실시한다.
④ 활엽수종은 캘러스가 상하지 않도록 지융부에 가깝게 제거한다.
⑤ 죽은 가지의 경우 유합조직의 형성을 위해 잘라주며 가지치기 이후 절단면의 융합을 위해 보호제 혹은 도포제를 발라준다.

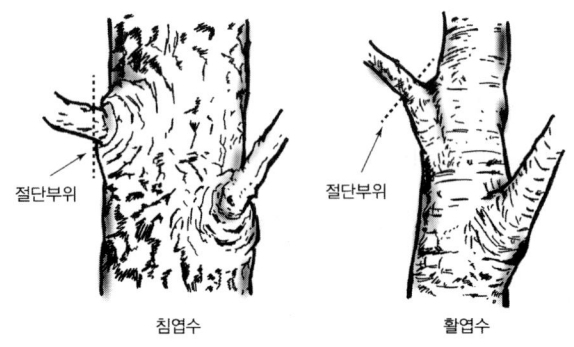

[그림] 침, 활엽수 절단 부위

(4) 가지치기 수종

① 가지치기는 소나무, 잣나무, 낙엽송, 전나무, 해송, 삼나무, 편백 등의 목재 생산 수종을 대상으로 한다.
② 자연낙지가 잘되는 수종은 가지치기를 생략할 수 있으며 생가지치기의 위험성이 있는 수종은 자연낙지를 유도하도록 한다. 대체적으로 활엽수는 자연낙지를 유도하는 것이 좋다.

③ 가지치기는 대체로 소나무는 3cm, 편백은 4~5cm 이내의 굵기에서 실시하도록 한다.
④ 일반적인 활엽수의 경우 가지치기를 하면 상처 유합이 잘 되지 않아 직경 5cm 이상의 가지는 자르지 않는다.

생가지치기 위험이 있는 수종	단풍나무, 느릅나무, 물푸레나무, 벚나무, 너도밤나무, 가문비나무, 느티나무 등
생가지치기 위험이 적은 수종	소나무, 낙엽송, 포플러류, 삼나무, 편백, 참나무 등

6. 천연림 보육

① 자연 형태의 임분을 가꾸기 방법을 통해 형질이 우량한 임분으로 유도하는 작업방법이다.
② 보육을 통해 획일적인 인공조림을 피하고 형질이 우수한 천연림을 경영하여 생태적 안정 및 경제적 효율을 높이는데 목적을 둔다.
③ 천연림 보육을 통해 미래목만 집중 관리하여 경영비가 줄어들어 경제적이며 생태적으로 임분이 가지고 있는 특성을 유지하며 자연을 파괴시키지 않는다.
④ 미래목 선정은 장차 유용한 수종이거나 유용한 수준이 될 가능성이 있는 나무를 미래목으로 선정하고 실생묘를 맹아목에 우선하여 선정하되 가급적 전임지에 고루 분포되도록 선정한다. 선정된 미래목에 대해서는 가지치기를 실시한다.

7. 솎아베기(간벌)

(1) 솎아베기(간벌)

① 부적합한 나무를 제거하고 형질이 우수한 임분으로 구성할 수 있으며 임분의 수직구조를 개선하여 임분의 안정화를 도모할 수 있다.
② 자연고사에 의한 손실을 방지할 수 있다.
③ 어린나무 가꾸기가 종료 시점에서 5년이 지나고 최종수확 10년전까지의 산림에 적용한다.
④ 나무의 밀도가 너무 높고 병충해 및 산사태 등의 피해 발생이 우려되는 산림에 적용한다.
⑤ 단순림의 경우 대형 산불이 발생될 가능성이 있는 산림에 적용한다.
⑥ 간벌은 목표에 따라 정량간벌, 도태간벌, 열식간벌 등으로 구분된다.
⑦ 간벌은 생장기에 실시하면 나무가 잘 썩고 병해충의 피해를 입을 수 있기에 겨울철에서 이른 봄에 실시하는 것이 좋다.
⑧ 솎아베기는 작업 반복은 수종, 간벌형식, 간벌률, 지위 등에 따라 달라지며 지위가

좋을수록 더 자주 할 수 있다.
⑨ 솎아베기는 수액의 이동이 정지된 동절기에 실시하지만 잔존목의 생장을 위해 봄이 가장 좋으며 가을 작업도 상황에 따라 가능하다.

(2) 솎아베기 특징 및 효과

① 간벌을 하면 수관의 크기가 커지고 엽면적이 증가하여 많은 탄수화물이 수간으로 이동하면서 직경생장이 촉진되고 재적이 증가하며 연륜폭이 고르게 되면서 목재의 형질이 향상된다.
② 병해충 및 다양한 위해를 감소시킬 수 있고 산불의 위험성이 줄어든다.
③ 지력을 증진시킨다.
④ 간벌재를 이용하여 중간소득이 가능하다.
⑤ 숲의 가장자리인 임연부를 보호 및 관리할 수 있다.
⑥ 생육 공간(밀도) 조절이 가능하다.
⑦ 지위지수가 높은 곳은 간벌을 더 자주 할 수 있다.
⑧ 간벌을 하면 아래쪽 가지의 잎에 충분한 일사량이 들어와 광합성이 활발해지고 수간 하부의 직경 생장이 촉진되어 초살도가 커지기도 한다.

(3) 수관급

① 수관급은 수목급, 수간급, 수형급 등으로 쓰이기도 한다.
② 수관급은 솎아베기 대상이 되는 나무의 선정 기준으로 이용된다.
③ 수관급의 분류
　㉠ Hawley 의 수관급

우세목	우세목은 상층임관을 구성하고 위에서 내려오는 햇빛과 옆에서 비추는 햇빛을 모두 받는 수관이다.
준우세목	준우세목은 옆에서 받는 햇빛의 양은 적고 수관의 크기가 평균적이다.
중간목	우세목과 준우세목에 비해 다소 낮은 수고로 햇빛을 적게 받는다.
피압목	하층임관을 구성하며 직사광선을 거의 받지 못한다.

　㉡ 데라사끼(Terazaki) 수형급
　　• 데라사끼 수형급은 상층임관을 구성하는 우세목과 하층임관을 구성하는 열세목으로 구분한다.
　　• 수관의 모양과 줄기의 결점을 보고 우세목은 1, 2급목으로 구분하고 열세목은

3,4,5 급목으로 분류한다.

1급목	수관의 발달이 다른 나무에 방해를 받지 않고 자라기 충분한 공간을 가지고 있으며 수목의 형태가 불량하지 않다.
2급목	다른 나무에 의해 피압되거나 모양이 불량하고 자라기에 적당한 공간을 갖지 못한 나무이다. 2급목은 세부적으로 5계급으로 재분류된다.
3급목	세력이 감소되고 자람이 지연되고 있으나 수관이 피압되지 않는 중간목으로 상층의 일부가 제거되어 상층수관으로 자랄 가능성이 있다.
4급목	피압상태에 있으나 아직 살아 있는 수관이 남은 피압목이다.
5급목	고사목, 피해목 등을 말한다.

④ 국내 천연림 숲가꾸기 수형급
  ㉠ 천연림 개량 및 무육 등에 적용하는 도태간벌을 위한 선목 기준으로 최근 국내에서 개발된 수형급이다.
  ㉡ 원래 유럽에서 이용하는 수형급 분류법을 국내의 실정에 맞추어 변경한 방법이다.
  ㉢ 수형급의 종류는 아래와 같다.

미래목	형질이 우수한 나무로 선발되어 남겨질 나무이다.
중용목	미래목과 함께 선발되지 못한 우세목 혹은 준우세목으로 미래목에 영향을 주지 않으며 임분구성에 필요한 예비목이다. 차후 간벌재 이용 혹은 미래목으로 대체될 수 있다.
보호목	하층임관을 이루고 있는 유용한 임목으로 미래목 생육에 지장을 주지 않고 수간 하부 가지 발달을 억제시키며 임지 보호 목적으로 남기는 나무이다.
방해목	• 미래목과 중용목의 생장에 방해되는 나무이다. 경합목 혹은 지장목이 있다. • 경합목은 미래목과 중용목에 인접하여 경쟁하거나 압박을 주는 나무를 말한다. • 지장목은 미래목과 중용목에 인접한 세장목이나 기대는 나무를 말한다.
무관목	미래목과 중용목에 전혀 장애가 되지 않는 불량목, 피해목으로 남겨두었다가 차후 간벌대상이 된다.

(4) 솎아베기작업 종류

① 정성간벌

㉠ 정성간벌은 줄기의 형태와 수관의 특성으로 구분되는 수형급을 기준으로 간벌목을 선정한다.

㉡ 정성간벌에는 데라사끼의 간벌과 Hawley 의 간벌이 있다.

㉢ 데라사끼의 간벌은 하층간벌에 속하는 A종, B종, C종 간벌과 상층간벌에 속하는 D종, E 종 간벌이 있다. 데라사끼의 경우 주로 침엽수 동령림에 적용하기 적합하다.

하층 간벌	A 종 (약도간벌)	• 4급목, 5급목을 제거하고 2급목의 소수를 벌채하는 방법이다. • 솎아베기를 하기 전에 중간벌채가 잘 이루어진 경우 A종 간벌은 생략할 수 있다.
	B 종 (중도간벌)	• 최하층의 4, 5급목 전부와 3급목 일부, 2급목 상당수를 벌채하는 방법이다. • C종 간벌과 함께 단층림에서 가장 넓게 실시되는 방법이다.
	C 종 (강도간벌)	B종 간벌보다 벌채하는 수관급 범위가 넓고 1급목의 일부도 벌채할 수 있다.
상층 간벌	D 종	• 상층수관을 강하게 벌채하고 3급목을 남겨 수관과 임상이 직사광선을 받지 않게 한다. • D종 간벌의 경우 많이 이용되지 않는 방법이다.
	E 종	최하층 4급목이 전부 남긴다.

㉣ Hawley 의 간벌 방법에는 하층간벌과 상층간벌로 분류되며 상층간벌은 수관간벌과 택벌식 간벌이 있다.

• 하층간벌(보통간벌, 독일식 간벌)은 피압된 가장 낮은 수관층의 나무를 벌채하고 점차 높은 층의 나무를 벌채하는 방법이다. 강도 높은 하층간벌을 실시하면 우세목, 준우세목이 남게 되고 이러한 방법은 침엽수 단순림에 적용하기 적합하다.

• 상층간벌

수관간벌	• 상층을 소개하여 같은 층을 구성하는 우량목의 생육을 촉진한다. • 준우세목, 우량목에 지장을 주는 중간목 및 우세목도 일부 벌채한다. • 프랑스식 간벌이라고도 한다.
택벌식간벌	• 우세목을 벌채하여 아래에 자라는 나무의 생육을 촉진한다. • 우세목을 간벌재로 이용하고자 할 때 적용한다.

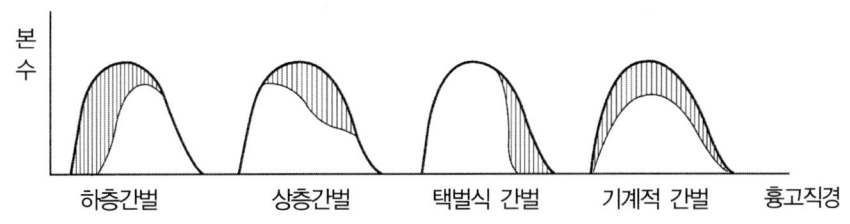

< Hawley 간벌법 - 사선 부분은 간벌을 의미 >

② 기계적 간벌
  ㉠ 기계적 간벌은 수목 간의 거리를 정해두고 수관의 위치와 모양에 상관없이 벌채하는 방법으로 수고가 유사하고 형질이 비슷한 유령임분에 적용하기 적합하다.
  ㉡ 기계적 간벌 종류에는 개체 간의 거리를 비슷하게 하는 등거리 간벌과 열식간벌이 있다.
  ㉢ 열식간벌 대상지
    · 열식간벌 대상지로 일반조림지에서 임목밀도가 식재본수 70% 이상의 임분
    · 임목생장이 균일하여 임목간 우열이 심하지 않은 임분
    · 솎아베기가 실시되지 않은 임분

③ 정량간벌
  ㉠ 정량간벌은 실행기준을 간벌량에 두고 밀도를 조절하는 간벌양식이다.
  ㉡ 수종별로 일정 임령, 수고, 직경 등에 따라 임목본수를 정해 기계적으로 솎아베기를 실행한다.
  ㉢ 임목의 형질, 기능 등은 고려 대상에서 제외한다.
  ㉣ 간벌후 잔존목사이의 간격을 아래와 같이 계산하도록 한다.

$$잔존목\ 간격 = \sqrt{\frac{10,000m^2}{ha당\ 잔존본수}}$$

④ 도태간벌
  ㉠ 도태간벌은 우량대경재 생산을 위한 숲을 대상으로 미래목을 선발하여 우수한 나무의 성장을 촉진하는 방법으로 상층간벌 혹은 정성간벌에 속하며 쉐델린(Schaedelin, 1934)의 간벌양식이라 한다.
  ㉡ 도태간벌 적용지는 미래목을 우량대경재로 키우기 위해 지위가 '중' 이상으로 지력이 좋고 생육상태가 양호하며 우세목의 평균수고 10m 이상, 임령이 15년 이상인 숲이 좋다. 또한 숲가꾸기를 실행하지 않아도 상층임목간 우열이 현저한

우량임분은 실행이 가능하다.
ⓒ 미래목 생장에 방해되지 않는 중·하층목이 대부분 남기고 미래목의 생장에 방해하는 피해목, 불량목, 폭목 등을 대상으로 하고 이런 나무들은 간벌재 이용이 가능하다. 무육목표를 미래목에 집중시키므로 장벌기 고급 대경재 생산에 유리하다.
ⓔ 미래목, 중용목 등 하층임관을 보호하는 보호목들은 벌목하지 않도록 한다.

미래목	수목사회적 위치, 건전성, 형질이 우수한 나무로 차후 남겨질 나무이다.
선발목	일정 조건에서 주위 인접목보다 외형상 우수한 임목이나 최종 수확까지 남겨질 수도 있고 형질이 저조해지면 대체될 수도 있다.
후보목	바람직한 외형적 특성에 의해 선발된 개체목으로 수형목 선발의 예비적 단계로 형질의 우수성이 아직 평가되지 않은 후보목이다.
중용목	미래목에 영향을 주지 않는 우세목이다.
방해목	미래목 및 중용목에 지장을 주는 간벌 대상목이다.

ⓜ 미래목 선정
  • 피압을 받지 않는 상층의 우세목으로 한다.
  • 병충해 및 물리적 피해가 없는 나무로 선정한다.
  • 선정된 미래목 사이의 간격은 최소 5m 이상으로 고르게 분포하도록 선정한다.
  • 활엽수는 ha 당 200 본 내외, 침엽수는 ha 당 200~400 본 기준으로 미래목을 선정한다.
  • 선정된 미래목은 가슴높이에 황색 수성페인트로 표시한다.

01 산림조성 단원문제 100제

PART 01 ······ 산림조성

01 접목묘가 갖는 이점이라 볼 수 없는 것은?
① 개화 결실이 촉진 된다.
② 생장이 빠르고 수명이 길다.
③ 모수의 형질을 이어 받는다.
④ 종자번식이 어려운 수종의 생산에 쓰인다.

해설: 접목묘라 하여 생장이 촉진되지는 않는다.

02 간벌의 효과가 아닌 것은?
① 지력을 약화 시킨다.
② 직경생장을 촉진 시킨다.
③ 목재의 형질을 좋게 한다.
④ 각종 해에 대한 저항력을 높인다.

해설: 간벌을 통해 적정한 밀도를 유지하여 지력을 향상시킨다.

03 좋은 삽목상의 조건과 가장 거리가 먼 것은?
① 무균상
② 보수력이 높은상
③ 통기력이 좋은상
④ 토양의 유기물이 많은 상

해설: 삽목상은 토양의 유기물이 많을 경우 도장의 우려가 있어 시비를 할 때도 주의를 하여야 한다.

04 다음 중 가지치기의 효과로 볼 수 없는 것은?
① 부정아 발생 억제
② 하목의 생장촉진
③ 무절의 완만재의 생산
④ 산불이 났을 때 수관화 경감

해설: 가지치기를 하였을 때 부정아 발생이 증가한다.

정답 01.② 02.① 03.④ 04.①

05 순림으로 구성하고 있는 숲의 단점에 대한 설명으로 틀린 것은?

① 순림은 입지자원을 고루 이용할 수 없다.
② 단일 수종의 숲은 양분이 효율적으로 이용 될 수 없다.
③ 숲의 구성이 단조로워서 그 생태계가 허약 할 수 있다.
④ 순림은 낙엽의 부식이 잘되어 땅의 생산력을 향상 시킨다.

해설: 혼효림이 낙엽의 부식이 잘되 땅의 생산력을 향상시킨다.

06 묘목식재 시 시비할 경우 본당 질소성분에 의한 시비 기준량(g/본)이 가장 낮은 수종은?

① 낙엽송　　　　　　　　② 잣나무
③ 소나무　　　　　　　　④ 사시나무

해설: 성분에 의한 시비 기준량으로 낙엽송 7.4g/본, 잣나무 3.7g/본, 소나무 1.8g/본 으로 소나무가 가장 낮다.

07 온량지수가 180이상인 산림대를 무엇이라 하는가?

① 온대림　　　　　　　　② 아한대림
③ 한대림 또는 툰드라　　④ 열대림 또는 아열대림

해설:

온량지수	지역
180 이상	열대림 혹은 아열대림
110 이상	난대림
100~85	온대 중부림
15~55	냉대림
0~15	한대림

08 다음 중 택벌작업의 장점으로 보기 어려운 것은?

① 병충해에 대한 저항력이 높다.
② 양수와 음수 수종 모두 갱신이 가능하다.
③ 상층목은 일광을 충분히 받아서 결실이 잘된다.
④ 면적이 좁은 산림에서 보속적 수확을 올리는 작업을 할 수 있다.

해설: 택벌 작업은 양수 수종에 적용하기 어렵다.

정답　05.④　06.③　07.④　08.②

09 다음 수종 중에서 생가지치기를 할 때 상처 난 부위가 썩을 가능성이 가장 큰 나무는?
① 삼나무　　　　　　　　　② 소나무
③ 단풍나무　　　　　　　　④ 이태리포플러

　해설: 느릅나무, 단풍나무, 물푸레나무, 벚나무는 상처의 유합이 잘안되 썩기 쉬운 수종이다.

10 학명에 대한 설명 중에서 틀린 것은?
① Linnaeus의 이명법을 사용한다.
② 속명, 종명, 명명자 이름으로 구성되어 있다.
③ 명명자 이름 이외에는 항상 소문자로 표기한다.
④ 변종을 표기할 때는 종명 다음에 var.로 표시하여 나타낸다.

　해설: 속명은 첫 글자는 대문자 표기한다.

11 1ha 조림지 에 묘목사이의 거리를 열간거리 2m, 묘간거리 5 m 로 하여 장방형식재법에 따라 조림을 할 때 필요한 묘목의 수는 얼마 인가?
① 500 본　　　　　　　　　② 1,000 본
③ 1,500 본　　　　　　　　④ 2,000 본

　해설: 묘목의 수 $= \dfrac{10,000\,m^2}{2m \times 5m} = 1,000$

12 산벌작업 방법에 속하지 않는 것은?
① 택벌　　　　　　　　　　② 후벌
③ 하종벌　　　　　　　　　④ 예비벌

　해설: 산벌작업은 예비벌, 하종벌, 후벌, 종벌이 있다.

13 산림의 무육 방법 중에서 조림목이 임관을 형성하여 간벌기에 달할 때까지 쓸모없는 침입목이나 성장 및 형질이 불량한 나무를 제거 하기 위해 하는 작업은?
① 보식　　　　　　　　　　② 제벌
③ 밑깎기　　　　　　　　　④ 가지치기

　해설: 간벌 전까지 형질불량목, 폭목 등을 제거하는 작업을 제벌이라 한다.

정답　09.③　10.③　11.②　12.①　13.②

14 식물생리 활성물질 중에서 성장억제의 효과가 있는 것은?

① IAA ② Abscisic acid ③ Cytokinin ④ Gibberellin

해설 Abscisic acid 는 생장억제물질이다

15 소나무의 개화에서 종자 성숙까지는 얼마나 걸리겠는가?

① 개화 후 3개월에 성숙한다. ② 개화 후 4개월에 성숙한다.
③ 개화 후 다음해 가을에 성숙한다. ④ 개화 후 그 해의 가을에 성숙한다.

해설 소나무는 꽃핀 이듬해 가을 종자가 성숙한다.

16 다음 중 채종림의 선정기준으로 맞는 것은?

① 바람이 많이 부는 방풍림
② 병해충 피해가 조금은 있는 임분
③ 교통이 편리해서 접근이 용이한 곳
④ 1단지 면적이 1ha 미만이고 모수가 1ha당 1000본 이상인 곳

해설 채종림 선정 기준
- 1단지의 면적이 1ha 이상, 모수가 1ha당 150본 이상인 산림
- 개체간 특성이 균일한 임분으로 구성된 산림
- 벌채나 도남벌이 없었던 산림
- 보호관리 및 채종작업이 편리한 산림
- 병해충 피해가 없었던 산림

17 파종량을 산정할 때 필요하지 않은 사항은?

① 발아력 ② 파종상의 면적
③ 1g 당 종자 입수 ④ 시험실종자 발아율

해설 파종량을 구할 때 필요한 정보로 파종 종자의 양, 파종면적, 단위면적당 남길 묘목수, g당 종자입수, 순량률, 발아율 등이 있다.

18 종자 발아휴면의 원인에 해당되지 않는 것은?

① 미발달배 ② 종피불투수성
③ 생장억제물질의 존재 ④ 가스교환의 과다

해설 종자의 발아휴면 원인으로 종피 불투수성, 가스교환의 억제, 미발달배, 배휴면, 억제물질의 존재, 이중휴면성 등이 있다.

정답 14.② 15.③ 16.③ 17.① 18.④

19 제벌의 실행에서 고려해야 할 사항 중 옳지 않은 것은?

① 침입목이 맹아력이 강한 활엽수라면 맹아에 대한 대비책을 강구해야 한다.
② 소나무와 낙엽송 조림지에서는 식재 후 20~30년이 제벌 실행의 적절한 시기이다.
③ 일반적으로 수관 간의 경쟁이 시작되고 조림목의 생육이 저해된다고 판단될 때 실시한다.
④ 제벌의 시기는 나무의 고사상태를 알고 맹아력을 감소시키기 위하여 여름철에 실시하는 것이 좋다.

해설: 소나무와 낙엽송 조림지에서 식재후 7~8년 이후 제벌을 실시하는 것이 좋다.

20 건조에 의하여 생활력을 쉽게 잃게 되는 수종의 종자저장에 적합한 보습저장은?

① 상온저장법　　　　　　② 저온저장법
③ 노천매장법　　　　　　④ 기건밀봉법

해설: 노천매장법은 종자의 저장뿐 아니라 발아를 촉진시키는 방법이기도 하다.

21 천연림 보육에 대한 생태적 설명으로 틀린 것은?

① 하층 임분은 특별한 이유가 없는 한 그대로 두는 것이 좋다.
② 생육공간을 적당히 조절하며 적정 간격이 유지될 수 있도록 간벌과 가지치기를 시행한다.
③ 나무의 세력이 너무 왕성한 것은 제거하여 세력을 줄이고 미래목에 대한 영향이 없도록 한다.
④ 미래목은 장차 미래에 효용가치가 높은 임목을 선정하되 실생묘보다 맹아목을 우선적으로 고려하여 선정하는 것이 좋다.

해설: 미래목은 효용가치가 높은 유용 수종을 선정하고 맹아목보다 실생묘를 우선적으로 선정하며 가능하면 전 임지에 골고루 분포되도록 선정한다.

22 묘목 간의 거리를 2m로 정방형 식재를 할때 1 ha당 소요 묘목본수는?

① 1000 본　　　　　　② 2500 본
③ 3500 본　　　　　　④ 5000 본

해설: 1ha 의 면적과 식재면적 비를 이용하여 구하도록 한다.
1ha : 10,000 m^2, 2m × 2m = 4m^2
10,000 ÷ 4 = 2500

정 답　19.②　20.③　21.④　22.②

23 그림과 같은 구성을 보이는 동령 임분에서 빗금 친 부분을 간벌하였다면 어떠한 간벌방식이 적용된 것인가?

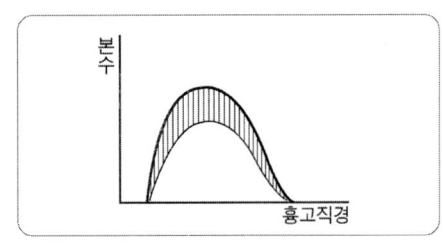

① 하층 간벌
② 상층 간벌
③ 택벌식 간벌
④ 기계적 간벌

해설 ※ 간벌 양식

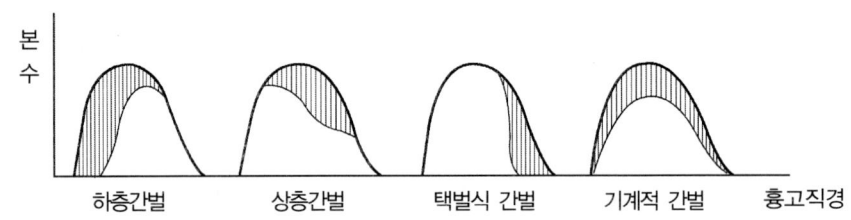

24 소나무 임지를 교호대상개벌작업에 의해 갱신하려고 한다. 이때 일반적으로 가장 적당한 대폭은?

① 모수 수고의 약 1/2배 미만
② 모수 수고의 약 2~3배
③ 모수 수고의 약 5~6배
④ 모수 수고의 약 8~9배

해설 교호대상개발작업은 대상 벌채구의 모수림 수고 기준 2~3배 정도로 한다.

25 묘포지를 경운 작업할 경우 나타나는 효과로 맞는 것은?

① 토양 내 산소량이 감소한다.
② 토양의 보수력을 감소시킨다.
③ 토양의 풍화작용을 촉진시킨다.
④ 토양 내 탄산가스량은 영향이 없다.

해설 밭갈이 작업인 경운을 하는 경우 토양의 투수성, 통기성 등이 개선되는 장점이 있으나 풍화작용이나 토양침식이 빨라지는 단점이 있다. 토양의 이화학적 성질의 변화 외에도 잡초발생을 억제시킨다.

정답 23.④ 24.② 25.③

26 산림이나 묘포장 토양의 토양산도에 대하여 바르게 기술하고 있는 것은?

① pH 4.0~4.7 인 토양은 망간, 알루미늄이 다량 용해되어 나무의 생육에 이롭다.
② pH 6.6~7.3 인 토양에서는 미생물의 활동이 왕성하고 양료의 이용이 높으며, 부식의 형성이 쉽게 진전 된다.
③ 묘포토양으로서는 pH 6.5 이상이 되어야 좋다.
④ pH 7.4 ~8.0 의 토양산도는 침엽수종의 생육에 유리하다.

해설: pH 6.6~7.3인 토양에서는 미생물 활동이 왕성하여 부식의 형성이 쉬우며 양료의 이용률이 높다. 반대로 pH 가 낮아 산성에 가까울 경우 토양 미생물의 활동이 저해되어 유기물 분해가 좋지 않다.

27 다음 중 나무의 결실주기가 가장 긴 것은?

① 자작나무류
② 전나무
③ 낙엽송
④ 오리나무류

해설: 결실주기가 5년 이상의 긴 수종으로 너도밤나무와 낙엽송이 있다.

28 산림생태계의 순환과정에서 질소의 손실을 가져 오는 것은?

① 균류
② 낙엽
③ 산불
④ 질산화작용

해설: 산불 발생시 산림의 나무와 낙엽 등이 불타면서 생태계 순환과정의 질소 손실을 야기한다.

29 원생림이 파괴된 뒤에 회복된 산림을 무엇이라 하는가?

① 1차림
② 2차림
③ 3차림
④ 복차림

해설: 산림 파괴 이후 회복에 의해 생성되는 산림을 2차림이라 한다.

정답 26.② 27.③ 28.③ 29.②

30 어미나무 작업법으로 갱신할 때 어미나무로 잔존시키는 양은 원래의 임목재적의 몇 % 로 하는가?

① 10 %
② 30 %
③ 40 %
④ 60 %

해설 모수작업시 잔존시킬 임목재적 기준은 전임목 본수의 2~3%, 재적의 10%, 1ha 당 15~30 본을 기준으로 한다.

31 가지치기의 효과가 아닌 것은?

① 가지를 연료로 이용한다.
② 초살도가 큰 줄기를 생산한다.
③ 산불시 수관화를 경감시킨다.
④ 수광량을 증가시켜 하층목의 발생을 촉진한다.

해설 ※ 가지치기 효과
- 가지를 연료로 사용할 수 있다.
- 임목간의 부분적 경쟁을 완화시킨다.
- 수간의 온만도를 높이며 초살도를 경감시킨다.
- 하층목은 수광량의 증가로 성장이 촉진된다.
- 수관화와 같은 산불 발생을 줄여준다.

32 $100m^2$ 면적의 파종상에 참나무 종자를 파종하여 m^2 당 100본의 묘목을 남기려고 한다. 이때 필요한 파종량(L) 은? (단, 참나무 종자의 1g 당 평균 종자입수는 1000립, 종자의 순량률은 0.5, 발아율은 0.5, 묘목잔존율은 0.5 로 한다.)

① 20 L
② 40 L
③ 60 L
④ 80 L

해설 파종량 = $\dfrac{\text{파종면적} \times m^2 \text{당 잔존본수}}{g \text{당 종자수} \times \text{순량률} \times \text{발아율} \times \text{득묘율}} = \dfrac{100 \times 100}{1000 \times 0.5 \times 0.5 \times 0.5} = 80$

33 주로 접목에 의한 번식방법을 이용하는 수종은?

① 오동나무
② 무화과
③ 개나리
④ 복숭아나무

해설 복숭아나무는 삽목발근이 어려워 접목을 실시한다.

정답 30.① 31.② 32.④ 33.④

34 소나무류와 잣나무류의 식별에 대한 설명으로 잘못된 것은?

① 잣나무류는 잎이 3~5개이고 소나무류는 2~3개다.
② 잣나무류의 실편은 끝이 얇고 가시가 없으며 소나무류는 실편은 끝이 두껍고 가시가 있다.
③ 잣나무류는 가지에 침엽이 달렸던 자리가 도드라졌고 소나무류는 밋밋하다.
④ 잣나무류의 유관속은 1개이고 소나무류는 2개이다.

> 해설: 잣나무는 가지에 침엽이 있던 자리가 밋밋하고 소나무는 도드라진 것이 특징이다.

35 수분 부족으로 스트레스를 받은 수목의 일반적인 현상이 아닌 것은?

① 생화학적인 반응을 감소시켜 효소의 활동을 둔화시킨다.
② 채내의 수분이 부족하여 팽압이 감소한다.
③ 춘재의 비율이 추재의 비율보다 일반적으로 더 많아진다.
④ Abscisic acid 를 생산하기 시작해서 기공의 크기에 영향을 준다.

> 해설: 춘재는 주로 봄, 여름에 활동이 활발한 시기에 생성되며 세포벽이 얇고 세포의 크기가 큰 것이 특징이다. 반대로 추재는 세포벽이 두껍고 세포의 크기가 작다. 수분이 부족할 경우 활동이 많은 춘재에 많은 영향을 주기 되기에 춘재의 비율이 추재의 비율보다 더 많아지지는 않는다.

36 봄에 종자를 뿌려도 그 해 싹이 트지 못하고 그 다음해에 나오는 종자의 발아 휴면성과 관계가 가장 먼 것은?

① 이중휴면성
② 종피불투수성
③ 종자의 지나친 성숙
④ 생장억제물질의 존재

> 해설: 종자 휴면의 원인으로 종피의 불투수성, 물리적 작용, 가스 교환의 억제, 미발달배, 배휴면, 억제물질, 이중휴면성이 있다.

37 다음 수종의 종자들 중 발아력 검정에 소요되는 기간이 가장 짧은 것은?

① 주목
② 사시나무
③ 전나무
④ 느티나무

> 해설: ※ 발아시험기간
> 종자의 발아검정에 소요되는 기간으로 사시나무, 느릅나무가 14일 정도로 가장 짧다.

정답 34.③ 35.③ 36.③ 37.②

38 소나무 종자의 용적중이 500g/L, 실중이 10g, 순량률이 90%, 발아율이 90% 일 경우의 종자효율은?

① 81 %
② 90 %
③ 51 %
④ 100 %

해설: 효율 = $\dfrac{순량률 \times 발아률}{100} = \dfrac{90 \times 90}{100} = 81\,(\%)$

39 산림갱신과 관련된 용어 설명으로 옳은 것은?

① 소나무처럼 가벼운 종자는 성숙한 뒤 바람에 날려 떨어지는데 이것을 상방천연하종이라고 한다.
② 벌구는 일시 또는 일정 기간 안에 갱신하고자 하는 구역을 말한다.
③ 임형은 벌채방식과 목적에 따라 개벌림, 산벌림, 택벌림으로 구분된다.
④ 산벌은 주벌과 간벌의 구별 없이 3 번의 벌채로 수행되기 때문에 3 벌 이라는 별명을 갖고 있다.

해설: ① 소나무처럼 가벼운 종자는 바람을 이용하는 경우를 측방천연하종이라 한다.
③ 임형은 구성과 벌채방식에 따라 교림, 왜림, 중림으로 구분한다.
④ 산벌은 주벌을 몇 회로 나누어 실시하기에 순차벌 혹은 전벌이라 한다.

40 묘목의 연령표시법 중 실생묘 표시법의 설명으로 틀린 것은?

① 1-0묘 : 판갈이를 하지 않은 1년이 경과한 실생묘목
② 1-1묘 : 파종상에서 1년, 판갈이하여 1 년이 경과된만 2 년생 묘목
③ 1/2묘 : 뿌리는 2년, 줄기는 1년된 묘, 1년생 실생묘를 대절하여 1년이 경과된 묘목
④ 2-1-1묘 : 파종상에서 2년, 판갈이 하여 1년, 다시 판갈이하여 1년을 지낸 만4년생 묘목

해설: 1/2 묘 는 삽목묘의 묘령을 표기하는 방법으로 줄기/뿌리로 표기하며. 뿌리나이 2년, 줄기나이가 1년인 삽목묘를 의미한다.

41 다음 그림은 융육이 발달한 가지의 모식도이다. 활엽수를 가지치기 할 때 가장 양호한 절단위치는?

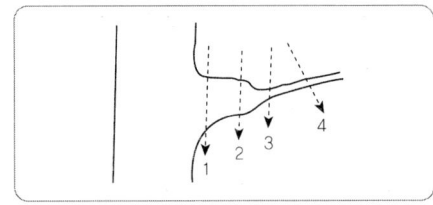

① 1
② 2
③ 3
④ 4

해설: 보통 지융부가 형성되는 수종은 활엽수종이며 이렇게 지융부가 발달된 경우 줄기와 평행하게 절단하도록 한다.

정답 38.① 39.② 40.③ 41.③

42 산림의 종류 중에서 순림의 장점이 아닌 것은?
① 경제적으로 유리한 수종만으로 임분을 구성할 수 있다.
② 산림작업과 경영이 간편하여 경제적으로 수행될 수 있다.
③ 임목의 벌채비용과 시장성이 유리하다.
④ 유기물의 분해가 빨라져 무기 양료의 순환이 더 잘된다.

해설 유기물의 분해가 빨라 무기양료의 순환이 잘되는 경우는 혼효림의 장점이다.

43 임분전환을 위한 갱신수단의 설명으로 틀린 것은?
① 신규조림 - 현재까지 타용도의 무임목지로 있는 나지에 처음으로 실시하는 인공식재
② 재조림 - 개벌적지 또는 산지에서 최후의 종벌 후 나지에 대한 인공식재
③ 사전조림 - 임분의 시간적, 공간적 배열을 고려한 후계림을 인공식재
④ 보식 - 인공갱신에서 조림목의 본수가 60% 이상 활착되지 못했을 경우 조림지를 완벽하게 보완하기 위해서 하는 인공식재

해설 보식은 활착률이 80% 미만일 경우 다른 수종으로 대체하며 50% 미만의 경우 재조림을 실시한다.

44 수목 호르몬인 지베렐린에 대한 설명으로 틀린 것은?
① 벼의 키다리병을 일으키는 곰팡이에서 처음 추출된 호르몬이다.
② 거의 모든 지베렐린은 알칼리성을 띤다.
③ 줄기의 신장을 촉진한다.
④ 개화 및 결실을 돕는 역할을 한다.

해설 지베렐린은 별도의 산, 알칼리 특성을 가지지 않는다.

정답 42.④ 43.④ 44.②

45 간벌의 효과가 아닌 것은?

① 목재의 형질향상
② 임목의 초살도의 감소
③ 임분의 유전적 형질 향상
④ 산불의 위험성 감소

해설 간벌을 하면 초살도가 증가하나 초살도 증가는 목재의 가치를 떨어뜨린다.

46 보통 군상개벌작업에서 한 벌채구역의 크기는 얼마인가?

① 0.01 ~ 0.02 ha
② 0.03 ~ 0.1 ha
③ 0.5~1ha
④ 2~3ha

해설 군상지는 0.03~0.1 ha 정도이다.

47 묘포작업 가운데 밭갈이, 쇄토, 작상 작업의 효과가 아닌 것은?

① 토양의 통기성을 증가시켜 준다.
② 토양의 풍화작용을 지연시켜 준다.
③ 잡초발생을 억제한다.
④ 유용 토양미생물이 증가한다.

해설 위의 작업들은 흙을 부드럽게 하고 흙덩이를 곱게 부수는 작업으로 풍화작용을 촉진시키게 된다. 차후 진압의 과정을 통해 흙을 눌러주는 작업을 하게 되면 토양 침식을 경감시킬수 있다.

48 간벌에 대한 설명으로 틀린 것은?

① 간벌은 원칙적으로 인공조림 된 동령림분에 적용되는 조림기술로 확립 되었다.
② 간벌은 크게 정성간벌과 정량간벌로 구분한다.
③ 정성간벌은 임목본수와 현존량으로 결정한다.
④ 지위가 상이면 활엽수종의 간벌개시는 20~30년이다.

해설 정성간벌은 수관급을 기준으로 양을 구체화하지 않는 것이 특징이다.

정답 45.② 46.② 47.② 48.③

49 종자를 파종하고 흙덮기를 할 때 대개 종자지름의 몇 배 정도로 덮는가?

① 0.3~0.5배　　　　② 3~4배
③ 6~7배　　　　　　④ 9~10배

해설: 복토는 종자 크기 기준 2~4배 정도로 하는 것이 일반적이다.

50 화학적 풍화작용으로서 땅이 회색 또는 담색으로 되는 경향이 있으며 습한 유기물이 쌓인 곳에서 주로 일어나는 작용은?

① 환원작용　　　　② 산화작용
③ 가수분해　　　　④ 탄산염화

해설: 산화, 환원, 가수분해, 수화작용 등 여러 반응에 의해 발생되는 풍화를 화학적 풍화작용이라 하며 습한 유기물이 쌓인 곳에서 회색으로 변화하는 것을 환원작용이라 한다.

51 강산성인 묘포토양의 pH 값을 높이는데 가장 효과적인 방법은?

① 질소 비료의 공급　　　　② 탄산 석회의 공급
③ 인산 비료의 공급　　　　④ 칼륨 비료의 공급

해설: pH 값을 높이는 것은 염기성으로 만드는 것을 의미하며 탄산 석회를 공급해주면 pH 값이 올라가게 된다.

52 수목의 측아 발달을 억제하여 정아우세를 유지시켜 주는 호르몬은?

① 옥신　　　　　　② 지베렐린
③ 시토키닌　　　　④ 아브시스산

해설: 옥신은 정아 생장을 촉진하고 측아의 발달을 억제한다.

정답 49.② 50.① 51.② 52.①

53 용재 생산을 위한 대규모 경제림 조성을 기본 목표로 했던 국가산림사업 시기는?

① 제1차 치산녹화 10개년 계획(1973~1978)
② 제2차 치산녹화 10개년 계획(1979~1987)
③ 제3차 국가산림계획(1988~1997)
④ 제4차 국가산림계획(1998~2007)

해설 제2차 치산녹화 10년 계획은 경제림 조성을 목표로 하였던 국가조림계획 중 하나이다.

54 묘목 양성 시 해가림을 해 주어야 할 수종은?

① 은행나무, 밤나무
② 벚나무, 아까시나무
③ 잣나무, 전나무
④ 소나무, 주목

해설 해가림이 필요한 수종은 음수수종으로 잣나무, 주목, 가문비나무, 전나무 등이 있다.

55 식재조림에 따른 묘목선정 시 주의할 내용으로 틀린 것은?

① 묘목의 동아가 자라지 않고 단단하여야 하며 흰색의 세근이 4~5mm 상태여야 한다.
② 묘목은 약간 건조한 상태에서 저장하여야 한다.
③ 냄새를 맡아보아서 악취가 나는 묘목은 조림 대상에서 제외한다.
④ 묘목의 뿌리나 줄기를 손톱이나 칼로 약간 벗겨보면 습기가 있고 백색으로 윤기가 돌아야 한다.

해설 묘목의 뿌리가 마르지 않도록 주의한다.

56 전나무의 속명으로 맞는 것은?

① Juniperus
② Pinus
③ Populus
④ Abies

해설 전나무 속명은 Abies 이다.

57 모수의 조건에 대한 설명으로 맞는 것은?

① 열세목 가운데서 고른다.
② 유전적 형질과는 무방하다.
③ 풍도에 저항력이 높아야 한다.
④ 종자를 적게 생산하는 개체를 남긴다.

해설 모수는 임지의 변화에 적응하고 수세가 좋아야 하며 저항력이 높아야 한다.

정답 53.② 54.③ 55.② 56.④ 57.③

58 간벌의 효과와 거리가 먼 것은?
① 벌기 수확이 양적, 질적으로 높아진다.
② 생산될 목재의 형질이 향상된다.
③ 조기에 간벌 수확이 얻어진다.
④ 수고생장을 촉진하여 연륜폭이 좁아진다.
해설: 간벌은 직경생장을 촉진한다.

59 기계적인 결실촉진 방법과 가장 거리가 먼 것은?
① 환상박피
② 전지
③ 삽목
④ 단근처리
해설: 삽목은 식물의 일부분을 분리하여 발근시킨 후 하나의 독립된 개체로 만드는 것으로 기계적 결실 방법과는 거리가 멀다. 개화 결실 촉진 방법으로는 환상박피, 단근, 시비, 생장호르몬, 밀도조절 등이 있다.

60 다음 중 결핍증상이 오래된 잎에서부터 시작되고 줄기가 가늘고 잎이 작아지며 잎 전체가 황록색이 되게 하는 원소는?
① 질소
② 철
③ 칼륨
④ 칼슘
해설: 질소가 부족하게 되면 생장이 불량하고 잎이 짧아지며 잎의 전체가 황백화 현상이 발생하게 된다.

61 다음 갱신법에 관한 설명으로 맞는 것은?
① 소벌구의 모양은 일반적으로 원형 이다
② 소벌구는 측방성숙임분의 영향을 받는다.
③ 산벌은 임목을 한꺼번에 벌채 하는 것이다.
④ 모수는 갱신될 임지에 식재나무를 공급하기 위한 묘목이다.
해설: ① 소벌구의 모양은 일반적으로 띠모양의 대상벌구와 둥근모양의 군상벌구가 있다.
③ 산벌은 짧은 갱신기간동안 몇 차례 걸쳐 전임목을 제거하는 작업이다.
④ 모수는 종자공급을 목적으로 한다.

정답 58.④ 59.③ 60.① 61.②

62 다음 접목에 대하여 기술된 내용 중 바르게 설명하고 있는 것은?
① 접목을 하면 대목과 접수의 유전형질이 동일해진다.
② 바이러스는 접목된 부위를 통해 이동할 수 없다.
③ 전이성불화합성은 중간대목을 사용 하여 극복할 수 있다.
④ 접목 활착을 위해서는 대목과 접수의 형성층을 최대한 가깝게 밀착시키는 것이 중요하다.

[해설] ① 대목과 접수의 유전형질은 변하지 않는다.
② 바이러스는 접목 부위를 통해 이동할 수 있다.
③ 불화합성의 경우 중간대목을 사용하여도 극복이 어렵다.

63 덩굴치기에 대한 설명으로 잘못된 것은?
① 덩굴식물에 의한 피해는 수관피복형과 수관압박형이 있다.
② 덩굴식물은 울폐된 산림지역에 많다.
③ 덩굴치기의 시기는 7월경이 좋다.
④ 칡은 무성생식으로도 잘 번식한다.

[해설] 덩굴식물은 일사량이 적은 울폐된 산림지의 경우 적은 편이다.

64 간이 산림토양조사에 의하여 적수를 선정할 때 사용하지 않는 인자는?
① 토색   ② 토심   ③ 지형   ④ 토성

[해설] 산림토양조사의 주요 인자로 토심, 토성, 지형, 건습도, 침식 등이 있다.

65 다음 수종 중 종자 발아시험에 있어 조사 일수가 가장 많이 걸리는 수종은?
① 소나무, 해송   ② 편백, 화백
③ 느티나무, 옻나무   ④ 오리나무, 삼나무

[해설] ※ 발아시험기간

14일	사시나무, 느릅나무
21일	편백, 화백, 아까시나무, 가문비나무
28일	소나무, 해송, 자작나무, 오리나무, 낙엽송
42일	전나무, 목련, 느티나무, 옻나무

정답 62.④ 63.② 64.① 65.③

66 종자의 품질을 알아보기 위해 순정종자의 무게를 측정한 결과 종자시료 100g 중에서 순정종자는 50g 이었다. 또한 임의로 160개의 순정종자만을 골라 발아를 시켜보았더니 80개가 발아하였다. 이러한 종자의 효율은?

① 25% ② 50%
③ 75% ④ 80%

해설: 순량률 $= \dfrac{\text{순정종자량}}{\text{시료량}} = \dfrac{50}{100} \times 100 = 50(\%)$

발아율 $= \dfrac{\text{발아 한 종자수}}{\text{준비된 시료 개수}} = \dfrac{80}{160} \times 100 = 50(\%)$

효율 $= \dfrac{\text{순량율} \times \text{발아율}}{100} = \dfrac{50 \times 50}{100} = 25(\%)$

67 폐광지의 임지를 보호하기 위해 비료목을 심으려고 할 때 어느 수종을 선택하면 좋은가?

① 소나무, 해송 ② 잣나무, 전나무
③ 족제비싸리, 은백양 ④ 아까시나무, 오리나무류

해설: 비료목의 종류로 아까시나무, 싸리나무, 오리나무, 보리수나무 등이 있다.

68 다음 중 묘목가식의 적지로 가장 좋은 곳은?

① 부식토 ② 습지
③ 배수가 양호한 사질양토 ④ 유기질 비료가 많은 땅

해설: 가식의 경우 배수가 좋은 사양토 혹은 식양토에 적당하다.

69 침엽수 채종림에 적합한 나무의 조건이 아닌 것은?

① 가지가 굵어야 한다. ② 자연 낙지가 잘되어야 한다.
③ 줄기가 곧아야 한다. ④ 지하고가 높아야 한다.

해설: 침엽수 채종림의 경우 가지가 가늘어야 한다.

정답 66.① 67.④ 68.③ 69.①

70 활엽수인 경우 잡목 솎아베기의 효과를 높일 수 있는 적합한 작업 시기는?
① 3~5월 ② 6~8월
③ 9~10월 ④ 12~2월

해설: 잡목 솎아베기 작업은 제벌이라 하며 제벌은 6~9월 사이 실시한다.

71 목부 조직의 횡단면이 그림과 같은 형태를 보이는 수종은?

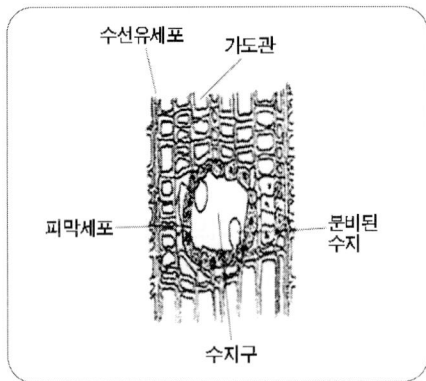

① 소나무
② 신갈나무
③ 아까시나무
④ 층층나무

해설: 침엽수는 90% 이상이 가도관으로 구성되어 있으며 보기 중 침엽수종은 소나무이다. 활엽수의 경우 도관이 발달한다.

72 우리나라 조림 수종 중 도입 수종은?
① 잎갈나무 ② 잣나무
③ 소나무 ④ 사방오리나무

해설: 사방오리나무는 일본에서 도입된 외래 수종이다.

73 산림기후대에 대한 설명으로 옳은 것은?
① 우리나라의 남한 지역에는 한대림이 전혀 없다.
② 난대림의 주요 특징 수종으로 가시나무를 들 수 있다.
③ 지중해 연안지역의 산림은 우리나라 온대 북부의 산림 구성과 유사하다.
④ 열대림은 넓은 지역에 걸쳐 단일 수종으로 단순림을 구성할 때가 많다.

해설: ① 국내에도 예를 들어 제주도의 한라산의 고산지대는 한대림이 존재한다.
③ 지중해 연안지역은 아열대 기후로 국내의 산림구성과는 다르다
④ 열대림은 다양한 수종이 존재한다.

정답 70.② 71.① 72.④ 73.②

74 다음 수종 중에서 토양수분 요구도가 가장 높은 수종은?

① 편백 ② 신갈나무
③ 삼나무 ④ 소나무

해설 토양수분 요구도는 요수량이라 하며 요수량이 적을수록 건조에 대한 저항성이 강하다.

75 산림 갱신법의 종류를 분류하는 데 그 기준이 되지 못하는 것은?

① 임분조성의 기원 ② 벌채종
③ 벌구의 크기 ④ 방위

해설 산림 갱신법, 작업법을 분류하는 기준은 임분조성의 기원, 벌채종, 벌구의 모양 및 크기이다.

76 조림용 묘목의 규격의 최소 기준으로 바른 것은?

① 낙엽송 1-1묘 : 간장 35cm 이상, 근원직경 6mm 이상
② 잣나무 2-1묘 : 간장 25cm 이상, 근원직경 6mm 이상
③ 리기다 소나무 1-1묘 : 간장 40cm 이상, 근원직경 7mm 이상
④ 은행나무 2-0묘 : 간장 60cm 이상, 근원직경 7mm 이상

해설 ② 잣나무 2-1묘 : 간장 16cm 이상, 근원직경 4mm 이상
③ 리기다 소나무 1-1묘 : 간장 25cm 이상, 근원직경 6mm 이상
④ 은행나무 2-0묘 : 간장 30cm 이상, 근원직경 7mm 이상

정답 74.③ 75.④ 76.①

77 총광합성량을 A, 호흡량을 R, 물질 순생산 량을 N 이라고 할 때, 이들 간의 관계식을 바르게 나타낸 것은?

① A+R=N
② A+N=R
③ R×A=N
④ A-R=N

해설 총광합성량 - 호흡량 = 물질순생산량

78 가지치기의 효과가 아닌 것은?

① 옹이 없는 무절재 생산
② 줄기 하부의 직경생장 촉진
③ 줄기의 완만도 조절
④ 하층목의 보호 및 생존경쟁의 완화

해설 가지치기는 수간의 완만도를 높인다.

79 식재밀도에 대한 설명 중 밀식의 장점이 아닌 것은?

① 밀식 임분은 줄기는 가늘지만 근계발달이 좋아 풍해 및 설해 등을 입지 않는다.
② 수간의 울폐가 빨리 와서 표토의 침식과 건조를 방지하여 개벌에 의한 지력의 감퇴를 줄일 수 있다.
③ 제벌 및 간벌에 있어서 선목의 여유가 있으므로 우량 임분으로 유도할 수 있다.
④ 간벌수입이 기대된다.

해설 밀식한 경우 근계 발달이 약해져 풍해 및 설해를 입게 된다.

80 일반적으로 수목의 기관 중 인산의 함량이 가장 많은 기관은?

① 줄기
② 가지
③ 뿌리
④ 잎

해설 인산은 잎에 가장 많이 분포한다.

정답 77.④ 78.② 79.① 80.④

81 종자의 생리적 휴면을 유지시키는 호르몬은?

① 옥신
② 지베렐린
③ 시토키닌
④ 아브시스산

해설: 아브시스산은 종자의 발아를 억제하는 물질이다

82 개화한 다음해 가을에 종자가 성숙하는 수종은?

① 떡갈나무
② 상수리나무
③ 신갈나무
④ 졸참나무

해설: 개화한 다음해 가을에 종자가 성숙하는 대표 수종으로 상수리나무, 소나무, 굴참나무, 잣나무 등이 있다.

83 버드나무류나 사시나무류의 경우 종자채취 후 바로 파종(채파)하는 이유는?

① 종자의 크기가 작기 때문
② 배유가 작은 종자로 수명이 짧기 때문
③ 종자가 바람에 잘 흩어지기 때문
④ 종자의 발아력이 높기 때문

해설: 버드나무, 사시나무 등은 종자의 수명이 짧기 때문에 바로 파종하여야 한다.

84 파종상에 짚덮기를 하는 이유로 옳지 않은 것은?

① 약제 살포의 효과를 증대시킨다.
② 파종상의 습도를 높여 발아를 촉진시킨다.
③ 잡초발생을 억제한다.
④ 빗물로 인한 흙과 종자의 유실을 막는다.

해설: 파종상 짚덮기는 토양의 건조와 토사유실, 종자의 유실등을 막는 것을 목적으로 한다.

정답 81.④ 82.② 83.② 84.①

85 윤벌기가 완료되기 전에 갱신이 완료되는 전갱작업에 해당되는 것은?

① 모수작업 ② 개벌작업
③ 산벌작업 ④ 택벌작업

해설: 산벌작업은 윤벌기가 완료되기 이전 갱신이 완료되는 전갱작업으로 예비벌, 하종벌, 후벌 등이 있다.

86 발아할 때 자엽이 땅속에 남아 있는 자엽지하위발아 수종으로 짝지어진 것은?

① 소나무, 잣나무 ② 밤나무, 호두나무
③ 단풍나무, 싸리나무 ④ 물푸레나무, 해송

해설: 자엽지하위발아를 하는 수종으로 호두나무, 밤나무, 상수리나무, 은행나무 등이 있다.

87 조림지의 풀베기 작업에 대하여 바르게 설명 하고 있는 것은?

① 둘레베기는 소요 노동력을 크게 증가시킨다.
② 호두나무를 조식한 조림지는 모두베기를 하여 임지하부를 깨끗이 정리한다.
③ 낙엽송 조림지의 풀베기 작업은 식재 후 3~4년간 계속하는 것이 보통이다.
④ 줄베기 작업은 묘목을 식재한 줄과 줄 사이에 자라는 풀과 잡목 및 관목을 제거하는 작업이다

해설: 낙엽송, 전나무, 편백나무 등은 장기수에 속한다. 풀베기 작업은 성장이 빠른 속성수의 경우 3년간, 성장이 느린 장기수는 5년간 실시하는 것이 보통이다.

88 토양의 무기양료에 대한 요구도가 낮은 수종으로 짝지어진 것은?

① 아까시나무, 느티나무 ② 리기다소나무, 오동나무
③ 오리나무, 노간주나무 ④ 낙엽송, 느릅나무

해설: 토양의 무기양료에 대한 요구도가 낮은 수종으로 오리나무, 노간주나무, 아까시나무, 자작나무 등이 있다.

정답 85.③ 86.② 87.③ 88.③

89 묘포에서의 시비에 관한 설명 중 잘못된 것은?

① 비료의 종류와 양은 지역의 실정을 고려하여 정한다.
② 묘목은 생장시기에 따라 요구하는 양분의 종류가 다르므로 이를 고려하여야 한다.
③ 기비는 속효성 비료로 추비는 퇴비와 무기질 비료를 사용하는 것이 좋다.
④ 토양미생물의 번식을 도와 토양의 이학적 성질을 개선 할 수 있다.

해설: 기비는 무기질 비료, 추비는 속효성 비료를 사용하는 것이 좋다.

90 토양미생물에 관한 설명으로 옳은 것은?

① 방사상균은 산성토양에 저항력이 높다.
② 식물의 뿌리는 토양구조 발달을 억제한다.
③ 토양 균류는 종자 파종되어 생장중인 입목의 뿌리를 감염시켜 여러 가지 병원균으로부터 뿌리의 보호기능을 할 수 없도록 한다.
④ 대부분 토양동물은 공간적인 조건이나 광조건이 양호한 낙엽층이나 부식층에서 서식한다.

해설: ① 방사상균은 산성토양에 약한 편이다.
② 식물 뿌리는 토양 구조 발달을 도와준다.
③ 균근의 경우 탄수화물 동화작용을 통해 뿌리의 보호기능을 도와준다.

91 생태형의 개념에 관련되는 것은?

① 녹나무
② 반송
③ 강송
④ 낙엽송

해설: 생태형은 같은 수종에서 환경차이에 의해 나타나는 것으로 우리나라는 소나무가 분포 지역에 따라 크게 6개의 생태형으로 분류된다. 보기의 강송은 줄기가 곧고 수관이 가늘고 좁은 것이 특징이며 주로 태백산맥과 금강산, 동해안 지역에 분포하고 있다.

정답 89.③ 90.④ 91.③

92 종자발아촉진방법이 아닌 것은?

① 황산처리법　　　　　② 테트라졸륨처리
③ 침수처리　　　　　　④ 파종시기의 변경

해설: 테트라졸륨처리 방법은 종자의 활력 검사 방법이다.

93 숲 가꾸기를 할 때 미래목의 선정 요건으로 맞지 않는 것은?

① 미래목간의 간격은 최소한 2m 정도로 한다.
② 헥타당 선정본수는 수종과 경영목표에 따라서 다르지만 최고 400본 정도로 한다.
③ 임연부 임목은 가급적 미래목에서 제외 한다.
④ 맹아갱신 임분에서의 미래목은 가급적 실생묘로 한다.

해설: 미래목의 간격은 최소 5m로 한다.

94 향토 품종의 우월한 점은 무엇인가?

① 생육환경에 잘 적응하고 있다.　　② 외래품종보다 생장이 우량하다.
③ 생장이 빠르다.　　　　　　　　　④ 병충해의 저항이 작다.

해설: 향토품종은 그 지방의 환경에 가장 최적화 되어 있다.

95 한 식물의 성분이 환경공간에 들어가서 다른 생물의 생육에 영향을 끼치는 현상은?

① 이래　　　　　　　　② 경쟁
③ 천이　　　　　　　　④ 타감작용

해설: 식물이 다른 생물에 의해 영향을 받는 것을 타감작용이라 한다.

정답 92.② 93.① 94.① 95.④

96 다음의 치환성염기 중 토양콜로이드에 치환, 흡착하는 힘이 가장 큰 것은?

① Ca^{++}
② Mg^{++}
③ K^+
④ Na^+

해설: 양이온의 치환능력은 $Ca^{2+} > Mg^{2+} > K^+ \geq NH_4^+ > Na^+$ 순서로 Ca^{2+}가 가장 크다.

97 생가지치기를 할 경우 절단부위가 썩을 위험성이 큰 수종으로 짝지어진 것은?

① 소나무, 버드나무
② 편백, 자작나무
③ 낙엽송, 벚나무
④ 단풍나무, 물푸레나무

해설: 생가지치기 위험이 높은 수종으로 단풍나무, 느릅나무, 벚나무, 물푸레나무 등이 있다.

98 종자발아를 위해 후숙이 필요한 수종은?

① 버드나무
② 느릅나무
③ 졸참나무
④ 주목

해설: 은행나무, 들메나무, 향나무, 주목은 미발달배로 불완전하기에 후숙이 필요하다.

99 종자가 발아를 시작하는 첫 과정은?

① 수분의 흡수
② 활발한 호흡작용
③ 저장물질 분해
④ 유근의 생장

해설: 종자가 발아를 위해 처음으로 수분을 흡수하게 되며 수분 흡수로 인해 아래와 같은 과정을 거친다.
- 수분이 흡수되면 팽창을 통해 종피가 파열된다.
- 종피가 수분을 흡수하면 가스교환이 용이해져 산소의 공급이 활발해지고 이산화탄소가 배출된다.
- 세포의 원형질 농도가 낮아지고 효소의 활성이 증가된다.

정답 96.① 97.④ 98.④ 99.①

100 다음 중 삽목을 할 때 주의해야 할 점에 대한 내용으로 틀린 것은?

① 작업 중 삽수가 건조하거나 눈이 상하지 않도록 주의 한다.
② 비가 온 후 상면이 습하면 작업을 하지 않는 것이 일반적이다.
③ 삽목 토양으로는 배수성이 좋은 토양보다는 양료가 충분히 있는 양토계통의 토양을 이용하는 것이 좋다.
④ 삽수의 끝눈은 남향으로 향하게 하고 포플러류 같은 속성수는 삽수를 수직으로 세우고 기타 수종은 삽수의 상단면이 북향이 되게 하여 30°정도 경사지게 세운다.

해설 양료가 충분할 경우 너무 과다한 양분으로 인하여 도장의 우려가 있어 피하도록 한다.

정답 100.③

PART 2
산림경영

PART 02 산림경영

01 산림경영 체계

1. 산림경영 기초

(1) 산림경영 이론

① 산림경영학은 산림을 조성하고 가꾸며 이용하고 보전하는데 있어 경영자의 의사결정에 관한 기술, 과학적 내용을 포괄적으로 담고 있다.

② 산림경영은 산림의 노동이나 자본 등을 이용하여 조림, 벌채, 조재 등의 산림작업을 통해 정해진 목표를 달성하는 것을 의미한다.

③ 산림경영의 목적은 다목적성을 가지고 인류에 필요한 산림편익을 생산하기 위한 조직과 활동으로 정리할수 있으며 임산물 생산을 위하여 이루어지는 산업을 임업이라 한다.

④ 우리는 이러한 산림을 오랜시간 지속적으로 관리하기 위해 아래와 같이 지속가능한 산림경영 관리지침을 정하여 시행하고 있다.
  · 산림의 생물다양성의 보전
  · 산림의 생산력 유지 및 증진
  · 산림의 건강도와 활력의 유지 및 증진
  · 산림 내의 토양, 수자원의 보전 및 유지
  · 산림의 지구탄소순환에 대한 기여도 증진
  · 산림의 사회적, 경제적 편익 증진

(2) 산림경영의 발전

① 임업경영은 시대의 사회경제적 요구를 바탕으로 실천적인 방향으로 변화해 왔으며 역사적으로 임업은 자연적으로 생성된 숲에서 목재를 인간 활동에 사용하기 위해 벌채, 반출을 통한 채취에서 인공적으로 산림을 조성하고 가꾸어 목재를 생산하는 육성임업으로 발전해 왔다.

② 산림경영의 개념 발전과정을 보면 크게 <보속수확 → 다목적이용 → 다자원적 산림경영 → 지속가능한 산림경영 > 으로 발전하였다.
  ㉠ 보속수확은 목재를 현재뿐 아니라 미래에도 지속 공급을 위해 벌채량이 생장량을 초과해서는 안된다는 개념이다.
  ㉡ 다목적 이용은 20세기 서구 세계에서 진행된 산업화의 결과로 발생한 산업공해, 도시화에 의한 생활환경의 악화, 소득과 여가시간의 증대에 따른 산림휴양의 수요 팽창은 기존 목재공급원으로서의 산림에 대한 사회적 가치와 인식을 변화시켰으며 산림의 물질생산기능 뿐 아니라 공익기능의 재고가 산림경영의 주요 개념이 되었다.
  ㉢ 다자원적 산림경영은 산림의 경영목적이 다양한 재화나 서비스의 동시 생산을 추구하는 것으로서, 이의 실현을 위해서는 산림생태계의 유지.보전이 핵심적인 제약요소가 되는 개념이다.
  ㉣ 지속가능한 산림경영은 산림의 생태적 건전성과 산림자원의 장기적 유지·증진을 통하여 현 세대 뿐만 아니라 미래 세대의 사회적·경제적·생태적·문화적·정신적으로 다양한 산림수요를 충족할 수 있도록 산림을 보호·경영하는 것이다.

(3) 산림의 경영순환과 경영형태

① 산림의 구조

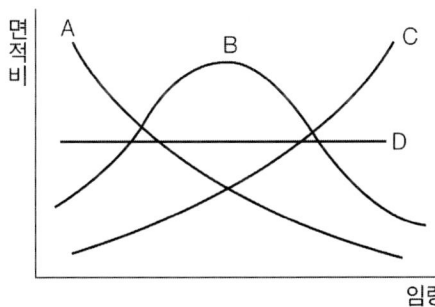

A : 유령림이 많은 산림
B : 장령림이 많은 산림
C : 성숙림이 많은 산림
D : 유령림 · 장령림 · 성숙림이 혼재한 산림

㉠ A 형
유령림이 많고 수입이 없으며 투자가 많은 것이 특징이다. 복합임업경영의 도입이 필요한 산림이다.

㉡ B 형
장령림이 많아 일정기간이 지나면 많은 수확이 기대되는 산림이다. 간벌 등을 통해 임령구성의 수정이 필요하다.

ⓒ C 형

성숙림이 많아 일정기간 수입이 가능하지만 지속적 수입은 기대하기 어렵다. 임령 구성의 조절을 통해 D형에 가깝게 만드는 것이 이상적이다.

ⓓ D 형

가장 이상적인 산림구조로서 보속생산이 가능하다.

② 산림경영

ⓐ 국내의 산림은 A형 구조(유령림이 많은 산림)가 많아 속성수 및 복합임업경영을 통해 산림의 구조를 개선해야 한다. 경영을 통한 개선에 있어 산림의 면적과 임령은 주요 고려 대상이다.

ⓑ A형 산림은 가급적 벌채를 자제하고 법정상태가 될 수 있도록 유도해주는 것이 바람직하다.

③ 산림 경영의 여건

ⓐ 자연적 조건
- 가능하면 주위 환경에 적응하도록 향토수종을 선택한다.
- 새로운 수종의 경우 실패할 가능성이 높다.
- 조림기술에 맞는 수종을 선택한다.

ⓑ 사회, 경제적 조건
- 임업경영조직을 계획하는데 있어 현재의 사회, 경제적 여건만을 고려해서는 안된다.
- 산림경영은 경제성, 공익성, 사회성을 전반적으로 고려해야 한다.

ⓒ 경영주체의 조건
- 산림면적이 작을 때는 매년 수확이 어려워 간단작업을 하고 면적이 클 경우 보속작업을 실시한다.
- 주체의 재정 부족할 경우 유실수 및 속성수를 통해 자본의 순환을 빠르게 하고 재정 상태가 양호할 경우 장기수를 심고 벌기령을 길게 한다.
- 주체의 기술이 부족할 경우 간단 작업을 적용하고 조방적 경영에 맞는 수종을 선택한다.
- 용재생산, 연료재 생산 등 주체의 목적에 맞추어 경영하도록 한다.
- 자가노동력이 많을 경우 밀식 조림 및 집약경영을 한다. 노동력이 적을 경우 식재 본수를 줄이고 조방적 경영을 한다.

④ 산림경영의 형태
  ㉠ 산림경영의 형태는 주업적 산림경영, 부차적 산림경영, 종속적 산림경영이 있다.
  ㉡ 주업적 산림경영
    - 주업적 산림경영은 전업적 산림경영이라고도 하며 생산이 경영의 중심이 되는 것을 말한다.
    - 국내의 주업적 산림경영의 예시로 국유림, 공유림, 회사림 등이 대표적이다.
    - 주업적 산림 경영이 효과를 보기 위해서는 집단화, 보속생산, 관리조직의 정비, 경영의 합리화 조건을 갖추어야 한다.
  ㉢ 주업적 임업경영의 형태는 다음과 같다.

    - 식재 → 육림 → 임목매각
    - 가장 일반적인 형태이지만 임목의 부가가치가 높지 않다.

    - 식재 → 육림 → 벌채 → 원목매각
    - 조림, 육성노동과 벌채노동의 질이 같지 않아 벌채노동에 대한 특수 훈련과 벌채, 하산에 사용되는 기계 장비가 필요하다.

    - 식재 → 육림 → 벌채 → 표고생산·제탄·제재
    - 임목의 부가가치를 높여 수입을 증가시키는 생산형태이지만 기술과 자본이 필요하다.

    - 식재 → 육림 → 벌채 → 원료원목공급(제지)
    - 큰 회사에서 볼수 있는 형태로 기계화된 임업경영으로 운영한다.

  ㉣ 부차적 산림경영
    부차적 산림경영은 산림의 비축적 자산의 하나로 주업적 산림경영에 따르는 공백을 막고 이용률을 극대화하여 전체적인 수익을 올리기 위한 겸업적임업의 형태이다. 임업경영의 주체성이 강하지 않고 유휴노동이나 유휴자본을 이용하여 임업을 경영한다.
  ㉤ 종속적 산림경영
    규모가 작고 자체 노동력만으로 운영하는 농업종속적 산림경영과 제지 및 펄프 원료 공급을 목적으로 하는 공업종속적 산림경영으로 분류된다.

(4) 산림 수확조정

① 산림수확 및 조정
  ㉠ 산림수확은 산림에서 나오는 산물을 거두는 것을 말하며 일정기간동안 채취되는 양을 수확량이라 한다.
  ㉡ 목재를 주벌 혹은 간벌을 이용해 수확하는 것을 주산물 수확, 그 외 기타 낙엽, 수피 등을 얻는 것을 부산물 수확이라 한다.
  ㉢ 산림의 수확량을 결정하는 기준은 아래와 같다.

생장률에 의하는 방법	각 직경계의 표준목들의 생장률을 구해 벌채전까지의 생장량을 추정하는 것을 말한다.
수확표에 의하는 방법	단위면적당 재적, 수고, 생장량 등을 표시한 수확표를 이용하여 수확량을 결정한다.

② 수확조정의 기법
  ㉠ 구획윤벌법
    • 전산림 면적을 윤벌기 연수와 같은 벌구로 나누어 매년 한 벌구씩 벌채하는 단순구획윤벌법과 토지의 생산력에 따라 개위면적을 산출하여 벌구면적을 조절하여 매년 재적 수확량을 균등하게 하는 비례구획윤벌법이 있다.
    • 윤벌기 동안 산림은 법정상태이다.
    • 신탄림(연료림) 작업에 적용할수 있으나 효율성이 떨어져 거의 사용되지 않는다.
  ㉡ 재적배분법
    성숙목을 지위에 따라 구분하여 경리기간내의 생장량을 구해 현재적과의 합을 총수확량으로 하여 표준 연벌량을 산출한다.
  ㉢ 평분법
    • 한 윤벌기를 나누어 분기마다 수확량을 비슷하게 하는 방법으로 재적평분법, 면적평분법, 절충평분법이 있다.
    • 재적평분법은 각 분기의 수확재적이 비슷해지도록 조절하는 방법이다.
    • 면적평분법은 각 분기의 벌채면적이 균등하게 되도록 하는 방법이다. 개벌작업에는 응용이 가능하나 택벌작업에는 응용할 수 없다.
    • 면적평분법은 임분 배치상 후에 임분이 과숙되어 있으면 이를 제1분기에 배당하고 원래 배당하였어야 할 분기에 다시 중복배당하는 것을 복벌이나 재벌이라 한다. 그리고 초기 배당된 임분이 유령림일 경우 원래 배당된 분기에 수확하지 않고 다음 윤벌기까지 벌채를 연기하는 경우 경리기 외 편입이라 한다.

- 절충평분법은 각 분기의 수확재적과 벌채면적을 동시에 고려하여 분기별로 균등하게 배분하는 방법이다.

ⓔ 법정축적법
- 각 작업급에 대한 법정 축적과 현실림의 축적, 생장량 등을 고려하여 표준벌채량을 계산 후 현재의 산림을 점차 법정축적으로 만드는 방법이다.

교차법	이용률법
$E = Z + \dfrac{V_a + V_r}{a}$	$E = V_a \times \dfrac{K}{V_r}$
Z : 작업급 생장량, a : 갱정기 V_a : 현실축적, V_r : 법정축적	V_a : 현실축적, V_r : 법정축적 K : 법정벌채량

- 법정축적법에는 교차법, 이용률법, 수정계수법이 있으며 관련 인물은 다음과 같다.

교차법	kameraltaxe, Heyer, Karl, Gehrhardt
이용률법	Hundeshagen, Manter
수정계수법	Breymann, Schmidt

ⓜ 영급법

법정상태의 실현으로 수확의 보속을 위해 임반에서 임분의 상태를 고려한 소반을 시업단위로 한다. 이를 위해 크게 3가지 방법이 있으며 순수영급법, 임분경제법, 등면적법이 있다.

순수영급법	· 경제성보다 임분의 배치를 통한 법정상태 실현을 중요시한다. · 개벌작업, 산벌작업 등 벌구식 작업이 가능한 임분에 적용한다.
임분경제법	· 법정상태의 실현보다 현재의 경제성을 중요시한다. · 개벌작업에 적합하나 택벌작업, 산벌작업에는 적용이 힘들다.
등면적법	순수영급법과 임분경제법의 결점을 보완한 방법이다.

ⓗ 생장량법

산림의 생장량이 곧 수확량이 되게 하는 방법을 생장량법이라 하며 종류는 아래와 같다.

Martin 법	각 임분의 평균생장량의 합계를 수확예정량으로 하는 방법
생장률법	현실축적에 임분의 평균생장량을 곱해 도출된 연년생장량을 수확예정량으로 하는 방법
조사법	경험에 의한 방법

③ 선형계획법
　㉠ 선형계획법은 목적 달성을 위해 이윤, 비용 등 한정된 자원을 가장 효과적으로 배분하기 위해 개발된 수리적 기법이다.
　㉡ 산림 선형계획법은 제한된 산림 자원을 효율적으로 활용하여 최대의 목재 생산, 최적의 조림 면적 관리, 생태계 보전 등 다양한 목표를 달성하는 데 기여한다.
　㉢ 선형계획모형의 전제조건으로 비례성, 비부성, 부가성, 분할성, 선형성, 제한성, 확정성이 있다.
　㉣ 산림수확조절방법에는 수리계획법이 있으며 여기에는 선형계획법, 목표계획법, 정수계획법 등이 해당된다.

(5) 산림경리

① 산림경리는 목재의 생산을 위한 식재에서 수확까지의 계획을 세우는 업무이다.
② 산림측량~사업관계사항조사를 전업, 시업체계의 조직~시설계획을 주업, 시업조사 검정을 후업으로 분류한다.

전업 (예업)	산림측량	구획 및 시설 측량을 통해 산림의 경계를 명확하게 구분한다.
	산림구획	계획 수립을 위해 영구적인 임반, 일시적인 소반을 구획하여 위치, 형상, 면적 등을 명확하게 한다.
	산림조사	구획이 완료되면 지황조사, 임황조사 등을 실시한다.
	사업관계 사항조사	시업하려는 산림의 공익적 관계, 교통 및 시장, 지역주민과의 연관 등을 조사한다.
주업 (본업)	시업체계 의 조직	구획한 산림에 작업종, 수종, 벌기령, 윤벌기, 정리기 등을 작업별로 시업체계를 세운다.
	수확규정	수확규정에 부합되는 수확량을 결정한다.
	조림계획	미입목지와 벌채적지의 갱신 및 작업의 분량을 결정한다.
	시설계획	수확, 조림안이 결정되면 작업에 필요한 임도, 창고 등의 시설계획을 한다.
후업	시업조사 검정	연간 벌채와 조림실적을 시업계획의 예정량과 비교하여 차후 자료로서 활용한다.

2. 산림경영의 지도원칙

(1) 경제원칙

① 공공성의 원칙
　㉠ 공공성의 원칙은 국민이 바라는 목재를 최대로 생산하도록 하며 국민 전체나 지역주민의 경제적 측면에서 발전이 최대한으로 달성되도록 운영한다는 원칙이다.
　㉡ 이 원칙은 모든 경영이 궁극적 목적으로 해야 할 최고의 지도원칙이다.

② 수익성의 원칙
　㉠ 최대의 이익을 얻을 수 있도록 경영하는 원칙으로 이윤이나 이윤의 절대액의 다소가 아닌 이윤율이 최대가 되기 위한 원칙이라 할 수 있다.
　㉡ 이 원칙은 공공성의 원칙과 더불어 산림경영에 있어 최고 지도원칙이며 최대수익성의 획득을 궁극적 목적으로 해야 한다는 주장이 많다.

③ 경제성의 원칙
　㉠ 경제성의 원칙은 수익을 비용으로 나누어 그 값이 최대가 되도록 하는 원칙으로 일정 비용으로 많은 수익을 올리거나 수익을 올리는데 비용을 적게 함으로 달성된다.
　㉡ 합리성의 원칙이나 합목적성의 원칙이라 불리며 일반적으로 최소비용 최대효과의 원칙, 최소비용의 원칙, 최대효과의 원칙 등으로 표현된다.

④ 생산성의 원칙
　㉠ 생산성의 원칙은 생산물량을 사용한 생산요소의 양으로 나눈 가치가 최고가 되도록 목표로 하는 것이다.
　㉡ 단위면적당 목재생산이 최대화되도록 경영을 하기에 종종 수익성 원칙 실현의 전제조건이 되기도 한다.
　㉢ 생산성의 원칙에서 단위 면적당 최대 목재 생산을 목표로 하기에 평균생장량이 가장 큰 시기에 벌채를 하는 것을 원칙으로 한다.

(2) 복지의 원칙(간접적 효용)

① 합자연성의 원칙
  ㉠ 임목생산은 자연에 의존하는 경우가 많아 자연법칙을 무시해서는 성립할 수 없으므로 자연에 순응한 경영을 해야 한다.
  ㉡ 자연법칙의 존중이라는 문제를 보다 기본적으로 고려하여 환경보전의 의미가 내포되어 있는 자연법칙이라고 이해할 수 있다.

② 환경보전의 원칙
  ㉠ 환경보전의 원칙은 국토보안의 원칙이라 하며 국토보전, 수원함양, 레크리에이션 등의 기능이 충분히 발휘되도록 경영해야 한다는 원칙이다.
  ㉡ 산림경영은 임목생산을 통하여 사회의 경제적 복지에 공헌하는 동시에 임목생산 이외의 외부적 이익에도 충분히 대응해야 한다는 원칙이다.

(3) 보속성의 원칙

① 목재 수확 균등의 보속
  ㉠ 산림에서 매년 목재수확을 거의 균등하게 하여 사회가 필요로 하는 목재를 영속적으로 공급할 수 있도록 하고자 하는 의미의 보속개념이다.
  ㉡ 산림에서 매년 목재수확 및 공급을 거의 균등하게 함으로써 사회에 필요로 하는 목재를 영속적으로 공급할 수 있도록 하는 것을 협의의 보속성이라 한다.

② 목재생산의 보속
  목재생산의 보속성은 광의의 보속개념으로 협의의 보속개념이 목재의 균등한 공급에 중점을 주는 것이라 하면 광의의 보속 개념은 임업경영의 유지와 생산수단의 보육에 중점을 두고 있다.

③ 화폐수확 균등의 보속
  산림에서 매년 화폐수익이 균등하게 지속되는 것을 의미하는 보속 개념이다.

3. 산림의 생산기간

(1) 벌기령과 벌채령

① 벌기령과 벌채령
　㉠ 벌기령은 임목이 성숙기에 도달하는 계획상의 연수를 말한다.
　㉡ 벌채령은 임목이 실제로 벌채되는 임령을 말한다.
　㉢ 벌기령과 벌채령이 일치할 때를 법정벌기령이라 한다.

② 벌기령의 종류
　㉠ 생리적 벌기령
　　• 생리적 벌기령은 자연적 벌기령 혹은 조림적 벌기령이라고 하며 산림생산력이 가장 잘 보존되고 유해작용을 방지하는데 유리한 연령을 고려한 벌기령을 말한다.
　　• 벌기령의 시기에 따라 위해에 대한 저항력이 다른데 가능하면 약해지는 시기 이전에 하는 것이 좋다.
　㉡ 공예적 벌기령
　　• 임목이 특정 용도에 가장 적합한 크기로 성장하는데 필요한 연령을 고려하여 정한 경영계획상의 벌채연령이다.
　　• 공예적 벌기령은 수익성을 목적으로 한 것은 아니나 최대수익성을 달성할 가능성이 있는 벌기령이다.
　　• 주로 펄프 용재의 생산, 철도 침목, 표고버섯의 자목 등에 적용된다.
　㉢ 재적수확 최대의 벌기령
　　• 재적수확최대의 벌기령은 단위면적당 목재 생산량이 최대가 되는 때를 벌기령으로 정하는데 이는 평균생장량이 최대가 되는 때이다.
　　• 수확표를 응용할 경우 다른 벌기령의 사정보다 쉬우며 산림의 시업방법에 변동이 없는 경우 항상 일정한 연수가 된다.
　㉣ 화폐수입최대의 벌기령
　　• 일정 면적에 평균적으로 최대 화폐수입을 얻을수 있는 벌기령을 말한다.
　　• 경제 사정에 의한 변동이 쉬워 현실적으로 적용이 어렵다.
　㉤ 산림순수익최대의 벌기령
　　• 총수익에서 이 순수익을 올리는데 소요된 비용을 공제한 순수익이 최대가 되도록 정한 벌기령을 말하며 공식은 다음과 같다.

$$산림순수입 = \frac{A_u + \Sigma D - (C + U \cdot V)}{U}$$

A_u : 주벌수확, ΣD : 간벌수확합계, C : 조림비, V : 관리비, U : 벌기령

- 이 벌기령은 연년보속작업에서 각 영계의 임목이 같은 면적을 점령하고 있는 것을 전제로 하기에 간단작업에는 적용할 수 없다.

ⓗ 토지순수익최대의 벌기령
- 토지기망가를 최대로 하는 벌기령으로 동일 조건에서는 다른 벌기령보다 가장 먼저 벌기령에 도달하는 특징이 있으며 공식은 다음과 같다.

$$B_u = \frac{Au + Da1.0P^{u-s} + Db1.0P^{u-b} + \sim - C1.0P^u}{1.0P^u - 1} - V$$

Bu : U년 일때의 토지 기망가, A_u : 주벌수익, U : 윤벌기, P : 이율
$D_a1.0P^{u-a}$: a년도 간벌수익의 U년 때의 후가, C : 조림비, V : 자본

- 토지기망가식에 있어 벌기령은 계산인자의 변동에 따라 영향을 크게 받는 단점이 있다.
- 토지기망가식의 벌기령의 영향인자

주벌수확	소경목 대비 대경목 단가가 높을수록 벌기령이 길어진다.
간벌수확	간벌량이 많고 간벌시기가 빠를수록 벌기가 짧아진다.
조림비	조림비가 적을수록 벌기령이 짧아지나 영향이 적다.
이율	이율이 높을수록 벌기령이 짧아진다.
자본	벌기령의 길고 짧음에는 관련이 없다.

ⓢ 수익률최대의 벌기령
- 수익률이 최고인 시기의 벌기령으로 이때 수익률은 순수익의 생산자본의 비로서 이윤이 최고가 되는 시기를 의미하기도 한다.
- 순수익의 자본에 대한 이율이 최고가 되는 것을 목표로 하기에 기업림에 적용할 수 있다.

(2) 윤벌기와 회귀년

① 윤벌기
  ㉠ 한 작업급에 속하는 숲을 벌채하고 순차적으로 계획 벌채할 경우 전체 숲의 벌채가 끝날 때 까지의 기간을 윤벌기라 한다.
  ㉡ 임업경영안에서 곧 수확될 수 있는 상태에 놓여 있는 임분의 연령을 윤벌령이라 한다.

② 회귀년
  ㉠ 택벌작업에서 맨 처음 택벌한 구역을 또다시 택벌하기까지 소요되는 기간을 말한다.
  ㉡ 회귀년이 짧다는 것은 단위면적당 벌채량이 적고 임지의 축적이 많음을 의미한다. 반대로 회귀년이 길면 단위면적당 벌채량이 많고 그만큼 임지의 축적은 적어짐을 의미한다.
  ㉢ 회귀년이 짧을 경우 양질의 목재를 생산하는 장점이 있고 임분구조의 개선 및 병충해에 대한 예방이 가능하다.

(3) 정리기(개량기)

① 정리기는 불법정상태인 영급관계를 법정상태로 시정하기까지 걸리는 기간으로 개벌작업에 주로 적용된다.
② 정리기(개량기)는 개벌작업을 실시하고자 하는 산림에 적용하는 기간의 개념이다.
③ 정리기간 표준연벌면적은 다음과 같이 구한다.

$$\frac{작업급의 면적 - 갱신면적}{정리기}$$

(4) 갱신기

① 갱신기는 산벌작업에 있어 설치하는 예상적 기간개념으로 산벌작업은 예비벌, 하종벌, 후벌로 나누어 갱신이 완료된다. 이때 예비벌을 시작하여 후벌을 마칠 때까지의 기간을 갱신기라고 한다.
② 개벌작업에서의 갱신기는 벌채 후 벌채목이 반출되고 새로 산림이 성립될 때까지의 연수를 말한다.

4. 법정림

(1) 법정림

① 재적수확의 보속을 실현하기 위한 조건을 가진 산림을 말하며 이를 법정림이라 한다.
② 법정림에서 보속수확이 유지되더라도 이것이 임업경영의 목적에 반드시 부합되는 것은 아니다. 현실적인 의미의 법정림은 경영목적에 부합된 산림이라 평가된다.
③ 이상적인 법정림이 되기 위해서는 법정영급분배, 법정임분배치, 법정생장, 법정축적의 4가지 요건을 갖추어야 한다.

(2) 법정상태

① 법정영급분배
  ㉠ 매년 동일한 수확량을 위해 각 영계가 동일한 면적을 가지고 있는 상태를 법정영급분배라 한다. 이론적으로 동일한 지위의 임지에서 벌기에 이르기까지의 각 영계의 임목이 동일한 면적씩 존재하는 것이다.
  ㉡ 법정영급분배는 연년의 재적 수확을 균등하게 하는 것으로 동일한 지위의 임지에서 벌기에 이르기까지 각 영계의 임목이 동일한 면적이 있을 때 영계수는 윤벌기 연수와 같게 된다.
  ㉢ 일반적으로 영계수는 윤벌기연수와 같으며 법정영계면적은 산림면적을 윤벌기로 나눈 것이다. 보통 연속하는 몇 개의 영계를 합하여 영급을 만든다.
  ㉣ 산림의 작업급의 면적을 F, 윤벌기를 U 라 하고, 1 영급이 n개의 영계로 구성되어 있다고 할 경우 법정영급면적 A 를 구하는 방법은 다음과 같다.

  $$\text{법정영급면적}(A) = \frac{\text{산림면적}(F)}{\text{윤벌기}(U)} \times n$$

  ㉤ 개위면적
  · 임지의 생산능력을 고려하여 각 임분의 현실면적을 수정한 계산상의 면적이다. 즉 각각의 임지의 생산능력에 맞게 각 영계별 면적을 가감하여 영계의 벌기재적이 동일하도록 수정한 면적을 말한다.
  · 다음 공식에 의하여 계산된다.

  $$\text{개위면적} = \frac{\text{단위면적당 벌기 재적}}{\text{벌기평균재적}} \times \text{산림면적}$$

② 법정임분배치
　㉠ 각 영계 (영급)의 임분이 위치적으로 잘 배치되어서 벌채, 운반, 산림보호 및 갱신하는데 지장이 없도록 배치된 상태로서 재적 수확 보속을 실현하는 기본적 요건으로 하며 지황, 임황, 반출시설 등에 따라 다르다.
　㉡ 각 영계의 임분은 벌채목의 반출상 지장이 없도록 합리적으로 배치한다.
　㉢ 어떤 임분을 벌채하는 경우 인접하는 잔존 임분이 피해를 입지 않도록 배치한다.
　㉣ 임분의 갱신이 안전하고 확실하게 이행되도록 배치한다.
　㉤ 임분이 갱신될 때 유령임분이 폭풍이나 한풍에 대해 보호되도록 배치한다.

③ 법정생장량
　㉠ 법정생장은 각 영계 혹은 영급의 임목이 유용수종으로 구성되고 적당한 임목도를 유지하면서 정상적인 성장을 하였을 때 기대할 수 있는 생장량으로 연간 각 영계 혹은 영급의 법정생장량의 합계는 성숙임분의 재적과 같다.
　㉡ 1년간의 법정림의 생장량을 법정생장량이라 한다.

④ 법정축적
　㉠ 영급분배와 생장이 법정상태일 때 보유할 작업급 전체의 축적이다. 법정생장과 법정영계의 분배만 이루어져있으면 필연적으로 실현되는 법정림의 요건이다.
　㉡ 영급상태와 생장상태가 이상적인 법정일 때는 매년 균등한 재적수확을 얻게 될 경우를 법정축적이라 한다.
　㉢ 법정축적은 계절별로 다르며 추계가 가장 크고 춘계가 작아 그 평균치인 하계축적을 기준으로 한다.

- 수확표에 의한 방법

$$n(m_1 + m_2 + \sim + \frac{m_u}{2}) \times \frac{산림면적}{윤벌기}$$

n : 수확표의 년차, m_u : 각 영급의 재적

- 벌기수확에 의한 법정축적

$$\frac{윤벌기}{2} m_u \times \frac{산림면적}{윤벌기}$$

(3) 법정벌채량

① 법정벌채량은 법정상태를 유지하면서 수확할 수 있는 벌채량으로 법정수확량이라 한다. 이러한 법정벌채량은 결과적으로 법정림의 벌기임분재적과도 같다.

$$법정벌채량 = \frac{법정연벌률 \times 법정축적}{100}$$

② 법정연벌량(NAC)은 법정생장량(Z)과 일치하고 이 수치는 벌기평균생장량(MAI)에 윤벌기 U를 곱한 것과 같다.

$$법정연벌량 = 법정생장량 = 벌기평균생장량 \times 윤벌기$$

③ 법정연벌량의 법정축적(V_s)에 대한 백분율을 법정수확률이라 한다.

$$법정수확률 = \frac{법정연벌량}{법정축적} \times 100$$

④ 법정택벌률의 경우 다음과 같다.

$$법정택벌률 = \frac{200}{윤벌기} \times 회귀년$$

⑤ 법정연벌률은 법정축적에 대한 법정연벌량의 비율로 다음과 같으며 법정연벌률은 법정수확률과 같다.

$$법정연벌률 = \frac{법정연벌량}{법정축적} \times 100$$

$$법정수확률 = 법정연벌률 = \frac{200}{U}$$

(4) 법정조건

① 임지는 가장 좋은 상태를 유지하고 있어야 한다.
② 수종의 혼효 및 품종에 관하여 환경적 및 경영적으로 가장 좋은 상태로 구성되어야 한다.
③ 임목의 갱신 및 보육이 환경에 적합해야 한다.
④ 교통 및 운반 시설이 잘 갖추어져야 한다.

5. 산림평가

(1) 원가

① 원가계산
  ㉠ 원가계산은 실제 원가를 결정하는 과정을 말하며 원가비교 방법으로 기간비교, 상호비교, 표준실제비교 등이 있다.
  ㉡ 산림의 관리회계는 주로 원가계산, 원가통제, 업적평가, 기업성장 계획 수립 등의 내용을 다룬다.
  ㉢ 개별원가계산은 제품의 원가를 개개의 제품단위별로 직접 계산하는 방법이고 종합원가계산은 같은 종류와 규격의 제품이 연속적으로 생산되는 경우에 사용한다.

② 원가의 종류
  ㉠ 특정 제품에 직접 귀속시킬 수 있는 원가를 직접원가라 한다.
  ㉡ 변동원가는 생산량의 변화에 따라 총액이 비례적으로 변동하는 원가를 말한다.
  ㉢ 어떤 생산 수준에서 제품을 1단위 더 생산할 때 발생하는 추가 비용을 한계원가라 하며, 여러 단위를 일괄적으로 추가 생산할 때 총비용의 증가분은 증분원가라 한다.
  ㉣ 과거에 이미 지출되었고 회수할 수 없는 원가를 매몰원가라 한다.

(2) 산림평가의 산림경영요소

① 수익
산림은 크게 주수익, 부수익으로 분류하여 주수익은 벌채하는 목재, 부수익은 기타 수피, 낙엽 등에 의해 발생되는 부수적인 수익을 말한다. 또한 주수익은 작업에 따라 주벌수익과 간벌수익이 있다.

② 비용

조림비	• 조림비의 범위는 조림 이후 임분이 성장할 때 까지의 경비를 말한다. • 조림비에는 식재비, 벌초비, 간벌비, 가지치기 비용 등이 있다. • 조림비의 대부분은 노임이며 원료비, 시설비 등은 일부분을 차지한다.
채취비	• 주벌수확, 간벌수확, 부산물 등을 수확 및 제품화하여 운반하는데 까지 들어가는 모든 비용을 채취비라 한다. • 원목생산의 경우 조사비, 벌목비, 조재비, 집운재비, 판매비도 채취비에 포함되기도 한다. • 벌기 이상의 임목 가격 평가시 채취비는 비용으로 포함하지 않는다.
관리비	관리비는 조림비 및 채취비를 빼고 남은 일체의 비용을 말한다.

③ 임업이율

㉠ 임업 이율
- 임업이율은 대부이자가 아닌 자본이자이다.
- 임업이율은 현실이율이 아닌 평정이율이다.
- 임업이율은 실질이율이 아닌 명목이율이다.
- 임업이율은 장기이율이다.

㉡ 임업이율을 저이율로 해야하는 이유
- 산림소유의 안정성을 위하여
- 산림재산 및 임료수입의 유동성을 위하여
- 산림경영관리의 간편화를 위하여
- 생산기간의 장기성으로 인하여
- 문화의 발전에 따른 이율의 저하로 인하여
- 재적 및 수확의 증가와 산림재산가치의 등귀
- 기호 및 간접이익의 관점에서의 산림소유에 대한 개인적 가치 평가

(3) 산림평가의 관련 공식

① 이자의 종류

㉠ 단리법

최초 원금에 대한 이자만 고려하는 방법이다.

$$N = V(1 + nP)$$
N : 원리합계, V : 원금, n : 기간, P : 이율

㉡ 복리법

기간마다 이자를 원금에 가산하는 원리합계이다.

$$N = V(1 + P)^n$$
N : 복리합계, V : 원금, P : 이율, n : 기간

② **복리산공식**

임업의 대부분은 복리산공식을 채택하며 아래와 같이 후가식, 전가식, 무한이자식, 유한이자식이 있다.

V : 원금	N : n년 후 가치(원리합계)
P : 이자	r : 매년 수익
n : 기간	R : 일정기간마다의 수익

후가계산식

$$N = V(1+P)^n$$

전가계산식

$$V = \frac{N}{(1+P)^n}$$

무한이자 계산식

㉠ 무한연년이자의 전가계산
- 매년 말에 r 씩 영구히 얻는 수입이자의 전가합계를 말한다.

$$K = \frac{r}{P}$$

㉡ 무한정기이자의 전가계산
- 현재로부터 n년마다 R 씩 영구히 얻을수 있는 이자의 전가합계는 아래와 같으며 주로 주벌수확과 같이 벌기마다 정기적으로 일정 수입을 영구히 얻을 경우 현재가인 자본가를 구할 때 공식이다.

$$K = \frac{R}{(1+P)^n - 1}$$

- m년 후에 그 다음 n년 마다 영구히 얻을 수 있는 이자의 전가합계는 아래와 같으며 간벌수확의 전가합계를 도출 한다.

$$K = \frac{R(1+P)^{n-m}}{(1+P)^n - 1}$$

- 이자는 현재 그 다음부터 n년마다 영구히 얻을 수 있는 전가합계는 아래와 같으며 주로 조림비의 전가합계를 도출 한다.

$$K = \frac{R(1+P)^n}{(1+P)^n - 1}$$

유한이자 계산식

㉠ 유한연년이자

- 매년 말 r 씩 n 회 얻을 수 있는 이자의 후가합계는 아래와 같다.

$$K = \frac{r[(1+P)^n - 1]}{P}$$

- 매년 말 r 씩 n 회 얻을 수 있는 이자의 전가 합계는 아래와 같다.

$$K = \frac{r}{P} \times \frac{(1+P)^n - 1}{(1+P)^n}$$

㉡ 유한정기이자

- m 년 마다 R 씩 n 회 얻을 수 있는 이자의 후가합계는 아래와 같다.

$$K = \frac{R[(1+P)^{nm} - 1]}{(1+P)^m - 1}$$

- m 년 마다 R 씩 n 회 얻을 수 있는 이자의 전가 합계는 아래와 같다.

$$K = \frac{R[(1+P)^{nm} - 1]}{(1+P)^{nm}[(1+P)^m - 1]}$$

- 처음 a 년 이후부터 m 년마다 합계 n 회를 얻을 수 있는 이자의 전가 합계는 아래와 같다.

$$K = \frac{R[(1+P)^{nm} - 1]}{(1+P)^{a+m(n-1)}[(1+p)^m - 1]}$$

6. 임지 평가

(1) 임지평가의 종류

원가방식	원가방법, 비용가법
수익방식	기망가법, 환원가법
비교방식	직접비교법, 간접비교법
절충방식	절충법

(2) 원가방식

① 원가방법

가격시점에서 대상물건의 재조달원가를 기준으로 감가수정을 거쳐 현재 가치를 산정한다.

② 비용가

㉠ 임목의 생산 등을 위해 소요된 경비를 기초로 한 가격을 원가라 한다.

㉡ 산림평가에서 계산기간이 길어 유령 임목의 평가 외에는 적용되지 않는 방법이다.

③ 임지비용가

㉠ 임지비용가는 임지를 구매한 시점에서 지금까지 들어간 비용의 후가합계에서 수입 후가합계를 공제한 것이다.

㉡ 임지비용가는 아래의 공식에 따른다.

B_k	임지비용가	A	임지구입비
M	임지개량비	P	이율
I	수입 후가	v	년 관리비
n	경과년수	m	임지 구입시점 후 세금이 발생한 연도

- 임지구입비와 임지개량비를 동시 지출하고 n년이 경과한 경우
  $B_k = (A + M)(1 + P)^n$

- n년 전 임지를 구매하고 m년 전 임지를 개량한 경우
  $B_k = A(1 + P)^n + M(1 + P)^m$

> • 임지를 구매하고 이후 매년 임지개량비, 관리비를 n 년간 넣은 경우
> $$B_k = A(1+P)^n + \frac{(M+v)[(1+P)^n - 1]}{P}$$

(3) 수익방식

① 임지기망가

　㉠ 장차 발생될 것으로 기대되는 수익의 합계를 기망가라 하며 임지기망가는 임지의 사업을 영구적으로 실시한다는 가정으로 토지에서 기대되는 순수익의 현재 합계를 말한다.

　㉡ 임지기망가 계산은 아래와 같다.

A_u : u 년의 주벌수익 C : 조림비 P : 이율	$C_a, C_b, \sim, C_z$: 각 년도별 간벌수익 v : 관리비

$$B_u = \frac{A_u + C_a(1+P)^{u-a} + C_b(1+P)^{u-b} + \sim + C_z(1+P)^{u-z} - C(1+P)^u}{(1+P)^u - 1} - \frac{v}{P}$$

② 임지기망가 공식에 근거한 영향 인자

주벌, 간벌 수익	수익이 클수록 임지기망가도 커진다.
조림비, 관리비	조림비, 관리비가 클수록 임지기망가는 작아진다.
이율	이율은 낮을수록 임지기망가는 커진다.
벌기	벌기가 커지면 임지기망가는 증가한다. 단, 최대시기 도달 이후는 점차 감소한다.

③ 임지기망가 최대값

임지기망가의 최대값에 빠르게 도달하기 위한 요소들과 조건은 아래와 같다.

주벌수익	증대속도가 낮아질수록 최대값에 빨리 도달한다.
간벌수익	간벌수익이 클수록 그 시기가 이를수록 최대값에 빨리 도달한다.
이율	이율이 클수록 최대값에 빨리 도달한다.
조림비	작을 수록 최대값에 빨리 도달한다.
채취비	작을수록 최대값에 빨리 도달한다.
관리비	최대값과 무관하다.

④ 임지기망가 단점
　㉠ 임지기망가법은 동일한 작업법을 영구히 계속함을 전제로 하지만 현실적으로 장기간에 걸쳐 동일한 시업방법을 영속적으로 하는 것은 불가능하다.
　㉡ 수익과 비용의 인자는 영구히 변하지 않는 것으로 가정하나 일반적으로 각 인자들은 수시로 변하기에 임지기망가 평가시점에 따라 가변적이며 마이너스 값이 발생할 수 있다.
　㉢ 임업이율은 임지기망가에 미치는 영향이 매우 크지만 이율에 대한 객관적 근거가 없다.
　㉣ 단벌기로 인해 임지의 황폐화가 진행된다.

(4) 비교 방식
① 임지매매가는 시장에서 판매되는 가격으로 시장가격이라고도 한다.
② 임지매매가는 장령기 이상의 임목은 실제 시장에서 유통되는 가격을 기준으로 목재를 운반하는 등의 별도 비용을 공제하면 대략적 임목의 매매가의 역산이 가능하다.
③ 임지매매가는 아래의 식에 의해 도출된다.

$$B = B' \times \frac{S}{S'} \times \frac{L}{L'}$$

B : 평가 임지의 단위면적당 가격
B' : 근처 혹은 인접한 임지의 단위면적당 가격
S : 평가 임지의 지위 등급별 지수
S' : 근처 혹은 인접 임지의 지위 등급별 지수
L : 평가 임지의 지리 등급별 지수
L' : 근처 혹은 인접 임지의 지리 등급별 지수

7. 임목평가

(1) 임목평가의 개요

① 임목 평가는 임목의 가격을 평가하는 것으로 임목의 상태에 따라 적용하는 방법에 차이가 있으며 아래와 같다.

유령림	임목비용가법
벌기 미만 장령림	임목기망가법
중령림	임목비용가법, Glaser 법
벌기 이상 임목	시장가역산법

② 임목의 평가 방법의 종류와 분류는 아래와 같다.

원가방식	원가법, 비용가법
수익방식	수익환원법, 기망가법
원가수익절충방식	Glaser 법, 임지기망가응용법
비교방식	매매가법, 시장가역산법

(2) 유령림의 임목평가

① 임목비용가법

임목비용가법은 조림비, 지대, 관리비의 합계에서 간벌수입을 제외할 경우 임목비용가가 도출되며 구하는 방법은 아래와 같다.

$$H = (B+V)[(1+P)^m - 1] + C(1+P)^m - \sum D_a (1+P)^{m-a}$$

B : 임지가격, V : 관리비, P : 이율, C : 조림비, $\sum D_a$: a년도 간벌수익
H : 임목비용가, m : 임목비용가를 구할 때의 년수

(3) 벌기 미만인 장령림의 임목평가

① 벌기 미만의 장령림 임목평가 계산은 주벌, 간벌의 수익과 경비를 아래와 같이 구하도록 한다.

A_u : u 년 일때 주벌수익 B : 임지가격 P : 이율	D_a : a 년의 간벌수익 V : 관리자본

㉠ 주벌수익 : 벌기 u 년 일때 A_u 발생했을때 m년생의 현재가는 아래와 같다.

$$\frac{A_u}{(1+P)^{u-m}}$$

㉡ 간벌수익 : m 년생 이후 벌기까지 발생되는 간벌수입의 현재가의 합계가 a 년에 D_a 만큼 수입이 발생할 경우 아래와 같다.

$$\frac{D_a(1+P)^{u-a}}{(1+P)^{u-m}}$$

㉢ 벌기 미만의 장령림

$$H = \frac{A_u + D_a[(1+P)^{u-a}] + \approx - (B+V)[(1+P)^{u-m} - 1]}{(1+P)^{u-m}}$$

② 벌기 미만의 장령림 임목기망가의 영향인자
  ㉠ 수입이 클수록 임목기망가는 커진다.
  ㉡ 경비가 작을수록 임목기망가는 커진다.
  ㉢ 이율이 작을수록 임목기망가는 커진다.

(4) 중령림의 임목평가

① Glaser 법
  ㉠ Glaser 법은 중령림의 가격 평정을 위해 임목비용가법과 임목기망가법의 중간적인 방법으로 만들어진 방법이다.

$$A_m = (A_u - C) \times \frac{m^2}{u^2} + C$$

A_m : m년 일때의 임목가격, A_u : 벌기 일때의 임목가격
C : 조림비 원가, u : 벌기 , m : 임목의 현재임령

ⓒ Glaser 보정식

C년 때 조림비의 미래가 합계를 A_c로 표시할 경우는 다음의 공식을 적용한다.

$$A_m = (A_u - A_c) \times \frac{(m-c)^2}{(u-c)^2} + A_c$$

(5) 벌기 이상의 임목평가

① 시장가 역산법

㉠ 원목이 시장에 유통되는 가격을 먼저 조사하고 시장가격에서 벌채 등 운반에 필요한 비용을 공제하여 임목의 가격을 역으로 구하는 방법이다.

㉡ 실제 임목매매가가 많이 적용되는 방법이며 공제 사항은 벌목비, 조재비, 하산비, 운반비, 이자, 잡비 등이 주요 항목이며 계산공식은 아래와 같다.

$$X = f\left(\frac{A}{1+mP+r} - B\right)$$

X : 단위 재적당 임목가격, f : 조재율, P : 월이율,
m : 자본 회수 기간, r : 기업이익, B : 단위재적당 벌목, 운반 비용

8. 산림경영분석

(1) 산림자산

① 산림의 자산으로 생산자산과 유동자산이 있으며 아래와 같이 분류할수 있다.

고정자산	임지, 건물, 기계 등
유동자산	미처분임산물, 묘목, 비료, 종자 등
임목자산	임목축적

② 일반적으로 자산은 자본과 부채의 합으로 나타낸다.

(2) 부채

정부의 재정자금, 은행의 차입금이나 미불금 등의 재산 혹은 다른 투자자의 자본 등을 부채라고 한다.

(3) 감가상각

자산의 가치가 사용 및 시간에 따라 점차 감소하는 것을 감가라 하고 이를 보상하는 내용을 감가상각이라 한다.

① 감가의 종류

물질적 감가는 사용 및 자연적 감가를 의미하며 진부화 및 부적응에 의한 감가는 기능적 감가라 한다.

물질적 감가	사용에 의한 감가, 자연적 감가
진부화 감가	기술의 발달로 인한 진부화
부적응 감가	사업의 변화 및 확장 등으로 인한 설비의 부적응

② 감가상각액 계산법

㉠ 감가상각액의 계산방법으로 정액법, 정률법, 급수법, 비례법, 연수합계법 등이 있다.

㉡ 정액법

가장 간단하고 보편적인 계산법으로 매년 일정액이 감소한다는 가정이며 계산은 아래와 같다.

$$D = \frac{C-S}{N}$$

D : 감가상각비, C : 구입가격, N : 연수, S : 폐물가격

㉢ 정률법

매년 일정비율로 감가된다는 가정으로 계산법은 아래와 같다.

$$r = 1 - \sqrt[n]{\frac{S}{C}}$$

r : 상각률, S : 폐물가격, C : 구입가격, n : 내용연수

㉣ 급수법

내용연수가 지나도 미상환액이 남지 않는 특징이 있으며 계산법은 아래와 같다.

$$D_a = \frac{2K(n+a+1)}{n(n+1)}$$

D_a : a년도의 감가상각비, K : 상각총액, n : 내용연수

ⓘ 비례법

고정설비의 사용 정도에 따른 상각액을 정하는 것으로 계산법은 아래와 같다.

$$D = (C-S) \times \frac{W}{T}$$

D : 감가상각비,   C : 구입가격,   S : 폐물가격
W : 작업시간수,   T : 자산존속기간 때 총작업시간수

ⓑ 연수합계법

기간이 지날수록 감가상각비가 감소하며 계산법은 아래와 같다.

$$D = (C-S) \times \frac{N}{1+2+\approx +n}$$

D : 감가상각비,   C : 구입가격,   S : 폐물가격
N : 잔존연수,   n : 내용연수

(4) 현황분석

① 임목자산의 구성

고정자산구성비율	$\frac{고정자산}{경영자산} \times 100$
유동자산구성비율	$\frac{유동자산}{경영자산} \times 100$
임목자산구성비율	$\frac{임목자산}{경영자산} \times 100$

② 임목자산 변동

임목자산의 증감률	$\frac{연도 내 증감액}{연도 초 재고액} \times 100$
임목성장액의 내부보유율	$\frac{연도 내 성장액 - 연도 내 매각액}{연도 내 성장액} \times 100$

(5) 성과분석

① 산림경영 분석

산림소득은 경영의 결과에 의해 나타난 직접적 소득으로 임업경영의 결과를 보여주는 가장 정확한 지표이다. 산림순수익은 노동에 의해 경영된다고 가정한 성과지표이며

임업소득, 임업순수익은 면적이 넓어질수록 증가한다.

산림소득	산림조수익 - 산림경영비
산림순수익	・산림소득 - 가족노임추정액 ・산림조수익 - 산림경영비 - 가족노임추정액
산림조수익	산림현금수입 + 산림생산물 가계소비액 + 미처분 임산물증가액 + 산림생산자재 재고 증가액 + 임목생장액
산림경영비	산림현금지출 + 감가상각액 + 미처분 임산물재고감소액 + 산림생산자재 재고 감소액 + 주벌 임목 감소액

② 산림 소득 및 산림 순수익

임가소득은 임업을 경영한 임가에서 1년 동안 얻어진 성과의 합계를 의미하며 그 외 의존도, 소득률 등을 구하는 방법은 아래와 같다.

임가소득	산림소득 + 농업소득 + 기타 소득
산림의존도	$\dfrac{산림소득}{임가소득} \times 100$
산림소득률	$\dfrac{산림소득}{산림조수익} \times 100$
산림소득가계충족도	$\dfrac{산림소득}{가계비} \times 100$
자본수익률	$\dfrac{순수익}{자본} \times 100$

(6) 육림비 분석

① 육림비

㉠ 임목생산에 위한 비용의 원리합계를 육림비라 한다.
㉡ 육림비는 대부분 평정이율에 의해 계산되어 이율의 영향을 많이 받는다.
㉢ 경비 절감을 위해서는 비용의 대부분인 노임에 대한 분석이 필요하다.

② 육림비 구성 요소

노동비	가족노임추정액, 고용노임 등
직접재료비(유동비용)	종자, 비료, 묘목 등
공통재료비(고정비용)	건물 및 기계 유지비, 임대료 등
감가상각비	토지를 제외한 고정자본
지대	고정자산액 중 임목 부분

9. 손익분기점의 분석

(1) 수익과 비용
① 손익은 총수익과 총비용이 일정 기간동안 분석을 통해 경영활동의 결과를 분석하는 것으로 순수익은 총수익에서 총비용을 감한 값을 말한다.
② 손익계산서는 특정 기간동안의 기업의 성과를 나타낸다. 경영의 성과를 보고 미래의 이익에 대해 예측하는 정보로 활용된다.

(2) 손익분기점분석
경영의 목적은 이윤의 극대화에 있으며 정확한 계획 아래 최적의 판매량과 생산량을 결정해야 한다. 그런 점에서 손익분기점은 산림경영을 결정하는데 있어 중요한 요소이며 다음과 같은 가정을 전제로 한다.
㉠ 제품 판매량은 일정하다.
㉡ 비용이 고정비와 변동비로 구분된다.
㉢ 판매 단위당 변동비가 일정하다.
㉣ 고정비는 생산량 수준에 관계없이 100% 생산능력까지 일정하다.
㉤ 생산량과 판매량은 항상 같다.
㉥ 생산의 효율성은 항상 일정하다.

(3) 손익분기점의 분석방법

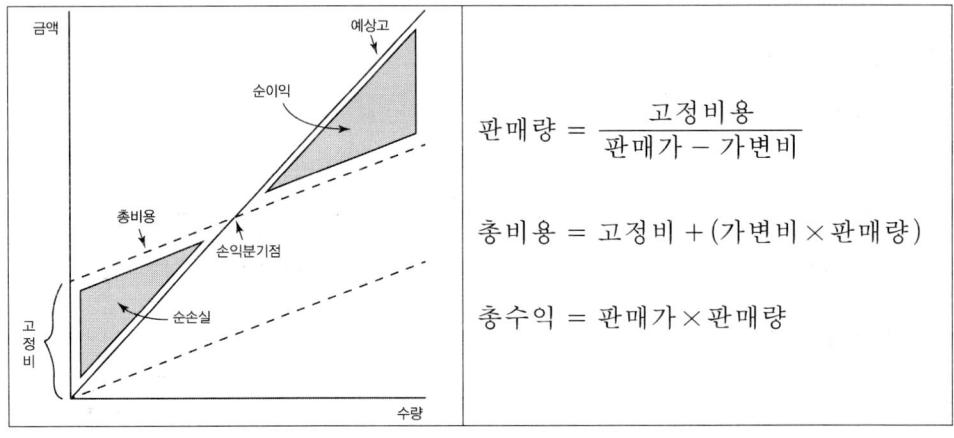

$$판매량 = \frac{고정비용}{판매가 - 가변비}$$

$$총비용 = 고정비 + (가변비 \times 판매량)$$

$$총수익 = 판매가 \times 판매량$$

10. 산림투자 결정

(1) 투자효율의 측정

① 산림투자는 자본의 유동에 있어 시간의 가치를 고려한 순현재가치법, 내부투자수익률법, 수익-비용률법이 있고 시간의 가치를 고려하지 않는 회수기간법, 투자이익률법으로 구분된다.

② 순현재가치법은 사업에 모든 비용과 편익을 기준년도의 현재가치로 할인하여 편익에서 총 비용을 제한 값을 의미한다. 순현재가치가 0 보다 크면 경제적 타당성이 있다고 판단하고 0 보다 작으면 경제적 타당성이 없다고 결정한다.

③ 내부투자수익률이란 순편익이 0이 되는 이자율의 크기로 투자효율을 평가하는 방법이다. 투자에 의해 장래에 예상되는 현금의 유입과 유출의 현재가가 동일하게 되는 할인율로 투자효율을 결정하게 된다.

④ 수익-비용률법은 투자비용과 투자에 의해 기대되는 수익에 대한 비율로서 1 보다 크면 투자가치가 있다고 간주한다.

⑤ 회수기간법은 회수기간은 투자에 소요된 비용을 회수하는데 걸리는 기간이며 빨리 회수되는 투자안일수록 투자가치가 높다고 간주한다.

⑥ 투자이익률법은 연평균투자액에 대한 연평균순이익의 비율을 구하여 투자 효율을 평가하는 방법이다. 이 방법은 투자액의 절대적 크기와 화폐의 시가적 가치를 고려하지 않는다.

(2) 불확실성과 감응도 분석

① 자재비용, 노임 혹은 제품의 가격, 사업기간 등이 수시로 변화되는데 이같은 미래에 대한 불확실성을 분석에 포함시키려는 시도가 바로 감응도분석 (Sensitivity Analysis)이다.

② 감응도분석은 편익과 비용의 주요 결정인자에 대하여 가장 불확실성이 큰 것으로 예상되는 인자에 대해 상이한 값을 적용하여 투자사업의 선택기준 (NPV, B/C율, IRR)이 얼마나 민감하게 변화되는 가를 측정하는 것을 말한다.

11. 산림자원조사

(1) 국내의 산림자원조사
① 국내의 공식적인 산림자원조사는 1972년 시작되어 1975년 제 1차 전국 산림실태조사를 실시하였다. 제 2 차 산림자원조사는 1978~1980년, 제 3 차는 1986~1992년, 제 4 차는 1996~2005년, 제 5 차는 2006~2010년, 제 6 차는 2011~2015년에 이루어졌다.
② 2005년 국제수준의 산림자원 및 산림환경 통계 생산에 대한 조사 체계를 개편하고 제 5 차 국가산림자원조사에서는 전국 산림에 배치된 약 4,000개 표본점에 대해 완료하였다.
③ 제 6 차 국가산림자원조사의 목표는 산림기본계획 및 효율적인 산림정책 수립을 위한 기본자료 확보, 국제 수준의 산림자원 및 산림생태·환경 통계자료의 생산, 산림자원의 과학적인 평가 및 모니터링 체계 구축이다.

(2) 제 6 차 국가 산림자원조사
① 제 6차 국가산림자원조사와 산림의 건강 및 활력도 조사는 2011년부터 2015년까지 5년간 실시되었으며 조사된 고정표본점을 대상으로 시간 경과에 따른 산림 자원 및 생태계의 변화를 모니터링하고 생태계의 건강상을 파악하게 되었다.
② 조사 내용
  ㉠ 일반현황조사 : 표본점의 위치, 소유구분, 산림/비산림 구분 등
  ㉡ 임분현황조사 : 표본점의 지황, 임황
  ㉢ 임목자원조사 : 기본조사원/상층식생조사 및 대경목조사원
  ㉣ 수관활력도 및 임목결합조사 : FHM
  ㉤ 산림식생조사 : 치수조사, 중층식생조사, 하층식생조사
  ㉥ 벌근 및 고사목 조사
③ 산림의 정의
  ㉠ 최소면적이 0.5ha 이상
  ㉡ 수고가 최소 5m 까지 자랄 수 있는 입목의 수관밀도가 10% 이상
  ㉢ 최소 폭 30m 이상
  ㉣ 인위적 또는 자연적 요인에 의해 일시적으로 나무가 제거되었지만 산림으로 회복될 것으로 예상되는 미립목지와 죽림을 포함

ⓜ 단, 건물부지, 도로, 철도부지 등 반영구적으로 산림 이외의 목적으로 사용되는 토지에 대해서는 위에서 정한 기준치를 적용하지 아니한다.

(3) 국내 산림자원의 동향

① 국내의 국토 총면적은 10,029 천ha이며, 그 중 산림면적은 6,335천 ha 에 달하며 이것은 전 국토의 약 63% 에 해당한다.
② 매년 산림면적이 감소되고 있으며 연평균 감소면적이 약 7,000ha 정도 된다. 그러나 국유림은 확대정책으로 매년 조금씩 증가하는 추세이다.
③ 국유림은 1,618천ha(26%), 공유림은 467천ha(7%), 사유림은 4,250천ha(67%)이고 임상별 산림면적은 침엽수림 2,339천ha(37%), 활엽수림 2,029천ha(32%), 혼효림 1,706천ha(27%), 죽림이 22천ha 그리고 무입목지가 239천ha(4%)이다. 침엽수림의 면적은 감소되고 있는 반면에 혼효림의 면적은 증가하는 추세이다.

(4) 소유별 산림경영의 실태

① 국유림 경영
  ㉠ 우리나라 국유림은 전체 산림면적의 26% 를 차지하고 있으며 산림청 소관의 요존국유림, 불요존국유림, 타 부처 소관 국유림으로 구성되어 있다.
  ㉡ 요존국유림은 국유림관리소에서 관리하며 불요존국유림은 국유림이 있는 시·도에 위임하여 관리하고 있으며 타 부처 소관 국유림은 문화체육관광부·교육부·국방부 등에 속해 있다.
  ㉢ 국유림 경영의 주목표로 산림보호의 기능, 임산물 생산의 기능, 휴양과 문화의 기능, 인력고용의 기능, 경영의 개선이 있다.
  ㉣ 산림 이용 구분에 따른 보전산지에는 임업용과 공익용이 있으며 종류는 아래와 같다.
    • 임업용 : 요존국유림, 채종림, 실험림 등
    • 공익용 : 보호림, 휴양림 및 그 외 보호구역 등

② 공유림 경영
  ㉠ 공유림은 전체 산림 면적의 7% 차지하고 있으며 주로 도유림(154,248ha)과 군유림(333,363ha)으로 구성되어 있다. 공유림은 국유림에서 양여된 것으로 경영목적은 공공복지의 증진, 재적수입의 확보, 사유림 경영의 시범에 두고 있다.
  ㉡ 재적수입의 확보를 통해 국민의 납세부담을 완화하는 것을 목적으로 한다.

③ 사유림 경영

㉠ 사유림은 전체 산림면적의 67% 를 차지하고 있으며 축적으로는 64% 차지하고 있다.

㉡ 사유림은 소유규모에 따라 다음과 같이 경영형태가 분류된다.

구분	면적	특징	산주비율	면적비율
농가임업	5ha 미만	목재생산 목적보다 농용재 및 개인 용도 등으로 사용	90%	35%
부업적임업	5~30 ha	농업과 부업적 경영을 목적	9.6%	37%
겸업적임업	30~100 ha	농업, 축산업등의 다른 사업과 함께 임업을 경영	0.4%	13%
주업적임업	100 ha 이상	임업경영을 주목적으로 별도의 경영진을 보유	0.01%	13%

12. 복합임업경영

(1) 복합임업경영

① 복합산림경영은 산림생산 외에 다른 수입원을 통해 이익을 창출하는 것을 말하며 농지임업, 비임지임업, 혼농임업, 혼목임업, 양봉임업, 부산물임업, 수예적임업, 관광임업이 있다.

② 농지임업

농지의 주변 및 산지에 유실수, 속성수 등을 심어 빠른 수입을 얻는 형태를 말한다.

③ 비임지임업

임지 외 하천, 도로 등에 속성수, 연료목 등을 식재하여 수입의 다원화를 이루는 형태를 말한다.

④ 혼농임업

임지의 일부에 수목과 함께 특용작물 등을 재배하는 형태를 말한다.

⑤ 혼목임업

일정기간 동안 산림에 가축을 방목하는 형태를 말한다.

⑥ 양봉임업

산림 내 양봉을 하는 형태를 말한다.

⑦ 부산물임업

산림 내의 부산물을 통해 소득을 얻는 형태를 말한다.

⑧ 수예적임업

일종의 미화용이나 관광수 등으로 수입을 올리는 형태를 말한다.

⑨ 관광임업

산림에 휴양 및 관광시설을 만들어 입장료 등의 수입을 올리는 형태를 말한다.

⑩ 수렵임업

야생동물을 보호, 증식하여 산림에서 수렵장 수입을 올리도록 하여 산림수입의 증가를 도모한다.

(2) 협업경영 및 형태

① 협업경영
   ㉠ 투자능력이 부족한 영세사유림소유자들이 소유하고 있는 임지, 노동, 자본 등의 생산요소를 상호결합, 공동화함으로써 경영규모를 확대하여 합리적인 경영을 위한 경영형태이다.
   ㉡ 협업경영은 공동출자, 공동출역, 균등분배를 원칙으로 하고 있으므로 이 원칙이 지켜지지 않을 경우 문제가 발생한다.

② 협업
   ㉠ 협업은 규모가 작은 경영자들이 자본과 노동을 합쳐 대형시설의 확대 및 판매, 구매, 기술의 고도화 등을 도모하는 조직 활동이다.
   ㉡ 협업의 형태는 조직과 목적에 따라 공동작업, 공동이용, 공동관리, 협업경영 등이 있다.
   ㉢ 공동작업, 공동이용, 공동관리는 직접 순수익을 거두는 것이 목적이 아니고 공동의 조직으로 개별경영을 강화하는데 목적이 있다.

③ 공동작업
   ㉠ 노동력 부족을 극복하기 위한 공동작업을 말한다.
   ㉡ 작업장소에서 출석, 지각, 조퇴 등을 정확히 확인한다.
   ㉢ 공동작업은 작업계획은 모든 사람이 같이 협의한다.

④ 공동이용
   ㉠ 고가의 장비를 구입할 경우 공동으로 구입하여 이용하도록 한다.

ⓒ 국내의 산림 경영 규모상 임업기계의 연속 가동 일수가 짧아 공동이용 및 구매가 유리하다.

⑤ 공동관리

개인이 충분한 기술을 갖추지 못할 경우 특정 전문가 혹은 조직과 함께 공동으로 관리함을 말한다.

13. 산림경영의 특성

(1) 기술적 특성

① 생산기간이 길다.
  ㉠ 산림에 투자하여 수확까지 약 60~70년 걸리므로 경영에 있어 곤란하다. 그래서 임업은 대부분 부업 혹은 겸업적으로 경영되는 편이다.

② 후계림 조성 등 재생산 가능한 자원이다.
  ㉠ 동일한 토지에서 다양한 갱신 방법을 통해 후계림 조성이 가능하며 이를 통해 지속적으로 재생 가능한 자원이라 할 수 있다.
  ㉡ 인공적 조림이나 관리를 통해 재적량을 조절할 수 있다.

③ 자연조건에 영향을 많이 받는다.
  ㉠ 산림은 면적이 넓을 뿐 아니라 지형이 험하여 인력으로 생육환경 조절이 어렵다.
  ㉡ 임업은 파종, 식재, 시비, 관수, 약제살포 등의 인공적 조절은 한정된 범위에서 실행되기에 자연을 활용하는 방법을 강구해야 한다.

④ 임목의 성숙기 및 수확 시기 등이 일정하지 않다.
  ㉠ 임목의 성숙기는 열매가 맺는 생리적 시기와 밀접한 관계가 없어 수확시기에 문제가 있다.
  ㉡ 임목의 경제적 성숙기는 경영목적, 임목 종류, 입지 조건에 영향을 받아 달라진다.

⑤ 기후 및 지력에 대한 요구도가 낮다.
  ㉠ 임목은 생리적으로 강하기 때문에 토지의 비옥도가 낮은 곳이나 기후가 한랭한 곳에서도 잘 자란다.
  ㉡ 다른 용도로 사용하지 못하는 토지(하천부지, 철도변, 도로변, 공한지, 한랭지, 습지 등)에도 나무를 심어 국토 미화 및 환경을 보전하면서 산림자원을 조성할 수 있다.

(2) 경제적 특성

① 생산기간이 긴 만큼 자본회수 역시 장기적이다.
  ㉠ 용재 생산을 위한 목재의 기간을 60~70년 기준으로 하기에 생산기간이 매우 길어 자본회수를 위한 기간 역시 장기적이다.
  ㉡ 이를 개선하기 위해서는 지속적으로 수확 및 벌채가 가능하도록 성숙기를 유도해야 한다.

② 무게 및 부피가 재화의 단위이며 원목 가격의 대부분은 운반비이다.
  ㉠ 임목은 무겁고 부피가 커서 운반비가 많이 든다. 교통이 불편한 오지의 경우 운반비의 비중이 더욱 크게 된다.
  ㉡ 목재시장에서 원목가격요소에서 운반비가 차지하는 비중은 원목가격의 2/3 을 넘는 경우가 많다.

③ 노동에 있어 농업 대비 계절적 제약이 적은 편이다.
  ㉠ 임업노동은 조림, 벌채, 운반 등의 다양한 노동이 있으며 조림노동을 제외하고는 계절적 제약을 덜 받는다.
  ㉡ 농한기의 잉여 노동력을 잘 이용한다면 부족한 노동력을 적절히 이용할 수 있으며 농·산촌의 소득을 높여주는 노동기회의 제공이 된다.

④ 임업생산방식은 자금과 노력이 적게 들어 조방적인 편이다.
  ㉠ 임업의 생산요소인 노동·자본 및 임지의 활용상태가 간단하다.
  ㉡ 단위면적당 노동량은 농업에 비하여 적고 자본도 많이 들지 않는다.

⑤ 임업은 공익성이 커서 제한성이 많다.
  ㉠ 국민의 편의를 위한 공공적 이익은 매우 크다.
  ㉡ 임산물의 생산뿐 아니라 국토보존, 수원함양, 자연환경 보호, 보건휴양 향상 등으로 보안림이나 자연공원, 국립공원의 경우 제한성이 따르기 때문에 임업경영에 지장을 주는 경우가 있다.

⑥ 육성임업과 채취임업이 병존한다.
  ㉠ 육성임업은 인공적으로 육성한 임목을 벌채·수확하는 임업을 말한다.
  ㉡ 채취임업은 천연적으로 생육한 천연림의 임목을 벌채·수확하는 임업을 말한다.
  ㉢ 임업의 발달은 채취임업이 시작되고 이후 목재소비가 많아지면서 천연림만으로 수급이 어려워지면서 인공조림이 시작된다.

⑦ 자본 및 수확물이 명확하게 구분되어 있지 않다.

⑧ 산림경영 특성상 대규모 경영에 알맞다.

14. 산림경영의 생산요소

(1) 산림노동

① 국내의 산림면적이 높음에도 국민에게 많은 노동의 기회가 제공되지 않는 것은 임업이 자본집약적인 산업이면서 노동조방적인 산업이기 때문이다.
② 임업노동은 넓은 면적에 대한 작업이라 관리 감독이 어려운 편이며 이동시간도 길어 실제로 작업할 수 있는 시간이 매우 짧다. 그렇기에 단위면적당 노동량은 유사 작업인 농업에 비해서 상대적으로 적다.
③ 이러한 산림노동능률을 향상시키기 위한 방안은 아래와 같이 정의한다.

· 노동기구 및 장비의 개량 · 작업의 공동화 및 능률화 · 노동배분의 합리화 · 효율적 작업로의 설치	· 전문 산림작업단의 구성 · 작업자의 합숙소 운영 및 관리 · 휴양 및 의료 시설의 구비

④ 임업노동 특성
  ㉠ 산림면적은 넓고 험하기에 자재의 수송 및 관리 감독이 어렵다. 작업장소까지의 이동시간이 길어 실제 작업시간은 짧은 편이다.
  ㉡ 산림은 험하기에 기계의 도입이 어렵고 임업경영규모가 작아 기계의 연속가동일수가 짧다. 그래서 기계를 구입할 경우 공동으로 구입하여 사용하도록 한다.
  ㉢ 단위면적당 노동량이 적어 노동분쟁이 거의 없다.
  ㉣ 농업노동력을 벌채·운반 노동에 이용하려면 별도의 훈련이 필요하다.
  ㉤ 조림·육성노동은 농업의 잉여노동력을 이용하기에 산림작업을 농한기에 배분하도록 한다.
  ㉥ 국내의 산림면적이 높음에도 국민에게 많은 노동의 기회가 제공되지 않는 것은 임업이 자본집약적인 산업이면서 노동조방적인 산업이기 때문이다.

(2) 임지

① 임지의 특성
  ㉠ 임지는 넓고 험하며 높은 지대에 위치하고 있어 집약적인 작업이 어렵다. 또한 교통이 불편하여 단위면적당 생산성이 농업에 비해 낮은 편이다.

ⓒ 임지는 환경 및 수직적인 분포에 따라 다양한 임목이 생육한다.
ⓒ 임지는 일반적으로 비싸지 않은 편이라 적은 자본으로 임지 구입이 가능하다.
② 임지는 특성상 매매가 잘 이루어지지 않는 고정자본으로 자본의 유동 및 회수가 어려운 편이다.
⑩ 임지는 임업 이외의 용도로 변경이 가능하다.
ⓑ 임지는 농지와 같은 부동산으로 가격 상승이 있어 자산보유적 견지에서 임지를 소유하기도 한다.
ⓢ 임지는 별도의 소모가 적어 자체 유지비는 적은 편이다.

② 임지의 생산력
㉠ 임지의 생산력을 측정하는 지표는 임목재적의 생장량 혹은 수확량이다. 생산능력의 구체적인 기준지표는 임분의 생장량표나 수확표가 있다.
ⓒ 재적생산력을 나타내기 위해 지위라는 개념이 있으나 목재생산의 입장에서 지위에 의한 재적생산력 만으로는 불충분하고 임지의 가격생산력을 알기 위해서는 지리라는 경제적 개념을 추가하여 결정한다.

(3) 자본재

① 자본재
㉠ 자본재는 고정자본재와 유동자본재로 구분된다.
ⓒ 고정자본재의 종류는 아래와 같다.
- 고정자본 : 임지, 건물, 벌목 기구 및 기계 등
- 기타자본 : 임도, 차량 및 제재 장비 등

ⓒ 유동자본재의 종류는 아래와 같다.
- 조림비 : 종자, 묘목, 비료 등의 자본
- 사업비 : 벌목, 운반, 제재 등의 소비 자본
- 관리비 : 감독비, 사무비, 기타 공과잡비 등의 자본

② 임목축적
㉠ 임목축적은 미래에 목재를 거두는데 임지에 있는 임목을 말한다. 임목축적은 벌채 전을 고정자본재, 벌채 후를 유동자본재로 취급한다.
ⓒ 임목축적은 해마다 재적생장, 형질생장, 등귀생장을 한다.
ⓒ 생산수단(임목축적)과 수확(생장량)의 분리가 곤란하다.
② 임목축적은 시간이 지날수록 생장을 계속하면서 임지의 보호, 치수보호, 다른

임목의 형질증진, 풍경의 유지, 수원함양 등의 다양한 역할을 하면서 간접적 가치생산을 하게 된다.

③ 생장의 종류
  ㉠ 재적생장
    지름과 수고의 증가에 따른 부피증가이다. 임목의 양적증가는 수고, 직경, 단면적, 재적 등의 생장량으로 파악이 되지만 재적생장은 연년 생장, 정기생장, 총생장, 평균생장이 있다.
  ㉡ 형질생장
    지름이 커지고 재질이 좋아지면서 단위재적당 가격상승이 나타나게 된다. 일정 기간에 임목의 형질이 변하기에 발생하는 차이로 재적생장에 따라 임목의 경급이 상위 경급이 되고 재종이 향상되기에 발생하는 단가의 차이이다. 동일 수종에서도 대경재의 단위재적당 단가는 소경재의 단위재적당 단가보다 상대적으로 높게 된다.
  ㉢ 등귀생장
    물가 상승과 도로의 개설로 인한 운반비 절약으로 산림의 임목가격이 상승하게 된다. 어느 기간 동일 재종의 임목단가의 차이로 수급관계에서 임목가격이 변동하는 절대적 등귀생장과 화폐가치의 변동으로 인한 임목가격이 변동하는 상대적 등귀생장이 있다.
  ㉣ 가격생장
    어느 기간의 임목가격의 변동을 가격생장이라 한다.

(4) 자본장비도

① 경영의 총자본인 고정자본과 유동자본의 합을 종사하는 사람의 수로 나눈 값을 자본장비도라 한다.
② 고정자본을 종사자의 수로 나눈 경우를 기본 장비도라 정의 한다.
③ 보통 농림업의 자본장비도는 고정자본에서 임지 부분은 제외하는 것이 일반적이다.

자본장비도 = $\dfrac{\text{총자본}}{\text{종사자수}}$	기본장비도 = $\dfrac{\text{고정자본}}{\text{종사자수}}$	자본효율 = $\dfrac{\text{산림소득}}{\text{총자본}}$

④ 자본장비도를 임업에 적용할 경우 임목축적에 해당하며 자본효율은 생장율에 해당한다.
⑤ 자본효율은 산림소득을 자본으로 나눈 것으로 자본이 많아지면 자본효율은 낮아진다.

(5) 임분밀도

① 임분밀도는 임목의 축적량, 임지 이용도, 임목 경쟁강도 등을 평가하며 임분밀도가 높을수록 임목의 생장률은 감소한다.
② 임목밀도는 단위면적당 임목본수, 흉고단면적, 상대밀도, 임분밀도지수, 상대임분밀도, 수관경쟁인자, 상대공간지수, 재적 등을 척도로 사용한다.
③ 수관경쟁인자는 임목수관의 지상투영면적의 백분율을 말한다.
④ 상대공간지수는 우세목의 수고에 대한 입목간 평균거리를 백분율로 나타낸다.

02 지황조사

1. 산림측량과 산림구획

(1) 산림측량
① 산림측량은 주위측량, 산림구획측량, 시설측량으로 분류한다.
② 주위측량은 산림의 경계선을 명백히 하고 면적을 정하기 위해 경계를 따라 주위측량을 실시한다.
③ 산림구획측량은 주위측량 이후 산림구획계획이 정해지면 임반, 소반의 구획선 및 면적을 산출하기 위해 산림구획측량을 실시한다.
④ 시설측량은 교통로 및 운반로 개설과 산림경영에 필요한 건물 예정지에 대한 측량을 실시한다.

(2) 산림구획
① 경영대상산림의 면적이 넓고 지종, 지황, 임황이 상이한 경우 효율적인 경영을 위하여 산림을 적당히 구획하는 것을 의미한다. 경영대상 산림은 사업구, 임반, 소반으로 구획하게 되는데 사업구는 경영안 편성과 독립경영의 단위가 되며 사업구는 다시 임반, 소반으로 구획하게 된다.
② 임반
 ㉠ 가능한 100ha 내외고 구획하며 불가피한 경우 조정이 가능하다.
 ㉡ 구획은 능선, 하천, 도로 등 자연경계나 도로 등 고정적 시설을 따라 확정한다.
 ㉢ 산림경영계획구 유역 하류에서 시계방향으로 아라비아 숫자로 표기한다.
 ㉣ <1-0> 은 1임반을, <1-2> 은 1임반 2보조임반을 의미한다.
③ 소반
 ㉠ 최소 1ha 이상으로 구획하며 부득이한 경우 소수점 한자리까지 가능하다.
 ㉡ 소반 구획은 아래와 같은 차이가 있을 경우 구획한다.
  · 지종이 상이할 때
  · 임상, 작업종이 상이할 때
  · 임령, 지위, 지리 혹은 운반계통이 상이할 때
  · 기능이 상이할 때
 ㉢ <1-0-1> 은 1임반 1소반을, <1-0-1-2> 은 1임반 1소반 2보조소반을 의미한다.

2. 지황조사

(1) 지황조사
① 산림조사는 산림의 합리적인 경영계획을 수립하기 위한 정보를 수집하기 위하여 행해진다.
② 산림조사는 크게 지황조사와 임황조사로 나뉘는데, 지황조사는 해당 산림에서 임목의 생육에 영향을 미치는 지형적 그리고 환경적 특성을 조사하는 것이다.
③ 지황조사에서 조사하는 사항은 위치, 기후, 지세, 토지, 지위, 그리고 지리 등이 포함된다.

(2) 지종
① 소반의 지종 구분은 입목지와 무입목지로 구분하고 소반이 법률에 의거 지정된 법정임지일 경우 지정사항과 면적을 기재한다.
② 소반의 전체 면적을 입목지와 무입목지로 구분하고 그 소반을 법정지정림이 있을 경우 지정된 면적을 기재한다.
③ 임목지와 무입목지

임목지	임목재적의 비율이 30% 초과하는 임분
무입목지	• 미입목지 : 임목재적의 비율이 30% 이하인 임분 • 제지 : 암석 및 석력지로 조림 불가 지역(도로, 하천, 암석지 등)

④ 법률에 의거 지정된 임지를 법정지정림이라 한다.

(3) 방위
소반의 주 사면 방향을 동, 서, 남, 북, 남동, 남서, 북동, 북서 8방위로 구분한다.

(4) 경사도
임지의 주경사도를 기준으로 아래와 같이 구분한다.

구분	기준
완경사지(완)	경사 15° 미만
경사지(경)	경사 15~20° 미만
급경사지(급)	경사 20~25° 미만
험준지(험)	경사 25~30° 미만
절험지(절)	경사 30° 이상

(5) 표고

지형도에 의거 최저에서 최고로 표시한다.

(6) 토성

B 층 토양의 모래, 미사, 점토의 함량에 대해 조사자가 토양의 촉감으로 구분한다.

구분	기준
사토	모래가 대부분인 토양
사양토	모래가 약 1/3~2/3 정도인 토양
양토	모래가 1/3 이하인 토양
식양토	점토가 1/3~2/3 정도인 토양
식토	점토가 대부분인 토양

(7) 유효토심

토양의 깊이를 측정하여 구분한다.

구분	기준
천	토심 30cm 미만
중	토심 30~60cm
심	토심 60cm 이상

(8) 토양 건습도

B 층 토양의 건습도를 조사자가 토양의 촉감으로 수분정도를 판단한다.

구분	기준	해당지
적윤	손으로 쥐었을때 손바닥 전체 습기가 있고 물에 대한 감촉이 확실한 정도	계곡, 평탄지, 산록부
약건	손으로 쥐었을때 손바닥에 습기가 약간 묻는 정도	경사가 약간 급한 사면
약습	손으로 쥐었을때 손가락 사이에 약간의 물기기 비친 정도	경사가 완만한 계곡
습	손으로 쥐었을때 손가락 사이 물방울이 맺히는 정도	낮은 지대로 지하수위가 높은 곳
건조	손으로 쥐었을때 수분 감촉이 거의 없는 정도	풍충지에 가까운 경사지

(9) 지위
① 지위는 산림의 생산능력을 말하는 것으로 우세목의 수령과 수고를 측정하여 임지가 가지고 있는 잠재적 생산능력을 평가하는 기준이 된다.
② 지위는 토지뿐만 아니라 기후요소 등도 포함한 입지의 양부로서 생산능력의 등급을 말한다. 즉, 지위는 토지가 가지고 있는 생산능력을 표준으로 하는 것이다.
③ 임지생산력의 지표로 지위지수표에서 지수를 찾아 상, 중, 하로 구분하여 표시한다.
④ **지위의 방법**
  ㉠ 지위지수에 의한 방법
    - 특정 나무에 있어 임령의 수고를 이용해 임지의 생산능력을 수치화한 것을 지위지수라 한다.
    - 지위지수의 산정방법으로 지위지수 분류곡선에 의한 방법, 지위지수 분류표에 의한 방법이 있다.
  ㉡ 환경인자에 의한 방법
    - 무임목지와 같은 임지에 대한 평가 방법으로 환경인자에 의한 지위지수판정 기준표에 의하는 방법이다.
    - 환경인자로 입지환경인자인 표고, 모암, 방위, 지형 등이 있고 토양인자로 토심, 토성, 건습도 등이 있다.
  ㉢ 지표식물에 의한 방법
    - 식물이 비옥한 곳에서 혹은 척박한 곳에서 생육하는 수종들이 있는데 이러한 생육에 의해 지위를 분류하는 방법이다.
    - 비옥한 곳에 자라는 수종으로 굴참나무, 주목, 서어나무 등이 있고 척박한 곳에서 자라는 수종으로 소나무, 오리나무 등이 있으며 이러한 수종의 차이를 이용하여 분류를 하게 된다.

(10) 지리

임산물의 반출과 산림작업을 위하여 임지에 접근할 수 있는 임도나 도로까지의 거리가 산림작업사업비에 영향을 준다. 지리는 소반경계에서 임도 혹은 도로까지의 거리를 100m 단위로 구분한다.

급지	기준	급지	기준
1	100m 이하	6	501~600m 이하
2	101~200m 이하	7	601~700m 이하
3	201~300m 이하	8	701~800m 이하
4	301~400m 이하	9	801~900m 이하
5	401~500m 이하	10	901m 이상

03 임황조사

1. 임황조사

(1) 임황조사
① 임황조사는 현재 산림의 상태를 조사하고 현재의 생산력 등을 고려하여 장차 영림구 내에서의 시업방법, 즉 벌기, 수종의 갱신, 수확의 예정, 벌채순서 등을 결정할 자료를 얻기 위해 조사하는 것을 말한다.
② 임황조사에서는 임종, 임상, 임령, 수고, 영급, 경급, 입목도, 소밀도, 재적, 생장율, 혼효율과 같은 다양한 항목을 조사한다.
③ 입목도는 적정상태 임목본수나 재적에 대한 현재 생육중인 임목본수 혹은 재적의 비를 말한다.

(2) 임종
임종은 산림이 성립된 원인을 규명하기 위해 조사하는 항목으로 천연림과 인공림으로 구분한다.

구분	기준
천연림(천)	자연적으로 조성된 산림
인공림(인)	인공적으로 조성된 산림

(3) 임상
입목지의 임상은 입목본수, 입목재적, 수관점유면적 비율에 따라 다음과 같이 구분한다.

구분	기준
침엽수림(침)	침엽수 점유율이 75% 이상인 임분
활엽수림(활)	활엽수 점유율이 75% 이상인 임분
혼효림(혼)	침엽수 혹은 활엽수가 26~75% 미만 점유하는 임분

(4) 수종
주 수종을 기재하고 혼효림의 경우 점유비율이 높은 주요 수종부터 5종까지 기재할 수 있다.

(5) 혼효율

주요 수종의 임목재적이나 본수를 기준으로 비율에 의해 100분율로 표시한다.

(6) 임령

임분의 임령을 측정하여 평균, 최저, 최고 수령을 찾고 아래와 같이 표기한다.

$$\frac{평균수령}{최저수령 \sim 최고수령}$$

(7) 영급

임령의 범위를 나타낸 것으로 10년을 I영급으로 하며 아래와 같이 표기한다.

구분	기준	구분	기준
I	1~10 년	VI	51~60 년
II	11~20 년	VII	61~70 년
III	21~30 년	VIII	71~80 년
IV	31~40 년	IX	81~90 년
V	41~50 년	X	91~100 년

(8) 평균수고

임분의 수고를 측정하여 평균, 최고, 최저 수고를 찾고 아래와 같이 표기한다.

$$\frac{평균수고}{최저수고 \sim 최고수고}$$

(9) 경급

임목의 흉고직경을 측정하여 평균, 최고, 최저 경급을 찾고 2cm 단위인 짝수로 표기한다.

$$\frac{평균경급}{최소경급 \sim 최대경급}$$

(10) 소밀도

일정 면적에 대한 입목의 수관면적 비율로 아래와 같이 표기한다.

구분	표기	기준
소	′	수관밀도 40% 이하
중	″	수관밀도 41~70%
밀	‴	수관밀도 71% 이상

(11) 축적

ⓐ 축적은 현실축적과 법정축적으로 구분한다.
ⓑ 현실축적은 실제 조사한 자료로 산출한 축적이며 법정축적은 조사한 영급상태와 생장상태가 법정상태인 축적이다. 1ha 당 축적과 총축적은 소수점 이하 둘째 자리까지 구한다.
ⓒ 재적측량은 흉고직경이 6cm 이상인 입목을 대상으로 측정하고 지상고 120cm 위치의 직경은 2cm 괄약으로 측정하며 수고는 1m 괄약을 적용한다.
ⓓ 조사방법으로 전수조사, 표준지조사 및 기타 조사를 실시한다.

전수조사	소반 내 모든 입목의 경급과 수고를 조사하여 재적을 산출한다.
표준지조사	소반 내 평균임상인 개소에서 선정한 표준지(면적 0.04ha, 20m×20m 또는 10m×40m)로 한다. 표준지 내에서 측정한 입목의 평균 흉고직경과 직경별 평균 수고를 통하여 표준지 내 재적을 구한 후 그것을 기준으로 전 재적을 산출한다.
기타조사	과거의 조사자료가 있는 임지에 대해서 실측조사를 생략하고 연년생장률 등을 적용하여 축적을 산정하는 것이다. 신규 조사지 또는 경영계획기간 내 벌채사업을 할 때는 전수 또는 표준지 조사를 하고 그 밖의 임지에 대해서는 기타 조사를 할 수 있다.

2. 임분재적

(1) 매목조사법

① 매목조사는 임분의 재적을 측정하기 위하여 임분을 구성하는 임목의 흉고직경만을 측정하는 방법이다.
② 전림법과는 구분되지만 모든 임목을 대상으로 하기 때문에 전림법의 일종이라고 할 수 있다.
③ 흉고직경이 6cm 이상인 임목을 대상으로 조사지의 모든 임목의 흉고직경을 측정한다.

(2) 표준목법

① 표준목법
ⓐ 표준목법은 임분 내에서 표준목을 선정하여 임분재적을 추정하는 방법이다.
ⓑ 표준목이란 임분재적을 총본수로 나눈 평균재적을 갖는 임목을 말하는데, 다양한 방법에 의하여 표준목의 흉고직경과 수고를 결정하여 표준목을 선정한다.

② 표준목 흉고직경
  ㉠ 흉고단면적법

  $$g = \frac{\sum G}{n}$$

  g : 표준목 평균 흉고 단면적, $\sum G$: 전 임목의 흉고 단면적 합계, n : 임목본수

  ㉡ 산술평균지름법

  $$d = \frac{\sum d}{n}$$

  d : 표준목의 흉고직경, $\sum d$: 전 임목의 흉고직경 합계, n : 임목본수

  ㉢ 와이제법
  표준목의 흉고직경을 결정하는데 사용할 수 있는 하나의 방법으로, 임목을 직경이 작은 것부터 나열하였을 경우 작은 것에서부터 60%에 해당하는 위치에 있는 임목의 직경을 표준목의 직경으로 선택하는 것을 와이제법이라고 한다.

③ 표준목법 종류
  ㉠ 단급법
  • 임분재적을 추정하기 위한 표준목법에서 표준목을 선정하는 방법 중의 하나로 가장 간단한 방법이다.
  • 단급법은 전체 임분을 1개의 급으로 취급하여 단 1개의 표준목을 선정하는 방법으로, 평균 흉고단면적을 가지는 표준목을 선정한 후 이를 벌채하여 정밀재적을 구하고, 이를 통하여 임분의 재적을 측정하는 방법으로 공식은 다음과 같다.

  $$V = \frac{G}{g} \times v$$

  V : 전체 임분의 재적, G : 전 임분의 흉고단면적 합계
  g : 표준목의 흉고 단면적, v : 표준목의 재적

  ㉡ 드라우드법(Draudt)
  • 각 직경급을 대상으로 표준목을 선정하여 임분의 재적을 측정하는 표준목법의 일종이다.
  • 표준목을 선정할 때에는 전체 본수에 대하여 몇 %의 표준목을 선정할 것인가를

미리 정하고 이를 각 직경급의 본수에 따라 비례 배분한다. 따라서 표준목의 수를 많이 할 때는 표준목이 직경급에 고루 배정되기 때문에 정확도가 높다.

$$V = v \times \frac{N}{n}$$

V : 임분 전체 재적, v : 표준목 재적
N : 임분 전체 본수, n : 표준목 본수

ⓒ 우리히법(Urich)
- 우리히법은 표준목 선정 방법의 하나로 전체의 임목을 몇 개의 계급으로 나누고, 각 계급의 본수를 동일하게 한 다음 각 계급에서 같은 수의 표준목을 선정하는 방법이다.
- 이 방법을 적용하고자 할 때에는 미리 계급수를 예정하여 전체 임목 본수를 계급수로 나누어서 각 계급의 본수로 한다.
- 계급수와 계급에 대한 본수가 결정되면 표준목을 배당하게 되는데, 표준목수는 계급수의 배수로 하여 각 계급에서 동일한 수의 표준목을 선정할 수 있도록 한다.

$$V = v \times \frac{G}{g}$$

V : 임분 전체 재적, v : 표준목의 재적 합계
G : 임분 흉고단면적 합계, g : 표준목 흉고단면적 합계

ⓒ 하르티히법(Hartig) : 임분재적을 추정하는 방법 중의 하나인 표준목법 중에서 가장 정확도가 높은 방법이다. 각 계급의 흉고단면적을 동일하게 하고 임목의 그루수가 같은 계급을 나누어 각 계급에서 같은 수의 표준목을 정하는 방법으로 구하는 공식은 우리히법과 동일하다.

(3) 표본조사법

① 임분재적을 구하기 위해 표본을 추출하여 조사하는 방법을 표본조사법이라 한다.
② 시간 및 경비가 제한되어 있고 작은 구역을 대상으로 할 때 이용한다.
③ 표본조사법에는 임의추출법, 계통적 추출법, 층화추출법, 부차추출법, 이중추출법이 있다.

3. 형수법

(1) 형수법

① 수간재적과 원주부피의 비를 형수라 하고 이러한 형수를 이용해 임목의 재적을 구하는 방법을 형수법이라 한다.

② 형수는 아래의 공식에 의해 구할 수 있다.

$$V = g \times h \times f \quad , \quad g = \frac{\pi}{4}d^2$$

f : 형수, g : 단면적, h : 높이, V : 재적

③ 직경률은 흉고직경과 임목의 중앙직경의 함수로 표시하는 방법이다.

④ 형률은 상부와 하부의 두 특정 위치의 직경의 비의 함수로 표시하는 것이다.

⑤ 절대형률은 흉고직경과 흉고직경 사이의 중앙직경의 비에 의하여 형상급을 만들어 각 형상급에 따라 수고의 함수로 표시한 것이다.

(2) 흉고형수의 결정법

① 임목재적 산출 시 사용되는 형수를 흉고형수라 정의하고 다른 말로는 재적계수라고도 한다.

② 형수값은 대체로 0.4~0.6 정도이며 0.45~0.55 정도가 가장 많다.

③ 벌기령이 다된 임분의 경우 형수가 일정한 편이다.

④ 흉고형수의 기준에 따른 분류 및 종류는 아래와 같다.

직경 측정위치 기준	정형수	수고 1/n 위치의 직경을 기준으로 하는 형수
	절대형수	수간 최하부의 직경을 기준으로 하는 형수
	부정형수	수고에 관계없이 직경위치가 항상 1.2m 로 정한 것
구성 기준	단목형수	연령 및 다양한 조건을 고려하지 않고 오직 크기와 형상이 비슷한 나무의 형수를 기준으로 한 것
	임분형수	크고 작은 여러 가지 임목으로 구성된 임분의 대표적인 형수로서 임분의 평균수고와 흉고단면적을 알고 있을 때 임분의 재적을 구하기 위해 사용된다.
재적 기준	수간형수	수간 중심으로 만든 형수로 수간재적을 원주체 체적과 비교한 형수
	지조형수	형수 계산에 필요한 임목의 재적을 가지의 재적만을 이용하여 만든 형수
	근주형수	형수를 계산할 때 근주재적을 원주체체적과 비교하여 만든 형수
	수목형수	수목형수는 형수를 계산할 때 필요한 재적에 수간, 지조, 그리고 근주 전체를 포함시켜서 구한 형수

⑤ 흉고형수 영향인자

수종	수종에 따라 형수 차이가 있다.
지위	지위가 양호할수록 형수가 작아진다.
지하고 및 수관	지하고가 높을수록 수관의 양이 적을수록 형수가 크다.
수고	수고가 높을수록 형수는 작아진다.
흉고직경	흉고직경이 커질수록 형수는 작아진다.
연령	연령이 많을 수록 형수는 크다.

(3) 약산법

① 덴진법 : 흉고직경만을 기준으로 재적을 측정한다. 이를 위해 수고 25m, 형수 0.51을 전제로 하며 만약 수고가 25m 가 아닐 경우 보정표를 이용한다.

$$V = \frac{d^2}{1000}$$
V : 재적, d : 직경

② 망고법 : 흉고직경과 흉고직경의 1/2 부분의 높이를 기준으로 임목의 재적을 구한다. 이때 흉고직경 1/2 부분의 높이를 망고라고 정의한다. 대체로 70% 전후가 대부분이다.

$$V = \frac{2}{3}g(H + \frac{m}{2})$$
V : 재적, g : 단면적, H : 흉고직경 1/2 높이(망고), m : 흉고

04 산림측정

1. 직경의 측정

(1) 측정기구

① 윤척
  ㉠ 직경 측정시 사용되는 기구로서 재료로는 알루미늄 혹은 목재가 주로 사용된다.
  ㉡ 눈금의 단위는 cm 이다.
  ㉢ 측정시 ㄷ 자 형태로 고정되어 있는 고정각과 움직이는 유동각은 눈금자와 직각이고 고정각과 유동각은 평행해야한다.
  ㉣ 윤척 사용시 주의 사항은 아래와 같다.
   · 경사진 곳에서 근원부를 중심으로 경사 위쪽에서 측정한다.
   · 흉고직경부분에 정상적인 측정이 어려울 경우 동일간격을 이격하여 위, 아래를 측정후 평균을 낸다.
   · 수간과 윤척은 측정 시 직각을 이루도록 한다.

② 직경테이프
  ㉠ 임목의 둘레를 측정하는 장비이다. 휴대가 간편하고 크기의 제한을 받지 않는다.
  ㉡ 직경테이프 사용시 직경을 구하는 공식은 아래와 같다.

  $$D = \frac{S}{3.14}$$
  D : 직경, S : 나무둘레

③ 빌트모어 스틱
  ㉠ 길이 30cm 정도의 자를 이용하며 눈에서 약 50cm 떨어진 임목의 지름과 평행하게 자를 대고 눈에서 나무줄기의 양쪽의 끝과 끝을 연결하는 임의의 선을 그었을때 교차되는 곳의 길이로 측정한다.
  ㉡ 빌트모어 스틱 사용시 공식은 아래와 같다.

$$S = \frac{D}{\sqrt{1+\frac{D}{50}}}$$

D : 나무의 지름,   S : 시준선 자와 교차 거리

(2) 흉고직경

① 국내의 경우 근원부에서 높이 1.2m 높이의 직경을 흉고직경이라 한다.
② 임목의 재적 산출을 위한 직경은 2cm 크기로 괄약하는데 예를 들어 10cm 의 범위는 9cm 이상, 11cm 미만으로 한다.
③ 직경은 수피를 제외한 안지름과 수피를 포함한 바깥지름으로 나누어 생각한다.

2. 수고의 측정

(1) 측고기 종류와 사용법

① 측고기는 순토측고기, 덴드로미터, 하가측고기, 브루메라이스 측고기, 아브네이 핸드 레블, 와이제 측고기, 크리스튼 측고기, 히프소미터, 스피켈릴라스코프가 있으며 대표적인 측고기의 특징은 아래와 같다.

종류	특징
순토측고기	삼각법에 의한 장비로 단위는 m 단위로 표현된다. 1/15 로 표기된 눈금수치는 15m 떨어져서, 1/20 표기된 눈금부분은 20m 떨어진 곳에서 측정한다.
하가 측고기	아브네이 핸드 레블의 개량품으로 삼각법을 이용한 장비이다. 15, 20, 25, 30m 쯤 떨어진 위치에서 수고 측정을 하며 눈금 단위는 % 로 표현된다.
브루메라이스 측고기	삼각법에 의한 장비로 15, 20 , 30m 떨어진 위치에서 수고를 측정한다.
아브네이 핸드 레블	핸드 레블의 고저각을 이용하며 단위는 % 로 나타난다. 수고 측정시 100m 거리가 있는 곳에서 측정하고 다른 거리에서 측정시 반드시 거리 비율을 가감해주어야 한다.
와이제 측고기	수고 측정시 나무에서 측정할 장소까지의 거리를 측정 후 나무의 초두부와 근원부의 값을 합산하는 방법으로 삼각법의 원리를 이용한 장비이다.

② 삼각법을 응용한 측고기의 종류로는 아브네이레블, 하가측고기, 블루메라이스 측고기, 순토측고기, 덴드로미터 등이 있다.

(2) 측고기 사용 주의사항

① 경사지에서 가능하면 등고 위치에서 측정하여 오차를 줄인다.
② 초두부와 근원부가 명확하게 보이는 곳에서 측정한다.
③ 측정거리는 가능한 수고와 같은 거리를 이격하여 측정한다.
④ 수평거리가 힘들 경우 사거리와 경사각을 측정하여 보정해준다.

3. 연령의 측정

(1) 단목의 연령측정

① 기록에 근거한 방법
나무를 식재할 당시 기록된 내용을 기준으로 현재의 나이를 추정하는 방법으로 주로 인공림에 적용된다.

② 나이테 수에 근거한 방법
환경에 의해 나이테의 수에 변화가 올 수 있으나 어느정도 근접한 연령을 얻을수가 있다. 수종에 따라 차이는 있으나 나이테의 수에 2~5년 정도의 년수를 더해준다.

③ 생장추에 근거한 방법
벌목이 곤란한 나무의 경우 생장추를 이용하며 줄기의 중심까지 넣어 목편을 뽑아 나이테의 수를 측정하여 나무의 나이를 판단한다.

④ 지절에 근거한 방법
소나무류는 전년에 초단부의 위치에서 가지가 발생하고 이후 가지가 떨어지면 흔적이 남게 된다. 이러한 현상이 규칙적이기에 줄기의 마디인 지절을 세어 나무의 나이를 측정하기도 한다.

⑤ 흉고직경에 근거한 방법
흉고직경의 크기에 따른 임령을 경험적 데이터에 의해 산출하는 방법이다.

(2) 임분의 연령측정

① 동령림의 경우 동일한 임령을 가지고 있어 표준목을 골라 측정하나 이령림의 경우 여러 임령의 임목으로 구성되어 아래의 공식에 따라 임령을 도출하도록 한다.

이령림 연령 계산	
$$A = \frac{n_1 a_1 + n_2 a_2 + \approx + n_z a_z}{n_1 + n_2 + \approx + n_z}$$	A : 임령 a_z : 연령 n_z : 본수

② 임분의 연령을 측정하는 방법으로 본수령, 재적령, 면적령, 표본목령이 있다.

4. 생장량 측정

(1) 생장량의 종류

① 생장량의 종류
   ㉠ 생장량의 종류는 다음과 같다.

연년생장량	1년동안 나무의 직경, 수고, 재적등의 증가된 생장량
총평균생장량	임목의 총생장량을 현재까지의 총 연수로 나눈 값
정기생장량	일정 기간 동안 생장한 양
정기평균생장량	일정기간 동안의 평균생장량
총생장량 (벌기생장량)	임목이 발아하면서 현재까지의 생장한 총량
진계생장량	측정대상이 아닌 임목들이 시간이 지나 측정대상이 되었을때의 양

   ㉡ 현실생장량은 인정 기간에 임목이 실제로 생장한 양으로 연년생장량, 정기생장량, 총생장량(벌기생장량) 등이 해당된다.

② 총생장량
   ㉠ 임목이 발아하면서부터 현재에 이르는 기간 중에 생장한 총량을 말한다. 즉, 어떤 임목의 총생장량이라고 하면 현재 그 임목이 가지는 재적을 뜻한다.
   ㉡ 총생장량은 종자 또는 묘목에 의해 임지에서 자라게 되면서 수관과 수근이 주어진 환경에 적응하는 시기인 유시에는 생장이 매우 저조하지만, 그 환경에 완전히 정착한 이후로는 왕성한 생장을 하다가 어느 시점에서 변곡점에 최대에 이르고 변곡점을 통과하면서 서서히 생장이 둔화되는 형태를 보인다.

③ 평균생장량
    ㉠ 일정한 기간 내에 생장한 정기생장량을 그 기간의 년수로 나눈 값으로, 정기평균생장량, 총평균생장량, 벌기평균생장량으로 나눈다.
    ㉡ 평균생장량은 총생장량을 수령 또는 임령으로 나눈 양에 해당한다.

④ 연년생장량
    나무는 임령이 증가하면서 직경, 수고, 단면적, 재적이 양적으로 증가하는데, 이 증가하는 양을 생장량이라고 한다. 연년생장량은 이와 같이 직경, 수고, 단면적, 그리고 재적 등에 대하여 1년 동안에 생장한 양을 말한다.

⑤ 정기평균생장량
    ㉠ 임목은 연수가 증가함에 따라 직경, 수고, 단면적, 그리고 재적이 증가하게 되는데 이를 생장이라고 한다.
    ㉡ 정기평균생장량(periodic annual increment)도 1년 동안에 생장한 양을 나타내는 연년생장량(current increment)의 일종인데, 연년생장량의 경우 그 양이 적어서 측정이 곤란하고 또는 그 해 비정상적인 기후의 영향으로 정상적인 생장을 나타내지 못하는 경우에 측정의 오차가 심하게 나타나기 때문에 정기평균생장량을 측정하여 연년생장량을 대신하여 사용하기도 한다.

(2) 연년생장량과 평균 생장량의 관계

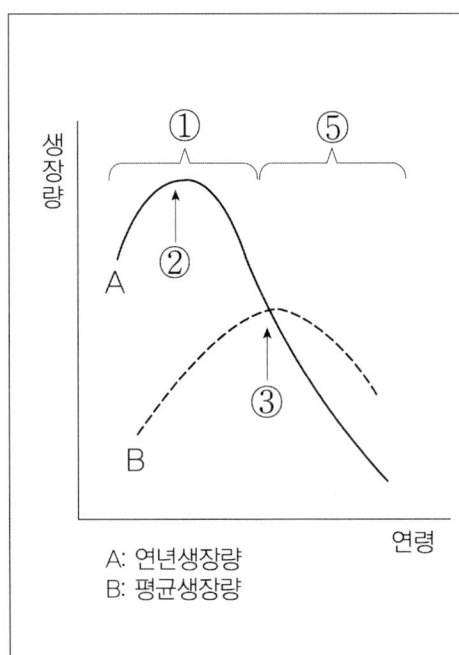

A: 연년생장량
B: 평균생장량

① 초기에는 연년생장량이 평균생장량보다 크다.
② 연년생장량은 평균생장량 보다 극대점이 빨리 나타난다.
③ 평균생장량의 극대점에서는 연년생장량과 평균생장량의 크기가 같다.
④ 평균생장량의 극대점 까지 연년생장량이 항상 크다.
⑤ 연년생장량의 극대점이 되는 기간을 유령기, 평균생장량의 극대점까지를 장령기, 이후를 노령기라 한다.
⑥ 임목의 평균생장량의 극대점 시점에 벌채하는 것이 가장 이상적이다.

(3) 산림생장의 구성요소

① 생장량은 살아 있는 현존 임목에 의하여 이루어지지만 각 임목생장량의 합계가 임분 전체의 생장량을 나타내지는 않는다. 어떤 임목은 고사하거나 부패하고 또 어떤 임목은 벌채되기 때문이다.
② 산림생장 및 수확예측의 구성인자로 생장예측, 고사예측, 진계생장예측 등이 있다.
③ 진계생장은 임분생장량은 시간 경과에 따른 단목성장을 고려하여 임분 내의 모든 단목의 생장을 합하여 구한다. 진계생장량은 산림조사기간 동안 측정할 수 있는 크기로 생장한 새로운 임목들의 재적을 말한다.
④ 고사량은 산림조사기간 동안 고사하는 측정 가능 임목들의 재적을 말한다.
⑤ 벌채량은 측정기간 동안 벌채되는 임목재적을 말한다.
⑥ 진계생장량, 고사량, 벌채량의 임분변화척도를 마지막까지 생존하는 임목재적과 결합시키면 임분생장량의 추정을 위해 정상적으로 사용되는 구성요소를 얻게 된다. 부패, 손상 등으로 질이 나쁜 것은 시간에 따른 변화량 측정이 곤란하기에 생장량 계산에 포함시키지 않는다.
⑦ 임분의 구성인자를 통한 생장주기에 따른 생장량 측정방법의 수식은 다음과 같다.

임분의 구성인자	생장량 측정 공식
V_1 : 측정 초기의 생존입목재적 V_2 : 측정 말기의 생존입목재적 M : 측정기간 동안의 고사량 C : 측정기간 동안의 벌채량 I : 측정기간 동안의 진계생장량	• 초기 재적에 대한 총생장량 = $V_2+M+C-I-V_1$ • 초기 재적에 대한 순생장량 = $V_2+C-I-V_1$ • 진계생장량을 포함한 총생장량 = $V_2+M+C-V_1$ • 진계생장량을 포함한 순생장량 = V_2+C-V_1 • 임목축적에 대한 순변화량 = V_2-V_1

(4) 생장률

① 생장률은 일정 기간 생장한 양과 생장 전의 재적의 비로서 생장량을 예상하는데 중요한 지표가 된다.
② 생장률은 조건에 따라 아래의 공식에 따른다.
  ㉠ 단리산 공식

$$P = \frac{V-v}{n \times v} \times 100$$

P : 생장률, V : 현재 재적, v : n 년 전 재적, n : 년수

ⓒ 복리산 공식

$$P = (\sqrt[n]{\frac{V}{v}} - 1) \times 100$$

P : 생장률 , V : 현재 재적 , v : n 년 전 재적 , n : 년수

ⓒ 프레슬러(Pressler)식

$$P = \frac{V-v}{V+v} \times \frac{200}{n}$$

P : 생장률 , V : 현재 재적 , v : n 년 전 재적 , n : 년수

ⓔ 슈나이더(Schneider)식
- 생장률에 의해 연년생장량을 구하고 택벌림의 수확량을 예정하는 방법이다.
- 전임분의 재적을 생장률을 곱하여 연년생장량을 계산하며 이것을 택벌림의 표준 연벌채량으로 한다.
- 각 표준목에 대해 흉고부위에서 외부로부터 반경방향으로 1cm 두께에 있는 연륜수를 생장추를 사용하여 측정한다.
- 생장률은 슈나이더식을 이용하며 다음의 공식에 의한다.

$$P = \frac{K}{nD}$$

P : 생장률 , K : 상수(직경 30cm 초과 500, 30cm 이상 550 적용) ,
D : 흉고지름, n : 연륜폭 1cm에 포함된 연륜수 혹은 나이테의 수

- 슈나이더식에서 K 상수는 산림의 생장상태에 따라 정해지는 상수이며 일반적으로 400~800 정도이다.

5. 벌채목의 재적측정

(1) 임목 재적측정
① 임목의 재적 측정은 산림에서 자라는 나무의 부피를 측정하는 것을 말한다.
② 면적당 임목의 재적 측정시 먼저 조사구역을 설정한다. 이후 조사목을 선정하고 조사목의 중량을 측정한다. 다음으로 임분의 현존량 추정의 순서로 진행한다.

(2) 주요 구적식

① 단면적 측정

벌채한 목재의 단면적은 원으로 가정하고 아래와 같이 계산한다.

$$g = \frac{\pi}{4}d^2$$

여기서, g : 단면적   d : 지름

② 재적 측정

㉠ 후버식(huber식) : 가장 널리 사용되고 간편한 방법이나 긴 목재는 오차가 커서 짧은 용재에 주로 사용되며 중앙단면적식이라 한다. 구하는 방법은 아래의 공식에 따른다.

$$V(m^3) = r \times L = \frac{\pi}{4} \times d^2 \times L$$

V : 재적 , r : 중앙 단면적 , L : 목재 길이 , d : 지름

㉡ 스말리안식 : 원구지름과 말구지름을 이용하여 재적(m^3)을 구하며 평균 양단면적식이라고 한다.

$$V(m^3) = \frac{g_0 + g_n}{2} \times L = \frac{\pi}{4} \times \frac{d_0^2 + d_n^2}{2} \times L$$

V : 재적 , g_0 : 원구 단면적 , g_n : 말구 단면적 , L : 목재 길이
d_0 : 원구 지름 , d_n : 말구 지름

ⓒ 리케식(Riecke) : 측정과 계산이 복잡하지만 정확한 값을 얻을수 있으며 Newton 공식이라고 한다.

$$V(m^3) = \frac{L}{6}(g_0 + 4r + g_n)$$

V : 재적 , L : 목재 길이 , g_0 : 원구 단면적 , g_n : 말구 단면적 , r : 중앙단면적

ⓔ 4분주식 : 통나무의 중앙 둘레 값을 이용한다.

$$V(m^3) = (\frac{u}{4})^2 \times L$$

V : 재적 , u : 중앙 둘레 , L : 목재 길이

ⓜ 5분주식 : 프랑스에서 주로 사용되며, Huber 식의 약 1.0053 배의 과대치를 주며 중앙단면이 원이 아닐 경우 오차가 커진다.

$$V = (\frac{u}{5})^2 \times 2 \times L$$

V : 재적 , u : 중앙 둘레 , L : 목재 길이

ⓗ 브레레톤 공식 : 동남아 활엽수인 남양재 수입시 주로 사용되는 방법이다.

$$V(m^3) = \frac{(d_0 + d_n)^2}{2} \times \frac{\pi}{4} \times \frac{L}{10000}$$

V : 재적 , d_0 : 원구지름 , d_n : 말구 지름 , L : 목재 길이

ⓢ 말구직경자승법 : 말구 평균 지름을 cm, 길이는 m 단위로 측정한다.

> • 길이 6m 이상인 경우
> $$V(m^3) = (d_n + \frac{L'-4}{2})^2 \times \frac{L}{10000}$$
> • 길이 6m 미만인 경우
> $$V(m^3) = d_n^2 \times \frac{L}{10000}$$
> V : 재적, d_n : cm 단위의 말구 지름, L : m 단위의 목재 길이
> L' : m 단위의 길이로 소수점 자리는 버린수(ex. 8.8m → 8 m 표현)

◎ 검척법
- 말구에서 수피를 제외한 최소직경을 측정한다.
- 단위치수는 1cm로 하고 단위치수 미만은 절사한다.
- 최소직경이 15cm 이상으로 최소직경에 직각인 직경과의 차이가 3cm를 넘을 경우 3cm 마다 1cm 를 가산한다.
- 최소직경이 40cm 이상일 경우 차이가 4cm 이상일 때 4cm 마다 1cm 를 가산한다.

(3) 공제량

목재에 옹이와 같이 사용결함이 있는 재적을 빼는 것을 공제량이라 한다.

한쪽에만 결함이 있는 경우	양쪽으로 결함이 있는 경우
$V = d^2 \times \frac{L}{2}$	$V = D^2 \times \frac{L}{2}$
d : 결함 직경, L : 길이	D : 결함이 더 큰 직경, L : 길이

6. 수간석해

(1) 수간석해

① 수간석해는 임목의 생장과정을 정밀히 조사하기 위하여 그 임목을 벌채하여 생장을 조사하는 측정방법이다.
② 보통 표준목을 선정하고 벌채하여 수고의 높이에 따라 단판을 채취하고 내업으로 각 단판의 임령, 직경 등을 측정함으로써 임령에 따른 직경과 수고를 파악하고 재적을 계산하는 방법이다.
③ 수간석해를 통해 근주재적, 소단부재적, 초단부재적, 결정간재적 등을 계산할 수 있다.
④ 원주등분법은 수간석해에서 직경의 생장량 파악을 위해 원판의 반경 측정방향을 결정하는데 사용하는 방법이다. 채취한 원판의 원주를 4등분하여 나무의 중심과 연결하여 측정 방향을 결정하게 된다.

(2) 수간석해의 방법

① 수간석해를 위해 선정된 표준목은 지상 20cm 위치를 벌채한 후 근원경을 측정한다.
② 이후 일정한 길이마다 단판을 채취하는데 구분의 길이는 Huber식에서 쓰는 2m 길이가 통용된다. 벌채부위와 그로부터 1m 올라간 흉고부위에서 단판을 채취하고, 그 다음부터는 일반적으로 2m 간격으로 채취하며 마지막의 것은 1m 가 되게 한다.
③ 단판(원판)의 두께는 3~5 cm로 하며 단판의 번호는 밑에서부터 0, 1, 2,…와 같이 기록하고 채취한 후에는 임목의 방향도 기록한다.
④ 각 단판을 4방향으로 측정하여 직경표를 작성하고, 이 직경표에 근거하여 임령별 직경과 수고의 관계를 나타내는 수간석해도를 모눈종이에 작성한다.
⑤ 이러한 수간석해도에 근거하여 5년 간격의 재적을 구분구적법에 의해 계산하여 연령별 생장량과 생장율 등의 다양한 생장 정보를 얻을 수 있다.

(3) 수고 결정 방법

① 직선연장법
수간석해에서 각 영급에 대한 수고를 결정하는 방법의 하나로, 수간석해도에서 어떤 영급의 최후 단면의 값과 그 바로 앞의 단면의 값을 연결한 직선을 그대로 연장하여 수간측과 만나게 하여 그 교점을 영급의 수고로 하는 방법이다. 이때 그 연장선이 다음 단면고보다 높아지는 경우에는 위로 올라가지 않도록 단면고와 연결한다.

② 평행선법
수간석해도에서 밖에 있는 영급의 선과 평행선을 그어서 간축과 만나는 점을 영급의 수고로 한다.

05 목재수확 작업계획 수립

1. 육림 기계

(1) 식재용

① 사식재용 괭이는 평지나 경사지에 사용하며 소묘 사식에 적합하다. 자루 각도는 60~70°이다.
② 각식재용 양날 괭이는 양날괭이로 한쪽은 땅을 벌리는 용도, 한쪽은 도끼로 땅을 가르는 용도이다.
③ 손도끼는 뿌리 단근 작업에 적합하다.

(2) 무육용

① 스위스 보육낫는 유령림 무육작업용으로 지름 5cm 내외 잡목제거에 적합하다.
② 소형 전정가위는 직경 1.5cm 내외 치수 무육작업에 적합하다.
③ 무육용 이리톱은 무육용 날과 가지치기용 날이 함께 있는 것이 특징이며 직경 6~15cm 내외의 유령림 무육작업에 적합하다.

(3) 가지치기용

① 소형 손톱은 덩굴식물 제거 및 직경 2cm 이하 가지치기에 적합하다.
② 고지절단용 톱은 높이 4~5m 정도의 가지치기에 적합하다.
③ 자동지타기는 나무의 수간을 타고 가지치기를 하며 옹이 발생을 최소화한다.

(4) 양묘용

양묘용 기계에는 경운작업기, 포종기, 묘목이식기, 단근굴취기, 정지작업기 등이 있다.

2. 작업시스템 구축

(1) 임목수확시스템

① 전목생산방법
전목작업은 벌도만 된 상태의 전목을 집재하여 조재 및 집재작업을 실행하며 이때 야더타워, 스키더 등을 통해 전목을 집재하고 이후 가지자르기 등의 조재작업을 실시한다. 고성능기계의 사용이 많아 인력이 가장 적게 들어간다.

② 전간생산방법

임분내에서 벌도와 가지자르기만을 실시한 벌도목을 트랙터, 야더타워 등을 이용하여 집재하여 원목을 생산하는 방법이다. 집재작업시 원목을 전간재로 집재하기 때문에 한번에 대량의 목재를 정리, 반출하는 것이 가능하다.

③ 단목생산방법

임분내 벌도, 가지자르기, 통나무 자르기 등의 조재작업을 통해 원목을 생산하는 방식으로 많은 인력을 요구한다.

(2) 고성능 임업기계

① 벌도, 가지제거, 집적 등 다양한 공정을 연속적으로 처리하는 기기를 다공정 임업기계라 한다.

② 대표적으로 펠러번처, 프로세서, 하베스터가 있으며 각각의 특징은 아래와 같다.

㉠ 하베스터
- 임목을 벌목하여 가지자르기, 토막내기, 조재목 마름질 작업을 일관된 공정으로 작업할 수 있는 다공정 벌채장비이다.
- 하베스터는 대부분 무한궤도식이며 크레인의 형태에 따라 텔레스코픽 붐 방식과 너클붐 방식으로 분류된다.
- 하베스터와 함께 포워더를 이용한 목재생산법을 단목생산방법 이라 하며 벌도 및 조재작업 후 운반까지의 작업을 의미한다.

㉡ 프로세서
- 이미 벌목된 전목의 가지를 자르고 토막을 내는 조재작업을 전문으로 하는 기기로서 벌채목의 수간을 잡는 그래플장치, 가지를 자르는 장치, 수간을 밀어내는 송재 장치, 절단장치로 이루어져 있다.
- 프로세서의 성능은 로울러에 의한 송재장치의 송재력, 송재속도, 가지치는 칼날의 작업 정도에 따라 좌우된다.

㉢ 펠러번처
- 펠러번처는 임목을 벌목하는 장비로서 임목을 벌도하여 일정한 장소에 모아쌓기가 가능한 장비로서 후속작업인 전목집재를 손쉽게 하는 장비이다.
- 임목을 절단하는 방식에는 유압식 전단 가위식, 디스크 쏘우식, 체인톱 방식 등이 있다.
- 소경목일 경우 벌채목 여러 본을 모아서 한번에 지면에 내려놓아 작업시간을 단축하여 능률을 올릴 수 있는 어큐뮬레이터(accumulator)기능을 가진 종류도 있다.

3. 산림수확

(1) 임목 수확

① 벌목시 주의 사항
  ㉠ 벌채사면은 종방향으로 구획하고 상, 하 동시 작업을 금한다.
  ㉡ 벌목영역은 작업목 수고의 1.5배로 안전거리를 확보하고 이 구역내에서는 작업에 참가하는 자만 있어야 한다.
  ㉢ 작업자는 보호장비를 갖추고 2인 1조로 작업한다.
  ㉣ 벌목 작업시 절단수목 주위에 관목, 덩굴, 고사목 등을 제거한다.
  ㉤ 작업시 대피장소를 미리 선정하고 작업도구는 벌목 반대방향에 두도록 한다.
  ㉥ 벌목의 가장 적합한 시기는 겨울이다.
  ㉦ 경사지에서 활엽수는 산록방향으로 벌도하고 침엽수는 산정방향으로 벌도하는게 유리하다.
  ㉧ 벌목할 수구는 아래의 기준에 따르도록 한다.

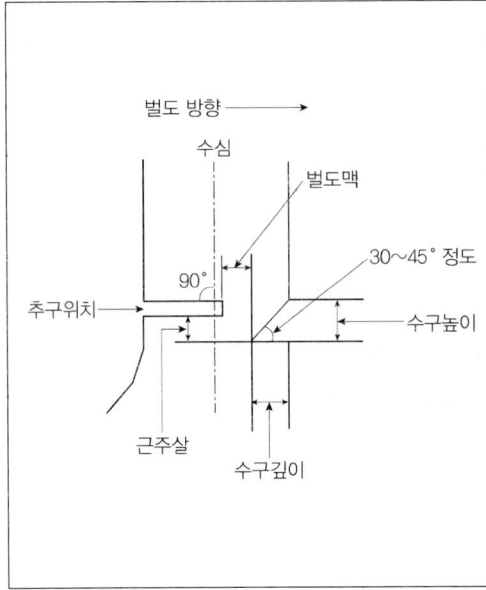

- 벌목 나무의 흉고직경이 40cm 이상일 경우 벌근 직경의 1/4 깊이의 수구를 만든다.
- 벌목 나무의 흉고직경이 10cm~40cm 범위에서는 충분한 수구를 만든다.
- 벌목 나무의 흉고직경이 20cm 이상일 경우 수구의 상, 하면의 각은 30~45° 정도로 한다.
- 추구(따라베기)는 수구 밑면보다 절단수목 지름의 1/10 높은 위치에 만든다.

② 벌목의 계절 선정시 고려사항으로 시장 및 자금의 사정, 생산재의 용도 및 품질, 반출방법 및 기후, 노동인력의 수급 등 다양한 조건을 고려해야 한다.

(2) 수확 기계, 장비

① 벌목용으로 톱, 도끼, 쐐기, 목재 돌림대, 갈고리 등이 있다.
② 도끼는 목적에 따라 가지치기용, 벌목용, 손도끼, 장작패기용 등으로 구분되며 각각의 날의 각도가 다르다.
③ 쐐기는 벌목 방향을 결정하고 톱이 끼이는 것을 방지한다.
④ 목재 방향 조정 장비

목재 방향 전도용 지렛대	벌목중 걸린 나무를 빼거나, 벌도목의 방향을 돌리는데 이용
벌도지레, 벌도용 장대, 밀개	소경재의 벌도 방향 조정에 이용

⑤ 집재용 도구의 종류로 피비, 캔트훅, 사피, 펄프 훅, 파이크홀 등이 있다.

(3) 임목집재

① 중력집재
  ㉠ 활로에 의한 집재
   • 수라집재라하며 산비탈에 인공적으로 미끄러질 홈통을 만들어 집재하는 방식이다.
   • 도수라의 활로 너비는 1~2m 정도를 기준으로 한다.
   • 토수라는 흙미끄럼길이라 하는데 활로집재 방법 중 하나로 경사를 따라 도랑을 만들어 통나무를 중력에 의해 집재하는 방법이다. 방법은 간단하지만 원목에 손상이 발생하는 단점이 있다.
  ㉡ 강선에 의한 집재
   • 강선, 와이어 로프 등을 이용하여 공중에 설치하여 내려보내는 방식으로 지형의 제약을 적게 받으며 소경 단재의 집재에 적합하다.
   • 강선은 지름 6~10mm, 강선 설치 경사도 25~50% 정도를 기준으로 하며 60%가 넘지 않도록 한다.
   • 시설비용이 적고 설치기간이 짧으며 수명이 길다.
   • 무게가 무겁고 크거나 길이 5m 이상의 나무 집재가 어렵다.

② 기계 집재
  ㉠ 가선집재
   • 집재용 가선(삭도)부분과 야더집재기로 구성된 기기로 경사가 급한 산악림에 적합한 장비이다.
   • 공중으로 이동하기에 잔존 임분에 대한 피해가 적은 편이다.

ⓛ 트랙터 집재

장점	단점
· 기동성 및 작업의 생산성이 높다. · 평탄지, 완경사지에 적합한 집재이다. · 소수의 작업자로 실행이 가능하다. · 작업이 단순하고 비용이 적게 든다. · 와이어 집재기 보다 사고 발생률이 적다. · 견인력이 커서 한번에 많은 목재를 운반할 수 있다. · 집재기 작업이 부적당한 장소에 작업이 가능하다.	· 저속이라 장거리 운반에는 부적합하다. · 급경사지에서는 작업이 어렵다. · 고정 경비가 많이 든다. · 지면을 지나가면서 임지의 훼손이 발생한다.

- 트랙터 자체가 굴절되는 트랙터를 사용하여 회전반경을 줄인다.
- 트랙터의 집재 작업 능률에 영향 인자로 경사, 단재적, 소밀도, 토질, 집재거리 등이 있다.
- 트랙터 견인력의 영향인자에는 토양상태, 차축하중, 타이어 직경, 타이어 공기압력, 주행장치등이 있다

ⓒ 소형윈치

지형이 험하거나 단거리의 통나무 집재시 이용된다.

ⓔ 포워더

평지에서 집재 통나무를 싣고 운반하는 장비이다.

③ 와이어로프

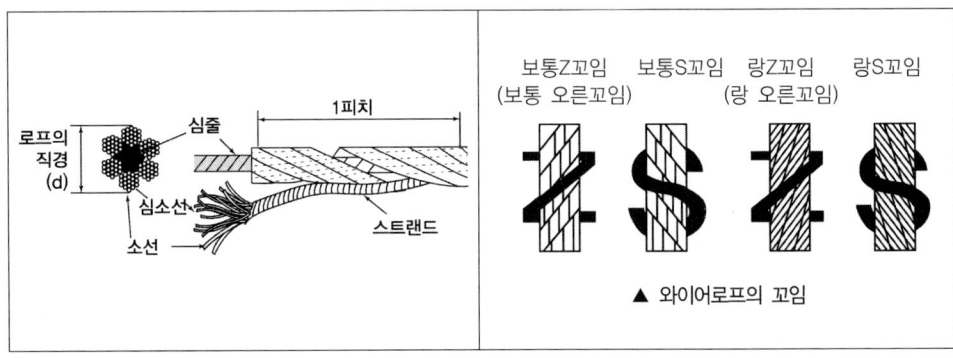

▲ 와이어로프의 꼬임

㉠ 가느다란 철선을 꼬아서 1줄의 스트랜드를 만들고, 다시 여러 가닥의 스트랜드 심줄 중심으로 꼬아서 만든 쇠밧줄이다.

㉡ 꼬임의 형태에 따라 보통꼬임과 랑꼬임이 있다. 보통꼬임은 와이어꼬임과 스트랜드 꼬임이 반대방향인 것을 말한다.

ⓒ 스트랜드의 꼬임 방향에 따라 S꼬임 로프와 Z꼬임 로프가 있다.
② 임업용에는 스트랜드가 6개인 것이 가장 많이 이용되며 작업줄은 보통꼬임을 주로 사용한다.
⑩ 보통꼬임은 킹크가 잘 일어나지 않으나 마모가 많이 일어난다.
⑪ 와이어로프의 폐기 기준은 아래와 같다.
- 이음매가 있는것
- 한 꼬임에 끊어진 소선수 10% 이상 인 것
- 지름의 감소가 공칭지름 7% 이상 인 것
- 심하게 변형되거나 부식된 것
- 열과 전기 충격에 의한 손상된 것

⑯ 안전계수
- 안전계수 공식

$$안전계수 = \frac{와이어로프 절단하중(kg)}{와이어로프 최대장력(kg)}$$

- 와이어로프 안전계수

가공본줄	짐당김줄, 되돌림줄, 버팀줄, 고정줄	짐올림줄, 짐매달음줄
2.7	4.0	6.0

(4) 가선집재

① 가선집재

㉠ 임목 및 목재의 피해가 적고 낮은 임도밀도지역과 급경사지에서 작업이 가능하다.
㉡ 기동성이 낮고 장비가 고가이며 작업의 생산성이 낮다.
㉢ 숙련된 기술이 요구되며 장비의 설치 및 철거 시간이 필요하다.
㉣ 본줄 설치를 위해 지주에서 집재기쪽 지주를 머리기둥 혹은 앞기둥이라 하며 반대쪽의 기둥을 꼬리기둥 혹은 뒷기둥이라 한다. 머리기둥과 꼬리기둥의 중간에 있는 기둥은 안내기둥이라 한다.

② 가선집재시스템

㉠ 가공본줄이 있는 경우

타일러식	· 가공본줄 경사 10~25° 범위 대면적 개벌작업에 적합하다. · 가로 집재가 용이하나 집재거리가 제한적이다. · 집재에 의한 잔존목 손상이 많고 와이어마모가 심하다.
엔드리스 타일러식	· 운전, 가로집재, 집재목의 짐내림에 용이하다. · 가로집재 장치가 있을 경우 택벌지에서 직각방향 가로집재가 가능하다.
폴링블록식	· 단거리, 소면적 집재에 용이하다. · 가공본줄 설치 및 철거가 용이하나 조작이 어렵고 속도가 느리다.
호이스트 캐리지식	· 잔존목 훼손을 최소화하며 조작이 간편하고 짐달림도드래가 필요없다. · 전용반송기가 있어야하고 가로집재 거리가 제한적이다.
스너빙	· 올림집재로 이용되며 설치가 간단하고 운전이 용이하다. · 보통 가로집재가 불가능하다.

ⓒ 가공본줄이 없는 경우

하이리드식	· 거리 100m 내외 완경사지에서 소량 작업에 용이 · 운전은 단순하나 훼손의 우려가 있음
러닝스카이라인식	· 거리 300m 내외 소량 간벌, 택벌작업지에 적합 · 운전은 어렵지만 가선 및 철거가 용이하다.
단선순환식	· 간벌, 택벌작업지에 적합 · 잔존목 피해가 많고 작업효율이 낮다.
슬랙라인식	· 짐올림줄이 필요 없고 가선설치가 용이 · 와이어로프의 기능이 분리되기 때문에 조작이 간단하고 반송기도 특수한 것이 필요 없음

(5) 체인톱

① 체인톱

㉠ 산림에서 취급하는 체인톱은 중량이 가볍고 출력이 높아야 한다. 주로 1기통 2행정 공랭식 가솔린엔진을 이용한다.

㉡ 체인톱 수명은 약 1500 시간 정도이다.

㉢ 체인톱은 원동기부분, 동력전달부분, 톱체인부분으로 구분된다.

㉣ 휘발유와 윤활유의 비율은 25:1 정도가 적당하며 휘발유와 체인톱 전용오일의 혼합비는 40:1 정도가 적당하다.

㉤ 연료에 비해 윤활유가 부족하면 엔진의 각 부분에 눌어붙을 가능성이 있고 과다하면 카본 등이 점화플러그 전극 부위에 쌓여 출력저하 및 시동불량 현상이 나타난다. 휘발유에 비해 오일의 혼합량이 적으면 엔진의 내부기기가 원활하게 작동하지 못하기도 한다.

ⓗ 국내에서 주로 사용되는 체인톱의 배기량 30~70cc 정도의 소형 및 중형이다.

② 체인톱의 조건
㉠ 중량이 가볍고 취급방법이 간단해야 한다.
㉡ 견고하고 절삭효율이 좋아야 한다.
㉢ 소음과 진동이 적어야 한다.
㉣ 연료소비, 유지비 등의 기타경비가 적게 들어야 한다.
㉤ 가격이 저렴하고 소모품의 수급이 용이해야 한다.

③ 체인톱 구조
㉠ 일반 장치

톱체인	나무 절삭 부분
스파이크	체인톱을 지지하여 지렛대 역할을 함
손잡이	운반 및 작업시 사용되는 부분
점화플러그	실린더내 연소실에 압축된 혼합기 점화, 전극간격은 0.4~0.5 mm 정도
스로틀레버	엔진의 회전수를 조정
에어필터	기관에 흡입되는 먼지, 톱밥 등을 제거
안내판	체인톱날의 지탱 및 레일 역할을 하며 평균 450시간 정도의 수명을 가짐
쵸크	체인톱을 사용할 때 공기의 유입을 조절하는 것으로 최초 시동에는 닫아둔다.

㉡ 안전장치

앞, 뒤손 보호판	체인이 끊어질 경우 손을 보호
손잡이	작업시 발생되는 진동을 완화
체인브레이크	체인톱이 튐현상과 같은 충격을 받을 때 체인을 강제 급정지
체인잡이볼트	체인이 끊어지거나 튀는 것을 방지
체인덮개	톱날의 위험에서 작업자를 보호
완중스파이크	체인톱의 지지 및 튕김 방지
스로틀레버차단판	톱 작동시 장애물에 의해 액셀레버가 작동하지 않게 차단
진동방지장치	진동을방지하여 작업자를 보호
소음기	소음 피해를 방지

㉢ 톱체인 구조
· 톱체인 규격은 피치로 표시하며 피치는 3개의 리벳 간격의 1/2 길이를 말한다.
· 톱체인 종류에 따른 연마각도는 아래와 같다.

구분		대패형톱날	반끌형톱날	끌형톱날
창날각		35°	35°	30°
가슴각		90°	85°	80°
지붕각		60°	60°	60°

- 톱날의 깊이제한부는 톱날이 한 번에 팔수 있는 깊이로 절삭 윗날과 깊이제한부의 높이차를 의미한다. 이러한 깊이 제한부는 깊이, 각도, 절삭량을 결정하는 주요 요인이다.
- 깊이제한부를 너무 높게 연마 시 절삭 깊이가 얇아 절삭량이 적아지게 되며 반대의 경우 절삭 깊이가 깊어 절삭량은 많아져도 톱날에 부하가 많이 걸리게 되어 수명이 짧아진다.

ㄹ 체인톱 연료
- 체인톱은 2행정 가솔린 기관으로 가솔린과 윤활유를 25 : 1 정도로 배합하여 사용한다.
- 작업시 시간당 표준 연료 소비량은 휘발유 1.5L, 오일 0.4L 정도이다.

ㅁ 엔진 출력
- 체인톱을 소형, 중형, 대형으로 구분하는 기준은 출력과 무게이며 아래와 같이 분류된다.

구분	출력(kW)	무게(kg)
소형체인톱	2.2	6
중형체인톱	3.3	9
대형체인톱	4.0	12

4. 산림토목 장비

(1) 굴착 및 운반기계

① 불도저
  ㉠ 불도저는 흙을 깎아 운반하는 장비로 단거리 토공작업에 적합한 기계이다. 그 외에도 벌목, 제근, 다짐 등 다양한 작업이 가능하다.
  ㉡ 리퍼는 연암이나 단단한 지반의 굴착에 적합하며 종류에 따라 용도가 다양하다.
  ㉢ 도저의 종류에는 스트레이트도저, 앵글도저, 리퍼도저, 레이크도저 등 다양하다.
  ㉣ 스트레이트도저는 대량의 흙을 굴착하고 다지는데 사용한다.
  ㉤ 앵글도저는 블레이드면이 진행방향의 중심으로 20~30° 정도의 경사가 있어 흙을 좌우로 밀어내어 지면을 고르게 한다.
  ㉥ 리퍼도저는 단단한 흙이나 연암의 파쇄 작업에 적합하다.
  ㉦ 레이크도저 나무의 뿌리를 제거하는 제근작업이나 지반을 파헤치는데 용이하다.
  ㉧ 틸트도저는 삽날의 좌우 높이를 조절하여 강도가 높은 흙이나 도랑 파기에 적합하다.

② 스크레이퍼
  스크레이퍼는 보울을 상하로 움직여 토사를 굴착, 적재, 운반, 다짐의 작업을 수행하는 토공용 기계이다.

(2) 굴착, 적재 기계

① 파워 셔블
  ㉠ 버킷을 밀어 올려 기계의 위치보다 높은 곳의 토사를 굴착하는 기계이다.
  ㉡ 굳은 점토와 경질의 흙을 굴착하는데 적합하다.

② 백호우
  ㉠ 기계의 위치보다 낮은 곳의 토사를 굴착하며 굳은 지반의 굴착이나 옆도랑 등의 토사 제거에 적합하다. 또한 토목시공에서 넓은 장소의 적재용으로도 적합하다.
  ㉡ 백호우는 상체가 360° 회전할 수 있어 작업이 편리하다.

③ 드래그라인
  ㉠ 기면보다 낮은 곳의 표토를 굴착하거나 운반차에 적재하는 작업에 적합하다.
  ㉡ 드래그라인은 수중굴착이 가능하며 넓은 배수로 및 연약지반의 굴착 등 광범위한 얕은 굴착에 이용된다.

④ 클램셸
　㉠ 지면보다 낮은 위치에 수직 낙하시켜 토사류를 굴착하는 방식으로 좁은 장소에서 깊은 굴착 및 수중굴착이 가능하다.
　㉡ 클램셸은 호퍼작업과 비교적 좁은 장소에서 깊게 굴착하는데 유용하다.

(3) 전압기계

① 로드롤러
　쇄석이나 자갈, 모래 등 변형에 대해 저항이 있는 재료들을 얇게 다지는데 적합한 머캐덤 롤러가 있으며 이후 끝내기 작업으로 탠덤롤러를 사용한다.

② 탬핑롤러
　롤러 표면에 돌기를 만들어 두꺼운 성토 다짐에 적합하다.

③ 타이어롤러
　기층, 노반의 표면 다짐 등에 적합하기에 아스팔트와 같은 포장작업의 마무리에 사용된다.

(4) 기타 기계

① 적재기계에는 로더, 차륜식 로더, 소형로더 등이 있다.
② 운반기계에는 덤프트럭, 크레인, 지게차, 체인블록 등이 있다.
③ 정지기계에는 모터그레이더가 있으며 노면깎기, 노면 다지기 등에 적합하다.

[참고 1] 국내의 산림경영 역사

(1) 제 1 차 치산녹화 10년 계획
① 제 1 차 치산녹화 10개년 계획은 1973 ~ 1978년에 수립하였으며 국토의 속성녹화 기반 구축을 목표로 하였다.
② 제 1 차 치산녹화계획은 100만 ha 조림계획을 4년 앞당겨 달성하였다.
③ 화전정리사업의 완료와 농촌임산연료 공급원을 확보하였고 육림의 날 제정과 산주대회 개최로 애림사상을 고취시켰다.

(2) 제 2 차 치산녹화 10년 계획
① 제 2 차 치산녹화 10개년 계획은 1979 ~ 1987년에 걸쳐 이루어졌으며 장기수 위주로 경제림 조성 및 국토녹화 완성을 목표로 하였다.
② 106만ha 의 조림과 황폐산지 복구를 진행하였고 대단위 경제림단지 지정과 조림을 실시하였다.
③ 이때 산지 이용 실태조사와 보전, 준보전임지 구분 체계를 도입하여 관리를 시작하였다.

(3) 제 3 차 산림기본계획
① 제 3 차 산림기본계획은 산지자원화 계획으로 1988 ~ 1997년에 시행되었으며 녹화의 바탕 위에 산지자원화 기반을 조성함을 목표로 하였다.
② 주요 성과는 32만ha 경제림 조성과 303만ha 육림사업의 실행, 산촌종합개발과 추진, 산림휴양 및 문화시설의 확충, 산지이용체계의 재편, 기능과 목적에 의한 이용질서 확립이다.

(4) 제 4 차 산림기본계획
① 제 4 차 산림기본계획은 1998 ~ 2007년에 지속가능한 산림경영기반 구축과 사람과 숲이 어우러진 녹색국가 실현이라는 목표로 시행되었다.
② 산림의 공익기능 증진, 산촌개발사업 본격화, 한반도 산림생태계의 보전관리체계를 마련하고 '산지관리법' 제정을 통해 자연친화적 산지관리 기반을 세웠다.
③ 주요 성과 정리
  · SFM 이행을 위한 기준과 지표설정
  · '산림법'에서 '산림기본법' 중심의 12개 기능별 법체제로 개편
  · '심는 정책'에서 '가꾸는 정책'으로 전환하여 산림의 가치 증진

- 산림의 공익기능 증진과 산촌개발 사업 본격 추진
- 백두대간 등 한반도 산림생태계의 보전 관리체계를 마련하고, '산지관리법' 제정으로 자연친화적 산지관리기반을 마련
- 산불진화 역량 확충과 소나무재선충병 확산 방지
- 해외조림사업 확대 및 '탄소흡수원확충 기본계획' 수립
- 국립수목원, 국립자연휴양림관리소 신설 및 FGIS 시스템 구축

(5) 제 5 차 산림기본계획

① 제 5 차 산림기본계획은 2008 ~ 2017년에 지속 가능한 녹색복지국가의 실현이라는 비전을 가지고 가치 있는 국가자원, 건강한 국토환경, 쾌적한 녹색공간 조성이라는 목표를 통해 산림기능의 최적 발휘를 목표로 하였다.

② 제 5 차 산림기본계획의 기존 5대 전략은 아래와 같다.
- 다기능 산림자원의 육성과 통합관리
- 자원순환형 산림산업 육성 및 경쟁력 제거
- 국토환경자원으로서 산림의 보전 및 관리
- 삶의 질 제고를 위한 녹색공간 및 서비스 확충
- 자원 확보와 지구산림 보전을 위한 국제협력 확대

③ 제 5 차 산림기본계획 변경된 7대 전략은 아래와 같다.
- 지속가능한 기능별 산림자원 관리체계 확립
- 기후변화에 대응한 산림탄소 관리체계 구축
- 임업 시장기능 활성화를 위한 기반 구축
- 산림 생태계 및 산림생물자원의 통합적 보전·이용 체계 구축
- 국토의 안정성 제고를 위한 산지 및 산지재해 관리
- 산림복지 서비스 확대·재생산을 위한 체계 구축
- 세계녹화 및 지구환경 보전에 선도적 기여

④ 제 5 차 추진전력 및 7대 핵심 과제는 아래와 같다.

7대 전략	핵심 과제
지속가능한 기능별 산림자원 관리체계 확립	① 국가차원과 현장단위의 SFM 이행 확대 ② 기능별 산림자원 육성·관리 ③ 국유림의 선도적 역할 수행 강화 ④ 사유림 경쟁력 제고와 산림경영 인프로 구축 강화
기후변화에 대응한 산림탄소 관리체계 구축	⑤ 기후변화 대응 탄소흡수원 확충 ⑥ 산림기반 탄소상쇄제도 및 배출권거래제 기반 마련 ⑦ REDD+를 통한 탄소배출권 확보
임업시장기능 활성화를 위한 기반구축	⑧ 산림경영 지원 방식의 전환과 환경서비스 지불제 도입 ⑨ 자원순환형 목재산업 진흥과 바이오매스 활용 확대 ⑩ 고품질 단기 임산물 생산 확대와 수출 경쟁력 제고 ⑪ 장기 안정적인 녹색 일자리 창출 확대
산림 생태계 및 산림생물자원의 통합적 보전·이용체계 구축	⑫ 산림생물다양성 보전 및 생태계 건강성 증진 ⑬ 산림보호구역 관리체계의 정비 ⑭ 산림생물자원을 활용한 신산업 육성
국토의 안정성 제고를 위한 산지 및 산림재해 관리	⑮ 생태적 산지관리체계 도입 ⑯ 백두대간의 복원과 보전 ⑰ 선제적 산불예방과 산불진화 대응역량 강화 ⑱ 산사태 재해 안전망 구축 ⑲ 산림병해충 예찰 강화 및 자연친화적 방제
산림복지 서비스 확대·재생산을 위한 체계 구축	⑳ 도시숲의 확충과 산림경관의 보전 및 관리 ㉑ 생애주기 맞춤형 산림복지 서비스의 확대 ㉒ 산림과 문화가 어우러진 쾌적한 등산 환경 조성 ㉓ 활력 있는 산촌 만들기
세계녹화 및 지구환경 보전에 선도적 기여	㉔ 자원 협력 및 해외조림 확대 ㉕ 사막화방지 등 지구산림문제 해결 선도 ㉖ 임산물 통상협상 대응 ㉗ 녹색 한반도, 남북 산림협력 강화

(6) 제 6 차 산림기본계획

① 산림기본법 제11조 및 동행시행령 4조~6조를 근거로 수립되었으며 산림청장은 산림자원 및 임산물의 수요와 공급에 관한 장기전망을 기초로 하여 지속가능한 산림경영이 이루어지도록 전국의 산림을 대상으로 20년마다 산림기본계획을 수립 및 시행한다.

② 향후 20년간의 산림정책의 비전과 장기전략을 제시하는 법정 계획으로 기간은 2018~2037년으로 한다.

③ 6차 산림기본계획의 전략과제는 다음과 같다.

㉠ 산림자원 및 산지 관리체계 고도화

- 지속가능발전목표(SDGs) 달성을 위한 산림역할 강화
- 기능과 용도별 산림자원 관리체계 확립
- 산지관리체계의 혁신
- 사유림과 함께하는 국유림의 선도 역할 강화
- 국가 온실가스 감축 목표 달성에 기여

ⓒ 산림산업 육성 및 일자리 창출
- 목재산업 육성 및 주류산업으로 도약
- 국산목재 고부가가치화 및 소비확대
- 지속가능한 목재생산체계 구축
- 산림기반 융복합 신산업 육성
- 산림생명자원 산업화
- 사람중심 산림자원 순환경제로 좋은 일자리 창출

ⓒ 임업인 소득 안정 및 산촌 활성화
- 임업인 소득 향상 및 경영 합리화
- 소비자와 함께하는 청정임산물 생산, 유통체계 확립
- 임업통상 대응 및 임산물 수출 확대
- 사회적경제 실현을 통한 산촌 활성화

㉣ 일상 속 산림복지체계 정착
- 도시를 숲이 있는 생활공간으로 재창조
- 산림복지서비스 저변 확대
- 맞춤형 산림교육 제공 및 교육품질 향상
- 산림문화, 휴양 인프라 확충 및 서비스 품질 개선
- 산림치유서비스 보편화 및 효과성 향상

㉤ 산림생태계 건강성 유지 및 증진
- 산림생물다양성의 지속적 관리기반 구축
- 산림생태계서비스 가치 증진
- 백두대간 등 주요 보호지역의 공정한 관리
- 한반도 주요산림 훼손지 복원
- 산림사법경찰 체계 확립

㉥ 산림재해 예방과 대응으로 국민안전 실현
- 과학적 산불예방과 산불진화 대응역량 강화
- 산림, 지역 특성을 고려한 산사태 재해 안전망 구축

- 유역단위 산림관리체계 정립
- 선제적 산림병해충 예찰 및 방제

ⓢ 국제산림협력 주도 및 한반도 산림녹화 완성
- SDGs 달성에 기여하는 국제산림협력 강화
- 국익 향상을 위한 해외산림자원 확보
- 개도국 산림전용 방지(REDD+) 등 신기후체제 대응
- 통일시대 대비 통합적 산림협력

◎ 산림정책 기반 구축
- 인문, 사회, 경제 요소 등 융복합 산림 거버넌스 체계 구축
- 법, 제도 등 산림정책 지원체계 혁신
- 4차 산업 기술의 산림분야 적용 보편화
- 문제 해결형 산림분야 연구개발 혁신 및 성과 산업화

[참고 2] 산림문화 · 휴양에 관한 법률 (약칭: 산림휴양법)

제1장 총칙

제1조(목적) 이 법은 산림문화와 산림휴양자원의 보전·이용 및 관리에 관한 사항을 규정하여 국민에게 쾌적하고 안전한 산림문화·휴양서비스를 제공함으로써 국민의 삶의 질 향상에 이바지함을 목적으로 한다.

제2조(정의) 이 법에서 사용하는 용어의 정의는 다음과 같다.
1. "산림문화"란 산림과 인간의 상호작용으로 형성되는 정신적·물질적 산물의 총체로서 산림과 관련한 전통과 유산 및 생활양식 등과 산림을 활용하여 보고, 즐기고, 체험하고, 창작하는 모든 활동을 말한다.
1의2. "산림휴양"이란 산림 안에서 이루어지는 심신의 휴식 및 치유 등을 말한다.
2. "자연휴양림"이라 함은 국민의 정서함양·보건휴양 및 산림교육 등을 위하여 조성한 산림(휴양시설과 그 토지를 포함한다)을 말한다.
3. "산림욕장"(山林浴場)이란 국민의 건강증진을 위하여 산림 안에서 맑은 공기를 호흡하고 접촉하며 산책 및 체력단련 등을 할 수 있도록 조성한 산림(시설과 그 토지를 포함한다)을 말한다.
4. "산림치유"란 향기, 경관 등 자연의 다양한 요소를 활용하여 인체의 면역력을 높이고 건강을 증진시키는 활동을 말한다.
5. "치유의 숲"이란 산림치유를 할 수 있도록 조성한 산림(시설과 그 토지를 포함한다)을 말한다.
6. "숲길"이란 등산·트레킹·레저스포츠·탐방 또는 휴양·치유 등의 활동을 위하여 산림에 조성한 길(이와 연결된 산림 밖의 길을 포함한다)을 말한다.
7. "산림문화자산"이란 산림 또는 산림과 관련되어 형성된 것으로서 생태적·경관적·정서적으로 보존할 가치가 큰 유형·무형의 자산을 말한다.
8. "숲속야영장"이란 산림 안에서 텐트와 자동차 등을 이용하여 야영을 할 수 있도록 적합한 시설을 갖추어 조성한 공간(시설과 토지를 포함한다)을 말한다.
8의2. "산림레포츠"란 산림 안에서 이루어지는 모험형·체험형 레저스포츠를 말한다.
9. "산림레포츠시설"이란 산림레포츠에 지속적으로 이용되는 시설과 그 부대시설을 말한다.
10. "숲경영체험림"이란 임업(영림업 또는 임산물생산업에 한정한다) 경영을 체험할 수 있도록 조성한 산림(산림문화·휴양을 위한 시설과 토지를 포함한다)을 말한다.

제2장 산림문화 · 휴양기본계획 등

제4조(산림문화 · 휴양기본계획의 수립 · 시행 등)

① 산림청장은 관계중앙행정기관의 장과 협의하여 전국의 산림을 대상으로 산림문화 · 휴양기본계획(이하 "기본계획"이라 한다)을 5년마다 수립 · 시행할 수 있다.

② 기본계획에는 다음 각 호의 사항이 포함되어야 한다.

1. 산림문화 · 휴양시책의 기본목표 및 추진방향
2. 산림문화 · 휴양 여건 및 전망에 관한 사항
3. 산림문화 · 휴양 수요 및 공급에 관한 사항
4. 산림문화 · 휴양자원의 보전 · 이용 · 관리 및 확충 등에 관한 사항
5. 산림문화 · 휴양을 위한 시설 및 그 안전관리에 관한 사항
6. 산림문화 · 휴양정보망의 구축 · 운영에 관한 사항
7. 그 밖에 산림문화 · 휴양에 관련된 주요시책에 관한 사항

③ 산림청장 또는 특별시장 · 광역시장 · 특별자치시장 · 도지사 · 특별자치도지사(이하 "시 · 도지사"라 한다)는 기본계획에 따라 관할 구역의 특수성을 고려하여 지역산림문화 · 휴양계획(이하 "지역계획"이라 한다)을 5년마다 수립 · 시행할 수 있다.

제3장 산림치유지도사 등

제11조의2(산림치유지도사)

① 산림청장은 산림치유를 활성화하기 위하여 대통령령으로 정하는 자격기준을 갖춘 사람에게 산림치유를 지도하는 사람(이하 "산림치유지도사"라 한다)의 자격을 부여하고 이를 육성할 수 있다.

② 산림치유지도사가 되려는 사람은 자격기준을 갖추고 농림축산식품부령으로 정하는 바에 따라 산림청장에게 산림치유지도사 자격증 발급을 신청하여야 한다.

③ 산림치유지도사는 자연휴양림, 산림욕장, 치유의 숲, 숲길 등에서 농림축산식품부령으로 정하는 산림치유 프로그램을 개발 · 보급하거나 지도하는 업무를 담당한다.

제12조(산림레포츠지도사)

① 산림청장은 산림레포츠를 활성화하기 위하여 대통령령으로 정하는 자격기준을 갖춘 사람에게 산림레포츠를 지도하는 사람(이하 "산림레포츠지도사"라 한다)의 자격을 부여하고 이를 육성할 수 있다.

② 산림레포츠지도사가 되려는 사람은 자격기준을 갖추고 농림축산식품부령으로 정하

는 바에 따라 산림청장에게 산림레포츠지도사 자격증 발급을 신청하여야 한다.
③ 산림레포츠지도사는 산림레포츠시설에서 농림축산식품부령으로 정하는 산림레포츠 프로그램을 개발·보급하거나 지도하는 업무를 담당한다.

제12조의2(산림레포츠지도사의 활용 등)
① 국가 또는 지방자치단체는 국민들이 산림레포츠시설을 효과적으로 이용할 수 있도록 하기 위하여 산림레포츠지도사를 활용하거나 산림레포츠시설을 운영하는 자로 하여금 산림레포츠지도사를 활용하게 할 수 있다.
② 산림청장 또는 지방자치단체의 장은 산림레포츠지도사의 활동에 필요한 비용 등을 지원할 수 있다.

제4장 자연휴양림 및 산림욕장 등의 조성 등

제13조(자연휴양림의 지정)
① 산림청장은 소관 국유림을 자연휴양림으로 지정할 수 있다.
② 산림청장은 공유림 또는 사유림의 소유자 또는 국유림의 대부 또는 사용허가를 받은 자의 지정 신청에 따라 그가 소유하고 있거나 대부등을 받은 산림을 자연휴양림으로 지정할 수 있다. 이 경우 지정 신청의 절차 등은 농림축산식품부령으로 정한다.
③ 산림청장은 자연휴양림으로 지정하려는 산림에 둘러싸인 토지 중 자연휴양림으로 관리할 필요가 있는 것으로서 대통령령으로 정하는 면적 이내의 토지를 자연휴양림에 포함하여 지정할 수 있다.
④ 산림청장은 자연휴양림을 지정한 때에는 이를 신청인 및 관계 행정기관의 장에게 통보하고 자연휴양림의 명칭·위치·지번·지목·면적 그 밖에 필요한 사항을 고시하여야 한다.
⑤ 자연휴양림 지정의 방법·절차, 그 밖에 필요한 사항은 농림축산식품부령으로 정한다.

제14조(자연휴양림의 조성)
① 산림청장은 자연휴양림으로 지정된 국유림에 휴양시설의 설치 및 숲가꾸기 등을 하려는 경우 농림축산식품부령으로 정하는 바에 따라 휴양시설 및 숲가꾸기 등의 조성계획(이하 "자연휴양림조성계획"이라 한다)을 작성하여야 한다. 자연휴양림조성계획을 변경하려는 경우에도 또한 같다.

② 자연휴양림으로 지정된 산림에 휴양시설의 설치 및 숲가꾸기 등을 하려는 자는 농림축산식품부령으로 정하는 바에 따라 자연휴양림조성계획을 작성하여 시·도지사의 승인을 받아야 한다. 승인받은 자연휴양림조성계획을 변경하는 경우에도 또한 같다.
③ 시·도지사는 자연휴양림조성계획을 승인한 때에는 산림청장에게 통보하여야 한다.
④ 자연휴양림 안에 설치할 수 있는 휴양시설의 종류 및 기준 등은 대통령령으로 정한다.
⑤ 산림청장 또는 시·도지사는 자연휴양림조성계획을 작성 또는 변경작성하거나 승인 또는 변경승인한 경우에는 농림축산식품부령으로 정하는 바에 따라 그 내용을 고시하여야 한다.
⑥ 산림청장 또는 지방자치단체의 장은 자연휴양림조성계획에 따라 자연휴양림을 조성하는 자에게 그 사업비의 전부 또는 일부를 보조하거나 융자할 수 있다.

제16조(자연휴양림조성계획의 승인취소 등)
① 시·도지사는 자연휴양림조성계획의 승인을 받은 자가 다음 각 호의 어느 하나에 해당하는 경우에는 그 승인을 취소할 수 있다. 다만, 제1호에 해당하는 경우에는 그 승인을 취소하여야 한다.
1. 거짓이나 그 밖의 부정한 방법으로 승인을 받은 경우
2. 정당한 사유 없이 승인을 받은 날부터 1년 이내에 자연휴양림 조성사업을 시작하지 아니하거나 1년 이상 사업을 중단한 경우
3. 정당한 사유 없이 승인을 받은 자연휴양림조성계획의 내용대로 사업을 이행하지 아니한 경우
4. 삭제
5. 승인을 받은 자가 스스로 승인의 취소를 신청하는 경우
② 시·도지사는 자연휴양림조성계획의 승인을 취소한 때에는 산림청장에게 통보하여야 한다.
③ 산림청장은 통보를 받은 때에는 승인이 취소된 자에 대하여 산림의 원상복구를 명하거나 보조 또는 융자한 비용이 있는 경우에는 그 전부 또는 일부를 회수할 수 있다.
④ 산림청장은 산림의 원상복구 명령을 받은 자가 이를 이행하지 아니한 때에는 「행정대집행법」을 준용하여 대집행할 수 있다. 이 경우 대집행에 소요되는 비용은 예치한 복구비로 충당할 수 있다.

제16조의2(자연휴양림의 안전관리 등)
① 조성된 자연휴양림을 관리하는 자는 재난·사고 예방 및 재난·사고 발생 시 이용자 보호 등 피해의 최소화를 위한 조치를 포함한 안전관리계획을 수립하고, 자연휴양림에 대한 정기적인 안전점검을 실시하여야 한다.
② 산림청장 및 지방자치단체의 장은 자연휴양림에 대한 정기적인 안전점검을 실시하여야 한다.
③ 자연휴양림 안전관리계획의 수립, 안전점검 등에 필요한 사항은 대통령령으로 정한다.

제5장 숲길 등

제22조의2(숲길의 종류) 숲길의 종류는 다음 각 호와 같다.
1. 등산로: 산을 오르면서 심신을 단련하는 활동(이하 "등산"이라 한다)을 하는 길
2. 트레킹길: 길을 걸으면서 지역의 역사·문화를 체험하고 경관을 즐기며 건강을 증진하는 활동(이하 "트레킹"이라 한다)을 하는 다음 각 목의 길
   가. 둘레길: 시점과 종점이 연결되도록 산의 둘레를 따라 조성한 길
   나. 트레일: 산줄기나 산자락을 따라 길게 조성하여 시점과 종점이 연결되지 않는 길
3. 산림레포츠길: 산림레포츠를 하는 길
4. 탐방로: 산림생태를 체험·학습 또는 관찰하는 활동(이하 "탐방"이라 한다)을 하는 길
5. 휴양·치유숲길: 산림에서 휴양·치유 등 건강증진이나 여가 활동을 하는 길

제22조의3(숲길기본계획의 수립 등)
① 산림청장은 등산·트레킹·산림레포츠·탐방 및 휴양·치유 등의 활동을 증진하기 위하여 숲길의 종류별로 전국 산림에 대한 숲길의 조성·관리기본계획(이하 "숲길기본계획"이라 한다)을 5년마다 수립·시행할 수 있다.
② 숲길기본계획에는 다음 각 호의 사항이 포함되어야 한다.
1. 숲길 시책의 기본목표 및 추진방향
2. 숲길에 관한 수요와 여건 및 전망
3. 숲길 조성 추진체계 및 관리기반 구축에 관한 사항
4. 숲길 정보망의 구축·운영에 관한 사항

5. 숲길 조성을 통한 지역의 소비 증대, 지역 산업과의 연계, 지역 일자리 창출 등 지역경제 활성화에 관한 사항
6. 그 밖에 숲길과 관련된 주요 시책에 관한 사항

③ 산림청장은 숲길기본계획의 시행성과 및 사회적·지역적·산림환경적 여건변화 등을 고려하여 필요하다고 인정하면 숲길기본계획을 변경할 수 있다.
④ 산림청장은 숲길기본계획을 수립하거나 변경하는 경우에는 산림복지진흥계획과 연계되도록 하여야 한다.
⑤ 지방산림청장과 지방자치단체의 장은 숲길기본계획이 수립된 경우 관할 산림에 대하여 숲길기본계획에 따라 매년 숲길의 조성·관리 연차별계획을 수립하여야 한다.
⑥ 산림청장 및 숲길관리청은 숲길기본계획 및 숲길연차별계획을 수립하거나 이를 변경하기 위한 기초 자료로 사용하기 위하여 숲길의 예정노선 및 그 주변 산림의 현황과 이미 조성한 숲길의 운영·관리 실태를 조사하여야 한다.
⑦ 산림청장 및 숲길관리청은 조사업무를 「산림조합법」에 따른 산림조합 등 대통령령으로 정하는 법인·단체에 위탁할 수 있다.
⑧ 숲길기본계획과 숲길연차별계획의 수립·변경 및 조사에 필요한 사항은 농림축산식품부령으로 정한다.

제23조(숲길의 조성 등)
① 숲길관리청이 숲길을 조성하려면 해당 숲길의 노선이 포함된 숲길조성계획을 수립하여 노선선정·조성계획의 적절성, 생태계와 지역사회에 미치는 영향 등에 관하여 그 타당성을 평가하고, 이해관계인(토지소유자를 포함한다)의 의견을 수렴하여야 한다. 이 경우 숲길관리청은 효율적인 타당성 평가를 위하여 필요한 경우에는 대통령령으로 정하는 법인·단체에 타당성 평가를 위탁할 수 있다.
② 숲길관리청은 타당성 평가 및 의견 수렴 결과 숲길의 조성이 타당하다고 인정되면 숲길의 명칭을 부여하고 그 노선을 지정하여 고시하여야 한다. 지정된 노선의 변경, 지정의 해제를 하는 경우에도 고시하여야 한다.
③ 숲길의 노선이 지정·고시되면 산지일시사용신고를 하거나 입목벌채등의 허가를 받은 것으로 본다.
④ 숲길조성계획의 수립, 타당성 평가의 절차, 숲길 명칭의 부여, 숲길 노선의 지정·변경·지정해제 및 그 고시, 그 밖에 필요한 사항은 농림축산식품부령으로 정한다.

[참고 3] 산림복지 진흥에 관한 법률 (약칭: 산림복지법)

제1장 총칙

제1조(목적) 이 법은 산림복지의 진흥에 필요한 사항을 정하여 산림을 기반으로 체계적인 산림복지서비스를 제공함으로써 국민의 건강 증진, 삶의 질 향상 및 행복 추구에 이바지함을 목적으로 한다.

제2조(정의) 이 법에서 사용하는 용어의 뜻은 다음과 같다.
1. "산림복지"란 국민에게 산림을 기반으로 하는 산림복지서비스를 제공함으로써 국민의 복리 증진에 기여하기 위한 경제적·사회적·정서적 지원을 말한다.
2. "산림복지서비스"란 산림문화·휴양, 산림교육 및 치유 등 산림을 기반으로 하여 제공하는 서비스를 말한다.
3. "산림복지소외자"란 「국민기초생활 보장법」에 따른 수급자, 그 밖에 소득수준이 낮은 저소득층 등 대통령령으로 정하는 자를 말한다.
4. "산림복지서비스이용권"이란 산림복지소외자가 각종 산림복지서비스를 이용할 수 있도록 금액이나 수량이 기재(전자적 또는 자기적 방법에 의한 기록을 포함한다. 이하 같다)된 증표를 말한다.
5. "산림복지서비스제공자"란 산림복지서비스이용권을 산림복지서비스 제공에 활용하기 위하여 산림청장에게 등록한 기관 또는 단체를 말한다.
6. "산림복지전문가"란 산림복지서비스를 제공하는 다음 각 목의 사람을 말한다.
   가. 숲해설가
   나. 유아숲지도사
   다. 숲길등산지도사
   라. 산림치유지도사
   마. 산림레포츠지도사
7. "산림복지전문업"이란 숲해설, 산림치유 등 산림복지서비스 제공을 영업의 수단으로 하는 업으로서 대통령령으로 정하는 것을 말한다.
8. "산림복지지구"란 산림자원을 활용한 산림복지서비스를 제공하기 위하여 산림청장이 지정한 지역을 말한다.
9. "산림복지시설"이란 산림복지서비스를 제공하기 위하여 조성된 다음 각 목의 시설을 말한다.
   가. 자연휴양림, 산림욕장, 치유의 숲, 숲길

나. 유아숲체험원 또는 산림교육센터
　10. "산림복지단지"란 산림복지지구에서 산림복지서비스를 제공하기 위하여 다수의 산림복지시설로 조성된 지역을 말한다.

제2장 산림복지진흥계획 등

제5조(산림복지진흥계획)
　① 산림청장은 산림복지 진흥을 위하여 다음 각 호의 사항을 포함하는 산림복지진흥계획(이하 "진흥계획"이라 한다)을 5년마다 수립·시행하여야 한다.
　1. 산림복지서비스 진흥 목표 및 추진방향
　2. 산림복지서비스, 산림복지서비스이용권, 산림복지서비스제공자, 산림복지전문가, 산림복지시설의 수요 및 공급에 관한 사항
　3. 산림복지단지와 산림복지시설의 현황, 확충 계획, 운영 평가 및 향후 개선에 관한 사항
　4. 그 밖에 산림복지 진흥과 관련된 사항
　② 산림청장은 제1항에도 불구하고 산림복지의 수요와 산림자원 여건의 변화로 진흥계획을 변경할 필요가 있는 경우에는 진흥계획을 변경할 수 있다.
　③ 산림청장은 진흥계획을 수립하거나 변경하는 경우에는 다음 각 호의 계획과 연계되도록 하여야 한다.
　1. 산림문화·휴양기본계획
　2. 숲길의 조성·관리기본계획
　3. 산림교육종합계획
　④ 산림청장은 진흥계획을 수립하거나 변경하려면 미리 관계 중앙행정기관의 장과 협의하고, 산림복지심의위원회의 심의를 거쳐야 한다. 다만, 대통령령으로 정하는 경미한 사항을 변경하는 경우에는 그러하지 아니하다.
　⑤ 협의 요청을 받은 관계 중앙행정기관의 장은 특별한 사유가 없으면 그 요청을 받은 날부터 30일 이내에 의견을 제시하여야 한다.
　⑥ 산림청장은 진흥계획을 수립하거나 그 내용을 변경한 때에는 이를 관계 중앙행정기관의 장 및 특별시장·광역시장·특별자치시장·도지사·특별자치도지사(이하 "시·도지사"라 한다)에게 통보하여야 한다.
　⑦ 진흥계획의 수립·시행·변경 등에 필요한 사항은 농림축산식품부령으로 정한다.

[참고 4] 산림교육의 활성화에 관한 법률 (약칭: 산림교육법)

제1장 총칙

제1조(목적) 이 법은 산림교육의 활성화에 필요한 사항을 정하여 국민이 산림에 대한 올바른 지식을 습득하고 가치관을 가지도록 함으로써 산림을 지속가능하게 보전하고 국가와 사회 발전 및 국민의 삶의 질 향상에 이바지함을 목적으로 한다.

제2조(정의) 이 법에서 사용하는 용어의 정의는 다음과 같다.
1. "산림교육"이란 산림의 다양한 기능을 체계적으로 체험·탐방·학습함으로써 산림의 중요성을 이해하고 산림에 대한 지식을 습득하며 올바른 가치관을 가지도록 하는 교육을 말한다.
2. "산림교육전문가"란 산림교육전문가 양성기관에서 산림교육 전문과정을 이수한 사람으로서 다음 각 목의 어느 하나에 해당하는 사람을 말한다.
   가. 숲해설가 : 국민이 산림문화·휴양에 관한 활동을 통하여 산림에 대한 지식을 습득하고 올바른 가치관을 가질 수 있도록 해설하거나 지도·교육하는 사람
   나. 유아숲지도사 : 유아가 산림교육을 통하여 정서를 함양하고 전인적(全人的) 성장을 할 수 있도록 지도·교육하는 사람
   다. 숲길등산지도사: 국민이 안전하고 쾌적하게 등산 또는 트레킹(길을 걸으면서 지역의 역사·문화를 체험하고 경관을 즐기며 건강을 증진하는 활동을 말한다)을 할 수 있도록 해설하거나 지도·교육하는 사람
3. "산림교육전문가 양성기관"이란 산림교육전문가를 양성하기 위하여 지정된 기관 또는 단체를 말한다.

제2장 종합계획의 수립·시행 등

제4조(산림교육종합계획의 수립·시행 등)
① 산림청장은 산림교육을 활성화하기 위하여 다음 각 호의 사항이 포함된 산림교육종합계획(이하 "종합계획"이라 한다)을 5년마다 수립·시행하여야 한다.
1. 산림교육의 기본목표와 추진방향
2. 산림교육전문가의 체계적 육성 및 지원 방안
3. 산림교육의 활성화를 위한 기반의 구축 방안
4. 산림교육자료의 개발 및 보급

5. 산림교육에 대한 실태조사 및 평가에 관한 사항
6. 산림교육의 활성화를 위한 재원조달 방안
7. 그 밖에 산림교육의 활성화를 위하여 필요한 사항

② 산림청장은 종합계획을 수립하거나 변경할 때에는 미리 관계 중앙행정기관의 장과 협의하고 특별시장·광역시장·도지사 또는 특별자치도지사·특별자치시장(이하 "시·도지사"라 한다)의 의견을 들은 후 산림교육심의위원회의 심의를 거쳐 확정한다. 다만, 대통령령으로 정하는 경미한 사항은 심의를 거치지 아니하고 변경할 수 있다.

③ 산림청장은 확정된 종합계획을 관계 중앙행정기관의 장 및 시·도지사에게 통보하여야 한다.

④ 산림청장은 종합계획의 수립을 위하여 필요한 경우에는 관계 중앙행정기관의 장 및 시·도지사에게 자료의 제출을 요구할 수 있다. 이 경우 관계 중앙행정기관의 장 및 시·도지사는 특별한 사정이 없으면 자료를 제출하여야 한다.

⑤ 산림청장은 종합계획에 따라 연차별 시행계획을 수립·시행하여야 한다.

⑥ 시·도지사는 산림청장으로부터 종합계획의 수립에 관한 통보를 받으면 종합계획의 내용과 해당 지역의 여건을 고려하여 5년마다 산림교육지역계획(이하 "지역계획"이라 한다)을 수립하거나 변경하여야 하고, 산림청장으로부터 종합계획의 변경에 관한 통보를 받으면 특별한 사유가 없는 한 이를 지역계획에 반영하여야 한다.

⑦ 시·도지사는 지역계획에 따라 연차별 시행계획을 수립·시행하여야 하며, 농림축산식품부령으로 정하는 바에 따라 지역계획의 매 연도별 추진실적을 산림청장에게 제출하여야 한다.

[참고 5] 자연휴양림시설의 종류 및 설치기준

1. 자연휴양림시설의 종류

구분	시설의 종류
가. 숙박시설	숲속의 집·산림휴양관·트리하우스 등
나. 편익시설	임도·야영장(야영데크를 포함한다)·오토캠핑장·야외탁자·데크로드·전망대·모노레일·야외쉼터·야외공연장·대피소·주차장·방문자안내소·산림복합경영시설·임산물판매장 및 매점과 휴게음식점영업소 및 일반음식점영업소 등
다. 위생시설	취사장·오물처리장·화장실·음수대·오수정화시설·샤워장 등
라. 체험·교육 시설	산책로·탐방로·등산로·자연관찰원·전시관·천문대·목공예실·생태공예실·산림공원·숲속교실·숲속수련장·산림박물관·교육자료관·곤충원·동물원·식물원·세미나실·산림작업체험장·임업체험시설·로프체험시설·유아숲체험원 및 산림교육센터 등
마. 체육시설	철봉·평행봉·그네·족구장·민속씨름장·배드민턴장·게이트볼장·썰매장·테니스장·어린이놀이터·물놀이장·산악승마시설·운동장·다목적잔디구장·암벽등반시설·산악자전거시설·행글라이딩시설·패러글라이딩시설 등
바. 전기·통신 시설	전기시설·전화시설·인터넷·휴대전화중계기·방송음향시설 등
사. 안전시설	울타리·화재감시카메라·화재경보기·재해경보기·보안등·재해예방시설·사방댐·방송시설 등

2. 자연휴양림시설의 설치기준

구분	설치기준
가. 숙박시설	1) 산사태 등의 위험이 없을 것 2) 일조량이 많은 지역에 배치하되, 바깥의 조망이 가능하도록 할 것
나. 편익시설	1) 휴게음식점영업소 또는 일반음식점영업소는 각각 1개소 이내로 설치할 것 2) 야영장 및 오토캠핑장은 자연배수가 잘 되는 지역으로서 산사태 등의 위험이 없는 안전한 곳에 설치할 것
다. 위생시설	1) 쾌적성과 편리성을 갖추도록 설치할 것 2) 산림오염이 발생되지 않도록 할 것 3) 식수는 먹는물 수질기준에 적합할 것 4) 외부 화장실에는 장애인용 화장실을 설치할 것
라. 체험·교육 시설	1) 산책로·탐방로·등산로 등 숲길은 폭을 1미터 50센티미터 이하(안전·대피를 위한 장소 등 불가피한 경우에는 1미터 50센티미터를 초과할 수 있다)로 하되, 접근성·안전성·산림에의 영향 등을 고려하여 산림형질변경이 최소화될 수 있도록 설치할 것 2) 자연관찰원은 자연탐구 및 학습에 적합한 산림을 선정하여 다양한 수종을 관찰할 수 있도록 할 것 3) 숲속수련장은 강의실·숙박시설·광장 등을 갖추어야 하며, 1회에 100명 이상을 동시에 수용할 수 있는 규모로 설치할 것 4) 임업체험시설은 경사가 완만한 지역에 설치하여야 하며, 체험활동에 필요한 기본 장비 등을 갖출 것
마. 안전시설	1) 긴급한 재난·안전사고 시 신속히 그 내용을 알릴 수 있도록 방송시설을 갖출 것 2) 숙박시설에는 소화설비(소화기, 간이스프링쿨러 등), 경보설비(가스시설을 사용하는 시설이 있는 경우 가스누설경보기), 피난설비를 갖출 것 3) 응급약품 등 비상물품을 갖춘 별도의 비상대피시설을 지정할 것 4) 이용객의 안전을 위해 폐쇄회로 텔레비전(CCTV) 등 안전시설을 갖추고, 시설의 이용방법, 유의사항 및 비상 시 대피경로 등을 이용자들이 잘 볼 수 있는 장소에 게시할 것

[참고 6] 치유의 숲시설의 종류 및 설치기준

1. 치유의 숲시설의 종류

구분	시설의 종류
가. 산림치유시설	숲속의 집·치유센터·치유숲길·일광욕장·풍욕장·명상공간·숲체험장·경관조망대·체력단련장·체조장·산책로·탐방로·등산로·산림작업장·유아숲체험원 등
나. 편익시설	임도·야외탁자·데크로드·야외쉼터·대피소·주차장·방문자센터·안내판·임산물판매장·매점·「휴게음식점영업소 및 일반음식점영업소 등
다. 위생시설	오물처리장·화장실·음수대·오수정화시설 등
라. 전기·통신 시설	전기시설·전화시설·인터넷·휴대전화중계기·방송음향시설 등
마. 안전시설	울타리·화재감시카메라·화재경보기·재해경보기·보안등·재해예방시설·사방댐 등

2. 치유의 숲시설의 설치기준

구분	설치기준
가. 산림치유시설	1) 향기·경관·빛·바람·소리 등 산림의 다양한 요소를 활용할 수 있도록 하되, 건축물은 흙·나무 등 자연재료를 사용하여 저층·저밀도로 시설하고 운동시설은 접근성·안전성 등을 고려하여 설치할 것 2) 치유숲길은 폭을 1미터 50센티미터 이내(안전·대피를 위한 장소 등 불가피한 경우에는 1미터 50센티미터를 초과할 수 있다)로 하되, 접근성·안전성·산림에의 영향 등을 고려하여 산림형질변경이 최소화될 수 있도록 설치할 것
나. 편익시설	1) 경사가 완만한 산림에 주변경관과 조화되도록 설치할 것 2) 방문자센터는 정보 제공·홍보·상담 등의 시설을 갖출 것 3) 「식품위생법 시행령」에 따른 휴게음식점영업소 및 일반음식점영업소는 식이요법을 시행하는 데에 적합하게 설치할 것
다. 위생시설	1) 쾌적하고 편리하며 산림오염이 발생되지 않도록 설치할 것 2) 식수는 먹는물 수질 기준에 적합할 것 3) 외부 화장실에는 장애인용 화장실을 설치할 것

[참고 7] 숲속야영장에 설치할 수 있는 시설의 종류 및 기준

1. 숲속야영장에 설치할 수 있는 시설의 종류

구 분	시설의 종류
가. 기본시설	일반야영장·자동차야영장·숲속의 집 및 트리하우스 등
나. 편익시설	임도·야외탁자·데크로드·전망대·모노레일·야외쉼터·야외공연장·대피소·주차장·방문자안내소·임산물판매장·매점 및 휴게음식점영업소 등
다. 위생시설	취사장·오물처리장·화장실·음수대·오수정화시설 및 샤워장 등
라. 체험·교육 시설	산책로·탐방로·등산로·목공예실·생태공예실·산림공원·숲속교실·숲속수련장·세미나실·산림작업체험장·임업체험시설·로프체험시설 및 유아숲체험원 등
마. 체육시설	철봉·평행봉·그네·족구장·민속씨름장·배드민턴장·게이트볼장·썰매장·테니스장·어린이놀이터·물놀이장·운동장 및 다목적잔디구장 등
바. 전기·통신 시설	전기시설·전화시설·인터넷중계기·휴대전화중계기 및 방송음향시설 등
사. 안전시설	울타리·화재감시카메라·화재경보기·소화기·재해경보기·보안등·비상조명설비·비상조명기구·재해예방시설·사방댐 및 방송시설 등

[비고]
1. 가목에 따른 기본시설을 설치할 경우 해당 기본시설 안에 다목에 따른 위생시설을 포함하여 설치할 수 없다. 다만, 숲속의 집을 1층으로 조성하는 경우에는 다목에 따른 위생시설을 포함하여 설치할 수 있다.
2. 라목에 따른 체험·교육 시설에는 숙박시설을 설치할 수 없다.

2. 숲속야영장에 설치하는 시설의 기준

구 분		설 치 기 준
가. 일반기준		1) 산림생태계의 훼손을 최소화하며, 주변 경관과 조화를 이루도록 설치할 것 2) 자연배수가 잘 되고 평균경사도가 25도 이내의 평지 또는 완경사 지역에 설치할 것 3) 산사태취약지역으로 지정된 지역에 설치하지 아니하고, 산사태, 급경사지 붕괴, 토석류 등의 위험이 없는 안전한 곳에 설치할 것 4) 태풍, 홍수, 폭설 등으로 인한 침수, 범람으로 고립 위험이 없는 곳에 설치할 것 5) 구급차, 소방차 등 긴급 차량의 진입이 원활하도록 야영장 진입로 및 내부 도로는 1차선 이상의 차로를 확보하고, 1차선 차로만 확보한 경우에는 적정한 곳에 차량의 교행이 가능한 공간을 확보할 것 6) 차량 주행도로와 야영장은 20미터 이상 충분한 이격거리를 확보할 것 7) 전기시설의 경우 침수위험이 없도록 충분한 높이에 누전차단기를 설치하고 접지를 하며, 보행로 상에 전선피복이 노출되지 않도록 할 것
나. 시설별 설치 기준	1) 기본시설	가) 일반야영장의 야영시설은 야영공간(텐트 1개를 설치할 수 있는 공간을 말한다)당 15제곱미터 이상을 확보하고, 텐트 간 이격거리를 6미터 이상 확보할 것 나) 자동차야영장의 야영시설은 야영공간(차량을 주차하는 공간과 그 옆에 야영장비 등을 설치할 수 있는 공간을 말한다)당 50제곱미터 이상을 확보하고, 텐트 간 이격거리를 6미터 이상 확보할 것 다) 야영지는 주변 환경을 고려하여 적당한 울폐도(鬱閉度: 숲이 우거진 정도) 및 차폐도(遮蔽度: 숲으로 둘러싸인 정도) 등을 유지할 것 라) 위생시설을 설치하는 숲속의 집 각각의 건축물이 차지하는 바닥면적의 총합은 400제곱미터를 넘을 수 없다.
	2) 편익·위생 시설	가) 이용자의 쾌적성과 편리성을 고려하여 설치하고, 시설 중 일부는 장애인이 이용함에 불편함이 없도록 할 것 나) 식수는 먹는 물 수질기준에 적합하도록 할 것
	3) 안전시설	가) 긴급한 재난·사고 시 신속히 그 상황을 알릴 수 있도록 방송시설을 갖출 것 나) 야영공간 2개소당 1기 이상의 소화기를 배치할 것 다) 응급약품 등 비상물품을 갖춘 별도의 비상대피시설을 지정할 것 라) 비상시 야영장에서 대피시설까지 원활하게 이동할 수 있도록 비상조명설비 또는 비상조명기구를 갖출 것

[참고 8] 국가숲길의 지정기준

1. 국가숲길은 조성된 숲길(이하 이 표에서 "숲길"이라 한다)이 가목 또는 나목의 기준을 갖추고 다목·라목의 기준을 모두 갖춘 경우에 지정한다.

    가. 숲길 또는 숲길과 연계된 그 주변지역의 산림생태적 가치가 높을 것

    나. 지역을 대표하는 숲길로서 역사와 문화적 가치가 높거나 지역의 역사·문화자원과의 연계성이 높을 것

    다. 다음의 어느 하나에 해당하는 규모를 갖춘 숲길로서 국가 차원에서 체계적으로 관리할 필요성이 있을 것

    1) 둘 이상의 특별시·광역시·특별자치시·도에 걸쳐 있는 숲길일 것
    2) 셋 이상의 시·군·구(자치구를 말한다)에 걸쳐 있는 숲길일 것
    3) 숲길의 거리(연계가능 거리를 포함한다)가 50킬로미터 이상인 숲길일 것
    4) 숲길 탐방객의 수가 3년 평균 30만명 이상인 숲길일 것

    라. 숲길이 다음의 요건을 모두 갖추었을 것

    1) 숲길의 종류에 적합하게 조성되었을 것
    2) 숲길의 조성을 위한 운영·관리체계를 갖추고 있거나 갖출 수 있을 것
    3) 국가숲길의 지정 이후에 노선의 추가 또는 연결이 가능할 것
    4) 이용자의 접근성이 확보되어 있거나 확보될 수 있을 것

2. 제1호가목부터 라목까지의 규정에 따른 지정기준의 세부사항은 산림청장이 정하여 고시한다.

02 산림경영 단원문제 100제

PART 02 …… 산림경영

01 수고 측정에 적합하지 않은 기구는?
① 덴드로미터　　　　　　② 아브네이레블
③ 빌트모아스틱　　　　　④ 스피겔릴리스코프

해설 빌트모아 스틱은 직경 측정 장비이다.

02 면적평분법의 설명과 관련이 없는 것은?
① 소속 분기　　　　　　② 복벌
③ 조사법　　　　　　　　④ 경리기외편입

해설 복벌이나 경리기 외 편입을 사용하는 수확조절법을 면적평분법이라 한다. 조사법은 경험을 기준으로 실행하는 방법으로 면적평분법과는 관련이 없다.

03 자연휴양림의 시설배치 방식은 어느 것인가?
① 체류방식과 경유방식　　　② 이동방식과 고정방식
③ 내륙 형식과 산간 오지형식　④ 집중화 방식과 분산화 방식

해설 이용 및 편의를 위해 필요한 시설은 집중 혹은 분산 배치하여 관리한다.

04 휴양 수용력 중 사회적 수용력에 중요시 되는 영향인자는?
① 단위면적당 사람 수
② 여러 시설의 점유율
③ 방문객/관리요원의 비율
④ 다른 사람 혹은 집단과 조우하는 횟수

해설 사회적 수용력은 이용자의 만족도에 근거한 수용력으로 다른 사람 혹은 집단간의 조우 횟수에 영향을 받는다.

정답 01.③　02.③　03.④　04.④

05 해마다 연말에 간벌 수입으로 1,500,000원씩 수입이 되는 임분을 가지고 있을 때 임분의 자본가는 얼마인가? (단, 이율은 5%이다.)

① 750,000원 ② 20,000,000원
③ 2,500,000원 ④ 30,000,000원

해설 자본가 $= \dfrac{1,500,000}{0.05} = 30,000,000$

06 자연휴양림의 공급측면에서의 입지조건은 어느 것인가?

① 접근이 용이하여 수요에 대응하는 곳
② 사회경제적 레크레이션 수요에 적당한 곳
③ 풍치적 시업을 하여 자연휴양적 이용이 가능한 곳
④ 배후도시 상황, 거주인구, 기존시설 등 수요에 대응되는 곳

해설 자연휴양림 공급측면 입지조건
- 자연경관이 아름답고 임상이 울창한 곳
- 자연탐방, 하이킹, 피크닉 등 자연휴양적 가치가 있는 곳
- 풍치적 시업을 하여 자연휴양적 이용이 가능한 곳
- 단지면적 경우 국, 공유림 30ha 이상, 사유림은 20ha 이상인 곳

07 어느 법정림의 춘계축적이 1000m³, 추계축적이 1200m³ 라 할 때 이 산림의 법정축적은 몇 m³ 인가?

① 1000 ② 1100
③ 1200 ④ 2200

해설 법정축적 $= \dfrac{춘계축적 + 추계축적}{2} = \dfrac{1000 + 1200}{2} = 1100$

08 야외 휴양의 특징으로 가장 적합한 것은?

① 야외 휴양은 숲에서만 이루어진다.
② 야외 휴양은 선택이 자유롭지 못하다.
③ 야외 휴양은 노동과 관련되어 수행된다.
④ 야외 휴양은 재충전의 편익을 가져다준다.

해설 야외 휴양은 일상 반복적 생활에서 속박과 제한을 완화하여 재충전의 편익을 주며 심리적 위안을 이끌어준다.

정답 05.④ 06.③ 07.② 08.④

09 임가 소득에 대한 설명으로 맞는 것은?

① 임업 조수익에서 임업경영비를 뺀 나머지
② 임업경영의 결과에 의하여 직접적으로 얻는 소득이다
③ 그 크기는 임업경영의 성과를 나타내는 가장 정확한 지표가 된다.
④ 어떠한 임가의 전체 소득수준과 임업의 상대적 중요성을 알 수 있다.

해설 임가소득은 산림의 소득과 농업의 소득, 농업 이외의 소득의 합으로서 임가 전체 소득수준과 성과를 파악하는 지표 중 하나이다.

10 임업소득의 계산방법 중 옳은 것은?

① 임지에 귀속하는 소득 = 임업소득 - (지대 + 가족노임추정액)
② 자본에 귀속하는 소득 = 임업 소득 - (지대 + 자본이자)
③ 경영관리에 귀속하는 소득 = 임업순수익 - (지대 + 자본이자)
④ 가족노동에 귀속하는 소득 = 임업소득 - (자본이자 + 가족노임추정액)

해설
- **임지에 귀속하는 소득** = 임업소득 - (자본이자 + 가족노임추정액)
- **자본에 귀속하는 소득** = 임업소득 - (지대 + 가족노임추정액)
- **가족노동에 귀속하는 소득** = 임업소득 - (지대 + 자본이자)

11 이용객이 일으키는 문제와 이에 대한 일반적인 관리 대응방법으로 가장 적절한 것은?

① 조심스러운 이용에도 발생하는 훼손은 설득과 규칙을 적용한다.
② 야생 동, 식물 절취 등의 불법적인 행동에 대해서는 법규에 따라 처벌한다.
③ 야영의 흔적을 남기는 등의 미숙련에 의한 행동에 대해서는 교육 및 정보를 제공한다.
④ 야영행위에 있어서의 오염과 소음을 야기시키는 부주의한 행동에 대해서는 법규에 따라 처벌한다.

해설 불법적인 행동에 대해서는 법규에 따라 처벌한다. 단, 무지나 미숙련에 의한 행동은 상황에 따라 대응한다.

12 벌채목의 길이가 20m, 원구단면적이 0.5 m^2 이고, 말구단면적이 0.3m^2 일 경우에 스말리안(smalian)식에 의해서 재적(m^3)을 구하면?

① 6 ② 7 ③ 8 ④ 9

해설 스말리안식 = $\dfrac{원구단면적 + 말구단면적}{2} \times 길이 = \dfrac{0.5+0.3}{2} \times 20 = 8(m^3)$

정답 09.④ 10.③ 11.② 12.③

13 자연휴양림의 공익적 효용 중에서 직접효과에 속하는 것은?

① 재해 방지의 효용　　② 공해 완화의 효용
③ 기상 환경 완화의 효용　　④ 인간성 육성 및 정서함양

해설 자연휴양림의 직접효과로는 정서함양 및 건강증진 등이 있다.

14 순현재가를 영(0)이 되게 하는 이자율의 크기로 투자효율을 평가하는 것은?

① 회수기간법　　② 투자이익률법
③ 수익, 비용률법　　④ 내부투자수익률법

해설 내부투자수익률이란 순편익이 0이 되는 할인율을 말한다. 다른 말로 표현하면, 편익흐름의 현재가치의 합이 비용흐름의 현재가치의 합과 같아지는 할인율이다.

15 자연휴양림의 지정권자는?

① 농림축산식품부장관　　② 지방산림청장
③ 시장, 군수　　④ 산림청장

해설 자연휴양림의 지정권한은 산림청장에게 있다.

16 사유림의 경영주체에서 농가임업경영 설명으로 가장 알맞은 것은?

① 농가에서 임업을 아울러 경영할 수 있는 규모의 산림 경영
② 약 5~30ha 규모의 산림경영형태로 평균면적은 약 10ha 인 산림경영
③ 농업, 목축업 등의 1차 산업과 임업을 같은 비중으로 다룰 수 있는 산림경영
④ 목재생산보다는 조상의 묘를 모시거나 연료, 농용재 등의 소득을 얻기 위하여 보유하고 있는 산림경영

해설 사유림의 경영주체에서 농가임업은 5ha 미만의 면적을 기준으로 목재생산 목적보다 농용재 및 개인 용도 등으로 사용한다.

정답　13.④　14.④　15.④　16.④

17 산림의 경영분석에 있어서 손익분기점의 전제 및 내용으로 틀린 것은?
① 제품의 생산능률은 다양하다.
② 원가는 고정비와 변동비로 구분할 수 있다.
③ 고정비는 생산량의 증감에 관계없이 항상 일정하다.
④ 생산량과 판매량은 항상 같으며, 생산과 판매에 동시성이 있다.

해설: 제품의 생산능률은 일정하다.

18 공, 사유림 산림경영계획을 작성하기 위해 임황조사를 실시하고자 한다. 임황조사 항목이 아닌 것은?
① 수종   ② 지위
③ 임령   ④ 총축적

해설: 지위는 임지의 생산능력을 의미하는 지표로 사용되며 지황조사의 종류 중 하나이다.

19 다음 중 지황조사의 항목이 아닌 것은?
① 기후   ② 지세   ③ 임목도   ④ 지위

해설: 지황조사 항목으로 위치, 기후, 지세, 지위, 지리 등이 있다.

20 수간석해를 할 때 반경은 보통 몇 년 단위로 측정하는가?
① 2년   ② 3년   ③ 5년   ④ 10년

해설: 수간석해는 5년 단위로 측정을 실시한다.

정답   17.①   18.②   19.③   20.③

21 법정림에 있어서 윤벌기가 50년인 경우, 법정연벌률(법정수확률)은 몇 % 인가?

① 2 ② 3
③ 4 ④ 5

해설: 법정연벌률 = $\dfrac{200}{윤벌기} = \dfrac{200}{50} = 4$

22 휴양관리에 있어 시설적 수용력에 중요시 되는 영향 인자가 아닌 것은?

① 단위면적당 사람 수
② 방문객/관리요원의 비율
③ 야영장을 이용하는 사람 수
④ 주차장을 이용하는 사람 수

해설: 시설적 수용력의 영향인자로 시설당 이용자수, 관리인력당 이용자수, 시설 사용일 수, 시설사용 대기시간 등이 있다.

23 제지회사가 펄프원료를 공급하기 위하여 경영하는 산림의 경영형태는?

① 주업적 임업경영
② 부차적 임업경영
③ 종속적 임업경영
④ 비종속적 임업경영

해설: 펄프 원료 공급을 목적으로 하는 산림 경영의 형태는 종속적 산림경영에 속한다.

정답 21.③ 22.③ 23.③

24 임지기망가가 최대값에 도달하는 시기의 계산식은 인자에 따라 크기에 영향을 주는데 이에 관한 설명으로 틀린 것은?

① 이율이 낮을수록 빨리 나타난다.
② 간벌수익이 클수록 빨리 나타난다.
③ 채취비가 적을수록 빨리 나타난다.
④ 주벌수익의 증대속도가 빨리 감퇴할수록 빨리 나타난다.

해설 이율이 높아야 최대값의 도달 시기가 빠르다.

25 임목재적을 측정할 때 직경의 측정위치에 따른 분류에서 비교원주의 직경을 수고의 1/n 되는 곳의 직경과 같게 하여 정한 형수를 무엇이라고 하는가?

① 정형수
② 수간형수
③ 절대형수
④ 흉고형수

해설 정형수는 직경을 수고 1/n 되는 곳의 직경과 같게 하여 정한 형수이다.

26 산림에서 임목을 벌채하면 야생동물의 먹이로서 초류생산은 증가하지만 자연경관의 가치는 감소하는데 이러한 2 가지 생산물의 생산관계를 무엇이라고 하는가?

① 결합생산
② 경합생산
③ 보완생산
④ 보합생산

해설 어느 한 생산물을 얻기 위해 다른 생산물을 감소해야 하는 경우를 경합생산이라 한다. 벌채시 초류생산을 통해 야생동물의 먹이가 증가하나 그로 인해 다른 측면인 경관의 가치가 감소하게 된다.

정답 24.① 25.① 26.②

27 현재년에서 벌채 예정년까지의 임목기망가식은?

① 주벌 및 간벌수확 전가합계 – 지대 및 관리 비후가합계
② 주벌 및 간벌수확 전가합계 – 지대 및 관리 비전가합계
③ 주벌 및 간벌수확 후가합계 – 지대 및 관리 비후가합계
④ 주벌 및 간벌수확 후가합계 – 지대 및 관리 비전가합계

해설) 평가대상 임분의 벌기에 도달할 때까지 얻을 수 있는 간벌수익, 주벌수익 등 총수익의 현재가에서 벌기까지 들어갈 총 비용의 현재가를 뺀 것이다.

28 수익 · 비용률법 (benefit/cost ratio)을 투자의 의사결정 방법으로 사용할 때 투자 가치가 있는 사업으로 평가되는 것은? (단, B는 수익이고 C는 비용이다.)

① B/C 율 > 0　　　　　　② B/C 율 < 0
③ B/C 율 > 1　　　　　　④ B/C 율 < 1

해설) 수익, 비용률에서 1보다 크면 투자가치가 있는 것으로, 1보다 작을 경우 투자가치가 없는 것으로 간주한다.

29 야외 휴양 서비스 및 관리에 있어 보통 관리자의 책임에 해당하지 않는 것은?

① 제공된 서비스의 질 혹은 목적이 얼마나 달성 되었는가와 관련된 프로그램 상의 책임
② 관리요원들의 사회적 복리증진의 만족에 대한 책임
③ 적절한 예산 편성을 통해 충분한 수익을 얻을 수 있는 금액이 투입되었는가에 대한 회계상의 책임
④ 올바르고 합당한 과정에 의해 서비스가 제공 되었는지와 관련된 과정상의 책임

해설) 관리자는 이용자의 편익과 안전, 환경, 훼손의 방지 등 이용자를 위한 그리고 휴양림의 기능 유지를 담당한다. 별도의 관리요원의 복지에 대해서는 책임을 지지 않는다.

30 임업이율은 보통 이율보다 낮게 평정되고 있다. 그 이유로서 타당치 않은 것은?

① 산림투자의 위험성　　　　② 산림 소유의 안전성
③ 임료 수입의 유동성　　　　④ 산림의 관리 경영의 간편성

해설) 임업이율이 보통 이율보다 낮게 평정되는 것은 산림투자의 위험성이 아닌 안정성 때문이다.

정답 27.② 28.③ 29.② 30.①

31 다음 그림과 같은 4가지 형태의 산림의 구조 중 여러 계층의 임목이 골고루 이상적인 구성을 하고 있어서 보속생산이 가능한 산림 구조는?

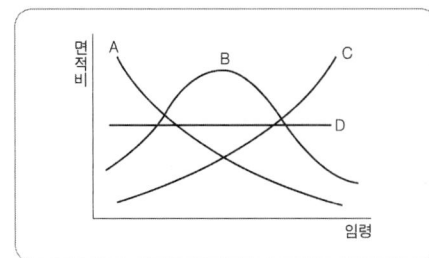

① A형 산림구조
② B형 산림구조
③ C형 산림구조
④ D형 산림구조

해설: D형은 유령림, 장령림, 성숙림이 혼재한 가장 이상적인 산림구조로서 보속생산이 가능하다.

32 어떤 임지는 육림용으로 사용할 수도 있고, 목축용으로 사용할 수도 있다. 이 때 임지를 육림용으로 사용하려면 목축용으로 사용함으로써 얻을 수 있는 수익을 포기해야 하는데 이 때 발생하는 원가를 무엇이라 하는가?

① 매목원가
② 한계원가
③ 증분원가
④ 기회원가

해설: 특정 이익을 위해 다른 이익을 포기하는 경우 이때 포기하는 수익을 기회원가라 한다.

33 취득원가 3000만원, 잔존가액 100만원인 목재운반용 트럭이 있다. 이 트럭의 총운행가능거리가 10만 km 이고 실제 운행거리가 4만 km 이면, 생산량 비례법에 의한 총감가상각액은?

① 10,600,000
② 11,600,000
③ 12,600,000
④ 13,600,000

해설: ※ 감가상각액 비례법

$$(구입가격 - 폐물가격) \times \frac{실제작업}{총작업} = (3000만원 - 100만원) \times \frac{4만}{10만} = 1160만원$$

정답 31.④ 32.④ 33.②

34 기계톱을 100만원에 구입하여 내용연수를 10년으로 하고, 폐기가가 20만원일 때, 정액법에 의한 연간 감가상각비는 얼마인가?

① 15만 ② 10만
③ 8만   ④ 5만

해설: ※ 감가상각비 정액법
$$\frac{구입가격-폐물가격}{내용연수} = \frac{100만원-20만원}{10} = 8만$$

35 흉고직경 20cm, 수고 10m인 잣나무의 입목재적(m^3)은 얼마인가? (단, 흉고형수는 0.4702이다.)

① 0.1667 ② 0.1576
③ 0.1476 ④ 0.1756

해설: $V = 단면적 \times 형수 \times 높이 = \left(\frac{3.14}{4} \times 0.2^2\right) \times 0.4702 \times 10 ≒ 0.1476$

36 말구직경이 14cm, 재장이 8.5m인 국산재의 재적을 말구직경자승법에 의해 구하면 약 얼마(m^3)인가?

① 0.135 ② 0.218
③ 0.315 ④ 0.423

해설: ※ 길이 6m 이상의 경우
$$V(m^3) = \left(말구직경 + \frac{벌채목의\ 정수\ 길이 - 4}{2}\right)^2 \times \frac{길이}{10000}$$
$$= \left(14 + \frac{8-4}{2}\right)^2 \times \frac{8.5}{10000} = 0.2176 ≒ 0.218(m^3)$$

37 임목의 평가방법을 분류해 놓은 것 중 연결이 틀린 것은?

① 원가방식 - 비용가법
② 수익방식 - Glaser법
③ 비교방식 - 시장가역산법
④ 원가수익절충방식 - 임지기망가법응용법

해설: Glaser 법은 원가수익절충방식이다.

정답 34.③ 35.③ 36.② 37.②

38 임지기망가에 크게 영향을 주는 계산인자가 아닌 것은?
① 주벌 및 간벌수확   ② 조림비 및 관리비
③ 이율   ④ 채취비 및 운반비

해설: 임지기망가에 크게 영향을 주는 계산인자로 주벌 및 간벌수확, 조림비 및 관리비, 이율, 벌기 등이 있다.

39 산림관리협회 (FSC)인증 산림에서 생산된 목재를 사용하여 가공한 제품을 인증하는 제도는?
① 산림 환경경영시스템 인증   ② 산림경영 인증
③ 가공 유통과정의 관리인증   ④ 함량비율 표시제 인증

해설: FSC 는 독일의 산림관련 국제단체의 산림경영 및 임산물 생산유통 인증 시스템이다.

40 환경해설을 바르게 설명한 것은?
① 특성 있는 장소에만 설치하는 교육 프로그램 이다.
② 환경파괴를 방지하기 위한 안내 표지판의 일종이다.
③ 어린이 및 청소년의 자연교육을 위한 교화 시설물이다.
④ 이용객의 교육적 욕구를 충족시키기 위한 프로그램이다.

해설: 환경해설은 산림을 이용하는 사람들에게 산림에 관한 정보와 교육적 욕구를 만족시키고 더 나은 이용을 위해 도움을 주는 활동 중 하나이다.

41 임목자산의 성장성을 판단할 때 지표로 이용되는 성장액의 내부보유율(%) 계산식을 바르게 표시한 것은?

① $\dfrac{연도내 성장액 - 연도내 매각액}{연도내 매각액} \times 100$

② $\dfrac{연도내 성장액 - 연도내 매각액}{연도내 성장액} \times 100$

③ $\dfrac{연도초 성장액 - 연도초 매각액}{연도초 매각액} \times 100$

④ $\dfrac{연도초 성장액 - 연도초 매각액}{연도초 성장액} \times 100$

해설: 산림의 현황 분석시 임목자산의 임목성장액의 내부보유율을 구하기 위해서는 연도내 성장액과 매각액의 차이의 백분율을 이용하여 구하도록 한다.

정답 38.④ 39.③ 40.④ 41.②

42 흉고높이에서 생장추를 이용하여 반경 1cm 내의 연륜수 5를 얻었다. 흉고직경이 32cm, 상수 k = 500일 때 슈나이더식을 이용하여 재적 생장률을 계산하면?

① 2.5% ② 3.1%
③ 3.6% ④ 4.0%

해설: 생장률 = $\dfrac{상수}{1cm\ 내의\ 연륜수 \times 흉고직경} = \dfrac{500}{5 \times 32} = 3.1(\%)$

43 산림평가의 입장에서 본 산림의 특수성과 가장거리가 먼 것은?

① 산림은 자연적으로 장기간에 걸쳐 생산된 것이므로 동형 동질인 것은 없다.
② 임업의 대상지로서의 산림은 수익을 예측하기가 몹시 어렵고, 적합한 예측방법도 확립되어 있지 않다.
③ 산림평가에 있어서 과거의 문제는 중요한 평가인자로 고려하지 않는다.
④ 최근의 토지가격의 급상승과 레저산업에의 전용등 산림에 대한 가치관이 다양화되어 가고 있다.

해설: 산림평가의 경우 미래의 생산량, 시장가 등의 예측이 어려워 과거의 문제 역시 중요한 평가 지표가 된다.

44 어느 일정한 용도에 적합한 크기를 생산 하는데 필요한 연령을 기준으로 하여 결정 되 는 벌기령은?

① 자연적 벌기령 ② 공예적 벌기령
③ 재적수확 최대의 벌기령 ④ 산림순수익 최대의 벌기령

해설: 공예적 벌기령은 일정 용도에 적합한 크기로 성장하는데 필요한 연령을 기준을 고려하여 결정한 벌기령이다.

정답 42.② 43.③ 44.②

45 효과적인 휴양자원 관리를 위해서는 휴양 지역의 속성, 즉 그 지역의 특성을 아는 것이 중요하다고 한다. 그 이유에 가장 합당한 것은?

① 다른 자원의 이용에 대한 경쟁력과 갈등을 규명하는데 기초정보를 제공한다.
② 야외 휴양지는 많은 위험요소를 가지고 있어 이를 사전에 예방할 수 있다.
③ 야외활동을 통하여 이용객의 욕구를 충족시킬 수 있는 서비스 개발이 가능하다.
④ 현재의 수준을 파악하여 더욱 서비스의 질을 높은 수준으로 개선하는 계기가 된다.

해설 지역의 특성을 아는 것은 지역의 다른 자원을 이용시 갈등을 규명하는 기초 정보가 되며 또한 관리와 개발을 통해 지역사회의 발전에 기여할 수 있다.

46 임목의 평균생장량과 연년생장량을 나타내는 곡선 그래프의 설명이 잘못된 것은?

① 초기에는 연년생장량이 크다.
② 연년생장량의 극대점이 평균생장량의 극대점보다 빨리 온다.
③ 연년생장량의 극대점에서 평균생장량은 일치한다.
④ 평균생장량의 극대점에서 연년생장량은 일치한다.

해설 평균생장량의 극대점에서 평균생장량과 연년생장량은 일치한다.

47 국유림경영의 목표 중 다섯 가지의 주목표에 속하지 않는 것은?

① 경영수지 개선
② 임산물생산기능
③ 고용기능
④ 산림생태계의 보호 및 다양한 산림기능의 최적발휘

해설 ※ **국유림 경영의 주목표**
 • 산림보호의 기능
 • 임산물 생산의 기능
 • 휴양과 문화의 기능
 • 인력고용의 기능
 • 경영의 개선

정답 45.① 46.③ 47.④

48 임업소득의 계산방법 중에서 자본에 귀속하는 소득을 계산하면? (단, 임업소득은 10,000,000원, 지대는 1,000,000원, 가족노임추정액은 5,000,000원, 자본이자는 50,000원이다)

① 3,500,000원
② 4,000,000원
③ 4,500,000원
④ 10,500,000원

해설: 자본귀속소득 = 임업소득 − (지대 + 가족노임추정액)
= 10,000,000 − (1,000,000 + 5,000,000) = 4,000,000원

49 휴양자원의 이용과 그에 따라 휴양자원이 받는 영향의 관계에서 이용 초기에는 휴양자원이 받는 영향이 크지만 이용이 많아질수록 그 영향의 정도가 점차 낮아진다는 의미에 해당하는 것은?

① 이용량을 더욱 확대해야 한다는 의미이다.
② 앞으로 규제를 더욱 강화해야 한다는 의미이다.
③ 더 이상 이용객을 수용해서는 아니 됨을 의미한다.
④ 더 이상의 규제가 필요 없음을 의미한다.

해설: 휴양자원의 이용 초기에는 개발 및 편의를 위한 다양한 활동이 있으나 이후 이용이 많아질수록 영향 정도가 낮아짐에 따라 더 이상의 규제가 필요 없게 된다.

50 임가의 소비경제가 임업에 의하여 지탱되는 정도를 나타낸 것은?

① 임업순수익
② 임업의존도
③ 임업소득률
④ 임업소득가계충족률

해설: 소비경제가 임업에 의하여 지탱되는 정도를 나타내는 것을 임업소득가계충족률이라 하며 가계비에서 산림소득이 얼마나 차지하는지를 백분율로 나타낸다.

51 평가하려는 임목과 비슷한 조건과 성질을 가지는 임목의 실제의 거래 시세로서 가격을 결정하는 임목 평가방법은?

① 임목비용가
② 임목기망가
③ 법정축적가
④ 임목매매가

해설: 임목매매가는 실제 시장에서 거래되는 가격을 조사하여 임목의 가격을 결정하는 방법이다.

정답 48.② 49.④ 50.④ 51.④

52 소나무림의 벌기가 60년, 이율이 5%일 때, 수입의 전가 합계가 24,219,650원, 지출의 전가합계가 16,888,350원 이라면, 임지기망가는 약 얼마인가?

① 393,200원
② 414,600원
③ 68,471,400원
④ 136,942,800원

해설 임지기망가는 기대되는 순수익의 합계로 전가합계에서 지출을 제외한 가격을 의미한다.
$$\frac{24219650 - 16888350}{1.05^{60} - 1} ≒ \frac{7331300}{17.6792} ≒ 414685$$

53 우리나라 산림소유 구분 중 가장 많은 면적 비율을 차지하는 산림은?

① 공유림
② 사유림
③ 요존국유림
④ 불요존국유림

해설 사유림은 국내 산림면적의 약 60% 이상을 차지한다.

54 임업경영의 특성 중 임업의 경제적 특성에 해당되지 않는 것은?

① 임목은 무겁고 부피가 크기 때문에 운반비가 많이 든다.
② 삼림은 임산물을 생산할 뿐만 아니라 공익적 기능이 크므로 경영에 있어 제약성이 따르기 때문에 임업 경영에 지장을 주는 경우가 있다.
③ 임업의 생산요소인 노동, 자본, 임지의 활용상태가 간단하다.
④ 삼림은 면적이 넓을 뿐만 아니라 지형이 험하여 인력으로 생육환경을 조절 한다는 것은 대단히 어렵다.

해설 자연조건에 영향을 받는 것은 임업의 기술적 특성이다

정답 52.② 53.② 54.④

55 임업자산의 유형과 그 구성요소의 연결이 틀린 것은?

① 유동자산-비료
② 유동자산-현금
③ 임목자산-산림축적
④ 고정자산-묘목

해설: 묘목은 유동자산에 속한다.

56 임지를 취득한 후 조림 등 임목육성에 알맞은 상태로 개량하는데 소요되는 모든 비용의 후가에서 그 동안 수입의 후가를 공제한 가격을 무엇이라 하는가?

① 임지기망가
② 임지비용가
③ 임목기망가
④ 임지매매가

해설: 임지비용가는 임지를 구매한 시점에서 지금까지 들어간 비용의 후가합계에서 수입 후가합계를 공제한 것이다.

57 단면적 상수가 4인 릴라스코프를 사용하여 8개소를 측정한 결과, 측정된 임목의 본수는 총 64본이었다. 임분의 평균수고는 12m, 임분 형수는 0.50인, 임분의 ha 당 단면적합계는 몇 m^2인가?

① 32
② 48
③ 64
④ 96

해설: 릴라스코프는 측정대상의 임목의 크기에 관계없이 할당되는 흉고단면적을 이용하며 이를 흉고단면적 정수라고 한다. 일반적으로 이 흉고단면적 정수는 1, 2, 4 총 3가지를 기준으로 하며 보기의 문제에서는 4가 주어졌다. 최종적인 단면적 합계의 경우 상수와 본수의 곱을 이용하여 구하도록 한다.

단면적 합계 = 상수 × 본수 = $4 \times \dfrac{64}{8} = 32$

58 경영자가 관리회계에서 다루는 문제 중 예정된 원가와 실제로 발생한 원가사이에 어떠한 차이가 있으며 그 원인이 무엇인가 등을 검토하는 것을 무엇이라 하는가?

① 원가통제
② 원가계산
③ 업적평가
④ 계획수립

해설: 원가관리 혹은 원가통제는 실제 원가를 표준원가나 예산원가와 비교하여 경영의 비합리적 요소를 제거하는 것을 말한다.

정답 55.④ 56.② 57.① 58.①

59 휴양림의 수용력 관리기법 중 직접기법의 수단에 해당 되는 것은?

① 요금부과 ② 정보제공
③ 물리적 변형 ④ 규정의 부과

해설: 휴양림의 수용력 관리기법에서 직접기법은 규정의 부과, 지역통제, 사용규제, 활동제한 등이 있다.

60 흉고직경 20cm, 수고 10m 인 입목의 재적이 약 0.14m³ 로 계산되었다. 재적계산에 적용된 형수는 약 얼마인가?

① 0.30 ② 0.40
③ 0.45 ④ 0.55

해설: V = 단면적 × 형수 × 높이
$(\frac{3.14}{4} \times 0.2^2) \times$ 형수 $\times 10 = 0.14$
형수 = 약 0.45

61 Glaser식에 대한 설명으로 옳은 것은?

① 중령급 임목에 적용한다.
② 이율을 사용하므로 주관성이 개입된다.
③ 복리계산을 하기 때문에 복잡하다.
④ 벌기가 지난 임목의 가치 측정에 적당한 방법이다.

해설: Glaser 식은 주로 중령급 임목에 적용하는 방식이다.

정답 59.④ 60.③ 61.①

62 형수를 사용해서 입목의 재적을 구하는 방법을 형수법이라고 하는데, 비교원주의 직경 위치를 최하단부에 정해서 구한 형수를 무엇이라 하는가?
① 단목형수 ② 흉고형수
③ 절대형수 ④ 정형수

해설: 수간의 최하부의 직경을 기준으로 하는 형수를 절대형수라 한다.

63 법정축적법의 일종인 kameraltaxe법에 의하여 수확조정을 하고자 할 때 표준연벌채량의 계산 인자가 아닌 것은?
① 현실축적 ② 갱정기
③ 경리기외 편입기간 ④ 법정축적

해설: 표준연벌채량 = 현실연간생장량 + $\dfrac{\text{현실축적} - \text{법정축적}}{\text{갱정기}}$

64 정적임분생장모델의 가장 간단한 형태에 해당하는 것은?
① 산림조사부 ② 확률밀도함수
③ 수확표 ④ 누적밀도함수

해설: 임분생장모델은 관리방법의 고려 여부에 따라 정적임분생장모델과 동적임분생장모델로 분류하며 정적임분생장모델의 가장 간단한 형태는 수확표이다.

65 다음 중 시장가역산법으로 평정할 때 필요치 않은 인자는?
① 집재비 ② 운반비
③ 조림 및 육림비 ④ 벌목조재비

해설: 시장가역산법은 유통되는 가격을 조사하여 벌채 및 운반에 필요한 비용을 공제한 임목의 가격을 역으로 구하는 방법으로 벌목비, 조재비, 하산비, 운반비, 이자, 잡비 등이 필요하다.

정답 62.③ 63.③ 64.③ 65.③

66 적정 휴양수용력의 정의로서 가장 적합한 것은?

① 관리자에게 최대의 이익을 가져다주는 수용력
② 이용자에게 최대의 편익을 가져다주는 수용력
③ 물리적 환경의 질을 저하시키지 않는 수용력
④ 물리적 환경과 이용자의 질을 저하시키지 않고 특정기간 동안 휴양자원이 수용할 수 있는 수용력

> **해설**: 적정 수용력은 너무 많은 인원으로 인해 이용자의 편의를 떨어뜨리지 않고 이용하는 정도를 의미한다.

67 국유림경영계획을 작성할 때 위치도에 표시 되지 않는 것은?

① 영급
② 임상
③ 임도
④ 미사업지

> **해설**: 위치도는 국유림을 경영, 관리하기 위한 기본정보를 표현한 것으로 사업지 혹은 사업구의 위치를 표시한다.

68 산림경영계획에서 1-0-1-3 으로 표시된 산림구획이 의미하는 것은?

① 1 경영계획구 1 임반 3 소반
② 3 경영계획구 1 임반 1 소반
③ 1 임반 1 소반 3 보조소반
④ 3 임반 1 보조임반 1보조소반

> **해설**: 산림구획 표기는 < 임반 - 보조임반 - 소반 - 보조소반 > 으로 표기한다.

69 임분밀도의 척도로 사용하지 않는 것은?

① 흉고단면적
② 단위면적당 임목본수
③ 수관경쟁인자
④ 토양의 등급

> **해설**: **임분밀도의 척도 인자**
> - 단위면적당 임목본수 및 재적
> - 흉고단면적
> - 상대밀도
> - 임분밀도지수
> - 상대임분밀도
> - 수관경쟁인자

정답 66.④ 67.④ 68.③ 69.④

70 투자효율의 결정방법 중 화폐의 시간적 가치를 고려하여 투자효율을 분석 하는 방법이 아닌 것은?

① 순현재가치법　　　　　② 회수기간법
③ 수익, 비용률법　　　　④ 내부투자수익률법

해설 투자효율의 분석 방법으로 순현재가치법, 내부투자수익률법, 수익-비용률법, 회수기간법, 투자이익률법이 있다. 여기서 시간적 가치를 고려한 방법은 순현재가치법, 내부투자수익률법, 수익-비용률법이며 시간적 가치를 고려하지 않은 방법은 회수기간법, 투자이익률법이다.

71 산림을 국유림, 공유림, 사유림의 3가지로 구분할 때 국유림의 경영목적에 해당하지 않는 것은?

① 공공복지 증진　　　　　② 지방재정 수입의 확보
③ 사유림 경영의 시범　　　④ 재산유지 및 묘지 확보

해설 재산유지 및 묘지의 확보는 개인 용도로서 사유림의 특징에 해당한다.

72 산림이 가지고 있는 기능 중에서 제 1 차 기능 혹은 직접 기능이 아닌 것은?

① 목재생산　　　　　　② 부산물생산
③ 산림휴양　　　　　　④ 산림의 경제적 기능

해설 산림의 생산기능을 제 1차 기능 혹은 직접 기능이라 한다.

73 다음 임업경영의 분석에 대한 공식으로 옳지 않은 것은?

① 임업의존도=(임업소득/임가소득)×100
② 임업소득 가계충족률=(임업소득/가계비)×100
③ 임업소득률=(임업소득/임업자본)×100
④ 자본수익률=(순수익/자본)×100

해설 임업소득률 = (임업소득/임업조수익)×100

74 산림조사 방법 중에서 전수조사 방법에 포함되는 것은?

① 단순임의 추출법　　　　② 매목조사법
③ 층화추출법　　　　　　④ 계통적 추출법

해설 단순임의 추출법, 층화추출법, 계통적 추출법은 표본 추출방법이며 매목조사법은 모든 임목을 조사하는 전림법의 조사 방법이다.

정답 70.② 71.④ 72.③ 73.③ 74.②

75 복합적 임업경영의 형태 중에서 임목이 울폐되기 전 일정기간 동안 산림 내에 가축을 방목하여 임지의 야생초를 이용하게 하는 방법은?

① 농지임업
② 부산물임업
③ 수예적임업
④ 혼목임업

해설 복합산림경영의 일종인 혼목임업은 일정기간 동안 산림에 가축을 방목하는 형태를 말한다.

76 육림비에 대한 설명으로 틀린 것은?

① 일반적으로 육림비 중 가장 많은 비중을 차지하는 것은 이자이다.
② 육림비를 절감할 수 있는 최선의 방법은 노동비를 절약하는 것이다.
③ 육림비 중 고정재비에는 종자, 묘목, 거름, 농약 등이 포함된다.
④ 육림비는 노동비, 직접재료비, 지대, 감가 상각비, 이자 등으로 구성된다.

해설 종자, 묘목, 거름, 농약 등은 유동자산에 포함된다.

77 휴양림의 화장실 최소 이용객수가 800명, 최대이용객수가 8,000명, 이용률이 1/80 그리고 단위면적이 $3.3m^2$일 경우에 화장실의 공간규모는?

① $50m^2$
② $130m^2$
③ $270m^2$
④ $330m^2$

해설 시설소요면적 = 최대 이용 객수 × 1인당 소요면적 × 이용률
$$= 8000 \times 3.3 \times \frac{1}{80} = 330$$

정답 75.④ 76.③ 77.④

78 다음 휴양자원에 대한 설명 중 틀린 것은?

① 휴양자원은 동적, 기능적이어야 한다.
② 휴양자원은 물리적일뿐 아니라 사회적 요구에 부합 하여야 한다.
③ 휴양자원은 생물, 물리학적 자원으로 인공적인 환경요소는 배제된다.
④ 휴양자원의 소유패턴은 사적, 상업적으로부터 공공소유와 관리에 이르는 다양한 패턴이다.

해설: 산림휴양자원은 동식물인 생물에서 인위적 시설인 인공적인 환경요소까지 모두 포함된다.

79 수간석해를 통해 총 재적을 구할 때 합산하지 않아도 되는 것은?

① 근주재적   ② 결정간재적   ③ 지조재적   ④ 초단부재적

해설: 수간재적은 계산시 초단부재적, 근주재적, 결정간재적을 나누어 계산 후 총재적으로 합산한다.

80 휴양림을 조성하는데 고려할 특성 중 가장 중요성이 낮은 것은?

① 기능성
② 입지성
③ 경관자원특성
④ 오락성

해설: 휴양림 조성에는 경관, 면적, 위치, 휴양요소, 개발여건이 고려 대상이다.

81 임지평가 방법에 대한 설명으로 맞지 않는 것은?

① 환원가법은 연년수입의 후가합계에 의한다.
② 기망가법은 장래에 기대되는 수입의 전가합계에 의한다.
③ 비용가법은 취득원가의 복리합계액에 의한다.
④ 원가방법은 재조달원가의 단순합계액에 의한다.

해설: 환원가법은 연년수입의 전가합계를 기준으로 한다.

정답 78.③ 79.③ 80.④ 81.①

82 10년생의 산림면적이 200ha, 20년생의 산림면적이 350ha, 40년생의 산림면적이 450ha일 때 이 산림의 면적령을 구하면?

① 17년
② 27년
③ 37년
④ 47년

해설 산림의 면적령은 각 산림의 면적과 임령의 합산을 기준으로 아래와 같이 산출한다.
$$\frac{(10년 \times 200ha) + (20년 \times 350ha) + (40년 \times 450ha)}{200ha + 350ha + 450ha} = 27$$

83 통나무의 수피를 제외한 말구의 최소직경이 16cm 이고, 최소직경에 대한 직각의 직경이 24cm 일 때 우리나라 검척법에 의한 이 통나무의 말구직경은?

① 16cm
② 17cm
③ 18cm
④ 20cm

해설 통나무의 최소직경이 16cm이므로 최소직경 기준 15cm 이상일 경우 최소직경에 직각인 직경과의 차이가 3cm를 넘기에 3cm 마다 1cm를 가산하므로 18cm가 된다.

84 임반, 소반의 구획선 및 면적을 명백히 하기 위하여 실시하는 측량으로 가장 적합한 것은?

① 주위측량
② 시설측량
③ 산림구획측량
④ 산림고저측량

해설 임반, 소반의 구획선 및 면적을 산출하기 위한 방법을 산림구획측량이라 한다.

85 자연휴양림의 입지선정 조건으로 거리가 먼 것은?

① 수원이 풍부한 곳
② 경관이 수려하고 임상이 울창한 곳
③ 생물의 종이 풍부하고 개발이 제한되어 있는 곳
④ 개발이 가능하고 각종 여건이 용이하며 접근성이 좋은 곳

해설 개발이 용이한 곳이 자연휴양림 지정에 유리하다.

정답 82.② 83.③ 84.③ 85.③

86 손익분기점에 따른 총비용을 E = f + bX 로 계산할 때 이 식에서 X가 뜻하는 것은? (단, 식에서 E는 총비용, f는 고정비, b는 단위당 변동비이다.)

① 판매량
② 변동비
③ 고정비
④ 총수익

해설: E = f + bX
총비용 = 고정비+단위당 변동비×판매량

87 중앙직경이 10cm, 재장이 10m인 통나무의 재적을 Huber식으로 계산하면?

① 0.0785m³
② 0.0975m³
③ 0.1050m³
④ 0.1230m³

해설: $\frac{\pi}{4} \times 0.1^2 \times 10 ≒ 0.0785$

※ Huber 공식
$V(m^3) = r \times L = \frac{\pi}{4} \times d^2 \times L$
V : 재적, r : 중앙 단면적, L : 목재 길이, d : 지름

88 우리나라에서 임지의 생산력을 수치로 나타낸 지위지수는 무엇을 기준으로 작성하는가?

① 우세목의 수고
② 우세목의 흉고직경
③ 우세목의 재적
④ 우세목의 수관폭

해설: 특정 나무에 있어 임령의 수고를 이용해 임지의 생산능력을 수치화한 것을 지위지수라 한다.

89 법정연간벌채량을 NAC, 법정생장량을 In, 벌기평균 생장량을 MAI, 윤벌기를 R, 벌기임 분의 재적을 Vr로 표시할 때 이 4가지 사항의 관계를 바르게 나타낸 것은?

① NAC = In = MAI ÷ R = Vr
② NAC = In = MAI + R - Vr
③ NAC = In = MAI × R = Vr
④ NAC = In = MAI - R = Vr

해설: 법정연간벌채량 = 법정생장량 = 벌기평균생장량 × 윤벌기 = 벌기임분재적

정답 86.① 87.① 88.① 89.③

90 산림경영계획 수립을 위한 임상조사에서 입목지를 활엽수림으로 구분하는 기준은?

① 활엽수가 50% 이상인 산림
② 활엽수가 60% 이상인 산림
③ 활엽수가 70% 이상인 산림
④ 활엽수가 80% 이상인 산림

해설: 활엽수가 75% 이상인 산림을 활엽수림이라 한다.

91 산림청장 또는 시도지사가 산림문화 휴양 기본계획 및 지역계획을 수립하거나 이를 변경하고자 할 때에 실시해야하는 기초조사 내용은?

① 산림문화, 휴양정보망의 구축, 운영실태
② 산림문화, 휴양자원의 보전, 이용, 관리 및 확충방안
③ 산림문화, 휴양자원의 현황과 주변지역의 토지 이용 실태
④ 산림문화, 휴양을 위한 시설 및 안전관리에 관한 사항

해설: 산림청장이나 시도지사가 산림문화 휴양에 대한 계획 수립 및 변경을 실시할 경우 자원현황과 주변지역의 토지이용실태에 대한 기초조사를 실시한다.

92 자연휴양림의 수림 공간 형성 특성 중 레크레이션 활동 공간으로서 부적합하나 교육적, 학습적 활동이 가능한 수림형은?

① 열 개림형
② 소생림형
③ 산개림형
④ 밀생림형

해설: 밀생림형이 레크레이션의 활동 공간으로는 부적합하나 교육적 활동은 가능한 수림형이다. 레크레이션 이용 밀도로 산개림이 가장 높고 다음으로 소생림, 밀생림 순서이다.

93 임목의 평가방법에 대한 분류방식으로 옳지 않은 것은?

① 원가방식 - 비용가법
② 수익방식 - 기망가법
③ 원가수익절충방식 - 임지기망가법응용법
④ 비교방식 - Glaser 법

해설: 비교방식에는 매매가법, 시장가역산법이 있다.

정답 90.④ 91.③ 92.④ 93.④

94 임업소득에 작용하는 생산요소에 포함되지 않는 것은?
① 보속성 ② 임지
③ 자본 ④ 노동

해설 : 임업소득은 임지, 자본, 노동, 경영관리 등이 생산요소에 포함된다.

95 사유림의 경영에 있어 공동산림사업(협업경영)을 권장하는 것이 바람직한 경영형태는?
① 농가임업 ② 부업적임업
③ 겸업적임업 ④ 주업적임업

해설 : 농가 임업은 자가 소유의 임지로 5ha 미만의 소규모가 대부분이다. 농가임업의 산주 수는 전체 산주 수의 약 90% 정도이고 면적으로는 30% 정도로 공동산림사업을 권장하기 적합하다.

96 임업경영의 생산요소 중 생산수단에 속하는 것은?
① 노동, 자본재 ② 노동, 임지
③ 임지, 자본재 ④ 노동, 임도

해설 : 임업경영의 생산요소로 임지, 자본, 노동 중에서 임지와 자본이 생산수단으로 분류된다.

97 표준목법 중에서 전임목을 몇 개의 계급으로 나누고 각 계급의 흉고단면적을 동일하게 하여 임분의 재적을 추정하는 방법은?
① 단급법 ② Draudt 법
③ Urich 법 ④ Hartig 법

해설 : Hartig 법은 임분재적을 추정하는 방법 중의 하나인 표준목법 중에서 가장 정확도가 높은 방법이다. 각 계급의 흉고단면적을 동일하게 하고 임목의 그루수가 같은 계급을 나누어 각 계급에서 같은 수의 표준목을 정하는 방법이다.

정답 94.① 95.① 96.③ 97.④

98 임분 연령의 측정에서 이령림의 평균령을 가장 잘 설명한 것은?

① 표본목을 선정한 다음 그 연령을 측정하여 평균한 임령
② 이령임분이 가지는 재적과 같은 재적을 가지는 동령림의 임령
③ 각 연령별 임목본수를 조사한 다음 이의 산술평균에 의해 산출된 임령
④ 각 연령별 단면적을 조사한 다음 이의 산술 평균에 의해 산출된 임령

> **해설:** 이령림은 여러 가지 수령을 가지는 임목으로 구성되어 있기 때문에 엄격한 의미에서 임령이 존재하지 않는다. 그러나 편의상 이령림은 평균령을 구하여 임령으로 하는데, 평균령이란 해당 이령림이 가지고 있는 재적과 같은 재적을 가지고 있는 동령림의 임령을 말한다.

99 지황조사 항목 중 토양의 점토함유량이 20%인 경우 토양형은?

① 사토
② 사양토
③ 양토
④ 식양토

> **해설:** ※ 토성
> 점토함유량 20% 토양은 점토 함유량 12.5~25% 범위의 사양토에 속한다.

100 산림환경자원으로서 야생동물의 서식밀도는 어떻게 표시하는가?

① 10ha 당의 마리수(봄철)
② 10ha 당의 마리수(여름철)
③ 100ha 당의 마리수(봄철)
④ 100ha 당의 마리수(여름철)

> **해설:** 야생동물의 서식밀도는 100ha 당 마리수(여름)를 기준으로 한다.

정답 98.② 99.② 100.④

PART 3

사방·산지복구

PART 03 사방·산지복구

01 사방 계획

1. 사방대상지 조사

(1) 산림 황폐원인

① 자연적 요인

지질	국내의 2/3 정도가 화강암, 화강편마암으로 되어 있어 경사가 급하고 황폐되기 쉽다.
강우	6~9월 사이 강우량의 70% 이상이 내리며 특히 7~8월에 집중되어 산사태가 많이 발생한다.
기온	계절에 의한 그리고 주,야간의 온도차에 의해 동해 등에 의해 피해가 발생
병해충	병해충으로 인해 산림의 황폐화가 발생한다.
기타	조풍, 설해, 연해 등으로 산림이 파괴되어 황폐화가 발생한다.

② 인위적 요인

산불	담배, 농업용 불 등으로 발생한 산불로 인해 황폐화 가속
훼손	무분별한 벌목과 개발로 인한 황폐화의 가속

(2) 산지황폐의 유형

① 황폐지

㉠ 황폐지는 토지의 붕괴 및 토사 유출, 모래날림 등이 발생하는 지역으로 아래와 같이 구분한다.

척악임지	산지 비탈면이 오랜시간 표면침식과 토양유실 등으로 산림 토양의 비옥도가 낮아진 척박한 지역을 의미한다.
임간나지	외부에서 볼때 비교적 키가 큰 임목들이 숲을 이루며 임상의 지피식물이나 유기물이 적어 누구침식이나 구곡침식이 발생하기도 한다. 초기황폐지나 황폐이행지로 급속하게 진행될 가능성이 있다.
초기황폐지	황폐지임을 인지할 수 있는 지역을 말한다.
황폐이행지	초기황폐지 상태에서 더욱 진행되어 민둥산이나 붕괴지로 될 가능성이 있는 지역을 말한다.
민둥산	임목이나 지피식물이 거의 없어 넓은 면적이 맨땅인 지역을 말한다.
특수황폐지	침식 및 황폐단계가 복합적으로 나타나는 지역으로 황폐도가 심하며 암석산지 등에서 볼 수 있다.

ⓛ 황폐지는 황폐의 진행 정도에 따라 < 척악임지→임간나지→초기황폐지→황폐이행지→민둥산 >의 순서로 진행된다.

② 붕괴지

㉠ 붕괴지는 무너진땅으로서 한번에 발생되는 산사태, 암석낙하 등 중력에 의해 빠르게 흘러내려 절개단면이 노출되고 다량의 토석류가 하부에 퇴적된 지역을 말한다.

ⓛ 붕괴현황조사시 붕괴의 3요소인 붕괴평균경사각, 붕괴면적, 붕괴평균깊이가 있다.

㉢ 붕괴지는 침식현상 및 정도에 따라 산사태지, 산붕지, 붕락지, 포락지 등으로 구분된다.

산사태지	• 산복비탈면에서 산사태침식이 발생된 지역 • 산사태 : 여름철 집중호우등 침투에 의해 산복부의 사면이 일시에 계곡 하부로 붕괴하는 현상이다.
산붕지	• 산붕침식이 발생된 지역 • 산붕 : 산사태와 유사하나 발생규모가 작고 산록부에서 발생하는 현상이다.
붕락지	• 붕락침식이 발생된 지역 • 붕락 : 집중호우 혹은 융설수에 의해 토층이 포화되어 비탈면이 무너지는 현상으로 주름모양의 형태를 띠게 된다.
포락지	• 포락침식이 발생된 지역 • 포락 : 비탈면 하단부를 흐르는 계천의 가로침식에 의해 무너지는 현상이다.

③ 밀린땅

㉠ 지활형 침식 혹은 땅밀림 침식의 결과로 생겨난 지활지이다.

ⓛ 특수한 지대에서 지하수 등의 영향으로 깊은 토층이 서서히 이동함으로써 생겨난다.

㉢ 집수정 및 집배수로를 설치하거나 말뚝박기 등의 붕괴방지용 흙막이 공작물의

설치 대책이 필요하다.

④ 훼손지
  ⊙ 사람에 의해 인위적으로 토지의 형질이 변화하는 곳으로 대표적으로 땅깎이비탈면, 채석장, 채광지 등이 있다.
  ⓒ 채광지의 복구를 위해 적합한 공법으로 파종공법, 편책공법 등 상황에 따라 적합한 방법을 적용한다.

⑤ 황폐계류
  ⊙ 황폐계류는 계상 자체가 황폐되어 있는 계류를 말한다.
  ⓒ 퇴적토사가 가로침식과 세로침식을 받아 2차적으로 토사를 생산하고 유송하는 상태에 있는 계류이다.
  ⓒ 산지내의 계곡이나 계간에 있을 때 계간황폐지 또는 침식계류라 하며, 계곡을 빠져나와 농경지 등과 접속될 때를 야계라 정의한다.
  ② 황폐계류는 유로의 길이가 비교적 짧고, 계상물매가 급하고 불규칙적이며 유량과 사력의 이동이 심해 홍수범람 등이 빈번하게 발생한다.
  ⑩ 황폐계류의 유역은 토사생산구역, 토사유과구역, 토사퇴적구역으로 구분한다.

토사생산구역	황폐계류의 최상류부로 계안, 계상의 침식에 의해 토사의 생산이 왕성하여 계상의 기울기는 저하된다.
토사유과구역	토사생산구역에서 생산된 토사를 이동시키는 구역으로 침식 및 퇴적이 적으며 협곡을 이룬다.
토사퇴적구역	토사가 퇴적되는 황폐계류의 최하류부로 기울기는 완만하고 계폭이 넓다.

2. 산사태

(1) 산사태의 발생 원인

① 산사태의 경우 여러 요인에 의해 발생하며 세부적으로는 다음과 같이 분류할 수 있다.

지질적 요인	• 단층대가 존재하는 경우 • 암석에 절리, 층리면이 존재하는 경우 • 변질대 및 붕적토가 분포하는 경우
지형적 요인	• 급경사지의 존재
자연적 요인	• 집중 호우에 의한 표면의 침식 • 지하수에 의한 공급수압의 증가 • 동결, 융해에 의한 표층지반의 약화
인위적 요인	• 토목공사 등 인위적인 간섭
임상적 요인	• 임목의 분포 및 뿌리의 내림 정도

② 산사태의 발생은 내적요인과 외적요인으로 분류할 수 있다.

내적요인	지형, 토질, 임상 등
외적요인	집중호우, 인위적 원인 등

(2) 산사태의 유형

① 발생위치에 의한 분류

산복붕괴	지표면이나 토양단면상의 불연속이 원인이 되며 산복부에서 주로 발생
계안붕괴	계류의 종횡침식작용에 의해 계안에서 발생
와지붕괴	집수원인으로 깊은 웅덩이가 발생

② 평면형에 따른 분류

수지상	나뭇가지 모양처럼 갈라지며 지형이 복잡하고 유수가 모이는 하강 및 평형사면의 산복유로에서 발생
패각상	조개껍데기와 같은 형상으로 경사가 짧고 급한 사면이나 경사가 길고 변곡점이 있는 사면에서 주로 발생
선상	선처럼 가는 모양으로 지형이 단순하고 유로가 좁고 경사가 긴 하강사면이나 평형 사면의 유로변에서 발생
판상	표토 밑에 단단한 암반층이나 불침투성 모재층이 있는 지역에서 주로 발생

(3) 산사태의 특징
① 산사태는 주로 호우의 원인으로 산정에서 가까운 산복부에서 발생한다.
② 산사태는 지괴가 융해 및 팽창하여 일시에 계류를 향해 연속적으로 길게 붕괴하며 비교적 산지가 급하고 토층의 바닥에 암반이 깔린 곳에서 많이 발생하는 편이다.
③ 산사태는 주로 사질토에서 많이 발생하고 10mm/day 이상으로 속도가 나타나며 땅밀림과 비교하여 매우 빠른편이다.
④ 산사태는 급경사지에서 호우 등으로 토층이 급격히 붕락하는 붕괴형 침식으로 분류되고 땅밀림은 암석층으로 구성된 산비탈에서 지하수로 인해 토층이 서서히 낮은곳으로 미끄러져 가는 지활형 침식으로 분류하나 실제로 구별이 어려운 경우가 많다.

구분	산사태	땅밀림
지질	지질과 연관성이 적음	특정 지질, 지질구조에서 많이 발생
토질	사질토에서 주로 발생	점성토에서 주로 발생
지형	20°이상 급경사지 발생	5~20° 완경사지 발생
속도	10mm/day 이상 빠름	10mm/day 미만으로 느림
규모	면적 규모가 작다	1~100ha 정도로 규모가 크다
특징	강우강도에 영향을 많이 받으며 징후 발생이 적고 돌발적으로 활락하여 시간 의존성이 작은 것이 특징이다	발생전 균열이 발생하고 지하수의 영향이 크며 지속성을 가지고 시간의 의존성이 큰 편이다

02 산림유역 수리수문 분석

1. 대상지 분석

(1) 물의 순환

① 물의 순환은 지구상의 대기, 바다, 지표 등을 순환하는 것으로 이러한 순환에서 산림에 발생되는 물의 순환 형태에 다양하다.

② 수류
  ㉠ 지구의 중력에 의해 경사에 따라 물이 연속적으로 움직이는 상태를 수류라 정의한다.
  ㉡ 수류는 시간과 장소를 기준으로 정류와 부정류로 분류하며 정류는 등류와 부등류로 다시 분류한다.

정류	유적, 유속, 흐름의 방향이 시간에 따라 변화하지 않는 경우(ex. 하천)
ㄴ등류	유적, 유속, 흐름의 방향이 같은 하천
ㄴ부등류	유적, 유속, 흐름의 방향이 변화하는 경우
부정류	유적, 유속, 흐름의 방향이 시간에 따라 변화하는 경우(ex. 하천의 홍수)

③ 침투, 투수, 침윤
  ㉠ 침투는 지표면의 물이 땅속으로 스며드는 현상을 말한다.
  ㉡ 투수는 땅속에서의 물의 이동 현상을 말한다.
  ㉢ 침윤은 투수된 물이 중력에 의해 지하수면에 도달하는 현상을 말한다.
  ㉣ 강우에 의한 침투능력은 다음과 같다.
    • 강우시간이 지속되면 작아지다가 일정하게 된다.
    • 초지보다 산림에서의 침투능이 더 크게 나타난다.
    • 활엽수림이 침엽수림보다 침투능이 더 크다.
    • 나지보다 벌채적지의 침투능이 더 크다.

2. 침식종류

① 토양형성 작용으로 인한 자연침식을 정상침식 혹은 지질학적 침식이라 한다.
② 물이나 바람과 같은 외부적 요인으로 인한 침식을 가속침식이라 하며 아래와 같이 분류한다.

물에 의한 침식	우수침식, 하천침식, 지중침식, 바다침식
중력에 의한 침식	붕괴형침식, 지활형침식, 유동형 침식, 사태형 침식
바람에 의한 침식	내륙사구침식, 해안사구침식

③ 우수침식은 빗물에 의해 우격침식, 면상침식, 누구침식, 구곡침식 순으로 단계적으로 발생된다.

우격침식	빗방울이 지면을 타격하여 토양이 분산하는 가장 초기 단계이다.
면상침식	토양 표면이 전면에 걸쳐 얇게 유실되는 단계이다.
누구침식	토양표면에 잔 도랑이 발생하는 단계로 침식의 규모가 작아 경운작업으로 제거가 가능하다.
구곡침식	누구침식에 의해 발생된 도랑이 커지면서 심토까지 깎이는 단계이다.

3. 수리수문 해석

(1) 강우의 특성

① 강우는 형성에 따라 지형성, 전선성, 저기압성, 수렴성 등으로 분류한다.
② 1일 강우량이 80mm 혹은 시우량 30mm 이상일 경우 홍수 발생의 우려가 있다.
③ 연속 강우량이 200mm 이상인 경우 산사태의 발생 우려가 있다.

(2) 강우강도

강우강도는 단위 시간당 강우량으로 표현하여 아래와 같은 공식들에 따라 구한다.

Talbot 형	$I = \dfrac{a}{t+b}$
Sherman 형	$I = \dfrac{c}{t^n}$
강우강도와 일우량	$I = \dfrac{R}{24} \times \left(\dfrac{24}{t}\right)^n$

I : 강우강도(mm/hr) , R : 일우량 , t : 지속시간(min) , a,b,c,n : 상수

(3) 유속 & 유량

① 유속 및 유량 등의 정의는 아래와 같다.

유속	물의 속도 (단위 : m/s)
유적	물의 횡단면적 (단위 : m^2)
유량	유적을 통과하는 물의 양 (유량 = 유속 × 유적)
윤변	물이 접촉되는 수로 주변의 길이를 말한다.
경심	유적을 윤변으로 나눈 값으로 동수반지름이라고 한다.
임계유속	계상에서 침식을 일으키지 않는 경우의 최대유속을 말한다.

② 평균 유속

평균유속에 관련된 공식에는 chezy 공식, manning 공식, bazin 공식, kutter 공식 등 다양하며 주요 공식은 아래와 같다.

Chezy 공식	$V = c\sqrt{R \times I}$
Manning 공식	$V = \dfrac{1}{n} \times R^{\frac{2}{3}} \times I^{\frac{1}{2}}$
Bazin 신공식	$V = \dfrac{87}{1 + n/\sqrt{R}} \times \sqrt{RI}$

V : 평균 유속(m/s) , c : 유속계수 , R : 경심(m) , I : 수로 기울기(%) , n : 조도계수

(4) 시우량

① 시우량법

$$Q = K \times \dfrac{A \times \dfrac{m}{1000}}{60 \times 60}$$

Q : 유량(m^3/s), A : 유역면적(m^2), m : 최대시우량(mm/h), K : 유거계수

② 합리식법

$$Q = \dfrac{1}{360} \times CIA = 0.002778\, CIA$$

C : 유거계수, I : 강우강도(mm/h), A : 유역면적(ha)

③ 지형에 따른 유거계수

임상이 양호한 산지유역	0.35~0.45
임상이 불량한 산지유역	0.45~0.65
황폐가 심한 유역	0.65~0.85
황폐가 심한 민둥산 유역	1.0

03 사방지시공

1. 붕괴의 유형과 발생원인

(1) 붕괴의 유형

① 붕괴형 침식
　㉠ 붕괴형 침식은 중력에 의한 침식에 해당되는데 산사태, 산붕, 붕락, 포락 등 다양한 종류가 있다. 이때 산지의 붕괴현상은 토양 속의 간극수압이 높을수록 붕괴 발생률이 높다.
　㉡ 산사태는 사면 계곡으로 연속적으로 길게 흙이 무너져 내리는 현상으로 붕괴형 산사태의 경우 발생 면적 및 규모가 작은 편이다.
　㉢ 산붕은 발생은 산사태와 동일하나 산허리 이하인 산록부에서 주로 발생되는 작은 규모의 산사태이다.
　㉣ 붕락은 중력침식의 형태로 비탈면의 불안정한 토괴가 무너져 토층에 주름이 잡혀있는 현상이다.
　㉤ 포락은 계천에 침식된 토사가 무너지는 현상이다.
　㉥ 암설붕락은 돌로 구성된 비탈면에 중력에 의해 밀려 내리는 현상이다.

② 지활형 침식
　㉠ 비탈면 아래로 점차 미끌어져 내리는 현상으로 땅밀림현상 등이 해당된다.
　㉡ 대책으로 집수정 및 배수로 설치, 말뚝박기 등의 공작물 설치가 필요하다.

③ 유동형 침식
　㉠ 붕괴형침식, 지활형 침식에 의한 유동물로 발생되는 침식이다.
　㉡ 유동형 침식의 종류로 암설류, 토석류, 토사류 등이 있다.

(2) 붕괴발생의 원인

요인	종류
기상	강우, 바람, 기온 등
지형	급격한 경사
지질	점토질 혹은 모래 입자등 한쪽으로 많은 경우
식생	산지에 식생 및 임목이 없을 경우
산지관리	산림훼손이 많을 경우

(3) 공사 및 종류

① 사방 기초 공사
- ㉠ 기초공사는 구조물의 안정을 위해 실시하며 얕은 기초와 깊은 기초로 분류한다.
- ㉡ 얕은기초(직접기초)는 지반 위에 기초 콘크리트를 직접 시공하여 콘크리트에 하중이 가해지도록 하며 확대기초와 전면기초로 구분한다.
- ㉢ 깊은기초(간접기초)는 상부의 토층이 연약하여 말뚝을 이용해 하중을 깊은 곳까지 버틸 수 있는 곳으로 전달하는데 말뚝기초와 케이슨기초 등이 있다.

② 사방공사에서 기초공사의 종류에는 비탈다듬기, 땅속흙막이, 누구막이, 골막이, 흙막이 등이 있다.

③ 사방공사에서 녹화공사 종류에는 바자얽기, 줄떼다지기, 평떼다지기, 선떼붙이기, 비탈덮기, 씨뿌리기, 단쌓기, 새심기공법 등이 있다.

(4) 사방공작물의 특징

① 비탈다듬기
- ㉠ 침식과 붕괴 등으로 비탈면의 요철이 심해 불규칙하거나 급한 비탈 등으로 토층이 불안정하거나 기복이 심한 경우 비탈면이 일정한 물매를 갖도록 깎아 내리고 돌출된 부분을 잘라내면서 비탈면을 정리하는 공사를 말한다.
- ㉡ 비탈다듬기는 주로 기복이 심한 산복비탈이나 흙깎이, 흙쌓기비탈면 등에 시공한다.
- ㉢ 비탈다듬기는 산꼭대기에서 시작하여 아래로 진행한다.
- ㉣ 비탈다듬기에서 수정기울기는 최대 35° 전후로 한다.
- ㉤ 비탈다듬기로 인해 뜬 흙을 계곡부에 쌓는 곳이나 퇴적층의 두께는 3m 이상일 경우 땅속흙막이를 설계한다.
- ㉥ 속도랑 공사 이후 비탈다듬기를 시공한다.

② 단끊기
- ㉠ 산비탈이나 땅깎기 및 흙쌓기비탈면에 선떼붙이기와 같은 각종 계단 공사를 시공하기 위하여 수평 방향으로 단을 끊는 비탈의 안정 및 녹화공사를 위한 기초공정의 하나이다.
- ㉡ 통상 단끊기는 비탈다듬기가 종료된 비탈사면에 시공한다.
- ㉢ 단끊기의 작업은 50~70cm 정도 단폭으로 한다. 단 기울기가 급할 경우 너비를 좁게 하여 기울기를 완화한다.

ⓔ 시공은 상부에서 하부로 진행한다.
ⓜ 비탈다듬기 시공후 비를 1~2회 정도 맞은 이후 실시하는 것이 좋다.

③ 산비탈흙막이
㉠ 기울기 완화를 통한 토사유실을 방지하고 표면의 유하수의 분산 및 수로 공사 기초를 목적으로 시공한다.
㉡ 주로 붕괴의 위험성이 있는 비탈면에 시공한다.
㉢ 흙막이의 방향은 산비탈에 직각이 되도록 한다.
㉣ 흙막이 뒷면에 물이 고이지 않도록 10cm 정도의 물빼기 구멍을 $3m^2$ 당 1개 설치한다.
㉤ 돌흙막이공을 계획할 때 찰쌓기는 3m 이하, 메쌓기는 2m 이하를 기준으로 하고 기울기는 1:0.3 으로 한다.
㉥ 산비탈 붕괴지에 시공되는 콘크리트 흙막이의 높이는 4m 이하를 기준으로 한다.

④ 땅속흙막이
㉠ 비탈다듬기나 단끊기 등의 흙깎기 과정에 발생 되는 토사의 유실을 방지하기 위해 땅속에 설치하는 것으로 지표면에는 드러나지 않는다.
㉡ 시공재료 선택시 퇴적토사의 깊이, 길이, 지형, 토양조건 등을 고려하여 설치한다.
㉢ 주로 돌이나 콘크리트 등이 많이 이용되나 퇴적토사가 적은 경우 돌망태나 바자얽기 등을 이용하기도 한다.
㉣ 바닥파기를 충분히 하고 높이의 2/3 이상이 묻히도록 한다.

⑤ 누구막이
㉠ 누구막이는 산지비탈면이나 훼손지의 비탈면에서 강우 및 유수에 의해 누구 침식의 발달을 방지하기 위해 횡단으로 설치하는 공작물이다.
㉡ 골막이보다 규모가 작고 산비탈수로 및 떼단쌓기의 기초로 사용된다.
㉢ 상류를 향하여 중심선에 직각방향으로 축설한다.

⑥ 바자얽기(편책공)
㉠ 사면의 붕괴방지 및 식생조성을 목적으로 계단상의 바자를 설치하여 흙을 채워 식생을 조성한다.
㉡ 시공장소는 떼의 채취가 곤란하고 식생의 도입이 용이한 곳으로 한다.
㉢ 바자는 주로 지름 10cm 내외, 길이 1m 내외의 말뚝을 비탈에 박고 나뭇가지를 엮어 만든다.

⑦ 선떼붙이기
  ㉠ 비탈다듬기 공사를 시행하고 등고선 방향으로 단끊기를 하며 계단의 뒤부분에 되메우기를 실시한다. 앞면에는 규정된 떼를 붙여주고 되메우기한 부분에 묘목을 심어 비탈면의 안정을 목적으로 한다.
  ㉡ 선떼붙이기는 비탈다듬기를 시행한 비탈에 높이 1~2m 단위로 수평 단끊기를 실시하며 이때 단의 너비는 50~70cm, 발디딤의 너비는 10~20cm, 천단폭은 40cm로 한다.
  ㉢ 선떼붙이기에서 발디딤은 작업의 편의성을 높이고 공작물의 파괴를 방지해주며 바닥떼의 활착을 용이하게 한다.
  ㉣ 선떼 붙이기의 기울기는 1 : 0.2 ~ 0.3 으로 한다.
  ㉤ 수평계단 길이 1m 당 떼의 사용매수에 따라 1급~9급으로 구분한다.
  ㉥ 주로 표토 고정 및 강수 차단을 목적으로 하는 경우 5급 이상으로 하며, 사방지의 식재 및 파종을 목적으로 할 경우 6급 이하로 한다.
  ㉦ 선떼붙이기는 저급인 9급에 가까울수록 효과적이나 황폐임지 산복공사에는 6~7급으로 시공한다. 1급에 가까울수록 고급 공법에 속한다.
  ㉧ 급수별 선떼 붙이기 매수표

구분	길이 40cm, 폭 20cm 규격	
떼크기	단면상 매수	연장 1m 당 매수
1급	5.0	12.50
2급	4.5	11.25
3급	4.0	10.00
4급	3.5	8.75
5급	3.0	7.50
6급	2.5	6.25
7급	2.0	5.00
8급	1.5	3.75
9급	1.0	2.5
단면당 매수 * 2.5매/m		

  ㉨ 선떼붙이기 공작물은 선떼, 바닥떼, 받침떼, 머리떼로 구성된다. 가장 윗부분의 떼를 머리떼 혹은 갓떼라 부르며 아래로 선떼, 받침떼, 밑떼 순서로 구성된다.

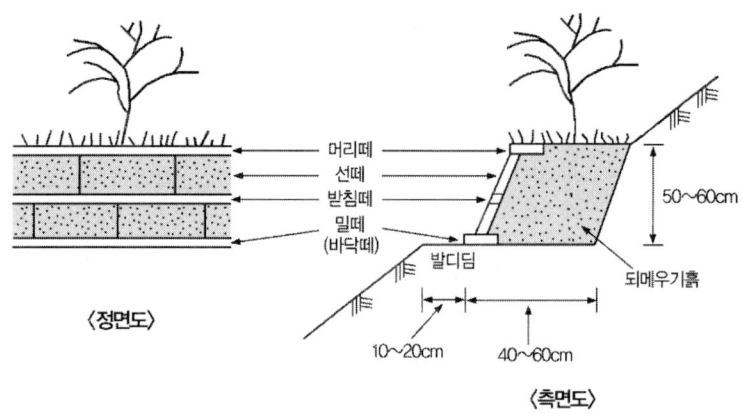

⑧ 줄떼다지기

ⓐ 주로 흙쌓기 비탈을 일정한 물매 유지와 비탈의 보호, 녹화를 목적으로 하는 녹화공법으로 줄떼다지기, 줄떼붙이기, 줄떼심기로 구분한다.

ⓑ 수직높이는 20~30cm 간격에 수평너비 10~15cm 정도의 수평골을 파고 가급적 흙이 털어지지 않는 반떼를 식재한다.

ⓒ 줄떼다지기의 시공은 계단 간의 사거리가 길고 경사가 급하여 부토의 유실이 예상되는 곳이 적합하다.

ⓓ 줄떼붙이기는 땅깎기비탈에 흙이 떨어지지 않은 반떼를 수평방향의 줄로 붙여 녹화하는 식생공법이다.

ⓔ 줄떼심기는 주로 평탄지에 줄간격 20~30cm 정도 줄띄기를 하고 줄을 따라 골을 판 후 줄떼를 놓고 흙덮기를 하고 골고루 밟아준다.

⑨ 평떼붙이기

ⓐ 비탈면 기울기가 1:1 보다 완만한 비탈면에 전면적으로 평떼를 붙여 비탈을 일시에 녹화하는 공법이다.

ⓑ 평떼는 흙이 털어지지 않는 온떼를 사용하며 떼가 비탈면에서 이탈되지 않게 떼꽂이로 고정한다.

ⓒ 산지사방에서 대형떼는 가로 40cm, 세로 25cm, 두께 3cm 이상을 기준으로 한다.

ⓓ 평떼심기는 주로 평탄지에서 평떼를 심어 녹화하는 식생 녹화공법이다.

⑩ 기타 공법

단쌓기	경사가 급한 지역에 토사가 많은 사면에 조기 안정 및 녹화를 목적으로 떼, 돌, 합성재 등의 재료를 이용하여 단쌓기를 한다.
조공	황폐사면에 나무와 풀을 파식하기 위해 비탈면에 수평으로 계단을 끊어 앞면에 떼, 잡석 등을 쌓고 계단의 보호를 위해 뒷면에는 흙을 채우는 방법이다.
비탈덮기	파종한 종자의 유실방지를 위해 급경사 비탈면에 시공하는 방법으로 주로 짚, 거적, 망 등의 재료를 사용한다. 지피식생이 없는 산지 또는 절토, 성토 비탈 등에서 강우나 폭풍 등에 의한 표토의 침식과 붕락을 방지한다.

2. 사방지 구조물 공사

(1) 시공재료선정

① 목재
  ㉠ 구조물의 재료보다 가설물이나 임시재료로 많이 사용된다.
  ㉡ 통나무는 사방댐이나 구곡막이, 바닥막이 등에 이용되며, 그 외에도 바자얽기, 말뚝용으로 사용된다.
  ㉢ 임도의 토사비탈면의 안정을 위한 목책으로 사용되기도 한다.

② 석재
  ㉠ 가공된 암석을 석재라 하며 산간이나 계천 등에서 나온 암석을 돌쌓기 공사에 사용할 경우도 석재라 한다.
  ㉡ 마름돌
    • 채석장에서 절취한 돌을 일정한 치수에 따라 잘라서 마름질한 돌로 대체로 직육면체가 많다.
    • 보통 크기는 가로 30cm, 세로 30cm, 길이는 50~60cm 정도이다.
    • 석재 중 가장 고급이며 고가이기 때문에 미관을 요구하는 경우에만 사용된다.
    • 돌쌓기 공사 중에서도 메쌓기에 자주 이용된다.
  ㉢ 견치돌
    • 피라미드형의 석축용 돌을 말하며, 돌을 뜰 때 전면, 뒷면, 돌길이, 접촉부 사이의 치수를 특별한 규격을 두어 깬 석재를 말한다.
    • 규모가 큰 돌댐이나 옹벽공사에서 자주 사용된다.
    • 견치돌의 크기는 전면의 길이를 기준으로 하여 뒷길이는 1.5배 이상, 접촉부의 나비는 1/5 이상, 뒷면은 1/3 정도의 크기로 해야 한다.

- ㉣ 막깬돌
  - 견치돌과 유사하나 견치돌과는 달리 일정한 규격에 의하여 만드는 돌이 아니라 대체로 옆면을 삼각형과 유사하게 막 깬 석재이다.
  - 막깬돌의 길이는 앞면의 1.5배 이상으로 하고 1개의 무게는 대략 50~60kg 정도이며 주로 찰쌓기 공법에 시공한다.
- ㉤ 호박돌
  - 지름 20~30cm 정도의 호박모양의 둥근 자연석으로 시공지 부근의 산이나 개울 등지에서 채취하여 이용한다.
  - 안정성이 높지 않기 때문에 안정성이 요구되는 지역에는 사용이 곤란하며 기초공사나 기초바닥용으로 사용된다.
- ㉥ 굄돌
  - 석재를 이용한 돌붙임이나 돌쌓기에서 석재의 움직임을 방지하거나 윗돌들간의 수평높이 조절 등을 위해 윗돌의 밑에 괴는 돌을 말한다.
- ㉦ 잡석
  - 산지나 계곡에 산재해 있는 모양이 일정하지 않은 작은 돌이나 채석장에서 견치돌이나 막깬돌 등의 석재를 채취할 때 생기는 작은 돌을 말한다.
  - 대체로 크기는 막깬돌이나 호박돌에 비해 작은 경우가 많다. 축석용으로는 사용이 안되며, 주로 돌망태채움재로 많이 사용된다.

③ 골재
  - ㉠ 모르타르나 콘크리트의 뼈대가 되는 재료로서 가장 많이 사용하는 골재로 모래, 자갈이 있다.
  - ㉡ 골재는 분류 기준에 따라 다양하게 분류되며 주요 분류기준은 아래와 같다.
    - 골재 크기 기준

잔골재	5mm 체를 중량의 85% 이상 통과하는 것 혹은 5mm 체를 거의 통과하며 0.08mm 체에 거의 남는 골재를 말한다.
굵은 골재	5mm 체를 중량의 85% 이상 남는 것을 말한다.

    - 골재 비중 기준

중량골재	비중 2.7 이상
보통골재	비중 2.5~2.65
경량골재	비중 2.5 이하

④ 시멘트
  ㉠ 시멘트의 주원료는 석회석, 점토, 규산, 산화철 등이다.
  ㉡ 시멘트를 제조할 때 석고를 넣으면 완결성이 되고 탄산칼슘이나 탄산나트륨을 넣으면 급결성이 된다.
  ㉢ 주로 사용되는 포틀랜드 시멘트 비중은 대략 3.05~3.15 정도이며 일반적으로 3.14로 정의하고 있다.
  ㉣ 시멘트의 종류로는 조강, 보통, 중용열, 저열, 내황산염, 백색 포틀랜드 시멘트 등 용도의 특성에 따라 다양하며 주요 시멘트의 특징은 아래와 같다.

보통 포틀랜드 시멘트	주로 이산화규소, 산화알루미늄, 산화철로 구성하며 시멘트생산량의 대부분을 차지한다.
백색 포틀랜드 시멘트	산화철의 함량이 1% 미만 수준으로 적어 건축물의 도장에 주로 사용된다.
고로 시멘트	내식성이 크고 투수가 적어 터널공사에 적합하다.

  ㉤ 시멘트의 기타재료
  • 시멘트, 모래, 자갈, 물과 같은 주요 재료 이외에 질을 개선하기 위해 첨가하는 재료로 혼화재와 혼화제가 있다.
  • 혼화재는 시멘트를 절약하고 콘크리트 성질을 개선하는데 비교적 사용량이 많은 편으로 다음과 같은 재료가 있다.

포졸란	콘크리트의 수밀성, 내구성 등을 향상시키고 수화열을 저하시킨다. 응결경화는 느리지만 장기적 강도는 증가한다.
플라이애쉬	장기적 강도 및 수밀성은 커지고 수화열은 감소한다.

  • 혼화제는 사용량은 적지만 콘크리트에 넣어 동결, 융해, 내구성을 좋게 하며 다음과 같은 재료가 있다.

AE 제	재료의 분리감소, 내구성 및 수밀성 증가, 동해 저항성 증진의 효과가 있다.
응결경화촉진제	염화칼슘, 염화알루미늄 등이 해당하며 수화반응을 촉진하여 조기 강도를 향상시킨다.
지연제	콘크리트의 운반시간이 길 때 응결시간을 길게 할 목적으로 첨가한다.
방수제	콘크리트의 흡수성, 투수성을 감소시키고 방수성을 향상시킨다. 이러한 방수성을 높이는데 도움을 주는 재료로 규산나트륨, 파라핀유제 등이 있다.

⑤ 콘크리트
  ㉠ 콘크리트는 시멘트, 모래, 자갈 등을 물에 섞어 굳힌 것으로 내구성과 내수성이 큰 것이 특징이다.
  ㉡ 콘크리트 강도는 물과 시멘트의 비율에 큰 영향을 받으며 재료의 품질, 배합방법, 양생방법 등에도 영향을 받는다. 재령 28일의 강도를 표준으로 한다.
  ㉢ 콘크리트의 응결 및 경화를 촉진하여 균열의 방지나 강도를 개선하기 위해 수화작용이 충분히 계속되어 보존하는 것을 양생이라 한다.
  ㉣ 양생기간 동안은 물 뿌리기 등을 일정기간 지속해 주어야 수화작용이 충분하게 이루어져 콘크리트의 강도가 높아진다.
  ㉤ 보통 양생온도는 4~40℃ 범위에서 온도가 높으면 콘크리트의 강도가 커지나 온도가 40℃보다 높게 되면 강도가 떨어진다.
  ㉥ 콘크리트의 장점은 다음과 같다.
    • 구조물을 만들 경우 크기 및 모양의 제조가 자유롭다.
    • 압축강도가 강하다.
    • 내화성, 내구성, 내진성 등이 좋다.
    • 시공비가 저렴하고 특별한 기술이 필요없다.
  ㉦ 콘크리트의 단점은 다음과 같다.
    • 수축으로 인한 균열이 발생한다.
    • 재생이 어렵다.
    • 경화로 인해 공사기간이 길다.
  ㉧ 콘크리트의 배합

보통 콘크리트 배합비	• 시멘트, 모래, 자갈의 배합비는 1:3:6이다. • 주로 강도를 크게 요구하지 않는 구조물에 사용
철근 콘크리트 배합비	• 시멘트, 모래, 자갈의 배합비는 1:2:4이다. • 강도를 요구하는 구조물에 사용

3. 비탈면의 안정공법

(1) 비탈면의 정의

① 훼손지는 인위적으로 토지의 형질에 변화를 가져오게 된 곳으로 취토장, 사토장, 채석장, 흙깎기 비탈면 등이 있다.
② 취토장은 흙이 부족할 경우 보급하기 위한 장소이다.
③ 비탈면의 붕괴는 강우, 지형, 지질, 지하수, 지진 등의 자연적 요인이나 흙깎이, 흙쌓기 등의 인위적 요인에 의해 발생한다.

(2) 비탈면 보강공법의 종류

종류	특징
비탈다듬기공법	• 경사각을 낮게 하여 안정성을 확보하는 방법 • 안정성은 있으나 자연훼손의 우려가 있음
록볼트공법	• 암블럭과 기반암을 록볼트를 이용해 연결하여 암반에 안정을 주는 공법 • 암반비탈면에 주로 이용하며 터널시공 등에서도 사용된다.
록앵커공법	• 암반비탈면에 적용되며 앵커를 이용하여 암반을 안정화하는 공법
철근삽입공법	• 구멍을 뚫고 땅속에 강관을 삽입, 시멘트로 마무리하는 공법 • 시공성이 우수하며 주로 흙비탈면에 적용한다.
소일네일링공법	• 구멍을 뚫고 철근이나 록볼트를 삽입하여 시멘트로 마무리하는 공법 • 시공성이 우수하고 주로 흙비탈면에 적용한다.
옹벽공법	• 옹벽구조물을 이용하여 비탈면을 안정화하는 공법이다. • 옹벽 몸체에 콘크리트를 타설 할 때는 여러 층을 나누기 보다는 한번에 타설하는 것이 좋다. • 주로 흙비탈면에 적용한다.
다웰바공법	• 주로 암반비탈면에 적용하며 다웰바를 설치하여 안정화하는 공법

4. 야계사방구조물

(1) 골막이

① 골막이는 구곡막이라 하며 구곡의 유속을 완화하여 침식을 방지하여 토사유출 및 사면붕괴를 막는다.
② 골막이 재료로 돌, 흙, 돌망태, 콘크리트 블록, 통나무 등이 있다.
③ 골막이는 계류 상의 위쪽에 시공하며 사방댐은 대수면과 반수면을 모두 축조하나 골막이는 반수면만 축조하여 중앙부를 낮게 하여 물이 빠지도록 한다. 계상물매가 급한 경우에는 물받이나 수직벽 등을 설치하기도 한다.
④ 골막이 종류는 대표적으로 돌골막이, 콘크리트 골막이, 흙골막이, 바자 골막이, 통나무 골막이 등이 있다.
⑤ 돌골막이의 돌쌓기 기울기는 1 : 0.3 정도로 하며 길이 4~5m, 높이 2m 정도로 중앙부를 낮게 하여 만들기에 별도의 방수로는 필요하지 않다.
⑥ 골막이는 물이 흐르는 중심선 방향에 직각이 되도록 설치한다.
⑦ 골막이는 본류와 지류가 합류하는 경우 합류부 아래쪽에 설치한다.

(2) 바닥막이

① 바닥막이는 바닥에 퇴적된 토사의 유실 방지를 주목적으로 한다.
② 바닥막이는 사방댐이나 골막이보다 낮은 높이 1~1.5m 정도로 하며 물받이의 길이는 바닥막이 높이의 1.5~2 배 정도로 한다.
③ 바닥막이는 종류는 돌바닥막이, 콘크리트바닥막이, 돌망태바닥막이 등 재료에 따라 분류된다.
④ 바닥막이는 종침식이 많이 발생 되는 하류 혹은 계상 굴곡부의 하류에 시공한다.

(3) 기슭막이

① 기슭막이는 황폐계류에 의한 계안 및 야계의 횡침식을 방지하고 산각 안정을 위해 설치한다.
② 주로 계류의 흐름방향을 파악하여 설치하는데 유로의 만곡에 의해 물의 충격을 받는 수충부 전방에 시공한다.
③ 재료에 따라 돌기슭막이, 콘크리트 기슭막이, 돌망태 기슭막이, 통나무 기슭막이 등이 있다.
④ 기울기는 1 : 0.3~0.5 정도이며 물빼기 구멍을 설치해준다.

⑤ 세로침식에 의해 가로침식이 일어나는 경우는 기슭막이의 기초가 세굴될 우려가 있으므로 바닥막이를 함께 시공하는 것이 좋다.
⑥ 콘크리트 기슭막이는 앞면기울기 1:0.3, 뒷면기울기는 보통 수직으로 계획한다.
⑦ 돌망태 기슭막이는 기울기 1:0.5 정도로 하고 말뚝으로 고정한다. 주변에 호박돌이나 잡석이 많을 경우 돌망태 기슭막이를 이용하여 하천둑을 보호한다.
⑧ 기슭막이는 계획홍수위보다 높게 설치한다.

(4) 수제

① 수제는 계류의 흐름방향을 바꾸어 세굴을 방지하는 목적으로 계안으로부터 돌출되게 설치한다.
② 수제의 길이는 짧을수록 좋으며 계폭의 1/3 이내가 효율적이다.
③ 주로 계상폭이 넓고 계상물매가 완만한 황폐계류에 시공하는데, 사용재료에 따라서 돌수제, 돌망태수제, 침상수제, 콘크리트수제 등을 활용하며, 물 흐름에 대한 돌출방향에 따라 상향수제, 직각수제, 하향수제로 구분한다.
④ 수제 방향에 따른 특징은 아래와 같다.

상향수제	• 흐름을 전방으로 밀어내는 힘이 커서 제방 및 호안보호에 좋다. • 수제 앞부분에서 흐름에 저항하여 세굴의 손상 위험성이 크다.
직각수제	• 길이가 가장 짧고 공사비가 저렴하다. • 상향수제보다는 세굴 위험성이 낮지만, 하향수제보다는 세굴 위험이 크다.
하향수제	• 월류에 의한 소용돌이가 발생하기 쉬운 편이다. • 수제 앞부분의 세굴 작용이 가장 약하다.

⑤ 수제의 높이를 결정할 때 유수의 저항, 유수의 전석, 하상의 변화, 근부의 높이를 고려해야 한다.
⑥ 수제의 간격은 유수의 강도, 유수의 방향, 계상의 기울기, 수제의 길이, 사행현상 등을 고려한다. 이때 수제의 간격은 일반적으로 수제의 길이의 1.25~4.5 배 정도로 한다.

(5) 계간수로

① 계간수로공사를 통해 침식을 막아 안정을 도모하는 것을 목적으로 한다.
② 계간수로공사는 재료에 따라 돌, 콘크리트, 콘크리트블록, 돌망태 수로 등으로 분류된다.
③ 계간수로는 사다리꼴이 가장 효과적이다.

(6) 모래막이

① 모래막이는 유출토사량이 많은 상류지역이나 집중호우로 인하여 과도한 토사유출 방지를 목적으로 유로의 일부를 확대하여 토사류를 저류하기 위해 설치하기에 토사퇴적구역에 시공하기도 한다.
② 모래막이의 용량은 강우량, 유역면적, 지형, 지질, 황폐 정도 등을 고려하여 결정한다.
③ 모래막이 공작물의 형상은 주걱형, 반주걱형, 위형, 자루형 등이 있다.

(7) 둑쌓기

① 둑은 유수를 일정한 곳에 국한시켜 넘치지 않도록 시공한 종공작물로 범람을 방지하기 위해 계류의 기슭에 설치한다.
② 둑의 상단폭은 1~3m 내외로 하고 둑 높이에 따라 둑의 안쪽면과 바깥쪽면의 기울기 기준을 달리한다.
③ 둑 자체의 압력과 침하를 고려하여 제방 높이에 0.5~1.0m 내외의 여유고를 두고 시공한다.
④ 비탈기울기는 높이 2m 내외, 바깥 비탈기울기는 1:1.5, 안쪽 비탈기울기는 1:1.3 정도로 한다.
⑤ 둑의 보호를 위하여 침윤선을 적용한다.

5. 해안사방공사

(1) 해안사방공사의 의의

① 해안사방공사는 해안 사구의 이동이나 모래의 비산으로 근처 가옥이나 농경지에 피해를 예방하기 위해 시행한다.
② 해안사방공사는 비사와 모래언덕의 이동을 방지하는 것이 주목적이다.
③ 해안사방의 사구조성공법에는 퇴사울세우기, 모래덮기, 파도막이 등이 있다.

(2) 해안사구

① 모래언덕은 기온, 강수량, 바람 등에 의한 환경적 요인에 의해 영향을 받으며 그 형태 및 규모가 다양하다.
② 바람이나 파도에 의해 밀어 올려진 치올린 모래언덕, 바람에 의해 혀모양의 모래언덕, 반달모양의 모래 언덕 순서로 나타난다.

치올린 모래언덕	모래언덕의 가장 초기 단계에 형성되는데 바다로부터 밀려오는 파도에 의해 모래가 퇴적되어 얕은 모래둑을 형성한다.
혀모양의 모래언덕(설상사구)	바다로부터 불어오는 바람이 치올린 언덕의 모래를 비산하여 내륙으로 이동시키는데 이때 방해물이 있으면 방해물의 뒤편에 합류하여 혀모양의 모래언덕이 형성된다.
반달모양의 모래언덕(반월사구)	설상사구에서 바람이 모래를 수평으로 이동시켜 양쪽에 반달모양의 모래언덕을 형성하게 된다.

(3) 복원대책

① 앞모래 언덕을 쌓기 위하여 퇴사울 세우기를 하며 사초로 피복 고정을 한다.
② 모래언덕 뒤에 방풍림을 조성한다.
③ 모래이동이 정지된 곳은 정사울을 세우고 묘목을 식재한다.
④ 비사의 이동이 심한 지역은 정사울세우기와 피복공을 동시에 실시한다.
⑤ 식재시 충분한 비료와 객토를 하며 비료목을 혼식하도록 한다.

(4) 해안 사방 시공 및 주요 공정

① 퇴사울세우기
  ㉠ 퇴사울세우기는 해풍에 의한 비사를 억류하고 퇴적시켜서 모래언덕을 조성하여 모래의 안정화를 목적으로 한다.
  ㉡ 앞모래언덕의 축조를 위해서 짚, 갈대, 억새, 대, 수수대, 판자, 플라스틱 등을 재료로 설치하는 울타리 시설을 퇴사울이라 하고, 퇴사울을 설치하는 제반공사를 퇴사울세우기공사라 정의한다.
  ㉢ 매설 후에는 그 바람받이쪽 약 50cm 거리에 다음 퇴사울타리를 설치한다.
  ㉣ 퇴사울타리의 높이는 1m 정도로 한다.
  ㉤ 바람막이 부분과 통풍부분의 비율은 1:1 정도로 시공한다.
  ㉥ 퇴사울타리의 설치방향은 주풍방향에 직각이 되도록 배치한다.

② 정사울세우기
  ㉠ 앞모래언덕 축설 후 후방지대에 풍속을 약화시켜 모래의 이동을 막아 식재목이 잘 자라도록 환경을 조성하는 공법을 정사울 세우기라 한다.
  ㉡ 정사울 세우기는 전사구에 후방 모래를 고정하여 표면을 안정화하고 식재목이 생육할 수 있는 환경 조성을 위해 실시하며 주로 모래덮기공법과 사초심기공법을 함께 시행한다.

ⓒ 정사울타리는 높이 1~1.2 m를 표준으로 하고 20cm 정도를 모래에 묻어야 한다.
ⓔ 정사울타리는 한 변이 7~15m의 정사각형이나 직사각형으로 구획하며 통풍비는 1 : 1 로 시공한다.
ⓜ 구획내부에 ha당 10,000본의 묘목을 식재한다.

③ 모래덮기
ⓐ 모래덮기는 퇴사울세우기나 인공적인 모래쌓기공법에 의해 조성된 사구가 식생에 의해 피복될 때까지 사구 표면에 짚, 거적 등을 덮어 수분을 보존하고 비사를 방지하는 공법이다.
ⓑ 바람이 강한 지역에는 각 열을 따라 나뭇가지나 간벌재를 올리고 갈고리형의 말뚝을 박아둔다.

④ 파도막이
ⓐ 파도막이는 앞모래언덕이 파도나 외부의 충격에 의해 파괴되는 것을 방지하기 위해 설치하는 공작물이다.
ⓑ 파도막이 공작물에는 파도막이 바자얽기, 파도막이 울짱얽기, 파도막이 돌망태쌓기, 콘크리트판, 콘크리트 블록 등이 이용된다.
ⓒ 파도막이 방향은 앞모래언덕에 평행하게 설치한다.

⑤ 사초심기
ⓐ 해안 사구에 모래에서 잘 자라는 사초류를 심어 모래의 날림을 방지한다.
ⓑ 퇴사울타리나 정사울타리가 부식되면 이들의 기능 보완을 위해 내풍성, 내염성 등이 강하고 모래땅에서 잘 생육하는 사초를 식재한다.
ⓒ 식재하는 가능한 사초의 종류는 아래와 같다.

화본과	갯쇠보리, 솔새
사초과	보리사초, 통보리사초, 햇부자
국화과	갯 쑥부장이, 갯상근, 큰개미자리, 자귀풀
콩과	갯완두

ⓔ 다발심기, 줄심기, 망심기 등의 방법으로 식재한다.

다발심기	사초를 4~8포기씩 한다발로 만들고 30~50cm 간격으로 심는다.
줄심기	1~2주씩 1열로 주간거리는 4~5cm, 열간거리 30~40cm 정도로 심으며 줄방향은 주풍방향과 직각으로 한다.
망심기	사초를 바둑판과 같이 줄심기를 하며 망구획의 크기는 2m x 2m 로 한다.

⑥ 해안사구 조림

　㉠ 해안 모래언덕에 산림 조성을 위해 적정 수종의 선정 및 관리가 필요하다.
　㉡ 해안수종의 경우 양분과 수분에 대한 요구도가 적고 해풍에 강해야 한다. 또한 생장이 왕성하고 지력 증진에 유리해야 한다.
　㉢ 해안 조림에 적합한 수종으로 해송, 소나무, 섬향나무, 보리장나무, 자귀나무, 떡갈나무, 아까시나무 등이 있으며 해송과 아까시나무가 가장 많이 심어지고 있다.
　㉣ 녹화용 초본 식물 중 외래초본에는 오리새, 우산잔디, 능수귀염풀, 겨이삭 등이 있으며 재래초본에는 참억새, 김의털, 비수리, 까치수영, 억새 등이 있다.
　㉤ 해안사방에서 조기 수림화를 위해 밀식을 하는 경우 ha 당 상층 2000본, 하층 5000본 정도를 조림한다.

6. 사방댐 구조물 공사

(1) 사방댐의 종류

돌댐	석재를 구하기 쉽고 상수가 흐르는 계류에 적합하며 마름돌이나 견치돌을 주로 사용한다.
콘크리트 댐	거푸집을 이용하여 설치한다.
철근 콘크리트 댐	철근을 배치하고 콘크리트를 채우는 방식으로 시공비가 많이 든다.
포석 콘크리트 댐	야면석이나 호박돌이 산재한 곳에 적합하다.
흙댐	제체의 중앙부에 심벽을 넣고 사질토나 점질토로 축설하는 댐이다. 댐마루 너비 $= \dfrac{댐높이}{5} + 1.5$
물 층계식 댐	토석을 단계적으로 퇴사시키는 방식으로 3~4단 낙차공의 반수면 물받이 구조를 가진다.

(2) 사방댐의 기능

① 계상물매를 완화하고 종침식을 방지한다.
② 산각을 고정하고 붕괴를 방지한다.
③ 계상에 퇴적한 불안정 토사의 유동을 막고 양안의 산각을 고정한다.
④ 산불 발생시 진화용수나 야생동물의 음용수로 이용된다.

(3) 사방댐 설치 장소
① 댐부분은 좁고 상류부분은 넓어 퇴사하기 용이한 곳에 설치한다.
② 상류 계류 바닥 기울기가 완만하고 지류가 합류하는 곳에 설치한다.
③ 구역이 긴 구간의 경우 계단상으로 설치한다.
④ 주로 계상 및 양안에 암반이 존재하는 곳에 설치하나 없을 경우에도 설치가 가능하다.

(4) 사방댐의 설계
① 산사태 발생이 우려되는 곳을 우선적으로 선정한다. 안전시공을 위해 양압력, 수압, 지진력, 퇴사압, 제체의 중량 등 다양한 외력을 고려해야 한다.
② 사방댐은 상류에서 하류 방향으로 물이 흐르는 유심선에 직각방향으로 설정한다.
③ 규모가 큰 붕괴지는 높게, 계안 붕괴지는 상대적으로 낮게 설치한다.
④ 한 개의 높은 사방댐 대용으로 낮은 사방댐을 연속적으로 설치하기도 한다.
⑤ 계획기울기는 현재 계상기울기의 1/2~2/3 을 기준으로 한다.
⑥ 댐의 높이가 높아질수록 반수면의 기울기는 급해진다. 6m 미만의 경우 1 : 0.3 을 기준으로 한다.
⑦ 방수로는 집수면적, 강수량, 산림상태, 산복경사, 황폐 정도 등에 의해 결정된다. 방수로의 모양은 역사다리꼴이 많으며 양 옆의 기울기는 1 : 1 (45°)이다.
⑧ 사방댐의 물빼기 구멍은 댐 아래쪽의 계상선 혹은 댐 높이의 1/3 지점에 설치한다. 물빼기 구멍을 통해 대수면에 가해지는 수압을 감소시키고, 유출토사량을 조절, 사력기초의 잠류속도 감소 등의 효과가 있다.
⑨ 사방댐의 대수면은 댐의 상류측 사면을 말하고 반수면은 댐의 하류측 사면을 의미한다.
⑩ 중력댐의 안정조건은 아래 조건을 충족해야 한다.

전도에 대한 안정	합력작용선이 댐의 밑바닥인 제저의 중앙 1/3 이내를 통과해야 한다.
활동에 대한 안정	활동에 대한 저항력의 합이 수평외력의 합력 이상이 되어야 한다.
제체의 파괴에 대한 안정	제체의 단면에 발생되는 응력은 제체 자체의 허용응력을 초과하지 않아야 한다.
기초지반의 지지력에 대한 안정	댐밑에 발생되는 최대응력이 기초지반의 허용지지력을 초과하지 않아야 한다.

⑪ 물받침은 반수면 하상이 세굴되는 것을 방지하기 위하여 설치하는 하상보호 공작물로서, 사방댐이나 골막이, 바닥막이, 낮은바닥막이, 낙차공 등의 부속시설이다. 물받이의 길이는 6m 미만으로 보통댐의 물높이 2배, 6m 이상일 때는 1.5배를 기준으로 한다.

⑫ 물방석은 낙수 충격의 완화를 목적으로 본댐과 앞댐 사이에 설치한다.
⑬ 본댐과 앞댐의 간격(L)은 유효고(H), 월류수심(t)를 고려하여 다음과 같이 구한다.

높은댐	$L \geq 1.5(H+t)$
낮은댐	$L \geq 2.0(H+t)$

⑭ 메쌓기 사방댐의 높이는 4m를 최대로 하며 천단폭은 댐높이의 1/2, 기울기는 1:0.3 정도로 한다.

(5) 사방댐 유형

① 중력식 사방댐은 토석 차단을 주목적으로 하며 콘크리트 사방댐, 블록 사방댐 등이 있다.
② 비투과형 사방댐은 토석과 물을 모두 막는다.
③ 투과형 사방댐은 토석은 막고 물은 흘려 보내는데 버트리스 사방댐, 스크린 사방댐 등이 있다. 버트리스 사방댐의 경우 측압이 약한 편이다.

7. 사방지 녹화 공사

(1) 비탈면의 경관조성

① 비탈면의 녹화공법은 토양과 환경의 보전을 통해 경관을 보호하는데 그 목적을 두고 있다.
② 길이가 길고 면적이 넓은데 기울기가 급한 경우 높이 5~7m 마다 소단을 설치한다.
③ 비탈면 밑에는 낮은 옹벽을 설치하여 덩굴식물, 소관목을 심어 녹화한다.
④ 비탈면 기울기는 관목은 1:2, 교목은 1:3을 기준으로 시공한다.
⑤ 콘크리트 공작물은 덩굴식물로 피복한다.

(2) 비탈면 녹화공법 종류

① 식생공법
  ㉠ 비탈면에 식생을 피복하여 비탈면을 보호하는 공법이다.
  ㉡ 식생공법의 종류로 떼심기, 씨앗뿌리기, 코어넷, 녹생토 등이 있다.
  ㉢ 식생공법은 파종공법과 식재공법으로 분류한다.

파종공법	• 초본종자 발생기대본수 4000~5000본/m^2 정도이다 • 목본종자 발생기대본수 1000~2000본/m^2 정도이다 • 한 종의 발생기대본수 총발생기대본수 5~10% 이하가 되지 않게 파종량을 산출한다
식재공법	• 혼효림을 조성, 하층에 초본류를 식재하여 복층림을 조성한다. • 일반적인 산지사방 녹화의 묘목심기는 ha 당 4000~6000본 정도가 적합하다.

② 격자틀붙이기공법
  ㉠ 격자를 만들어 앵커핀으로 고정하여 격자 안에 돌이나 흙 등의 재료를 채우는 방법이다.
  ㉡ 지형 조건 등에 따라 콘크리트, 호박돌 등을 이용하며 물이 많은 지역의 경우 자갈로 채워 물이 잘 빠질수 있도록 한다.

③ 힘줄박기 공법
  ㉠ 부적당한 비탈면의 안정, 침식 및 풍화 방지의 효과를 기대하여 설치하는 공작물의 하나이다.
  ㉡ 비탈물매가 급하고 석력이 많은 불안정한 사면이나 지하수 또는 누수에 의한 침식이 심한 사면에 대해 일반적인 격자틀붙이기 공법으로도 처리하기 곤란한

지역에 설치한다.
ⓒ 직접 거푸집을 설치하고 콘크리트 치기를 한 뼈대(힘줄)를 만들고, 그 안에 작은 돌이나 흙으로 채워 녹화하는 비탈면안정공법이다.
ⓔ 뼈대로는 사각형, 삼각형, 계단상의 수평띠 모양의 틀을 만들어 사용한다.

④ 뿜어붙이기 공법
㉠ 재료를 압축공기를 이용하여 직접 분사하는 방법이다.
㉡ 재료에 따라 시멘트, 종자, 플라스틱 뿜어 붙이기 등이 있다.

⑤ 돌망태공법
㉠ 아연도금한 철망상자에 돌채움을 하여 벽돌형식으로 쌓는 방법이다. 아연 도금으로 부식에 강한 편이다.
㉡ 배수성이 양호하고 수압을 고려할 필요가 없어서 지하수가 유출되는 절토사면에 설치하기 적합하다.
ⓒ 내구성이 좋은 암석을 사용하며 하천석재, 현장에서의 부순 돌 등을 사용한다.
ⓔ 돌망태는 굴요성이나 표면의 조도가 큰 장점이 있지만 다소 내구성이 부족한 것이 단점이다.

⑥ 차폐수벽공법
㉠ 암반비탈의 앞쪽방향으로 나무를 2~3열 식재하여 수벽을 만드는 공법이다.
㉡ 수벽을 3열로 식재조성할 경우 중앙에 활엽교목을 1열로 식재하고, 그 앞뒤로 침엽수 또는 관목으로 열식하거나, 또는 중앙에 교목을 2열로 열식하고, 앞뒤에 관목을 열식할 수도 있다.
ⓒ 속성수종으로 이태리포플러, 은수원사시나무 등이 있고 침엽수종은 리기다소나무, 편백, 측백 등이 있으며 관목류에는 족제비싸리, 개나리, 쥐똥나무 등이 적합하다.

⑦ 새집공법
㉠ 암반사면에 반달형의 모양으로 잡석을 쌓아 내부에 흙을 채워 식생하는 공법이다.
㉡ 암반사면에는 관목류가 적합하며 개나리, 회양목, 노간주나무, 눈향나무 등이 가능하다.

04 산지 복구·복원 사전 준비

1. 산불 피해지 복원공사

(1) 원인
① 산불은 입산자, 성묘객, 담뱃불 등의 실화나 논두렁태우기 등의 작업에 의한 인위적인 요인에 의해 많이 발생한다.
② 벼락이나 수목간의 마찰 등의 자연적 요인으로 발생하기도 한다.

(2) 대책
① 산불의 피해는 대체적으로 활엽수보다 침엽수에서 많이 나타나기에 복원을 위해 내화성이 강한 활엽수림을 선택하도록 한다. 대표적을 내화성이 높은 활엽수종에는 굴참나무, 고로쇠나무, 갑중나무, 사시나무, 음나무 등이 있다.
② 산불의 피해를 줄이기 위해서는 방화선을 설치하며 대규모의 피해가 예상되는 지역의 경우 내화수종으로 방화수림대를 조성하기도 한다.

(3) 사후관리
① 산불피해지는 토사유출의 방지를 위해 사방댐의 설치가 필요하며 경사가 급하고 산사태나 토양의 침식이 우려되는 지역의 경우 사방공사를 실시한다.
② 번식력 및 생장 속도가 빠른 초분류를 우선적으로 식재한다.
③ 산불진화와 산림사업의 물 공급을 위해 사방댐과 연계한 담수시설을 설치한다.

2. 등산로 정비공사

(1) 원인
① 과도한 등산로 공사 및 이용에 의해 등산로 주변의 토양 유실 및 침식이 발생한다.
② 편의 시설 및 체육시설등의 과도한 공사로 주변의 식물의 뿌리가 들어 나고 쓰러지는 등의 피해가 발생한다.
③ 등산로의 훼손에는 집중호우 및 지형에 의한 자연적 요인이 있으나 사람의 이용형태에 따른 인위적 요인이 가장 크다.

(2) 시공 및 관리 대책

① 등산로에 토양의 침식이 발생하여 지피식물 및 임목이 고사하는 경우 식생 복구 작업을 실시한다.
② 표토층 훼손이 시작되면 등산객의 순환코스 이용을 유도하여 훼손을 방지한다.
③ 훼손된 등산로의 주변부는 다양한 식생을 유도하도록 한다.
④ 등산로가 훼손되기 시작하면 등산로의 순찰 및 정비를 강화하고 보행자 동선을 조정한다.

03 사방·산지복구 단원문제 100제

PART 03 …… 사방 · 산지복구

01 사방댐에서 물받이와 물방석에 대한 틀린 설명은?
① 물받이 공사는 계상위에 유수, 석력, 유목 등의 낙하로 인한 제각 및 반수면 부위 계상의 세굴을 방지할 목적으로 시공한다.
② 물방석은 본댐과 앞댐 사이에 설치함으로써 낙수의 충격력을 약화시키고 세굴을 방지할 목적으로 시공한다.
③ 물받이 공사는 호박돌이나 암석 등이 유하 하는 경우에는 물받침이 파괴되므로 이 경우 물방석을 만들거나 앞댐을 계획한다.
④ 물방석은 앞댐이 본댐의 높이보다 낮은 경우, 유동사력의 지름이 작은 경우 및 유량이 많은 경우에 설치한다.

해설 물방석은 본댐의 높이가 높은 경우, 유동사력의 지름이 큰 경우 그리고 유량이 많은 경우 설치한다.

02 산지에서 침식이 발생하여 사방사업을 필요로 하는 침식은?
① 자연침식
② 지질학적 침식
③ 이상침식
④ 정상침식

해설 이상침식은 가속침식이라고도 하며 토양이 물, 바람, 파도 등의 요인에 의해 깎이는 현상을 의미하며 이러한 이상침식에는 사방사업이 필요하다.

03 수제공 방법에 따른 특징으로 틀린 것은?
① 직각 수제공은 편류를 일으키지 않는다.
② 하향 수제공은 계안을 향하여 편류한다.
③ 상향 수제공은 계류의 중심을 향하여 편류 한다.
④ 직선 수제공은 양안을 향하여 엇갈리게 설치한다.

해설 수제는 세굴의 방지를 목적으로 하며 수제의 종류로 직각수제, 하향수제, 상향수제가 있다.

정답 01.④ 02.③ 03.④

04 과거 우리나라 산림황폐의 요인 중 관계가 먼 것은?

① 산지사방의 실패
② 낙엽채취의 계속
③ 산림병충해 및 산불피해
④ 이조시대부터 6.25사변 등 사회적 혼란기에 자행된 도남벌

해설: 산지사방은 산림의 황폐를 막거나 느리게 해준다.

05 계수로에서 물의 흐름을 직각으로 자른 횡단면적을 무엇이라 하는가?

① 윤변
② 경심
③ 유적
④ 유량

해설: 물 흐름을 직각으로 자른 횡단면적을 유적이라 정의한다.

06 계상에서 침식을 일으키지 않는 경우의 최대유속은?

① 야계유속
② 임계유속
③ 수면유속
④ 하상유속

해설: 임계유속은 한계유속이라고도 하며 계상에서 침식을 일으키지 않는 최대유속을 의미한다.

07 돌을 쌓아 올릴 때 모르타르를 사용하지 않고 쌓는 방법은?

① 찰쌓기
② 메쌓기
③ 보쌓기
④ 잡쌓기

해설: 메쌓기는 돌을 쌓을 때 뒤채움이나 줄눈에 모르타르를 사용하지 않는다. 모르타르 사용이 없어 돌틈으로 물이 배수되어 별도의 배수구가 필요없다.

정답 04.① 05.③ 06.② 07.②

08 임내강우량의 구성요소가 아닌 것은?

① 수관차단우량　　　　　② 수관통과우량
③ 수관적하우량　　　　　④ 수간유하우량

해설　임내강우량 요소로 수관적하우량, 수간유하우량, 수관통과우량이 있다

09 산사태와 산붕에 대한 설명으로 틀린 것은?

① 산붕은 산사태와 같은 기구로 발생되지만 일반적으로 산사태보다 규모가 크고 산정부에서 많이 발생한다.
② 산사태는 주로 호우의 원인에 의하여 산정에서 가까운 산복부에서 발생한다.
③ 산사태는 지괴가 융해, 팽창되어 일시에 계곡, 계류를 향하여 연속적으로 길게 붕괴하는것이다.
④ 산사태는 비교적 산지 경사가 급하고 토층 바닥에 암반이 깔린 곳에 많이 발생한다.

해설　산붕은 산사태보다 규모가 작고 산허리 이하의 산록부에서 주로 발생 된다.

10 산사태 발생의 인위적인 발생 인자가 아닌 것은?

① 지표수에 의한 침식　　　② 토목구조물 설치
③ 수목의 벌채　　　　　　④ 저수지수위 변동

해설　지표수에 의한 침식은 자연적 요인에 의한 것이다

정답　08.① 09.① 10.①

11. 절토사면의 토질별 적용공법으로 가장 적합하게 연결된 것은?

① 모래층 비탈면 - 격자틀 붙이기 공법
② 점질성 비탈면 - 분사파종 공법
③ 경암 비탈면 - 전면식생 공법
④ 사질토 비탈면 - 새집붙이기 공법

해설: 모래층 비탈면은 붕락의 가능성이 있고 물침식에는 약한 모습을 보인다. 주로 콘크리트 블록, 격자 틀붙이기 공법을 사용하여 보강한다.

12. 선떼붙이기 공작물에 있어서 선떼 2매와 1매의 갓떼 또는 바닥떼를 사용하는 것은?

① 4급   ② 5급   ③ 6급   ④ 7급

해설: 선떼 2매와 갓떼 1매를 사용하는 것은 6급이다. 6급은 주로 사방지 식재 및 파종에 적용된다.

13. 돌골막이를 축설할 시에 적절한 높이는?

① 2m 이내   ② 3m 이내
③ 4~5m 이내   ④ 5m 이내

해설: 돌골막이의 규모는 길이 5m, 높이 2m 정도를 기준으로 한다.

14. 비탈다듬기공사에서 상단의 단면적이 20m², 하단의 단면적이 30m², 상하단의 거리가 10m일 때 평균단면적법으로 구한 토사량은?

① 100m³   ② 150m³
③ 200m³   ④ 250m³

해설: 토사량 $= \dfrac{단면적 A + 단면적 B}{2} \times 단면적 사이 거리 = (\dfrac{20+30}{2}) \times 10 = 250$

15. 산복수로에서 쌓기공작물의 높이가 3m 이고, 수로 깊이가 1m 일 때 수로받이의 근사적 길이는?

① 2~3m   ② 4~5m   ③ 6~8m   ④ 9~10m

해설: 수로받이 길이는 쌓기 공작물 높이, 수로깊이를 더한 값의 1.5~2배 정도를 기준으로 한다.
※ 수로받이 근사적 길이
(쌓기공작물 높이 + 수로깊이)×[1.5~2.0]=(3+1)×(1.5~2) = 6~8

정답 11.① 12.③ 13.① 14.④ 15.③

16 산복공사에서 땅속흙막이의 옳은 설명은?
① 누구침식 발달을 위해서 시공
② 산복에 내리는 빗물에 의한 침식을 방지하기 위한 시공
③ 비탈다듬기로 생긴 토사의 활동을 방지하기 위한 시공
④ 산복면의 여러 가지 계단공사를 하기 위한 시공

   해설: 땅속흙막이는 비탈다듬기로 인하여 발생되는 토사를 방지한다.

17 사방댐의 적지로 적합하지 않은 곳은?
① 댐자리는 좁고, 상류부가 광대한 장소
② 상류 계상 비탈이 완만한 장소
③ 계상 및 양안에 암반이 있는 장소
④ 산각이 붕괴하여 공작물이 없어 토사유출이 심한장소

   해설: 산각이 붕괴하여 공작물이 없어 토사 유출이 심한 곳에 사방댐을 설치하는 것은 사방댐의 설치 목적이다.

18 사방공작물 중에서 주로 야계의 횡침식을 방지하기 위해 축설하는 공작물은?
① 야계둑   ② 기슭막이
③ 바닥막이   ④ 수로공

   해설: 기슭막이는 야계의 횡침식을 방지하고 산각을 고정하기 위한 공작물이다.

19 앞 모래언덕 육지 쪽에 후방 모래를 고정 하여 그 표면을 안정시키고, 식재목이 잘 생육할 수 있는 환경 조성을 위해 실시하는 공법은?
① 구정바자얽기   ② 모래덮기공법
③ 퇴사울타리공법   ④ 정사울세우기

   해설: 정사울 세우기는 전사구에 후방 모래를 고정하여 표면을 안정화하고 식재목이 생육할 수 있는 환경 조성을 위해 실시하며 주로 모래덮기공법과 사초심기공법을 함께 시행한다.

정답 16.③ 17.④ 18.② 19.④

20 다음 중에서 붕괴형 산사태에 해당하지 않는 것은?

① 산붕 ② 붕락
③ 땅밀림 ④ 포락

> 해설: 땅밀림의 경우 지활형 침식에 속한다.

21 중력댐의 안정조건 중에서 수평분력의 총합과 수직분력의 총합, 제저와 기초지반과의 마찰계수를 고려하여 계산하는 안정조건은 무엇인가?

① 전도에 대한 안정 ② 활동에 대한 안정
③ 제체의 파괴에 대한 안정 ④ 기초지반의 지지력에 대한 안정

> 해설: 중력댐의 안정조건으로 전도, 활동, 제체의 파괴, 기초지반의 지지력이 있으며 그중에서 합력의 수평분력과 수직분력의 비가 제저와 기초지반 사이 마찰계수를 고려하는 것이 활동에 대한 안정이다.

22 자연식생이 발달된 산림으로 현대화된 도시에 둘러싸여 환경피해는 입고 있으나 대체적으로 산림생태계가 유지되는 식물집단은?

① 재배식물집단 ② 자생식물집단
③ 도시형 식물군집 ④ 농촌형 식물군집

> 해설: 어떤 지역에 예전부터 자연적으로 분포하여 인위적 간섭을 받지 않고 증식하여 생활하는 식물을 자생식물이라 하며 현대에 와서는 환경피해를 입고 있으나 대체적으로 산림생태계가 유지되고 있는 집단을 자생식물집단이라 한다.

23 채광지를 복구하기 위해 사용되는 공법이 아닌 것은?

① 기초옹벽식 돌쌓기 ② 편책공법
③ 파종공법 ④ 사초심기공법

> 해설: 사초심기공법은 해안사구에 주로 사용하는 공법으로 모래의 날림을 방지한다.

정 답 20.③ 21.② 22.② 23.④

24 식생공법을 적용할 때 유의사항이 아닌 것은?

① 빠르고 확실한 식물피복을 완성하기 위하여 식물이 생육할 수 있는 기반을 확보한다.
② 환경에 적합한 식물을 선택하고, 경관을 고려하여 사용한다.
③ 수분을 확보하고 양분을 보급하며, 토양침식 방지공법을 사용한다.
④ 녹화기초공법은 비용상의 문제로 고려하지 않아도 무방하다.

해설 식생공법은 비탈면의 보호를 위해 식생으로 피복하는 방법으로 경제성을 고려한다.

25 Q=CIA로 나타내는 최대홍수량의 방법은? (단. 여기서 Q는 유역출구에서의 최대홍수유량, C는 배수유역의 특성에 따라 결정되는 유출계수, I는 강우강도, A는 유역면적이다.)

① 시우량법
② 홍수위흔적법
③ 유출량법
④ 합리식법

해설 문제의 최대홍수량에서 유출계수, 강우강도, 유역면적을 이용하는 방법을 합리식법이라 한다.

26 돌쌓기 공작물 중 화강암 견치돌쌓기의 허용강도는? (단, 단위는 ton/m² 이다.)

① 165~220
② 229~275
③ 275~330
④ 350~450

해설 화강암 견치돌쌓기의 허용강도는 대략 275~330 ton/m² 이다.

27 요사방지의 유형분류와 거리가 먼 것은?

① 황폐산지
② 붕괴지
③ 산사태지
④ 훼손지

해설 요사방지의 유형 분류시 크게 황폐지, 붕괴지, 지활지, 훼손지, 황폐계류, 해안사지로 분류된다.

28 암석 산지나 암벽 녹화용으로 사용되는 사방식재 수종으로 적합하지 못한 것은?

① 병꽃나무
② 노간주나무
③ 눈향나무
④ 상수리나무

해설 상수리나무는 높이 20~25m 까지 자라는 교목이며 보통 암석산지와 같은 지역에는 관목류가 적합하다.

정답 24.④ 25.④ 26.③ 27.③ 28.④

29 황폐지를 진행상태 및 정도에 따라 구분할 경우 초기황폐지 단계를 설명한 것은?

① 산지 비탈면이 여러 해 동안의 표면침식과 토양유실로 토양의 비옥도가 떨어진 임지
② 외관상으로 황폐지로 보이지 않지만, 입지 내에서 이미 침식상태가 진행 중인 임지
③ 산지의 임상이나 산지의 표면침식으로 외견상 분명히 황폐지라 인식할 수 있는 상태의 임지
④ 지표면의 침식이 현저하여 방치하면 가까운 장래에 민둥산이 될 가능성이 높은 임지

해설 초기황폐지는 황폐지임을 인지할수 있는 지역을 의미한다.

30 일반적인 모래막이 공작물의 형상이 아닌 것은?

① 주걱형 ② 위형
③ 침상형 ④ 자루형

해설 토사의 유출이 심할 경우 하류에 바닥막이 공작물을 설치하여 토사의 침적을 유도하는 구조물로 반주걱형, 주걱형, 자루형, 위형 등이 있다.

31 해안과 일반적인 주풍방향의 설명 중 틀린 것은?

① 모래 언덕은 주풍과 밀접한 관계가 있다.
② 해안지방에서의 주풍은 대부분 바다에서 육지를 향해 분다.
③ 주풍방향과 해안선의 각도가 직각일 경우에 주풍이 파도와 모래에 미치는 영향은 가장적다.
④ 바람은 파도와 연안류를 일으키며 파도로 육지에 밀려 온 모래를 이동시키는 원동력이 된다.

해설 주풍방향과 해안선의 각도가 직각일 경우 주풍이 파도와 모래에 미치는 영향이 가장 크다.

정답 29.③ 30.③ 31.③

32 비탈파종녹화공종 공법에 해당하는 것은?

① 약액주입공법 ② 종자분사파종공법
③ 비탈지오웨브공법 ④ 비탈바자얽기공법

> **해설:** 비탈파종녹화 공법으로 종자를 이용하는 종자분사공법이 있으며 이를 통해 비탈면의 침식과 낙석 등을 방지한다.

33 계상에서 유수의 소류력이 최소로 되고 안정물매가 최대로 되는 기울기를 무엇이라 하는가?

① 평행기울기 ② 편류기울기
③ 보정기울기 ④ 홍수기울기

> **해설:** 소류력이 최소가 되고 안정물매가 최대가 되는 기울기를 편류기울기라 하며 편류기울기의 보완을 통해 평형기울기를 유지한다.

34 배수로의 횡단면에서 윤변이 10m, 유적이 15m² 일 때 경심은 몇 m인가?(단, 이때 수면의 너비가 매우 넓어 윤변과 수면의 너비가 같다고 본다.)

① 0.5m ② 1.0m
③ 1.5m ④ 2.0m

> **해설:** 경심 $= \dfrac{유적}{윤변} = \dfrac{15}{10} = 1.5$

35 양단면적이 각각 10m², 20m² 이고, 양단 면적간의 거리가 20m 인 비탈면의 토사량을 평균단면적법에 의해 구하면?

① 300m³ ② 400m³
③ 500m³ ④ 600m³

> **해설:** 토적 $= (\dfrac{양단면적 합}{2}) \times 양단면적 거리 = (\dfrac{10+20}{2}) \times 20 = 300$

36 도시림 생태계 복원에서 식생 복원을 위하여 자생수종의 생태적 특성을 토대로 훼손지 복구 또는 복원에만 국한해야 할 지역은?

① 자연식생녹지 ② 인공조림녹지
③ 도시시설녹지 ④ 반자연식생녹지

> **해설:** 자연녹지지역은 도시의 녹지공간 확보등 보전이 필요한 지역으로 불가피한 경우 제한적 개발이 가능한 지역이다.

정답 32.② 33.② 34.③ 35.① 36.①

37 훼손된 등산로를 복구할 때 고려 사항이 아닌 것은?

① 보행자 접근 동선 및 보행 동선의 조정
② 체계적인 안내 시스템에 의한 명확한 동선의 설정
③ 훼손된 산림의 순찰 및 정비
④ 동선 주연부에 대한 획일적인 식생 유도

해설: 훼손된 등산로의 동선 주연부는 획일적인 식생보다 다양한 식생을 유도하도록 한다.

38 콘크리트블록 또는 FRP같은 경량 블록으로 처리하기 곤란한 붕괴위험 비탈에 직접 거푸집을 설치하고 콘크리트치기를 하여 비탈 안정을 위한 틀을 만들어 내부를 작은 돌이나 흙으로 채워 녹화하는 비탈 안정공법을 무엇 이라하는가?

① 비탈 격자틀붙이기공법
② 비탈힘줄박기공법
③ 비탈블록붙이기공법
④ 비탈지오웨브공법

해설: 비탈힘줄박기공법은 현장에서 직접 거푸집을 설치하고 콘크리트 치기를 한 뼈대(힘줄)를 만들고, 그 안에 작은 돌이나 흙을 채워 녹화하는 비탈면 안정공법이다.

39 정사울타리를 설치할 때 표준높이는 몇 m 인가?

① 1~2m
② 2~3m
③ 3~4m
④ 4~5m

해설: 정사울타리의 표준높이는 1~1.2m 정도이다.

40 황폐지 중에서 초기황폐지 단계에서 복구 되지 않으면 점점 더 급속히 악화되어 가까운 장래에 민둥산이나 붕괴지가 될 위험성이 있는 상태를 무엇이라 하는가?

① 척악임지
② 임간나지
③ 황폐이행지
④ 특수황폐지

해설: 황폐이행지는 초기황폐 상태에서 더욱 진행되어 민둥산이나 붕괴지로 될 가능성이 있는 지역이다.

정답 37.④ 38.② 39.① 40.③

41 산비탈면에서 붕괴에 관여하는 주요 요인과 거리가 먼 것은?
① 지형　　　② 지질　　　③ 중력　　　④ 임상

해설: 산사태에는 주요요인으로 지형, 지질, 임상 외에도 집중호우, 인위적 간섭 등이 있다

42 토양침식 형태 중에서 중력침식과 거리가 먼 것은?
① 붕괴형침식　　　② 지활형침식
③ 우수침식　　　　④ 사태형침식

해설: 우수침식은 강우에 의해 발생되는 침식이다.

43 견고를 요하는 돌쌓기공사에 특히 메쌓기 공법에 사용될 수 있도록 특별한 규격으로 다듬은 석재는?
① 견치돌　　　② 막깬돌
③ 야면석　　　④ 호박돌

해설: 견치돌은 주로 견고를 요하는 돌쌓기, 옹벽공사 등에 사용된다.

44 주로 땅깎기 비탈에 흙이 떨어지지 않은 반떼를 수평방향으로 줄로 붙여서 활착 녹화 시키는 공법은?
① 줄떼다지기공법　　　② 줄떼붙이기공법
③ 줄떼 심기공법　　　　④ 줄떼 뿌리기공법

해설: 줄떼붙이기는 땅깎이비탈의 흙이 떨어지지 않은 반떼를 수평방향으로 줄을 붙여 활착 및 녹화하는 공법이다. 줄떼의 경우 상부에서 하부로 내려가면서 시공하고 떼꽂이로 고정한다.

정답　41.③　42.③　43.①　44.②

45 중력댐의 안정에 대한 설명으로 틀린 것은?

① 제저에 발생하는 최대압축응력은 지반의 허용압축강도보다 작아야 한다.
② 합력의 작용선이 제저의 중앙 1/3 범위 내에 있어야 전도되지 않는다.
③ 제저에 발생하는 최대압축력 및 인장응력은 허용압축 및 인장강도를 초과하여야 안전하다.
④ 수평분력의 총합과 수직분력의 총합의 비가 제저와 기초지반 사이의 마찰계수보다 적으면 활동하지 않는다.

해설: 제저에 발생하는 각종 외력에 대한 허용범위를 초과하지 않아야 중력댐이 안정하다.

46 돌쌓기 공종의 시공요령을 바르게 설명한 것은?

① 메쌓기를 할 때는 물빼기 구멍을 반드시 설치하여야 한다.
② 돌쌓기의 비탈이 1 : 1 이상일 때 돌쌓기라 한다.
③ 메쌓기를 할 경우에는 뒷채움 자갈을 채우지 않아도 된다.
④ 토압이 증가될 염려가 있는 장소는 찰쌓기를 한다.

해설: 찰쌓기가 좀더 견고하기에 토압이 높은 곳에 적합하다.

47 야계 현황을 조사한 결과 조도계수는 0.05, 통수단면적이 3m², 윤변이 1.5m, 수로 물매가 2% 때 Manning 의 평균 유속공식을 이용하여 유량을 계산하면 약 몇 m²/s인가?

① 4.49
② 0.49
③ 13.47
④ 1.35

해설:
- 경심 = 통수단면적 ÷ 윤변 = 3 / 1.5 = 2
- 평균유속 = $\frac{1}{n} \times 경심^{\frac{2}{3}} \times 기울기^{\frac{1}{2}} = \frac{1}{0.05} \times (2)^{\frac{2}{3}} \times 0.02^{\frac{1}{2}}$
  $= 20 \times 1.58 \times 0.1414 ≒ 4.46$
- 유량 = 유속 × 유적 = 4.46 × 3 = 13.4

정답 45.③ 46.④ 47.③

48 돌쌓기기슭막이 공법의 돌쌓기 표준 물매는?

① 찰쌓기 1:0.3, 메쌓기 1:0.5
② 찰쌓기 1:1.3, 메쌓기 1:0.5
③ 찰쌓기 1:0.3, 메쌓기 1:1.5
④ 찰쌓기 1:1.3, 메쌓기 1:1.5

해설: 돌쌓기기슭막이 공법의 돌쌓기의 물매 기준으로 찰쌓기 1 : 0.3, 메쌓기 1 : 0.5이다.

49 찰쌓기 공사에서 지름 약 3cm의 PVC 파이프로 물빼기 구멍을 설치하는 데 1개당 적합한 돌쌓기 면적은 몇 m² 인가?

① 0.5~1m²
② 2~3m²
③ 5~7m²
④ 10~13m²

해설: 찰쌓기 시공시 시공면적 2~3m² 마다 직경 3cm 정도의 물빼기 관을 설치한다.

50 황폐 개천의 사방공작물 중 횡공작물이 아닌 것은?

① 사방댐
② 골막이(구곡막이)
③ 낮은 바닥막이
④ 둑쌓기

해설: 둑쌓기는 종공작물이다. 횡공작물의 종류로 사방댐, 구곡막이, 골막이, 바닥막이 등이 있다.

51 등산로 훼손에 영향을 미치는 인위적 요인에 해당하는 것은?

① 기상
② 이용행태
③ 지형
④ 식생

해설: 훼손형태는 산림에 영향을 주는 부정적인 행위로서 인위적인 이용으로 인해 등산로가 훼손된다.

정답 48.① 49.② 50.④ 51.②

52 해풍에 의한 비사를 억류하고 퇴적시켜서 모래언덕을 조성할 목적으로 시공하는 것은?

① 퇴사울세우기
② 정사울세우기
③ 모래막이
④ 모래덮기

해설: 해풍에 의해 이동하는 모래를 안정화 시키는 목적으로 퇴사울세우기를 실시한다.

53 뒷길이가 35cm인 견치석을 쌓는다면 m^2 당 몇 개가 필요한가? (단, 치수가 25cm × 25cm 이다.)

① 13개
② 16개
③ 20개
④ 24개

해설: $1m^2$ = 100cm × 100cm = $10,000cm^2$
$10,000cm^2$ ÷ (25cm×25cm) = 16

54 비탈면 안정토목공법에 해당하는 것은?

① 비탈힘줄박기공법
② 종자분사파종공법
③ 거적덮기공법
④ 종비토뿜어붙이기공법

해설: 비탈힘줄박기 공법은 사면이 붕괴를 일으키거나 붕락 등의 위험이 있어 식생공법 이외의 비탈면보호공법 등으로는 부적당한 비탈면의 안정, 침식 및 풍화 방지를 위한 공작물이다.

55 다음 중 휴양활동으로 인한 임지피해에 대한 설명으로서 잘못된 것은?

① 휴양이용에 따른 가시적이고 부정적인 영향은 토양 답압이다.
② 답압은 토양공극을 감소시켜 공기를 차단하므로 토양수분이 일탈하지 못하도록 하며 임지를 습윤하게 유지할 수 있는 장점이 있다.
③ 답압을 통해 많은 공극이 제거되어 토양은 입단구조가 깨지게 된다.
④ 답압된 토양 속으로는 물이 침투되지 않아 유거수가 증가하여 표면침식이 증가한다.

해설: 답압이 높을수록 토양의 공극은 줄어들게 되며 공기나 수분의 이동통로가 줄어들게 된다.

56 다음 중 사방댐을 직선부에 계획할 때 올바른 방향은?

① 유심선에 직각
② 유심선에 평행
③ 유심선의 절선에 직각
④ 유심선의 절선에 평행

해설: 사방댐은 주로 직각방향으로 설치하여 침식 방지 및 토사의 유실을 방지한다.

정답 52.① 53.② 54.① 55.② 56.①

57 사방댐의 주요 기능으로 가장 거리가 먼 것은?

① 계상물매를 완화하고 종침식을 방지
② 산각을 고정하여 사면 붕괴를 방지
③ 계상에 퇴적한 불안정한 토사의 유동 방지
④ 물을 가두어 물놀이장이나 수원지로 이용

해설: 사방댐의 기능에 놀이 및 수원지의 기능은 없다.

58 평균유속(V)와 임계유속(Vg)가 같을 경우에 대한 설명으로 옳은 것은?

① 계상에 침식이 가장 많이 일어난다.
② 유수의 속도가 가장 높다.
③ 유수가 사력으로 포화된 상태이다.
④ 계수에 아무런 영향을 미치지 않는다.

해설: 임계유속은 한계유속이라 하여 침식이 시작되는 유속을 의미한다. 평균유속과 임계유속이 같을 경우 사력으로 포화되어 이동이 가능하게 된다.

59 다음 중 조도계수가 가장 큰 수로는?

① 시멘트바닥수로
② 야면석수로
③ 흙수로
④ 큰 자갈과 수초가 많은 불량한 수로

해설: 조도계수는 물과 유로표면의 저항계수로서 자갈이나 수초 등 방해 요소가 많은 수로일수록 조도계수가 커진다.

60 다음 중 산사태의 발생요인 중 내적 요인에 해당 하는 것은?

① 토질
② 강우
③ 지진
④ 벌목

해설: 산사태의 내적요인에는 토질, 임상, 지형 등이 있다.

정답 57.④ 58.③ 59.④ 60.①

61 유역면적 1ha, 시우량 100mm/hr 일 때, 시우량법에 의한 계획지점에서의 최대홍수유량은?(단, 유거계수는 0.7로 한다)

① 0.166m³/s   ② 0.194m³/s
③ 1.17m³/s   ④ 1.94m³/s

해설 ※ 시우량법

$$Q = K \times \frac{A \times \frac{m}{1,000}}{60 \times 60} = 0.7 \times \frac{10,000 \times \frac{100}{1,000}}{3,600} = 0.194$$

Q : 유량(m³/s)   A : 유역면적(m²)
m : 최대시우량(mm/h)   K : 유거계수

62 비탈녹화공법에 사용되는 외래초종의 특성으로 틀린 것은?

① 초기발아가 우수하다.   ② 여름철 병해충에 강하다.
③ 고온에 약하다.   ④ 주변 식생과 이질적이다.

해설 외래수종의 경우 초기발아가 빨라서 비탈녹화에 적합하였으나 고온에 약하고 주변의 토종식생과의 조화를 이루기 어렵다.

63 설상사구에 대한 설명이 아닌 것은?

① 바람의 힘이 약화된 곳에서 형성된다.
② 혀 모양의 형태로 모래가 쌓인 것을 말한다.
③ 치올린 언덕의 모래가 비산하여 내륙으로 이동되면서 형성된다.
④ 모래가 정선부에 퇴적하여 얕은 모래 둑을 형성한다.

해설 모래가 정선부에 퇴적하여 얕은 모래 둑을 형성하는 것은 치올린 모래언덕의 특징이다.

64 절토사면의 토질별 적용공법으로 가장 적합하게 연결된 것은?

① 모래층 비탈면 - 부분 객토 식생공법
② 점질성 비탈면 - 분사파종공법
③ 경암 비탈면 - 낙석방지막 덮기 공법
④ 사질토 비탈면 - 새집붙이기공법

해설
- **모래층 비탈면** - 전면적 객토 식생공법(격자틀붙이기)
- **점질성 비탈면** - 떼붙이기공법(평떼붙이기)
- **사질토 비탈면** - 전면적 식생공법(분사식파종공법)
- **경암 비탈면** - 낙석방지막 덮기 공법(낙석저지책)

정답 61.② 62.② 63.④ 64.③

65 강우 시의 침투능에 대한 설명으로 틀린 것은?
① 초지보다 산림지의 침투능이 크다.
② 나지보다 벌채적지의 침투능이 더 크다.
③ 강우시간이 지속됨에 따라 점점 더 커진다.
④ 토양이 건조해 있는 강우초기에 더 크다.

> **해설** 침투능은 강우시 토양에 대한 물의 침투정도이다. 강우 시 초기에는 최대값을 나타내지만 토양구조가 변화하면서 최초보다는 급격하게 감소하고 서서히 안정되어 일정하게 된다.

66 해안사방에서 사초심기 공법의 사초 식재방법이 아닌 것은?
① 점심기
② 줄심기
③ 망심기
④ 다발심기

> **해설** 해안사방의 사초심기 공법에는 줄심기, 망심기, 다발심기 등이 대표적이다.

67 다음 수로 중 기울기가 완만하고 수량이 적으며 토사유송이 적은 곳에 설치하는 수로는?
① 떼붙임수로
② 돌붙임수로
③ 메붙임수로
④ 콘크리트수로

> **해설** 떼붙임수로는 비탈면의 경사가 완만하고 유량이 적고 경관이 필요한 곳에 주로 시공한다.

68 정사울세우기를 가장 잘 설명한 것은?
① 비탈면 경사를 정렬하기 위하여 볏짚, 보릿 짚, 갈대, 섬, 억새류 등을 설치한 것
② 산지비탈면에 1급에서 9급까지 선떼붙이기 한 것
③ 해안지역의 모래를 안정하여 식재목을 조성 한 것
④ 암벽 비탈면의 침식방지를 위한 울타리를 설치 한 것

> **해설** 정사울 세우기는 전사구에 후방 모래를 고정하여 표면을 안정화하고 식재목이 생육할 수 있는 환경 조성을 위해 실시하며 주로 모래덮기공법과 사초심기공법을 함께 시행한다.

정답 65.③ 66.① 67.① 68.③

69 흙댐에 관한 설명 중 잘못된 것은?
① 흙댐의 포화수선은 댐 밑 외부에 있어야 댐이 안정하고, 심벽은 포화수선을 위로 올려 주는 역할을 한다.
② 유역면적이 비교적 좁고 유량과 유송토사가 적지만 계폭이 비교적 넓은 경우에 건설한다.
③ 댐의 안전을 위해 심벽을 넣는데 심벽 재료로서 사질토나 점질토를 사용한다.
④ 일반적으로 흙댐 마루의 너비는 2~5m 정도로 한다.

해설 흙댐의 포화수선은 댐 밑 내부에 있어야 댐이 안정하고 심벽은 포화수선을 아래로 내려주는 역할을 한다.

70 돌을 쌓아 올릴 때 뒷채움에 콘크리트를 사용하고, 줄눈에 모르타르를 사용하는 돌쌓기는 무엇인가?
① 메쌓기
② 찰쌓기
③ 막쌓기
④ 잡석쌓기

해설 찰쌓기는 돌을 쌓을 때 뒤채움은 콘크리트를 사용하고 줄눈에 모르타르를 사용하며 뒷면에는 물빼기 구멍을 만든다.

71 다음의 사방공종 중에서 지하수 처리공법에 속하는 것은?
① 집수정공법
② 돌림수로내기
③ 침투수방지공법
④ 주입공사

해설 산복공사에 있어 집수정은 지하수를 안전하게 유출시키는 기능을 하는 지하수 처리공법이다.

72 특수 비탈면 안정공법 중에서 앵커박기공법은 주로 어디에 사용되는가?
① 비탈보호나 완만한 경사로 성토를 할 곳
② 급경사의 대규모 암반비탈에서 완만한 암반 비탈에 암석이 노출되어 녹화공사가 불가능한 곳
③ 비탈의 암질이 복잡하고 마사토로 구성되어 취급이 곤란하고 지하수가 용출하는 곳
④ 비탈 경사가 현저하게 급한 곳에서 토압이 큰 곳이나 비탈틀공법 혹은 흙막이공사 등을 계획 하는 곳

해설 앵커박기공법은 주로 땅밀림이나 암석붕괴가 예상되는 지역에 실시한다.

정답 69.① 70.② 71.① 72.④

73 산지계류의 곡선부에 설치하는 사방댐의 제체 방향은 유심선과 어느 각도를 이루도록 계획하는 것이 가장 안정한가?

① 45° ② 60°
③ 90° ④ 180°

해설: 사방댐 및 횡공작물의 경우 유심선과 직각방향으로 설치한다.

74 해안사구 중에서 해안으로부터 가장 멀리 떨어져 조성되어 있는 사구는?

① 앞모래언덕 ② 주사구
③ 자연사구 ④ 후사구

해설: 사구는 앞모래언덕인 전사구가 가장 가까우며 자연사구가 가장 멀리 떨어져 있다.

75 비탈 돌쌓기공법의 설명으로 틀린 것은?

① 비탈 물매가 1 : 1 보다 완만한 경우는 돌붙이기라 한다.
② 찰쌓기 공법에는 2~3m^2마다 물빼기 구멍을 설치한다.
③ 돌쌓기의 물매는 일반적으로 메쌓기의 경우 1 : 0.3 이다.
④ 돌쌓기는 일곱에 움 이상 아홉에 움 이하가 되도록 한다.

해설: 비탈 돌쌓기 공법에서 다섯에 움 이상 일곱에 움 이하가 되도록 한다.

76 바닥막이공작물의 위치 선정 지점으로 적합하지 않은 것은?

① 분지합류지점의 하류 ② 종, 횡침식의 하류
③ 계상 굴곡부의 하류 ④ 계상이 안정된 지점

해설: 바닥막이 시공 위치
 • 계류바닥에 암반이 노출된 지점 • 지류가 합류되는 지점의 바로 아래 부분
 • 계류바닥이 침식으로 저하될 위험이 큰 지점

77 중력침식의 한 형태인 붕락에 대하여 가장 바르게 설명한 것은?

① 붕락은 일반적으로 붕괴되어 온 토괴의 대부분이 그 비탈변의 끝이나 산각부에 남아 있다.
② 붕락은 그 발생부위에 반드시 유수가 관계 하고 있다.
③ 붕락은 비탈면 끝을 흐르는 계천의 가로침식으로 무너지는 현상이다.
④ 붕락은 누구침식이 더욱 발달하여 규모가 깊고 넓게 확대된 침식형태이다.

해설: 붕락은 주로 호우 또는 눈이나 얼음이 녹은 물로써 토층이 포화되어 비탈면의 불안정한 토괴가 균형을 잃고 무너져 떨어지는 중력침식의 한 형태이다. 일반적으로 떨어진 토괴는 비탈면 끝이나 산각부에 남아있고, 붕락된 지표층에는 대개 주름이 잡혀진다.

정답 73.③ 74.③ 75.④ 76.④ 77.①

78 막깬돌, 잡석, 호박돌 등을 축설하며 유량이 적고 기울기가 비교적 급한 산복에 이용되는 수로는 무엇인가?

① 찰붙임 돌수로 ② 메붙임 돌수로
③ 콘크리트 수로 ④ 떼붙임 수로

해설: ※ 메붙임 돌수로
- 막깬돌, 잡석, 호박돌 등을 붙여 축설한다.
- 유량이 적고 기울기가 비교적 급한 산복에 이용한다.
- 석재는 돌의 길이면을 유수의 직각으로 놓고 뒷채움은 자갈을 이용한다.

79 다음 중 구곡막이에 대한 설명 중에서 잘못된 것은?

① 수로를 별도로 축설하지 않고, 중앙부를 낮게 한다.
② 반수면은 토사를 채우고, 대수면은 떼를 입힌다.
③ 계상이 낮아질 위험성이 있는 곳에 설치한다.
④ 사방댐보다 규모가 작다.

해설: 구곡막이는 반수면만 축조하고 중앙부를 낮게 하여 물이 빠지게 한다.

80 다음 중 비탈면 안정공법이 아닌 것은?

① 힘줄박기 공법 ② 새심기 공법
③ 격자틀붙이기 공법 ④ 돌쌓기 공법

해설: 새심기 공법은 녹화와 조경을 목적으로 시공한다.

81 다음 중 높이 10m에 1 : 0.3 물매일 때 수평거리는?

① 30cm ② 3m
③ 103cm ④ 3.3m

해설: 1 : 0.3 = 10 : 수평거리, 수평거리 = 3m

정답 78.② 79.② 80.② 81.②

82 불량한 돌쌓기 공사 시에 나타나는 금기돌이 아닌 것은?
① 뜬돌
② 거울돌
③ 포갠돌
④ 굄돌

해설: 금기돌의 종류로 뜬돌, 포갠돌, 뾰족돌, 거울돌 등이 있다.

83 토양침식형태를 물침식과 중력침식으로 분류할 때 중력침식에 해당되지 않는 것은?
① 붕괴형침식
② 지활형침식
③ 유동형침식
④ 지중침식

해설: 지중침식은 물침식의 종류이다.

84 해안사방지의 조림용 수종이 구비해야할 조건과 거리가 먼 것은?
① 바람에 대한 저항력이 클 것
② 양분과 수분에 대한 요구가 많을 것
③ 온도의 급격한 변화에도 잘 견디어 낼 것
④ 조풍의 피해에도 잘 견디어 낼 것

해설: 해안사방지의 조림용 수종은 양분과 수분의 요구도가 적어야 한다.

85 다음 산복 비탈면에서 비탈다듬기공사를 설계할 때 내용으로 잘못된 것은?
① 산복비탈면의 수정기울기는 종단면도를 작성하여 결정한다.
② 수정기울기는 지질, 면적, 공법 등에 따라 차이를 두되 대체로 45°전후로 한다.
③ 퇴적층 두께가 3m 이상일 때에는 땅속흙막이 공작물을 설계한다.
④ 기울기가 급한 장소에서는 산비탈 돌쌓기로 조정한다.

해설: 비탈다듬기공사에 있어 수정기울기는 최대 35° 전후로 한다.

정답 82.④ 83.④ 84.② 85.②

86 흙댐을 시공하려고 할 때 흙댐의 높이를 2~5m 정도로 계획하려고 한다. 이때 반수면 및 대수면 기울기로 가장 적합한 것은?

① 반수면 1 : 2.0, 대수면 1 : 1~2.0
② 반수면 1 : 1.5, 대수면 1 : 1~1.5
③ 반수면 1 : 1.0, 대수면 0.8 : 1.5
④ 반수면 1 : 0.5, 대수면 0.5 : 1.2

해설 일반적으로 흙댐은 반수면 1 : 2, 대수면 1 : 1~2 정도로 한다.

87 황폐계류의 유역을 구분할 때, 상류로부터 하류까지의 순서가 옳은 것은?

① 토사생산구역 → 토사퇴적구역 → 토사유과구역
② 토사퇴적구역 → 토사생산구역 → 토사유과구역
③ 토사유과구역 → 토사생산구역 → 토사퇴적구역
④ 토사생산구역 → 토사유과구역 → 토사퇴적구역

해설 황폐계류의 상류부를 토사생산구역, 생산된 토사가 이동하는 토사유과구역, 하류에 토사가 퇴적되는 토사퇴적구역으로 구분된다.

88 산지사방공사의 정지공사에서 비탈다듬기 공사를 실시하기 전에 시공해야 하는 공사는 무엇인가?

① 속도랑공사 및 단끊기공사
② 속도랑공사 및 땅속흙막이공사
③ 속도랑공사 및 수로내기공사
④ 땅속흙막이공사 및 단끊기공사

해설 산지사방공사에서 비탈다듬기 공사 전 부토가 많은 지역에 속도랑공사와 땅속 흙막이 공사를 시공하는 것이 효율적이다.

89 사방댐에서 대수면이란?

① 댐의 천단부분
② 댐의 하류측사면
③ 댐의 상류측사면
④ 방수로부분

해설 사방댐의 대수면은 댐의 상류측 사면이며 반수면은 댐의 하류측 사면을 의미한다.

정 답 86.① 87.④ 88.② 89.③

90 비탈면에 경관식재를 추진할 때 고려해야할 사항을 바르게 설명한 것은?

① 인공재료에 의한 시공보다 비탈면기울기를 급하게 한다.
② 관목으로 비탈면식재를 추진할 경우 사면 경사는 1 : 1보다 완만해야 한다.
③ 비탈면에 전면 떼붙이기 후 잔디깎이 기계를 사용해 관리하려면 사변경사는 1 : 2보다 완만해야한다.
④ 경관식재에서는 안전을 위해 비탈면에 교목식재나 대묘이식을 하지 않는 것이 원칙이다.

해설 비탈면의 경관식재는 경사로 인한 수목의 넘어지는 위험성을 최소화하기 위해 교목이나 대묘를 식재하지 않는 것이 좋다.

91 산비탈 수로 해당 유역의 유거계수가 1.0 이고 최대시우량이 100mm/h, 유역면적이 3.6ha 이었다면, 수로가 통과시켜야 할 유량(m^3/s)는?

① $1m^3/s$
② $5m^3/s$
③ $10m^3/s$
④ $15m^3/s$

해설 ※ 시우량법

$$Q = K \times \frac{A \times \frac{m}{1,000}}{60 \times 60} = 1.0 \times \frac{36,000 \times \frac{100}{1,000}}{3,600} = 1.0$$

Q : 유량(m^3/s)　　A : 유역면적(m^2)
m : 최대시우량(mm/h)　　K : 유거계수

92 산지 침식의 분류에서 물에 의한 침식에 속하지 않는 것은?

① 우수침식
② 하천침식
③ 동상침식
④ 지중침식

해설 물에 의한 침식으로 우수침식, 하천침식, 지중침식, 바다침식이 있다.

93 일반적으로 비탈 돌쌓기 공종 중 메쌓기의 표준 물매는 어떻게 구성되는가?

① 1 : 0.1
② 1 : 0.2
③ 1 : 0.3
④ 1 : 0.4

해설 메쌓기 기울기는 1 : 0.3을 표준으로 한다.

정답 90.④　91.①　92.③　93.③

94 대체적으로 견치돌의 크기에서 뒷길이는 앞면 길이의 얼마로 하는가?

① 1.5배 이상
② 1/5이상
③ 1/3정도
④ 1/10정도

해설 견치돌의 뒷길이는 앞면 길이의 1.5배 이상으로 한다.

95 비탈파종공법에서 한 종류의 발생기대본수는 총 발생기대본수의 몇 % 이하가 되지 않도록 파종량을 산정해야 하는가?

① 10%
② 20%
③ 30%
④ 40%

해설 비탈파종공법에서 한 종의 발생기대본수는 총발생기대본수의 10% 이하가 되지 않도록 파종량을 산출한다. 초본종자 발생기대본수의 경우 4,000~5,000본/m^2, 목본종자 발생기대본수는 1,000~2,000본/m^2 정도이다.

96 폐탄광지역 사방공사의 주요 사항이 아닌 것은?

① 차폐식재를 하여 좋은 경관을 만든다.
② 사면붕괴 방지를 위해 사면 안정각을 유지 한다.
③ 광미 및 폐석탄을 제거하고 복토를 하여 식재 한다.
④ 경제림을 단기적으로 조성한다.

해설 경제림의 단기적 조성보다는 피해 복구 및 경관 식생을 우선적으로 한다. 또한 척박한 토양임을 고려한 수종 선택이 요구된다. 폐탄광지 복구에는 편책공법, 파종공법, 바자얽기, 산비탈돌쌓기공법 등이 이용된다.

97 비탈붕괴, 산사태 발생의 인위적인 요인은?

① 동결융해
② 지진
③ 강우, 적설
④ 수목 벌채

해설 붕괴 및 산사태의 인위적 요인은 인간의 간섭에 의한 것으로 수목 벌채, 흙깎기, 댐조성 및 임도공사 등이 있다.

정답 94.① 95.① 96.④ 97.④

98 다음에서 산복사방공사의 시공 방침이 아닌 것은?

① 표토 침식방지 ② 양안 침식방지
③ 붕괴 확대방지 ④ 산사태 위험방지

> **해설** 산지사방사업은 시공위치에 따라 계간사방공사와 산복사방공사로 분류되며 양안 침식방지의 경우 계간사방공사에 관련된다.

99 바다쪽에서 불어오는 해풍에 의해 날리는 모래를 억류하고 퇴적시키기 위한 인공사구 조성 공법은?

① 비탈덮기 ② 떼붙이기
③ 퇴사울세우기 ④ 목책세우기

> **해설** 퇴사울 세우기는 해안사구에서 바람에 의해 이동하는 불안정한 모래를 고정하여 안정을 도모하는 공법이다.

100 비탈면안정공법으로 비교적 붕괴위험이 많은 비탈에 거푸집을 설치하고 콘크리트치기를 하여 비탈안정을 위한 틀(뼈대)을 만들어 그 안에 작은 돌이나 흙으로 채우고 녹화를 꾀하는 공법은?

① 비탈 격자틀 붙이기 ② 비탈 힘줄박기
③ 비탈 블록 붙이기 ④ 비탈 콘크리트 뿜어붙이기

> **해설** 비탈 힘줄박기는 직접 거푸집을 설치하고 콘크리트를 이용해 비탈면의 안정을 도모하는데 이때 뼈대인 힘줄을 박고 흙이나 돌로 채우는 공법이다.

정답 98.② 99.③ 100.②

PART 4
산림기반시설

PART 04 산림기반시설

01 임도계획

1. 임도 계획 및 기능

(1) 임도

① 임도계획의 순서는 임도밀도계획, 임도노선배치계획, 임도노선선정으로 진행된다.
② 임도의 기능은 이동기능, 접근기능, 공간기능 등 크게 3가지로 구분된다.

이동기능	• 교통을 신속하고 원활하게 해주는 기능 • 생산된 물류를 신속하게 유통시키는 기능 • 사람들의 왕래 및 여가활동을 위한 신속성, 안정성, 편리성 • 간선임도, 연결임도가 해당 된다.
접근기능	• 임지이용의 활성화, 산림작업과 생산활동에 직접 이용되는 것 • 지선임도, 경영임도가 해당 된다.
공간기능	제한된 공간을 갖는 임업에서 집재, 집적, 주차 등의 공공용지, 휴양림에서 광장 등의 생활공간으로 이용 된다.

③ 임도의 기능에서 나타나는 효과 및 문제점은 아래와 같다.

효과	문제점
• 산림화재의 예방 • 병해충의 방제 • 산림의 휴양 기능 • 벌채시간의 절약과 작업 피로의 경감 • 지역 소득 증대	• 산림내 수원의 파괴 • 산림 토양의 유실 및 침식 • 생태계의 순환 방해 • 동물의 서식공간의 파괴 및 단절

④ 임도 선형 설계 시 고려할 사항은 다음과 같다.
　㉠ 지역 및 지형과의 조화
　㉡ 종단선형과 평면선형과의 조화
　㉢ 교통상의 안정성
　㉣ 선형의 연속성

⑤ 선형설계의 제약 요소
  ㉠ 자연환경의 보존 및 국토보전 상에서의 제약
  ㉡ 지형 및 지물의 제약
  ㉢ 시공상 제약
  ㉣ 사업비 및 유지 관리비의 제약

(2) 임도의 종류

① 기능에 의한 분류

지선임도	• 조림, 육림, 수확 및 보호관리 등 임업경영의 목적의 임도를 말한다. • 경영임도, 시업임도 등이 있다.
간선임도	• 임업적 목적보다 공익적 목적의 비중이 더 큰 임도로 유역간의 연결, 농어촌도로망의 연계 등 지역경제활동에 기여한다. • 산림의 다면적 기능 발휘가 기대되는 넓은 산림지역에 필요하다. • 연결임도, 도달임도 등이 있다.

② 이용집약도에 의한 분류

주임도	집재장 혹은 부임도에서 공도까지 연결되는 영구적인 임도
부임도	집재장 혹은 작업도로부터 주임도 혹은 공도까지 연결되는 영구적인 임도
작업도	임지 또는 운재로에서 집재장, 부임도 또는 주임도가지 연결되는 일시적인 임도로 주로 인력장비의 이동에 이용
운재로	임지에서 집재장 또는 작업도까지 연결되는 일시적인 임도로 임산물 운반에 이용된다.

③ 설치위치에 따른 분류

• 주계곡임도 • 부계곡임도 • 사면임도	• 능선임도 • 산정임도 • 분지임도

2. 적정 임도밀도

(1) 임도의 밀도

임도밀도는 임도의 성숙도를 나타내는 양적지표로 단위면적당 임도시설거리를 의미한다.

$$임도밀도(m/ha) = \frac{총연장거리(m)}{총면적(ha)}$$

(2) 임도노선의 선정

① 임도노선 선정기준
  ㉠ 조림, 육림, 간벌, 주벌 등 산림사업 대상지
  ㉡ 산림경영계획이 수립된 임지
  ㉢ 산불예방, 병해충방제 등 산림의 보호, 관리를 위하여 필요한 임지
  ㉣ 산림휴양자원의 이용 또는 산촌진흥을 위하여 필요한 임지
  ㉤ 농, 산촌 마을의 연결을 위하여 필요한 임지
  ㉥ 기존 임도간 연결, 임도와 도로 연결 및 순환임도 시설이 필요한 임지

② 임도 노선을 설치 할 수 없는 경우
  ㉠ <산지관리법>에 의거 산지 전용이 제한되는 지역이 포함된 경우
  ㉡ 임도거리의 10% 이상이 경사 35° 이상의 급경사지를 지나게 되는 경우
  ㉢ 임도거리의 10% 이상이 <도로법>에 의한 도로로부터 300m 이내인 지역을 지나는 경우
  ㉣ 임도거리의 20% 이상이 화강암질풍화토로 구성된 지역을 지나는 경우
  ㉤ 임도거리의 30% 이상이 암반으로 구성된 지역을 지나게 되는 경우

③ 임도의 평가
  ㉠ 임도의 평가는 간선임도설치계획상의 노선을 평가한다.
  ㉡ 평가자는 관련 전문지식을 보유한자로서 산림청장이 위촉하는 4명의 평가자가 실시하며 자격은 아래와 같다.
    • 대학에서 임학 혹은 산림토목학을 강의하는 자
    • 산림 관련 환경단체에서 활동하는 자
    • 산림공학기술자 특급 혹은 1급 자격증 소지자
  ㉢ 평가는 임도를 설치하고자 하는 해의 전년 7월 까지 실시한다.

ⓒ 평가는 4명의 평가자의 평균을 기준으로 하며 환경성 분야 평가항목에 불가 판정이 없어야 하며, 타당성 평가 점수가 70점 이상이어야 한다.
④ 임도노선의 흐름도 작성은 지형도, 예정선의 기입, 노선선정, 현지측정, 개략설계의 순서로 작성한다.

(3) 산림기능별 임도 밀도

① 임도 밀도의 종류
  ㉠ 기본임도밀도
    조림에서 수확까지 산림작업에 투입되는 노동인력들이 작업장까지 왕복하는데 소요되는 경비와 같은 비생산노무경비를 임도시설에 전환하여 사회간접자본화하는 개념이다.
  ㉡ 적정임도밀도
    - 임도의 개설이 늘어가면서 임도밀도가 증가되면 집재비, 조재비, 관리비는 낮아지나 임도개설비, 유지관리비 등이 증가한다.
    - 임업생산비에서 임도개설 연장의 변화에 따른 집재비용과 개설비의 합계가 가장 효율적 혹은 최소가 되는 임도밀도를 말한다.
  ㉢ 지선임도밀도
    - 집재방법의 효율성을 수치화하여 적용 가능한 장비 및 최대집재거리를 임도밀도를 기준으로 구하는 방법으로 다음과 같은 공식을 통해 구한다.

$$D = \frac{a}{s}$$
D : 지선임도밀도(m/ha),   s : 평균집재거리(km),   a : 임도효율계수

    - 임도효율계수는 경사지의 경우 7~9 정도, 급경사지는 9 이상의 값을 가진다.
    - 지선임도의 가격은 다음과 같이 구한다.

$$\text{지선임도가격} = \frac{\text{지선임도밀도}(m/ha) \times \text{지선임도개설비단가}(원/ha)}{\text{수확재적}(m^3/ha)}$$

② 집재거리
　㉠ 집재거리의 종류는 다음과 같다.

종류	공식	
임도간격	$RS = \dfrac{10000}{ORD}$	RS : 임도간격(m) ORD : 적정임도밀도(m/ha)
집재거리 (단방향집재)	$SD = \dfrac{10000}{ORD \times 2} = \dfrac{5000}{ORD}$	SD : 집재거리(m) ORD : 적정임도밀도(m/ha)
평균집재거리 (양방향집재)	$ASD = \dfrac{10000}{ORD \times 4} = \dfrac{2500}{ORD}$	ASD : 집재거리(m) ORD : 적정임도밀도(m/ha)

　㉡ 개발지수는 임도의 질적 기준을 나타내는 지표로 임도배치의 효율성을 알 수 있다.
　㉢ 임도망의 배치가 균일하면 개발지수는 1에 근접된다. 개발지수는 1을 기준으로 이보다 크거나 작을수록 불균일한 상태를 나타낸다.
　㉣ 임도의 노선이 중첩되면 이용효율성이 낮아지게 된다.

③ 집재거리간의 관계
　㉠ 임도 간격은 임도와 임도사이의 거리로 표현한다.
　㉡ 집재거리는 양쪽의 임도에서 서로 집재작업이 실행되기에 평지림의 경우 임도간격의 1/2이 된다.
　㉢ 평균집재거리는 임도변의 집재작업(최소집재거리)과 집재한계선(최대집재거리)까지 집재작업이 동일하게 실행되므로 평지림의 경우 집재거리의 1/2, 임도간격은 1/4이 된다.
　㉣ 기본 계산식의 평지림을 기준으로 정립된 것이기에 산악지의 경우 임도와 집재우회계수를 고려해야 한다.
　㉤ 평균집재거리 우회계수에 비례하고 임도밀도에 반비례한다. 즉 임도밀도가 클수록 우회계수가 작을수록 평균집재거리는 짧아지게 되어 노선 배치가 가장 양호하다고 판단한다.

3. 임도망 배치

(1) 지형별 임도 배치 방법

① 계곡임도형
  ㉠ 임지 하부에 설치하며 보통 계곡임도는 처음 만들어지는 임도이다.
  ㉡ 홍수로 발생되는 유실 방지를 목적으로 위쪽의 사면에 설치한다.

② 산복임도형
  ㉠ 산복임도는 사면임도라 하며 계곡임도에서 시작하여 산록부와 산복부에 설치하는 임도로 하부에서 점차적으로 계획하여 진행하며 지그재그방식 혹은 대각선 방식이 적당하다.
  ㉡ 급경사가 긴 비탈면은 지그재그 방식이 적당하고 완경사지에서는 대각선 방식을 선택한다.
  ㉢ 집재작업효율이 높으며 상향집재방식에 적용 가능하다.
  ㉣ 임도개설시 산복부는 임목수집비를 고려할 때 효율성 및 경제성이 가장 큰 위치이다.

③ 능선임도형
  ㉠ 축조비용이 저가이고 토사유출이 적다.
  ㉡ 가선집재 같은 상향집재방식으로만 산림 개발이 가능하다.
  ㉢ 계곡 및 늪지대에서 임도 개설 시 용이하다.

④ 산정부개발형
  산정부 부근을 순환하는 순환식 노선을 설치한다.

(2) 지형지수 산출방법

① 지형지수는 산림의 지형조건인 임지경사, 기복량, 곡밀도를 이용하여 산출한다. 지형지수는 면적 500~1000 ha 의 산림지역을 대상으로 하지만 이 지수에 의해 지형분류를 실시하고 그 값에 따라 산림작업 방법을 선택하게 된다.

② 지형분류 및 작업방식

구분	I(완)	II(중)	III(급)	IV(급준)
지형지수	0~19	20~39	40~69	70 이상
표준임도밀도	30~50	20~30	10~20	5~15
집운재방식	트럭	트랙터	중거리가선	장거리가선

(3) 임도망 배치 고려사항

① 산지경사 40% 이하인 완경사지에는 산록부에, 급경사지에는 산중복부에 배치하여 집재거리 300m로 한다.
② 운재비가 적게 들고 신속한 운반이 되도록 하며 운반량에 제한이 없어야 한다.
③ 시장과의 거리가 적당해야 하고, 인접한 경영계획구와 마을 사이의 상호협력이 원활해야 한다.
④ 날씨와 계절에 따라 운재 능력에 제한이 없도록 하고 운재방법은 단일화해야 한다.
⑤ 산림풍치의 보전과 등산 및 관광 등의 편익을 고려한다.

4. 임도의 구조

(1) 종단구조

① 종단기울기
  ㉠ 종단기울기는 길 중심선의 수평면에 대한 기울기로 종단기울기를 유지하여 배수를 원활하게 하고 토양침식과 차량에 의한 파손을 막는다.
  ㉡ 종단기울기는 보통자동차에서는 설계속도의 약 50~80% 정도로 오를 수 있는 상태를 조건으로 설정한다.
  ㉢ 종단기울기는 최소 2~3% 이상 되어야 강수시에도 차량주행이 가능하다.
  ㉣ 작업임도의 종단기울기는 최대 20% 범위에서 조정한다.
  ㉤ 포장도로가 아닌 곳으로서 종단기울기의 대수차가 5% 이하인 경우 적용하지 않는다.
  ㉥ 임도의 종단기울기 고려 시 노면의 배수, 임도우회율, 주행차량의 등판력과 속도를 고려한다.
  ㉦ 교량에 종단기울기는 특별한 장소를 제외하고 적용하지 않는다.
  ㉧ 종단기울기를 급하게 하면 임도의 우회율을 낮출 수 있다.
  ㉨ 간선임도, 지선임도의 종단기울기 표준은 아래와 같다.

설계속도(km/hr)	종단기울기(순기울기)	
	일반지형	특수지형
40	7% 이하	10% 이하
30	8% 이하	12% 이하
20	9% 이하	14% 이하

② 종단곡선

종단곡선에서 충격완화 및 가시거리의 확보를 위해 아래와 같은 설계조건에 따른다.

설계속도(km/hr)	종단곡선 반경(m)	종단곡선의 길이(m)
40	450 이상	40 이상
30	250 이상	30 이상
20	100 이상	20 이상

(2) 횡단구조

① 차도의 중앙부를 높게 하고 양쪽을 낮게 하여 횡단기울기를 만드는데 주로 빗물 배수를 위해 필요한 기울기이다.
② 간선임도, 지선임도는 포장한 경우 1.5~2%, 포장이 없는 쇄석도 및 사리도는 3~5% 정도의 기울기를 준다.
③ 차량의 곡선임도에 도달하면 원심력이 발생하여 바깥쪽으로 밀리는 위험을 방지하고자 바깥쪽을 안쪽보다 높게 하는데 이를 외쪽 기울기라 한다. 통상 외쪽기울기는 8% 이하로 해준다.
④ 임도의 너비를 노폭이라 하며 차도의 너비와 길어깨의 너비를 합한 값이다.

(3) 횡단면형

① 차량규격(단위 : m)

임도 설계시 차량의 규격은 아래와 같다.

구분	길이	폭	높이	앞내민 길이	앞뒤바퀴 거리	뒷내민 길이	최소 회전반경
소형자동차	4.7	1.7	2.0	0.8	2.7	1.2	6.0
보통자동차	13.0	2.5	4.0	2.5	6.5	4.0	12.0
세미트레일러 연결차	16.7	2.5	4.0	1.3	전 : 4.2 후 : 9.0	2.2	12.0

② 차량 설계속도

㉠ 설계속도는 평지보다 산지인 경우를 낮게 한다.
㉡ 장거리 교통보다 단거리 교통인 경우 낮게 한다.
㉢ 교통량이 많은 노선보다 작은 노선인 경우 낮게 한다.

② 차량 설계속도는 아래와 같이 구하도록 한다.

$$V = \frac{N \times d}{1000}$$

V : 설계속도(km/hr),   N : 시간당 교통량(대/hr)
d : 차두간격 또는 대피소 간 왕복거리(m)

③ 차도폭

1차선인 경우	2차선인 경우
$W = B + \dfrac{V}{50} + 0.5$	$W = 2(B+b) + b_0 - 2b'$
W : 차도폭(m) B : 자동차폭(m) V : 설계속도(km/hr)	W : 차도폭(m) B : 자동차의 폭(m) b : 자동차 바퀴에서 길가까지 간격(m) b_0 : 두 차간에 스치는 여유간격 b' : 자동차 바퀴와 가장자리의 간격(m)

④ 임도 설계속도

구분	기준
간선임도	20~40
지선임도	20~30

⑤ 너비
  ㉠ 길어깨, 옆도랑의 너비를 제외한 임도의 유효너비(차도너비)는 통상 3m 정도로 규정한다. 단, 배향곡선지인 경우 6m 이상이다.
  ㉡ 임도의 길어깨, 옆도랑 최소너비 기준은 50cm ~ 1m 범위를 가진다.
  ㉢ 길어깨(갓길) 목적
    • 노체구조의 안정
    • 차량 안전 통행
    • 보행자 대피 공간
    • 차도의 구조부 보호

⑥ 대피소 및 차돌림곳
  ㉠ 간선 및 지선임도의 대피소는 차량의 교행시 통행에 지장이 없도록 만든 시설이다.
  ㉡ 대피소 설치 기준

구분	기준
간격	300 m 이내
너비	5m 이상
유효길이	15 m 이상

  ㉢ 차돌림곳 너비는 10m 이상으로 한다.

(4) 합성기울기

① 합성기울기는 외쪽기울기 혹은 횡단기울기의 제곱과 종단기울기의 제곱의 합의 제곱근을 이용하여 구하며 공식은 아래와 같다.

$$S = \sqrt{i^2 + j^2}$$
S : 합성기울기(%),   i : 외쪽 또는 횡단기울기(%),   j : 종단기울기(%)

② 합성기울기는 12% 이하로 한다. 단, 불가피한 경우 아래의 기준에 따르며 최대 허용 기울기는 20% 이하로 한다.

간선임도	13 % 이하
지선임도	15 % 이하
노면포장을 하는 경우	18 % 이하

(5) 평면구조

① 곡선의 종류
  ㉠ 단곡선
    평형하지 않은 2개의 직선을 1개의 원곡선으로 연결하는 곡선
  ㉡ 복심곡선(복합곡선)
    반지름의 길이가 다른 두 단곡선이 같은 지점으로 만나는 곡선으로 동일한 접선을 가지게 되며 다른 곡선이 같은 방향으로 연속하게 된다.
  ㉢ 반향곡선(반대곡선)
    서로 다른 방향에서의 곡선이 한지점에서 만나 연속되는 것으로 별도의 직선부

설치가 필요하다.
ㄹ) 배향곡선(헤어핀곡선)

단곡선, 복심곡선, 반향곡선이 혼합되어 머리핀모양(Hair-pin)으로 된 곡선으로 경사가 급한 곳에서 노선거리를 연장하거나, 종단기울기를 완화하거나, 동일사면에서 우회할 목적으로 설치한다.

$$\text{배향곡선 적정간격} = \frac{0.5 \times \text{임도간격}(m) \times \text{사면기울기}(\%)}{\text{종단기울기}(\%)}$$

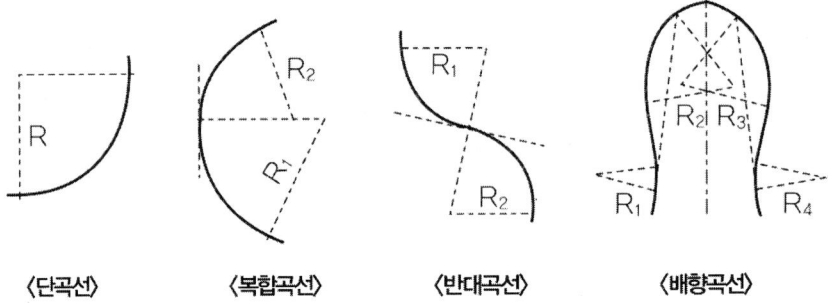

〈단곡선〉　　〈복합곡선〉　　〈반대곡선〉　　〈배향곡선〉

② 곡선반지름
  ㉠ 최소곡선반지름은 노선의 굴곡 정도를 나타내며 도로의 너비, 운행속도, 도로 및 차량의 구조, 반출 목재의 길이, 시거, 타이어와 노면의 마찰계수 등에 영향을 받는다.
  ㉡ 운반되는 통나무의 길이 기준

$$R = \frac{l^2}{4B}$$

R : 곡선반지름(m),　 l : 통나무길이(m),　 B : 노폭(m)

  ㉢ 원심력과 타이어 마찰계수에 의한 경우

$$R = \frac{V^2}{127(f+i)}$$

R : 최소곡선반지름(m),　V : 설계속도(km/hr),　i : 노면의 횡단물매
f : 타이어의 마찰계수(임도설계속도 40km/hr 이하일 경우 0.15적용)

㉣ 곡선부의 중심선 반지름은 아래의 기준에 따라 설치한다. 단, 내각이 155° 이상인 경우 곡선을 설치하지 않을 수 있다.

설계속도(km/hr)	최소곡선반지름(m)	
	일반지형	특수지형
40	60	40
30	30	20
20	15	12

㉤ 배향곡선은 중심선 반지름이 10m 이상이 되도록 설치한다.

③ 곡선부의 확폭

차량의 뒷바퀴는 항상 앞바퀴보다 안쪽으로 기울어 곡선부로 통과하기에 앞, 뒷바퀴는 다른 궤도를 그리면서 주행하기에 곡선부의 안쪽으로 더 확폭이 필요하며 내각이 예각일 경우 이러한 현상이 더 심하다.

$$e = \frac{L^2}{2R}$$

e : 확폭량(m),   R : 중심선의 곡선반지름(m)
L : 차량 앞면에서 뒷차축까지 거리(m)

④ 시거

㉠ 차도 중심선상 1.2m 높이에 당해 차선의 중심선상 높이 10cm 물체의 정점을 볼 수 있는 거리를 말한다.

㉡ 안전 주행을 위해 안전시거의 기준은 다음과 같다.

설계속도(km/h)	안전시거(m)
40	40 이상
30	30 이상
20	20 이상

㉢ 안전시거의 공식은 다음과 같다.

$$안전시거(m) = \frac{2\pi \times 곡선반지름(m) \times 중심각(°)}{360°}$$

⑤ 물매곡률비
  ㉠ 물매곡률비는 임도에서 곡선부의 안정성과 주행성을 확보하기 위한 지표이다.
  ㉡ 일반적으로 임도에서 3.0 이상의 물매곡률비가 적당하며 안전한 주행이 가능해진다.
  ㉢ 물매곡률비는 다음의 공식으로 구한다.

$$물매곡률비 = \frac{곡선반지름(m)}{종단기울기(\%)}$$

02 임도 설계도 작성

1. 노선 선정

(1) 예비조사
① 임도의 설계는 예비조사를 시작으로 답사, 예측, 실측, 설계도 작성, 공사량 산출, 설계서 작성의 순서로 이루어진다.
② 예비조사는 임도 설계에서 가장 먼저 시작하여 임도계획을 위한 기초조사에서 이용한 도면과 지형을 분석한다.

(2) 답사
① 지형도에서 검토한 노선의 적정여부를 확인하기 위해 직접 답사하여 예정선을 정한다.
② 예정선의 확정에서 옹벽, 암거, 교량 등의 구조물과 토질, 경사도 등을 조사한다.

(3) 예측 및 실측
① 예측은 답사에서 확정된 예정선을 경사측정, 방위측정, 거리측정 등으로 실측하여 예측도를 작성한다.
② 실측은 예측에 의한 노선을 현지에서 정밀측량을 실시한다.
③ 실측은 평면측량, 종단측량, 횡단측량, 구조물측량으로 구분한다.

2. 평면도

(1) 평면도
① 축척 1 : 1200 으로 작성위치는 종단면도 상단에 작성한다.
② 임시기표, 교각점, 측점번호 및 사유토지의 지번별 경계, 구조물 및 곡선 제원 등을 표시한다.

(2) 종단면도
① 횡 1 : 1000 , 종 1 : 200 축척으로 작성한다.
② 곡선, 선측점, 구간거리, 누가거리, 지반높이, 계획높이, 절토높이, 성토높이, 기울기 등을 적는다.
③ 종단면도의 전후 도면이 접합되게 하고 종단기울기의 변화점에는 종단곡선을 삽입한다.

(3) 횡단면도

① 횡단면도는 1 : 100 축척으로 좌측하단에서 상단으로 기입한다.
② 토질과 공종에 따라 절취, 성토, 석축, 옹벽 등을 도시한다.
③ 각 측점의 단면마다 지반고, 계획고, 절취고, 성토고, 절토단면적, 성토단면적, 지장목제거, 사면보호공 등의 물량을 기입한다.

(4) 구조물도

① 임도의 시공기면에 필요한 구조물의 정면도, 평면도, 측면도의 규격을 표시한 도면이다.
② 국부적으로 필요한 경우 그 부분을 확대한 상세도를 작성하고 공정별, 재료별 수량과 규격을 도시한다.

03 임도 설계서 작성

1. 측량

(1) 영선측량

① 경사지에서 노면의 시공면과 산지의 경사면이 만나는 지점을 영점이라 정의하고 이점을 연결한 선을 영선이라 한다.
② 영선을 기준으로 측량하는 경우를 영선측량이라 하며 시공기면의 시공선을 따라 측량하고 주로 산악지에서 이용된다.
③ 영선은 노반에 나타나며 절토작업과 성토작업의 경계선이다.
④ 영선측량은 시공기면의 시공선을 따라 측량하기에 굴곡부를 제외하고 계획고 상태로 측량한다.
⑤ 산지 경사가 50% 정도의 균일한 사면일 때는 중심선과 영선이 일치되는 경우도 있으나 대게 일치되지 않는다.
⑥ 영선측량이나 중심선측량은 계곡부나 능선부에서 편차가 많이 발생하게 된다.

(2) 중심선 측량

① 중심선 측량은 주로 평탄지와 완경사지에서 이용된다.
② 노선의 시점을 기준으로 20m 마다 측점말뚝을 박아 시점말뚝에서 측점번호를 적는다.
③ 지형상 종, 횡단의 변화가 심한 지점, 구조물 설치 지점, 곡선부의 주요점은 보조말뚝을 설치하고 측점번호를 부여한다.
④ 산지경사가 급할수록 중심선이 영선보다 안쪽에 위치하게 된다.

(3) 평면측량

① 평면측량에서 교각에 대한 곡선의 곡선시점과 곡선중점, 곡선종점의 곡선말뚝은 현지에 설정한다.
② 노선의 시점을 기준으로 20m 마다 측점말뚝을 박은 후 시점말뚝으로부터 측점번호를 기입하고 변화가 심한 지점, 구조물설치 지점, 곡선부의 주요점 등에 보조말뚝을 설치하여 측점번호를 부여하며 측점간 번호는 20m 이내에서 조정한다.

(4) 횡단측량

① 횡단측량은 중심말뚝마다 중심선과 직각방향으로 지형의 고저기복의 상태를 측정하는 것이다.
② 횡단측량은 중심선의 각 측점, 지형이 급변하는 지점, 구조물설치 지점의 중심선에서 양방향으로 현지지형의 설계도면 작성에 지장이 없도록 측정을 한다.

(5) 종단측량

① 중심선측량이 완료되면 종단측량을 실시하는데 기준 지반고는 가장 가까운 삼각점이나 보조삼각점으로부터 측정하여 기점부근의 교량이나 암반 등에 수준점을 설치한다.
② 종단측량은 레벨과 표척을 사용하여 계획노선의 중심말뚝 및 보조말뚝에 따라 고저치를 측정하여 중심선의 고저기복을 알아보는 작업이다.

(6) 곡선결정

① 교각법
  ㉠ 교각법은 교각(θ)을 구할 수 있을 때 사용되는 가장 기본적인 방법으로 단위는 m 로 한다.
  ㉡ 교각법은 곡선 상의 3개의 주요지점을 이용하여 곡선을 표현하며 곡선이 필요한 경우 3점을 표시한다. 주요 3 지점은 곡선시점(BC), 곡선중점(MC), 곡선종점(EC)이다.

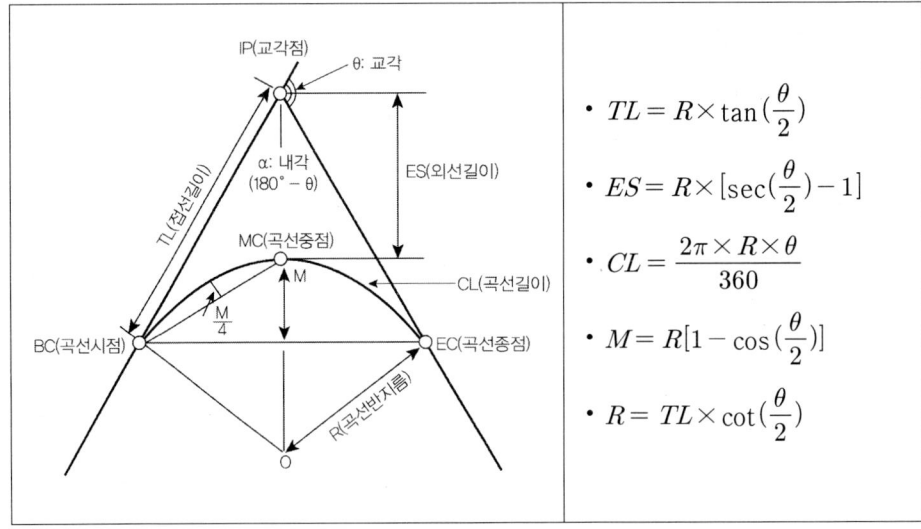

- $TL = R \times \tan\left(\dfrac{\theta}{2}\right)$
- $ES = R \times \left[\sec\left(\dfrac{\theta}{2}\right) - 1\right]$
- $CL = \dfrac{2\pi \times R \times \theta}{360}$
- $M = R\left[1 - \cos\left(\dfrac{\theta}{2}\right)\right]$
- $R = TL \times \cot\left(\dfrac{\theta}{2}\right)$

② 편각법
  ⊙ 트래버스 측량 시 두 직선이 이룬 편각을 측정하면서 진행하는 방법이다.
  ⓒ 전 측선의 연장과 다음 측선이 이루는 각을 편각이라 하며 다각형에서는 편각의 합이 360° 이다.
  ⓒ 노선측량에서 현장의 절선에 대한 편각을 구하여 곡선을 설치해 나가는 곡선설치의 한 방법이다.

$$\sin\alpha = \frac{S}{2R}$$

α : 편각(°),   S : 현의 길이(m),   R : 곡선반지름(m)

③ 진출법
현의 길이, 절선 편거, 현의 편거, 곡선반지름을 이용하는 방법으로 시준은 좋지 않은 곳에서도 폴과 테이프자만으로 곡선 설치가 가능한 작업이다.

2. 지형도

(1) 지형도 분석

① 지형도는 지표면의 정보를 일정 비율로 줄여 기호 등을 통해 상세하게 나타낸 지도로서 주로 1 : 25,000 , 1 : 50,000 축척을 사용한다.
② 축척은 실제 거리를 일정 비율로 줄인 정도이며 지도상의 거리와 실제거리의 비율이다.
③ 등고선의 경우 간격이 좁으면 급경사, 간격이 넓으면 완경사를 의미한다.
④ 등고선이 높은 쪽을 향해 휘어져 있는 부분은 계곡을 의미하고 낮은 쪽을 향해 휘어져 있는 경우 능선이다.
⑤ 등고선의 경우 도중에 소실되지 않고 폐합되며 최대경사의 방향은 등고선과 직교한다.
⑥ 지표면의 경사가 일정할 경우 등고선 간격은 같고 평행하며 절벽의 경우 등고선과 교차하게 된다.

(2) 축척계산과 도상 면적계산

축척은 실제거리를 일정 비율로 줄여 지도상에 나타낸 것으로 계산공식은 아래와 같다.
• 실제거리 = 지도상 거리 ÷ 축척
• 도상면적 = 실제 면적 ÷ 축척분모^2

(3) 지형경사도 계산

경사도는 경사진 기울기를 수평면에 대한 각도로 나타내거나 수평거리(경사장)에 대한 수직높이의 비율을 백분율로 표시한 것이며 공식은 아래와 같다.

- 경사도 $= \dfrac{높이}{밑변} \times 100 = \dfrac{표고차}{거리} \times 100 \, (\%)$
- 경사 보정량 $= -\left(\dfrac{고저차^2}{2 \times 거리}\right) \times 100$

(4) 등고선

① 등고선의 종류

주곡선	지형의 형상 및 고저를 평면도에 나타낼 때 등고선의 주체가 되는 곡선이다.
간곡선	지형도에서 주곡선만으로 지형의 기복과 고저를 표현하기 어려울 때 보조역할을 하기 위해 삽입되는 등고선을 말한다. 간격은 주곡선의 1/2이며 보통 점선으로 표시된다.
조곡선	등고선에서 간곡선으로도 지형을 표시하기 곤란할 때 간곡선 간격의 1/2의 곳에 점선 또는 파선으로 삽입한다.
계곡선	등고선에서 표고를 읽기 좋게 하기 위해 주곡선 5개마다 하나씩을 굵게 표시하는데 이를 계곡선이라 한다.

② 등고선의 축척

축척에 따른 각 선들의 간격은 아래와 같으며 단위는 m 이다.

구분	주곡선	간곡선	조곡선	계곡선
1 : 50,000	20	10	5	100
1 : 25,000	10	5	2.5	50
1 : 10,000	5	2.5	1.25	25

3. 콤파스 및 평판측량

(1) 콤파스 측량
① 국지인력의 영향으로 철제구조물과 전류가 많은 시가지 측량에는 적합하지 않다.
② 농지나 임야지에서 국지인력의 영향이 없는 곳에서는 작업이 신속하고 간편해 많이 이용된다.
③ 컴퍼스의 시준선은 N과 S를 연결하는 방향에서 얻어진다.
④ 시준선이 어떤 방향으로 향할 때 자침이 가리키는 값은 남북방향을 기준으로 한 각이 된다.

(2) 자오선과 국지 인력
① 자오선
도선에 수직으로 양극을 지나는 지구 둘레의 원들을 자오선 또는 경도 자오선이라 부르며, 이들 자오선 중의 하나를 본초자오선이라 부른다.

② 자침편차
㉠ 진북에 대한 자침방위의 편위 각도 혹은 진북과 자북의 각을 말한다.
㉡ 자침편차는 일변화, 연변화, 주기변화, 불규칙변화로 분류한다.
㉢ 일반적으로 자침편차의 값은 일정하지 않고 끊임없이 변하며 북쪽으로 갈수록 커진다.
㉣ 하루의 변화를 일차, 1년을 주기로 변화하는 것을 연차라고 한다.
㉤ 연차는 겨울보다 여름이 더 크고 적도보다는 극지방이 더 크다.

③ 일차
일차는 자침편차의 하루 사이 발생되는 변화로 5~10' 정도의 변화량을 보인다. 일차는 오전 11시가 평균이고 오후 2시에 최대값을 보여준다.

④ 국지인력
측량하고자 하는 주변 지역에 철제건물, 철광석, 직류전류 등에 의해 생기는 국지적인 인력을 말한다. 이 때의 국지인력으로 인해 자력선의 방향이 변하여 자침이 자북선을 가리키지 못하게 된다.

(3) 평판 측량방법

① 평판측량
  ㉠ 평판측량은 각 지점에서의 관측을 통해 일정 축척으로 도면에 그리는 작업을 말한다.
  ㉡ 평판측량시 고려해야할 주요 요소로 수평을 맞추는 정준, 중심을 맞추는 구심, 방향을 맞추는 표정으로 3가지가 있다.

정준(=정치)	평판은 평지에 중심을 잡아주는 삼각대가 정삼각형 모양으로 다리를 설치해주고 경사지의 경우 두 다리는 측정지점보다 낮은 등고선상에, 나머지 하나는 높은 곳에 설치하여 수평을 잡아준다.
구심(=치심)	평판측량에서 측점과 이에 대응하는 도상의 점을 같은 연직선상에 있게 하거나 측점을 도상으로, 또는 도상의 점을 측점으로 옮기는 것이다. 평판측량에서 구심에 허용되는 편심거리를 축척이라 하고 편심오차는 축척이 작을수록 오차가 커지게 된다.
표정	지도와 지표면의 측선을 일치시키는 것으로 매우 정밀한 방법이지만 잘못된 경우 오차에 많은 영향을 준다.

② 평판측량의 특징
  ㉠ 장점
    • 측량 시 과실 발견이 빨라 즉시 수정이 가능하다.
    • 측량법이 간편하고 작업이 빠른 편이다.
  ㉡ 단점
    • 외업에 많은 시간이 요구되고 날씨가 나쁘면 작업 효율이 떨어진다.
    • 외부 환경인 건습에 의해 도판지의 신축변화로 오차가 발생하기도 한다.
    • 다른 측량에 비해 상대적으로 정밀도가 낮고 수량산출 및 축척변경이 어렵다.
    • 평판측량의 측량용 기구의 부속품이 많아 운반은 불편하다.

③ 평판측량 종류
  ㉠ 도선법(=전진법)
    • 측량 시 한 지점에서 다음 지점으로 측량기계를 차례로 옮기면서 방향과 거리를 측정하여 도상에 다각형을 결정하는 방법이다.
    • 전진법은 구역이 좁으며 긴 경우, 장애물이 있는 경우, 교차법을 사용할 수 없는 경우에 사용하는 방법이다.
  ㉡ 사출법(=방사법)
    • 측량 기구를 측량 구역의 중앙지점에 설치하고 여기에서 필요한 지점을 시준하여

방향선을 그은 후 거리를 재어 적당한 축척으로 길이를 잡아 각 점을 연결하는 것이다.
- 방사법은 장애물이 없고 비교적 평활한 지역에서 널리 사용되는 방법으로 측량이 간단하나 오차를 검사할 방법이 없다. 따라서 오차를 확인하기 위해서는 반드시 대각선 방향으로 검사선을 취해야 한다.

ⓒ 교차법(=교회법)
- 측량에 있어서 2개 이상의 기지점을 측점으로 하여 미지점의 위치를 결정하는 방법이다.
- 목표물을 직접 시준하는데 있어서 장애물이 시선을 가리거나 직접 거리를 측정하기 곤란한 지역에서 사용된다.
- 교차법은 장애물로 인해 직접적으로 측량이 불가능한 지역에서 거리를 직접 측량할 필요가 없이 측량을 할 수 있는 장점이 있다.

④ **평판측량 기구**
ⓐ 평판측량에 사용되는 기구는 평판, 삼각대, 앨리데이드, 구심기, 추, 자침기 등이 있다.
ⓑ 평판은 삼각대 위에 고정시켜 표면에 제도용지를 깔고 측정한 결과를 그리는 판이다.
ⓒ 앨리데이드는 목표물을 시준하여 방향을 결정하는 기구이며 시준판, 기포관, 정준간 등으로 구성되어 있다.
ⓓ 구심기는 추를 매달아 땅 위의 측점과 도면 위의 측점을 같은 연직선에 오게 한다.
ⓔ 자침기는 도면의 방향을 결정할 때 사용한다.

(4) 측량의 오차와 정도

① 오차 원인

자연적 원인	기상의 변화, 광선 굴절, 바람 등의 원인
기계적 원인	기계 성능의 불완전, 팽창 및 수축 등의 불균일 원인
인위적 원인	조작의 미숙, 측정자의 시각 및 감각의 원인

② 오차 종류

정오차 (누적오차)	일정한 법칙에 따라 생기므로 원인과 상태만 알면 오차를 제거할 수 있다. 기온이나 습도, 재질, 인장강도 등에 의해 줄자의 길이가 늘어나거나 줄어드는 것으로 인해 발생하는 오차가 이에 속한다.
우연오차 (부정오차)	주위의 사정으로 측정자가 주의해도 피할 수 없는 불규칙적이고 우발적인 원인에 의해 발생하는 오차로 제거가 어려운 오차이다.
과실(착오)	관측자의 부주의에 의해 발생되는 오차로 제거가 가능하다.

③ 평판측량 오차
   ㉠ 평판의 설치 및 시준시 발생되는 오차
      - 도판 경사에 의한 오차
      - 구심의 불완전에 의한 오차
      - 시준에 의한 오차
      - 표정에 의한 오차
   ㉡ 제도에 의한 오차
   ㉢ 폐합오차의 수정
   ㉣ 해석법에 의한 오차
   ㉤ 기계적 오차

4. 고저 측량

(1) 고저측량의 정의

① 측정하고자 하는 점들에 대해 해수면 또는 기준면으로부터의 높이와 측점들 간의 고저차를 구하는 측량을 의미한다.

② 고저측량에 사용되는 주요 용어들은 아래와 같다.

후시(B.S)	고저측량에서 기계가 이미 표고를 알고 있는 점인 기준점에 대하여 행하는 시준이다. 트래버스 측량에서는 측량의 진행방향에 대하여 뒤쪽을 시준하는 것을 의미하기도 한다.
전시(F.S)	측량기계로부터 표고 값을 모르는 점에 대한 관측 행위로서 고저측량에서는 레벨을 이동하기 전의 시준, 즉 표고를 구하려고 하는 점에 세운 스태프의 눈금을 읽는 것이다.
기계고(I.H)	평균해수면에서 측량기계의 시준선에 이르는 수직거리를 말하는데, 때로는 지표면에서 측량기계의 시준선까지 수직거리를 말하기도 한다.
이기점(T.P)	측정시 장애물로 인해 시준이 어려울 때 표척을 기준으로 전시, 후시를 동시에 읽는 점이다.
중간점(I.P)	고저측량시 전시만을 읽는 점으로 표고를 관측하는 미지점이다.
지반고(G.H)	기준 수준면에서 특정 지점까지의 표고이다.

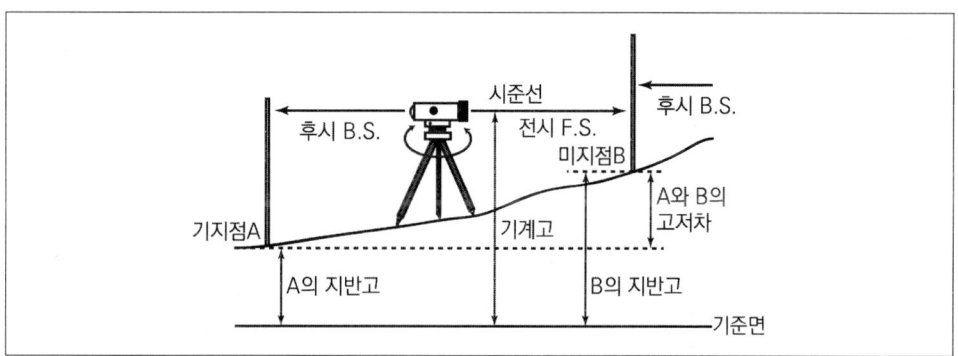

③ 기계고 및 지반고 공식

㉠ 기준이 되는 기계고 = 그 점의 지반고 + 그 점의 후시

㉡ 각 점의 지반고 = 기준 기계고 - 구하고자 하는 점의 전시

㉢ 기점과 최종점의 고저차 = 후시의 합계 - 이기점 전시의 합계

5. 트래버스 측량

(1) 트래버스측량

① 연속된 측선이 만나서 이루어지는 각과 측선의 거리를 관측하여 측선의 경거, 위거를 계산하고 각 측점의 좌표를 구함으로 기준점의 수평위치를 결정하는 기준측량의 한 가지 방법이다.

② 트래버스 종류

㉠ 폐합트래버스

여러 개의 측선이 연속으로 이루어진 다면형의 모양을 트래버스라 한다. 즉 종점과 시발점이 일치하여 다각형이 만들어지는 트래버스이다. 다각형으로 구성되어 각에 대한 오차 보정이 가능하고 소규모의 단독 측량에 많이 이용된다.

㉡ 개방트래버스

여러 개의 측선이 연속으로 이루어진 다면형의 모양 중 종점과 시발점 사이에 아무런 조건이 없는 다각형을 말한다. 개방트래버스는 오차의 점검이 불가능하여 높은 정도가 필요한 측량에는 사용하지 않으나 방법이 간편하므로 노선측량의 답사에 편리하다.

㉢ 결합트래버스

어느 한 기지점에서 시작하여 다른 기저점으로 연결되도록 하는 측량으로 정밀도가 높으며 대규모 지역에서 정확도가 요구되는 측량에 적합하다.

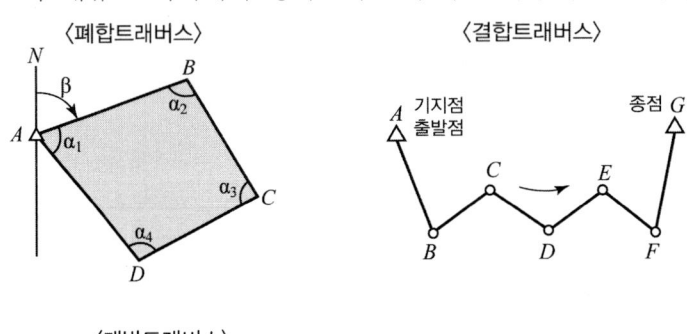

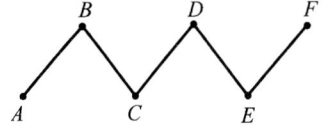

(2) 위거와 경거

① AB 측선의 방위각이 θ 일 때, AB 측선 거리의 남북방향을 위거(L), 동서방향을 경거(D)라 한다.
  ㉠ 측선 AB 의 위거 = AB × cosθ
  ㉡ 측선 AB 의 경거 = AB × sinθ
② 위거 및 경거의 조정량

$$\frac{위거(경거)오차 \times 해당측선길이}{측선길이 합계}$$

③ 폐합오차는 폐합트래버스에서 측량 시작점으로 되돌아왔을 때 원래 위치와 일치하지 않고 어긋나는 오차를 말하며 다음과 같이 구한다.

$$폐합오차 = \sqrt{위거오차^2 + 경오오차^2}$$

④ 폐합비는 측선 전체의 길이에 대한 폐합오차의 비율로 다음과 같이 구한다.

$$\frac{\sqrt{위거오차^2 + 경거오차^2}}{측선전체길이}$$

6. 항공 사진 측량

① 넓은 지역을 신속하게 측정할 수 있는 항공사진은 2차원기준인 넓이와 3차원 기준인 경사 및 용적 등 다양한 측정이 가능하다.
② 날씨의 영향을 받으며 좁은 면적에는 사용하기 비효율적이다.
③ 항공사진 판독의 주요 요소로 모양, 색조, 질감 등이 있는데 예를 들어 인공림 항공사진 촬영 시 식재배열이 일정하고 임분이 대체적으로 색조가 균일한 것이 특징이다.

모양 및 크기	수목에 따라 특정 모양이나 크기가 있으며 침엽수는 원추형의 모양을 활엽수는 불규칙 구형이 주로 나타난다.
색조	침엽수는 어두는 색조, 활엽수는 밝은 색조를 가진다.
질감	화면의 거친 정도로 구별하며 유령림은 부드러운 느낌을 성숙림은 거친 질감을 보인다.

7. 설계예산서 작성

① 설계지침서

측량 및 설계시 아래의 설계지침서를 작성해야 한다.

· 현지조사 및 제도 방법 · 축조물의 위치 및 규모, 크기, 형상 · 공법 및 공사시방서 · 사용 중기의 종류 및 용도별 명세 · 주요 재료의 품명, 규격, 수량, 산지 및 조달 방법 · 골재원, 지질, 토취장, 배합설계 등 사전조사 자료	· 축조, 공작물의 구조, 공법, 규모, 형상 · 공사 및 공정관리에 관한 사항 · 공사의 시공순위 · 필요한 경우 임도의 활용성 및 타당성 · 설계변경 조선 · 공사기간 산정기준근거 · 기타 설계도 작성 지침 사항

② 설계서 작성

㉠ 공종별로 작성된 공사비 및 내역, 자재비, 노임 등을 계산한 서류, 도면을 설계서라 한다. 설계서의 목록 및 순서는 아래와 같다.

㉮ 목차 ㉯ 공사설명서 ㉰ 일반시방서 ㉱ 특별시방서 ㉲ 예정공정표 ㉳ 예산내역서 ㉴ 일위대가표	㉵ 단가산출서 ㉶ 각종 중기경비계산서 ㉷ 공종별 수량계산서 ㉸ 각종 소요자재총괄표 ㉹ 토적표 ㉺ 산출기초

㉡ 예산내역서는 공종별 수량과 단가산출서 및 일위대가표에 의한 공종별 단가를 곱하여 작성한다.

04 임도 토공사

1. 임도 절토 및 성토 작업

(1) 사면의 절취

① 토공작업은 흙을 재료로하며 크게 절취와 성토로 작업을 분류한다. 지반이 높을 때는 절취를 낮을때는 성토를 한다.
② 지반을 수직으로 깎게 되면 시간의 경과에 따라 흙이 무너지게 되는데 이때 특정 각도에서 영구 안정을 유지하는 경우 이때의 각을 안식각이라 한다.
③ 비탈안정을 위해 수평면과 이루는 각도인 안식각보다 작은 기울기를 가지는 것이 좋다.
④ 사면의 절취에 의해 생긴 것을 절취 사면 혹은 땅깎기 비탈면이라 한다. 이러한 절취 사면은 안전을 위해 토질 및 주변 환경을 고려하며 기준은 아래와 같다.

종류	기울기
경암	1 : 0.3 ~ 0.8
연암	1 : 0.5 ~ 1.2
토사지역	1 : 0.8 ~ 1.5

⑤ 이러한 사면을 만들 때 여러 환경 조건을 고려하며 가장 주의해야할 지역 및 특징은 아래와 같다.
　• 지하수위가 높고 사면에 용수 우려되는 곳
　• 투수층과 점토층이 교대로 층이 이루어져 그 경계면의 경사도가 절취면의 경사도와 동일한 방향으로 구성된 곳
　• 수성암의 경사층의 절취면과 동일한 방향으로 경사진 곳
　• 산사태나 산허리 붕괴의 위험 가능성이 있는 곳
　• 단층이나 단층의 영향을 받는 곳
　• 물에 함유량이 많은 사층이나 연함점토 등이 있는 경점토 지점
⑥ 절토의 피해를 방지하기 위한 방지책은 아래와 같다.
　• 노면형성을 위해 절토한 토석은 전량 반출 하도록 한다.
　• 옹벽, 석축 구조물을 설치하여 노면을 형성하려는 경우 절토, 성토 작업 전 원지반에 구조물을 설치한 다음 작업하도록 한다.

- 절토사면이 긴 구간은 경계 바깥쪽에 떼, 돌을 이용한 배수로를 설치한다.
- 절토, 성토 사면에 용출수가 있을 경우 배수시설을 설치하고 절토, 성토 사면의 안정이 필요할 때는 하단부에 배수기능이 있는 안정구조물을 추가 한다.

⑦ 노면이나 절토대상지에 있는 입목과 그 뿌리, 표토는 전량 제거 및 반출한다. 다만 현지에서 활용가능한 부식토는 사면복구에 활용 가능하다.

(2) 토질 및 암석

① 토질은 흙의 상태로서 이를 시험하기 위한 검사 방법으로 탄성파검사, 전기검사, 관입시험, 베인시험 등 흙의 특성과 측정하고자 하는 항목에 따라 검사 방법이 달라진다.
  ㉠ 탄성파 검사 : 지하의 지질 상태를 점검
  ㉡ 전기 탐사 : 지하수를 조사
  ㉢ 관입 시험 : 현장에 있는 흙의 단위체적중량시험과 흙의 강도 판정
  ㉣ 베인 시험 : 연한 점토 또는 실트의 전단강도 측정
  ㉤ 평판재하시험 : 노상, 보조기층의 지반계수의 측정과 시공관리
  ㉥ 현장 투수시험 : 관정 등을 이용하여 투수계수 측정

② 주요 암석

풍화암	일부는 곡괭이를 사용하거나 암질이 부식되어 균열이 1~10cm 정도 진행되었으며 굴착 또는 약간의 화약을 사용해야할 암질
연암	혈암, 사암 등으로 균열이 10~30cm 정도이며 굴착하거나 화약을 사용해야 하는 암질
보통암	풍화상태를 볼 수는 없으나 굴착 또는 화약을 사용해야 하며 균열은 30~50cm 정도 암질
경암	화강암, 안산암 등에 굴착 또는 화약을 사용해야하며 균열상태가 1m 이내로 석축용으로 쓸 수 있는 암질
극경암	암질이 아주 밀착된 단단한 암질

③ 임도의 기초작업에서 지반의 허용지지력은 보통 경암이 가장 크며 다음으로 연암, 자갈, 모래, 점토 순서이다.

④ 암석이 물리적, 화학적 작용에 의해 부서지는 현상을 풍화라고 하며 시멘트에서 공기 중 수분과 반응하여 화학적 작용으로 강도가 약해지는 현상을 보인다.

⑤ 토질시험에서 입경가적곡선의 유효입경은 가적 통과율의 10%에 해당한다.

⑥ 토양의 입도분석에서 균등계수는 토양을 구성하는 굵은 입자에서 미립자 등의 입도 배분을 나타낸 것으로 체로 분류하여 60% 통과율을 나타내는 모래 입자 키기의 비로

나타낸다. 균등계수는 통과중량백분율 60%에 대한 입경을 통과중량백분율 10%에 대응하는 입경으로 나눈 값이다.

(3) 성토 방법
① 성토의 재료는 전단강도가 크고 압축성이 작은 흙을 선택한다.
② 성토는 충분히 다진 후 반복하여 쌓고 성토한 경사의 기울기는 1:1.2~2.0 정도가 안정적이다.
③ 성토사면의 길이는 5m 이내로 하고 초과하는 경우 옹벽, 석축 등의 구조물을 설치한다.
④ 임도노선이 급경사지 혹은 연약지반을 통과하는 경우 옹벽, 석축 등의 피해방지시설을 설치한다.
⑤ 절토, 성토 경사면이 붕괴 등의 위험이 있는 곳은 사면길이 2~3m 마다 폭 50~100cm 단의 폭을 끊어 소단을 설치한다. 이러한 소단은 작업원의 발판이나 유수로 인한 사면의 침식을 방지한다.
⑥ 절토, 성토 작업시 토사 공급을 위해 필요에 따라 적정장소에 사토장, 토취장을 두는데 임상이 양호한 지역에는 설치하지 않는다. 여기서 사토장은 흙을 버리는 장소이며 토취장은 부족한 토사공급을 위한 장소이다.
⑦ 야생동물의 이동이 필요한 경우 경사로, 자연형계단 등을 설치해준다.

(4) 다짐
① 다짐은 롤러나 진동기 등의 기계적 장비를 통해 흙을 눌러 밀도를 높여 주는 것이다.
② 다짐을 통해 흙의 강도 상승, 투수성 감소, 지지력 증가 등의 변화가 발생한다.
③ 흙의 다짐 시험방법에 의해 최대건조밀도는 90% 이상 다짐이 되어야 한다.
④ 1회 다짐 두께는 통상 20~30cm 정도이다.
⑤ 다짐에 의한 토량의 변화는 아래와 같다.

흐트러진 토양	다져진 토양
$L = \dfrac{흐트러진 상태 토량}{자연상태 토량}$	$C = \dfrac{다져진 상태 토량}{자연상태 토량}$

(5) 토적 계산

① 양단면적평균법

각 측점의 단면적을 이용해 토적을 계산하는 방법으로 일정 구간의 양단면적을 구한 후 이를 평균하여 구간거리를 곱하여 토적을 구하는 방법이다.

$$V = \frac{A_1 + A_2}{2} \times l$$

V : 토적(m^3),　A_1, A_2 : 양단의 단면적(m^2),　l : 양단면 사이의 거리(m)

② 중앙단면적법

㉠ 토적을 구하고자 하는 구간의 양단면 밑변길이와 높이의 평균값을 이용하여 중앙단면적을 구하여 이를 거리와 곱해 토적을 계산하는 방법이다.

㉡ 중앙단면적법에 의한 토적계산은 실제 토적보다 적은 값이 나오지만 오차는 양단면적평균법보다 작다.

$$V = A_c \times l = \frac{l}{8}(B_1 + B_2)(H_1 + H_2)$$

V : 토적(m^3),　A_c : 중앙단면적(m^2),　B_1, B_2 : 양단의 밑변길이(m)
H_1, H_2 : 양단의 높이(m),　l : 양단면의 거리(m)

③ 점고법

특정 구간을 동일 면적의 사각형 혹은 삼각형 형태로 구획하여 각 꼭지점의 높이를 구하고 면적과 평균 높이를 구해 토적을 계산하는 방법으로 사각형 구획시 사각형 분할법, 삼각형 구획시 삼각형 분할법이라 한다.

④ 각주공식

양단면 사이가 불규칙하지 않고 측면이 평면일 경우 토적을 구하기 편리한 방법이다. 중앙단면적보다는 체적이 상대적으로 적게 나오는 편이다.

$$V = \frac{h}{6}(A_1 + 4A_m + A_2)$$

(6) 토량의 더쌓기

① 토공작업을 하면서 땅을 파면 흙의 부피가 증가하고 쌓기를 하면 비바람 및 외부 충격에 의해 수축이 된다. 이렇게 토량의 증감은 토질, 흙쌓기 높이 등 여러 인자에 의해 달라진다.
② 흙쌓기 공사가 끝나고 흙의 수축으로 단면의 축소를 대비해 같이 비탈 기울기를 더 크게 하여 쌓는 것을 더쌓기라 한다.
③ 흙쌓기는 시공 후 시간이 지나면 수축하면서 용적이 감소하고 시공면이 어느정도 침하한다. 그래서 흙쌓기 높이의 5~10% 정도 더 쌓기를 실시한다.
④ 더쌓기의 기준은 아래과 같다.

흙쌓기 높이(m)	더쌓기 높이(%)
3m 미만	높이의 10%
3~6m 미만	높이의 8%
6~9m 미만	높이의 7%
9~12m 미만	높이의 6%

(7) 지장목 제거

① 지장목은 1차 제거시 노체 폭 만큼인 약 50% 정도를 먼저 제거하고 2차 제거시 전량 파쇄한다.
② 노선상에 방해가 되는 지장목 벌채 지역의 폭은 보통 10m 정도이다.
③ 소경목은 불도저로 제거하며 근주의 지름이 30cm 이상인 경우 체인톱을 이용하여 벌채후 견인하거나 뿌리 뽑기가 어려울 경우 일정량 파낸 후 불도저로 잘라내기도 한다.
④ 산복에 임도 개설시 계곡의 임목은 잔존시키도록 한다.

05 임도 구조물 공사

1. 임도 배수구조물 공사

(1) 배수시설의 종류

① 표면배수시설
  ㉠ 노면배수시설에는 길어깨 배수시설과 중앙분리대 배수시설 등이 있다.
  ㉡ 사면배수시설에는 사면끝 배수시설과 도수로배수시설, 소단 배수시설 등이 있다.

② 지하배수시설
  ㉠ 땅깎기 구간에는 맹암거와 횡단배수구 시설이 있다.
  ㉡ 흙쌓기 구간의 지하배수시설 및 절취부, 성취부 경계의 지하 배수시설이 있다.

(2) 유출량 및 시우량

① 시우량

$$Q = k \times \frac{A \times \frac{m}{1000}}{60 \times 60}$$

Q : 유출량(m³/sec), m : 최대시우량(mm/hr), k : 유거계수, A : 집수면적(m²)

② 합리식법

$$Q = 0.002778 \, CIA$$

Q : 유출량(m³/sec), C : 유거계수, I : 최대시우량(mm/hr), A : 유역면적(ha)

③ Manning 식

측구 및 배수시설에 유출하는 배수 유량계산은 Manning 식을 이용한다.

$$Q = A \times V \qquad V = \frac{1}{n} \times R^{2/3} \times I^{1/2}$$

Q : 배수유량(m³/sec), A : 측구단면적(m²), V : 평균유속(m/sec)
n : 조도계수, R : 경심, I : 측구물매

(3) 배수시설

① 옆도랑

    ㉠ 옆도랑은 노면이나 흙깎기 비탈면의 물을 배수하기 위해 임도 길어깨에 종단방향으로 설치하는 배수로이다. 임도에서 옆도랑의 위치는 대부분 흙깎기비탈면과 길어깨 사이에 설치한다.

    ㉡ 옆도랑은 임도의 종단방향으로 설치하는 배수시설로 최소 0.5%의 종단기울기가 필요하다.

    ㉢ 주로 사용되는 옆도랑의 구조는 사다리꼴과 유사한 흙수로이다.

    ㉣ 종단기울기가 급하고 침식의 가능성이 있을 경우 유수 완화시설을 설치한다.

    ㉤ 옆도랑 깊이는 30cm 내외이며 절토 사면의 길이가 길어지는 구간은 L 자형으로 설치하며 상부지점에 배수시설을 설치한다.

    ㉥ 옆도랑의 유형에는 V자형, 사다리꼴형, L형, U형 이 있다.

② 횡단배수구

    ㉠ 횡단배수구는 속도랑(암거)과 겉도랑(명거)이 있다.

속도랑	원통관이 사용되며 배수관의 지름이상 깊이로 매설한다.
겉도랑	• 통나무 2개를 꺾쇠와 말뚝으로 고정하고 폭은 통나무 하나 정도로 설치한다. • 표면에 노출된 배수로로 물을 임도에 횡단시켜 배수한다.

    ㉡ 배수구 통수단면은 100년 빈도 확률강우량과 홍수도달시간을 이용하여 최대홍수 유출량의 1.2배 이상으로 설치한다.

    ㉢ 배수구는 100m 내외 간격으로 지름 1000mm 이상으로 설치한다. 단, 필요에 따라 지름 800mm 이상으로 설치가 가능하다.

    ㉣ 배수구 유출구에서 원지반까지 도수로, 물받이를 설치한다.

    ㉤ 배수구가 막힐 우려가 있는 지형은 배수구 유입구에 유입방지시설을 설치한다.

    ㉥ 횡단배수구는 강우강도, 종단물매, 노상 토질, 옆도랑의 종류 등을 검토하여 노상을 침식하지 않는 범위에서 설치하도록 한다.

    ㉦ 임도의 횡단배수구 설치 장소는 아래와 같다.

      • 구조물의 앞 혹은 뒤
      • 체류수가 있는 곳
      • 외쪽물매로 옆도랑 물이 역류하는 곳
      • 유하방향의 종단기울기 변이점

・흙이 부족하여 속도랑으로 부적합한 곳

③ 세월교
  ㉠ 보통 갑작스럽게 많은 비가 올 때 유량이 급증하는 지역에 적합하며 평상시에는 관거를 통해 배수하고 홍수 때는 월류할 수 있게 한다.
  ㉡ 가능하면 호의 길이를 길게 하여 차량의 통행이 편리하게 한다.
  ㉢ 수로면은 돌붙임 콘크리트 혹은 콘크리트로 타설한다.
  ㉣ 세월교의 설치 기준은 아래와 같다.
    ・선상지, 벼랑 등을 횡단할 경우
    ・황폐계류를 횡단할 경우
    ・계상물매가 급하여 노면 상부로부터 유입하는 형태가 될 경우
    ・평시에는 유수가 없고 홍수시에만 물이 많이 흐르는 계곡

④ 산마루측구
  ㉠ 산마루측구는 사면어깨인 산마루의 배수시설을 말한다.
  ㉡ 임야를 절토할 때 절토사면과 산림의 경계지점에 설치하는 일종의 빗물받이를 말한다. 우수가 절토사면으로 흘러 내려 절토사면이 유실되지 않도록 설치하는 배수로이다.

2. 임도 사면보호 녹화

(1) 돌쌓기

① 돌쌓기 종류

찰쌓기	돌을 쌓을 때 뒤채움은 콘크리트를 사용하고 줄눈에 모르타르를 사용하며 뒷면에는 물빼기 구멍을 만든다.
메쌓기	돌을 쌓을 때 뒤채움이나 줄눈에 모르타르를 사용하지 않는다. 모르타르 사용이 없어 돌틈으로 물이 배수되어 별도의 배수구가 필요없다.
골쌓기	막쌓기라고도 하며 견치돌이나 막깬돌을 사용하기에 주로 마름모꼴 대각선으로 쌓는다.
켜쌓기	돌의 높이를 같게 해 가로 줄눈이 일직선이 되도록 쌓는다.

② 작업시 주의사항
  ㉠ 기초를 얕게 하면 침하가 일어나기에 충분히 깊게 하고 하부부터 큰 돌을 쌓아 올린다.

ⓒ 줄눈의 10mm 정도의 두께를 가지며 주로 파선줄눈으로 쌓는다.
ⓒ 앞면의 기울기는 메쌓기 1 : 0.3 , 찰쌓기 1 : 0.2를 표준으로 한다.
ⓔ 뒤채움 콘크리트 두께는 50cm 이상으로 한다.
ⓜ 금기돌은 사용하지 않는다.
ⓗ 돌의 배치는 안정성을 위해 다섯에움 이상 일곱에움 이하가 되도록한다.
ⓢ 찰쌓기는 토압이 높은 곳이 적합하고 2~3m^2마다 물빼기 구멍을 설치한다.

③ 쌓기 돌의 종류
ⓐ 견치돌은 특정 규격에 맞추어 만든 석재로 가장 많이 이용된다.
ⓑ 호박돌은 호박처럼 둥근 자연 석재로 강도가 요구되지 않는 비탈면에 사용된다.
ⓒ 갓돌은 돌쌓기 작업시 가장 위에 올리는 돌로 외관상 매우 중요한 돌이다.
ⓔ 귀돌은 돌쌓기의 모서리각에 사용되는 돌이다.
ⓜ 야면석은 계곡 등에서 채취되는 자연석으로 찰쌓기와 메쌓기에 사용된다.
ⓗ 시공상 돌이 접촉부에 맞지 않는 불안정한 돌을 금기돌이라 하며 금기돌의 종류에는 넷붙임, 뜬돌, 거울돌, 떨어진돌, 선돌, 누운돌, 포갠돌, 뾰족돌 등이 있다.

(2) 공법의 종류

① 옹벽공법
ⓐ 옹벽은 사면의 기울기로 인한 붕괴를 방지하기 위한 것으로 주로 콘크리트옹벽, 철근콘크리트옹벽이 주로 사용된다.
ⓑ 중력식 옹벽은 시공이 가장 용이하고 경제적이다.
ⓒ 옹벽은 재료에 따라 석축옹벽, 철근콘크리트옹벽, 콘크리트옹벽 등이 있다.
ⓔ 옹벽은 구조에 따라 중력식, 반중력식, 캔틸레버식, 부벽식 옹벽으로 구분된다.

중력식	• 가장 오래된 형태로 기초 지반이 견고하며 석재, 벽돌, 콘크리트 블록 등으로 만들어진다. • 보통 중력식 옹벽은 무근콘크리트를 사용하는 옹벽공법이다.
반중력식	벽체 단면의 크기와 콘크리트 양을 줄이고 벽체 내부에 생기는 인장응력을 받게 하기 위해 옹벽 뒷면 부근에 소량의 철근을 사용한다.
캔틸레버식	옹벽의 높이가 3~7.5m 일 때 사용되는 콘크리트 옹벽으로 벽체의 위치에 따라 T형 옹벽, L형 옹벽 등으로 분류한다.
부벽식	옹벽의 높이가 8m 이상으로 높게 되면 비경제적 설계가 되기에 이를 해결하고자 벽체와 뒷판을 적당한 간격으로 묶어 주는 부벽을 설치한다. 이때 토압을 받는 곳에 부벽재를 만드는 것을 뒷부벽식 옹벽이라 하며 토압을 받지 않는 곳에 부벽재를 만드는 것을 앞부벽식 옹벽이라 한다.

㉢ 옹벽의 안정성 검토에서는 옹벽의 안정성 확보를 위해 전도, 활동, 침하, 내부응력에 대한 안정을 고려해야 한다.

② 비탈흙막이공법
㉠ 비탈의 안정을 위해 돌, 콘크리트벽, 돌망태, 통나무 등을 사용하여 흙막이에 이용한다.
㉡ 비탈흙막이의 주요 방법은 아래와 같다.

틀공	기울기가 급하거나 용수가 있는 절토 사면과 같이 식생이 어려운 곳에 시공한다. 주로 콘크리트 블록을 이용하며 300~400kg/m^{2}을 사용한다.
돌망태공	땅밀림이나 지반이 약한 곳에 시공한다.
바자얽기	산지비탈이나 계단 위의 목책형이나 편책형의 바자를 설치한다.

③ 비탈힘줄박기공법
㉠ 거푸집을 설치하여 콘크리트를 이용하여 비탈면의 안정을 위해 뼈대인 힘줄을 만들어 흙과 돌로 채워 녹화하는 방법이다.
㉡ 시공기간이 길어 격자틀 공법에 비해 효율이 떨어진다.
㉢ 시공방법으로 사각형틀모양, 삼각형틀모양, 계단상 수평띠 모양이 대표적이다.
㉣ 주로 시공하는 곳은 아래와 같다.
 • 비탈면 토질이 복합한 곳
 • 마사토로 이루어져 취급이 어려운 곳
 • 지하수 유출이 심해 침식이 일어나는 곳

④ 비탈격자틀붙이기공법
㉠ 비탈면에 콘크리트, 플라스틱, 금속 제품 등을 이용하여 격자상으로 조립하여 비탈면을 눌러 안정을 도모하는 방법이다.
㉡ 격자틀 사이로 표류수의 배수 역할을 하며 틀내에 식생공이나 앵커 및 록볼트 등의 말뚝 고정을 통해 비탈면을 안정화 시킨다.

⑤ 콘크리트뿜어붙이기공법
㉠ 콘크리트 뿜어붙이기 공법은 비탈에 낙석의 우려가 있는 곳에 공기압으로 콘크리트를 뿜어 붙이는 방법으로 녹화 및 안정공법이 불가능한 곳에 이용하는 방법이다. 공법시 함수량은 45~50% 정도가 적당하며 건식이냐 습식이냐에 따라 배합비는 아래와 같다.

건식공법	시멘트:잔골재:굵은골재 = 1 : 4 : 1.5~3
습식공법	시멘트:잔골재:굵은골재 = 1 : 4 : 1~1.5

  © 이 공법은 수분에 인한 수축 및 팽윤으로 균열이 일어날 수 있기에 물과 시멘트의 비율을 적게 하고 응결촉진제를 통해 굳는 속도를 빨리해주어야 한다. 단 응결촉진제도 과다 사용시 문제가 되어 시멘트 중량의 2% 내외로 한다.
  © 응결촉진제는 수화반응을 통해 조기에 콘크리트의 강도를 상승시키는데 염화칼슘, 염화알루미늄 등을 사용한다.
  © 굵은 골재의 최대입경은 15mm 이하로 하는 것이 안전하다.
  © 뿜기 노즐의 경우 비탈면에 직각이 되도록 한다.
  © 시공 두께는 통상 한랭지역은 10cm 이상, 온난지역은 5cm 이하로 한다.

⑥ 낙석방지공법

 암반 비탈면에 낙석의 위험이 있는 곳에 시공하며 방법으로 낙석방지망공, 낙석방지책공이 있다.

낙석방지망공	• 아연을 도금한 철선이나 합성섬유로 짠 망을 비탈면에 덮어주는 방법이다. • 일반적인 철사망눈의 크기는 5~10cm 정도이며 사용되는 와이어로프의 간격은 가로, 세로 모두 4~5m 정도로 한다.
낙석방지책공	도로변으로 낙석의 유입을 막기위해 울타리를 설치하는 방법이다.

(3) 사면의 배수

① 사면의 배수는 침식을 방지하기 위해 비탈면에 배수시설을 설치하는 것으로 비탈돌림수로, 돌수로, 떼수로, 콘크리트수로 등이 있다.
② 돌붙임수로는 집수구역이 넓고 경사가 급하며 침식이 발생하는 산비탈 수로에 적합한 공법이다.
③ 사면 배수로의 종류는 아래와 같다.

비탈돌림수로	• 비탈어깨부위와 원래의 자연비탈면의 경계부에 설치한다. • 강우시 비탈면의 지하수 분출에 의한 비탈면 보호를 위해 설치한다. • 돌림수로는 가급적 깊게 설치하여 유수가 지층 사이로 스며들지 않게 한다.
돌수로	• 돌수로의 종류로 찰붙임돌수로, 메붙임돌수로가 있다. • 찰붙임돌수로는 집수량이 많은 위험지역에 축설한다. • 메붙임돌수로는 유량이 적고 기울기가 급한곳에 막깬돌, 잡석 등을 이용하여 축설한다.
떼수로 (떼붙임수로)	비탈 경사가 작고 유량 및 집수량이 적으며 미적경관이 요구되는 경우 설치한다.
콘크리트수로	콘크리트를 재료로 틀에 의해 원하는 모양으로 설치한다.
속도랑배수구	비탈면에 비가 오면 지하수 분출 등의 많은 유량으로 붕괴 우려 지역에 설치한다.

(4) 교량 및 암거

① 교량은 도로, 계곡 등을 건너기 위한 다리를 말한다. 용도에 따라 도로교, 철도교, 인도교 등으로 분류한다.
② 암거는 노면 아래 설치된 용수나 배수용 수로를 말한다.
③ 교량과 암거의 통수단면은 100년 빈도 확률강우량과 홍수도달시간을 이용하여 최대홍수유출량의 1.2배 이상으로 설치한다.
④ 교량의 높이는 최고수위로부터 교량 밑까지의 높이가 특수한 경우를 제외하고 1.5m 이상이 되도록 설치한다.
⑤ 너비는 임도의 너비와 같게 하며 난간이나 흙덮개의 안쪽너비는 3m 이상으로 한다.
⑥ 복토를 할 경우 흙의 두께는 50cm 이상으로 한다.
⑦ 교량에 관련된 하중의 종류는 아래와 같다.

주하중	사하중, 활하중, 토압, 수압 등
부하중	풍하중, 지진의 영향 등
특수하중	설하중, 원심하중, 가설시하중 등
사하중	교량의 자중 및 교량에 부과되는 물체의 하중을 말한다. 교량 및 암거의 사하중의 주된 재료 무게는 국토해양부의 도로교량 표준시방서에 의거한다.
활하중	구조물에 작용하는 힘이 영구적이지 않은 하중을 말한다. 주로 구조물의 사용 의해 발생하는 하중으로 교량 위를 지나는 차량, 사람, 열차 등에 의한 하중을 말한다. 이때 교량위에 이동하는 자동차의 하중을 표준트럭하중(DB 하중)이라 정의하며 활하중의 무게 산정시 사하중 위에서 실제로 움직이는 DB-18(32.45톤) 이상의 무게를 기준으로 한다. DB-24 는 43.2 ton 을 의미하며 DB-18 은 32.4 ton 을 말한다.

⑧ 교량 설치 지점은 아래와 같다.
- 지반이 견고하고 복잡하지 않은 곳으로 한다.
- 하상의 변동이 적고 하천의 폭이 협소한 곳으로 한다.
- 하천이 가급적 직선인 곳으로 하며 굴곡부는 피하도록 한다.
- 교량을 하천 수면보다 상당히 높게 할 수 있는 곳으로 한다.

3. 임도 노면 공사

(1) 노면포장

① 노체의 기본구조는 가장 아래인 노상을 기준으로 노반, 기층, 표층의 순서로 구분된다.

종 류	특 징
노체	• 도로의 전체 층을 부르는 말로 노상, 노면, 기층, 표층으로 구성된다. • 노면에 가까울수록 외부의 응력을 견뎌야하기에 상층부는 양질의 재료를 사용하도록 한다.
노상	• 도로의 최하층에 위치한 본체로 포장층에서 아래로 약 1m 정도의 두께를 말한다. • 다른 층에 비해 응력을 적게 받고 부적당한 재료가 아닌 경우 현장의 재료를 이용한다.
노면(노반)	• 차량의 하중을 직접 받는 도로의 표면 부분이다. • 일반적으로 자갈길이나 쇄석도로 시공한다.
기층	• 표층을 지지하고 교통에 의한 하중 및 충격을 분산시켜준다. • 표층과 노반의 사이에 위치한다.
표층	차량의 하중에 의한 노면의 마모에 직접 저항하는 도로의 가장 겉부분을 말한다.

② 노면재료 특성

㉠ 흙모랫길(토사도)
- 토면의 점토와 모래를 혼합하여 자연전압 하는 경우와 자갈과 토사를 깔아주는 경우가 있다.
- 토사도는 교통량이 적은 곳에 만드는 것이 유리하다.
- 시공비가 적으나 배수 문제가 많고 토사 유실에 의해 파손되기 쉽다.

㉡ 자갈길(사리도)
- 자갈을 노면에 깔고 차량의 교통에 의한 자연전압으로 노면을 만든다.
- 굵은 골재로서는 자갈, 결합재로서는 점토나 세점토사를 골라서 적당한 비율로 깔고 롤러로 다져서 표면을 시공한 것이다.
- 방진처리를 위해 물이나 염화칼슘 등을 이용한다.
- 시공방법으로 상치식과 상굴식이 있다.

㉢ 쇄석도(부순돌길)
- 쇄석(부순돌)이 서로 물려서 죄는 힘과 결합력에 의해 만들어진 단단한 도로이다.
- 쇄석도는 보통 습기가 많은 지대의 임도에서 사용된다.
- 쇄석도의 노체 두께는 20cm를 표준으로 한다.

• 시공방법으로 텔퍼드식과 머캐덤식이 있다.

텔퍼드식	노반의 하층에 깬돌을 깔고 쇄석 재료를 입히는 방법으로 지반이 연약한 곳에 주로 활용한다.
머캐덤식	• 교통체 머캐덤도 : 쇄석이 교통과 강우로 다져진 도로 • 수체 머캐덤도 : 쇄석의 틈 사이 석분을 물로 침투시켜 롤러로 다져진 도로 • 역청 머캐덤도 : 쇄석을 타르나 아스팔트로 결합시킨 도로 • 시멘트 머캐덤도 : 쇄석을 시멘트로 결합시킨 도로

② 통나무길
  • 노면의 횡단방향에 지름 20cm 정도의 통나무를 깔아서 만든 길이다.
  • 통나무길은 임도의 노면침하 방지를 위해 저습지대에 적합한 길이다.
⑩ 섶길
  노상 위에 지름 30cm 정도의 섶 다발을 가로 방향으로 깔고 그 위에 다시 30cm 정도 성토하여 노면을 만든다. 통나무 길과 같이 저습지대에서 노면의 침하 방지 역할을 한다.

③ 노면시공 방법
  ㉠ 노면 시공시 표면은 충격에 견디는 힘이 커야하기에 양질의 재료를 사용해야 한다.
  ㉡ 노면 시공시 암반지역을 제외하고 대부분 정지가 완료하면 진동롤러를 사용하여 다진다.
  ㉢ 노면이 사질토양이거나 점토질인 구간의 기울기가 8%를 초과하거나 기울기는 8% 이하로 낮지만 지반이 약한 경우는 쇄석이나 자갈, 콘크리트 포장 등으로 보강해 준다.

(2) 노면포장종류

① 아스팔트 콘크리트 포장
  ㉠ 노상 위에 동상방지층, 보조기층, 기층, 중간층, 표층 순으로 구성한다.
  ㉡ 노상이 연약한 경우 노상토가 보조기층으로 침입하는 것을 방지할 목적으로 양질의 차단층을 시공하고 한랭한 지역은 동상의 위험을 막기 위해 모래, 슬래그 등을 사용한다.
  ㉢ 표층위에 미끄럼 방지와 마모저항을 위해 3cm 내외의 마모층을 시공하기도 하며 이러한 경우는 포장층 계산에 별도로 포함시키지 않는다.

② 시멘트 콘크리트 포장
   ㉠ 노상위에 보조기층, 기층, 시멘트 콘크리트 표층으로 구성된다.
   ㉡ 보조기층은 노상의 지지력을 증대하고 노상의 손상을 방지해주며 동상의 영향을 줄여준다.
   ㉢ 초기 비용은 시멘트 콘크리트 포장이 비싸지만 유지보수 비용은 아스팔트 포장이 더 많이 든다.
   ㉣ 아스팔트 포장과 비교한 시멘트 콘크리트 포장은 골재와 시멘트를 섞어 시공하기에 강도나 내마모성이 좋고 포장이 오래 가지만 공법이 상대적으로 복잡하다.
   ㉤ 포장의 종류는 아래와 같다.

보통콘크리트 포장 (무근콘크리트 포장)	철근의 보강 없이 줄눈을 배치하여 균열을 허용하지 않는 포장
철근콘크리트 포장	콘크리트 슬래브 단면의 상하를 복철근으로 배치 보강하여 줄눈을 두며 균열발생을 허용하는 포장
연속철근 콘크리트 포장	줄눈의 설치 없이 미세균열의 발생을 허용하는 포장, 줄눈이 없는 구조라 유지관리비가 거의 소요되지 않는다.

③ 콘크리트 블록 포장
   ㉠ 적당한 모양과 크기로 공장에서 대량 생산하여 노면에 설치하는 방법이다.
   ㉡ 최근에는 아스팔트 블록, 등판로의 소포석, 보도포장에 판석등이 이용되고 있다.
   ㉢ 포장 단면은 블록표층, 안정층, 보조기층, 노상으로 구성된다.
   ㉣ 포장블록의 장점은 아래와 같다.
   • 블록은 저렴하게 생산이 가능하다.
   • 설치가 용이하고 시공 즉시 교통이 가능하다.
   • 급경사지와 같이 지형이 불리한 곳도 포장이 가능하다.
   • 줄눈에 의한 표층 균열이 없으며 유지보수비는 저렴하다.

④ 자갈도
   ㉠ 표면에 자갈, 부순돌, 슬래그 등을 모래와 점토로 혼합하며 노면 두께는 대략 15~25cm 정도로 한다.
   ㉡ 자갈도는 먼지가 나지 않고 배수가 양호하며, 마모에 강해야 한다.
   ㉢ 자갈도의 시공법은 표면공법과 상굴공법이 있다.

(3) 포장 공법

입상재료공법	막자갈, 막부순돌을 이용하며 보조기층에 주로 사용
입도조정공법	두 종류 이상의 재료를 사용하여 입도를 조정, 노상혼합방식과 중앙혼합방식이 있다.
시멘트 안정처리 공법	현장 재료 혹은 보충재를 가한 것에 시멘트를 첨가하는 공법, 강도 및 내구성이 좋아진다.
가열아스팔트 안정처리공법	현장 재료 혹은 보충재를 가한 것에 아스팔트로 가열처리 하는 방법
상온아스팔트 안정처리공법	현장 재료 혹은 보충재를 가한 것에 유화아스팔트나 커트백 아스팔트와 같이 점성이 낮은 재료를 첨가하여 혼합하는 방법
머캐덤 공법	한층 마무리 두께와 동일한 입경의 주골재를 포설하고 다시 위에 채움 골재로 마무리 하는 방법

04 산림기반시설 단원문제 100제

PART 04 ······ 산림기반시설

01 임도 노면을 유지 보수하는데 틀린 작업인 것은?
① 노면보다 낮은 길어깨는 채우고 다져서 노면보다 높인다.
② 노변 고르기는 노면이 습윤 상태일 때 한다.
③ 노체의 지지력이 약화될 때 자갈이나 쇄석 등을 깐다.
④ 강우 직후나 해빙기 후에는 노면 보호를 위해 통행을 규제한다.

해설: 노면보다 낮은 길어깨는 상관없으나 높은 길어깨는 깎아내도록 한다.

02 산림관련 규정상 간선임도, 지선임도의 유효너비는 길어깨, 옆도랑을 제외할 경우 몇 m를 기준으로 하는가?
① 1.8 ② 2.5
③ 3   ④ 4

해설: 길어깨 및 옆도랑의 너비를 제외한 임도 유효너비는 3m 를 기준으로 한다. 단, 배향곡선지의 경우 6m 이상으로 한다.

03 간선임도, 지선임도의 시설기준에서 정한 곡선반지름의 규격은 내각이 얼마 이상이 되는 곳에 곡선 설치를 하지 않아도 되는가?
① 100° ② 120°
③ 155° ④ 200°

해설: 곡선부의 중심선 반지름은 규격 이상으로 설치하여야 한다. 다만 내각이 155° 이상 되는 장소에 대해서는 곡선을 설치하지 않아도 된다.

정답 01.① 02.③ 03.③

04 일반적으로 차량이 곡선부를 통과할 때 옆미끄러짐이 없도록 외쪽 물매를 설치하는데 이때 차량속도 30km/h, 곡선반지름 30m, 노면과 타이어간 마찰계수 0.2로 하며 외쪽 물매는 얼마가 적당한가?

① 2.4%
② 3.6%
③ 4.0%
④ 4.3%

해설 ※ 곡선반지름

$$R = \frac{V^2}{127(f+i)} = \frac{30^2}{127(0.2+x)} => x = 0.036 => 3.6\%$$

R : 최소곡선반지름(m) V : 설계속도(km/hr)
i : 노면의 횡단물매 f : 타이어의 마찰계수

05 임도개설효과를 직접효과, 간접효과, 파급효과로 구분했을 때 직접효과로 볼 수 있는 것은?

① 벌채비의 절감
② 산촌의 생활수준 향상
③ 토지이용의 개선과 지가의 상승
④ 생산계획 등의 사업 기간 단축

해설 임도 개설을 통해 이동 효율이 좋아지면서 벌채비를 절감 할 수 있다.

06 임도의 평면선형으로 잘 사용되고 있지 않은 곡선은?

① 단곡선
② 배향곡선
③ 반향곡선
④ 포물선곡선

해설 임도 곡선으로 단곡선, 반향곡선(반대곡선), 복합곡선, 배향곡선(헤어핀곡선)이 있다.

07 차도에 있어서 설계속도를 20km/hr로 설계할 때 시거는 몇 m 이상 확보해야 하는가?

① 40m
② 30m
③ 20m
④ 10m

해설

설계속도(km/hr)	시거(m)
40	40 이상
30	30 이상
20	20 이상

정답 04.② 05.① 06.④ 07.③

08 일반지형에서 설계속도가 30km/시간 일때 임도에서 사용할 수 있는 최소곡선반지름의 기준은?

① 60m
② 40m
③ 30m
④ 15m

해설: 설계속도 30km/hr의 경우 최소곡선반지름은 30m이다.

09 임도의 주된 역할 및 효용으로 볼 수 없는 것은?

① 지역진흥
② 미적 경관의 증진
③ 임업, 임산업의 진흥
④ 산림의 공익적 기능의 고도 발휘

해설: ※ 임도의 효과
- 산림의 공익적 기능 증진
- 임업, 임산업의 진흥
- 산림자원의 이용 증대
- 임업생산성의 향상
- 작업의 안정성과 노동환경의 개선
- 산림 보호 및 관리의 강화

10 보통 포틀랜드시멘트에 대한 설명으로 틀린 것은?

① 수경성이며 강도가 크다.
② 비중은 대체로 2.50~2.65이다.
③ 시멘트의 단위용적중량은 보통 1,500kg/m³을 표준으로 한다.
④ 토목, 건축의 구조물, 콘크리트제품 등 다방면에 이용된다.

해설: 시멘트의 비중은 3.05~3.15이다

정답 08.③ 09.② 10.②

11 임도에서 흙깎이 비탈면 돌림수로에 대해 옳게 설명한 것은?

① 강우시 비탈면의 지하수 분출로 인한 비탈면 보호를 위해 설치한다.
② 홍수시 출수를 유하시키기 위해 콘크리트로 포장한다.
③ 속도랑과 겉도랑을 설치한다.
④ 비탈어깨부위와 원래 자연비탈면의 경계부 위의 적당한 곳에 설치한다.

> **해설** 비탈면 돌림수로는 비탈면 보호를 목적으로 비탈어깨부위와 원래의 자연비탈면의 경계부 위에 설치한다.

12 평판측량 시 방향오차는 주로 무엇 때문에 발생하는 오차인가?

① 치심 ② 정치
③ 이상 ④ 표정

> **해설** 평판측량시 고려해야할 주요 요소로 수평을 맞추는 정준, 중심을 맞추는 구심, 방향을 맞추는 표정으로 3가지가 있다. 이중에서 방향오차는 주로 표정에 의해 발생된다.

13 임도에서 합성물매와 관련이 있는 조항은 어느 것인가?

① 종단물매, 횡단물매 ② 종단물매, 역물매
③ 편물매, 곡선반지름 ④ 횡단물매, 편물매

> **해설** 합성물매는 종단물매와 횡단물매를 이용하여 구한다.

14 임도설계를 할 경우에 유의하여야 할 사항과 일반적으로 거리가 먼 것은?

① 임도의 이용이 편리하여 임산물의 반출을 유리하게 할 수 있도록 한다.
② 공사의 시공이 용이하여야 하지만 공사비는 적게 들지 않아도 된다.
③ 공사의 시공 후 유지비가 적게 들도록 한다.
④ 산림의 공익적 기능의 유지를 도모하도록 한다.

> **해설** 공사의 시공이 용이하고 공사비는 합리적으로 운영하여 효율적인 임도의 기능 발휘와 주위 경관을 해치지 않는 범위에서 실시한다.

정답 11.④ 12.④ 13.① 14.②

15 콘크리트블록 흙막이공법에서 콘크리트블록은 1m² 당 몇 kg의 것이 일반적으로 사용되고 있는가?

① 100~200kg
② 200~300kg
③ 300~400kg
④ 400~500kg

해설: 콘크리트 블록을 이용한 흙막이 공법에서 블록의 무게가 무거울수록 안정적이나 안정성과 작업성을 위해 블록은 m² 당 300~400kg이 적당하다.

16 물매가 급하고 지하수가 용출되는 연약한 지층구조로 이루어진 비탈면을 안정시키는 안정공법으로 가장 바람직한 공법은?

① 바자얽기공법
② 비탈힘줄박기공법
③ 낙석방지망덮기공법
④ 비탈선떼붙이기공법

해설: 힘줄박기공법은 사면이 붕괴를 일으키는 위험이 있을 경우 식생공법 외에 실시하는 비탈면보호공법의 일종이다. 비탈면의 안정을 목적으로 대개 비탈물매가 급하고 석력이 많은 불안정한 사면이나 지하수 혹은 누수에 의한 침식이 심한 사면에 실시하며 직접 거푸집을 설치하여 콘크리트 치기를 하고 이후 뼈대인 힘줄을 만들어 돌이나 흙으로 채우는 방식이다.

17 임도의 밀도가 높을수록 산지의 개발 또한 높아진다. 임도 밀도를 산출하기 위한 방법으로 해석적 방법과 경험적 방법이 있는데 해석적 방법의 설명으로 적절한 것은 어느 것인가?

① 예정노선의 노선도를 작성하지 않고 순수하게 계산만으로 이론적 최적임도 밀도를 산출하는 것
② 예정 개설 노선의 노선도를 작성하고 계산과 이론으로 최적 임도를 산출하는 것
③ 몇 개의 예정노선을 계획하고 이익과 비용에 의해 비교 판단 하는 것
④ 몇 개의 예정노선을 계획 작성하고 임지마다 최적의 노선배치에 의한 최적 임도를 선정하는 것

해설: 임도밀도 산정 방법은 크게 해석적방법(이론적방법)과 경험적방법(대안비교법)이 있다. 여기서 해석적 방법은 시설예정노선의 노선도를 작성하지 않고 순수하게 계산만으로 이론적 임도밀도 및 임도간격을 산출하는 방법이다. 경험적 방법은 몇 개의 대안노선을 계획하고 이익과 비용에 의하여 비교 판단하는 방법이다.

정답 15.③ 16.② 17.①

18 컴퍼스측량 시에 일차에 대한 설명으로 맞는 것은?

① 오전 9시경이 최대이고, 오후 2시경이 최소이다.
② 오전 9시경이 최소이고, 오후 2시경이 최대이다.
③ 오전 11시경이 평균이고, 오후 2시경이 최소이다.
④ 오전 11시경이 평균이고, 오후 2시경이 최대이다.

> **해설:** 컴퍼스 측량 시에 일차는 오전 11시가 평균이고 오후 2시가 최대이다.

19 산림관련 규정에서 간선임도의 설계에 대한 설명으로 틀리는 것은?

① 길어깨는 차도의 양측에 설치한다.
② 길어깨의 너비는 50cm~1m의 범위로 한다.
③ 배향곡선은 중심선 반지름이 10m 이상으로 설치한다.
④ 임도의 유효너비는 길어깨 및 옆도랑의 너비를 합친 3m를 기준으로 한다.

> **해설:** 길어깨, 옆도랑의 너비를 제외한 임도의 유효너비는 3m를 기준으로 한다.

20 임도 구조와 구성요소에 대한 상호 관련 내용이 맞도록 짝지어 있지 않은 것은?

① 시거-노체길 ② 어깨-횡단선형
③ 최급물매-종단선형 ④ 최소 곡선 반지름-평면선형

> **해설:** 시거는 운전자가 운행도중 장애물 및 물체를 인지할 수 있는 거리로 종단선형에 관련된다.

21 임도시공현장에서의 안전사고 대책으로 가장 부적당한 것은?

① 시공기계 기종이 선정되면 사용 전, 후에 여러 가지 안전 대책을 강구할 것
② 노무자에게 작업목적과 시공상의 문제점에 대하여 충분히 숙지시킬 것
③ 기계화시공에는 여러 가지 재해가 발생할 위험이 있으므로 안전 대책을 마련할 것
④ 작업장의 정리정돈은 작업의 편의를 위하여 작업상태 그대로 둘 것

> **해설:** 작업장은 작업의 편의와 안전을 위해 정리 정돈을 실시할 것

정답 18.④ 19.④ 20.① 21.④

22 임도노선의 곡선설정 시 사용되는 방법 중 해당되지 않는 것은?

① 사출법 ② 진출법
③ 교각법 ④ 편각법

해설: 임도노선 곡선 설정 방법으로 교각법, 편각법, 진출법이 있다. 사출법은 방사법이라 하여 컴퍼스 측량방법 중 하나이다.

23 임도망 계획 시 고려사항으로 틀린 것은?

① 운재비가 적게 들도록 한다.
② 신속한 운반이 되도록 한다.
③ 운재 방법이 다양화 되도록 한다.
④ 산림풍치의 보전과 등산, 관광 등의 편익도 고려한다.

해설: 운재방법은 단일화 할수록 효율적이다.

24 임도 절개지 처리공사 시나 양반으로 된 급경사 비탈면을 시멘트모르타르 또는 콘크리트 뿜어붙이기 공법으로 처리할 경우 한랭 지방에 가장 알맞은 시공 두께는?

① 1~2cm ② 5~6cm
③ 8~9cm ④ 10cm 이상

해설: 콘크리트 뿜어붙이기 공법은 한랭지방에서의 시공두께는 10cm 이상으로 한다.

25 비탈녹화공법의 종류에 속하지 않는 것은?

① 비탈선떼붙이기공법 ② 떼단쌓기공법
③ 분사식파종공법 ④ 비탈격자틀붙이기공법

해설: 비탈격자틀붙이기공법은 안정 및 보호공법이다.

26 측구에 흐르는 물의 유적이 $0.35m^2$이고, 측구를 흐르는 물의 평균 유속이 4m/s 일 때 유량을 구하면?

① $1.4m^3/s$ ② $2.0m^3/s$
③ $2.8m^3/s$ ④ $3.5m^3/s$

해설: 유량 = 유속 × 유적 = 4 × 0.35 = 1.4

정답 22.① 23.③ 24.④ 25.④ 26.①

27 일반적으로 흙쌓기는 시공 후 시일이 경과하면 수축하여 용적이 감소되고 시공면이 침하한다. 그러므로 더쌓기를 해야 하는데 그 양은 일반적으로 흙쌓기 높이의 몇 % 정도로 하는가?
① 1
② 3
③ 10
④ 20

해설 흙쌓기 높이 3m까지는 더쌓기 높이는 10%, 흙쌓기 높이 12m 이상의 경우 더쌓기 높이는 높이의 5% 정도로 하며, 통상 5~10%라고 정의한다.

28 등고선의 성질을 설명한 것 중 옳지 않은 것은?
① 등고선은 도면 안이나 밖에서 폐합하는 폐곡선이다.
② 등고선은 분수선과 항상 평행이다.
③ 동등한 경사의 지표에서 양 등고선의 수평 거리는 서로 같다.
④ 동일 등고선상에 있는 모든 점은 같은 높이이다.

해설 빗물이 능선을 경계로 좌우로 흐르는 능선을 분수선이라 하며 분수선은 등고선과 직교한다.

29 반출할 목재의 길이가 20m인 전간목을 너비가 4m인 도로에서 트레일러로 운반할 때 최소곡선반지름은 몇 m 로 하여야 하는가?
① 20m
② 25m
③ 30m
④ 35m

해설 $R = \dfrac{l^2}{4B} = \dfrac{20^2}{4 \times 4} = \dfrac{400}{16} = 25$
여기서, R : 곡선반지름(m)   l : 통나무길이(m)   B : 노폭(m)

30 임도를 설계하고자 할 때 가장 먼저 실시해야 할 일은?
① 예측
② 답사
③ 설계서 작성
④ 예비조사

해설 임도 설계는 크게 아래와 같은 순서로 진행된다.
예비조사 → 답사 → 예측 및 실측 → 설계도 작성 → 공사량 산출 → 설계서 작성

정답 27.③ 28.② 29.② 30.④

31 보통 모래는 흙 입자 지름이 몇 mm의 범위 인가?

① 0.005mm ~ 0.42mm
② 0.075mm ~ 2mm
③ 0.42mm ~ 2mm
④ 2mm ~ 4mm

해설 모래는 0.075~2mm로 정의한다.

32 양단면의 면적이 각각 65m², 30m²이고 중앙단면의 면적이 40m²이며 끝단면부에서 중앙단면부까지의 높이가 20m일 때 체적을 각주공식으로 구하면?

① 560m³
② 1,130m³
③ 1,700m³
④ 1,950m³

해설 ※ 각주공식
$$V = \frac{l}{6}(A_1 + 4A_m + A_2) = \frac{40}{6}(65 + 4 \times 40 + 30) = 1700$$
A_1, A_2 : 양단면 단면적, A_m : 중앙 단면적, l : 양단면간 길이

33 컴퍼스 측량에서 전시로 시준한 방위가 Na^0E일 때 후시로 시준한 역방위를 구하면?

① Na^0S
② Na^0W
③ Sa^0E
④ Sa^0W

해설 역방위각은 방위각의 반대이므로 북a^0동(Na^0E)의 반대인 남a^0서(Sa^0W)이다.

34 다음 중 배수 구조물의 규격(크기)을 결정하는데 영향을 가장 적게 미치는 요인은 무엇인가?

① 구조물의 재질
② 집수구역의 면적
③ 집수구역의 지형 및 식생 구조
④ 확률강우에 의한 최대 시우량

해설 배수 구조물 크기 결정 요인으로 집수구역의 면적, 지형, 식생구조 등이 있으며 홍수량 산정을 위해 확률강우에 의한 최대 시우량이 있다.

정답 31.② 32.③ 33.④ 34.①

35 고저측량의 기고식 야장기입법에서 지반고를 구하는 식으로 옳은 것은?

① 기계고(I. H) + 후시 (B.S)
② 기계고(I. H) - 후시 (B.S)
③ 기계고(I. H) - 전시 (F.S)
④ 기계고(I. H) + 전시 (F.S)

해설
- **지반고** = 기계고 - 전시
- **기계고** = 지반고 + 후시

36 평판측량 결과 기선길이가 2m, 시준판 잣눈의 읽음 차가 5일 때 두 점간의 거리는 얼마인가?

① 30m
② 40m
③ 50m
④ 60m

해설: 측정거리 $= \frac{2}{5} \times 100 = 40m$

※ 평판측량 측정거리 $= \frac{기선길이}{시준판 잣눈의 차이} \times 100$

37 유량계산을 Lautterburg 공식에 의거 다음 식으로 계산하고자 할 때 m이 의미하는 것은? (단, Q 는 유량, K 는 유출계수, a 는 집수면적이다)

$$Q = K \times \frac{a \times \frac{m}{1000}}{60 \times 60}$$

① 수면물매
② 최대시우량
③ 노반의 함유수분량
④ 평균유속

해설: ※ 시우량 공식 $Q = k \times \dfrac{A \times \frac{m}{1000}}{60 \times 60}$

Q : 유출량(m³/sec)　　m : 최대 시우량(mm/hr)
k : 유거계수　　　　　A : 집수면적(m²)

38 기계구입시 장비구입가격은 200만원이었고, 연이율은 5%이면 자본이자는 얼마인가?

① 10,000원
② 25,000원
③ 50,000원
④ 10,0000원

해설: 자본이자 $= \dfrac{구입가격 + 폐물가격}{2} \times 연이율$

$= \dfrac{200만원 + 0}{2} \times 0.05 = 5만원$

정답　35.③　36.②　37.②　38.③

39 평판측량에 있어 평판 설치의 3요소가 아닌 것은?
① 치심
② 시준
③ 표정
④ 정치

해설: 평판측량에는 수평맞추기인 정치, 중심맞추기인 치심, 방향맞추기인 표정으로 이들을 평판측량의 3요소라 한다.

40 저습지대에서 노면의 침하를 방지하기 위하여 사용하는 노면은?
① 토사도
② 사리도
③ 섶길
④ 쇄석도

해설: 저습지대는 노면 침하 방지를 위해 통나무길이나 섶길을 시공한다.

41 임도의 설계에서 임도노선의 곡선설정시 사용되는 다음 식에서 T.L은 무엇인가? (단, R은 곡선반지름, θ는 교각이다)

$$T.L = R \times \tan\frac{\theta}{2}$$

① 곡선길이
② 곡선반경
③ 외선길이
④ 접선길이

해설: 교각법에 T, L 은 접선길이를 의미한다.

42 다음 중 산지에서 임도의 기능을 완성하기 위하여 교량을 설치할 때 적합하지 않은 지점은?
① 지질이 견고하고 복잡하지 않은 곳
② 하상의 변동이 적고 하천의 폭이 협소한 곳
③ 계류의 방향이 바뀌는 굴곡진 곳
④ 교량면을 하천 수면보다 상당히 높게 할 수 있는 곳

해설: 계류의 방향이 바뀌지 않는 직선인 곳에 교량을 설치한다.

정답 39.② 40.③ 41.④ 42.③

43 임도 횡단배수구 설치장소로 적당하지 않은 곳은?

① 구조물위치의 전후
② 노면이 암석으로 되어있는 곳
③ 유하방향의 종단물매 변이점
④ 외쪽물매로 인한 옆도랑 물이 역류하는 곳

> **해설** ※ 횡단 배수구 설치 장소
> • 구조물의 앞과 뒤
> • 체류수가 있는 곳
> • 외쪽물매로 옆도랑 물이 역류하는 곳
> • 종단기울기 변이점

44 산림관리기반시설의 설계 및 시설 기준에서 간선임도의 설계속도는 얼마인가?

① 40~30km/hr ② 40~20km/hr
③ 30~20km/hr ④ 20~10km/hr

> **해설** 산림관리기반시설의 간선임도 설계속도 기준은 20~40km/hr 이다.

45 임도의 노체와 노상을 구축하는 내용으로 가장 알맞은 것은?

① 노체는 자동차의 하중을 직접적으로 받지 아니하므로 재료에 구애 받을 필요가 없다.
② 각 층의 강도는 노면에 가까울수록 큰 응력에 견디어야 하므로 상층부로 시공할수록 양질의 재료를 사용하여야 한다.
③ 노상은 노체의 최하층으로 차량의 하중을 직접 받지는 않지만 상질의 재료를 사용하여야 한다.
④ 임도의 기층은 노면위에 시설하는 자갈, 쇄석, 콘크리트 포장면을 말한다.

> **해설** 노면은 차량의 하중을 직접적으로 받는 도로의 표면 부분으로 노면에 가까울수록 양질의 재료를 사용해야 하며 일반적으로 노면은 자갈길, 쇄석도로 시공한다.

정답 43.② 44.② 45.②

46 양각기계획법을 이용하여 1/25000의 지형도에서 임도의 종단물매 5%의 노선을 긋고자 할 때, 지형도 상에서의 양각기 1폭(수평거리)은 얼마인가? (단, 등고선의 고저차는 10m 이다)

① 6mm ② 7mm
③ 8mm ④ 9mm

해설: 5 : 100 = 10 : 수평거리 ⇒ 수평거리 : 200m
양각기 1폭 : 200m × 1/25000 = 8mm

47 임도 시공 시 흙깎기 공사의 내용과 거리가 먼 것은?

① 근주지름 30cm 이상의 입목은 기계톱으로 벌채한다.
② 암석의 굴착 시 경암은 불도저에 부착된 리퍼로 굴착하는 것이 유리하다.
③ 흙깎기공사를 시공할 때에는 현장에 적당한 간격으로 흙일겨냥틀을 설치한다.
④ 완성된 임도의 양부는 시공시 흙의 수분상태와 지하수 위치에 의해 좌우되므로 함수비가 높을 때는 함수비를 저하시킬 필요가 있다.

해설: 경암은 강도가 강하여 굴착에는 화약을 사용한다.

48 수확한 임목을 공장에서 하지 않고 임내에서 박피하는 이유와 거리가 먼 것은?

① 신속한 건조 ② 운재작업의 용이
③ 병충해 피해 방지 ④ 고성능 기계화로 생산원가의 절감

해설: 임내에서 박피할 경우 바로 박피가 가능하며, 운재작업이 용이해진다. 또한 수피의 병충해를 제거하여 피해를 방지할 수 있으며 외부로의 유출을 방제할 수 있다.

49 종단 측량 시 지반고가 시점 10m, 종점 50m이고 수평거리가 1000m일 때, 종단기울기(%)는 얼마 인가?

① 4 ② 5
③ 6 ④ 7

해설: 종단기울기 : 100 = 40 : 1000
종단기울기 = 4(%)

정답 46.③ 47.② 48.④ 49.①

50 설계속도 30km/시간, 외쪽물매 5%, 타이어 마찰계수 0.15일 때의 곡선반지름은 약 얼마인가?

① 27m ② 32m
③ 33m ④ 35m

해설: $R = \dfrac{V^2}{127(f+i)} = \dfrac{30^2}{127(0.15+0.05)} = 35$

R : 최소곡선반지름(m) V : 설계속도(km/hr)
i : 노면의 횡단물매 f : 타이어의 마찰계수

51 다음의 고저측량을 설명한 것 중에서 틀린 것은?

① 전시(F.S)와 후시(B.S)가 모두 있는 측점을 이기점(T.P)이라 한다.
② 기계고(I.H)는 지반고(G.H) + 후시(B.S)이다.
③ 기점과 최종점의 고저차는 후시의 합계 + 이기점의 전시의 합계이다.
④ 지반고(G.H)는 기계고(I.H) - 전시(F.S)이다.

해설: 기점과 최종점의 고저차는 후시-전시이다.

52 다음 중 암석의 굴착 시 리퍼작업이 곤란한 것은?

① 사암, 혈암 ② 혈암, 점판암
③ 안산암, 화강암 ④ 점판암, 사암

해설: 암석의 굴착시 경암의 경우 강도가 강해 굴착시 리퍼작업이 곤란하며 경암의 종류로 화강암, 안산암 등이 있다.

53 다음의 평판측량법 중 방사법(사출법)을 설명하고 있는 것은?

① 장애물이 많은 경우에 사용된다.
② 평판을 측점 마다 옮겨서 측량한다.
③ 한곳에서 주위를 넓게 측정할 수 있다.
④ 구역이 좁고 교차법을 사용할 수 없는 경우에 사용한다.

해설: 방사법은 오차를 검정할 방법은 없으나 장애물이 없고 넓게 시준할 경우 사용하는 방법이다.

정답 50.④ 51.③ 52.③ 53.③

54 계단의 뒷부분에 되메우기를 하며, 되메우기 부분에 묘목을 심고 나출된 비탈면을 안정 녹화하는 공법은?

① 평떼붙이기공법
② 식생자주공법
③ 비탈선떼붙이기공법
④ 줄떼다지기공법

해설: 비탈선떼붙이기 공법은 비탈다듬기 공사를 시행하고 등고선 방향으로 단끊기를 하며 계단의 뒷부분에 되메우기를 실시, 앞면에는 규정된 떼를 붙여주고 되메우기한 부분에 묘목을 심어 나출된 비탈면의 안정을 목적으로 한다.

55 다음 중 임도의 성토사면에 있어서 붕괴가 일어날 가능성이 적은 경우는?

① 공극수압이 감소할 때
② 함수량의 증가
③ 토양의 점착력이 약해질 때
④ 동결 및 융해가 반복될 때

해설: 공극수압이 감소하면 균열의 발생확률이 낮아져 붕괴의 가능성이 적어진다.

56 산림관리기반시설의 설계 및 시설기준에 의거 절토, 성토한 경사면이 붕괴 또는 밀려 내려갈 우려가 있는 지역에는 사면길이 2~3m 마다 소단을 설치할 수 있는데 이 때 소단의폭은 얼마인가?

① 0.1~0.5m
② 0.5~1.0m
③ 1.5~2.5m
④ 2.5~3.5m

해설: 사면의 길이는 2~3m 마다 50~100cm (0.5~1.0m)정도의 소단의 폭을 설정한다.

57 줄떼다지기공법에서 비탈 전체를 일정한 물매로 유지하며, 비탈을 보호 녹화하기 위하여 수직높이 몇 cm 간격으로 반떼를 수평으로 붙이는가?

① 20 ~ 30 cm
② 30 ~ 40 cm
③ 40 ~ 60 cm
④ 60 ~ 80 cm

해설: 줄떼다지기는 비탈면 기울기를 유지하고 보호 및 녹화 목적으로 수직높이의 20~30cm 간격으로 반떼를 수평으로 붙인다.

정답 54.③ 55.① 56.② 57.①

58 교각법에 의한 곡선 설치 시 가장 주요한 인자를 묶은 것으로 옳은 것은?
① 방위각, 교각, 내각
② 성토고, 절취고, 계획고
③ 경사각, 사거리, 수직거리
④ 곡선시점, 곡선중점, 곡선종점

해설: 교각법은 곡선시점, 곡선중점, 곡선종점을 주요 지점으로 곡선을 정하는 방법이다.

59 임도교량 작업 시 주재료인 콘크리트의 물 함량을 아주 높게 하여 작업을 용이하게 하려고 할 때 어떠한 문제점이 발생하는가?
① 시멘트량이 줄어든다.
② 콘크리트 강도가 낮아진다.
③ 배합이 골고루 되지 않는다.
④ 작업비가 높아진다.

해설: 물 함량이 너무 높을 경우 콘크리트의 강도가 낮아지게 된다.

60 임도의 기능에 대한 설명 중 바람직하지 않은 것은?
① 임도는 전통적 기능인 목재수송 전용도로로서의 기능을 담당해야 한다.
② 자연 휴양림 조성과 관련하여 임도는 휴양림 도로로서의 기능도 담당해야 한다.
③ 농산촌 지역 개발과 관련하여 농촌마을의 연결기능도 가질 수 있어야 한다.
④ 임도는 산림이 가진 다목적 기능을 더욱 잘 발휘할 수 있도록 설계되어야 한다.

해설: 임도는 목재수송으로서의 기능 뿐 아니라 임내 혹은 주변 토지에서 생산된 임산물을 신속하게 유통하고 임지이용의 활성화를 촉진시키는 기능을 한다.

61 강우에 의한 토양침식의 발달과정으로 옳은 것은?
① 우격침식 → 면상침식 → 누구침식 → 구곡침식
② 우격침식 → 누구침식 → 면상침식 → 구곡침식
③ 우격침식 → 구곡침식 → 누구침식 → 면상침식
④ 우격침식 → 누구침식 → 구곡침식 → 면상침식

해설: ※ 강우에 의한 토양침식 과정 : 우격침식 → 면상침식 → 누구침식 → 구곡침식

정답   58.④   59.②   60.①   61.①

62 경사면과 임도 시공기면과의 교차선으로 임도시공 시 절토와 성토작업을 구분하는 경계선은?

① 중심선 ② 시공선
③ 곡선시점 ④ 영선

해설: 영선은 절토작업과 성토작업의 경계선이 된다.

63 임도 종단면도는 종단 측량 결과에 의거 수평축척과 수직축척을 표시하여 제도하는데 옳은 축척은?

① 수평축척은 1:1000, 수직축척은 1:200
② 수평축척은 1:200, 수직축척은 1:1200
③ 수평축척은 1:1000, 수직축척은 1:100
④ 수평축척은 1:100, 수직축척은 1:1000

해설: 종단면도는 횡 1 : 1000 , 종 1 : 200 으로 작성한다.

64 산림기반시설의 설계 및 시설기준에서 정하고 있는 배수 구조물의 통수단면 설계 내용 으로 맞는 것은?

① 50년 빈도 확률강우량에 의한 최대홍수 유출량의 1.2배
② 70년 빈도 확률강우량에 의한 최대홍수 유출량의 1.5배
③ 100년 빈도 확률강우량에 의한 최대홍수 유출량의 1.2배
④ 100년 빈도 확률강우량에 의한 최대홍수 유출량의 1.5배

해설: 통수단면은 100년 빈도 확률 강우량에 홍수도달시간을 이용하여 최대홍수유출량의 1.2배 이상으로 설계한다.

65 임도의 합성물매는 12%로 설정하고 외쪽 물매를 6%로 적용한다면 종단물매는 약 몇 %가 적당한가?

① 8 ② 10
③ 12 ④ 14

해설: 합성물매 = $\sqrt{횡단물매^2 + 종단물매^2}$
$12 = \sqrt{6^2 + 종단물매^2}$
종단물매 : 약 10 %

정답 62.④ 63.① 64.③ 65.②

66 임지는 하부로부터 개발해야 하므로 임지 개발의 중추적인 역할을 담당하는 산악지대 임도노선형은 무엇인가?

① 사면임도　　　　　　　② 능선임도
③ 산복임도　　　　　　　④ 계곡임도

해설　계곡임도는 임지 하부에 설치하여 중추적인 역할을 담당한다.

67 임도 시공 시 현장감독관이 현장에 비치하고 기록 관리하여야 하는 것이 아닌 것은?

① 재료시험표　　　　　　② 반입재료검사부
③ 자재수불부　　　　　　④ 작업일지

해설　임도 시공시 현장감독관은 감독일지, 반입재료검사, 자재수불부, 재료시험표를 기록 및 관리한다.

68 어떤 측정에서부터 차례로 측량을 하여 최후에 다시 출발한 측점으로 되돌아오는 측량방법으로 소규모의 단독적인 측량 때 많이 이용되는 트래버스 방법은?

① 폐합 트래버스　　　　　② 결합 트래버스
③ 개방 트래버스　　　　　④ 다각형 트래버스

해설　차례로 측량하고 다시 시작한 측점으로 돌아오는 방법을 폐합트래버스라 한다.

69 평판측량에서 측량지역의 내부 또는 외부에 한 점을 정하고 주위 넓은 방향으로 측선 방위와 길이를 관측하여 측량하는 방법은?

① 교회법　　　　　　　　② 전진법
③ 방사법　　　　　　　　④ 절선법

해설　※ **방사법** : 측량 기구를 측량 구역의 거의 중앙점(시준시 장애물이 없는 지역)에 설치하고 여기에서 필요한 지점을 시준하여 방향선을 그은 후 거리를 재어 적당한 축척으로 길이를 잡아 각 점을 연결하는 것이다. 방사법은 장애물이 없고 비교적 평활한 지역에서 널리 사용되는 방법으로 측량이 간단하나 오차를 검사할 방법이 없다. 따라서 오차를 확인하기 위해서는 반드시 대각선 방향으로 검사선을 취해야 한다.

정답　66.④　67.④　68.①　69.③

70 다음 그림에서 OA 의 방위는 N60°E 이고, OB 의 방위는 S75°W 이다. 이때 ∠AOB 는 얼마인가?

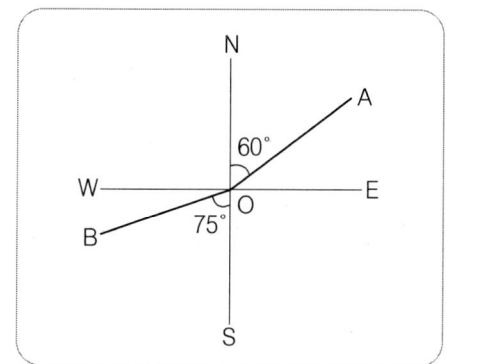

① 105°
② 135°
③ 165°
④ 195°

해설: 방위는 북쪽을 기준으로 시계방향으로 잡으며 아래와 같이 구할 수 있다.
∠AOE + ∠EOS + ∠SOB = 30° + 90° + 75° = 195°

71 노선의 진행 방향을 향하여 측점을 중심으로 좌측, 우측으로 나누어 지형의 고저기복을 측정한 측량은?

① 평면측량
② 종단측량
③ 횡단측량
④ 곡선측량

해설: 횡단측량은 임도의 측량시 중심말뚝이 있는 곳에서 중심선과 직각방향으로 지형의 고저와 기복을 측정하는 것이다. 그러나 곡선인 곳에서는 곡선의 중심방향과 그 연장선상을 측정한다.

72 횡단기울기의 기준에 대한 설명으로 맞는 것은?

① 비포장 노면의 경우 3~5%, 포장 노면의 경우 2~3%
② 비포장 노면의 경우 2~3%, 포장 노면의 경우 1~2%
③ 비포장 노면의 경우 3~5%, 포장 노면의 경우 1.5~2%
④ 비포장 노면의 경우 2~3%, 포장 노면의 경우 1.5~2%

해설: 횡단기울기는 비포장은 3~5%, 포장노면은 1.5~2% 정도의 기준을 가진다.

정답 70.④ 71.③ 72.③

73 컴퍼스 측량을 할 때 관측하지 않아도 되는 것은?

① 거리
② 방위
③ 방위각
④ 표고

해설: 컴퍼스를 사용하여 방위 또는 방위각을 측정하고, 테이프로 거리를 재서 각 측점상의 평면상 위치를 결정하는 측량법이다.

74 절토면의 길이가 길어서 침식이나 붕괴의 위험이 있는 곳에 시설하는 배수구는?

① 돌림수로
② 세월교
③ 옆도랑
④ 암거

해설: 돌림수로는 비탈면의 보호를 위해 비탈면의 최상부에 설치하는 배수구의 일종이다.

75 가장 일반적으로 이용되는 다각측량의 각 관측방법으로 임도곡선 설정 시 현지에서 측점을 설치하는 곡선설정 방법은?

① 교각법
② 편각법
③ 진출법
④ 방위각법

해설: 교각법은 교각을 구할 경우 사용되는 가장 기본적인 방법으로 곡선부의 중심선이 통과하는 모든 점을 현지에 말뚝을 박아 표시하는 방법이다.

76 산림의 단위 면적당 임도연장(m/ha)으로 나타내는 것은?

① 산림개발도
② 임도효율요인
③ 임도밀도
④ 평균집재거리

해설: 임도밀도는 총연장거리를 총면적으로 나눈 값이다.

77 우리나라의 자침편차 중 옳은 것은?

① 동편차 : 5°~7°
② 서편차 : 5°~7°
③ 서편차 : 1°~3°
④ 동편차 : 1°~3°

해설: 우리나라는 서쪽으로 5°~7°정도 자침편차가 있다

정답 73.④ 74.① 75.① 76.③ 77.②

78 임도의 설계기준에 대한 설명으로 잘못된 것은?

① 평면도는 축척 1/1,200로 한다.
② 평면도에는 임시기표, 교각점, 측점번호, 사유토지의 경계, 구조물의 위치 및 규격 등을 기입한다.
③ 횡단면도의 축척은 1/1,000로 한다.
④ 횡단기입의 순서는 좌측하단에서 상단방향으로 한다.

해설: 횡단면도의 축척은 1/100 을 기준으로 한다.

79 다음 중 (　　) 안에 해당되는 것은?

> 산림관리 기반시설의 설계 및 시설기준에 따르면 배수구의 통수단면은 (　　)년 빈도 확률 강우량과 홍수도달시간을 이용한 합리식으로 계산된 최대홍수 유출량의 (　　)배 이상으로 설계 설치한다.

① 70, 0.8
② 90, 1.0
③ 100, 1.2
④ 120, 1.5

해설: 배구구의 통수단면은 100년 빈도 확률강우량과 홍수도달시간을 이용하며 최대홍수 유출량의 1.2배 이상으로 설치한다.

80 다음 중 사면붕괴 및 사면침식 등 비탈면의 유지관리를 위한 표면유수 유입방지용 배수시설은?

① 맹거
② 종배수구
③ 횡배수구
④ 산마루 측구

해설: 산마루 측구는 일종의 빗물받이로 절토비탈면에 설치하며 우수가 절토사면으로 흐를때 절토사면이 침식이나 유실을 방지하는 목적으로 설치한다.

정답　78.③　79.③　80.④

81 Matthews 이론에 따라 적정임도밀도를 산출할 때 고려하는 요인이 아닌 것은?

① 횡단물매
② 집재비
③ 임도우회계수
④ 생산예정재적

해설: 적정임도밀도는 임도개설비, 유지관리비, 집재비용의 합계가 최소가 되는 임도밀도를 의미한다. Matthews 이론에 따라 산출할 경우 적정임도밀도는 임도개설비, 집재비, 생산예정재적, 임도우회계수, 집재우회계수를 이용하여 구하도록 한다.

※ 적정임도밀도 산출식

$$적정임도밀도 = \sqrt{\frac{생산예정재적 \times 집재비 \times 임도우회계수 \times 집재우회계수}{임도개설비}}$$

82 임도상에 설치하는 대피소 유효길이의 규정값으로 옳은 것은?

① 5m 이상
② 10m 이상
③ 15m 이상
④ 20m 이상

해설: 대피소의 설치 기준은 너비 5m, 유효길이 15m, 간격 300m 이다.

83 길어깨 및 옆도랑의 최소너비 기준으로 옳은 것은?

① 20cm
② 30cm
③ 40cm
④ 50cm

해설: 길어깨 및 옆도랑의 최소너비의 범위는 50cm~100cm 이다.

정답 81.① 82.③ 83.④

84 다음 중 수준측량 시 발생하는 정오차에 포함되지 않는 것은?

① 지구의 곡률에 의한 오차
② 온도 변화에 의한 표척의 신축
③ 기포관의 둔감
④ 광선의 굴절

해설) 기포관의 둔감은 기기 자체의 문제로 기계적 오차에 속한다.

85 우리나라 임도관련 규정에 제시된 절토사면의 기울기 설계기준은?

① 경 암 1 : 0.3 ~ 0.8, 토사지역 1 : 0.8 ~ 1.5
② 경 암 1 : 0.5 ~ 0.8, 토사지역 1 : 0.8 ~ 1.5
③ 암석지 1 : 0.6 ~ 1.2, 토사지역 1 : 0.3 ~ 0.8
④ 암석지 1 : 0.8 ~ 1.5, 토사지역 1 : 0.3 ~ 0.8

해설) 임도의 절토사면 기울기는 경암은 1 : 0.3~0.8, 토사지역은 1 : 0.8~1.5 를 기준으로 한다.

86 임도시공용 기계의 운전관리 및 안전대책에 관한 내용 중 틀린 것은?

① 기계의 계획 및 관리 전반에 대한 관련 법규를 충분히 이해할 필요가 있다.
② 작업능률을 높이고 시공단가 절감을 위한 우수한 오퍼레이터를 확보 운영해야 한다.
③ 기계의 윤활관리는 예방정비와는 무관한 작업이다.
④ 오퍼레이터는 연속하여 중작업에 종사하기 때문에 충분하고 적절한 인간관계 및 관리가 필요하다.

해설) 기기의 윤활관리는 운전관리 및 안전대책에서 중요한 작업 중 하나이다.

정답 84.③ 85.① 86.③

87 경사지 임도의 횡단선형을 구성하는 요소가 아닌 것은?

① 차도너비 ② 노반
③ 길어깨 ④ 옆도랑

해설: 임도의 구조상 선형은 도로의 중심선을 입체적으로 그리는 형상으로서 횡단선형, 평면선형, 종단선형, 노면 등으로 분류한다. 그중에서 횡단선형 구성 요소로 비탈면, 옆도랑, 길어깨, 차도너비 등이 있다. 노반은 도로의 기층과 노상의 중간에 위치한 층으로 노면으로 분류된다.

88 임도의 횡단선형에 대한 틀린 설명은?

① 임도의 너비는 유효너비와 도로어깨 및 옆도랑의 너비를 합한 것이다.
② 길어깨는 유효너비의 양측에 설치한다.
③ 길어깨는 도로의 유지, 고장차와 통행인의 대피 및 도로표지를 설치하는데 이용된다.
④ 임도의 횡단경사는 포장한 노면의 경우에는 1.5~2%가 적당하다.

해설: 임도의 너비는 유효너비와 길어깨 너비의 합을 말한다.

89 임도의 종단물매와 관련성이 가장 적은 요인은 어느 것인가?

① 곡선반지름 ② 설계속도
③ 안전시거 ④ 우회율

해설: 임도의 종단물매(종단기울기)는 설계속도, 우회율, 안전시거와 관련이 있다. 곡선반지름은 평면구조에 관련된다.

90 임도 설계 시 주행속도 40km/hr, 오름물매 4%, 내림물매 2% 일 때 종단곡선의 길이는?

① 약 6.8m ② 약 7.9m
③ 약 8.9m ④ 약 9.9m

해설: $\dfrac{4-2}{360} \times 40^2 ≒ 0.00555 \times 1600 ≒ 8.9$

※ 종단곡선의 길이 $= \dfrac{\text{종단기울기 대수차의 절대치}}{360} \times 속도^2$

정답 87.② 88.① 89.① 90.③

91 임도의 곡선반경이 13m 이상~14m 미만인 경우 곡선부에 증가시켜야 하는 폭의 너비 (확대기준)는 몇 m 이상이어야 하는가?

① 1.0
② 2.0
③ 3.0
④ 4.0

해설: 곡선반경이 13m이상~14m미만은 확대기준이 2m 이다.

92 임도 노면의 유지, 보수 내용 중에서 틀린 것은?

① 노면보다 높은 길어깨는 깎아내어 노면과 같이 평탄하게 처리한다.
② 노면 고르기는 노면이 건조한 상태보다 어느 정도 습윤한 상태에서 실시한다.
③ 노체의 지지력이 약화될 때 자갈이나 쇄석 등을 깐다.
④ 노체의 지지력이 약화되었을 경우 기층 및 표층의 재료를 교체해서는 안된다.

해설: 노체의 지지력이 약화되면 기층 및 표층의 재료 교체 및 보수를 해주어야 한다.

93 다음 중 임도의 설계속도와 가장 관련이 없는 것은 어느 것인가?

① 노폭
② 차폭
③ 물매
④ 곡선반지름

해설: 임도의 설계속도 지형과 관련이 크며 기울기, 노폭, 노면, 곡선반지름이 있다.

94 법률상 규정한 우리나라의 간선임도, 지선임도의 유효너비는 몇 m 를 기준으로 하는 가?

① 2.5
② 3
③ 3.5
④ 4

해설: 간선임도와 지선임도의 유효너비는 3m 를 기준으로 한다.

정답 91.② 92.④ 93.② 94.②

95 지형도 상에서 임도 노선을 측설하고자 한다. 지형도의 등고선 간격이 5m이고, 두 등고선과 교차하는 지점의 임도 종단 물매를 10%로 할 때 수평거리는 얼마나 되겠는가?

① 5m
② 10m
③ 50m
④ 100m

해설: $\dfrac{5\text{m}}{\text{수평거리}(\text{m})} \times 100 = 10(\%) \rightarrow$ 수평거리 : 50m

96 일반적인 토사로 구성된 절개지 비탈면에 비탈격자를 붙이기 공법을 채용하고자 한다. 경관을 우선적으로 고려했을 때 격자틀 내부에 적용할 가장 적합한 방법은?

① 자갈채우기
② 콘크리트채우기
③ 떼채우기
④ 객토채우기

해설: 떼는 산림토목공사용 재료로 비탈면의 안정과 녹화에 사용되는 녹화재의 일종으로 떼채우기는 경관을 우선적으로 고려할 경우 격자틀 내부에 가장 적합한 방법이다.

97 다음 중 땅밀림지대 또는 지반이 연약한 곳에 시공하기에 가장 적합한 비탈흙막이공법은?

① 비탈 콘크리트 블록 흙막이공법
② 비탈 콘크리트의 목흙막이공법
③ 비탈 돌망태 흙막이공법
④ 비탈 통나무쌓기 흙막이공법

해설: 돌망태는 철선 등을 이용해 엮은 원형 혹은 정육면체 모양으로 흙깎기비탈면 안정이나 흙막이용으로 사용되고 있다.

98 실제 지상의 두 점간 거리가 100m인 지점이 지도상에서 4mm로 나타났다면 이 지도의 축척은 얼마인가?

① 1/1,000
② 1/2,500
③ 1/25,000
④ 1/50,000

해설: 축척은 일종의 비율로서 지도거리와 실제거리를 이용하여 구하도록 한다.
$\dfrac{4mm}{100m} = \dfrac{4mm}{100,000mm} = \dfrac{1}{25,000}$

정답 95.③ 96.③ 97.③ 98.③

99 임도 개설시 흙깎기(땅깎기) 작업에 대한 설명으로 옳지 않은 것은?

① 시공현장의 함수비를 저하시킬 때에는 트랜치를 파서 지하수위를 내리는 방법이 유효하다.
② 흙쌓기와 흙쌓기공사를 시공할 때는 현장에 적당한 간격으로 흙일 겨냥틀을 설치해야 한다.
③ 일반적으로 임도에서 흙깎기비탈의 물매는 보통토사는 0.3, 암석은 0.8을 표준으로 한다.
④ 흙깎기토량이 많은 임도 개설공사의 경우에는 사토할 장소에 대해서도 주의해야 한다.

해설: 흙깎기비탈의 물매는 보통토사는 0.8~1.5 정도의 범위를 가지며 암석은 0.3~1.2 정도의 범위를 가진다.

100 임도망 배치의 효율성 정도를 나타내는 개발지수에 대한 설명으로 틀린 것은?

① 개발지수의 산출은 (평균집재거리 × 임도밀도) / 2500이다.
② 균일하게 임도가 배치되었을 때 개발지수는 1이다.
③ 개발지수가 1 보다 크면 클수록 임도배치 효율이 크다.
④ 노선이 중첩되면 될수록 임도배치 효율성은 낮아진다.

해설: 임도가 이상적인 배치를 할 경우 개발지수는 1에 가까워지게 된다.

정답 99.③ 100.③

PART 5
산림보호

PART 05 산림보호

01 수목병

1. 수목병 일반

(1) 수목병의 원인

① 병원의 정의
  ㉠ 병원은 수목에 병을 일으키는 원인이 되는 것으로 병원이 생물 혹은 바이러스의 경우 병원체, 균류에 의한 경우 병원균이라 정의한다.
  ㉡ 수목에 직접 원인을 주인이라 하는데 병원균이나 병원체가 있으며 발병을 촉진시키는 기타 원인을 유인이라 하며, 유인의 경우 기상조건, 토양조건, 재배법 등 다양한 외부적 요인이 있다.

② 병원의 종류 및 분류
  ㉠ 생물성 병원의 종류에는 세균, 진균, 선충, 바이러스, 마이코플라스마 등이 대표적이다. 여기서 선충의 경우 체형이 가늘고 긴 선형의 선형동물문에 해당한다.
  ㉡ 비생물성 병원은 외부적 요인으로 토양, 기상, 양분, 농기구, 공업폐수 등이 있다.

(2) 병징과 표징

① 병징
  ㉠ 병징은 식물의 외형 혹은 조직의 변화, 빛깔 등에 이상이 나타나는 현상을 의미한다.
  ㉡ 특정 부위에만 나타나는 경우 국부병징, 수목의 전체에 나타나는 경우를 전신병징이라 한다. 국부병징에는 점무늬병, 혹병 등이 있으며 전신병징에는 오갈병, 바이러스병, 시들음병 등이 있다.
  ㉢ 병징의 현상으로 변색, 시들음, 비대, 위축, 괴사, 줄기마름, 부패 등이 있다.
  ㉣ 바이러스와 파이토플라스마 의한 병징은 대부분 전신병징은 경우가 많으며 국부병징도 간혹 나타난다. 세균이나 균류의 경우 국부병징이 주로 나타난다.

외부병징	위축, 색소체 이상, 괴저, 기형, 잎말림, 돌기 등
내부병징	세포 내 엽록체 수 감소, 엽록체 크기 감소, 내부조직 괴사 등

② 병징의 현상
- 시들음 : 식물의 물관부가 부분적으로 폐쇄되므로 물과 무기양분의 흐름이 방해를 받아서 잎이 붙어 있는 상태로 식물체가 쳐지는 현상이다.
- 마름 : 보통 잎 전체가 위에서부터 아래로 말라가는 현상이다.
- 가지마름 : 가지가 끝부터 아래로 말라가는 현상이다.
- 잎가마름 : 잎의 가장자리부터 안쪽으로 말라가는 현상이다.
- 색조변화 : 엽록소의 이상으로 황색 등 다른 색상이 변화하는 현상이다.
- 점무늬 : 잎에 작은 점이 찍힌 것처럼 나타나는 현상이다.
- 구멍 : 잎의 점무늬 감염 부위와 건전 부위의 경계선에 이층이 형성되어 감염 부위가 탈락하는 현상이다.
- 얼룩 : 잎에 특별한 유형이 없이 병반이 확산되며 변색하는 현상이다.
- 궤양 : 주로 줄기나 굵은 가지가 말라가고 썩어가는 현상이다.
- 부후 : 심재, 뿌리 등 감염 부위가 부패되는 현상이다.
- 황화 : 색조변화의 일종으로 잎이 누렇게 변하는 현상이다.
- 위축 : 잎, 가지, 줄기가 건전 부위에 비하여 소형화하는 현상이다.
- 빗자루 : 많은 수의 가지가 모여 발생하는 현상이다.
- 오갈 : 잎이 오그라들며 작아지는 현상이다.

③ 표징
  ㉠ 병이 발생시 병원체 자체가 나타나 식별되는 현상을 의미한다.
  ㉡ 표징은 어느 정도 진행 후 발견이 되기에 조기 진단이 어렵다.
  ㉢ 진균의 경우 표징이 나타나지만 바이러스, 마이코플라스마에 의한 경우 병징만 관찰되고 표징은 나타나지 않는다.
  ㉣ 표징의 종류

영양기관	균사체, 선상균사, 균핵, 자좌, 근상균사속 등
번식기관	포자, 포자낭, 자낭각, 자낭구, 세균점괴, 포자각, 분생자병, 버섯 등

④ 표징의 현상
- 균사체 : 균사가 모여 형성한 집단이다.
- 균사매트 : 조직 내부에 매트 모양으로 형성된 균사층이다.
- 뿌리꼴 균사다발 : 뿌리와 유사한 형태의 균사다발이다.
- 자좌 : 내부 또는 표면에 자실체를 형성하는 균사조직이다.
- 균핵 : 조밀하게 구성된 휴면상태의 균사체이다.
- 흡기 : 기주 세포 내로 침입하여 양분을 흡입하도록 특수화된 균사이다.
- 포자 : 곰팡이의 번식 수단으로 형성하는 생식세포이다.
- 분생포자경 : 무성번식을 하는 불완전균에서 관찰되는 포자와 포자를 지탱하는 구조이다.
- 분생포자각 : 무성번식을 하는 불완전균의 포자를 형성하여 저장하는 플라스크 모양의 구조이다.
- 자낭반 : 유성번식을 하는 자낭균의 포자를 형성하여 저장하는 접시 모양의 구조이다.
- 자낭 : 유성번식을 하는 자낭균의 포자의 외부를 싸고 있는 주머니 모양의 구조이다.
- 자낭각 : 유성번식을 하는 자낭균의 포자를 형성하여 저장하는 플라스크 모양의 구조이다.
- 자낭구 : 유성번식을 하는 자낭균의 포자를 형성하여 저장하는 구형 모양의 구조이다.
- 담자기 : 유성번식을 하는 담자균의 포자를 지탱하는 구조이다.

(3) 수목병의 발생

① 병원체 월동
　㉠ 병원체가 주로 저온이 되는 겨울에 휴면을 하는 경우 월동이라 한다.
　㉡ 병원균에 따라 월동장소가 다르며 아래와 같이 분류할 수 있다.

기주체	소나무혹병균, 벚나무빗자루병균, 낙엽송가지끝마름병균 등
병환부 혹은 죽은기주	낙엽송잎떨림병균, 밤나무줄기마름병균, 느티나무흰색무늬병균 등
토양	뿌리혹선충류, 오동나무빗자루병, 자줏빛날개무늬병균 등
종자	오리나무갈색무늬병균, 묘목의 잘록병균 등

② 병원체 침입
　㉠ 세균은 주로 상처 및 자연개구부로 침입한다. 각피의 경우 세균은 침입이 어려우나 진균은 각피로도 침입이 가능하다.

ⓒ 식물의 자연개구부에는 기공, 피목, 밀선, 수공 등이 있다.

침입경로	특징	대표 병원
각피	병원체가 식물 표면을 직접 뚫고 침입하는 경우	뽕나무뿌리썩음병균, 자줏빛날개무늬병균 등
자연개구부	기공을 통해 침입하는 경우	삼나무붉은마름병균, 소나무 잎떨림병균 등
상처	식물의 상처부위에 침입하는 경우	밤나무줄기마름병균, 낙엽송끝마름병균 등

(4) 감염 및 잠복

① 감염은 병원체가 식물에 침입해 식물로부터 영양을 섭취하는 경우를 말한다. 이때 침입 후 초기 병징이 나타나는 사이의 기간을 잠복기간이라 한다.
② 잠복기간은 감염 이후 그리고 초기 병징이 나타나기 이전의 단계를 의미한다.
③ 서로 다른 종류의 기주식물을 옮겨다니며 생활하는 병원균을 이종기생균이라 하는데 이종기생균이 기주를 변경하는 것을 기주교대라고 한다.

이종기생균	다른 기주식물을 옮겨다니는 병원균
기주교대	이종기생균이 다른 기주식물을 옮겨 다니는 것
중간기주	다른 기주식물 중 경제적 가치가 적은 식물

④ 엽록소가 없어 양분 합성을 하지 못하는 경우 다른 식물에 기생하여 양분을 섭취하는 진균, 세균, 바이러스 등을 기생체, 죽은 조직이나 유기물에서 양분을 섭취하는 것을 부생체라 하며 영양섭취법에 따라 아래와 같이 분류 된다.

절대기생체	• 순활물기생체라 하며 살아있는 조직에만 생활하며 흰가루병이 여기에 해당된다. • 살아 있는 기주와 죽은 기주 뿐 아니라 각종 영양배지에서 번식하는 경우를 비절대기생체, 반활물영양성이라 한다. • 절대기생체에는 바이러스, 파이토플라스마가 해당된다.
임의부생체	• 기생을 원칙으로 하나 죽은 유기물에서도 영양섭취가 가능하다.
임의기생체	• 부생을 원칙으로 하고 살아있는 조직에도 침입한다.
절대부생체	• 죽은 유기물에서만 영양을 섭취하는 순사물기생체이다.

(5) 수목병의 예찰진단

① 수병의 진단은 표본을 만들어 기존의 자료인 도감, 검색표 등을 이용하여 병원체를 진단한다.
② 병원체의 동정은 독일의 세균학자 코흐의 4원칙에 따르며 내용은 아래와 같다.
  ⊙ 병원체는 병든 기주에 존재한다.
  ⓒ 병원체는 병든 기주에서 분리 시 배지에서 자라야 한다.
  ⓒ 배양한 병원체는 접종 시 같은 병을 나타내야 한다.
  ⓔ 실험적으로 접종하여 감염된 기주에서 같은 병원체를 획득할 수 있다.
③ 진단에는 육안적 진단방법이 있으며 병징과 표징을 통해 확인 가능하다.

병징	변색, 시들음, 비대, 위축, 괴사, 줄기마름, 부패 등
표징	균사, 균사속, 균사막, 균핵, 자좌, 포자, 자실체 등

④ 그 외 코흐의 원칙에 따르는 병원적 진단 방법이나 지표식물을 이용하는 생물학적 진단 방법 등 상황에 맞는 다양한 진단 방법을 채택한다.

(6) 수목병의 전반

① 병원체가 운반되는 방법을 전반이라 하며 스스로 이동하는 경우도 있으나 그렇지 않은 경우 다양한 매개체를 통해 이동하게 된다.
② 병원균은 바람, 물, 토양 등 다양한 형태로 전반되며 병원균의 종류는 아래와 같다.

종자	오리나무갈색무늬병균(표면), 호두나무갈색부패병균(내부)
바람	밤나무줄기마름병균, 잣나무털녹병균, 흰가루병
물	묘목의 잘록병균, 향나무적성병
토양	근두암종병균, 묘목의 잘록병균
묘목	잣나무털녹병균, 포플러모자이크병균
매개동물 및 매개충	오동나무빗자루병, 대추나무빗자루병, 참나무 시들음병

2. 주요 수목병 종류 및 방제법

(1) 수목병의 방제법

중간기주 제거	중간기주를 제거하는 방법
전염원 제거	병든 식물의 병든 부위를 제거하는 방법
시비	시비 조절(질소질 비료 사용량 주의)
임업적 방제	저항성 품종 생산, 혼효림의 조성, 제벌 및 간벌 등
묘목 검사	심재 전에 병원균의 전파를 막기 위해 검사를 실시
환경 개선	과습 등의 조건에서 발생되는 수목병을 막기 위한 환경의 유지 및 개선
소독	토양이나 종자 소독을 통해 병의 전파를 예방

(2) 수간주입(수간주사)

① 수간주입
  ㉠ 수간주입은 약액을 나무의 줄기에 구멍을 뚫고 직접 넣어주는 것을 말한다.
  ㉡ 수간주입법의 장점은 주입된 약액이 수체 내부로만 전달되어 주변에 환경오염을 일으키지 않으며 소량 주입으로 수개월 이상의 높은 방제효과가 지속되어 지상살포처럼 여러 번 살포하지 않아도 된다.
  ㉢ 수간주입은 약제살포로 치료가 안되고 내과적 주입으로 치료가 가능한 파이토플라스마에 의한 식물병이나 소나무재선충병 등의 치료 및 예방에 효과적이다.
  ㉣ 수간주입시 유의사항은 주입공을 되도록 작게 뚫는 것이다. 주입공을 작게 뚫어주면 주입공이 빨리 아물어 부후나 변색의 우려가 없다.
  ㉤ 수간주사는 수액이동이 활발한 4월~10월쯤에 실시하는 것이 효과적이다.

② 수간주입 방법
  ㉠ 중력식 수간주입
    • 중력식 수간주입법은 중력에 의해 저농도의 약액을 다량으로 주입할 때 사용한다.
    • 수간주입용 1L 용량의 플라스틱 통에 약액을 담아 나무 윗부분에 매달아 호스와 주입관을 주입공에 연결하여 중력과 수액의 흐름에 의해 약액이 주입된다.
  ㉡ 압력식 미량수간주입
    • 압력식 미량수간주입법은 소형의 플라스틱제 압력식 수간주입 용기를 사용하여 약액을 압력식으로 수간에 주입하는 방법으로 가장 널리 사용되는 방법이다.
    • 압력식 미량 수간주입 캡슐을 사용하는데 소량(5~10ml)의 약액이 들어 있는

플라스틱 캡슐을 주입공에 삽입하여 압축된 공기에 의해 약액이 주입된다.
ⓒ 유입식 수간주입
- 유입식 수간주입법은 중력이나 압력을 이용하지 않고 약액이 유입되도록 하는 방법이다.
- 압력을 가하지 않고 줄기에 비교적 큰 구멍을 뚫고 약액을 가득 채워 넣는 방법이다.

② 삽입식 수간주입
- 주입방법은 수간에 직경 1cm, 깊이 8~10cm 정도의 구멍을 뚫고 약제주입기를 이용하여 직접 주입하는 방법으로 주입하기에 주입속도가 느리다.
- 일반적으로 액체보다 가루약을 주입하며 살균제나 살충제보다 영양제 및 미량원소를 주입하는데 적합한 방법이다.

(3) 주요 병원의 특징

① 바이러스
- ㉠ 바이러스는 핵산과 단백질로 구성된 핵단백질로 세포벽이 없고 살아있는 기주세포에서만 증식이 가능한 비세포성 생물이다.
- ㉡ 크기가 작아 육안으로는 관찰이 불가능하며 전자 현미경을 통해 관찰 가능하다.
- ㉢ 인공배양 및 증식이 불가능하다.
- ㉣ 식물성 바이러스는 대부분 RNA 이다.
- ㉤ 대표적인 병으로 포플러 모자이크병이 있다.
- ㉥ 바이러스의 경우 병의 판정에 판별기주인 명아주, 잠두, 천일홍, 동부 등을 활용하기도 한다.

② 마이코플라스마(파이토플라스마)
- ㉠ 세포벽이 없고 원형질막이 존재하며 다양한 모양을 지닌 원핵미생물이며, 마이코플라스마는 바이러스와 마찬가지로 인공배양이 어렵다.
- ㉡ 마이코플라스마는 주로 테트라사이클린계 약제로 방제한다.
- ㉢ 주요 수목병으로 오동나무 빗자루병, 대추나무 빗자루병, 뽕나무오갈병이 있다.
- ㉣ 대부분의 파이토플라스마의 병징은 많은 잔가지나 잎이 발생하는 총생현상이 주로 나타난다.

③ 세균
- ㉠ 세균은 세포벽을 가지고 있으나 핵막이 없고 이분법에 의해 증식하는데 주로 광학현미경으로 관찰이 가능하며, 관찰시 간균(간상, 막대모양), 구균(공모양), 나선균(나

사모양), 사상균(실뭉치모양) 등이 있는데 대부분 간균형태로 관찰된다.
ⓛ 세균은 인공배지에서 배양 및 증식이 가능하며 운동기관인 편모를 가지고 있다.
ⓒ 세균은 상처나 자연개구부를 통해 침입한다.
ⓔ 병징으로는 무름, 위조, 궤양, 부패 등이 있다.
ⓜ 수목병으로 밤나무뿌리혹병, 포플러뿌리혹병, 밤나무눈마름병, 불마름병 등이 있다.

④ **진균**
㉠ 진균은 실모양의 균사체로 개체를 유지하는 영양체와 종족을 보존해주는 번식체로 분류하며, 영양체는 기주에 침입하여 흡기를 이용해 양분을 섭취하고 번식체는 일정 성장시 담자체가 형성되고 포자가 만들어진다. 대부분의 나무병은 진균에 의해 발생한다.
㉡ 진균의 일부분인 균사는 격막의 유무로 분류되며 외부에 세포벽이 있고 그 성분은 키틴으로 이루어져 있다.
㉢ 진균은 크게 자낭균류, 담자균류, 불완전균류, 조균류 등으로 분류된다.

자낭균류	• 균사에서 격막이 있고 균핵 및 자좌가 형성된다. • 자낭균은 분생포자에 의한 무성생식과 자낭포자에 의한 유성생식을 한다. • 자낭균으로 인하여 대표적인 수목병으로 낙엽송가지끝마름병, 소나무 잎떨림병, 낙엽송 잎떨림병 등이 있다.
담자균류	• 균사에 격막이 있고 유성포자는 담자기 위에 생기는 담자포자이다. • 대표 수목병으로 소나무혹병, 잣나무털녹병, 포플러잎녹병 등이 있다.
불완전균류	• 불완전균은 무성생식으로 번식한다. • 균사에 격막이 있고 무성 분생포자세대만으로 분류된다.
조균류	• 균사가 없거나 혹은 균사가 있어도 격막이 없다.

㉣ *Phytophthora cactorum*, *Phytophthora cinnamomi*와 같은 난균류는 균사에 격벽이 없고 무성포자인 유주포자를 생성한다.

(4) 주요 수목병의 종류

① 소나무잎녹병
  ㉠ 병원은 진균(담자균류)으로 *Coleosporium phellodendr* 이다.
  ㉡ 대표기주는 소나무이고 중간기주로 황벽나무, 참취, 잔대가 있다.
  ㉢ 소나무잎녹병은 녹병포자와 녹포자를 형성해 중간기주에 여름포자와 겨울포자를 형성하며, 형성된 여름포자는 다른 중간기주에 전염되어 다시 여름포자를 만드는 과정을 반복한다. 8월쯤에는 중간기주 잎에서 겨울포자퇴를 형성, 겨울포자가 발아해 만든 담자포자가 소나무에 침입하여 월동한다.
  ㉣ 방제법
    • 중간기주 제거한다.
    • 보르도액을 활용하거나 만코지수화제 약제를 9월에 살포한다.
    • 병든 나무는 소각하도록 한다.

② 소나무혹병
  ㉠ 소나무혹병의 진균(담자균류)에 의해 발생하고 대표기주로 소나무가 있다.
  ㉡ 소나무혹병의 중간기주는 졸참나무, 신갈나무 등의 참나무류가 있으며 발생시 나무의 가지나 줄기에 혹이 발생하는 것이 특징이다.
  ㉢ 병원균은 녹병포자, 녹포자를 만들어 중간기주로 이동하고 중간기주에서는 소생자(담자포자)가 비산하여 기주로 날아가 감염되면 혹이 발생하고 이 부위는 강도가 약해져 바람에 의해 부러지기도 한다.
  ㉣ 방제법
    • 병든 부위는 잘라 소각한다.
    • 중간기주인 참나무류를 조림하지 않는다.
    • 만코지수화제는 9월에 살포한다.

③ 소나무잎떨림병
  ㉠ 병원은 진균(자낭균류)으로 *Lophodermium pinastri* 이다.
  ㉡ 대표기주는 소나무이다.
  ㉢ 잎의 기공으로 침입하고 잎이 갈색으로 변해 떨어지게 된다.
  ㉣ 병든 잎에서 자낭포자 형태로 월동한다.
  ㉤ 방제법
    • 병든 낙엽은 소각하거나 매장한다.
    • 5~7월 만코제브수화제나 보르도액을 살포하며 피해가 심할 때는 캡탄제를 사용

하기도 한다.
- 조림지의 경우 활엽수를 하목으로 심을 경우 피해가 경감된다.
- 수관 하부에서 발생이 심해 풀베기, 제초 및 가지치기를 실시한다.

④ 리지나뿌리썩음병
  ㉠ 진균(자낭균)에 의해 발생하며 자실체는 파상땅해파리버섯이며 기주로 소나무, 전나무, 가문비나무, 낙엽송 등이 있다.
  ㉡ 포자 발아를 위해 온도 40℃ 이상의 고온에서 발생하기에 주로 산불피해지에 발생된다.
  ㉢ 감염시 나무가 적갈색으로 변하다가 고사하며 감염된 나무 주위로 갈색의 버섯이 발생한다.
  ㉣ 방제법
    - 피해목을 벌채하며 임내에서는 소각하지 않도록 한다.
    - 피해 임지에는 베노밀수화제, 소석회를 이용해 토양을 중화한다.
    - 피해지 주변으로 1m 정도의 도랑을 만들어 피해확산을 막는다.

⑤ 잣나무털녹병
  ㉠ 병원은 진균(담자균류)으로 *Cronartium ribicola* 으로 잠복기간은 3~4년 정도로 길다.
  ㉡ 대표기주는 잣나무, 스트로브잣나무이며 기주의 수피내에서 월동하며 중간기주는 송이풀, 까치밥나무이다.
  ㉢ 잎의 기공으로 침입하여 줄기로 전파되어 병징이 나타난다.
  ㉣ 4~6월쯤 병든 가지나 줄기가 황색으로 변하고 부풀어 오르다가 터진 후 황색의 가루가 비산한다.
  ㉤ 1900년 전후 유럽과 북미에 피해를 주었으며 국내는 1936년 강원도 및 경기도 가평에서 처음 발견되었다.
  ㉥ 감염 순서는 아래와 같이 진행된다.
    - 기주에서 녹포자 형성한다.
    - 녹포자가 중간기주로 이동하여 여름포자 형성하고 이후 겨울 포자 형성한다.
    - 겨울포자 형성 후 발아하여 소생자(담자포자) 발생한다.
    - 바람에 의해 소생자(담자포자)가 잎의 기공으로 침입한다.
  ㉦ 방제법
    - 감염된 나무와 중간기주는 제거한다.

- 조기에 가지치기를 실시한다.
- 묘목은 다른 지역으로 반출하지 않는다.
- 8월에 보르도액을 살포하여 소생자의 침입을 막는다.

⑥ 낙엽송가지끝마름병
  ㉠ 병원은 진균(자낭균류)로 *Guignardia laricina* 이다.
  ㉡ 대표기주는 낙엽송이며 9월쯤 병든 가지의 아래쪽에 흑색의 작은 돌기인 자낭각을 형성하여 월동한다.
  ㉢ 침입한 가지는 휘거나 꼿꼿하게 서는 두 가지 현상을 나타낸다.
  ㉣ 방제법
    - 병든 묘목은 소각한다.
    - 활엽수 방풍림을 조성한다.
    - 맞바람이 부는 곳은 조림을 하지 않는다.
    - 면적이 큰 지역은 베노밀수화제를 이용하여 항공방제한다.

⑦ 포플러잎녹병
  ㉠ 병원은 진균(담자균류)으로 *Melampsora larici-populina* 이며 잠복기간이 1주일 이내로 짧은 편이다.
  ㉡ 대표기주는 포플러이고 중간기주는 낙엽송, 현호색, 줄꽃주머니 이다.
  ㉢ 병징으로 잎 뒷부분에 황색의 돌기가 발생하고 확산되면 잎 전면에 덮히게 된다. 중간기주인 낙엽송 잎에는 5월쯤 노란점이 발생된다.
  ㉣ 감염시 낙엽이 빨라져 생장이 감소한다.
  ㉤ 방제법
    - 떨어진 감염된 낙엽을 소각한다.
    - 저항성 수종을 식재한다.
    - 보르도액이나 만코지수화제를 여름철에 2주간격으로 살포한다.

⑧ 포플러모자이크병
  ㉠ 포플러모자이크병은 바이러스에 의해 발생하며 기주로는 포플러가 있다.
  ㉡ 감염시 잎이 말리거나 반점이 발생하며 적색계통으로 변색되고 잎의 강도가 점점 약해져 잎이 부서지게 된다.
  ㉢ 주로 병든 삽수를 통해 전염된다.
  ㉣ 방제법
    - 감염된 나무는 소각한다.

• 접목 기구는 소독하여 사용한다.

⑨ 밤나무줄기마름병
  ㉠ 병원은 진균(자낭균류)으로 *Cryphonectria parasitica* 이다.
  ㉡ 대표기주는 밤나무, 참나무, 단풍나무이다.
  ㉢ 감염 초기에 수피가 적갈색으로 변색되며 비가 내리면 황갈색의 포자각이 분출된다.
  ㉣ 병원균은 균사 혹은 포자형으로 월동한다.
  ㉤ 1900년경 동양에서 미국 동부, 유럽으로 전파되어 밤나무림을 황폐화시킨 전례가 있다.
  ㉥ 상처가 발생하거나 동해나 열해와 같은 피해를 받아 형성층이 손상된 경우 쉽게 감염될 수 있다.
  ㉦ 방제법
    • 상처부위로 감염되기에 상처에 주의하고 병든 부위는 도려내 도포제로 처리한다.
    • 상처가 발생되지 않게 백색페인트로 처리한다.
    • 바람이나 매개충에 의해 전반되므로 매개충은 사전에 예방한다.
    • 배수가 불량하거나 수세가 약한 경우에 피해가 심하므로 비배관리를 한다.
    • 질소질 비료의 과용을 피하고 적정시비 하도록 한다.

⑩ 대추나무빗자루병
  ㉠ 병원은 파이토플라스마이다.
  ㉡ 대표기주는 대추나무, 오동나무, 뽕나무 등이 있다.
  ㉢ 감염시 잎이 밀생하여 빗자루 모양처럼 되고 고사하게 된다.
  ㉣ 대추나무 빗자루병, 뽕나무 오갈병, 붉나무 빗자루병은 마름무늬 매미충에 의해 매개되고 오동나무 빗자루병은 담배장님노린재에 의해 매개되거나 분주에 의해 감염되기도 한다.
  ㉤ 감염시 1~2년이내 전체로 퍼져 수년이내에 말라죽게 된다.
  ㉥ 방제법
    • 매개충 발생시기 6~9월에 아세타미프리드 수화제를 2000배액, 2주간격으로 살포한다.
    • 피해가 많이 진행된 경우 제거하도록 한다.
    • 발병 초기의 경우 항생 살균제인 옥시테트라싸이클린 수화제를 200배액으로 하여 수간주사한다.
    • 수간주사는 병 발생이 심한 가지 방향 및 반대 방향에도 수간주사를 실시한다.

- 매개충(마름무늬매미충)의 피해를 막고자 살충제를 살포한다.
- 밀식은 피하고 병든나무는 소각하도록 한다.

⑪ **모잘록병**

    ㉠ 병원으로 진균과 조균류의 *Pythium debaryanum, Phytophthora cactorum* 과 불완전 균류인 *Rhizoctonia solani, Fusarium oxysporum* 등이 있다.

    ㉡ 대표기주로는 소나무류, 낙엽송이 있으며 활엽수에서는 참나무, 자작나무, 가시나무 등이 있다. 소나무와 같은 침엽수는 주로 *Fusarium* 속균에 의한 피해가 많다.

    ㉢ 병원균은 난포자가 감염조직이나 토양에서 월동하며 이후 토양에 의해 전반된다.

    ㉣ 모잘록병은 주로 어린묘에서 발생하는데 뿌리와 아래 줄기가 썩기도 한다.

    ㉤ 모잘록병의 병원에서 *Rhizoctonia, Pythium* 균은 토양의 습도가 높은 경우 피해속도가 빠르며 *Fusarium* 은 온도가 높고 건조한 토양에서 자주 발생한다.

    ㉥ 모잘록병은 증상은 크게 5가지로 분류한다.

지중부패형	파종된 종자가 땅속에서 발아하기 전후에 병원균에 감염되어 부패하는 경우
도복형	종자가 발아하고 유묘 단계에 병원균이 감염되고 병든 부위가 잘록해지면서 도복하고 부패하는 경우
수부형	묘목이 지상부로 나온 이후 떡잎, 어린줄기에 감염되어 묘목의 선단부가 부패하는 경우
근부형	묘목이 생장하여 목질화가 진행되는 여름이후에 뿌리가 부패하는 경우
거부형	묘목이 생장한 여름철 이후 줄기에 감염되어 상부가 말라 죽는 경우

    ㉦ 방제법

- 묘상의 배수를 양호하게 한다.
- 비료를 충분히 주지만 질소질비료는 과용하지 않는다.
- 병든 묘목은 소각한다.
- 종자 파종량을 알맞게 하고 복토를 두껍지 않게 하며 밀식되었을 때는 솎아준다.
- 병이 심한 묘포지는 윤작하고 밀식을 피한다.
- 클로로피크린, 사이론훈증제로 토양을 소독한다.

⑫ 삼나무 붉은마름병
　㉠ 병원은 진균(불완전균)에 의해 발생하고 기주로는 삼나무가 있다.
　㉡ 병징으로 묘목 줄기가 갈색으로 변하다가 묘목 전체가 붉은 색을 띠다 고사한다.
　㉢ 주로 5년 미만의 어린 묘목에 피해를 많이 준다.
　㉣ 월동은 주로 병환부의 조직 내부에서 균사덩이 형태로 월동한다.
　㉤ 주로 자연개구부를 통해 침입하여 피해를 준다.
　㉥ 방제법
　　• 병든 묘목은 소각한다.
　　• 비료를 충분히 주며 질소질 비료는 적절히 사용한다.
　　• 살균제 농약인 보르도액과 만코지수화제를 사용한다.

⑬ 뿌리혹병
　㉠ 병원은 세균인 *Agrobacterium tumefaciens* 이다.
　㉡ 대표기주는 포플러류, 밤나무, 감나무, 포도나무, 호두나무 등으로 기주범위가 넓으며 초본식물에서도 나타난다.
　㉢ 접목부위, 뿌리 절단면 등 상처를 통해 침입하며 토양에 서식하는 병원균이다.
　㉣ 고온 다습한 알칼리성 토양에서 주로 발생한다.
　㉤ 방제법
　　• 건전한 묘목을 식재하고 석회의 사용량을 줄이며 유기물을 충분히 공급하여 수세를 튼튼하게 한다.
　　• 병든 나무는 제거하거나 병든 부위를 도려내어 접밀한다.
　　• 클로로피크린, 메틸브로마이드 등으로 토양을 소독한다.
　　• 묘목을 심기 전 병든 묘목을 제거하고 스트렙토마이신 항생제 액에 침지 후 심어준다.
　　• 병이 없는 건전한 묘목을 식재한다.

⑭ 소나무재선충병
　㉠ 병원은 선충으로 *Bursaphelenchus xylophilus*이다.
　㉡ 대표기주로 소나무, 잣나무, 해송, 낙엽송 등이 있다.
　㉢ 소나무재선충은 이동능력이 없어 매개충에 의해 전반되는데 주로 솔수염하늘소에 의해 전파된다. 잣나무림의 경우 북방수염하늘소에 의해 전파된다.
　㉣ 솔수염하늘소는 유충으로 월동, 성충으로 우화한다.
　㉤ 소나무재선충은 소나무의 AIDS 이라 불리고 침엽이 아래로 처지고 황색과 갈색으

로 변색되다가 급격히 시들어 말라 죽는다.
ⓑ 피해목의 진단을 위해 6~10월쯤 수지의 분비가 감소하는지를 파악하거나 현미경을 이용한 선충의 형태적 차이를 이용한다. 유전자 마커를 이용한 분자생물학적 진단 방법을 활용하기도 한다.
ⓢ 방제법
- 고사목은 벌채하여 소각한다.
- 무육관리를 통해 매개충의 전파를 예방한다.
- 솔수염하늘소를 막기 위해 먹이나무로 유인하고 소각하도록 한다.
- 소나무재선충병 예방을 위해 에마멕틴벤조에이트 유제를 년 2회 수간주사하거나 4~5월 쯤 토양관주 처리를 한다.
- 피해 확산을 막기 위해 6월 전후 메프유제 50%, 치아클로프리드액상수화제 10%를 항공살포한다.
- 재선충에 의해 고사된 나무는 메탐소디움액제를 뿌리고 훈증하도록 한다.

⑮ 푸사리움 가지마름병
ⓐ 병원은 진균(불완전균류)로 *Fusarium circinatum* 이다.
ⓑ 대표기주는 리기다소나무, 테다소나무, 해송 등이다.
ⓒ 균사가 가지에 월동한다.
ⓓ 병원균 포자가 바람이나 매개충을 통해 전파되고 나무의 상처를 통해 침입한다.
ⓔ 방제법
- 종자를 소독하고 질소질 비료의 과용을 피한다.
- 매개충인 나무좀류, 바구미류 등을 구제한다.
- 피해가 심한 임지는 조기벌채 한다.

⑯ 참나무시들음병
ⓐ 병원은 진균이며 대표기주는 참나무류, 서어나무 등이 있다.
ⓑ 병원균은 곰팡이이며 매개충은 광릉긴나무좀이다. 매개충은 5령의 노숙유충으로 월동한다.
ⓒ 감염시 변재부에 곰팡이를 감염시키고 곰팡이가 도관을 막아 수분과 양분의 이동을 방해하여 결국 시들어 죽게된다.
ⓓ 피해목은 7월부터 붉게 시들기 시작하며 잎은 떨어지지 않고 붙어있다.
ⓔ 방제법
- 피해부위는 소각하고 매개충을 구제한다.

    - 침입한 경우 구멍에 페니트로티온 유제 50~100배액을 주입한다.
    - 피해목을 벌목하여 메탐소듐 액제로 훈증한다.
    - 딱따구리 및 해충을 잡아먹는 조류를 보호한다.

⑰ 흰가루병
  ㉠ 병원은 진균(자낭균류)이며 대표기주로 참나무류, 밤나무, 단풍나무, 오리나무 등이 있다.
  ㉡ 병원균은 자낭각이나 균사로 낙엽이나 가지에서 월동한다.
  ㉢ 임지의 나무는 피해가 크지 않으나 밤나무 묘목은 봄부터 가을까지 많은 피해를 입는다.
  ㉣ 어린 눈이나 새순에 피해를 주며 위축 및 기형이 발생하고 생육이 저해된다.
  ㉤ 7월 장마철 이후부터 잎의 표면이나 뒷면에 백색의 반점인 분생포자가 발생하는데 분생자경 위에 연속적으로 생성되면서 가을이 되면 잎을 덮는다. 가을철에는 흑색의 알갱이인 자낭구가 나타난다.
  ㉥ 방제법
    - 병든 낙엽은 모아서 소각하도록 하고 병든 가지 부분은 제거한다.
    - 봄에 새순이 발생하기 전에는 석회유황합제를 살포하고 여름에는 만코제브 수화제를 주로 살포한다.

⑱ 그을음병
  ㉠ 병원은 진균(자낭균류)이며 기주로는 낙엽송, 주목, 소나무 등이 있다.
  ㉡ 감염시 암흑색의 균사가 발생하여 자낭포자와 병포자를 형성한다. 이때 가지나 잎, 줄기 등의 표면에 그을음을 처럼 검게 관찰되며 이때 그을음 형태는 포자덩어리이다.
  ㉢ 식물체의 표면을 덮게 되어 광합성을 방해하여 동화작용이 저하되면서 수세가 약해진다.
  ㉣ 깍지벌레, 진딧물 등의 배설물에 의해 발생한다.
  ㉤ 균사나 자낭각 형태로 월동한다.
  ㉥ 방제를 위해 질소질 비료의 과용을 피하고 살충제를 통해 관련 해충을 구제한다.

⑲ 향나무녹병
  ㉠ 향나무 녹병의 중간기주는 배나무, 사과나무, 모과나무 등의 장미과 식물이다.
  ㉡ 4월에 향나무의 잎과 줄기에 동포자퇴(겨울포자퇴)인 자갈색의 돌기가 형성된다.
  ㉢ 동포자퇴는 비가 오는 경우 수분이 많아지면 황갈색의 한천 모양으로 부풀게

ⓐ 6~7월에 장미과 식물에서 잎 앞면에는 노란색의 작은 반점들이 발생하고 중앙에 흑색점의 녹병자기가 형성되고 잎의 뒷면에는 녹포자기인 돌기가 발생한다.
ⓑ 녹포자는 5~6월에 바람에 의해 향나무로 전반되어 기생하고 1~2년 후에 겨울포자퇴가 형성된다.
ⓑ 향나무 녹병의 경우 여름포자는 형성하지 않는다.
ⓒ 방제법
　• 향나무의 주위에 장미과식물을 심지 않거나 거리를 많이 이격하여 심도록 한다.
　• 향나무에 4월, 7월에 만코지수화제, 보르도액을 살포한다.
　• 장미과식물에는 4~6월에 마이탄수화제, 티디폰수화제를 살포한다.

⑳ 오동나무 탄저병
　㉠ 가해수종은 오동나무류이며 자낭균류에 의해 발생한다.
　㉡ 5~6월 잎과 어린 줄기에 발생하며 감염 시 잎이 기형으로 오그라들고 낙엽이 일찍 시작하는데 장마철이 되면 증상이 심해진다.
　㉢ 병든 가지와 잎은 발견되면 즉시 소각하도록 한다.
　㉣ 분주묘는 만토지수화제를 살포하도록 한다.
　㉤ 오동나무탄저병은 기주범위가 좁고 생존기간이 짧아 1~3년 정도의 짧은 윤작을 통해 방제가 가능하다.
　㉥ 실생묘 양성에서는 토양소독을 실시해 주고 짚을 이용하여 토양을 피복하여 빗물에 의해 흙이 튀지 않도록 한다.

(5) 주요 수목병의 요약

분류	병명	병원균	기주	특징
묘포병해	모잘록병	진균	소나무, 낙엽송, 참나무	조균류의 일종
	뿌리썩이선충병	선충	소나무, 낙엽송, 가문비나무	모잘록병과 함께 발병
	삼나무붉은마름병	진균	삼나무, 낙우송	불완전균의 일종
	뿌리혹병	세균	밤나무, 감나무, 포플러류	고온다습한 알칼리성 토양에 많이 발생
침엽수병해	소나무재선충병	선충	소나무, 해송, 분비나무, 낙엽송	매개충:솔수염하늘소
	소나무잎떨림병	진균(자낭균)	소나무	기공침입
	리지나뿌리썩음병		소나무, 젓나무, 낙엽송	고온에서 발생
	낙엽송가지끝마름병		낙엽송	
	향나무녹병	진균(담자균)	향나무	중간기주:배나무, 사과나무 등
	잣나무털녹병		잣나무	중간기주:송이풀, 까치밥나무
	소나무잎녹병		소나무	중간기주:황벽나무, 참취, 잔대
	푸사리움 가지마름병	진균(불완전균류)	리기다소나무, 해송	균사가 가지에 월동
활엽수병해	포플러잎녹병	진균(담자균)	포플러	중간기주:낙엽송, 줄꽃주머니, 현호색
	포플러모자이크병	바이러스	포플러	
	밤나무줄기마름병	진균(자낭균)	밤나무, 참나무	1900년대 미국 밤나무를 전멸시킴
	벚나무빗자루병		벚나무	잔가지가 빗자루모양으로 총생함
	참나무시들음병	진균	참나무류	광릉긴나무좀이 5령의 노숙유충으로 월동
	대추나무빗자루병	파이토플라스마	대추나무	매개충:마름무늬매미충
	오동나무빗자루병		오동나무	매개충:담배장님노린재
	뽕나무오갈병		뽕나무	매개충:마름무늬매매충
기타	흰가루병	진균(자낭균)	참나무류, 밤나무, 단풍나무	잎에 백색 반점 출현
	그을음병		낙엽송, 소나무, 주목, 식나무	흡즙성 해충이 기생하였던 곳에 주로 발생

02 산림병해충 방제 설계

1. 산림해충 일반

(1) 곤충의 발생
① 곤충이 알에서 유충, 번데기, 성충의 과정을 거쳐 다음세대를 낳게 될 경우까지를 세대 혹은 생활사라고 한다.
② 곤충이 1년에 1세대를 경과하는 것을 1화성, 1년에 많은 세대를 경과하는 것을 다화성이라 한다.
③ 암컷이 알을 낳게 되는 것을 산란라고 하며 알을 낳게 될 때까지의 기간을 산란전기라 한다.
④ 번데기가 되어 부화할 때까지의 기간을 용기라 한다.

(2) 곤충의 변태
① 알에서 부화한 유충이 여러번 탈피를 거쳐 성충으로 변화하는 과정을 변태라 한다.
② 유충이 번데기를 거쳐 성충이 되는 것을 완전변태, 알에서 부화하여 바로 성충이 되는 것은 불완전변태로 분류한다.
③ 유충은 완전변태를 한 어린 벌레이며 약충은 불완전변태를 한 경우를 말한다.
④ 변태의 분류

종류	과정	벌레
완전변태	알→유충→번데기→성충	딱정벌레목, 나비목, 파리목, 벌목 등
불완전변태	알→유충→성충	진딧물류, 잠자리목, 메뚜기목, 매미목, 노린재목 등
과변태	알→유충→의용→용→성충	딱정벌레목 가뢰과

(3) 곤충의 성장
① 완전히 발육 후 알껍질을 깨고 나오는 것을 부화라 한다.
② 알에서 부화한 유충이 성장을 하면서 탈피를 하게 되며 이때 탈피횟수에 따라 령충이 결정된다. 1회 탈피할 때까지 1령충, 1회 탈피를 할 경우 2령충, 2회 탈피를 할 경우 3령충이다.
③ 이때 진행되는 탈피는 유충의 표면에 묵은 표피를 벗는 현상을 말한다.
④ 그래서 부화유충이 탈피 할 때까지의 기간을 '영'이라 한다.

(4) 곤충의 주성

자극의 방향에 대하여 일정한 이동방향을 나타내는 행동으로서 자극에 향하는 것과 멀어지는 것이 있다. 주성은 자극의 종류에 따라 구별하는데 주광성은 빛, 주지성은 중력, 주풍성은 기류, 주수성은 유수, 주촉성은 접촉에 대한 반응이다. 주요 주성은 아래와 같다.

주광성	생물이 빛의 정방향이나 반대방향으로 이동하는 현상이다.
주화성	화학물질에 반응하는 것으로 해충방제의 수단이 되는 성질이다.
주수성	물에 유인되는 현상이다
주촉성	다른 물체에 접촉하려는 현상
주류성	물이 흘러오는 방향으로 운동하는 현상
주풍성	바람에 영향을 받는 현상으로 바람을 타고 날아가는 것을 음성 주풍성이라 한다. 바람을 향해 날아가는 것을 양성 주풍성이라 한다.
주지성	지면을 기준으로 머리가 땅을 향하면 양성 주시성, 머리가 지면 반대면 음성 주지성이라 한다.
주열성	열이 있는 곳으로 모이는 현상이다

(5) 휴면

① 정상적인 조건아래에서 곤충의 발육은 지속되나 환경조건이 불리해지면 발육 및 활동이 정지되지만 이러한 활동정지는 불리한 환경조건을 제거하면 생육이 곧 회복된다. 그러나 많은 곤충들의 경우 환경조건이 회복되어도 발육이 곧 회복되지 않고 정지된 상태가 상당한 기간 지속된다. 이러한 상태를 휴면이라고 한다.
② 이러한 휴면의 요인으로는 일장, 온도, 먹이 등 다양한 환경조건이 있다.

2. 외부 구조 및 기능

(1) 피부

① 곤충의 피부는 주로 키틴질로 이루어져 있으며 곤충내부의 수분조절, 환경에 대한 보호 역할을 한다.
② 곤충의 피부는 크게 표피, 진피, 기저막등으로 구성되어 있다.
③ 표피층
 • 외표피는 단백질과 지질로 구성된 얇은 층으로 수분의 증발을 억제한다.
 • 외표피는 시멘트층, 왁스층, 단백질성 외표피층이 있다.

④ 원표피
- 성충 표피의 대부분을 차지하며 단백질과 키틴으로 구성되어 있다.
- 곤충의 피부구조에서 외원표피가 가장 바깥에 있다.

⑤ 진피층

단층의 세포조직으로 표면에 미세한 융모가 있으며 단백질, 키틴, 지질 등으로 구성되어 있다. 진피의 상피세포에서 체벽의 구성물질 및 곤충의 탈피용액이 분비된다.

⑥ 기저막
- 진피층 아래 구조가 없는 얇은 막으로 곤충의 근육이 부착되는 곳과 연결되며 혈구에는 분비한 점액성 다당류를 함유한다.
- 기저막은 곤충의 순환계에서 혈액과 물질의 교환을 돕는 역할을 하며 곤충의 피부 조직 중 가장 안쪽에 위치하고 있다.

(2) 머리

① 곤충의 머리는 입틀, 겹눈, 홑눈, 촉각 등이 있다.
② 곤충의 입틀은 먹이를 섭취하는 곳으로 큰 턱, 작은 턱, 윗입술, 아랫입술, 혀로 구성되어 있다.

저작구형	씹어먹는 형
여과구형	물속 미생물을 여과시키는 형
절단흡취구형	잘라서 빨아먹는 형
흡취구	핥아먹는 형
저작핥는형	씹고 핥는 형
자흡구형	찔러서 빨아먹는 형
흡관구형	빨아먹는 형

(3) 눈

눈은 보통 1쌍의 겹눈, 2~3개의 홑눈이 있으며 예외적으로 홑눈이 없는 곤충도 있다.

(4) 더듬이

① 곤충의 더듬이는 촉각, 후각, 청각, 미각 등 다양한 감각기관 역할을 한다.
② 더듬이는 자루마디, 흔들마디(팔굽마디), 채찍마디 등 3 부분으로 구성되며 특히 채찍마디 부분을 통해 곤충을 구별하는 기준이 되기도 한다. 흔들마디의 경우 존스턴씨기관이 있어 공기의 진동을 통해 소리를 인지하거나 바람의 방향을 느낀다. 채찍마디는

후각 감각기가 밀집되어 있다.

(5) 가슴
① 곤충의 가슴은 3부분으로 분류되며 앞가슴, 가운데가슴, 뒷가슴이 있으며 주로 키틴질로 구성되어 있다.
② 가슴에는 날개, 다리, 기문 등의 부속기가 포함되어 있다.

(6) 날개
① 대부분의 곤충은 날개는 2쌍으로 앞날개는 가운데가슴, 뒷날개는 뒷가슴에 달려 있다.
② 날개는 곤충류를 분류하는 주요 특징 중 하나이다.
③ 곤충의 날개는 각각의 곤충의 생존전략에 따라 변형되어 왔다. 예를 들어 파리의 경우 날개가 퇴화하면서 몸의 균형 유지를 위해 평균곤으로 발달하였다.

귀뚜라미, 방울벌레 등	일부가 발음기화 됨
풍뎅이, 장수풍뎅이 등	혁질화되어 보호용으로 변형
파리	몸의 균형 유지
이, 벼룩 등	날개의 퇴화

(7) 다리
① 곤충 다리는 앞가슴, 가운데가슴, 뒷가슴에 각 1쌍씩 붙어 있으며 앞가슴의 다리는 앞다리, 가운데가슴의 다리는 가운데다리, 뒷가슴의 다리는 뒷다리라 부른다.
② 다리 구조는 흉부 부착점에서 밑마디(기절), 도래마디(전절), 넓적다리마디(퇴절), 종아리마디(경절), 발목마디(부절)로 5마디로 분류한다.

(8) 배
① 배는 가슴 다음에 붙어 있으며 주로 10개 내외의 마디로 되어 있다.
② 배는 기문, 항문, 생식기, 미각, 미모, 도약기 등의 부속물이 있다.
③ 배의 표피는 연약한 편이지만 다수의 털로 보호된다.
④ 기문은 배의 마디마다 1쌍씩 있는 호흡기관이다.

3. 내부 구조 및 기능

(1) 소화계

① 소화관은 전장, 중장, 후장으로 분류되고 앞쪽은 잎을 통해 섭취, 뒤쪽은 항문을 통해 배설한다.

전장	• 섭취한 내용물을 임시 저장하고 기계적 소화작용이 일어난다. • 식도, 소낭, 전위 로 구성되며 입과 식도 사이를 인두라 한다. • 전위는 전장과 중장 사이를 말하며 중장에서의 내용물 역류를 막아준다.
중장	• 중장은 효소를 분비해 실질적인 소화 및 흡수작용을 한다. • 중장은 위와 위맹낭이 있다. • 중장은 점액성 단백질로 구성되며 위의 기능을 하기에 내배엽에서 생긴다.
후장	• 전소장, 직장, 항문으로 구성된다. • 직장에서 수분을 흡수한다.

② 타액선은 타액을 분비하는 기능을 하며 곤충에 따라 용도가 상이한데 나비, 벌 등의 유충은 견사를 분비하여 유충집을 만들고 파리목에서 흡혈성 곤충은 흡혈 시 혈액의 응고를 막는 액을 분비한다.
③ 말피기씨관은 곤충의 중장, 후장 사이에 있으며 배설작용을 돕는다.

(2) 순환계

① 순환계는 개방형 순환계와 폐쇄형 순환계로 분류되며 곤충은 개방형 순환계를 가진다. 폐쇄형 순환계는 혈액이 혈관내에서만 순환하는 것이고 개방형 순환계는 혈액이 혈관 내에서만 순환하지 않는 체계이다.
② 곤충은 혈관을 통해 산소를 공급하는 것이 아닌 기문을 통해 산소를 공급하기에 곤충의 혈액에는 헤모글로빈이 없는 경우가 많다.
③ 곤충의 혈액은 혈장과 혈구로 구성되며 혈구는 식균작용, 열전달, 해독작용 등의 다양한 기능을 한다.

(3) 호흡계

① 곤충의 호흡계는 기문과 기관이 있으며 기문을 통해 들어온 공기를 기관을 통해 내부로 확산시켜 준다.
② 기문은 가슴 2쌍, 배 8쌍이 존재하며 총 10쌍이 원칙이나 곤충에 따라 차이는 있다.

(4) 생식계
① 곤충의 생식계는 배속에 있으며 배끝의 마디에 개구하는 것이 특징이다.
② 대부분 자웅이체이나 이세리아깍지벌레와 같은 자웅동체인 것도 있다.
③ 암컷의 생식기관은 난소(알집), 수정낭, 수란관, 부속샘, 교미낭, 산란관 등이 있다.
④ 수컷의 생식기관은 고환(정집), 수정관과 저장관, 사정관, 부속샘, 교미기 등이 있다.

(5) 감각기관
① 곤충의 감각기관은 촉각, 미각, 후각, 청각, 시각이 있다.
② 촉각은 감각모와 감각돌기를 통해 작용된다.
③ 후각은 촉각이나 입틀에 있는 감각기에 의해 작용한다.
④ 청각은 고막기관, 존스톤씨기관, 감각모 등에 의해 작용한다. 곤충에 따라 감각기관이 상이한데 대표적으로 메뚜기의 경우 고막기관을 모기의 경우 존스톤씨기관을 가진다.

(6) 분비계
① 곤충의 분비선은 외분비선, 내분비선이 있다.
② 외분비선에는 침샘, 표피샘, 이마샘, 페로몬 등이 있으며 각각의 역할을 가진다.
③ 페로몬의 경우 곤충이 방출하는 일종의 화학물질로서 종 특이적으로 작용한다.
④ 같은 종의 이성을 유인하는 성페로몬, 서식지에서 동족을 부르는 집합페로몬, 위험을 전파하는 경보페로몬, 길을 안내하기 위한 길잡이 페로몬, 동족의 과밀현상을 피하기 위한 분산페로몬 등 목적에 따라 다양한 페로몬이 있다.
⑤ 내분비선은 혈액으로 방출하며 해당 기관 조직에서 작용되며 수분생리, 심장박동, 휴면 등의 다양한 대사 조절의 기능을 가진다. 대표적으로 카디아카체는 심장박동 조절, 알라타체는 성충으로 발육을 억제하는 유충호르몬 등이 있다.

4. 산림해충 분류

(1) 피해 부위에 따른 종류

피해 부위	대표 해충
잎	독나방, 미국흰불나방, 버들재주나방, 솔나방, 솔잎혹파리, 어스렝이나방, 오리나무잎벌레, 잣나무넓적잎벌, 진딧물류, 집시나방, 텐트나방, 흰불나방, 솔노랑잎벌
줄기	깍지벌레, 나무좀, 박쥐나방, 소나무좀, 솔수염하늘소, 버들바구미 등
종실 및 구과	도토리거위벌레, 도토리바구미, 밤나방, 밤바구미, 복숭아명나방, 솔알락명나방, 하늘소류 등
눈 및 새순	나무좀, 혹벌류, 바구미 등
뿌리	나무좀, 풍뎅이류, 하늘소류 등
분열조직	박쥐나방, 소나무좀, 알락박쥐나방, 측백하늘소 등

(2) 피해 방식에 따른 종류

① 식엽성 해충 : 수목의 잎을 갉아 먹는 해충으로 입틀이 씹는형이고 식물체를 먹이로 이용한다.
② 흡즙성 해충 : 즙액을 빨아 먹는 해충으로 빠는형 입틀을 가지고 있어 수목의 조직 내에 빨대 형태의 입틀을 찔러 넣고 즙액을 빨아 먹는다.
③ 충영형성 해충 : 가해를 받는 식물체 조직이 이상비대를 일으켜 벌레혹(충영)이 생기면 그 안에서 머물면서 즙액을 흡즙하는 해충이다.
④ 천공성 해충 : 수목의 줄기나 가지에 산란된 알에서 부화한 유충이 수목의 목질부를 가해하거나 성충이 줄기나 가지에 구멍을 뚫고 들어가 가해하는 해충이다.
⑤ 피해 방식에 따른 해충의 종류는 다음과 같다.

식엽성	솔나방, 미국흰불나방, 오리나무잎벌레, 잣나무넓적잎벌, 어스렝이나방, 매미나방, 천막벌레나방, 참나무재주나방, 호두나무잎벌레, 버들잎벌레 등
흡즙성	솔껍질깍지벌레, 노린재류, 버즘나무방패벌레, 선녀벌레, 응애류, 진딧물류 등
천공성	소나무좀, 바구미류, 박쥐나방, 하늘소류, 솔나방 등
충영의 형성	진딧물류, 혹벌류, 솔잎혹파리 등

(3) 생태학적 분류

주요해충	매년 지속적으로 발생하는 해충으로 천적이 없는 경우가 많다. 방제를 하지 않을 경우 많은 피해가 발생하며 대표적으로 솔잎혹파리, 솔껍질깍지벌레 등이 있다.
돌발해충	평소에는 문제가 없으나 특정 변화에 의해 대발생하는 경우 피해가 나타나며 대표적으로 텐트나방, 집시나방 등이 있다.
2차해충	특정해충의 방제로 새로운 해충이 주요해충화 되는 경우로 진딧물, 응애, 깍지벌레류 등이 있다.
비경제해충	입목을 가해하나 피해가 경미하여 방제가 필요없는 해충으로 대부분의 곤충들이 여기에 속한다.

(4) 월동형태에 따른 분류

알	어스렝이나방, 매미나방, 외줄면충
유충	솔잎혹파리, 가루나무좀, 밤나방, 독나방
성충	소나무좀, 오리나무잎벌레, 버즘나무방패벌레, 루비깍지벌레
번데기	미국흰불나방, 아까시잎혹파리

(5) 기주범위에 따른 분류

① 단식성 해충 : 한종의 수목만 가해하거나 같은 속의 일부 종만 기주로 하는 해충이다.
② 협식성 해충 : 기주수목이 1~2개 과로 한정된 경우이다.
③ 광식성 해충 : 여러 과의 수목을 가해하는 해충이다.

(6) 대표 산림 해충

① 솔잎혹파리
  · 소나무, 해송에 피해를 주며 유충이 잎의 기부에 벌레혹을 만들어 즙액을 빨아 먹는다.
  · 1년에 1회 발생하고 유충형태로 지피물 아래 혹은 땅속에서 월동한다.
  · 5월~7월 우화하여 성충이 되며 6월 상순에 우화최성기이다. 성충의 경우 우화 당일 산란하고 수명이 1~2일로 짧은 편이다.
  · 솔잎혹파리의 성숙 유충의 크기는 1.8~2.8mm 정도이고 성충의 크기는 수컷 1.75mm, 암컷 2.0mm 정도이다.
  · 방제를 위해 임지를 건조하거나 밀생 임분은 간벌하고 불량목 및 피압목을 제거한다.

- 성충 우화기에 약제 살포하거나 생물적 방제법으로 기생벌 및 조류 등을 이용한다. 기생벌의 종류로 솔잎혹파리먹좀벌, 혹파리살이먹좀벌, 혹파리등뿔먹좀벌 등이 있다.
- 방제를 위해 유충을 포식하는 박새, 쑥새, 쇠박새 등의 포식조류를 보호한다.
- 솔잎혹파리는 나무주사를 통해 방제하며 포스팜액제(포스파미돈), 아세타미프리드 액제, 이미다클로프리드 등을 활용한다.
- 솔잎혹파리 방제는 5월쯤 실시하며 방제 효과의 조사는 10월쯤 실시한다.

② 솔나방
- 소나무, 해송 등에 피해를 주는 토종벌레이다. 유충이 잎을 갉아 먹고 성충이 되기 위해 약 1년 정도의 긴 유충기간을 가진다.
- 1년에 1회 발생하고 5령충이 지피물 혹은 나무껍질 사이에 월동하며 8령충이 번데기가 되어 이후 나방이 된다. 나방의 크기는 날개를 펴게 되면 45~90mm 정도로 다른 해충에 비해 큰 편이며 성충의 경우 주로 밤에 활동하는 특징을 가진다.
- 성충은 7~8월쯤 주로 발생하며 500개 내외 정도의 알을 솔잎 위에 낳는다.
- 솔나방의 유충은 묵은 잎을 식해하는 것이 보통이나 밀도가 높으면 새로 자라는 잎도 식해하기도 한다.
- 방제를 위해 월동 후 유충의 활동시기인 아바멕틴 유제를 나무주사하거나 미생물 농약 BT제를 사용하기도 한다.
- 주광성이 있어 유아등을 이용하여 유살하거나 월동장소를 만들어 유인 후 소각하기도 한다.
- 7~8월에는 산란된 알 덩어리가 있는 가지를 모아 소각한다.
- 솔나방 알의 천적인 송충알좀벌이 혹은 유충의 천적인 고치벌, 맵시벌을 이용한다.

③ 소나무좀
- 소나무, 해송, 잣나무 등에 피해를 주며 유충이 수피 아래에 구멍을 뚫고 들어가 식해한다.
- 6월에 우화하여 새가지의 신초를 가해하는데 다른 가지 혹은 다른 나무로 이동하면서 신초를 가해하며 이를 후식이라 한다. 이후 암컷 성충은 형성층 목질부에 구멍을 뚫고 들어가 아래에서 위로 갱도를 만들어 약 60개 내외의 알을 산란한다.
- 1년에 1회 발생하고 성충은 뿌리 부근의 수피 틈에서 월동한다.
- 소나무좀은 벌채목, 쇠약목, 고사목등 모두 가해한다. 그래서 방제를 위해 쇠약목, 고사목 등은 벌채하고 4월쯤에는 수피를 제거하여 번식처를 없애거나 2~3월에는

먹이나무를 설치하여 유인한 후 먹이나무를 소각하도록 한다.
- 약제 살포시 2~4월쯤 페니트로티온 유제를 사용한다.
- 생물적 방제법으로 기생성 천적인 좀벌류, 맵시벌류, 기생파리류를 이용하거나 딱따구리류 및 해충을 잡아먹는 조류를 보호한다.

④ 밤나무혹벌
- 주로 밤나무에 피해를 주며 잎눈에 기생하여 작은 벌레혹을 만들어 잎에 새 가지가 자라지 못하게 한다.
- 성충은 초여름에 우화하여 1주일 정도 충영내 있다가 구멍을 뚫고 6~7월 외부로 탈출하여 나무의 잎눈에 3~5개 알을 산란한다.
- 1년에 1회 발생하고 유충으로 월동한다.
- 밤나무혹벌의 유충의 체장길이는 2.5mm, 성충은 3.0mm 내외 이다.
- 암컷만으로 단성생식(단위생식)을 한다.
- 방제를 위해 내충성 품종으로 조성하거나 중국긴꼬리좀벌, 노란꼬리혹좀벌, 남색긴꼬리좀벌, 상수리좀벌 등 천적을 이용한다.

⑤ 솔알락명나방
- 잣나무, 소나무 등의 구과에 피해를 준다.
- 1년에 1회 발생하고 땅속이나 구과에서 유충형태로 월동한다.
- 솔알락명나방은 배설물을 잣나무 구과 속이나 가해 부위에 채워놓으며 외부로 배출하기도 한다. 구과 표면에 붙어 있거나 신초에서 피해를 준다.
- 방제를 위해 우화기 혹은 산란기인 6월쯤에 약제를 수관에 살포한다.

⑥ 미국흰불나방
- 주로 포플러, 벚나무 등에 피해를 주는데 활엽수 200 여종 정도로 피해 범위가 넓으며 캐나다에서 넘어온 외래해충이다.
- 1년에 2회 발생하며 나무껍질 혹은 지피물 밑에서 번데기 형태로 월동한다.
- 부화한 유충은 4령기까지 실을 만들어 잎을 둘러싸고 그 속에서 집단생활을 하며 5령기에 유충으로 흩어져 가해한다. 잎의 뒷면에 약 600~700개 정도의 알을 산란한다.
- 주로 5월~6월쯤인 1화기보다 7월~8월쯤 2화기에 피해가 더 심하게 나타난다.
- 방제를 위해 피해를 받은 낙엽은 소각하고 나방살이납작맵시벌, 송충알벌 등의 천적을 이용한다. 방제 약제로는 디플루벤주론 액상수화제나 BT제가 효과적이다.

⑦ 오리나무잎벌레
- 오리나무, 박달나무, 밤나무 등에 피해를 주는데 성충과 유충이 동시에 잎을 식해하며 유충의 입틀은 씹는 형태를 가지고 있다. 주로 엽육만 가해하여 잎이 붉게 변색된다.
- 1년에 1회 발생하며 성충형태로 지피물 혹은 흙속에 월동하고 잎의 뒷면에 알을 산란한다.
- 오리나무잎벌레 방제를 위해 5월쯤 잎 뒷면에 붙어 있는 난괴(알덩어리)는 소각하고 발생한 유충은 포살한다. 유충발생기에는 디플루벤주론, 트리플루뮤론 수화제 등으로 방제한다.
- 생물학적 방제법으로 무당벌레 등의 천적을 이용한다.

⑧ 복숭아명나방
- 밤나무, 복숭아나무, 감나무 등의 종실에 피해를 준다.
- 1년에 2회 발생하고 10월 쯤에는 줄기의 수피 사이에 고치를 짓고 그 속에서 유충으로 월동한다.
- 복숭아명나방은 어린 유충이 1,2 령 시기에 밤 가시를 식해하고 3령 이후 과육을 식해한다.
- 2화기 성충은 7월 중순~8월 상순에 우화하여 주로 밤나무 종실에 1~2개씩 산란한다.
- 방제를 위해 복숭아의 경우 5월경 봉지를 씌워 피해를 막거나 7월경 디프유제, 페니트로티온 등 약제를 살포한다.
- 곤충병원성미생물인 Bt균이나 다각체바이러스를 이용하거나 성페로몬 트랩을 지상 1.5~2m 되는 가지에 매달아 놓아 성충을 유인한다.

⑨ 박쥐나방
- 버드나무, 단풍나무, 밤나무 등에 피해를 준다.
- 유충은 초본의 줄기에 구멍을 뚫고 피해를 주다가 나무로 이동하여 환상으로 가지에 피해를 준다. 이때 거미줄을 생산하여 배설물과 목재 잔재물들이 섞여 있는 것을 관찰 할 수 있다.
- 성충은 주로 밤에 활동하며 땅에 알을 산란한다.
- 1년에 1회 발생하고 알형태로 월동한다.
- 방제법으로 천공이 발생한 곳에 약제를 주입하거나 유충이 발생되는 초본류를 제거한다.

⑩ 집시나방(매미나방)
- 주로 낙엽송, 참나무, 밤나무 등을 가해하며 기주범위가 넓은 토종벌레이다.
- 1년에 1회 발생하고 알로 나무줄기에 월동한다.
- 잡식성 해충으로 유충은 침엽수와 활엽수의 잎을 식해하며 식해 범위가 넓어 피해가 큰 편이다.
- 암컷보다 수컷이 밤낮 구분 없이 활발하게 활동한다.
- 유충 초기에는 군집생활을 하다가 나중에는 분산하여 생활한다.
- 방제를 위해 유충 시기에 살충제를 살포하거나 BT균, 핵다각체바이러스, 천적미생물 등을 이용한다. 알로 나무줄기에 월동하기에 4월이전에 알덩어리를 제거한다.

⑪ 텐트나방(천막벌레나방)
- 참나무류, 살구나무, 포플러류 등의 다수의 활엽수를 가해한다.
- 1년에 1회 발생하고 알로 월동하며 4월쯤 부화한다.
- 부화유충은 실을 만들어 천막모양의 집을 짓는 것이 특징이고 4령까지 집단생활을 하다고 5령부터 흩어져 생활한다.
- 천막모양의 집에서 낮에는 활동을 하지 않고 주로 밤에 잎을 가해한다.
- 유령기에 군서생활을 할 때 벌레집을 제거하거나 불을 이용하는 소살을 통해 방제한다.

⑫ 버즘나무방패벌레
- 버즘나무방패벌레는 노린재목 방패벌레과로 버즘나무류, 물푸레나무류 등을 가해한다.
- 1년에 2~3회 발생하며 9월쯤 성충이 수피 틈에서 월동한다.
- 외래해충이며 약충이 기주 잎에 모여 흡즙 및 가해한다.
- 주로 장마철에 피해가 심하며 조기낙엽이 발생하기도 한다.

⑬ 도토리거위벌레
- 참나무류의 구과를 가해한다.
- 1년에 1~2회 발생하고 노숙유충으로 땅속에서 월동한다.
- 주로 도토리에 구멍을 뚫어 산란하고 열매를 연결부를 잘라 땅으로 떨어뜨린다. 이후 부화한 유충이 과육을 식해한다.

⑭ 밤바구미
- 밤나무, 참나무의 종실을 가해한다.

- 1년 1회 발생하고 노숙유충이 땅속 깊은 곳에서 월동하고 이후 번데기가 된다.
- 산란기간은 8월에서 10월까지이며 최성기는 9월이다.
- 유충이 배설물을 외부로 배출하지 않아 피해 식별이 어렵다.
- 밤바구미 방제는 훈증 처리하는 것이 효과적이다.

⑮ 어스렝이나방
- 밤나무, 호두나무, 은행나무, 벚나무 등에 피해를 준다.
- 성충은 체장이 45mm 정도이고 날개를 편 길이는 100~130mm 정도로 큰 편이다.
- 1년에 1회 발생하고 알로 나무줄기 껍질 속에서 월동한다.
- 어린 유충은 군서생활을 하면서 잎을 가해하고 차후 분산하여 가해한다.
- 유충가해기인 5~6월에 유기인제를 살포한다.
- 나무줄기에 난괴가 있어 채취 및 소각으로 방제가 가능하다.

⑯ 향나무하늘소
- 1년에 1회 발생하며 성충으로 월동하며 피해 수종으로 향나무, 측백, 삼나무, 편백 등이 있다.
- 유충이 형성층을 불규칙하게 가해하고 갱도에 배설물이 있다. 배설물이 외부로 배출되지 않아 발견이 어렵다.
- 9월 노숙 유충이 목질부를 가해하고 번데기가 된다.
- 유충이 수피 아래의 형성층을 가해하고 나무를 고사시킨다.

⑰ 거세미나방
- 대부분의 어린 묘목의 줄기와 잎을 가해한다.
- 유충이 토양 속에 서식하면서 어린 묘목의 지면에 가까운 부분을 자르고 땅속으로 끌고 들어가 먹는다. 특히 1년생 실생묘의 피해가 심하다.
- 가을에 내년도 파종을 하는 경우 30cm 정도의 깊이로 경운 작업을 한다.
- 피해를 받아 잘린 묘목의 주위를 파서 유충을 제거하도록 한다.

⑱ 호두나무잎벌레
- 가래나무, 호두나무 등의 잎을 가해한다.
- 호두나무잎벌레는 유충이 엽육을 식해하고 1년에 1회 발생한다.
- 5월쯤 잎의 뒷면에 30개 내외의 알을 산란하고 성충형태로 월동한다.
- 포식성 천적인 무당벌레류, 풀잠자리류 등을 보호하고 군집해 있는 유충 및 번데기 등을 채취하여 소각한다.

03 산림병해충 방제시공

1. 해충의 조사

(1) 해충조사
① 해충조사를 통해 해충의 밀도를 조사하고 방제를 위한 기초자료로 활용한다.
② 일정한 시간에 동일한 공간 내에 생활하는 동종 개체의 모임을 개체군이라 한다.
③ 전수조사는 대상지 내 서식하는 해충이나 해충의 흔적을 전부 조사하는 방법이다. 정확한 정보수집은 가능하자 시간과 비용이 많이 든다.
④ 표본조사는 전수조사가 불가능한 경우 일부를 조사하여 통계분석을 통해 전체 집단을 유추하는 방법으로 다양한 수종과 환경보다는 단일재배작물이 광범위할 경우 효과적인 방법이다.
⑤ 해충의 개체군 동태를 알기 위해 사망요인, 사망률, 충태별 사망수 등을 항목으로 만든 표를 생명표라 한다. 생명표는 연령별 생명표와 시간별 생명표로 분류하며 곤충은 주로 시간별 생명표를 이용한다.

(2) 해충 발생 예찰
① 해충의 효과적인 방제를 위해서는 매년 변화하는 발생량을 예측하여 효율적인 방제방법을 세워야한다. 이를 위해 특정 지역에 어느 정도 발생하였는지를 조사하는 행위를 발생예찰이라 한다.
② 해충의 발생량 변동 조사에서 개체군 밀도를 결정할 때 출생률, 사망률, 이입률 등이 영향을 준다.
③ 예찰의 경우 발생시기를 통해 방제시기를 결정하고, 발생량은 방제 여부와 약제의 살포량, 횟수 등에 참고를 하게 된다.
④ 해충 방제에서 경제적 가해수준은 경제적으로 피해가 나타나는 해충의 최저밀도로 해충에 의한 피해액과 방제비가 같은 경우의 해충밀도를 말한다.
⑤ 해충조사는 해충의 지역적 분포상황과 밀도를 조사하는 것으로 밀도의 표현방법, 조사시기, 조사대상, 표본 단위 등을 고려한다.

(3) 간접조사

유아등	주광성이 있고 활동성이 높은 성충을 대상으로 야간에 광원을 사용하여 해충을 유인하여 채집하는 방법이다.
황색수반트랩	물이 들어 있는 황색 수반에 날아드는 해충을 채집하여 조사하는 방법이다.
페로몬트랩	동종 간 발산되는 화학물질을 인위적으로 합성하여 해충을 유인 채집하는 방법이다.
먹이트랩	미끼를 이용하여 해충을 유인 채집하는 방법이다.
우화상	해충이 약충이나 번데기에서 탈피하여 성충으로 우화하는 것을 조사하기 위한 장치로 예찰 조사에 주로 사용된다.
흡충기	공기 흡입력을 이용하여 해충을 빨아들이는 방법이다.
쓸어잡기	곤충을 채집하기 위해 만든 포충망을 이용하여 잡관목이나 지피식생의 주변을 휘둘러 해충을 채집하는 방법이다.
말레이즈트랩	곤충이 날아다니다 텐트 형태의 벽에 부딪히면 위로 올라가는 습성(음성주지성)을 이용하여 높은 지점에 수집용기를 부착하여 곤충을 채집하는 방법이다.
털어잡기	지면에 일정 크기의 천이나 끈끈이판을 두고 수목을 쳐서 떨어지는 해충을 조사하는 방법이다.
끈끈이트랩	표면에 끈끈한 물질을 발라 해충을 조사하는 방법이다.

2. 해충의 방제

(1) 기계적 방제법

① 유살법

곤충을 유인하여 죽이는 방법으로 곤충의 특징에 따라 유인 방법을 선택한다.

식이유살	먹이를 이용하여 유인하는 방법이다.
번식장소 유살	통나무와 같이 번식처를 이용하는 방법으로 나무좀, 하늘소 등과 같은 천공성 해충에 적합한 방법이다.
잠복장소 유살	월동장소 등의 잠복장소로 유인하는 방법이다.
등화 유살	빛을 따라 가는 주광성을 이용하는 방법이다.

② 포살법

알이나 유충 등을 손이나 기구를 이용하여 직접 죽이는 방법으로 포살 역시 곤충의 특징에 따라 처리 방법이 다르다.

직접 잡는 방법	손, 기구 등을 이용해 직접 잡는 것으로 주로 어스렝이나방, 집시나방, 미국흰불나방 등에 적용된다.
찌르는 방법	하늘소, 굴레나방등 목질부 내부를 가해하는 해충을 철사를 이용해 찔러 제거하는 방법이다.
터는 방법	강한 진동으로 나무에서 떨어뜨리는 방법이다.

③ 차단
  ㉠ 주로 이동을 하는 곤충의 습성을 이용하는 방법이다.
  ㉡ 대표적인 예로 솔잎혹파리의 경우 임지에 비닐을 덮어 땅에서 우화하여 나무로 이동하는것을 막아 피해를 막을 수 있다.
  ㉢ 다른 방법의 예로 수간에 접착성이 강한 끈끈이를 발라 이동하는 해충이 붙을 경우 제거하는 방법으로 솔나방, 집시나방 등에 적용한다.

(2) 물리적 방제법

① 해충이 살기 어려운 조건을 만들어주는 것으로 방사선, 고주파를 이용하는 방법과 환경조건을 달리하도록 온도 및 습도를 조절하는 방법이 있다.
② 온도에 영향을 받는 해충으로 가루나무좀, 나무좀, 하늘소, 바구미류 등이 있다.
③ 습도의 경우 목재를 수중에 넣어 오랜시간 방치하는 방법으로 나무좀, 하늘소, 바구미류 등에 적합한 방법이다.
④ 방사선법은 해충을 불임화 시켜 산란을 방해하는 방법이다.

(3) 임업적 방제법

① 임업적 방제는 임지의 조건을 해충에게 불리한 조건으로 만드는 방법이다.
② 내충성 품종을 이용하여 해충의 침입을 예방한다.
③ 간벌을 통해 임목밀도를 조절하여 피해를 줄인다.
④ 인산질 비료와 같이 비배를 통해 전염의 피해를 줄인다. 반대로 질소질 비료를 많이 사용하면 병이 확산되기에 주의를 요구한다.
⑤ 조림용 종자의 경우 가능하면 유사 환경에 작업을 하도록 한다.
⑥ 혼효림을 조성하여 해충에 대한 저항성을 높인다.

(4) 생물적 방제법

① 해충에 천적이 되는 생물을 이용하는 방법으로 산림생태계에 영향을 적게 미치는 장점을 가지지만 대량으로 생산이 어려우며 해충밀도가 높을 경우 그 효과가 미미하다.

장점	단점
· 생태계의 균형 유지 · 방제 효과의 반영구적 혹은 영구적 · 다른 식물 혹은 생태계에 대한 피해가 없음	· 대량 사육이 어려움 · 해충밀도가 높을 경우 효과가 낮음 · 시간 및 경비가 많이 요구됨

② 사용되는 천적으로 풀잠자리류, 딱정벌레류, 노린재류, 무당벌레류, 먹좀벌류 등이 있다. 예를 들어 솔잎혹파리의 방제를 위해 사용되는 천적으로 솔잎혹파리먹좀벌, 혹파리살이먹좀벌, 혹파리등뿔먹좀벌, 혹파리반뿔먹좀벌 등이 있다.

③ 생물적 방제법을 사용하기 위해서는 아래와 같은 조건을 갖추는 것이 유리하다.
   ㉠ 성의비가 커야 한다.
   ㉡ 증식력이 좋아야 한다.
   ㉢ 다루기 용이하고 대량 생산이 가능해야 한다.
   ㉣ 준비하는 천적에 피해를 주는 생물이 없어야 한다.
   ㉤ 요구하는 해충에 대한 공격력이 좋고 단식성 내지 과식성이어야 한다.

④ 미생물농약의 일종으로 곤충의 바이러스, 세균, 사상균 등의 병원미생물을 이용하여 제조하며 일명 BT(Bacillus thuringiensis)제 라고 한다. BT제의 경우 곤충이 섭취시 알칼리 조건인 소화기관 안에서 분해효소에 의해 독성이 발현되는데 독성의 발현시간이 짧은 편이며 나비목, 파리목, 딱정벌레목 등 숙주 범위가 상당히 넓다.

(5) 화학적 방제법

① 화학적 방제법은 화학물질이 함유된 약품을 이용하며 효과가 빠르고 사용이 용이하지만 해충뿐 아니라 다른 생물에도 피해를 주어 생태계에 영향을 준다. 또한 원하던 해충을 처리하여도 저항성 해충이나 2차 해충등이 출현하는 부작용이 있기도 하다.

② 화학적 방제법 약제로 주로 농약이 사용되며 살균제, 살충제, 제초제 등이 있다.

③ 곤충이 약제에 대한 저항성이 생길 경우 다음 세대로 유전되기도 한다.

3. 농약의 종류

(1) 살균제

① 미생물을 사멸시키는 효과를 갖는 약물을 살균제라 한다.
② 살균제에는 보호살균제, 직접살균제, 기타(종자소독제, 토양소독제, 과실방부제 등) 용도에 따라 다양한 살균제가 있다.

보호살균제	· 병원균이 식물체 내로 침입하는 것을 방지한다. · 약효 지속기간이 길어야 하며 물리적으로 부착성 및 고착성이 좋아야 한다. · 보르도액, 구리 분제, 유기유황제, 석회유황합제 등이 있다.
직접살균제	· 침입한 병원균에 직접 강력한 살균 작용을 한다. · 발병 후에도 방제가 가능하다. · 시스테인 등이 있다.
종자소독제	· 종자나 종묘에 감염된 병원균을 방지한다. · 지오람, 베노람 등이 있다.
토양소독제	· 토양중의 병원균을 살균시키기 위해 사용한다. · 클로로피크린, 이황화탄소, 포르말린 등이 있다.
과실방부제	· 저장한 과실이나 채소의 부패방지를 위해 사용한다. · 티오요소, 디페닐 등이 있다.

③ 보르도혼합액
　㉠ 보르도액 제조에는 순도 98.5% 황산구리와 순도 90% 이상의 생석회가 사용된다. 조제를 할 때 석회유에 황산동액을 부어준다. 보르도액은 반복하여 사용할 때 구리가 토양에 축적되어 수목에 독성을 발현할 수도 있어 사용 시 주의가 요구된다.
　㉡ 보르도액은 곰팡이 세균 모두 방제가 가능하며 방제기간이 길고 강알칼리 조건에서 효과가 뚜렷하게 나타난다.
　㉢ 사용시 강산성 농약과의 혼용을 피하도록 한다.

(2) 살충제

① 살충제는 작물을 가해하는 곤충, 응애류, 선충 등의 침입을 방지하거나 제거하는 약제이다.
② 대표적으로 농작물을 가해하는 해충의 방제를 위해 소화중독제, 침투성살충제, 접촉제, 훈증제 등이 있다.

소화중독제	해충이 약제를 먹어 소화관에서 흡수되어 처리하며 주로 저작구형을 가진 식엽성 해충에 적용하면 유리하다.
침투성살충제	식물에 약제를 투입시키며 흡즙성 해충 처리에 유리하며 다른 곤충이나 천적 등에 피해가 적다.
접촉제	해충에 직접 약제를 접촉시켜 처리하기에 다른 곤충류에도 피해를 줄 수 있다.
불임제	해충의 생식능력에 방해를 주어 번식을 막는다.
훈증제	약제의 유효성분을 가스화하여 해충을 죽이는 약제이다.
훈연제	약제를 연기화 하여 해충을 죽이는 약제이다.
기피제	직접적인 살상작용은 하지 않으나 해충의 접근을 막는 약제이다.
유인제	해충을 유인하는 약제로 주로 불임제 등과 함께 사용하여 효과를 극대화 한다.
점착제	나무의 줄기나 가지와 같은 해충의 이동경로에 발라 월동 이후 해충의 이동을 차단하는 약제이다.

(3) 제초제

작물의 생장에 방해되는 잡초 등을 제거하기 위해 사용하는 약제로 선택성 제초제와 비선택성 제초제로 구분한다.

선택성 제초제	• 작물에는 영향을 주지 않고 잡초만을 선택적으로 제거하는 약제 • 디캄바액제, 시마진, 헥사지논
비선택성 제초제	• 잡초와 작물 등 식물 전체를 제거하는 약제 • 글라신액제, 염소산염제

(4) 기타

① 살비제 : 곤충에는 살충력이 거의 없고 응애류 방제에 효과가 있는 약제이다.
② 살선충제 : 선충의 방제에 효과가 있는 약제이다.
③ 보조제 : 살균제, 제초제 등과 같은 농약의 효과 증진을 도와주는 약제로 전착제, 증량제, 용제, 유화제, 협력제가 있다.

전착제	• 병해충 및 식물의 전착에 도움을 주는 약제이다. • 전착제는 살포액이 넓게 퍼지게 해준다. • 살포면에 부착된 약제는 비바람에 의해 유실될 수 있으니 주의한다. • 작물의 약해를 일으키지 않아야 한다.
증량제	• 주성분의 농도를 낮추는 약제이다. • 분말도, 분산성, 비산성, 부착성 등이 높아야 한다. • 규조토, 탈크, 벤토나이트 등이 있다.
용제	• 약제의 유효성분을 녹이는데 사용하는 약제이다. • 농약에 대한 용해도가 커야한다. • 농약의 안정성을 유지하고 약해가 있어서는 안된다.
유화제	유제의 유화성을 높이는 일종의 계면활성제
협력제	유효성분의 효력을 증진

4. 농약의 제제

(1) 농약의 제제

① 농약의 직접적인 사용이 어려워 보조제를 첨가하여 사용하기 용이한 형태로 만드는 과정을 제제라 하고 완성된 제품을 제형이라 한다.

② 농약의 제제는 사용의 편리뿐 아니라 유효성분의 효과 증가, 약해의 억제, 환경 및 사용자의 안전성 향상, 작업성 개선 등을 목적으로 한다.

③ 제형에 따른 분류시 액체시용제(유제, 액제, 수용제, 수화제, 입상), 고체시용제(분제, 입제, 미립제, 캡슐제, 저비산분제), 종자처리제(종자처리수화제, 종자처리액상수화제), 특수목적제(훈연제, 훈증제, 도포제, 판상줄제)로 분류된다.

④ 유효성분 조성에 따라 무기농약과 유기농약으로 분류된다. 유기농약은 유기화합물을 주성분으로 하는 농약으로 유기인계, 카바메이트계, 유기염소계, 유기황계, 유기불소계 등이 있으며 무기농약은 무기화합물을 주성분으로 생석회, 소석회, 황산구리, 유황 등이 있다.

(2) 액체시용제의 종류 및 특성

① 액체시용제는 제제를 물에 희석하여 사용하는 것이다.

② 액체시용제의 종류에는 유제, 액제, 수용제, 수화제, 액상, 유탁제, 분산성액제 등 종류가 다양하게 존재한다.

유제	• 주제의 성질이 지용성으로 물에 녹지 않아 유기용매에 녹여 유화제를 첨가한 용액을 말한다. • 주로 많은 양의 물에 희석하여 분무기를 이용하여 살포한다. • 유제는 수화제보다는 살포액의 조제가 편리하고 약효가 높으나 제조비가 높은 편이다.
액제	• 주제가 수용성이며 액상으로 살포한다. • 동결의 위험이 있어 계면활성제 등과 같은 동결방지제를 첨가해준다.
수용제	• 수용성의 유효성분을 증량제로 희석하고 분상이나 입상의 고체로 제제한다. • 액제보다 취급 및 보관은 용이하다.
수화제	• 물에 녹지 않는 주제를 벤토나이트 등의 점토광물과 계면활성제 등을 배합하여 혼합 분쇄하여 제제한다. • 수화제는 골고루 퍼지는 현수성이 중요하며 수화성, 고착성, 습진성 등이 좋아야 한다.

(3) 고체시용제(고형시용제)의 종류 및 특성

① 고체시용제는 유효성분을 탈크(talc), 클레이(clay), 벤토나이트(bentonite) 등의 증량제로 희석하여 만든 제제이다.

② 고형시용제는 분제, 미분제, 입제, 미립제, 캡슐제 등이 있다.

분제	• 유효성분을 점토광물과 보조제를 혼합하여 만든 미분말이다. • 보조제는 유효성분의 물리성과 안정성을 높여준다. • 분제의 경우 물에 섞지 않고 제품 그대로 살포한다.
미분제	• 병해충의 효과를 증폭시키기 위해 입자를 작게 하여 비산성을 높인 약제이다. • FD제(플로우더스트제, Flow Dust)는 하우스 내의 병해충 방제를 위해 개발되어 미립자가 장시간 부유하여 균일하게 확산되도록 평균입경을 2um 정도로 작게 제형하여 살포한다.
입제	• 유효성분을 고형증량제, 안정제, 계면활성제 등을 넣어 입상으로 성형한 제제이다. • 입경의 크기가 0.5~2.5mm 정도로 큰 편이며 입자도 무거운 편이라 비산의 위험성은 적다. • 단위면적당 사용량이 많아 가격이 비싼 편이다. • 입제의 경우 제조방법에는 흡착법, 피복법, 압출식조립법, 조립흡착법 등이 있다.
미립제	• 제제의 방법은 입제와 같으나 입제보다 입자의 크기가 작으며 입도의 범위가 62~219um 정도이다.

04 산불 예방 및 진화

1. 산불 예방

(1) 산림화재

① 산림 화재의 원인
  ㉠ 원인 요약

자연적 요인	인위적 요인
· 벼락으로 인한 화재 · 수목간의 마찰 · 지면 낙엽에서의 자연발화	· 담배꽁초와 같은 등산객 부주의 · 산간지역 고압전선의 누전 · 사냥시 발생되는 총포의 불

  ㉡ 1년 중 산불은 자연습도가 낮은 봄철에 가장 많이 발생하며 통계적으로 4월이 가장 발생률이 높다.
  ㉢ 하루단위로는 일사량이 많고 건조한 오후시간(2시~4시)때가 가장 위험하다.
  ㉣ 산림화재는 등산자의 부주의로 인한 화재가 가장 많으며 대략 50% 정도이다.
  ㉤ 산불은 대부분 지표화에서 시작되는데 산불의 위험도는 가연성 지피물의 종류, 양, 건조도 및 수지분의 유무 등에 의해 결정된다.

② 산림 화재의 피해
  ㉠ 산불 피해 요약

임목	임지	기타
· 목재의 손실 · 병충해에 의한 2차 피해가 발생할 수 있음 · 임목의 경제적 가치 저하	· 낙엽층의 소실 및 토양의 이화학적 성질이 약화 · 유기양분의 손실 · 지표유하수의 증가	· 경관의 파괴 · 수원의 고갈 · 야생동물의 서식처 파괴 · 홍수 발생

  ㉡ 산불이 발생하면 임지의 낙엽층이나 식생이 없어지거나 뿌리가 약해져 토양의 침식이 가속화된다.
  ㉢ 산불 후 대부분의 토양양분이 용출되고 식물이 이용 가능한 상태이나 토양수에 용해되면서 지하수로 빠져나가게 된다.
  ㉣ 산불 발생 후 지표유수가 증가하게 되고 유기물층이 감소하여 보수력은 낮아진다.
  ㉤ 야생동물의 서식지가 파괴되고 종 다양성이 감소하게 된다.
  ㉥ 산불로 부식층이 타게 되어 이화학적 성질이 변화하면서 지하의 저수기능이 감퇴한다.

③ 산림 화재의 종류

종류	특징
지표화	• 지표화는 지표의 낙엽과 지피물 등에 화재가 발생하는 것으로 치수들이 많은 피해를 받는다. 주로 등산객의 부주의에 의해서 발생한다. • 지표화는 산불의 시초가 되는 경우가 많으며 지표화에서 수간화 혹은 수관화로 번지는 경우가 많다.
수간화	• 나무 줄기에 화재가 발생하며 주로 지표화에 의해 번지는 경우가 많다. • 자연적으로 낙뢰에 의해 발생하기도 한다.
수관화	• 임목의 상층부를 태우는 것으로 비화하기 쉽고 진화가 어려워 발생 시 산림에 큰 손실을 가져온다. • 수지 성분이 많은 침엽수림에서 주로 발생하며 건조한 상태의 활엽수림에서도 발생하기도 한다.
지중화	• 이탄질이나 낙엽층 등 땅속의 유기질층이 타는 것으로 산소의 공급이 적어 연기가 적고 불꽃도 없이 서서히 타지만 강한 열로 오래 지속되어 균일한 피해를 준다. • 지중화 발생시 수목의 지상부는 큰 이상이 없으나 뿌리가 죽으면서 나무가 고사하게 된다.

④ 산림 화재 영향 인자

㉠ 수종

• 불에 대한 위험정도는 양수가 음수보다, 침엽수가 활엽수보다, 낙엽수가 상록수보다 높다.

양수 > 음수	침엽수 > 활엽수	낙엽수 > 상록수
양수의 울폐도가 상대적으로 낮아 건조되기 쉬워 화재의 위험성이 높다.	침엽수 수종의 수지 성분은 불에 잘타는 성질로 화재의 위험성이 높다.	활엽수에서도 낙엽수가 상록수보다 화재의 위험성이 높다.

• 불에 대한 저항성을 내화성 혹은 내화력이라 하며 수종에 따라 아래와 같이 분류한다.

분류	내화성이 높은 수종	내화성이 낮은 수종
침엽수	은행나무, 잎갈나무, 낙엽송, 분비나무, 가문비나무, 대왕송	소나무, 해송, 편백, 삼나무
상록활엽수	굴거리나무, 황벽나무, 동백나무, 회양목, 사철나무, 아왜나무	녹나무, 구실잣밤나무
낙엽활엽수	굴참나무, 고로쇠나무, 갑중나무, 사시나무, 떡갈나무, 자작나무, 네군도단풍나무, 난티나무	아까시나무, 벽오동, 참죽나무, 조릿대, 벚나무, 조릿대

・생엽의 발화온도를 비교하면 네군도단풍나무, 수수꽃다리, 밤나무 등이 높은편이며 상대적으로 피나무, 뽕나무, 아까시나무 등이 낮은 편이다.
  ㉡ 수령
    ・유령림일수록 피해정도가 심하다.
    ・성숙림일수록 상대적으로 습도가 높아 피해정도가 약하다.
  ㉢ 외부조건

강우량	강우량이 적은 봄철(3~5월)에는 산불 발생률이 높다.
습도	상대습도 60% 이상에서는 거의 발생하지 않으며 40% 이하에서는 발생률이 높고 진화가 어렵다.
기온	온도가 높은 낮 시간에는 상대습도가 낮아져 산불 발생률이 높아진다. 반대로 밤에는 온도가 낮아져 상대습도가 높아 산불 발생률이 낮아진다.
바람	풍속이 높을수록 발생 및 피해정도가 높아진다.
경사	경사가 급할수록 복사열과 대류열의 영향으로 산불의 진행속도가 빨라진다.

(2) 산불 화재 진화

① 산림 화재 진화
  ㉠ 산불이 진행되는 방향의 앞부분을 화두, 반대쪽을 화미라고 한다.
  ㉡ 산불 정도가 약할 때는 화두에서, 산불이 강할 경우 안전을 위해 화미에서 진화한다.
  ㉢ 산불 발생시 직접적인 진화가 어려울 경우 간접 방법으로 소화선을 만들고 소화선을 따라 불길을 잡아 직접 진화하도록 한다. 소화선은 전방 30~50cm 정도의 흙을 뒤집어 만든다.
  ㉣ 대형 산불 발생시 직접 방법으로도 진화가 어려울 경우 진행방향에 불을 놓아 가연물을 없애주는 방법을 사용하며 이를 간접소화법인 맞불이라 한다. 인위적으로 산불을 놓고 조절하는 것을 화입이라 한다.
  ㉤ 산불이 발생할 가능성이 있는 산림의 경우 간벌 및 가지치기 등의 작업을 통해 산불의 피해가 커지지 않도록 사전에 예방하도록 한다.
  ㉥ 산불의 피해를 줄이기 위해 내화성 수종을 심거나, 이령혼효림으로 조성하는 것이 좋다.
  ㉦ 방화선 설치할 때 조림지나 채종림, 소능선 등에 10~20m 폭으로 가연물을 제거한다.
  ㉧ 방화선의 설치 위치는 다음과 같다.

- 산불과 방화선 사이 연료량이 적은 나지
- 인공적 혹은 천연적 도로, 하천, 능선
- 산정 또는 능선 뒤편 8~9부 능선

② 처방화입
  ㉠ 특정한 경영 목표를 성취하기 위해 처방된 환경 조건 하에서 불을 놓는 대상지, 날짜와 시간, 일기 등을 미리 정해 계획적으로 산에 불을 놓는 것을 처방화입이라 한다. 산불에 유리한 점을 이용하기 위해 면적과 불의 강도를 정해 산에 불을 놓는 것은 통제화입이라 한다.
  ㉡ 처방화입의 효과
    - 낙엽, 죽은가지, 고사목 등의 축적된 연료를 태워 산불의 위험도를 낮춘다.
    - 임지에 낙엽층과 부식층이 너무 두꺼울 경우, 특히 조부식층이 발달되어 천연하종이 불가능할 때는 적당한 불을 넣어 조부식층을 제거하여 광물질 토양을 노출시켜 천연하종을 가능하게 한다.
    - 우거진 임지에 인공식재를 할 때 식재 전 불을 이용하여 관목과 잡초를 제거할 수 있다.
    - 수목이 밀생하거나 하층식생이 밀집된 지역은 불을 이용하여 양료순환을 촉진시켜 수목간의 영양수분 경쟁을 줄일 수 있다.
    - 적당한 불을 이용하여 병해충을 방제할 수 있다.

05 기상 및 기후에 의한 피해

1. 기상 및 기후 피해

(1) 저온에 의한 피해

① 상해
  ㉠ 상해는 가을에 기온이 급하강하여 갈변현상이 나타나는 현상이다. 기온이 0°C 이상의 낮은 기온으로 일어나는 임목의 피해는 한상이라 하며 식물의 활동에 장해를 일으킨다.
  ㉡ 이른 봄에 서리가 내리는 경우를 늦서리 혹은 만상이라 하며 급격한 온도 저하로 어린나무는 고사하기도 한다. 늦여름이나 가을철에 내린 서리로 인한 피해의 경우 조상이라 한다.
  ㉢ 만상에 의해 1년에 2개의 나이테가 생성되기도 하며 이를 상륜이라 한다.
  ㉣ 상해의 영향인자들은 아래와 같다.

수종	수종에 따라 유지와 전분함량에 영향을 받으며 유지 함량이 낮을수록 전분함량이 높을수록 피해 정도가 크다.
수령	나무가 어릴수록 피해를 받기 쉽다.
지형	습기가 많은 계곡과 같은 곳이 피해를 받기 쉽다.
방위	남면보다 북면의 피해가 심한편이다.
기후	맑은 새벽시간에 많이 발생한다.

  ㉤ 동상
   • 동상은 한겨울 수목의 완전휴면 기간 중 저온으로 인한 피해로 어린나무나 가지에서 주로 발생한다.
   • 동상은 세포내동결로 상해와 구별하여 동해라고 부르기도 한다.
   • 동해는 주로 낙엽이 시작되어 이듬해 봄 발아할 때까지의 겨울철 휴면기에 발생한다.
   • 지형적으로 습기가 많은 낮은 지대, 곡간 및 소택지 등에서 피해가 많으며 특히 사면을 따라 내려가 오목한 곳에서 상혈을 만드는 분지에서 피해가 가장 심하다.
   • 상혈현상은 겨울철 밤에 지표면의 온도에 따라 복사냉각이 시작되면서 한랭한 공기층이 흘러 내려오면서 분지나 곡간에 모이는 현상을 말한다.

② 상렬
　㉠ 겨울철 수목 내부의 수분이 저온에 따른 수축 및 팽창으로 팽창압이 발생하여 수목이 갈라지는 현상을 말한다.
　㉡ 상렬이 주로 발생되는 수종으로 수양버들, 느릅나무, 포플러, 참나무류 등이 있다.
　㉢ 상렬을 막기 위해서는 배수를 양호하게 하고, 적정 울폐도를 유지하며 방풍림을 조성하는 것이 좋다.

③ 상주
　㉠ 상주의 피해는 서릿발이라고도 하며 주로 겨울철에 땅속의 물이 토양의 모세관 현상에 의해 지표면으로 올라오면서 결빙과 해동이 반복되면서 식물의 뿌리에 피해를 주게 된다.
　㉡ 주로 뿌리가 지표면에 분산되는 천근성 수종에서 일어나며 진흙이 많은 점질토 토양일수록 피해정도가 심하게 나타난다.
　㉢ 상주를 방제하기 위해서는 배수를 양호하게 하고, 지피물을 보호하고 안 될 경우 볏짚, 톱밥 등을 이용하여 덮어주도록 하며 다습한 곳은 파종상을 높게 해준다.
　㉣ 가을철 파종 시에는 복토를 두껍게 해준다.

④ 내한성 수종
　㉠ 수종에 따라 내동성에 차이가 나타나는 생리적 요인이 있으며 세포질 내의 당분과 유지분의 농도 등에 영향을 받는다.
　㉡ 전분이 당분으로 전환되면서 내동성을 높이는 전분수로 참나무류, 느릅나무, 포플러, 물푸레나무, 단풍나무, 오리나무, 벚나무 등이 있다.
　㉢ 전분이 유지성분으로 전환되면서 내동성이 높은 수종을 유지수라 하며 버드나무, 밤나무, 자작나무 등이 있다.
　㉣ 일반적으로 침엽수가 추운지방에 많이 분포하며 활엽수보다는 상대적으로 내한성이 강하다.
　㉤ 내한성 수종의 종류는 아래와 같이 분류할 수 있다.

내한성	수종
상(上)	네군도단풍, 독일가문비, 목련, 은단풍, 은행나무, 자작나무, 잣나무, 쥐똥나무, 화살나무, 전나무 등
중(中)	삼나무, 편백, 곰솔, 가시나무, 굴거리나무, 아왜나무, 후박나무, 배롱나무 등
하(下)	녹나무, 동백나무, 붉가시나무, 소귀나무, 조록나무, 협죽도 등

(2) 고온에 의한 피해

① 피소(=볕데기)
  ㉠ 나무의 줄기가 강한 태양광선에 의해 급격한 수분증발이 발생하며 심할 경우 형성층에 피해를 입게 되어 고사한다.
  ㉡ 코르크층이 발달한 수목의 경우 피해가 덜하지만 발달정도가 미흡한 오동나무, 호두나무, 가문비나무 등은 피해가 심한편이다. 반대로 코르크층이 발달한 참나무류, 상수리나무, 굴참나무 등은 잘 발생하지 않는다.
  ㉢ 방위로 남서, 서면에 위치하는 임목에서 피해가 많이 나타난다.
  ㉣ 지엽을 제거하면 햇빛이 수간 하부까지 도달하여 볕데기가 발생할 수 있다.
  ㉤ 볕데기가 심한 부위는 갈라지면서 병해충 및 부후균 등의 침입을 받을수도 있다.
  ㉥ 볕데기에 대한 피해를 예방하기 위해 해가림을 하거나 석회유, 점토 등으로 발라주거나 짚이나 새끼로 주위를 감싸 직사광선을 막아준다.

② 열해
  ㉠ 여름철 태양의 광선이 강할 경우 발생하며 심할 경우 형성층이 파괴되어 고사하기도 한다.
  ㉡ 수목의 경우 65°C부근에서 순식간에 고사한다.
  ㉢ 수종의 경우 내음성이 강할수록 열에 약하며 대표적으로 아래와 같은 수종들이 있다.

열에 강한 수종	소나무, 해송, 측백 등
열에 약한 수종	편백, 화백, 가문비나무 등

(3) 물에 의한 피해

① 물에 의한 피해
  ㉠ 호우 및 융설 등에 의해 발생되는 산사태나 붕괴, 침식 등의 피해가 발생한다.
  ㉡ 피해의 종류는 아래와 같다.

매몰	입목이 토사에 의해 매몰되는 피해
침수	임목이 장시간 침수되어 생육이 곤란해지는 피해
유실	계안의 붕괴 및 토석류에 의한 임목이 유실되는 피해
도복	사면이 붕괴 등에 의해 임목이 뽑히는 피해

② 한해
- ㉠ 한해(旱害, drought injury; 가뭄피해, 건조피해)는 수분흡수량 보다 증산량이 더 많아져 수체 내 수분 부족에 의한 피해이다. 즉 땅의 수분이 부족하여 일어나는 피해이며 고온에 의한 피해와는 별개이다.
- ㉡ 식물이 건조한 환경조건에서 영구위조점 이하로 수분 스트레스를 받으면 다시 관수를 해도 회복하지 못한다.
- ㉢ 묘포에서 한해를 예방하기 위해서는 방풍, 멀칭, 관수 등의 처리를 한다.
- ㉣ 한해는 건조된 여름철에 많이 일어나지만 강수량이 적은 겨울에도 일어난다.
- ㉤ 한해에 대한 저항성 관련 수종은 다음과 같다.

한해 저항성이 강한 수종	소나무, 해송, 리기다소나무, 서어나무, 자작나무
한해 저항성이 약한 수종	버드나무, 오리나무, 들메나무, 포플러

③ 습해
- ㉠ 오목한 지역이나 호소 근처 등 지하수위가 높고 배수가 불량한 지역의 물이 정체되면서 습지화 된다.
- ㉡ 물이 정체되고 공극이 적어 산소가 결핍되고 뿌리의 호흡장해가 발생하면서 뿌리조직이 괴사하고 생장이 약해지면서 점차 고사하게 된다.

(4) 눈에 의한 피해

① 설해는 눈에 의해 발생되는 피해로 추운 지방보다 따뜻한 지방에서 이른 봄에 발생률이 높다.
② 병충해의 피해 예방과 마찬가지로 눈에 대한 피해를 줄이기 위해 단순림보다 혼효림을 동령림보다는 이령림이 더 효과적이다.
③ 식재시 삼각식재나 장방형식재를 적용하는 것이 피해를 줄일 수 있다.
④ 설해의 종류는 아래와 같다.

종 류	특징
설 절	수관에 눈이 쌓여 그 무게로 인해 가지가 부러지는 피해
설 할	눈으로 인해 누르는 압력으로 나무가 마치 터지는 듯한 피해
설 도	적설로 인해 뿌리째 넘어가는 피해
설 압	눈으로 인해 가지가 굽어지는 피해

(5) 바람에 의한 피해

① 주풍
 ㉠ 주풍은 10~15m/s 속도로 한방향으로 불어오는 바람을 의미한다.
 ㉡ 주풍으로 인해 생장량 감소, 수형 불량, 생리적 장애 등의 피해가 발생한다.
 ㉢ 주로 발생되는 현상으로 편심생장이 있으며 침엽수는 상방편심, 활엽수는 하방편심 현상을 보인다. 편심생장은 연륜의 중심이 한쪽으로 치우쳐 직경생장을 하는 것을 의미한다.
 ㉣ 바람에 대한 저항성은 아래와 같이 분류할 수 있다.

바람에 강한 수종	소나무, 해송, 참나무 등
바람에 약한 수종	편백, 포플러, 자작나무 등

② 폭풍
 ㉠ 주로 29m/s 이상의 바람과 비가 함께 할 경우를 의미한다.
 ㉡ 강한 바람으로 인해 가지가 부러지고 나무가 뿌리째 넘어지는 등의 큰 피해가 발생한다.
 ㉢ 폭풍의 피해는 아래와 같은 방법으로 줄이도록 한다.
  • 단순동령림을 피하고 이령혼효림을 유도한다.
  • 적절한 간벌을 통해 수간의 직경생장을 증가시켜 바람에 대한 저항성을 높인다.
  • 개벌이나 산벌작업의 피하며 택벌작업을 실시한다.
  • 폭풍이 주로 오는 방향에 방풍림을 조성하며 나비는 10~20m 정도로 한다.
  • 방풍림의 효과 거리는 풍상 기준 수고의 5배, 풍하 기준 15~20배 이다.

③ 조풍(염풍)
 ㉠ 바다에서 불어오는 소금이 함유된 바람을 염풍이라 한다.
 ㉡ 염도 기준 0.5% 이상의 잎의 색이 갈색 혹은 검은색으로 변색한다.
 ㉢ 염풍이 지속적으로 불어 근처 토양에 염분이 공급되면 미생물의 기능이 저해되어 유기물 분해가 느려지게 된다.
 ㉣ 임목이 염풍에 대한 내성은 내염성이라 하며 아래와 같이 분류할 수 있다.

염풍에 내성이 강한 수종	금송, 해송, 향나무, 사철나무, 팽나무, 후박나무 등
염풍에 내성이 약한 수종	소나무, 전나무, 벚나무, 삼나무, 편백, 화백 등

2. 환경오염 피해

(1) 산성비

① 산성비는 대기에 산성 물질이 비와 함께 내리는 경우로 원인 물질로는 이산화황, 질소산화물 등이 있으며 pH 5.6 이하의 비를 산성비로 정의한다.
② 산성비의 원인으로 화산이나 번개와 같은 자연적 요인이 있고 공장이나 자동차와 같은 사람에 의한 인위적 요인도 있다.
③ 산성비로 인해 토양의 산성화가 진행되면 양이온치환용량이 감소하고 칼슘과 마그네슘의 무기성분의 용탈이 증가한다.
④ 산성비에 의한 피해는 다양하나 산림에 주는 피해종류는 아래와 같다.
　㉠ 식물의 엽록체를 파괴하여 광합성의 작용 억제
　㉡ 뿌리털의 세포가 파괴되어 수분 흡수 억제
　㉢ 식물이 사용하는 토양의 무기염류 감소
　㉣ 생태계에 필요한 미생물의 감소
　㉤ 병, 해충에 대한 내성 감소
　㉥ 식물의 생육 저해

(2) 지구온난화

① 온실가스에 의해 지구의 대기 온도가 상승하는 현상을 말한다.
② 온실가스의 종류로 수증기, 이산화탄소(CO_2), 메탄(CH_4), 이산화질소(N_2O), 과불화탄소(PFC), 수소불화탄소(HFC_S), 육불화황(SF_6) 등이 있다. 간접온실가스로는 다른 물질과 반응하여 온실가스로 전환되는 가스로 질소산화물(NO_X), 일산화탄소(CO), 아황산가스(SO_2) 등이 있다.
③ 지구온난화에 의한 피해는 아래와 같다.
　㉠ 토양의 유기물 함량 감소한다.
　㉡ 토양의 황폐화 촉진한다.
　㉢ 기후 변화로 인한 산불의 발생 증가한다.
　㉣ 산림 병, 해충 등 빈도 및 피해영역 변화한다.

(3) 오존층 파괴

① 오존층은 대기권 중 성층권에 분포하는 오존의 밀도가 높은 층으로 태양에서 오는 자외선을 막아 지구 생태계를 보호해주는 역할을 하고 있다.

② 오존층을 파괴하는 대표 물질로 프레온가스가 있으며 오존층 파괴에 의한 피해는 아래와 같다.
　㉠ 식물 엽록소의 감소 및 광합성의 저하
　㉡ 식물의 생장 감소 및 잎 표면의 백색화 발생
　㉢ 잎의 표면에 주근깨와 같은 반점이 발생하고 책상조직이 붕괴
　㉣ 고사 식물의 증가
　㉤ 산림 파괴에 의한 온난화현상의 가속
③ 지상에서 발생하는 오존은 PAN 과 동일하게 광에 노출될 때 발생하는 2차 오염물질이다.
④ 오존에 의해 피해를 입을 경우 피자식물은 변색, 표백, 황화, 괴사 현상이 나타나게 된다.
⑤ 오존에 의해 책상조직이 파괴되고 잎의 상부 표면이 표백화가 진행되거나 책상조직세포들이 암색의 알칼로이드색소가 축적되어 괴사성 반점무늬가 나타난다.
⑥ 오존 피해현상은 어린 잎보다 성숙한 잎에서 주로 발생하기 쉽다.
⑦ 오존의 피해의 경우 온도가 상승할수록 피해가 증가하고 반대로 낮을수록 감소하는 경향을 보인다.
⑧ 오존에 대한 수목의 저항성은 아래와 같다.

저항성 강한 수종 (감수성이 낮은 수종)	전나무, 가문비나무, 너도밤나무, 자작나무, 보리수나무, 아까시나무, 단풍나무 등
저항성 약한 수종 (감수성이 높은 수종)	호두나무, 포플러, 사시나무, 방크스소나무 등

(4) 대기오염물질의 종류 및 피해 형태

① 아황산가스(SO_2)
　㉠ 공장 등 인위적인 요소에 의해 발생되는 아황산가스는 독성이 매우 강한 편이다. 아황산가스는 주로 환원 작용에 의해 식물에 피해를 주며 심할 경우 그을음잎마름병과 같은 식물병을 일으키기도 한다.
　㉡ 아황산가스는 식물체의 잎의 기공을 통해 유입되며 황산염 형태로 축적되며 잎의 끝부분과 옆맥 사이의 조직이 괴사되는 현상을 보인다.
　㉢ 아황산가스의 피해는 대기 중 고농도의 경우 급성피해와, 저농도의 경우 만성피해로 분류할 수 있다.

급성피해	엽록소 파괴의 가속, 세포의 붕괴 및 괴사 발생
만성피해	엽록소가 서서히 붕괴, 황화현상의 발생

㉣ 아황산가스에 대한 수목의 영향인자

온도	0℃에 저온의 경우 피해가 감소한다.
습도	습도가 높을 경우 피해가 증가한다.
광도	광도가 낮을수록 피해가 감소하고 광도가 높으면 피해량이 커진다.
바람	바람이 없는 날에는 피해가 증가한다.
토양	토양의 양분이 부족할수록 피해가 증가한다.

㉤ 감수성은 민감한 정도로 감수성이 높으면 저항성이 낮음을 의미한다. 일반적으로 침엽수보다 활엽수가 아황산가스에 대한 저항성이 강한 편이며 수종에 따른 감수성 정도의 차이는 아래와 같이 분류할 수 있으며 감수성이 예민한 지표식물을 통해 진단이 가능하다.

감수성이 높은 수종(저항성 낮음)	소나무, 벚나무, 낙엽송, 황철나무, 가문비나무, 전나무, 삼나무, 느티나무, 자작나무 등
감수성이 낮은 수종(저항성 높음)	편백, 비자나무, 가시나무, 식나무, 은행나무, 무궁화, 향나무 등

② 불화수소(HF)

㉠ 독성이 매우 강한편이며 미량으로도 식물에 피해를 주며 피해 현상은 아래와 같다.
- 엽록소 및 세포의 파괴
- 광합성의 억제
- 엽소현상의 발생
- 잎의 선단과 주변부가 황색으로 변색하며 심할 경우 잎이 떨어짐
- 어린잎의 엽맥이나 주변부에 백화현상이 나타남

㉡ 불화수소의 경우 외부적 요인에도 영향을 받으며 습도가 높을 경우 그리고 기공이 열려 있는 경우 피해가 심하다.

③ 이산화질소(NO_2)

㉠ 차량 엔진 연소 및 공장 등의 인위적 요인에 의해 발생된다.

㉡ 산성비의 원인 물질이 되기도 하며 식물세포 파괴 및 갈변현상을 일으킨다.

④ 질산과산화 아세틸(PAN)
  ㉠ PAN은 햇빛이 있는 조건에서 피해가 나타난다.
  ㉡ 질소산화물과 탄화수소가 광화학반응에 의해 생성되는 2차 오염물질이다.
  ㉢ PAN은 식물의 세포막이나 소기관을 파괴하여 기능을 상실시키며 광합성을 저해시킨다.
  ㉣ 잎 뒷면에 광택이 나면서 잎이 청동색으로 변하게 된다.
  ㉤ 질소산화물은 초기 잎의 표면에 수침상의 반점이 발생하고 잎의 가장자리가 괴사하기 시작한다.

⑤ 기타 오염 물질
  ㉠ 기타 오염 물질은 다음과 같다.

에틸렌	낙엽속도가 빠름, 새나무 가지 성장 저해 및 생장 억제 발생
암모니아	잎 전체에 영향을 주고 수시간후 잎 전체가 갈변 혹은 검게 변함
유리염소가스	아황산가스의 3배 독성을 가지며 피해 증상은 아황산가스와 유사
염화수소	물에 쉽게 용해되어 토양을 강산성으로 변화시키며 피해증상은 불화수소와 유사

  ㉡ 연해 및 공해 등에 감수성이 민감한 지표식물을 통해 대기오염의 감정이 가능하며 침엽수에는 낙엽송, 소나무, 리기다소나무, 전나무 등이 있으며 활엽수에는 밤나무, 느티나무, 사과나무, 배나무 등이 있다. 초본류에는 담배, 참깨, 이끼류, 메밀 등이 있다.

05 산림보호 단원문제 100제

PART 05 …… 산림보호

01 다음 중에서 한상을 바르게 설명한 것은?
① 찬 서리에 의하여 일어나는 임목 피해
② 찬바람에 의하여 나무 조직이 어는 임목의 피해
③ 0°C 이상의 낮은 기온으로 일어나는 임목 피해
④ 기온이 0°C 이하로 내려가야 일어나는 임목 피해

해설 한상은 0°C 이상의 낮은 온도에서 식물에 결빙현상은 없으나 식물의 활동에 장해가 일어나는 경우를 말한다.

02 수목의 잎을 가해하는 곤충이 아닌 것은?
① 대벌레
② 솔나방
③ 참나무재주나방
④ 박쥐나방

해설 박쥐나방은 줄기를 가해하는 해충이다.

03 다음 해충 중 충영형성 해충이 아닌 것은?
① 밤나무혹벌
② 솔노랑잎벌
③ 아까시잎혹파리
④ 솔잎혹파리

해설 충영해충은 기주식물에 혹을 만드는 해충으로 밤나무순혹벌, 솔잎혹파리, 진딧물류 등이 있으며 솔노랑잎벌은 잎을 가해하는 해충으로 별도의 충영을 형성하지는 않는다.

04 다음 중 솔잎혹파리의 기생성 천적이 아닌 것은?
① 솔잎혹파리먹좀벌
② 혹파리원뿔먹좀벌
③ 혹파리살이먹좀벌
④ 혹파리등뿔먹좀벌

해설 생물적방제법으로 사용되는 솔잎혹파리의 천적으로 솔잎혹파리먹좀벌, 혹파리살이먹좀벌, 혹파리등뿔먹좀벌, 혹파리반뿔먹좀벌이 있다.

정답 01.③ 02.④ 03.② 04.②

05 소나무재선충 감염의 원인이 되는 곤충은?
① 솔수염하늘소 ② 알락하늘소
③ 미끈이하늘소 ④ 솔잎혹파리

해설: 소나무재선충은 솔수염하늘소에 의해 감염 및 전파된다.

06 해충에 대한 좁은 의미의 생물학적 방제를 가장 적절히 설명한 것은?
① 내충성 품종을 심어 해충의 발생을 억제시키는 수단이다.
② 병원미생물이나 호르몬 등을 이용하여 해충을 방제하는 수단이다.
③ 포식충, 기생곤충, 병원미생물 등을 이용하여 해충의 발생을 억제시키는 수단이다.
④ 포식충, 기생곤충 등에 의해 해충의 발생을 억제시키는 수단이며, 병원미생물은 제외된다.

해설: 포식충, 기생곤충, 병원미생물을 이용하는 수단은 생물적 방제법에 속한다.

07 유충과 성충이 모두 나무의 잎을 가해하는 해충은?
① 독나방 ② 솔잎혹파리
③ 밤나무혹벌 ④ 오리나무잎벌레

해설: 오리나무잎벌레는 유충과 성충이 동시에 잎을 가해하는 해충이다.

08 가장 내화력이 약한 수종은?
① 은행나무 ② 소나무
③ 대왕송 ④ 가문비나무

해설: 내화력이 약한 수종으로 소나무, 삼나무, 편백, 해송 등이 있다.

09 소나무좀은 유충과 성충이 모두 소나무에 피해를 가하는데, 신성충이 주로 피해를 주는 장소는?
① 소나무 잎 ② 소나무 뿌리
③ 수간 밑부분 ④ 소나무 새가지

해설: 소나무좀의 신성충은 주로 소나무의 새 가지에 신초를 가해한다.

정답 05.① 06.③ 07.④ 08.② 09.④

10 다음 중 바이러스에 의한 나무병은?

① 뽕나무오갈병
② 벚나무뿌리혹병
③ 밤나무줄기마름병
④ 아까시나무 모자이크병

해설: 모자이크병은 바이러스에 의한 병이다.

11 소나무재선충에 관한 설명으로 틀린 것은?

① 재선충은 자웅동체이다.
② 우리나라에서는 잣나무에도 소나무재선충이 발병된다.
③ 매개충의 몸속에서 나온 4기 유충이 침입기에 해당된다.
④ 25°C 온도 조건하에서 1세대 경과하는데 필요한 기간은 4~5일이다.

해설: 소나무 재선충은 자웅이체이다.

12 다음 중 파이토플라스마에 의한 병이 아닌 것은?

① 대추나무 빗자루병
② 오동나무 빗자루병
③ 뽕나무 오갈병
④ 벚나무 빗자루병

해설: 파이토플라스마에 의한 병으로 대추나무 빗자루병, 오동나무 빗자루병, 뽕나무 오갈병이 대표적이며 벚나무 빗자루병은 자낭균에 의해 발생된다.

13 다음 중 수목병의 표징을 나타낸 것은?

① 잣나무 줄기에 황색의 포자 주머니가 생겼다.
② 소나무 잎이 5~6월에 누렇게 되면서 낙엽이 된다.
③ 벚나무 잎에 갈색의 반점이 형성되더니 구멍이 뚫렸다.
④ 오동나무 잎이 작고 연한 녹색으로 되고 잔가지가 많이 발생하였다.

해설: 황색의 포자 주머니는 병원균의 번식기관인 포자에 의해 발생되는 표징의 일종이다.

14 파이토플라스마는 다음 중 어느 것에 감수성인가?

① Beniate
② Tetracycline
③ Penicillin
④ Streptomycin

해설: 파이토플라스마는 테트라사이클린 항생물질에 감수성이다.

정답 10.④ 11.① 12.④ 13.① 14.②

15 미국흰불나방의 월동 형태로 가장 적합한 것은?
① 알로 땅속
② 성충으로 땅속
③ 번데기로 나무 틈
④ 유충으로 나무속

해설: 미국흰불나방은 번데기 형태로 나무껍질 사이에 월동한다.

16 솔잎혹파리의 학명은?
① Dendrolimus spectabilis
② Thecodiplosis japonensis
③ Hyphantria cunea
④ Dictyoploca japonica

해설: 솔잎혹파리는 학명은 Thecodiplosis japonensis이다.

17 대추나무 빗자루병에 대한 설명으로 틀린 것은?
① 매개충은 마름무늬매미충이다.
② 대추나무 빗자루병의 기주식물은 벚나무이다.
③ 대추나무 빗자루병은 병원체가 나무 전체에 분포하는 전신성병이다.
④ 빗자루병에 걸린 나무는 결실이 되지 않는다.

해설: 대추나무 빗자루병의 기주식물은 대추나무이다.

18 포스팜 50% 액제 50cc를 포스팜 농도 0.5%로 희석하려고 할 경우 요구되는 물의 양은?(원액의 비중은 1이다)
① 4500cc
② 4950cc
③ 5500cc
④ 6000cc

해설: 희석용량 = 원액용량 $\times \left(\dfrac{원액 농도}{희석농도} - 1\right) \times$ 원액 비중

$50 \times \left(\dfrac{50}{0.5} - 1\right) \times 1 = 4950$

19 다음 나무병 중 세균에 의한 병은?
① 뽕나무오갈병
② 벚나무뿌리혹병
③ 소나무잎떨림병
④ 포플러모자이크병

해설: 벚나무뿌리혹병은 세균에 의해 발생하며 주로 상처를 통해 침입한다.

정답 15.③ 16.② 17.② 18.② 19.②

20 소나무류, 전나무류, 낙엽송 등 침엽수림에 많이 발생하며, 임지 내의 모닥불자리 또는 산불발생지에서 많이 발생 하는 수병은?

① 자줏빛날개무늬병
② 리지나뿌리썩음병
③ 뿌리혹선충병
④ 침엽수 근주심재부후병

해설: 리지나뿌리썩음병은 포자 발아를 위해 고온의 조건이 필요하기에 통상 산불피해를 입은 지역에서 많이 나타난다.

21 야생동물의 서식에 필수적인 구성요소에 해당하지 않는 것은?

① 물
② 계절
③ 먹이
④ 은신처

해설: 야생동물의 생존을 위한 서식에 필수로 물, 먹이, 은신처가 있다

22 호두나무잎벌레에 대한 설명으로 옳은 것은?

① 년 2 회 발생하며 알로 월동한다.
② 년 2 회 발생하며 유충으로 월동한다.
③ 년 1 회 발생하며 성충으로 월동한다.
④ 년 1 회 발생하며 유충으로 월동한다.

해설: 호두나무잎벌레는 년 1회 발생하고 성충으로 월동한다.

23 솔잎혹파리, 솔껍질깍지벌레 등 주요 산림 해충의 수간 주사에 사용되는 살충제는?

① 포스파미돈액제
② 트리클로르폰액제
③ 디플루벤주론수화제
④ 페니트로티온수화제

해설: 포스파미돈 액제는 솔잎혹파리, 솔껍질깍지벌레 등은 수간주사하며 진딧물은 경엽처리 한다. 솔잎혹파리 수간주사시 포스파미돈은 50% 액제로 처리한다.

정답   20.②   21.②   22.③   23.①

24 잣나무 털녹병균이 잣나무에서 만드는 포자는 어느 것인가?

① 녹포자 ② 담자포자
③ 여름포자 ④ 겨울포자

해설: 잣나무 털녹병균은 잣나무 수피내에서 월동하고 녹포자를 형성한다.

25 대부분의 나무병은 다음 중 어느 병원체에 의하여 발생하는가?

① 바이러스 ② 곰팡이(진균)
③ 박테리아(세균) ④ 파이토플라스마

해설: 대부분의 나무병은 진균에 의해 발생되는 경우가 많다.

26 소나무재선충을 매개하는 솔수염하늘소의 설명 중 맞지 않는 것은?

① 년 1회 발생한다.
② 목질부 속에서 3령 유충으로 월동한다.
③ 성충의 우화시기는 5월 하순~8월 초순이다.
④ 유충이 소나무류의 수피 및 형성층과 목질부를 식해한다.

해설: 솔수염하늘소는 3령의 일부와 4령 유충이 10월까지 목질부에 번데기 집을 만들고 그 속에서 월동한다.

27 대추나무 빗자루병의 설명으로 옳은 내용은?

① 대표적인 병징은 잎의 황화이다.
② 병원은 Agrobacterium tumefaciens이다
③ 마름무늬매미충에 의하여 병원체가 매개된다.
④ 병징이 나타난 부위의 외과적 수술로 치료효과를 얻을 수 있다

해설: 대추나무 빗자루병의 매개충은 마름무늬매미충이다.

정답 24.① 25.② 26.② 27.③

28 임연부에 대한 설명으로 틀린 것은?
① 임연부는 먹이 부족으로 고라니나 노루의 서식환경으로서는 부적당하다.
② 산림과 초지, 침엽수림과 활엽수림 등 다른 환경유형이 인접하는 곳을 말한다.
③ 임연부에는 야생조류의 먹이가 많아 야생조류가 많이 서식할 수 있다.
④ 임연부의 무성한 관목은 둥지를 만들기 쉽고 천적에게도 발견되기 어려운 이점이 있다.
해설: 임연부는 다양한 식물이 있어 야생동물에게 먹이와 서식처를 제공한다.

29 다음 중 파이토플라스마에 의한 수병은?
① 감나무 시들음병
② 벚나무 빗자루병
③ 낙엽송 잎떨림병
④ 대추나무 빗자루병
해설: 파이토플라스마에 의한 수병으로 오동나무 빗자루병, 대추나무빗자루병, 뽕나무 오갈병이 있다.

30 다음 중 해충의 임업적 방제법으로 볼 수 있는 것은?
① 임목보육
② 진동이용
③ 방사선 이용
④ 훈증제 사용
해설: 임업적 방제법으로 간벌, 시비 등 임목 보육을 의미한다.

31 식엽성 해충이 아닌 것은?
① 대벌레
② 미국흰불나방
③ 박쥐나방
④ 참나무재주나방
해설: 박쥐나방은 줄기를 가해하는 해충이다.

32 파이토플라스마에 의한 나무병의 방제 약제는?
① 스트렙토마이신
② 엑티디이온BR
③ 가스가마이신
④ 옥시테트라사이클린
해설: 파이토플라스마는 옥시테트라사이클린을 수간주사하여 방제한다.

정답 28.① 29.④ 30.① 31.③ 32.④

33 잣송이를 가해하여 잣 수확을 감소시키는 중요한 해충이며, 구과속의 가해부위에 벌레똥을 채워 놓고 외부로도 똥을 배출하여 구과 표면에 붙여 놓으며 신초에도 피해를 주는 해충은?

① 복숭아명나방 ② 솔박각시나방
③ 솔수염하늘소 ④ 솔알락명나방

해설) 솔알락 명나방은 잣나무나 소나무류의 구과를 가해하고 가해부위에 똥을 채워 외부로 배출하여 구과 표면에 놓이는 것이 특징이다.

34 세균에 의한 수목병인 것은?

① 밤나무 뿌리혹병 ② 소나무 잎녹병
③ 포플러 모자이크병 ④ 오동나무 빗자루병

해설) ① 밤나무 뿌리혹병 - 세균
② 소나무 잎녹병 - 진균
③ 포플러 모자이크병 - 바이러스
④ 오동나무 빗자루병 - 파이토 플라스마

35 산불진화 방법 중 맞불을 놓는 위치로 가장 적당한 곳은?

① 화미 방향 ② 산화 진행 방향
③ 산화 발생 예상지역 ④ 측면화 방향

해설) 맞불은 산불의 진행 방향에 불을 발생시켜 가연물을 미리 없애 진화하는 방법이다.

36 불리한 환경에 따른 곤충의 활동정지와 휴면에 대한 설명으로 옳은 것은?

① 일장은 휴면으로의 진입여부 결정에 주요한 요소는 아니다.
② 활동정지는 환경조건이 호전되면 곧 발육이 재개된다.
③ 의무적 휴면의 예는 흰불나방에서 찾아볼 수 있다.
④ 기회적 휴면은 1년에 한 세대만 발생하는 곤충이 갖는다.

해설) 정상적인 조건아래에서 곤충의 발육은 지속되나 환경조건이 불리해지면 발육이 정지된다. 이때 불리한 환경조건을 제거하면 생육이 곧 회복된다. 그러나 많은 곤충들의 경우 환경조건이 회복되어도 발육이 곧 회복되지 않고 정지된 상태가 상당한 기간 지속된다. 이러한 상태를 휴면이라고 한다.

정 답 33.④ 34.① 35.② 36.②

37 미국흰불나방의 생태에 관하여 잘못 설명한 것은?

① 원산지가 캐나다로, 우리나라에서는 미군 주둔지 근처에서 처음 발견되었다.
② 유충기에 피해를 주며, 잡식성이어서 거의 모든 활엽수의 잎을 가해한다.
③ 3령기까지의 유충은 군서생활을 하며, 4령기와 5령기 유충은 흩어져 가해한다.
④ 유아등을 설치하여 포살하는 것도 권장할 수 있는 방제법의 하나이다.

[해설] 미국흰불나방은 4령기까지 군서생활을 하고 5령기에 유충으로 흩어져 가해한다.

38 항상 규칙적으로 풍속 10~15 m/s 정도로 부는 바람을 말하며 피해는 만성적으로 눈에 잘 띄지 않으나 임목의 생장을 감소시키고, 수형을 불량하게 하는 임업상의 피해를 주는 풍해의 종류는?

① 폭풍　　　　　　　　② 주풍
③ 염풍　　　　　　　　④ 육풍

[해설] ※ 주풍
- 주풍은 10~15m/s 정도로 바람을 말한다.
- 주풍은 임목의 생장량을 감소시키고 수형을 불량하게 한다.
- 임목은 주풍의 방향으로 휘어지며 편심생장을 하여 타원형이 된다.
- 침엽수는 상방편심, 활엽수는 하방편심이 나타난다.

39 임지를 황폐화시키며 산림생태계의 균형을 깨뜨리는 직접적인 원인은?

① 겨우살이　　　　　　② 산림곤충
③ 낙엽채취　　　　　　④ 상주

[해설] 낙엽이 다량 소실될 경우 생태계의 물질순환에 영향을 주어 생태계균형이 무너지게 된다.

40 수목병의 표징이 아닌 것은?

① 떡갈나무 흰가루병의 포자　　② 밤나무 줄기 마름병의 줄기마름
③ 소나무 리지나뿌리썩음병의 자실체　　④ 잣나무 피복가지마름병의 자낭반

[해설] 줄기마름의 경우 병징의 일종이다.

정답　37.③　38.②　39.③　40.②

41 녹병균에 대한 설명으로 틀린 것은?

① 녹병균은 인공배양이 용이하다.
② 녹병균의 포자는 비산 이동이 용이하다.
③ 녹병균은 살아있는 식물에만 기생한다.
④ 녹병균에는 기주교대하는 것이 다수 있다.

해설 녹병균은 인공배양이 불가능하다.

42 배설물을 종실 밖으로 배출하지 않아 외견상으로 피해식별이 어려운 해충은?

① 밤바구미　　② 복숭아명나방
③ 솔알락명나방　　④ 도토리거위벌레

해설 밤바구미는 밤을 직접 확인하지 않는 이상 식별이 어렵다

43 나무좀, 하늘소, 바구미 등과 같은 천공성 해충을 방제하는데 다음 중 가장 적합한 방법은?

① 경운법　　② 훈증법
③ 온도처리법　　④ 번식장소 유살법

해설 천공성 해충들은 통나무 등 번식장소를 제공하여 유인한 후 소각하는 방법이 효율적이다. 번식장소 유살법은 해충의 방제방법 중 기계적 방제법에 속한다.

44 오동나무 빗자루병의 전염경로로 가장 적당한 것은?

① 토양전염　　② 종자전염
③ 공기전염　　④ 충매전염

해설 오동나무 빗자루병은 담배장님노린재에 의해 전염되며 충매전염에 속한다.

정답 41.① 42.① 43.④ 44.④

45 수목에 병을 일으키는 생물적 병원이 아닌 것은?
① PAN ② 바이러스
③ 선충 ④ 파이토플라스마

해설: PAN 은 대기오염물질의 종류 중 하나이다.

46 산불의 발생형태 중 비화하기 쉽고, 한번 일어나면 진화가 힘들어 큰 손실을 가져오는 것은?
① 지중화 ② 지표화 ③ 수간화 ④ 수관화

해설: 비화하기 쉽고 진화가 어려운 산불은 수관화이다

47 상륜의 설명으로 맞는 것은?
① 조상의 피해로 인하여 일시 생장이 중지되었을 적에 생긴다.
② 만상의 피해로 수목의 생장이 한때 중지 되었을 때 생기는 일종의 위연륜을 말한다.
③ 지형적으로 볼 때 습기가 많은 낮은 지대, 곡간, 소택지 등 배수가 불량한 곳에 상륜의 피해가 많다.
④ 한겨울 수액이 저온으로 인하여 얼면서 그 부피가 증가하여 수간의 바깥부분이 수선방향으로 갈라지는 현상이다.

해설: 늦서리의 피해인 만상에 의해 이중의 나이테인 일종의 위연륜이 발생되는 경우를 상륜이라 한다.

48 연해의 방제법으로 가장 옳은 것은?
① 공해업소의 굴뚝 높이는 10m 이상이면 된다.
② 질소를 사용하여 연해 물질을 흡수 중화시킨다.
③ 연해의 염려가 있는 곳은 숲을 교림으로 한다.
④ 토양관리에 힘쓰며, 특히 석회질비료를 주어야한다.

해설: ※ **연해 방제법**
- 대기오염에 저항성, 맹아력이 강한 수종으로 선택한다.
- 내연성이 강한 수종으로 형성, 석회질 비료를 공급하도록 한다.
- 택벌림, 중림, 왜림으로 산림을 갱신한다.

정답 45.① 46.④ 47.② 48.④

49 대부분의 식물병원 세균이 가지는 균의 형태는?
① 구형
② 간상형
③ 콤마형
④ 나선형

해설: 세균의 대부분은 막대모양인 간상형을 가진다.

50 종자전염을 하는 수목병은?
① 소나무혹병
② 포플러 모자이크병
③ 낙엽송 잎떨림병
④ 오리나무갈색무늬병

해설: 종자전염 수목병의 종류로 오리나무갈색무늬병균, 묘목의 잘록병균 등이 있다.

51 다음 중에서 대추나무 빗자루병의 방제에 가장 적합한 약제는?
① 페니실린
② 석회유황합제
③ 석회보르도액
④ 옥시테트라사이클린

해설: 대추나무 빗자루병, 오동나무 빗자루병, 뽕나무 오갈병은 파이토플라스마에 의해 발생되며 파이토플라스마는 테트라사이클린계 약제로 방제한다.

52 유효성분이 물에 녹지 않으므로 유기용매에 유효성분을 녹여 만드는 농약은?
① 유제
② 액제
③ 수용제
④ 수화제

해설: 유제는 물질이 물에 녹지 않을 경우 유기용매를 이용하여 만드는 농약이다.

정답 49.② 50.④ 51.④ 52.①

53 다음 중 산림화재 시 내화력이 가장 약한 수종으로 묶은 것은?

① 소나무, 녹나무
② 화백, 아왜나무
③ 사철나무, 회양목
④ 은행나무, 대왕송

해설: 내화력이 약한 수종에는 소나무, 해송, 편백, 녹나무, 아까시나무 등이 있다.

54 낙엽송 잎떨림병의 병징이 가장 뚜렷하게 나타나는 시기는?

① 3월
② 5월
③ 9월
④ 12월

해설: 낙엽송 잎떨림병은 9월이 되면 대부분의 잎이 떨어져 병징이 가장 뚜렷하게 나타난다.

55 볕데기가 잘 일어나지 않는 경우는?

① 서남향이나 서향에 있는 수목
② 산림울폐가 갑자기 깨어졌을 때
③ 수피가 평활하고 코르크층이 발달되지 않는 수종
④ 정자나무같이 수간 하부까지 지엽이 번성한 고립목

해설: 지엽(가지와 잎)을 제거하면 햇빛을 받아 볕데기가 발생할 수 있다.

56 임업해충 중 충영을 만들고 그 속에서 기주를 가해하는 해충은?

① 텐트나방
② 솔잎혹파리
③ 오리나무잎벌레
④ 미국흰불나방

해설: 솔잎혹파리는 소나무와 해송에 벌레혹인 충영을 만들어 그 속에서 흡즙가해한다.

정답 53.① 54.③ 55.④ 56.②

57 겨울포자가 발아해서 형성되는 포자명은?
① 녹포자　　　　　　　　② 여름포자
③ 녹병포자　　　　　　　④ 담자포자

해설: 겨울포자가 발아하여 발생하는 소생자를 담자포자라 한다.

58 보르도액을 반복하여 사용하면 어떤 성분이 토양에 축적되어 수목에 독성을 나타낼 수 있는가?
① 철　　　　　　　　　　② 붕소
③ 망간　　　　　　　　　④ 구리

해설: 보르도액은 황산구리와 수산화칼슘을 이용하여 만들며 원료가 되는 구리성분이 토양에 축적되어 독성을 나타내기도 한다.

59 진딧물이나 깍지벌레 등이 기생하는 나무에서 흔히 관찰되는 수목병은?
① 빗자루병　　　　　　　② 그을음병
③ 흰가루병　　　　　　　④ 줄기마름병

해설: 그을음병은 흡즙성 해충이 기생하는 나무에서 주로 관찰된다.

60 수간 천공성 산림해충에 해당하지 않는 것은?
① 소나무좀　　　　　　　② 북방수염하늘소
③ 박쥐나방　　　　　　　④ 미국흰불나방

해설: 미국흰불나방은 식엽성 해충이다.

정답 57.④　58.④　59.②　60.④

61 잣나무 털녹병균이 기주교대를 하는 식물은 무엇인가?
  ① 매발톱 ② 애기풀
  ③ 송이풀 ④ 참나무류

  해설: 잣나무 털녹병균의 중간기주는 까치밥나무와 송이풀류이다.

62 다음 중 기주교대를 하지 않는 병원균은?
  ① 소나무 잎떨림병균 ② 배나무 붉은무늬병균
  ③ 잣나무 털녹병균 ④ 소나무 혹병균

  해설: 소나무 잎떨림병균은 기주교대를 하지 않아 중간기주가 없다.

63 밤나무 뿌리혹병균의 주요 침입부위는?
  ① 상처 ② 잎 ③ 기공 ④ 피목

  해설: 밤나무 뿌리혹병은 주로 상처부위를 통해 침입한다.

64 수병의 예방방법 중 묘포지에서 2~3년간 윤작을 함으로써 피해를 크게 경감시킬수 있는 병은?
  ① 침엽수의 모잘록병 ② 흰비단병
  ③ 자줏빛날개무늬병 ④ 오동나무 탄저병

  해설: 오동나무탄저병은 기주범위가 좁아 기주식물이 없으면 생존이 어렵다. 짧은 윤작을 통해 방제가 가능하다.

65 약제를 식물체의 뿌리, 줄기, 잎 등에서 흡수시켜 식물체 내의 전체에 약제가 분포되게 하여 해충이 섭식하였을 경우에 약효가 발휘되는 살충제의 종류는?
  ① 침투성살충제 ② 접촉성살충제
  ③ 소화중독성살충제 ④ 유인성살충제

  해설: 침투성 살충제는 식물에 약제를 투입시키며 흡즙성 해충 처리에 유리하며 다른 곤충이나 천적등에 피해가 적다.

정답 61.③ 62.① 63.① 64.④ 65.①

66 하늘소 중에서 똥을 밖으로 배출하지 않아 발견하기 어려운 해충은?

① 알락하늘소 ② 뽕나무하늘소
③ 향나무하늘소 ④ 솔수염하늘소

해설: 향나무하늘소는 형성층이나 목질부에 피해를 주는데 똥을 밖으로 배출하지 않고 침입한 구멍도 흔적이 없어 발견이 어렵다.

67 성비(sex ratio)가 0.65인 곤충이 있다고 할 때 암, 수 전체 개체수가 200마리라면 암컷은 몇 마리인가?

① 65마리 ② 70마리 ③ 100마리 ④ 130마리

해설: 성비의 경우 암컷의 비율을 나타낸다.
$200 \times 0.65 = 130$

68 파이토플라스마에 의한 질병이 아닌 것은?

① 벚나무 빗자루병 ② 오동나무 빗자루병
③ 대추나무 빗자루병 ④ 뽕나무 오갈병

해설: 벚나무 빗자루병은 진균에 의해 발생된다.

69 수목의 그을음병에 대한 설명 중 바르지 않은 것은?

① 자낭균에 의한 수목병이다.
② 흡즙성 곤충을 방제하면 된다.
③ 탄소동화작용을 방해하는 외부착생균이 대부분을 차지한다.
④ 질소질 비료를 충분히 준다.

해설: 질소질비료를 과다하게 주면 그을음병의 발병 확률이 높아진다.

정답 66.③ 67.④ 68.① 69.④

70 산림해충의 화학적 방제시 살충제의 과다한 사용에 대한 문제점으로 볼 수 없는 것은?

① 약제 저항성의 유발
② 효과가 느리지만 정확
③ 생태계의 단순화
④ 환경에 대한 부작용

해설: 화학약품을 이용한 방제는 효과가 빠른 장점을 가지지만 다른 곤충 혹은 식물 등에 피해를 주어 생태계에 악영향을 주는 부작용이 있기도 하다.

71 조수에 의한 산림피해를 설명한 것 중 잘못된 것은?

① 조류의 산림에 대한 관계는 매우 복잡하여 익해를 구별하기가 어렵지만 대개 유익한 것이 많다.
② 조류를 보호하는 데는 법률에 의한 보호와 인위적 수단에 의한 증식이 있다.
③ 산림의 피해는 소형동물보다는 몸집이 큰 대형동물에 의한 피해가 많다.
④ 수류의 피해는 4계절 중 먹이가 부족한 겨울에 가장 많다.

해설: 일반적으로 산림 피해는 소형동물에 의한 피해가 많이 나타난다.

72 다음 중 오동나무 빗자루병의 매개충인 담배장님노린재의 구제 시기는?

① 2월~3월
② 4월~6월
③ 7월~9월
④ 10월~11월

해설: 통상 매개충은 가장 많은 분포를 보이는 시기에 방제를 하며 담배장님노린재는 7월~9월에 살충제 작업을 실시한다.

73 다음 산불의 발생원인 가운데 가장 발생 비율이 높은 것은?

① 성묘객의 실화
② 논, 밭두렁 소각
③ 어린이불장난
④ 자연발생

해설: 입산자의 실화가 약 50%, 담뱃불로 인한 실화가 약 10~13%정도로 사람에 의한 실화가 가장 큰 발생원인이다.

정답 70.② 71.③ 72.③ 73.①

74 모잘록병의 발병환경으로 옳은 것은?
① 토양의 물리적 성질과 발병과는 전혀 상관관계가 없다.
② 질소질 비료를 충분히 준 묘목은 발병률이 낮다.
③ 소나무류 묘목의 모잘록병은 겨울철에 발병이 심하다.
④ 토양이 너무 과습하지 않게 배수 관리를 잘해주는 것도 발병률을 낮출 수 있는 방제방법이다.

해설: 발병환경은 방제방법과 관련이 깊다.

75 수병의 발생에 관여하는 3대 요소가 아닌 것은?
① 병원체
② 기주식물
③ 기생식물
④ 환경

해설: 수병이 발생하기 위해서는 병원체가 있어야 하고 병원체가 활동할 기주식물, 그리고 활동 가능한 환경이 갖추어져야 한다.

76 다음 중 2차 해충에 속하는 것은?
① 소나무좀
② 오리나무잎벌레
③ 흰불나방
④ 밤나무혹벌

해설: 소나무좀은 벌채목과 쇠약목 혹은 죽은나무 등 모두 가해하는 2차 해충이다.

77 여름포자세대를 가지고 있지 않은 병원균은?
① 잣나무털녹병균
② 포플러잎녹병균
③ 향나무녹병균
④ 소나무혹병균

해설: 향나무 녹병균은 여름포자의 생성 과정이 없다.

정답 74.④ 75.③ 76.① 77.③

78 밤나무혹벌의 월동형태는?

① 알
② 유충
③ 성충
④ 번데기

해설: 밤나무 혹벌은 유충형태로 월동한다.

79 다음 중 염풍에 강한 수종이 아닌 것은?

① 자귀나무
② 배나무
③ 향나무
④ 돈나무

해설: 배나무, 사과나무, 소나무, 전나무, 편백, 화백 등은 염풍에 약한 수종이다.

80 우리나라 산림에 피해를 주는 산림병해충 중 외래 침입 병해충으로만 짝지어진 것은?

① 아까시잎혹파리. 솔잎혹파리, 소나무재선충병
② 버즘나무방패벌레, 솔나방, 솔껍질깍지벌레
③ 잣나무넓적잎벌, 솔수염하늘소, 솔잎혹파리
④ 미국흰불나방, 버즘나무방패벌레, 밤나무혹벌

해설: 아까시잎혹파리, 소나무재선충은 북미에서 유입되었고 솔잎혹파리는 일본에서 유입되었다.

81 다음 중 흡즙성 해충이 아닌 것은?

① 도토리거위벌레
② 버즘나무방패벌레
③ 솔껍질깍지벌레
④ 느티나무벼룩바구미

해설: 도토리거위벌레는 주로 참나무 구과를 가해한다.

정답 78.② 79.② 80.① 81.①

82 솔잎혹파리의 기생성 천적이 아닌 것은?

① 솔잎혹파리먹이좀
② 혹파리원뿔먹이벌
③ 혹파리살이먹좀벌
④ 혹파리등뿔먹좀벌

해설: 솔잎혹파리의 방제에도 사용되는 기생성 천적으로 솔잎혹파리먹좀벌, 혹파리살이먹좀벌, 혹파리등뿔먹좀벌, 혹파리반뿔먹좀벌이 있다.

83 상주의 방제방법을 기술한 것 중 옳지 않은 것은?

① 천연적 지피물을 보존한다.
② 가을철 파종 시에는 복토를 다소 얇게 한다.
③ 피해가 예상되는 곳에서는 파종 조림을 피하고 식재 조림을 한다.
④ 피해가 예상되는 곳에서는 토양에 탄분이나 모래를 혼입 한다.

해설: 서릿발의 피해인 상주를 방제하기 위해 가을철 파종은 복토를 두껍게 해주어야 한다.

84 삼나무 붉은 마름병의 월동 상태로 옳은 것은?

① 땅속에서 포자상태로 월동한다.
② 병환부의 조직 내부에서 균사덩이 형태로 월동한다.
③ 가지 또는 잎에서 포자상태로 월동한다.
④ 초본류에서 포자상태로 월동한다.

해설: 삼나무 붉은마름병균은 병환부에서 월동한다.

85 병원체의 전반방법 중 토양에 의해 전반 되는 병원체는?

① 밤나무의 줄기마름병균
② 향나무의 적성병균
③ 오동나무의 빗자루병 병원체
④ 묘목의 모잘록병

해설: 근두암종병균, 묘목의 모잘록병은 토양에 의해 전반된다.
① 밤나무 줄기마름병균 - 바람에 의해 전반
② 향나무의 적성병균 - 물에 의해 전반
③ 오동나무의 빗자루병 병원체 - 매개충에 의해 전반

정답 82.② 83.② 84.② 85.④

86 다음 중 잣나무 털녹병 방제법에 해당되지 않는 것은?
① 중간기주의 박멸
② 보르도액살포
③ 혼효림조성
④ 저항성품종육성

해설: 잣나무 털녹병은 혼효림 조성을 피하는 것이 좋으며 특히 중간기주와의 혼료림은 주의하여야 한다.

87 다음 중 밤나무 종실을 가해하는 해충은?
① 복숭아명나방
② 복숭아심식나방
③ 솔알락명나방
④ 백송애기잎말이나방

해설: 복숭아명나방은 종실을 가해한다.

88 다음 중 천적 등 방제대상이 아닌 곤충류에 가장 피해를 주기 쉬운 농약은?
① 지속성 접촉제
② 훈증제
③ 전착제
④ 침투성살충제

해설: 접촉제의 경우 해충 표면에 약제 효과를 발휘하는 형식이라 다른 천적에게도 영향을 줄 수 있다.

89 다음 수목병 중에서 세균에 의한 것은?
① 소나무 혹병
② 낙엽송 끝마름병
③ 잣나무 털녹병
④ 밤나무 뿌리혹병

해설: 수목병 중 세균에 의한 것으로 뿌리혹병이 대표적이다.

정답 86.③ 87.① 88.① 89.④

90 다음 포유류 중 현재 우리나라의 천연기념물이 아닌 것은?

① 수달
② 산양
③ 하늘다람쥐
④ 호랑이

해설: 천연기념물의 종류로 삽살개, 물범, 하늘다람쥐, 산양, 진돗개, 수달 등이 있다. 호랑이는 멸종위기 야생동물 1급에 속한다.

91 세균이 식물에 침입할 수 있는 자연개구부에 해당하지 않는 것은?

① 기공
② 피목
③ 밀선
④ 체관

해설: 식물에 있어 자연개구부는 대표적으로 기공이 있으며 피목과 밀선이 있다. 체관은 양분의 이동통로이다.

92 파이토플라스마에 의한 수목병의 전염방법에 속하지 않는 것은?

① 접목전염
② 즙액전염
③ 매개충전염
④ 새삼전염

해설: 파이토플라스마는 주로 접목, 매개충, 새삼에 의해 전염된다.

93 다음 해충 중 날개를 편 길이가 가장 큰 것은?

① 미국흰불나방
② 솔나방
③ 매미나방
④ 텐트나방

해설:
① 미국흰불나방 – 22~36mm
② 솔나방 – 45~90 mm
③ 매미나방 – 24~45mm
④ 텐트나방 – 35~40mm

94 다음 중에서 표징에 속하지 않는 것은?

① 포자
② 썩음
③ 균사체
④ 버섯

해설: 표징의 종류로 균사체, 포자, 균핵, 자좌, 근상균사속 등이 있다.

정답 90.④ 91.④ 92.② 93.② 94.②

95 다음 이종기생성 녹병균의 수목병 중 기주 식물과 중간기주식물과의 관계가 잘못 짝지어진 것은?

① 소나무 혹병 : 소나무 - 졸참나무
② 잣나무 털녹병 : 잣나무 - 송이풀
③ 소나무 잎녹병 : 소나무 - 황벽나무
④ 소나무 줄기녹병 : 소나무 - 참취

해설 소나무줄기녹병은 작약과 기주교대한다.

96 다음 유해가스 중 배출량의 증가에 따른 온실효과의 주요인으로 작용하여 임목에 가장 큰 피해를 주는 것은?

① 아황산가스   ② 염화수소
③ 불화수소   ④ 과린산가스

해설 아황산가스는 배출량이 많고 독성이 강해 가장 큰 피해를 준다.

97 천적관계로 서로 맞지 않는 것은?

① 버들재주나방 - 산누에살이납작맵시벌
② 미국흰불나방 - 나방살이납작맵시벌
③ 천막벌레나방 - 독나방살이고치벌
④ 솔잎혹파리 - 이세리아깍지벌레

해설 솔잎혹파리의 방제로 솔잎혹파리먹좀벌, 혹파리살이먹좀벌, 혹파리반뿔먹좀벌, 혹파리등뿔먹좀벌이 있다.

98 다음 살충제 중 기피제에 속하는 것은?

① 나프탈렌   ② 알킬화제
③ 벤젠   ④ 포스팜액제

해설 기피제의 종류로 나프탈렌, 프탈산디메틸 등이 있다.

정답 95.④ 96.① 97.④ 98.①

99 열사의 피해를 가장 적게 받는 수종은?

① 곰솔, 측백나무
② 소나무, 화백
③ 편백, 전나무
④ 가문비나무, 솔송나무

해설 열에 강한 수종일수록 피해가 적으며 소나무, 해송, 측백나무 등이 있다.

100 임분 구성을 통해 풍부한 야생동물군집을 형성하기 위한 방법에 해당하지 않는 것은?

① 순림 조성
② 다층림 조성
③ 천연림 조성
④ 장령, 노령림 조성

해설 단일수종으로 구성된 순림보다는 다양한 수종으로 구성된 혼효림이 야생동물군집 형성에 유리하다.

정답 99.① 100.①

부록 산림기사 과년도문제

I

2019년 제1회 산림기사

01 수목의 내음성에 대한 설명으로 옳지 않은 것은?

① 주목은 음수 수종이다.
② 소나무는 양수 수종이다.
③ 수목이 햇빛을 좋아하는 정도이다.
④ 수목이 그늘에서 견딜 수 있는 정도이다.

해설
내음성은 식물이 낮은 광도 조건에서 생육하는 능력을 말하며 내음성이 강할수록 낮은 광도에서도 생장이 용이하다.

02 택벌작업에 대한 설명으로 옳지 않은 것은?

① 보속수확이 가능하다.
② 음수 수종 갱신에 적합하다.
③ 작업 과정에서 하층목의 손상 위험이 매우 작다.
④ 임분 내에는 다양한 연령의 수목이 존재한다.

해설
택벌 작업 과정은 임목의 벌채가 어렵고 하층목의 손상 위험이 높다.

03 천연림 보육과정에서 간벌작업 시 미래목 관리 방법으로 옳은 것은?

① 미래목간의 거리는 2m 정도로 한다.
② 활엽수는 100~150본/ha 정도로 선정한다.
③ 침엽수는 200~300본/ha 정도로 선정한다.
④ 가슴높이에서 10cm 의 폭으로 적색 수성페인트를 둘러서 표시한다.

해설
미래목간의 거리는 5m 정도로 하고 활엽수는 200본/ha 내외로 선정한다. 미래목은 가슴높이에서 10cm 의 폭으로 황색 수성페인트로 둘러서 표시한다.

04 천연하종갱신에 대한 설명으로 옳은 것은?

① 노동력과 비용이 많이 필요하다.
② 동령단순림으로 숲이 빠르게 성립된다.
③ 조림지의 교란으로 토양 환경이 악화된다.
④ 오랜 시간 동안 환경에 적응되어 숲 조성에 실패가 적다.

해설
천연하종갱신는 성숙한 나무에서 종자가 떨어져 어린나무가 발생하여 갱신하는 방법으로 오랜 시간 동안 환경에 적응되어 있기에 숲의 조성에 실패가 적은 편이다.

05 파종상에 짚덮기를 하는 이유로 옳지 않은 것은?

① 잡초의 발생을 억제한다.
② 약제 살포의 효과를 증대시킨다.
③ 빗물로 인한 흙과 종자의 유실을 막는다.
④ 파종상의 습도를 높여 발아를 촉진시킨다.

해설
파종상 짚덮기는 토양의 건조와 토사유실, 종자의 유실 등을 막는 것을 목적으로 한다.

정답 01. ③ 02. ③ 03. ③ 04. ④ 05. ②

06 종자의 검사 방법에 대한 설명으로 옳은 것은?

① 효율은 발아율과 순량율의 곱으로 계산한다.
② 실중은 종자 1L 에 대한 무게를 kg 단위로 나타낸 것이다.
③ 순량율은 전체시료무게를 순정종자무게에 대한 백분율로 나타낸 것이다.
④ 발아세는 발아시험기간 동안 발아입수를 시료수에 대한 백분율로 나타낸 것이다.

> 해설
> 효율은 발아율과 순량율을 곱하여 구한다.

07 조림용 묘목의 규격을 측정하는 기준이 아닌 것은?

① 간장   ② 근원경
③ 수관폭 ④ H/D 율

> 해설
> 묘목 규격의 측정기준으로 간장, H/D 율, 근원경, 묘령이 있다.

08 생가지치기를 피해야 하는 수종이 아닌 것은?

① *Acer palmatum*
② *Zelkova serrata*
③ *Prunus serrulata*
④ *Populus davidiana*

> 해설
> ① 단풍나무 ② 느티나무 ③ 벚나무 ④ 사시나무
> 느릅나무, 단풍나무, 물푸레나무, 벚나무는 상처의 유합이 안되어 썩기 쉬운 수종으로 생가지치기를 피해야 한다.

09 임지가 비옥하거나 식재목이 광선을 많이 요구할 때 실시하며, 소나무나 일본잎갈나무 등의 조림지에 가장 적합한 풀베기 방법은?

① 줄깎기   ② 둘레깎기
③ 전면깎기 ④ 솎아깎기

> 해설
> 전면깎기는 모두베기라하며 조림목을 제외한 잡초목을 제거하는 작업이다. 임지가 비옥하고 식재목이 광선을 많이 요구할 때 주로 실시하며 양수수종에 적합하다.

10 버드나무류나 사시나무류의 종자를 채취한 후 바로 파종하는 이유로 옳은 것은?

① 종자의 수명이 짧기 때문에
② 종자의 크기가 작기 때문에
③ 종자의 발아력이 높기 때문에
④ 종자가 바람에 잘 흩어지기 때문에

> 해설
> 버드나무, 사시나무 등은 종자의 수명이 짧기 때문에 바로 파종하여야 한다.

11 편백에 대한 설명으로 옳지 않은 것은?

① 암수한그루이다.
② 편백나무과에 속한다.
③ 성숙한 구과는 적갈색이다.
④ 잎에 Y자형의 흰 기공선이 나타난다.

> 해설
> 편백은 측백나무과에 속한다.

12 잎의 끝이 두 갈래로 갈라지는 수종은?

① 비자나무   ② 구상나무
③ 가문비나무 ④ 일본잎갈나무

> 해설
> 구상나무는 가지, 줄기가 돌려나기로 돋아나며 잎 끝이 2갈래로 살짝 갈라져 있다.

정답 06. ① 07. ③ 08. ④ 09. ③ 10. ① 11. ② 12. ②

13 수분 부족 스트레스를 받은 수목의 일반적인 현상이 아닌 것은?

① 춘재 비율이 추재 비율보다 더 많아진다.
② 체내의 수분이 부족하여 팽압이 감소한다.
③ ABA를 생산하기 시작해서 기공의 크기에 영향을 준다.
④ 생화학적인 반응을 감소시켜 효소의 활동을 둔화시킨다.

> **해설**
> 강우량이 많은 해는 춘재의 양이 증가하고 수분이 부족한 해는 추재의 양이 증가한다.

14 옥신의 생리적 효과에 대한 설명으로 옳지 않은 것은?

① 뿌리 생장
② 정아 우세
③ 제초제 효과
④ 탈리현상 촉진

> **해설**
> 옥신은 줄기 및 뿌리 선단부분에 세포 신장에 영향을 주며 신장촉진에 관여를 한다. 또한 발근 촉진 및 개화 촉진을 한다. 옥신 중 제초제의 효과를 가진 성분도 있으며 식물의 굴지성에도 영향을 준다.

15 묘포에서 시비에 대한 설명으로 옳은 것은?

① 기비는 무기질 비료, 추비는 속효성 비료를 사용하는 것이 좋다.
② 기비는 유기질 비료, 추비는 완효성 비료를 사용하는 것이 좋다.
③ 기비는 완효성 비료, 추비는 유기질 비료를 사용하는 것이 좋다.
④ 기비는 속효성 비료, 추비는 무기질 비료를 사용하는 것이 좋다.

> **해설**
> 기비는 무기질 비료, 추비는 속효성 비료를 사용하는 것이 좋다.

16 여름 기온이 높고 강수량이 풍부한 낙엽활엽수림에 주로 분포하는 우리나라의 산림토양은?

① 갈색산림토양
② 암적색산림토양
③ 적황색산림토양
④ 회갈색산림토양

> **해설**
> 갈색산림토는 낙엽활엽수림이나 낙엽활엽수 및 상록 침엽수의 혼효림에 생성되는 띠모양의 토양으로 활엽수에서 떨어지는 낙엽에 의해 양분이 풍부한 것이 특징이다.

17 산림대에 대한 설명으로 옳은 것은?

① 우리나라의 남한 지역에는 한대림이 존재하지 않는다.
② 우리나라 난대림의 주요 특징 수종으로 가시나무가 있다.
③ 열대림은 넓은 지역에 걸쳐 단일 수종으로 단순림을 구성할 때가 많다.
④ 지중해 연안 지역의 산림은 우리나라 온대 북부의 산림 구성과 유사하다.

> **해설**
> 우리나라 남한지역의 한라산에는 한 대림이 존재하며 열대림의 경우 다양한 수종으로 구성되어 있으며 지중해 연안지역은 아열대 기후이다.

18 산벌작업에 대한 설명으로 옳은 것은?

① 인공적으로 조림하여 갱신한다.
② 왜림을 조성하기 위한 작업이다.
③ 음수 수종은 갱신이 어려운 작업이다.
④ 예비벌, 하종벌, 후벌 순서로 작업을 진행한다.

> **해설**
> 산벌작업은 윤벌기가 완료되기 이전 갱신이 완료되는 전갱작업으로 예비벌, 하종벌, 후벌 순서로 작업이 진행된다.

정답 13. ① 14. ④ 15. ① 16. ① 17. ② 18. ④

19 수목의 광보상점에 대한 설명으로 옳은 것은?

① 호흡에 의한 이산화탄소 방출량이 최대인 경우의 광도이다.
② 광합성에 의한 이산화탄소 흡수량이 최대인 경우의 광도이다.
③ 광합성에 의한 이산화탄소 흡수량이 최소인 경우의 광도이다.
④ 호흡에 의한 이산화탄소 방출량과 광합성에 의한 이산화탄소 흡수량이 동일한 경우의 광도이다.

해설
식물이 광합성과정에서 호흡에 의한 이산화탄소 방출량과 광합성에 의한 이산화탄소 흡수량이 같아져 광합성량이 0이 되는 것을 말한다.

20 종자 결실 주기가 가장 긴 수종은?

① *Alnus japonica*
② *Abies holophylla*
③ *Betula platyphylla*
④ *Robinia pseudoacacia*

해설
①오리나무 ②전나무 ③자작나무 ④아까시나무 전나무는 3~4년 정도의 결실 주기를 가지며 오리나무는 해마다, 자작나무, 아까시나무는 격년의 결실 주기를 갖는다.

21 생물학적 방제에 이용하는 미생물과 해당 수목병의 연결이 옳지 않은 것은?

① *Trichoderma harzianum* - 모잘록병
② *Tuberculina maxima* - 잣나무 털녹병
③ *Agrobacterium radiobactor* - 세균성 뿌리혹병
④ *Phleviopsis gigantea* - 침엽수의 뿌리썩음병

해설
*Trichoderma harzianum*는 잿빛곰팡이병의 생물학적 방제에 이용된다.

22 방제 대상이 아닌 곤충류에도 피해를 주기 가장 쉬운 농약은?

① 전착제
② 화학불임제
③ 접촉살충제
④ 침투성 살충제

해설
접촉살충제는 곤충의 표면에 접촉되어 해충을 방제하기에 방제 대상이 아닌 곤충 표면에 묻어 피해를 주기도 한다.

23 해충과 천적 연결이 옳지 않은 것은?

① 솔잎혹파리 - 솔노랑잎벌
② 천막벌레나방 - 독나방살이고치벌
③ 미국흰불나방 - 나방살이납작맵시벌
④ 버들재주나방 - 산누에살이납작맵시벌

해설
솔잎혹파리의 천적으로 솔잎혹파리먹좀벌, 혹파리살이먹좀벌, 혹파리등뿔먹좀벌, 혹파리반뿔먹좀벌이 있다.

24 수목의 외과적 치료 방법에 대한 설명으로 옳은 것은?

① 나무주사를 이용하는 방법이다.
② 부후병, 뿌리썩음병에는 효과가 없다.
③ 뽕나무 오갈병, 오동나무 빗자루병에는 효과가 없다.
④ 살균제 성분을 이용하여 수목 피해를 예방하는 것이다.

해설
뽕나무 오갈병, 오동나무 빗자루병은 파이토플라스마에 의해 발생하며 약제를 수간주입하여 치료하기에 외과적 치료방법에는 효과가 없다.

정답 19. ④ 20. ② 21. ① 22. ③ 23. ① 24. ③

25 오리나무잎벌레 방제 방법으로 옳지 않은 것은?

① 알덩어리가 붙어 있는 잎을 소각한다.
② 5~6월에 모여 사는 유충을 포살한다.
③ 유충 발생기에 트리플루뮤론 수화제를 살포한다.
④ 수은등이나 유아등을 설치하여 성충을 유인한다.

해설
오리나무잎벌레 방제를 위해 5월쯤 잎 뒷면에 붙어 있는 난괴(알덩어리)는 소각하고 발생한 유충은 포살한다. 유충발생기에는 디플루벤주론, 트리플루뮤론 수화제 등으로 방제한다.

26 곤충의 피부 구조 중에서 한 개의 세포층으로 되어 있는 부분은?

① 외표피   ② 원표피
③ 기저막   ④ 진피층

해설
진피층은 단층의 세포조직으로 표면에는 미세한 융모가 있다.

27 밤나무 줄기마름병 방제 방법으로 옳지 않은 것은?

① 질소 비료를 적게 준다.
② 내병성 품종을 재배한다.
③ 상처 부위에 도포제를 바른다.
④ 중간기주인 현호색을 제거한다.

해설
밤나무 줄기마름병은 가지나 줄기에 주로 발생하며 바람에 의해 전반되어 상처를 통해 침입한다. 이를 방제하기 위해 질소 비료의 과용을 피하고 상처 부위에 도포제를 바르며 저항성이 있는 내병성 품종으로 재배한다. 현호색은 포플러 잎녹병의 중간기주이다.

28 바이러스로 인한 수목병 방제 방법에 대한 설명으로 옳지 않은 것은?

① 생장점 배양을 한다.
② 묘포장에서는 윤작을 피한다.
③ 잡초를 활용하여 간섭 효과를 유발한다.
④ 약독 바이러스를 발병 전에 미리 접종한다.

해설
잡초의 경우 바이러스의 중간기주가 되기도 하기에 간섭효과를 유발하지는 않는다.

29 솔나방 방제 방법으로 옳지 않은 것은?

① 월동 후 유충 활동시기에 아바멕틴 유제를 나무주사한다.
② 성충 활동기에 수은등이나 유아등을 설치하여 성충을 유살한다.
③ 7~8월 중순에 산란된 알 덩어리가 붙어 있는 가지를 잘라서 소각한다.
④ 유충이 가해하는 시기에 디플루벤주론 수화제나 뷰프로페진 수화제를 살포한다.

해설
방제를 위해 월동 후 유충의 활동시기인 아바멕틴 유제를 나무주사하거나 미생물 농약 BT제를 사용하기도 한다.

30 수목병을 진단하는 방법으로 옳지 않은 것은?

① 지표식물 이용
② 항원-항체 반응
③ 테트라졸륨 검사
④ Koch 의 원칙 적용

해설
테트라졸륨 검사는 종자의 활력검사 방법이다

정답 25. ④ 26. ④ 27. ④ 28. ③ 29. ④ 30. ③

31 솔잎혹파리의 월동 형태는?
① 알 ② 유충
③ 성충 ④ 번데기

해설
솔잎혹파리는 지피물 아래나 땅속에서 유충형태로 월동한다.

32 세균이 식물에 침입할 수 있는 자연 개구부에 해당하지 않는 것은?
① 각피 ② 기공
③ 피목 ④ 밀선

해설
각피는 식물의 물리적 보호기능 및 수분증발의 억제 기능을 가지고 있어 세균의 침임이 어렵다. 식물체 내에 침입이 가능한 통로로 기공, 피목, 밀선, 수공 등이 있다.

33 수목에 피해를 주는 대기오염 물질이 아닌 것은?
① PAN ② 염화칼슘
③ 질소산화물 ④ 아황산가스

해설
수목에 피해를 주는 대기오염 물질로 오존, PAN, 아황산가스, 질소산화물 등이 있다.

34 그을음병에 대한 설명으로 옳지 않은 것은?
① 주로 잎의 앞면에 발생한다.
② 병균이 주로 잎의 양분을 탈취한다.
③ 잎 표면을 깨끗이 닦아 피해를 줄일 수 있다.
④ 진딧물류 및 깍지벌레류가 번성할수록 잘 발생한다.

해설
그을음병은 식물의 동화작용을 방해하여 수세가 약해지게 한다.

35 Septoria 류 병원균에 의한 수목병에 대한 설명으로 옳지 않은 것은?
① 주로 잎에 작은 점무늬를 형성한다.
② 병든 잎에서 월동하여 1차 전염원이 된다.
③ 자작나무 갈색점무늬병(갈반병)을 예로 들 수 있다.
④ 병원균의 분생포자는 주로 곤충에 의해 전반된다.

해설
Septoria 류는 식물의 잎, 줄기 등에 반점을 발생시키는 불완전균으로 발생하는 분생포자는 빗물, 관개수, 동물 등에 의해 전파된다.

36 바다에서 부는 바람에 함유된 염분에 약한 수종으로만 올바르게 나열한 것은?
① 곰솔, 돈나무
② 삼나무, 벚나무
③ 팽나무, 후박나무
④ 자귀나무, 사철나무

해설
염분에 약한 수종으로 소나무, 전나무, 벚나무, 삼나무, 편백 등이 있다.

37 다음 설명에 해당하는 해충은?

◎ 성충은 열매에 구멍을 내고 열매 속에 산란한다.
◎ 부화유충은 과실 내부를 가해하고 똥을 외부로 배출하지 않아 피해 과실을 구별하기 어렵다.

① 밤바구미 ② 버들바구미
③ 밤나무혹벌 ④ 복숭아명나방

해설
밤바구미는 참나무류의 열매에 피해를 주며 산란기간은 8~10월쯤이다. 유충은 배설물을 외부로 배출하지 않아 식별이 어려운 편이다.

정답 31. ② 32. ① 33. ② 34. ② 35. ④ 36. ② 37. ①

38 잎을 주로 가해하는 해충이 아닌 것은?

① 솔나방 ② 박쥐나방
③ 미국흰불나방 ④ 오리나무잎벌레

해설
박쥐나방은 줄기를 가해하는 해충이다.

39 상주로 인한 묘목의 피해를 예방하는 방법으로 옳지 않은 것은?

① 토양에 모래를 섞는다.
② 배수가 잘 되도록 한다.
③ 낙엽 및 볏짚 등을 제거한다.
④ 이른 봄에 뿌리 부위를 밟아준다.

해설
상주로 인한 묘목의 피해를 예방하는 방법으로 낙엽 및 볏짚 등의 지피물을 보존해 준다.

40 매미나방 방제 방법으로 옳지 않은 것은?

① 나무주사를 실시한다.
② 알덩어리는 4월 이전에 제거한다.
③ 어린 유충시기에 살충제를 살포한다.
④ Bt균, 핵다각체바이러스 등의 천적미생물을 이용한다.

해설
방제를 위해 유충 시기에 살충제를 살포하거나 천적미생물을 이용한다. 알로 나무줄기에 월동하기에 4월 이전에 알덩어리를 제거한다.

41 임업 이율의 종류 중 용도에 따른 이율에 해당하는 것은?

① 경영이율, 환원이율
② 단기이율, 장기이율
③ 현실이율, 평정이율
④ 공정이율, 시중이율

해설
임업의 이율은 기준에 따라 분류가 되는데 기간에 따라 장기이율, 단기이율이 있으며 용도에 따라 경영이율, 환원이율이 있다. 또한 현실성에 따라 현실이율과 평정이율로 분류된다.

42 산림 생산기간에 대한 설명으로 옳지 않은 것은?

① 회귀년은 택벌작업에 적용되는 용어이다.
② 회귀년의 길이와 연벌구역면적은 정비례한다.
③ 벌채 후 갱신이 지연되는 경우 늦어지는 기간을 갱신기라고 한다.
④ 어떤 임분에서 벌채와 동시에 갱신이 시작되는 경우 윤벌기와 윤벌령은 동일하다.

해설
연벌구역면적은 회귀년의 길이에 반비례한다.

43 측고기를 사용할 때 주의사항을 옳지 않은 것은?

① 여러 방향에서 측정하면 오차를 줄일 수 있다.
② 경사지에서는 가급적 등고 위치에서 측정한다.
③ 측정하고자 하는 나무 끝과 근원부가 잘 보이는 지점을 선정해야 한다.
④ 측정위치가 멀면 오차도 생기므로 나무 높이의 절반 정도 떨어진 곳에서 측정하는 것이 좋다.

해설
측고기 사용시 나무 높이와 유사한 거리에서 측정하는 것이 좋다.

44 흉고직경 20cm, 수고 10m 인 입목의 재적이 약 0.14m³ 인 경우 형수의 수치는?

① 약 0.11 ② 약 0.14
③ 약 0.45 ④ 약 0.55

해설
V = 단면적 × 형수 × 높이
$(\frac{3.14}{4} \times 0.2^2) \times$ 형수 $\times 10 = 0.14$
형수 = 약 0.45

정답 38. ② 39. ③ 40. ① 41. ① 42. ② 43. ④ 44. ③

45 산림휴양림의 조성 및 관리에 대한 설명으로 옳지 않은 것은?

① 방풍 및 방음형으로 관리할 수 있다.
② 공간이용지역과 자연유지지역으로 구분한다.
③ 관리목표는 다양한 휴양기능을 발휘할 수 있는 특색 있는 산림조성이다.
④ 법령에 의한 자연휴양림 및 휴양기능 증진을 위해 관리가 필요한 산림을 대상으로 한다.

해설
산림휴양림은 국민의 정서함양, 보건휴양, 산림교육 등을 목적으로 조성한 산림으로 방풍 및 방음형으로 관리하는 것은 목적에 부합하지 않는다.

46 임업경영 성과분석 방법으로 임업의존도 계산식에 해당하는 것은?

① $\dfrac{가계비}{임업소득} \times 100$
② $\dfrac{임업소득}{임가소득} \times 100$
③ $\dfrac{임업소득}{가계비} \times 100$
④ $\dfrac{임업소득}{임업조수익} \times 100$

해설
임업의존도는 임업소득을 임가소득으로 나눈값을 백분율로 나타낸다.

47 수확조정법에 대한 설명으로 옳지 않은 것은?

① Hufnagl 법은 재적배분법의 일종이다.
② 전 산림면적을 윤벌기 연수와 동일하게 벌구로 나누고 매년 한 벌구씩 수확하는 방법을 구획윤벌법이라 한다.
③ 토지의 생산력에 따라 개위면적을 산출하여 벌구면적을 조절, 연수확량을 균등하게 하는 방법을 비례구획윤벌법이라 한다.
④ 전 임분을 윤벌기 연수의 1/2 이상 되는 연령의 것과 그 이하의 것으로 나누어 전자는 윤벌기의 전반에, 후자는 윤벌기 후반에 수확하는 방법을 Beckmann 법이라 한다.

해설
Beckmann법은 수확조정기법에서 재적을 기준으로 하는 재적배분법에 속한다. 보기의 4번에 내용은 Hufnagle 법에 대한 내용이다.

48 임목의 평균생장량과 연년생장량에 대한 설명으로 옳지 않은 것은?

① 초기에는 연년생장량이 크다.
② 연년생장량의 극대점이 평균생장량의 극대점보다 빨리 온다.
③ 연년생장량의 극대점에서 연년생장량과 평균생장량은 일치한다.
④ 평균생장량의 극대점에서 평균생장량과 연년생장량은 일치한다.

해설
연년생장량의 극대점에서는 연년생장량이 평균생장량보다 크다.

정답 45. ① 46. ② 47. ④ 48. ③

49 동령림의 직경급별 임분구조는 전형적으로 어떤 형태로 나타나는가?(단, x축은 흉고직경, y축은 본수를 나타냄)

① J 자 형태   ② W 자 형태
③ 역 J 자 형태 ④ 정규분포 형태

해설
일반적으로 가운데가 볼록한 정규분포 형태의 그래프는 동령림의 직경분포를 나타낸다.

50 임분 재적 측정을 위하여 전 임목을 몇 개의 계급으로 나누고 각 계급의 본수를 동일하게 한 다음 각 계급에서 같은 수의 표준목을 선정하는 방법은?

① 단급법
② 우리히(Urich)법
③ 하르티히(Hartig)법
④ 드라우트(Draudt)법

해설
우리히법은 전체의 임목을 몇 개의 계급으로 나누고, 각 계급의 본수를 동일하게 한 다음 각 계급에서 같은 수의 표준목을 선정하는 방법이다.

51 임업 투자계획의 경제성을 평가하는 방법이 아닌 것은?

① 순현재가치 ② 편익비용비
③ 내부수익률 ④ 수확표 분석

해설
수확표분석은 법정축적 계산으로 임업투자계획의 경제성을 평가하는 방법이 아니다.

52 임지를 취득한 후 조림 등 임목 육성에 알맞은 상태로 개량하는 데 소요되는 모든 비용의 후가에서 그 동안 수입의 후가를 공제한 가격을 무엇이라 하는가?

① 임지비용가 ② 임지기망가
③ 임지공조가 ④ 임지매매가

해설
임지비용가는 임지에서 취득하고 이를 조림 및 임목 육성에 적합하게 개량하는데 소요된 순 비용의 현자가의 합계를 의미한다. 즉 후가합계로 평가하는 방법이다.

53 다음 설명에 해당하는 용어는?

> 재적이 $0.5m^3$인 통나무 2개 가격의 합보다 재적 $1m^3$인 통나무 1개의 가격이 훨씬 높다.

① 형질 생장 ② 가치 생장
③ 등귀 생장 ④ 재적 생장

해설
형질생장은 목재의 질이 좋아짐이 곧 가격의 증가를 의미하며 절반의 재적의 통나무 2개보다 하나의 통나무가 높은 이유이다.

54 소나무 임분의 벌기평균생장량이 $6m^3/ha$ 이고 윤벌기가 50년이라고 할 때 이 임분의 법정연벌량과 법정수확률은 각각 얼마인가?

① $300m^3/ha$, 3%
② $300m^3/ha$, 4%
③ $600m^3/ha$, 3%
④ $600m^3/ha$, 4%

해설
※ 법정 연벌량 = 법정 생장량
벌기평균생장량 × 윤벌기 = 6 × 50 = 300 m^3/ha
※ 법정수확률 = 법정연벌률
200/윤벌기 = 200/50 = 4 %

정답 49. ④ 50. ② 51. ④ 52. ① 53. ① 54. ②

55 시장가역산법으로 임목가를 평정할 때 필요하지 않은 인자는?

① 집재비
② 운반비
③ 조림 및 육림비
④ 벌목 및 조재비

해설
시장가역산법은 유통되는 가격을 조사하여 벌채 및 운반에 필요한 비용을 공제한 임목의 가격을 역으로 구하는 방법으로 벌목비, 조재비, 하산비, 운반비, 이자, 잡비 등이 필요하다.

56 임업기계의 감가상각비(D)를 정액법으로 구하는 공식으로 옳은 것은?(단, P : 기계구입가격, S : 기계 폐기시의 잔존가치, N : 기계의 수명)

① $D = \dfrac{S-P}{N}$ ② $D = \dfrac{P-S}{N}$

③ $D = \dfrac{N}{S-P}$ ④ $D = \dfrac{N}{P-S}$

해설
감가상각비 정액법
$$\dfrac{구입가격 - 폐물가격}{내용연수}$$

57 연간 임산물 생산과 관련된 고정비가 2백만원, 변동비가 5천원, 판매단가가 6천원일 경우 손익분기점에 해당하는 임산물 생산량은?

① 181개   ② 334개
③ 2,000개   ④ 20,000개

해설
임산물 생산량(판매량) = $\dfrac{고정비용}{판매단가 - 가변비용}$

$\dfrac{2,000,000}{6,000 - 5,000} = 2,000$개

58 임반에 대한 설명으로 옳지 않은 것은?

① 산림구획의 골격을 형성한다.
② 고정적 시설을 따라 확정한다.
③ 보조임반을 편성할 때는 연접한 임반의 번호에 보조번호를 부여한다.
④ 임반의 표기는 경영계획구 상류에서 시계방향으로 표기를 시작한다.

해설
임반의 표기는 경영계획구 유역 하류에서 시계방향으로 아라비아 숫자로 표기한다.

59 임목 평가에 적용하는 Glaser 식에 대한 설명으로 옳은 것은?

① 임목 비용가법과 임목기망가법을 절충한 식이다.
② 임목 매매가법과 임목비용가법을 절충한 식이다.
③ 임목 매매가법과 임목기망가법을 절충한 식이다.
④ 예상이익을 현재가치로 환산하여 임목의 가치를 구하는 방법이다.

해설
Glaser 법은 원가수익절충방식으로 임목 비용가법과 임목 기망가법을 절충한 방식이다.

60 자연휴양림을 조성 및 신청하려는 자가 제출하여야 하는 예정지의 위치도 축척 크기는?

① 1/5,000   ② 1/15,000
③ 1/25,000   ④ 1/50,000

해설
자연휴양림 예정지의 위치도는 축척 1/25,000 기준으로 하며 구역도는 축척 1/5,000 혹은 1/6,000 으로 한다.

정답 55. ③ 56. ② 57. ③ 58. ④ 59. ① 60. ③

61 등고선에 대한 설명으로 옳지 않은 것은?

① 절벽 또는 굴인 경우 등고선이 교차한다.
② 최대경사의 방향은 등고선에 평행한 방향이다.
③ 지표면의 경사가 일정하면 등고선 간격은 같고 평행하다.
④ 일반적으로 등고선은 도중에 소실되지 않으며 폐합된다.

> 해설
> 최대경사의 방향은 등고선에 직각인 방향이다.

62 배수관은 유속을 구하는 마닝(Manning)공식에서 R이 나타내는 것은?

$$V = \frac{1}{n} R^{\frac{2}{3}} I^{\frac{1}{2}}$$

① 경심　　② 조도계수
③ 수면 기울기　　④ 배수관 반지름

> 해설
> Manning 공식
> $$V = \frac{1}{n} \times R^{\frac{2}{3}} \times I^{\frac{1}{2}}$$
> V : 평균 유속, R : 경심
> I : 수로 기울기, n : 조도계수

63 임도의 곡선부에 외쪽기울기를 설치하는 주요 목적은?

① 배수 원활　　② 노면 보호
③ 시거 확보　　④ 안전 운행

> 해설
> 임도의 곡선부에서는 차량에 원심력이 작용하여 바깥쪽으로 나가려는 힘에 의해 사고의 위험성이 있어 바깥쪽을 안쪽보다 높게 하여 사고를 방지하며 이러한 기울기를 외쪽기울기라 한다.

64 임도 설계 도면 제도에 대한 설명으로 옳은 것은?

① 평면도는 축적 1/1000 으로 한다.
② 횡단면도는 축적 1/200으로 한다.
③ 종단면도 상부에 곡선제원 등을 기입한다.
④ 종단면도 축적은 횡 1/1000, 종 1/200 으로 한다.

> 해설
> 종단면도의 축척은 횡 1 : 1000 , 종 1 : 200 축척으로 작성한다. 평면도는 1 : 1200, 횡단면도는 1 : 100 으로 작성한다.

65 임도의 기능에 따른 종류가 아닌 것은?

① 임시임도　　② 간선임도
③ 작업임도　　④ 지선임도

> 해설
> 산림 법령에서 규정하는 임도의 종류로 간선임도, 지선임도, 작업임도가 있다.

66 점착성이 큰 점질토의 두꺼운 성토층 다짐에 가장 효과적인 롤러는?

① 탠덤 롤러　　② 탬핑 롤러
③ 머캐덤 롤러　　④ 타이어 롤러

> 해설
> 탬핑롤러는 롤러 표면에 많은 돌기가 있어 점착성이 큰 점질토 다짐에 효과적이다.

정답　61. ②　62. ①　63. ④　64. ④　65. ①　66. ②

67 임도설치 대상지 우선선정 기준으로 옳지 않은 것은?

① 도시개발이 예정된 임지
② 산림보호 및 관리를 위해 필요한 임지
③ 임도와 도로 연결을 위해 필요한 임지
④ 산림휴양자원의 이용 또는 산촌진흥을 위해 필요한 임지

해설
임도설치 대상지 우선선정 기준에는 도시개발이 예정된 임지는 포함되지 않는다. 산림사업대상지, 경영계획 수립지, 관리 및 보호가 필요한 임지, 산림휴양자원 이용 임지 등이 있다.

68 산악지대의 임도 노선 선정 방식 중에서 지그재그 방식 또는 대각선 방식이 적당한 임도는?

① 사면임도   ② 계곡임도
③ 능선임도   ④ 평지임도

해설
사면임도는 계곡임도에서 시작하여 산록부와 산복부에 설치하는 임도로 하부에서 점차적으로 계획하여 진행하며 지그재그방식 혹은 대각선 방식이 적당하다.

69 임도의 평면 선형에서 곡선의 종류가 아닌 것은?

① 단곡선   ② 배향곡선
③ 이중곡선 ④ 반향곡선

해설
임도의 평면 선형에서 곡선의 종류로 단곡선, 복합곡선, 반대곡선, 배향곡선 등이 있다.

70 임도 노선 설치 시 단곡선에서 교각이 30°31′00″이고 곡선반지름이 150m 일 때 접선길이는?

① 약 4.1m   ② 약 8.8m
③ 약 41m   ④ 약 88m

해설
$$150m \times \tan\frac{30°31′00″}{2} ≒ 40.918 ≒ 약 41m$$

71 곡선지가 아닌 임도의 유효너비 기준은?

① 2.5m   ② 3m
③ 5m   ④ 6m

해설
길어깨, 옆도랑 너비를 제외한 임도의 유효너비는 3m를 기준으로 한다.

72 임도에서 성토한 경사면의 기울기 기준은?

① 1 : 0.3 ~ 0.8
② 1 : 0.5 ~ 1.2
③ 1 : 0.8 ~ 1.5
④ 1 : 1.2 ~ 2.0

해설
성토한 경사면의 기울기는 1 : 1.2 ~ 2.0 의 범위 안에서 기울기를 설정한다.

73 컴퍼스 측량을 할 때 관측하지 않아도 되는 것은?

① 거리   ② 표고
③ 방위   ④ 방위각

해설
컴퍼스를 사용하여 방위 또는 방위각을 측정하고, 테이프로 거리를 재서 각 측점상의 평면상 위치를 결정하는 측량법이다.

정답 67. ① 68. ① 69. ③ 70. ③ 71. ② 72. ④ 73. ②

74 임도 설계 업무의 순서로 옳은 것은?

① 예비조사 → 답사 → 예측 → 실측 → 설계도 작성
② 예비조사 → 답사 → 실측 → 예측 → 설계도 작성
③ 답사 → 예비조사 → 실측 → 예측 → 설계도 작성
④ 답사 → 예비조사 → 예측 → 실측 → 설계도 작성

해설

임도설계 순서
예비조사 → 답사 → 예측, 실측 → 설계도 작성 → 공사량 산출 → 설계서 작성

75 하베스터와 포워더를 이용한 작업시스템의 목재생산방법은?

① 전목생산방법
② 전간생산방법
③ 단목생산방법
④ 전간목생산방법

해설

단목생산방법은 벌도 및 조재작업후 운반까지의 작업으로 하베스터는 다공정 처리기기로 벌도 및 조재작업을 수행하고 포워더를 이용해 작업된 목재를 운반한다.

76 임도의 노체 구성 순서로 옳은 것은?

① 노반 → 기층 → 노상 → 표층
② 노상 → 기층 → 노반 → 표층
③ 노반 → 노상 → 기층 → 표층
④ 노상 → 노반 → 기층 → 표층

해설

임도의 구조는 표면을 시작으로 표층, 기층, 노반, 노상으로 구분한다.

77 아래 표는 수준측량에 의한 야장이다. 측점 6의 지반고(m)는?

측점	후시(m)	전시(m) TP	전시(m) IP	지반고(m)
BM	2191			10000
1			2507	
2			2325	
3	3019	1496		
4			2513	
5	1846	2811		
6		3817		

① 8838　② 8932
③ 9684　④ 9933

해설

지반고 = 지반고+후시합계-전시합계
지반고 = 10000+(2191+3019+1846)
　　　　-(1496+2811+3817)=8932

78 시점의 표고가 100m, 종점의 표고가 500m, 종단경사가 6%인 임도의 최단길이는?(단, 임도 우회율은 적용하지 않음)

① 약 0.7 km　② 약 2.4 km
③ 약 6.7 km　④ 약 24 km

해설

$경사 = \frac{표고차}{실제거리} \times 100 \rightarrow \frac{400}{거리} \times 100 = 6(\%)$

실제거리 = 6666.7m
표고차 : 0.4km, 실제거리 : 6.66km
$임도 최단거리 = \sqrt{실제거리^2 + 표고차^2}$
$= \sqrt{6.66^2 + 0.4^2}$
$= \sqrt{45.51} ≒ 6.7$

정답 74. ① 75. ③ 76. ④ 77. ② 78. ③

79 임도망 계획에서 고려해야 할 사항으로 옳지 않은 것은?

① 운재비가 적게 들도록 한다.
② 운반량에 제한이 없도록 한다.
③ 운재방법이 다원화되도록 한다.
④ 계절에 따른 운재능력에 제한이 없도록 한다.

해설
운재방법은 단일화 할수록 효율적이다.

80 임도의 최소곡선반지름 크기에 영향을 미치지 않는 인자는?

① 임도의 유효폭
② 반출목재의 길이
③ 임도의 설계속도
④ 임도의 종단기울기

해설
최소곡선반지름은 도로의 너비, 설계속도, 도로 및 차량의 구조, 반출 목재의 길이, 시거, 타이어와 노면의 마찰계수 등에 영향을 받는다.

81 암석 산지나 암벽 녹화용으로 가장 부적합한 수종은?

① 병꽃나무
② 눈향나무
③ 노간주나무
④ 상수리나무

해설
상수리나무는 높이 20~25m 까지 자라는 교목이며 보통 암석산지와 같은 지역에는 관목류가 적합하다.

82 비탈다듬기공사에서 상단의 단면적이 10m², 하단의 단면적이 20m² 이고 상하단의 거리가 10m 일 때 평균 단면적법으로 토사량을 구하면?

① 150m³
② 300m³
③ 1500m³
④ 3000m³

해설
$$토적 = (\frac{양단면적합}{2}) \times 양단면적 거리$$
$$= (\frac{10+20}{2}) \times 10 = 150$$

83 산지사방 중 씨뿌리기에 사용되는 식생에 대한 설명으로 옳지 않은 것은?

① 초본류는 생장이 빠르고 엽량이 많은 것이 좋다.
② 초본류는 일년생으로 번식력이 왕성한 것이 좋다.
③ 목본류는 근계가 잘 발달하고 토양의 긴박효과가 있어야 한다.
④ 목본류는 척악지나 환경조건에 대한 적응성이나 저항성이 커야 한다.

해설
산지사방 중 씨뿌리기에 사용되는 초본류는 다년생이 좋다.

84 기울기가 완만하고 유량과 토사유송이 적은 곳에 설치하는 수로로 가장 적합한 것은?

① 떼붙임수로
② 찰붙임수로
③ 메붙임수로
④ 콘크리트수로

해설
떼붙임수로는 비탈면의 경사가 비교적 작고 유량이 적으며 떼를 이용한 경관이 필요한 지역에 시공하는 것이 적합하다.

정답 79. ③ 80. ④ 81. ④ 82. ① 83. ② 84. ①

85 산지사방에서 녹화공사에 해당하지 않는 것은?

① 단쌓기　　② 사초심기
③ 등고선구공법　④ 산비탈바자얽기

해설
사초심기는 해안사방 공종에 속한다.

86 초기황폐지 단계에서 복구되지 않으면 점점 더 급속히 악화되어 가까운 장래에 민둥산이나 붕지가 될 위험성이 있는 상태는?

① 척악임지　　② 임간나지
③ 황폐 이행지　④ 특수 황폐지

해설
황폐진행시 민둥산이 될 가능성이 있는 단계를 황폐이행지라 한다.

87 다음 설명에 해당하는 중력침식의 유형은?

> 주로 집중호우, 융설수에 의하여 토층이 포화되어 비탈면의 지괴가 균형을 잃고 아래쪽으로 무너져 떨어지는 중력침식의 형태이다. 보통 무너진 지괴는 그 비탈면 하단부나 산각부에 쌓여 있는 경우가 많고, 주름모양의 형태를 띠게 된다.

① 산붕　　② 포락
③ 이류　　④ 붕락

해설
중력침식의 형태로 비탈면의 불안정한 토괴가 무너져 토층이 주름이 잡혀있는 현상을 붕락이라 한다.

88 바닥막이 시공 장소로 적합하지 않은 것은?

① 합류 지점의 하류
② 계상 굴곡부의 상류
③ 계상이 낮아질 위험이 있는 곳
④ 종침식과 횡침식이 발생하는 지역의 하류부

해설
바닥막이의 시공장소로는 계상 굴곡부의 하부가 있다.

89 견고한 돌쌓기 공사에서 사용될 수 있도록 특별한 규격으로 다듬은 것으로 단단하고 치밀한 석재는?

① 견치돌　　② 막깬돌
③ 호박돌　　④ 야면석

해설
견치돌은 특정 규격을 정해두고 깬 석재로 앞면, 길이, 뒷면, 접촉부 및 허리치기의 치수를 특별히 맞도록 지정하여 제작한다.

90 돌쌓기 방법으로 비교적 규격이 일정한 막깬돌이나 견치돌을 이용하며, 층을 형성하지 않기 때문에 막쌓기라고도 하는 것은?

① 골쌓기　　② 켜쌓기
③ 찰쌓기　　④ 메쌓기

해설
골쌓기는 견치돌이나 막깬돌을 사용하기에 주로 마름모꼴 대각선으로 쌓는다.

91 황폐계천에서 유수로 의한 계안의 횡침식을 방지하고 산각의 안정을 도모하기 위하여 계류 흐름방향을 따라서 축설하는 사방 공작물은?

① 수제　　② 골막이
③ 기슭막이　④ 바닥막이

해설
기슭막이는 야계의 횡침식을 방지하고 산각을 고정하기 위한 공작물이다.

정답 85. ②　86. ③　87. ④　88. ②　89. ①　90. ①　91. ③

92 사방댐의 위치로 적합하지 않은 곳은?

① 상류부가 넓고 댐자리가 좁은 곳
② 계상 및 양안이 견고한 암반인 곳
③ 본류와 지류가 합류하는 지점의 하류
④ 횡침식으로 인한 계상 저하가 예상되는 곳

해설

사방댐의 위치
· 상류부가 넓고 댐자리는 좁은 곳
· 계상 및 양안에 암반이 존재하는 곳
· 지류의 합류점 부근 혹은 합류점의 하류부
· 붕괴지의 하부 혹은 다량의 계상 퇴적물이 존재하는 지역의 직하류부

93 빗물에 의한 침식의 발달단계로 옳은 것은?

① 우격침식 → 면상침식 → 누구침식 → 구곡침식
② 면상침식 → 우격침식 → 누구침식 → 구곡침식
③ 우격침식 → 면상침식 → 구곡침식 → 누구침식
④ 면상침식 → 우격침식 → 구곡침식 → 누구침식

해설

빗물의 침식
㉠ 우격침식 : 토양입자를 타격, 가장 초기과정
㉡ 면상침식 : 표면 전면이 얇게 유실
㉢ 누구침식 : 표면에 잔도랑이 발생
㉣ 구곡침식 : 도랑이 커지면서 심토까지 깎임

94 유량이 40m³/s 이고, 평균유속이 5m/s 일 때 수로의 횡단면적(m²)은?

① 0.5   ② 8
③ 45   ④ 200

해설

유량 = 유속 × 유적
40 = 5 × A
A = 8m²

95 산지 침식의 종류로 가속침식에 해당하는 것은?

① 자연침식   ② 정상침식
③ 붕괴형 침식   ④ 지질학적 침식

해설

가속침식은 외부작용에 의한 침식으로 물에 의한 수식, 중력에 의한 중력침식, 바람에 의한 풍식으로 분류할 수 있으며 붕괴형침식은 중력침식에 속하기에 가속침식에 해당한다.

96 사방댐의 안정 계산에 필요한 하중 및 수치 중에서 댐 높이가 15m 미만일 때 고려하지 않는 것은?

① 자중   ② 정수압
③ 퇴사압   ④ 양압력

해설

사방댐에 작용하는 외력으로 자중, 정수압, 퇴사압, 지진력, 양압력 등이 있으나 이 중에서 지진력과 양압력은 특별한 경우를 제외하고 적용하지 않는다.

97 비탈파종녹화를 위한 파종량 산출식으로 옳은 것은? (단, W 는 파종량(g/m²), S 는 평균입수(입/g), B 는 발아율(%), P는 순량율(%), C는 발생기대본수(본/m²))

① $W = \dfrac{B}{S \times P \times C}$

② $W = \dfrac{P}{S \times B \times C}$

③ $W = \dfrac{S}{P \times B \times C}$

④ $W = \dfrac{C}{P \times B \times S}$

해설

파종량 = $\dfrac{발생기대본수}{순량률 \times 발아율 \times 평균입수}$

정답 92. ④ 93. ① 94. ② 95. ③ 96. ④ 97. ④

98 해안사방공사의 주요 공종에 해당하지 않는 것은?

① 파도막이 ② 모래덮기
③ 새집공법 ④ 퇴사울세우기

해설
새집공법은 암석산지의 녹화용 공법이다.

99 다음 설명에 가장 적합한 불투과형 중력식 사방댐은?

◎ 땅밀림지, 산사태지 등의 응급복구 사방공사에 적합하다.
◎ 터파기는 깊이 1m 정도로 하고 말뚝으로 체제를 유지해야 하며, 높이는 3m 이하로 한다.

① 흙댐 ② 돌망태댐
③ 콘크리트댐 ④ 콘크리트틀댐

해설
돌망태댐은 지반이 불안정한 경우 적용하는 것이 유리한 응급적 가설공작물로 지반이 안정되면 이후 콘크리트로 피복하는 것이 좋다.

100 토사퇴적구역에 대한 설명으로 옳지 않은 것은?

① 유수의 유송력이 대부분 상실되는 지점이다.
② 침적지대 또는 사력퇴적지역 등으로 불린다.
③ 황폐계류의 최하부로서 계상물매가 급하고 계폭이 좁다.
④ 유송토사의 대부분이 퇴적되어 계상이 높아지게 된다.

해설
토사퇴적구역은 토사가 퇴적되는 황폐계류의 최하류부로 기울기는 완만하고 계폭이 넓다.

정답 98. ③ 99. ② 100. ③

2019년 제2회 산림기사

01 종자의 결실 주기가 가장 긴 수종은?

① *Alnus japonica*
② *Larix leptolepis*
③ *Pinus densiflora*
④ *Betula platyphylla*

해설
낙엽송, 너도밤나무는 결실주기가 5년 이상이다
① 오리나무 ② 낙엽송 ③ 소나무 ④ 자작나무

02 개벌왜림작업법에 대한 설명으로 옳은 것은?

① 지력의 소모가 낮다.
② 대경재 생산이 가능하다.
③ 비용이 많이 들지만 자본회수가 빠르다.
④ 작업이 간단하여 단벌기 경영에 적합하다.

해설
개벌왜림작업은 왜림작업의 종류 중 하나로 일시에 벌채수확을 하고 왜림을 조성하는 갱신법으로 일시에 벌채를 하기에 작업이 간단하고 단벌기 경영에 적합하다.

03 가지치기에 대한 설명으로 옳지 않은 것은?

① 부정아가 감소한다.
② 무절 완만재를 생산한다.
③ 수관화로 인한 산불 피해를 줄일 수 있다.
④ 자연낙지가 잘 되는 수종은 가지치기를 생략할 수 있다.

해설
가지치기에 의해 부정아 발생확률이 증가한다.

04 우수우상복엽이며 소엽은 긴 타원형이고 가장자리에 파상톱니가 있고 가끔 가시가 줄기에 발달하는 콩과의 교목성 수종은?

① 다릅나무
② 회화나무
③ 주엽나무
④ 아까시나무

해설
주엽나무는 쌍떡잎식물 장미목 콩과 낙엽교목으로 소엽은 타원형 혹은 긴 타원형이며 양 끝이 둥글고 가장자리에 물결 톱니가 있으며 작은 가지에 가시가 있다.

05 수목에 반드시 필요한 필수원소가 아닌 것은?

① 철
② 질소
③ 망간
④ 알루미늄

해설
필수원소에는 탄소, 수소, 산소, 질소, 칼륨, 칼슘, 철, 망간, 구리 등이 있다.

정답 01. ② 02. ④ 03. ① 04. ③ 05. ④

06 실생묘의 묘령 표시 방법으로 2-2-1에 대하여 옳은 것은?

① 파종상에서 2년, 그 뒤 두 번 상체된 일이 있고, 첫 상체상에서 2년과 이후 1년을 경과한 5년생 묘목이다.
② 파종상에서 2년, 그 뒤 두 번 상체된 일이 있고, 각 상체상에서 1년을 경과한 5년생 묘목이다.
③ 파종상에서 2년, 그 뒤 세 번 상체된 일이 있고, 각 상체상에서 1년을 경과한 5년생 묘목이다.
④ 파종상에서 2년, 그 뒤 한 번 상체된 일이 있고, 상체상에서 2년을 경과한 후 산지에 식재된지 1년된 5년생 묘목이다.

> **해설**
> 2-2-1 묘는 5년생 실생묘로 파종상에서 2년, 옮겨심고 2년, 다시 옮겨서 1년을 지낸 것을 의미한다.

07 인공 조림지의 무육작업 순서로 옳은 것은?

① 어린나무 가꾸기 → 풀베기 → 솎아베기 → 가지치기
② 가지치기 → 풀베기 → 어린나무 가꾸기 → 솎아베기
③ 풀베기 → 어린나무 가꾸기 → 가지치기 → 솎아베기
④ 가지치기 → 어린나무 가꾸기 → 솎아베기 → 풀베기

> **해설**
> 인공 조림지의 무육작업은 풀베기, 덩굴치기, 어린나무가꾸기, 가지치기, 간벌의 순서로 진행된다.

08 모수작업법에 대한 설명으로 옳은 것은?

① 풍치적 가치를 보면 개벌 작업보다 월등히 낮다.
② 모수는 되도록 한 지역에 집중적으로 남긴다.
③ 임지에 잡초와 관목이 발생하여 갱신에 지장을 주기도 한다.
④ 전체 재적의 절반 정도만 벌채하여 이용하고 모수를 절반 정도 남긴다.

> **해설**
> 모수작업법은 임지의 노출로 토양침식 및 유실의 우려가 있으며 잡초와 관목이 발생하여 갱신에 지장을 주기도 한다.

09 자웅이주에 해당하는 수종은?

① *Ilex crenata*
② *Alnus japonica*
③ *Pinus densiflora*
④ *Cryptomeria japonica*

> **해설**
> 자웅이주에는 식나무, 은행나무, 꽝꽝나무, 초피나무, 소철 등이 있다.
> ① 꽝꽝나무 ② 오리나무 ③ 소나무 ④ 삼나무

10 주로 종자에 의해 양성된 묘목으로 높은 수고를 가지며 성숙해서 열매를 맺게 되는 숲은?

① 왜림   ② 교림
③ 중림   ④ 죽림

> **해설**
> 교림은 10m 이상의 나무들로 종자에 의해 숲이 형성되며 주로 용재 생산을 목적으로 한다.

정답 06. ① 07. ③ 08. ③ 09. ① 10. ②

11 수목 체내에서 일어나는 변화에 대한 설명으로 옳은 것은?

① 낙엽수는 가을에 탄수화물 농도가 최저로 떨어진다.
② 낙엽수는 겨울철에 전분 함량이 증가하고 환원당의 함량이 감소된다.
③ 상록수의 탄수화물 함량의 계절적인 변화는 낙엽수에 비하여 적은 편이다.
④ 재발성 개엽 수종은 줄기 생장이 이루어질 때마다 탄수화물 증가한 다음 다시 감소한다.

> 해설
> 낙엽수는 가을이 되면 잎이 떨어지면서 광합성량의 변화가 많아 상대적으로 상록수에 비해 탄수화물의 함량의 변화가 많다.

12 다음 조건에서 파종량은?

◎ 파종상 면적 : 500m²
◎ 묘목 잔존본수 : 600본/m²
◎ 1g 당 평균입수 : 99립
◎ 순량률 : 95%
◎ 발아율 : 90%
◎ 묘목 잔존률 : 30%

① 약 11.8kg   ② 약 12.3kg
③ 약 31.6kg   ④ 약 37.3kg

> 해설
> 파종량
> $= \dfrac{파종면적 \times m^2 당 잔존본수}{g당 종자수 \times 순량률 \times 발아율 \times 득묘율}$
> $= \dfrac{500 \times 600}{99 \times 0.95 \times 0.9 \times 0.3} ≒ 11814g = 약 11.8kg$

13 산림 생태계의 천이에 대한 설명으로 옳은 것은?

① 우리나라 소나무림은 극성상에 있다.
② 식물의 이동은 천이의 원인이 될 수 없다.
③ 식생이 입지에 주는 영향을 식생의 반작용이라 한다.
④ 아극성상은 어떤 원인에 의해 극성상의 뒤에 올 수 있다.

> 해설
> 생태계의 천이는 식생이 새로운 환경 조건에 따라 변화하는 것이다. 반대로 식생이 입지에 주는 영향의 경우 식생의 반작용이라 한다.
> ① 우리나라 소나무림은 기후적 극상이다.
> ② 천이의 원인은 식물이동, 식생의 반작용, 원격작용 등이 있다.
> ④ 아극성상은 극성상이 되기 전의 상태로 극성상 뒤에 올수 없다.

14 개화 결실 촉진을 위한 처리 방법으로 옳지 않은 것은?

① 단근작업을 한다.
② 질소 비료의 과용을 피한다.
③ 수광량이 많아질 수 있도록 한다.
④ 환상박피와 같은 스트레스를 주는 작업은 하지 않는다.

> 해설
> 환상박피는 개화결실을 촉진하는 방법 중 하나이다.

15 택벌작업의 장점에 대한 설명으로 옳지 않은 것은?

① 심미적 가치가 가장 높다.
② 양수 수종의 갱신에 적합하다.
③ 병충해에 대한 저항력이 높다.
④ 임지와 치수가 보호를 받을 수 있다.

> 해설
> 택벌작업은 일부분 국소적으로 벌채하는 작업으로 양수수종에 적용이 어렵다.

정답 11. ③ 12. ① 13. ③ 14. ④ 15. ②

16 산림토양 단면에서 층위의 순서로 옳은 것은?

① 모재층 → 용탈층 → 집적층 → 유기물층
② 모재층 → 집적층 → 용탈층 → 유기물층
③ 모재층 → 용탈층 → 유기물층 → 집적층
④ 모재층 → 유기물층 → 용탈층 → 집적층

해설
토양의 단면은 가장 아래층은 모재층 다음으로 집적층, 용탈층, 유기물층 순서로 구분된다.

17 자귀나무와 박태기나무의 열매 유형에 해당하는 것은?

① 견과   ② 협과
③ 장과   ④ 영과

해설
아까시나무, 자귀나무, 박태기나무는 협과에 해당한다.

18 식재밀도의 특징으로 옳은 것은?

① 식재밀도가 높을수록 단목 재적이 빨리 증가한다.
② 식재밀도가 낮으면 수목의 지름은 가늘지만 완만재가 된다.
③ 식재밀도가 낮을수록 총생산량 중 가지의 비율이 낮아진다.
④ 식재밀도가 높으면 수관이 조기에 울폐되어 임지의 침식을 줄일 수 있다.

해설
식재밀도가 높으면 수간 울폐가 빨라져 표토의 침식 및 건조가 방지되어 지력의 감퇴를 줄일수 있다.

19 간벌에 대한 설명으로 옳지 않은 것은?

① 주로 6~8월에 실시한다.
② 정성적 간벌과 정량적 간벌이 있다.
③ 조림목 간의 경쟁을 최소화하기 위한 것이다.
④ 잔존목의 생장촉진과 형질향상을 위하여 실시한다.

해설
산 가지치기를 수반하지 않을 경우에는 간벌은 연중 실행이 가능하다.

20 수분과 수목생장의 관계에 대한 설명으로 옳지 않은 것은?

① 수분의 증산은 기공에서 공변세포의 칼륨펌프와 관련이 있다.
② 토양의 수분 가운데 수목이 이용 가능한 수분을 모세관수라고 한다.
③ 수목이 영구위조점을 넘어서면 수분을 공급해 주어도 회복되지 않는다.
④ 토양의 수분포텐셜이 뿌리의 수분포텐셜보다 낮아야 식물 뿌리가 토양으로부터 수분을 흡수할 수 있다.

해설
수분은 수분포텐셜이 높은 곳에서 낮은 곳으로 이동하기에 토양의 수분 포텐셜이 뿌리의 수분포텐셜보다 높아야 식물 뿌리가 수분을 흡수할 수 있다.

정답 16. ② 17. ② 18. ④ 19. ① 20. ④

21 잣나무넓적잎벌 방제 방법으로 옳은 것은?

① 알에 기생하는 벼룩좀벌류 등 기생성 천적을 보호한다.
② 땅 속 유충 시기에 클로르플루아주론 유제를 살포한다.
③ 땅속의 유충을 9월에서 다음해 4월 사이에 호미나 괭이로 굴취하여 소각한다.
④ 성충이 우화하는 것을 방지하기 위해 7월에 폴리에틸렌필름으로 임내지표를 피복한다.

해설
잣나무넓적잎벌의 방제를 위해 나무 위의 유충기인 7월~8월에 약제를 살포하거나 땅속의 유충은 9월~다음해 4월에 굴취하여 소각한다.

22 염분을 함유한 바다 바람에 강한 수종이 아닌 것은?

① 삼나무   ② 향나무
③ 팽나무   ④ 자귀나무

해설
삼나무, 벚나무, 전나무 등은 염분에 약한 수종이다.

23 참나무 시들음병 방제 방법으로 가장 효과가 약한 것은?

① 유인목 설치
② 끈끈이롤트랩
③ 예방 나무주사
④ 피해목 벌채 훈증

해설
참나무 시들음병은 매개충에 의해 전반 및 발생하며 이를 방제하기 위해 피해목은 벌채 훈증하거나 매개충의 이동을 막기 위해 유인목 설치, 끈끈이롤트랩 설치 방법이 있다. 예방 나무 주사는 효과는 있으나 확산 방향 및 속도를 예측하기 어려워 비효율적이다.

24 병원균 형태 중 여름포자가 없는 녹병은?

① 향나무 녹병   ② 잣나무 털녹병
③ 전나무 잎녹병 ④ 포플러 잎녹병

해설
향나무녹병균은 여름포자는 형성하지 않고 겨울포자를 형성한다.

25 성충으로 월동하는 해충으로만 나열한 것은?

① 솔나방, 복숭아명나방
② 솔나방, 미국흰불나방
③ 소나무좀, 버즘나무방패벌레
④ 버즘나무방패벌레, 복숭아명나방

해설
소나무, 버즘나무방패벌레, 오리나무잎벌레, 진달래방패벌레 등은 성충으로 월동한다.

26 산림 해충에 대한 설명으로 옳은 것은?

① 솔잎혹파리는 충영을 형성하나 밤나무 혹벌은 충영을 만들지 않는다.
② 미국흰불나방은 버즘나무, 벚나무, 포플러 등 많은 활엽수의 잎을 가해한다.
③ 소나무재선충을 매개하는 곤충은 솔수염하늘소, 소나무좀 등으로 알려져 있다.
④ 솔나방은 소나무를 주로 가해하지만 활엽수도 가해하는 잡식성 해충에 속한다.

해설
미국흰불나방의 경우 100종류 이상의 활엽수종을 가해한다.

정답 21. ③ 22. ① 23. ③ 24. ① 25. ③ 26. ②

27 모잘록병 병원균 중 불완전균류가 아닌 것은?

① *Rhizoctonia solani*
② *Sclerotium bataticola*
③ *Pythium debaryanum*
④ *Fusarium acuminatum*

> **해설**
> *Pythium debaryanum*은 조균류에 속한다.

28 호두나무잎벌레의 천적으로 가장 적합한 것은?

① 외발톱면충
② 남생이무당벌레
③ 노랑배허리노린재
④ 주둥무늬차색풍뎅이

> **해설**
> 호두나무잎벌레의 포식성 천적으로 남생이무당벌레와 풀잠자리류 등이 있다.

29 겨우살이에 대한 설명으로 옳지 않은 것은?

① 주로 종자를 먹은 새의 배설물에 의해 전파된다.
② 겨울철에도 잎이 떨어지지 않으므로 쉽게 발견할 수 있다.
③ 주로 참나무류에 피해가 심하고 그 밖의 활엽수에도 기생한다.
④ 겨우살이의 뿌리로 인해 수목의 뿌리가 양분을 제대로 흡수하지 못하는 피해를 입는다.

> **해설**
> 겨우살이는 주로 줄기에 기생한다.

30 미국흰불나방 방제에 사용되는 약제로 가장 효과가 약한 것은?

① 메탐소듐 액제
② 트리플루뮤론 수화제
③ 디플루벤주론 액상수화제
④ 람다사이할로트린 수화제

> **해설**
> 메탐소듐 액제는 소나무 재선충에 효과적이며 미국흰불나방 방제에는 디플루벤주론 액상수화제가 가장 효과적이다.

31 기피제에 해당하는 살충제는?

① Bt제　② 벤젠
③ 알킬화제　④ 나프탈렌

> **해설**
> 기피제의 종류로 나프탈렌, 프탈산디메틸등이 있다.

32 벚나무 빗자루병 방제 방법으로 옳은 것은?

① 매개충을 구제한다.
② 병든 가지를 제거한다.
③ 저항성 품종을 식재한다.
④ 옥시테트라사이클린계통의 약제를 나무 주사한다.

> **해설**
> 벚나무 빗자루병은 줄기 부분이 감염되면 빗자루 형태처럼 비대해지는데 병든 가지 부분을 제거하여 소각한다.

33 수목병의 중간기주 연결이 옳지 않은 것은?

① 소나무 줄기녹병 : 참취
② 잣나무 털녹병 : 송이풀
③ 소나무 혹병 : 졸참나무
④ 소나무 잎녹병 : 황벽나무

> **해설**
> 소나무 줄기녹병의 중간기주는 작약, 목단이다. 참취는 소나무 잎녹병의 중간기주이다.

정답　27. ③　28. ②　29. ④　30. ①　31. ④　32. ②　33. ①

34 리지나뿌리썩음병 방제 방법으로 옳지 않은 것은?

① 임지 내에서 불을 피우는 행위를 막는다.
② 피해 임지에 1ha 당 2.5톤 정도의 석회를 뿌린다.
③ 매개충 구제를 위하여 살충제를 봄에 살포한다.
④ 피해지 주변에 깊이 80cm 정도의 도랑을 파서 피해 확산을 막는다.

해설
리지나뿌리썩음병은 산불이 발생하면 높은 온도에 의해 포자가 퍼지면서 발생하기에 매개충을 구제할 필요는 없다.

35 한상에 대한 설명으로 옳은 것은?

① 서리에 의하여 발생하는 임목 피해이다.
② 기온이 영하로 내려가야 발생하다 임목 피해이다.
③ 차가운 바람에 의하여 나무 조직이 어는 피해이다.
④ 0℃ 이상이지만 낮은 기온에서 발생하는 임목피해이다.

해설
한상은 0℃ 이상이지만 낮은 기온에서 발생하는 임목 피해로 한랭한 기후로 식물의 생육기능에 장해를 받는 경우이다.

36 측백나무 검은돌기잎마름병에 대한 설명으로 옳지 않은 것은?

① 통풍이 나쁠 때 많이 발생한다.
② 가을에 발생하는 낙엽성 병해이다.
③ 잎의 기공조선상에 병원체의 자실체가 나타난다.
④ 주로 수관하부의 잎이 떨어져서 엉성한 모습으로 된다.

해설
검은돌기잎마름병은 6~8월경쯤 여름에 발생하는 병해이다.

37 배의 마디가 뚜렷하지 않고 머리도 명확하지 않은 유충의 형태이며, 벌목의 일부 기생벌 유충에서 볼 수 있는 형태는?

① 원각형 유충 ② 다각형 유충
③ 소각형 유충 ④ 무각형 유충

해설
원각형 유충은 내시류 곤충으로 기생봉류의 유충에서 볼 수 있는 형태이다. 배의 마디가 뚜렷하지 않고 머리와 가슴이 명확하지 않은 형태를 보인다.

38 종실해충 방제를 위한 약제 살포시기에 대한 설명으로 옳지 않은 것은?

① 밤바구미는 8~9월에 살포한다.
② 복숭아명나방은 7~8월에 살포한다.
③ 도토리거위벌레는 8월경에 살포한다.
④ 솔알락명나방은 우화기, 산란기인 8월경에 살포한다.

해설
솔알락명나방은 우화기나 산란기인 6월에 약제를 살포하는 것이 효과적이다.

39 청각기관인 존스톤기관은 곤충의 어느 부위에 존재하는가?

① 더듬이의 기부
② 더듬이의 자루마디
③ 더듬이의 채찍마디
④ 더듬이의 팔굽마디

해설
팔굽마디(흔들마디)는 존스턴씨기관이 있어 공기의 진동을 통해 소리를 인지하거나 바람의 방향을 느낀다.

정답 34. ③ 35. ④ 36. ② 37. ① 38. ④ 39. ④

40 소나무 재선충병 방제 방법에 대한 설명으로 옳지 않은 것은?

① 예방 나무주사를 한다.
② 저항성 품종을 식재한다.
③ 피해고사목은 훈증하거나 소각한다.
④ 솔수염하늘소 성충 발생시기에 지상 약제살포를 한다.

> **해설**
> 소나무 재선충병은 매개충에 의해 전반되기에 저항성 품종을 식재하는 것은 효과가 없다.

41 임업경영의 지도원칙 중 경제성의 원칙에 대한 설명으로 옳지 않은 것은?

① 최소의 비용으로 최대의 효과를 발휘하는 것이다.
② 일정한 비용으로 최대의 수익을 올릴 수 있도록 하는 것이다.
③ 일정한 수익을 올리기 위하여 비용을 최소한으로 줄이는 것이다.
④ 최대의 비용으로 매년 같은 양의 수익을 올릴 수 있도록 하는 것이다.

> **해설**
> 경제성의 원칙은 최소의 비용으로 최대의 효과를 발휘하는 원칙이다. 매년 같은 양의 수익 혹은 수확 등의 개념은 보속성의 원칙에 해당된다.

42 산림청장 또는 시·도지사가 산림문화 휴양 기본계획 및 지역계획을 수립하거나 이를 변경하고자 할 때에 실시해야하는 기초조사 내용은?

① 산림문화·휴양정보망의 구축·운영 실태
② 산림문화·휴양자원의 보전·이용·관리 및 확충 방안
③ 산림문화·휴양을 위한 시설 및 안전관리에 관한 사항
④ 산림문화·휴양자원의 현황과 주변지역의 토지이용 실태

> **해설**
> 산림문화·휴양에 관한 법률 제5조에 의거 산림청장 또는 시·도지사는 기본계획 및 지역계획을 수립하거나 이를 변경하고자 하는 때에는 산림문화·휴양자원의 현황과 주변지역의 토지이용실태 등에 관한 기초조사를 실시하여야 한다.

43 임업 순수익 계산 방법으로 옳은 것은?

① 임업조수익+임업경영비
② 임업조수익-감가상각액
③ 임업조수익+가족임금추정액
④ 임업조수익-임업경영비-가족임금추정액

> **해설**
> 임업순수익은 임업경영이 순수익의 최대를 목표로 하는 자본가적 경영이 이루어졌을 때 얻을 수 있는 수익으로 <임업조수익 - 임업경영비 - 가족임금추정액> 공식으로 구한다.

44 산림경영을 위하여 설정하는 산림구획이 아닌 것은?

① 임반 ② 소반
③ 표준지 ④ 경영계획구

> **해설**
> 산림경영을 위한 산림구획은 경영계획구, 임반, 소반으로 구획한다.

정답 40. ② 41. ④ 42. ④ 43. ④ 44. ③

45 수익 · 비용율법을 투자의 의사결정방법으로 사용할 때 투자 가치가 있는 사업으로 평가되는 것은?(단, B는 수익이고 C는 비용)

① B/C율 > 1 ② B/C율 < 1
③ B/C율 > 0 ④ B/C율 < 0

해설
수익, 비용률에서 1을 기준으로 크면 투자가치가 있는 것으로, 작을 경우 투자가치가 없는 것으로 간주한다.

46 육림비에 대한 설명으로 옳지 않은 것은?

① 고정비는 종자, 묘목, 거름, 농약 등이 포함된다.
② 노동비에는 고용노동비와 가족노동비가 포함된다.
③ 자본이자는 차입자본과 자기자본이자가 포함된다.
④ 임지지대는 차입지와 자가임지의 지대 또는 토지자본이자를 의미한다.

해설
종자, 묘목, 거름, 농약 등은 유동비에 포함된다.

47 손익분기점 분석에 필요한 가정으로 옳지 않은 것은?

① 원가는 고정비와 유동비로 구분할 수 있다.
② 제품의 생산능률은 판매량에 관계없이 일정하다.
③ 제품 한 단위당 변동비는 판매량에 따라 달라진다.
④ 제품의 판매가격은 판매량이 변동하여도 변화되지 않는다.

해설
판매 단위당 변동비가 일정하다.

48 산림평가에 대한 설명으로 옳지 않은 것은?

① 부동산 감정평가와 동일한 평가방법 적용이 용이하다.
② 공익적 기능을 포함한 다면적 이용에 대한 평가도 포함한다.
③ 산림을 구성하는 임지 · 임목 · 부산물 등의 경제적 가치를 평가한다.
④ 생산기간이 장기적이고 금리의 변동이 커서 정밀하게 평가하기 쉽지 않다.

해설
산림평가에 있어 부동산과 같은 토지뿐 아니라 임목 및 임산물등 여러 요인들이 많아 부동산 감정평가와 동일한 평가 방법 적용이 어렵다.

49 산림수확 조절을 위한 선형계획모형의 전제 조건이 아닌 것은?

① 비례성 ② 활동성
③ 부가성 ④ 제한성

해설
선형계획모형 전제조건은 비례성, 비부성, 부가성, 제한성, 선형성, 확정성이 있다.

50 측고기 사용 방법으로 옳지 않은 것은?

① 수목의 높이만큼 떨어진 곳에서 측정한다.
② 측정 위치가 수목과 가까울수록 오차가 생긴다.
③ 측정하고자 하는 수목의 정단과 밑이 잘 보이는 지점을 선정한다.
④ 경사진 곳에서 측정할 때는 오차를 줄이기 위해 수목의 정단이 잘 보이는 높은 곳에서 측정한다.

해설
경사진 곳에서 측정할 때는 오차를 줄이기 위해 등고 방향에서 측정한다.

정답 45. ① 46. ① 47. ③ 48. ① 49. ② 50. ④

51 농지의 주변이나 둑, 농지와 산지의 경계에 유실수, 특용수, 속성수 등을 식재하여 임업수입의 조기화를 도모하는 것은?

① 혼목임업　② 혼농임업
③ 농지임업　④ 부산물임업

> **해설**
> 농지임업은 농지의 주변 및 산지에 유실수, 속성수 등을 심어 빠른 수입을 얻는 형태를 말한다.

52 임업이율의 분류로 옳지 않은 것은?

① 업종에 의한 분류 - 명목이율
② 용도에 의한 분류 - 경영이율
③ 현실성에 의한 분류 - 평정이율
④ 기간의 장단에 의한 분류 - 장기이율

> **해설**
> 업종에 의한 분류에는 보통이율, 상업이율, 공업이율, 농업이율, 임업이율이 있다.

53 시장가역산법에 의한 임목가 결정에 필요한 인자로 가장 거리가 먼 것은?

① 원목시장가　② 벌채운반비
③ 기업이익율　④ 조림 및 관리비

> **해설**
> 시장가역산법은 유통되는 가격을 조사하여 벌채 및 운반에 필요한 비용을 공제한 임목의 가격을 역으로 구하는 방법으로 원목시장가, 벌채운반비, 기업이익률, 조재율, 월이율 등이 필요하다.

54 임분의 연령을 측정하는 방법에 해당되지 않는 것은?

① 재적령　② 면적령
③ 생장추법　④ 표본목령

> **해설**
> 임분의 연령을 측정하는 방법으로 본수령, 재적령, 면적령, 표본목령이 있다.

55 5년 전의 임분재적이 80m³/ha 이고, 현재의 임분재적이 100m³/ha 인 경우 Pressler 식에 의한 임분재적 생장률은?

① 약 3.3%　② 약 4.4%
③ 약 5.5%　④ 약 6.6%

> **해설**
> $$\frac{100m^3 - 80m^3}{100m^3 + 80m^3} \times \frac{200}{5} ≒ 4.4(\%)$$

56 다음 설명에 해당하는 것은?

> 국민의 건강증진을 위하여 산림 안에서 맑은 공기를 호흡하고 접촉하며 산책 및 체력 단련 등을 할 수 있도록 조성한 산림(시설과 그 토지를 포함)이다.

① 숲길　② 산림욕장
③ 치유의 숲　④ 자연휴양림

> **해설**
> 산림욕장은 산림욕을 할 수 있는 곳으로 국민의 건강증진을 위하여 산림 속에서 맑은 공기를 호흡하고 적당한 운동 및 산책을 통해 심신의 휴식을 취하는 곳이다.

57 똑같은 산림경영패턴이 영구히 반복된다는 것을 가정한 임지의 평가 방법은?

① 임지비용가법　② 임지기망가법
③ 임지예상가법　④ 임지매매가법

> **해설**
> 임지기망가법은 동일한 작업법을 영구히 계속함을 전제로 한 것이다

정답 51. ③　52. ①　53. ④　54. ③　55. ②　56. ②　57. ②

58 임분의 재적을 측정하기 위해 임분의 임목을 모두 조사하는 방법이 아닌 것은?

① 표본조사법 ② 매목조사법
③ 재적표 이용법 ④ 수확표 이용법

해설
표본조사법은 표본을 추출하여 조사하는 방법으로 전체임분에서 작은 구역을 정해 특정 그루수를 정해 조사한다.

59 법정림에서 산림면적이 400ha, 윤벌기가 50년이면 1영계의 면적은?

① 0.8ha ② 8ha
③ 80ha ④ 800ha

해설
법정영급면적 = 산림면적/윤벌기
= 400/50 = 8 ha

60 지위가 서로 다른 3개 임분의 면적과 벌기재적이 다음 표와 같을 때 I등지 임분의 개위면적은?

임분	면적(ha)	1ha 당 벌기재적(m³)	비고
I등지	300	200	윤벌기 100년 1영급 = 10영계
II등지	400	150	
III등지	500	100	

① 200ha ② 300ha
③ 400ha ④ 500ha

해설
- $\dfrac{1ha 당 벌기재적}{평균벌기재적} \times 산림면적$
  $= \dfrac{200}{142} \times 300 ≒ 422$
- 평균벌기재적
  $= \dfrac{(300 \times 200)+(400 \times 150)+(500 \times 100)}{300+400+500}$
  $= \dfrac{170,000}{1,200} ≒ 142$

61 임도의 노체를 구성하고 있는 순서로 옳은 것은?

① 노상 → 기층 → 노반 → 표층
② 기층 → 노반 → 노상 → 표층
③ 노상 → 노반 → 기층 → 표층
④ 기층 → 노상 → 노반 → 표층

해설
임도의 구조는 표면을 시작으로 표층, 기층, 노반, 노상으로 구성되며 이때 노상과 노반을 합쳐 노면이 부르기도 한다.

62 다음 (   ) 안에 적절한 것은?

포장도로가 아닌 곳에서 종단기울기의 대수차가 (   )% 이하인 경우에 임도의 종단곡선 규정을 적용하지 않는다.

① 3 ② 5
③ 7 ④ 9

해설
포장도로가 아닌 곳으로서 종단기울기의 대수차가 5% 이하인 경우 이를 적용하지 않는다.

63 임도의 종단기울기가 4%, 횡단기울기가 3%일 때의 합성기울기는?

① 1% ② 5%
③ 7% ④ 25%

해설
합성기울기 $= \sqrt{종단기울기^2 + 횡단기울기^2}$
$= \sqrt{4^2 + 3^2} = 5$

정답 58. ① 59. ② 60. ③ 61. ③ 62. ② 63. ②

64 토량곡선에 대한 설명으로 옳지 않은 것은?

① 곡선이 상향인 구간은 절토구간이고 하향은 성토구간이다.
② 곡선과 평형선이 교차하는 점은 절토량과 성토량이 평형상태를 나타낸다.
③ 평형선에서 곡선의 곡점과 정점까지의 높이는 절토에서 성토로 운반되는 전체의 토량이다.
④ 곡선이 평형선보다 위에 있는 경우에는 성토에서 절토로 운반되며 작업방향은 우에서 좌로 이루어진다.

해설
토량곡선의 곡선이 평형선보다 위에 있는 경우 절토에서 성토로 운반되며 작업방향은 좌에서 우로 이루어진다.

65 급경사의 긴 비탈면인 산지에서는 지그재그 방식, 완경사지에서 대각선방식이 적당한 임도의 종류는?

① 계곡임도 ② 사면임도
③ 능선임도 ④ 산정임도

해설
사면임도는 계곡임도에서 시작하여 산록부와 산복부에 설치하는 임도로 하부에서 점차적으로 계획하여 진행하며 지그재그방식 혹은 대각선 방식이 적당하다.

66 일반 도저와 비교한 틸트 도저(tilt-dozer)의 특징으로 옳은 것은?

① 속도가 빠르다.
② 삽날의 좌우 높이를 조절한다.
③ 점질토면에서 수월하게 주행한다.
④ 사용 가능한 부속품 종류가 다양하다.

해설
틸트도저는 삽날의 좌우 높이를 조절하여 강도가 높은 흙이나 도랑파기에 많이 이용한다.

67 아래 그림에서 경사도의 표기와 기울기 값으로 옳은 것은?

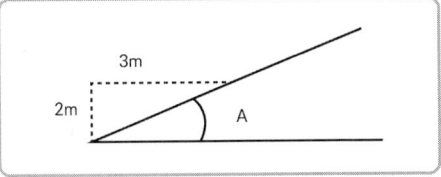

① 1:0.5와 약 67%
② 1:0.5와 약 150%
③ 1:1.5와 약 67%
④ 1:1.5와 약 150%

해설
· 경사도 = 높이 : 밑변 = 2 : 3 = 1 : 1.5
· 기울기 = 높이/밑변 × 100(%)
  = 2/3 × 100 = 약 67(%)

68 임도 측량 방법으로 영선에 대한 설명으로 옳지 않은 것은?

① 노폭의 1/2 되는 점을 연결한 선이다.
② 절토작업과 성토작업의 경계선이 되기도 한다.
③ 산지 경사면과 임도 노면의 시공면과 만나는 점을 연결한 노선의 종축이다.
④ 영선측량의 경우 종단측량을 먼저 실시하여 영선을 정한 후에 평면 및 횡단측량을 한다.

해설
경사지에서 노면의 시공면과 산지의 경사면이 만나는 지점을 영점이라 하며 이점을 연결선 선을 영선이라 한다. 영선의 경우 주로 노반에 나타나며 절토작업과 성토작업의 경계선이 된다.

정답 64. ④ 65. ② 66. ② 67. ③ 68. ①

69 어떤 측점에서부터 차례로 측량을 하여 최후에 다시 출발한 측점으로 되돌아오는 측량방법으로 소규모의 단독적인 측량에 많이 이용되는 트래버스 방법은?

① 폐합 트래버스
② 결합 트래버스
③ 개방 트래버스
④ 다각형 트래버스

해설
측선이 한 기지점에서 시작, 다시 시작측점으로 돌아와 종결되는 것을 폐합 트래버스라 한다.

70 적정지선 임도간격이 500m 일 때 적정지선 임도밀도(m/ha)는?

① 20
② 25
③ 50
④ 200

해설
RS(임도간격) = 10,000 ÷ ORD(적정임도밀도)
500 = 10,000 ÷ 적정임도밀도
적정임도밀도 = 20m/ha

71 임도의 설계 업무 순서로 옳은 것은?

① 예비조사 → 예측 → 실측 → 답사 → 설계도 작성
② 예비조사 → 예측 → 답사 → 실측 → 설계도 작성
③ 예비조사 → 답사 → 예측 → 실측 → 설계도 작성
④ 예비조사 → 답사 → 실측 → 예측 → 설계도 작성

해설
임도설계 순서
예비조사 → 답사 → 예측, 실측 → 설계도 작성 → 공사량 산출 → 설계서 작성

72 지표면 및 비탈면의 상태에 따른 유출계수가 가장 작은 것은?

① 떼비탈면
② 흙비탈면
③ 아스팔트포장
④ 콘크리트포장

해설
떼비탈면의 유출계수는 0.3으로 가장 작고 콘크리트 포장은 0.8~0.9 정도로 보기 중 가장 크다.

73 임도망 계획 시 고려하지 않아도 되는 사항은?

① 신속한 운반이 되도록 한다.
② 운재비가 적게 들도록 한다.
③ 운재방법이 단일화되도록 한다.
④ 운반량의 상한선을 두어야 한다.

해설
임도망 계획시 운반량의 제한이 없도록 한다.

74 배향곡선지에서 임도의 유효너비 기준은?

① 3m 이상
② 5m 이상
③ 6m 이상
④ 8m 이상

해설
길어깨, 옆도랑 너비를 제외한 임도의 유효너비는 3m로 하며 배향곡선지의 경우 6m 이상을 기준으로 한다.

75 암석을 굴착하기에 가장 적합한 기계는?

① 로우더
② 머캐덤 롤러
③ 리퍼 불도저
④ 진동 콤팩터

해설
리퍼불도저는 리퍼가 도저 뒤에 설치되어 연암이나 단단한 지반의 굴착에 적당한 기기이다.

정답 69. ① 70. ① 71. ③ 72. ① 73. ④ 74. ③ 75. ③

76 임도의 평면선형에서 사용하지 않는 곡선은?

① 단곡선 ② 배향곡선
③ 반향곡선 ④ 포물선곡선

해설
임도 곡선으로 단곡선, 반향곡선(반대곡선), 복합곡선, 배향곡선(헤어핀곡선)이 있다.

77 컴퍼스측량에서 전시로 시준한 방위가 N37°E 일 때 후시로 시준한 역방위는?

① S37°W ② S37°E
③ N53°S ④ N53°W

해설
NS방향을 0°기준으로 시작하며 시준한 방위가 N37°E 의 역방위는 반대 방향으로 S37°W 가 된다.

78 임도의 설계속도가 30km/h, 외쪽기울기는 5%, 타이어의 마찰계수가 0.15일 때 최소곡선 반지름은?

① 약 27m ② 약 32m
③ 약 33m ④ 약 35m

해설
최소곡선반지름 공식
$$= \frac{설계속도^2}{127(타이어 마찰계수 + 노면횡단물매)}$$
$$= \frac{30^2}{127(0.15+0.05)} ≒ 35$$

79 임도 교량에 영향을 주는 활하중에 해당하는 것은?

① 주보의 무게
② 바닥 틀의 무게
③ 교량 시설물의 무게
④ 통행하는 트럭의 무게

해설
활하중은 움직임을 가지는 것으로 보행자 및 차량에 의한 하중이다.

80 임도의 종단면도에 기입하지 않는 사항은?

① 성토고, 측점, 축척
② 설계자, 기계고, 후시
③ 도명, 누가거리, 거리
④ 절취고, 계획고, 지반고

해설
종단면도 작성 사항으로 선측점, 구간거리, 누가거리, 지반높이, 계획높이, 절토·성토 높이, 기울기 등이 있다.

81 해안의 모래언덕이 발달하는 순서로 옳은 것은?

① 치올린 모래언덕 → 반월사구 → 설상사구
② 반월사구 → 설상사구 → 치올린 모래언덕
③ 치올린 모래언덕 → 설상사구 → 반월사구
④ 반월사구 → 치올린 모래언덕 → 설상사구

해설
해안사구는 <치올린 모래언덕 → 설상사구 → 반월사구> 의 순서로 발달한다.

82 산지사방에서 기초공사에 해당되지 않는 것은?

① 비탈덮기 ② 비탈다듬기
③ 땅속흙막이 ④ 산복수로공

해설
비탈덮기는 산지사방 녹화공사에 속한다.

정답 76. ④ 77. ① 78. ④ 79. ④ 80. ② 81. ③ 82. ①

83 잔골재에 대한 설명으로 옳은 것은?

① 10mm 체를 85% 이상 통과한다.
② 5mm 체를 전부 통과하고 0.08mm 체에는 전부 남는다.
③ 5mm 체를 전부 통과하고 0.5mm 체에는 85% 이상 통과한다.
④ 5mm 체를 50% 이상 통과하며 0.08mm 체에는 거의 다 남는다.

해설
5mm 체를 중량의 85% 이상 통과하는 것 혹은 5mm 체를 거의 통과하며 0.08mm 체에 거의 남는 골재를 말한다.

84 중력식 사방댐의 안정조건이 아닌 것은?

① 자중에 대한 안정
② 전도에 대한 안정
③ 활동에 대한 안정
④ 기초지반의 지지력에 대한 안정

해설
중력식 사방댐의 안정조건으로 전도에 대한 안정, 활동에 대한 안정, 기초지반 지지력에 대한 안정, 제체의 파괴에 대한 안정이 있다.

85 땅깎기비탈면의 토질별 안정공법으로 가장 적정하게 연결된 것은?

① 사질토 - 새집공법
② 경암 - 낙석방지망덮기
③ 점질토 - 분사식씨뿌리기
④ 모래층 - 종비토뿜어붙이기

해설
경암 비탈면은 낙석의 위험이 적으므로 낙석저지책 혹은 낙석방지망덮기에 적합하다.

86 사방 녹화용 식물재료로 재래 초본류가 아닌 것은?

① 쑥
② 겨이삭
③ 김의털
④ 까치수영

해설
겨이삭은 도입 초종이다.

87 황폐지의 진행순서로 옳은 것은?

① 임간나지 → 초기황폐지 → 황폐이행지 → 민둥산 → 척악임지
② 초기황폐지 → 황폐이행지 → 척악임지 → 임간나지 → 민둥산
③ 임간나지 → 척악임지 → 황폐이행지 → 초기황폐지 → 민둥산
④ 척악임지 → 임간나지 → 초기황폐지 → 황폐이행지 → 민둥산

해설
황폐지 유형 및 단계는 <척악임지→임간나지→초기황폐지→황폐이행지→민둥산> 순서로 진행된다.

88 대상지 1ha 에 15° 경사로 1.0m 높이의 단끊기공을 시공할 때 평면적법에 의한 계단 길이는?

① 약 1,786m
② 약 2,061m
③ 약 2,679m
④ 약 3,640m

해설
$$계단연장길이 = \frac{면적 \times \tan\theta}{높이}$$
$$= \frac{10000 \times 0.2679}{1} ≒ 2679m$$

정답 83. ② 84. ① 85. ② 86. ② 87. ④ 88. ③

89 산지사방의 목적으로 가장 거리가 먼 것은?

① 붕괴 확대 방지
② 표토 침식 방지
③ 유송 토사 조절
④ 산사태 위험 대책

> [해설]
> 산지사방은 침식 및 토사의 유출을 방지하는 것을 목적으로 하며 유송 토사의 조절과는 관련이 없다.

90 수제에 대한 설명으로 옳지 않은 것은?

① 계안으로부터 유심을 향해 돌출한 공작물을 말한다.
② 계상 폭이 좁고 계상 기울기가 급한 황폐계류에 적용한다.
③ 돌출 방향은 유심선 또는 접선에 대해 상향 70~90°를 기준으로 한다.
④ 상향수제는 수제 사이의 사력 퇴적이 하향수제보다 많고 두부의 세굴이 강하다.

> [해설]
> 수제는 하천에 유심의 방향을 변경시켜 계안으로부터 멀리 보내 유로 및 계안 침식을 방지, 기슭막이 공작물의 세굴을 방지하기 위해 사용된다. 주로 계상폭이 넓고 계상물매가 완만한 황폐계류에 시공한다.

91 계류의 바닥 폭이 3.8m, 양안의 경사각이 모두 45°이고, 높이가 1.2m일 때의 계류 횡단면적(m²)은?

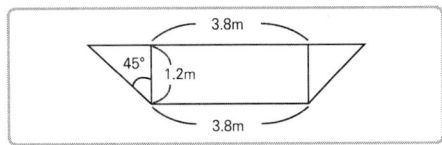

① 6.0   ② 6.8
③ 7.4   ④ 8.0

> [해설]
> 양안의 경사각이 45°로 같은 모형을 하고 있기에 경사각의 한 변의 길이는 1.2m 로 유추할수 있다. 하나의 직사각형 형태로 보고 횡단면적을 구하면
> < (1.2+3.8)×1.2=6m² > 으로 산출된다.

92 토사유과구역에 대한 설명으로 옳지 않은 것은?

① 상류에서 생산된 토사가 통과한다.
② 토사유하구역 또는 중립지대라고도 한다.
③ 붕괴 및 침식작용이 가장 활발히 진행되는 구역이다.
④ 계상의 형태는 협착부에서 모래와 자갈을 하류로 운반하는 수로에 해당된다.

> [해설]
> 붕괴 및 침식작용이 가장 활발히 진행되는 구역은 토사생산구역이다.

93 임지에 도달한 강우의 침투강도에 영향을 주는 인자로 가장 거리가 먼 것은?

① 유역 면적
② 지표면의 상태
③ 토양 공극의 차이
④ 당초의 토양 수분

> [해설]
> 침투에 영향을 주는 인자는 지표면의 상태, 계절적 인자, 지형 및 강우 특성, 토양의 투수성, 토양의 구조 및 표면의 상태, 토양 내 공기량 등이 있다.

94 일반적인 모래막이 공작물의 평면형상이 아닌 것은?

① 위형   ② 주격형
③ 자루형   ④ 침상형

> [해설]
> 모래막이 공작물은 형태에 따라 반주격형, 주격형, 자루형, 위형 등이 있다.

정답 89. ③ 90. ② 91. ① 92. ③ 93. ① 94. ④

95 증발산 중에서 식생으로 피복된 지면으로부터의 증발량과 증산량만을 무엇이라 하는가?

① 증산률　　② 증발산률
③ 증발기회　　④ 소비수량

해설
증산량과 증발량 등의 손실량을 소비수량 혹은 소실수량이라 한다.

96 사방댐의 방수면에 설치하는 물받이 길이는 일반적으로 댐높이와 월류수심 합의 몇 배로 하는 것이 좋은가?

① 0.5 ~ 1.0 배　　② 1.0 ~ 1.5 배
③ 1.5 ~ 2.0 배　　④ 2.0 ~ 2.5 배

해설
물받이의 길이는 6m 미만 기준 댐높이와 월류수심 합의 2배, 6m 이상의 경우 1.5배 정도로 한다.

97 빗물의 의한 침식으로 가장 거리가 먼 것은?

① 지중침식　　② 구곡침식
③ 누구침식　　④ 면상침식

해설
빗물에 의한 침식은 우격침식, 면상침식, 누구침식, 구곡침식이 있다.

98 선떼붙이기 공법에서 가장 윗부분에 사용되는 떼의 명칭은?

① 선떼　　② 평떼
③ 받침떼　　④ 머리떼

해설
선떼붙이기에서 가장 윗부분에 붙이는 떼는 머리떼 혹은 갓떼라 한다.

99 돌골막이를 시공할 때 돌쌓기의 기울기 기준은?

① 1 : 0.1　　② 1 : 0.3
③ 1 : 0.5　　④ 1 : 0.7

해설
돌골막이의 기울기 기준은 1 : 0.3으로 하며 길이는 4~5m, 높이 2m 이내로 축설한다.

100 비탈면 안정 평가를 위해 안전율을 계산하는 방법으로 옳은 것은?

① 비탈의 활동면에 대한 흙의 압축응력을 전단강도로 나눈 값
② 비탈의 활동면에 대한 흙의 전단응력을 전단강도로 나눈 값
③ 비탈의 활동면에 대해 흙의 압축강도를 압축응력으로 나눈 값
④ 비탈의 활동면에 대한 흙의 전단강도를 전단응력으로 나눈 값

해설
안전율 = 흙의 전단강도 ÷ 전단응력(실제하중)

정답　95. ④　96. ③　97. ①　98. ④　99. ②　100. ④

2019년 제3회 산림기사

01 숲아베기 작업에 대한 설명으로 옳은 것은?
① 잔존목의 수고생장을 크게 촉진한다.
② 최종 생산될 목재의 형질을 개선한다.
③ 자연낙지를 유도하여 지하고를 높인다.
④ 줄기에 발생하는 부정아를 감소시킨다.

해설
숲아베기를 통해 밀도 조절이 가능하고 생산될 목재의 형질을 향상시킬 수 있다.

02 우리나라 산림대에 대한 설명으로 옳지 않은 것은?
① 연평균 기온에 따라 구분된다.
② 온대림이 차지하는 면적이 가장 넓다.
③ 멀구슬나무, 녹나무, 모새나무는 난대림의 특징 수종이다.
④ 한라산보다는 설악산에서 난대, 온대, 한대의 수직적 분포가 잘 나타난다.

해설
우리나라 한라산은 난대, 온대, 한대의 수직적 분포가 잘 나타나며 설악산은 온대와 한대의 수직적 분포가 나타난다.

03 윤벌기가 완료되기 전에 짧은 갱신기간 동안 몇 차례 벌채를 실시하여 임목을 완전히 제거하는 작업은?
① 모수작업 ② 산벌작업
③ 개벌작업 ④ 택벌작업

해설
산벌은 짧은 갱신기간동안 몇 차례 걸쳐 전임목을 제거하는 작업이다.

04 온대 남부지역에서 수하식재가 가장 용이한 수종은?
① 편백 ② 소나무
③ 오동나무 ④ 일본잎갈나무

해설
수하식재는 내음력이 강한 수종이 적합하며 편백, 전나무, 삼나무, 낙엽송 등이 있다.

05 인공림 침엽수의 수형목 지정기준으로 옳지 않은 것은?
① 상층 임관에 속할 것
② 수관이 넓고 가지가 굵을 것
③ 밑가지들이 말라서 떨어지기 쉽고 그 상처가 잘 아물 것
④ 주위 정상목 10본의 평균보다 수고 5%, 직경 20% 이상 클 것

해설
인공림 침엽수 수형목 지정기준
· 상층임관에 속할 것, 가지가 가는 것, 병충해가 없는 것
· 주위 정상목 10본 평균보다 수고 5%, 직경 20% 이상 클 것
· 수간이 완만하고 굽거나 비틀리지 않을 것
· 지하고가 높은 것, 자연 낙지성 큰 것

06 가지치기를 시행하는 시기로 가장 적합한 것은?
① 11월~2월 ② 3월~6월
③ 7월~8월 ④ 9월~10월

해설
가지치기는 작업시기 11월~이듬해 2월 사이에 실시한다.

정답 01. ② 02. ④ 03. ② 04. ① 05. ② 06. ①

07 지베렐린에 대한 설명으로 옳지 않은 것은?

① 줄기의 신장 생장을 촉진한다.
② 개화 및 결실을 돕는 역할을 한다.
③ 대부분의 지베렐린은 알칼리성이다.
④ 벼의 키다리병을 일으키는 것과 관련이 있다.

> 해설
> 지베렐린은 극성이동이 없어 확산에 의해 이동하며 산성을 띤다.

08 꽃의 구조와 종자 및 열매의 구조가 올바르게 연결된 것은?

① 주심 – 배
② 주피 – 종피
③ 배주 – 열매
④ 씨방 – 종자

> 해설
> 종자의 구조발달 관계상 주피는 종피(씨껍질)과 연결된다.

09 일본에서 도입하여 조림된 수종은?

① *Pinus rigida*
② *Larix kaempferi*
③ *Zelkova serrata*
④ *Quercus acutissima*

> 해설
> *Larix kaempferi* 는 일본잎갈나무로 일본에서 도입되었다.

10 종자의 크기가 가장 작은 수종은?

① *Alnus japonica*
② *Pinus Koraiensis*
③ *Camellia japonica*
④ *Aesculus turbinata*

> 해설
> *Alnus japonica*(오리나무)의 종자는 세립종자로 분류되어 작은 편이다.

11 수목에서 질소 결핍 증상으로 나타나는 주요 현상은?

① T/R률 증가
② 겨울눈 조기 형성
③ 성숙한 잎의 황화 현상
④ 모잘록병 발생률 증가

> 해설
> 질소 결핍시 잎의 생장이 불량하고 잎이 짧아진다. 또한 잎 전체가 황화 현상이 일어나고 심할 경우 괴사한다.

12 조림지의 풀베기 작업에 대한 설명으로 옳은 것은?

① 모두베기는 음수를 조림한 지역에서 적합하다.
② 풀베기 작업의 시기는 가을철인 9월에 실시한다.
③ 한풍해가 우려되는 조림지에서는 둘레베기가 바람직하다.
④ 전나무 조림지에 대한 풀베기 작업은 조림 후 2년 이내에 종료한다.

> 해설
> 한해나 풍해가 우려되는 조림지는 둘레베기를 통해 한풍해를 경감시킬 수 있다.

13 흙 속에서 공기와 물이 차지하고 있는 부분은?

① 균근
② 비중
③ 공극
④ 교질

> 해설
> 공극은 토양입자 사이의 틈으로 물이나 공기가 차지한다.

정답 07. ③ 08. ② 09. ② 10. ① 11. ③ 12. ③ 13. ③

14 지존작업에 대한 설명으로 옳은 것은?

① 묘목을 심기 위하여 구덩이를 파는 작업이다.
② 개간한 곳에 조림용 묘목을 식재하는 작업이다.
③ 조림지에서 덩굴치기 및 제벌작업을 행하는 것을 뜻한다.
④ 조림 예정지에서 잡초, 덩굴식물, 관목 등을 제거하는 작업이다.

해설
조림지 준비를 위해 묘목을 심을 땅에 미리 잡초, 관목, 덩굴, 벌채 잔해물 등을 정리하며 이를 지존작업이라 한다.

15 파종상을 만들고 실시하는 경운작업에 대한 설명으로 옳지 않은 것은?

① 시비의 효과를 고르게 한다.
② 토양이 팽윤해지고 공기와 수분의 유통이 좋아진다.
③ 토양의 보수력, 흡열력 및 비료의 흡수력이 증가한다.
④ 잡초의 뿌리는 땅속 깊이 묻어주고 잡초의 종자는 땅 위로 노출되게 한다.

해설
경운작업은 토양의 투수성, 통기성 등이 개선되는 장점이 있으나 풍화작용이나 토양침식이 빨라지는 단점이 있다. 토양의 이화학적 성질의 변화 외에도 잡초발생을 억제시킨다.

16 수목의 호흡 작용이 일어나는 세포 내 기관은?

① 핵   ② 액포
③ 엽록체   ④ 미토콘드리아

해설
수목의 호흡은 살아있는 원형질을 가진 세포 중에서 미토콘드리아라는 작은 소기관에서 이루어진다.

17 묘간 거리가 가로 1m, 세로 4m의 장방형 식재 시 1ha에 식재되는 묘목 본수는?

① 2500본   ② 3000본
③ 3333본   ④ 5000본

해설

$$\frac{10,000m^2}{1m \times 4m} = 2500본$$

18 임목의 직경분포가 다음과 같이 나타나는 임형은?

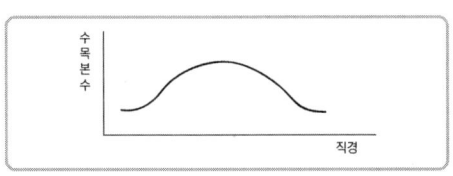

① 동령림   ② 택벌림
③ 이령림   ④ 보잔목림

해설
동령림은 나무의 나이가 같은 경우로 유사한 직경의 나무들이 특정 직경에 분포하는 모습을 보인다.

19 모수작업에서 모수에 대한 설명으로 옳은 것은?

① 열세목을 대상으로 선발한다.
② 유전적 형질과는 관련이 없다.
③ 바람에 대한 저항력이 높아야 한다.
④ 종자를 적게 생산하는 개체 중에서 택한다.

해설
모수작업은 양수 수종에 적합하며 바람에 대한 저항력이 강해야 한다.

정답 14. ④ 15. ④ 16. ④ 17. ① 18. ① 19. ③

20 택벌작업의 장점이 아닌 것은?

① 임분의 지력유지에 유리하다.
② 상층목은 채광이 좋아 결실이 잘 된다.
③ 면적이 좁은 산림에서 보속 수확이 가능하다.
④ 작업 내용이 간단하여 고도의 기술이 필요하지 않다.

해설
택벌작업은 고도의 기술을 요구한다.

21 씹는 입틀을 가진 해충 방제에 주로 사용되는 살충제 종류는?

① 기피제   ② 제충제
③ 훈증제   ④ 소화중독제

해설
해충의 입으로 들어가면 소화관 내에서 중독작용을 일으키는 소화중독제는 씹는 입틀을 가진 해충에 적합하다.

22 저온으로 인한 수목 피해에 대한 설명으로 옳은 것은?

① 겨울철 생육 휴면기에 내린 서리로 인한 피해를 만상이라 한다.
② 분지 등 저습지에 한기가 밑으로 내려와 머물게 되어 피해를 입는 것은 상렬이라 한다.
③ 이른 봄에 수목이 발육을 시작한 후 급격한 온도 저하가 일어나 어린 잎이 손상되는 것을 조상이라 한다.
④ 휴면기 동안에는 피해가 적지만 가을 늦게까지 웃자란 도장지나 연약한 맹아지가 주로 피해를 받는다.

해설
수목이 저온으로 인해 웃자란 도장지나 연약핸 맹아지가 피해를 입기도 하며 0도 이하의 낮은 온도에서는 동결 피해가 발생하기도 한다.

23 곤충의 날개가 퇴화된 기관으로 주로 파리류에서 볼 수 있는 것은?

① 평균곤   ② 딱지날개
③ 날개가시   ④ 날개걸이

해설
파리의 경우 날개가 퇴화하면서 몸의 균형 유지를 위해 평균곤으로 발달하였다.

24 나무주사를 이용한 대추나무 빗자루병 방제 방법으로 옳은 것은?

① 주입 약량은 흉고직경 10cm 기준으로 3L를 사용한다.
② 병 발생이 심한 가지 방향과 반대 방향에도 주사기를 삽입한다.
③ 약제 희석 후 변질이 되지 않도록 즉시 약통에 넣고 나무주사한다.
④ 물 1L에 옥시테트라사이클린 수화제 10g을 잘 저어서 녹여 사용한다.

해설
나무주사의 경우 구멍을 뚫을 때 병 발생이 심한 가지 방향의 반대 방향에 지면기준 20~30° 각도로 구멍을 뚫어준다.

25 소나무좀 방제 방법에 대한 설명으로 옳은 것은?

① 11~3월에 아바멕틴 유제를 나무주사한다.
② 수은등이나 유아등을 설치하여 성충을 유인하여 포살한다.
③ 먹이나무를 설치하고 산란하도록 한 후 박피하여 소각한다.
④ 소나무좀의 먹이가 되는 좀벌류, 맵시벌류, 기생파리류를 구제한다.

해설
소나무좀의 방제를 위해서 쇠약목 및 고사목을 벌채하거나 2월경쯤 먹이나무를 설치하여 유인한 후 소각한다.

정답 20. ④ 21. ④ 22. ④ 23. ① 24. ② 25. ③

26 복숭아명나방 방제 방법에 대한 설명으로 옳지 않은 것은?

① 수확한 밤을 훈증한 후 저온에 저장한다.
② 곤충병원성미생물인 Bt균이나 다각체 바이러스를 살포한다.
③ 밤나무의 경우 7~8월에 페니트로티온 유제 등의 약제를 살포한다.
④ 성페로몬 트랩을 지상 1.5~2m 되는 가지에 매달아 놓아 성충을 유인 살포한다.

해설
복숭아명나방의 피해가 예상되는 밤나무의 방제를 위해 7월쯤 디프유제, 페니트로티온 등의 약제를 살포하도록 한다.

27 산불이 발생한 지역에서 많이 발생할 것으로 예측되는 병은?

① 모잘록병
② 리지나뿌리썩음병
③ 자줏빛날개무늬병
④ 아밀라리아뿌리썩음병

해설
리지나뿌리썩음병은 높은 온도에 의해 포자가 퍼지므로 산불이 발생한 지역에 나타난다.

28 곤충류 중 가장 많은 종수를 가진 것은?

① 나비목
② 노린재목
③ 딱정벌레목
④ 총채벌레목

해설
딱정벌레목은 곤충의 종 가운데 40% 정도인 35만여 종을 차지하는 목으로 가장 많은 종수를 가지고 있다.

29 밤나무 줄기마름병 방제 방법으로 옳지 않은 것은?

① 병에 걸리기 쉬운 단택 및 대보 품종은 식재하지 않는다.
② 천공성 해충류에 의한 피해가 없도록 살충제를 살포한다.
③ 동해나 피소로 인한 상처가 나지 않도록 백색 수성페인트를 발라준다.
④ 배수가 불량한 곳과 수세가 약한 경우 피해가 심하므로 비배관리를 철저히 해준다.

해설
밤나무줄기마름병은 상처부위로 감염되기 쉽기에 상처에 주의하고 병든 부위는 도려내어 도포제로 처리한다. 상처가 발생되지 않게 미리 백색페인트를 칠하기도 하며 바람이나 매개충에 의해 전반되기에 매개충 관리 및 저항성수종을 주위에 심어준다.

30 아까시잎혹파리가 월동하는 형태는?

① 알
② 유충
③ 성충
④ 번데기

해설
아까시잎혹파리는 번데기 형태로 월동한다.

31 뽕나무 오갈병의 병원균을 매개하는 곤충은?

① 말매미충
② 끝동매미충
③ 번개매미충
④ 마름무늬매미충

해설
마름무늬매미충은 파이토플라스마를 매개하여 뽕나무 오갈병을 발생시킨다.

정답 26. ① 27. ② 28. ③ 29. ① 30. ④ 31. ④

32 솔잎혹파리 방제 방법에 대한 설명으로 옳지 않은 것은?

① 저항성 품종을 식재한다.
② 천적으로 혹파리살이먹좀벌을 방사한다.
③ 5~6월에 아세타미프리드 액제를 나무주사한다.
④ 유충이 낙하하는 시기에 카보퓨란 입제를 지면에 살포한다.

해설
솔잎혹파리는 방제를 위해 임지를 건조, 성충 우화기에 약제 살포, 생물적 방제법으로 기생벌 등을 이용한다. 기생벌의 종류로 솔잎혹파리먹좀벌, 혹파리살이먹좀벌, 혹파리등뿔먹좀벌 등이 있다

33 세균에 의해 발생하는 수목병은?

① 소나무 혹병
② 잣나무 털녹병
③ 밤나무 뿌리혹병
④ 낙엽송 끝마름병

해설
세균에 의한 수목병에는 수목병으로 밤나무뿌리혹병, 포플러뿌리혹병, 밤나무눈마름병, 불마름병 등이 있다.

34 뿌리혹병 방제 방법으로 옳은 것은?

① 개화기에 석회 보르도액을 살포한다.
② 진딧물류, 매미충류 등 매개충을 구제한다.
③ 건전한 묘목을 식재하고 석회 시용량을 늘린다.
④ 묘목은 스트렙토마이신 용액에 침지하여 재식한다.

해설
뿌리혹병 방제를 위해 묘목을 심기 전 병든 묘목을 제거하고 스트렙토마이신 항생제 액에 침지 후 심어준다.

35 기생성 식물이 아닌 것은?

① 칡
② 새삼
③ 겨우살이
④ 오리나무더부살이

해설
기생성 식물에는 겨우살이, 새삼, 열당, 쑥더부살이 등이 있으며 칡은 콩과의 덩굴식물이다.

36 잣나무 털녹병 방제 방법에 대한 설명으로 옳지 않은 것은?

① 수고의 1/3까지의 가지치기는 발병률을 낮추는 효과가 있다.
② 감염된 나무는 녹포자가 비산하기 전에 지속적으로 제거한다.
③ 묘포에 담자포자 비산시기인 3월 하순부터 보르도액을 살포한다.
④ 중간기주를 5월경부터 제거하기 시작하여 겨울포자가 형성되기 전에 완료한다.

해설
잣나무 털녹병 방제를 위해 묘포에 8월쯤부터 보르도액을 살포한다.

37 박쥐나방 방제 방법에 대한 설명으로 옳지 않은 것은?

① 풀깎기를 철저히 시행한다.
② 월동하는 번데기가 붙어 있는 가지를 제거한다.
③ 일반 살충제를 혼합한 톱밥을 줄기에 멀칭한다.
④ 지저분하게 먹어 들어간 식흔이 발견되면 벌레집을 제거하고 페니트로티온 유제를 주입한다.

해설
박쥐나방은 알 형태로 월동하며 방제를 위해 천공이 발생한 곳에 약제를 주입하거나 유충이 발생되는 초본류를 제거해준다.

정답 32. ① 33. ③ 34. ④ 35. ① 36. ③ 37. ②

38 다음 설명에 해당하는 것은?

> 묘포장 및 조림지의 직사광선이 강한 남사면에 생육하고 있는 어린 묘목의 경우 여름철에 강한 태양광의 복사열로 지표면 온도가 급격히 상승하여 근원부 줄기 및 뿌리에 존재하는 형성층이 손상되어 말라 죽는 현상이다.

① 상주 ② 한해
③ 열사 ④ 볕데기

해설
열사는 햇빛의 직사광선에 의해 단시간 내에 작물이 고사하는 것으로 소나무, 해송 등 열에 강한 수종일수록 피해가 적게 나타난다.

39 파이토플라스마에 의한 수목병이 아닌 것은?

① 붉나무 빗자루병
② 벚나무 빗자루병
③ 대추나무 빗자루병
④ 오동나무 빗자루병

해설
파이토플라스마에 의해 발생되는 것으로 붉나무 빗자루병, 대추나무 빗자루병, 오동나무 빗자루병이며 벚나무빗자루병의 경우 진균에 의해 발생한다.

40 송이풀과 까치밥나무류를 중간기주로 하는 수목병은?

① 향나무 녹병
② 잣나무 털녹병
③ 소나무 잎녹병
④ 배나무 붉은별무늬병

해설
잣나무 털녹병의 중간기주로 송이풀, 까치밥나무가 있다.

41 자연휴양림 지정을 위한 대상지의 타당성 평가 기준으로 옳지 않은 것은?

① 개발여건 : 개발비용, 토지이용 제한요인 및 재해빈도 등이 적정할 것
② 생태여건 : 표고차, 임목, 수령, 식물 다양성 및 생육 상태 등이 적정할 것
③ 면적 : 국가 또는 지방자치단체가 조성하는 경우 30만제곱미터 이상일 것
④ 위치 : 접근도로 현황 및 인접도시와의 거리 등에 비추어 그 접근성이 용이할 것

해설
자연휴양림 지정을 위한 타당성 평가의 기준에서 표고차, 임목 수령, 식물 다양성 및 생육 상태 등이 적정할 것은 경관에 해당된다.

42 항속림 사상과 가장 밀접한 관계가 있는 임업경영의 지도원칙은?

① 수익성 원칙 ② 공공성 원칙
③ 생산성 원칙 ④ 합자연성 원칙

해설
임지, 임목은 항속될 수 있도록 경영하는 사상이 뮐러(moller)의 항속림 사상은 자연법칙을 존중하는 합자연성 원칙과 관련이 있다.

43 복합임업경영의 주목적으로 가장 적합한 것은?

① 임업 주수입의 증대
② 임업 조수입의 증대
③ 임업 경영지의 대단지화
④ 임업 수입의 조기화와 다양화

해설
복합임업경영의 주목적은 조기화와 다양화이다.

정답 38. ③ 39. ② 40. ② 41. ② 42. ④ 43. ④

44 산림투자에 있어서 미래상황의 불확실성을 투자분석에 포함시킨 것은?

① 회수기간법　② 감응도분석
③ 내부수익률법　④ 순현재가치법

> **해설**
> 감응도분석 미래에 불확실한 투자 분석에 포함하여 어느정도 민감하게 변화되는지를 예측 하는 것으로 생산량, 사업기간 지연, 생산물 가격, 노임, 자재비용(원료 및 원자재) 등이 있다.

45 생장량에 대한 설명으로 옳지 않은 것은?

① 연년생장량은 총생장량을 수령 또는 임령으로 나눈 양이다.
② 총생장량은 처음에는 점증하다가 증가세가 변곡점에서 최대에 달한다.
③ 평균생장량이 최고점에 달한 이후 벌채하지 않고 두는 것은 비효율적이다.
④ 정기평균생장량은 일정한 기간의 생장량을 그 기간의 연수로 나눈 값이다.

> **해설**
> 연년생장량은 수목이 1년동안 생장한 양이다.

46 기준벌기령 이상에 해당하는 임지에서 수확을 위한 벌채가 아닌 것은?

① 골라베기　② 모두베기
③ 솎아베기　④ 모수작업

> **해설**
> 솎아베기는 기준벌기령 이전에 실시하여 관리와 중간수입을 얻는데 중점을 둔다.

47 임지평가 방법에 대한 설명으로 옳지 않은 것은?

① 환원가법은 연년수입의 전가합계로 평가한다.
② 비용가법은 취득원가의 복리합계액으로 평가한다.
③ 원가방법은 재조달원가의 전가합계액으로 평가한다.
④ 기망가법은 장래에 기대되는 수입의 전가합계로 평가한다.

> **해설**
> 원가방법은 재조달원가의 전가합계액이 아닌 감가수정을 거쳐 현재 가치를 산정한다.

48 $\dfrac{Au + \sum D - (C + uV)}{u}$ 의 식이 나타내는 벌기령은?(단, Au : 주벌수확, C : 조림비, u : 벌기령, $\sum D$: 간벌수확합계, V : 관리비)

① 재적수확 최대의 벌기령
② 화폐수익 최대의 벌기령
③ 토지순수익 최대의 벌기령
④ 산림순수익 최대의 벌기령

> **해설**
> 산림순수익 최대 벌기령 공식
> $\dfrac{Au + \sum D - (C + uV)}{u}$
>
> Au → 주벌수확
> C → 조림비
> $\sum D$ → 간벌수확합계
> V → 관리비
> u → 벌기령

정답 44. ② 45. ① 46. ③ 47. ③ 48. ④

49 현재 기준연도에서 벌채 예정연도까지의 임목기망가 산출 공식으로 옳은 것은?

① (주벌 및 간벌수확 후가합계)−(지대 및 관리비 후가합계)
② (주벌 및 간벌수확 후가합계)−(지대 및 관리비 전가합계)
③ (주벌 및 간벌수확 전가합계)−(지대 및 관리비 및 후가합계)
④ (주벌 및 간벌수확 전가합계)−(지대 및 관리비 및 전가합계)

해설
임지기망가법은 수익의 전가합계에서 비용에 대한 전가 합계의 차로서 수익은 주벌 및 간벌, 비용은 지대 및 관리비로 정의할 수 있다.

50 현재 축적이 1,000m³이고 생장률이 연 3%일 때 단리법에 의한 9년 후 축적은?

① 1,030m³   ② 1,127m³
③ 1,270m³   ④ 1,304m³

해설
단리법
$N = V(1+nP) = 1000(1+9 \times 0.03) = 1270$
N : 원리합계, V : 원금, n : 기간, P : 이율

51 감가상각비의 계산방법 중 정액법에 의한 것은?

① $\dfrac{취득원가 - 잔존가치}{추정내용연수}$
② (취득원가−잔존가치)×감가율
③ 실제작업시간 × $\dfrac{취득원가 - 잔존가치}{추정총작업시간}$
④ (취득원가−감가상각비누계액)×(감가율)

해설
정액법은 가장 간단하고 보편적인 계산법으로 매년 일정액이 감소한다는 가정한 방법이다.

52 보속작업에 있어서 하나의 작업급에 속하는 모든 임분을 일순 벌하는데 소요되는 기간은?

① 윤벌령   ② 윤벌기
③ 벌기령   ④ 벌채령

해설
윤벌기는 한 작업급에 속하는 숲을 벌채하고 순차적으로 계획벌채할 때 전체 숲의 벌채가 끝날 때 까지의 기간이다.

53 임업경영자산 중 유동자산으로 볼 수 없는 것은?

① 임업 종자   ② 임업용 기계
③ 미처분 임산물   ④ 임업생산 자재

해설
임업용기계는 고정자산에 속한다.

54 수고 측정에 적합하지 않은 기구는?

① 섹타포크(sector fork)
② 덴드로미터(dendrometer)
③ 스피겔릴라스코프(spigel relascope)
④ 아브네이핸드레블(Abney hand level)

해설
섹타포크는 직경 측정 기기이다.

55 수간석해에 대한 설명으로 옳지 않은 것은?

① 표준목을 대상으로 실시한다.
② 수간과 직교하도록 원판을 채취한다.
③ 흉고를 1.2m로 했을 경우 지상 1.2m를 벌채점으로 한다.
④ 수목의 성장과정을 정밀히 사정할 목적으로 측정하는 것이다.

해설
수간석해에서 흉고를 1.2m 했을 경우 지상 0.2m 지점을 벌채점으로 한다.

56 산림교육활성화를 위하여 산림교육종합계획을 수립·시행하는 자는?

① 산림청장
② 시·도지사
③ 국유림관리소장
④ 농림축산식품부 장관

해설
산림청장은 산림교육을 활성화하기 위하여 산림교육종합계획을 5년마다 수립 및 시행해야 한다.

57 정적임분생장모델에 해당하는 것은?

① 수확표   ② 산림조사부
③ 확률밀도함수 ④ 누적밀도함수

해설
임분생장모델의 관리방법 중 정적임분생장모델은 고정된 상태에서 임분의 생장 및 수확을 예측하는 모델로 가장 간단한 형태로 수확표가 있다.

58 임업조수익 중에서 임업소득이 차지하는 비율은?

① 임업의존율
② 임업소득률
③ 임업순수익률
④ 임업소득가계충족률

해설
임업소득률 = (임업소득/임업조수익)×100

59 산림경영에서 매년 발생하는 수익이 20만원, 연이율이 5%인 경우에 자본가는?

① 1만원   ② 4만원
③ 1백만원   ④ 4백만원

해설
자본가 비용 / 연이율 = 20만원 / 0.05 = 400 만원

60 어떤 밤나무의 말구직경이 14cm이고 재장이 8.5m일 때 국내산 원목의 재적검량방법에 의한 재적은?

① 0.1308m^3 ② 0.1667m^3
③ 0.2176m^3 ④ 0.4352m^3

해설
산림청 목재 측정법(6m 이상 경우)

$$V(m^3) = (d_n + \frac{L'-4}{2})^2 \times \frac{L}{10000}$$
$$= (14 + \frac{8-4}{2})^2 \times \frac{8.5}{10000} ≒ 0.2176$$

V : 재적, d_n : cm 단위의 말구 지름,
L : m 단위의 목재 길이
L' : m 단위의 길이로 소수점 자리는 버린수(ex. 8.8m → 8 m 표현)

61 임도 노체의 기본구조를 순서대로 나열한 것은?

① 노상→기층→노반→표층
② 노상→노반→기층→표층
③ 노상→기층→표층→노반
④ 노상→표층→기층→노반

해설
임도의 구조는 표면을 시작으로 표층, 기층, 노반, 노상으로 구성되며 이때 노상과 노반을 합쳐 노면이라 부르기도 한다.

62 평판을 한 측점에 고정하고 많은 측점을 시준하여 방향선을 그리고, 거리는 직접 측량하는 방법은?

① 전진법   ② 방사법
③ 도선법   ④ 전방교회법

해설
방사법은 사출법이라 하며 필요 지점을 시준하여 방향선을 그은 후 거리를 직접 측정한다. 그렇기에 장애물이 없고 비교적 평활한 지역에 널리 사용하는 방법이다.

정답 56. ① 57. ① 58. ② 59. ④ 60. ③ 61. ② 62. ②

63 임도의 횡단면도 작성 방법에 대한 설명으로 옳지 않은 것은?

① 축척은 1/1000로 작성한다.
② 구조물은 별도로 표시한다.
③ 횡단기입의 순서는 좌측하단에서 상단방향으로 한다.
④ 절토부분은 토사・암반으로 구분하되, 암반부분은 추정선으로 기입한다.

> 해설
> 횡단면도는 1:100 축척을 기준으로 한다.

64 지반 조사에 사용하는 방법이 아닌 것은?

① 오거 보링
② 베인 시험
③ 케이슨 공법
④ 파이프 때려박기

> 해설
> 케이슨 공법은 지반 기초 공법이다.

65 임도의 평면선형에서 두 측선의 내각이 몇 도 이상되는 장소에 대해서는 곡선을 설치할 필요가 없는가?

① 125°   ② 135°
③ 145°   ④ 155°

> 해설
> 곡선부의 중심선 반지름은 규격 이상으로 설치하여야 한다. 다만 내각이 155° 이상 되는 장소에 대해서는 곡선을 설치하지 않아도 된다.

66 임도에서 횡단기울기에 대한 설명으로 옳은 것은?

① 배수의 목적으로 만든다.
② 운전자의 안전한 시야 범위가 확보되도록 만든다.
③ 곡선부에서 차량의 주행이 안전하고 쾌적하기 위해 만든다.
④ 곡선부에서 차량의 전륜과 후륜사이에 내륜차를 고려하여 만든다.

> 해설
> 횡단기울기는 도로의 중앙선 기준 직각방향의 노면의 기울기로 배수를 목적으로 만든다.

67 수로의 평균유속을 구하는 매닝(Manning) 공식에서 수로벽면 재료에 따라 조도계수가 작은 것부터 큰 것의 순서로 올바르게 나열된 것은?

> ㉠ : 시멘트블록   ㉡ : 콘크리트
> ㉢ : 목재   ㉣ : 흙

① ㉡ - ㉢ - ㉠ - ㉣
② ㉡ - ㉢ - ㉣ - ㉠
③ ㉢ - ㉡ - ㉠ - ㉣
④ ㉢ - ㉡ - ㉣ - ㉠

> 해설
> 조도계수는 평균유속공식을 구할 때 사용하는 계수로서 유로에 접촉하는 물과 유로표면과의 저항계수이다. 주로 굴곡이 심하고 접촉면이 거칠수록 그 값이 커진다.

정답 63. ① 64. ③ 65. ④ 66. ① 67. ③

68 반출 목재의 길이가 12m이고 임도 유효폭이 3m일 때 최소 곡선 반지름은?

① 6m ② 12m
③ 18m ④ 24m

해설
최소곡선반지름
$R = \dfrac{l^2}{4B} = \dfrac{12^2}{4 \times 3} = \dfrac{144}{12} = 12$
R : 곡선반지름(m)
l : 통나무 길이(m)
B : 노폭(m)

69 머캐덤도에 대한 설명으로 옳지 않은 것은?

① 시멘트 머캐덤도 : 쇄석을 시멘트로 결합시킨 도로
② 역청 머캐덤도 : 쇄석을 타르나 아스팔트로 결합시킨 도로
③ 교통체 머캐덤도 : 쇄석이 교통과 강우로 인하여 다져진 도로
④ 수체 머캐덤도 : 쇄석의 틈 사이에 모래 및 마사를 침투시켜 롤러로 다져진 도로

해설
수체 머캐덤도는 쇄석의 틈사이에 석분을 물로 투입하여 롤러로 다져진 도로이다.

70 흙의 동결로 인한 동상을 가장 받기 쉬운 토질은?

① 실트 ② 모래
③ 자갈 ④ 점토

해설
흙의 동결은 모래, 자갈 등 공극이 크거나 점토와 같이 공극이 적어 투수성이 낮은 토질은 발생되지 않고 모래보다 작고 점토보다 큰 실트에서 많이 발생된다.

71 산림면적이 1000ha인 임지에 간선임도 1000m, 지선임도 15km가 개설되어 있을 때 임도밀도는?

① 1m/ha ② 10m/ha
③ 15m/ha ④ 16m/ha

해설
임도밀도는 총연장거리를 총면적으로 나눈 값이다.
(1000 + 15000) / 1000 = 16

72 지형의 표시방법 중 자연적 도법에 해당하는 것은?

① 영선법 ② 채색법
③ 점고선법 ④ 등고선법

해설
선의 굵기에 의해 지형을 표시하는 영선법은 자연적 도법에 속한다.

73 임도의 유효너비 기준은?

① 배향곡선지의 경우는 3.0m 이상
② 간선임도의 경우에는 6.0m 이상
③ 길어깨 및 옆도랑을 제외한 3.0m
④ 길어깨 및 옆도랑을 포함한 3.0m

해설
길어깨, 옆도랑 너비를 제외한 임도의 유효너비는 3m를 기준으로 한다. 다만 배향곡선지의 경우 6m 이상을 기준으로 한다.

74 임도 시공장비의 기계경비 산출 시 기계손료에 포함되지 않는 항목은?

① 정비비 ② 유류비
③ 관리비 ④ 감가상각비

해설
기계손료는 상각비, 정비비, 수리비 및 기계 관리비 등이 있다. 유류비는 재료비에 포함되는 항목으로 기계손료와는 관련이 없다.

정답 68. ② 69. ④ 70. ① 71. ④ 72. ① 73. ③ 74. ②

75 임도 설계 과정에서 예측 단계에서 수행하는 것은?

① 임도설계에 필요한 각종 요인을 조사한다.
② 평면측량을 실행하고 종단, 횡단측량을 실행한다.
③ 예정노선을 간단한 기구로 측량하여 도면을 작성한다.
④ 임시노선에 대하여 현지에 나가서 적정 여부를 조사한다.

해설
예측은 답사에 의해 확정한 예정선을 측정기기를 이용하여 실측한 예측도를 작성하는 것이다.

76 임도의 적정 종단기울기를 결정하는 요인으로 거리가 먼 것은?

① 노면 배수를 고려한다.
② 적정한 임도우회율을 설정한다.
③ 주행 차량의 회전을 원활하게 한다.
④ 주행 차량의 등판력과 속도를 고려한다.

해설
주행 차량의 회전을 원활하게 하는 내용은 회전반경을 고려하는 횡단구조에 관한 내용이다.

77 다각형의 좌표가 다음과 같을 때 면적은?(단, 측점간 거리 단위는 m)

좌표축 측점	X	Y
A	3	2
B	6	3
C	9	7
D	4	10
E	1	7

① 33.5m² ② 34.5m²
③ 35.5m² ④ 36.5m²

해설
삼각형 3가지로 분류하여 구하도록 한다. △EAB 의 경우 하나의 정사각형을 가정하고 외부의 삼각형의 넓이를 빼주어 구하도록 한다.

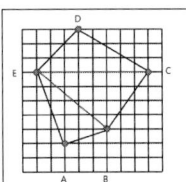

△EDC : EC×높이÷2=8×3/2=12
△ECB : EC×높이÷2=8×4/2=16
△EAB : 사각형 25-(5+1.5+10)=8.5
→ 다각형 넓이 : 12+16+8.5=36.5

78 다음 중 정지 및 전압 전용기계가 아닌 것은?

① 탬퍼(tamper)
② 트렌쳐(trencher)
③ 모터 그레이더(motor grader)
④ 진동 콤팩터(vibrating compactor)

해설
트렌쳐는 굴착작업용 기기이다.

79 임도 시공 시 절토면의 침식이나 붕괴를 방지하기 위해서 시설하는 배수구는?

① 암거   ② 세월교
③ 옆도랑 ④ 돌림수로

해설
돌림수로는 비탈면의 보호를 위해 비탈면의 최상부에 설치하는 배수구의 일종이다.

80 다음 설명에 해당하는 임도 노선 배치방법은?

지형도 상에서 임도노선의 시점과 종점을 결정하여 경험을 바탕으로 노선을 작성한 다음 허용 기울기 이내인가를 검토하는 방법이다.

① 자유배치법   ② 자동배치법
③ 선택적배치법 ④ 양각기 분할법

해설
노망배치방법에는 양각기 분할법, 자동배치법, 자유배치법이 있으며 보기의 내용은 자유배치법에 대한 설명이다.

81 계안으로부터 유심을 향해 돌출한 공작물로 유심의 방향을 변경시켜 계안의 침식이나 붕괴를 방지하기 위해 설치하는 것은?

① 수제
② 밑막이
③ 바닥막이
④ 기슭막이

[해설]
수제는 하천에 유심의 방향을 변경시켜 계안으로부터 멀리 보내 유로 및 계안 침식을 방지, 기슭막이 공작물의 세굴을 방지하기 위해 사용된다.

82 배수로 단면의 윤변이 10m이고 유적이 20m²일 때 경심은?

① 0.2m
② 1m
③ 2m
④ 10m

[해설]
경심 = $\frac{유적}{윤변} = \frac{20}{10} = 2$

83 우량계가 유역에 불균등하게 분포되었을 경우에 가장 적정한 평균 강우량 산정 방법은?

① 등우선법
② 침투형법
③ 산술평균법
④ Thiessen법

[해설]
유역 평균 강우량 산정방법에는 산술평균법, thiessen 법, 등우선법이 있으며 thiessen 법은 유역 면적 기준 500~5000km² 정도에 적합하며 우량계가 유역내 불균등하게 분포되는 경우 적용한다.

84 투과형 버트리스 사방댐에 대한 설명으로 옳지 않은 것은?

① 측압에 강하다.
② 스크린댐이 가장 일반적인 형식이다.
③ 주로 철강제를 이용하여 공사기간을 단축할 수 있다.
④ 구조적으로 댐 자리의 폭이 넓고 댐 높이가 낮은 곳에 시공한다.

[해설]
투과형 버트리스 사방댐은 측압이 약하여 주위 시공을 한다.

85 선떼붙이기공법에 대한 설명으로 옳은 것은?

① 소단폭은 50~70cm로 한다.
② 발 디딤 공간은 50~100cm이다.
③ 선떼붙이기의 기울기는 1:0.5로 한다.
④ 단끊기는 직고 2~3m의 간격으로 실시한다.

[해설]
선떼붙이기공법은 비탈다듬기를 시행한 비탈에 높이 1~2m 단위로 수평 단끊기를 실시하고 소단폭은 50~70cm 정도로 한다.

86 붕괴형 산사태가 아닌 것은?

① 산붕
② 붕락
③ 포락
④ 땅밀림

[해설]
땅밀림의 경우 지활형 침식에 속한다.

87 중력에 의한 침식이 아닌 것은?

① 붕괴형 침식
② 지활형 침식
③ 지중형 침식
④ 유동형 침식

[해설]
중력침식의 종류로 붕괴형, 지활형, 유동형, 사태형 침식이 있다.

정답 81. ① 82. ③ 83. ④ 84. ① 85. ① 86. ④ 87. ③

88 돌쌓기 방법에서 금기돌이 아닌 것은?

① 선돌 ② 굄돌
③ 거울돌 ④ 포갠돌

해설
금기돌은 돌쌓기 공법에 불안정한 돌로서 거울돌, 뜬돌, 포갠돌, 뾰족돌 등이 있다.

89 조공 시공 시 소단의 수직높이와 너비 기준을 순서대로 올바르게 나열한 것은?

① 1.0~1.5m, 50~60cm
② 1.0~1.5m, 40~50cm
③ 2.0~2.5m, 50~60cm
④ 2.0~2.5m, 40~50cm

해설
조공은 황폐사면의 유실을 막기위해 수평으로 계단간 수직높이 1~1.5m, 너비 50~60cm 기준으로 소단을 설치한다.

90 경암지역 땅깎기비탈면 안정을 위한 공법으로 가장 적합한 것은?

① 떼붙이기 ② 새집붙이기
③ 격자틀붙이기 ④ 종비토뿜어붙이기

해설
새집붙이기 공법은 암반사면에 적용하는 공법으로 잡석을 쌓고 내부에 흙을 채우는 방법이다.

91 해안사방의 모래언덕 조성 공종에 해당하지 않는 것은?

① 파도막이 ② 모래덮기
③ 퇴사울세우기 ④ 정사울세우기

해설
사구조성공법에는 퇴사울세우기, 모래덮기, 파도막이 등이 있으며 정사울세우기는 식재공법과 함께 사지조림 공법에 속한다.

92 돌을 쌓아 올릴 때 뒷채움에 콘크리트를 사용하고 줄눈에 모르타르에 사용하는 돌쌓기는?

① 메쌓기 ② 막쌓기
③ 찰쌓기 ④ 잡석쌓기

해설
찰쌓기는 돌쌓기 또는 벽돌을 쌓을 때 뒷채움에 콘크리트를 사용하고, 줄눈에 모르타르를 사용하는 공법이다.

93 비탈다듬기나 단끊기 공사로 생긴 토사의 활동을 방지하기 위하여 설치하는 공작물은?

① 단쌓기 ② 누구막이
③ 땅속흙막이 ④ 산비탈흙막이

해설
땅속흙막이는 비탈다듬기로 인하여 발생되는 토사의 유실을 방지한다.

94 우리나라 지질계통별 분포 면적과 구성비가 가장 높은 것은?

① 현무암 ② 석회암
③ 결정편암 ④ 화강편마암

해설
우리나라에 분포된 주요 모암은 화강암과 화강암에서 변성된 화강편마암이며 국토면적 대비 약 60% 정도를 차지하고 있다.

95 골막이에 대한 설명으로 옳지 않은 것은?

① 사방댐과 외견상 모양이 유사하다.
② 대수면과 반수면이 모두 존재한다.
③ 계상이 저하될 위험이 있는 곳에 계획한다.
④ 돌골막이의 경우 돌쌓기의 기울기는 1:0.3을 표준으로 한다.

해설
사방댐은 대수면과 반수면을 모두 축조하나 골막이는 반수면만 축조한다.

정답 88. ② 89. ① 90. ② 91. ④ 92. ③ 93. ③ 94. ④ 95. ②

96 중력식 사방댐의 안정조건으로 거리가 먼 것은?

① 전도에 대한 안정
② 고정에 대한 안정
③ 제체파괴에 대한 안정
④ 기초지반의 지지력에 대한 안정

> **해설**
> 중력댐의 안정조건으로 전도, 활동, 제체의 파괴, 기초지반의 지지력이 있다.

97 불투과형 중력식 사방댐의 구축재료에 의한 구분 중 내구성이 낮지만 산사태지 등 응급복구에 가장 적합한 것은?

① 흙댐
② 큰돌댐
③ 메쌓기댐
④ 돌망태댐

> **해설**
> 돌망태댐은 지반이 불안정한 경우 적용하는 것이 유리하며 응급적 가설공작물로 지반이 안정되면 이후 콘크리트로 피복하는 것이 좋다.

98 수로 경사가 30°, 경심이 0.6m, 유속계수가 0.36일 때 Chezy 평균유속공식에 의한 유속은?

① 약 0.10m/s
② 약 0.21m/s
③ 약 0.27m/s
④ 약 0.38m/s

> **해설**
> 보기의 일반 경사 각도를 공식대입을 위해 %로 변화시키며 이때 tan를 이용한다.
> ※ Chezy 공식
> - tan 30 = 약 58%
> - 평균유속 = 유속계수$\sqrt{경심 \times 수로기울기}$
>   → $0.36 \times \sqrt{0.6 \times 0.58}$

99 사방사업 대상지 분류에서 황폐지의 초기 단계에 속하는 것은?

① 땅밀림지
② 임간나지
③ 척악임지
④ 민둥산지

> **해설**
> 황폐의 유형 정도에 따라 비옥도가 척박한 지역인 척악임지가 가장 초기 단계이다.

100 산지사방 식재용 수목에 요구되는 조건으로 가장 거리가 먼 것은?

① 양수 수종일 것
② 갱신이 용이할 것
③ 생장력이 왕성할 것
④ 건조 및 한해에 강한 수종일 것

> **해설**
> 사방수종은 적응력이 강하고 성장이 빠른 소나무, 해송, 오리나무, 아카시나무, 싸리 등이 적합하다.

정답 96. ② 97. ④ 98. ② 99. ③ 100. ①

2020년 제1·2회 산림기사

01 종자 발아 시험에서 일정 기간 내의 발아 종자수를 시험에 사용한 전체 종자수에 대한 백분율로 나타낸 것은?

① 효율 ② 순량률
③ 발아율 ④ 발아세

해설
발아율은 준비한 전체 시료 종자수에서 일정기간 동안 발아된 종자입수의 백분율로 표시한다.

02 생가지치기를 하는 경우 절단면이 썩을 위험성이 가장 큰 수종은?

① *Acer palmatum*
② *Pinus densiflora*
③ *Cryptomeria japonica*
④ *Chamaecyparis obtuse*

해설
① 단풍나무 ② 소나무 ③ 삼나무 ④ 편백나무
단풍나무, 벚나무, 가문비나무, 느릅나무 등은 생가지치기를 하는 경우 절단면이 썩을 위험이 있다.

03 택벌작업을 통한 갱신방법에 대한 설명으로 옳은 것은?

① 양수 수종 갱신이 어렵다.
② 병충해에 대한 저항력이 낮다.
③ 임목벌채가 용이하여 치수 보존에 적당하다.
④ 일시적인 벌채량이 많아 경제적으로 효율적이다.

해설
택벌작업은 음수 수종에 유리하고 양수 수종에는 적용이 어렵다.

04 옻나무, 피나무, 콩과 수목 종자의 발아를 촉진시키는 방법으로 가장 적합한 것은?

① 환원법 ② 황산처리법
③ 침수처리법 ④ 고저온처리법

해설
황산처리법은 옻나무, 피나무, 콩과수목 등 종자가 단단하거나 밀랍 성분이 많은 경우 효과적이다.

05 종자가 발아하기에 적합한 환경에서 발아하지 못하는 휴면에 해당하지 않는 것은?

① 배휴면 ② 종피휴면
③ 이차휴면 ④ 생리적 휴면

해설
이차휴면(2차휴면)은 광, 산소, 온도 등의 여러 조건이 발아하기 불리한 조건에서 유발되는 휴면이다.

06 수목의 측아 발달을 억제하여 정아우세를 유지시켜주는 호르몬은?

① 옥신 ② 지베렐린
③ 사이토키닌 ④ 아브시스산

해설
옥신은 수목의 측아 발달을 억제하고 정아우세 현상을 유지시킨다.

정답 01. ③ 02. ① 03. ① 04. ② 05. ③ 06. ①

07 산림에 해당되지 않는 것은?
① 휴양 및 경관 자원
② 집단적으로 자라고 있는 대나무와 그 토지
③ 산림의 경영 및 관리를 위하여 설치한 도로
④ 집단적으로 자라고 있던 입목이 일시적으로 없어지게 된 토지

해설
산림 휴양 및 경관 자원은 산림자원에 속한다.

08 간벌에 대한 설명으로 옳지 않은 것은?
① 가지치기 작업 이전에 실시한다.
② 생산될 목재의 형질을 좋게 한다.
③ 수목의 직경 생장을 촉진하고 연륜폭이 넓어진다.
④ 수목의 수액이동 정지기인 겨울철에 실시하는 것이 좋다.

해설
가지치기는 간벌 작업 이전 혹은 이후 필요에 따라서 실시한다.

09 실생묘 생산을 위한 임목 종자의 파종량 계산에 필요한 인자가 아닌 것은?
① 순량율
② 종자 발아율
③ 잔존 묘목수
④ 발아묘생장율

해설
파종량을 구하기 위해 필요한 인자로 파종면적, m^2당 잔존 묘목수, g당 종자입수, 순량율, 발아율, 득묘율 등이 있다.

10 산림토양 내에 존재하는 질소에 대한 설명으로 옳은 것은?
① 호기성 세균은 질산태 질소를 암모늄태 질소로 변화시키는 과정에서 중심 역할을 한다.
② 산성이 강한 산림토양에서는 질산화작용에 의해 질소 성분이 주로 질산태 질소 형태로 존재한다.
③ 동식물의 사체가 분해되면 처음에 질산태 질소가 생성되며, 그 후에 세균에 의해 암모늄태 질소로 변화된다.
④ 산성이 강한 산림토양에서는 세균보다 진균이 동식물의 사체를 암모늄 형태의 질소로 분해하는데 더 크게 기여한다.

해설
산성토양의 경우 곰팡이(진균)가 우세하고 박테리아(세균)의 활동은 억제된다. 이러한 경우 곰팡이(진균)가 암모늄 형태의 질소를 분해하는데 도움을 준다.

11 삽목 작업에 대한 설명으로 옳지 않은 것은?
① 삽수의 끝눈은 남향으로 향하게 한다.
② 비가 온 후 상면이 습하면 작업을 하지 않는다.
③ 작업 중 삽수가 건조하거나 눈이 상하지 않도록 주의한다.
④ 삽목 토양으로는 배수성이 좋은 토양보다는 양료가 충분히 있는 양토 계통의 토양을 이용하는 것이 좋다.

해설
삽목상 사용되는 상토는 보수성과 통기성이 양호한 배양토를 사용한다.

정답 07. ① 08. ① 09. ④ 10. ④ 11. ④

12 양엽과 비교한 음엽에 대한 설명으로 옳지 않은 것은?

① 두께가 얇다.
② 광포화점이 높다.
③ 책상조직이 엉성하다.
④ 엽록소의 함량이 많다.

> **해설**
> 양엽은 음엽보다 광포화점이 높다.

13 이중정방형으로 묘간거리 5m 로 1 ha 에 식재되는 묘목의 본수는?

① 200본　② 800본
③ 2000본　④ 8000본

> **해설**
> 정방형 $\dfrac{10{,}000m^2}{5m \times 5m} = 400$본, 여기서 이중정방형 식재로 2배의 본수인 800본이 요구된다.

14 산림이나 묘포장의 토양 산도에 대한 설명으로 옳은 것은?

① 묘포 토양은 ph 6.5 이상이 되어야 좋다.
② ph7.4 ~ 8.0 토양에서는 침엽수종의 생육에 유리하다.
③ ph4.0 ~ 4.7 토양에서는 망간, 알루미늄이 다량 용해되어 수목의 생육에 적합하다.
④ ph6.6 ~ 7.3 토양에서는 미생물의 활동이 왕성하고 양료의 이용이 높으며 부식의 형성이 쉽게 진전된다.

> **해설**
> 토양의 산도가 중성에서 미생물의 활동이 왕성하고 양료의 이용률이 높다.

15 토양의 무기양료에 대한 요구도가 가장 낮은 수종은?

① *Zelkova serrata*
② *Abies Holophylla*
③ *Juniperus chinensis*
④ *Quercus acutissima*

> **해설**
> ① 느티나무 ② 전나무 ③ 향나무 ④ 상수리나무
> 토양의 무기양료 요구도가 낮은 수종으로 소나무, 향나무, 아까시나무, 자작나무, 오리나무 등이 있다

16 조림목이 심어진 줄에 따라 잡초목을 제거하는 풀베기 작업방법은?

① 점베기　② 줄베기
③ 모두베기　④ 둘레베기

> **해설**
> 줄베기는 식재열을 따라 잡초목을 제거한다.

17 모수작업에 대한 설명으로 옳은 것은?

① 소경재 생산을 목적으로 벌기를 짧게 하는 갱신 방법이다.
② 모수를 제외하고 성숙한 임목만을 벌채하여 갱신을 유도하는 방법이다.
③ 비교적 짧은 갱신기간 중에 몇 차례에 걸친 벌채로 작업 구역에 있는 임목이 완전히 제거된다.
④ 새로 형성된 임분은 모수가 상층을 구성하는 것을 제외하고는 동령림으로 되지만, 모수가 많으면 이단림으로 볼 수 있다.

> **해설**
> 성숙 임분을 대상으로 실시하는 것이 유리하며 종자를 공급할 수 있는 모수만을 남기고 다른 나무를 일시에 베어내는 작업을 말한다. 원칙적으로는 동령림으로 조성되나 모수가 많을 경우 2단림 등이 형성될 수도 있다.

정답 12. ② 13. ② 14. ④ 15. ③ 16. ② 17. ④

18 수목의 뿌리를 통하여 흡수된 질소, 인, 칼륨 등의 무기양료가 잎까지 이동되는 주요 통로가 되는 조직은?

① 수
② 사부
③ 목부
④ 수지관

해설
목부는 수분의 이동통로이기도 하지만 뿌리를 통해 흡수한 무기양료의 이동 통로가 된다.

19 외떡잎식물의 특징이 아닌 것은?

① 떡잎이 한 장이다.
② 엽맥은 그물맥이다.
③ 관다발 조직이 줄기 내에 흩어져 있다.
④ 보통 원뿌리가 없는 수염뿌리를 가지고 있다.

해설
외떡잎 식물의 엽맥은 나란히맥이다.

20 대면적 개벌 천연하종갱신에 대한 설명으로 옳은 것은?

① 작업 소요기간이 길다.
② 이령림 형성에 유리하다.
③ 양수의 갱신에 적합하다.
④ 토양의 이화학적 성질이 좋아진다.

해설
대면적 개벌 천연하종 갱신은 임분을 한번에 개벌하기에 양수 수종에 적합하다.

21 산불 발생 시 수행하는 직접 소화법이 아닌 것은?

① 맞불 놓기
② 토사 끼얹기
③ 불털이개 사용
④ 소화약제 항공살포

해설
맞불 놓기는 풍향, 지형을 고려하여 전방에 소화전을 설치하여 맞불을 지르는 것으로 간접 소화법에 속한다.

22 병원균이 종자의 표면에 부착해서 전반되지 수목병은?

① 잣나무 털녹병
② 왕벚나무 혹병
③ 밤나무 줄기마름병
④ 오리나무 갈색무늬병

해설
오리나무갈색무늬병균은 종자의 표면을 부착하여 전반한다.

23 수목에 가장 많은 병을 발생시키는 병원체는?

① 선충
② 균류
③ 바이러스
④ 파이토플라스마

해설
수목병에서 균류가 가장 많은 병을 발생시키며 그중에서도 자낭균류가 많은 병을 발생시킨다.

정답 18. ③ 19. ② 20. ③ 21. ① 22. ④ 23. ②

24 향나무 녹병 방제 방법에 대한 설명으로 옳지 않은 것은?

① 중간기주에는 8~9월에 적정 농약을 살포한다.
② 향나무에는 3~4월과 7월에 적정 농약을 살포한다.
③ 향나무와 중간기주는 서로 2km 이상 떨어지도록 한다.
④ 향나무 부근에 산사나무, 모과나무 등의 장미과 수목을 심지 않는다.

> **해설**
> 향나무 녹병의 중간기주에는 4~6월에 마이탄수화제, 티디폰수화제를 살포한다.

25 저온에 의한 수목 피해에 대한 설명으로 옳지 않은 것은?

① 조상은 늦가을에 수목이 완전히 휴면하기 전에 내린 서리로 인한 피해이다.
② 동상은 겨울철 수목의 생육휴면기에 발생하여 연약한 묘목에 피해를 준다.
③ 상주는 봄에 식물의 발육이 시작된 후 급격한 기온 저하가 일어나 줄기가 손상되는 것이다.
④ 상렬은 추운지방에서 밤에 수액이 얼어서 부피가 증대되어 수간의 외층이 냉각 수축하여 갈라지는 현상이다.

> **해설**
> 상주의 피해는 서릿발이라고도 하며 주로 겨울철에 땅속의 물이 토양의 모세관 현상에 의해 지표면으로 올라오면서 결빙과 해동이 반복되면서 식물의 뿌리에 피해를 주게 된다.

26 수목을 가해하는 해충 방제 방법으로 옳지 않는 것은?

① 성 페로몬을 이용한 방법은 친환경적 방제 방법이다.
② 방사선을 이용한 해충의 불임 방법은 국제적으로 금지되어 있다.
③ 생물적 방제는 다른 생물을 이용하여 해충군의 밀도를 억제하는 방법이다.
④ 공항, 항만 등에서 식물 검역을 실시하여 국내로 해충이 유입되는 않도록 한다.

> **해설**
> 방사선을 이용하는 방법은 물리적 방제법의 하나로 별도의 국제적 금지하는 항목은 없다.

27 번데기로 월동하는 해충은?

① 대벌레　　② 솔나방
③ 미국흰불나방　④ 잣나무넓적잎벌

> **해설**
> 미국흰불나방은 1년에 2회 발생하며 나무 껍질 혹은 지피물 밑에서 번데기 형태로 월동한다.

28 장미 모자이크병 방제 방법에 대한 설명으로 옳지 않은 것은?

① 매개충을 구제한다.
② 많은 잎에 모자이크병 병징이 나타난 수목은 제거한다.
③ 바이러스에 감염된 어린 대목을 38°C에서 약 4주간 열처리한다.
④ 바이러스에 감염되지 않은 대목과 접수를 사용하여 건전한 묘목을 육성한다.

> **해설**
> 장미모자이크병의 방제에는 병든 수목을 제거하거나 열처리방법, 약제처리, 접목 등의 방법이 있다.

정답 24. ① 25. ③ 26. ② 27. ③ 28. ①

29 모잘록병 방제 방법으로 옳지 않은 것은?

① 질소질 비료를 많이 준다.
② 병든 묘목은 발견 즉시 뽑아 태운다.
③ 병이 심한 묘포지는 돌려짓기를 한다.
④ 묘상이 과습하지 않도록 배수와 통풍에 주의한다.

해설
모잘록병 방제를 위해 질소질 비료의 과용을 피한다.

30 오동나무 빗자루병을 매개하는 곤충은?

① 진딧물 ② 끝동매미충
③ 마름무늬매미충 ④ 담배장님노린재

해설
대추나무 빗자루병, 뽕나무 오갈병, 붉나무 빗자루병은 마름무늬매미충, 오동나무 빗자루병은 담배장님노린재에 의해 매개된다.

31 농약을 살포하여 수목의 줄기, 잎 등에 약제가 부착되어 식엽성 해충이 먹이와 함께 약제를 섭취하여 독작용을 일으키는 살충제는?

① 기피제 ② 유인제
③ 소화중독제 ④ 침투성 살충제

해설
해충의 입으로 들어가면 소화관 내에서 중독작용을 일으키는 소화중독제는 씹는 입틀을 가진 해충에 적합하다.

32 다음 설명에 해당하는 해충은?

- 정착한 1령 애벌레는 여름에 긴 휴면을 가진 후 10월경에 생장하기 시작하고, 11월경에 탈피하여 2령 애벌레가 된다.
- 2령 애벌레는 11월 ~ 이듬해 3월 동안 수목에 피해를 가장 많이 주고 수컷은 3월 상순 전후에 탈피하여 3령 애벌레가 된다.

① 호두나무잎벌레
② 참나무재주나방
③ 도토리거위벌레
④ 솔껍질깍지벌레

해설
솔껍질깍지벌레는 후약충으로 11월에서 이듬해 3월까지 수목에 피해를 주며 2령 약충일 때 가장 많은 피해를 준다. 부화약충이 바람에 의해 이동 및 확산을 하며 주로 줄기를 가해하는 해충이다. 방제를 위해 포스파미돈 액제를 수간주사 한다.

33 대기오염 물질인 오존으로 인하여 제일 먼저 피해를 입는 수목의 세포는?

① 엽육세포 ② 표피세포
③ 상피세포 ④ 책상조직세포

해설
대기오염 물질인 오존에 의해 식물의 엽록소 감소 및 광합성의 저하 현상이 발생한다. 이는 잎의 표피 바로 아래의 울타리 모양의 책상조직이 피해를 받으면서 시작되는데 책상조직에는 엽록체가 많이 들어있어 광합성 효율이 많이 떨어진다.

정답 29. ① 30. ④ 31. ③ 32. ④ 33. ④

34 북방수염하늘소에 대한 설명으로 옳지 않은 것은?

① 성충의 우화 최성기는 5월경이다.
② 성충은 수세가 쇠약한 수목이나 고사목에 산란한다.
③ 솔수염하늘소와 마찬가지로 소나무재선충을 매개한다.
④ 연 2회 발생하고, 유충으로 월동하며, 1년에 3회 발생하는 경우도 있다.

해설
북방수염하늘소는 연 1회 발생하고 유충으로 월동하며 추운지방의 경우 2년에 1회 발생하기도 한다.

35 대추나무 빗자루병에 대한 설명으로 옳지 않은 것은?

① 매개충은 마름무늬매미충이다.
② 병든 수목을 분주하면 병이 퍼져나간다.
③ 광범위 살균제로 수간주사하여 방제한다.
④ 꽃봉오리가 잎으로 변하는 엽화현상으로 인해 열매가 열리지 않는다.

해설
파이토 플라스마에 의해 발생되는 대추나무, 오동나무 빗자루병은 테트라사이클린 약제를 수간주사하여 방제한다.

36 다음 각 해충이 주로 가해하는 수종으로 옳지 않은 것은?

① 광릉긴나무좀- 참나무류
② 미국흰불나방- 소나무류
③ 복숭아심식나방- 사과나무
④ 버즘나무방패벌레- 물푸레나무

해설
미국흰불나방은 주로 포플러, 벚나무 등에 피해를 주는데 활엽수 100 여종 정도로 피해 범위가 넓은 것이 특징이다.

37 자낭균에 의해 발생하는 수목병은?

① 뽕나무 오갈병
② 잣나무 털녹병
③ 벚나무 빗자루병
④ 삼나무 붉은마름병

해설
자낭균으로 인하여 대표적인 수목병으로 낙엽송가지끝마름병, 소나무잎떨림병, 벚나무 빗자루병 등이 있다.

38 수목에 충영을 형성하는 해충은?

① 텐트나방
② 아까시잎혹파리
③ 복숭아유리나방
④ 느티나무벼룩바구미

해설
충영을 형성하는 해충으로 솔잎혹파리, 밤나무혹벌, 아까시잎혹파리 등이 있다.

39 소나무 재선충병의 매개충 방제를 위한 나무주사에 대한 설명으로 옳지 않은 것은?

① 나무주사 시기는 5~7월이다.
② 약효 지속 기간은 약 5개월이다.
③ 약제는 티아메톡삼 분산성액제를 사용한다.
④ 약제 주입량 기준은 흉고직경(cm)당 0.5mL이다.

해설
소나무재선충의 매개충 방제를 위해 나무주사는 3월 전까지 날이 추울때 실시한다.

정답 34. ④ 35. ③ 36. ② 37. ③ 38. ② 39. ①

40 해충을 생물적으로 방제하는 방법에 대한 설명으로 옳은 것은?

① 식재할 때 내충성 품종을 선정한다.
② BT 수화제를 이용하여 솔나방 등을 방제한다.
③ 생리활성 물질인 키틴합성 억제제를 이용한다.
④ 임목밀도를 조절하여 건전한 임분을 육성한다.

해설
생물적 방제 방법으로 천적을 이용하거나 미생물 농약 BT 수화제를 이용한다.

41 임목수관의 지상투영면적 백분율로 나타내는 임분밀도의 척도는?

① 상대밀도　② 임분밀도지수
③ 상대공간지수　④ 수관경쟁인자

해설 수관경쟁인자는 임목 수관의 지상투영면적의 비율이다.

42 손익분기점 분석을 위한 가정으로 옳지 않은 것은?

① 제품의 생산능률은 변화한다.
② 제품 한 단위당 변동비는 항상 일정하다.
③ 고정비는 생산량의 증감에 관계없이 항상 일정하다.
④ 제품의 판매가격은 판매량이 변동하여도 변화되지 않는다.

해설
손익분기점 분석을 위한 가정에서 제품의 생산능률은 변함이 없다.

43 다음 조건에서 프레슬러(Pressler)공식을 이용한 임목의 수고생장률은?

- 2010년 임목의 수고는 15m
- 2015년 임목의 수고는 18m

① 약 0.4%　② 약 3.6%
③ 약 36.4%　④ 약 44.4%

해설
$$\frac{18m-15m}{18m+15m} \times \frac{200}{5} = 3.64(\%)$$

44 벌기가 20년인 활엽수 맹아림의 임목가는 40만원이다. 마르티나이트(Martineit)식으로 계산한 15년생의 임목가는?

① 112,500원　② 150,000원
③ 225,000원　④ 350,000원

해설
마르티나이트식

표준벌기의 임목가격 × $\frac{평가대상 임목의 현재연령^2}{표준벌기^2}$

= 40만원 × $\frac{15^2}{20^2}$ = 225,000원

45 입목의 가격을 산정하기 위한 방법으로 시장역산가 공식에 사용하지 않는 인자는?

① 조재율　② 간벌수익
③ 자본회수기간　④ 원목의 시장단가

해설
시장가 역산법은 조재율, 월이율, 자본 회수 기간, 기업이익률, 단위재적당 벌목 및 운반 비용을 이용하여 단위 재적당 임목 단가를 구한다.

정답 40. ②　41. ④　42. ①　43. ②　44. ③　45. ②

46 다음 조건에서 글라저(Glaser)의 보정식에 따른 15년생 현재의 평가대상 임목가는?

- 현재 15년생인 소나무림 1ha의 조림비와 10년생까지 지출한 경비의 후가합계가 60만원이다.
- 30년생의 벌기수확이 380만원으로 예상된다.

① 800,000원 ② 812,500원
③ 850,000원 ④ 887,500원

해설

$(3,800,000 - 600,000) \times \dfrac{(15-10)^2}{(30-10)^2}$
$+ 600,000 = 800,000$

47 임목재적 측정 시 가장 먼저 할 일은?

① 조사목 선정
② 조사목 측정
③ 조사구역 설정
④ 임분의 현존량 추정

해설

임목 재적 측정시 가장 먼저 조사구역을 설정하도록 한다.

48 종합원가계산 방법에 대한 설명으로 옳지 않은 것은?

① 공정별 원가계산방법이라고도 한다.
② 제품의 원가를 개개의 제품단위별로 직접 계산하는 방법이다.
③ 같은 종류와 규격의 제품이 연속적으로 생산되는 경우에 사용한다.
④ 생산된 제품의 전체원가를 총생산량으로 나누어 단위 원가를 산출한다.

해설

제품의 원가를 개개별이 아닌 전체원가를 통해 계산하는 방법이다.

49 벌구식 택벌작업에서 맨 처음 벌채된 벌구가 다시 택벌될 때까지의 소요기간을 무엇이라고 하는가?

① 벌기령 ② 윤벌기
③ 벌채령 ④ 회귀년

해설

최초 벌채된 지역인 벌구에 다시 작업을 하는데까지의 소요기간을 회귀년을 말한다.

50 숲길의 조성·관리 연차별계획에 포함되어야 할 사항은?

① 1년 단위 연차별 투자실적 및 계획
② 5년 단위 연차별 투자실적 및 계획
③ 10년 단위 연차별 투자실적 및 계획
④ 20년 단위 연차별 투자실적 및 계획

해설

산림문화, 휴양에 관한 법률 시행규칙에 의거 숲길 관련 사업의 5년 단위 연차별 투자실적 및 계획을 포함해야 한다.

51 자본장비도에 대한 설명으로 옳지 않은 것은?

① 종사자 1인당 자본액이다.
② 종사자 수를 총자본으로 나눈 것이다.
③ 일반적으로 고정자본에서 토지를 제외한다.
④ 경영의 총자본은 고정자본과 유동자본의 합이다.

해설

자본장비도는 임업경영의 총자본을 종사하는 사람의 수로 나눈 값으로 종사자 1인당 자본액을 의미한다.

정답 46. ① 47. ③ 48. ② 49. ④ 50. ② 51. ②

52 임업이율의 성격으로 옳지 않은 것은?

① 현실이율이 아니고 평정이율이다.
② 단기이율이 아니고 장기이율이다.
③ 대부이자가 아니고 자본이자이다.
④ 명목적 이율이 아니고 실질적 이율이다.

해설
임업이율은 실질이율이 아닌 명목이율이다.

53 산림경영의 지도원칙 중 경제원칙이 아닌 것은?

① 공공성 ② 수익성
③ 보속성 ④ 생산성

해설
산림 경영 지도원칙 중 경제원칙에 해당하지 않는 것으로 보속성, 합자연성 등이 있다.

54 생태·문화·역사·경관·학술적 가치의 보전에 필요한 산림은?

① 수원함양림
② 생활환경보전림
③ 산지재해방지림
④ 자연환경보전림

해설
생태, 문화, 역사, 경관, 학술적 가치의 보전에 필요한 산림을 자연환경보전림이라 한다.

55 산림의 경제성 분석방법 중 현금흐름할인법에 해당하지 않는 것은?

① 회수기간법 ② 순현재가치법
③ 내부수익률법 ④ 편익비용비율법

해설
투자효율은 현금 흐름의 할인 여부에 따라 화폐의 시간가치를 고려하지 않는 비할인모형으로 회수기간법, 투자이익률법이 있다.

56 산림수확 조절방법 중 수리계획법이 아닌 것은?

① 장기계획법 ② 선형계획법
③ 목표계획법 ④ 정수계획법

해설
산림수확조절방법으로 가장 널리 사용되는 선형계획법과 선형계획법의 확장된 형태인 목표계획법, 그리고 정수계획법이 있다.

57 산림문화 휴양에 관한 법률에서 정의된 국민의 정서함양, 보건휴양 및 산림교육 등을 위하여 조성한 산림에 해당하는 것은?

① 산림욕장 ② 치유의 숲
③ 숲속야영장 ④ 자연휴양림

해설
산림법 31조에 의거 휴양림이라 함은 정상적인 산림경영을 하면서 휴양시설을 설치하여 국민의 보건휴양 및 정서함양을 위한 야외휴양공간으로 제공함과 동시에 자연교육장으로서의 역할과 산림소유자의 소득향상에 이바지하기 위하여 산림청장이 지정, 고시한 산림을 말한다.

58 임분재적 측정방법으로 전수조사에 해당되는 것은?

① 목측 ② 표본조사
③ 매목조사 ④ 계통적 추출

해설
매목조사법은 모든 임목을 조사하는 전림법의 조사방법이다.

정답 52. ④ 53. ③ 54. ④ 55. ① 56. ① 57. ④ 58. ③

59 Huber 식에 의한 수간석해 방법으로 옳지 않은 것은?

① 구분의 길이를 2m 로 원판을 채취한다.
② 반경은 일반적으로 5년 간격으로 측정한다.
③ 벌채점의 위치는 가슴높이인 지상 1.2m 로 한다.
④ 단면의 반경은 4방향으로 측정한 값의 평균값이다.

> **해설**
> 수간석해를 위해 선정된 표준목은 지상 20cm 위치를 벌채한 후 근원경을 측정한다.

60 감가상각비에 대한 설명으로 옳지 않은 것은?

① 시간의 경과에 따른 부패, 부식 등에 의한 가치의 감소를 포함한다.
② 고정자산의 감가원인은 물리적 원인과 기능적 원인으로 나눌 수 있다.
③ 새로운 발명이나 기술진보에 따른 사용 가치의 감가는 감가상각비로 처리하지 않는다.
④ 시장변화 및 제조방법 등의 변경으로 인하여 사용할 수 없게 된 경우에도 감가상각비로 처리한다.

> **해설**
> 발명이나 진보 등에 따른 기능적 가치의 하락 역시 감가상각비로 처리하며 이를 진부화라 한다.

61 임도 설계속도가 20km/시간 일 때 일반지형에서 최소곡선반지름 기준은?

① 12m   ② 15m
③ 20m   ④ 30m

> **해설**
> 임도설계속도 20km/h에서 일반지형의 최소곡선반지름은 15m 이다.

62 임도 시공 시 토사지역에서 절토 경사면의 기울기 기준은?

① 1 : 0.3~0.5   ② 1 : 0.3~0.8
③ 1 : 0.8~1.2   ④ 1 : 0.8~1.5

> **해설**
> 임도시공시 경암, 연암, 토사지역에 대한 기울기 기준이 있으며 토사지역은 1 : 0.8 ~ 1.5 이다.

63 임도 밀도를 산출하기 위한 해석적 방법으로 옳은 것은?

① 몇 개의 예정노선을 계획하고 이익과 비용에 의해 비교 판단한다.
② 예정 개설 노선의 노선도를 작성하고 계산과 이론으로 최적 임도를 산출한다.
③ 몇 개의 예정노선을 계획 작성하고 임지마다 최적의 노선배치에 의한 최적임도를 선정한다.
④ 예정노선의 노선도를 작성하지 않고 순수하게 계산만으로 이론적 최적임도 밀도를 산출한다.

> **해설**
> 임도밀도 산정 방법은 크게 해석적방법(이론적방법)과 경험적방법(대안비교법)이 있다. 여기서 해석적 방법은 시설예정노선의 노선도를 작성하지 않고 순수하게 계산만으로 이론적 임도밀도 및 임도간격을 산출하는 방법이다. 경험적 방법은 몇 개의 대안노선을 계획하고 이익과 비용에 의하여 비교 판단하는 방법이다.

정답 59. ③ 60. ③ 61. ② 62. ④ 63. ④

64 임도의 선형 설계에서 제약 요소가 아닌 것은?

① 시공 상에서의 제약
② 대상지 주요 수종에 의한 제약
③ 사업비·유지관리비 등에 의한 제약
④ 자연환경의 보존·국토보전 상에서의 제약

해설
임도 선형설계시 제약 요소
• 자연 환경의 보존 및 국토 보전
• 지형, 지물의 제약
• 시공상 제약
• 사업비, 유지 관리비 제약

65 임도 시공 방법에 대한 설명으로 옳은 것은?

① 성토 대상지에 있는 모든 임목은 사면다짐 등 노체 형성에 유리하므로 그대로 존치시킨다.
② 암석지역 중 급경사지 또는 가시권 지역에서의 암석 절취는 발파 위주로 시공한다.
③ 토공작업 시 부족한 토사공급 또는 남은 토사의 처리가 필요한 경우에는 임지 밖에 사토장 또는 토취장을 지정한다.
④ 노면 및 절토대상지에 있는 임목과 그 뿌리, 표토는 전량 제거하여 반출한다. 다만, 부식토는 사면복구에 활용할 수 있다.

해설
임도의 설계 및 시설기준에 의거 노면 및 절토 대상지에 있는 입목(관목을 포함)과 그 뿌리, 표토는 전량 제거 및 반출한다. 이 경우 표토를 제거할 때 나오는 부식토 중 현지에서 활용가능한 부식토는 사면복구에 활용할 수 있다.

66 임도의 횡단 선형에 대한 설명으로 옳지 않은 것은?

① 길어깨의 너비는 50cm ~ 1m로 한다.
② 배향곡선의 중심선 반지름은 10m 이상으로 설치한다.
③ 임도의 유효너비 기준은 길어깨 및 옆도랑의 너비를 합친 3m 이다.
④ 곡선부의 중심선 반지름은 내각이 155° 이상인 경우 곡선을 설치하지 않을 수 있다.

해설
길어깨, 옆도랑의 너비를 제외한 임도의 유효너비는 통상 3m 정도로 규정한다. 단, 배향곡선지인 경우 6m 이상이다.

67 개설 비용이 저렴하고 토사발생량도 적으며 상향집재작업에 가장 적합한 임도는?

① 사면임도   ② 계곡임도
③ 능선임도   ④ 복합임도

해설
능선임도형의 경우 축조비용이 저가이고 토사유출이 적다. 그리고 가선집재 같은 상향집재방식으로만 산림 개발이 가능하다.

68 임도 시공에서 다짐작업에 사용되는 토공기계로 가장 거리가 먼 것은?

① 불도저   ② 탬핑롤러
③ 진동 콤팩터   ④ 모터그레이더

해설
모터그레이더는 도로시공의 정지작업에 사용된다.

정답 64. ② 65. ④ 66. ③ 67. ③ 68. ④

69 임도 설계 과정에서 가장 먼저 실시하는 업무는?

① 예측 ② 답사
③ 예비조사 ④ 공사 수량 산출

해설
임도설계 순서
예비조사 → 답사 → 예측, 실측 → 설계도 작성 → 공사량 산출 → 설계서 작성

70 컴퍼스측량에서 발생하는 자침편차 중 일차에 해당하는 변화는?

① 0' ~ 5' ② 5' ~ 10'
③ 15' ~ 20' ④ 20' ~ 25'

해설
일차는 자침편차의 하루 사이 발생되는 변화로 5~10' 정도의 변화량을 보인다.

71 최소곡선반지름의 크기에 영향을 주는 인자가 아닌 것은?

① 임도 밀도
② 도로의 너비
③ 반출할 목재의 길이
④ 차량의 구조 및 운행속도

해설
최소곡선반지름은 노선의 굴곡 정도를 나타내며 도로의 너비, 운행속도, 도로 및 차량의 구조, 반출 목재의 길이, 시거, 타이어와 노면의 마찰계수 등에 영향을 받는다.

72 평판측량에 있어서 어느 다각형을 전진법에 의하여 측량하였다. 이때 폐합오차가 20cm 발생하였다면 측점 C의 오차 배분량은? (단, AB = 50m, BC = 40m, CD = 5m, DA = 5m)

① 0.10m ② 0.14m
③ 0.18m ④ 0.20m

해설
오차배분량=(폐합오차×그 측점까지의 거리)/전체 측성의 거리
=(0.2m×AB+BC)/AB+BC+CD+DA
=(0.2 × 90)/100
=0.18

73 수준 측량에서 시점의 지반고가 100m 이고, 전시의 합은 120.5m 후시의 합은 110.5m 일 때 종점의 지반고는?

① 90m ② 100m
③ 110m ④ 120m

해설
시점의 지반고 100m + 후시 110.5m - 전시 120.5m = 종점의 지반고 90m

74 임도망의 특성을 나타내는 지표가 아닌 것은?

① 임도 밀도 ② 임도 간격
③ 평균집재거리 ④ 임도 곡선반지름

해설
임도망의 확장 및 특성의 지표로 임도밀도, 임도간격, 집재거리, 개발률 등이 있다.

75 임도에서 대피소의 설치 간격 기준은?

① 100m 이내 ② 300m 이내
③ 500m 이내 ④ 1,000m 이내

해설
대피소의 간격 300m 이내, 너비 5m 이상, 유효길이 15m 이상을 기준으로 한다.

정답 69. ③ 70. ② 71. ① 72. ③ 73. ① 74. ④ 75. ②

76 집재가선을 설치할 때 본줄을 설치하기 위한 집재기 쪽의 지주를 무엇이라 하는가?

① 머리기둥　② 꼬리기둥
③ 안내기둥　④ 받침기둥

해설
집재 가선을 설치하기 위해 집재기쪽 지주를 머리기둥 혹은 앞기둥이라 한다.

77 다음과 같은 지형에서 직사각형 기둥법에 의한 토적량은? (단, 사각형의 면적은 200m² 로 모두 동일함)

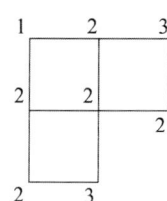

① 1,200 m³　② 1,250 m³
③ 1,300 m³　④ 1,350 m³

해설
◎ 방법 1

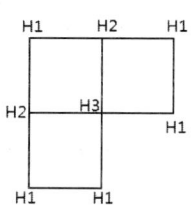

$$토적량 = \frac{A(\sum H_1 + 2\sum H_2 + 3\sum H_3)}{4}$$
$$= \frac{200 \times (11 + 8 + 6)}{4} = 1250 m^3$$

· $\sum H_1$: 1회 사용한 지반고 합 : (1+3+2+3+2) = 11
· $\sum H_2$: 2회 사용한 지반고 합 : 2×(2+2) = 8
· $\sum H_1$: 1회 사용한 지반고 합 : 3×2 = 6

◎ 방법 2

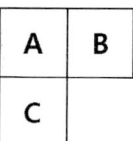

토적량 = 사각형 면적 × (A + B + C)
　　　= 200 × (1.75 + 2.25 + 2.25) = 1250m³

· A : (1+2+2+2) ÷ 4 = 1.75
· B : (2+2+2+3) ÷ 4 = 2.25
· C : (2+2+2+3) ÷ 4 = 2.25

78 임도의 횡단선형에서 길어깨의 기능이 아닌 것은?

① 시거의 여유 공간
② 폭설 시 제설 공간
③ 보행자의 통행 공간
④ 차량의 주행상 여유 공간

해설
길어깨의 기능은 노체구조의 안정, 차량 안전 통행, 보행자 대피 공간, 차도의 구조부 보호 등이 있다.

79 곡선설치법에서 교각법에 의해 곡선을 설치할 때 교각이 32°5′, 곡선반지름이 200m 일 경우 접선길이는?

① 약 58m　② 약 65m
③ 약 75m　④ 약 83m

해설
$$200m \times \tan\left(\frac{32°5'}{2}\right) ≒ 57.51$$

※ 접선길이 공식
　곡선반지름 × $\tan\frac{\theta}{2}$

80 임도의 설계기준으로 중심선 측량에서 측점 간격은?

① 5m　② 10m
③ 20m　④ 50m

해설
중심선측량에서 중심말뚝의 측점은 20m 간격으로 설치한다.

정답 76. ① 77. ② 78. ① 79. ① 80. ③

81 사방공사용 재래 초본류에 해당하는 것은?

① 억새   ② 오리새
③ 겨이삭 ④ 우산잔디

> **해설**
> 사방공사용 재래 초본류로 김의털, 까치수영, 억새 등이 있다.

82 양단면적이 각각 10m², 20m² 이고, 양단면의 거리가 20m 일 때 양단면평균법에 의한 토사량은?

① 300m³   ② 400m³
③ 500m³   ④ 600m³

> **해설**
> $(\frac{10+20}{2}) \times 20 = 300 m^2$
> ※ 양단면적 평균법
> $V = \frac{1}{2}(A_1 + A_2) \times l$

83 계류의 상류에 쌓는 소규모 공작물로 사방댐과 모습이 비슷하나 규모가 작고 토사퇴적 기능이 없으며 반수면만 존재하는 것은?

① 수제   ② 골막이
③ 누구막이 ④ 기슭막이

> **해설**
> 골막이는 산비탈 붕괴지의 골이나 이에 접속된 계류의 최상류부에 축설하는 소규모의 사방용 댐으로 사방댐과 비슷하나 반수면만 축조하고 중앙부를 낮게 하여 물이 빠지게 한다.

84 산사태의 발생요인에서 내적요인에 해당하는 것은?

① 강우   ② 지진
③ 벌목   ④ 토질

> **해설**
> 산사태의 내적요인에는 토질, 임상, 지형등이 있다.

85 척박하고 건조한 지역에서 비교적 잘 자라며, 맹아갱신이 잘 이루어지는 사방녹화용 주요 목본식물은?

① 단풍나무   ② 가시나무
③ 아까시나무 ④ 테다소나무

> **해설**
> 아까시나무는 맹아력이 강한 수종으로 척박하고 건조한 지역에서 비교적 잘자란다.

86 다음 설명에 해당하는 것은?

> 비탈면이나 누구에서 모여드는 물이 점점 많아지면 구곡의 바닥과 양쪽 기슭의 침식력이 커지는데, 이 때의 침식력을 의미한다.

① 유송력   ② 운반력
③ 소류력   ④ 수직응력

> **해설**
> 소류력은 유로를 따라 흐르는 물이 바닥에 있는 물질을 움직이는 힘을 나타내는 것으로 유수에 의해 하상면의 단위면적에 가해지는 힘을 의미한다. 소류력이 증가하면 계류 바닥에 정지되어 있던 사력이 이동하기 시작하는데 이때를 한계소류력이라 한다.

87 콘크리트 측구에 흐르는 유적이 0.35m² 이고, 평균 유속이 4m/s 일 때 유량은?

① 0.14 m³/s   ② 1.14 m³/s
③ 1.40 m³/s   ④ 11.43 m³/s

> **해설**
> 유량 = 유적 × 유속
> = 0.35 × 4 = 1.4m³/sec

정답 81. ① 82. ① 83. ② 84. ④ 85. ③ 86. ③ 87. ③

88 다음 설명에 해당하는 것은?

> 산림지대에서 지하수 유출과 깊은 유출을 합한 것이며, 평상 시의 유량은 대부분 이것에 해당한다.

① 직접유출　② 간접유출
③ 기저유출　④ 표면유출

해설
기저유출은 하천 수로에 총 유출을 구성하는 요소에서 시간적으로 유출이 지연된 중간유출과 지하수유출을 더한 값을 의미한다.

89 황폐계류유역에 해당하지 않는 것은?

① 토사생산구역　② 토사유과구역
③ 토사퇴적구역　④ 토사억제구역

해설
황폐계류의 상류부를 토사생산구역, 생산된 토사가 이동하는 토사유과구역, 하류에 토사가 퇴적되는 토사퇴적구역으로 구분된다.

90 사방댐 안정조건의 검토 항목으로 옳지 않은 것은?

① 유출에 대한 안정
② 전도에 대한 안정
③ 제체파괴에 대한 안정
④ 기초지반 지지력에 대한 안정

해설
중력댐의 안정조건으로 전도에 대한 안정, 활동에 대한 안정, 제체의 파괴에 대한 안정, 기초지반의 지지력에 대한 안정이 있다.

91 흙골막이에서 제체를 축설하는 흙쌓기 비탈면의 기울기 기준은?

① 대수면과 반수면이 다같이 1:1 보다 완만하게 하여야 한다.
② 대수면과 반수면이 다같이 1:1.5 보다 완만하게 하여야 한다.
③ 대수면은 1:1.5, 반수면은 1:1 보다 완만하게 하여야 한다.
④ 대수면은 1:1, 반수면은 1:1.5 보다 완만하게 하여야 한다.

해설
흙골막이는 흙으로 축설하고 댐마루의 반수면에 떼를 입혀 제체를 보호한다. 흙쌓기 비탈면의 표준기울기는 대수면과 반수면이 다같이 1 : 1.5 보다 완만하게 한다.

92 막깬돌의 길이는 앞면의 몇 배 이상으로 하는가?

① 0.5배　② 1.0배
③ 1.5배　④ 2.0배

해설
막깬돌은 견치돌과 유사하나 견치돌과는 달리 일정한 규격에 의하여 만드는 돌이 아니라 대체로 옆면을 직사각형과 유사하게 막 깬 석재로서 앞면의 1.5배 이상으로 한다.

93 야계사방에 해당하는 공종이 아닌 것은?

① 사방댐　② 흙막이
③ 바닥막이　④ 기슭막이

해설
야계사방공사는 골막이, 바닥막이, 기슭막이, 수제, 계간수로, 사방댐 등이 있다.

정답 88. ③　89. ④　90. ①　91. ②　92. ③　93. ②

94 땅밀림과 비교한 산사태에 대한 설명으로 옳지 않은 것은?

① 점성토를 미끄럼면으로 하여 속도가 느리게 이동한다.
② 주로 호우에 의하여 산정에서 가까운 산복부에서 많이 발생한다.
③ 흙덩어리가 일시에 계곡, 계류를 향하여 연속적으로 길게 붕괴하는 것이다.
④ 비교적 산지 경사가 급하고 토층 바닥에 암반이 깔린 곳에서 많이 발생한다.

해설
산사태는 땅밀림과 비교하여 이동속도가 빠르고 사질토에서 발생한다.

95 석재를 이용하여 공작물을 시공할 때 식생도입이 곤란한 기울기가 1:1 보다 완만한 비탈면이나 수변지역의 기슭막이에 사용되는 방법은?

① 찰쌓기 ② 골쌓기
③ 메쌓기 ④ 돌붙이기

해설
돌붙이기는 식생조성이 곤란한 기울기 1 : 1이하의 비탈면에 돌, 콘크리트블록, 콘크리트 붙이기 등의 공정으로 시공한다.

96 산사태 예방공사 중 지하수 배제공사에 속하는 것은?

① 주입공사   ② 집수정공사
③ 돌림수로내기 ④ 침투수방지공사

해설
지하수배재공사의 공종에는 속도랑내기, 보링속도랑내기, 집수정공사, 지하수차단공사 등이 있다.

97 중력침식에 대한 설명으로 옳지 않은 것은?

① 붕괴형 침식, 동상 침식, 지활형 침식, 유동형 침식 등이 있다.
② 유수나 바람과 같은 독립된 외력의 작용에 의하여 발생하는 침식이다.
③ 토층이 수분으로 포화되어 중력작용으로 토층이 집단적으로 밀리는 현상이다.
④ 중력의 영향으로 비탈면에서 토사와 석력의 지괴가 이동하는 침식의 특수형태이다.

해설
유수나 바람과 같은 독립된 외력의 작용에 의한 침식은 중력침식이 아닌 물, 바람, 파도 등에 의해 깎이는 현상이다.

98 해안사방의 정사울세우기에 대한 설명으로 옳지 않은 것은?

① 울타리의 유효높이는 보통 1.0~1.2m 로 한다.
② 울타리의 방향은 주풍방향에 직각이 되게 한다.
③ 구획의 크기는 한 변의 길이가 7~15m 정도인 정사각형이나 직사각형으로 한다.
④ 해안으로부터 이동하는 모래를 배후에 퇴적시켜 인공모래언덕을 조성하기 위해 설치한다.

해설
해안으로부터 이동하는 모래를 배후에 퇴적시켜 인공모래언덕을 조성하기 위해 설치하는 것은 퇴사울세우기이다.

정답 94. ① 95. ④ 96. ② 97. ② 98. ④

99 계속되는 강우로 인하여 토층이 포화상태가 되면서 산지 전면에 걸쳐 얇은 층으로 발생하는 침식은?

① 면상침식
② 우격침식
③ 누구침식
④ 구곡침식

해설
우수침식 중에서 토양 표면이 전면에 걸쳐 얇게 유실되는 단계를 면상침식이라 한다.

100 사방시설의 공작물도를 작성하는데 기준이 되며 설계홍수량 산정에 쓰이는 강우확률빈도는?

① 30년
② 50년
③ 80년
④ 100년

해설
통수단면은 100년 빈도 확률 강우량에 홍수도달시간을 이용하여 최대홍수유출량의 1.2배 이상으로 설계한다.

정답 99. ① 100. ④

2020년 제3회 산림기사

01 이태리포플러와 유연관계가 가장 가까운 수종은?

① 왕버들   ② 황철나무
③ 미루나무   ④ 은수원사시나무

해설
미루나무는 양버들과 잡종으로 만든 것이 이태리 포플러이다.

02 순림에 대한 설명으로 옳은 것은?

① 입지 자원을 골고루 이용할 수 있다.
② 경제적으로 가치 있는 나무를 대량으로 생산할 수 있다.
③ 숲의 구성이 단조로우며 병충해, 풍해에 대한 저항력이 강하다.
④ 침엽수로만 형성된 순림에서는 임지의 악화가 초래되는 일이 없다.

해설
순림은 한 수종만으로 구성된 숲으로 경제적으로 유리한 수종만으로 구성이 가능하다.

03 소나무를 양묘하려고 채종을 하였다. 열매를 탈각하여 5kg 을 얻었으며, 정선하여 얻은 순정종자는 4.5kg 이었다. 이 종자의 발아율을 조사하니 80% 였다면 이 종자의 효율은?

① 64%   ② 72%
③ 80%   ④ 90%

해설
- 순량율 $= \dfrac{4.5kg}{5kg} \times 100 = 90(\%)$
- 효율(%) $= \dfrac{순량률 \times 발아율}{100} = \dfrac{90 \times 80}{100} = 72(\%)$

04 간벌에 대한 설명으로 옳지 않은 것은?

① 정성간벌은 임목본수와 현존량으로 결정한다.
② 수액 이동 정지기인 겨울과 봄에 실시하는 것이 좋다.
③ 수목의 생장량이 증가함에 따라 생육 공간 조절을 위해 실시한다.
④ 지위가 '상'이면 활엽수종의 간벌 개시 시기는 임령이 20~30년일 때부터이다.

해설
정성간벌은 줄기의 형태와 수관의 특성으로 구분되는 수형급을 기준으로 간벌목을 선정한다.

05 묘목의 연령표시에 대한 설명으로 옳지 않은 것은?

① 1/2묘 : 뿌리는 1년, 줄기는 2년된 삽목묘
② 1-0묘 : 판갈이는 하지 않고 1년이 경과한 실생묘목
③ 1-1묘 : 파종상에서 1년, 판갈이하여 1년이 경과된 2년생 묘목
④ 2-1-1묘 : 파종상에서 2년, 판갈이하여 1년 다시 판갈이하여 1년을 지낸 4년생 묘목

해설
1/2 묘는 줄기는 1년, 뿌리는 2년된 삽목묘이다.

정답 01. ③ 02. ② 03. ② 04. ① 05. ①

06 일반적으로 파종 1년 후에 판갈이 작업을 실시하는 것이 좋은 수종으로만 올바르게 나열한 것은?

① 삼나무, 전나무
② 소나무, 잣나무
③ 소나무, 일본잎갈나무
④ 전나무, 독일가문비나무

해설
소나무류, 낙엽송, 삼나무, 편백 등의 수종은 파종 1년 후 판갈이 작업을 실시하는 것이 좋다.

07 종자의 후숙이 필요하지 않은 것은?

① *Salix koreensis*
② *Tilia amurensis*
③ *Corunus officinalis*
④ *Robinia pseudoacacia*

해설
① 버드나무 ② 피나무 ③ 산수유 ④ 아까시나무, 포플러류, 버드나무류, 사시나무 등은 종자의 수명이 대단히 짧아 성숙한 종자는 바로 파종하는 것이 좋다.

08 양료간에 흡수를 상호 촉진하는 비료성분으로 올바르게 짝지어진 것은?

① 철 - 망간
② 칼륨 - 칼슘
③ 인산 - 마그네슘
④ 칼륨 - 마그네슘

해설
마그네슘은 엽록소를 구성하고 효소의 활동에 관여하는데 인산과 흡수를 상호 촉진한다. 마그네슘이 결핍되면 인산의 이용도 감소하게 된다.

09 택벌작업에 대한 설명으로 옳지 않은 것은?

① 심미적 가치가 가장 높다.
② 음수 수종의 갱신에 적합하다.
③ 일시의 벌채량이 많으므로 경제상 효율적이다.
④ 소면적 임지에 보속생산을 하는데 가장 적합한 방법이다.

해설
일시에 벌채량이 많아 경제상 효율적인 방법은 개벌작업이다.

10 일반적으로 연료재와 소경재, 일반용재를 동일임지에서 생산하는 산림작업종은?

① 군상개벌 ② 모수작업
③ 왜림작업 ④ 중림작업

해설
용재 생산이 목적인 교림작업, 연료재 생산이 목적인 왜림작업을 동시에 실시하는 것을 중림작업이라 한다.

11 빛과 관련된 수목 생리에 대한 설명으로 옳은 것은?

① 우리나라에서 자라는 대부분의 활엽수는 C4 식물군에 속한다.
② 엽록체 내에서 광에너지를 이용한 광반응이 일어나는 곳은 스트로마(stroma)이다.
③ 내음성은 동일 수종이라도 수목의 연령이나 생육조건 등에 따라서 변할 수 있다.
④ 수목 한 개체 내에서는 양엽이나 음엽에 상관없이 광보상점이나 광포화점이 동일하다.

해설
내음성은 동일 수종이라도 수목의 연령, 수분, 온도 등의 생육조건에 따라 영향을 받는다.

정답 06. ③ 07. ① 08. ③ 09. ③ 10. ④ 11. ③

12 인공조림의 특징으로 옳은 것은?

① 동령단순림 형성이 많다.
② 주로 택벌작업지에 실시한다.
③ 다양한 규격의 목재 생산이 용이하다.
④ 천연갱신에 비해 성숙림이 늦게 이루어진다.

> **해설**
> 인공조림은 같은 시기에 동일 수종으로 조림하는 경우가 많아 동령단순림 형성이 많은 편이다.

13 환원법에 의한 종자활력검사 방법에 대한 설명으로 옳지 않은 것은?

① 단기간 내에 실시할 수 있다.
② 휴면 종자에는 적용이 어렵다.
③ 테트라졸륨 대신에 테룰루산칼륨도 사용한다.
④ 침엽수의 종자는 배와 배유가 함께 염색되도록 한다.

> **해설**
> 환원법은 종자의 활력을 검사하는 방법 중 하나로 휴면 종자에도 적용이 가능하며 테룰로산소다나 테트라졸륨 수용액을 이용한다.

14 토양 수분에 대한 설명으로 옳지 않은 것은?

① 토양의 모세관수는 수목이 이용할 수 있다.
② 토양 수분이 포화 상태일 때의 pF는 3.8이다.
③ 토양의 수분포텐셜은 포화 상태로부터 건조해짐에 따라 낮아진다.
④ 위조점은 토양 수분의 부족으로 수목이 시들기 시작하는 수분상태를 말한다.

> **해설**
> 토양 수분이 포화 상태일 때를 최대용수량이라 하며 pF 0 이다.

15 생가지치기를 하여도 부후의 위험성이 거의 없는 수종으로만 올바르게 나열한 것은?

① 편백, 포플러
② 벚나무, 느릅나무
③ 삼나무, 물푸레나무
④ 자작나무, 단풍나무

> **해설**
> 생가지치기 위험이 거의 없는 수종으로 편백, 포플러류, 소나무, 낙엽송 등이 있다.

16 근삽에 의한 무성번식 방법을 적용하는데 가장 적합한 수종은?

① 소나무
② 벚나무
③ 밤나무
④ 오동나무

> **해설**
> 근삽은 지하경이나 굵은 뿌리를 잘라 삽목하는 방법으로 오동나무, 등나무 등의 수종에 적합하다.

17 복층림 조성에 대한 설명으로 옳지 않은 것은?

① 경관 유지 및 관리에 적절하다.
② 벌채 시 설비비와 반출경비가 많이 절약된다.
③ 임목의 수확 기간이 길어져서 대경목 생산이 가능하다.
④ 생장이 균일하여 연륜폭이 균등하고 치밀한 목재를 생산할 수 있다.

> **해설**
> 복층림은 2층 이상의 임관을 가진 산림으로 다른 작업에 비해 벌채경비가 많이 들어가는 편이다.

정답 12. ① 13. ② 14. ② 15. ① 16. ④ 17. ②

18 우리나라에서 한대림의 특징 수종이 아닌 것은?

① *Larix olgensis*
② *Picea jezoensis*
③ *Taxus cuspidata*
④ *Quercus myrsinaefolia*

> **해설**
> ① 잎갈나무 ② 가문비나무 ③ 주목 ④ 가시나무, 한 대림의 특정수종으로 가문비나무, 분비나무, 잎갈나무, 주목, 잣나무, 전나무 등이 있다. 가시나무는 난대림에서 볼 수 있는 대표 수종이다.

19 수목 잎의 기공에 대한 설명으로 옳지 않은 것은?

① 잎의 수분포텐셜이 낮아지면 기공이 닫힌다.
② 온도가 30℃ 이상으로 상승하면 기공이 닫힌다.
③ 기공이 열리는데 필요한 광도는 순광합성이 가능한 광도이면 된다.
④ 엽육 세포 내부의 이산화탄소 농도가 높아지면 기공이 열린다.

> **해설**
> 엽육 세포 내부의 이산화탄소 농도가 높아지면 기공이 닫힌다.

20 쌍떡잎식물에 대한 설명으로 옳지 않은 것은?

① 잎은 그물맥이다.
② 떡잎이 두 장이다.
③ 원뿌리에 곁뿌리가 붙어있다.
④ 관다발이 줄기에 산재되어 있다.

> **해설**
> 관다발이 줄기에 산재되어 있는 것은 외떡잎식물의 특징이다. 쌍떡잎식물은 관다발이 고리모양으로 규칙적으로 배열되어 있다.

21 점박이응애에 대한 설명으로 옳지 않은 것은?

① 습한 기후 조건에서 대발생하기도 한다.
② 1년에 8~10회 발생하고, 주로 암컷 성충이 수피 밑에서 월동한다.
③ 농약을 지속적으로 사용한 수목에서 대발생하는 경우가 있다.
④ 잎 뒷면에서 즙액을 빨아먹으므로 피해를 입은 잎에 작은 반점이 생긴다.

> **해설**
> 점박이응애의 경우 따뜻하고 건조한 조건에서 대발생하기도 한다.

22 모잘록병 방제방법으로 옳지 않은 것은?

① 밀식되지 않도록 파종량을 적게 한다.
② 파종 전에 종자와 파종상의 토양을 소독한다.
③ 피해가 발생하면 디노테퓨란 액제를 살포한다.
④ 질소질 비료를 과용하지 않고 완숙퇴비를 사용한다.

> **해설**
> 모잘록병 방제를 위해 클로로피크린, 사이론훈증제로 토양을 소독한다.

23 유충시기에 천공성을 가진 해충은?

① 혹벌류   ② 하늘소류
③ 노린재류 ④ 무당벌레류

> **해설**
> 유충시기에 천공성을 가진 해충으로 하늘소류, 소나무좀, 바구미 등은 있다.

정답 18. ④ 19. ④ 20. ④ 21. ① 22. ③ 23. ②

24 버즘나무방패벌레에 대한 설명으로 옳지 않은 것은?

① 1995년경 국내에 첫 발생이 확인되었다.
② 피해 잎의 뒷면에는 검정색 배설물과 탈피각이 붙어 있다.
③ 성충으로 월동하고 월동한 성충은 봄에 무더기로 산란한다.
④ 주로 버즘나무와 철쭉류의 잎을 가해하여 피해를 주는 흡즙성 해충이다.

> **해설**
> 버즘나무방패벌레는 버즘나무류와 물푸레나무류 등을 가해하며 약충이 잎 뒷면에 모여 흡즙 및 가해한다.

25 우리나라에서 수목에 피해를 주는 주요 겨우살이가 아닌 것은?

① 붉은겨우살이
② 소나무겨우살이
③ 참나무겨우살이
④ 동백나무겨우살이

> **해설**
> 소나무겨우살이는 지의류에 속하며 수목에 피해를 주는 기생성식물은 아니다.

26 오동나무 빗자루병의 병원체는?

① 균류　　② 세균
③ 바이러스　　④ 파이토플라스마

> **해설**
> 오동나무 빗자루병의 병원체는 파이토플라스마이다.

27 포플러류 모자이크병 방제방법으로 가장 효과적인 것은?

① 새삼을 제거하여 감염경로를 차단한다.
② 접목 및 꺾꽂이에 사용한 도구는 소독하여 사용한다.
③ 양묘 단계에서 토양을 소독하여 매개선충을 구제한다.
④ 감염된 삽수는 60°C에서 5주간 처리하여 바이러스를 비활성화하고 사용한다.

> **해설**
> 포플러모자이크병은 바이러스에 의해 발생하며 감염된나무를 소각하거나 접목 기구의 소독을 통해 방제한다.

28 밤나무혹벌 방제방법으로 옳지 않은 것은?

① 봄에 벌레혹을 채취하여 소각한다.
② 중국긴꼬리좀벌을 4~5월에 방사한다.
③ 성충 발생 최성기인 6~7월에 적용약제를 살포한다.
④ 밤나무혹벌 피해에 약한 품종인 산목율, 순역 등을 저항성 품종인 유마, 이취 등으로 갱신한다.

> **해설**
> 밤나무혹벌의 방제를 위해 내충성 품종을 이용한다. 내충성 품종에는 산목율, 순역, 옥광율 등의 토착종을 이용하거나 유마, 이취, 삼조생, 이평 등의 도입종이 있다.

29 호두나무잎벌레에 대한 설명으로 옳은 것은?

① 1년에 1회 발생하며, 알로 월동한다.
② 1년에 2회 발생하며, 알로 월동한다.
③ 1년에 1회 발생하며, 성충으로 월동한다.
④ 1년에 2회 발생하며, 성충으로 월동한다.

> **해설**
> 호두나무잎벌레는 년 1회 발생하고 성충으로 월동한다.

정답 24. ④ 25. ② 26. ④ 27. ② 28. ④ 29. ③

30 식물체의 표피를 뚫어 직접 기주 내부로 침입이 가능한 병원체는?

① 균류 ② 세균
③ 바이러스 ④ 파이토플라스마

> **해설**
> 균류는 기주의 표피를 직접 통과하여 침입한다.

31 수목에 발생하는 녹병에 대한 설명으로 옳지 않은 것은?

① 순활물기생성이다.
② 담자포자는 2n 의 핵상을 갖는다.
③ 여름포자는 대체로 표면에 돌기가 있다.
④ 소나무 혹병의 중간기주로 졸참나무가 있다.

> **해설**
> 녹병균은 담자균류(담자포자)이며 담자포자는 n의 핵상을 갖는다.

32 수목병의 전염원에 해당되지 않는 것은?

① 선충의 알
② 곰팡이의 균핵
③ 곰팡이의 부착기
④ 기생식물의 종자

> **해설**
> 곰팡이의 부착기는 곰팡이가 기주식물에 부착하거나 침입하기 위해 곰팡이 균사나 발아관의 끝부분이 부풀어 오른 것으로 전염원은 아니다.

33 석회보르도액이 해당되는 종류는?

① 보호살균제 ② 토양살균제
③ 직접살균제 ④ 침투성살균제

> **해설**
> 석회보르도액은 보호살균제에 속한다.

34 수목에게 피해를 주는 산성비의 원인 물질이 아닌 것은?

① 오존 ② 황산화물
③ 질소산화물 ④ 이산화질소

> **해설**
> 산성비의 원인물질로 황산화물, 질소산화물, 이산화질소, 염소가스 등이 있다.

35 알로 월동하는 해충은?

① 외줄면충 ② 가루나무좀
③ 소나무순나방 ④ 향나무하늘소

> **해설**
> 알로 월동하는 해충으로 텐트나방, 어스렝이나방, 박쥐나방, 외줄면충 등이 있다.

36 기상으로 인한 수목 피해에 대한 설명으로 옳지 않은 것은?

① 일반적으로 저온에 의한 피해를 한해라고 한다.
② 만상과 조상은 수목 조직의 세포내 동결에 의한 피해이다.
③ 만상으로 인하여 발생하는 위연륜을 상륜이라고 한다.
④ 결빙 현상이 없는 0°C 이상의 저온 피해를 한상이라고 한다.

> **해설**
> 만상이나 조상은 서리로 인해 나타나는 피해로 기온이 급하강하여 갈변현상이 나타난다.

정답 30. ① 31. ② 32. ③ 33. ① 34. ① 35. ① 36. ②

37 향나무 녹병 방제방법으로 옳지 않은 것은?

① 향나무 부근에 산사나무와 팥배나무를 심지 않는다.
② 향나무에는 3~4월과 7월에 적용 약제를 살포한다.
③ 중간기주에는 4월 중순부터 6월까지 적용 약제를 살포한다.
④ 수고의 1/3 까지 조기에 가지치기를 하여 녹포자의 감염을 방지한다.

해설
수고의 1/3까지 조기에 가지치기를 하여 녹포자의 감염을 방지하는 것은 잣나무 털녹병의 방제방법이다.

38 흰가루병 방제방법으로 옳지 않은 것은?

① 병든 낙엽을 모아서 태운다.
② 묘포에서는 예방 위주로 약제를 살포한다.
③ 늦가을이나 이른 봄에 자낭반이 붙어 있는 어린 가지를 제거한다.
④ 통기불량, 일조부족, 질소과다 등은 발병 원인이 되므로 사전에 조치한다.

해설
흰가루병 방제법
· 과다한 질소 시비는 피하도록 한다.
· 통풍 및 채광에 신경쓰며 관수는 되도록 이른 아침에 하는 것이 좋다.
· 가을에는 병든 잎과 가지는 제거하여 소각하거나 묻도록 한다.
· 트리아디메폰 수화제, 티오파네이트메틸 수화제를 발병 초기 살포한다.

39 미국흰불나방의 생태에 대한 설명으로 옳지 않은 것은?

① 번데기로 월동한다.
② 거의 모든 수종의 활엽수에 피해를 준다.
③ 유충이 잎을 식해하고 성충은 주로 밤에 활동하며 주광성이 강하다.
④ 3령기까지의 유충은 군서생활을 하며 4령기와 5령기 유충은 흩어져 가해한다.

해설
미국흰불나방은 4령기까지 군서생활을 하고 5령기에 유충으로 흩어져 가해한다.

40 느티나무벼룩바구미에 가장 효과가 있는 나무주사 약제는?

① 페니트로티온 유제
② 에토펜프록스 유제
③ 테부코나졸 유탁제
④ 이미다클로프리드 분산성액제

해설
이미다클로프리드 분산성액제는 수간주사나 토양관주처리를 하며 주로 솔껍질깍지벌레, 솔잎혹파리, 벚나무깍지벌레, 버즘나무방패벌레, 느티나무벼룩바구미 등을 방제에 사용되는 약제이다.

정답 37. ④ 38. ③ 39. ④ 40. ④

41 다음 조건에서 임분의 초기 재적에 대한 순생장량 계산 공식은?

- V1 : 측정초기의 생존 임목의 재적
- V2 : 측정말기의 생존 임목의 재적
- M : 측정기간 동안의 고사량
- C : 측정기간 동안의 벌채량
- A : 측정기간 동안의 진계 생장량

① V2-V1   ② V2+C-V1
③ V2+C-A-V1   ④ V2+M+C-A-V1

해설
생장주기별 생장량 공식
- 초기 재적에 대한 총생장량 = V2+M+C-A-V1
- 초기 재적에 대한 순생장량 = V2+C-A-V1
- 진계생장량을 포함한 총생장량 = V2+M+C-V1
- 진계생장량을 포함한 순생장량 = V2+C-V1
- 임목축적에 대한 순변화량 = V2-V1

42 다음과 같은 그림으로 분석이 가능한 임분구조가 아닌 것은?

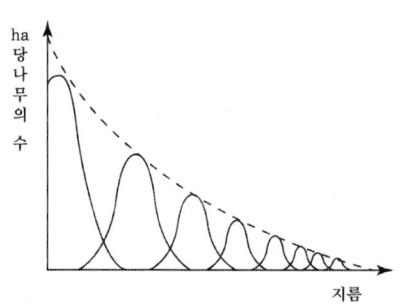

① 동령림
② 택벌림
③ 이령림
④ 영급이 다양한 임분

해설
동령림은 유사한 임령의 나무들이 분포되어 있기에 그림과 같이 다양한 지름을 가진 나무들의 임분 구조가 나타나지 않는다.

43 산림문화·휴양에 관한 법률에 의한 산림문화 자산에 대한 설명으로 다음 ( ) 안에 들어갈 내용으로 옳지 않은 것은?

산림문화자산이란 산림 또는 산림과 관련되어 형성된 것으로서 ( )으로 보존할 가치가 큰 유형·무형의 자산을 말한다.

① 사회적   ② 생태적
③ 경관적   ④ 정서적

해설
산림문화자산이란 산림 또는 산림과 관련되어 형성된 것으로 생태적, 경관적, 정서적으로 보존할 가치가 큰 유형, 무형의 자산을 말한다.

44 회귀년에 대한 설명으로 옳은 것은?

① 임목이 실제로 벌채되는 연령이다.
② 택벌을 실시한 일정 구역에 또 다시 택벌하기까지의 기간이다.
③ 보속작업에서 작업급에 속하는 모든 임분을 벌채하는데 소요되는 기간이다.
④ 임분이 처음 성립되어 생장하는 과정에 있어 성숙기에 도달하는 계획상의 연수이다.

해설
회귀년은 택벌작업을 하는 산림에 설정된 기간으로 처음 작업한 곳으로 다시 돌아오는데 걸리는 기간을 말한다.

45 임업소득이 5백만원이고 임가소득이 1천만원일 때 임업의존도는?

① 0.5%   ② 5%
③ 50%   ④ 200%

해설
$$임업의존도 = \frac{임업소득}{임가소득} \times 100 = \frac{500\,만원}{1000\,만원} \times 100 = 50\%$$

정답 41. ③ 42. ① 43. ① 44. ② 45. ③

46 수간석해에서 원판측정 방법에 해당하는 것은?

① 표준목법 ② 수고곡선법
③ 직선연장법 ④ 원주등분법

> **해설**
> 원판은 벌채점에 나타난 나이테 수에 벌채점이 자라는데 걸리는 연수를 합산하여 수령을 측정한다.

47 임지의 평가방법이 아닌 것은?

① 수익가법 ② 비용가법
③ 환원가법 ④ 기망가법

> **해설**
> 임지의 평가방법으로 비용가법, 기망가법, 환원가법, 비교법 등이 있다.

48 순토측고기를 사용하여 임목의 수고를 측정할 때 올바른 계산식은?

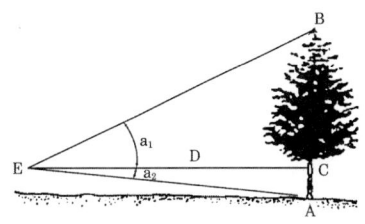

① (tan a1 + tan a2)×D
② (tan a1 - tan a2)×D
③ (cos a1 + cos a2)×D
④ (cos a1 - cos a2)×D

> **해설**
> 순토측고기의 경사를 이용할 경우 tan 법과 거리를 이용하여 수고를 구할 수 있다.

49 임업경영의 비용을 조림비, 관리비, 지대, 채취비로 구분할 때 관리비에 속하는 것은?

① 벌목비 ② 감가상각비
③ 목재 운반비 ④ 묘목 구입비

> **해설**
> 관리비는 산림 경영에 소요되는 비용으로 인건비, 물품비, 고정시설의 감가상각비, 산림보호비 등의 일체의 경비를 말한다.

50 다음 조건에서 시장가역산식을 이용한 임목가는?

- 임목의 시장가격 : 100,000 원
- 자금회수기간 : 10개월
- 월이율 : 10%
- 총비용 : 30,000원

① 20,000원 ② 50,000원
③ 70,000원 ④ 80,000원

> **해설**
> 조재율×(원목시장가/(1+자본회수기간×월이율+기업이율) − 기타비용)
> $(\frac{100,000}{1+10\times 0.1} - 30,000) = 20,000$

51 투자효율의 결정방법 중 화폐의 시간적 가치를 고려하지 않는 것은?

① 순현재가치법
② 투자이익률법
③ 수익비용율법
④ 내부투자수익율법

> **해설**
> 화폐의 시간적 가치를 고려하지 않는 투자효율 분석 방법으로 회수기간법, 투자이익율법이 있다.

정답 46. ④ 47. ① 48. ① 49. ② 50. ① 51. ②

52 자본장비도에 대한 설명으로 옳지 않은 것은?

① 자본장비율이라고도 한다.
② 1인당 소득은 자본장비도와 자본효율에 의해서 정해진다.
③ 다른 요소에 변화가 없을 때 자본이 많아지면 자본효율이 커진다.
④ 자본장비도는 경영의 총자본을 경영에 종사하는 사람의 수로 나눈 값을 말한다.

해설
자본효율은 산림소득을 자본으로 나눈 것으로 자본이 많아지면 자본효율은 낮아진다.

53 임업이율의 성격이 아닌 것은?

① 평정이율 ② 장기이율
③ 자본이자 ④ 실질적 이율

해설
임업이율의 성격
· 임업이율은 대부이율이 아닌 자본이율이다.
· 임업이율은 현실이율이 아닌 평정이율이다.
· 임업이율은 실질이율이 아닌 명목이율이다.
· 임업이율은 장기이율이다.

54 산림경영계획을 위한 지황조사에서 유효토심의 구분 기준으로 옳은 것은?

① 천 : 유효토심 20cm 미만
② 중 : 유효토심 20~30cm
③ 경 : 유효토심 30~60cm
④ 심 : 유효토심 60cm 이상

해설
유효토심의 기준으로 천(토심 30cm 미만), 중(토심 30~60cm미만), 심(토심 60cm 이상) 으로 구분한다.

55 다음 조건에서 정액법에 의한 감가상각비는?

· 기계톱 구입비 : 35만원
· 폐기 시 잔존가액 : 5만원
· 사용연수 : 5년

① 5만원/년 ② 6만원/년
③ 7만원/년 ④ 8만원/년

해설
$$\frac{구입가격 - 폐물가격}{내용연수} = \frac{35만원 - 5만원}{5년}$$
$$= 6만원/년$$

56 평균생장량이 최대가 되는 때를 벌기령으로 결정하는 것은?

① 수익률 최대의 벌기령
② 재적수확 최대의 벌기령
③ 화폐수익 최대의 벌기령
④ 토지순수익 최대의 벌기령

해설
재적수확 최대 벌기령은 단위면적당 평균적인 목재 생산량이 최대가 되는 시점이다.

57 우리나라 원목의 말구직경을 측정하는 방법으로 옳은 것은?

① 수피를 포함한 길이 검척 내의 최대 직경으로 한다.
② 수피를 포함한 길이 검척 내의 최소직경으로 한다.
③ 수피를 제외한 길이 검척 내의 최대 직경으로 한다.
④ 수피를 제외한 길이 검척 내의 최소직경으로 한다.

해설
말구에서 수피를 제외한 최소직경을 측정하는 것을 말구직경자승법의 검척법이다.

정답 52. ③ 53. ④ 54. ④ 55. ② 56. ② 57. ④

58 다음 그림에서 이익에 해당하는 것은?

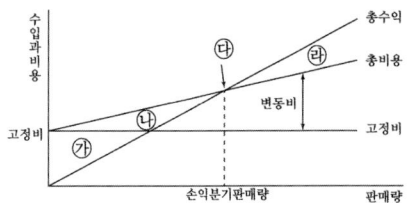

① 삼각형 면적 ㉮
② 삼각형 면적 ㉯
③ 삼각형 면적 ㉰
④ 점 ㉰ 에서의 수입

해설
손익분기점 그래프에서 ㉮ 부분은 손실부분, ㉰ 부분은 이익부분을 의미한다.

59 총생장량, 평균생장량, 연년생장량간의 관계에 대한 설명으로 옳지 않은 것은?

① 평균생장량과 연년생장량 두 곡선이 만나기 전에는 연년생장량이 더 크다.
② 연년생장량곡선은 총생장량곡선이 변곡점에 이르는 시점에서 최고점에 도달한다.
③ 평균생장량곡선은 원점을 지나는 직선이 총생장량곡선과 접하는 시점에서 최고점에 도달한다.
④ 평균생장량과 연년생장량 두 곡선은 총생장량 곡선이 최고에 도달하는 시점에서 서로 만난다.

해설
평균생장량과 연년생장량 두 곡선은 평균생장량이 최고에 도달하는 시점에서 서로 만난다.

60 자연휴양림 안에 설치할 수 있는 시설의 종류가 아닌 것은?

① 위생시설   ② 체육시설
③ 안정시설   ④ 편익시설

해설
치유의 숲에 설치 시설 종류로 안정시설은 없으며 시설의 종류로는 산림치유시설, 편익시설, 위생시설, 전기, 통신시설, 안전시설 등이 있다.

61 임도시공 시 굴착 및 운반작업 수행이 가장 어려운 장비는?

① 불도저   ② 파워셔블
③ 스크레이퍼 ④ 모터그레이더

해설
모터그레이더는 정지 작업인 노면 깎기, 노면 다지기 등의 작업에 적합한 장비이다.

62 임도의 유지관리를 위한 시설에 대한 설명으로 옳은 것은?

① 빗물받이는 주로 절토 비탈면 위에 설치한다.
② 옆도랑에 쌓인 토사는 답압하여 길어깨로 사용한다.
③ 평시에 유량이 많은 지역에는 세월시설을 설치하여 관리한다.
④ 종단기울기와 절취면의 토질에 따라 적절한 간격으로 횡단배구수를 설치하여 표면 유출수가 신속히 배수되도록 한다.

해설
종단기울기와 절취면의 토질에 따라 적절한 간격(50~200m)으로 횡단배수구를 설치하여 유출수가 배수되도록 한다.

정답 58. ③ 59. ④ 60. ③ 61. ④ 62. ④

63 산악지대의 임도망 구축에 있어 지형에 대응한 노선선정 방식에 대한 설명으로 옳지 않은 것은?

① 산정부에 배치되는 임도는 순환식 노선이 좋다.
② 능선임도는 임도노선 배치방식 중 건설비가 가장 적게 든다.
③ 계곡임도는 계곡보다 약간 위의 사면에 설치하는 것이 좋다.
④ 급경사의 긴 비탈면에 설치하는 사면임도는 대각선 방식이 적당하다.

> **해설**
> 급경사의 긴 비탈면에 설치하는 사면임도의 경우 지그재그 방식이 적당하다.

64 임도의 대피소 설치 기준으로 옳은 것은?

① 너비 : 5m 이상
② 간격 : 100m 이내
③ 유효길이 : 10m 이상
④ 종단기울기 : 5% 이하

> **해설**
> 대피소의 간격 300m 이내, 너비 5m 이상, 유효길이 15m 이상을 기준으로 한다.

65 임도공사 시 기초작업에서 지반의 허용지지력이 가장 큰 것은?

① 연암
② 잔모래
③ 연한 점토
④ 자갈과 거친 모래

> **해설**
> 지반의 허용지지력이 강한 순서로 크게 보면 경암, 연암, 자갈, 모래, 점토 순이다.

66 임도의 평면선형에서 곡선을 설치하지 않아도 되는 기준은?

① 내각 25° 이상　② 내각 55° 이상
③ 내각 90° 이상　④ 내각 155° 이상

> **해설**
> 곡선부의 중심선 반지름은 통상 규격 이상으로 설치하는데 단, 내각이 155° 이상 되는 장소에 대해서는 곡선을 설치하지 않을 수 있다.

67 1,000ha의 산림경영지에 적정임도밀도가 20m/ha 라 한다면 평균집재거리는?

① 62.5m
② 125m
③ 250m
④ 500m

> **해설**
> 평균집재거리
> $$집재거리 = \frac{10000}{적정임도밀도 \times 4} = \frac{10000}{20 \times 4} = 125m$$

68 임도의 종류별 설계속도 기준으로 옳은 것은?

① 간선임도 : 40 ~ 30km/시간
② 간선임도 : 40 ~ 20km/시간
③ 지선임도 : 30 ~ 10km/시간
④ 지선임도 : 20 ~ 10km/시간

> **해설**
> 간선임도의 설계속도 기준은 20~40km/hr, 지선임도는 20~30km/hr 이다.

69 임도의 노체를 구성하는 기본적인 구조가 아닌 것은?

① 노상　② 기층
③ 표층　④ 노층

> **해설**
> 임도의 기본 구조는 표층, 기층, 노반, 노상으로 구성되어 있다.

정답 63. ④　64. ①　65. ①　66. ④　67. ②　68. ②　69. ④

70 토사지역에서 절토 경사면의 설계 기준은?

① 1 : 0.3 ~ 0.8 ② 1 : 0.5 ~ 0.8
③ 1 : 0.5 ~ 1.2 ④ 1 : 0.8 ~ 1.5

해설
토사지역의 절토 사면 설치 기준은 기울기 1 : 0.8 ~ 1.5 이다. 암석지의 경우 경암은 1 : 0.3 ~ 0.8 정도이다.

71 레벨을 이용한 고저측량 시 기고식야장법에 의한 지반고를 구하는 방법은?

① 기계고 + 전시 ② 기계고 - 전시
③ 기계고 + 후시 ④ 후시 - 기계고

해설
· 지반고 = 기계고 - 전시
· 기계고 = 지반고 + 후시

72 임도 설계 시 횡단면도를 작성하는 기준 축척은?

① 1/100   ② 1/200
③ 1/500   ④ 1/1,000

해설
횡단면도의 축척은 1/100 을 기준으로 한다.

73 산림의 경계선을 명백히 하고 그 면적을 확정하기 위해 실시하는 측량은?

① 시설측량   ② 세부측량
③ 주위측량   ④ 산림구획측량

해설
산림의 경계선을 명백히 하고 면적을 정하기 위해 경계를 따라 주위측량을 실시한다.

74 임도의 곡선반지름이 30m, 설계속도가 30km/h 일 때 자동차의 원활한 통행을 위한 완화구간의 길이는?

① 약 30m   ② 약 32m
③ 약 36m   ④ 약 40m

해설
완화구간 길이 $= 0.036 \times \dfrac{설계속도^3}{곡선반지름}$
$= 0.036 \times \dfrac{30^3}{30} = 32.4 ≒ 32m$

75 옹벽에 대한 설명으로 옳지 않은 것은?

① 부벽식 옹벽은 토압을 받는 쪽에 부벽을 만드는 옹벽이다.
② 반중력식 옹벽은 철근을 보강하며, 기초가 견고하지 못한 곳에 시공한다.
③ L형 옹벽은 철근콘크리트 형식으로 자중과 뒷채움한 토사의 무게를 이용한다.
④ 중력식 옹벽은 무철콘크리트로서 자중으로 토압을 견디며 기초가 견고한 곳에 시공한다.

해설
토압을 받는 벽쪽에 설치하는 것을 뒷부벽식 옹벽이라 한다.

76 가선집재와 비교하여 트랙터를 이용한 집재작업의 특징으로 거리가 먼 것은?

① 기동성이 높다.
② 작업이 단순하다.
③ 임지 훼손이 적다.
④ 경사가 큰 곳에서 작업이 불가능하다.

해설
트랙터의 경우 지면위를 지나가기에 잔존임분에 대한 피해가 많다.

정답 70. ④ 71. ② 72. ① 73. ③ 74. ② 75. ① 76. ③

77 모르타르뿜어붙이기공법에서 건조·수축으로 인한 균열을 방지하는 방법이 아닌 것은?

① 응결완화제를 사용한다.
② 뿜는 두께를 증가시킨다.
③ 물과 시멘트의 비를 작게 한다.
④ 사용하는 시멘트의 양을 적게 한다.

해설
응결완화제 사용시 모르타르의 응결 지연되어 강도가 저하되고 건조 및 수축의 균열의 정도가 증가할 수 있다. 건조 및 수축을 방지하기 위해서는 응결 촉진제를 사용해야 한다.

78 산지 경사면과 임도 시공기면과의 교차선으로 임도시공 시 절토와 성토작업을 구분하는 경계선은?

① 영선   ② 시공선
③ 중심선 ④ 경사선

해설
경사지에서 노면의 시공면과 산지의 경사면이 만나는 지점을 영점이라 하며 이점을 연결선 선을 영선이라 한다. 영선의 경우 주로 노반에 나타나며 절토작업과 성토작업의 경계선이 된다.

79 임도의 횡단선형을 구성하는 요소가 아닌 것은?

① 길어깨   ② 옆도랑
③ 차도나비 ④ 곡선반지름

해설
임도의 구조상 선형은 도로의 중심선을 입체적으로 그리는 형상으로서 횡단선형, 평면선형, 종단선형, 노면 등으로 분류한다. 그중에서 횡단선형 구성 요소로 비탈면, 옆도랑, 길어깨, 차도너비 등이 있다.

80 측선 AB 의 방위각이 45°, 측선 BC 의 방위각이 130° 일 때 교각은?

① 45°   ② 75°
③ 85°   ④ 175°

해설
두 곡선이 한점에서 만나 두 곡선이 이루는 각을 교각이라 하며 방위각을 이용하여 구할 경우 < 130도 - 45도 = 85도 > 방위각의 차이를 이용하여 교각을 구한다.

81 황폐계류에 대한 설명으로 옳지 않은 것은?

① 유량이 강우에 의해 급격히 증감한다.
② 유로연장이 비교적 길고 하상 기울기가 완만하다.
③ 토사생산구역, 토사유과구역, 토사퇴적구역으로 구분된다.
④ 호우가 끝나면 유량은 급격히 감소되고 모래와 자갈의 유송은 완전히 중지된다.

해설
황폐계류는 유로 연장이 비교적 짧고 기울기가 급하고 불규칙적인 것이 특징이다.

82 유역면적이 5km² 이고, 비유량이 12m³/sec/km² 일 때 최대홍수유량은?

① 30m³/sec   ② 60m³/sec
③ 90m³/sec   ④ 120m³/sec

해설
유역면적의 단위가 km² 일 경우 합리식은 < Q = 0.2778CIA > 공식에 의거하며 비유량은 < 0.2778CI > 를 의미한다. 비유량 및 유역면적을 이용하여 최대홍수유량을 산출하도록 한다.
최대홍수유량 = 12m³/s/km² × 5km² = 60m³/s

정답 77. ① 78. ① 79. ④ 80. ③ 81. ② 82. ②

83 찰쌓기에서 지름 약 3cm의 PVC 파이프로 물빼기 구멍을 설치하는 기준은?

① 0.5~1m² 마다 1개씩 설치한다.
② 2~3m² 마다 1개씩 설치한다.
③ 3~5m² 마다 1개씩 설치한다.
④ 5~5.5m² 마다 1개씩 설치한다.

해설
찰쌓기 시공시 시공면적 2~3m² 마다 직경 3cm 정도의 물빼기 관을 설치한다.

84 계상에서 유수의 소류력이 최소로 되고 안정기울기가 최대로 되는 기울기는?

① 편류기울기 ② 평형기울기
③ 보정기울기 ④ 홍수기울기

해설
소류력이 최소가 되고 안정물매가 최대가 되는 기울기를 편류기울기라 하며 편류기울기를 보완을 통해 평형기울기를 유지한다.

85 황폐지 및 훼손지의 복구용 수종으로 가장 적합한 것은?

① 싸리류, 은행나무
② 아까시나무, 구상나무
③ 상수리나무, 종비나무
④ 오리나무류, 리기다소나무

해설
훼손지 및 비탈면의 녹화를 위해 적응력이 강하고 성장이 빠른 오리나무류, 아까시나무, 소나무, 해송, 리기다소나무 등이 있다.

86 계류의 유속과 흐름방향을 조절할 수 있도록 둑이나 계안으로부터 돌출하여 설치하는 것은?

① 수제   ② 구곡막이
③ 바닥막이   ④ 기슭막이

해설
수제는 하천에 유심의 방향을 변경시켜 계안으로부터 멀리 보내 유로 및 계안 침식을 방지, 기슭막이 공작물의 세굴을 방지하기 위해 사용된다.

87 비탈면에서 분사식씨뿌리기에 사용되는 혼합재료가 아닌 것은?

① 비료   ② 종자
③ 전착제   ④ 천연섬유 네트

해설
분사식씨뿌리기는 종자, 비료, 목질섬유, 침식방지제, 전착제 등의 기타 첨가기재 등을 물에 섞어 압축공기로 분사하는 방법이다.

88 산사태의 발생 원인에서 지질적 요인이 아닌 것은?

① 절리의 존재 ② 단층대의 존재
③ 붕적토의 분포 ④ 지표수의 집중

해설
산사태의 발생원인으로 지질적 요인은 단층대의 존재, 절리의 존재, 층리면의 존재, 암석의 풍화, 변질대 및 붕적토의 분포, 지하수의 존재 등이 있다.

89 평균유속 0.5m/s 로 5초 동안에 10m³의 물을 유송하는 수로의 횡단면적은?

① 2m²   ② 4m²
③ 10m²   ④ 20m²

해설
10m³의 물이 5초 동안 유송된 양으로
<10m³÷5초 = 2m³/s> 의 유량이 산출된다.
여기서 <유량 = 유속 × 유적> 공식에 의거하여 횡단면적인 유적을 산출하면 <2m³/s ÷ 0.5m/s = 4m²> 의 횡단면적을 도출할 수 있다.

정답 83. ② 84. ① 85. ④ 86. ① 87. ④ 88. ④ 89. ②

90 땅깎기 비탈면의 안정과 녹화를 위한 시공 방법으로 옳지 않은 것은?

① 경암 비탈면은 풍화·낙석 우려가 많으므로 새심기공법이 적절하다.
② 점질성 비탈면은 표면침식에 약하고 동상·붕락이 많으므로 떼붙이기 공법이 적절하다.
③ 모래층 비탈면은 절토공사 직후에는 단단한 편이나 건조해지면 붕락되기 쉬우므로 전면적 객토가 좋다.
④ 자갈이 많은 비탈면은 모래가 유실 후, 요철면이 생기기 쉬우므로 떼붙이기보다 분사파종공법이 좋다.

해설
경암 비탈면은 풍화, 낙석의 우려가 적고 비탈면이 급한편이라 객토가 어렵다. 그렇기에 낙석저지책을 시공하여 덩굴식물등으로 녹화하는 것이 적합하다.

91 사방사업 대상지 유형 중 황폐지에 속하는 것은?

① 밀린땅   ② 붕괴지
③ 민둥산   ④ 절토사면

해설
황폐지 종류에는 단계별로 척악임지, 임간나지, 초기황폐지, 황폐이행지, 민둥산이 있다.

92 다음 설명에 해당하는 산지사방 공법은?

> 비탈다듬기 공사를 실시한 사면에 선떼붙이기공사와 같은 계단식 공사를 시공하기 위해 수평으로 소단을 설치하는 기초공사이다.

① 흙막이   ② 단쌓기
③ 단끊기   ④ 바자얽기

해설
단끊기는 산비탈이나 땅깎기 및 흙쌓기비탈면에 선떼붙이기와 같은 각종 계단공사를 시공하기 위하여 수평방향으로 단을 끊는 비탈의 안정 및 녹화공사를 위한 기초공정의 하나이다.

93 화성암은 화학적으로 어떤 성분함량에 따라 산성암, 중성암, 염기성암으로 구분하는가?

① K_2O ② SiO_2
③ Al_2O_3 ④ Fe_2O_3

해설
규산(SiO_2)의 함량에 따라 암석의 색이나 특성이 달라지며 규산함량이 많을수록 색이 상대적으로 밝고 규산함량이 적고 염기가 많을 경우 어두운 색을 가진다.

94 사방댐에서 대수면에 해당하는 것은?

① 방수로 부분
② 댐의 천단부분
③ 댐의 하류측 사면
④ 댐의 상류측 사면

해설
사방댐의 대수면은 댐의 상류측 사면이며 반수면은 댐의 하류측 사면을 의미한다.

정답 90. ① 91. ③ 92. ③ 93. ② 94. ④

95 사방댐에 설치하는 물받침에 대한 설명으로 옳지 않은 것은?

① 앞댐, 막돌놓기 등의 공사를 함께 한다.
② 사방댐 본체나 측벽과 분리되도록 설치한다.
③ 방수로를 월류하여 낙하하는 유수에 의해 대수면 하단이 세굴되는 것을 방지한다.
④ 토석류의 충돌로 인해 발생하는 충격이 사방댐 본체와 측벽에 바로 전달되지 않도록 한다.

> 해설
> 방수로를 월류하여 낙하하는 유수에 의해 반수면 하단이 세굴되는 것을 방지한다.

96 해안사방에서 사초심기공법에 관한 설명으로 옳지 않은 것은?

① 망구획 크기는 2m×2m 구획으로 내부에도 사이심기를 한다.
② 식재하는 사초는 모래의 퇴적으로 잘 말라죽지 않는 초종으로 선택한다.
③ 다발심기는 사초 30~40 포기를 한다발로 만들어 30~50cm 간격으로 심는다.
④ 줄심기는 1~2주를 1열로 하여 주간거리 4~5cm, 열간거리 30~40cm가 되도록 심는다.

> 해설
> 다발심기는 사초 4~8 포기를 한다발로 만들어 30~50cm 간격으로 심는다.

97 비탈다듬기공사를 설계할 때 유의사항으로 옳지 않은 것은?

① 비탈면의 수정 기울기는 최대 35° 전후로 한다.
② 기울기가 급한 곳에서는 산비탈돌쌓기로 조정한다.
③ 토양퇴적층의 두께가 3m 이상일 때는 비탈흙막이를 설계한다.
④ 전체 대상지를 조사하고, 절취량은 다듬기의 면적에 평균 높이를 곱하여 산출한다.

> 해설
> 토양퇴적층의 두께가 3m 이상일 때는 땅속흙막이를 설계한다.

98 선떼붙이기공법을 1급부터 9급까지 구분하는 기준은?

① 수평단길이 1m 당 떼의 사용매수
② 수직단길이 1m 당 떼의 사용매수
③ 수직단면적 1m^2 당 떼의 사용매수
④ 수평단면적 1m^2 당 떼의 사용매수

> 해설
> 선떼붙이기는 비탈다듬기를 시행한 곳에 비탈에 높이 1~2m 정도로 수평으로 단끊기를 하는 것으로 수평단 길이 m 당 사용매수에 따라 1급에서 9급 선떼붙이기 공법으로 구분한다.

99 강우에 의해 토층이 포화상태가 되어 경사지 전면에 걸쳐 얇은 층으로 흙 입자가 이동하는 침식은?

① 우격침식   ② 누구침식
③ 구곡침식   ④ 면상침식

> 해설
> 면상침식은 토양표면의 전면이 엷게 유실되는 과정으로 흙입자나 유기물등이 강우에 의해 침식되는 것을 말한다.

정답 95. ③ 96. ③ 97. ③ 98. ① 99. ④

100 파종녹화공법에서 파종량(W)을 구하는 식으로 옳은 것은?(단, S : 평균입수, P : 순량율, B : 발아율, C : 발생기대본수)

① $W = C \times S \times P \times B$

② $W = \dfrac{C}{S \times P \times B}$

③ $W = \dfrac{C}{S \times P} \times B$

④ $W = \dfrac{C}{S \times B} \times P$

해설

파종량 = $\dfrac{발생대기본수}{평균입수 \times 순도 \times 발아율} \times 100$

정답 100. ②

2020년 제4회 산림기사

01 가지치기에 대한 설명으로 옳은 것은?
① 벚나무는 절단면이 잘 유합된다.
② 지름 5cm 이상의 가지를 잘라낸다.
③ 형질이 좋은 수목을 대상으로 우선 실시한다.
④ 살아있는 가지를 치는 시기는 봄부터 여름까지가 좋다.

해설
우량 목재 생산을 위해 가지를 끊어주는 작업을 가지치기라 정의하며 형질이 좋은 나무를 우선적으로 실시한다.

02 종자가 휴면하는 원인으로 옳지 않은 것은?
① 미성숙한 배
② 가스교환 촉진
③ 종피의 기계적 작용
④ 종자 내의 생장 억제 물질 존재

해설
가스교환이 촉진될 경우 종자는 휴면타파를 한다.

03 순림과 비교한 혼효림에 대한 설명으로 옳은 것은?
① 병충해나 기상재해에 대한 저항력이 높다.
② 산림작업과 경영을 경제적으로 수행할 수 있다.
③ 원하는 수종으로 임분을 용이하게 조성할 수 있다.
④ 임목의 벌채비용 절감 등 시장성이 유리하다.

해설
혼효림의 경우 다양한 수종이 존재하면서 병충해 및 각종 위해에 대한 저항력이 높다.

04 무성 번식에 의한 묘목이 아닌 것은?
① 용기묘
② 삽목묘
③ 접목묘
④ 취목묘

해설
용기묘는 온실 조건에서 종자를 이용하여 키운 후 산지에 식재하는 방법으로 유성 번식에 해당한다.

05 택벌작업에 대한 설명으로 옳은 것은?
① 양수 수종의 갱신에 적당하다.
② 일시 벌채량이 많아 경제적이다.
③ 소면적 임지에서 보속생산이 가능하다.
④ 임목 벌채가 쉽고 치수에 손상을 주지 않는다.

해설
택벌작업은 성숙한 임목을 선택하여 벌채하는 작업으로 소면적 임지에서 보속생산이 가능하다.

06 수목의 개화생리에 대한 설명으로 옳지 않은 것은?
① 지베렐린은 개화에 영향을 미친다.
② 개화 능력은 유전적 요인과 관련이 있다.
③ 생리적 스트레스를 주면 개화가 억제된다.
④ 수목의 영양 상태를 좋게 하면 개화가 촉진된다.

해설
생리적 스트레스를 통해 C/N 율 조절이 되고 탄수화물 함량이 많게 하여 개화결실이 촉진된다.

정답 01. ③ 02. ② 03. ① 04. ① 05. ③ 06. ③

07 양묘과정 중 해가림 시설을 해야 하는 수종으로만 올바르게 나열한 것은?

① 편백, 삼나무, 아까시나무
② 곰솔, 소나무, 가문비나무
③ 잣나무, 소나무, 사시나무
④ 잣나무, 전나무, 가문비나무

해설
해가림은 보통 음수 수종에 필요한 작업 방법으로 잣나무, 주목, 전나무, 가문비나무 등이 해당된다.

08 개화 및 결실 과정에서 화기의 구조와 종자 또는 열매의 상호 관계를 올바르게 연결한 것은?

① 자방 - 종자   ② 배주 - 열매
③ 난핵 - 배유   ④ 주피 - 종피

해설
개화 및 결실 과정에서 주피는 씨껍질(종피)로 발달한다.

09 왜림작업에 대한 설명으로 옳지 않은 것은?

① 단벌기 작업에 적합하다.
② 연료재와 소경재 생산을 목적으로 한다.
③ 벌채 계절은 늦겨울부터 초봄 사이가 좋다.
④ 참나무류, 아까시나무, 소나무가 주요 대상 수종이다.

해설
왜림작업은 주로 활엽수종이 적합하며 맹아 갱신이 가능한 참나무류, 포플러, 밤나무, 아까시나무 등이 있다.

10 수목의 내음성에 대한 설명으로 옳지 않은 것은?

① 버드나무와 자작나무는 양수이다.
② 양수는 음수보다 광포화점이 높다.
③ 음수는 어릴 때 그늘에서 잘 견딘다.
④ 양수와 음수를 구분하는 기준은 햇빛을 좋아하는 정도이다.

해설
내음성은 광조건이 낮은 곳에서 생장이 가능한 성질로 음지에서 견디는 정도를 말한다.

11 묘포 작업 중 밭갈이, 쇄토, 작상 작업의 효과가 아닌 것은?

① 잡초의 발생을 억제한다.
② 유용 토양미생물이 증가한다.
③ 토양의 통기성을 증가시켜 준다.
④ 토양의 풍화작용을 지연시켜 준다.

해설
밭갈이, 쇄토, 작상 등의 작업을 통해 토양의 투수성 및 통기성이 개선되나 토양의 풍화작용이 촉진되고 토양침식이 빨라지기도 한다.

12 풀베기 작업을 실시하기에 가장 적합한 시기는?

① 3월~5월   ② 6월~8월
③ 9월~11월 ④ 12월~1월

해설
풀베기 작업은 보통 6~8월에 실시하고 9월 이후는 실시하지 않는다.

정답 07. ④ 08. ④ 09. ④ 10. ④ 11. ④ 12. ②

13 측아의 발달을 억제하는 정아우세 현상에 관여하는 호르몬은?

① 옥신
② 지베렐린
③ 사이토키닌
④ 아브시스산

해설
옥신은 줄기 및 뿌리의 선단부분에서 세포 신장에 영향을 주는 호르몬으로 정아우세 현상에 관여한다.

14 수목 생육에 있어 필요한 다량 원소에 해당하는 것은?

① 황
② 철
③ 붕소
④ 아연

해설
탄소, 산소, 수소, 질소, 칼륨, 칼슘, 마그네슘, 인, 황은 수목 생육에 필요한 다량원소에 해당한다.

15 토양 입자에 매우 큰 분자인력에 의하여 얇은 층으로 흡착되어 있는 토양 수분은?

① 결합수
② 흡습수
③ 모관수
④ 중력수

해설
흡습수는 토양 입자에 표면에 피막으로 흡착된 얇은 층으로 식물이 사용할 수 없는 수분이다.

16 산벌작업에서 결실량이 많은 해에 일부 임목을 벌채하여 종자 산포를 돕는 것으로 1회의 벌채로 목적을 달성하는 것은?

① 후벌
② 간벌
③ 하종벌
④ 예비벌

해설
하종벌은 산벌작업의 작업 순서 중 하나로서 예비벌 이후에 종자의 결실이 풍부하고 완전 성숙한 후 다량 낙하시켜 발아시키는 작업종으로 1회 벌채를 목적으로 하며 상황에 따라 한번 더 실시하기도 한다.

17 잎의 유관속이 1개인 수종은?

① *Pinus rigida*
② *Pinus densiflora*
③ *Pinus koraiensis*
④ *Pinus thunbergii*

해설
① 리기다 소나무 ② 소나무 ③ 잣나무 ④ 곰솔, 잣나무 백송은 유관속이 1개, 소나무의 경우 2개이다.

18 장미과에 속하는 수종은?

① *Taxus cuspidata*
② *Prunus serrulata*
③ *Albizia julibrissin*
④ *Populus davidiana*

해설
① 주목 ② 벚나무 ③ 자귀나무 ④ 사시나무벚나무는 장미과 식물이다.

19 활엽수림의 어린나무가꾸기 작업에 가장 효과적인 시기는?

① 3~5월
② 6~8월
③ 9~11월
④ 12~2월

해설
어린나무가꾸기는 주로 6~9월 실시하며 11월 말에는 완료하도록 한다.

20 임목 종자의 품질기준 중 효율에 대한 설명으로 옳은 것은?

① 발아율과 순량율을 곱한 값이다.
② 종자가 일제히 싹트는 힘을 의미한다.
③ 씨앗의 충실도를 무게로 파악하여 나타낸다.
④ 전체 종자수에 대한 발아 종자수의 백분율이다.

해설
효율은 실제 종자의 사용 가치를 표현하는 것으로 순량율과 발아율을 곱한 값이다.

정답 13. ① 14. ① 15. ② 16. ③ 17. ③ 18. ② 19. ② 20. ①

21 다음 곤충의 피부 조직 중에서 가장 안쪽에 위치하는 것은?

① 기저막   ② 내원표피
③ 외원표피   ④ 진피세포

> **해설**
> 기저막은 곤충의 순환계에서 혈액과의 물질 교환을 돕는 역할을 하며 곤충의 피부 조직 중에서 가장 안쪽에 위치한다.

22 미국흰불나방의 포식성 천적이 아닌 것은?

① 꽃노린재
② 무늬수중다리좀벌
③ 검정명주딱정벌레
④ 흑선두리먼지벌레

> **해설**
> 미국흰불나방의 천적에서 무늬수중다리좀벌은 기생성 천적에 해당한다.

23 뽕나무 오갈병 방제 방법으로 옳은 것은?

① 새삼을 제거한다.
② 저항성 품종을 보식한다.
③ 스트렙토마이신을 주입한다.
④ 매개충인 담배장님노린재를 구제하기 위하여 7~10월까지 살충제를 살포한다.

> **해설**
> 뽕나무 오갈병의 경우 저항성 품종인 상일뽕을 심어 방제한다.

24 미끈이하늘소 방제 방법으로 옳지 않은 것은?

① 유아등을 이용하여 성충을 유인한다.
② 딱따구리와 같은 포식성 천적을 보호한다.
③ 유충의 침입공에 접촉성 살충제를 주입한다.
④ 지표에 비닐을 피복하여 땅속에서 우화하여 올라오는 것을 방지한다.

> **해설**
> 지표에 비닐을 피복하여 땅속에서 우화하여 올라오는 것을 방지하는 것은 잣나무넓적잎벌의 물리적 방제법이다.

25 유충 시기에 모여 사는 해충이 아닌 것은?

① 매미나방   ② 천막벌레나방
③ 미국흰불나방   ④ 어스렝이나방

26 대기오염에 의한 수목의 피해 정도가 심해지는 경우가 아닌 것은?

① 높은 온도   ② 높은 광도
③ 영양원 과다   ④ 높은 상대 습도

> **해설**
> 대기오염물질은 대기조건의 변화에 의해 피해가 심해지기도 하며 온도, 광도, 습도 등에 큰 영향을 받는다.

27 기생성 종자식물을 방제하는 방법으로 옳지 않은 것은?

① 매년 겨울에 겨우살이를 바짝 잘라낸다.
② 새삼을 방제하기 위하여 묘목을 침지하여 소독한다.
③ 새삼이 무성하고 기주가 큰 가치가 없으면 제초제를 사용한다.
④ 겨우살이가 자라는 부위로부터 아래쪽으로 50cm 이상 잘라낸다.

> **해설**
> 새삼과 겨우살이 등은 뿌리가 없는 기생식물로 묘목을 침지 및 소독을 하여도 기생식물의 피해를 막을 수는 없다.

정답 21. ① 22. ② 23. ② 24. ④ 25. 전항정답 26. ③ 27. ②

28 세균성 뿌리혹병 방제 방법으로 옳은 것은?

① 유기물과 석회질 비료를 충분히 준다.
② 스트렙토마이신으로 나무주사를 실시한다.
③ 혹을 제거한 부위에 석회황합제를 도포한다.
④ 심하게 발병한 지역에서는 2년 후 묘목을 생산한다.

해설
뿌리혹병은 혹을 제거하고 살균제 농약인 석회황합제를 도포한다.

29 소나무 재선충병을 일으키는 매개충은?

① 알락하늘소 ② 미끈이하늘소
③ 북방수염하늘소 ④ 털두꺼비하늘소

해설
소나무재선충병의 매개충으로 솔수염하늘소, 북방수염하늘소 등이 있다.

30 온도에 따른 수목 피해에 대한 설명으로 옳지 않은 것은?

① 봄철에 내린 늦서리의 피해를 만상의 피해라고 한다.
② 서릿발의 피해는 점토질 토양의 묘포에서 흔히 발생한다.
③ 냉해는 세포 내에 결빙이 생겨 수목의 생리 현상이 교란된다.
④ 강한 복사광선으로 인해 수목 줄기에 볕데기 현상이 나타날 수 있다.

해설
냉해는 낮은 온도에 의해 세포막의 투과성 저하로 용질의 유출 및 기능의 저하 등의 피해가 나타난다.

31 밤바구미 방제 방법으로 옳지 않은 것은?

① 유아등을 이용하여 성충을 유인한다.
② 훈증 시에는 메탐소듐 액제를 25℃에서 12시간 처리한다.
③ 알과 유충이 열매 속에 서식하므로 천적을 이용한 방제는 어렵다.
④ 성충기인 8월 하순부터 클로티아니딘 액상수화제를 수관에 살포한다.

해설
밤바구미 방제시 인화늄정제를 20℃ 이상에서 24시간 훈증하며 이류화탄소로 훈증시 25℃에서 18~24시간 훈증한다. 메틸브로마이드로 훈증할 때는 20℃ 이상에서 2시간 훈증한다.

32 소나무 재선충병 방제 방법으로 옳지 않은 것은?

① 아바멕틴 유제를 수간에 주입하여 예방한다.
② 밀생 임분은 간벌하여 쇠약목이 없도록 한다.
③ 매개충의 우화시기에 살충제를 항공살포한다.
④ 벌채한 원목은 페니트로티온 유제로 훈증한다.

해설
소나무 재선충 방제시 페니트로티온 유제는 성충우화 최성기에 경엽처리 한다.

정답 28. ③ 29. ③ 30. ③ 31. ② 32. ④

33 잣나무 잎떨림병 방제 방법으로 옳지 않은 것은?

① 병든 부위를 제거하고 도포제를 처리한다.
② 자낭포자가 비산하는 시기에 살균제를 살포한다.
③ 늦봄부터 초여름 사이에 병든 잎을 모아 태우거나 땅에 묻는다.
④ 수관 하부에 주로 발생하므로 풀베기와 가지치기를 하여 통풍을 좋게 한다.

해설
잎떨림병의 방제를 위해 병든 낙엽은 소각하거나 매장하며 피해가 심한 경우 보르도액과 캡탄제를 살포하거나 포자 비산시기에 맞추어 살균제를 살포한다. 조림지의 경우 활엽수를 하목으로 심거나 수관 하부에 발생이 심할 경우 풀베기, 가지치기 등을 실시하도록 한다.

34 다음 설명에 해당하는 살충제는?

◎ 식물의 뿌리나 잎, 줄기 등으로 약제를 흡수시켜 식물체 내에 각 부분에 도달하게 하고, 해충이 식물체를 섭식하면 살충 성분이 작용하게 한다.
◎ 식물체 내에 약제가 흡수되어버리므로 천적이 직접적으로 피해를 받지 않고 식물의 줄기나 잎 내부에 서식하는 해충에도 효과가 있다.

① 접촉제
② 유인제
③ 소화중독제
④ 침투성 살충제

해설
침투성 살충제는 식물에 약제를 투입하여 흡즙성 해충 처리에 유리하고 다른 곤충이나 해충의 천적에 피해가 거의 없다.

35 다음 설명에 해당하는 것은?

◎ 수목의 흰가루병은 가을이 되면 병환부에 미세한 흑색의 알맹이가 형성된다.

① 균사
② 자낭구
③ 분생자병
④ 분생포자

해설
흰가루병의 표징으로 잎, 줄기에 흰가루 모양의 반점이 발생하며 가을철에 나타나는 흑색의 알갱이는 자낭구이다.

36 수목이 병에 걸리기 쉬운 성질을 나타내는 것은?

① 감수성
② 저항성
③ 병원성
④ 내병성

해설
감수성은 민감한 정도로 감수성이 높으면 저항성이 낮아 병에 걸리기 쉽다.

37 다음에 해당되지 않는 수목병은?

◎ 병원체는 인공배양이 불가능하고 살아있는 기주 내에서만 증식이 가능하다.

① 포플러 잎녹병
② 벚나무 빗자루병
③ 붉나무 빗자루병
④ 사철나무 흰가루병

해설
병원체의 인공배양이 어렵고 살아있는 기주 내에서만 증식하는 것을 절대기생체라 하며 흰가루병균, 붉은별무늬병균, 녹병균 및 바이러스, 파이토플라스마 등이 해당된다. 벚나무 빗자루병은 진균에 해당되기에 문제의 내용에 해당되지 않는다.

정답 33. ① 34. ④ 35. ② 36. ① 37. ②

38 녹병균이 형성하는 포자는?

① 난포자　② 유주자
③ 겨울포자　④ 자낭포자

해설
녹병균은 겨울포자를 생성한다.

39 의무적 휴면을 하는 해충은?

① 솔나방　② 솔잎혹파리
③ 솔노랑잎벌　④ 솔껍질깍지벌레

해설
의무적휴면(절대휴면)은 솔껍질깍지벌레와 같은 해충이 매세대마다 소나무 가지 밑으로 들어가 휴면을 실시하는데 이를 의무적휴면(절대휴면)이라 한다.

40 솔껍질깍지벌레 방제 방법으로 옳은 것은?

① 항공 방제는 살충 효과가 높다.
② 나무주사는 정착약충 시기인 12~1월에 실시한다.
③ 테부코나졸 유탁제를 사용하여 나무주사를 실시한다.
④ 3월경에 뷰프로페진 액상수화제를 줄기나 가지에 살포한다.

해설
솔껍질깍지벌레 방제법
- 항공방제는 2~3월에 뷰프로페진 수화제를 이용하나 살충효과는 높지 않고 확산을 둔화시키는 효과가 있다.
- 뷰프로페진 액상수화제를 3월에 분무기를 이용하여 줄기와 가지의 수피에 골고루 살포한다.
- 침투성 약제 나무주사의 경우 잎이 변색되기 이전 초기임지에 적용하며 후약충 가해시기인 12월에 이미다클로프리드 액제나 포스파이돈 액제를 주입한다.
- 포식성 천적인 무당벌레류, 풀잠자리류 등을 보호한다.
- 4월쯤에는 식별이 가능한 피해목을 제거한다.

41 산림 경영의 지도원칙 중 경제원칙에 해당하는 것은?

① 합자연성 원칙　② 공공성의 원칙
③ 보속성의 원칙　④ 환경보전의 원칙

해설
산림 경영의 지도원칙에서 경제원칙에 해당하는 것으로 공공성의 원칙, 수익성의 원칙, 생산성의 원칙이 있다.

42 자연휴양림 시설의 종류에 해당되지 않는 것은?

① 수익시설　② 위생시설
③ 체육시설　④ 체험, 교육시설

해설
자연휴양림의 시설 종류로는 산림치유시설, 편익시설, 위생시설, 전기시설, 통신시설, 안전시설 등이 있다.

43 국유림에서 임목생산을 위한 기준벌기령으로 옳은 것은?

① 잣나무 : 60년
② 참나무류 : 50년
③ 일본잎갈나무 : 30년
④ 리기다소나무 : 20년

해설
공, 사유림 경영계획 기준 기준벌기령은 잣나무 60년, 참나무 60년, 일본잎갈나무 50년, 리기다소나무 30년이다.

44 25년생 잣나무 임분의 입목재적이 $45m^3$/ha이고, 수확표의 입목재적은 $50m^3$/ha 이라면 입목도는?

① 0.5　② 0.7
③ 0.9　④ 1.1

해설
입목도는 수확표의 임목재적과 임분의 임목재적을 이용하며 아래와 같이 구한다.
$45 \div 50 = 0.9$

정답 38. ③　39. ④　40. ④　41. ②　42. ①　43. ①　44. ③

45 임업 원가에 대한 설명으로 옳지 않은 것은?

① 제품의 생산 수준에 따라 비례하는 원가를 변동 원가라 한다.
② 특정 제품의 생산만을 위해서 발생한 원가를 직접 원가라 한다.
③ 과거에 이미 현금을 지불하였거나 부채가 발생한 원가를 매몰 원가라 한다.
④ 어떤 생산 수준에서 제품의 여러 단위를 더 생산할 때 추가로 발생하는 원가를 한계 원가라 한다.

> 해설
> 어떤 생산 수준에서 제품의 1단위를 더 생산할 경우를 한계원가라 한다. 여러 단위를 더 생산할 경우 증분원가라 한다.

46 이율의 크기를 결정하는 주요 요인이 아닌 것은?

① 대출 기간
② 자본의 크기
③ 자본 투하의 위험성
④ 투하 자본의 유동성

> 해설
> 이율의 크기 및 고저를 결정하는 요인으로 대출기간, 자본투하의 위험성, 투하자본의 유동성 등이 있다.

47 산림문화·휴양 기본계획은 몇 년마다 수립·시행하는가?

① 5년   ② 15년
③ 10년 ④ 20년

> 해설
> 산림문화·휴양 기본계획 5년마다 수립·시행할 수 있다.

48 수간석해를 통하여 계산할 수 없는 것은?

① 근주재적   ② 지조재적
③ 소단부재적 ④ 결정간재적

> 해설
> 수간재적은 계산 시 초단부재적, 근주재적, 결정간재적을 나누어 계산 후 총재적으로 합산한다.

49 투자 비용의 현재가에 대하여 투자의 결과로 기대되는 현금유입의 현재가 비율을 나타내어 투자효율을 결정하는 방법은?

① 순현재가치법
② 투자이익률법
③ 수익비용률법
④ 내부투자수익률법

> 해설
> 현재가에 대한 기대 현금 유입을 이용하는 방법을 수익비용률법이라 한다.

50 기계톱의 구입가가 100만원, 내용 연수는 10년, 폐기 시 가격이 20만원일 때 정액법에 의한 감가상각비는?

① 2만원/년   ② 8만원/년
③ 10만원/년   ④ 20만원/년

> 해설
> $$\frac{구입가격 - 폐물가격}{내용연수} = \frac{100만원 - 20만원}{10년} = 8만원/년$$

51 임상 개량의 목적이 달성될 때까지 임시적으로 설정하는 예상적 기간은?

① 회귀년   ② 갱신기
③ 윤벌기   ④ 정리기

> 해설
> 정리기(갱정기)는 법정인 영급으로 정리하는 기간을 말한다.

정답 45. ④ 46. ② 47. ① 48. ② 49. ③ 50. ② 51. ④

52 흉고직경과 중앙직경의 비율로 표시하여 임목의 완만도를 의미하는 것은?

① 형율
② 직경율
③ 절대형율
④ 상대형율

해설
직경율은 수간의 완만도를 측정하기 위한 방법으로 흉고직경과 수고의 1/2 되는 곳의 직경과의 비율을 말한다.

53 이율이 4%이고 매년 말에 수익이 200만원일 때 자본가는?(단, 무한연년수입의 전가합계식으로 산정)

① 50만원
② 192만원
③ 208만원
④ 5,000만원

해설
자본가 비용 / 연이율 = 200만원 / 0.04 = 5,000 만원

54 윤척을 사용하는 방법으로 옳지 않은 것은?

① 수간 축에 직각으로 측정한다.
② 흉고부(지상 1.2m)를 측정한다.
③ 경사진 곳에서는 임목보다 낮은 곳에서 측정한다.
④ 흉고부에 가지가 있으면 가지 위나 아래를 측정한다.

해설
경사진 곳에서는 임목보다 높은 곳에서 측정한다.

55 임지기망가가 최대값에 도달하는 시기에 대한 설명으로 옳지 않은 것은?

① 조림비가 클수록 늦어진다.
② 이율의 값이 클수록 빨라진다.
③ 관리비가 많아질수록 늦어진다.
④ 간벌 수익이 많을수록 빨라진다.

해설
관리비는 임지기망가 최대값의 도달 시기와는 관련이 없다.

56 산림의 가치 평가방법으로 재화의 판매 가격의 최저한도 결정에 활용에 가장 적합한 것은?

① 비용가
② 매매가
③ 기망가
④ 자본가

해설
임목 평가방법에서 비용가법은 일반적으로 임목가의 최저 한도액을 나타내며 임목을 현재까지 육성하는데 소요된 순비용의 후가합계로 나타낸다.

57 산림 수확 조절 방법으로 다수의 목표를 가지는 의사 결정 문제의 해결에 가장 적합한 것은?

① 목표계획법
② 정수계획법
③ 선형계획법
④ 비선형계획법

해설
목표계획법은 선형계획법의 확장된 형태로 다수의 목표를 가지는 의사결정문제 해결에 유용한 기법이다.

58 연년생장량에 대한 설명으로 옳은 것은?

① 벌기에 도달했을 때의 생장량
② 총생장량을 임령으로 나눈 양
③ 일정한 기간 내에 평균적으로 생장한 양
④ 임령이 1년 증가함에 따라 추가적으로 증가하는 수확량

해설
연년생장량은 수목이 1년동안 생장한 양이다.

정답 52. ② 53. ④ 54. ③ 55. ③ 56. ① 57. ① 58. ④

59 임목축적, 생장률, 생장량의 관계에 대한 설명으로 옳은 것은?

① 생장률이 일정할 경우 임목축적이 작으면 생장량은 커진다.
② 임목축적이 일정한 산림의 경우 생장률과 생장량은 반비례한다.
③ 임목축적이 매우 많은 경우 생장률도 상승하여 생장량이 커진다.
④ 생장률이 높아도 임목축적이 매우 작으면 생장량은 상대적으로 작아진다.

해설
적절한 임목축적과 생장률을 갖추어야 생장량이 증가한다. 즉 생장률이 높아도 임목축적이 매우 작으면 상대적으로 생장량도 작아지게 된다.

60 산림 조사에서 험준지에 해당하는 경사는?

① 15~20° ② 20~25°
③ 25~30° ④ 30° 이상

해설
험준지는 경사 25°~30°미만 이다.

61 임도의 시공면과 산지의 경사면이 만나는 점을 연결한 노선의 종축은?

① 영선 ② 중심선
③ 지반선 ④ 지형선

해설
경사지에서 노면의 시공면과 산지의 경사면이 만나는 지점을 영점이라 정의하고 이점을 연결한 선을 영선이라 한다.

62 식생이 사면 안정에 미치는 효과가 아닌 것은?

① 표토층 침식 방지
② 심층부 붕괴 방지
③ 강우 및 바람에 의한 토양 유실 방지
④ 급경사지에서 수목 자체 무게로 인한 토양

해설
경사지에서의 식생은 표토층의 침식방지 및 외부의 물리적 작용에 의한 토양 유실 방지와 뿌리 및 수목 자체로 인한 심층부의 붕괴를 방지해 준다.

63 급경사지에서 노선거리를 연장하여 기울기를 완화할 목적으로 설치하는 평면선형에서의 곡선은?

① 완화곡선 ② 복심곡선
③ 반향곡선 ④ 배향곡선

해설
배향곡선은 단곡선, 복심곡선, 반향곡선이 혼합된 곡선으로 경사가 급한 곳에서 기울기를 완화하거나 동일사면에서 우회할 목적으로 설치한다.

64 임도계획의 순서로 옳은 것은?

① 임도노선 선정 → 임도노선배치 계획 → 임도밀도 계획
② 임도밀도 계획 → 임도노선배치 계획 → 임도노선 선정
③ 임도노선배치 계획 → 임도노선 선정 → 임도밀도 계획
④ 임도밀도 계획 → 임도노선 선정 → 임도노선 배치계획

해설
임도계획의 경우 임도밀도계획을 시작으로 임도노선 배치, 임도노선선정의 순서로 진행하는 것이 효율적이다.

정답 59. ④ 60. ③ 61. ① 62. ④ 63. ④ 64. ②

65 임도의 합성기울기 설치 기준으로 옳은 것은?(단, 지형여건이 불가피한 경우는 제외)

① 간선임도인 경우 15% 이하로 한다.
② 지선임도인 경우 14% 이하로 한다.
③ 포장 노면인 경우 13% 이하로 한다.
④ 비포장 노면인 경우 12% 이하로 한다.

> **해설**
> 합성기울기는 보통 12% 이하로 하며 포장 노면의 경우 18% 이하로 한다.

66 임도에서 대피소 설치 기준으로 옳은 것은?

① 대피소의 간격은 300m 이내, 너비는 5m 이상, 유효길이는 10m 이상이다.
② 대피소의 간격은 300m 이내, 너비는 5m 이상, 유효길이는 15m 이상이다.
③ 대피소의 간격은 500m 이내, 너비는 5m 이상, 유효길이는 10m 이상이다.
④ 대피소의 간격은 500m 이내, 너비는 5m 이상, 유효길이는 15m 이상이다.

> **해설**
> 대피소 설치 기준은 간격 300m 이내, 너비 5m 이상, 유효길이 15m 이상이다.

67 임도 개설 시 흙을 다지는 목적으로 옳지 않은 것은?

① 투수성의 증대 ② 지지력의 증대
③ 압축성의 감소 ④ 흡수력의 감소

> **해설**
> 흙을 다지게 되면 투수성은 감소하게 된다.

68 1/25,000 지형도 상에서 A점과 B점 간의 표고 차이가 400m 이고 거리가 20cm 인 경우 종단경사는?

① 2%   ② 4%
③ 8%   ④ 12%

> **해설**
> · 실제거리 : 20cm×25,000=5000m
> · 경사 = $\dfrac{표고차}{실제거리} \times 100$
> → $\dfrac{400}{5000} \times 100 = 8(\%)$

69 가선집재 시 머리기둥과 꼬리기둥에 장착하여 본줄의 지지를 하는 도르래는?

① 죔도르래   ② 안내도르래
③ 삼각도르래   ④ 짐달림도르래

> **해설**
> 삼각도르래는 머리기둥과 고리기둥에 장치되어 가공 본줄의 하중을 지지하는 것으로 삼각형 모양의 측판이 부착되어 있어 삼각도르래라 한다.

70 고저 측량에 있어서 후시에 대한 설명으로 옳은 것은?

① 기지점에 세운 수준척 눈금의 값이다.
② 미지점에 세운 수준척 눈금의 값이다.
③ 중간점에 세운 수준척 눈금의 값이다.
④ 측량 진행 방향에 세운 수준척 눈금의 값이다.

> **해설**
> 후시는 고저측량에서 기계가 이미 표고를 알고 있는 기지점이나 기준점에서 세운 수준척의 눈금의 값이다. 측량의 진행방향에 대하여 뒤쪽을 시준하는 것을 의미한다.

정답 65. ④ 66. ② 67. ① 68. ③ 69. ③ 70. ①

71 롤러의 표면에 돌기를 부착한 것으로 점착성이 큰 점성토나 풍화연암 다짐에 적합하며 다짐 유효깊이가 큰 장점을 가진 기계는?

① 탠덤롤러 ② 탬핑롤러
③ 타이어롤러 ④ 머캐덤롤러

해설
탬핑롤러는 롤러 표면에 많은 돌기가 있어 점착성이 큰 점질토 다짐에 효과적이다.

72 임도의 총길이가 2km 이고 산림 면적이 100ha 이면 임도 간격은?

① 100m ② 250m
③ 500m ④ 1,000m

해설
· 적정임도밀도 : 2000m÷100ha=20m/ha
· 임도간격 = 10,000 / ORD(적정임도밀도)
            = 10,000 / 20 = 500

73 임도에서 길어깨의 주요 기능으로 옳지 않은 것은?

① 보행자의 통행을 위한 곳이다.
② 임목의 집재 작업을 위한 공간이다.
③ 노상시설, 지하매설물, 유지보수 등의 작업시 여유를 준다.
④ 차량 주행의 여유를 주어 차량이 밖으로 이탈하지 않도록 한다.

해설
길어깨는 노체의 구조적 안정, 차도의 구조부 보호, 차량의 안정 통행, 보호자의 대피 공간 등의 목적을 가진다.

74 컴퍼스 측량에서 전시와 후시의 방위각 차는?

① 0° ② 90°
③ 180° ④ 270°

해설
후시는 전시의 반대방향으로 방위각 차는 180°이다

75 임도의 노체와 노면에 관한 설명으로 옳은 것은?

① 쇄석을 노면으로 사용한 것은 사리도이다.
② 노체는 노상, 노반, 기층, 표층 순서대로 시공한다.
③ 토사도는 교통량이 많은 곳에 적용하는 것이 가장 경제적이다.
④ 노상은 임도의 최하층에 위치하여 다른 층에 비해 내구성이 큰 재료를 필요로 한다.

해설
노체는 노상, 노반, 기층, 표층의 순서로 시공한다.

76 산림자원 조성을 위한 산림관리기반시설에 해당하지 않는 것은?

① 작업로 ② 작업임도
③ 간선임도 ④ 지선임도

해설
산림관리기반시설의 범위에 해당하는 임도시설은 간선임도, 지선임도, 작업임도가 있다.

77 지형지수 산출 인자에 해당하지 않는 것은?

① 식생 ② 곡밀도
③ 기복량 ④ 산복경사

해설
지형지수 산출인자는 임지의 경사, 기복량, 곡밀도가 있다.

정답 71. ② 72. ③ 73. ② 74. ③ 75. ② 76. ① 77. ①

78 교각법을 이용하여 임도 곡선을 설치할 때, 교각이 90°, 곡선반경이 400m 인 단곡선에서의 접선길이는?

① 50m   ② 100m
③ 200m   ④ 400m

해설

곡선반지름 = 접선길이 $\times \tan\left(\dfrac{\theta}{2}\right)$
= $400 \times \tan 45(=1) = 400$

79 옹벽의 안정도를 계산 검토해야 하는 조건이 아닌 것은?

① 전도에 대한 안정
② 활동에 대한 안정
③ 침하에 대한 안정
④ 외부응력에 대한 안정

해설

옹벽의 안정도 검토에서는 옹벽의 안정성 확보를 위해 전도, 활동, 침하, 내부응력에 대한 안정을 고려해야 한다.

80 다음의 ( ) 안에 들어갈 내용을 순서대로 나열한 것은?

◎ 배수구는 수리계산과 현지여건을 감안하되 기본적으로 (　)m 내외의 간격으로 설치하며 그 지름은 (　)mm 이상으로 한다. 다만, 부득이한 경우에는 배수구의 지름을 (　)mm 이상으로 한다.

① 100, 800, 400
② 200, 800, 600
③ 100, 1000, 800
④ 200, 1000, 600

해설

배수구는 100m 내외 간격으로 지름 1000mm 이상으로 설치한다. 단, 필요에 따라 지름 800mm 이상으로 설치가 가능하다.

81 산복수로에서 쌓기공작물의 높이가 3m 이고 수로의 깊이가 1m 일 때 수로받이의 적절한 길이는?

① 2.0 ~ 4.0 m   ② 4.0 ~ 6.0 m
③ 6.0 ~ 8.0 m   ④ 8.0 ~ 10.0 m

해설

수로받이 길이는 쌓기 공작물 높이, 수로깊이를 더한 값의 1.5~2 배 정도를 기준으로 한다.
※ 수로받이 근사적 길이
(쌓기공작물높이 + 수로깊이)×[1.5~2.0]
=(3+1)×(1.5~2)=6~8

82 해안방재림 조성 공법에 해당되지 않는 것은?

① 사초심기   ② 나무심기
③ 퇴사울세우기   ④ 정사울세우기

해설

해안방재림 조성 공법으로 사초심기, 해안조림, 정사울세우기 등이 있다.

83 다음 설명에서 주어진 장소에 가장 적합한 산복수로는?

◎ 반원형 형상으로 지반이 견고하고 집수량이 적은 곳
◎ 상수가 없고 경사가 급한 곳

① 떼수로   ② FRP 관수로
③ 콘크리트수로   ④ 돌(메붙임)수로

해설

지반이 견고하고 집수량이 적으며 상수가 없고 경사가 급한 곳은 메쌓기 수로가 적합하다.

정답   78. ④   79. ④   80. ③   81. ③   82. ③   83. ④

84 하천 바닥에 자갈과 모래가 움직임이 발생하지만 침식이 일어나지 않아 하상종단면의 형상에는 변화가 없는 것은?

① 임계기울기 ② 안정기울기
③ 홍수기울기 ④ 평형기울기

해설
안정기울기는 안정물매라고도 하며 유수 중의 사력과 계상면의 사력과의 교대가 있어도 종단형상에는 변화를 일으키지 않는다.

85 사방공작물 중 횡공작물이 아닌 것은?

① 사방댐 ② 둑쌓기
③ 골막이 ④ 바닥막이

해설
사방댐, 구곡막이, 골막이, 바닥막이 등은 횡공작물이다.

86 낙석방지망덮기 공법에 대한 설명으로 옳지 않은 것은?

① 철망 눈의 크기는 5mm 정도이다.
② 합성섬유망은 100kg 이내의 돌을 대상으로 한다.
③ 와이어로프의 간격은 가로와 세로 모두 4~5m 정도로 한다.
④ 철망, 합성섬유망 등을 사용하여 비탈면에서 낙석이 발생하지 않도록 한다.

해설
철망눈의 크기는 5~10cm 정도를 기준으로 한다.

87 산지 붕괴현상에 대한 설명으로 옳지 않은 것은?

① 토양 속의 간극수압이 낮을수록 많이 발생한다.
② 풍화토층과 하부기반의 경계가 명확할수록 많이 발생한다.
③ 화강암 계통에서 풍화된 사질토와 역질토에서 많이 발생한다.
④ 풍화토층에 점토가 결핍되면 응집력이 약화되어 많이 발생한다.

해설
토양 속의 간극수압이 높을수록 비탈면 붕괴 발생률이 높아진다.

88 돌골막이 시공 높이로 가장 적절한 것은?

① 2m 이내 ② 3m 이내
③ 4m 이내 ④ 5m 이내

해설
돌골막이의 시공 길이 5m, 시공 높이 2m 정도로 한다.

89 발생기대본수가 3,000본/m^2, 평균입도 1,000립/g 인 종자가 순량율이 50%, 발아율이 80% 라면 1ha 의 비탈면에 필요한 종자량은?

① 55 kg ② 75 kg
③ 550 kg ④ 750 kg

해설
- 파종량 = $\dfrac{발생기대본수}{평균입수 \times 순량률 \times 발아율}$
  = $\dfrac{3000}{1000 \times 0.8 \times 0.5} = 7.5$
- $7.5 \times 10,000 m^2 (1ha) = 75000g = 75kg$

정답 84. ② 85. ② 86. ① 87. ① 88. ① 89. ②

90 코코넛 섬유를 원료로 한 비탈덮기용 재료는?

① 튤 파이버 ② 쥬트 네트
③ 그린 파이버 ④ 코이어 네트

해설
코이어네트는 코이어식생네트라고 하며 코코넛 섬유를 원료로 한 비탈면 녹화용 피복자재이다.

91 비탈 옹벽공법을 구조에 따라 분류한 것이 아닌 것은?

① T형 옹벽 ② 돌쌓기 옹벽
③ 부벽식 옹벽 ④ 중력식 옹벽

해설
비탈 옹벽공법에 구조에 따라 중력식, 부벽식, T형, L형 등이 있다.

92 콘크리트를 쳐서 수화작용이 충분히 계속되도록 보존하는 것은?

① 풍화 ② 배합
③ 경화 ④ 양생

해설
양생은 콘크리트의 응결 및 경화를 촉진하여 균열방지나 강도를 개선하기 위해서 실시한다.

93 사방사업 대상지와 가장 거리가 먼 것은?

① 황폐계류 ② 황폐산지
③ 벌채 대상지 ④ 생활권 훼손지

해설
사방사업 대상지는 황폐산지, 황폐계류, 해안사구, 생활권 훼손지이다.

94 선떼붙이기 시공요령에 대한 설명으로 옳지 않은 것은?

① 완만한 비탈지에서는 떼붙이기 할 때 표토를 절취할 필요가 없다.
② 선떼의 활착을 좋게 하고 견고도를 높이기 위해서 다지기를 충분히 한다.
③ 바닥떼는 발디딤을 보호하는 효과가 있으므로 저급 선떼붙이기에는 필수적이다.
④ 머리떼는 천단에 놓인 토사의 유출을 방지하여 선떼의 견고도를 높이는 효과가 있다.

해설
급경사지에서 선떼의 밑부분과 밑떼의 활착을 조장하기 위해 바닥떼 앞면 부분에 발디딤을 설치한다.

95 사방댐의 방수로 단면결정을 위한 계획홍수량 산정에 시우량법을 이용할 경우 계산인자가 아닌 것은?

① 조도계수 ② 유역면적
③ 유출계수 ④ 최대시우량

해설
시우량법에서 홍수량을 구하기 위한 인자로 유역면적, 최대시우량, 유출계수가 있다.

96 콘크리트 기슭막이에 대한 설명으로 옳은 것은?

① 앞면 기울기는 1:0.5를 기준으로 한다.
② 유수의 충격력이 적고 비교적 계안침식이 적은 곳에 설치한다.
③ 신축에 의한 균열을 방지하기 위해 1m마다 신축줄눈을 설치한다.
④ 뒷면 기울기는 토압에 따라 결정하지만 대개 수직으로 계획한다.

해설
콘크리트 기슭막이의 뒷면 기울기는 토압에 따라 결정하지만 대개 수직으로 한다.

정답 90. ④ 91. ② 92. ④ 93. ③ 94. ③ 95. ① 96. ④

97 비탈면 끝에 흐르는 계천의 가로침식에 의하여 무너지는 침식현상은?

① 산붕   ② 붕락
③ 포락   ④ 산사태

해설
포락은 계천에 침식된 토사가 무너지는 현상으로 계천의 유수에 영향을 받는다.

98 퇴적암에 속하지 않는 암석은?

① 혈암   ② 사암
③ 응회암   ④ 섬록암

해설
퇴적암에는 사암, 응회암, 석회암, 혈암 등이 있다. 섬록암은 화성암에 속한다.

99 사방댐의 형식을 외력에 의한 저항력에 따라 분류한 것으로 옳지 않은 것은?

① 중력댐   ② 아치댐
③ 강제댐   ④ 3차원댐

해설
사방댐의 형식은 외력에 대한 저항력 분류에 따라 중력댐, 아치댐, 3차원댐, 부벽댐 등으로 구분된다.

100 직선유로에서 유수의 차단 효과가 가장 큰 사방댐의 설정 방향으로 적합한 것은?

① 유심선에 직각으로 설정
② 유심선과 관계없이 설정
③ 유심선에 평행 방향으로 설정
④ 유심선에 45°의 방향으로 설정

해설
사방댐은 주로 직각방향으로 설치하여 침식 방지 및 토사의 유실을 방지한다.

정답 97. ③ 98. ④ 99. ③ 100. ①

2021년 제1회 산림기사

01 100~110°C로 가열해도 분리되지 않는 토양 수분은?

① 결합수 ② 중력수
③ 흡습수 ④ 모세관수

해설
결합수는 토양 중에 화합물의 성분으로 100~110°C로 가열해도 분리되지 않는 결정수로 식물이 사용하기 불가능한 수분이다.

02 다음 조건에 따른 파종량은?

- 파종상 실면적 : 500m²
- 묘목 잔존본수 : 60본/m²
- 1g 당 종자평균입수 : 66.5립
- 순량율 : 0.95
- 실험실 발아율 : 0.9
- 묘목 잔존율 : 0.3

① 약 1.8 kg ② 약 3.5 kg
③ 약 17.6 kg ④ 약 35.2 kg

해설
파종량
$= \dfrac{파종면적 \times m^2당\ 잔존본수}{g당\ 종자수 \times 순량률 \times 발아율 \times 득묘율}$
$= \dfrac{500 \times 60}{66.5 \times 0.95 \times 0.9 \times 0.3} ≒ 1758.8g ≒ 약 1.8kg$

03 다음 설명에 해당하는 목본 식물의 조직은?

- 대사 기능이 없고, 지탱 역할을 한다.
- 세포벽이 두껍고, 원형질이 없다.

① 유조직 ② 후막조직
③ 후각조직 ④ 분비조직

해설
목본 식물조직에서 후막조직은 세포벽이 두껍고 원형질이 없으며 지탱역할을 한다.

04 지질의 종류 가운데 수목의 2차 대사 물질인 이소프레노이드(isoprenoid) 화합물이 아닌 것은?

① 고무 ② 수지
③ 테르펜 ④ 리그닌

해설
리그닌은 페놀(phenol)화합물 이다.

05 소나무 종자가 수분된 후 성숙되는 시기는?

① 개화 당년
② 개화 3년째 가을
③ 개화 이듬해 여름
④ 개화 이듬해 가을

해설
소나무는 개화 이듬해 가을에 종자가 성숙한다.

정답 01. ① 02. ① 03. ② 04. ④ 05. ④

06 원생림이 파괴된 뒤에 회복된 산림은?

① 1차림 ② 2차림
③ 원시림 ④ 극상림

해설
산림 파괴 이후 회복에 의해 생성되는 산림을 2차림이라 한다.

07 난대림 자생 수종이 아닌 것은?

① 동백나무 ② 가시나무
③ 후박나무 ④ 박달나무

해설
박달나무는 온대 북부에서 주로 자생하는 수종이다. 난대림에 자생하는 대표 수종으로는 동백나무, 후박나무, 가시나무, 사철나무, 삼나무, 편백 등이 있다.

08 덩굴제거 시 사용되는 디캄바 액제에 대한 설명으로 옳지 않은 것은?

① 페녹시계 계통이다.
② 호르몬형 이행성 제초제이다.
③ 약효가 높아지는 30°C 이상 고온 조건에서 사용한다.
④ 주로 콩과 식물에 해당하는 광엽 잡초에 효과적이다.

해설
디캄바 액제는 30°C 이상 고온의 조건에서 증발할 경우 식물에 피해를 줄 수 있어 작업을 중지해야 한다.

09 다음 중 삽목 발근이 가장 용이한 수종은?

① Salix koreensis ② Acer palmatum
③ Zelkova serrata ④ Pinus koraiensis

해설
① 버드나무 ② 단풍나무 ③ 느티나무 ④ 잣나무, 삽목 발근이 용이한 수종으로 버드나무, 은행나무, 측백나무 등이 있으며 단풍나무, 잣나무, 느티나무는 삽목 발근이 어려운 수종이다.

10 산림작업종을 분류하는 기준으로 가장 거리가 먼 것은?

① 벌채종
② 임분의 기원
③ 갱신 임분의 수종
④ 벌구의 크기와 형태

해설
산림작업종의 분류 기준은 임분의 기원, 벌구의 크기와 형태, 벌채종이다.

11 강원도 지역에서 수하식재 방법을 이용하여 조림을 실시하고자 할 때 가장 적합한 수종은?

① Larix kaempferi
② Pinus densiflora
③ Abies holophylla
④ Betula platyphylla

해설
①낙엽송 ②소나무 ③전나무 ④자작나무
수하식재는 내음력이 강한 수종일수록 적합하며 보기 중에서 전나무가 음수로서 가장 적합하다.

12 가지치기 작업에 대한 설명으로 옳은 것은?

① 대체로 5월 경이 작업 적기이다.
② 원칙적으로 역지 이하를 잘라주어야 한다.
③ 가지 기부에 존재하는 지융부도 잘라주어야 한다.
④ 가지치기 작업한 나무 아래쪽의 상구는 위쪽 상구보다 유합이 빠르다.

해설
수관에서 가장 굵은 가지인 역지(으뜸가지) 이하의 것만 자르는 것을 원칙으로 한다.

정답 06. ② 07. ④ 08. ③ 09. ① 10. ③ 11. ③ 12. ②

13 밤나무, 상수리나무, 굴참나무 종자를 저장하는 방법으로 가장 적합한 것은?

① 기간저장법　② 보호저장법
③ 밀봉냉장법　④ 노천매장법

> **해설**
> 보호저장법은 모래와 종자를 섞어서 용기 안에 저장하는 방법으로 은행나무, 밤나무, 굴참나무 등의 수종에 적합한 방법이다.

14 산벌작업에서 결실량이 많은 해에 일부 임목을 벌채하여 하종을 돕는 과정은?

① 택벌　② 후벌
③ 예비벌　④ 하종벌

> **해설**
> 하종벌은 예비벌 후 3~5년 후에 종자의 결실이 풍부하고 완전 성숙 후 다량 낙하시켜 발아시키기 위한 작업으로 종자의 결실량이 많을 때 실시하는것이 좋다.

15 묘목을 식재할 때 밀도가 높은 경우에 대한 설명으로 옳은 것은?

① 임목의 초살도가 증가한다.
② 솎아베기 작업을 생략할 수 있다.
③ 수고 생장보다는 직경 생장을 촉진한다.
④ 임관이 빨리 울폐되어 표토의 침식과 건조를 방지한다.

> **해설**
> 밀식을 하게 되면 조기에 임관이 울폐되어 표토의 침식과 건조가 방지되기에 임지보호 효과가 높아진다.

16 종자의 활력 시험 중 종자 내 산화 효소가 살아있는지의 여부를 시약의 발색반응으로 검사하는 방법은?

① 절단법　② 환원법
③ X선분석법　④ 배추출시험법

> **해설**
> 환원법은 테루루산소다, 테트라졸륨 등의 수용액을 이용하여 발색반응을 통해 종자의 활력 검사를 한다.

17 다음 설명에 해당하는 무기양료로만 나열된 것은?

> ◎ 수목의 체내 이동이 어려워 생장점이나 어린 잎 등 세포분열이 일어나는 곳에서 결핍증상이 잘 나타난다.

① 칼슘, 철, 붕소
② 질소, 칼슘, 칼륨
③ 철, 망간, 마그네슘
④ 구리, 마그네슘, 질소

> **해설**
> 칼슘, 철, 붕소 등은 수목 체내에서 이동이 어려운 무기염료이다. 칼슘은 이동성이 낮아 신엽이나 경엽에서 결핍증상이 나타난다. 철은 결핍시 엽록소의 생성이 방해되면서 잎의 황백화가 발생한다. 붕소는 결핍시 생장점의 발육이 중지되고 심할 경우 뿌리 생장점에도 결핍 증상이 나타난다.

18 모수작업에 대한 설명으로 옳은 것은?

① 모수는 ha 당 100본 이상이어야 한다.
② 전 임목 본수에서 10% 정도로 모수를 남긴다.
③ 모수는 소나무, 곰솔 등 양수 수종이 적합하다.
④ 작업 대상 임지의 토양 침식과 유실이 발생하지 않는다.

> **해설**
> 모수작업은 소나무, 곰솔 등의 양수에 적용되는 것에 유리하다.

정답 13. ② 14. ④ 15. ④ 16. ② 17. ① 18. ③

19 수관의 모양의 줄기의 결점을 고려하여 우세목을 1급목과 2급목, 열세목을 3,4,5 급목으로 구분하는 수형급은?

① 덴마크　　② KRAFT
③ 데라사키　　④ HAWLEY

해설
데라사키(데라사끼, Terazaki) 수형급은 수관의 모양과 줄기의 결점을 보고 우세목은 1, 2급목으로 구분하고 열세목은 3,4,5 급목으로 분류한다.

20 다음 중 측백나무과 및 낙우송과 수목의 개화·결실 촉진에 가장 효과적인 식물호르몬은?

① GA_3　　② IAA
③ NAA　　④ 2,4-D

해설
지베렐린은 줄기의 신장 생장을 촉진하며 개화 및 결실을 돕는 역할을 한다.

21 광릉긴나무좀을 방제하는 방법으로 가장 효과가 미비한 것은?

① 내충성 품종을 식재한다.
② 딱따구리 등 천적이 되는 조류를 보호한다.
③ 우화 최성기에 수간에 페니트로티온 유제를 살포한다.
④ 피해목을 잘라 집재하고 타포린으로 밀봉하여 메탐소듐 액제로 훈증한다.

해설
광릉긴나무좀 방제법
· 광릉긴나무좀에 기생하는 천적류를 보호한다.
· 딱따구리 및 해충을 잡아먹는 각종 조류를 보호한다.
· 피해지의 고사목, 피압목 등의 광릉긴나무좀의 서식처를 제거한다.
· 침입한 구멍에 페니트로티온 약제를 주입하거나 수간에 살포한다.
· 피해목을 잘라 피복제(타포린, 방수포 등)로 밀봉하여 메탐소듐 액제로 훈증처리한다.

22 산성비가 토양 및 수목에 미치는 영향으로 옳지 않은 것은?

① 염기의 양 감소
② 질소의 이용량 감소
③ 낙엽층의 축적량 감소
④ 알루미늄, 망간 활성화

해설
산성비의 피해
· 식물의 엽록체를 파괴하여 광합성의 작용 억제
· 뿌리털의 세포가 파괴되어 수분 흡수 억제
· 식물이 사용하는 토양의 무기염류인 알루미늄, 망간 등의 활성화
· 낙엽층의 축적량이 감소하고 이로 인해 생태계에 필요한 미생물의 감소
· 병, 해충에 대한 내성 감소
· 질소의 이용량 감소 및 식물의 생육 저해

23 균사에 격벽이 없는 병원균은?

① *Fusarium* spp.
② *Rhizoctonia solani*
③ *Phytophthora cactorum*
④ *Cylinrocladium scoparium*

해설
격벽이 없는 균류에는 접합균류와 난균류가 있다. 보기에서 *Phytophthora cactorum* 는 크로미스타계의 난균문으로 격벽이 없다.

정답　19. ③　20. ①　21. ①　22.전항정답　23. ③

24 흰가루병을 방제하는 방법으로 옳지 않은 것은?

① 짚으로 토양을 피복하여 빗물에 흙이 튀지 않게 한다.
② 자낭과가 붙어서 월동한 어린 가지를 이른 봄에 제거한다.
③ 묘포에서는 밀식을 피하고 예방 위주의 약제를 처리한다.
④ 그늘에 식재한 나무에서 피해가 심하므로 식재 위치를 잘 선정한다.

> **해설**
> 흰가루병은 병원균은 바람에 의해 전반되기에 토양을 피복하는 것으로 방제효과가 없다.

25 매미나방을 방제하는 방법으로 옳지 않은 것은?

① Bt 균이나 핵다각체바이러스를 살포한다.
② 알덩어리는 부화 전인 4월 이전에 땅에 묻거나 소각한다.
③ 유충기인 4월 하순부터 5월 상순에 적용 약제를 수관에 살포한다.
④ 4월 중에 지표에 비닐을 피복하여 땅속에서 우화하여 올라오는 것을 방지한다.

> **해설**
> 매미나방의 경우 주로 알덩어리를 소각하여 땅에 묻는 방법이 효과적이다. Bt. 균 및 핵다각체바이러스와 같은 생물적 방제법을 활용하거나 기생성 천적을 이용하기도 한다. 어린 유충기에는 페니트로티온 유제를 수관 살포하는 화학적 방제법을 활용한다.

26 박쥐나방을 방제하는 방법으로 옳은 것은?

① 땅속을 서식하는 유충을 굴취하여 소각한다.
② 풀깎기를 하여 유충이 가해하는 초본류를 제거한다.
③ 잎에 산란한 알덩어리를 수거하여 땅에 묻거나 소각한다.
④ 나뭇잎을 길게 말고 형성한 고치를 채취하여 소각한다.

> **해설**
> 어린 유충기에 초목류를 가해하므로 풀깎기를 철저히 하여 발생을 억제 한다.

27 솔잎혹파리에 대한 설명으로 옳지 않은 것은?

① 침엽기부에 혹을 만들고 피해를 준다.
② 성충은 5월 하순과 8월 중순 2회 발생한다.
③ 유충 형태로 토양, 지피물 밑, 벌레혹에서 월동한다.
④ 교미 후에 수컷은 수 시간 내로 죽고, 암컷은 산란을 위해 1~2일 더 생존한다.

> **해설**
> 솔잎혹파리는 1년에 1회 발생한다.

28 상렬에 대한 설명으로 옳지 않은 것은?

① 서리로 인해 발생하는 수목 피해이다.
② 고립목이나 임연부에서 발견되기 쉽다.
③ 상렬을 예방하기 위해서 배수를 원활하게 한다.
④ 추운 지방에서 치수가 아닌 주로 교목의 수간에 발생한다.

> **해설**
> 상렬은 겨울철 수목 내부의 수분이 저온에 따른 수축 및 팽창으로 팽창압이 발생하여 수목이 갈라지는 현상을 말한다.

정답 24. ① 25. ④ 26. ② 27. ② 28. ①

29 소나무류 피목가지마름병을 방제하는 방법으로 가장 효과적인 것은?

① 병든 잎을 태우거나 묻어서 1차 전염원을 줄인다.
② 침투 이행성 살균제를 피해목 수간에 주입한다.
③ 상습발생지에서는 6월부터 살균제를 토양 관주한다.
④ 남향으로 뿌리가 노출된 수목의 임지에서는 관목을 무육하여 토양 건조를 방지한다.

해설
소나무류 피목가지마름병은 일반적으로 햇볕이 약하고 수세가 쇠약하거나, 뿌리발육이 부진한 장소에서 피해가 발생하기에 뿌리가 노출된 수목은 임목의 생장촉진과 수세의 향상을 위해 무육을 하여 토양의 건조를 방지하는 것이 좋다.

30 참나무 시들음병을 방제하는 방법으로 옳지 않은 것은?

① 신갈나무숲에 매개충 유인목을 설치한다.
② 병든 부분을 제거하고 소독 후 도포제를 처리한다.
③ 수간 하부부터 지상 2m 까지 끈끈이롤 트랩을 감아준다.
④ 피해목을 벌채하고 타포린으로 덮은 후에 훈증제를 처리한다.

해설
참나무시들음병은 곰팡이가 도관을 막아 수분과 양분의 이동을 방해하여 시들어 죽게 되기에 병든 부분을 제거만 하는 것으로는 방제가 어렵다.

31 아밀라리아뿌리썩음병을 방제하는 방법으로 옳지 않은 것은?

① 묘목은 식재 전에 메타락실 수화제에 침지처리한다.
② 잣나무 조림지에 석회를 처리하여 산성 토양을 개량한다.
③ 감염목의 주위에 도랑을 파서 균사가 퍼지지 않도록 한다.
④ 과수원에서는 감염목을 자른 다음 그루터기를 제거한다.

해설
아밀라리아뿌리썩음병 발생지역의 경우 방제를 위해 수년간 임목의 식재를 피하도록 한다.
※ **아밀라리아뿌리썩음병 방제법**
· 자실체 및 감염된 뿌리를 제거한다.
· 주위에 도랑을 파서 생석회 등을 묻어주고 전염을 막는다.
· 베노밀 등의 살균제를 임지에 묻거나 살포한다.
· 감염지역의 식재는 피하도록 한다.

32 다음 중 생엽의 발화온도가 가장 높은 수종은?

① 피나무   ② 뽕나무
③ 밤나무   ④ 아까시나무

해설
보기의 수종별 생엽 발화 온도로 밤나무(460℃)가 가장 높으며 다음으로 아까시나무(380℃), 뽕나무(370℃), 피나무(360℃) 순서이다.

33 산림곤충 표본조사법 중 곤충의 음성 주지성을 이용한 방법은?

① 미끼트랩   ② 수반트랩
③ 페로몬트랩   ④ 말레이즈트랩

해설
말레이즈트랩은 곤충의 표본조사법에서 음성주지성, 즉 높은 곳으로 기어가는 곤충의 습성을 이용한 곤충 포획방법이다.

정답 29. ④ 30. ② 31. ① 32. ③ 33. ④

34 1년에 1회 발생하며 단성생식을 하는 해충은?

① 밤나무혹벌 ② 넓적다리잎벌
③ 노랑애나무좀 ④ 오리나무잎벌레

해설
밤나무혹벌은 1년에 1회 발생하고 암컷만으로 단성생식을 한다.

35 해충의 약제 저항성에 대한 설명으로 옳지 않은 것은?

① 약제에 대한 도태 및 생존의 결과이다.
② 약제 저항성이 해충의 다음 세대로 유전되지는 않는다.
③ 해충의 개체군 내에서는 약제 저항성의 차이가 있는 개체가 존재한다.
④ 2종 이상의 살충제에 대하여 저항성이 나타날 때 저항성 유전자가 그 중 1종의 살충제에서 기인하면 교차저항성이라고 한다.

해설
저항성은 유전이 가능하며 이로 인하여 세대를 거듭할수록 약제의 효과가 떨어지게 된다.

36 분류학적으로 유리나방과, 명나방과, 솔나방과를 포함하는 목(目)은?

① Blattaria ② Hemiptera
③ Plecoptera ④ Lepidoptera

해설
인시목(Lepidoptera)은 나비, 나방류 등을 포함하는 곤충강의 한 목으로 유리나방과, 명나방과, 솔나방과를 포함하는 목이다.

37 다음 중 중간기주가 없는 수목병은?

① 소나무 혹병 ② 향나무 녹병
③ 회화나무 녹병 ④ 잣나무 털녹병

해설
회화나무 녹병은 중간기주로 이동하지 않고 회화나무에만 기생하는 수목병이다.

38 낙엽송 가지끝마름병균이 월동하는 형태는?

① 균핵 ② 자낭각
③ 분생포자각 ④ 겨울포자퇴

해설
낙엽송 가지끝마름병은 9월쯤부터 병든 가지의 아래쪽에서 흑색의 작은돌기인 자낭각의 형태로 월동하게 된다.

39 유충과 성충이 수목의 동일한 부분을 가해하는 해충은?

① 솔나방
② 어스렝이나방
③ 오리나무잎벌레
④ 잣나무넓적잎벌

해설
오리나무잎벌레는 성충과 유충이 동시에 잎을 가해한다.

40 다음 ( ) 안에 가장 적합한 것은?

◎ 밤나무 줄기마름병균은 주로 ( )에 의해 전반된다.

① 토양 ② 종자
③ 선충 ④ 바람

해설
주로 바람에 의해 전반되는 수목병에는 밤나무줄기마름병균, 잣나무털녹병균, 흰가루병 등이 있다.

정답 34. ① 35. ② 36. ④ 37. ③ 38. ② 39. ③ 40. ④

41 임목재적을 측정하기 위한 흉고형수에 대한 설명으로 옳지 않은 것은?

① 지위가 양호할수록 형수가 작다.
② 수고가 작을수록 형수는 작아진다.
③ 연령이 많아질수록 형수는 커진다.
④ 흉고직경이 작아질수록 형수는 커진다.

해설
수고가 작을수록 형수는 커진다.

42 산림경영의 대상이 되는 경영계획구에 대해서 산림소유자나 지방자치단체장이 수립하는 계획은?

① 지역산림계획
② 산림기본계획
③ 산림경영계획
④ 국유림경영계획

해설
산림경영계획의 수립주체는 지방자치단체장, 산림소유자이다.

※ 산림계획 수립에 따른 주체 및 대상

구분	수립주체	대상
산림기본계획	산림청장	전국
지역산림계획 (국유림)	지방산림청장	관할구역
지역산림계획 (공·사유림)	시·도지사	관할구역
국유림종합계획	국유림관리소장	관할구역
국유림경영계획	지방산림청장	경영계획구
산림경영계획 (공·사유림)	지방자치단체장, 산림소유자	경영계획구

43 산림생장 및 예측모델을 구축하는데 있어서 제일 먼저 수행해야 할 과정은?

① 자료수집
② 모델구성
③ 모델선정 및 설계
④ 자료분석 및 생장 함수식 유도

해설
산림생장 및 예측 모델의 구축은 <모델선정 및 설계 - 자료수집 - 자료 분석 및 생장함수식 유도 - 모델 구성 - 검증>의 과정을 거친다.

44 다음 조건에 따라 정액법으로 구한 임업기계의 감가상각비는?

◎ 취득원가 : 5,000,000 원
◎ 잔존가치 : 500,000 원
◎ 내용연수 : 50년

① 90,000 원/년
② 100,000 원/년
③ 500,000 원/년
④ 1,100,000 원/년

해설
$$\frac{5,000,000 - 500,000}{50} = 90,000 \text{ 원/년}$$

※ 감가상각비(정액법)
$$\frac{구입가격 - 폐물가격}{내용연수}$$

45 이자를 계산인자로 포함하는 벌기령은?

① 공예적 벌기령
② 재적수확 최대 벌기령
③ 화폐수익 최대 벌기령
④ 토지순수익 최대 벌기령

해설
토지순수익 최대 벌기령의 계산인자에는 주벌수익, 윤벌기, 이율, 간벌수익, 조림비, 자본이 있다.

정답 41. ② 42. ③ 43. ③ 44. ① 45. ④

46 임업투자 결정 중 현금유입을 통하여 투자금액을 회수하는데 소요되는 기간을 가지고 투자 결정을 하는 방법은?

① 회수기간법
② 내부수익률법
③ 순현재가치법
④ 수익·비용비법

해설
회수기간은 투자에 소요된 모든 비용을 회수하는데 걸리는 기간을 말하며, 보통 연수로 표시한다. 회수기간법은 빨리 회수되는 투자안일수록 투자가치가 높다고 판단한다.

47 벌채실행을 모두베기로 할 때 벌채면적은 최대 30ha 이내로 하되, 벌채면적이 5ha 이상일 경우에는 하나의 벌채 구역을 몇 ha 이내로 하는가?

① 3ha   ② 5ha
③ 6ha   ④ 10ha

해설
대상지의 면적이 5ha 이상일 경우 하나의 벌채구역은 5ha 이내로 한다.

48 수간석해를 위한 원판 채취방법에 대한 설명으로 옳지 않은 것은?

① 원판의 두께는 10cm 가 되도록 한다.
② 원판을 채취할 때는 수간과 직교하도록 한다.
③ 측정하지 않을 단면에는 원판의 번호와 위치를 표시하여 둔다.
④ Huber 식에 의한 방법에는 흉고이상은 2m 마다 원판을 채취하고 최후의 것은 1m 가 되도록 한다.

해설
수간석해시 원판의 채취 두께는 3~5cm 를 기준으로 한다.

49 30년생 임목이 7본, 25년생 임목이 12본, 20년생 임목이 7본인 경우 본수령으로 계산한 평균임령은?

① 15년   ② 20년
③ 25년   ④ 30년

해설
$$\frac{(30년 \times 7) + (25년 \times 12) + (20년 \times 7)}{7 + 12 + 7}$$
$$= \frac{650}{26} = 25$$

50 자연휴양림을 조성 신청하려는 자가 제출하여야 하는 자연휴양림 구역도의 축적은?

① 1/5,000   ② 1/10,000
③ 1/15,000   ④ 1/25,000

해설
자연휴양림 예정지의 구역도는 축척 1/5,000 혹은 1/6,000 으로 한다.

51 임령에 따른 연년생장량과 평균생장량의 관계에 대한 설명으로 옳지 않은 것은?

① 처음에는 연년생장량이 평균생장량보다 크다.
② 평균생장량의 극대점에서 두 생장량의 크기는 다르다.
③ 연년생장량은 평균생장량보다 빨리 극대점을 가진다.
④ 평균생장량이 극대점에 이르기까지는 연년생장량이 항상 평균생장량보다 크다.

해설
평균생장량의 극대점에서 연년생장량과 평균생장량의 크기가 같다.

정답   46. ①   47. ②   48. ①   49. ③   50. ①   51. ②

52 산림평가 시 임업이율은 보통이율보다 낮아야 하는 이유로 옳지 않은 것은?

① 생산기간의 장기성 때문
② 산림소유의 불안정성 때문
③ 산림의 관리경영이 간편하기 때문
④ 재적 및 금원 수확의 증가와 산림재산 가치의 등귀 때문

해설
임업이율이 낮게 평정되는 이유
· 산림소유의 안정성
· 산림재산 및 임료수입의 유동성
· 산림경영관리의 간편화
· 생산기간의 장기성
· 문화의 발전에 따른 이율의 저하
· 재적 및 수확의 증가와 산림재산가치의 등귀
· 기호 및 간접이익의 관점에서의 산림소유에 대한 개인적 가치 평가

53 임업자산의 유형과 구성요소의 연결로 옳지 않은 것은?

① 유동자산 - 비료
② 유동자산 - 현금
③ 고정자산 - 묘목
④ 임목자산 - 산림축적

해설
묘목은 유동자산에 해당한다.

54 임목평가의 방법 중에서 유령림의 평가에 가장 적합한 것은?

① Glaser 법
② 시장가역산법
③ 임목기망가법
④ 임목비용가법

해설
유령림에서 임목평가는 식재 및 보육을 위한 투자액을 기준으로 하는 임목비용가법이 적합하다.

55 이율은 5%이고 앞으로 10년 후에 300,000원의 간벌수익을 얻으리라고 예상하면 간벌수입의 전가합계는?

① 약 69,000 원
② 약 184,000 원
③ 약 489,000 원
④ 약 1,296,000 원

해설
10년 후의 30만원에 해당하는 현재가를 구하는 문제로 풀이는 다음과 같다.

$300,000 \times \dfrac{1}{1.05^{10}} ≒ 300,000 \times 0.61 ≒ 184173$

56 손익분기점의 분석을 위한 가정에 대한 설명으로 옳지 않은 것은?

① 제품 한 단위당 변동비는 항상 일정하다.
② 총비용은 고정비와 변동비로 구분할 수 있다.
③ 제품의 판매가격은 판매량이 변동하여도 변화되지 않는다.
④ 생산량과 판매량은 항상 다르며 생산과 판매에 보완성이 있다.

해설
생산량과 판매량은 항상 같으며 생산과 판매에 동시성이 있다.

57 트레킹길 중 산줄기나 산자락을 따라 길게 조성하여 시점과 종점이 연결되지 않는 길은?

① 둘레길
② 탐방로
③ 트레일
④ 산림레포츠길

해설
트레일은 산줄기나 산자락을 따라 길게 조성하여 시점과 종점이 연결되지 않는 길이다.

정답 52. ② 53. ③ 54. ④ 55. ② 56. ④ 57. ③

58 법정림(개별작업)에서 작업급의 윤벌기가 50년인 경우의 법정수확률은?

① 2% ② 3%
③ 4% ④ 5%

해설

법정수확률 = $\dfrac{200}{\text{윤벌기}} = \dfrac{200}{50} = 4(\%)$

59 임지기망가의 최대값에 영향을 주는 인자에 대한 설명으로 옳지 않은 것은?

① 이율이 낮을수록 최대값이 빨리 온다.
② 간벌 수익이 클수록 최대값이 빨리 온다.
③ 주벌 수익의 증대속도가 빨리 감퇴할수록 최대값이 빨리 온다.
④ 관리비는 임지기망가가 최대로 되는 시기와는 관계가 없다.

해설

임지기망가 최대값 영향인자에서 이율은 클수록 최대값이 빨리 온다.

60 산림경영의 지도원칙 중 보속성의 원칙에 해당되지 않는 것은?

① 합자연성 ② 목재수확 균등
③ 생산자본 유지 ④ 화폐수확 균등

해설

산림경영 지도원칙에서 보속성의 원칙에는 목재 수확 균등의 보속, 목재생산의 보속, 화폐수확 균등의 보속, 생산자본 유지의 보속이 있다. 합자연성은 환경보전의 원칙과 함께 복지의 원칙에 해당한다.

61 적정임도밀도가 10m/ha 이고 양방향으로 집재할 때 평균집재거리는?

① 250 m ② 500 m
③ 750 m ④ 1000 m

해설

평균집재거리(양방향집재)

집재거리 = $\dfrac{10000}{\text{적정임도밀도} \times 4} = \dfrac{10000}{10 \times 4} = 250m$

62 반출할 목재의 길이가 20m 인 전간재를 너비가 4m 인 임도에서 트럭으로 운반할 때 최소 곡선 반지름은?

① 4m ② 20m
③ 25m ④ 50m

해설

최소곡선반지름

$R = \dfrac{l^2}{4B} = \dfrac{20^2}{4 \times 4} = \dfrac{400}{16} = 25(m)$

여기서, R : 곡선반지름(m)
 l : 통나무길이(m)
 B : 노폭(m)

63 1/5000 지형도에 종단경사 10%의 임도노선을 도상배치하고자 한다. 이론적인 수치보다 10% 의 할증을 더 두어 계산해야 한다면 양각기 폭은? (단, 한 등고선의 간격은 5m)

① 1.0 mm ② 1.1 mm
③ 10 mm ④ 11 mm

해설

· 10 : 100 = 5 : 수평거리 → 수평거리 : 50m
· 양각기 폭 : 50m × 1/5000 = 10mm
· 이때 10mm 에 대하여 10% 할증을 더 두어 계산하기에 11mm 가 된다.

64 콘크리트 포장 시공에서 보조기층의 기능으로 옳지 않은 것은?

① 동상의 영향을 최소화한다.
② 노상의 지지력을 증대시킨다.
③ 노상이나 차단층의 손상을 방지한다.
④ 줄눈, 균열, 슬래브 단부에서 펌핑현상을 증대시킨다.

해설
보조기층은 노상 위에 위치하는 층으로서 위쪽의 포장층에서 발생되는 하중을 분산시켜 노상으로 전달하는 역할을 한다. 펌핑현상의 경우 주로 표층에서 일어나는 현상이다.

65 일반지형의 경우 임도 설계속도가 20km/시간일 때 설치할 수 있는 최소곡선반지름 기준은?

① 12m   ② 15m
③ 20m   ④ 30m

해설
설계속도가 20km/hr 일 경우 일반지형의 최소곡선반지름은 15m 이다.

66 임도망 배치의 효율성 정도를 나타내는 개발지수에 대한 설명으로 옳지 않은 것은?

① 평균집재거리와 임도밀도를 곱하여 계산한다.
② 균일하게 임도가 배치되었을 때의 값은 1.0 이다.
③ 노선이 중첩되면 될수록 임도배치 효율성은 높아진다.
④ 임도간격과 밀도가 동일하더라도 노망의 배치상태에 따라 이용효율성은 크게 달라진다.

해설
노선이 중첩되면 될수록 임도배치 효율성은 낮아진다.

67 임도 노면 시공방법에 따른 분류로 머캐덤(Macadam)에 해당하는 것은?

① 사리도   ② 쇄석도
③ 토사도   ④ 통나무길

해설
쇄석도는 쇄석(부순돌)끼리 서로 물려서 죄는 힘과 결합력에 의해 만들어진 단단한 도로이다. 쇄석도는 보통 습기가 많은 지대의 임도에서 사용되는데 이때 쇄석도의 시공시 머캐덤식은 쇄석재료로만 시공한 도로이다.

68 다음 표는 임도의 횡단측량 야장이다. A, B, C, D에 대한 설명으로 옳지 않은 것은?

좌측	측점	우측
L3.0	A No.0	L3.0
$\frac{-1.8}{0.4}$ C $\frac{L}{1.2}$	MC$_1$	$\frac{L}{1.3}$ B $\frac{+1.5}{1.5}$
B $\frac{-0.3}{2.0}$ $\frac{-0.3}{2.0}$	MC$_1$ +3.70 D	$\frac{+0.4}{2.0}$ $\frac{+0.4}{2.0}$

① A : 측점이 No. 0 인 경우는 기설 노면을 의미한다.
② B : 분자는 고저차로서 +는 성토량, -는 절토량을 의미한다.
③ C : 분모는 수평거리로서 측점을 기준으로 왼편 1.2m 지점을 의미한다.
④ D : MC$_1$ 지점으로부터 3.70m 전진한 지점을 뜻한다.

해설
B 부분의 분자는 +는 절토량, -는 성토량을 의미한다.

69 임도 설계를 위한 중심선측량 시 측점 간격 기준은?

① 10m   ② 15m
③ 20m   ④ 25m

해설
중심선 측량의 경우 노선의 시점을 기준으로 20m 마다 측점말뚝을 박아 측정하며 주로 평탄지와 완경사지에 적용한다.

정답 64. ④ 65. ② 66. ③ 67. ② 68. ② 69. ③

70 임도 설계업무의 진행 순서로 옳은 것은?

① 예비조사 → 예측 → 답사 → 실측 → 설계도작성
② 예비조사 → 답사 → 예측 → 실측 → 설계도작성
③ 실측 → 예측 → 지형도분석 → 답사 → 설계도작성
④ 실측 → 지형도분석 → 예측 → 구조물조사 → 설계도작성

해설
임도설계 순서
예비조사 → 답사 → 예측, 실측 → 설계도 작성 → 공사량 산출 → 설계서 작성

71 임도시공 시 토질조사 작업에서 예비조사의 주요항목이 아닌 것은?

① 토양 ② 지질
③ 기상 ④ 지적

해설
임도시공에 대한 토질조사에서 예비조사 항목에는 토양도, 지질도, 기상이 있다.

72 산림 토목공사용 기계로 옳지 않은 것은?

① 전압기 ② 착암기
③ 식혈기 ④ 정지기

해설
식혈기는 묘목식재를 위해 땅에 구멍을 뚫는 조림용 기계이다.

73 사리도(자갈길, gravel road)의 유지관리에 대한 설명으로 옳지 않은 것은?

① 방진처리에 염화칼슘은 사용하지 않는다.
② 노면의 제초나 예불은 1년에 한 번 이상 실시한다.
③ 비가 온 후 습윤한 상태에서 노면 정지작업을 실시한다.
④ 횡단배수구의 기울기는 5~6% 정도를 유지하도록 한다.

해설
방진처리를 위하여 물이나 염화칼슘 등을 사용한다.

74 가선집재와 비교한 트랙터에 의한 집재작업의 장점으로 옳지 않은 것은?

① 기동성이 높다.
② 작업이 단순하다.
③ 작업생산성이 높다.
④ 잔존임분에 대한 피해가 적다.

해설
트랙터의 경우 지면위를 지나가기에 잔존임분에 대한 피해가 많다.

75 흙의 입도분포의 좋고 나쁨을 나타내는 균등계수의 산출식으로 옳은 것은?(단, 통과중량 백분율 x 에 대응하는 입경은 D_X)

① $D_{10} \div D_{60}$ ② $D_{20} \div D_{60}$
③ $D_{60} \div D_{20}$ ④ $D_{60} \div D_{10}$

해설
균등계수
균등계수는 체로 분류하여 60% 통과율을 나타내는 모래 입자의 크기 비율로 나타낸다.

$$균등계수 = \frac{통과중량백분율 60\% 대응입경}{통과중량백분율 10\% 대응입경}$$
$$= \frac{D_{60}}{D_{10}}$$

정답 70. ② 71. ④ 72. ③ 73. ① 74. ④ 75. ④

76 다음 종단측량 결과표를 이용하여 측점 1~4를 연결하는 도로계획선의 종단기울기는? (단, 중심말뚝 간격은 30m)

측점	1	2	3	4
지반고(m)	65.45	66.03	63.67	68.83

① 약 -3.8 % ② 약 +3.8 %
③ 약 -5.6 % ④ 약 +5.6 %

해설
중심말뚝의 간격은 30m 이므로 측점 1에서 측점 4까지의 거리는 90m 이다. 그리고 측점 1에서 측점 4까지의 지반고 차이는 <68.83 - 65.45 = 3.38> 이므로 기울기는 다음과 같이 구할수 있다.
- $\frac{3.38}{90} \times 100 ≒ 3.8(\%)$

77 임도 시설기준에 대한 설명으로 옳은 것은?
① 배향곡선은 중심선 반지름이 10m 이상으로 한다.
② 종단곡선은 포물선곡선방식을 적용하지 않는다.
③ 특수지형에서 최소곡선반지름은 설계속도와 관계없이 14m 이상으로 한다.
④ 특수지형에서 노면포장을 하는 경우 종단기울기는 20% 범위에서 조정할 수 있다.

해설
배향곡선은 중심선 반지름이 10m 이상으로 설치한다.

78 합성기울기가 10% 이고, 외쪽기울기가 6%인 임도의 종단기울기는?
① 4% ② 6%
③ 8% ④ 10%

해설
$10 = \sqrt{6^2 + 종단기울기^2}$
$100 = 36 + 종단기울기^2$
종단기울기 = 8(%)

79 컴퍼스측량에 대한 설명으로 옳지 않은 것은?
① 국지인력의 영향 때문에 철제구조물과 전류가 많은 시가지 측량에 적합하다.
② 캠퍼스의 눈금판은 일반적으로 N과 S점에서 양측으로 0°~90°까지 나누어져 있다.
③ 시준선이 어떤 방향으로 향할 때 자침이 가리키는 값은 남북방향을 기준으로 한 각이 된다.
④ 농지, 임야지 등과 같은 국지인력의 영향이 없는 곳이나 높은 정도를 필요로 하지 않는 곳에서 작업이 신속하고 간편하기에 많이 이용된다.

해설
국지인력은 근처에 철제구조물, 철광석, 직류전류 등이 있으면 자력선의 방향이 자북을 가르키지 않게 되기에 컴퍼스측량의 경우 이러한 조건에서의 측량에는 적합하지 않다.

80 배향곡선지가 아닌 경우 임도의 유효너비 기준은?
① 3m ② 4m
③ 5m ④ 6m

해설
임도의 유효너비는 3m 를 기준으로 하며 배향곡선지의 경우 6m 이상을 기준으로 한다.

81 비탈면 붕괴를 방지하기 위한 돌망태쌓기 공법에 대한 설명으로 옳지 않은 것은?
① 보강성 및 유연성이 좋다.
② 투수성 및 방음성이 불량하다.
③ 일체성과 연속성을 지닌 구조물이다.
④ 주로 철선으로 짠 망태에 호박돌 또는 잡석을 채워 사용한다.

해설
돌망태쌓기 공법에서 돌망태는 신축 및 변형되어 보강성, 유연성이 좋고 투수성 및 방음성도 뛰어나다.

정답 76. ② 77. ① 78. ③ 79. ① 80. ① 81. ②

82 비중에 따라 골재를 구분할 경우 중량골재의 비중 기준은?

① 2.50 이하　② 2.60 이상
③ 2.70 이상　④ 2.80 이하

해설
중량골재의 비중은 2.7 이상이다.

83 계류의 임계유속에 대한 설명으로 옳은 것은?

① 유수가 흐르지 않는 상태이다.
② 계상에 침식이 일어나지 않는다.
③ 계상에 침식이 가장 많이 일어난다.
④ 유수의 속도가 가장 빠른 상태이다

해설
임계유속은 계상에서 침식을 일으키지 않는 경우의 최대유속을 말한다.

84 비탈면 녹화공법에 해당하지 않는 것은?

① 조공　② 사초심기
③ 비탈덮기　④ 선떼붙이기

해설
사초심기는 해안사방 공종에 속한다.

85 붕괴형 산사태에 대한 설명으로 옳은 것은?

① 지하수로 인해 발생하는 경우가 많다.
② 파쇄 또는 온천 지대에서 많이 발생한다.
③ 속도는 완만해서 흙덩이는 흩어지지 않고 원형을 유지한다.
④ 이동 면적이 1ha 이하로 작고, 깊이도 수 m 이하로 얕은 경우가 많다.

해설
붕괴형 산사태의 경우 발생 면적 규모 및 깊이가 작다.

86 비탈다듬기 공법에 대한 설명으로 옳지 않은 것은?

① 붕괴면의 주변 상부는 충분히 끊어낸다.
② 기울기가 급한 장소에서는 선떼붙이기와 산비탈돌쌓기 등으로 조정한다.
③ 퇴적층 두께가 3m 이상일 때에는 땅속흙막이를 시공한 후 실시한다.
④ 수정기울기는 지질·면적·공법 등에 따라 차이를 두되 대체로 45° 전후로 한다.

해설
비탈다듬기공사에 있어 수정기울기는 최대 35°전후로 한다.

87 콘크리트흙막이를 산복기초로 시공할 경우 가장 적합한 높이는?

① 2.5m 이하　② 3.0m 이하
③ 3.5m 이하　④ 4.0m 이하

해설
콘크리트흙막이는 안정성을 기대할 수 없는 경우 산복기초로의 높이는 4m 이하를 원칙으로 한다.

88 유역면적 200ha, 최대시우량 180mm/h, 유거계수 0.6일 때 최대홍수유량(m^3/s)은?

① 60　② 90
③ 120　④ 180

해설
$0.002778 \times 0.6 \times 180 \times 200 ≒ 60$
※ 합리식법
$Q = 0.002778 CIA$
여기서, Q : 유출량(m^3/sec)
　　　　C : 유거계수
　　　　I : 최대시우량(mm/hr)
　　　　A : 유역면적(ha)

정답 82. ③　83. ②　84. ②　85. ④　86. ④　87. ④　88. ①

89 황폐 계류 유역을 구분하는데 포함되지 않는 것은?

① 토사준설구역 ② 토사생산구역
③ 토사퇴적구역 ④ 토사유과구역

해설
황폐계류의 상류부를 토사생산구역, 생산된 토사가 이동하는 토사유과구역, 하류에 토사가 퇴적되는 토사퇴적구역으로 구분된다.

90 시우량법을 이용하여 최대홍수유량을 산정할 때 침투 정도가 보통인 평지 토양에서 유거계수가 가장 큰 경우는?

① 산림   ② 초지
③ 암석지   ④ 농경지

해설
유거계수는 임상이 좋지 않거나 황폐가 심할 경우 유출량이 많아 유거계수값이 높아지기에 침투 정도가 보통인 평지에서 산림, 초지, 농경지보다는 암석지의 유출량이 상대적으로 높아 유거계수가 크게 된다.

91 설상사구에 대한 설명으로 옳은 것은?

① 주로 파도막이 뒤에 형성되는 모래 언덕이다.
② 모래가 정선부에 퇴적하여 얕은 모래 둑을 형성한다.
③ 혀 모양의 형태로 모래가 쌓인 후 반달모양으로 형태가 바뀐 것이다.
④ 치올린 언덕의 모래가 비산하여 내륙으로 이동하면서 수목이나 사초가 있을 때 형성된다.

해설
치올린 언덕의 모래가 비산하여 내륙으로 이동되면서 형성되는데 수목이나 사초가 있을 경우 얕은 모래둑을 형성하게 된다.

92 토양침식 형태에서 중력침식에 해당되지 않는 것은?

① 붕괴형   ② 지중형
③ 지활형   ④ 유동형

해설
중력침식의 종류로 붕괴형, 지활형, 유동형, 사태형 침식이 있다.

93 흙사방댐의 높이가 2.5m 일 때에 가장 적합한 댐마루 나비는?(단, Merrimar 식 이용)

① 2.0m   ② 2.25m
③ 2.5m   ④ 2.75m

해설
댐마루나비

너비 = $\dfrac{댐높이}{5} + 1.5 = \dfrac{2.5}{5} + 1.5 = 2.0$

94 강우 시 침투능에 대한 설명으로 옳지 않은 것은?

① 나지보다 경작지의 침투능이 더 크다.
② 초지보다 산림지의 침투능이 더 크다.
③ 침엽수림이 활엽수림보다 침투능이 더 크다.
④ 시간이 지속되면 점점 작아지다가 일정한 값이 된다.

해설
활엽수림이 침엽수림보다 침투능이 더 크다.

95 사방댐을 직선유로에 계획할 때 올바른 방향은?

① 유심선에 직각
② 유심선에 평행
③ 유심선의 접선에 직각
④ 유심선의 접선에 평행

해설
사방댐은 주로 직각방향으로 설치하여 침식 방지 및 토사의 유실을 방지한다.

정답 89. ① 90. ③ 91. ④ 92. ② 93. ① 94. ③ 95. ①

96 기슭막이에 대한 설명으로 옳지 않은 것은?
① 기슭막이의 둑마루 두께는 0.3~0.5m 를 표준으로 한다.
② 기슭막이의 높이는 계획고 수위보다 0.5~0.7m 높게 한다.
③ 유로의 만곡에 의해 물의 충격을 받는 수충부 하류에 계획한다.
④ 기초의 밑넣기 깊이는 계상의 상황 등을 고려하여 세굴되지 않도록 한다.

해설
기슭막이는 유로의 만곡에 의하여 물의 충격을 받는 수충부나 산복의 위험성이 있는 전방에 시공한다.

97 돌골막이 시공 시 돌쌓기의 표준 기울기로 옳은 것은?
① 1 : 0.1
② 1 : 0.2
③ 1 : 0.3
④ 1 : 0.4

해설
돌골막이의 돌쌓기 표준기울기는 1 : 0.3 이다.

98 다음 설명에 해당하는 것은?

◎ 막깬돌, 잡석 및 호박돌 등을 가공하지 않은 상태로 축설한다.
◎ 유량이 비교적 적고 기울기가 비교적 급한 산복에 이용되는 수로이다.

① 떼붙임 수로
② 메붙임 돌수로
③ 찰붙임 돌수로
④ 콘크리트 수로

해설
메붙임 돌수로
· 지반이 견고하고 집수량이 적으며 상수가 없고 경사가 급한 곳에 적합하다.
· 막깬돌, 잡석, 호박돌 등을 붙여 축설한다.
· 석재는 돌의 길이면을 유수의 직각으로 놓고 뒷채움은 자갈을 이용한다.

99 임간나지에 대한 설명으로 옳은 것은?
① 산림이 회복되어 가는 임상이다.
② 비교적 키가 작은 울창한 숲이다.
③ 초기황폐지나 황폐이행지로 될 위험성은 없다.
④ 지표면에 지피식물 상태가 불량하고 누구 또는 구곡침식이 형성되어 있다.

해설
나지는 지피식물 상태가 불량하여 잔도랑이나 큰도랑이 발생하여 누구, 구곡 침식이 발생하기 쉽다.

100 콘크리트 치기 작업의 주의사항으로 옳지 않은 것은?
① 가급적 신속하게 콘크리트 치기를 실시하여 작업을 완료해야 한다.
② 일반적으로 1.5m 이상의 높이에서 콘크리트를 떨어뜨려서는 안된다.
③ 거푸집 내면의 막음널에 이탈제로 광유를 바르거나 비눗물을 바르기도 한다.
④ 기둥, 교각, 벽 등에는 콘크리트를 쳐 올라감에 따라 뜬 물이 생기므로 묽은 반죽으로 하는 것이 좋다.

해설
기둥, 교각 벽 등에는 콘크리트를 쳐 올라감에 따라 뜬 물이 발생하면 묽은 반죽이 아닌 시멘트량이 많은 반죽질기를 가진 콘크리트 사용 하는 것이 좋다.

정답 96. ③ 97. ③ 98. ② 99. ④ 100. ④

2021년 제2회 산림기사

01 다음 조건에서 종자의 효율은?

- 종자시료 전체 무게 : 100g
- 순정종자 무게 : 50g
- 종자시료 전체 개수 : 160개
- 발아한 종자 개수 : 80개

① 25% ② 50%
③ 75% ④ 100%

해설

종자의 효율은 순량률과 발아율을 이용하여 다음과 같이 구하도록 한다.

- 순량률(%) = $\dfrac{\text{순정종자량}(g)}{\text{작업시료량}(g)} \times 100$

  = $\dfrac{50}{100} \times 100 = 50(\%)$

- 발아율 = $\dfrac{\text{발아종자수}}{\text{발아 시험수}} \times 100$

  = $\dfrac{50}{100} \times 100 = 50(\%)$

- 효율 = $\dfrac{50 \times 50}{100} = 25(\%)$

02 어린나무가꾸기에 대한 설명으로 옳은 것은?

① 조림목은 제거하지 않는다.
② 간벌 작업 이전에 실시한다.
③ 생육 휴면기인 겨울철이 적정시기이다.
④ 일반적으로 수관경쟁이 시작되고 조림목의 생육이 저해되는 시점이 적정 시기이다.

해설

작업은 조림후 5~10년이 경과한 임분에 실시하며 수관경쟁이 시작될 무렵 실시한다.

03 가지치기에 대한 설명으로 옳은 것은?

① 활엽수종의 지융부를 제거하면 안된다.
② 생장휴지기에는 가급적 실시하지 않는다.
③ 수간 상부보다 하부의 비대생장을 촉진시킨다.
④ 가지치기 작업으로 인해 부정아는 생성되지 않는다.

해설

활엽수종의 지융부를 제거하지 않고 지융부에 가깝게 가지치기를 한다.

04 다음 ( ) 안에 들어갈 용어로 올바르게 나열한 것은?

중림작업은 ( ) 작업과 ( ) 작업의 혼합림 작업이다.

① 교림, 죽림   ② 교림, 왜림
③ 죽림, 순림   ④ 죽림, 왜림

해설

중림작업은 교림작업과 왜림작업을 혼합한 갱신작업이다.

정답 01. ①   02. ②,④   03. ①   04. ②

05 소나무와 곰솔을 비교한 설명으로 옳지 않은 것은?

① 곰솔의 침엽은 굵고 길다.
② 소나무의 겨울눈은 굵고 회백색이다.
③ 소나무의 수피는 적갈색이고 곰솔은 암흑색이다.
④ 침엽 수지도가 곰솔은 중위이고 소나무는 외위이다.

> 해설
> 곰솔과 비교하여 소나무의 겨울눈은 가늘고 붉은색을 띤다.

06 수목의 증산작용에 대한 설명으로 옳지 않은 것은?

① 잎의 온도를 낮추어 준다.
② 무기염의 흡수와 이동을 촉진시키는 역할을 한다.
③ 식물의 표면으로부터 물이 수증기의 형태로 방출되는 것을 의미한다.
④ 증산작용을 할 수 없는 100%의 상대습도에서는 식물이 자라지 못한다.

> 해설
> 상대습도 100% 에서도 식물은 생장가능하다.

07 풀베기 작업을 두 번 하고자 할 때 첫 번째 작업시기로 가장 적당한 것은?

① 1~3월   ② 3~5월
③ 5~7월   ④ 7~9월

> 해설
> 풀베기 작업은 일반적으로 5~7월에 작업을 실시한다.

08 체내에서 이동이 용이하여 성숙 잎에서 먼저 결핍증이 나타나는데, 잎에 검은 반점과 황화현상이 나타나고, 결핍 시 뿌리썩음병에 잘 걸리게 되는 무기영양소는?

① 철   ② 칼슘
③ 질소   ④ 칼륨

> 해설
> 칼륨은 뿌리의 개화 및 결실에 도움을 주는 양분이나 결핍되면 성숙한 잎에서 먼저 황화현상 및 갈변현상이 발생하고 어린잎은 암록색이 되고 신장이 나쁘게 된다. 뿌리의 생장은 제한되고 뿌리썩음병이 발생하기 쉽다.

09 지베렐린에 대한 설명으로 옳지 않은 것은?

① 알칼리성이다.
② 신장 생장을 촉진한다.
③ 일반적으로 지베렐린이 처리된 수목은 개화량과 개화기간이 길어진다.
④ gibbane 의 구조를 가진 화합물이며 일반적으로 GA_3라고 표기한다.

> 해설
> 지베렐린은 산성을 띤다.

10 비료목에 해당하는 수종으로만 올바르게 나열한 것은?

① 자귀나무, 가시나무, 백합나무
② 자귀나무, 오리나무, 족제비싸리
③ 오리나무, 졸참나무, 물푸레나무
④ 아까시나무, 나도밤나무, 물푸레나무

> 해설
> 비료목의 종류에는 아까시나무, 자귀나무, 싸리나무, 박태기나무, 등나무, 칡, 오리나무 등이 있다.

정답 05. ② 06. ④ 07. ③ 08. ④ 09. ① 10. ②

11 종자 결실을 촉진하기 위해 일반적으로 사용하는 방법이 아닌 것은?

① 충분한 관수
② 단근 작업 실시
③ 인산 및 칼륨 시비
④ 임분의 입목밀도 조절

> **해설**
> 종자의 결실 촉진을 위해서는 건조, 접목, 상처주기 등의 스트레스를 주거나 간벌을 통해 입목밀도를 조절해주는 것이 효과적이다. 또한 수피의 일부를 제거하여 C/N 율을 조절하는 것도 결실량 촉진에 도움을 준다.

12 삽목 발근이 용이한 수종만으로 올바르게 나열한 것은?

① 감나무, 자작나무
② 백합나무, 사시나무
③ 꽝꽝나무, 동백나무
④ 두릅나무, 산초나무

> **해설**
> 포플러, 은행나무, 주목, 개나리, 꽝꽝나무, 동백나무 등은 삽목발근이 용이한 수종이다.

13 난대 수종으로 일반적으로 온대 중부 이북에서 조림하기 어려운 수종은?

① Quercus acuta
② Picea jezoensis
③ Abies holophylla
④ Pinus koraiensis

> **해설**
> ① 붉가시나무 ② 가문비나무 ③ 전나무 ④ 잣나무
> 붉가시나무는 난대림 수종으로 온대 중부 이북에 조림하기 어려운 수종이다.

14 모수작업에 의한 갱신이 가장 유리한 수종은?

① Juglans regia
② Pinus densiflora
③ Pinus koraiensis
④ Quercus acutissima

> **해설**
> ① 호두나무 ② 소나무 ③ 잣나무 ④ 상수리나무
> 모수작업에는 곰솔, 소나무 등의 양수 수종이 갱신에 유리한 수종이다.

15 순림과 비교한 혼효림의 장점으로 옳지 않은 것은?

① 생물의 다양성이 높다.
② 환경적 기능이 우수하다.
③ 병해충에 대한 저항력이 크다.
④ 무육작업과 산림경영이 경제적이다.

> **해설**
> 무육작업과 산림경영이 경제적인 것은 단일수종인 단순림에 대한 내용으로 혼효림의 경우 시장성, 경제성 측면에는 상대적으로 불리하다.

16 음엽과 비교한 양엽의 특성으로 옳은 것은?

① 잎이 넓다.
② 광포화점이 낮다.
③ 책상 조직의 배열이 빽빽하다.
④ 큐티클층과 잎의 두께가 얇다.

> **해설**
> 양엽은 음엽에 비하여 책상조직이 빽빽하게 잘 발달되어 있는데 양엽의 책상조직이 2~3층으로 구성되어 있고 음엽은 1개층 밖에 없다.

정답 11. ① 12. ③ 13. ① 14. ② 15. ④ 16. ③

17 묘목을 식재할 때 뿌리돌림 시기로 가장 적합한 것은?

① 상록활엽수종 : 한겨울
② 상록침엽수종 : 7~8월 상순
③ 낙엽수종 : 11~2월 상순, 혹은 2~3월 상순
④ 수종마다 큰 차이가 없고 연중 어느 때든지 적합하다

해설
묘목의 뿌리돌림 시기로 낙엽수종은 2~3월, 11~12월이 적합하다.

18 택벌에 대한 설명으로 옳지 않은 것은?

① 양수 수종의 갱신에 유리하다.
② 기상 피해에 대한 저항력이 높다.
③ 임관이 항상 울폐된 상태를 유지한다.
④ 경관적 가치가 다른 작업종에 비해 높다.

해설
택벌작업은 벌기, 벌채량, 방법 등 제한이 없고 성숙한 임목을 골라 벌채하는 방법으로 음수 수종에 유리하고 양수 수종에는 적용이 어렵다.

19 파종상에서 1년, 이식상에서 2년, 그 뒤 1번 더 이식한 실생묘의 표시는?

① 1/2 - 1   ② 1 - 1/2
③ 1 - 2 - 1 ④ 2 - 1 - 1

해설
실생묘의 처음 숫자는 파종상에서 지낸 연수, 뒤의 수는 판갈이상에서 지낸 연수를 의미한다.

20 종자를 건조한 상태를 저장하여도 발아력이 크게 손상되지 않는 수종으로만 올바르게 나열한 것은?

① 목련, 칠엽수
② 편백, 삼나무
③ 밤나무, 가시나무
④ 신갈나무, 가래나무

해설
종자를 건조한 상태로 저장해도 발아력에 큰 이상이 없는 수종으로 소나무, 편백, 삼나무, 향나무, 단풍나무 등이 있다.

21 알락하늘소를 방제하는 방법으로 옳지 않은 것은?

① Bt 균이나 핵다각체바이러스를 살포한다.
② 성충이 우화하는 시기에 적용 약제를 수관에 살포한다.
③ 유충을 구제하기 위하여 침입공에 적용 약제를 주입한다.
④ 철사를 침입공에 넣어 목질부에 서식하고 있는 유충을 찔러 죽인다.

해설
Bt 균이나 핵다각체바이러스를 살포하여 방제하는 것은 매미나방에 효율적이며 알락하늘소에는 큰 효과가 없는 방제법이다.

정답 17. ③ 18. ① 19. ③ 20. ② 21. ①

22 오동나무 탄저병을 방제하는 방법으로 옳지 않은 것은?

① 거름주기와 가지치기를 철저히 한다.
② 실생묘의 양묘에서는 토양소독을 실시한다.
③ 병든 부분을 제거하고 소독 후 도포제를 처리한다.
④ 짚으로 토양을 피복하여 빗물에 흙이 튀지 않게 한다.

해설
오동나무 탄저병 방제법
• 병든 가지와 잎은 즉시 잘라 소각한다.
• 분주묘에는 만토지수화제를 살포한다.
• 실생묘를 양성할 때는 토양소독을 먼저 실시하고 빗물에 흙이 튀지 않도록 짚으로 피복한다.

23 미국흰불나방은 1년에 몇 회 우화하는가?

① 1회 ② 2~3회
③ 4~5회 ④ 6회

해설
미국흰불나방은 1년에 2회 발생하고 번데기 형태로 나무껍질 사이에 월동한다.

24 산성비의 산도에 해당하는 것은?

① pH 5.0 ~ 7.0 ② pH 5.6 ~ 7.5
③ pH 5.6 이하 ④ pH 7.0 이상

해설
pH 5.6 이하의 비를 산성비라 한다.

25 박쥐나방에 대한 설명으로 옳지 않은 것은?

① 어린 유충은 초본을 가해한다.
② 성충은 박쥐처럼 저녁에 활발히 활동한다.
③ 성충은 나무에 구멍을 뚫어 알을 산란한다.
④ 1년 또는 2년에 1회 발생하며 알로 월동한다.

해설
박쥐나방 성충은 땅에 알을 산란한다.

26 수목의 외과적 치료 방법에 대한 설명으로 옳은 것은?

① 나무주사를 이용하는 방법이다.
② 부후병, 뿌리썩음병에는 효과가 없다.
③ 뽕나무 오갈병, 오동나무 빗자루병에는 효과가 없다.
④ 살균제 성분을 이용하여 수목 피해를 예방하는 것이다.

해설
뽕나무 오갈병, 오동나무 빗자루병은 파이토플라스마에 의해 발생하며 약제를 수간주입하여 치료하는 것이 효과적이며 외과적 치료방법에는 효과가 없다.

27 밤바구미에 대한 설명으로 옳지 않은 것은?

① 경제적 피해 수종은 주로 밤나무이다.
② 밤껍질 밖으로 배설물을 방출하므로 쉽게 알 수 있다.
③ 유충이 밤이나 도토리의 과육을 식해하여 피해를 준다.
④ 땅 속에서 유충의 형태로 월동한 후에 번데기가 된다.

해설
밤바구미의 부화유충은 과실의 내부를 가해하는데 배설물을 외부로 배출하지 않아 피해 과실의 구별이 어렵다.

28 상륜에 대한 설명으로 옳은 것은?

① 상해의 피해 중 만상의 피해로 나타나는 일종의 위연륜을 말한다.
② 지형적으로 습기가 낮고, 높은 지대, 소택지 등에 상륜의 피해가 많다.
③ 조상의 피해로 나타나는 현상으로 일시 생장이 중지되었을 때 나타난다.
④ 고립목이나 산림의 임연부에서 한겨울 밤 수액이 저온으로 얼면서 나타나는 피해현상이다.

해설
상륜은 만상으로 인하여 발생하는 위연륜을 말한다.

정답 22. ①,③ 23. ② 24. ③ 25. ③ 26. ③ 27. ② 28. ①

29 오리나무 갈색무늬병을 방제하는 방법으로 옳지 않은 것은?

① 윤작을 피한다.
② 종자를 소독한다.
③ 솎아주기를 한다.
④ 병든 낙엽은 모아 태운다.

해설
오리나무 갈색무늬병을 방제하기 위한 방법으로 묘포를 돌려짓는 윤작을 하도록 한다.

30 세균에 의한 수목병에 해당하는 것은?

① 녹병
② 탄저병
③ 뿌리혹병
④ 소나무재선충병

해설
세균에 의한 병해 종류로 불마름병, 뿌리혹병 등이 있다.

31 아밀라리아뿌리썩음병에 대한 설명으로 옳은 것은?

① 주로 천공성 곤충으로 전반된다.
② 침엽수와 활엽수에 모두 발생한다.
③ 표징으로 갈색의 파상땅해파리버섯이 있다.
④ 병원균은 균핵으로 월동하여 이듬해에 1차 전염원이 된다.

해설
아밀라리아뿌리썩음병은 침엽수(잣나무, 소나무, 가문비나무 등)와 활엽수(벚나무, 오리나무류, 느티나무 등)에 모두 발생한다.

32 봄에 진딧물의 월동란에서 부화한 애벌레를 무엇이라 하는가?

① 간모
② 유성생식충
③ 산란성 암컷
④ 산자성 암컷

해설
간모란 진딧물이 봄에 부화하여 발육한 것으로 날개가 없는 단위 생식형의 암컷을 의미한다.

33 소나무류 잎녹병균 중간기주가 아닌 것은?

① 잔대
② 황벽나무
③ 쑥부쟁이
④ 졸참나무

해설
소나무 잎녹병의 중간기주로 황벽나무, 잔대, 참취, 쑥부쟁이 등이 있다.

34 밤나무혹벌이 주로 산란하는 곳은?

① 밤나무의 눈
② 밤나무의 뿌리
③ 밤나무의 잎 뒷면
④ 밤나무 주변 지피물

해설
밤나무혹벌은 밤나무 잎눈에 산란한다.

35 주로 단위생식으로 번식하는 해충은?

① 솔나방
② 밤나무혹벌
③ 솔잎혹파리
④ 북방수염하늘소

해설
암컷만으로 하는 생식을 단위생식, 처녀생식이라 하며 대표적으로 밤나무혹벌, 민다듬이벌레 등이 있다.

36 솔잎혹파리를 방제하는 방법으로 옳지 않은 것은?

① 포식성 조류인 박새, 곤줄박이를 보호한다.
② 간벌하여 임내를 건조시킴으로써 번식을 억제한다.
③ 번데기가 낙하하는 11월 하순 ~ 12월 상순에 카보퓨란입제를 지면에 살포한다.
④ 피해가 심한 임지에서는 산란 및 부화 최성기에 디노테퓨란 액제를 수간 주입한다.

해설
솔잎혹파리의 방제를 위한 방법으로 지면살포가 있으며 11월~12월 쯤 토양에서 월동하는 애벌레 구제를 목적으로 아타라입제를 지면에 살포한다.

정답 29. ① 30. ③ 31. ② 32. ① 33. ④ 34. ① 35. ② 36. ③

37 파이토플라스마에 대한 설명으로 옳지 않은 것은?

① 인공 배양이 불가능하다.
② 원핵생물과 진핵생물의 중간적 존재이다.
③ 세포벽이 없으므로 구형 또는 불규칙한 모양이다.
④ 파이토플라스마에 의한 수목병은 대부분 곤충에 의해 전염된다.

해설
파이토플라스마는 바이러스와 세균의 중간적 존재로 생물계에서는 원핵생물의 일종으로 분류된다.

38 희석하여 살포하는 약제가 아닌 것은?

① 액제
② 입제
③ 수화제
④ 캡슐현탁제

해설
입제는 입자가 0.5~2.5mm 작은입자로 된 농약으로 물에 희석할 필요 없이 바로 살포한다.

39 밤나무 줄기마름병을 방제하는 방법으로 옳은 것은?

① 침투 이행성 살균제를 피해목 수간에 주입한다.
② 외가닥 RNA가 존재하는 저병원성 균주를 살포한다.
③ 박쥐나방에 의한 피해를 줄이기 위하여 살충제를 살포한다.
④ 상습 발생지에서는 장마 후부터 10일 간격으로 살균제를 3~4회 살포한다.

해설
밤나무 줄기마름병은 박쥐나방과 같이 나무에 구멍을 내는 해충의 피해를 줄이기 위해 살충제를 살포한다.

40 다음 설명에 해당하는 바람의 종류는?

◎ 10~15m/s 정도로 불며, 풍속은 느리지만 규칙적으로 분다.
◎ 수목 피해 : 만성적으로 눈에 잘 띄지 않으나 임목의 생장을 감소시키고 수형을 불량하게 한다.

① 폭풍
② 염풍
③ 육풍
④ 주풍

해설
주풍은 10~15m/s 속도로 한방향으로 불어오는 바람으로 생장량 감소, 수형 불량, 생리적 장애 등의 피해가 발생하는데 주로 편심생장이 나타난다.

41 우리나라 임업 경영의 특성이 아닌 것은?

① 생산기간이 대단히 길다.
② 임업은 공익성이 크므로 제한성이 많다.
③ 임업노동은 계절적 제약을 크게 받지 않는다.
④ 육성임업과 채취임업은 함께 실시하기 어렵다.

해설
임업경영 특성상 육성임업과 채취임업은 병존한다.

정답 37. ② 38. ② 39. ③ 40. ④ 41. ④

42 다음 조건에 따른 자본에 귀속하는 소득은?

- 임업소득 : 10,000,000원
- 가족노임추정액 : 5,000,000원
- 지대 : 1,000,000원
- 자본이자 : 500,000원

① 3,500,000원 ② 4,000,000원
③ 4,500,000원 ④ 10,500,000원

해설

- 자본에 귀속하는 소득
  = 임업소득 - (지대 + 가족노임추정액)
- 자본에 귀속하는 소득
  = 10,000,000원 - (1,000,000원+5,000,000원)
  = 4,000,000원

43 입목의 직경을 측정하는데 사용하는 도구가 아닌 것은?

① 윤척(caliper)
② 직경 테이프(diameter tape)
③ 빌티모아 스티크(biltimore stick)
④ 아브네이 핸드 레블(abney hand level)

해설

아브네이 핸드 레블은 나무의 수고측정 장비이다.

44 다음 손익분기점 분석 공식에서 q가 의미하는 것은? (단, TC는 총비용, FC는 총고정비, v는 단위당 변동비)

$$TC = FC + v \times q$$

① 손실비
② 총수익
③ 판매가격
④ 손익분기점의 생산량

해설

총비용은 고정비와 변동비의 합계로 표시하며 이때 변동비는 <단위당 변동비×생산량> 으로 표시한다.

45 산림의 생산기간에 대한 설명으로 옳지 않은 것은?

① 회귀년이 짧은 경우 단위면적에서 벌채될 재적이 많다.
② 벌기령과 벌채령이 일치할 때 벌기령을 법정벌기령이라 한다.
③ 개량기는 개별작업을 하는 산림에 적용되는 기간이며 정리기라고도 한다.
④ 윤벌기란 보속작업에 있어서 한 작업급 내의 모든 임분을 1순벌하는데 필요한 기간이다.

해설

회귀년이 짧은 경우 단위면적에서 벌채되는 양은 적다.

46 산림투자의 경제성 분석 방법이 아닌 것은?

① 회수기간법 ② 순현재가치법
③ 외부수익률법 ④ 편익비용비율법

해설

산림투자의 경제성 분석 혹은 투자효율의 분석방법으로 순현재가치법, 내부투자수익률법, 수익-비용률법, 회수기간법, 투자이익률법 등이 있다.

47 임지기망가에 대한 설명으로 옳지 않은 것은?

① 조림비가 클수록 임지기망가가 최대로 되는 시기가 늦어진다.
② 이율이 클수록 임지기망가가 최대로 되는 시기가 빨리 온다.
③ 간벌수익이 클수록 임지기망가가 최대로 되는 시기가 빨리 온다.
④ 지위가 양호한 임지일수록 임지기망가가 최대로 되는 시기가 늦어진다.

해설

지위가 양호할수록 기대되는 임지기망가의 최대 시기는 빨리온다.

정답 42. ② 43. ④ 44. ④ 45. ① 46. ③ 47. ④

48 산림경영의 지도원칙 중 보속성의 원칙이 아닌 것은?

① 목재 생산의 보속
② 임업기술 유지의 보속
③ 생산자본 유지의 보속
④ 목재수확 균등의 보속

해설
산림경영의 지도원칙 중 보속성의 원칙에는 목재 수확 균등의 보속, 목재생산의 보속, 화폐수확 균등의 보속, 생산자본 유지의 보속이 있다.

49 임업경영의 지표분석 중 수익성 분석 항목이 아닌 것은?

① 자본순수익
② 자본이익률
③ 토지회전율
④ 자본회전율

해설
임업경영의 지표분석에 수익성분석 항목에는 수익성, 자본순수익, 자본이익률, 자본회전율, 토지순수익이 있다.

50 다음 조건을 활용하여 Austrian 공식으로 구한 표준연벌량은?

- 대상 임분 : 소나무림
- 윤벌기 : 60년
- 갱정기 : 20년
- 연년생장량 : 10,500m³
- 현실임분 축적 : 249,000m³
- 법정축적 : 245,000m³

① 10,500m³　② 10,700m³
③ 11,100m³　④ 14,500m³

해설
표준연벌량 $= 10{,}500 + (\dfrac{249{,}000 - 245{,}000}{20})$
$= 10{,}700\,(m^3)$

※ Austrian 공식
$Y = I + (\dfrac{G_a - G_r}{a})$
- a : 갱정기
- I : 연년생장량
- G_r : 법정축적
- G_a : 현실임분의 축적

51 법정림을 구성하기 위한 법정상태의 요건에 해당되지 않는 것은?

① 법정축적　② 법정생장량
③ 법정노동력　④ 법정임분배치

해설
법정림의 법정상태 요건으로 법정생장량, 법정축적, 법정임분배치, 법정영급분배이다.

52 임분 재적 측정 방법으로 표본조사법 중 선 표본점법에 해당하는 것은?

① 임의 추출법　② 층화 추출법
③ 부차 추출법　④ 계통적 추출법

해설
선표본점은 계통적 추출법에 해당하는데 임분을 몇 개의 대상으로 분할하여 그 중심선 상이나 분할한 선에서 일정 거리를 두고 평행하는 선 상에서 일정한 가격을 두면서 표본점을 추출하는 방법이다.

53 자연휴양림의 지정권자는?

① 산림청장
② 시·도지사
③ 시장·군수
④ 국립자연휴양림관리소장

해설
산림문화 및 휴양에 관한 법률에 의거하여 산림청장은 자연휴양림을 지정할 수 있다.

정답 48. ② 49. ③ 50. ② 51. ③ 52. ④ 53. ①

54 자연휴양림 안에 설치할 수 있는 시설의 규모에 대한 설명으로 옳은 것은?

① 3층 이상의 건축물을 건축하면 안된다.
② 일반음식점영업소 또는 휴게음식점영업소의 연면적은 900m² 이하로 한다.
③ 자연휴양림시설 중 건축물이 차지하는 총 바닥면적은 10,000m² 이하가 되도록 한다.
④ 자연휴양림시설의 설치에 따른 산림의 형질변경 면적은 10,000m² 이하가 되도록 한다.

해설
자연휴양림 안에 설치할 수 있는 시설의 규모
① 자연휴양림시설의 설치에 따른 산림의 형질변경 면적(자연휴양림 조성 전에 설치된 임도·순환로·산책로·숲체험코스 및 등산로의 면적은 산림의 형질변경 면적에서 제외한다)은 10만제곱미터 이하가 되도록 할 것
② 자연휴양림시설 중 건축물이 차지하는 총 바닥면적은 1만제곱미터 이하가 되도록 할 것
③ 개별 건축물의 연면적은 900제곱미터 이하로 할 것. 다만, 「식품위생법 시행령」에 따른 휴게음식점영업소 또는 일반음식점영업소의 연면적(국가 또는 지방자치단체 외의 자가 소유한 자연휴양림의 경우에는 각 층의 바닥면적 중 가장 넓은 바닥면적을 말한다)은 200제곱미터 이하로 하여야 한다.
④ 건축물의 층수는 3층 이하가 되도록 할 것

55 유령림의 임목을 평가하는 방법으로 가장 적합한 것은?

① Glaser 법   ② 비용가법
③ 기망가법   ④ 매매가법

해설
유령림의 임목 평가에는 소요된 순비용의 후가합계의 방법이 적합하기에 비용가법을 적용한다.

56 공·사유림 산림경영계획을 작성하기 위한 임황조사 항목이 아닌 것은?

① 지위   ② 경급
③ 임령   ④ 총축적

해설
지위는 지황조사항목에 해당한다.

57 어떤 잣나무의 흉고형수가 0.4702, 흉고직경이 20cm, 수고가 10m 인 경우 형수법에 의한 입목재적은?

① 0.1476m³   ② 0.5906m³
③ 1.4764m³   ④ 2.9529m³

해설
재적 = (3.14×0.1×0.1)×10×0.4702
     = 약 0.1476m³
※ 형수법
   재적 = 단면적×높이×형수

58 다음 조건에서 시장가역산법을 적용한 소나무 원목의 임목가는?

- 시장가격 : 300,000원
- 생산비용 : 100,000원
- 조재율 : 70%
- 투입 자본의 회수기간 : 5년
- 자본의 연이율 : 4%
- 기업 이익률 : 30%

① 55,000원   ② 70,000원
③ 95,000원   ④ 125,400원

해설
$X = 0.7 \times (\dfrac{300,000}{1+5\times 0.04+0.3} - 100,000)$
$= 70,000 (원)$

정답 54. ③ 55. ② 56. ① 57. ① 58. ②

59 산림 평가와 관련된 산림의 특수성에 대한 설명으로 옳지 않은 것은?

① 관광 산업으로 산지 전용 등 산림에 대한 가치관이 다양화되고 있다.
② 산림은 자연적으로 장기간에 걸쳐 생산된 것이므로 완전히 동형·동질인 것은 없다.
③ 산림 평가에 있어서 과거와 장래에 걸친 여러 문제는 중요한 평가 인자로 고려하지 않는다.
④ 임업의 대상지로서 산림은 수익을 예측하기가 어렵고 적합한 예측 방법도 확립되어 있지 않다.

해설
산림평가에 있어 목재의 생산량, 가격의 변동 등의 예측이 어렵기에 과거, 현재, 미래에 걸친 여러 문제에 대한 주요 평가 인자가 된다.

60 이령림의 연령을 측정하는 방법이 아닌 것은?

① 벌기령 ② 본수령
③ 재적령 ④ 표본목령

해설
임분의 연령을 측정하는 방법으로 본수령, 재적령, 면적령, 표본목령이 있다.

61 등고선에 대한 설명으로 옳지 않은 것은?

① 절벽 또는 굴인 경우 등고선이 교차한다.
② 최대경사의 방향은 등고선에 평행한 방향이다.
③ 지표면의 경사가 일정하면 등고선 간격은 같고 평행하다.
④ 일반적으로 등고선은 도중에 소실되지 않으며 폐합된다.

해설
최대경사의 방향은 등고선과 직교한다.

62 배향곡선지의 경우 길어깨와 옆도랑의 너비를 제외한 임도의 유효너비의 기준은?

① 3m ② 5m
③ 6m ④ 10m

해설
길어깨, 옆도랑 너비를 제외한 임도의 유효너비는 3m를 기준으로 하고 배향곡선지의 경우 6m를 기준으로 한다.

63 사면붕괴 및 사면침식 등 임도 비탈면의 유지관리를 위한 표면유수 유입방지용 배수시설은?

① 맹거 ② 종배수구
③ 횡배수구 ④ 산마루 측구

해설
산마루 측구는 임야를 절토할 때 절토사면과 산림과의 경계지점에 설치하는 빗물받이로 우수가 절토사면으로 흘러내려 절토사면이 유실되지 않도록 설치하는 일종의 배수로이다.

64 임도 양쪽으로부터 임목이 집재될 때 평균 집재거리는 임도간격의 몇 배인가?

① 1/5 ② 1/4
③ 1/3 ④ 1/2

해설
양방향집재인 평균집재거리의 경우 집재거리는 임도간격의 1/4 이다.

정답 59. ③ 60. ① 61. ② 62. ③ 63. ④ 64. ②

65 임도의 비탈면 기울기를 나타내는 방법에 대한 설명으로 옳은 것은?

① 비탈어깨와 비탈밑 사이의 수직높이 1에 대하여 수평거리가 n 일 때 1:n 으로 표기한다.
② 비탈어깨와 비탈밑 사이의 수평거리 1에 대하여 수직높이가 n 일 때 1:n 으로 표기한다.
③ 비탈어깨와 비탈밑 사이의 수평거리 100에 대하여 수직높이가 n 일 때 1:n 으로 표기한다.
④ 비탈어깨와 비탈밑 사이의 수직높이 100에 대하여 수평거리가 n 일 때 1:n 으로 표기한다.

해설
비탈면의 기울기는 수직높이 1에 대한 수평거리의 비로 나타낸다.

66 교각법에 의한 임도 설계 시 평면도의 곡선제원표에 포함되지 않는 것은?

① 교각점   ② 접선길이
③ 중앙종거 ④ 곡선반지름

해설
교각법의 곡선제원에는 교각점, 접선길이, 곡선길이, 곡선반지름 등이 있다.

67 다음 (   ) 안에 해당되는 것을 순서대로 올바르게 나열한 것은?

> 산림관리 기반시설의 설계 및 시설기준에 따르면 배수구의 통수단면은 (   )년 빈도 확률 강우량과 홍수도달시간을 이용한 합리식으로 계산된 최대홍수유출량의 (   ) 배 이상으로 설계 및 설치한다.

① 50, 1.2   ② 50, 1.5
③ 100, 1.2 ④ 100, 1.5

해설
배수고 통수단면 100년 빈도 기준 최대홍수유출량의 1.2배 이상으로 설계 한다.

68 임도의 유지 및 보수에 대한 설명으로 옳지 않은 것은?

① 노체의 지지력이 약화되었을 경우 기층 및 표층의 재료를 교체하지 않는다.
② 노면 고르기는 노면이 건조한 상태보다 어느 정도 습윤한 상태에서 실시한다.
③ 결빙된 노면은 마찰저항이 증대되는 모래, 부순돌, 석탄재, 염화칼슘 등을 뿌린다.
④ 유토, 지조와 낙엽 등에 의하여 배수구의 유수단면적이 적어지므로 수시로 제거한다.

해설
지지력이 약화되면 안전사고의 위험성이 있어 기층이나 표층의 재료를 교체하여 보수해준다.

정답 65. ① 66. ③ 67. ③ 68. ①

69 임도 측량 시 측선 AB의 방위각이 80°이고 길이가 30m 라면 AB 사이의 위거 및 경거는?

① 위거 5.2m, 경거 29.5m
② 위거 29.5m, 경거 5.2m
③ 위거 10.4m, 경거 59.1m
④ 위거 59.1m, 경거 10.4m

해설

· 위거 : 30m×cos80 ≒ 5.209m
· 경거 : 30m×sin80 ≒ 29.544m
※ 위거 및 경거
· 위거 : 측선거리 × cosθ
· 경거 : 측선거리 × sinθ

70 일반지형에서 임도의 설계속도가 30km/시간 일 때 최소곡선반지름의 설치 기준은 몇 m 이상인가?

① 20   ② 30
③ 40   ④ 60

해설

설계속도 30km/h 기준 최소곡선반지름의 설치기준은 일반지형 30m, 특수지형 20m 이다.

71 임도의 종단기울기에 대한 설명으로 옳지 않은 것은?

① 최소 기울기는 3% 이상으로 설치한다.
② 종단 기울기는 낮게 하면 시설비는 증가될 수 있다.
③ 종단 기울기를 높게 하면 임도우회율이 적어진다.
④ 보통 자동차가 설계속도의 90% 이상 정도로 오를 수 있도록 설정한다.

해설

보통자동차에서는 설계속도의 약 50~80% 정도로 오를 수 있는 상태를 조건으로 설정한다.

72 다음과 같은 조건에서 매튜스식(Matthews method)에 의한 적정임도밀도는?

· 집재단가 : 40원/m·m³
· 생산예정재적 : 60m³/ha
· 임도시설단가 : 60,000원/m
· 우회계수는 무시(모두 0)하여 계산

① 10m/ha   ② 15m/ha
③ 20m/ha   ④ 50m/ha

해설

적정임도밀도 $= 50 \times \sqrt{\dfrac{60 \times 40}{60,000}}$

$= 50 \times 0.2 = 10 \,(m/ha)$

※ 매튜스식 적정임도밀도
$= 50 \times \sqrt{\dfrac{집재단가 \times 생산예정재적 \times 우회계수}{임도시설단가}}$

73 산악지대의 임도노선 선정 형태로 옳지 않은 것은?

① 사면임도   ② 능선임도
③ 계곡임도   ④ 작업임도

해설

산악 임도망으로 계곡, 사면, 능선, 산정부, 계곡분지 등이 있다.

74 임도의 곡선반지름이 15m, 차량의 앞면과 뒷차축과의 거리가 6m 인 경우 곡선부에서의 나비넓힘(확폭량)은?

① 0.4m   ② 1.0m
③ 1.2m   ④ 2.5m

해설

확폭 $= \dfrac{6^2}{2 \times 15} = 1.2\,m$

※ 곡선부의 확폭
확폭 $= \dfrac{(차량\ 앞바퀴 \sim 뒷바퀴까지\ 길이)^2}{2 \times 곡선반지름}$

정답 69. ① 70. ② 71. ④ 72. ① 73. ④ 74. ③

75. 아스팔트 포장과 비교하였을 때 시멘트 콘크리트 포장의 장점으로 옳은 것은?

① 평탄성이 좋다.
② 내마모성이 크다.
③ 시공속도가 빠르다.
④ 간단 공법으로 유지수선이 가능하다.

해설
아스팔트 포장 대비 시멘트 콘크리트 포장은 골재와 시멘트를 섞어 시공하기에 강도나 내마모성이 좋고 포장이 오래 간다.

76. 대피소를 설치할 때 유효길이 기준으로 옳은 것은?

① 5m 이상
② 10m 이상
③ 15m 이상
④ 300m 이내

해설
대피소의 간격 300m 이내, 너비 5m 이상, 유효길이 15m 이상을 기준으로 한다.

77. 다음 그림에서 각 꼭지점이 높이(m)를 나타낼 때 점고법을 이용한 전체 토량과, 절토량과 성토량이 균형을 이루는 시공면고(높이)는?(단, 각 구역의 면적은 $32m^2$로 동일)

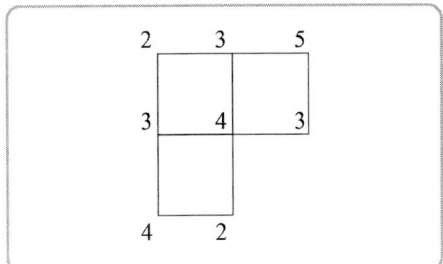

① 전체 토량 $208m^3$, 시공면고 2.2m
② 전체 토량 $320m^3$, 시공면고 2.2m
③ 전체 토량 $208m^3$, 시공면고 3.3m
④ 전체 토량 $320m^3$, 시공면고 3.3m

해설
3군데의 지점의 토심의 평균값을 이용하여 전체 토량과 시공면고(높이)를 구하도록 한다. 시공면고(높이)의 경우 각 지점에 대한 평균이 약 3.3m 정도이며 총토적량은 $320m^3$이다.
A : (2+3+3+4) ÷ 4 = 3
B : (3+4+5+3) ÷ 4 = 3.75
C : (3+4+4+2) ÷ 4 = 3.25
총토적량 = (A+B+C)×면적
= (3+3.75+3.25) × 32 = $320m^3$

78. 다음 종단측량 야장에서 측점간 거리가 20m 이고 계획고를 +4% 경사(상향)로 할 때 측점 2에서의 절·성토고는?

(단위 : m)

측점	BS	IH	TP	IP	GH	계획고
0	3.255				104.505	104.650
1				2.525		
2	2.635		0.555			

① 절토고 0.955m
② 성토고 0.955m
③ 절토고 1.022m
④ 성토고 1.022m

해설
· 측점 2의 표고를 구하기 위해 다음과 같은 과정을 가진다.
측점 1 표고
: 104.505m + 3.255m - 2.525m = 105.235m
측점 2 표고
: 105.235m + 2.525 - 0.555m = 107.205m
· 다음으로 계획고를 4% 상향하기에 측점2에 대한 계획고를 구하도록 한다.
측점 0 ~ 측점 2 거리 40m 기준 경사 4 % 상향
: 40m × 0.04 = 1.6m
· 계획고 : 104.65 +1.6m = 106.25m
· 지반고 - 계획고 = 107.205m - 106.25m = 0.995m
· 절·성토고를 구할 때 <지반고-계획고>의 값이 마이너스(-)값이 나오면 성토고로, 플러스(+)값이 나오면 절토고로 본다.

79 롤러 표면에 돌기가 부착한 것으로 점착성이 큰 점성토 다짐에 적합하며 다짐 유효깊이가 큰 장비는?

① 탠덤롤러　② 탬핑롤러
③ 타이어롤러　④ 머캐덤롤러

해설
탬핑롤러는 롤러 표면에 많은 돌기가 있어 점착성이 큰 점질토 다짐에 효과적이다.

80 수확한 임목을 임내에서 박피하는 이유로 가장 거리가 먼 것은?

① 운재작업 용이
② 병충해 피해방지
③ 신속한 원목 건조
④ 공장에서 작업하는 경우보다 생산원가 절감

해설
수확임목을 임내에서 박피할 경우 공장에서 작업하는 경우보다 생산원가가 더 높아진다.

81 물에 의한 토양의 침식정도에 영향을 주는 인자로 가장 거리가 먼 것은?

① 강우량과 강우 강도
② 토양의 화학적 구조
③ 사면의 길이와 경사도
④ 지표 식생의 피복 상태

해설
물에 의한 토양침식에 영향을 주는 인자에는 강우량, 경사도, 토양의 성질, 지표면의 피복상태, 사면의 길이 등이 있다. 토양의 성질의 경우 투수성이 크고 구조가 잘 발달되어 내수성 입단이 많을 경우 물의 침식이 적은데 이러한 구조적 구조에 영향을 많이 받으며 화학적 구조의 영향정도는 적은 편이다.

82 황폐 계천에 설치하는 사방 공작물로 토사퇴적구역에 가장 적합한 것은?

① 사방댐　② 말뚝박기
③ 모래막이　④ 바자얽기

해설
모래막이는 토사유출이 심한 곳에 설치하여 토사의 침적을 유도하는 구조물이다.

83 사방댐의 위치 선정에 대한 설명으로 옳은 것은?

① 댐은 계상 및 양안에 암반이 존재해야 하며, 사력층 위에는 사방댐을 계획하면 안된다.
② 지계의 합류점 부근에서 댐을 계획할 때는 일반적으로 합류점의 상류부에 위치를 선정한다.
③ 유출토사 억지 목적의 댐은 퇴적지 하류에서 댐 상류부의 계상 기울기가 완만하고 계폭이 좁은 지점에 계획한다.
④ 계단상으로 댐을 계획할 때는 첫 번째 댐의 추정 퇴사선이 기존의 계상 기울기를 자르는 점에 상류댐을 설치하도록 한다.

해설
① 사력층 위에도 사방댐 계획은 가능하다.
② 지계의 합류점에서는 합류점의 하류부에 위치를 선정한다.
③ 유출토사 억지 목적의 경우 계상물매가 완만하고 계폭이 넓은 지점에 계획한다.

정답 79. ②　80. ④　81. ②　82. ③　83. ④

84 해안방재림 조성용 묘목의 식재본수 기준은?

① 5,000본/ha ② 8,000본/ha
③ 10,000본/ha ④ 15,000본/ha

> **해설**
> 해안방재림 조성지침에 의거하여 조성용 식재본수는 주수종과 비료목을 포함하여 10,000본/ha 내외로 식재하도록 한다. 만조해안선에서 내륙방향으로 가면 식재본수를 5,000~8,000본/ha 내외로 조정하고 주수종은 70~80%, 비료목은 20~30% 정도로 혼합하여 식재한다.

85 빗물에 의한 토양이 침식되는 과정의 순서로 옳은 것은?

① 면상 → 우적 → 구곡 → 누구
② 우적 → 면상 → 구곡 → 누구
③ 면상 → 우적 → 누구 → 구곡
④ 우적 → 면상 → 누구 → 구곡

> **해설**
> 강우침식은 처음 우격침식(우적침식)을 시작으로 면상침식, 누구침식, 구곡침식 순서로 진행된다.

86 사방댐의 표면처리나 돌쌓기 공사에 주로 사용되는 다듬돌의 규격은?

① 15cm × 15cm × 25cm
② 30cm × 30cm × 50cm
③ 45cm × 45cm × 60cm
④ 60cm × 60cm × 60cm

> **해설**
> 사방댐의 표면처리나 돌쌓기 공사에 주로 사용되는 다듬돌은 대체로 30cm × 30cm × 50~60cm 가 사용된다.

87 다음 설명에 해당하는 것은?

- 비탈면의 물리적 안정을 기대하기 곤란한 곳에 직접 거푸집을 설치하고 콘크리트치기를 하여 뼈대를 만든다.
- 뼈대 내부에 작은 돌이나 흙을 충전하여 녹화한다.

① 비탈힘줄박기
② 격자틀붙이기
③ 콘크리트블록쌓기
④ 콘크리트뿜어붙이기

> **해설**
> 비탈면에 거푸집을 설치하고 콘크리트를 치고 뼈대를 만드는 공법을 비탈힘줄박기 공법이라 한다.

88 사방댐의 높이가 4.5m 일 때 총 수압의 합력작용선의 최대 높이는 밑면에서 몇 m지점인가?

① 0.50 ② 0.75
③ 1.00 ④ 1.50

> **해설**
> 합력작용선이 댐의 밑바닥인 제저의 중앙 1/3 이내를 통과해야 하므로 <4.5m × 0.333 = 약 1.5 m> 지점이 도출된다.

89 땅속흙막이를 설치하는 주요 목적에 해당하는 것은?

① 누구침식의 발달을 방지한다.
② 빗물에 의한 침식을 방지한다.
③ 산지 사면의 계단공사를 하기 위해 설치한다.
④ 비탈다듬기와 단끊기 등에 의해 생산된 퇴적토사의 활동을 방지한다.

> **해설**
> 땅속흙막이는 비탈다듬기 및 단끊기 시공과정에서 발생한 토사를 사용하여 산복의 비탈면의 길이를 감소시키고 선떼붙이기의 급수를 낮추는 등의 구역 안정 및 여러 가지 기능을 담당한다.

정답 84. ③ 85. ④ 86. ② 87. ① 88. ④ 89. ④

90 산지사방 녹화공사에 해당하지 않는 것은?

① 조공   ② 단끊기
③ 단쌓기 ④ 등고선구공법

해설
단끊기는 비탈의 안정을 위한 기초공사에 해당한다.

91 사면에 등고선 계단을 계획할 때 사면의 기울기가 45°, 면적이 1ha 일 때 계단 간격을 1m로 한다면 평면적법에 의한 계단 연장은?

① 5,000m   ② 8,000m
③ 10,000m ④ 15,000m

해설

$$연장길이 = \frac{면적 \times \tan\theta}{높이}$$
$$= \frac{10000m^2 \times 1}{1m} = 10,000\,m$$

92 수제에 대한 설명으로 옳지 않은 것은?

① 상향수제는 길이가 가장 짧고 공사비가 적게 든다.
② 하향수제는 수제 앞부분의 세굴 작용이 가장 약하다.
③ 유수의 월류 여부에 따라 월류수제와 불월류수제로 나눈다.
④ 계류의 유심 방향을 변경하여 계안 침식을 방지하기 위해 계획한다.

해설
길이가 가장 짧고 공사비가 저렴한 것은 직각수제에 대한 설명이다.

93 황폐계류에 대한 설명으로 옳지 않은 것은?

① 유량의 변화가 적다.
② 계류의 기울기가 급하다.
③ 유로의 길이가 비교적 짧다.
④ 호우 시에 사력의 유송이 심하다.

해설
황폐계류는 유로의 연장이 비교적 짧고 계상물매가 급하며 유량의 변화가 많다.

94 임계 유속에 대한 설명으로 옳은 것은?

① 계상에 침식을 최대로 일으키는 최소 유속이다.
② 계상에 침식을 일으키지 않는 경우의 최대 유속이다.
③ 어느 집수 유역에서도 존재할 수 있는 최소 유속이다.
④ 어느 집수 유역에서도 존재할 수 있는 최대 유속이다.

해설
임계유속은 흐르는 물에 의해 계류 바닥에 침식이 일어나지 않는 범위의 최대유속을 말한다.

95 메쌓기 높이가 1.5m 일 때 기울기의 기준으로 옳은 것은?

① 흙쌓기의 경우 1 : 0.20
② 땅깎기의 경우 1 : 0.20
③ 흙쌓기의 경우 1 : 0.30
④ 땅깎기의 경우 1 : 0.30

해설
메쌓기의 높이가 2m 이하의 흙쌓기의 경우 기울기 기준은 1 : 0.3 이다.

96 황폐계천에서 유수에 의한 계안의 횡침식을 방지하고 산각의 안정을 도모하기 위하여 계류 흐름방향에 따라 축설하는 것은?

① 밑막이   ② 골막이
③ 바닥막이 ④ 기슭막이

해설
기슭막이는 하천이나 계류에서 유수의 침식에서 둑비탈을 보호, 계안의 횡침식을 방지, 산각을 고정하기 위한 공작물이다.

정답 90. ② 91. ③ 92. ① 93. ① 94. ② 95. ③ 96. ④

97 물의 순환과 산림유역의 물수지에 대한 설명으로 옳지 않은 것은?

① 증발량과 증산량은 비슷하다.
② 물의 수문학적 순환은 강수량의 한계범위 내에서 이루어진다.
③ 강수가 없는 동안에도 유역 내 저류되어 있는 물은 유출, 증발 및 증산에 의하여 감소한다.
④ 유역 내에서 강수량은 저류량의 변화와 지하 유출을 무시하면 유출량, 증발량, 증산량의 합과 같다.

> 해설
> 산림유역에서는 증발량과 증산량을 구분하여 측정하기 어려워 일반적으로 합산한다.

98 땅밀림과 비교한 산사태 및 산붕에 대한 설명으로 옳지 않은 것은?

① 강우 강도에 영향을 받는다.
② 주로 사질토에서 많이 발생한다.
③ 징후의 발생이 많고 서서히 활동한다.
④ 20° 이상의 급경사지에서 많이 발생한다.

> 해설
> 발생 전 징후가 많고 천천히 활락하는 것은 땅밀림에 대한 특징이다. 산사태 및 산붕은 징후 발생이 적고 돌발적으로 발생한다.

99 사방용 수종에 요구되는 특성으로 옳지 않은 것은?

① 뿌리가 잘 자랄 것
② 가급적 양수 수종일 것
③ 척악지의 조건에 적응성이 강할 것
④ 생장력이 왕성하며 쉽게 번무할 것

> 해설
> 사방용 수종은 적응력이 좋고 생장력이 좋은 경제수종으로 선택한다.

100 경사가 완만하고 상수가 없으며 유량이 적고 토사의 유송이 없는 곳에 가장 적합한 산복수로는?

① 떼붙임 수로
② 메쌓기 돌수로
③ 찰쌓기 돌수로
④ 콘크리트 수로

> 해설
> 떼붙임 수로는 비탈면의 경사가 비교적 작고 유량이 적은 곳에 적합하다.

정답 97. ① 98. ③ 99. ② 100. ①

2021년 제3회 산림기사

01 종자를 습한 상태로 낮은 온도에서 보관하여 휴면을 타파하는 방법은?
① 추파법　② 노천매장
③ 2차 휴면　④ 상처 유도

> **해설**
> 노천매장은 종자의 저장과 발아의 효과를 동시에 얻을 수 있는 방법으로 종자를 하루 정도 맑은 물에 넣었다가 젖은 모래와 혼합하여 땅속에 묻어두기에 습한 상태의 낮은 온도 조건에서 땅속에 보관하면서 휴면을 타파한다.

02 관다발 형성층의 시원세포가 수피 방향으로 분열하여 형성되며, 체내 물질의 이동 통로가 되는 것은?
① 물관부　② 체관부
③ 수지구　④ 수피층

> **해설**
> 체관부는 광합성에 의해 만들어진 유기물 양분의 이동통로로서 관다발 형성층의 세포 분열을 통해 부피생장을 한다.

03 묘목 양성에 대한 설명으로 옳은 것은?
① 밤나무에 흔히 적용하는 접목법은 복접이다.
② 용기묘 양성은 양묘 비용이 많이 들지 않고 특별한 기술이 필요 없다.
③ 발육이 완전하고 조직이 충실하며 측아의 발달이 잘 되어 있는 것이 우량묘의 조건이다.
④ 모식물의 가지를 휘어지게 하여 땅속에 묻어 고정하고 발근하게 하는 방법은 압조법이라 한다.

> **해설**
> 취목법(휘묻이)은 압조법이나 복조법이라 하는데 모식물의 가지를 휘게 하여 땅속에 묻어 고정하고 발근시키는 방법이다.

04 산림 종자의 생리적 휴면을 유지시키는 호르몬은?
① 옥신　② 지베렐린
③ 사이토키닌　④ 아브시식산

> **해설**
> 아브시식산(Abscisic acid, ABA)는 생장억제물질이고 종자의 생리적 휴면을 유도 및 유지시키는 호르몬이다.

05 산림 토양에서 질산화 작용에 대한 설명으로 옳지 않은 것은?
① 질산화 작용이 거의 일어나지 않아 질소가 NH_4^+ 형태로 존재한다.
② 질산화 작용을 담당하는 박테리아는 중성 토양에서 활동이 왕성하다.
③ 질산화 작용이 억제되더라도 뿌리는 균근의 도움으로 암모늄태 질소를 직접 흡수할 수 있다.
④ 질산태 질소는 토양 내 산소 공급이 잘될 때 환원되어 N_2 가스나 NO_X 화합물 형태로 대기권으로 돌아간다.

> **해설**
> 질산태 질소가 토양층에서 환원되어 가스의 형태로 공중으로 대기권으로 돌아가는 작용을 탈질작용이라 한다.

정답 01. ② 02. ② 03. ④ 04. ④ 05. ④

06 왜림작업에 가장 적합한 수종은?

① *Alnus japonica*
② *Larix kaempferi*
③ *Abies holophylla*
④ *Pinus koraiensis*

해설
① 오리나무 ② 일본잎갈나무(낙엽송) ③ 전나무 ④ 잣나무
왜림작업은 연료재 생산을 목적으로 개벌 후 근주에서 나오는 맹아를 갱신하는 방법으로 상수리나무, 오리나무, 포플러, 피나무, 아까시나무 등이 적합하다

07 덩굴식물 가운데 조림목에 피해를 가장 많이 주고 제거가 가장 어려운 것은?

① 칡
② 머루
③ 사위질빵
④ 으름덩굴

해설
칡은 국내에서 조림목에 가장 많은 피해를 주는 것으로 피해를 줄이기 위해 어릴 때 제거하는 것이 효과적이다.

08 수목의 기공 개폐에 대한 설명으로 옳지 않은 것은?

① 30~35℃ 이상 온도가 올라가면 기공이 닫힌다.
② 기공은 아침에 해가 뜰 때 열리며 저녁에는 서서히 닫힌다.
③ 엽육 조직의 세포 간극에 있는 이산화탄소 농도가 높으면 기공이 열린다.
④ 잎의 수분 포텐셜이 낮아지면 수분 스트레스가 커지며 기공이 닫힌다.

해설
엽육 조직의 세포 간극에 있는 이산화탄소 농도가 낮으면 기공이 열리고 이산화탄소 농도가 높으면 기공이 닫힌다.

09 봄철에 종자가 성숙하는 수종은?

① *Abies koreana*
② *Pinus densiflora*
③ *Populus davidiana*
④ *Quercus mongolica*

해설
①구상나무 ②소나무 ③사시나무 ④신갈나무
사시나무의 경우 꽃은 4월쯤 피고 종자는 5월쯤 성숙한다.

10 잣나무에 대한 설명으로 옳지 않은 것은?

① 심근성 수종이다.
② 잎 뒷면에 흰 기공선을 가지고 있다.
③ 한대성 수종으로 잎이 5개씩 모여난다.
④ 어려서는 음수이고 자라면서 햇빛 요구량이 줄어든다.

해설
잣나무는 어려서는 음수이지만 성장하면서 햇빛 요구량이 늘어난다.

11 다음 조건에 따른 파종량은?

· 파종상 실면적 : 500m²
· 묘목 잔존본수 : 1,000 본/m²
· 1g 당 종자평균입수 : 60립
· 순량율 : 0.90
· 발아율 : 0.90
· 묘목 잔존율 : 0.4

① 25.7 kg
② 27.2 kg
③ 28.7 kg
④ 29.2 kg

해설
$$\frac{파종면적 \times m^2당 남길 본수}{g당 종자입수 \times 효율 \times 득묘율}$$
$$= \frac{500 \times 1,000}{60 \times (0.9 \times 0.9) \times 0.4} ≒ 25720.2g ≒ 25.7kg$$

정답 06. ① 07. ① 08. ③ 09. ③ 10. ④ 11. ①

12 우리나라 천연림 보육에서 적용하고 있는 수형급이 아닌 것은?

① 미래목　② 중용목
③ 중립목　④ 방해목

해설
국내 천연림 보육에 적용하는 수형급의 종류에는 미래목, 중용목, 보호목, 방해목, 무관목이 있다.

13 임분 갱신 방법 및 용어에 대한 설명으로 옳은 것은?

① 소벌구의 모양은 일반적으로 원형이다.
② 산벌은 입목을 한꺼번에 벌채하는 것이다.
③ 소벌구는 측방 성숙 임분의 영향을 받는다.
④ 모수는 갱신될 임지에 식재목을 공급하기 위한 묘목이다.

해설
대벌구는 측방임분으로부터 영향을 받기 어려우나 소벌구는 측방성숙임분에 영향을 받는다.

14 택벌 작업 시 고려 사항으로 옳지 않은 것은?

① 하종벌과 후벌 시기
② 주요 임분의 물리적 안정성
③ 상층으로 자랄 임목의 건전성
④ 자체 조절 능력이 가능한 단계적 갱신

해설
택벌 작업시 우선적 고려 사항
· 주요 임분의 물리적 안정성
· 자체 조절 능력이 가능한 단계적 갱신
· 이상적인 택벌림 구조
· 택벌림 유도 작업시, 상층으로 자랄 임목의 건전성과 수령

15 토양의 공극에 대한 설명으로 옳은 것은?

① 토양의 단위 체적 중량이다.
② 토양 내 물의 용적 비율이다.
③ 토양 측정 시 건조된 토립자의 무게이다.
④ 토양 내 공기 및 물에 의해서 채워진 부분이다.

해설
토양의 공극은 토양 속에서 공기와 물이 차지하고 있는 부분이다.

16 엽록소의 주요 구성 성분에 해당하는 무기 영양소는?

① 칼슘　② 칼륨
③ 마그네슘　④ 몰리브덴

해설
마그네슘은 식물의 광합성에 필수적인 엽록소의 구성 성분이다.

17 숲의 종류를 구분하는데 있어 작업종 또는 생성 기원에 따르지 않는 것은?

① 교림　② 순림
③ 왜림　④ 중림

해설
순림은 한 수종만으로 구성된 것으로 작업종에 관련이 없다.
※ 작업종의 분류에는 임분의 기원, 벌채종, 벌구의 모양과 크기에 따라 여러 종류가 있고 작업종을 분류하기 위해 갱신에서부터 교림, 중림, 왜림의 구조형태가 나타난다.

정답 12. ③ 13. ③ 14. ① 15. ④ 16. ③ 17. ②

18 소나무과 수종의 개화생리에 대한 설명으로 옳지 않은 것은?

① 암꽃은 주로 수관의 상단에 핀다.
② 같은 가지에서 암꽃이 수꽃보다 위쪽에 핀다.
③ 수꽃은 생장이 저조한 끝가지의 기부에 많이 핀다.
④ 수꽃은 화분 비산이 끝나도 계속 가지에 붙어 있다가 가을에 떨어진다.

> **해설**
> 소나무는 5월 중순 아래쪽에 있는 수꽃은 대부분 떨어진다.

19 판갈이 작업에 대한 설명으로 옳지 않은 것은?

① 작업 시기로는 봄이 알맞다.
② 땅이 비옥할수록 판갈이 밀도는 밀식하는 것이 좋다.
③ 지하부와 지상부의 균형이 잘 잡힌 묘목을 양성할 수 있다.
④ 참나무류는 만 2년생이 되어 측근이 발달한 후에 판갈이 작업하는 것이 좋다.

> **해설**
> 땅이 비옥할수록 판갈이 밀도는 소식하는 것이 좋다.

20 가지치기에 대한 설명으로 옳지 않은 것은?

① 수령이 높을수록 효과가 높다.
② 수목의 직경생장을 증대시킨다.
③ 산불이 발생했을 때 수관화를 경감시킨다.
④ 임지 표면에 햇빛을 받는 양이 많아져 하층목 발생에 도움을 준다.

> **해설**
> 가지치기는 수령이 높을수록 가지치기 효과가 감소한다.

21 참나무 시들음병 방제 방법으로 가장 효과가 약한 것은?

① 유인목 설치
② 끈끈이롤트랩
③ 예방 나무주사
④ 피해목 벌채 훈증

> **해설**
> 참나무 시들음병은 매개충을 사전에 예방하는 것이 효과적이기에 피해목 훈증처리, 유인목 설치, 천적류 및 조류의 보호 등이 효과적이다.

22 곤충의 일반적인 형태에 대한 설명으로 옳지 않은 것은?

① 소화관은 전장, 중장, 후장으로 나뉜다.
② 앞날개는 앞가슴에, 뒷날개는 뒷가슴에 부착되어 있다.
③ 가슴은 앞가슴, 가운뎃가슴, 뒷가슴으로 구성되어 있다.
④ 다리는 밑마디, 도래마디, 넓적마디, 종아리마디, 발마디로 구성되어 있다.

> **해설**
> 곤충의 앞날개는 앞가슴이 아닌 가운데 가슴에 있다.

23 파이토플라스마를 매개하는 해충과 수목병의 연결이 옳지 않은 것은?

① 뽕나무 오갈병 - 마름무늬매미충
② 붉나무 빗자루병 - 담배장님노린재
③ 오동나무 빗자루병 - 담배장님노린재
④ 쥐똥나무 빗자루병 - 마름무늬매미충

> **해설**
> 붉나무 빗자루병의 매개충의 마름무늬매미충이다.

24 낙엽층과 조부식층의 상부가 타는 산불의 종류는?

① 수간화
② 지표화
③ 수관화
④ 지중화

> **해설**
> 지표화는 지표의 낙엽과 지피물등에 화재가 발생하는 것으로 치수들이 많은 피해를 받는다.

정답 18. ④ 19. ② 20. ① 21. ③ 22. ② 23. ② 24. ②

25 벚나무 빗자루병을 방제하는 방법으로 옳은 것은?

① 매개충을 구제한다.
② 병든 가지를 제거한다.
③ 저항성 품종을 식재한다.
④ 항생제 계통의 약제를 나무주사한다.

해설
벚나무 빗자루병은 병든 가지를 신속하게 제거할 경우 박멸이 가능하다.

26 오리나무잎벌레를 방제하는 방법으로 옳지 않은 것은?

① 알덩어리가 붙어 있는 잎을 소각한다.
② 5~6월에 모여 사는 유충을 포살한다.
③ 유충 발생기에 적정 살충제를 살포한다.
④ 수은등이나 유아등을 설치하여 성충을 유인한다.

해설
오리나무잎벌레 방제를 위해 5월쯤 잎 뒷면에 붙어 있는 난괴(알덩어리)는 소각하고 발생한 유충은 포살한다. 유충발생기에는 디플루벤주론, 트리플루뮤론 수화제 등으로 방제한다.

27 늦여름이나 가을철에 내린 서리로 인하여 수목에 피해를 주는 것은?

① 상렬   ② 만상
③ 조상   ④ 연해

해설
① 상렬 : 겨울철 수목 내부의 수분이 동결로 인해 발생되는 팽창압으로 수목이 갈라지는 현상을 말한다.
② 만상 : 이른 봄에 서리가 내리는 경우를 늦서리 혹은 만상이라 한다.
④ 연해 : 대기오염에 의한 피해를 말한다.

28 가루깍지벌레를 방제하는 방법으로 옳지 않은 것은?

① 수피 사이의 번데기를 채취하여 소각한다.
② 밀도가 낮으면 면장갑을 낀 손으로 잡는다.
③ 성충이 되기 전에 적정한 살충제를 살포한다.
④ 포식성 천적인 무당벌레류, 풀잠자리류를 보호 및 활용한다.

해설
가루깍지벌레 방제법
· 겨울을 보낸 알이 부화하는 제1세대 약충기에 약제를 살포하는 것이 효과적이다.
· 포식성 천적인 무당벌레류, 풀잠자리류, 거미류 등을 보호한다.
· 피해를 받은 가지를 제거하거나 밀도가 높지 않을 경우 면장갑을 낀손으로 잡는다.

29 다음 설명에 해당하는 해충은?

· 성충은 열매에 구멍을 내고 열매 속에 산란한다.
· 부화유충은 열매 속에서 가해하고 똥을 외부로 배출하지 않아 피해를 찾아내기 어렵다.

① 밤바구미   ② 버들바구미
③ 밤나무혹벌   ④ 복숭아명나방

해설
밤바구미는 밤나무, 참나무류 등의 종실 가해하며 성충은 열매에 구멍을 내고 열매 속에서 산란을 한다. 유충이 배설물을 외부로 보내지 않아 식별이 어려우며 1년에 1회 발생한다. 땅속에서 월동하며 월동한 후에 번데기가 된다.

정답 25. ② 26. ④ 27. ③ 28. ① 29. ①

30 밤나무혹벌에 대한 설명으로 옳지 않은 것은?

① 천적으로는 노란꼬리좀벌, 남색긴꼬리좀벌이 있다.
② 1년에 1회 발생하며 눈의 조직 내에서 유충의 형태로 월동한다.
③ 유충기를 벌레 혹에서 보낸 후에 탈출하여 번데기는 수피 틈새에 형성한다.
④ 피해목은 개화 및 결실이 잘 되지 않고, 피해가 누적되면 고사하는 경우가 많다.

> **해설**
> 유충기를 벌레 혹에서 보내고 노숙한 유충은 6~7월 쯤 충영내 충방에서 번데기로 되어 약 1주일간의 번데기 기간을 거쳐 우화한다.

31 가뭄으로 인한 수목 피해인 한해(drought injury)에 대한 설명으로 옳은 것은?

① 천근성 수종은 한해에 강하다.
② 소나무, 자작나무가 한해에 강하다.
③ 묘포지의 육묘 작업을 평년보다 늦게 하여 예방한다.
④ 낙엽 채취를 하여 지피물을 제거해 주면 한해를 방지할 수 있다.

> **해설**
> 한해(drought injury)에 대한 저항성이 강한 수종에는 소나무, 해송, 리기다소나무, 서어나무, 자작나무 등이 있다.

32 수목병과 병징(또는 표징) 연결로 옳지 않은 것은?

① 리지나뿌리썩음병 : 침엽수의 뿌리가 침해받아 말라 죽는다.
② 균핵병 : 죽은 조직 속 또는 표면에 씨앗 같은 검은 덩어리가 생긴다.
③ 철쭉류 떡병 : 잎, 꽃의 일부분이 떡모양으로 하얗게 부풀어 오른다.
④ 흰가루병 : 침엽수의 잎, 어린가지의 표면에 흰가루를 뿌린 듯한 모습이다.

> **해설**
> 흰가루병은 주로 참나무류, 밤나무, 오리나무 등의 활엽수에서 발생하며 잎의 표면에 흰가루를 뿌려 놓은 듯한 증상이 나타난다.

33 오리나무 갈색무늬병을 방제하는 방법으로 옳지 않은 것은?

① 연작을 실시한다.
② 종자를 소독한다.
③ 병든 낙엽을 태운다.
④ 밀식 시에는 솎아주기를 한다.

> **해설**
> 오리나무 갈색무늬병은 연작에 의한 피해가 심하기에 윤작을 통해 방제한다.

34 7월 하순 이후 참나무류의 종실이 달린 가지가 땅에 많이 떨어져 있다면 이것은 어떤 해충의 피해인가?

① 밤바구미　② 복숭아명나방
③ 밤나무재주나방　④ 도토리거위벌레

> **해설**
> 도토리거위벌레는 주로 도토리에 구멍을 뚫어 산란하고 열매를 연결부를 잘라 땅으로 떨어뜨린다.

정답 30. ③ 31. ② 32. ④ 33. ① 34. ④

35 균사에 격벽이 없고, 무성포자인 유주포자를 생성하는 것은?

① 난균류 ② 자낭균류
③ 담자균류 ④ 불완전균류

해설
난균류는 균사에 격벽이 없고 무성포자인 유주포자를 생성한다.

36 솔수염하늘소에 대한 설명으로 옳지 않은 것은?

① 1년에 1회 발생한다.
② 성충의 우화시기는 5~8월이다.
③ 목질부 속에서 번데기 상태로 월동한다.
④ 유충이 소나무의 형성층과 목질부를 가해한다.

해설
솔수염하늘소는 목질부에서 유충 형태로 월동한다.

37 방제 대상이 아닌 곤충류에도 피해를 주기 가장 쉬운 농약은?

① 전착제 ② 생물농약
③ 접촉성 살충제 ④ 침투성 살충제

해설
접촉살충제는 곤충의 표면에 접촉되어 해충을 방제하기에 방제 대상이 아닌 곤충 표면에 묻어 피해를 주기도 한다.

38 가해하는 수목의 종류가 가장 많은 해충은?

① 솔나방 ② 솔잎혹파리
③ 천막벌레나방 ④ 미국흰불나방

해설
미국흰불나방의 경우 100종류 이상의 활엽수종을 가해한다.

39 잣나무 털녹병균이 중간기주에 형성하는 포자의 형태가 아닌 것은?

① 녹포자 ② 담자포자
③ 겨울포자 ④ 여름포자

해설
잣나무 털녹병균의 중간기주에서는 여름포자, 겨울포자를 형성하고 겨울포자가 발아하여 담자포자가 되어 바람에 의해 전반된다.

40 소나무 또는 잣나무에 발생하는 잎떨림병을 방제하는 방법으로 옳지 않은 것은?

① 병든 낙엽을 모아 태운다.
② 묘포에서 비배관리를 철저히 한다.
③ 포자가 비산하는 6~9월에 약제를 살포한다.
④ 수관 하부보다 상부에 가지치기를 주로 실시한다.

해설
수관 하부에서 발생이 심해 풀베기, 제초 및 가지치기를 실시한다.

41 산림경영계획 작성 시 임황조사 항목이 아닌 것은?

① 지위 ② 임상
③ 임종 ④ 소밀도

해설
지위는 지황조사 항목에 해당한다.

정답 35. ① 36. ③ 37. ③ 38. ④ 39. ① 40. ④ 41. ①

42 다음 중 유동자본으로만 올바르게 나열한 것은?

> 가. 묘목
> 나. 임도
> 다. 벌목기구
> 라. 제재소 설치비

① 가 ② 가, 나
③ 나, 다 ④ 가, 다, 라

해설
유동자본에는 묘목, 비료, 종자, 미처분 임산물 등이 있다. 보기의 임도, 벌목기구, 제재소 설치비 및 건물, 임지 등은 고정자산에 해당한다.

43 임업의 특성에 대한 설명으로 옳지 않은 것은?

① 임업생산은 노동집약적이다.
② 육성임업과 채취임업이 병존한다.
③ 원목 가격의 구성요소 중 운반비가 차지하는 비율이 가장 낮다.
④ 토지나 기후 조건에 대한 요구도가 타산업에 비해 상대적으로 낮다.

해설
원목가격의 결정에는 운반비가 큰 요소로 작용한다.

44 임가소득에 대한 설명으로 옳지 않은 것은?

① 농업소득도 임가소득에 포함된다.
② 임업외소득도 임가소득에 포함된다.
③ 겸업 또는 부업으로 인한 소득은 임가소득에서 제외된다.
④ 임가소득지표로 생산자원의 소유형태가 서로 다른 임가 사이의 임업경영성과를 직접 비교할 수 없다.

해설
임가소득은 산림의소득과 농업의 소득, 농업 이외의 소득의 합으로서 임가 전체 소득수준과 성과를 파악하는 지표 중 하나이다. 겸업 및 부업 등도 농업이외의 소득으로 임가소득에 포함된다.

45 임목의 생장량을 측정하는데 있어서 현실생장량의 분류에 속하지 않는 것은?

① 연년생장량 ② 정기생장량
③ 벌기생장량 ④ 벌기평균생장량

해설
벌기평균생장량은 평균생장량에 속한다.

46 육림비 절감방법으로 옳지 않은 것은?

① 낮은 이자율의 자본을 이용한다.
② 투입한 자본의 회수기간을 짧게 한다.
③ 노임을 절약할 수 있는 방법을 찾는다.
④ 중간 부수입(간벌수입 등)은 최소화한다.

해설
육림비를 절감하는 방법으로 중간부수입을 증대시킬 방법을 모색하도록 한다.

47 산림조사 기간 동안 측정할 수 있는 크기로 생장한 새로운 임목들의 재적을 의미하는 것은?

① 순변화량 ② 순생장량
③ 총생장량 ④ 진계생장량

해설
산림조사기간 동안 측정할 수 있는 크기로 생장한 새로운 임목들의 재적을 진계생장량이라 한다.

48 산림 생산기간에 대한 설명으로 옳지 않은 것은?

① 회귀년은 택벌작업에 적용되는 용어이다.
② 회귀년은 길이와 연벌구역면적은 정비례한다.
③ 벌채 후 갱신이 지연되는 경우 늦어지는 기간을 갱신기라고 한다.
④ 어떤 임분에서 벌채와 동시에 갱신이 시작되는 경우 윤벌기와 윤벌령은 동일하다.

해설
연벌구역면적은 회귀년의 길이에 반비례한다.

정답 42. ① 43. ③ 44. ③ 45. ④ 46. ④ 47. ④ 48. ②

49 산림평가에서 임업이율을 높게 평정할 수 없고 오히려 보통이율보다 약간 낮게 평정해야 하는 이유에 해당하지 않는 것은?

① 산림 소유의 안전성
② 산림 수입의 고소득성
③ 산림관리경영의 간편성
④ 문화 발전에 따른 이율의 저하

해설
Endress는 임업이율은 보통이율보다 낮게 책정해야 한다고 주장하였으며 이유로는 소유의 안정, 경영의 간편, 발전에 의한 이율 저하, 생산기간의 장기성, 수입과 재산의 유동성이 있다.

50 임목의 가격을 평가하기 위해 조사해야 할 항목으로 가장 거리가 먼 것은?(단, 주벌수확의 경우임)

① 재종별 시장가격
② 부산물 소득 정도
③ 조재율 또는 이용률
④ 총재적의 재종별 재적

해설
부산물은 임목의 가격 평가시 별개의 항목이다.

51 산림 면적이 1,200ha, 윤벌기 40년, 1영급이 10영계일 때 법정영급면적과 법정영계면적을 순서대로 올바르게 나열한 것은?

① 30ha, 100ha
② 30ha, 300ha
③ 300ha, 30ha
④ 300ha, 100ha

해설
· 법정영급면적
  = (산림면적 / 윤벌기) × 영계수
  = (1200 / 40)×10=300ha
· 법정영계면적
  = 산림면적/윤벌기
  = 1200 / 40 = 30ha

52 자본장비도 개념을 임업에 도입할 때 자본효율에 해당하는 것은?

① 축적
② 생장량
③ 벌채량
④ 생장률

해설
자본장비도를 임업에 적용할 경우 임목축적, 자본효율은 생장률에 해당한다.

53 다음 조건에 따라 연수합계법으로 계산된 제3년도 감가상각비는?

· 취득원가 : 5,000만원
· 폐기할 때 잔존가격 : 500만원
· 추정내용연수 : 10년

① 약 360만원
② 약 655만원
③ 약 900만원
④ 약 1,350만원

해설
· 내용연수의 총합계 : 1+2+…+10 = 55
· 3년차 잔존내용연수 : 총내용연수 - 경과내용연수
  = 10 - 2 = 8
· $(5000만원 - 500만원) \times \frac{8}{55} ≒ 655만원$

※ 연수합계
(취득원가 − 잔존가격) × $\frac{잔존내용연수}{내용연수총합계}$

54 임지생산능력을 판단 및 결정하는 방법으로 가장 거리가 먼 것은?

① 직경에 의한 방법
② 지표식물에 의한 방법
③ 환경인자에 의한 방법
④ 지위지수에 의한 방법

해설
지위 평가 방법으로 환경인자에 의한 방법, 지위지수에 의한 방법, 지표식물에 의한 방법등이 있으며 그중에서도 지위지수에 의한 방법이 가장 정확한 방법이다.

정답 49. ② 50. ② 51. ③ 52. ④ 53. ② 54. ①

55 다음 조건에 따른 원목의 재적은?

> · 재장 : 4.2m
> · 말구직경 : 30cm
> · 계산 방법 : 말구직경자승법

① 0.126m³   ② 0.378m³
③ 1.260m³   ④ 3.780m³

해설

$0.3^2 \times 4.2 = 0.378 \, (m^3)$

※ 말구직경자승법
$V(m^3) = d_n^2 \times L$
V : 재적, d_n : 말구 지름, L : 목재 길이

56 연이율이 6%이고 매년 240만원씩 영구히 순수익을 얻을 수 있는 산림을 3,600만원에 구입하였을 때의 이익은?

① 225만원   ② 400만원
③ 3,374만원   ④ 4,000만원

해설

$K = \dfrac{r}{P} = \dfrac{240만원}{0.06} = 4000만원$,

4000만원 - 3600만원 = 이익 400만원
이후 4000만원의 가치가 있고 구입가격 3600만원이므로 그 차액만큼이 이익이 된다.

57 임령에 따라 적용한 임목의 평가방법으로 가장 적합한 것은?

① 유령림의 임목 : 비용가법
② 중령림의 임목 : 기망가법
③ 벌기 이후의 임목 : Glaser 법
④ 벌기 미만 장령림의 임목 : 매매가법

해설

임목평가

유령림	임목비용가법
벌기 미만 장령림	임목기망가법
중령림	임목비용가법, Glaser 법
벌기 이상 임목	시장가역산법

58 입목의 연년생장량과 평균생장량간의 관계에 대한 설명으로 옳은 것은?

① 초기에는 연년생장량이 평균생장량보다 작다.
② 연년생장량이 평균생장량보다 최대점에 늦게 도달한다.
③ 평균생장량이 최대가 될 때 연년생장량과 평균생장량은 같게 된다.
④ 평균생장량이 최대점에 도달한 후에는 연년생장량이 평균생장량보다 크다.

해설

초기에 연년생장량이 평균생장량보다 크며 평균생장량이 최대가 되는 지점은 연년생장량과 평균생장량이 같게 된다.

59 임분의 재적을 측정하기 위해 임분의 임목을 모두 조사하는 방법이 아닌 것은?

① 표본조사법   ② 매목조사법
③ 재적표 이용법 ④ 수확표 이용법

해설

표본조사법은 표본을 추출하여 조사하는 방법으로 전체임분에서 작은 구역을 정해 특정 그루수를 정해 조사한다.

60 산림구획 시 현지 여건상 불가피한 경우를 제외하고 임반을 구획하는 면적 기준은?

① 1ha   ② 10ha
③ 100ha   ④ 500ha

해설

임반의 면적은 불가피한 경우를 제외하고는 100ha 내외로 구획한다.

정답 55. ② 56. ② 57. ① 58. ③ 59. ① 60. ③

61 간벌을 위한 임도 개설 시 적용하는 지수로 가장 적합한 것은?

① 수익성지수 ② 임업효과지수
③ 교통효과지수 ④ 경영기여율지수

해설
임도개설에 있어 간벌임도의 경우 수익성지수를 적용한다.

62 임도의 각 측점 단면마다 지반고, 계획고, 절·성토고 및 지장목 제거 등의 물량을 기입하는 도면은?

① 평면도 ② 표준도
③ 종단면도 ④ 횡단면도

해설
횡단면도는 임도의 각 측점 단면마다 지반고, 계획고, 절, 성토고 및 지장목 제거 등의 물량을 기입하는 도면이다.

63 타워야더와 비교한 트랙터를 이용한 집재방법에 대한 설명으로 옳지 않은 것은?

① 임도밀도가 높은 경우에 적합하다.
② 주변 환경 및 목재의 피해가 적다.
③ 급경사지보다 완경사지가 적합하다.
④ 장거리 운반에는 바람직하지 못하다.

해설
트랙터의 경우 주변 환경 및 목재에 대한 피해가 상대적으로 많다.

64 연암 또는 단단한 지반 굴착에 가장 적합한 기계는?

① 로더 ② 리퍼불도저
③ 머캐덤롤러 ④ 모터그레이더

해설
리퍼불도저는 리퍼가 도저 뒤에 설치되어 연암이나 단단한 지반의 굴착에 적당한 기기이다.

65 트래버스 측량 결과가 아래의 표와 같은 경우 ( )에 값으로 옳지 않은 것은?(단, 위·경거 오차는 없음)

측점	방위각(°)	거리(m)	위거(m) N(+)	위거(m) S(-)	경거(m) E(+)	경거(m) W(-)
AB	50	10	6.4		7.6	
BC	150	5		4.3	2.5	
CD	(가)	(나)		(다)		(라)
DA	300	7	3.5			6.0

① 가 : 36.2 ② 나 : 7
③ 다 : 5.6 ④ 라 : 4.1

해설
위거의 합이나 경거의 합은 0 가 되며 이를 토대로 아래와 같이 (다), (라)의 값을 구한다.
- (다) = (6.4+3.5) - 4.3 = 5.6
- (라) = (7.6+2.5) - 6.0 = 4.1

방위의 경우 삼각법을 이용하며 tan 를 활용하도록 한다.

- $\tan\theta = \dfrac{경거}{위거}$
- (가) : $\theta = \tan^{-1}\left(\dfrac{경거}{위거}\right)$
  $= \tan^{-1}\left(\dfrac{4.1}{5.6}\right)$
  $≒ \tan^{-1} 0.73214 ≒ 36.21 \rightarrow 36°21'$
- (나) : $\sqrt{위거^2 + 경거^2} = \sqrt{5.6^2 + 4.1^2}$
  $= \sqrt{48.17} ≒ 6.94(m)$

66 옹벽의 안정성 검토 사항으로 옳지 않은 것은?

① 전도 ② 활동
③ 다짐 ④ 침하

해설
옹벽의 안정성 검토에서는 옹벽의 안정성 확보를 위해 전도, 활동, 침하, 내부응력에 대한 안정을 고려해야 한다.

정답 61. ① 62. ④ 63. ② 64. ② 65. ① 66. ③

67 임도의 평면 선형에서 곡선의 종류가 아닌 것은?

① 단곡선   ② 배향곡선
③ 복선곡선 ④ 반향곡선

> **해설**
> 임도의 평면 선형에서 곡선의 종류로 단곡선, 복합곡선, 반대곡선, 배향곡선 등이 있다.

68 임도 설계 시 종단 기울기에 대한 설명으로 옳은 것은?

① 종단기울기의 계획은 설계차량은 규격과 관계가 없다.
② 종단기울기를 급하게 하면 임도우회율을 낮출 수 있다.
③ 종단기울기는 완만한 것이 좋기 때문에 0%를 유지하는 것이 좋다.
④ 종단기울기는 시공 후 임도의 개·보수를 통하여 손쉽게 변경할 수 있다.

> **해설**
> 우회율은 산림에서 일정 지점간의 직선거리를 연결하기 위해 실제 시공되는 임도 총연장의 증가치로 종단기울기가 급하게 되면 차량의 주행은 어렵지만 그만큼 임도 우회율은 감소하게 된다.

69 노면 또는 땅깎기 비탈면에 설치하는 배수시설로 길어깨와 비탈 사이에 종단 방향으로 설치하는 것은?

① 겉도랑   ② 속도랑
③ 옆도랑   ④ 빗물받이

> **해설**
> 옆도랑은 노면이나 흙깎기 비탈면의 물을 배수하기 위해 임도 길어깨에 종단방향으로 설치하는 배수로이다. 임도에서 옆도랑의 위치는 대부분 흙깎기비탈면과 길어깨 사이에 설치한다.

70 실제거리 150m 를 지형도에 나타낸 길이가 15cm 일 때 지형도의 축척은?

① 1:10   ② 1:100
③ 1:1,000   ④ 1:10,000

> **해설**
> 도상거리와 실제거리를 이용하여 지형도의 축척을 구하며 실제거리의 경우 지형도에 나타낸 길이인 도상거리와 단위를 통일하여 구하도록 한다.
> · 150m = 15,000cm
> · 도상거리 : 실제거리 = 15:15,000=1:1,000

71 임도 구조물 시공 시 기초공사의 종류가 아닌 것은?

① 전면기초   ② 말뚝기초
③ 고정기초   ④ 확대기초

> **해설**
> 얕은기초는 확대기초, 전면기초가 있으며 깊은기초에는 말뚝기초, 케이슨기초가 있다.

72 임도 설계 시 작성하는 도면의 축척 기준으로 옳지 않은 것은?

① 평면도 : 1/1,200
② 횡단면도 : 1/500
③ 종단면도 : 종 1/200
④ 종단면도 : 횡 1/1,000

> **해설**
> 횡단면도의 축척 기준은 1 : 100 이다.

73 임도 설계 과정에서 곡선반경이 400m, 교각이 90°인 단곡선에서 접선의 길이는?

① 200m   ② 400m
③ 600m   ④ 800m

> **해설**
> 곡선반지름 = 접선길이 $\times \tan\left(\dfrac{\theta}{2}\right)$
>
> 접선길이×tan45=400
> 접선길이 = 400(m)

정답 67. ③ 68. ② 69. ③ 70. ③ 71. ③ 72. ② 73. ②

74 다음 조건에 따라 양단면적 평균법에 의하여 계산한 토량은?

- 시작 구간 단면적 : 30m²
- 종료 구간 단면적 : 70m²
- 구간 거리 : 40m

① 600m³   ② 1,000m³
③ 1,400m³ ④ 2,000m³

해설

토량 $= (\dfrac{\text{양단면적 합}}{2}) \times \text{양단면적 거리}$

$= (\dfrac{30+70}{2}) \times 40 = 2,000(m^3)$

75 임도 실시설계를 위한 현지측량에 대한 설명으로 옳지 않은 것은?

① 주로 산악지에는 중심선측량, 평탄지와 완경사지에는 영선측량법을 적용하고 있다.
② 중심선측량은 측점 간격을 20m로 하여 중심말뚝을 설치하되, 필요한 각 지점에는 보조말뚝을 설치한다.
③ 횡단측량은 중심선의 각 측점·지형이 급변하는 지점, 구조물설치 지점의 중심선에서 양방향으로 실시한다.
④ 종단측량은 노선의 중심선을 따라 측량하되, 주요 구조물 주변 및 연장 1km 마다 임시기표를 표시하고 평면도에 표시한다.

해설

영선측량은 주로 경사가 있는 산악지에서 주로 이용되며 중심선 측량은 평탄지와 완경사지에서 주로 이용된다.

76 도면에서 기울기를 표현하는 방법으로 옳지 않은 것은?

① 1/n : 수평거리 1에 대하여 높이 n으로 나눈 것
② n% : 수평거리 100에 대한 n의 고저차를 갖는 백분율
③ n‰ : 수평거리 1000에 대한 n의 고저차를 갖는 천분율
④ 각도 : 수평은 0°, 수직은 90°로 하여 그 사이를 90 등분한 것

해설

도면의 기울기는 높이 1에 대하여 수평거리 n으로 나눈 것이다.

77 임도망 계획에서 설치 위치별 구분이 아닌 것은?

① 사면임도   ② 능선임도
③ 계곡임도   ④ 연결임도

해설

임도망 계획에서 설치 위치에 따른 분류로 계곡임도(주계곡임도, 부계곡임도), 능선임도, 산정임도, 사면임도, 분지임도가 있다.

78 임도의 유효너비 설치기준으로 다음 ( ) 안에 적합한 수치를 순서대로 나열한 것은?

유효너비는 ( )m를 기준으로 하며, 배향곡선지인 경우 ( )m 이상으로 한다.

① 2.5, 5   ② 2.5, 6
③ 3, 5   ④ 3, 6

해설

길어깨, 옆도랑 너비를 제외한 임도의 유효너비는 3m로 하며 배향곡선지의 경우 6m 이상을 기준으로 한다.

정답 74. ④ 75. ① 76. ① 77. ④ 78. ④

79 다음 ( ) 안에 적합한 단어로 옳은 것은?

> 임도노선 배치계획은 (가)에서 결정된 임도연장을 목표로 하여 (나)을 포함한 신설노선의 배치를 결정하는 과정이고, 이 경우도 (다)와 같이 임업의 시업인자 및 (라) 등이 감안되어야 한다.

① 가 : 임도밀도계획
② 나 : 교통도로
③ 다 : 임도보수계획
④ 라 : 준공검사

해설
임도노선 배치계획은 임도밀도계획에서 결정되어진 임도연장을 목표로 하여 기설임도를 포함한 신설노선의 배치를 결정하는 과정이고, 이 경우도 임도밀도계획과 같이 임업의 사업인자 및 지형인자 등이 감안되어야 한다.

80 종단기울기가 0% 인 임도의 중앙점에서 양측 길어깨로 3%의 횡단경사를 주고자 한다. 임도폭이 4m일 경우 양측 길어깨는 임도 중앙점보다 얼마나 낮아져야 하는가?

① 1cm   ② 2cm
③ 3cm   ④ 6cm

해설
임도폭이 4m 이기에 중앙점에서 길어깨까지 2m 로 볼 수 있다. 경사 3%는 길이 100cm 에 대한 높이 3cm 정도를 기준으로 하기에 200cm 기준 6cm 의 높이차를 주게 되면 3% 의 경사가 나오게 된다.

81 누구침식이 점점 더 진행되어 규모가 커져 깊고 넓은 골을 형성하는 왕성한 침식형태는?

① 구곡침식   ② 하천침식
③ 우격침식   ④ 면상침식

해설
강우에 의해 침식이 진행되는 경우 우격침식, 면상침식, 누구침식, 구곡침식의 순서로 진행되며 누구침식 이후에 도랑의 골이 점점 커지는 침식을 구곡침식이라 한다.

82 우리나라에서 녹화용으로 식재되는 사방조림 수종과 가장 거리가 먼 것은?

① 잣나무   ② 아까시나무
③ 산오리나무   ④ 리기다소나무

해설
사방조림수종은 척박하고 건조한 산지에 적응력이 좋은 수종으로 선택해야 하며 주로 리기다소나무, 해송, 사방오리나무, 자작나무 등이 사용된다. 잣나무의 경우 양분 요구도가 높은 편이라 사방조림용으로는 적합하지 않다.

83 유역면적 1ha, 최대시우량 100mm/hr, 유거계수 0.7일 때 시우량법에 의한 최대홍수유량(m^3/s)은?

① 0.166   ② 0.194
③ 1.167   ④ 1.944

해설
$0.002778 \times 0.7 \times 100 \times 1 = 0.19446$
→ 약 0.194
※ 합리식법
$Q = 0.002778 CIA$
여기서, Q : 유출량(m^3/sec)
C : 유거계수
I : 최대시우량(mm/hr)
A : 유역면적(ha)

84 산비탈흙막이 공법에 대한 설명으로 옳지 않은 것은?

① 표면 유하수를 분산시키기 위한 공작물이다.
② 산지사방의 부토고정을 위해 설치하는 종공작물이다.
③ 비탈면 기울기를 완화하여 비탈면의 안정성을 유지시킨다.
④ 사용하는 재료로는 콘크리트, 돌, 통나무, 콘크리트블록 등이 있다.

[해설]
산비탈흙막이는 산비탈의 경사를 완화하여 산비탈의 붕괴를 방지하는 역할을 하는데 콘크리트, 돌, 콘크리트 블록, 돌망태, 통나무, 바자얽기 등을 이용한다. 표면의 유하수를 분산시키며 비탈면의 기울기 완화를 통해 안정성을 유지한다. 산지사방에서 부토(뜬흙)을 고정하는데는 선떼붙이기, 산비탈돌쌓기, 골막이, 땅속흙막이 등을 이용한다.

85 격자틀붙이기공법에서 용수가 있는 격자틀 내부를 처리하는 방법으로 가장 적절한 것은?

① 흙 채움   ② 작은 돌 채움
③ 떼붙이기 채움 ④ 콘크리트 채움

[해설]
격자틀붙이기공법은 경사가 급한 비탈면에서 침식을 방지하고 비탈면을 녹화하기 위해 시공하는데 용수가 있는 격자틀내부의 경우 물빠짐 등을 위하여 작은 돌 채움으로 처리를 한다.

86 황폐지를 진행상태 및 정도에 따라 구분할 때 초기 황폐지 단계에 대한 설명으로 옳은 것은?

① 지표면의 침식이 현저하여 방치하면 가까운 장래에 민둥산이 될 가능성이 높다.
② 외관상으로 황폐지로 보이지 않지만 임지내에서 이미 침식상태가 진행 중이다.
③ 산지 비탈면이 여러 해 동안의 표면침식과 토양유실로 토양의 비옥도가 떨어진다.
④ 산지의 임상이나 산지의 표면침식으로 외견상 명확하게 황폐지라 인식할 수 있다.

[해설]
초기황폐지는 황폐지임을 인지할 수 있는 지역을 의미한다.

87 중력식 사방댐의 전도에 대한 안정을 위한 수압 작용점의 높이는?

① 사방댐 밑에서 높이의 1/3 지점
② 사방댐 밑에서 높이의 1/2 지점
③ 사방댐 위에서 밑을 향하여 1/3 지점
④ 사방댐 위에서 밑을 향하여 1/4 지점

[해설]
사방댐의 안정조건으로 합력작용선이 댐의 밑바닥인 제저의 중앙 1/3 이내를 통과해야 한다.

88 중력침식 유형 중에서 발생 속도가 가장 느린 것은?

① 산붕   ② 포락
③ 산사태 ④ 땅밀림

[해설]
땅밀림은 땅속에 점착력이 약한 일부 토층이 서서히 낮은 곳을 향해 미끄러져 이동하는 현상으로 이동속도가 느려서 이동을 인식하기 어렵다.

정답 84. ② 85. ② 86. ④ 87. ① 88. ④

89 유동형 침식의 하나인 토석류에 대한 설명으로 옳은 것은?

① 규모가 큰 돌은 이동시키지 못한다.
② 주로 점성토의 미끄럼면에서 미끄러진다.
③ 물을 활제로 하여 집합운반의 형태를 가진다.
④ 일반적으로 하루에 0.01~10mm 정도 이동한다.

해설
토석류의 경우 고형물의 자중에 의해 물을 윤활제로 하여 집합운반의 형태를 가진다.

90 수제의 간격은 일반적으로 수제 길이의 몇 배 정도인가?

① 0.25 ~ 0.50 ② 0.50 ~ 1.25
③ 1.25 ~ 4.50 ④ 4.50 ~ 8.25

해설
수제의 간격은 수제 길이의 1.25~4.5배 정도로 한다.

91 수제의 간격을 결정할 때 고려되어야 할 사항으로 가장 거리가 먼 것은?

① 유수의 강도 ② 수제의 길이
③ 계상의 기울기 ④ 대수면의 면적

해설
수제의 간격은 유수의 강도, 유수의 방향, 계상의 기울기, 수제의 길이, 사행현상 등을 고려한다.

92 산지사방에서 기초공사에 해당하지 않는 것은?

① 단끊기 ② 단쌓기
③ 땅속흙막이 ④ 속도랑 배수구

해설
단쌓기는 산지사방에서 녹화공사에 해당한다.

93 산지사방의 공종별 설명으로 옳지 않은 것은?

① 평떼붙이기 : 땅깎기 비탈면에 평떼를 붙여 비탈면 전체 면적을 일시에 녹화한다.
② 새심기 : 산불발생지, 민둥산지, 석력지 등 대규모로 녹화가 필요한 곳에 새류의 풀포기를 식재한다.
③ 조공 : 완만한 경사의 비탈면에 수평으로 소단을 만들고, 앞면에는 떼, 새포기, 잡석 등으로 소단을 보호한다.
④ 선떼붙이기 : 비탈다듬기에서 생산된 뜬흙을 고정하고, 식생을 조성하기 위한 파식상을 설치하는데 필요한 공작물이다.

해설
새심기는 암반 사면에 잡석을 쌓고 내부에 흙을 채워 식생을 조성하는 공법이다.

94 해풍에 의한 비사를 억류하여 퇴적시켜서 모래언덕을 조성할 목적으로 시공하는 것은?

① 파도막이 ② 모래막이
③ 정사울세우기 ④ 퇴사울세우기

해설
퇴사울세우기 공법은 해안 사구에 바람으로 인하여 이동하는 모래를 안정시키는 공법이다.

95 다음 설명에 해당하는 것은?

- 주목적은 토사생산구역에서 구곡침식을 방지하는 것이다.
- 사방댐보다 규모가 작고 반수면만 존재한다.

① 골막이 ② 바닥막이
③ 기슭막이 ④ 누구막이

해설
골막이는 산비탈 붕괴지의 골이나 이에 접속된 계류의 최상류부에 축설하는 소규모의 사방용 댐을 말한다. 외견상으로는 사방댐이나 바닥막이 등과 비슷한 모양을 하고 있으며 반수면만 설치한다.

정답 89. ③ 90. ③ 91. ④ 92. ② 93. ② 94. ④ 95. ①

96 조도계수는 0.05, 통수단면적이 3m², 윤변이 1.5m 수로 기울기가 2%일 때 Manning 의 평균유속공식에 의한 유량은?

① 0.45m³/s ② 4.49m³/s
③ 13.47m³/s ④ 17.58m³/s

해설

경심 = 통수단면적 ÷ 경심 = 3 / 1.5 = 2

· 평균 유속 = $\frac{1}{n} \times 경심^{\frac{2}{3}} \times 기울기^{\frac{1}{2}}$

$= \frac{1}{0.05} \times (2)^{\frac{2}{3}} \times 0.02^{\frac{1}{2}}$

$= 20 \times 1.58 \times 0.1414 ≒ 4.46$

· 유량 = 유속 × 유적 = 4.46 × 3 = 13.4

※ Manning 공식

$V = \frac{1}{n} \times R^{\frac{2}{3}} \times I^{\frac{1}{2}}$

여기서, V : 평균 유속
R : 경심
I : 수로 기울기
n : 조도계수

97 사방댐의 주요 기능이 아닌 것은?

① 산각을 고정하여 붕괴를 방지한다.
② 계상 기울기를 완화하고 종침식을 방지한다.
③ 유심의 방향을 변경시켜 계안의 침식을 방지한다.
④ 계상에 퇴적한 불안정한 토사의 유동을 방지한다.

해설

사방댐의 기능
· 계상물매를 완화하고 종침식을 방지한다.
· 산각을 고정하고 붕괴를 방지한다.
· 계상에 퇴적한 불안정 토사의 유동을 막고 양안의 산각을 고정한다.
· 산불 발생시 진화용수나 야생동물의 음용수로 이용된다.

98 바닥막이에 대한 설명으로 옳지 않은 것은?

① 높이는 사방댐보다 낮게, 골막이보다 높게 설치한다.
② 방수로의 폭은 계천 폭과 같게 하거나 다소 좁게 한다.
③ 연속적인 바닥막이 공사로 계상 기울기를 완화시킨다.
④ 계상의 종침식을 방지하는 경우에는 낮은 바닥막이를 계획한다.

해설

바닥막이는 사방댐과 골막이보다 낮게 설치한다.

99 비탈면 안정 및 녹화공법에 해당하지 않는 것은?

① 새집공법 ② 생울타리
③ 사초심기 ④ 차폐수벽공

해설

사초심기는 해안사방 공종에 해당한다.

100 산림환경보전공사용 토목재료의 특성으로 옳지 않은 것은?

① 내구성이 커야 한다.
② 변형이 적어야 한다.
③ 내마모성이 커야 한다.
④ 내수성이 낮아야 한다.

해설

산림환경보전공사용 토목재료는 안정을 위해 내수성이 커야 한다.

정답 96. ③ 97. ③ 98. ① 99. ③ 100. ④

2022년 제1회 산림기사

01 묘목 양성 시 해가림을 해 주어야 할 수종으로만 올바르게 나열한 것은?

① 주목, 소나무
② 전나무, 삼나무
③ 밤나무, 은행나무
④ 벚나무, 아까시나무

> **해설**
> 묘목 양성 시 해가림이 필요한 수종에는 전나무, 가문비나무, 주목, 삼나무, 너도밤나무 등이 필요하다.

02 산림에서 식물군락의 일정한 계열적 변화를 의미하는 것은?

① 식생교란   ② 식생변이
③ 식생순화   ④ 식생천이

> **해설**
> 산림에서의 식생천이는 오랜시간 일어나는 자연적 변화로 안정적인 모습을 갖추어 가는 현상을 말하는데 식물군락의 계열적 변화를 의미한다. 이러한 천이의 원인에는 식물의 이동, 식생의 반작용, 원격작용 등이 있다

03 침엽수의 가지치기 작업방법으로 옳은 것은?

① 줄기와 직각이 되도록 잘라낸다.
② 으뜸가지 이상의 가지를 잘라낸다.
③ 생장 휴지기에 실시하는 것이 좋다.
④ 초두부까지 가지를 잘라내어 통직한 간재를 생산하도록 한다.

> **해설**
> 침엽수 가지치기는 으뜸가지 이하로 가지를 치며 줄기와 평행하게 잘라낸다. 또한 생장기 작업시 피해가 우려되기에 생장휴지기인 11월~2월 사이 실시한다.

04 대면적 산벌작업의 장점으로 옳지 않은 것은?

① 개벌작업 및 모수작업에 비해 갱신이 더 확실하다.
② 어린나무가 상하지 않고 적은 비용으로 작업할 수 있다.
③ 우량한 임목들을 남겨 갱신되는 임분의 유전적 형질을 개량할 수 있다.
④ 수령이 거의 비슷하고 줄기가 곧은 동령 일제림으로 조성할 수 있다.

> **해설**
> 대면적 산벌작업의 경우 벌채하려는 나무가 분산되어 있으면 비용이 많이 들고 개벌작업에 비해 기술요구도가 높다. 또한 후벌작업시 벌채될 나무는 풍해를 맞을수 있고 어린나무에 피해가 가기도 한다.

05 간벌작업을 병행하여 실시하는 갱신 작업종은?

① 개벌작업   ② 왜림작업
③ 택벌작업   ④ 모수림작업

> **해설**
> 택벌작업은 벌기, 벌채량, 방법 등 제한이 없고 성숙한 임목을 골라 벌채하는 방법으로 간벌작업과 병행하여 실시할 수 있다.

정답 01. ② 02. ④ 03. ③ 04. ② 05. ③

06 임목의 생육에 필요한 양분에 대한 설명으로 옳지 않은 것은?

① 황, 철, 붕소는 미량원소에 속한다.
② 침엽수는 활엽수보다 양분 요구도가 낮다.
③ 토양 산도에 따라 무기영양소의 유용성이 달라진다.
④ 성숙잎이 먼저 황화현상을 나타내는 것은 마그네슘 및 질소의 주요 결핍증상이다.

> **해설**
> 철, 붕소는 미량원소에 속하지만 황은 다량원소에 속한다.

07 종자를 정선한 후 곧바로 노천매장하는 것이 가장 적합한 수종은?

① *Alnus japonica*
② *Pinus koraiensis*
③ *Quercus acutissima*
④ *Robinia pseudoacacia*

> **해설**
> ① 오리나무 ② 잣나무 ③ 상수리나무 ④ 아까시나무
> 종자 정선 후 곧바로 노천매장하기 적합한 수종에는 잣나무, 단풍나무, 은행나무, 호두나무, 느티나무 등이 있다

08 산림토양에서 집적층에 해당되는 층은?

① A층   ② B층
③ C층   ④ O층

> **해설**
> 토양의 단면은 가장 아래층은 모재층 다음으로 집적층, 용탈층, 유기물층 순서로 구분된다. 여기서 O층은 유기물층, A층 용탈층, B층 집적층, C층 모재층 이라 한다.

09 무성번식에 대한 설명으로 옳지 않은 것은?

① 초기생장 및 개화, 결실이 빠르다.
② 실생번식에 비해 기술이 필요하다.
③ 번식 방법으로는 삽목, 접목, 취목 등이 있다.
④ 모수와는 다른 다양한 후계 양성이 가능하다.

> **해설**
> 무성번식은 모체와 유전적으로 동일한 개체를 얻는 방법이다.

10 종자의 활력을 검정하는 방법으로 옳지 않은 것은?

① 절단법   ② 환원법
③ 양건법   ④ X선 분석법

> **해설**
> 양건법은 종자의 건조방법이다.

11 다음 조건에 따른 파종량은?

◎ 파종상 면적 : 500m²
◎ 묘목 잔존본수 : 600 본/m²
◎ 1g 당 평균입수 : 99 입
◎ 순량률 : 95%
◎ 발아율 : 90%
◎ 묘목 잔존율 : 30%

① 약 11.8 kg   ② 약 12.3 kg
③ 약 31.6 kg   ④ 약 37.3 kg

> **해설**
> $$파종량 = \frac{500 \times 600}{99 \times 0.95 \times 0.9 \times 0.3}$$
> $$= \frac{300000}{25.3935} ≒ 11814.04\,(g) ≒ 약\,11.8\,kg$$

정답 06. ① 07. ② 08. ② 09. ④ 10. ③ 11. ①

12 우리나라의 소나무 중에서 수고가 높고, 줄기가 곧으며, 수관이 가늘고 좁고, 지하고가 높은 특성을 보이는 지역형은?

① 금강형　② 안강형
③ 위봉형　④ 중남부평지형

> **해설**
> 금강형은 금강산, 태백산 일대에 나타나며 수형은 줄기가 곧고 수관이 가늘고 좁으며 지하고가 높은 것이 특징이다.

13 침엽수에 해당하는 수종은?

① *Abies koreana*
② *Betula platyphylla*
③ *Quercus mongolica*
④ *Cornus controversa*

> **해설**
> ① 구상나무 ② 자작나무 ③ 신갈나무 ④ 층층나무
> 소나무, 잣나무, 낙엽송, 구상나무, 분비나무, 전나무, 가문비나무 등은 침엽수 수종에 해당한다.

14 주로 종자에 의해 양성된 묘목으로 높은 수고를 가지며 성숙해서 열매를 맺게 되는 숲은?

① 왜림　② 중림
③ 죽림　④ 교림

> **해설**
> 형질이 우량하며 수고가 높은 나무들로 구성된 숲을 교림이라 한다.

15 다음 설명에 해당하는 개벌 방법은?

> ◎ 대상 임지가 기복이 심하고 임상이 불규칙하거나 소면적 내에서도 입지 차이가 심한 곳에 적합하다.
> ◎ 풍설해 및 병충해 등으로 임관이 소개되어 있는 곳이나 치수가 이미 발생하여 생육을 하고 있는 곳을 우선하여 실시하면 좋다.

① 군상개벌　② 대면적개벌
③ 연속대상개벌　④ 교호대상개벌

> **해설**
> 군상개벌은 대상임지의 기복이 심하고 임상이 불규칙한 경우 수개의 군상개벌면을 정하고 주위의 모수림으로부터 하종을 통해 갱신하는 방법이다. 보통 군상지의 크기는 3~10a(0.03~0.1ha) 가 적당하며 모양은 상관없다.

16 너도밤나무가 자연적으로 분포하고 있는 곳은?

① 홍도　② 제주도
③ 강화도　④ 울릉도

> **해설**
> 울릉도는 해발고도 약 600m 이상에서는 너도밤나무, 섬단풍나무, 섬피나무, 신갈나무 등의 수종이 주로 분포한다.

17 일반적으로 수목의 광합성에 유효한 광파장 영역은?

① 0~200nm　② 200~400nm
③ 400~700nm　④ 700~1000nm

> **해설**
> 광합성은 650~700nm 적색부분과 400~500nm 의 청색 부분에서 가장 효과적이기에 유효한 광파장 영역을 400~700nm 로 본다.

정답　12. ①　13. ①　14. ④　15. ①　16. ④　17. ③

18 풀베기 작업에 대한 설명으로 옳은 것은?

① 여름철보다 겨울철에 실시한다.
② 모두베기할 경우 조림목이 피압될 염려가 없다.
③ 모두베기보다 둘레베기는 노동력이 더 많이 필요하다.
④ 조림목이 양수 수종인 경우 모두베기보다 줄베기 작업을 실시한다.

해설
모두베기는 조림지의 전면의 잡초목을 모두 베어내는 방법으로 토양침식 등의 악영향을 주기도 하지만 조림목이 피압될 가능성이 없다.

19 어린나무가꾸기 작업에 대한 설명으로 옳은 것은?

① 병해충의 피해를 받은 임목만 벌채하는 것이다.
② 임분의 수직 구조를 개선하기 위해 실시한다.
③ 목적 이외의 수종이나 형질이 불량한 임목을 제거하는 것이다.
④ 생육공간 확보를 위한 경쟁 과정에서 생육공간 조절을 위하여 벌채하는 것이다.

해설
어린나무가꾸기(제벌)는 보통 풀베기작업이 끝나고 조림목과 경쟁하는 목적 이외의 수종과 조림목에서 형질불량목, 폭목 등을 제거하고 전반적인 임분 형질의 향상에 도움을 주는 작업이다.

20 포플러류 등 건조에 약한 종자를 통풍이 잘 되는 옥내에 펴서 건조시키는 방법은?

① 인공건조법　② 양광건조법
③ 자연건조법　④ 반음건조법

해설
반음건조법은 햇볕에 약한 종자를 통풍이 잘되는 옥내에 얇게 펴서 건조하는 방법으로 오리나무류, 포플러류, 편백, 화백, 미루나무, 참나무류 등에 적합하다.

21 소나무 재선충병을 방제하는 방법으로 옳지 않은 것은?

① 토양관주는 방제 효과가 없어 실시하지 않는다.
② 아바멕틴 유제로 나무주사를 실시하여 방제한다.
③ 피해목 내 매개충을 구제하기 위해 벌목한 피해목을 훈증한다.
④ 나무주사는 수지 분비량이 적은 12~2월 사이에 실시하는 것이 좋다.

해설
소나무재선충병 예방을 위해 에마멕틴벤조에이트 유제를 년 2 회 수간주사하거나 4~5월 쯤 토양관주 처리를 한다.

22 병원체에 대한 설명으로 옳지 않은 것은?

① 흰가루병균과 녹병균은 절대기생체이다.
② 바이러스나 파이토플라스마는 부생체이다.
③ 죽은 식물의 유기물을 영양원으로 하여 살아가는 것을 부생체라 한다.
④ 인공배양이 불가능하며 살아있는 기주조직 내에서만 증식하는 것을 절대기생체라 한다.

해설
바이러스나 파이토플라스마는 기생체라 하며 죽은 조직이나 유기물에서 양분을 섭취하는 것을 부생체라 한다.

23 수목병을 예방하기 위한 숲가꾸기 작업에 해당하지 않는 것은?

① 제벌　② 개벌
③ 풀베기　④ 가지치기

해설
숲가꾸기 작업에는 제벌, 풀베기, 가지치기 등이 있다.

정답 18. ② 19. ③ 20. ④ 21. ① 22. ② 23. ②

24 솔껍질깍지벌레를 방제하는 방법으로 옳은 것은?

① 12월에 이미다클로프리드 분산성액제를 수간에 주사한다.
② 피해목을 잘라 집재하고 비닐로 밀봉하여 메탐소듐 액제로 훈증한다.
③ 성충 우화기인 5~6월에 뷰프로페진 액상 수화제를 항공 살포한다.
④ 7월 이후 알을 구제하기 위하여 페니트로티온 유제를 수관에 살포한다.

해설
솔껍질깍지벌레를 방제하기 위해 침투성 약제 나무주사의 경우 잎이 변색되기 이전 초기임지에 적용하며 후약충 가해시기인 12월에 이미다클로프리드 액제나 포스파이돈 액제를 주입한다.

25 후식으로 인한 수목 피해를 주는 해충에 속하는 것은?

① 소나무좀 ② 밤나무혹벌
③ 미국흰불나방 ④ 오리나무잎벌레

해설
소나무좀은 6월에 신성충의 후식 피해가 발생한다.

26 수목병의 표징에 해당하는 것은?

① 잣나무 줄기에 황색의 녹포자기가 생겼다.
② 소나무 잎이 5~6월에 누렇게 되면서 낙엽이 되었다.
③ 벚나무 잎에 갈색의 반점이 형성되더니 구멍이 뚫렸다.
④ 오동나무 잎이 작고 연한 녹색으로 되고 잔가지가 많이 발생하였다.

해설
표징은 포자, 균사체, 균핵, 자낭구 등의 병원체 자체가 나타나 식별되는 현상으로 보기에서 황색의 녹포자기가 표징에 해당된다.

27 대추나무 빗자루병이 발병하는 원인이 되는 병원체는?

① 선충 ② 진균
③ 바이러스 ④ 파이토플라스마

해설
대추나무 빗자루병, 오동나무 빗자루병 등은 파이토플라스마에 의해 발생한다.

28 리지나뿌리썩음병을 방제하는 방법으로 옳지 않은 것은?

① 피해 임지에 적정량의 석회를 뿌린다.
② 임지 내에서 불을 피우는 행위를 막는다.
③ 매개충 구제를 위하여 살충제를 봄에 살포한다.
④ 피해지 주변에 깊이 80cm 정도의 도랑을 파서 피해 확산을 막는다.

해설
리지나뿌리썩음병은 진균(자낭균)에 의해 발생하며 포자 발아를 위해 온도 40℃ 이상의 고온에서 발생하기에 주로 산불피해지에 발생된다. 포자로 인해 발생하기에 매개충 구제는 방제효과가 없다.

29 수목의 줄기를 주로 가해하는 해충은?

① 솔나방
② 박쥐나방
③ 밤바구미
④ 밤나무산누에나방

해설
수목의 줄기를 주로 가해하는 해충에는 깍지벌레, 나무좀, 박쥐나방, 소나무좀 등이 있다.

정답 24. ① 25. ① 26. ① 27. ④ 28. ③ 29. ②

30 미국흰불나방을 방제하는 방법으로 옳은 것은?

① 11~12월에 카보퓨란 입제를 지면에 살포한다.
② 5~9월에 유아등을 설치하여 유충을 유인 후 살포한다.
③ 피해가 심한 임지에서는 디노테퓨란 액제를 수간에 주입한다.
④ 수피 사이에 고치를 짓고 월동한 번데기를 수시로 채집하여 소각한다.

해설
미국흰불나방은 나무껍질 혹은 지피물 밑에서 번데기 형태로 월동하기에 이를 채집하는 방법을 통해 방제 효과가 나타난다.

31 소나무좀에 대한 설명으로 옳지 않은 것은?

① 1년에 1회 발생하고 주로 봄과 여름에 가해한다.
② 암컷 성충은 수피를 뚫고 갱도를 만들면서 가해한다.
③ 먹이나무를 설치하여 월동 성충이 산란하게 한 후 소각하여 방제한다.
④ 주로 쇠약목, 이식목, 병해충 피해목에 기생하지만, 벌채목에는 가해하지 않는다.

해설
소나무좀은 벌채목도 가해한다.

32 산성비에 해당하는 pH 농도의 기준값은?

① pH 3.5 이하 ② pH 4.6 이하
③ pH 5.6 이하 ④ pH 6.5 이하

해설
산성비의 원인물질로 황산화물, 질소산화물, 이산화질소, 염소가스 등이 있으며 pH 5.6 이하의 비를 산성비라 한다.

33 모잘록병에 대한 설명으로 옳은 것은?

① 질소질 비료를 충분히 준 묘목은 발병률이 낮다.
② 토양의 물리적 성질과 발병과는 상관관계가 전혀 없다.
③ 소나무류 묘목의 모잘록병은 겨울철에 발생이 심하다.
④ 토양이 과습하지 않게 배수 관리를 잘하여 발병률을 낮출 수 있다.

해설
모잘록병의 방제를 위해 배수를 양호하게 하고 질소질비료의 과용을 피하며 클로로피크린 등의 약제를 이용하여 토양을 소독한다.

34 고온에 의한 볕데기의 피해가 일어나기 쉬운 수종은?

① 소나무 ② 굴참나무
③ 오동나무 ④ 일본잎갈나무

해설
볕데기 피해는 코르크층의 발달 정도가 상대적으로 미흡한 오동나무, 호두나무, 가문비나무 등에서 일어나기 쉽다.

35 나무주사 방법에 대한 설명으로 옳지 않은 것은?

① 형성층 안쪽의 목부까지 구멍을 뚫어야 한다.
② 모젯(Mauget) 수간주사기는 압력식 주사이다.
③ 중력식 주사는 약액의 농도가 낮거나 부피가 클 때 사용한다.
④ 소나무류에는 압력식 주사보다는 주로 중력식 주사를 사용한다.

해설
소나무류는 주로 압력식 주사 방법을 이용한다.

정답 30. ④ 31. ④ 32. ③ 33. ④ 34. ③ 35. ④

36 다음 설명에 해당하는 해충은?

◎ 유충은 땅 속에서 수목 뿌리나 부식물을 먹고 자란다.
◎ 성충이 되어 지상에 나와 수목 잎이나 농작물의 새싹을 가해한다.

① 매미류　② 풍뎅이류
③ 잎벌레류　④ 하늘소류

해설
풍뎅이류는 유충기에 땅속에서 수목의 뿌리, 잡초의 뿌리 등을 가해하고 성충이 되면 꽃잎, 어린잎, 상처난 과실 등을 식해한다.

37 다음 중 내화력이 가장 약한 수종은?

① 삼나무　② 은행나무
③ 졸참나무　④ 사철나무

해설
소나무, 해송, 녹나무, 아까시나무 등은 내화성이 낮은 수종이다.

38 잣나무 털녹병을 방제하는 방법으로 옳지 않은 것은?

① 중간기주인 송이풀을 제거한다.
② 저항성 품종을 육성하여 식재한다.
③ 풀베기와 간벌을 실시하여 숲에 통풍을 양호하게 해준다.
④ 담자포자 비산시기인 4월 하순부터 10일 간격으로 적용약제를 2~3회 살포한다.

해설
잣나무 털녹병은 8월쯤 보르도액을 살포하여 소생자의 침입을 방지한다.

39 경제적 가해수준에 대한 설명으로 옳은 것은?

① 해충에 의한 피해액과 방제비가 같은 수준의 밀도
② 해충의 의한 피해액이 방제비보다 큰 수준의 밀도
③ 해충에 의한 피해액이 방제비보다 작은 수준의 밀도
④ 해충에 의해 경제적으로 큰 피해를 주는 수준의 밀도

해설
경제적 가해수준은 경제적으로 피해가 나타나는 해충의 최저밀도로 해충에 의한 피해액과 방제비가 같은 때의 해충밀도를 말한다.

40 오동나무 빗자루병 예방을 위해 매개충인 담배장님노린재를 방제하는 시기로 가장 적절한 것은?

① 1~3월　② 4~6월
③ 7~9월　④ 10~12월

해설
담배장님노린재는 7~9월 가장 많은 개체수를 보여주기에 이 기간에 살충제를 살포한다.

41 묘목을 심어 성림하기까지 지출되는 비용에 해당하는 항목은?

① 지대　② 조림비
③ 채취비　④ 관리비

해설
조림비는 조림을 시작하여 성림이 되기 까지 지출되는 육림적 비용을 말한다.

42 입목 직경을 수고의 1/n 되는 곳의 직경과 같게하여 정한 형수는?

① 정형수　② 수고형수
③ 절대형수　④ 흉고형수

해설
정형수는 수고의 1/n 위치를 기준으로 한다.

정답　36. ②　37. ①　38. ④　39. ①　40. ③　41. ②　42. ①

43 임업의 경제적 특성으로 옳지 않은 것은?

① 임업생산은 조방적이다.
② 자연조건의 영향을 많이 받는다.
③ 육성임업과 채취임업이 병존한다.
④ 원목가격의 구성요소 대부분이 운반비이다.

해설
자연조건의 영향에 대한 내용은 임업의 기술적 특성에 해당한다.

44 원가계산을 위한 원가비교 방법으로 옳지 않은 것은?

① 기간비교   ② 상호비교
③ 표준실제비교   ④ 수익비용비교

해설
원가비교 방법은 기간비교, 상호비교, 표준실제비교가 있다.

45 임업기계의 감가상각비(D)를 정액법으로 구하는 공식으로 옳은 것은?(단, P : 기계 구입가격, S : 기계 폐기 시의 잔존가치, N : 기계의 수명)

① $D = \dfrac{P-S}{N}$ ② $D = \dfrac{S-P}{N}$
③ $D = \dfrac{N}{S-P}$ ④ $D = \dfrac{N}{P-S}$

해설
감가상각비 정액법
$$\dfrac{구입가격 - 폐물가격}{내용연수}$$

46 임목 축적이 2010년 150m³, 2020년 220m³일 때 단리에 의한 생장률은?

① -4.7%   ② -3.2%
③ +3.2%   ④ +4.7%

해설
$$생장률 = \dfrac{현재재적 - n년 전 재적}{n \times n년전 재적} \times 100$$
$$= \dfrac{220-150}{10 \times 150} \times 100 ≒ 4.7(\%)$$

47 산림평가에서 전가계산식에 사용되는 요소가 아닌 것은?

① 환원율   ② 할인율
③ 전가계수   ④ 현재가계수

해설
전가계산식에는 현재가계수, 할인율, 전가계수, 현재가계수 등을 활용한다.

48 유형고정자산의 감가 중에서 기능적 요인에 의한 감가에 해당되지 않는 것은?

① 부적응에 의한 감가
② 진부화에 의한 감가
③ 경제적 요인에 의한 감가
④ 마찰 및 부식에 의한 감가

해설
마찰 및 부식에 의한 감가는 물질적 감가에 속한다.

49 임목을 평가하는 방법에 대한 설명으로 옳은 것은?

① 유령림은 임목기망가로 평가한다.
② 장령림은 임목비용가로 평가한다.
③ 벌기 이상의 성숙림은 시장가역산법으로 평가한다.
④ 식재 직후의 임분은 원가수익절충법으로 평가한다.

해설
시장가역산법은 원목이 시장에 유통되는 가격을 먼저 조사하고 시장가격에서 벌채 등 운반에 필요한 비용을 공제하여 임목의 가격을 역으로 구하는 간접적 임목매매가 방법으로 벌기 이상의 임목평가에 적합하다.

정답   43. ②   44. ④   45. ①   46. ④   47. ①   48. ④   49. ③

50 자연휴양림조성계획에 포함되는 사항이 아닌 것은?

① 산림경영계획
② 조성기간 및 연도별 투자계획
③ 시설물의 종류 및 규모 등이 표시된 시설계획
④ 축척 1:1000 임야도가 포함된 시설물 종합배치도

해설
자연휴양조성계획에 포함되는 사항으로 시설물종합배치도(축척6천분의 1 내지 1천200분의1 임야도)가 있다.

51 각 계급의 흉고단면적 합계를 동일하게 하여 표준목을 선정한 후 전체 재적을 추정하는 방법은?

① 단급법 ② Urich 법
③ Hartig 법 ④ Draudt 법

해설
Hartig 법은 임분재적을 추정하는 방법 중의 하나인 표준목법 중에서 가장 정확도가 높은 방법이다. 각 계급의 흉고단면적을 동일하게 하고 임목의 그루수가 같은 계급을 나누어 각 계급에서 같은 수의 표준목을 정하는 방법으로 구하는 공식은 우리히법과 동일하다.

52 다음 조건에 따라 Hundeshagen 이용율법으로 계산한 연간 벌채량은?

◎ 현실 축적 : 280m³
◎ 임분 수확표 축적 : 250m³
◎ 연간 생장량 : 10m³

① 8.2m³ ② 8.9m³
③ 11.2m³ ④ 11.5m³

해설
현실축적 × $\frac{법정벌채량}{법정축적}$ = $280 \times \frac{10}{250} = 11.2 m^3$

53 산림에서 임목을 벌채하여 제재목을 생산할 때 부수적으로 톱밥이 생산되는데, 이러한 두 가지 생산물의 관계를 무엇이라고 하는가?

① 결합생산 ② 경합생산
③ 보완생산 ④ 보합생산

해설
결합생산은 하나의 생산과정에서 두가지 이상의 생산물이 발생하는 것을 의미한다. 보기의 경우도 제재목을 생산할 경우 톱의 활동에 의해 발생되는 톱밥까지 두가지의 생산물이 발생하므로 이를 결합생산이라 한다.

54 법정림의 춘계축적이 900m³, 추계축적이 1100m³ 라 할 때 법정축적(m³)은?

① 200 ② 1000
③ 1100 ④ 2000

해설
법정축적 = $\frac{춘계축적 + 추계축적}{2}$
= $\frac{900 + 1100}{2} = 1000 m^3$

55 임업소득을 계산하는 방법으로 옳은 것은?

① 자본에 귀속하는 소득 = 임업순수익 - (지대+자본이자)
② 가족노동에 귀속하는 소득 = 임업소득 - (지대+자본이자)
③ 임지에 귀속하는 소득 = 임업소득 - (지대+가족노임추정액)
④ 경영관리에 귀속하는 소득 = 임업소득 - (지대+가족노임추정액)

해설
가족노동에 귀속하는 소득은
<임업소득-(자본이자+지대)> 이다.

정답 50. ④ 51. ③ 52. ③ 53. ① 54. ② 55. ②

56 다음 조건에 따라 후버(Huber)식에 의해 구한 원목 재적은?

◎ 원구 단면적 : 0.030m²
◎ 중앙 단면적 : 0.025m²
◎ 말구 단면적 : 0.018m²
◎ 재장 : 15m

① 0.225m³   ② 0.360m³
③ 0.375m³   ④ 0.450m³

해설
중앙단면적×재장 = 0.025×15 = 0.375(m³)

57 임분 밀도의 척도에 해당하지 않는 것은?

① 입목도   ② 지위지수
③ 흉고단면적   ④ 상대공간지수

해설
지위지수는 임지의 생산능력에 대한 척도이다.

58 산림경영패턴이 영구히 반복된다는 것을 가정한 임지의 평가 방법은?

① 비용가법   ② 환원가법
③ 매매가법   ④ 기망가법

해설
임지기망가법은 동일한 작업법을 영구히 계속함을 전제로 한 것이다.

59 수간석해를 할 때 반경은 보통 몇 년 단위로 측정하는가?

① 1년   ② 3년
③ 5년   ④ 10년

해설
수간석해는 5년 단위로 측정을 실시한다.

60 임목축적에서 생장에 따른 분류가 아닌 것은?

① 정기생장   ② 재적생장
③ 형질생장   ④ 등귀생장

해설
수목의 생장에 따라 재적생장, 형질생장, 등귀생장으로 분류한다.

61 종단측량 야장을 이용한 No. 0 측점부터 No. 4 측점까지의 기울기는?

(단위 : m, 측점간 거리 : 20m)

측점	후시	기계고	중간점	이점	지반고
0	6.4	23.7	-	-	-
1	-	-	4.0	-	19.7
2	-	-	4.6	-	19.1
3	5.4	21.1	-	7.9	15.7
4	-	-	6.6	-	-

① -3.5%   ② +3.5%
③ +5.0%   ④ -5.0%

해설
· 측점 0 지반고 : 기계고 - 후시
  = 23.7-6.4=17.3
· 측점 4 지반고 : 기계고 - 중간점
  = 21.1-6.6=14.5
· 측점 0~4 까지의 거리는 80m 이므로
  $< \dfrac{14.5-17.3}{80} \times 100 = -3.5(\%) >$

62 토적 계산 방법으로 실제의 토적보다 다소 적게 나오지만 양단면평균법보다 오차가 작은 것은?

① 등고선법   ② 각주공식
③ 주상체공식   ④ 중앙단면적법

해설
중앙단면적법은 양단면평균법 보다 오차가 적다.

정답 56. ③ 57. ② 58. ④ 59. ③ 60. ① 61. ① 62. ④

63 중심선측량 및 영선측량에 대한 설명으로 옳지 않은 것은?

① 영선은 절토작업과 성토작업의 경계선이 되기도 한다.
② 영선측량은 지반고 상태에서 측량하며 종단면도 상에서 계획선을 결정한다.
③ 지반의 기울기가 급할수록 영선보다 중심선이 경사지의 안쪽에 위치한다.
④ 중심선측량은 평면측량에서 중심선을 설정한 후 종단, 횡단 측량을 한다.

해설
영선측량은 시공기면의 시공선을 따라 측량하므로 굴곡부를 제외하고는 계획고 상태로 측량한다.

64 집재 및 운재 작업에서 가공본선으로 사용되는 와이어로프의 안전계수 기준은?

① 2.7 이상 ② 4.0 이상
③ 4.7 이상 ④ 6.0 이상

해설
와이어로프 안전계수
- 가공본줄 : 2.7
- 짐당김줄, 되돌림줄, 버팀줄, 고정줄 : 4.0
- 짐올림줄, 짐매달음줄 : 6.0

65 임도의 평면곡선에 대한 설명으로 옳지 않은 것은?

① 복심곡선은 반지름이 다른 곡선이 같은 방향으로 연속되는 곡선이다.
② 단곡선은 직선에 원호가 접속된 원곡선으로 설치가 용이하여 일반적으로 많이 사용된다.
③ 배향곡선은 상반되는 방향의 곡선을 연속시킨 곡선으로 양호 사이에 직선부를 설치한다.
④ 완화곡선은 임도의 직선으로부터 곡선부로 옮겨지는 곳에는 곡선부의 외쪽기울기와 나비넓힘이 원활하게 이어지도록 한다.

해설
배향곡선은 단곡선, 복심곡선, 반향곡선이 혼합되어 머리핀모양(Hair-pin)으로 된 곡선으로 경사가 급한 곳에서 연장이나 종단기울기를 완화하거나 동일사면에서 우회할 목적으로 설치한다.

66 임도의 노체에 대한 설명으로 옳지 않은 것은?

① 측구는 공법에 따라 토사도, 사리도, 쇄석도 등으로 구분한다.
② 임도의 노체는 일반적으로 노상, 노반, 기층 및 표층으로 구성된다.
③ 노면에 가까울수록 큰 응력에 견디기 쉬운 재료를 사용하여야 한다.
④ 통나무길 및 섶길은 저습지대에 있어서 노면의 침하를 방지하기 위하여 사용하는 것이다.

해설
토사도, 사리도, 쇄석도, 통나무길, 섶길 등은 노면재료에 따른 구분이다.

67 임도 설계 시 횡단면도 작성에 사용하는 축척은?

① 1/100 ② 1/200
③ 1/1000 ④ 1/1200

해설
횡단면도는 1 : 100 으로 작성한다.

68 임도 시공 시 부족한 토사의 공급을 위한 장소는?

① 객토장 ② 토취장
③ 사토장 ④ 집재장

해설
토사가 부족한 경우 토취장에서 흙을 공급받으며 반대로 사토장은 흙을 버리는 장소이다.

정답 63. ② 64. ① 65. ③ 66. ① 67. ① 68. ②

69 1:25000 지형도에서 도상거리에 8cm 일 때 실제 지상거리는 몇 km 인가?

① 0.2　　② 2
③ 8　　　④ 20

[해설]
<1 : 25000 = 8cm : 지상거리> 이므로 지상거리는 2km 가 도출된다.

70 임도 교량에 영향을 주는 활하중에 해당하는 것은?

① 주보의 무게
② 바닥 틀의 무게
③ 교량 시설물의 무게
④ 통행하는 트럭의 무게

[해설]
활하중은 움직임을 가지는 것으로 보행자 및 차량에 의한 하중이다.

71 임도설계 시 각 측점의 단면마다 절토고, 성토고 및 지장목 제거, 측구터파기 단면적 등의 물량을 기입하는 설계도는?

① 평면도　　② 종단면도
③ 횡단면도　　④ 구조물도

[해설]
횡단면도는 각 측점의 단면의 지반고, 계획고, 절토고, 성토고, 단면적, 지장목의 제거, 사면보호공의 물량등을 기입하여 토적계산 자료로 활용한다.

72 일반적인 지형 조건에서 임도의 길어깨 및 옆도랑 너비 기준은?

① 각각 20~30cm
② 각각 30~50cm
③ 각각 50~100cm
④ 각각 100~150cm

[해설]
임도의 길어깨, 옆도랑 너비는 각 50cm ~ 1m 범위를 가진다.

73 급경사의 긴 비탈면인 산지에서는 지그재그방식, 완경사지에서는 대각선방식이 가장 적합한 임도의 종류는?

① 계곡임도　　② 사면임도
③ 능선임도　　④ 산정임도

[해설]
사면임도는 계곡임도에서 시작하여 산록부와 산복부에 설치하는 임도로 하부에서 점차적으로 계획하여 진행하며 지그재그방식 혹은 대각선 방식이 적당하다.

74 적정지선 임도간격이 500m 일 때 적정지선 임도밀도(m/ha)는?

① 20　　② 25
③ 50　　④ 200

[해설]
RS(임도간격) = 10,000 ÷ ORD(적정임도밀도)
500 = 10,000 ÷ 적정임도밀도
적정임도밀도 = 20m/ha

75 우수한 목재 재질 및 노동 사정을 고려할 때 가장 적합한 벌목 시기는?

① 봄　　② 여름
③ 가을　　④ 겨울

[해설]
겨울은 나무의 휴지기로 수분이 적고 단단하여 우수한 목재의 재질을 얻을 수 있으며 겨울에 노동인력의 수급이 용이하다.

76 임도망 계획 시 고려 사항으로 옳지 않은 것은?

① 신속한 운반이 되도록 한다.
② 운재비가 적게 들도록 한다.
③ 운재방법이 단일화되도록 한다.
④ 운반량의 상한선을 두어야 한다.

[해설]
임도망 계획시 운반량의 제한이 없도록 한다.

정답　69. ②　70. ④　71. ③　72. ③　73. ②　74. ①　75. ④　76. ④

77 측선거리가 100m, 방위각이 120° 일 때, 위거 및 경거의 값은?
(단, cos60°=0.5, sin60°=0.86)

① 위거 +50m, 경거 +86m
② 위거 -50m, 경거 +86m
③ 위거 +50m, 경거 -86m
④ 위거 -50m, 경거 -86m

해설
위거는 측선이 NS 축에서 수평축을 기준으로 위쪽(N)은 양의 값을 아래쪽(S)는 음의 값을 갖는다. 경거는 동일한 기준을 가지는데 EW 축에서 좌측(W)는 음의 값, 우측(E)는 양의 값을 갖는다. 방위각 120°는 E30°S 이므로 위거는 음의 값을, 경거는 양의 값을 가진다.
· 위거
 100m×cos(180-120)=100m×cos60°=50m
· 경거
 100m×sin(180-120)=100m×sin60°=86m
· 위거는 -50m, 경거는 +86m 이다.

78 임도의 적정 종단기울기를 결정하는 요인으로 가장 거리가 먼 것은?

① 노면 배수를 고려한다.
② 적정한 임도우회율을 설정한다.
③ 주행 차량의 회전을 원활하게 한다.
④ 주행 차량의 등판력과 속도를 고려한다.

해설
주행 차량의 회전을 원활하게 하는 내용은 회전반경을 고려하는 횡단구조에 관한 내용이다.

79 임도 시공 시 충분히 다진 후 5m 미만으로 흙쌓기 비탈면을 설치할 때 기울기 기준은?

① 1 : 0.3 ~ 0.8 ② 1 : 0.5 ~ 1.2
③ 1 : 0.8 ~ 1.5 ④ 1 : 1.2 ~ 2.0

해설
임도 시공시 성토의 높이를 5m 미만으로 설치할 때 흙쌓기 비탈면의 표준 기울기는 1 : 1.2 ~ 2.0 을 기준으로 한다.

80 임도에서 노면과 차량의 마찰계수가 0.15, 노면의 횡단물매는 5%, 설계속도가 20km/h 일 때의 곡선반지름은?

① 약 4m   ② 약 8m
③ 약 16m   ④ 약 20m

해설
$$\frac{설계속도^2}{127(타이어 마찰계수 + 노면횡단물매)}$$
$$= \frac{20^2}{127(0.15+0.05)} ≒ 약 16(m)$$

81 불투과형 중력식 사방댐의 시공요령으로 옳지 않은 것은?

① 방수로 양옆의 기준 기울기는 1:1 이다
② 방수로는 보통 정사각형 모양으로 한다.
③ 계상의 양안에 암반이 있는 지역이 시공적지이다.
④ 찰쌓기댐을 시공할 때 3m² 당 1개의 배수구를 설치한다.

해설
방수로의 형상은 일반적으로 역사다리꼴을 많이 이용한다.

82 돌흙막이공을 계획할 때 높이 기준은?

① 찰쌓기 2.5m 이하, 메쌓기 1.5m 이하
② 찰쌓기 3.0m 이하, 메쌓기 2.0m 이하
③ 찰쌓기 3.5m 이하, 메쌓기 2.5m 이하
④ 찰쌓기 4.0m 이하, 메쌓기 3.0m 이하

해설
돌흙막이공을 계획시 찰쌓기는 3.0m 이하, 메쌓기는 2.0m 이하를 기준으로 한다.

83 불투과형 중력식 사방댐의 형태인 흙댐의 시공요령으로 내심벽을 만들 때 사용하는 것은?

① 모래
② 자갈
③ 점토
④ 호박돌

해설
점토의 경우 건조시 강성을 띠게 되며 처리방법에 따라 강철처럼 견고해지기도 한다. 또한 일반적인 점토는 입자경이 작아 불투과형 중력식 사방댐의 심벽에 시공이 적합하다.

84 다음 조건에 따른 비탈다듬기공사에서 발생한 토사량(m^3)은?

◎ A 의 단면적 : $20m^2$
◎ B 의 단면적 : $30m^2$
◎ 단면 사이의 길이 : 50m
◎ 계산방법 : 평균단면적법

① 125
② 500
③ 1250
④ 2500

해설
토사량
$= \dfrac{단면적 A + 단면적 B}{2} \times 단면적 사이 거리$
$= (\dfrac{20+30}{2}) \times 50 = 1250 m^3$

85 해안사방에서 식재목의 생육환경 조성을 위하여 후방에 풍속을 약화시키고 모래의 이동을 막는 목적으로 시공하는 것은?

① 모래덮기
② 퇴사울세우기
③ 사지식수공법
④ 정사울세우기

해설
정사울 세우기는 전사구에 후방 모래를 고정하여 표면을 안정화하고 식재목이 생육할수 있는 환경 조성을 위해 실시한다.

86 다음 설명에 해당하는 것은?

◎ 사용자가 지정한 배합 콘크리트를 공장으로부터 현장까지 배달 및 공급하는 특수콘크리트이다.
◎ 운반 즉시 타설하고, 충분히 다져야 한다.

① AE 콘크리트
② 프리팩트콘크리트
③ 레디믹스콘크리트
④ 뿜어붙이기콘크리트

해설
레디믹스콘크리트(Ready-mixed concrete)는 시멘트, 모래, 자갈, 물, 혼화제 등을 원료로 제조하는데 제조한 후 레미콘 운반 트럭을 이용하여 굳지 않은 상태로 뒤섞으며 현장으로 배달하는 콘크리트이다.

87 강우 및 토양침식능인자, 경사장 및 경사도인자, 작물경작인자, 침식조절관행인자를 이용하여 연간 토사유출량을 추정하는 방법은?

① 부유사량 측정에 의한 방법
② 하천퇴적량 측정에 의한 방법
③ 만능토양유실량식에 의한 방법
④ 총유실량과 유사운반비 계산에 의한 방법

해설
만능토양유실량식에 의한 방식을 통해 토양유실량을 구하게 되면 강우의 침식성지수, 토양의 침식요인, 비탈면의 길이요인, 경사도요인, 작물재배요인, 토양보전공법요인을 곱하여 구하게 된다.

88 계단 연장이 3km인 비탈면에 선떼붙이기를 7급으로 할 때에 필요한 떼의 총 소요매수는? (단, 떼의 크기 : 40cm×25cm)

① 11250 매
② 15000 매
③ 16500 매
④ 18750 매

해설
7급의 경우 5매를 사용하기에 5매 × 3000m = 15,000매 를 사용한다.

정답 83. ③ 84. ③ 85. ④ 86. ③ 87. ③ 88. ②

89 돌쌓기벽 그림에서 A 의 명칭은?

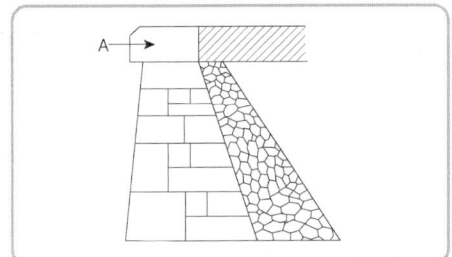

① 갓돌 ② 귀돌
③ 모서리돌 ④ 뒷채움돌

해설
갓돌은 돌쌓기 벽에서 가장 위에 있는 돌이다.

90 사방사업 대상지로 가장 거리가 먼 것은?

① 임도가 미개설되어 접근이 어려운 지역
② 산불 등으로 산지의 피복이 훼손된 지역
③ 황폐가 예상되는 산지와 계천으로 복구 공사가 필요한 지역
④ 해일 및 풍랑 등 재해예방을 위해 해안림 조성이 필요한 지역

해설
사방사업 대상지는 임도가 개설되어 접근이 용이한 지역이어야 한다.

91 빗물에 의한 침식의 발달과정에서 가장 초기상태의 침식은?

① 우격침식 ② 구곡침식
③ 누구침식 ④ 면상침식

해설
강우침식은 처음 우격침식을 시작으로 면상침식, 누구침식, 구곡침식 순서로 진행된다.

92 산지의 침식형태 중 중력에 의한 침식에 해당되지 않는 것은?

① 산붕 ② 포락
③ 산사태 ④ 사구침식

해설
중력에 의한 침식의 종류로 산붕, 붕락, 포락, 산사태 등이 있다.

93 다음 조건에 따른 비탈파종녹화를 위한 파종량 산출식으로 옳은 것은?

◎ W : 파종량(g/m²)
◎ S : 평균입수(입/g)
◎ B : 발아율(%)
◎ P : 순량율(%)
◎ C : 발생기대본수(본/m²)

① $W = \dfrac{B}{S \times P \times C}$

② $W = \dfrac{P}{S \times B \times C}$

③ $W = \dfrac{S}{P \times B \times C}$

④ $W = \dfrac{C}{P \times B \times S}$

해설
파종량 = $\dfrac{발생기대본수}{순량률 \times 발아율 \times 평균입수}$

정답 89. ① 90. ① 91. ① 92. ④ 93. ④

94 야계사방 둑쌓기에서 계획홍수량이 200~500m³/s 인 경우 둑높이 여유고의 기준은?

① 0.6m 이상 ② 0.8m 이상
③ 1.0m 이상 ④ 1.5m 이상

해설
계획홍수량이 200~500m³/s 인 경우 둑높이 여유고는 0.8m 이상이다.

※ 계획홍수량의 여유고

계획홍수량 (m³/s)	여유고(m)	계획홍수량 (m³/s)	여유고(m)
200미만	0.6 이상	2000~5000미만	1.2 이상
200 ~ 500미만	0.8 이상	5000~10000미만	1.5 이상
500 ~ 2000미만	1.0 이상	100000이상	2.0 이상

95 돌쌓기의 시공요령으로 옳지 않은 것은?

① 메쌓기의 기울기는 1 : 0.3 을 기준으로 한다.
② 돌쌓기에서 세로줄눈을 일직선으로 하는 통줄눈으로 한다.
③ 찰쌓기를 할 때는 물빼기 구멍을 반드시 설치하여야 한다.
④ 돌의 배치는 다섯에움 이상, 일곱에움 이하가 되도록 한다.

해설
돌쌓기는 통줄눈은 피하고 파선줄눈이 좋다.

96 폭 10m, 높이 5m인 직사각형 단면 야계수로에 수심 2m, 평균유속 3m/s 로 유출이 일어날 때의 유량(m³/s)은?

① 15 ② 30
③ 60 ④ 150

해설
유량 = 유적 × 유속
= 2 × 10 × 3 = 60m³/sec

97 다음 설명에 해당하는 것은?

◎ 비탈다듬기 및 단끊기의 시공과정에서 발생하는 잉여토사를 산복의 깊은 곳에 넣어서 이것을 유치 고정하는 공사이다.

① 골막이 ② 누구막이
③ 땅속흙막이 ④ 산비탈흙막이

해설
땅속흙막이는 비탈다듬기나 단끊기 공사로 생긴 토사를 계곡부에 넣어서 토사 활동을 방지하기 위해 설치한다.

98 다음 설명에 해당하는 것은?

◎ 산지 계곡을 벗어나 농경지 등과 접한 지역에서 유량 증가에 의한 침식되어 사방사업이 필요한 지역이다.

① 야계 ② 밀린땅
③ 붕괴지 ④ 황폐지

해설
야계는 유로의 길이가 짧고 기울기가 급하여 평상시 물의 흐름이 적으나 강우가 시작되면 유량이 증가하고 토사석력의 유속이 급격해지는 지역으로 사방사업이 필요하다.

99 야계사방의 공법으로만 올바르게 짝지어진 것은?

① 흙막이, 바닥막이
② 흙막이, 누구막이
③ 기슭막이, 누구막이
④ 기슭막이, 바닥막이

해설
야계사방공사는 골막이, 바닥막이, 기슭막이, 수제, 계간수로, 사방댐 등이 있다.

정답 94. ② 95. ② 96. ③ 97. ③ 98. ① 99. ④

100 평떼붙이기공법에 대한 설명으로 옳지 않은 것은?

① 주로 45° 이상의 급경사에 지형에 시공한다.
② 떼를 붙이기 전에 흙다지기를 잘 해야 한다.
③ 붙인 떼는 떼 꽂이 등으로 고정하여 활착이 잘 이뤄지게 한다.
④ 심은 후에는 잘 밟아 다져 떳밥을 주고 깨끗이 뒷정리를 한다.

해설
평떼붙이기는 주로 경사 45° 이하의 완만한 산지에 시공한다.

정답 100. ①

2022년 제2회 산림기사

01 순림과 혼효림에 대한 설명으로 옳지 않은 것은?

① 순림은 산림작업과 경영이 간편하고 경제적으로 수행될 수 있다.
② 순림은 혼효림보다 유기물의 분해가 더 빨라져 무기양료의 순환이 더 잘 된다.
③ 혼효림은 인공적으로 조성하기에는 기술적으로 복잡하고 보호관리에 많은 경비가 소요된다.
④ 혼효림은 심근성과 천근성 수종이 혼생할 때 바람 저항성이 증가하고 토양단면 공간 이용이 효과적이다.

해설
혼효림의 유기물의 분해가 순림보다 빨라 무기양료의 순환이 더 잘 이루어진다.

02 곰솔에 대한 설명으로 옳지 않은 것은?

① 수피는 흑갈색이다.
② 소나무과 수종이다.
③ 겨울눈은 붉은 색이다.
④ 해안 지역에 주로 분포한다.

해설
곰솔의 겨울눈은 회백색이다.

03 덩굴제거 방법으로 옳지 않은 것은?

① 덩굴의 줄기를 제거하거나 뿌리를 굴취한다.
② 디캄바 액제는 비선택성 제초제로 일반적인 덩굴에 적용한다.
③ 주로 칡, 다래, 머루 같은 덩굴류가 무성한 지역을 대상으로 한다.
④ 글라신 액제를 이용한 덩굴 제거에서는 도포보다는 주로 주입 방법을 이용한다.

해설
디캄바액제는 이행성의 선택성 제초제이다.

04 밤, 도토리 등 함수량이 많은 전분 종자를 추운 겨울 동안 동결하지 않고 부패하지 않도록 저장하는 방법으로 가장 적합한 것은?

① 노천매장법   ② 보호저장법
③ 상온저장법   ④ 저온저장법

해설
보호저장법은 모래와 종자를 섞어서 용기 안에 저장하는 방법으로 함수량이 많은 전분 종자를 부패하지 않도록 저장할수 있다. 주로 은행나무, 밤나무, 굴참나무 등의 수종에 적합하다.

05 작업종을 분류하는 기준으로 가장 거리가 먼 것은?(단, 대나무는 제외)

① 벌채 종류   ② 벌구 크기
③ 벌채 위치   ④ 벌구 모양

해설
작업종을 분류하는데 있어 벌채종, 벌구의 크기, 벌구의 모양을 기준으로 한다.

정답 01. ② 02. ③ 03. ② 04. ② 05. ③

06 산림 토양에서 부식에 대한 설명으로 옳지 않은 것은?

① 토양의 입단구조를 형성하게 한다.
② 임상 내 H층에 해당되며 유기물이 많이 함유되어 있다.
③ 토양 미생물의 생육에 필요한 영양분으로 사용 가능하다.
④ 칼슘, 마그네슘, 칼륨 등 염기를 흡착하는 능력인 염기치환용량이 작다.

> 해설
> 산림의 토양 중에서 부식층은 H(humus layer)층이라 하며 유기물이 완전히 분해되어 있는 상태로서 염기치환용량이 큰 편이다.

07 묘목의 굴취를 용이하게 하고 묘목의 생장을 조절하기 위해 실시하는 작업은?

① 심경 ② 관수
③ 단근 ④ 철선감기

> 해설
> 단근은 뿌리의 일부를 자르는 작업으로 묘목의 뿌리 발달이 촉진되어 활착률을 높일 수 있다.

08 음수 갱신에 가장 불리한 작업 방법은?

① 산벌작업 ② 택벌작업
③ 이단림작업 ④ 모수림작업

> 해설
> 모수림작업은 모수의 종자에 의해 후계를 조성하고 일부 남겨지는 모수로 하층의 어린나무는 피음되지 못하는 문제가 발생한다. 그래서 모수림작업은 수종이 내음성과 관련되어 양수가 적합하고 음수는 불리하다.

09 비료의 농도가 너무 높아 묘목이 말라죽는 경우에 토양과 묘목의 수분포텐셜(Ψ)의 관계로 옳은 것은?

① $\Psi_{토양} > \Psi_{묘목}$
② $\Psi_{토양} = \Psi_{묘목}$
③ $\Psi_{토양} < \Psi_{묘목}$
④ $\Psi_{토양} \propto \Psi_{묘목}$

> 해설
> 묘목의 수분포텐셜이 토양보다 높아 수분흡수가 이루어지지 않아 말라죽게 된다.

10 우량한 침엽수 묘목에 대한 설명으로 옳지 않은 것은?

① 측아가 정아보다 우세하다.
② 왕성한 수세를 지니며 조직이 단단하다.
③ 균근이나 공생미생물이 충분히 부착되어 있다.
④ 근계가 충실하며 뿌리가 사방으로 균형 있게 발달한다.

> 해설
> 측아 발달보다 정아가 우세한 것이 우량 묘목의 조건이다.

11 임목 종자에 대한 설명으로 옳지 않은 것은?

① 리기다소나무 종자의 산지는 미국의 동부 지역이다.
② 상수리나무 종자는 보습 저장하여 활력을 유지시킨다.
③ 발아율이 80%이고, 순량율이 70%인 종자의 효율은 56%이다.
④ 박태기나무, 아까시나무 종자 탈종에 가장 적합한 방법은 부숙마찰법이다.

> 해설
> 박태기나무, 아까시나무 종자 탈종에는 건조봉타법이 적합하다.

정답 06. ④ 07. ③ 08. ④ 09. ③ 10. ① 11. ④

12 수목에 필요한 무기영양원으로 필수 원소가 아닌 것은?

① 철
② 질소
③ 망간
④ 알루미늄

> **해설**
> 수목의 필수 원소는 다량원소와 미량원소로 분류되며 철, 망간은 미량원소, 질소는 다량원소에 해당한다.

13 파종 후 발아 과정에서 해가림이 필요한 수종은?

① *Zelkova serrata*
② *Picea Jezoensis*
③ *Robinia Pseudoacacia*
④ *Fraxinus rhynchophylla*

> **해설**
> ①느티나무 ②가문비나무 ③아까시나무 ④물푸레나무
> 해가림은 파종상에서 내음성이 강한 수종에 주로 실시하며 전나무, 잣나무, 삼나무, 편백, 낙엽송, 가문비나무 등에 주로 실시한다

14 식재 밀도에 따른 임목의 형질과 생산량에 대한 설명으로 옳은 것은? (단, 수종과 연령 및 입지는 동일함)

① 고밀도일수록 연륜폭은 좁아진다.
② 고밀도일수록 지하고는 낮아진다.
③ 고밀도일수록 단목의 평균 간재적은 커진다.
④ 임목밀도에 따라 상층목의 평균수고가 달라진다.

> **해설**
> 식재 밀도가 높으면 연륜폭은 좁아지고 자연낙지가 많아져 지하고는 높아진다.

15 광합성 색소인 카로테노이드에 대한 설명으로 옳지 않은 것은?

① 노란색, 오렌지색, 빨간색 등을 나타내는 색소이다.
② 광도가 높을 경우 광산화작용에 의한 엽록소의 파괴를 방지한다.
③ 수목 내에 있는 색소 중에서 광질에 반응을 나타내며 광주기 현상과 관련된다.
④ 엽록소를 보조하여 햇빛을 흡수함으로써 광합성 시 보조색소 역할을 담당한다.

> **해설**
> 광주기 현성과 관련 있는 식물의 색소 단백질은 파이토크롬이다.

16 왜림작업으로 갱신하기 가장 부적합한 수종은?

① 잣나무
② 오리나무
③ 신갈나무
④ 물푸레나무

> **해설**
> 왜림작업은 맹아로 갱신하는 방법으로 맹아 갱신이 가능한 수종인 상수리나무, 신갈나무, 굴참나무, 서어나무, 물푸레나무, 오리나무, 포플러, 피나무, 밤나무, 아까시나무 등이 적합하다.

17 참나무류 줄기에서 수액상승 속도가 다른 수종에 비해 빠른 이유는?

① 뿌리가 심근성이기 때문이다.
② 도관의 지름이 크기 때문이다.
③ 심재가 잘 형성되기 때문이다.
④ 잎의 앞면과 뒷면에 모두 기공이 있기 때문이다.

> **해설**
> 도관은 물이 지나가는 배관으로서 이 배관의 크기가 참나무류가 상대적으로 크다.

정답 12. ④ 13. ② 14. ① 15. ③ 16. ① 17. ②

18 어린나무가꾸기 작업에 대한 설명으로 옳은 것은?

① 주로 6~9월에 실시하는 것이 좋다.
② 숲가꾸기 과정에서 한 번만 실시한다.
③ 간벌 이후에 불량목을 제거하기 위해 실시한다.
④ 산림경영 과정에서 중간 수입을 위해서 실시한다.

해설
어린나무가꾸기는 밑깎기와 간벌작업의 중간에 실시되는 작업으로 대상목이 왕성하게 성장하는 6~9월 사이 실시하는 것이 좋다.

19 종자가 성숙하고 산포하는 시기가 개화 당년 봄철인 수종은?

① *Populus nigra*
② *Taxus cuspidata*
③ *Torreya nucifera*
④ *Machilus thunbergii*

해설
①양버들 ②주목 ③비자나무 ④후박나무
· 포플러류인 양버들은 종자가 성숙하고 산포하는 시기가 개화한 당년 봄철이다.
· 포플러류인 양버들은 개화한 당년 봄철에 종자가 성숙한다.

20 수목이 외부 환경으로부터 받은 스트레스를 감지하는 역할을 수행하는 호르몬은?

① 옥신   ② 지베렐린
③ 사이토키닌   ④ 에브시스산

해설
아브시스산(Abscisic acid, ABA)은 외부 스트레스를 감지하며 종자의 생리적 휴면을 유도하는 식물호르몬이다.

21 액상의 농약을 제조할 때 주제를 녹이기 위하여 사용하는 물질은?

① 유제   ② 용제
③ 유화제   ④ 증량제

해설
용제는 농약을 제조할 때 주제를 녹이기 위한 물질이다.

22 흡즙성 해충에 해당하는 것은?

① 소나무좀
② 알락하늘소
③ 버즘나무방패벌레
④ 꼬마버들재주나방

해설
버즘나무방패벌레, 깍지벌레류 등은 흡즙성 해충에 해당한다.

23 지표를 배회하는 성질의 해충을 채집하는 방법으로 가장 효과적인 도구는?

① 유아등(light trap)
② 함정트랩(pitfall trap)
③ 수반트랩(water trap)
④ 말레이즈트랩(malaise trap)

해설
땅속곤충이나 지표를 배회하는 곤충 및 해충을 채집하는데 함정트랩이 효과적이다.

24 여름포자가 없는 녹병은?

① 향나무 녹병   ② 잣나무 털녹병
③ 소나무 잎녹병   ④ 전나무 잎녹병

해설
향나무녹병균은 여름포자는 형성하지 않고 겨울포자를 형성한다.

정답 18. ① 19. ① 20. ④ 21. ② 22. ③ 23. ② 24. ①

25 다음 설명에 해당하는 해충은?

◎ 유충은 잎을 갉아 먹는다.
◎ 1년에 2~3회 발생한다.
◎ 성충은 주광성이 강하다.

① 대벌레　　② 박쥐나방
③ 미국흰불나방　④ 조록나무혹진딧물

해설
미국흰불나방은 1년에 2~3회 발생하며 주광성이 강하다. 번데기 형태로 나무껍질이나 지피물 아래에서 월동하며 유충은 잎을 갉아 먹으며 피해 수종의 범위가 매우 넓다.

26 다음 중 2차 대기오염 물질에 해당되는 것은?

① HF　　② SO_2
③ 분진　④ PAN

해설
2차 대기오염 물질로 오존, PAN, 광화학 스모그 등이 있다.

27 밤나무 줄기마름병을 방제하는 방법으로 옳지 않은 것은?

① 내병성 품종을 식재한다.
② 동해 및 볕데기를 막고 상처가 나지 않게 한다.
③ 질소질 비료를 많이 주어 수목을 건강하게 한다.
④ 천공성 해충류의 피해가 없도록 살충제를 살포한다.

해설
밤나무 줄기마름병은 질소질 비료를 과용할 경우 병이 더 확산된다.

28 밤나무혹벌에 대한 설명으로 옳은 것은?

① 연 1회 발생하며 유충으로 월동한다.
② 피해를 받은 나무가 고사하는 경우는 없다.
③ 충영은 성충 탈출 후에도 녹색을 유지한다.
④ 밤나무 잎에 기생하여 직경 1mm 내외의 충영을 만든다.

해설
밤나무혹벌은 1년에 1회 발생하고 유충으로 월동하며 암컷만으로 단위생식을 한다.

29 수목의 그을음병을 방제하는데 가장 적합한 방법은?

① 중간기주를 제거한다.
② 방풍 시설을 설치한다.
③ 해가림 시설을 설치한다.
④ 흡즙성 곤충을 방제한다.

해설
그을음병은 흡즙성 해충에 의해 발병되기에 흡즙성 곤충의 방제를 통해 예방이 가능하다.

30 주로 토양에서 월동하는 병원균은?

① 모잘록병균
② 잣나무 털녹병균
③ 낙엽송 잎떨림병균
④ 배나무 불마름병균

해설
모잘록병균은 토양 혹은 병든 식물체에 월동한다.

31 버즘나무방패벌레가 월동하는 형태는?

① 알　　② 성충
③ 유충　④ 번데기

해설
버즘나무방패벌레는 성충 형태로 월동한다.

정답 25. ③　26. ④　27. ③　28. ①　29. ④　30. ①　31. ②

32 상륜에 대한 설명으로 옳은 것은?

① 조상으로 인하여 나타난다.
② 만상으로 수목의 생장이 저해되어 나타난다.
③ 한겨울 수목의 휴면 기간 중 저온으로 인하여 치수에 발생하는 피해 현상이다.
④ 주로 추운 지방에서 고립목이나 임연부의 교목에서 주로 발생하는 상렬의 일종이다.

해설
상륜은 상패의 피해 중 만상의 피해로 수목의 생장이 저해되어 나타난다.

33 산성비로 인한 피해 현상으로 옳지 않은 것은?

① 토양 중 알루미늄 및 망간 등의 중금속을 불용화시킨다.
② 토양이 산성화되어 수목에 대한 양료 공급이 부족해진다.
③ 수목 잎의 조직 내 책상 조직에 피해를 주어 세포질을 손상시킨다.
④ 수목 잎의 기공과 큐티클을 통하여 침투한 산성 물질이 내부 세포의 생리 작용에 장해를 준다.

해설
산성비로 인하여 토양이 산성화되면 칼슘과 마그네슘의 무기성분의 용탈이 증가한다.

34 털두꺼비하늘소에 대한 설명으로 옳지 않은 것은?

① 피해목에서는 톱밥이 배출되지 않기 때문에 식별이 어렵다.
② 버섯재배용 원목을 가해하여 버섯재배에 피해를 주기도 한다.
③ 벌채목에 방충망을 씌워 성충의 산란을 막아 방제할 수 있다.
④ 주로 1년에 1회 발생하나 2년에 1회 발생하는 경우도 있다.

해설
털두꺼비하늘소의 애벌레는 나무껍질 밑과 목질부를 불규칙적으로 식해한다.

35 곤충의 소화기관 중 입에서 가까운 것부터 올바르게 나열한 것은?

① 전위 → 인두 → 전소장 → 위맹낭
② 인두 → 전위 → 위맹낭 → 전소장
③ 전위 → 인두 → 위맹낭 → 전소장
④ 인두 → 전위 → 전소장 → 위맹낭

해설
곤충의 소화기관은 전장, 중장, 후장으로 크게 분류되며 인두와 전위는 전장, 위맹낭은 중장, 전소장은 후장에 속한다.

36 아까시잎혹파리에 대한 설명으로 옳지 않은 것은?

① 아까시나무만 가해한다.
② 원산지는 북아메리카이다.
③ 땅속에서 성충으로 월동한다.
④ 흰가루병 및 그을음병을 동반한다.

해설
아까시잎혹파리는 번데기 형태로 땅속에 월동한다.

정답 32. ② 33. ① 34. ① 35. ② 36. ③

37 모잘록병을 방제하는 방법으로 옳지 않은 것은?

① 밀식하여 관리한다.
② 토양 소독을 실시한다.
③ 배수와 통풍을 잘하여 준다.
④ 복토를 두껍게 하지 않는다.

해설
모잘록병의 경우 밀식하면 발병 위험률이 높아진다.

38 소나무 재선충병이 발생하는 주요 경로는?

① 종자 ② 토양
③ 매개충 ④ 중간기주

해설
소나무재선충병은 솔수염하늘소와 같은 매개충에 의해 전반된다.

39 대추나무 빗자루병 방제 약제로 가장 적합한 것은?

① 베노밀 수화제
② 아진포스메틸 수화제
③ 스트렙토마이신 수화제
④ 옥시테트라사이클린 수화제

해설
대추나무 빗자루병, 오동나무 빗자루병은 옥시테트라사이클린을 수간주사하여 방제한다.

40 침엽수, 활엽수, 초본식물을 모두 기주로 하는 수목병은?

① 흰가루병
② 갈색고약병
③ 리지나뿌리썩음병
④ 아밀라리아뿌리썩음병

해설
아밀라리아뿌리썩음병은 침엽수(잣나무, 소나무, 가문비나무 등)와 활엽수(벚나무, 오리나무류, 느티나무 등), 초본식물에 모두 발생한다.

41 산림경영계획에서 임종 구분으로 옳은 것은?

① 임반, 소반
② 천연림, 인공림
③ 임목지, 무립목지
④ 침엽수림, 활엽수림, 혼효림

해설
임종은 천연림, 인공림으로 구분된다.

42 다음 조건에서 정액법에 의한 임업기계의 연간 감가상각비는?

◎ 내용연수 : 50년
◎ 취득 비용 : 5,000만원
◎ 폐기할 때 잔존가치 : 1,000만원

① 50만원 ② 80만원
③ 100만원 ④ 160만원

해설
$$\frac{5{,}000만원 - 1{,}000만원}{50} = 80만원$$

※ 감가상각비(정액법)
$$\frac{구입가격 - 폐물가격}{내용연수}$$

43 현재의 가치가 10,000원인 임목을 이자율 4%로 4년 동안 임지에 존치하였다면 4년 동안의 임목가치 증가액은?

① 약 1,700원 ② 약 2,700원
③ 약 10,000원 ④ 약 11,700원

해설
· 4년 이후 임목 가격 : $10{,}000 \times (1.04)^4 = 11698.5856$
· 임목가치 증가액
 = 11698.5856 − 10000
 = 1698.5856 ≒ 약 1700 원

정답 37. ① 38. ③ 39. ④ 40. ④ 41. ② 42. ② 43. ①

44 국유림 경영의 목표에서 다섯 가지 주목표에 해당되지 않는 것은?

① 보호기능　② 고용기능
③ 경영수지 개선　④ 국제협력 강화

해설
국유림 경영의 주목표는 산림보호의 기능, 임산물 생산의 기능, 휴양과 문화의 기능, 인력고용의 기능, 경영의 개선이 있다.

45 평균생장량과 연년생장량간의 관계에 대한 설명으로 옳은 것은?

① 초기에는 평균생장량이 연년생장량보다 크다.
② 평균생장량이 연년생장량에 비해 최대점에 빨리 도달한다.
③ 평균생장량이 최대일 때 연년생장량과 평균생장량은 같게 된다.
④ 평균생장량이 최대점에 이르기까지는 연년생장량이 평균생장량보다 항상 작다.

해설
① 초기에는 연년생장량이 평균생장량보다 크다.
② 연년생장량이 평균생장량에 비해 최대점이 빨리 도달한다.
④ 평균생장량이 최대점에 이르기까지는 연년생장량이 평균생장량보다 항상 크다.

46 자본장비도에 대한 설명으로 옳은 것은?

① 노동생산성은 자본장비도와 자본효율에 의해 결정된다.
② 다른 요소에 변화가 없다고 할 때 자본이 많아지면 자본효율은 커진다.
③ 자본액 중에서 유동자본을 포함한 고정자본을 종사자로 나눈 것이다.
④ 다른 요소에 변화가 없다고 할 때 자본이 많아지면 자본장비도는 작아진다.

해설
자본장비도는 경영총자본인 고정자본과 유동자본의 합을 경영 종사자의 수로 나눈 값으로 하며 노동생산성은 자본장비도와 자본효율에 영향을 받아 결정된다.

47 유동자본으로만 올바르게 짝지은 것은?

① 임도, 임업기계
② 묘목, 임업기계
③ 임도, 미처분 임산물
④ 묘목, 미처분 임산물

해설
유동자본의 종류로 미처분임산물, 묘목, 비료, 종자 등이 있다.

48 임업조수익의 구성요소에 해당하는 것은?

① 감가상각액
② 임업현금지출
③ 미처분 임산물 증감액
④ 농업생산자재 재고 증감액

해설
임업조수익을 구하기 위한 구성요소로 산림현금수입, 미처분임산물증감액, 산림생산자재재고증가액, 임목생장액, 산림생산물가계소비액이 있으며 이들을 모두 더한 값이 임업조수익이다.

정답 44. ④　45. ③　46. ①　47. ④　48. ③

49 다음 조건에 따른 시장가역산법에 의한 소나무 원목의 임목가는?

> ◎ 시장 도매가격 : 100,000원/m³
> ◎ 벌채운반 비용 : 60,000원/m³
> ◎ 벌목작업 기간 : 3개월
> ◎ 월이율 : 2%
> ◎ 기업이익률 : 10%
> ◎ 조재율 : 80%

① 약 210 원/m³
② 약 2,100 원/m³
③ 약 20,970 원/m³
④ 약 209,660 원/m³

해설

시장가역산법

$$=조재율 \times \left(\frac{원목시장가}{1+자본회수시간 \times 월이율 + 기업이율} - 기타비용\right)$$

시장가역산법

$$=0.8 \times \left(\frac{100,000}{1+3 \times 0.02 + 0.1} - 60,000\right)$$

=20,965.52(원)
=약 20,970원

50 임지기망가의 크기에 영향을 주는 인자에 대한 설명으로 옳지 않은 것은?

① 이율이 높으면 높을수록 임지기망가는 커진다.
② 조림비와 관리비의 값은 (−)이므로 이 값이 클수록 임지기망가는 작아진다.
③ 주벌수익과 간벌수익의 값은 (+)이므로 이 값이 클수록 임지기망가는 커진다.
④ 벌기령이 높아지면 임지기망가는 처음에는 증가하다가 어느 시기에 최대에 도달하고, 그 후부터는 점차 감소한다.

해설

이율이 낮을수록 임지기망가는 커진다.

51 산림수확 조절방법 중 면적평분법을 적용할 수 없는 작업종은?

① 복벌   ② 재벌
③ 개벌   ④ 택벌

해설

면적평분법은 제 2윤벌기에 법정상태가 되면 분기의 면적을 균등하게 하므로 개벌작업 응용이 가능하다. 반대로 택벌작업에 응용할 수가 없다.

52 다음 설명에 해당하는 평가 방법은?

> 투자효율을 측정할 때 현재가가 0 보다 크면 투자할 가치가 있다

① 회수기간법   ② 순현재가치법
③ 수익비용률법 ④ 투자이익률법

해설

순현재가치법은 순현재가치가 0 보다 크면 경제적 타당성이 있다고 판단하고 0 보다 작으면 경제적 타당성이 없다고 판단한다.

53 산림경영의 지도원칙 중에서 수익성의 원칙에 대한 설명으로 옳은 것은?

① 토지의 생산력을 최대로 추구하는 원칙
② 최대의 경제성을 올리도록 경영하는 원칙
③ 최소의 비용으로 최대의 효과를 발휘하는 원칙
④ 최대의 이익 또는 이윤을 얻을 수 있도록 경영하는 원칙

해설

수익성의 원칙은 최대의 이익을 얻을수 있게 경영하는 원칙을 말한다.

정답 49. ③ 50. ① 51. ④ 52. ② 53. ④

54 산림경영계획에서 1-2-3-4 로 표시된 산림 구획이 의미하는 것은?

① 임반-보조임반-소반-보조소반
② 임반-소반-보조소반-보조임반
③ 경영계획구-임반-소반-보조소반
④ 경영계획구-임반-보조임반-소반

해설
산림구획에서 임반-보조임반-소반-보조소반으로 표기하며 보조소반은 없을 경우 생략 가능하다.

55 형수를 사용해서 임목의 재적을 구하는 방법을 형수법이라 하는데, 비교 원주의 직경위치를 최하단부에 정해서 구한 형수는?

① 정형수
② 단목형수
③ 흉고형수
④ 절대형수

해설
절대형수는 수간 최하부의 직경을 기준으로 한다.

56 수간석해를 이용하여 전체 재적을 구할 때 합산하지 않아도 되는 것은?

① 근주재적
② 지조재적
③ 결정간재적
④ 초단부재적

해설
수간재적 계산시 초단부재적, 근주재적, 결정간재적을 나누어 계산 후 총재적으로 합산한다.

57 다음에 주어진 법정림 수확표를 이용하여 계산한 법정생장량은?(단, 산림면적은 300ha, 윤벌기는 60년)

임령(년)	20	30	40	50	60
재적(m³/ha)	40	100	180	260	340

① 184m³
② 920m³
③ 1,700m³
④ 17,000m³

해설
법정생장량은 법정벌채량과 같다. 법정벌채량을 구하기 위해 법정축적과 법정연벌률을 구하도록 한다.
· 윤벌기 60년 일 때 법정축적
$$법정축적 = \frac{산림면적}{윤벌기} \times 60년 ha 재적 \times \frac{윤벌기}{2}$$
$$= \frac{300}{60} \times 340 \times \frac{60}{2} = 51000$$

· 법정 연벌률 $= \frac{200}{U} = \frac{200}{60} ≒ 3.333$

· 법정생장량(법정벌채량)
$$= \frac{법정연벌률 \times 법정축적}{100}$$
$$= \frac{3.333 \times 51000}{100} ≒ 1700$$

58 임지의 지위지수를 결정하는 방법에 대한 설명으로 옳은 것은?

① 기준 임령에서 임분의 전체 축적으로 결정한다.
② 기준 임령에서 임분의 우세목 수고로 결정한다.
③ 기준 임령에서 임분의 우세목 재적으로 결정한다.
④ 기준 임령에서 임분을 구성하는 우세목과 열세목의 평균직경으로 결정한다.

해설
지위지수는 산림의 생산력 혹은 생산력의 판단지표로서 기준 임령의 우세목의 평균수고를 이용한다.

정답 54. ① 55. ④ 56. ② 57. ③ 58. ②

59 유령림의 임목을 평가하는 방법으로 가장 적합한 것은?

① 비용가법 ② 매매가법
③ 기망가법 ④ Glaser 법

[해설]
유령림의 임목을 평가하는 방법에는 비용가법이 적합하다.

60 임목의 흉고직경을 계산하는 방법으로 산술평균직경법(a)과 흉고단면적법(b)의 관계에 대한 설명으로 옳은 것은?

① a와 b는 같은 값이 된다.
② a가 b보다 큰 값이 된다.
③ b가 a보다 큰 값이 된다.
④ a와 b사이에는 일정한 관계가 없다.

[해설]
산술평균직경법은 흉고직경의 합계에 임목본수를 나누어 흉고직경을 잡는 방법이다. 흉고단면적법은 흉고직경을 가지고 임분의 ha당 흉고단면적을 계산한 다음, 그 평균 흉고단면적을 갖는 임목의 직경을 표준목의 직경으로 결정하는 방법으로 기준의 차이로 인해 흉고단면적법이 산술평균직경법보다 약간 큰 값이 나오게 된다.

61 절토 경사면이 경암인 경우의 기울기 기준으로 옳은 것은?

① 1 : 0.3~0.8 ② 1 : 0.5~0.8
③ 1 : 0.5~1.5 ④ 1 : 0.8~1.5

[해설]
절토 경사면의 경암 기울기 기준은 1 : 0.3 ~ 0.8, 연암은 1 : 0.5 ~ 1.2 이다.

62 개발지수에 대한 설명으로 옳지 않은 것은?

① 노망의 배치상태에 따라서 이용효율성은 크게 달라진다.
② 개발지수 산출식은 평균집재거리와 임도밀도를 곱한 값이다.
③ 임도가 이상적으로 배치되었을 때는 개발지수가 10에 근접한다.
④ 임도망이 어느 정도 이상적인 배치를 하고 있는가를 평가하는 지수이다.

[해설]
개발지수는 임도의 질적 기준지표로서 임도가 이상적으로 배치되었을 경우 개발지수 1에 근접한다.

63 지반고가 시점 10m, 종점 50m 이고 수평거리가 1km 일 때 종단기울기는?

① 4% ② 5%
③ 6% ④ 7%

[해설]
지반고의 종점과 시점의 높이는
<50m-10m=40m> 이며 수평거리 1,000m 를 이용하여 종단기울기를 구하게 되면
$\frac{40}{1000} \times 100 = 4(\%)$ 가 된다

64 다음 조건에서 곡선반지름(m)은?

◎ 설계속도 : 25 km/시간
◎ 가로 미끄럼에 대한 노면과 타이어의 마찰계수 : 0.15
◎ 노면의 횡단기울기 : 5%

① 약 15 ② 약 25
③ 약 30 ④ 약 50

[해설]
$$\frac{설계속도^2}{127(타이어 마찰계수 + 노면횡단물매)}$$
$$= \frac{25^2}{127(0.15+0.05)} = \frac{625}{25.4} ≒ 24.6 ≒ 약 25$$

정답 59. ① 60. ③ 61. ① 62. ③ 63. ① 64. ②

65 굴삭기의 시간당 작업량 산출 계산을 위한 인자로 거리가 먼 것은?

① 작업효율 ② 버킷계수
③ 체적계수 ④ 버킷면적

해설
굴삭기의 시간당 작업량은 버킷의 용량, 버킷 계수, 체적환산계수, 작업효율, 사이클 시간을 이용하여 산출한다.

66 수준측량 결과가 다음과 같을 때 종점의 지반고는?

◎ 시점의 지반고 : 100m
◎ 전시의 합 : 150.8m
◎ 후시의 합 : 205.4m

① 45.4m ② 54.6m
③ 154.6m ④ 456.2m

해설
지반고는 <기계고-전시> 인데 이때 기계고의 경우 지반고와 후시의 합으로 구할 수 있다.
· 기계고 = 100 + 205.4 = 305.4
· 종점의 지반고 = 기계고 - 전시
  = 305.4 - 150.8 = 154.6

67 임도의 종단면도에 대한 설명으로 옳지 않은 것은?

① 축척은 횡 1/1000, 종 1/200 으로 작성한다.
② 종단면도는 전후도면이 접합되도록 한다.
③ 종단기울기의 변화점에는 종단곡선을 삽입한다.
④ 종단기입의 순서는 좌측 하단에서 상단 방향으로 한다.

해설
기입의 순서가 좌측하단에서 상단방향으로 하는 것은 횡단면도에 관한 내용이다.

68 임도 측선의 거리가 99.16m 이고 방위가 S39°15'25"W 일 때 위거와 경거의 값으로 옳은 것은?

① 위거 +76.78m, 경거 +62.75m
② 위거 +76.78m, 경거 -62.75m
③ 위거 -76.78m, 경거 +62.75m
④ 위거 -76.78m, 경거 -62.75m

해설
위거는 측선이 NS 축에서 수평축을 기준으로 위쪽(N)은 양의 값을 아래쪽(S)은 음의 값을 갖는다. 경거는 동일한 기준을 가지는데 EW 축에서 좌측(W)는 음의 값, 우측(E)는 양의 값을 갖는다. 현재 문제에 주어진 방위가 남서 방향이므로 위거는 (-)값을, 경거는 (-)값을 가지게 된다.
· 위거 = 측선거리×cosθ ,
  경거 = 측선거리×sinθ
· 위거 = 99.16m×cos(39°15'25") = 약 -76.78
· 경거 = 99.16m×sin(39°15'25") = 약 -62.75

69 머캐덤도에 대한 설명으로 옳지 않은 것은?

① 시멘트 머캐덤도 : 쇄석을 시멘트로 결합시킨 도로
② 역청 머캐덤도 : 쇄석을 타르나 아스팔트로 결합시킨 도로
③ 교통체 머캐덤도 : 쇄석이 교통과 강우로 인하여 다져진 도로
④ 수체 머캐덤도 : 쇄석의 틈 사이에 모래 및 마사를 침투시켜 롤러로 다져진 도로

해설
수체 머캐덤도는 쇄석의 틈 사이에 석분을 물로 투입하여 롤러로 다져진 도로이다.

정답 65. ④ 66. ③ 67. ④ 68. ④ 69. ④

70 임도의 횡단기울기에 대한 설명으로 옳지 않은 것은?

① 노면 배수를 위해 적용한다.
② 차량의 원심력을 크게 하기 위해 적용한다.
③ 포장이 된 노면에서는 1.5~2%를 기준으로 한다.
④ 포장이 안 된 노면에서는 3~5%를 기준으로 한다.

[해설]
차량의 곡선부 통과시 원심력에 의해 차량이 탈선을 방지하고자 횡단기울기를 준다. 즉 차량의 원심력을 작게 하기 위해 적용한다.

71 적정임도밀도가 10m/ha 이고 집재방향이 양방향일 때 평균집재거리는?(단, 우회계수는 고려하지 않음)

① 10m   ② 100m
③ 250m   ④ 500m

[해설]
$$집재거리 = \frac{10000}{적정임도밀도 \times 4}$$
$$= \frac{10000}{10 \times 4} = 250m$$

72 임도측량 방법으로 영선에 대한 설명으로 옳지 않은 것은?

① 노폭의 1/2 되는 점을 연결한 선이다.
② 절토작업과 성토작업의 경계선이 되기도 한다.
③ 산지 경사면과 임도 노면의 시공면과 만나는 점을 연결한 노선의 종축이다.
④ 영선측량의 경우 종단측량을 먼저 실시하여 영선을 정한 후에 평면 및 횡단측량을 한다.

[해설]
경사지에서 노면의 시공면과 산지의 경사면이 만나는 지점을 영점이라 하며 이점을 연결선 선을 영선이라 한다. 영선의 경우 주로 노반에 나타나며 절토작업과 성토작업의 경계선이 된다.

73 원목 집재 및 운재용 장비로 가장 적합한 것은?

① 포워더   ② 트리펠러
③ 프로세서   ④ 하베스터

[해설]
벌목후 집재한 원목을 차량에 적재하여 운반하는 기기를 포워더라 한다.

74 간선임도의 구조에 대한 설명으로 옳지 않은 것은?

① 차돌림 곳은 너비를 10m 이상으로 한다.
② 임도의 유효너비는 3m를 기준으로 한다.
③ 대피소의 유효길이는 15m 이상으로 한다.
④ 설계속도 20km/시간 일 때 최소곡선반지름은 일반지형의 경우 12m 이상으로 한다.

[해설]
설계속도 20km/시간 일 때 최소곡선반지름은 일반지형의 경우 15m 로 한다.

정답 70. ② 71. ③ 72. ① 73. ① 74. ④

75 지형도의 등고선에 대한 설명으로 옳지 않은 것은?

① 조곡선은 간곡선의 1/2 의 거리로 불규칙한 지형을 나타낼 때 사용한다.
② 간곡선은 산지의 형태를 표시하며 주곡선 5개마다 1개의 굵게 표시한다.
③ 주곡선은 가는 실선으로 그리며 지형을 나타내는 기본이 되는 곡선이다.
④ 등고선의 간격은 서로 옆에 있는 등고선 사이의 수직거리를 말하며 평면도의 축척과 같은 의미를 가진다.

> **해설**
> 간곡선은 지형도에서 주곡선만으로 지형의 기복과 고저를 표현하기 어려울 때 보조역할을 하기 위해 삽입되는 등고선을 말한다. 간격은 주곡선의 1/2이며 보통 점선으로 표시된다. 주곡선 5개마다 굵은 실선으로 나타내는 선은 계곡선을 말한다.

76 와이어로프의 안전계수가 4이고 절단하중이 360kg 이라면 이 와이어로프의 최대장력은?

① 60kg ② 90kg
③ 120kg ④ 180kg

> **해설**
> · 와이어로프 안전계수 = 와이어로프의 절단하중 ÷ 와이어로프에 걸리는 최대장력
> · 4 = 360 ÷ 와이어로프의 최대장력
> · 와이어로프 최대장력 = 90 (kg)

77 임도를 설계하고자 할 때 다음 중 가장 먼저 해야 할 업무는?

① 예측 ② 답사
③ 예비조사 ④ 설계도서 작성

> **해설**
> **임도설계 순서**
> 예비조사 → 답사 → 예측, 실측 → 설계도 작성 → 공사량 산출 → 설계서 작성

78 임도의 노체 구성 순서로 옳은 것은?(단, 아래에서 위로의 순서에 해당됨)

① 노반 → 기층 → 노상 → 표층
② 노상 → 노반 → 기층 → 표층
③ 노반 → 노상 → 기층 → 표층
④ 노상 → 기층 → 노반 → 표층

> **해설**
> 임도의 구조는 표면을 시작으로 표층, 기층, 노반, 노상으로 구분한다.

79 임도망 계획 시 고려할 사항으로 옳은 것을 모두 고른 것은?

> 가. 운반비를 적게 한다.
> 나. 목재의 손실이 적게 한다.
> 다. 신속한 운반이 되도록 한다.
> 라. 운반량을 제한하여 계획한다.

① 가, 나, 다 ② 가, 나, 라
③ 가, 다, 라 ④ 가, 나, 다, 라

> **해설**
> 운반량에 제한이 없고 운재방법은 단일화할수록 효율적이다.

80 작업임도에서 차량규격으로 2.5톤 트럭의 최소회전반경(m) 기준은?

① 5.0 ② 6.0
③ 7.0 ④ 12.0

> **해설**
> 작업임도의 차량규격이 2.5톤 트럭의 경우 최소회전반경은 7m 이다.
> ※ 2.5톤 트럭 차량 규격(단위 : m)
>
> | 길이 | 폭 | 높이 | 앞뒤바퀴거리 | 앞내민길이 | 뒷내민길이 | 최소회전반경 |
> |---|---|---|---|---|---|---|
> | 6.1 | 2 | 2.3 | 3.4 | 1.1 | 1.6 | 7.0 |

정답 75. ② 76. ② 77. ③ 78. ② 79. ① 80. ③

81. 수제에 대한 설명으로 옳지 않은 것은?

① 계안으로부터 유심을 향해 돌출한 공작물을 말한다.
② 계상 폭이 좁고 계상 기울기가 급한 황폐계류에 적용한다.
③ 수제의 높이는 최고수위로 하고 끝부분을 다소 낮게 설치한다.
④ 상향수제는 수제 사이의 토사 퇴적이 하향수제보다 많고, 수제 앞부분에서의 세굴이 강하다.

해설
수제는 하천에 유심의 방향을 변경시켜 계안으로부터 멀리 보내어 유로 및 계안의 침식을 방지하게 된다. 그런데 계상 폭이 좁고 계상의 기울기가 급한 황폐계류에는 부적합하며 이러한 곳은 사방사업을 하는 것이 적합하다.

82. 야계사방의 주요 목적으로 옳지 않은 것은?

① 유송토사 억제 및 조정
② 산각의 고정과 산복의 붕괴방지
③ 계상 기울기를 완화하여 계류의 침식 방지
④ 계류의 수질 정화와 산림 황폐지로 인한 재해 방지

해설
야계사방공사는 계류의 유속을 줄이고 침식을 방지하는 것이 목적으로 한다.

83. 정사울타리를 설치할 때 기준 높이로 옳은 것은?

① 0.5~0.7m ② 1.0~1.2m
③ 2.0~2.2m ④ 2.5~2.7m

해설
정사울타리의 높이는 1~1.2m 정도를 기준으로 한다.

84. 기슭막이의 시공목적에 대한 설명으로 옳지 않은 것은?

① 기슭의 유로 변경
② 계안의 횡침식 방지
③ 산각의 안정을 도모
④ 산지 사방공작물의 기초 보호

해설
기슭막이는 보호 및 안정이 목적으로 계류의 흐름방향에 따라 축설하기에 유로의 변경과는 관련이 없다.

85. 다음 설명에 해당하는 것은?

◎ 토양에 대한 적응성이 좋다
◎ 내음성 및 내한성이 커서 한랭지에서는 혼파하는 것이 적당하다

① 큰조아재비 ② 오리새
③ 우산잔디   ④ 능수귀염풀

해설
오리새는 추위에 강한 내한성을 지니고 있으며 토양에 대한 적응성이 좋아 사면녹화용 초본으로 활용된다.

86. 선떼붙이기 공법에서 1등급 증가할 때마다 연장 1m 당 떼의 사용매수는 얼마씩 차이가 나는가?(단, 떼의 크기는 길이 40cm, 나비 25cm)

① 1.25 매씩 감소 ② 1.25 매씩 증가
③ 2.50 매씩 감소 ④ 2.50 매씩 증가

해설
선떼붙이기 공법에서 1급 12.5매, 2급 11.25매, 3급 10매 등으로 1등급 증가할 때 마다 1.25매씩 감소한다.

정답 81. ② 82. ④ 83. ② 84. ① 85. ② 86. ①

87 비탈면에 설치하는 소단의 효과가 아닌 것은?

① 시공비를 절약할 수 있다.
② 비탈면의 안정성을 높인다.
③ 유지보수작업 시 작업원의 발판으로 이용할 수 있다.
④ 유수로 인하여 비탈면에서 발생하는 침식의 진행을 방지한다.

해설
소단(단끊기 공사)은 붕괴 위험이 있는 지역에 사면길이 3~5m 마다 50~100cm 단의 폭을 끊어 소단을 설치한다. 안전을 위해 공사가 추가되는 개념으로 시공비가 절약되지는 않는다.

88 돌쌓기 배치 방법으로 잘못된 쌓기가 아닌 것은?

① 포갠돌
② 이마대기
③ 여섯에움
④ 새입붙이기

해설
돌쌓기를 할 때는 돌의 배치에 주의하여 다섯에움 이상 일곱에움 이하가 되도록 한다.

89 다음 ( ) 안에 가장 적합한 수치는?

◎ 사방댐의 계획 기울기는 현 계상기울기의 ( )을 기준으로 설계한다.

① 1/2~2/3
② 1/2~1
③ 2/3~1
④ 2/3~3/2

해설
사방댐의 설계에서 계획 기울기는 현 계상기울기의 1/2~2/3 기준으로 한다.

90 계류의 바닥 폭이 3.8m, 양안의 경사각이 모두 45°이고, 높이가 1.2m 일 때의 계류 횡단면적(m^2)은?

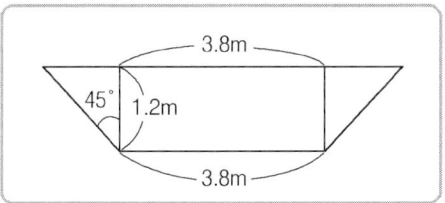

① 0.5
② 0.6
③ 5.3
④ 6.0

해설
양안의 경사각의 45°로 같은 모형을 하고 있기에 경사각의 한 변의 길이는 1.2m 로 유추할수 있다. 하나의 직사각형 형태로 보고 횡단면적을 구하면
< (1.2+3.8)×1.2=6m^2 > 으로 산출된다.

91 유역면적이 10ha 이고 최대시우량이 150mm/hr 일 때 임상이 좋은 산림지역의 최대홍수유량은?(단, 유거계수는 0.35)

① 약 0.14m^3/sec
② 약 1.46m^3/sec
③ 약 14.58m^3/sec
④ 약 145.83m^3/sec

해설
0.002778×0.35×150×10=1.45854
→ 약 1.46m^3/sec
※ 합리식법
Q=0.002778CIA
여기서, Q : 유출량(m^3/sec)
　　　　C : 유거계수
　　　　I : 최대시우량(mm/hr)
　　　　A : 유역면적(ha)

92 중력식 콘크리트 사방댐의 구조에 포함되지 않는 것은?

① 물받이
② 방수로
③ 밑막이
④ 댐둑어깨

해설
중력식 콘크리트 사방댐의 구조에는 댐둑어깨, 방수로, 물빼기구멍, 물받이, 물방석 등이 있다.

정답　87. ①　88. ③　89. ①　90. ④　91. ②　92. ③

93 산지사방에서 비탈다듬기 공사를 하기 전에 시공하는 것이 효과적인 공사는?

① 단끊기 ② 떼단쌓기
③ 땅속흙막이 ④ 퇴사울세우기

[해설]
비탈다듬기는 산꼭대기부터 시작하여 산 아래로 진행하는데 땅속흙막이 공사 시공후 비탈다듬기를 하는 것이 효율적이다.

94 골막이에 대한 설명으로 옳지 않은 것은?

① 토사퇴적 기능은 없다.
② 사방댐보다 규모가 작다.
③ 계류의 상류부에 설치한다.
④ 반수면 토사를 채우고 대수면은 떼를 입힌다.

[해설]
골막이는 반수측만 축설하고 중앙부를 낮게 하여 물이 빠지게 한다.

95 다음 설명에 해당하는 것은?

◎ 비탈면 하단부에 흐르는 계천의 가로 침식에 의해 일어난다.
◎ 침식 및 붕괴된 물질은 퇴적되지 않고 대부분 유수와 함께 유실되는 붕괴형 침식이다.

① 산붕 ② 붕락
③ 포락 ④ 산사태

[해설]
포락은 비탈면 끝에 흐르는 계천의 가로침식에 의하여 무너지는 침식현상으로 붕괴형침식에 해당한다.

96 산사태와 비교한 땅밀림에 대한 설명으로 옳지 않은 것은?

① 이동 속도가 빠르다.
② 지하수의 영향이 크다.
③ 완경사면에서 주로 발생한다.
④ 주로 점성토가 미끄럼면으로 활동한다.

[해설]
땅밀림의 경우 산사태보다 이동 속도가 느리다.

97 사방댐 설치에 있어 홍수기울기와 평형기울기 사이의 퇴사량을 무엇이라 하는가?

① 토사퇴적량 ② 토사안정량
③ 토사침식량 ④ 토사조절량

[해설]
홍수기울기와 평형기울기 사이의 퇴사량을 토사조절량이라 정의하며 토사조절량을 개선하면 사방댐의 방재기능이 향상된다.

98 시멘트에 대한 설명으로 옳지 않은 것은?

① 조기에 강도를 내기 위하여 염화칼슘을 쓰기도 한다.
② 시멘트를 제조할 때 석고를 넣으면 급결성이 된다.
③ 시멘트는 분말도가 너무 높으면 내구성이 약해지기 쉬우므로 주의해야 한다.
④ 일반적으로 포틀랜드시멘트는 수경성이고 강도가 크며 비중은 대체로 3.05~3.15 정도이다.

[해설]
시멘트를 제조할 경우 석고를 넣으면 완결성이 된다.

정답 93. ③ 94. ④ 95. ③ 96. ① 97. ④ 98. ②

99 돌골막이 공법에서 돌쌓기의 표준 기울기로 옳은 것은?

① 1 : 0.1 ② 1 : 0.2
③ 1 : 0.3 ④ 1 : 0.4

> **해설**
> 돌골막이의 기울기 기준은 1:0.3으로 하며 길이는 4~5m, 높이 2m 이내로 축설한다.

100 강우에 의한 산지침식의 발달과정 순서로 옳은 것은?

① 구곡침식 → 면상침식 → 누구침식
② 구곡침식 → 누구침식 → 면상침식
③ 면상침식 → 구곡침식 → 누구침식
④ 면상침식 → 누구침식 → 구곡침식

> **해설**
> 강우에 의한 산지침식의 발달과정은 우격침식, 면상침식, 누구침식, 구곡침식이다.

정답 99. ③ 100. ④

산림기사

기사 CBT 제1회

** 본문제는 수험생들의 기억을 바탕으로 작성 된 것으로 실제 문제와 차이가 있을 수 있습니다.

01 곰솔에 대한 설명으로 옳지 않은 것은?

① 수피는 흑갈색이다.
② 소나무과 수종이다.
③ 겨울눈은 붉은 색이다.
④ 해안 지역에 주로 분포한다.

해설
곰솔의 겨울눈은 회백색이다.

02 밤, 도토리 등 함수량이 많은 전분 종자를 추운 겨울 동안 동결하지 않고 부패하지 않도록 저장하는 방법으로 가장 적합한 것은?

① 노천매장법 ② 보호저장법
③ 상온저장법 ④ 저온저장법

해설
보호저장법은 모래와 종자를 섞어서 용기 안에 저장하는 방법으로 함수량이 많은 전분 종자를 부패하지 않도록 저장할 수 있다. 주로 은행나무, 밤나무, 굴참나무 등의 수종에 적합하다.

03 산림 토양에서 부식에 대한 설명으로 옳지 않은 것은?

① 토양의 입단구조를 형성하게 한다.
② 임상 내 H 층에 해당되며 유기물이 많이 함유되어 있다.
③ 토양 미생물의 생육에 필요한 영양분으로 사용 가능하다.
④ 칼슘, 마그네슘, 칼륨 등 염기를 흡착하는 능력인 염기치환용량이 작다.

해설
산림의 토양 중에서 부식층은 H(humus layer)층이라 하며 유기물이 완전히 분해되어 있는 상태로서 염기치환용량이 큰 편이다.

04 수목에 필요한 무기영양원으로 필수 원소가 아닌 것은?

① 철   ② 질소
③ 망간   ④ 알루미늄

해설
수목의 필수 원소는 다량원소와 미량원소로 분류되며 철, 망간은 미량원소, 질소는 다량원소에 해당한다.

05 산림 천이에 대한 설명으로 옳지 않은 것은?

① 산림 천이 초기에는 종다양성이 증가한다.
② 1차 천이는 2차 천이보다 생산력이 높은 단계에서 시작된다.
③ 산림 벌채 후 산불, 기상재해 등은 산림의 2차 천이를 유발하는 주요 요인 이다.
④ 1차 천이는 기존 식물상 자체에 의하여 유도되는 자발천이의 과정으로 볼 수 있다.

해설
1차 천이는 식물이 전혀 없는 곳에서 시작하기에 2차 천이보다 생산력은 낮은 단계이다.

정답 01. ③ 02. ② 03. ④ 04. ④ 05. ②

06 일본잎갈나무의 꽃눈이 분화하는 시기는?

① 3월경　② 5월경
③ 7월경　④ 9월경

해설
일본잎갈나무(낙엽송)은 7월쯤 암수의 꽃눈이 분화한다.

07 활엽수림의 어린나무가꾸기 작업에 가장 효과적인 시기는?

① 3~5월　② 6~8월
③ 9~11월　④ 12~2월

해설
어린나무가꾸기는 주로 6~9월 실시하며 11월 말에는 완료하도록 한다.

08 잎의 유관속이 1개인 수종은?

① Pinus rigida
② Pinus densiflora
③ Pinus koraiensis
④ Pinus thunbergii

해설
① 리기다 소나무 ② 소나무 ③ 잣나무 ④ 곰솔
잣나무나 백송은 유관속이 1개, 소나무의 경우 2개이다.

09 측아의 발달을 억제하는 정아우세 현상에 관여하는 호르몬은?

① 옥신　② 지베렐린
③ 사이토키닌　④ 아브시스산

해설
옥신은 줄기 및 뿌리의 선단부분에서 세포 신장에 영향을 주는 호르몬으로 정아우세 현상에 관여한다.

10 산벌작업에서 충분한 결실연도가 되어 실시하여 1회의 벌채로 그 목적을 달성하는 작업방법은?

① 후벌　② 하종벌
③ 결실벌　④ 예비벌

해설
산벌작업의 종류인 예비벌, 하종벌, 후벌이 있는데 1회의 벌채를 목적으로 달성하는 것은 하종벌이다.

11 묘목 곤포 작업의 정의로 옳은 것은?

① 굴취한 묘목을 규격에 따라 나누는 일
② 포지에서 양성된 묘목을 식재될 산지까지 수송하는 일
③ 묘목을 식재지까지 운반하기 위해 알맞은 크기로 다발 묶음하여 포장하는 일
④ 묘목을 심기 전 일시적으로 도랑을 파서 그 안에 뿌리를 묻어 건조를 방지하고 생기를 회복시키는 일

해설
묘목을 조림 예정지까지 수송하기 위해 묘목을 포장하는 작업을 곤포라 하고 한 곤포는 약 500~2000본 단위로 다발 묶음으로 한다.

12 생가지치기를 하면 상처 부위가 부패될 수 있는 가능성이 가장 높은 수종은?

① Larix kaempferi : 일본잎갈나무
② Pinus densiflora : 소나무
③ Prunus serrulata : 벚나무
④ Populus davidiana : 사시나무

해설
① 낙엽송 ② 소나무 ③ 벚나무 ④ 사시나무
벚나무는 상처유합이 잘 되지 않아 부후의 위험성이 생가지치기는 피하도록 한다.

정답 06. ③　07. ②　08. ③　09. ①　10. ②　11. ③　12. ③

13 내음성이 약한 양수를 갱신하는데 적용하기 힘든 작업종은?

① 택벌작업 ② 개벌작업
③ 모수작업 ④ 왜림작업

> 해설
> 택벌작업은 양수 수종 적용에는 곤란한 작업이다. 또한 임목의 벌채가 어렵고 치수의 손상을 야기하기 쉽다.

14 종자의 품질 평가 기준으로 발아율과 순량율을 곱하여 알 수 있는 것은?

① 효율 ② 순도
③ 발아력 ④ 발아세

> 해설
> 효율은 실제 종자의 가치로 발아율과 순량율의 곱으로 나타낸다.

15 우리나라 산림대에 대한 설명으로 옳지 않은 것은?

① 연평균 기온에 따라 구분된다.
② 온대림이 차지하는 면적이 가장 넓다.
③ 멀구슬나무, 녹나무, 모새나무는 난대림의 특징 수종이다.
④ 한라산보다는 설악산에서 난대, 온대, 한대의 수직적 분포가 잘 나타난다.

> 해설
> 우리나라 한라산은 난대, 온대, 한대의 수직적 분포가 잘 나타나며 설악산은 온대와 한대의 수직적 분포가 나타난다.

16 꽃의 구조와 종자 및 열매의 구조가 올바르게 연결된 것은?

① 주심 – 배 ② 주피 – 종피
③ 배주 – 열매 ④ 씨방 – 종자

> 해설
> 종자의 구조발달 관계상 주피는 종피(씨껍질)과 연결된다.

17 수목에서 질소 결핍 증상으로 나타나는 주요 현상은?

① T/R률 증가
② 겨울눈 조기 형성
③ 성숙한 잎의 황화 현상
④ 모잘록병 발생률 증가

> 해설
> 질소 결핍시 잎의 생장이 불량하고 잎이 짧아진다. 또한 잎 전체가 황화 현상이 일어나고 심할 경우 고사한다.

18 조림지의 풀베기 작업에 대한 설명으로 옳은 것은?

① 모두베기는 음수를 조림한 지역에서 적합하다.
② 풀베기 작업의 시기는 가을철인 9월에 실시한다.
③ 한풍해가 우려되는 조림지에서는 둘레베기가 바람직하다.
④ 전나무 조림지에 대한 풀베기 작업은 조림 후 2년 이내에 종료한다.

> 해설
> 한해나 풍해가 우려되는 조림지는 둘레베기를 통해 한풍해를 경감시킬 수 있다.

19 흙 속에서 공기와 물이 차지하고 있는 부분은?

① 균근 ② 비중
③ 공극 ④ 교질

> 해설
> 공극은 토양입자 사이의 틈으로 물이나 공기가 차지한다.

정답 13. ① 14. ① 15. ④ 16. ② 17. ③ 18. ③ 19. ③

20 Moller는 항속림 사상을 주장하였다. 다음에서 해당 하지 않는 것은?

① 항속림은 동령순림이다.
② 지표 유기물을 잘 보존한다.
③ 천연갱신을 원칙으로 한다.
④ 단목택벌을 원칙으로 한다.

해설
임지, 임목은 항속될 수 있도록 경영하는 사상이 뮬러(moller)의 항속림 사상이다. 그렇기에 단순 혹은 동령림으로 유도하는 개벌을 금한다.

21 묘포장에서 뿌리혹선충 방제 방법으로 옳지 않은 것은?

① 침엽수는 돌려짓기를 한다.
② 활엽수는 이어짓기를 한다.
③ 살선충제로 토양을 소독한다.
④ 농작물을 재배했던 포지는 이용하지 않는다.

해설
뿌리혹선충은 이어짓기의 피해가 심한 수병으로 서로 다른 종류의 수종을 순차적으로 재배하는 윤작을 실시한다.

22 번데기로 월동하는 해충은?

① 매미나방   ② 밤나무혹벌
③ 어스렝이나방 ④ 미국흰불나방

해설
미국흰불나방은 1년에 2회 발생하고 번데기 형태로 월동한다.

23 오리나무잎벌레의 생활사에 대한 설명으로 옳은 것은?

① 알로 월동하고 줄기에 산란한다.
② 유충으로 월동하고 잎에 산란한다.
③ 성충으로 월동하고 잎에 산란한다.
④ 번데기로 월동하고 줄기에 산란한다.

해설
오리나무잎벌레는 1년에 1회 발생하며 성충형태로 지피물이나 흙속에 월동하고 잎에 산란하며 성충과 유충이 동시에 잎을 식해한다.

24 천공성 해충이 아닌 것은?

① 소나무좀   ② 박쥐나방
③ 매미나방   ④ 알락하늘소

해설
매미나방은 식엽성 해충이다.

25 잣나무 털녹병 방제 방법으로 옳지 않은 것은?

① 중간기주인 송이풀을 제거한다.
② 저항성 품종을 육성하여 식재한다.
③ 풀베기와 간벌을 실시하여 숲에 통풍을 양호하게 해준다.
④ 담자포자 비산시기인 4월 하순부터 10일 간격으로 보르도액을 2~3회 살포한다.

해설
약제 예방의 경우 8월 하순부터 10일간격으로 보르도액을 2~3회 살포하여 소생자의 침입을 막는다.

26 대추나무 빗자루병의 병원체는?

① 세균   ② 곰팡이
③ 바이러스   ④ 파이토플라스마

해설
파이토플라스마는 대추나무 빗자루병, 오동나무 빗자루병의 병원체이다.

정답 20. ① 21. ② 22. ④ 23. ③ 24. ③ 25. ④ 26. ④

27 솔잎혹파리의 방제 방법으로 옳지 않은 것은?

① 솔잎혹파리먹좀벌을 천적으로 이용한다.
② 박새, 진박새, 쇠박새 등 조류를 보호한다.
③ 티아메톡삼 분산성 액제를 수간에 주사한다.
④ 피해가 극심한 지역에 동수화제를 살포한다.

해설
솔잎혹파리의 방제시 포스파미돈과 티아메톡삼 등의 액제를 수간주사한다. 동수화제의 경우 흰가루병, 탄저병에 사용한다.

28 밤나무의 종실을 가해하여 피해를 주는 해충은?

① 버들바구미 ② 어스렝이나방
③ 복숭아명나방 ④ 참나무재주나방

해설
복숭아명나방은 종실을 가해한다.

29 향나무하늘소(측백하늘소)의 발생 횟수는?

① 1년에 1회 ② 1년에 2회
③ 2년에 1회 ④ 3년에 1회

해설
향나무 하늘소는 1년에 1회 발생한다.

30 다음 설명에 해당하는 것은?

> 기주식물에 능동적으로 감염할 수 있는 구조나 효소를 갖고 있지 않기 때문에 매개 생물이나 상처부위를 통해서만 감염이 가능하다.

① 세균 ② 선충
③ 곰팡이 ④ 바이러스

해설
바이러스는 살아있는 기주세포에만 증식이 가능하며 인공배양이 불가능하다.

31 다음 중 산림해충의 생물학적 방제방법은?

① 식재할 때 내충성품종을 선정한다.
② BT수화제를 이용하여 솔나방등을 방제한다.
③ 입목밀도를 조절하여 건전한 임분을 육성한다.
④ 생리활성물질인 키틴합성 억제제를 이용하여 산림해충을 방제한다.

해설
BT 수화제는 미생물농약으로 생물학적 방제방법에 속한다.

32 성충과 유충이 동시에 잎을 가해하는 것은?

① 박쥐나방 ② 솔잎혹파리
③ 복숭아명나방 ④ 오리나무잎벌레

해설
오리나무잎벌레는 성충과 유충이 동시에 잎을 가해한다.

33 바이러스 감염에 의한 수목병의 대표적인 병징으로 옳지 않은 것은?

① 위축 ② 그을음
③ 잎말림 ④ 얼룩무늬

해설
바이러스의 병징으로 왜화, 잎말림, 기형, 얼룩, 위축 등이 있다.

34 벚나무 빗자루병의 병징으로 옳은 것은?

① 잎의 변색 ② 잎과 괴사
③ 잎의 총생 ④ 잎의 시들음

해설
벚나무 빗자루병은 자낭균에 의해 발생하며 병징으로 잔가지가 빗자루모양으로 총생한다.

정답 27. ④ 28. ③ 29. ① 30. ④ 31. ② 32. ④ 33. ② 34. ③

35 베노밀 수화제를 1000배로 희석하여 ha당 1000L를 살포하려 할 때 필요한 원액의 양은?

① 1000cc ② 100cc
③ 10cc   ④ 1cc

해설
살포량이 1000L 이고 이것을 1000배 희석하므로 < 1000L / 1000배 = 1L > 이므로 1000cc 가 필요하다.

36 수병과 중간 기주의 연결이 옳지 않은 것은?

① 포플러 잎녹병 - 낙엽송
② 소나무 혹병 - 황벽나무
③ 잣나무 털녹병 - 까치밥나무
④ 배나무 붉은별무늬병 - 향나무

해설
소나무 혹병의 기주는 소나무, 졸참나무, 신갈나무 등이며 중간기주는 참나무이다.

37 농약의 보조제에 대한 설명으로 옳지 않은 것은?

① 협력제는 주제의 살충 효력을 증진시킨다.
② 증량제는 주약제의 농도를 높이기 위해 사용한다.
③ 유화제는 유제의 유화성을 높이기 위해 사용한다.
④ 전착제는 식물이나 해충 표면에 살포액이 잘 부착시키기 위해 사용한다.

해설
증량제의 경우 주약제의 농도를 낮추기 위해 사용하는 보조제이다.

38 아황산가스에 대한 감수성이 가장 큰 것은?

① 편백   ② 소나무
③ 삼나무 ④ 은행나무

해설
아황산가스에 감수성이 큰 것은 저항성이 약한 것을 의미하며 보기 중 소나무가 가장 저항성이 약하다.

39 솔잎혹파리의 방제 방법으로 옳지 않은 것은?

① 등화유살법 ② 천적이용법
③ 수간주사법 ④ 약제살포법

해설
등화유살법은 빛에 반응하는 해충의 성질의 이용하는 방법으로 솔잎혹파리에는 효과가 없다.

40 완전변태를 하는 해충은?

① 대벌레   ② 노린재
③ 가루깍지벌레 ④ 도토리거위벌레

해설
도토리거위벌레는 알, 유충, 번데기, 성충의 완전변태 과정을 거친다.

41 산림 경리의 업무 내용이 아닌 것은?

① 산림 조사 ② 조림 계획
③ 수확 규정 ④ 임업소득률 결정

해설
산림 경리의 업무로 산림측량, 구획, 조사 및 수확의 규정과 조림계획, 시설계획 등이 있다.

정답 35. ① 36. ② 37. ② 38. ② 39. ① 40. ④ 41. ④

42 수확조정 방법에 대한 설명으로 옳지 않은 것은?

① 면적조정법은 주로 택벌작업에 응용된다.
② 임분경제법과 등면적법은 영급법에 속한다.
③ 재적배분법, 재적평분법 등은 재적수확의 보속을 추구한다.
④ 면적 평분법, 순수영급법 등은 법정상태의 실현을 추구한다.

해설
면적조정법은 수확조정의 기준을 면적에 두는 것으로 개벌작업이나 왜림작업에 적합하다.

43 중령림, 평가방법으로 원가수익절충 방식을 적용하는 대표적인 평가방법은?

① Glaser 법 ② 매매가법
③ 수익환원법 ④ 임목기망가법

해설
원가수익절충 방식의 대표적인 방법으로 Glaser 법, 임지기망가응용법이 있다.

44 흉고직경이 50cm, 수고가 18m, 수간재적이 1.59m³ 인 임목의 흉고 형수는?
(단, π=3.14)

① 약 0.40 ② 약 0.45
③ 약 0.50 ④ 약 0.55

해설
㉠ V=g×h×f=단면적×높이×형수
㉡ $g = \dfrac{r^2}{4}\pi = \dfrac{0.5^2}{4} \times 3.14 = 0.19625$
㉢ $1.59 = 0.19625 \times 18 \times f$
㉣ $f ≒ 0.45$

45 임목수관의 지상투영면적의 백분율로 나타내는 임분밀도의 척도는?

① 상대밀도 ② 임분밀도지수
③ 상대공간지수 ④ 수관경쟁인자

해설
수관경쟁인자는 임목 수관의 지상투영면적의 비율이다.

46 마케팅의 구성 요소 중 야외휴양에 있어서 이용객에게 제공될 휴양 기회에 해당하는 요소는?

① 가격 ② 판촉
③ 분배 ④ 상품

해설
이용객에게 제공되는 휴양의 기회는 상품에 해당한다.

47 국유림경영계획에서는 산림을 6가지 기능으로 구분하여 관리하고 있다. 다음 중 생태·문화 및 학술 적으로 보호할 가치가 있는 자연 및 산림을 보호·보전하기 위한 산림의 기능을 무엇이라 하는가?

① 자연환경보전기능
② 생활환경보전기능
③ 수원함양기능
④ 산지재해방지기능

해설
생태, 문화, 역사, 경관, 학술적 가치의 보전에 필요한 산림을 자연환경보전림이라 한다.

48 산림생장 및 수확예측모델의 구성인자가 아닌 것은?

① 기상예측 ② 생장예측
③ 고사예측 ④ 진계성장예측

해설
산림생장 및 수확예측모델의 구성인자로 생장예측, 고사예측, 진계생장예측, 수확예측이 있다.

정답 42. ①　43. ①　44. ②　45. ④　46. ④　47. ①　48. ①

49 자연휴양림 조성의 목적이 아닌 것은?

① 임산물의 생산
② 훼손된 산림의 복구
③ 자연생태계를 유지·보전
④ 레크리에이션적 가치의 창출 및 활용

해설
자연휴양림은 국민의 정서, 보건, 교육을 목적으로 한다. 훼손된 산림 복구는 산림복구사업인 사방사업 등에 속한다.

50 산림교육의 활성화에 관한 법률에 의한 산림교육전문가가 아닌 것은?

① 숲해설가
② 유아숲지도사
③ 자연환경해설사
④ 숲길체험지도사

해설
산림교육전문가에는 숲해설가, 유아숲지도사, 숲길체험지도사가 있다.

51 임지기망가의 최대치에 도달하는 속도를 빠르게 하기 위한 조건으로 옳지 않은 것은?

① 이율이 높을수록
② 조림비가 많을수록
③ 간벌수확이 많을수록
④ 주벌수확의 증대속도가 빠를수록

해설
조림비는 클수록 최대값 도달은 늦어진다.

52 임업기계의 감가상각비(D)를 구하는 공식으로 옳은 것은? (단, p : 기계구입가격, s : 기계 폐기시의 잔존가치, N : 기계의 수명)

① $D = (P-S) \times N$
② $D = \dfrac{N}{S-P}$
③ $D = \dfrac{P-S}{N}$
④ $D = \dfrac{N}{P-S}$

해설
감가상각비의 종류 중 정액법 공식이다.

53 금년에 간벌수입이 100만원의 순수입이 있어 이를 연이율 10%로 하여 2년 후의 후가를 계산하면 얼마인가?

① 110만원 ② 121만원
③ 133만원 ④ 146만원

해설
후가계산공식인 $N = V(1+P)^n$ 에 대입하여 도출한다.
$100(1+0.1)^2 = 121$

54 임목의 연년생장률에 대한 설명으로 옳은 것은?

① 총생장량을 면적으로 나눈 백분율
② 정기생장량을 그 기간의 년수로 나눈 백분율
③ 총생장량을 벌기까지의 총년수로 나눈 백분율
④ 1년간의 생장량을 당초의 재적으로 나눈 백분율

해설
연년생장률은 1년간의 생장한 양을 기준 기간의 이전에 재적으로 나눈 백분율을 의미한다.

정답 49. ② 50. ③ 51. ② 52. ③ 53. ② 54. ④

55 평균생장량과 연년생장량간의 관계를 옳게 설명한 것은?

① 초기에는 평균생장량이 연년생장량보다 크다.
② 평균생장량이 연년생장량에 비해 최대점에 빨리 도달한다.
③ 평균생장량이 최대가 될 때 연년생장량과 평균생장량은 같게 된다.
④ 평균생장량이 최대점에 이르기까지는 연년생장량이 평균생장량보다 항상 작다.

해설
초기에는 평균생장량보다 연년생장량이 크며 연년생장량의 최대점이 더 빨리 온다. 그리고 평균생장량의 최대점이 되기까지 연년생장량이 평균생장량보다 항상 크다.

56 재적수확이 최대가 되는 벌기령은?

① 화폐수익이 최대인 때
② 토지순수익이 최대인 때
③ 벌기평균생장량이 최대인 때
④ 벌기평균생장률이 최대인 때

해설
재적수확이 최대가 되는 벌기령은 결국 벌기평균생장량이 최대가 되는때이다.

57 이율은 5% 이고 앞으로 10년 후에 300,000원의 간벌수익을 얻으리라고 예상하면 간벌수입의 전가합계는?

① 약 69,000 원
② 약 184,000 원
③ 약 489,000 원
④ 약 1,296,000 원

해설
10년 후의 30만원에 해당하는 현재가를 구하는 문제로 풀이는 다음과 같다.

$300,000 \times \dfrac{1}{1.05^{10}} ≒ 300,000 \times 0.61$
$≒ 184173$

58 산림경영의 지도원칙 중 보속성의 원칙에 해당되지 않는 것은?

① 합자연성   ② 목재수확 균등
③ 생산자본 유지 ④ 화폐수확 균등

해설
산림경영 지도원칙에서 보속성의 원칙에는 목재 수확 균등의 보속, 목재생산의 보속, 화폐수확 균등의 보속, 생산자본 유지의 보속이 있다. 합자연성은 환경보전의 원칙과 함께 복지의 원칙에 해당한다.

59 자연휴양림을 조성 신청하려는 자가 제출하여야 하는 자연휴양림 구역도의 축적은?

① 1/5,000   ② 1/10,000
③ 1/15,000   ④ 1/25,000

해설
자연휴양림 예정지의 구역도는 축척 1/5,000 혹은 1/6,000 으로 한다.

60 수간석해를 위한 원판 채취방법에 대한 설명으로 옳지 않은 것은?

① 원판의 두께는 10cm 가 되도록 한다.
② 원판을 채취할 때는 수간과 직교하도록 한다.
③ 측정하지 않을 단면에는 원판의 번호와 위치를 표시하여 둔다.
④ Huber 식에 의한 방법에는 흉고이상은 2m 마다 원판을 채취하고 최후의 것은 1m 가 되도록 한다.

해설
수간석해시 원판의 채취 두께는 3~5cm 를 기준으로 한다.

정답 55. ③ 56. ③ 57. ② 58. ① 59. ① 60. ①

61 다음 ( ) 안에 적절한 것은?

> 포장도로가 아닌 곳에서 종단기울기의 대수차가 ( )% 이하인 경우에 임도의 종단곡선 규정을 적용하지 않는다.

① 3 ② 5
③ 7 ④ 9

해설
포장도로가 아닌 곳으로서 종단기울기의 대수차가 5% 이하인 경우 이를 적용하지 않는다.

62 급경사의 긴 비탈면인 산지에서는 지그재그 방식, 완경사지에서 대각선방식이 적당한 임도의 종류는?

① 계곡임도 ② 사면임도
③ 능선임도 ④ 산정임도

해설
사면임도는 계곡임도에서 시작하여 산록부와 산복부에 설치하는 임도로 하부에서 점차적으로 계획하여 진행하며 지그재그방식 혹은 대각선 방식이 적당하다.

63 어떤 측점에서부터 차례로 측량을 하여 최후에 다시 출발한 측점으로 되돌아오는 측량방법으로 소규모의 단독적인 측량에 많이 이용되는 트래버스 방법은?

① 폐합 트래버스
② 결합 트래버스
③ 개방 트래버스
④ 다각형 트래버스

해설
측선이 한 기지점에서 시작, 다시 시작측점으로 돌아와 종결되는 것을 폐합 트래버스라 한다.

64 적정지선 임도간격이 500m 일 때 적정지선 임도밀도(m/ha)는?

① 20 ② 25
③ 50 ④ 200

해설
RS(임도간격) = 10,000 ÷ ORD(적정임도밀도)
500 = 10,000 ÷ 적정임도밀도
적정임도밀도 = 20m/ha

65 토목공사용 굴착기의 앞 부속장치로 옳지 않은 것은?

① crane ② pile driver
③ clam lines ④ drag shovel

해설
크램셸(clam shell)은 크레인의 붐 끝에 움켜쥐는 형식으로 비교적 좁은 장소에서 깊게 굴착하는데 유효하다.

66 임도개설과 같은 폭이 좁고 길이가 상대적으로 긴 구간에서 발생되는 토량을 산출하기 위하여 사용되는 토적 계산식으로 가장 적합하지 않은 것은?

① 주상체공식 ② 중앙단면적법
③ 양단면적평균법 ④ 직사각형기둥법

해설
직사각형기둥법은 각 사각형의 밑면적에 각 높이를 곱해 토적을 계산하는 방법으로 폭이 좁고 길이가 긴 구간의 경우 적용하기 곤란한 방법이다.

정답 61. ② 62. ② 63. ① 64. ① 65. ③ 66. ④

67 임도의 성토사면에 있어서 붕괴가 일어날 가능성이 적은 경우는?

① 함수량이 증가할 때
② 공극수압이 감소될 때
③ 동결 및 융해가 반복될 때
④ 토양의 점착력이 약해질 때

>해설
공극수압이 감소되면 토양의 유동이 적어져 붕괴의 가능성이 적어진다.

68 임도에서 합성기울기와 관련이 있는 조합은?

① 횡단기울기와 편기울기
② 종단기울기와 역기울기
③ 편기울기와 곡선반지름
④ 종단기울기와 횡단기울기

>해설
합성기울기는 외쪽기울기 혹은 횡단기울기의 제곱과 종단기울기의 제곱의 합의 제곱근을 이용하여 구하며 공식은 아래와 같다.

69 임도 내 교량에 적용되는 종단기울기는? (단, 특별한 장소 제외)

① 적용하지 아니한다.
② 2% 미만
③ 4% 미만
④ 6% 미만

>해설
교량에 종단기울기는 특별한 장소를 제외하고 적용하지 않는다.

70 절, 성토 사면에 있어서 소단에 대한 설명으로 옳지 않은 것은?

① 절, 성토의 안정성을 높인다.
② 사면에서 흘러내리는 사면침식을 줄인다.
③ 필요에 따라 식생이나 배수구를 설치한다.
④ 붕괴 방지를 위해 유지보수 작업원의 발판으로 이용할 수 없다.

>해설
절, 성토 경사면에 소단은 유지 보수 작업원의 발판으로 이용할 수 있다. 보통 사면길이 2~3m 마다 폭 50~100cm 로 단의 폭을 끊어 소단을 설치한다.

71 노면 또는 땅깎기 비탈면에 설치하는 배수시설로서 길어깨와 비탈사이에 종단방향으로 설치하는 것은?

① 옆도랑   ② 겉도랑
③ 속도랑   ④ 빗물받이

>해설
노면이나 흙깎기 비탈면의 물을 모아서 배수하기 위하여 임도의 길어깨를 따라 종단방향으로 설치하는 배수로이다.

72 다음 중 가선집재의 장점이 아닌 것은?

① 임지와 입목의 피해가 적다.
② 지형조건의 영향을 덜 받는다.
③ 낮은 임도밀도에서도 작업이 가능하다.
④ 장비의 가격이 저렴하고, 숙련된 기술을 요하지 않는다.

>해설
가선집재는 장비가 고가이고 숙련된 기술이 필요하다.

정답 67. ② 68. ④ 69. ① 70. ④ 71. ① 72. ④

73 축척 1/500 도면 1매의 면적이 10,000m²이다. 만약 그 도면의 축척을 1/1000로 했다면 이 도면 1매의 면적은?

① 20000m² ② 40000m²
③ 80000m² ④ 10000m²

해설
축척이 2배가 되었을 경우 면적은 제곱으로 4배가 되어 40,000m² 이다.

74 임도작업 시 토목기계 사용의 장점으로 옳지 않은 것은?

① 기계 구입비, 유지비가 저렴하다.
② 규모가 큰 공사라도 공사기간을 단축할 수 있다.
③ 인력으로 곤란한 공사라도 무난히 완공할 수 있다.
④ 공사비를 절감할 수 있고 시공효율을 높일 수 있다.

해설
임도작업의 토목기계의 경우 기계구입비 및 유지비가 많이 든다.

75 가공본줄을 이용한 가선집재방식으로 옳지 않은 것은?

① 스너빙식
② 플링블록식
③ 호이스티캐리지식
④ 러닝스카이라인식

해설
러닝스카이라인식, 하이리드식, 슬랙라인식 등은 가공본줄을 이용하지 않는 방법이다.

76 예산내역서에 대한 설명으로 옳은 것은?

① 공정별로 집계표를 작성하고 누계하여 적용 한다.
② 당해 공사의 목적, 기준, 시공후 기여도 등을 상세히 기록한다.
③ 일반적인 과업지시사항과 공사목적 및 현지의 입지조건 등을 수록한다.
④ 공정별 수량계산서에 의한 공종별 수량과 단가산출서에 의한 공종별 단가를 곱하여 작성한다.

해설
임도에 들어가는 비용을 각 수량에 맞춰 작성하는 것으로 공정별 수량계산서에 의해 공종별 수량을 구하고 단가산출서 및 일위대가표를 통해 공종별 단가를 곱하여 작성한다.

77 대피소를 설치할 때 유효길이 기준으로 옳은 것은?

① 5m 이상 ② 10m 이상
③ 15m 이상 ④ 300m 이내

해설
대피소의 간격 300m 이내, 너비 5m 이상, 유효길이 15m 이상을 기준으로 한다.

78 아스팔트 포장과 비교하였을 때 시멘트 콘크리트 포장의 장점으로 옳은 것은?

① 평탄성이 좋다
② 내마모성이 크다
③ 시공속도가 빠르다
④ 간단 공법으로 유지수선이 가능하다

해설
아스팔트 포장 대비 시멘트 콘크리트 포장은 골재와 시멘트를 섞어 시공하기에 강도나 내마모성이 좋고 포장이 오래 간다.

정답 73. ② 74. ① 75. ④ 76. ④ 77. ③ 78. ②

79 임도의 곡선반지름이 15m, 차량의 앞면과 뒷차축과의 거리가 6m 인 경우 곡선부에서의 나비넓힘(확폭량)은?

① 0.4m ② 1.0m
③ 1.2m ④ 2.5m

해설

$$확폭 = \frac{6^2}{2 \times 15} = 1.2\,m$$

※ 곡선부의 확폭

$$확폭 = \frac{(차량 \text{ 앞바퀴} \sim 뒷바퀴까지 \text{ 길이})^2}{2 \times 곡선반지름}$$

80 일반지형에서 임도의 설계속도가 30km/시간 일 때 최소곡선반지름의 설치 기준은 몇 m 이상인가?

① 20 ② 30
③ 40 ④ 60

해설

설계속도 30km/h 기준 최소곡선반지름의 설치기준은 일반지형 30m, 특수지형 20m 이다.

81 사방댐 설치에 있어 홍수기울기와 평형기울기 사이의 퇴사량을 무엇이라 하는가?

① 토사퇴적량 ② 토사조절량
③ 토사안정량 ④ 토사침식량

해설

홍수기울기와 평형기울기 사이의 퇴사량을 토사조절량이라 정의하며 토사조절량을 개선하면 사방댐의 방재기능이 향상된다.

82 계단 연장이 3000m 인 산복면에 선떼붙이기를 7급으로 할 때에 필요한 떼의 총 소요매수는?(단, 떼의 크기 : 40cm×20cm)

① 15,000매 ② 22,500매
③ 30,000매 ④ 37,500매

해설

7급의 경우 5매를 사용하기에 5매 × 3000m = 15,000매 를 사용한다.

83 평탄지에 주로 사용되는 줄떼다지기 공법은?

① 줄떼심기 ② 평떼심기
③ 줄떼붙이기 ④ 평떼붙이기

해설

줄떼심기는 주로 평탄지에 이용되며 줄 간격 20~30cm 정도를 기준으로 시공한다.

84 비탈옹벽공법의 시공방법으로 옳지 않은 것은?

① 뒷채움 토양은 충분히 전압 되도록 한다.
② 옹벽 몸체는 한번에 타설하지 않고 여러 층을 나누어 콘크리트를 타설한다.
③ 뒷채움 부분에는 물이 침입하지 않도록 하며, 물이 침입할 경우에는 신속히 배수한다.
④ 직접기초시공에는 옹벽 밑판과 지반사이에 기초 쇄석이나 모르타르를 삽입하여 미끄러짐을 방지한다.

해설

옹벽 몸체에 콘크리트 타설시 여러층이 아닌 한번에 타설하는 것이 좋다.

정답 79. ③ 80. ② 81. ② 82. ① 83. ① 84. ②

85 중력침식유형 중 발생 속도가 가장 느린 것은?

① 토석류　② 산사태
③ 땅밀림　④ 급경사지 붕괴

해설
땅밀림은 땅속에 점착력이 약한 일부 토층이 서서히 낮은 곳을 향해 미끄러져 이동하는 현상으로 이동속도가 느려서 이동을 인식하기 어렵다.

86 강우에 의한 침식의 발달과정 순서로 옳은 것은?

① 구곡침식 → 면상침식 → 누구침식
② 구곡침식 → 누구침식 → 면상침식
③ 면상침식 → 구곡침식 → 누구침식
④ 면상침식 → 누구침식 → 구곡침식

해설
우격침식 → 면상침식 → 누구침식 → 구곡침식

87 해안사방의 사구조성공법에 해당하지 않는 것은?

① 파도막이　② 모래덮기
③ 퇴사울세우기　④ 정사울세우기

해설
사구조성공법에는 퇴사울세우기, 모래덮기, 파도막이 등이 있으며 정사울세우기는 식재공법과 함께 사지 조림 공법에 속한다.

88 평균유속 0.5m/s로 5초 동안에 $10m^3$ 의 물을 유송하는 수로의 횡단면적은?

① $2m^2$　② $4m^2$
③ $10m^2$　④ $20m^2$

해설
수로의 횡단면적인 유적의 경우 $4m^2$ 이다.

89 계간사방공사의 시공목적으로 옳지 않은 것은?

① 유송토사억제 및 조정
② 계류의 수질 정화와 산사태 대비
③ 산각의 고정과 산복의 붕괴방지
④ 계상물매를 완화하여 계류의 침식 방지

해설
계간사방공사는 계천의 침식방지와 산각의 고정을 주목적으로 한다.

90 수제의 간격은 일반적으로 수제 길이의 몇 배로 하는가?

① 0.25~0.5　② 0.5~1.25
③ 1.25~4.5　④ 4.5~8.25

해설
수제의 간격은 수제 길이의 1.25~4.5배 정도로 한다.

91 정사울타리를 설치할 때 표준높이로 옳은 것은?

① 0.5~0.7m　② 1.0~1.2m
③ 2.0~2.2m　④ 2.5~2.7m

해설
정사울타리 높이는 1~1.2m 정도를 기준으로 한다.

92 침식이 심하고 경사가 급하며 상수가 있는 산비탈의 수로에 적합한 공법은?

① 바자수로　② 돌붙임수로
③ 메쌓기수로　④ 떼붙임수로

해설
돌붙임 수로는 집수구역이 넓고 경사가 급하며 유량이 많은 산비탈지역에 시공하며 종류로는 찰쌓기, 메쌓기가 대표적이다.

정답　85. ③　86. ④　87. ④　88. ②　89. ②　90. ③　91. ②　92. ②

93 사방댐의 주요 기능 및 설치 목적이 아닌 것은?

① 계상기울기를 완화한다.
② 토사의 이동을 방지한다.
③ 산각을 고정하여 붕괴를 방지한다.
④ 황폐계류의 유심 방향을 변경한다.

해설
사방댐의 기능
· 계상물매를 완화하고 종침식을 방지한다.
· 산각을 고정하고 붕괴를 방지한다.
· 계상에 퇴적한 불안정 토사의 유동을 막고 양안의 산각을 고정한다.
· 산불 발생시 진화용수나 야생동물의 음용수로 이용된다.

94 산사태와 땅밀림을 비교하여 설명한 것으로 옳지 않은 것은?

① 산사태는 지하수에 의한 영향이 크다.
② 산사태는 땅밀림에 비해 규모가 작다.
③ 땅밀림은 계속적으로 재발 가능성이 크다.
④ 산사태는 사질토로 된 지점에서 많이 발생한다.

해설
산사태보다는 땅밀림의 경우 지하수의 영향이 더 크다.

95 많은 토사와 오물을 포함한 유수로 인해 배수관이나 속도랑이 막히는 것을 방지하기 위한 임도의 구조물은?

① 곁도랑   ② 빗물받이
③ 돌림수로   ④ 횡단배수구

해설
빗물받이는 도로 옆에 물이 고이기 쉬운 장소나 L형 측구의 유하방향 하단부에 설치하여 유수로 인해 막히는 현상을 방지한다.

96 비탈다듬기 및 단끊기 시공과정에서 생기는 토사를 유치·고정하는 공사는?

① 조공   ② 비탈덮기
③ 누구막이   ④ 땅속흙막이

해설
땅속흙막이는 비탈다듬기로 인하여 발생되는 토사의 유실을 방지한다.

97 야계사방에 있어서 합리식에 의한 유량을 산정하는 주요 인자가 아닌 것은?

① 유역면적
② 조도계수
③ 유출계수
④ 일정기간 동안의 강우 강도

해설
합리식을 산정하는 주요 인자로 유출계수, 최대시우량, 유역면적이 있다.

98 해안사방에 주로 사용되는 공사는?

① 조공   ② 기슭막이
③ 속도랑내기 ④ 정사울세우기

해설
해안사방에 공종으로 정사울세우기, 퇴사울세우기, 사초심기 등이 있다.

정답 93. ④ 94. ① 95. ② 96. ④ 97. ② 98. ④

99 돌쌓기에 대한 설명으로 옳지 않은 것은?

① 돌을 쌓을 때 통줄눈을 피하고 파선줄눈이 되도록 쌓는다.
② 찰쌓기를 할 때에는 석축뒷면의 물빼기에 유의해야 한다.
③ 돌을 쌓을 때 뒷채움의 사용여부에 따라 찰쌓기와 메쌓기로 구분한다.
④ 돌쌓기 높이가 3m 이상이면 전부 또는 하부를 찰쌓기로 시공한다.

해설
찰쌓기는 돌을 쌓아 올릴 때 뒤채움을 하고 줄눈에 모르타르를 사용하며 메쌓기의 경우 돌을 쌓아 올릴 때 뒤채움이나 줄눈에 모르타르를 사용하지 않고 쌓는 것이다.

100 계류의 유속완화와 유송토사의 퇴적 촉진을 위해 구곡에 시공하는 사방공작물로 주로 반수면만 축설하는 것은?

① 사방댐 ② 골막이
③ 둑쌓기 ④ 누구막이

해설
골막이는 반수면만을 축조하고 중앙부를 낮게 하여 물이 흐르도록 하는 구조를 가진다.

정답 99. ③ 100. ②

기사 CBT 제2회 — 산림기사

** 본문제는 수험생들의 기억을 바탕으로 작성 된 것으로 실제 문제와 차이가 있을 수 있습니다.

01 가지치기에 대한 설명으로 옳은 것은?
① 활엽수종의 지융부를 제거하면 안된다.
② 생장휴지기에는 가급적 실시하지 않는다.
③ 수간 상부보다 하부의 비대생장을 촉진시킨다.
④ 가지치기 작업으로 인해 부정아는 생성되지 않는다.

[해설] 활엽수종의 지융부를 제거하지 않고 지융부에 가깝게 가지치기를 한다.

02 풀베기 작업을 두 번 하고자 할 때 첫 번째 작업시기로 가장 적당한 것은?
① 1~3월   ② 3~5월
③ 5~7월   ④ 7~9월

[해설] 풀베기 작업은 일반적으로 5~7월에 작업을 실시한다.

03 체내에서 이동이 용이하여 성숙 잎에서 먼저 결핍증이 나타나는데, 잎에 검은 반점과 황화현상이 나타나고, 결핍 시 뿌리썩음병에 잘 걸리게 되는 무기영양소는?
① 철   ② 칼슘
③ 질소   ④ 칼륨

[해설] 칼륨은 뿌리의 개화 및 결실에 도움을 주는 양분이나 결핍되면 성숙한 잎에서 먼저 황화현상 및 갈변현상이 발생하고 어린잎은 암록색이 되고 신장이 나쁘게 된다. 뿌리의 생장은 제한되고 뿌리썩음병이 발생하기 쉽다.

04 파종상에서 1년, 이식상에서 2년, 그 뒤 1번 더 이식한 실생묘의 표시는?
① 1/2 - 1   ② 1 - 1/2
③ 1 - 2 - 1   ④ 2 - 1 - 1

[해설] 실생묘의 처음 숫자는 파종상에서 지낸 연수, 뒤의 수는 판갈이상에서 지낸 연수를 의미한다.

05 종자를 건조한 상태로 저장하여도 발아력이 크게 손상되지 않는 수종으로만 올바르게 나열한 것은?
① 목련, 칠엽수
② 편백, 삼나무
③ 밤나무, 가시나무
④ 신갈나무, 가래나무

[해설] 종자를 건조한 상태로 저장해도 발아력에 큰 이상이 없는 수종으로 소나무, 편백, 삼나무, 향나무, 단풍나무 등이 있다.

06 솎아베기 작업에 대한 설명으로 옳은 것은?
① 잔존목의 수고생장을 크게 촉진한다.
② 최종 생산될 목재의 형질을 개선한다.
③ 자연낙지를 유도하여 지하고를 높인다.
④ 줄기에 발생하는 부정아를 감소시킨다.

[해설] 솎아베기를 통해 밀도 조절이 가능하고 생산될 목재의 형질을 향상시킬 수 있다.

정답 01. ① 02. ③ 03. ④ 04. ③ 05. ② 06. ②

07 종자의 크기가 가장 작은 수종은?

① Alnus japonica
② Pinus Koraiensis
③ Camellia japonica
④ Aesculus turbinata

해설
Alnus japonica(오리나무)의 종자는 세립종자로 분류되어 작은 편이다.

08 수목에서 질소 결핍 증상으로 나타나는 주요 현상은?

① T/R률 증가
② 겨울눈 조기 형성
③ 성숙한 잎의 황화 현상
④ 모잘록병 발생률 증가

해설
질소 결핍시 잎의 생장이 불량하고 잎이 짧아진다. 또한 잎 전체가 황화 현상이 일어나고 심할 경우 고사한다.

09 수목의 호흡 작용이 일어나는 세포 내 기관은?

① 핵   ② 액포
③ 엽록체   ④ 미토콘드리아

해설
수목의 미토콘드리아의 호흡과정을 통해 에너지를 생성한다.

10 묘간 거리가 가로 1m, 세로 4m의 장방형 식재 시 1ha에 식재되는 묘목 본수는?

① 2,500본   ② 3,000본
③ 3,333본   ④ 5,000본

해설
$\dfrac{10,000m^2}{1m \times 4m} = 2,500본$

11 열매가 핵과에 속하는 수종은?

① Alnus japonica
② Cercis chinensis
③ Prunus serrulata
④ Albizia julibrissin

해설
핵과는 육질이 단단한 열매로 주로 매실나무, 매화나무, 복숭아나무, 체리, 벚나무 등이 있다. ① 오리나무 ② 박태기나무 ③ 벚나무 ④ 자귀나무

12 모두베기 작업에 대한 설명으로 옳지 않은 것은?

① 양수성 수종 갱신에 유리하다.
② 숲 생태계 기능 복원에 가장 유리한 갱신 방법이다.
③ 성숙한 임분에 가장 간단하게 적용할 수 있는 방법이다.
④ 기존 임분을 다른 수종으로 갱신할 때 가장 빠른 방법이다.

해설
모두베기 작업에 의해 임지의 황폐와 지력저하, 토양유실이 발생되기에 숲 생태계의 기능 복원에는 불리한 방법이다.

13 조림 후 육림실행 과정 순서로 옳은 것은?

① 풀베기→어린나무가꾸기→솎아베기→가지치기→덩굴제거
② 풀베기→덩굴제거→어린나무가꾸기→가지치기→솎아베기
③ 풀베기→솎아베기→가지치기→어린나무가꾸기→덩굴제거
④ 가지치기→어린나무가꾸기→덩굴제거→솎아베기→풀베기

해설
육림실행은 숲 조성을 위해 풀베기, 덩굴제거, 어린나무가꾸기, 가지치기 등의 순서로 진행되며 관리단계에서 솎아베기를 실시한다.

정답 07. ① 08. ③ 09. ④ 10. ① 11. ③ 12. ② 13. ②

14 수목의 직경생장에 대한 설명으로 옳지 않은 것은?

① 성목의 경우 목부의 생장량이 사부보다 많다.
② 형성층의 활동은 식물호르몬인 옥신에 의해 좌우된다.
③ 목부와 사부 사이에 있는 형성층의 분열활동에 의해서 이루어진다.
④ 형성층의 분열조직은 안쪽으로 체관세포를 형성하고, 바깥쪽으로 물관세포를 형성한다.

해설
형성층의 분열조직을 기준으로 바깥쪽으로 체관세포가 있고 안쪽으로 물관세포가 형성한다.

15 임업 묘포에 대한 설명으로 옳은 것은?

① 임간묘포는 대부분 고정묘포에 속한다.
② 포지의 토양은 부식질이 풍부한 점토질 토양이 좋다.
③ 해가림이 필요한 수종은 묘상의 구획을 동서방향으로 길게 하는 것이 좋다
④ 우리나라 남부지방에서는 경사 5° 이상의 북향사면에 포지를 조성하는 것이 좋다.

해설
묘상은 동서방향으로 길게 하며 상의 너비는 1~2m, 통로인 보도의 너비는 30~50cm 정도로 한다.

16 중림작업의 장점으로 옳지 않은 것은?

① 임지의 노출이 방지된다.
② 교림작업보다 조림비용이 낮다.
③ 높은 작업기술을 필요로 하지 않는다.
④ 상목은 수광량이 많아서 좋은 성장을 하게 된다.

해설
중림작업의 경우 높은 작업기술을 요구한다.

17 묘목의 T/R율에 대한 설명으로 옳지 않은 것은?

① 지상부와 지하부의 중량비이다.
② 수치가 클수록 묘목이 충실하다.
③ 묘목의 근계발달과 충실도를 설명하는 개념이다.
④ 수종과 묘목의 연령에 따라서 다르지만 일반적으로 3.0 정도가 좋다.

해설
T/R율은 지상부와 지하부의 비율로 우량묘목의 경우 T/R 율 값이 적다.

18 개벌작업 이후 밀식을 하는 경우의 장점으로 옳지 않은 것은?

① 줄기는 가늘지만 근계발달이 좋아 풍해 및 설해 등을 입지 않는다.
② 개체 간의 경쟁으로 연륜폭이 균일하게 되어 고급재를 생산할 수 있다.
③ 제벌 및 간벌 작업을 할 때 선목의 여유가 생겨 우량 임분으로 유도할 수 있다.
④ 수관의 울폐가 빨리 와서 표토의 침식과 건조를 방지하여 개벌에 의한 지력의 감퇴를 줄일 수 있다.

해설
밀식한 경우 근계 발달이 약해져 풍해 및 설해를 입게 된다.

19 점성이 있는 점토가 대부분인 토양은?

① 식토
② 사토
③ 석력토
④ 사양토

해설
식토는 진흙정도가 50% 이상이다.

정답 14. ④ 15. ③ 16. ③ 17. ② 18. ① 19. ①

20 산벌작업 중 결실량이 많은 해에 1회 벌채하여 종자가 땅에 떨어지도록 하는 것은?

① 종벌 ② 후벌
③ 예비벌 ④ 하종벌

해설
산벌작업의 종류인 예비벌, 하종벌, 후벌이 있는데 1회의 벌채를 목적으로 달성하는 것은 하종벌이다.

21 알락하늘소를 방제하는 방법으로 옳지 않은 것은?

① Bt 균이나 핵다각체바이러스를 살포한다.
② 성충이 우화하는 시기에 적용 약제를 수관에 살포한다.
③ 유충을 구제하기 위하여 침입공에 적용 약제를 주입한다.
④ 철사를 침입공에 넣어 목질부에 서식하고 있는 유충을 찔러 죽인다.

해설
Bt 균이나 핵다각체바이러스를 살포하여 방제하는 것은 매미나방에 효율적이며 알락하늘소에는 큰 효과가 없는 방제법이다.

22 밤바구미에 대한 설명으로 옳지 않은 것은?

① 경제적 피해 수종은 주로 밤나무이다.
② 밤껍질 밖으로 배설물을 방출하므로 쉽게 알 수 있다.
③ 유충이 밤이나 도토리의 과육을 식해하여 피해를 준다.
④ 땅 속에서 유충의 형태로 월동한 후에 번데기가 된다.

해설
밤바구미의 부화유충은 과실의 내부를 가해하는데 배설물을 외부로 배출하지 않아 피해 과실의 구별이 어렵다.

23 세균에 의한 수목병에 해당하는 것은?

① 녹병 ② 탄저병
③ 뿌리혹병 ④ 소나무재선충병

해설
세균에 의한 병해 종류로 불마름병, 뿌리혹병 등이 있다.

24 소나무류 잎녹병균 중간기주가 아닌 것은?

① 잔대 ② 황벽나무
③ 쑥부쟁이 ④ 졸참나무

해설
소나무 잎녹병의 중간기주로 황벽나무, 잔대, 참취, 쑥부쟁이 등이 있다.

25 약해에 대한 설명으로 옳지 않은 것은?

① 농약에 저항성인 개체가 출현한다.
② 가뭄, 강풍 직후 또는 비가 온 후에 일어나기 쉽다.
③ 줄기, 잎, 열매 등의 변색, 낙엽, 낙과 등이 유발되고 심하면 고사한다.
④ 넓은 의미로는 농약 사용 후에 수목이나 인축에 생기는 생리적 장해현상을 말한다.

해설
약해는 농약으로 인하여 발생되는 식물에 발생되는 해를 의미한다.

26 수목의 줄기를 주로 가해하는 해충은?

① 솔나방 ② 박쥐나방
③ 어스렝이나방 ④ 삼나무독나방

해설
박쥐나방은 주로 줄기를 가해하는 천공성 해충이다.

정답 20. ④ 21. ① 22. ② 23. ③ 24. ④ 25. ① 26. ②

27 솔잎혹파리가 겨울을 나는 형태는?
① 알   ② 성충
③ 유충   ④ 번데기

> 해설
> 솔잎혹파리는 지피물 아래나 땅속에서 유충형태로 월동한다.

28 균류의 영양기관이 아닌 것은?
① 균사   ② 포자
③ 균핵   ④ 자좌

> 해설
> 포자는 번식기관에 속한다.

29 아황산가스에 대한 저항성이 가장 큰 수종은?
① 전나무   ② 삼나무
③ 은행나무   ④ 느티나무

> 해설
> 은행나무, 무궁화는 아황산가스에 대한 저항성이 크다.

30 밤나무혹벌 방제법으로 가장 효과가 적은 것은?
① 천적을 이용한다.
② 등화유살법을 사용한다.
③ 내충성 품종을 선택하여 식재한다.
④ 성충 탈출 전의 충영을 채취하여 소각한다.

> 해설
> 등화유살법은 주로 주광성이 있는 나방류와 풍뎅이류에 적용한다.

31 완전변태과정을 거치지 않는 것은?
① 벌목   ② 나비목
③ 노린재목   ④ 딱정벌레목

> 해설
> 잠자리, 매미류, 노린재목 등은 불완전변태과정을 거친다.

32 세균에 의한 수목병은?
① 뽕나무 오갈병
② 소나무 줄기녹병
③ 포플러 모자이크병
④ 호두나무 뿌리혹병

> 해설
> 세균에 의한 수목병은 불마름병, 뿌리혹병 등이 대표적이다.

33 오리나무 갈색무늬병의 방제법으로 옳지 않은 것은?
① 윤작을 피한다.
② 종자소독을 한다.
③ 솎아주기를 한다.
④ 병든 낙엽은 모아 태운다.

> 해설
> 오리나무 갈색무늬병은 연작에 의한 피해가 심하기에 윤작을 통해 방제한다.

34 모잘록병 방제방법으로 옳지 않은 것은?
① 질소질 비료를 많이 준다.
② 병든 묘목은 발견 즉시 뽑아 태운다.
③ 병이 심한 묘포지는 돌려짓기를 한다.
④ 묘상이 과습하지 않도록 배수와 통풍에 주의한다.

> 해설
> 모잘록병 발생시 질소질비료를 많이 사용하게 되면 재발 및 확산의 위험성이 높아진다.

정답   27. ③   28. ②   29. ③   30. ②   31. ③   32. ④   33. ①   34. ①

35 태풍 피해가 예상되는 지역에서의 적절한 육림방법은?

① 갱신 시에 임분밀도는 높이는 것이 유리하다.
② 이령림은 유리하나 혼효림 조성은 효과가 크지 않다.
③ 간벌을 충분히 하여 수간의 직경생장을 증가시킨다.
④ 개벌이 불가피한 지역에서는 가급적 대면적으로 실시한다.

> 해설
> 간벌을 통해 직경생장을 촉진하며 직경생장을 통해 태풍이나 바람에 대한 저항성이 증가한다.

36 산림해충의 임업적 방제법에 속하지 않는 것은?

① 내충성 품종으로 조림하여 피해 최소화
② 혼효림을 조성하여 생태계의 안정성 증가
③ 천적을 이용하여 유용식물 피해 규모 경감
④ 임목밀도를 조절하여 건전한 임목으로 육성

> 해설
> 천적을 이용하는 방법은 생물적 방제법에 속한다.

37 곤충의 더듬이를 구성하는 요소가 아닌 것은?

① 자루마디 ② 채찍마디
③ 팔굽마디 ④ 도래마디

> 해설
> 도래마디는 곤충의 다리에 있는 둘째마디를 의미한다.

38 수목병을 예방하기 위한 숲가꾸기 작업에 해당하지 않는 것은?

① 제벌   ② 개벌
③ 풀베기 ④ 가지치기

> 해설
> 개벌작업은 수목병의 발생률이 높아진다.

39 약제 살포시 천적에 대한 피해가 가장 적은 살충제는?

① 훈증제   ② 접촉살충제
③ 소화중독제 ④ 침투성 살충제

> 해설
> 식물에 약제를 투입시키며 흡즙성 해충 처리에 유리하며 다른 곤충이나 천적등에 피해가 적다.

40 식물병을 유발하는 바이러스의 구조적 특성은?

① 고등생물의 일종이다.
② 단백질로만 구성되어 있다.
③ 동물 세포와 같은 구조를 지니고 있다.
④ 핵단백질로 이루어져 있고 입자상 구조를 띤 비세포성 생물이다.

> 해설
> 바이러스는 핵산과 단백질로 구성된 핵단백질로 세포벽이 없고 살아있는 기주세포에서만 증식이 가능한 비세포성 생물이다.

41 임지기망가의 최대치에 도달하는 속도를 빠르게 하기 위한 조건으로 옳지 않은 것은?

① 이율이 높을수록
② 조림비가 많을수록
③ 간벌수확이 많을수록
④ 주벌수확의 증대속도가 빠를수록

> 해설
> 조림비는 클수록 최대값 도달은 늦어진다.

정답 35. ③ 36. ③ 37. ④ 38. ② 39. ④ 40. ④ 41. ②

42 금년에 간벌수입이 100만원의 순수입이 있어 이를 연이율 10%로 하여 2년 후의 후가를 계산하면 얼마인가?

① 110만원 ② 121만원
③ 133만원 ④ 146만원

해설

후가계산공식인 $N = V(1+P)^n$에 대입하여 도출한다.
$100(1+0.1)^2 = 121$

43 임목의 연년생장률에 대한 설명으로 옳은 것은?

① 총생장량을 면적으로 나눈 백분율
② 정기생장량을 그 기간의 년수로 나눈 백분율
③ 총생장량을 벌기까지의 총년수로 나눈 백분율
④ 1년간의 생장량을 당초의 재적으로 나눈 백분율

해설

연년생장률은 1년간의 생장한 양을 기준 기간의 이전에 재적으로 나눈 백분율을 의미한다.

44 평균생장량과 연년생장량간의 관계를 옳게 설명한 것은?

① 초기에는 평균생장량이 연년생장량보다 크다.
② 평균생장량이 연년생장량에 비해 최대점에 빨리 도달한다.
③ 평균생장량이 최대가 될 때 연년생장량과 평균생장량은 같게 된다.
④ 평균생장량이 최대점에 이르기까지는 연년생장량이 평균생장량보다 항상 작다.

해설

초기에는 평균생장량보다 연년생장량이 크며 연년생장량의 최대점이 더 빨리 온다. 그리고 평균생장량의 최대점이 되기까지 연년생장량이 평균생장량보다 항상 크다.

45 임업조수익 중에서 임업소득이 차지하는 비율은?

① 임업의존율
② 임업소득율
③ 임업순수익율
④ 임업소득가계충족율

해설

임업소득률은 임업소득과 임업조수익의 백분율로 (임업소득/임업조수익)*100(%)이다.

46 산림경영의 지도원칙으로 옳지 않은 것은?

① 수익성의 원칙
② 공공성의 원칙
③ 기회비용의 원칙
④ 합자연성의 원칙

해설

기회비용의 원칙은 부동산 관련 원칙이며 산림경영 지도원칙으로는 수익성, 경제성, 생산성, 공공성, 보속성, 합자연성의 원칙이 있다.

47 손익분기점 분석을 위한 가정에 대한 설명으로 옳지 않은 것은?

① 제품의 생산능률은 변화한다.
② 제품 한 단위당 변동비는 항상 일정하다.
③ 고정비는 생산량의 증감에 관계없이 항상 일정하다.
④ 제품의 판매가격은 판매량이 변동하여도 변화되지 않는다.

해설

손익분기점 분석시 제품의 생산능률은 변화가 없음을 가정한다.

정답 42. ② 43. ④ 44. ③ 45. ② 46. ③ 47. ①

48 국가산림자원조사에서 적용되는 산림의 정의로 옳지 않은 것은?

① 최소 폭이 30m 이상
② 최소 면적 0.5ha 이상
③ 산림으로 회복될 가능성이 있는 미립목지 또는 죽림도 포함
④ 수고가 최소한 10m까지 자랄 수 있는 임목의 수관 밀도 30%이상

해설
국가산림자원조사에서 산림의 정의시 수고는 최소 5m 까지 자랄 수 있는 임목의 수관밀도 10%이상을 조건으로 한다.

49 임목의 흉고직경(DBH)을 측정하기 위해 사용되는 여러 가지 기구가 있다. 다음 중 나무의 둘레를 측정하여 직접 직경을 구할 수 있도록 고안된 기구는?

① 윤척(Caliper)
② 직경테이프(Diameter Tape)
③ 빌티모아 스티크(Biltmore Stick)
④ 슈피겔 렐라스코프(Spiegel Relascope)

해설
직경테이프는 임목의 둘레를 측정하는 장비이다. 휴대가 간편하고 크기의 제한을 받지 않는다.

50 임업소득의 계산방법 중 옳은 것은?

① 가족노동에 귀속하는 소득 = 임업소득-(지대+자본이자)
② 경영관리에 귀속하는 소득 = 임업소득-(지대+자본이자)
③ 임지에 귀속하는 소득 = 임업소득-(지대+가족노임추정액)
④ 자본에 귀속하는 소득 = 임업순수익-(지대+자본이자)

해설
임업소득은 임산물의 생산과 판매를 통해 임가가 얻는 소득으로서 임업조수입에서 임업경영비를 빼면 구할 수 있다.

51 임업소득이 5백만원이고 임가소득이 1천만원일 때 임업의존도는?

① 0.5% ② 5%
③ 50% ④ 200%

해설

$$임업의존도 = \frac{임업소득}{임가소득} \times 100$$
$$= \frac{500 만원}{1000 만원} \times 100 = 50\%$$

52 투자효율의 결정방법 중 화폐의 시간적 가치를 고려하지 않는 것은?

① 순현재가치법
② 투자이익율법
③ 수익비용율법
④ 내부투자수익율법

해설
화폐의 시간적 가치를 고려하지 않는 투자효율 분석방법으로 회수기간법, 투자이익율법이 있다.

53 산림경영계획을 위한 지황조사에서 유효토심의 구분 기준으로 옳은 것은?

① 천 : 유효토심 20cm 미만
② 중 : 유효토심 20~30cm
③ 경 : 유효토심 30~60cm
④ 심 : 유효토심 60cm 이상

해설
유효토심의 기준으로 천(토심 30cm 미만), 중(토심 30~60cm미만), 심(토심 60cm 이상) 으로 구분한다.

정답 48. ④ 49. ② 50. ① 51. ③ 52. ② 53. ④

54 다음 조건에서 정액법에 의한 감가상각비는?

> ◎ 기계톱 구입비 : 35만원
> ◎ 폐기 시 잔존가액 : 5만원
> ◎ 사용연수 : 5년

① 5만원/년   ② 6만원/년
③ 7만원/년   ④ 8만원/년

해설

$$\frac{구입가격 - 폐물가격}{내용연수} = \frac{35만원 - 5만원}{5년} = 6만원/년$$

55 수간석해를 통하여 계산할 수 없는 것은?

① 근주재적   ② 지조재적
③ 소단부재적 ④ 결정간재적

해설

수간재적은 계산시 초단부재적, 근주재적, 결정간재적을 나누어 계산후 총재적으로 합산한다.

56 산림투자에 있어서 미래상황의 불확실성을 투자분석에 포함시킨 것은?

① 회수기간법   ② 감응도분석
③ 내부수익률법 ④ 순현재가치법

해설

감응도분석 미래에 불확실한 투자 분석에 포함하여 어느정도 민감하게 변화되는지를 예측 하는 것으로 생산량, 사업기간 지연, 생산물 가격, 노임, 자재비용(원료 및 원자재) 등이 있다.

57 기준벌기령 이상에 해당하는 임지에서 수확을 위한 벌채가 아닌 것은?

① 골라베기   ② 모두베기
③ 솎아베기   ④ 모수작업

해설

솎아베기는 기준벌기령 이전에 실시하여 관리와 중간 수입을 얻는데 중점을 둔다.

58 정적임분생장모델에 해당하는 것은?

① 수확표   ② 산림조사부
③ 확률밀도함수 ④ 누적밀도함수

해설

임분생장모델의 관리방법 중 정적임분생장모델은 고정된 상태에서 임분의 생장 및 수확을 예측하는 모델로 가장 간단한 형태로 수확표가 있다.

59 경영계획구 내에서 수종, 작업종, 벌기령이 유사하여 공통적으로 시업을 조절할 수 있는 임분의 집단은?

① 임반   ② 작업급
③ 시업단 ④ 벌채열구

해설

작업급은 수종, 작업종, 벌기령이 유사한 임분의 집단을 말한다.

60 자연휴양림의 수림 공간 형성 특성 중 레크레이션 활동 공간으로써 자유도가 가장 높은 구역은?

① 산개림형 ② 열개림형
③ 소생림형 ④ 밀생림형

해설

밀생림형이 레크레이션의 활동 공간으로는 부적합하나 교육적 활동은 가능한 수림형이다. 레크레이션 이용 밀도로 산개림이 가장 높고 다음으로 소생림, 밀생림 순서이다.

61 임도설계시 각 측점의 단면적마다 절토고, 성토고 및 단면적의 물량을 기입하는 설계도는?

① 평면도   ② 종단면도
③ 횡단면도 ④ 구조물도

해설

횡단면도는 각 측점의 단면의 지반고, 계획고, 절토고, 성토고, 단면적, 지장목의 제거, 사면보호공의 물량등을 기입하여 토적계산 자료로 활용한다.

정답 54. ② 55. ② 56. ② 57. ③ 58. ① 59. ② 60. ① 61. ③

62 반출할 목재의 길이가 15m, 임도의 노폭이 3m 일 때 이 목재를 운반할 수 있는 최소 곡선반지름은 약 얼마인가?(단, 차량의 운반 속도는 매우 느리다고 가정한다.)

① 12.3m   ② 14.1m
③ 18.8m   ④ 20.1m

<u>해설</u>
최소곡선반지름
$$R = \frac{l^2}{4B} = \frac{15^2}{4 \times 3} = \frac{225}{12} ≒ 18.8$$
여기서, R : 곡선반지름(m)
        l : 통나무길이(m)
        B : 노폭(m)

63 흙의 입도분포의 좋고 나쁨을 나타내는 균등계수의 산출식으로 옳은 것은? (단, 통과중량백분율 X에 대응하는 입경은 D_X라 한다.)

① $D_{50} \div D_{20}$ ② $D_{10} \div D_{60}$
③ $D_{20} \div D_{50}$ ④ $D_{60} \div D_{10}$

<u>해설</u>
균등계수
균등계수는 체로 분류하여 60% 통과율을 나타내는 모래 입자의 크기 비율로 나타낸다.
$$균등계수 = \frac{통과중량백분율 60\% 대응입경}{통과중량백분율 10\% 대응입경}$$
$$= \frac{D_{60}}{D_{10}}$$

64 임도의 노체를 구성하는 기본적인 구조가 아닌것은?

① 노상   ② 기층
③ 표층   ④ 노층

<u>해설</u>
임도의 구조는 표면을 시작으로 표층, 기층, 노반, 노상으로 구성되며 이때 노상과 노반을 합쳐 노면이라 부르기도 한다.

65 임도시공 현장에서의 안전사고 대책으로 옳지 않은 것은?

① 작업장의 정리정돈은 작업의 편의를 위하여 작업상태 그대로 둘 것
② 노무자에게 작업목적과 시공상의 문제점에 대하여 충분히 숙지시킬 것
③ 시공기계 기종이 선정되면 사용 전후에 여러 가지 안전대책을 강구할 것
④ 기계화 시공에는 여러 가지 재해가 발생할 위험이 있으므로 안전대책을 마련할 것

<u>해설</u>
작업장은 안전 및 작업의 효율을 위해 항상 정리정돈한다.

66 1/25,000 지형도에서 임도의 종단물매 10%의 노선을 긋고자 한다. 등고선간의 도상 거리를 얼마로 해야 하는가?

① 4mm   ② 5mm
③ 6mm   ④ 7mm

<u>해설</u>
1/25000 지형도는 등고선 간격의 기준이 10m 이다. 즉 종단물매가 10% 이므로 수평거리는 등고선간격 10m ÷ 물매 0.1% = 100m 임을 도출할 수 있다. 1 : 25000 = 도상거리 : 100 → 도상거리 : 4mm

67 옹벽의 종류 중 형식에 의한 분류가 아닌 것은?

① L자형 옹벽   ② 중력식 옹벽
③ 부벽식 옹벽   ④ 콘크리트 옹벽

<u>해설</u>
콘크리트 옹벽의 경우 재료에 의한 분류이다

정답 62. ③ 63. ④ 64. ④ 65. ① 66. ① 67. ④

68 임도의 곡선을 결정할 때 외선길이가 10m이고 교각이 90°인 경우 곡선반지름은?

① 약 14m   ② 약 24m
③ 약 34m   ④ 약 44m

해설
외선길이와 교각이 주어진 경우 아래의 교각법 공식을 이용하여 구한다.

외선길이 = 곡선반지름 $[\sec(\frac{\theta}{2}) - 1]$

$10 = $ 곡선반지름 $\times [\sec(\frac{90}{2}) - 1]$

곡선반지름 $= 10 \div 0.4142 = 24.14 ≒ 24$

69 임도측량 방법으로 영선측량과 중심선측량을 비교한 설명으로 옳지 않은 것은?

① 영선은 절토작업과 성토작업의 경계선이 되기도 한다.
② 산지경사가 완만할수록 중심선이 영선보다 안쪽에 위치하게 된다.
③ 산지경사가 45%~55% 정도일 때 중심선과 영선이 거의 일치한다.
④ 중심선 측량은 지형상태에 따라 파상지형의 소능선과 소계곡을 관통하며 진행된다.

해설
산지경사가 급할수록 중심선이 영선보다 안쪽에 위치하게 된다.

70 임도 내 교량에 적용되는 종단기울기는? (단, 특별한 장소 제외)

① 적용하지 아니한다.
② 2% 미만
③ 4% 미만
④ 6% 미만

해설
교량에 종단기울기는 특별한 장소를 제외하고 적용하지 않는다.

71 임도에서 최소 종단기울기를 유지해야 하는 이유로 가장 옳은 것은?

① 시공시 성토면의 토량을 확보하여 시공비를 절약하기 위해
② 시공비용이 높기 때문에 벌채점까지 신속히 접근시키기 위해
③ 임도 표면에 잡초들의 발생을 예방하여 유지비를 절약하기 위해
④ 임도 표면의 배수를 용이하게 하여 임도 파손을 막고 유지비를 절약하기 위해

해설
종단기울기는 길 중심선의 수평면에 대한 기울기로 종단기울기를 유지하여 배수를 원활하게 하고 토양침식과 차량에 의한 파손을 막는다.

72 임도 관련 법령에 따른 산림기반시설에 해당되지 않는 것은?

① 간선임도   ② 지선임도
③ 산정임도   ④ 작업임도

해설
임도 관련 법령에 따른 산림기반시설로 간선임도, 지선임도, 작업임도가 있다.

73 임도 설계 시 일반적인 곡선설정법이 아닌 것은?

① 교각법   ② 교회법
③ 편각법   ④ 진출법

해설
임도 설계 시 일반적인 곡선설정으로 교각법, 편각법, 진출법을 이용한다. 교회법은 평판측량의 방법이다.

정답 68. ② 69. ② 70. ① 71. ④ 72. ③ 73. ②

74 임도망 계획 시 고려해야 할 사항으로 옳지 않은 것은?

① 운재비가 적게 들도록 한다.
② 신속한 운반이 되도록 한다.
③ 운재 방법이 다양하도록 한다.
④ 계절에 따른 운반능력의 제한이 없도록 한다.

해설
운재방법은 단일화 할수록 효율적이다.

75 임도 노면 시공방법으로 머캐덤이라고도 불리는 것은?

① 사리도
② 토사도
③ 쇄석도
④ 통나무길

해설
쇄석도는 쇄석(부순돌)끼리 서로 물려서 죄는 힘과 결합력에 의해 만들어진 단단한 도로이다. 쇄석도는 보통 습기가 많은 지대의 임도에서 사용되는데 이때 쇄석도의 시공시 머캐덤식은 쇄석재료로만 시공한 도로이다.

76 다음 중 가선집재의 장점이 아닌 것은?

① 임지와 입목의 피해가 적다.
② 지형조건의 영향을 덜 받는다.
③ 낮은 임도밀도에서도 작업이 가능하다.
④ 장비의 가격이 저렴하고, 숙련된 기술을 요하지 않는다.

해설
가선집재는 장비가 고가이고 숙련된 기술이 필요하다.

77 길어깨 및 옆도랑의 최소너비 기준으로 옳은 것은?

① 20cm
② 30cm
③ 40cm
④ 50cm

해설
길어깨 및 옆도랑의 최소너비의 범위는 50cm~100cm이다.

78 모터그레이더를 사용 목적에 의하여 분류한 것으로 가장 옳은 것은?

① 전압기계
② 굴착기계
③ 운반기계
④ 정지기계

해설
모터그레이더는 정지 작업인 노면 깎기, 노면 다지기 등의 작업에 적합한 장비이다.

79 산악지대의 임도망 구축에 있어 지형에 대응한 노선선정 방식에 대한 설명으로 옳지 않은 것은?

① 산정부에 배치되는 임도는 순환식 노선이 좋다.
② 능선임도는 임도노선 배치방식 중 건설비가 가장 적게 든다.
③ 계곡 임도는 계곡보다 약간 위의 사면에 설치하는 것이 좋다.
④ 급경사의 긴 비탈면에 설치하는 사면임도는 대각선 방식이 적당하다.

해설
급경사의 긴 비탈면에 설치하는 사면임도의 경우 지그재그 방식이 적당하다.

80 토사지역에서 절토 경사면의 설계 기준은?

① 1 : 0.3 ~ 0.8
② 1 : 0.5 ~ 0.8
③ 1 : 0.5 ~ 1.2
④ 1 : 0.8 ~ 1.5

해설
토사지역의 절토 사면 설치 기준은 기울기 1 : 0.8 ~ 1.5 이다. 암석지의 경우 경암은 1 : 0.3 ~ 0.8 정도이다.

정답 74. ③ 75. ③ 76. ④ 77. ④ 78. ④ 79. ④ 80. ④

81 경사가 완만하고 상수가 없으며 유량이 적고 토사의 유송이 없는 곳에 가장 적합한 산복수로는?

① 떼붙임 수로   ② 메쌓기 돌수로
③ 찰쌓기 돌수로 ④ 콘크리트 수로

해설
떼붙임 수로는 비탈면의 경사가 비교적 작고 유량이 적은 곳에 적합하다.

82 메쌓기 높이가 1.5m 일 때 기울기의 기준으로 옳은 것은?

① 흙쌓기의 경우 1 : 0.20
② 땅깎기의 경우 1 : 0.20
③ 흙쌓기의 경우 1 : 0.30
④ 땅깎기의 경우 1 : 0.30

해설
메쌓기의 높이가 2m 이하의 흙쌓기의 경우 기울기 기준은 1 : 0.3 이다.

83 빗물에 의한 토양이 침식되는 과정의 순서로 옳은 것은?

① 면상 → 우적 → 구곡 → 누구
② 우적 → 면상 → 구곡 → 누구
③ 면상 → 우적 → 누구 → 구곡
④ 우적 → 면상 → 누구 → 구곡

해설
강우침식은 처음 우격침식을 시작으로 면상침식, 누구침식, 구곡침식 순서로 진행된다.

84 황폐 계천에 설치하는 사방 공작물로 토사퇴적구역에 가장 적합한 것은?

① 사방댐   ② 말뚝박기
③ 모래막이   ④ 바자얽기

해설
모래막이는 토사유출이 심한 곳에 설치하여 토사의 침적을 유도하는 구조물이다.

85 돌골막이 공법에서 돌쌓기의 표준 기울기로 옳은 것은?

① 1 : 0.1   ② 1 : 0.2
③ 1 : 0.3   ④ 1 : 0.4

해설
돌골막이의 기울기 기준은 1:0.3으로 하며 길이는 4~5m, 높이 2m 이내로 축설한다.

86 중력식 콘크리트 사방댐의 구조에 포함되지 않는 것은?

① 물받이   ② 방수로
③ 밑막이   ④ 댐둑어깨

해설
중력식 콘크리트 사방댐의 구조에는 댐둑어깨, 방수로, 물빼기구멍, 물받이, 물방석 등이 있다.

87 유역면적이 10ha 이고 최대시우량이 150 mm/hr일 때 임상이 좋은 산림지역의 최대홍수유량은?(단, 유거계수는 0.35)

① 약 0.14 m^3/sec
② 약 1.46 m^3/sec
③ 약 14.58 m^3/sec
④ 약 145.83 m^3/sec

해설
0.002778×0.35×150×10=1.45854 → 약 1.46 m^3/sec
※ 합리식법
Q = 0.002778CIA
Q : 유출량(m^3/sec)
C : 유거계수
I : 최대시우량(mm/hr)
A : 유역면적(ha)

정답 81. ① 82. ③ 83. ④ 84. ③ 85. ③ 86. ③ 87. ②

88 비탈면에 설치하는 소단의 효과가 아닌 것은?

① 시공비를 절약할 수 있다.
② 비탈면의 안정성을 높인다.
③ 유지보수작업 시 작업원의 발판으로 이용할 수 있다.
④ 유수로 인하여 비탈면에서 발생하는 침식의 진행을 방지한다.

> **해설**
> 소단(단끊기 공사)은 붕괴 위험이 있는 지역에 사면길이 3~5m 마다 50~100cm 단의 폭을 끊어 소단을 설치한다. 안전을 위해 공사가 추가되는 개념으로 시공비가 절약되지는 않는다.

89 야계사방의 주요 목적으로 옳지 않은 것은?

① 유송토사 억제 및 조정
② 산각의 고정과 산복의 붕괴방지
③ 계상 기울기를 완화하여 계류의 침식 방지
④ 계류의 수질 정화와 산림 황폐지로 인한 재해 방지

> **해설**
> 야계사방공사는 계류의 유속을 줄이고 침식을 방지하는 것이 목적으로 한다.

90 야계사방 둑쌓기에서 계획홍수량이 200~250m³/s 인 경우 둑높이 여유고의 기준은?

① 0.6m 이상   ② 0.8m 이상
③ 1.0m 이상   ④ 1.5m 이상

> **해설**
> 계획홍수량이 200~250m³/s 인 경우 둑높이 여유고는 0.8m 이상이다

91 불투과형 중력식 사방댐의 형태인 흙댐의 시공요령으로 내심벽을 만들 때 사용하는 것은?

① 모래   ② 자갈
③ 점토   ④ 호박돌

> **해설**
> 점토의 경우 건조시 강성을 띠게 되며 처리방법에 따라 강철처럼 견고해지기도 한다. 또한 일반적인 점토는 입자경이 작아 불투과형 중력식 사방댐의 심벽에 시공이 적합하다.

92 야계사방에 해당하는 공종이 아닌 것은?

① 사방댐   ② 흙막이
③ 바닥막이   ④ 기슭막이

> **해설**
> 야계사방공사는 골막이, 바닥막이, 기슭막이, 수제, 계간수로, 사방댐 등이 있다.

93 막깬돌의 길이는 앞면의 몇 배 이상으로 하는가?

① 0.5배   ② 1.0배
③ 1.5배   ④ 2.0배

> **해설**
> 막깬돌은 견치돌과 유사하나 견치돌과는 달리 일정한 규격에 의하여 만드는 돌이 아니라 대체로 옆면을 직사각형과 유사하게 막 깬 석재로서 앞면의 1.5배 이상으로 한다.

94 사방댐 안정조건의 검토 항목으로 옳지 않은 것은?

① 유출에 대한 안정
② 전도에 대한 안정
③ 제체파괴에 대한 안정
④ 기초지반 지지력에 대한 안정

> **해설**
> 중력댐의 안정조건으로 전도에 대한 안정, 활동에 대한 안정, 제체의 파괴에 대한 안정, 기초지반의 지지력에 대한 안정이 있다.

정답 88. ① 89. ④ 90. ② 91. ③ 92. ② 93. ③ 94. ①

95 사방공사용 재래 초본류에 해당하는 것은?

① 억새   ② 오리새
③ 겨이삭   ④ 우산잔디

해설
사방공사용 재래 초본류로 김의털, 까치수영, 억새 등이 있다.

96 콘크리트블록과 같은 가벼운 블록으로 비탈면을 처리하기 곤란한 지역에서 거푸집을 설치하고 콘크리트치기를 하여 비탈안정을 위한 틀을 만드는 비탈 안정공법은?

① 비탈 힘줄박기 공법
② 비탈 블록 붙이기 공법
③ 비탈 격자틀 붙이기 공법
④ 비탈 지오웨브 공법

해설
비탈 힘줄박기는 직접 거푸집을 설치하고 콘크리트를 이용해 비탈면의 안정을 도모하는데 이때 뼈대인 힘줄을 박고 흙이나 돌로 채우는 공법이다.

97 사방댐의 방수로 크기를 결정할 때 직접적으로 관계가 없는 것은?

① 암반상태   ② 집수면적
③ 황폐상황   ④ 강수량

해설
방수로의 크기 결정요인으로 집수면적, 산림상태(황폐정도), 강수량, 경사가 있다.

98 다음 중 수제의 높이를 결정할 때 고려되어야 할 사항으로 가장 거리가 먼 것은?

① 유수의 저항   ② 유수의 전석
③ 하상의 변화   ④ 하상의 크기

해설
수제의 높이는 유수의 저항, 유수의 전석, 하상의 변화, 근부의 높이를 고려한다.

99 해안과 일반적인 주풍방향의 설명 중 틀린 것은?

① 모래언덕은 주풍과 밀접한 관계가 있다.
② 해안지방에서의 주풍은 대부분 바다에서 육지를 향해 분다.
③ 주풍방향과 해안선의 각도가 직각일 경우에 주풍이 파도와 모래에 미치는 영향은 가장 적다.
④ 바람은 파도와 연안류를 일으키며, 파도로 육지에 밀려온 모래를 이동시키는 원동력이 된다.

해설
주풍방향과 해안선의 각이 직각일 경우 주풍이 파도와 모래에 미치는 영향이 크다.

100 해풍에 의해 날리는 모래를 억류하고 퇴적시켜 인공사구를 조성하기 위해 사용하는 사방공법은?

① 비탈덮기   ② 떼붙이기
③ 퇴사울세우기   ④ 목책세우기

해설
퇴사울세우기 공법은 해안 사구에 바람으로 인하여 이동하는 모래를 안정시키는 공법이다.

정답 95. ① 96. ① 97. ① 98. ④ 99. ③ 100. ③

기사 CBT 제3회 — 산림기사

** 본문제는 수험생들의 기억을 바탕으로 작성 된 것으로 실제 문제와 차이가 있을 수 있습니다.

01 어린나무가꾸기에 대한 설명으로 옳은 것은?

① 조림목은 제거하지 않는다.
② 간벌 작업 이전에 실시한다.
③ 생육 휴면기인 겨울철이 적정시기이다
④ 일반적으로 수관경쟁이 시작되고 조림목의 생육이 저해되는 시점이 적정 시기이다

[해설]
작업은 조림후 5~10년이 경과한 임분에 실시하며 수관경쟁이 시작될 무렵 실시한다.

02 다음 ( ) 안에 들어갈 용어로 올바르게 나열한 것은?

- 중림작업은 ( ) 작업과 ( ) 작업의 혼합림 작업이다.

① 교림, 죽림   ② 교림, 왜림
③ 죽림, 순림   ④ 죽림, 왜림

[해설]
중림작업은 교림작업과 왜림작업은 혼합한 갱신작업이다.

03 수목의 증산작용에 대한 설명으로 옳지 않은 것은?

① 잎의 온도를 낮추어 준다.
② 무기염의 흡수와 이동을 촉진시키는 역할을 한다.
③ 식물의 표면으로부터 물이 수증기의 형태로 방출되는 것을 의미한다.
④ 증산작용을 할 수 없는 100% 의 상대습도에서는 식물이 자라지 못한다.

[해설]
상대습도 100% 에서도 식물은 생장가능하다.

04 비료목에 해당하는 수종으로만 올바르게 나열한 것은?

① 자귀나무, 가시나무, 백합나무
② 자귀나무, 오리나무, 족제비싸리
③ 오리나무, 졸참나무, 물푸레나무
④ 아까시나무, 나도밤나무, 물푸레나무

[해설]
비료목의 종류에는 아까시나무, 자귀나무, 싸리나무, 박태기나무, 등나무, 칡, 오리나무 등이 있다.

정답 01. ④ 02. ② 03. ④ 04. ②

05 삽목 발근이 용이한 수종만으로 올바르게 나열한 것은?

① 감나무, 자작나무
② 백합나무, 사시나무
③ 꽝꽝나무, 동백나무
④ 두릅나무, 산초나무

> **해설**
> 포플러, 은행나무, 주목, 개나리, 꽝꽝나무, 동백나무 등은 삽목발근이 용이한 수종이다.

06 순림과 비교한 혼효림의 장점으로 옳지 않은 것은?

① 생물의 다양성이 높다.
② 환경적 기능이 우수하다.
③ 병해충에 대한 저항력이 크다.
④ 무육작업과 산림경영이 경제적이다.

> **해설**
> 무육작업과 산림경영이 경제적인 것은 단일수종인 단순림에 대한 내용으로 혼효림의 경우 시장성, 경제성 측면에는 상대적으로 불리하다.

07 택벌에 대한 설명으로 옳지 않은 것은?

① 양수 수종의 갱신에 유리하다.
② 기상 피해에 대한 저항력이 높다.
③ 임관이 항상 울폐된 상태를 유지한다.
④ 경관적 가치가 다른 작업종에 비해 높다.

> **해설**
> 택벌작업은 벌기, 벌채량, 방법 등 제한이 없고 성숙한 임목을 골라 벌채하는 방법으로 음수 수종에 유리하고 양수 수종에는 적용이 어렵다.

08 우리나라 산림대에 대한 설명으로 옳지 않은 것은?

① 연평균 기온에 따라 구분된다.
② 온대림이 차지하는 면적이 가장 넓다.
③ 멀구슬나무, 녹나무, 모새나무는 난대림의 특징 수종이다.
④ 한라산보다는 설악산에서 난대, 온대, 한대의 수직적 분포가 잘 나타난다.

> **해설**
> 우리나라 한라산은 난대, 온대, 한대의 수직적 분포가 잘 나타나며 설악산은 온대와 한대의 수직적 분포가 나타난다.

09 꽃의 구조와 종자 및 열매의 구조가 올바르게 연결된 것은?

① 주심 – 배
② 주피 – 종피
③ 배주 – 열매
④ 씨방 – 종자

> **해설**
> 종자의 구조발달 관계상 주피는 종피(씨껍질)와 연결된다.

10 조림지의 풀베기 작업에 대한 설명으로 옳은 것은?

① 모두베기는 음수를 조림한 지역에서 적합하다.
② 풀베기 작업의 시기는 가을철인 9월에 실시한다.
③ 한풍해가 우려되는 조림지에서는 둘레베기가 바람직하다.
④ 전나무 조림지에 대한 풀베기 작업은 조림 후 2년 이내에 종료한다.

> **해설**
> 한해나 풍해가 우려되는 조림지는 둘레베기를 통해 한풍해를 경감시킬 수 있다.

정답 05. ③ 06. ④ 07. ① 08. ④ 09. ② 10. ③

11 파종상을 만들고 실시하는 경운작업에 대한 설명으로 옳지 않은 것은?

① 시비의 효과를 고르게 한다.
② 토양이 팽윤해지고 공기와 수분의 유통이 좋아진다.
③ 토양의 보수력, 흡열력 및 비료의 흡수력이 증가한다.
④ 잡초의 뿌리는 땅속 깊이 묻어주고 잡초의 종자는 땅 위로 노출되게 한다.

> **해설**
> 경운작업은 토양의 투수성, 통기성 등이 개선되는 장점이 있으나 풍화작용이나 토양침식이 빨라지는 단점이 있다. 토양의 이화학적 성질의 변화 외에도 잡초발생을 억제시킨다.

12 모수작업에서 모수에 대한 설명으로 옳은 것은?

① 열세목을 대상으로 선발한다.
② 유전적 형질과는 관련이 없다.
③ 바람에 대한 저항력이 높아야 한다.
④ 종자를 적게 생산하는 개체 중에서 택한다.

> **해설**
> 모수작업은 양수 수종에 적합하며 바람에 대한 저항력이 강해야 한다.

13 대립 종자를 파종하는데 가장 알맞은 방법은?

① 점파   ② 산파
③ 상파   ④ 조파

> **해설**
> 대립 종자의 경우 일정 간격으로 종자를 1~3립 파종하는 방법인 점파가 적합하며 대표 수종 밤나무, 참나무류, 호두나무, 은행나무 등이 있다.

14 가지치기의 장점으로 옳지 않은 것은?

① 무절재 생산
② 부정아 발생 감소
③ 연륜폭을 고르게 함
④ 산불로 인한 수관화 피해 경감

> **해설**
> 가지치기에 의해 부정아 줄기가 발생하기에 증가한다.

15 종자의 정선방법으로만 올바르게 나열한 것은?

① 사선법, 풍선법, 수선법
② 봉타법, 유궤법, 침수법
③ 구도법, 사선법, 풍선법
④ 수선법, 도정법, 부숙법

> **해설**
> 종자의 정선방법으로 입선법, 풍선법, 사선법, 액체선법이 있다.

16 인공조림과 천연갱신에 대한 설명으로 옳지 않은 것은?

① 천연갱신은 산림 작업 및 임분 관리가 용이하다.
② 천연갱신은 성림으로 조성하는 데 오랜 기간이 소요된다.
③ 인공조림은 임지생산력과 조림성과의 저하를 초래할 수 있다.
④ 인공조림은 묘목의 근계발육이 부자연스럽고 각종 재해에 취약할 수 있다.

> **해설**
> 천연갱신보다 인공조림이 산림 작업 및 임분 관리가 용이하다.

정답 11. ④ 12. ③ 13. ① 14. ② 15. ① 16. ①

17 어린나무 가꾸기 작업에 대한 설명으로 옳은 것은?

① 여름철에 실시하는 것이 좋다.
② 제초제 또는 살목제를 사용하지 않는다.
③ 윤벌기 내에 1회로 작업을 끝내는 것이 원칙이다.
④ 일반적으로 벌채목을 이용한 중간 수입을 기대할 수 있다.

해설
어린나무가꾸기는 주로 6~9월 실시하며 11월 말에는 완료하도록 한다.

18 정아우세현상을 억제시키는 호르몬은?

① 옥신   ② 지베렐린
③ 아브시스산   ④ 사이토키닌

해설
사이토키닌의 생리적 효과로는 세포분열, 기관형성, 노쇠지연, 정아우세 소멸, 종자발아 촉진, 엽록체 발달 및 엽록소 합성 촉진 등의 효과가 있다.

19 종자의 순량률을 구하는 산식에 필요한 사항으로만 올바르게 나열한 것은?

① 순정 종자의수, 전체 종자의 수
② 순정 종자의 무게, 전체 종자의 무게
③ 발아 된 종자의 수, 발아되지 않은 종자의 수
④ 발아 된 종자의 무게, 발아되지 않은 종자의 무게

해설
순량률은 작업을 하는 전체 종자의 무게와 순정종자의 무게의 백분율이다

20 일본잎갈나무, 소나무, 삼나무, 편백 등의 종자 저장 및 발아 촉진에 가장 효과가 있는 종자 처리 방법은?

① 고온 처리법   ② 냉수 처리법
③ 황산 처리법   ④ 기계적 처리법

해설
냉수처리법은 물을 수시로 교환해 주면서 물을 충분히 흡수시켜 파종하는 방법으로 낙엽송, 삼나무, 편백, 소나무 등에 적합한 방법이다.

21 미국흰불나방은 1년에 몇 회 우화하는가?

① 1회   ② 2~3회
③ 4~5회   ④ 6회

해설
미국흰불나방은 1년에 2회 발생하고 번데기 형태로 나무껍질 사이에 월동한다.

22 박쥐나방에 대한 설명으로 옳지 않은 것은?

① 어린 유충은 초본을 가해한다.
② 성충은 박쥐처럼 저녁에 활발히 활동한다.
③ 성충은 나무에 구멍을 뚫어 알을 산란한다.
④ 1년 또는 2년에 1회 발생하며 알로 월동한다.

해설
박쥐나방 성충은 땅에 알을 산란한다.

정답 17. ① 18. ④ 19. ② 20. ② 21. ② 22. ③

23 수목의 외과적 치료 방법에 대한 설명으로 옳은 것은?

① 나무주사를 이용하는 방법이다.
② 부후병, 뿌리썩음병에는 효과가 없다.
③ 뽕나무 오갈병, 오동나무 빗자루병에는 효과가 없다.
④ 살균제 성분을 이용하여 수목 피해를 예방하는 것이다.

해설
뽕나무 오갈병, 오동나무 빗자루병은 파이토플라스마에 의해 발생하며 약제를 수간주입하여 치료하는 것이 효과적이며 외과적 치료방법에는 효과가 없다.

24 아밀라리아뿌리썩음병에 대한 설명으로 옳은 것은?

① 주로 천공성 곤충으로 전반된다.
② 침엽수와 활엽수에 모두 발생한다.
③ 표징으로 갈색의 파상땅해파리버섯이 있다.
④ 병원균은 균핵으로 월동하여 이듬해에 1차 전염원이 된다.

해설
아밀라리아뿌리썩음병은 침엽수(잣나무, 소나무, 가문비나무 등)와 활엽수(벚나무, 오리나무류, 느티나무 등)에 모두 발생한다.

25 주로 단위생식으로 번식하는 해충은?

① 솔나방　　② 밤나무혹벌
③ 솔잎혹파리　④ 북방수염하늘소

해설
암컷만으로 하는 생식을 단위생식, 처녀생식이라 하며 대표적으로 밤나무혹벌, 민다듬이벌레 등이 있다.

26 파이토플라스마에 대한 설명으로 옳지 않은 것은?

① 인공 배양이 불가능하다.
② 원핵생물과 진핵생물의 중간적 존재이다.
③ 세포벽이 없으므로 구형 또는 불규칙한 모양이다.
④ 파이토플라스마에 의한 수목병은 대부분 곤충에 의해 전염된다.

해설
파이토플라스마는 바이러스와 세균의 중간적 존재로 생물계에서는 원핵생물의 일종으로 분류된다.

27 밤나무 줄기마름병을 방제하는 방법으로 옳은 것은?

① 침투 이행성 살균제를 피해목 수간에 주입한다.
② 외가닥 RNA가 존재하는 저병원성 균주를 살포한다.
③ 박쥐나방에 의한 피해를 줄이기 위하여 살충제를 살포한다.
④ 상습 발생지에서는 장마 후부터 10일 간격으로 살균제를 3~4회 살포한다.

해설
밤나무 줄기마름병은 박쥐나방과 같이 나무에 구멍을 내는 해충의 피해를 줄이기 위해 살충제를 살포한다.

28 산불 예방 및 산불 피해 최소화를 위한 방법으로 효과적이지 않은 것은?

① 방화선 설치
② 일제 동령림 조성
③ 가연성 물질 사전 제거
④ 간벌 및 가지치기 실시

해설
산불예방에 있어 동령림보다는 이령림이 더 효과적이다.

정답 23. ③　24. ②　25. ②　26. ②　27. ③　28. ②

29 천공성 해충을 방제하는데 가장 적합한 방법은?

① 경운법 ② 소살법
③ 온도처리법 ④ 번식장소 유살법

해설
천공성 해충들은 통나무 등 번식장소를 제공하여 유인한 후 소각하는 방법이 효과적이다. 번식장소 유살법은 해충의 방제방법 중 기계적 방제법에 속한다.

30 가해하는 수목의 종류가 가장 많은 해충은?

① 솔나방 ② 솔잎혹파리
③ 천막벌레나방 ④ 미국흰불나방

해설
미국흰불나방의 경우 100종류 이상의 활엽수종을 가해한다.

31 솔수염하늘소에 대한 설명으로 옳지 않은 것은?

① 1년에 1회 발생한다.
② 성충의 우화시기는 5~8월이다.
③ 목질부 속에서 번데기 상태로 월동한다.
④ 유충이 소나무의 형성층과 목질부를 가해한다.

해설
솔수염하늘소는 목질부에서 유충 형태로 월동한다.

32 오동나무 탄저병에 대한 설명으로 옳은 것은?

① 주로 열매에 많이 발생한다.
② 주로 묘목의 줄기와 잎에 발생한다.
③ 주로 뿌리에 발생하여 뿌리를 썩게 한다.
④ 담자균이 균사상태로 줄기에서 월동한다.

해설
오동나무 탄저병은 잎과 어린 줄기에 발생한다.

33 대추나무 빗자루병 방제에 가장 적합한 약제는?

① 페니실린
② 석회유황합제
③ 석회보르도액
④ 옥시테트라사이클린

해설
파이토플라스마는 옥시테트라사이클린을 수간주사하여 방제한다.

34 도토리거위벌레에 대한 설명으로 옳지 않은 것은?

① 유충으로 월동한다.
② 산란하는 곳은 어린 가지의 수피이다.
③ 우화한 성충은 도토리에 주둥이를 꽂고 흡즙 가해한다.
④ 도토리가 달린 가지를 주둥이로 잘라 땅에 떨어뜨린다.

해설
주로 도토리에 구멍을 뚫어 산란한다.

35 밤바구미에 대한 설명으로 옳지 않은 것은?

① 참나무류의 도토리에도 피해가 발생한다.
② 산란기간은 8월에서 10월까지이며 최성기는 9월이다.
③ 유충이 똥을 밖으로 배출하므로 피해식별이 용이하다.
④ 9월 하순 이후부터 피해종실에서 탈출한 노숙유충이 흙집을 짓고 월동한다.

해설
밤바구미 유충은 똥을 외부로 배출하지 않기에 식별이 어렵다.

정답 29. ④ 30. ④ 31. ③ 32. ② 33. ④ 34. ② 35. ③

36 소나무 재선충병에 대한 설명으로 옳지 않은 것은?

① 토양관주는 방제 효과가 없어 실시하지 않는다.
② 아바멕틴 유제로 나무주사를 실시하여 방제한다.
③ 피해목 내 매개충을 구제하기 위해 벌목한 피해목을 훈증한다.
④ 나무주사는 수지 분비량이 적은 12월~2월 사이에 실시하는 것이 좋다.

> **해설**
> 토양관주는 주사기를 이용하여 토양에 약제를 주입하는 방법이다. 소나무 재선충병의 방제법으로 4~5월에 실시한다.

37 솔껍질깍지벌레가 바람에 의해 피해지역이 확대되는 것과 관련이 있는 충태는?

① 알
② 약충
③ 성충
④ 번데기

> **해설**
> 솔껍질깍지벌레의 부화약충이 바람에 의해 이동 및 확산을 하며 주로 줄기를 가해하는 해충이다.

38 바다 바람에 대한 저항력이 큰 수종으로만 올바르게 짝지어진 것은?

① 화백, 편백
② 소나무, 삼나무
③ 벚나무, 전나무
④ 향나무, 후박나무

> **해설**
> 염풍에 저항성이 높은 수종으로 해송, 향나무, 사철나무, 후박나무 등이 있다.

39 잣나무 털녹병균의 중간기주는?

① 현호색
② 송이풀
③ 뱀고사리
④ 참나무류

> **해설**
> 잣나무 털녹병균의 중간기주로 송이풀과 까치밥나무가 있다.

40 벚나무 빗자루병원균에 해당하는 것은?

① 세균
② 자낭균
③ 담자균
④ 파이토플라즈마

> **해설**
> 벚나무 빗자루병원균은 자낭균에 해당한다. 그 외 자낭균에는 소나무 잎떨림병, 잣나무잎떨림병, 밤나무 줄기마름병 등이 있다.

41 임업기계의 감가상각비(D)를 구하는 공식으로 옳은 것은? (단, p : 기계구입가격, s : 기계 폐기시의 잔존가치, N : 기계의 수명)

① $D = (P-S) \times N$
② $D = \dfrac{N}{S-P}$
③ $D = \dfrac{P-S}{N}$
④ $D = \dfrac{N}{P-S}$

> **해설**
> 감가상각비의 종류 중 정액법 공식이다.

42 입목 직경을 수고의 $\dfrac{1}{n}$ 되는 곳의 직경과 같게 하여 정한 형수는?

① 정형수
② 수고형수
③ 절대형수
④ 흉고형수

> **해설**
> 수고 1/n 부분의 직경을 기준으로 같게 하여 정한 형수를 정형수라 한다.

정답 36. ① 37. ② 38. ④ 39. ② 40. ② 41. ③ 42. ①

43 흉고직경 20cm, 수고 10m인 입목의 재적이 약 0.14m³로 계산되었다. 재적계산에 적용된 형수는 약 얼마인가?

① 0.30　② 0.35
③ 0.40　④ 0.45

해설
임목재적(V)=g(단면적)×h(높이)×f(형수)
$g = 0.1 \times 0.1 \times 3.14 = 0.314$
$0.14 = 0.314 \times 10 \times f$
$f ≒ 0.4458 ≒ 0.45$

44 임목의 평가방법을 짝지은 것으로 옳지 않은 것은?

① 원가방식 - 비용가법
② 수익방식 - 기망가법
③ 비교방식 - 수익환원법
④ 원가수익절충방식 - Glaser법

해설
비교방식의 방법은 시장가역산법과 매매가법이 있다.

45 산림교육의 활성에 관한 법률에 규정한 산림교육전문가의 배치기준 중 숲해설가를 배치하는 시설이 아닌 것은?

① 도시림　② 국민의 숲
③ 자연휴양림　④ 유아숲체험원

해설
산림교육전문가 배치 기준에 의거 숲해설가는 자연휴양림, 삼림욕장, 국민의숲, 수목원, 생태숲, 도시림 및 생활림, 자연공원에 배치되며 유아숲체험원은 유아숲지도사가 배치된다.

46 임령에 대한 연년생장량의 설명으로 옳은 것은?

① 벌기에 도달했을 때의 생장량
② 총생장량을 임령으로 나눈 양
③ 일정한 기간 내에 평균적으로 생장한 양
④ 임령이 1년 증가함에 따라 추가적으로 증가 하는 수확량

해설
연년생장량은 수목이 1년동안 생장한 양이다.

47 보속작업에 있어서 하나의 작업급에 속하는 모든 임분을 일순벌 하는데 소요되는 기간은?

① 윤벌령　② 윤벌기
③ 벌기령　④ 벌채령

해설
윤벌기는 벌채한 구역을 다시 벌채하는데 걸리는 기간으로 모든 임분을 일순벌 하는 기간과 동일한 의미이다.

48 어떤 산림의 기말재적이 2,000,000m³이고 10년생의 생장 초기 재적이 500,000m³일 때 프레슬러 (pressler)식에 의한 연년생장률은?

① 12%　② 15%
③ 24%　④ 30%

해설
프레슬러 공식
$$\frac{현재\,재적 - n년전\,재적}{현재\,재적 + n년전\,재적} \times \frac{200}{n}$$
$$\rightarrow \frac{200만 m^3 - 50만 m^3}{200만 m^3 + 50만 m^3} \times \frac{200}{10} = 12\,(\%)$$

정답 43. ④　44. ③　45. ④　46. ④　47. ②　48. ①

49 임업원가 관리에 있어서 원가의 유형은 사용 목적에 따라 여러 가지로 분류할 수 있다. 다음 중 기회원가에 대한 설명으로 옳은 것은?

① 특정 부문의 제품 또는 공정별로 쉽게 알아낼 수 있는 원가를 말한다.
② 제품의 생산수준에 따라 비례적으로 변동하는 원가를 말한다.
③ 제품의 생산수준이 변하여도 총액이 고정되어 있는 원가를 말한다.
④ 여러 가지 생산 활동 방안 중에서 어느 한 가지를 선택함으로써 다른 방안을 선택할 수 없게 되어 포기한 수익을 말한다.

해설
특정 이익을 위해 다른 이익을 포기하는 경우 이때 포기하는 수익을 기회원가라 한다.

50 다음 임업자본 중 유동자본에 해당하지 않는 것은?

① 관리비   ② 조림비
③ 임금   ④ 차량

해설
차량의 경우 고정자산에 속한다.

51 산림문화·휴양에 관한 법률에 의한 산림문화 자산에 대한 설명으로 다음 ( ) 안에 들어갈 내용으로 옳지 않은 것은?

◎ 산림문화자산이란 산림 또는 산림과 관련되어 형성된 것으로서 ( )으로 보존할 가치가 큰 유형·무형의 자산을 말한다.

① 사회적   ② 생태적
③ 경관적   ④ 정서적

해설
산림문화자산이란 산림 또는 산림과 관련되어 형성된 것으로 생태적, 경관적, 정서적으로 보존할 가치가 큰 유형, 무형의 자산을 말한다.

52 다음 조건에서 시장가역산식을 이용한 임목가는?

◎ 임목의 시장가격 : 100,000 원
◎ 자금회수기간 : 10개월
◎ 월이율 : 10%
◎ 총비용 : 30,000원

① 20,000원   ② 50,000원
③ 70,000원   ④ 80,000원

해설

조재율 × ($\frac{원목시장가}{1+자본회수기간 \times 월이율 + 기업이율}$ − 기타비용)

($\frac{100,000}{1+10 \times 0.1}$ − 30,000) = 20,000

53 임목재적을 측정하기 위한 흉고형수에 대한 설명으로 옳지 않은 것은?

① 지위가 양호할수록 형수가 작다.
② 수고가 작을수록 형수는 작아진다.
③ 연령이 많아질수록 형수는 커진다.
④ 흉고직경이 작아질수록 형수는 커진다.

해설
수고가 작을수록 형수는 커진다.

54 자연휴양림을 조성 신청하려는 자가 제출하여야 하는 자연휴양림 구역도의 축적은?

① 1/5,000   ② 1/10,000
③ 1/15,000   ④ 1/25,000

해설
자연휴양림 예정지의 구역도는 축척 1/5,000 혹은 1/6,000 으로 한다.

정답 49. ④ 50. ④ 51. ① 52. ① 53. ② 54. ①

55 임업자산의 유형과 구성요소의 연결로 옳지 않은 것은?

① 유동자산 - 비료
② 유동자산 - 현금
③ 고정자산 - 묘목
④ 임목자산 - 산림축적

해설
묘목은 유동자산에 해당한다.

56 손익분기점의 분석을 위한 가정에 대한 설명으로 옳지 않은 것은?

① 제품 한 단위당 변동비는 항상 일정하다
② 총비용은 고정비와 변동비로 구분할 수 있다.
③ 제품의 판매가격은 판매량이 변동하여도 변화되지 않는다.
④ 생산량과 판매량은 항상 다르며 생산과 판매에 보완성이 있다.

해설
생산량과 판매량은 항상 같으며 생산과 판매에 동시성이 있다.

57 이율의 크기를 결정하는 주요 요인이 아닌 것은?

① 대출 기간
② 자본의 크기
③ 자본 투하의 위험성
④ 투하 자본의 유동성

해설
이율의 크기 및 고저를 결정하는 요인으로 대출기간, 자본투하의 위험성, 투하자본의 유동성 등이 있다.

58 복합임업경영의 주목적으로 가장 적합한 것은?

① 임업 주수입의 증대
② 임업 조수입의 증대
③ 임업 경영지의 대단지화
④ 임업 수입의 조기화와 다양화

해설
복합임업경영의 주목적은 조기화와 다양화이다.

59 임업조수익 중에서 임업소득이 차지하는 비율은?

① 임업의존율
② 임업소득률
③ 임업순수익률
④ 임업소득가계충족률

해설
임업소득률 = (임업소득/임업조수익)×100

60 윤척 사용법에 대한 설명으로 옳지 않은 것은?

① 수간 축에 직각으로 측정한다.
② 흉고부(지상 1.2m)를 측정한다.
③ 경사진 곳에서는 임목보다 낮은 곳에서 측정한다.
④ 흉고부에 가지가 있으면 가지 위나 아래를 측정 한다.

해설
경사진 곳에서는 임목보다 높은 곳에서 측정한다.

61 롤러의 표면에 돌기를 부착한 것으로 점착성이 큰 점성토나 풍화연암 다짐에 적합하며 다짐 유효깊이가 큰 장점을 가진 임업기계는?

① 탠덤롤러
② 탬핑롤러
③ 타이어
④ 머캐덤롤러

해설
롤러 표면에 다량의 돌기가 있어 흙의 압축이 용이한 장비를 탬핑롤러라 한다.

정답 55. ③ 56. ④ 57. ② 58. ④ 59. ② 60. ③ 61. ②

62 산림관리 기반시설의 설계 및 시설기준에서 암거, 배수관 등 유수가 통과하는 배수 구조물 등의 통수단면은 최대 홍수유량 단면적에 비해 어느 정도 되어야 한다고 규정하고 있는가?

① 1.0배 이상   ② 1.2배 이상
③ 1.5배 이상   ④ 1.7배 이상

해설
배수구 통수단면은 100년 빈도 확률강우량과 홍수도달시간을 이용하여 최대홍수유출량의 1.2배 이상으로 설치한다.

63 일반적으로 돌쌓기의 표준물매는 찰쌓기 구조물의 경우에 얼마로 하는가?

① 1 : 0.2   ② 1 : 0.3
③ 1 : 0.5   ④ 1 : 1

해설
찰쌓기의 경우 1 : 0.2 를 표준으로 한다.

64 컴퍼스 측량으로 AB측선의 방위각을 측정하니 50°였다. 역방위각을 구하면 얼마인가?

① 25°   ② 140°
③ 230° ④ 320°

해설
역방위각은 방위각의 반대이므로
50°+180°=230° 이다

65 임도의 설계순서로 맞는 것은?

① 예비조사 - 예측 - 답사 - 실측 - 설계서 작성
② 예측 - 예비조사 - 답사 - 실측 - 설계서 작성
③ 예측 - 답사 - 예비조사 - 실측 - 설계서 작성
④ 예비조사 - 답사 - 예측 - 실측 - 설계서 작성

해설
임도설계 순서
예비조사 → 답사 → 예측, 실측 → 설계도 작성 → 공사량 산출 → 설계서 작성

66 식생이 사면 안정에 미치는 효과가 아닌 것은?

① 표토층 침식방지
② 심층부붕괴방지
③ 강우 및 바람에 의한 토양유실 방지
④ 급경사지에서 수목 자체 무게로 인한 토양 안정

해설
수목 자체 무게가 아닌 키가 작은 관목류를 식재하여 뿌리를 내리게하여 안정을 도모한다.

67 다음 중 집재용 도구가 아닌 것은?

① 쐐기   ② 사피
③ 피비   ④ 켄트훅

해설
쐐기는 벌목의 방향을 결정하거나 작업중 톱이 벌채점 사이에 끼지 않도록 도와주는 벌목용 장비이다.

68 아스팔트 포장과 비교하였을 때 시멘트 콘크리트 포장의 장점으로 옳은 것은?

① 평탄성이 좋다.
② 내마모성이 크다.
③ 시공속도가 빠르다.
④ 간단 공법으로 유지수선이 가능하다.

해설
아스팔트 포장 대비 시멘트 콘크리트 포장은 골재와 시멘트를 섞어 시공하기에 강도나 내마모성이 좋고 포장이 오래 간다.

69 반출할 목재의 길이가 16m, 도로의 폭이 8m일 때 최소곡선반지름은?

① 8m   ② 14m
③ 16m   ④ 32m

해설
최소곡선반지름
$$R = \frac{l^2}{4B} = \frac{16^2}{4 \times 8} = \frac{256}{32} = 8$$
R : 곡선반지름(m), l : 통나무길이(m)
B : 노폭(m)

정답 62. ② 63. ① 64. ③ 65. ④ 66. ④ 67. ① 68. ② 69. ①

70 장마기가 지난 후 배수로의 토사를 제거하기에 가장 적합한 작업기계는?

① 소형 백호우 ② 진동 로울러
③ 소형 불도저 ④ 모터 그레이더

해설
배수로의 경우 지면보다 낮은 장소이기에 백호우가 적합하다.

71 임도에서 최소 종단기울기를 유지해야 하는 이유로 가장 옳은 것은?

① 시공시 성토면의 토량을 확보하여 시공비를 절약하기 위해
② 시공비용이 높기 때문에 벌채점까지 신속히 접근시키기 위해
③ 임도 표면에 잡초들의 발생을 예방하여 유지비를 절약하기 위해
④ 임도 표면의 배수를 용이하게 하여 임도 파손을 막고 유지비를 절약하기 위해

해설
종단기울기는 길 중심선의 수평면에 대한 기울기로 종단기울기를 유지하여 배수를 원활하게 하고 토양침식과 차량에 의한 파손을 막는다.

72 임도 설계 시 절토 경사면의 기울기 기준으로 옳은 것은?

① 토사지역 1 : 1.2~1.5
② 점토지역 1 : 0.5~1.2
③ 암석지(경암) 1 : 0.3~0.8
④ 암석지(연암) 1 : 0.5~0.8

해설
토사지역의 절토 사면 설치 기준은 기울기 1 : 0.8 ~ 1.5 이다. 암석지의 경우 경암은 1 : 0.3 ~ 0.8 이다.

73 임도의 성토사면에 있어서 붕괴가 일어날 가능성이 적은 경우는?

① 함수량이 증가할 때
② 공극수압이 감소될 때
③ 동결 및 융해가 반복될 때
④ 토양의 점착력이 약해질 때

해설
공극수압이 감소하면 균열의 발생확률이 낮아져 붕괴의 가능성이 적어진다.

74 임도에서 합성기울기와 관련이 있는 조합은?

① 횡단기울기와 편기울기
② 종단기울기와 역기울기
③ 편기울기와 곡선반지름
④ 종단기울기와 횡단기울기

해설
합성기울기는 종단기울기와 횡단기울기를 이용하여 구한다.

75 자침 편차의 변화값이 아닌 것은?

① 일차 ② 년차
③ 주차 ④ 규칙변화

해설
자침편차는 진북과 자북의 각으로 그 종류는 일변화, 연변화, 주기변화, 불규칙변화로 분류한다.

76 임도작업 시 토목기계 사용의 장점으로 옳지 않은 것은?

① 기계 구입비, 유지비가 저렴하다.
② 규모가 큰 공사라도 공사기간을 단축할 수 있다.
③ 인력으로 곤란한 공사라도 무난히 완공할 수 있다.
④ 공사비를 절감할 수 있고 시공효율을 높일 수 있다.

해설
임도작업의 토목기계의 경우 기계구입비 및 유지비가 많이 든다.

정답   70. ① 71. ④ 72. ③ 73. ② 74. ④ 75. ④ 76. ①

77 임도상에 설치하는 대피소 유효길이의 규정 값으로 옳은 것은?

① 5m 이상 ② 10m 이상
③ 15m 이상 ④ 20m 이상

> **해설**
> 대피소의 설치 기준은 너비 5m, 유효길이 15m, 간격 300m 이다.

78 노체의 기본구조를 같은 순서대로 나열한 것으로 옳은 것은?

① 노상 → 노반 → 기층 → 표층
② 노상 → 기층 → 노반 → 표층
③ 노상 → 기층 → 표층 → 노반
④ 노상 → 표층 → 기층 → 노반

> **해설**
> 노체의 기본구조는 가장 아래인 노상을 기준으로 위쪽으로 노반, 기층, 표층순이다.

79 임도의 시공사면에 석축옹벽을 설치할 때 석재의 종류와 시공방법에 대한 설명으로 옳지 않은 것은?

① 견치돌은 메쌓기와 찰쌓기에 모두 이용 가능하다.
② 막깬돌은 반드시 메쌓기용으로 시공해야 튼튼하다.
③ 야면석은 자연석으로 무게 약 100kg 정도로 찰쌓기와 메쌓기에 사용된다.
④ 마름돌은 고급석재이므로 미관을 요하는 경우의 메쌓기나 찰쌓기로 이용된다.

> **해설**
> 막깬돌은 주로 골쌓기에 이용된다.

80 임도의 유지관리를 위한 시설에 대한 설명으로 옳은 것은?

① 빗물받이는 주로 절토 비탈면 위에 설치한다.
② 옆도랑에 쌓인 토사는 답압하여 길어깨로 사용한다.
③ 평시에 유량이 많은 지역에는 세월시설을 설치하여 관리한다.
④ 종단기울기와 절취면의 토질에 따라 적절한 간격으로 횡단배구수를 설치하여 표면 유출수가 신속히 배수되도록 한다.

> **해설**
> 종단기울기와 절취면의 토질에 따라 적절한 간격(50~200m 간격)으로 횡단배수구를 설치하여 유출수가 배수되도록 한다.

81 땅밀림과 비교한 산사태 및 산붕에 대한 설명으로 옳지 않은 것은?

① 강우 강도에 영향을 받는다.
② 주로 사질토에서 많이 발생한다.
③ 징후의 발생이 많고 서서히 활동한다.
④ 20° 이상의 급경사지에서 많이 발생한다.

> **해설**
> 발생 전 징후가 많고 천천히 활락하는 것은 땅밀림에 대한 특징이다. 산사태 및 산붕은 징후 발생이 적고 돌발적으로 발생한다.

82 황폐계천에서 유수에 의한 계안의 횡침식을 방지하고 산각의 안정을 도모하기 위하여 계류 흐름방향에 따라 축설하는 것은?

① 밑막이 ② 골막이
③ 바닥막이 ④ 기슭막이

> **해설**
> 기슭막이는 하천이나 계류에서 유수의 침식에서 둑비탈을 보호, 계안의 횡침식을 방지, 산각을 고정하기 위한 공작물이다.

정답 77. ③ 78. ① 79. ② 80. ④ 81. ③ 82. ④

83 황폐계류에 대한 설명으로 옳지 않은 것은?

① 유량의 변화가 적다
② 계류의 기울기가 급하다
③ 유로의 길이가 비교적 짧다
④ 호우 시에 사력의 유송이 심하다

해설
황폐계류는 유로의 연장이 비교적 짧고 계상물매가 급하며 유량의 변화가 많다.

84 다음 설명에 해당하는 것은?

- 비탈면의 물리적 안정을 기대하기 곤란한 곳에 직접 거푸집을 설치하고 콘크리트치기를 하여 뼈대를 만든다.
- 뼈대 내부에 작은 돌이나 흙을 충전하여 녹화한다.

① 비탈힘줄박기
② 격자틀붙이기
③ 콘크리트블록쌓기
④ 콘크리트뿜어붙이기

해설
비탈면에 거푸집을 설치하고 콘크리트를 치고 뼈대를 만드는 공법을 비탈힘줄박기 공법이라 한다.

85 시멘트에 대한 설명으로 옳지 않은 것은?

① 조기에 강도를 내기 위하여 염화칼슘을 쓰기도 한다.
② 시멘트를 제조할 때 석고를 넣으면 급결성이 된다.
③ 시멘트는 분말도가 너무 높으면 내구성이 약해지기 쉬우므로 주의해야 한다.
④ 일반적으로 포틀랜드시멘트는 수경성이고 강도가 크며 비중은 대체로 3.05~3.15 정도이다.

해설
시멘트를 제조할 경우 석고를 넣으면 완결성이 된다.

86 산지사방에서 비탈다듬기 공사를 하기 전에 시공하는 것이 효과적인 공사는?

① 단끊기　　② 떼단쌓기
③ 땅속흙막이　④ 퇴사울세우기

해설
비탈다듬기는 산꼭대기부터 시작하여 산 아래로 진행하는데 땅속흙막이 공사 시공후 비탈다듬기를 하는 것이 효율적이다.

87 다음 (　) 안에 가장 적합한 수치는?

◎ 사방댐의 계획 기울기는 현 계상기울기의 (　)을 기준으로 설계한다.

① 1/2~2/3　② 1/2~1
③ 2/3~1　　④ 2/3~3/2

해설
사방댐의 설계에서 계획 기울기는 현 계상기울기의 1/2~2/3 기준으로 한다.

88 정사울타리를 설치할 때 기준 높이로 옳은 것은?

① 0.5~0.7m　② 1.0~1.2m
③ 2.0~2.2m　④ 2.5~2.7m

해설
정사울타리의 높이는 1~1.2m 정도를 기준으로 한다.

89 폭 10m, 높이 5m인 직사각형 단면 야계수로에 수심 2m, 평균유속 3m/s 로 유출이 일어날 때의 유량(m^3/s)은?

① 15　　② 30
③ 60　　④ 150

해설
유량 = 유적 × 유속
　　 = 2 × 10 × 3 = 60m^3/sec

정답 83. ① 84. ① 85. ② 86. ③ 87. ① 88. ② 89. ③

90 산지의 침식형태 중 중력에 의한 침식에 해당되지 않는 것은?

① 산붕   ② 포락
③ 산사태   ④ 사구침식

해설
중력에 의한 침식의 종류로 산붕, 붕락, 포락, 산사태 등이 있다.

91 다음 조건에 따른 비탈다듬기공사에서 발생한 토사량(m³)은?

◎ A 의 단면적 : 20m²
◎ B 의 단면적 : 30m²
◎ 단면 사이의 길이 : 50m
◎ 계산방법 : 평균단면적법

① 125   ② 500
③ 1250   ④ 2500

해설
토사량
$= \dfrac{단면적 A + 단면적 B}{2} \times 단면적 사이 거리$
$= (\dfrac{20+30}{2}) \times 50 = 1250 m^3$

92 불투과형 중력식 사방댐의 시공요령으로 옳지 않은 것은?

① 방수로 양옆의 기준 기울기는 1:1 이다.
② 방수로는 보통 정사각형 모양으로 한다.
③ 계상의 양안에 암반이 있는 지역이 시공적지이다.
④ 찰쌓기댐을 시공할 때 3m² 당 1개의 배수구를 설치한다.

해설
방수로의 형상은 일반적으로 역사다리꼴을 많이 이용한다.

93 중력침식에 대한 설명으로 옳지 않은 것은?

① 붕괴형침식, 동상 침식, 지활형 침식, 유동형 침식 등이 있다.
② 유수나 바람과 같은 독립된 외력의 작용에 의하여 발생하는 침식이다.
③ 토층이 수분으로 포화되어 중력작용으로 토층이 집단적으로 밀리는 현상이다.
④ 중력의 영향으로 비탈면에서 토사와 석력의 지괴가 이동하는 침식의 특수형태이다.

해설
유수나 바람과 같은 독립된 외력의 작용에 의한 침식은 중력침식이 아닌 물, 바람, 파도 등에 의해 깎이는 현상이다.

94 석재를 이용하여 공작물을 시공할 때 식생도입이 곤란한 기울기가 1:1 보다 완만한 비탈면이나 수변지역의 기슭막이에 사용되는 방법은?

① 찰쌓기   ② 골쌓기
③ 메쌓기   ④ 돌붙이기

해설
돌붙이기는 식생조성이 곤란한 기울기 1 : 1이하의 비탈면에 돌, 콘크리트블록, 콘크리트 붙이기 등의 공정으로 시공한다.

95 산사태의 발생요인에서 내적요인에 해당하는 것은?

① 강우   ② 지진
③ 벌목   ④ 토질

해설
산사태의 내적요인에는 토질, 임상, 지형등이 있다.

정답 90. ④ 91. ③ 92. ② 93. ② 94. ④ 95. ④

96 양단면적이 각각 10m², 20m² 이고, 양단면의 거리가 20m 일 때 양단면평균법에 의한 토사량은?

① 300m³ ② 400m³
③ 500m³ ④ 600m³

해설

$(\frac{10+20}{2}) \times 20 = 300 m^2$

※ 양단면적 평균법

$V = \frac{1}{2}(A_1 + A_2) \times l$

97 물에 의한 침식의 종류에 해당하지 않는 것은?

① 침강침식 ② 지중침식
③ 하천침식 ④ 우수침식

해설

물에 의한 침식으로 우수침식, 하천침식, 지중침식, 바다침식이 있다.

98 다음 설명에 해당하는 것은?

> 시멘트는 저장 중에 공기 중의 수분을 흡수하여 경미한 수화작용을 일으키고, 그 결과 생긴 수산화칼슘이 공기 중의 이산화탄소와 결합하여 탄산칼슘을 만든다.

① 풍화(aeration) ② 경화(hardening)
③ 양생(curing) ④ 소성(plasticity)

해설

암석이 물리적, 화학적 작용에 의해 부서지는 현상을 풍화라고 하며 시멘트 역시 공기중 수분과 반응하여 화학적 작용으로 인해 강도가 약해지는 현상을 보인다.

99 화성암은 화학적으로 어떤 성분함량에 따라 산성암, 중성암, 염기성암으로 구분되는가?

① Al_2O_3 ② SiO_2
③ Fe_2O_3 ④ K_2O

해설

규산(SiO_2)의 함량에 따라 암석의 색이나 특성이 달라지며 규산함량이 많을수록 색이 상대적으로 밝고 규산함량이 적고 염기가 많을 경우 어두운 색을 가진다.

100 토사유과구역에 대한 설명으로 맞지 않는 것은?

① 토사생산구역에 접속된 구역이다.
② 침식이나 퇴적이 비교적 적다.
③ 보통 선상지를 형성한다.
④ 중립지대 또는 무작용지대 등으로 불린다.

해설

황폐계류의 상류부를 토사생산구역, 생산된 토사가 이동하는 토사유과구역, 하류에 토사가 퇴적되는 토사퇴적구역으로 구분된다. 그중에서 토사 유과 구역은 토사생산구역에서 생산된 토사를 이동시키는 구역으로 침식 및 퇴적이 적으며 협곡을 이룬다.

정답 96. ① 97. ① 98. ① 99. ② 100. ③

산림기사 CBT 제4회

** 본문제는 수험생들의 기억을 바탕으로 작성 된 것으로 실제 문제와 차이가 있을 수 있습니다.

01 다음 조건에서 종자의 효율은?

- 종자시료 전체 무게 : 100g
- 순정종자 무게 : 50g
- 종자시료 전체 개수 : 160개
- 발아한 종자 개수 : 80개

① 25% ② 50%
③ 75% ④ 100%

해설
종자의 효율은 순량율과 발아율을 이용하여 다음과 같이 구하도록 한다.

- 순량률(%) = $\dfrac{순정종자량(g)}{작업시료량(g)} \times 100$

  = $\dfrac{50}{100} \times 100 = 50(\%)$

- 발아율 = $\dfrac{발아종자수}{발아시험수} \times 100$

  = $\dfrac{50}{100} \times 100 = 50(\%)$

- 효율 = $\dfrac{50 \times 50}{100} = 25(\%)$

02 소나무와 곰솔을 비교한 설명으로 옳지 않은 것은?

① 곰솔의 침엽은 굵고 길다.
② 소나무의 겨울눈은 굵고 회백색이다.
③ 소나무의 수피는 적갈색이고 곰솔은 암흑색이다.
④ 침엽 수지도가 곰솔은 중위이고 소나무는 외위이다.

해설
곰솔과 비교하여 소나무의 겨울눈은 가늘고 붉은색을 띤다.

03 음엽과 비교한 양엽의 특성으로 옳은 것은?

① 잎이 넓다.
② 광포화점이 낮다.
③ 책상 조직의 배열이 빽빽하다.
④ 큐티클층과 잎의 두께가 얇다.

해설
양엽은 음엽에 비하여 책상조직이 빽빽하게 잘 발달되어 있는데 양엽의 책상조직이 2~3층으로 구성되어 있고 음엽은 1개층 밖에 없다.

정답 01. ① 02. ② 03. ③

04 묘목을 식재할 때 뿌리돌림 시기로 가장 적합한 것은?

① 상록활엽수종 : 한겨울
② 상록침엽수종 : 7~8월 상순
③ 낙엽수종 : 11~2월 상순, 혹은 2~3월 상순
④ 수종마다 큰 차이가 없고 연중 어느 때든지 적합하다.

해설
묘목의 뿌리돌림 시기로 낙엽수종은 2~3월, 11~12월이 적합하다.

05 윤벌기가 완료되기 전에 짧은 갱신기간 동안 몇 차례 벌채를 실시하여 임목을 완전히 제거하는 작업은?

① 모수작업 ② 산벌작업
③ 개벌작업 ④ 택벌작업

해설
산벌은 짧은 갱신기간동안 몇 차례 걸쳐 전임목을 제거하는 작업이다.

06 인공림 침엽수의 수형목 지정기준으로 옳지 않은 것은?

① 상층 임관에 속할 것
② 수관이 넓고 가지가 굵을 것
③ 밑가지들이 말라서 떨어지기 쉽고 그 상처가 잘 아물 것
④ 주위 정상목 10본의 평균보다 수고 5%, 직경 20% 이상 클 것

해설
인공림 침엽수 수형목 지정기준
・상층임관에 속할 것 가지가 가는 것 병충해가 없는 것
・주위 정상목 10본 평균보다 수고 5%, 직경 20% 이상 클 것
・수간이 완만하고 굽거나 비틀리지 않을 것
・지하고가 높은 것, 자연 낙지성 큰 것

07 가지치기를 시행하는 시기로 가장 적합한 것은?

① 11월~2월 ② 3월~6월
③ 7월~8월   ④ 9월~10월

해설
가지치기는 작업시기 11월~이듬해 2월 사이에 실시한다.

08 흙 속에서 공기와 물이 차지하고 있는 부분은?

① 균근   ② 비중
③ 공극   ④ 교질

해설
공극은 토양입자 사이의 틈으로 물이나 공기가 차지한다.

09 지존작업에 대한 설명으로 옳은 것은?

① 묘목을 심기 위하여 구덩이를 파는 작업이다.
② 개간한 곳에 조림용 묘목을 식재하는 작업이다.
③ 조림지에서 덩굴치기 및 제벌작업을 행하는 것을 뜻한다.
④ 조림 예정지에서 잡초, 덩굴식물, 관목 등을 제거하는 작업이다.

해설
지존작업은 인공조림을 위한 준비단계의 작업으로 잡초, 덩굴식물 등을 제거한다.

10 택벌작업의 장점이 아닌 것은?

① 임분의 지력유지에 유리하다.
② 상층목은 채광이 좋아 결실이 잘 된다.
③ 면적이 좁은 산림에서 보속 수확이 가능하다.
④ 작업 내용이 간단하여 고도의 기술이 필요하지 않다.

해설
택벌작업은 고도의 기술을 요구한다.

정답 04. ③ 05. ② 06. ② 07. ① 08. ③ 09. ④ 10. ④

11 밤나무 품종 중 조생종은?

① 미풍　　② 석추
③ 은기　　④ 단택

해설
조생종은 같은 종의 작물 중 개화기가 일반적으로 일찍 꽃이 피고 성숙하는 종을 말한다. 밤나무의 조생종으로 단택, 삼조생, 대화조생, 국견, 출운이 있다.

12 벌채지에 종자를 공급할 수 있는 나무를 산생 또는 군상으로 남기고 나머지 임목들은 모두 벌채하는 방법은?

① 개벌작업　　② 산벌작업
③ 택벌작업　　④ 모수작업

해설
모수작업은 성숙임분을 대상으로 실시하는 것이 유리하며 모수만을 남기고 그 외 나무를 일시에 베어내는 작업을 말한다.

13 삽목 작업에 사용하는 발근촉진제로 가장 부적합한 것은?

① 인돌초산　　② 인돌부티르산
③ 테트라졸륨산　④ 나프탈렌초산

해설
테트라졸륨은 종자의 활력검사에 사용하는 약품이다

14 질소고정 미생물 중 생활형태가 독립적인 것은?

① Frankia　　② Anabaena
③ Rhizobium　④ Azotobacter

해설
생활형태가 독립적인 질소고정 미생물로 아조토박터(Azotobacter), 베이어인키아(Beijerinckia), 등이 있다

15 산림 생태계에서 생물종 간 상호작용에 대한 설명으로 옳지 않은 것은?

① 타감작용은 생물종 간에 기생이라고 할 수 있다.
② 간벌은 생물종 간의 경쟁을 완화하기 위한 작업에 해당된다.
③ 두가지 생물종이 생태적 지위가 다를 경우 서로 중립이라고 한다.
④ 한 생물종은 이로움을 받지만 다른 생물종은 무관한 경우를 편리공생이라고 한다.

해설
타감작용은 서로간의 영향을 주는 것으로 기생은 한 생물이 다른 생물의 양분을 일방적으로 받아 생활하는 것이기에 타감작용이라 할 수 없다.

16 종자의 실중(A), 용적중 (B), 1L 당 종자수 (C)의 관계식으로 옳은 것은?

① $C=B\times(A\times1000)$　② $C=B\div(A\times1000)$
③ $C=B\times(A\div1000)$　④ $C=B\div(A\div1000)$

해설
용적중은 종자 1L 에 대한 무게를 그램단위로 나타낸 것으로 이것을 실중에 종자 기준 1000립을 나누어 주면 1L당 종자수를 구할 수 있다.

17 삽목의 장점으로 옳지 않은 것은?

① 모수의 특성을 계승한다.
② 묘목의 양성 기간이 단축된다.
③ 천근성이 되어 수명이 길어진다.
④ 종자 번식이 어려운 수종의 묘목을 얻을 수 있다.

해설
삽목을 한다고 하여 천근성 혹은 심근성으로 변하는 것은 아니며 고유한 특징을 그대로 가진다.

정답　11. ④　12. ④　13. ③　14. ④　15. ①　16. ④　17. ③

18 목본식물의 조직 중 사부의 기능으로 옳은 것은?

① 수분 이동 ② 탄소 동화작용
③ 탄수화물 이동 ④ 수분 증발 억제

해설
사부조직은 형성층 바깥쪽의 방사조직으로서 양분(탄수화물 등)의 이동통로이다.

19 혼효림과 비교한 단순림에 대한 장점으로 옳은 것은?

① 식재 후 관리가 용이하다.
② 양료 순환이 빠르게 진행된다.
③ 생물 다양성이 비교적 높은 편이다.
④ 토양양분이 효율적으로 이용될 수 있다.

해설
단순림은 단일 수종만으로 구성되어 혼효림에 비해 관리가 용이하다.

20 염기성 토양에 가장 잘 견디는 수종은?

① 곰솔 ② 오리나무
③ 떡갈나무 ④ 가문비나무

해설
염기성 토양에 적합한 수종으로 오리나무, 물푸레나무, 호두나무, 백합나무 등이 있다.

21 산성비의 산도에 해당하는 것은?

① pH 5.0 ~ 7.0 ② pH 5.6 ~ 7.5
③ pH 5.6 이하 ④ pH 7.0 이상

해설
pH 5.6 이하의 비를 산성비라 한다.

22 상륜에 대한 설명으로 옳은 것은?

① 상해의 피해 중 만상의 피해로 나타나는 일종의 위연륜을 말한다.
② 지형적으로 습기가 낮고, 높은 지대, 소택지 등에 상륜의 피해가 많다.
③ 조상의 피해로 나타나는 현상으로 일시 생장이 중지되었을 때 나타난다.
④ 고립목이나 산림의 임연부에서 한겨울 밤 수액이 저온으로 얼면서 나타나는 피해현상이다.

해설
상륜은 만상으로 인하여 발생하는 위연륜을 말한다.

23 오리나무 갈색무늬병을 방제하는 방법으로 옳지 않은 것은?

① 윤작을 피한다.
② 종자를 소독한다.
③ 솎아주기를 한다.
④ 병든 낙엽은 모아 태운다.

해설
오리나무 갈색무늬병을 방제하기 위한 방법으로 묘포를 돌려짓는 윤작을 하도록 한다.

24 봄에 진딧물의 월동란에서 부화한 애벌레를 무엇이라 하는가?

① 간모 ② 유성생식충
③ 산란성 암컷 ④ 산자성 암컷

해설
간모란 진딧물이 봄에 부화하여 발육한 것으로 날개가 없는 단위 생식형의 암컷을 의미한다.

정답 18. ③ 19. ① 20. ② 21. ③ 22. ① 23. ① 24. ①

25 밤나무혹벌이 주로 산란하는 곳은?

① 밤나무의 눈
② 밤나무의 뿌리
③ 밤나무의 잎 뒷면
④ 밤나무 주변 지피물

> **해설**
> 밤나무혹벌은 밤나무 잎눈에 산란한다.

26 희석하여 살포하는 약제가 아닌 것은?

① 액제
② 입제
③ 수화제
④ 캡슐현탁제

> **해설**
> 입제는 입자가 0.5~2.5mm 작은입자로 된 농약으로 물에 희석할 필요 없이 바로 살포한다.

27 다음 설명에 해당하는 바람의 종류는?

- 10~15m/s 정도로 불며, 풍속은 느리지만 규칙적으로 분다.
- 수목 피해 : 만성적으로 눈에 잘 띄지 않으나 임목의 생장을 감소시키고 수형을 불량하게 한다.

① 폭풍
② 염풍
③ 육풍
④ 주풍

> **해설**
> 주풍은 10~15m/s 속도로 한방향으로 불어오는 바람으로 생장량 감소, 수형 불량, 생리적 장애 등의 피해가 발생하는데 주로 편심생장이 나타난다.

28 소나무좀의 연간 우화 횟수는?

① 1회
② 2회
③ 3회
④ 4회

> **해설**
> 소나무좀은 1년에 1회 우화한다.

29 주로 토양에 의하여 전반되는 수목병은?

① 묘목의 모잘록병
② 밤나무 줄기마름병
③ 오동나무 빗자루병
④ 오리나무 갈색무늬병

> **해설**
> 근두암종병균, 묘목의 모잘록병은 토양에 의해 전반된다.

30 밤나무 줄기마름병 방제방법으로 옳지 않은 것은?

① 내병성 품종을 식재한다.
② 동해 및 볕데기를 막고 상처가 나지 않게 한다.
③ 질소질 비료를 많이 주어 수목을 건강하게 한다.
④ 천공성 해충류의 피해가 없도록 살충제를 살포한다.

> **해설**
> 밤나무 줄기마름병은 질소비료를 적게 주고 상처가 나지 않도록 한다.

31 내동성이 가장 강한 수종은?

① 차나무
② 밤나무
③ 전나무
④ 버드나무

> **해설**
> 추위에 잘 견디는 정도를 내동성이라하며 보기 중 전나무가 내동성이 가장 강하다.

정답 25. ① 26. ② 27. ④ 28. ① 29. ① 30. ③ 31. ③

32 경제적 피해수준에 대한 설명으로 옳은 것은?

① 해충에 의한 피해액과 방제비가 같은 수준의 밀도
② 해충에 의한 피해액이 방제비보다 큰 수준의 밀도
③ 해충에 의한 피해액이 방제비보다 작은 수준의 밀도
④ 해충에 의해 경제적으로 큰 피해를 주는 수준의 밀도

해설
병해충에 의한 피해액과 방제비가 같은 수준의 밀도를 경제적 피해수준이라 한다.

33 나무주사 방법에 대한 설명으로 옳지 않은 것은?

① 소나무류에는 주로 중력식 주사를 사용한다.
② 형성층 안쪽의 목부까지 구멍을 뚫어야 한다.
③ 모젯(Mauget) 수간주사기는 압력식 주사이다.
④ 중력식 주사는 약액의 농도가 낮거나 부피가 클 때 사용한다.

해설
소나무류는 주로 압력식 주사 방법을 이용한다.

34 밤나무 종실을 가해하는 해충은?

① 솔알락명나방
② 복숭아명나방
③ 복숭아심식나방
④ 백송애기잎말이나방

해설
밤나무 종실 가해 해충으로 복숭아명나방, 밤바구미 등이 있다.

35 식엽성 해충이 아닌 것은?

① 솔나방
② 솔수염하늘소
③ 미국흰불나방
④ 오리나무잎벌레

해설
솔수염하늘소는 주로 줄기를 가해한다.

36 볕데기(sun scorch)가 잘 일어나지 않는 경우는?

① 남서방향 임연부의 성목
② 울폐된 숲이 갑자기 개방된 경우
③ 수간 하부까지 지엽이 번성한 수종
④ 수피가 평활하고 코르크층이 발달되지 않는 수종

해설
볕데기는 태양의 직사광선에 의해 발생되는 피해로서 수간하부까지 지엽이 번성할 경우 볕데기의 피해가 거의 발생하지 않는다.

37 리지나뿌리썩음병에 대한 설명으로 옳은 것은?

① 침엽수와 활엽수 모두 잘 발생한다.
② 불이 발생한 지역에서 잘 발생한다.
③ 병원균의 포자는 저온에서도 잘 발아한다.
④ 산성토양보다는 중성토양에서 병원균의 활력이 높다.

해설
리지나뿌리썩음병은 높은 온도에서 발생하기에 불이 발생한 지역에서 주로 발생한다.

38 종실을 가해하는 해충이 아닌 것은?

① 밤바구미   ② 버들바구미
③ 솔알락명나방 ④ 복숭아명나방

해설
버들바구미는 줄기가해 해충이다.

정답 32. ① 33. ① 34. ② 35. ② 36. ③ 37. ② 38. ②

39 성충으로 월동하는 것으로만 올바르게 나열한 것은?

① 독나방, 솔나방
② 박쥐나방, 가루나무좀
③ 소나무좀, 루비깍지벌레
④ 밤바구미, 어스렝이나방

해설
성충으로 월동하는 것으로 소나무좀, 루비깍지벌레, 오리나무잎벌레, 버즘나무방패벌레, 진달래방패벌레 등이 있다.

40 산림해충 방제에 대한 설명으로 옳지 않은 것은?

① 방제약제 선정시 천적류에 대한 영향을 고려해야 한다.
② 약제 저항성 해충의 출현은 동일한 살충제를 연용한 탓이다.
③ 생물적 방제는 대체로 환경친화적 방법이므로 널리 권장할 수 있다.
④ 불임법을 이용한 방제는 생물윤리법에 위배되므로 규제를 받는다.

해설
산림해충 불임법은 방사선을 이용하거나 불임제등을 이용하는 합법적인 방법이다.

41 임업투자 사업에서 감응도 분석의 대상으로 고려하여야 할 주요 요인이 아닌 것은?

① 생산량
② 자본예산
③ 사업기간의 지연
④ 생산물의 가격 및 노임 등의 가격 요인

해설
감응도분석 미래에 불확실한 투자 분석에 포함하여 어느정도 민감하게 변화되는지를 예측 하는 것으로 생산량, 사업기간 지연, 생산물 가격, 노임, 자재비용 (원료 및 원자재) 등이 있다.

42 임지의 특성에 해당하지 않는 것은?

① 임업 이외의 다른 사업이 어려운 편이다.
② 임지는 넓고 험하여 집약적인 작업이 어렵다.
③ 교통의 편리성에 따라 임지의 경제적 가치는 결정된다.
④ 수직적으로 생육환경이 다르지만 비교적 수종분포가 균일하다.

해설
임지는 지역이나 환경에 따라 수종이 다양하다

43 법정림에 있어서 윤벌기가 50년인 경우, 법정연벌율(법정수확율)은?

① 1%   ② 2%
③ 3%   ④ 4%

해설
법정년벌률 = 200/윤벌기 = 200/50 = 4(%)

44 벌기령과 벌채령에 대한 설명으로 옳지 않은 것은?

① 벌채령은 임목이 실제로 벌채되는 임령을 의미한다.
② 벌기령과 벌채령이 일치할 때를 법정벌채령이라 한다.
③ 대부분의 임분은 영림계획상의 벌기령과 벌채령이 일치한다.
④ 벌기령은 임목이 성숙기에 도달하는 계획상의 연수를 의미한다.

해설
벌기령과 벌채령이 같을 때를 법정벌기령이라 정의한다.

정답 39. ③ 40. ④ 41. ② 42. ④ 43. ④ 44. ②

45 Glaser식에 대한 설명으로 옳은 것은?

① 복리계산을 하기 때문에 복잡하다.
② 이율을 사용하므로 주관성이 개입된다.
③ 비용가법과 기망가법의 중간적 방법이다.
④ 벌기가 지난 임목의 가치 측정에 적당한 방법이다.

해설
Glaser 식은 중령림에 적용하기 적합한 방법으로 비용가법과 기망가법의 중간적 방법으로 만들어 졌다.

46 재장이 4.2m이고 말구직경이 30cm인 국산재 원목의 재적을 말구직경자승법으로 계산하면?(단, 소수 셋째자리에서 반올림 할 것)

① 0.09m³ ② 0.38m³
③ 0.50m³ ④ 0.67m³

해설
재장 6m 미만 기준

말구직경^2 × 재장 × $\frac{1}{10000}$

= $30^2 × 4.2 × \frac{1}{10000} ≒ 0.38$

47 산림을 비축적 자산의 하나로 보유하는 산림의 경영형태는?

① 종속적 임업경영
② 부차적 임업경영
③ 주업적 임업경영
④ 가업적 임업경영

해설
부차적 산림경영은 주업적 산림경영에 따르는 공백을 막고 이용률을 극대화하여 전체적인 수익을 올리기 위한 겸업적임업의 형태이다.

48 통나무의 중앙단면적이 0.25m²이고 길이가 15m라고할 때 이 통나무의 재적을 후버(Huber)식에 의해 구하면 얼마인가?

① 2.25m³ ② 2.75m³
③ 3.25m³ ④ 3.75m³

해설
중앙단면적 × 목재 길이 = 0.25 × 15 = 3.75
※ 후버식
$$V(m^3) = r × L = \frac{\pi}{4} × d^2 × L$$
여기서, V : 재적 , r : 중앙 단면적,
L : 목재 길이 , d : 지름

49 임지의 평가에서 똑같은 산림경영패턴이 영구히 반복된다는 것을 가정한 평가법은?

① 임지비용가법 ② 임지기망가법
③ 임지예상가법 ④ 임지매매가법

해설
장차 발생될 것으로 기대되는 수익의 합계를 기망가라 하며 임지기망가는 임지의 사업을 영구적으로 실시한다는 가정으로 토지에서 기대되는 순수익의 현재 합계를 말한다.

50 회귀년에 대한 설명으로 옳은 것은?

① 임목이 실제로 벌채되는 연령이다.
② 택벌을 실시한 일정 구역에 또 다시 택벌하기까지의 기간이다.
③ 보속작업에서 작업급에 속하는 모든 임분을 벌채하는데 소요되는 기간이다.
④ 임분이 처음 성립되어 생장하는 과정에 있어 성숙기에 도달하는 계획상의 연수이다.

해설
회귀년은 택벌작업을 하는 산림에 설정된 기간으로 처음 작업한 곳으로 다시 돌아오는데 걸리는 기간을 말한다.

정답 45. ③ 46. ② 47. ② 48. ④ 49. ② 50. ②

51 수간석해에서 원판측정 방법에 해당하는 것은?

① 표준목법 ② 수고곡선법
③ 직선연장법 ④ 원주등분법

해설
원판은 벌채점에 나타난 나이테 수에 벌채점이 자라는데 걸리는 연수를 합산하여 수령을 측정한다.

52 임업이율의 성격이 아닌 것은?

① 평정이율 ② 장기이율
③ 자본이자 ④ 실질적 이율

해설
임업이율의 성격
· 임업이율은 대부이율이 아닌 자본이율이다.
· 임업이율은 현실이율이 아닌 평정이율이다.
· 임업이율은 실질이율이 아닌 명목이율이다.
· 임업이율은 장기이율이다.

53 산림경영의 대상이 되는 경영계획구에 대해서 산림소유자나 지방자치단체장이 수립하는 계획은?

① 지역산림계획 ② 산림기본계획
③ 산림경영계획 ④ 국유림경영계획

해설
산림경영계획의 수립주체는 지방자치단체장, 산림소유자이다.

54 30년생 임목이 7본, 25년생 임목이 12본, 20년생 임목이 7본인 경우 본수령으로 계산한 평균임령은?

① 15년 ② 20년
③ 25년 ④ 30년

해설
$$\frac{(30년 \times 7) + (25년 \times 12) + (20년 \times 7)}{7 + 12 + 7}$$
$$= \frac{650}{26} = 25$$

55 임목평가의 방법 중에서 유령림의 평가에 가장 적합한 것은?

① Glaser 법
② 시장가역산법
③ 임목기망가법
④ 임목비용가법

해설
유령림에서 임목평가는 식재 및 보육을 위한 투자액을 기준으로 하는 임목비용가법이 적합하다.

56 윤척을 사용하는 방법으로 옳지 않은 것은?

① 수간 축에 직각으로 측정한다.
② 흉고부(지상 1.2m)를 측정한다.
③ 경사진 곳에서는 임목보다 낮은 곳에서 측정한다.
④ 흉고부에 가지가 있으면 가지 위나 아래를 측정한다.

해설
경사진 곳에서는 임목보다 높은 곳에서 측정한다.

57 산림 조사에서 험준지에 해당하는 경사는?

① 15~20° ② 20~25°
③ 25~30° ④ 30° 이상

해설
험준지는 경사 25°~30° 미만 이다.

58 산림경영에서 매년 발생하는 수익이 20만원, 연이율이 5%인 경우에 자본가는?

① 1만원 ② 4만원
③ 1백만원 ④ 4백만원

해설
자본가 비용 / 연이율 = 20만원 / 0.05 = 400 만원

정답 51. ④ 52. ④ 53. ③ 54. ③ 55. ④ 56. ③ 57. ③ 58. ④

59 법정림의 법정상태 요건이 아닌 것은?

① 법정축적   ② 법정벌채량
③ 법정영급분배   ④ 법정임분배치

> **해설**
> 법정림의 법정상태 요건으로 법정생장량, 법정축적, 법정임분배치, 법정영급분배이다.

60 산림에서 간벌할 임목을 대묘로 굴취하여 도시의 환경 미화목으로 사용함으로써 중간수입을 얻는 임업경영의 형태는?

① 농지임업   ② 혼목임업
③ 수예적임업   ④ 비임지임업

> **해설**
> 수예적 임업은 산림에서 간벌할 임목을 환경미화목으로 이용하거나 관광수를 생산하여 수입을 올리는 형태의 임업이다.

61 사리도(자갈길)의 유지관리에 대한 설명으로 옳지 않은 것은?

① 방진처리에 염화칼슘은 사용하지 않는다.
② 노변의 제초나 예불은 1년에 한번 이상 한다.
③ 횡단배수구의 물매는 5~6%를 유지하도록 한다.
④ 가능한 한 비가 온 후 습윤한 상태에서 노면 정지작업을 실시한다.

> **해설**
> 사리도는 염화칼슘을 이용하여 방진처리를 한다.

62 임도의 종단물매에 대한 설명으로 옳지 않은 것은?

① 최소 물매는 3% 이상으로 설치하는 것이 좋다.
② 종단물매를 높게 하면 임도우회율이 적어진다.
③ 임도 설계시 종단물매 변경은 전 노선을 조정하여 재시공하는 의미를 갖는다.
④ 보통자동차에서는 설계속도의 90% 이상 정도로 오를 수 있도록 설정한다.

> **해설**
> 임도의 종단물매는 보통자동차의 설계속도의 50~80% 정도로 설정해준다.

63 임도망 배치의 효율성 정도를 나타내는 개발지수에 대한 설명으로 틀린 것은?

① 균일하게 임도가 배치되었을 때 개발지수는 1.0 이다.
② 노선이 중첩되면 될수록 임도배치 효율성은 높아진다.
③ 개발지수의 산출식은 (평균집재거리 × 임도 밀도) / 2500 이다.
④ 개발지수가 1 보다 크거나 작을수록 임도배치 효율은 불균일상태가 된다.

> **해설**
> 노선이 중첩될수록 이용효율성은 떨어진다.

64 다음 중 트래버스의 종류가 아닌 것은?

① 결합트래버스   ② 개방트래버스
③ 방위트래버스   ④ 폐합트래버스

> **해설**
> 트래버스의 종류로 개방트래버스, 폐합트래버스, 결합트래버스, 트래버스 망이 있다.

정답 59. ② 60. ③ 61. ① 62. ④ 63. ② 64. ③

65 흙일에 있어 자연상태의 토양을 깎으면 토량이 늘어나게 되는데 다음 중 토량의 변화가 가장 큰것은?

① 모래　　② 경암
③ 역질토　④ 점성토

해설
자연상태 토양을 깎을 경우 토량의 변화는 경암이 가장 크며 다음으로 점성토, 역질토, 모래 순이다.

66 고저측량 기고식 야장기입에서 기준으로 되는 기계고는?

① 그 점의 지반고(G.H) + 그 점의 전시 (F.S)
② 그 점의 기계고(I. H) + 그 점의 전시 (F.S)
③ 그 점의 지반고(G.H) + 그 점의 후시 (B.S)
④ 그 점의 기계고(I. H) + 그 점의 후시 (B.S)

해설
기계고는 평균해수면에서 측량기계의 시준선에 이르는 수직거리를 말하는데, 때로는 지표면에서 측량기계의 시준선까지 수직거리를 말하기도 한다.

67 임도에서 너비에 대한 설명으로 옳지 않은 것은?

① 곡선부에서 곡선 반경에 따라 너비를 확대 하여야한다.
② 길어깨 및 옆도랑의 너비는 각각 1m~2m 의 범위로 한다.
③ 유효너비는 길어깨 및 옆도랑의 너비를 제외하여 3m를 기준으로 한다.
④ 임도의 축조한계는 유효너비에서 길 어깨를 포함한 규격에 따라 설치한다.

해설
길어깨 및 옆도랑의 너비는 각각 0.5m~1m 범위로 한다.

68 임도의 성토사면에 있어서 붕괴가 일어날 가능성이 적은 경우는?

① 함수량이 증가할 때
② 공극수압이 감소될 때
③ 동결 및 융해가 반복될 때
④ 토양의 점착력이 약해질 때

해설
공극수압이 감소되면 토양의 유동이 적어져 붕괴의 가능성이 적어진다.

69 산림토목 시공용 기계 중 정지작업에 가장 적합한 것은?

① 클램 쉘　　② 드랙 라인
③ 파워 셔블　④ 모터 그레이더

해설
모터그레이더는 정지 작업인 노면 깎기, 노면 다지기 등의 작업에 적합한 장비이다.

70 임도에서 합성기울기와 관련이 있는 조합은?

① 횡단기울기와 편기울기
② 종단기울기와 역기울기
③ 편기울기와 곡선반지름
④ 종단기울기와 횡단기울기

해설
합성기울기는 외쪽기울기 혹은 횡단기울기의 제곱과 종단기울기의 제곱의 합의 제곱근을 이용하여 구하며 공식은 아래와 같다
$S = \sqrt{i^2 + j^2}$
여기서, S : 합성기울기(%)
　　　　i : 횡단기울기(%)
　　　　j : 종단기울기(%)

정답 65. ② 66. ③ 67. ② 68. ② 69. ④ 70. ④

71 절·성토 사면에 있어서 소단에 대한 설명으로 옳지 않은 것은?

① 절, 성토의 안정성을 높인다.
② 사면에서 흘러내리는 사면침식을 줄인다.
③ 필요에 따라 식생이나 배수구를 설치한다.
④ 붕괴 방지를 위해 유지보수 작업원의 발판으로 이용할 수 없다.

해설
절, 성토 경사면에 소단은 유지 보수 작업원의 발판으로 이용할 수 있다. 보통 사면길이 2~3m 마다 폭 50~100cm 로 단의 폭을 끊어 소단을 설치한다.

72 임도에 교량을 설치할 때 적합하지 않은 지점은?

① 계류의 방향이 바뀌는 굴곡진 곳
② 지질이 견고하고 복잡하지 않은 곳
③ 하상의 변동이 적고 하천의 폭이 협소한 곳
④ 하천 수면보다 교량면을 상당히 높게 할 수 있는 곳

해설
계류의 방향이 바뀌지 않는 직선인 곳에 교량을 설치한다.

73 평판측량의 장점으로 옳지 않은 것은?

① 오측을 쉽게 발견할 수 있다.
② 내업이 다른 측량보다 적은 편이다.
③ 기상에 따른 영향을 거의 받지 않는다.
④ 현장에서 제도하므로 정확하게 표시할 수 있다.

해설
날씨의 영향으로 종이의 신축으로 종이의 오차가 발생하고 작업능률이 저하된다.

74 임도의 노체에 대한 설명으로 옳지 않은 것은?

① 측구는 공법에 따라 토사도, 사리도, 쇄석도 등으로 구분한다.
② 임도의 노체는 노상, 노면, 기층 및 표층의 각 층으로 구성된다.
③ 노면에 가까울수록 큰 응력에 견디기 쉬운 재료를 사용하여야 한다.
④ 통나무길 및 섶길은 저습지대에 있어서 노면의 침하를 방지하기 위하여 사용하는 것이다.

해설
토사도, 사리도, 쇄석도, 통나무길, 섶길 등은 노면재료에 따른 구분이다.

75 다음의 산림토목 시공용 기계 중 주로 굴착작업에 사용되는 기계는?

① 래머　　② 탬핑롤러
③ 파워셔블　④ 모터그레이더

해설
파워셔블은 굴착기계로서 지면보다 높은 곳을 굴착하기 적합하다. 보기의 래머, 탬핑롤러, 모터그레이더는 임도의 진압과 정지작업에 이용된다.

76 임도의 설계 시 구분되는 암의 종류로 옳지 않은 것은?

① 경암　　② 연암
③ 준경암　④ 최강암

해설
보기의 암의 종류는 임도설계시 기준으로 연암, 보통암, 경암으로 분류된다.

정답 71. ④　72. ①　73. ③　74. ①　75. ③　76. ④

77 가공본줄을 이용한 가선집재방식으로 옳지 않은 것은?

① 스너빙식
② 폴링블록식
③ 호이스티캐리지식
④ 런닝스카이라인식

해설
러닝스카이라인식, 하이리드식, 슬랙라인식 등은 가공본줄을 이용하지 않는 방법이다.

78 임도설계에서 실시하는 측량방법으로 옳지 않은 것은?

① 예측은 선정된 노선을 현지에 설정하여 정밀 측량을 실시하는 것이다.
② 종단측량은 레벨과 표척을 사용하여 중심선의 고저기복을 측량하는 작업이다.
③ 횡단측량은 중심말뚝마다 중심선과 직각 방향으로 지형의 고저기복 상태를 측정한다.
④ 평면측량은 교각점에서는 교각을 따라 곡선을 설정하고 곡선시종점 등의 곡선말뚝을 현지에 설정한다.

해설
예측은 설계도면상에 임의 선정에 의한 것으로 정밀 측량을 실시하지 않는다. 예측에 의한 노선을 현지에서 정밀 측량을 실시하는 경우는 실측이라 한다.

79 임도의 평면선형에서 곡선을 설치하지 않아도 되는 기준은?

① 내각 25° 이상
② 내각 55° 이상
③ 내각 90° 이상
④ 내각 155° 이상

해설
곡선부의 중심선 반지름은 통상 규격 이상으로 설치하는데 단, 내각이 155° 이상 되는 장소에 대해서는 곡선을 설치하지 않을 수 있다.

80 임도의 종류별 설계속도 기준으로 옳은 것은?

① 간선임도 : 40 ~ 30km/시간
② 간선임도 : 40 ~ 20km/시간
③ 지선임도 : 30 ~ 10km/시간
④ 지선임도 : 20 ~ 10km/시간

해설
간선임도의 설계속도 기준은 20~40km/hr, 지선임도는 20~30km/hr 이다.

81 사방용 수종에 요구되는 특성으로 옳지 않은 것은?

① 뿌리가 잘 자랄 것
② 가급적 양수 수종일 것
③ 척악지의 조건에 적응성이 강할 것
④ 생장력이 왕성하며 쉽게 번무할 것

해설
사방용 수종은 적응력이 좋고 생장력이 좋은 경제수종으로 선택한다.

82 수제에 대한 설명으로 옳지 않은 것은?

① 상향수제는 길이가 가장 짧고 공사비가 적게 든다.
② 하향수제는 수제 앞부분의 세굴 작용이 가장 약하다.
③ 유수의 월류 여부에 따라 월류수제와 불월류수제로 나눈다.
④ 계류의 유심 방향을 변경하여 계안 침식을 방지하기 위해 계획한다.

해설
길이가 가장 짧고 공사비가 저렴한 것은 직각수제에 대한 설명이다.

정답 77. ④ 78. ① 79. ④ 80. ② 81. ② 82. ①

83 산지사방 녹화공사에 해당하지 않는 것은?

① 조공   ② 단끊기
③ 단쌓기   ④ 등고선구공법

해설
단끊기는 비탈의 안정을 위한 기초공사에 해당한다.

84 산사태와 비교한 땅밀림에 대한 설명으로 옳지 않은 것은?

① 이동 속도가 빠르다.
② 지하수의 영향이 크다.
③ 완경사면에서 주로 발생한다.
④ 주로 점성토가 미끄럼면으로 활동한다.

해설
땅밀림의 경우 산사태보다 이동 속도가 느리다.

85 다음 설명에 해당하는 것은?

◎ 비탈면 하단부에 흐르는 계천의 가로 침식에 의해 일어난다.
◎ 침식 및 붕괴된 물질은 퇴적되지 않고 대부분 유수와 함께 유실되는 붕괴형 침식이다.

① 산붕   ② 붕락
③ 포락   ④ 산사태

해설
포락은 비탈면 끝에 흐르는 계천의 가로침식에 의하여 무너지는 침식현상으로 붕괴형침식에 해당한다.

86 돌쌓기 배치 방법으로 잘못된 쌓기가 아닌 것은?

① 포갬돌   ② 이마대기
③ 여섯에움   ④ 새입붙이기

해설
돌쌓기를 할 때는 돌의 배치에 주의하여 다섯에움이상 일곱에움 이하가 되도록 한다.

87 기슭막이의 시공목적에 대한 설명으로 옳지 않은 것은?

① 기슭의 유로 변경
② 계안의 횡침식 방지
③ 산각의 안정을 도모
④ 산지 사방공작물의 기초 보호

해설
기슭막이는 보호 및 안정이 목적으로 계류의 흐름방향에 따라 축설하기에 유로의 변경과는 관련이 없다.

88 평떼붙이기공법에 대한 설명으로 옳지 않은 것은?

① 주로 45° 이상의 급경사에 지형에 시공한다.
② 떼를 붙이기 전에 흙다지기를 잘 해야 한다.
③ 붙인 떼는 떼 꽂이 등으로 고정하여 활착이 잘 이뤄지게 한다.
④ 심은 후에는 잘 밟아 다져 펫밥을 주고 깨끗이 뒷정리를 한다.

해설
평떼붙이기는 주로 경사 45° 이하의 완만한 산지에 시공한다.

89 다음 설명에 해당하는 것은?

◎ 비탈다듬기 및 단끊기의 시공과정에서 발생하는 잉여토사를 산복의 깊은 곳에 넣어서 이것을 유치 고정하는 공사이다.

① 골막이   ② 누구막이
③ 땅속흙막이   ④ 산비탈흙막이

해설
땅속흙막이는 비탈다듬기나 단끊기 공사로 생긴 토사를 계곡부에 넣어서 토사 활동을 방지하기 위해 설치한다.

정답 83. ② 84. ① 85. ③ 86. ③ 87. ① 88. ① 89. ③

90 빗물에 의한 침식의 발달과정에서 가장 초기 상태의 침식은?

① 우격침식　② 구곡침식
③ 누구침식　④ 면상침식

해설
강우침식은 처음 우격침식을 시작으로 면상침식, 누구침식, 구곡침식 순서로 진행된다.

91 해안사방에서 식재목의 생육환경 조성을 위하여 후방에 풍속을 약화시키고 모래의 이동을 막는 목적으로 시공하는 것은?

① 모래덮기　② 퇴사울세우기
③ 사지식수공법　④ 정사울세우기

해설
정사울 세우기는 전사구에 후방 모래를 고정하여 표면을 안정화하고 식재목이 생육할수 있는 환경 조성을 위해 실시한다.

92 사방시설의 공작물도를 작성하는데 기준이 되며 설계홍수량 산정에 쓰이는 강우확률 빈도는?

① 30년　② 50년
③ 80년　④ 100년

해설
통수단면은 100년 빈도 확률 강우량에 홍수도달시간을 이용하여 최대홍수유출량의 1.2배 이상으로 설계한다.

93 황폐계류유역에 해당하지 않는 것은?

① 토사생산구역　② 토사유과구역
③ 토사퇴적구역　④ 토사억제구역

해설
황폐계류의 상류부를 토사생산구역, 생산된 토사가 이동하는 토사유과구역, 하류에 토사가 퇴적되는 토사퇴적구역으로 구분된다.

94 다음 설명에 해당하는 것은?

> 산림지대에서 지하수 유출과 깊은 유출을 합한 것이며, 평상 시의 유량은 대부분 이것에 해당한다.

① 직접유출　② 간접유출
③ 기저유출　④ 표면유출

해설
저유출은 하천 수로에 총 유출을 구성하는 요소에서 시간적으로 유출이 지연된 중간유출과 지하수유출을 더한 값을 의미한다.

95 척박하고 건조한 지역에서 비교적 잘 자라며, 맹아갱신이 잘 이루어지는 사방녹화용 주요 목본식물은?

① 단풍나무　② 가시나무
③ 아까시나무　④ 테다소나무

해설
아까시나무는 맹아력이 강한 수종으로 척박하고 건조한 지역에서 비교적 잘자란다.

96 비탈면에 나무를 심을 때, 고려할 사항으로 틀린 것은?

① 식재한 수목이 만일 넘어진다 하여도 위험성이 없도록 해야 한다.
② 흙쌓기 비탈면에서는 비탈면의 하단부에 식재하는 것이 좋다.
③ 비탈면에는 대묘이식을 하지 않는 것이 좋다.
④ 일반적으로 비탈면에 관목을 심기 위해서는 비탈면을 1:3 보다 완만하게 해야 한다.

해설
비탈면에서 관목을 심기 위해서는 비탈면을 1:2 보다 완만하게 해야 한다. 1:3은 교목에 해당한다.

정답 90. ① 91. ④ 92. ④ 93. ④ 94. ③ 95. ③ 96. ④

97 경심에 대한 설명으로 틀린 것은?

① 물과 접촉하는 수로 주변의 길이를 말한다.
② 유적을 윤변으로 나눈 것을 말한다.
③ 동수반지름이라고 한다.
④ 특히 개수로에서는 수리평균심이라 한다.

해설
물과 접촉하는 수로 주변의 길이는 윤변에 대한 내용이다.

98 비탈면 녹화공종에서 초식공법으로만 나열된 것은?

① 힘줄박기공법, 새심기공법
② 줄떼심기공법, 평떼공법
③ 격자틀붙이기공법, 선떼붙이기공법
④ 돌망태쌓기공법, 바자얽기공법

해설
비탈면 식재녹화 공법에서 초식공법은 줄떼다지기, 평떼다지기, 선떼붙이기, 새심기 공법이 있다.

99 절토사면 중 토질이 모래층인 사면에 대한 설명으로 옳지 않은 것은?

① 절토공사 직후에는 단단한 편이나 건조하면 푸석 푸석해지고 붕락되기 쉽다.
② 침식에 대단히 약하여 식생이 착근하기 전에 유실될 가능성이 높다.
③ 토양유실을 방지할 목적으로, 보통 흙으로 전면적 객토를 해주어야 한다.
④ 적용 공법은 새집붙이기 공법이 가장 적절하다.

해설
절토사면의 토질이 모래층인 경우 토양유실의 가능성이 있어 피복망덮기 공법이 적합하다.

100 돌 골막이 시공 시 돌쌓기의 표준 기울기로 맞는 것은?

① 1 : 0.1 　② 1 : 0.2
③ 1 : 0.3 　④ 1 : 0.4

해설
돌쌓기 기울기는 1 : 0.3 을 기준으로 한다.

정답 97. ① 98. ② 99. ④ 100. ③

기사 CBT 제5회 — 산림기사

** 본문제는 수험생들의 기억을 바탕으로 작성 된 것으로 실제 문제와 차이가 있을 수 있습니다.

01 우량한 침엽수 묘목에 대한 설명으로 옳지 않은 것은?

① 측아가 정아보다 우세하다.
② 왕성한 수세를 지니며 조직이 단단하다.
③ 균근이나 공생미생물이 충분히 부착되어 있다.
④ 근계가 충실하며 뿌리가 사방으로 균형 있게 발달한다.

해설
측아 발달보다 정아가 우세한 것이 우량 묘목의 조건이다.

02 어린나무가꾸기 작업에 대한 설명으로 옳은 것은?

① 주로 6~9월에 실시하는 것이 좋다.
② 숲가꾸기 과정에서 한 번만 실시한다.
③ 간벌 이후에 불량목을 제거하기 위해 실시한다.
④ 산림경영 과정에서 중간 수입을 위해서 실시한다.

해설
어린나무가꾸기는 밑깎기와 간벌작업의 중간에 실시되는 작업으로 대상목이 왕성하게 성장하는 6~9월 사이 실시하는 것이 좋다.

03 소나무 종자가 수분된 후 성숙되는 시기는?

① 개화 당년
② 개화 3년째 가을
③ 개화 이듬해 여름
④ 개화 이듬해 가을

해설
소나무는 개화 이듬해 가을에 종자가 성숙한다. 동일한 시기에 성숙하는 수종에는 상수리나무, 굴참나무, 잣나무 등이 있다.

04 다음 공식은 종자 m² 당 파종량을 산정하기 위한 공식이다. A×S를 옳게 설명한 것은?

$$W = \frac{A \times S}{D \times P \times G \times L}$$

① 순량률과 발아세를 곱한 값이다.
② 발아율과 파종 면적을 곱한 값이다.
③ 종자입수에 파종 면적을 곱한 값이다.
④ 파종 면적에 m²당 묘목의 잔존본수를 곱한 값이다.

해설
$A \times S$는 파종면적(A)에 m²당 묘목의 잔존본수(S)를 곱한 값이다.

05 다음 중 내음력이 가장 강한 수종은?

① 주목   ② 향나무
③ 사시나무   ④ 물푸레나무

해설
내음력이 강한 수종은 주로 음수수종으로 그중에서도 주목은 극음수에 속한다.

정답 01. ① 02. ① 03. ④ 04. ④ 05. ①

06 묘목의 뿌리가 천근성이기 때문에 단근작업을 생략해도 되는 수종은?

① 곰솔
② 소나무
③ 굴참나무
④ 느티나무

해설
주로 측근이 발달하는 1년생 산출묘는 단근하지 않는다. 대표적으로 낙엽송, 느티나무, 편백, 전나무 등은 단근작업을 하지 않는다.

07 밤, 도토리 등 함수량이 많은 전분 종자를 추운 겨울 동안 동결하지 않고 부패하지 않도록 저장하는 방법으로 가장 적합한 것은?

① 노천매장법
② 보호저장법
③ 상온저장법
④ 저온저장법

해설
보호저장법은 모래와 종자를 섞어서 용기 안에 저장하는 방법으로 함수량이 많은 전분 종자를 부패하지 않도록 저장할 수 있다. 주로 은행나무, 밤나무, 굴참나무 등의 수종에 적합하다.

08 산림 토양에서 부식에 대한 설명으로 옳지 않은 것은?

① 토양의 입단구조를 형성하게 한다.
② 임상 내 H 층에 해당되며 유기물이 많이 함유되어 있다.
③ 토양 미생물의 생육에 필요한 영양분으로 사용 가능하다.
④ 칼슘, 마그네슘, 칼륨 등 염기를 흡착하는 능력인 염기치환용량이 작다.

해설
산림의 토양 중에서 부식층은 H(humus layer)층이라 하며 유기물이 완전히 분해되어 있는 상태로서 염기치환용량이 큰 편이다.

09 원생림이 파괴된 뒤에 회복된 산림은?

① 1차림
② 2차림
③ 원시림
④ 극상림

해설
산림 파괴 이후 회복에 의해 생성되는 산림을 2차림이라 한다.

10 덩굴제거 시 사용되는 디캄바 액제에 대한 설명으로 옳지 않은 것은?

① 페녹시계 계통이다
② 호르몬형 이행성 제초제이다
③ 약효가 높아지는 30°C 이상 고온 조건에서 사용한다.
④ 주로 콩과 식물에 해당하는 광엽 잡초에 효과적이다.

해설
디캄바 액제는 30°C 이상 고온의 조건에서 증발할 경우 식물에 피해를 줄 수 있어 작업을 중지해야 한다.

11 밤나무, 상수리나무, 굴참나무 종자를 저장하는 방법으로 가장 적합한 것은?

① 기간저장법
② 보호저장법
③ 밀봉냉장법
④ 노천매장법

해설
보호저장법은 모래와 종자를 섞어서 용기 안에 저장하는 방법으로 은행나무, 밤나무, 굴참나무 등의 수종에 적합한 방법이다.

정답 06. ④ 07. ② 08. ④ 09. ② 10. ③ 11. ②

12 모수작업에 대한 설명으로 옳은 것은?

① 모수는 ha 당 100본 이상이어야 한다.
② 전 임목 본수에서 10% 정도로 모수를 남긴다.
③ 모수는 소나무, 곰솔 등 양수 수종이 적합하다.
④ 작업 대상 임지의 토양 침식과 유실이 발생하지 않는다.

> **해설**
> 모수작업은 개벌과 유사한 작업조건으로 소나무나 곰솔과 같은 양수 수종에 적합하다.

13 생가지치기를 하는 경우 절단면이 썩을 위험성이 가장 큰 수종은?

① 사시나무 ② 단풍나무
③ 소나무   ④ 삼나무

> **해설**
> 생가지치기 위험이 있는 수종으로 단풍나무, 느릅나무, 물푸레나무, 벚나무 등이 있다.

14 풀베기 작업에 대한 설명으로 옳지 않은 것은?

① 일반적으로 5~7월에 실시한다.
② 연 2회 실시할 경우 8월에 추가로 실시할 수 있다.
③ 군상식재지 등 조림목의 특별한 보호가 필요한 경우 줄베기를 실시한다.
④ 한해 및 풍해의 위험성이 있는 지역에서는 9월 이후에 실시하는 것이 좋다.

> **해설**
> 한해 및 풍해의 위험성이 있는 지역은 9월 이후 실시하지 않는 것이 좋다.

15 장미과에 속하는 수종이 아닌 것은?

① 조팝나무 ② 자귀나무
③ 벚나무   ④ 마가목

> **해설**
> 자귀나무는 콩과에 속한다.

16 종자의 활력 시험 중 종자 내 산화 효소가 살아있는지의 여부를 시약의 발색반응으로 검사하는 방법은?

① 절단법   ② 환원법
③ X선분석법   ④ 배추출시험법

> **해설**
> 환원법은 테루루산소다, 테트라졸륨 등의 수용액을 이용하여 발색반응을 통해 종자의 활력 검사를 한다.

17 산벌작업에서 결실량이 많은 해에 일부 임목을 벌채하여 하종을 돕는 과정은?

① 택벌   ② 후벌
③ 예비벌   ④ 하종벌

> **해설**
> 하종벌은 예비벌 후 3~5년 후에 종자의 결실이 풍부하고 완전 성숙 후 다량 낙하시켜 발아시키기 위한 작업으로 종자의 결실량이 많을 때 실시하는것이 좋다.

18 비료의 농도가 너무 높아 묘목이 말라죽는 경우에 토양과 묘목의 수분포텐셜(Ψ)의 관계로 옳은 것은?

① $\Psi_{토양} > \Psi_{묘목}$
② $\Psi_{토양} = \Psi_{묘목}$
③ $\Psi_{토양} < \Psi_{묘목}$
④ $\Psi_{토양} \propto \Psi_{묘목}$

> **해설**
> 묘목의 수분포텐셜이 토양보다 높아 수분흡수가 이루어지지 않아 말라죽게 된다.

정답 12. ③ 13. ② 14. ④ 15. ② 16. ② 17. ④ 18. ③

19 음수 갱신에 가장 불리한 작업 방법은?
① 산벌작업 ② 택벌작업
③ 이단림작업 ④ 모수림작업

> **해설**
> 모수림작업은 모수의 종자에 의해 후계를 조성하고 일부 남겨지는 모수로 하층의 어린나무는 피음되지 못하는 문제가 발생한다. 그래서 모수림작업은 수종이 내음성과 관련되어 양수가 적합하다.

20 순림과 혼효림에 대한 설명으로 옳지 않은 것은?
① 순림은 산림작업과 경영이 간편하고 경제적으로 수행될 수 있다.
② 순림은 혼효림보다 유기물의 분해가 더 빨라져 무기양료의 순환이 더 잘 된다.
③ 혼효림은 인공적으로 조성하기에는 기술적으로 복잡하고 보호관리에 많은 경비가 소요된다.
④ 혼효림은 심근성과 천근성 수종이 혼생할 때 바람 저항성이 증가하고 토양단면 공간 이용이 효과적이다.

> **해설**
> 혼효림의 유기물의 분해가 순림보다 빨라 무기양료의 순환이 더 잘 이루어진다.

21 다음 설명에 해당하는 해충은?

> ◎ 유충은 잎을 갉아 먹는다.
> ◎ 1년에 2~3회 발생한다.
> ◎ 성충은 주광성이 강하다.

① 대벌레 ② 박쥐나방
③ 미국흰불나방 ④ 조록나무혹진딧물

> **해설**
> 미국흰불나방은 1년에 2~3회 발생하며 주광성이 강하다. 번데기 형태로 나무껍질이나 지피물 아래에서 월동하며 유충은 잎을 갉아 먹으며 피해 수종의 범위가 매우 넓다.

22 지표를 배회하는 성질의 해충을 채집하는 방법으로 가장 효과적인 도구는?
① 유아등 ② 함정트랩
③ 수반트랩 ④ 말레이즈트랩

> **해설**
> 땅속곤충이나 지표를 배회하는 곤충 및 해충을 채집하는데 함정트랩이 효과적이다.

23 소나무 재선충병이 발생하는 주요 경로는?
① 종자 ② 토양
③ 매개충 ④ 중간기주

> **해설**
> 소나무재선충병은 솔수염하늘소와 같은 매개충에 의해 전반된다.

24 박쥐나방을 방제하는 방법으로 옳은 것은?
① 땅속을 서식하는 유충을 굴취하여 소각한다.
② 풀깎기를 하여 유충이 가해하는 초본류를 제거한다.
③ 잎에 산란한 알덩어리를 수거하여 땅에 묻거나 소각한다.
④ 나뭇잎을 길게 말고 형성한 고치를 채취하여 소각한다.

> **해설**
> 어린 유충기에 초목류를 가해하므로 풀깎기를 철저히 하여 발생을 억제 한다.

정답 19. ④ 20. ② 21. ③ 22. ② 23. ③ 24. ②

25 상렬에 대한 설명으로 옳지 않은 것은?
① 서리로 인해 발생하는 수목 피해이다
② 고립목이나 임연부에서 발견되기 쉽다
③ 상렬을 예방하기 위해서 배수를 원활하게 한다.
④ 추운 지방에서 치수가 아닌 주로 교목의 수간에 발생한다.

> **해설**
> 상렬은 겨울철 수목 내부의 수분이 저온에 따른 수축 및 팽창으로 팽창압이 발생하여 수목이 갈라지는 현상을 말한다.

26 참나무 시들음병을 방제하는 방법으로 옳지 않은 것은?
① 신갈나무숲에 매개충 유인목을 설치한다.
② 병든 부분을 제거하고 소독 후 도포제를 처리한다.
③ 수간 하부부터 지상 2m 까지 끈끈이롤 트랩을 감아준다.
④ 피해목을 벌채하고 타포린으로 덮은 후에 훈증제를 처리한다.

> **해설**
> 참나무시들음병은 곰팡이가 도관을 막아 수분과 양분의 이동을 방해하여 시들어 죽게 되기에 병든 부분을 제거만 하는 것으로는 방제가 어렵다.

27 1년에 1회 발생하며 단성생식을 하는 해충은?
① 밤나무혹벌   ② 넓적다리잎벌
③ 노랑애나무좀 ④ 오리나무잎벌레

> **해설**
> 밤나무혹벌은 1년에 1회 발생하고 암컷만으로 단성생식을 한다.

28 다음 중 중간기주가 없는 수목병은?
① 소나무 혹병   ② 향나무 녹병
③ 회화나무 녹병 ④ 잣나무 털녹병

> **해설**
> 회화나무 녹병은 중간기주로 이동하지 않고 회화나무에만 기생하는 수목병이다.

29 유충과 성충이 수목의 동일한 부분을 가해하는 해충은?
① 솔나방
② 어스렝이나방
③ 오리나무잎벌레
④ 잣나무넓적잎벌

> **해설**
> 오리나무잎벌레는 성충과 유충이 동시에 잎을 가해한다.

30 서로 다른 환경유형이 인접한 공간으로, 인접한 양쪽 환경유형을 다른 목적으로 이용하는 동물들에게 중요한 미세서식지로 제공되는 공간은?
① 피난처   ② 임연부
③ 세력권   ④ 행동권

> **해설**
> 임연부는 숲의 가장자리로 서로 다른 환경유형이 인접하는 곳을 말한다.

31 수목의 자연개구부를 통해 감염되는 병원균은?
① 낙엽송끝마름병균
② 소나무잎떨림병균
③ 오동나무빗자루병균
④ 밤나무줄기마름병균

> **해설**
> 수목의 자연개구부를 통해 침입하는 병원균은 삼나무 붉은마름병균, 소나무 잎떨림병, 소나무 그을음잎마름병 등이 대표적이다.

정답 25. ① 26. ② 27. ① 28. ③ 29. ③ 30. ② 31. ②

32 어린 유충은 초본의 줄기 속을 식해 하지만 성장한 후 나무로 이동하여 수피와 목질부를 가해하는 해충은?

① 솔나방　　② 매미나방
③ 박쥐나방　④ 미국흰불나방

> **해설**
> 박쥐나방은 어린 유충일때 줄기를 식해하며 성장후 목질부를 가해한다. 솔나방, 매미나방, 미국흰불나방의 경우 잎을 가해하는 식엽성 해충이다.

33 산림곤충 표본조사법 중 곤충의 음성 주지성을 이용한 방법은?

① 미끼트랩　　② 수반트랩
③ 페로몬트랩　④ 말레이즈트랩

> **해설**
> 말레이즈트랩은 곤충의 표본조사법에서 음성주지성, 즉 높은 곳으로 기어가는 곤충의 습성을 이용한 곤충 포획방법이다.

34 아밀라리아뿌리썩음병을 방제하는 방법으로 옳지 않은 것은?

① 묘목은 식재 전에 메타락실 수화제에 침지처리한다.
② 잣나무 조림지에 석회를 처리하여 산성 토양을 개량한다.
③ 감염목의 주위에 도랑을 파서 균사가 퍼지지 않도록 한다.
④ 과수원에서는 감염목을 자른 다음 그루터기를 제거한다.

> **해설**
> 아밀라리아뿌리썩음병 발생지역의 경우 방제를 위해 수년간 임목의 식재를 피하도록 한다.

35 흰가루병을 방제하는 방법으로 옳지 않은 것은?

① 짚으로 토양을 피복하여 빗물에 흙이 튀지 않게 한다.
② 자낭과가 붙어서 월동한 어린 가지를 이른 봄에 제거한다.
③ 묘포에서는 밀식을 피하고 예방 위주의 약제를 처리한다.
④ 그늘에 식재한 나무에서 피해가 심하므로 식재 위치를 잘 선정한다.

> **해설**
> 흰가루병은 병원균은 바람에 의해 전반되기에 토양을 피복하는 것으로 방제효과가 없다.

36 대추나무 빗자루병 방제 약제로 가장 적합한 것은?

① 베노밀 수화제
② 아진포스메틸 수화제
③ 스트렙토마이신 수화제
④ 옥시테트라사이클린 수화제

> **해설**
> 대추나무 빗자루병, 오동나무 빗자루병은 옥시테트라사이클린을 수간주사하여 방제한다.

37 아까시잎혹파리에 대한 설명으로 옳지 않은 것은?

① 아까시나무만 가해한다.
② 원산지는 북아메리카이다.
③ 땅속에서 성충으로 월동한다.
④ 흰가루병 및 그을음병을 동반한다.

> **해설**
> 아까시잎혹파리는 번데기 형태로 땅속에 월동한다.

정답　32. ③　33. ④　34. ①　35. ①　36. ④　37. ③

38 주로 토양에서 월동하는 병원균은?

① 모잘록병균
② 잣나무 털녹병균
③ 낙엽송 잎떨림병균
④ 배나무 불마름병균

> 해설
> 모잘록병균은 토양 혹은 병든 식물체에 월동한다.

39 밤나무혹벌에 대한 설명으로 옳은 것은?

① 연 1회 발생하며 유충으로 월동한다.
② 피해를 받은 나무가 고사하는 경우는 없다.
③ 충영은 성충 탈출 후에도 녹색을 유지한다.
④ 밤나무 잎에 기생하여 직경 1mm 내외의 충영을 만든다.

> 해설
> 밤나무혹벌은 1년에 1회 발생하고 암컷만으로 단성생식을 한다.

40 흡즙성 해충에 해당하는 것은?

① 소나무좀
② 알락하늘소
③ 버즘나무방패벌레
④ 꼬마버들재주나방

> 해설
> 버즘나무방패벌레, 깍지벌레류 등은 흡즙성 해충에 해당한다.

41 평균생장량과 연년생장량간의 관계에 대한 설명으로 옳은 것은?

① 초기에는 평균생장량이 연년생장량보다 크다.
② 평균생장량이 연년생장량에 비해 최대점에 빨리 도달한다.
③ 평균생장량이 최대일 때 연년생장량과 평균생장량은 같게 된다.
④ 평균생장량이 최대점에 이르기까지는 연년생장량이 평균생장량보다 항상 작다.

> 해설
> ① 초기에는 연년생장량이 평균생장량보다 크다.
> ② 연년생장량이 평균생장량에 비해 최대점이 빨리 도달한다.
> ④ 평균생장량이 최대점에 이르기까지는 연년생장량이 평균생장량보다 항상 크다.

42 유동자본으로만 올바르게 짝지은 것은?

① 임도, 임업기계
② 묘목, 임업기계
③ 임도, 미처분 임산물
④ 묘목, 미처분 임산물

> 해설
> 유동자본의 종류로 미처분임산물, 묘목, 비료, 종자 등이 있다.

정답 38. ① 39. ① 40. ③ 41. ③ 42. ④

43 임지기망가의 크기에 영향을 주는 인자에 대한 설명으로 옳지 않은 것은?

① 이율이 높으면 높을수록 임지기망가는 커진다.
② 조림비와 관리비의 값은 (−)이므로 이 값이 클수록 임지기망가는 작아진다.
③ 주벌수익과 간벌수익의 값은 (+)이므로 이 값이 클수록 임지기망가는 커진다.
④ 벌기령이 높아지면 임지기망가는 처음에는 증가하다가 어느 시기에 최대에 도달하고, 그 후부터는 점차 감소한다.

해설
이율이 낮을수록 임지기망가는 커진다.

44 산림경영의 지도원칙 중에서 수익성의 원칙에 대한 설명으로 옳은 것은?

① 토지의 생산력을 최대로 추구하는 원칙
② 최대의 경제성을 올리도록 경영하는 원칙
③ 최소의 비용으로 최대의 효과를 발휘하는 원칙
④ 최대의 이익 또는 이윤을 얻을 수 있도록 경영하는 원칙

해설
수익성의 원칙은 최대의 이익을 얻을수 있게 경영하는 원칙을 말한다.

45 임업투자 결정 중 현금유입을 통하여 투자금액을 회수하는데 소요되는 기간을 가지고 투자 결정을 하는 방법은?

① 회수기간법   ② 내부수익률법
③ 순현재가치법 ④ 수익·비용비법

해설
회수기간은 투자에 소요된 모든 비용을 회수하는데 걸리는 기간을 말하며, 보통 연수로 표시한다. 회수기간법은 빨리 회수되는 투자안일수록 투자가치가 높다고 판단한다.

46 30년생 임목이 7본, 25년생 임목이 12본, 20년생 임목이 7본인 경우 본수령으로 계산한 평균임령은?

① 15년   ② 20년
③ 25년   ④ 30년

해설
$$\frac{(30년 \times 7) + (25년 \times 12) + (20년 \times 7)}{7 + 12 + 7}$$
$$= \frac{650}{26} = 25$$

47 손익분기점의 분석을 위한 가정에 대한 설명으로 옳지 않은 것은?

① 제품 한 단위당 변동비는 항상 일정하다.
② 총비용은 고정비와 변동비로 구분할 수 있다.
③ 제품의 판매가격은 판매량이 변동하여도 변화되지 않는다.
④ 생산량과 판매량은 항상 다르며 생산과 판매에 보완성이 있다.

해설
생산량과 판매량은 항상 같으며 생산과 판매에 동시성이 있다.

48 자연휴양림을 조성 신청하려는 자가 제출하여야 하는 자연휴양림 구역도의 축적은?

① 1/5,000   ② 1/10,000
③ 1/15,000   ④ 1/25,000

해설
자연휴양림 예정지의 구역도는 축척 1/5,000 혹은 1/6,000 으로 한다.

정답 43. ① 44. ④ 45. ① 46. ③ 47. ④ 48. ①

49 산림경영계획에서 임종 구분으로 옳은 것은?

① 임반, 소반
② 천연림, 인공림
③ 임목지, 무립목지
④ 침엽수림, 활엽수림, 혼효림

해설
임종은 천연림, 인공림으로 구분된다.

50 임지의 지위지수를 결정하는 방법에 대한 설명으로 옳은 것은?

① 기준 임령에서 임분의 전체 축적으로 결정한다.
② 기준 임령에서 임분의 우세목 수고로 결정한다.
③ 기준 임령에서 임분의 우세목 재적으로 결정한다.
④ 기준 임령에서 임분을 구성하는 우세목과 열세목의 평균직경으로 결정한다.

해설
지위지수는 산림의 생산력 혹은 생산력의 판단지표로서 기준 임령의 우세목의 평균수고를 이용한다.

51 임목평가의 방법 중에서 유령림의 평가에 가장 적합한 것은?

① Glaser 법   ② 시장가역산법
③ 임목기망가법   ④ 임목비용가법

해설
유령림에서 임목평가는 식재 및 보육을 위한 투자액을 기준으로 하는 임목비용가법이 적합하다.

52 산림경영의 지도원칙 중 보속성의 원칙에 해당되지 않는 것은?

① 합자연성   ② 목재수확 균등
③ 생산자본 유지   ④ 화폐수확 균등

해설
산림경영 지도원칙에서 보속성의 원칙에는 목재 수확 균등의 보속, 목재생산의 보속, 화폐수확 균등의 보속, 생산자본 유지의 보속이 있다. 합자연성은 환경보전의 원칙과 함께 복지의 원칙에 해당한다.

53 임지기망가의 최대치에 영향을 미치는 주요 인자가 아닌 것은?

① 이율
② 운반비
③ 주벌 및 간벌 수확
④ 조림비 및 관리비

해설
임지기망가에 크게 영향을 주는 계산인자로 주벌 및 간벌수확, 조림비 및 관리비, 이율, 벌기 등이 있다.

54 임목의 평균생장량이 최대가 될 때를 벌기령으로 정한 것은?

① 재적수확 최대의 벌기령
② 화폐 수익 최대의 벌기령
③ 토지순수익 최대의 벌기령
④ 산림순수익 최대의 벌기령

해설
재적수확최대의 벌기령은 단위면적당 목재 생산량이 최대가 되는 때를 벌기령으로 이는 평균생장량이 최대가 되는 시기와 같다.

55 우리나라의 경우 흉고직경은 입목의 지상 몇 미터 높이에서 측정하는가?

① 0.5m   ② 1.0m
③ 1.2m   ④ 1.5m

해설
국내의 경우 근원부에서 높이 1.2m 높이의 직경을 흉고직경이라 한다.

정답 49. ② 50. ② 51. ④ 52. ① 53. ② 54. ① 55. ③

56 산림경영계획수립을 위한 지황조사 표기 내용으로 틀린 것은?

① 지리 6급지 - 601~700m
② 토심 중 - 유효토심 30~60cm
③ 급경사지(급) - 경사도 20~25° 미만
④ 소밀도 중 - 수관밀도가 41~70%인 임분

해설
지리 6급지는 501~600m 범위를 가진다.

57 산림경영계획 수립을 위한 임상조사에서 입목지를 활엽수림으로 구분하는 기준은?

① 활엽수가 60% 이상인 임분
② 활엽수가 65% 이상인 임분
③ 활엽수가 70% 이상인 임분
④ 활엽수가 75% 이상인 임분

해설
활엽수가 75% 이상인 산림을 활엽수림이라 한다.

58 수간석해를 이용하여 전체 재적을 구할 때 합산하지 않아도 되는 것은?

① 근주재적   ② 지조재적
③ 결정간재적 ④ 초단부재적

해설
수간재적 계산시 초단부재적, 근주재적, 결정간재적을 나누어 계산 후 총재적으로 합산한다.

59 산림경영계획에서 1-2-3-4로 표시된 산림구획이 의미하는 것은?

① 임반-보조임반-소반-보조소반
② 임반-소반-보조소반-보조임반
③ 경영계획구-임반-소반-보조소반
④ 경영계획구-임반-보조임반-소반

해설
산림구획에서 임반-보조임반-소반-보조소반으로 표기하며 보조소반은 없을 경우 생략 가능하다.

60 다음 조건에서 정액법에 의한 임업기계의 연간 감가상각비는?

◎ 내용연수 : 50년
◎ 취득 비용 : 5,000만원
◎ 폐기할 때 잔존가치 : 1,000만원

① 50만원   ② 80만원
③ 100만원   ④ 160만원

해설
$$\frac{5,000만원 - 1,000만원}{50} = 80만 원$$

61 지반고가 시점 10m, 종점 50m 이고 수평거리가 1km 일 때 종단기울기는?

① 4%   ② 5%
③ 6%   ④ 7%

해설
지반고의 종점과 시점의 높이는 <50m-10m=40m> 이며 수평거리 1,000m 를 이용하여 종단기울기를 구하게 되면 $\frac{40}{1000} \times 100 = 4(\%)$ 가 된다

62 수준측량 결과가 다음과 같을 때 종점의 지반고는?

◎ 시점의 지반고 : 100m
◎ 전시의 합 : 150.8m
◎ 후시의 합 : 205.4m

① 45.4m   ② 54.6m
③ 154.6m   ④ 456.2m

해설
지반고는 <기계고-전시> 인데 이때 기계고의 경우 지반고와 후시의 합으로 구할 수 있다.
· 기계고 = 100 + 205.4 = 305.4
· 종점의 지반고 = 기계고 - 전시
   = 305.4 - 150.8 = 154.6

정 답 56. ① 57. ④ 58. ② 59. ① 60. ② 61. ① 62. ③

63 머캐덤도에 대한 설명으로 옳지 않은 것은?

① 시멘트 머캐덤도 : 쇄석을 시멘트로 결합시킨 도로
② 역청 머캐덤도 : 쇄석을 타르나 아스팔트로 결합시킨 도로
③ 교통체 머캐덤도 : 쇄석이 교통과 강우로 인하여 다져진 도로
④ 수체 머캐덤도 : 쇄석의 틈 사이에 모래 및 마사를 침투시켜 롤러로 다져진 도로

> 해설
> 수체 머캐덤도는 쇄석의 틈 사이에 석분을 물로 투입하여 롤러로 다져진 도로이다.

64 콘크리트 포장 시공에서 보조기층의 기능으로 옳지 않은 것은?

① 동상의 영향을 최소화한다.
② 노상의 지지력을 증대시킨다.
③ 노상이나 차단층의 손상을 방지한다.
④ 줄눈, 균열, 슬래브 단부에서 펌핑현상을 증대시킨다.

> 해설
> 보조기층은 노상 위에 위치하는 층으로서 위쪽의 포장층에서 발생되는 하중을 분산시켜 노상으로 전달하는 역할을 한다. 펌핑현상의 경우 주로 표층에서 일어나는 현상이다.

65 다음 조건에서 곡선반지름(m)는?

◎ 설계속도 : 25 km/시간
◎ 가로 미끄럼에 대한 노면과 타이어의 마찰계수 : 0.15
◎ 노면의 횡단기울기 : 5%

① 약 15   ② 약 25
③ 약 30   ④ 약 50

> 해설
> $$\frac{설계속도^2}{127(타이어 마찰계수 + 노면횡단물매)}$$
> $$= \frac{25^2}{127(0.15+0.05)} = \frac{625}{25.4} ≒ 24.6 ≒ 약 25$$

66 일반지형의 경우 임도 설계속도가 20km/시간일 때 설치할 수 있는 최소곡선반지름 기준은?

① 12m   ② 15m
③ 20m   ④ 30m

> 해설
> 설계속도가 20km/hr 일 경우 일반지형의 최소곡선반지름은 15m 이다.

67 임도 설계를 위한 중심선측량 시 측점 간격 기준은?

① 10m   ② 15m
③ 20m   ④ 25m

> 해설
> 중심선 측량의 경우 노선의 시점을 기준으로 20m 마다 측점말뚝을 박아 측정하며 주로 평탄지와 완경사지에 적용한다.

정답 63. ④ 64. ④ 65. ② 66. ② 67. ③

68 합성기울기가 10%이고, 외쪽기울기가 6%인 임도의 종단기울기는?

① 4% ② 6%
③ 8% ④ 10%

해설

$10 = \sqrt{6^2 + 종단기울기^2}$
$100 = 36 + 종단기울기^2$
종단기울기 = 8(%)

69 임도 구조물 시공 시 기초공사의 종류가 아닌 것은?

① 전면기초 ② 말뚝기초
③ 고정기초 ④ 깊은기초

해설

얕은기초는 확대기초, 전면기초가 있으며 깊은기초에는 말뚝기초, 케이슨기초가 있다.

70 횡단면 A_1, A_2, A_3의 면적은 각각 $5m^2$, $7m^2$, $9m^2$이고, A_1와 A_2의 거리는 10m, A_2와 A_3의 거리는 15m이다. 양단면적평균법에 의한 3단면 사이의 총토적량(m^3)은?

① 100 ② 150
③ 180 ④ 200

해설

양단면적 평균법
$V = \frac{1}{2}(A_1 + A_2) \times l$

- $A_1 \sim A_2$: $\frac{5+7}{2} \times 10 = 60 m^3$
- $A_2 \sim A_3$: $\frac{7+9}{2} \times 15 = 120 m^3$
- 총토적량 : 60 + 120 = 180m^3

71 임도망 배치 시 산정림 개발에 가장 적합한 노선은?

① 비교 노선
② 순환식 노선
③ 대각선방식 노선
④ 지그재그방식 노선

해설

계곡임도 및 산정부 개발에는 순환식 노선이 적합하다. 이외 지그재그방식은 급경사의 사면임도형, 대각선방식은 완경사의 사면임도형이 적합하다.

72 임도의 대피소 간격 설치 기준은?

① 300m 이내 ② 400m 이내
③ 500m 이내 ④ 1000m 이내

해설

대피소의 간격 300m 이내, 너비 5m 이상, 유효길이 15m 이상을 기준으로 한다.

73 임도 시설기준에 대한 설명으로 옳은 것은?

① 배향곡선은 중심선 반지름이 10m 이상으로 한다.
② 종단곡선은 포물선곡선방식을 적용하지 않는다.
③ 특수지형에서 최소곡선반지름은 설계속도와 관계없이 14m 이상으로 한다.
④ 특수지형에서 노면포장을 하는 경우 종단기울기는 20% 범위에서 조정할 수 있다.

해설

배향곡선은 중심선 반지름이 10m 이상으로 설치하고 임도의 유효너비는 배향곡선지의 경우 6m 이상을 기준으로 한다.

정답 68. ③ 69. ③ 70. ③ 71. ② 72. ① 73. ①

74 사리도(자갈길, gravel road)의 유지관리에 대한 설명으로 옳지 않은 것은?

① 방진처리에 염화칼슘은 사용하지 않는다.
② 노면의 제초나 예불은 1년에 한 번 이상 실시한다.
③ 비가 온 후 습윤한 상태에서 노면 정지작업을 실시한다.
④ 횡단배수구의 기울기는 5~6% 정도를 유지하도록 한다.

[해설]
방진처리를 위하여 물이나 염화칼슘 등을 사용한다.

75 임도의 노체 구성 순서로 옳은 것은?(단, 아래에서 위로의 순서에 해당됨)

① 노반 → 기층 → 노상 → 표층
② 노상 → 노반 → 기층 → 표층
③ 노반 → 노상 → 기층 → 표층
④ 노상 → 기층 → 노반 → 표층

[해설]
임도의 구조는 표면을 시작으로 표층, 기층, 노반, 노상으로 구분한다.

76 산림 토목공사용 기계로 옳지 않은 것은?

① 전압기 ② 착암기
③ 식혈기 ④ 정지기

[해설]
식혈기는 묘목식재를 위해 땅에 구멍을 뚫는 조림용 기계이다.

77 와이어로프의 안전계수가 4 이고 절단하중이 360kg 이라면 이 와이어로프의 최대장력은?

① 60kg   ② 90kg
③ 120kg ④ 180kg

[해설]
- 와이어로프 안전계수 = 와이어로프의 절단하중 ÷ 와이어로프에 걸리는 최대장력
- 4 = 360 ÷ 와이어로프의 최대장력
- 와이어로프 최대장력 = 90 (kg)

78 임도의 횡단기울기에 대한 설명으로 옳지 않은 것은?

① 노면 배수를 위해 적용한다.
② 차량의 원심력을 크게 하기 위해 적용한다.
③ 포장이 된 노면에서는 1.5~2% 를 기준으로 한다.
④ 포장이 안 된 노면에서는 3~5%를 기준으로 한다.

[해설]
차량의 곡선부 통과시 원심력에 의해 차량이 탈선을 방지하고자 횡단기울기를 준다. 즉 차량의 원심력을 작게 하기 위해 적용한다.

79 절토 경사면이 경암인 경우의 기울기 기준으로 옳은 것은?

① 1 : 0.3~0.8   ② 1 : 0.5~0.8
③ 1 : 0.5~1.5   ④ 1 : 0.8~1.5

[해설]
절토 경사면의 경암 기울기 기준은 1 : 0.3 ~ 0.8, 연암은 1 : 0.5 ~ 1.2 이다.

정답 74. ① 75. ② 76. ③ 77. ② 78. ② 79. ①

80 작업임도에서 차량규격으로 2.5톤 트럭의 최소회전반경(m) 기준은?

① 5.0 ② 6.0
③ 7.0 ④ 12.0

해설
작업임도의 차량규격이 2.5톤 트럭의 경우 최소회전반경은 7m 이다.

81 유역면적이 10ha 이고 최대시우량이 150mm/hr 일 때 임상이 좋은 산림지역의 최대홍수유량은?(단, 유거계수는 0.35)

① 약 $0.14m^3/sec$
② 약 $1.46m^3/sec$
③ 약 $14.58m^3/sec$
④ 약 $145.83m^3/sec$

해설
$0.002778 \times 0.35 \times 150 \times 10 = 1.45854$ → 약 $1.46m^3/sec$

82 골막이에 대한 설명으로 옳지 않은 것은?

① 토사퇴적 기능은 없다.
② 사방댐보다 규모가 작다.
③ 계류의 상류부에 설치한다.
④ 반수면 토사를 채우고 대수면은 떼를 입힌다.

해설
골막이는 반수측만 축설하고 중앙부를 낮게 하여 물이 빠지게 한다.

83 야계사방의 주요 목적으로 옳지 않은 것은?

① 유송토사 억제 및 조정
② 산각의 고정과 산복의 붕괴방지
③ 계상 기울기를 완화하여 계류의 침식 방지
④ 계류의 수질 정화와 산림 황폐지로 인한 재해 방지

해설
야계사방공사는 계류의 유속을 줄이고 침식을 방시하는 것이 목적으로 한다.

84 산사태와 비교한 땅밀림에 대한 설명으로 옳지 않은 것은?

① 이동 속도가 빠르다.
② 지하수의 영향이 크다.
③ 완경사면에서 주로 발생한다.
④ 주로 점성토가 미끄럼면으로 활동한다.

해설
땅밀림의 경우 산사태보다 이동 속도가 느리다.

85 강우에 의한 산지침식의 발달과정 순서로 옳은 것은?

① 구곡침식 → 면상침식 → 누구침식
② 구곡침식 → 누구침식 → 면상침식
③ 면상침식 → 구곡침식 → 누구침식
④ 면상침식 → 누구침식 → 구곡침식

해설
강우에 의한 산지침식의 발달과정은 우격침식, 면상침식, 누구침식, 구곡침식이다.

86 비중에 따라 골재를 구분할 경우 중량골재의 비중 기준은?

① 2.50 이하 ② 2.60 이상
③ 2.70 이상 ④ 2.80 이하

해설
중량골재의 비중은 2.7 이상이다.

정답 80. ③ 81. ② 82. ④ 83. ④ 84. ① 85. ④ 86. ③

87 다음 ( ) 안에 가장 적합한 수치는?

◎ 사방댐의 계획 기울기는 현 계상기울기의 ( )을 기준으로 설계한다.

① 1/2~2/3　② 1/2~1
③ 2/3~1　④ 2/3~3/2

해설
사방댐의 설계에서 계획 기울기는 현 계상기울기의 1/2~2/3 기준으로 한다.

88 돌쌓기 배치 방법으로 잘못된 쌓기가 아닌 것은?

① 포갠돌　② 이마대기
③ 여섯에움　④ 새입붙이기

해설
돌쌓기를 할 때는 돌의 배치에 주의하여 다섯에움 이상 일곱에움 이하가 되도록 한다.

89 설상사구에 대한 설명으로 옳은 것은?

① 주로 파도막이 뒤에 형성되는 모래 언덕이다.
② 모래가 정선부에 퇴적하여 얕은 모래 둑을 형성한다.
③ 혀 모양의 형태로 모래가 쌓인 후 반달 모양으로 형태가 바뀐 것이다.
④ 치올린 언덕의 모래가 비산하여 내륙으로 이동하면서 수목이나 사초가 있을 때 형성된다.

해설
치올린 언덕의 모래가 비산하여 내륙으로 이동되면서 형성되는데 수목이나 사초가 있을 경우 얕은 모래둑을 형성하게 된다.

90 산지의 침식형태 중 중력에 의한 침식으로 옳지 않은 것은?

① 산붕　② 포락
③ 산사태　④ 사구침식

해설
중력에 의한 침식의 종류로 산붕, 붕락, 포락, 산사태 등이 있다.

91 비탈면에 시공하는 옹벽의 안정조건이 아닌 것은?

① 전도에 대한 안정
② 침수에 대한 안정
③ 활동에 대한 안정
④ 침하에 대한 안정

해설
옹벽의 안정조건으로 전도, 활동, 침하에 대한 안정조건이 있다.

92 토질이 모래층인 절토사면에 대한 설명으로 옳지 않은 것은?

① 새집공법을 적용하는 것이 가장 적합하다.
② 토양유실을 방지할 목적으로 전면적 객토를 해주어야 한다.
③ 침식에 대단히 약하여 식생이 착근하기 전에 유실될 가능성이 높다.
④ 절토공사 직후에는 단단한 편이나 건조하면 푸석푸석 해지고 무너지기 쉽다.

해설
새집공법은 절개 암반지에 적용하기에 적합한 방법이다.

93 폭 15m, 높이 2m 인 직사각형 수로에서 수심 1m, 평균유속 2m/s 로 흐르고 있을 때 유량은?

① $15m^3/s$　② $30m^3/s$
③ $60m^3/s$　④ $80m^3/s$

해설
· 유적 : $15m \times 1m = 15m^2$
· 유량 = 유속 × 유적 = $2m/s \times 15m^2 = 30m^3/s$

정답 87. ①　88. ③　89. ④　90. ④　91. ②　92. ①　93. ②

94 사방댐과 골막이에 모두 축설하는 것은?

① 앞댐   ② 방수로
③ 반수면   ④ 대수면

> **해설**
> 사방댐은 대수면과 반수면을 모두 축조하고 골막이는 반수면만 축조한다. 즉 사방댐과 골막이에 모두 축설되는 것은 반수면이다.

95 황폐 계류 유역을 구분하는데 포함되지 않는 것은?

① 토사준설구역
② 토사생산구역
③ 토사퇴적구역
④ 토사유과구역

> **해설**
> 황폐계류의 상류부를 토사생산구역, 생산된 토사가 이동하는 토사유과구역, 하류에 토사가 퇴적되는 토사퇴적구역으로 구분된다.

96 유역면적 200ha, 최대시우량 180mm/h, 유거계수 0.6 일 때 최대홍수유량(m^3/s)은?

① 60   ② 90
③ 120   ④ 180

> **해설**
> $0.002778 \times 0.6 \times 180 \times 200 ≒ 60$
> ※ 합리식법
> $Q = 0.002778\ CIA$
> Q : 유출량(m^3/sec)
> C : 유거계수
> I : 최대시우량(mm/hr)
> A : 유역면적(ha)

97 비탈다듬기 공법에 대한 설명으로 옳지 않은 것은?

① 붕괴면의 주변 상부는 충분히 끊어낸다.
② 기울기가 급한 장소에서는 선떼붙이기와 산비탈돌쌓기 등으로 조정한다.
③ 퇴적층 두께가 3m 이상일 때에는 땅속흙막이를 시공한 후 실시한다.
④ 수정기울기는 지질·면적·공법 등에 따라 차이를 두되 대체로 45° 전후로 한다.

> **해설**
> 비탈다듬기공사에 있어 수정기울기는 최대 35° 전후로 한다.

98 붕괴형 산사태에 대한 설명으로 옳은 것은?

① 지하수로 인해 발생하는 경우가 많다.
② 파쇄 또는 온천 지대에서 많이 발생한다.
③ 속도는 완만해서 흙덩이는 흩어지지 않고 원형을 유지한다.
④ 이동 면적이 1ha 이하로 작고, 깊이도 수 m 이하로 얕은 경우가 많다.

> **해설**
> 붕괴형 산사태의 경우 발생 면적 규모 및 깊이가 작다.

99 비탈면에 설치하는 소단의 효과가 아닌 것은?

① 시공비를 절약할 수 있다.
② 비탈면의 안정성을 높인다.
③ 유지보수작업 시 작업원의 발판으로 이용할 수 있다.
④ 유수로 인하여 비탈면에서 발생하는 침식의 진행을 방지한다.

> **해설**
> 소단(단끊기 공사)은 붕괴 위험이 있는 지역에 사면길이 3~5m 마다 50~100cm 단의 폭을 끊어 소단을 설치한다. 안전을 위해 공사가 추가되는 개념으로 시공비가 절약되지는 않는다.

정답 94. ③ 95. ① 96. ① 97. ④ 98. ④ 99. ①

100 정사울타리를 설치할 때 기준 높이로 옳은 것은?

① 0.5~0.7m   ② 1.0~1.2m
③ 2.0~2.2m   ④ 2.5~2.7m

> **해설**
> 정사울타리의 높이는 1~1.2m 정도를 기준으로 한다.

정답 100. ②

부록

산림산업기사
과년도문제

2019년 제1회 산림산업기사

01 1.2ha 의 임야에 4m × 2m 의 장방형으로 식재할 때 필요한 묘목 수는?

① 500 본 ② 1500 본
③ 2000 본 ④ 2500 본

해설

묘목의 수 $= \dfrac{12,000\,m^2}{2m \times 4m} = 1,500$

02 간벌의 효과로 옳지 않은 것은?

① 산림관리 비용을 크게 줄인다.
② 임분의 수직구조 및 안정화를 도모한다.
③ 직경생장을 촉진하여 연륜폭이 넓어진다.
④ 우량한 개체를 남겨서 임분의 유전적 형질을 향상시킨다.

해설

간벌을 위한 비용이 필요하기에 산림관리 비용이 크게 줄어들지는 않는다.

03 수목에서 카스페리안 대(casparian strip)에 대한 설명으로 옳은 것은?

① 내피에서 양료의 자유 이동이 가능하도록 해준다.
② 무기염의 비선택적 흡수에 관여하는 조직이다.
③ 뿌리의 삼투압에 관여하여 뿌리의 수분 흡수에 결정적으로 관여하는 조직이다.
④ 내피에서 자유공간을 없애 무기염이 더 이상 자유롭게 뿌리 속으로 이동할 수 없도록 막아준다.

해설

카스페리안 대는 내피세포의 형성된 비후막으로 뿌리속으로 흡수된 무기염이 식물 내부로 침투하지 못하게 막아준다.

04 자웅이주에 해당하지 않는 수종은?

① *Ginkgo biloba*
② *Taxus cuspidata*
③ *Ailanthus altissima*
④ *Cryptomeria japonica*

해설

① 은행나무 ② 주목 ③ 가죽나무 ④ 삼나무
삼나무는 자웅동주에 속한다.

05 풀베기에 대한 설명으로 옳은 것은?

① 줄베기는 모두베기에 비하여 많은 인력이 소요된다.
② 보통 5~7월 중에 실시하며 연 2회 실시할 경우 8월에 추가로 실시한다.
③ 한해 및 풍해의 위험성이 있는 지역에서는 9월 이후에 풀베기를 실시한다.
④ 삼나무, 편백 등의 조림지에서는 묘목의 보호를 위하여 풀베기 작업을 실시하지 않는다.

해설

풀베기는 주로 5~7월 쯤 실시하며 연 2회 실시할 경우 8월쯤 추가 실시하고 9월 이후에는 실시하지 않는다.

정답 01. ② 02. ① 03. ④ 04. ④ 05. ② 06. ③

06 다음 중 그늘에서 가장 잘 견디는 수종은?

① 향나무 ② 자작나무
③ 사철나무 ④ 버드나무

해설
사철나무는 극음수 수종으로 보기 중에서 그늘에서 가장 잘 견딘다.

07 잎의 기공에서 이뤄지는 개폐기작에 가장 큰 영향을 주는 무기원소는?

① 인산 ② 칼슘
③ 칼륨 ④ 질소

해설
잎의 세포에 분포하는 칼륨이온의 농도 변화에 의해 기공의 개폐 기작에 관여한다.

08 조림지 준비 작업에 대한 설명으로 옳지 않은 것은?

① 산불 위험을 줄일 수 있다.
② 식재된 묘목과 경쟁식생의 경합을 완화시킬 수 있다.
③ 벌채 잔해물을 제거하여 식재 작업 조건을 개선할 수 있다.
④ 하층목의 밀도를 조절하여 식재된 묘목의 초기 활착과 생장을 개선할 수 있다.

해설
조림지 준비 작업은 상층목의 밀도를 조절하여 식재 작업 조건을 개선할 수 있다.

09 주로 종자로 인하여 숲이 형성되어 주로 용재 생산을 목적으로 이용하는 것은?

① 죽림 ② 왜림
③ 교림 ④ 중림

해설
교림은 수고 10m 이상의 키 큰 나무를 생산하는 것을 목적으로 한다.

10 우량 묘목의 조건으로 가장 적합한 것은?

① T/R 율의 값이 큰 것
② 줄기가 곧으며 도장된 것
③ 근계 중에 주근이 길고 곧고 세근이 적은 것
④ 묘목의 가지가 균형 있게 뻗고 정아가 완전한 것

해설
묘목의 가지가 균형 있게 사방으로 골고루 뻗어 발달하고 정아가 완전하며 측근과 세근의 발달량이 많아야 한다.

11 다음 설명에 해당하는 갱신작업은?

◎ 일정면적은 임목갱신을 위하여 일정기간 동안에는 제거되는 일이 없다.
◎ 성숙한 일부 임목만이 국부적으로 벌채되어 항상 각 영급의 임목이 서로 혼재되어 있다.
◎ 직경분포 및 임목축적에 급격한 변화를 주지 않는 방법이다.

① 산벌작업 ② 중림작업
③ 택벌작업 ④ 모수작업

해설
택벌작업의 가장 큰 특징은 임지의 일부분 국소적으로 벌채하는 작업이다. 택벌작업은 모수가 많아 차수의 보호가 용이하고 좁은 면적에서도 보속적 수확이 가능하다.

12 군상개벌작업에서 한 벌채구역의 일반적인 크기는?

① 0.03 ~ 0.1 ha
② 0.3 ~ 1.0 ha
③ 1.0 ~ 3.0 ha
④ 3.0 ~ 5.0 ha

해설
군상지는 0.03~0.1 ha를 기준으로 한다.

정답 07. ③ 08. ④ 09. ③ 10. ④ 11. ③ 12. ①

13 종자가 일반적으로 11월경에 성숙하는 수종은?

① 버드나무 ② 동백나무
③ 비술나무 ④ 소사나무

해설
동백나무, 회화나무의 종자는 11월에 성숙한다.

14 곰솔에 대한 설명으로 옳지 않은 것은?

① 잎은 두 개씩 모여서 난다.
② 바다의 바람을 이겨내는 힘이 강하다.
③ 소나무에 비해 실생묘의 양성이 어렵다.
④ 직사광선을 받는 곳에서 생장이 왕성하다.

해설
곰솔은 종자로 쉽게 실생묘를 양성할 수 있다.

15 파종하기 1개월 전에 노천매장을 하면 발아에 유리한 수종으로만 올바르게 나열된 것은?

① 삼나무, 소나무
② 피나무, 층층나무
③ 벚나무, 물푸레나무
④ 들메나무, 단풍나무

해설
종자를 파종하기 한 달쯤 전에 노천매장을 하여 발아를 촉진시키는 수종으로 소나무, 해송, 리기다, 삼나무, 편백나무 등이 있다

16 질소 결핍으로 인한 주요 증상으로 옳은 것은?

① 잎에 검은 반점이 나타난다.
② 성숙한 잎에 황화현상이 나타난다.
③ 절간생장이 억제되고 잎이 작아진다.
④ 새로 생장한 부분의 발육이 매우 불량하고 백화현상이 나타난다.

해설
질소 결핍시 잎의 생장이 불량하고 잎이 짧아진다. 또한 잎 전체가 황화 현상이 일어나고 심할 경우 괴사한다.

17 종자를 탈각할 때 부숙 마찰법이 가장 적합한 수종은?

① 주목 ② 옻나무
③ 오리나무 ④ 아까시나무

해설
부숙마찰법에 적합한 수종으로 주목, 은행나무, 벚나무, 가래나무 등이 있다.

18 어린나무 가꾸기나 천연림 보육작업 등의 잡목 솎아내기 작업이 끝난 후부터 최종 수확때까지 숲을 가꾸는 작업은?

① 간벌 ② 제벌
③ 덩굴제거 ④ 가지치기

해설
간벌은 양질의 목재를 다량으로 생산하기 위해 어린나무 가꾸기 작업이 끝난 후 5년 경과, 최종 수확 10년 전까지의 산림에 실시한다.

19 토양에서 탄질률에 대한 설명으로 옳지 않은 것은?

① 토양 비옥도를 판정하는 기준이 된다.
② 낙엽층의 탄질률은 시간이 경과함에 따라 높아진다.
③ 토양과 식물체 등에 포함된 유기탄소와 총질소의 함유 비율이다.
④ 분해가 매우 잘된 산림토양 표토층의 탄질률은 12~13 정도이다.

해설
낙엽층의 탄질률은 시간이 경과함에 따라 낮아진다.

정답 13. ② 14. ③ 15. ① 16. ② 17. ① 18. ① 19. ②

20 인공조림과 비교할 때 천연갱신의 장점으로 옳지 않은 것은?

① 수종 선정의 잘못으로 인한 실패의 염려가 적다.
② 임지가 나출되는 일이 드물며 지력 유지에 적합하다.
③ 해당 임지의 기후와 토질에 가장 적합한 수종으로 갱신된다.
④ 전문적인 육림기술이 필요 없고 향후 벌목과 운재 작업이 용이하다.

> **해설**
> 천연갱신의 임지관리는 전문적인 육림기술이 필요하며 향후 벌목과 운재 작업은 인공조림보다는 불리하다.

21 토양을 소독하면 방제 효과가 가장 높은 수목병은?

① 잎떨림병   ② 빗자루병
③ 모잘록병   ④ 줄기마름병

> **해설**
> 모잘록병은 토양에 의해 전반되기에 토양을 소독하면 방제효과가 크다.

22 고형 약제 중에서 입경의 크기가 가장 큰 것은?

① 분제   ② 입제
③ 미립제   ④ 세립제

> **해설**
> 입제의 입경 크기는 0.5~2.5mm 정도로 보기 중 가장 크다.

23 모잘록병 예방 방법으로 가장 효과적인 것은?

① 햇볕을 막아 그늘지게 한다.
② 질소질 비료를 충분하게 준다.
③ 파종량을 적게 하고 복토를 두껍게 한다.
④ 배수와 통풍이 잘 되고 과습하지 않도록 한다.

> **해설**
> 모잘록병은 토양 및 종자에 의해 전반되기에 토양의 배수를 원활하게 하여 과습을 피한다.

24 소나무 재선충병 진단에 대한 설명으로 옳지 않은 것은?

① 피해목은 수지(송진)의 분비가 감소한다.
② 묶은 잎과 새잎이 아래로 처지며 시든 현상이 나타난다.
③ 수지 분비 상태를 이용한 피해목 식별은 겨울철에 확인한다.
④ 목편에서 선충을 분리 후 분자생물학적 진단기술로 동정한다.

> **해설**
> 수지 분비 상태를 이용한 피해목의 식별은 여름~초가을(6~10월)에 확인한다.

25 솔잎혹파리 방제를 위한 가장 효과적인 나무주사 약제는?

① 메탐소듐
② 석회유황합제
③ 아세타미프리드
④ 옥시테트라사이클린

> **해설**
> 솔잎혹파리는 나무주사를 통해 방제하며 주로 포스팜액제와 아세타미프리드 액제를 이용한다

정답 20. ④ 21. ③ 22. ② 23. ④ 24. ③ 25. ③

26 대기오염물질에 의한 활엽수의 병징으로 옳지 않은 것은?

① PAN : 엽맥 사이 조직의 황화현상 및 잎의 비대화
② 아황산가스 : 잎의 끝 부분과 엽맥 사이 조직의 괴사
③ 질소산화물 : 초기에 흩어진 회녹색 반점이 생기다가 잎의 가장자리 조직 괴사
④ 오존 : 잎 표면에 주근깨 같은 반점이 형성되고 반점이 합쳐져 표면의 백색화

> **해설**
> PAN 은 식물의 세포막이나 소기관을 파괴하여 기능을 상실시키며 광합성을 저하시킨다.

27 볕데기로 인한 피해가 가장 적은 수종은?

① 오동나무 ② 호두나무
③ 상수리나무 ④ 가문비나무

> **해설**
> 굴참나무, 상수리나무는 코르크층이 잘 발달해서 볕데기의 피해를 거의 받지 않는다

28 생물적 해충 방제를 위한 천적 선택 조건으로 옳지 않은 것은?

① 단식성이어야 한다.
② 소량으로 증식해야 한다.
③ 천적에 기생하는 곤충이 없어야 한다.
④ 해충의 출현과 천적의 생활사가 잘 일치해야 한다.

> **해설**
> 생물적 해충 방제를 위한 천적들은 소량으로 증식할 경우 해충처리 효율이 떨어지기에 대량으로 증식해야 한다.

29 솔잎혹파리가 우화하는 최성기는?

① 4월 상순 ② 6월 상순
③ 8월 상순 ④ 10월 상순

> **해설**
> 솔잎혹파리의 우화 최성기는 5~6월이다.

30 목질부를 가해하는 천공성 해충이 아닌 것은?

① 선녀벌레 ② 소나무좀
③ 버들바구미 ④ 측백하늘소

> **해설**
> 선녀벌레는 흡즙성 해충이다.

31 외국에서 유입된 해충이 아닌 것은?

① 솔나방 ② 솔잎혹파리
③ 아까시잎혹파리 ④ 버즘나무방패벌레

> **해설**
> 솔나방은 토종벌레이다.

32 제5령 충으로 월동을 하여 이듬해 4월경부터 잎을 갉아먹는 해충은?

① 솔나방 ② 천막벌레나방
③ 어스렝이나방 ④ 복숭아심식나방

> **해설**
> 솔나방은 5령충이 지피물이나 나무껍질 사이에 월동하여 이듬해 4월쯤 잎에 피해를 준다.

33 미국흰불나방에 대한 설명으로 옳지 않은 것은?

① 번데기로 월동한다.
② 1년에 2회 이상 발생한다.
③ 약 50개 정도의 알을 낳는다.
④ 1화기 성충 발생 기간은 5월 ~ 6월 이다.

> **해설**
> 미국흰불나방은 잎 뒷면에 600~700개 알을 산란한다.

정답 26. ① 27. ③ 28. ② 29. ② 30. ① 31. ① 32. ① 33. ③

34 수목병과 중간기주의 연결이 옳지 않은 것은?

① 소나무 혹병 - 황벽나무
② 잣나무 털녹병 - 송이풀
③ 포플러 잎녹병 - 일본잎갈나무
④ 배나무 붉은별무늬병 - 향나무

해설
황벽나무는 소나무잎녹병의 중간기주이다.

35 곤충의 특징으로 옳지 않은 것은?

① 겹눈과 홑눈이 있다.
② 다리는 보통 3쌍이고 5마디로 되어 있다.
③ 몸은 머리, 가슴, 배 3부분으로 구분된다.
④ 배에 마디가 없고 더듬이는 1쌍이 있다.

해설
곤충은 배에는 마디가 있고 더듬이는 1쌍이 있다.

36 옥시테트라사이클린을 주입하여 방제하는 수목병은?

① 잣나무 털녹병
② 포플러 모자이크병
③ 밤나무 근두암종병
④ 오동나무 빗자루병

해설
옥시테트라사이클린을 주입하여 방제하는 수목병으로 오동나무 빗자루병, 대추나무 빗자루병 등이 있다.

37 난균류에 의해 발생하는 수목병이 아닌 것은?

① 역병   ② 탄저병
③ 모잘록병 ④ 뿌리썩음병

해설
탄저병은 진균에 의해 발생한다.

38 오리나무 갈색무늬병 방제 방법으로 옳지 않은 것은?

① 종자를 소독한다.
② 매개충을 구제한다.
③ 연작을 하지 않는다.
④ 떨어진 병든 잎을 모아 소각한다.

해설
오리나무 갈색무늬병의 방제 방법으로 종자를 소독하고 윤작을 실시하며 병든 낙엽은 태워준다.

39 대추나무 빗자루병의 전반 가능성이 가장 높은 것은?

① 종자에 의한 전반
② 토양에 의한 전반
③ 공기에 의한 전반
④ 분주에 의한 전반

해설
대추나무 빗자루병은 병에 걸린 모수에서 접수나 혹은 포기나누기인 분주에 의해 감염된다.

40 산불이 토양에 미치는 영향으로 옳지 않은 것은?

① 토양이 척박해진다.
② 토양의 이화학적 성질을 악화시킨다.
③ 낙엽이 탄 결과로 토양의 투수성이 감소된다.
④ 지표의 보호물이 사라져 지표유하수가 감소한다.

해설
산불에 의해 지표의 보호물이 사라지면 지표 유하수는 증가한다.

정답 34. ① 35. ④ 36. ④ 37. ② 38. ② 39. ④ 40. ④

41 다음 ( ) 안에 들어갈 용어로 가장 적합한 것은?

> 자본재 중에서 임업경영의 기본이 되는 것은 임목이다. 임목은 원래 종자나 또는 묘목이 자라서 성립된 것인데, 앞으로 생산을 계속하는 자본으로 볼 때에는 ( ) 이란 명칭을 사용한다.

① 생장　　　② 유동자본
③ 고정자본　　④ 임목축적

해설
임목축적은 임목자산의 개념으로 지속적인 생산이 가능한 자본으로 볼 수 있다.

42 임업순수익을 계산하는 식으로 옳은 것은?

① 조수익 - 임업경영비
② 임업소득 - 임업경영비
③ 조수익 - 임업경영비 - 가족임금추정액
④ 임업소득 - 임업경영비 - 가족임금추정액

해설
임업순수익은 임업경영이 순수익의 최대를 목표로 하는 자본가적 경영이 이루어졌을 때 얻을 수 있는 수익으로 <임업조수익 - 임업경영비 - 가족임금추정액> 공식으로 구한다.

43 산림면적이 800ha 이고, 윤벌기가 40년이며 1영급이 10개의 영계로 구성된 산림의 법정영급면적은?

① 100ha　　② 200ha
③ 300ha　　④ 400ha

해설
법정영급면적 = (면적/윤벌기)×영계수
　　　　　　= 800/40 × 10 = 200 ha

44 법정상태의 요건이 아닌 것은?

① 법정생장량　② 법정벌기령
③ 법정영급분배　④ 법정임분배치

해설
법정림의 법정상태 요건으로 법정생장량, 법정축적, 법정임분배치, 법정영급분배이다.

45 재적 수확의 보속을 실현할 수 있는 내용과 조건을 구비한 산림은?

① 보호림　　② 보안림
③ 법정림　　④ 천연림

해설
법정림은 보속작업을 할 수 있는 산림을 말한다.

46 임업경영의 지도원칙 중에서 최소의 비용으로 최대의 효과를 발휘할 수 있게 하는 원칙은?

① 경제성 원칙　② 수익성 원칙
③ 생산성 원칙　④ 보속성 원칙

해설
임업경영 지도원칙에서 최소의 비용으로 최대의 효과를 발휘하는 원칙을 경제성 원칙이라 한다.

47 연이율이 16%일 때 매년 말에 200만원의 이자를 영구히 얻기 위한 자본가는 얼마인가?

① 32만원　　② 320만원
③ 1,150만원　④ 1,250만원

해설
$K = \dfrac{r}{P} = \dfrac{2,000,000원}{0.16} = 12,500,000원$

정답　41. ④　42. ③　43. ②　44. ②　45. ③　46. ①　47. ④

48 임분재적 측정방법인 표준목법의 종류 중 모든 임분을 1개의 급으로 취급하여 단 1개의 표준목을 선정하는 방법은?

① 단급법 ② Urich 법
③ Hartig 법 ④ Draudt 법

해설
단급법은 전체 임분을 1개의 급으로 취급하기에 가장 간단한 표준목법이다.

49 이령림의 어떤 임분에서 5년생이 60본이고, 10년생이 40본일 경우 본수령은?

① 5년 ② 6년
③ 7년 ④ 8년

해설
$\dfrac{(5 \times 60) + (10 \times 40)}{60 + 40} = \dfrac{700}{100} = 7$

50 감가상각액의 계산법 중 직선법이라고도 하며 가장 간단하고 보편적인 방법은?

① 정액법 ② 정률법
③ 연수합계법 ④ 생산량비례법

해설
정액법은 감가상각비 총액을 각 사용연도에 할당하여 매년 균등하게 감가하는 방법으로 가장 간단하고 보편적인 방법이다.

51 $N = V \cdot 1.0P^n$ 식에서 $1.0P^n$ 은 무엇인가? (단, N = 합계액, V = 원금, P = 연이율, n = 연수)

① 연금계수 ② 현가계수
③ 전가계수 ④ 후가계수

해설
$N = V \cdot 1.0P^n$ 은 후가계산식이라 하며 $1.0P^n$ 은 임업에서 후가계수라 한다.

52 산림경영계획을 위한 산림구획에 대한 설명으로 옳지 않은 것은?

① 임반의 면적은 불가피한 경우를 제외하고는 100ha 내외로 구획한다.
② 동일한 임반 내에서 임종, 임상 및 영급이 상이할 경우에는 소반으로 구획한다.
③ 지방자치단체의 장은 소유하고 있는 공유림별로 산림경영계획을 10년 단위로 수립한다.
④ 소반은 필요에 의해 구획을 변경할 수 있으며, 소반번호는 가, 나, 다 등의 일련번호를 붙인다.

해설
소반의 번호는 아라비아 숫자로 기입한다.

53 벌채목의 실적계수 크기에 관계없는 인자는?

① 수종 ② 통나무의 형상
③ 통나무의 크기 ④ 통나무의 임목도

해설
벌채목의 실적계수는 수종, 모양과 크기, 쌓는방법에 영향을 받는다.

54 임업투자사업에서 감응도 분석 대상으로 고려해야 할 주요 요인이 아닌 것은?

① 생산량
② 감가상각비
③ 사업기간의 지연
④ 생산물의 가격 및 노임 등의 가격요인

해설
감응도분석 미래에 불확실한 투자 분석에 포함하여 어느정도 민감하게 변화되는지를 예측 하는 것으로 생산량, 사업기간 지연, 생산물 가격, 노임, 자재비용(원료 및 원자재) 등이 있다.

정답 48. ① 49. ③ 50. ① 51. ④ 52. ④ 53. ④ 54. ②

55 산림의 가격 평가방법이 아닌 것은?

① 지대가법 ② 기망가법
③ 비용가법 ④ 매매가법

해설
산림의 가격 평가방법으로 원가법, 비용가법, 기망가법, 매매가법, 시장가역산법 등이 있다.

56 임업노동의 특성으로 옳지 않은 것은?

① 단위 면적당 노동량이 다른 산업 노동에 비해 비교적 많다.
② 작업 장소가 넓고 험하기 때문에 감독과 자재 수송이 곤란하다.
③ 조림 및 육림, 벌채, 반출 노동은 작업자의 특수한 훈련이 필요하다.
④ 임업노동을 위한 이동 시간이 길기 때문에 실제 작업량은 많지 않다.

해설
임업노동은 단위면적당 노동이 농업의 노동강도에 비해 적은편이다.

57 수확을 위한 벌채기준으로 옳지 않은 것은?

① 골라베기 비율은 재적기준 30% 이내로 한다.
② 모수 작업 시 모수는 1ha 당 15~20본을 존치시킨다.
③ 왜림작업 시 벌채 절단면이 북향으로 약간 기울게 한다.
④ 골라베기 작업 시 표고 재배용 나무는 재적기준 50% 이내로 할 수 있다.

해설
왜림작업 시 벌채 절단면이 남향으로 약간 기울게 한다.

58 임업원가관리에 있어 특수한 의사결정을 위한 원가 유형의 분류가 아닌 것은?

① 기회원가 ② 직접원가
③ 한계원가 ④ 현금지출원가

해설
직접원가는 원가의 기록을 위한 분류이다.

59 산림 평가방법인 임지기망가법과 수익환원법에 대한 설명으로 옳은 것은?

① 두 방법 모두 일제림을 전제로 하는 임지의 평가방법이다.
② 수익환원법은 택벌림과 같이 연년수입이 있는 경우에 적용하는 방식이다.
③ 임지기망가는 임지에서 장래에 기대되는 순수익의 미래가(후가) 합계로 정한 가격이다.
④ 임지기망가법에 의하여 산출된 지가는 임업경영을 위한 임지를 매입할 때 지불할 수 있는 최저 한도액을 의미한다.

해설
수익환원법은 장래에 산출할 것으로 기대되는 순수익으로 택벌림과 같이 연년수입이 기대되는 경우 적용하는 방식이다.

60 임목재적 계산시 "$\frac{\pi}{4}d^2 \times 수고 \times 형수$"에서 d가 흉고직경일 경우 $\frac{\pi}{4}d^2$ 은 무엇인가?

① 입목재적 ② 통나무재적
③ 흉고단면적 ④ 흉고직경합계

해설
$\frac{\pi}{4}d^2$ 는 흉고단면적의 공식이다.

정답 55. ① 56. ① 57. ③ 58. ② 59. ② 60. ③

61 임도에서 배향곡선지가 아닌 경우 유효너비 기준은?

① 1.7m ② 2.0m
③ 2.5m ④ 3.0m

해설
길어깨, 옆도랑 너비를 제외한 임도의 유효너비는 3m로 하며 배향곡선지의 경우 6m 이상을 기준으로 한다.

62 가선집재와 비교한 트랙터 집재의 특징이 아닌 것은?

① 기동성이 높다.
② 작업이 단순하다.
③ 운전이 용이하다.
④ 고속이므로 장거리 운반에 바람직하다.

해설
트랙터는 저속으로 장거리 운반에는 바람직하지 않다.

63 비탈면 안정을 위한 침식방지제 사용효과로 옳지 않은 것은?

① 보온 효과
② 객토의 유출 방지
③ 토양 수분의 증발 촉진
④ 종자 및 비료 유실 방지

해설
토양 수분의 증발을 억제하여야 침식 방지 효과가 나타난다.

64 산지사방에서 녹화공사에 해당하는 것은?

① 골막이 ② 누구막이
③ 산복수로공 ④ 선떼붙이기

해설
선떼붙이기, 줄떼다지기, 비탈덮기 등은 녹화공사에 해당한다.

65 임도의 옆도랑(측구)에 대한 설명으로 옳은 것은?

① 물이 임도를 횡단하여야 할 개소에 시설한 수로
② 노면의 물을 집수정으로 유도하기 위하여 시설한 수로
③ 차량을 돌릴 수 있도록 시설한 장소의 횡단상의 수로
④ 일정한 간격으로 차량통행에 지장이 없도록 횡단상의 수로

해설
옆도랑은 노면에 인접된 사면의 물을 집수정으로 유도하기 위한 수로로 종단방향에 따라 설치한다.

66 사면붕괴의 전조현상으로 옳지 않은 것은?

① 용수가 맑아짐
② 용출현상이 생김
③ 사면에 균열이 생김
④ 작은 돌이 사면에서 떨어짐

해설
용수가 맑을 경우 사면붕괴전에 나타나는 흙의 이동이나 변화가 없는 것을 의미한다. 반대로 용수가 흙이 섞여 탁해지는 등의 현상을 보일 경우 붕괴의 가능성이 있는 것이다.

67 적정임도간격이 1km인 경우의 적정임도밀도는?(단, 우회율을 고려하지 않음)

① 5m/ha ② 10m/ha
③ 15m/ha ④ 20m/ha

해설
RS(임도간격) = 10,000 / ORD(적정임도밀도)
1,000 = 10,000 / 적정임도밀도
적정임도밀도 = 10m/ha

정답 61. ④ 62. ④ 63. ③ 64. ④ 65. ② 66. ① 67. ②

68 와이어로프 사용 금지 항목으로 옳지 않은 것은?

① 꼬임상태(킹크)인 것
② 와이어로프에 벌목된 나무의 껍질이 걸린 것
③ 와이어로프 소선이 10분의 1 이상 절단된 것
④ 마모에 의한 직경 감소가 공칭직경의 7%를 초과하는 것

해설
와이어로프 사용 금지 항목은 주로 와이어로프의 손상 및 변화에 해당된다. 나무의 껍질이 걸린 것은 관련이 없다

69 엄격한 규격 치수가 아닌 대략적 수치에 의해 깨내어 만든 석재는?

① 막깬돌 ② 마름돌
③ 견치돌 ④ 호박돌

해설
막깬돌은 견치돌과는 다르게 일정한 규격에 의매 만드는 것이 아니라 대략적 수치에 의해 깨내어 만든 석재이다.

70 다음 그림은 흐르는 물의 단면을 그린 것이다. 흐르는 속도가 가장 빠른 부분은?

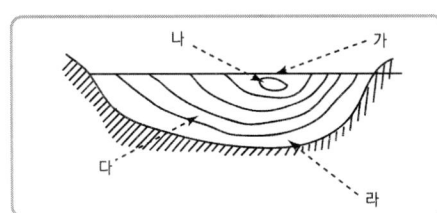

① 가 ② 나
③ 다 ④ 라

해설
흐르는 물의 단면에서 <나> 부분이 가장 빠르며 이는 지표면과 닿는 면적이 작기 때문에 마찰력이 가장 적어 유속이 빠르다.

71 사방댐에서 일반적으로 방수로의 단면으로 가장 많이 이용되는 형상은?

① 활꼴   ② 직사각형
③ 정삼각형   ④ 사다리꼴

해설
방수로의 단면은 사다리꼴을 많이 채택하고 방수로 양엽의 기울기는 1:1로 한다.

72 임도의 기능이 아닌 것은?

① 이동기능 ② 접근기능
③ 생산기능 ④ 공간기능

해설
임도의 기능으로 이동기능, 접근기능, 공간기능이 있다.

73 임도 설계에서 단곡선을 설치할 때 교각이 90°, 외선장이 15m인 경우 곡선반지름은?

① 36.2 m   ② 44.1 m
③ 46.2 m   ④ 54.1 m

해설
외선길이 = 곡선반지름$[\sec(\frac{\theta}{2}) - 1]$

15 = 곡선반지름 × $[\sec(\frac{90}{2}) - 1]$

곡선반지름 = 15 ÷ 0.4142 ≒ 36.2

74 찰쌓기 공법에 대한 설명으로 옳은 것은?

① 뒷채움 없이 시공한다.
② 돌과 시멘트를 섞어서 쌓는다.
③ 돌을 쌓고 돌 이음 부분의 외부에만 시멘트를 바른다.
④ 돌을 쌓는 뒷부분에 콘크리트로 뒷채움을 하고 줄눈에 모르타르를 사용한다.

해설
찰쌓기는 돌쌓기 또는 벽돌을 쌓을 때 뒷채움에 콘크리트를 사용하고, 줄눈에 모르타르를 사용하는 공법이다.

정답 68. ② 69. ① 70. ② 71. ④ 72. ③ 73. ① 74. ④

75 평균강우량을 계산하는 방법이 아닌 것은?

① 티센법　　② 침투형법
③ 등우선법　④ 산술평균법

해설
유역의 평균 강우량 산출법으로 산술평균법, 티센법(thiessen 법), 등우선법이 있다

76 임도의 절토 경사면이 토사지역일 때 기울기 기준으로 옳은 것은?

① 1 : 0.3 ~ 0.8
② 1 : 0.5 ~ 1.2
③ 1 : 0.8 ~ 1.5
④ 1 : 1.2 ~ 2.0

해설
토사지역의 절토 사면 설치 기준은 기울기 1 : 0.8 ~ 1.5 이다. 암석지의 경우 경암은 1 : 0.3 ~ 0.8 정도이다.

77 머캐덤롤러에서 롤러는 몇 개로 구성되어 있는가?

① 1개　　② 2개
③ 3개　　④ 4개

해설
머캐덤롤러는 앞바퀴 1개, 뒷바퀴 2개로 총 3개의 롤러를 갖는다.

78 아래 나열된 장비의 용도로 옳은 것은?

묘목이식기, 단근굴취기, 정지작업기

① 양묘용　　② 조림용
③ 육림용　　④ 산림보호용

해설
양묘용 장비로 묘목이식기, 단근굴취기, 약제살포기, 중경제초기, 경운작업기, 정지작업기 등이 있다.

79 사리도의 유지보수에 대한 설명으로 옳지 않은 것은?

① 횡단기울기는 5~6% 정도로 한다.
② 제초 작업은 1년에 1회 이상 실시한다.
③ 노면이 완전히 건조된 상태에서 정지작업을 실시한다.
④ 방진처리를 위해 물, 염화칼슘 및 타르 등이 사용된다.

해설
사리도의 노면의 정지작업은 가급적 비가 온 후 습윤한 상태에서 실시하는 것이 좋다.

80 측점간격이 20m 이고, 측점 0 의 단면적이 $2m^2$, 측점 1의 단면적이 $4m^2$ 일 때 이 두 측점간의 토적량은?

① $60m^3$　　② $80m^3$
③ $100m^3$　④ $120m^3$

해설
$V = \frac{1}{2}(A_1 + A_2) \times L = \frac{1}{2}(2+4) \times 20 = 60$

정답　75. ②　76. ③　77. ③　78. ①　79. ③　80. ①

2019년 제2회 산림산업기사

01 묘간거리 4m로 정방형 식재를 할 때 1ha 당 식재 본수는?

① 63본　② 250본
③ 625본　④ 2500본

해설

4m × 4m = 16m²
10,000 ÷ 16 = 625 본

02 수목에서 수분 통도 및 지탱의 역할을 하는 조직은?

① 밀선　② 목부
③ 사부　④ 유조직

해설

수목의 목부는 수분의 이동 통로 역할을 하며 더 안쪽의 목부부위들은 기계적 지지 역할을 담당한다.

03 1/2묘에 대한 설명으로 옳은 것은?

① 뿌리의 나이가 1년이고 줄기의 나이가 2년인 삽목묘이다.
② 뿌리의 나이가 2년이고 줄기의 나이가 1년인 삽목묘이다.
③ 파종상에서 1년, 그 뒤 한 번 상체되어 1년을 지낸 2년생 실생묘이다.
④ 파종상에서 1년, 그 뒤 한 번 상체되어 2년을 지낸 3년생 실생묘이다.

해설

1/2 묘는 삽목묘의 묘령을 표기하는 방법으로 줄기/뿌리를 의미한다. 뿌리나이 2년, 줄기 나이 1년된 삽목묘로서 1/1 묘를 상체하여 1년이 경과한 경우이다.

04 아래 그림에 해당되는 Hawley 의 간벌 양식은?(단, 모두 동령림이며 빗금은 간벌 대상임)

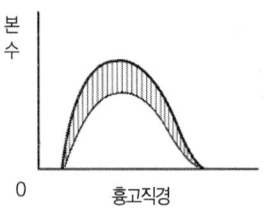

① 하층간벌　② 수관간벌
③ 택벌식 간벌　④ 기계적 간벌

해설

간벌 양식

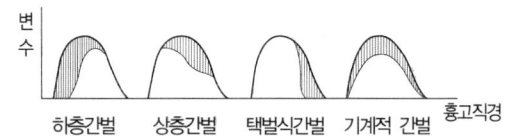

05 밤나무 재배환경에 대한 설명으로 옳지 않은 것은?

① 토양산도가 pH 5.0~5.5인 곳이 좋다.
② 해발 고도가 400m 이상인 고산지역이 좋다.
③ 재배 적지의 토성은 사질양토나 양토가 좋다.
④ 경사도 25°미만의 완경사지에서 생육이 좋다.

해설

밤나무 재배환경조건은 해발고도가 400m이하의 지역이 좋으며 해안지역은 피해야 한다. 기온의 일교차가 적고 서리피해가 적은 곳이 적합하다.

정답 01. ③　02. ②　03. ②　04. ④　05. ②

06 수목에서 양료의 이동에 대한 설명으로 옳지 않은 것은?

① 질소, 인, 칼륨 등은 이동이 쉬운 원소들이다.
② 이동이 쉽게 이루어지지 않는 원소는 칼슘, 철, 붕소 등이 있다.
③ 이동성이 좋은 양료는 결핍 현상이 어린 잎에서 먼저 나타난다.
④ 어떤 원소의 이동성이랑 용해도와 사부조직으로 들어 갈 수 있는 용이성을 의미한다.

해설
보통 이동성이 낮은 양료의 결핍 현상이 어린 잎에서 먼저 나타나며 대표적으로 칼슘과 붕소 등이 있다.

07 종자의 실중에 대한 설명으로 옳은 것은?

① 소립종자는 1000립씩 4회 반복한 평균무게이다.
② 소립종자는 10000립씩 4회 반복한 평균무게이다.
③ 대립종자는 1000립씩 4회 반복한 평균무게이다.
④ 대립종자는 10000립씩 4회 반복한 평균무게이다.

해설
소립종자의 실중은 1000립씩 4회 반복한 평균무게이다.

08 임목이 주로 종자로 양성된 임형은?

① 교림 ② 왜림
③ 중림 ④ 죽림

해설
교림은 10m 이상의 나무들로 종자에 의해 숲이 형성되며 주로 용재 생산을 목적으로 한다.

09 장령림에서 동해를 예방하기 위해 비료주기를 피해야 하는 시기는?

① 늦가을에서 초봄
② 늦봄에서 초여름
③ 늦여름에서 초가을
④ 늦가을에서 초겨울

해설
장령림의 시비는 연중 가능하나 가능하면 봄이 좋으며 늦여름에서 초가을 사이는 가지의 웃자람에 의해 동해의 우려가 있어 피하는 것이 좋다.

10 입선법으로 종자를 선별하는 것이 가장 효과적인 수종은?

① *Thuja orientalis*
② *Pinus densiflora*
③ *Taxus cuspidata*
④ *Juglans mandshurica*

해설
① 측백나무 ② 소나무 ③ 주목 ④ 가래나무
입선법은 굵은 종자나 열매를 손으로 구별하는 방법으로 밤나무, 상수리나무, 가래나무 등의 대립종자가 적합하다.

11 가래나무와 호두나무에 대한 설명으로 옳지 않은 것은?

① 자웅이주이다.
② 9월경에 결실한다.
③ 4~5월에 개화한다.
④ 열매는 핵과에 속한다.

해설
가래나무와 호두나무는 자웅동주이다.

12 풀베기 시기로 가장 적합한 것은?

① 3월~5월   ② 6월~8월
③ 9월~11월 ④ 12월~3월

해설
풀베기 시기는 보통 6월 ~ 8월에 실시하며 9월 이후는 실시하지 않는다.

정답 06. ③ 07. ① 08. ① 09. ③ 10. ④ 11. ① 12. ②

13 왜림작업 적용이 가능한 가장 용이한 수종은?

① 소나무 ② 잣나무
③ 굴참나무 ④ 일본잎갈나무

해설
왜림작업은 활엽수림에 적합한 방법으로 보기 중 굴참나무에 적용 가능하다.

14 가지치기에 대한 설명으로 옳지 않은 것은?

① 생장 휴지기에 수목의 수액 유동 시작 직전에 실시한다.
② 옹이가 없고 통직한 완만재를 생산할 목적으로 실시한다.
③ 참나무류와 포플러나무류는 으뜸가지이상의 가지만 잘라 준다.
④ 너도밤나무, 가문비나무의 생가지치기 작업은 부후의 위험성이 있어 원칙적으로 고사지 제거만 실시한다.

해설
참나무류와 포플러나무류는 으뜸가지 이하의 가지만 잘라준다.

15 묘목의 가식 방법으로 옳지 않은 것은?

① 묘목을 심기 전 일시적으로 도랑을 파서 그 안에 뿌리를 묻어 건조를 방지한다.
② 단시일 가식하고자 할 때에는 묘목을 다발채로 비스듬히 누여서 뿌리를 묻는다.
③ 장기간 가식하고자 할 때에는 묘목을 다발에서 풀어 도랑에 세우고 묻은 후 관수한다.
④ 한풍해가 우려되는 경우에는 묘목의 정단부가 바람과 같은 방향으로 되도록 누여서 묻는다.

해설
한풍해가 우려되는 경우 묘목의 정단부를 바람과 반대방향으로 누여서 묻어준다.

16 부숙마찰법에 의하여 탈종시키는 수종으로만 올바르게 나열한 것은?

① 밤나무, 참나무, 옻나무
② 잣나무, 호두나무, 비자나무
③ 느릅나무, 단풍나무, 물푸레나무
④ 싸리나무, 주엽나무, 아까시나무

해설
부숙마찰법은 과피를 부숙시켜 마찰을 이용해 분리하는 것으로 은행나무, 벚나무, 비자나무, 가래나무, 잣나무 등이 있다.

17 전형적인 이령림 작업에 속하는 갱신 작업종은?

① 개별작업 ② 모수작업
③ 산벌작업 ④ 택벌작업

해설
택벌작업은 벌채 연령이 된 성숙한 나무를 국소적으로 선택하여 벌채하기에 갱신되는 산림이 이령림이 된다.

18 수목의 뿌리가 이용 가능한 토양수분은?

① 결합수 ② 중력수
③ 범람수 ④ 모세관수

해설
토양의 수분 가운데 수목이 이용 가능한 수분을 모세관수라고 한다.

19 중력이 작용하는 방향으로 수목이 생장한다는 의미에 해당하는 것은?

① 굴지성 ② 주지성
③ 주광성 ④ 굴광성

해설
식물이 광합성을 위해 줄기가 위로 자라고 양분 흡수를 위해 뿌리가 아래로 자라는 현상을 굴지성이라 한다.

정답 13. ③ 14. ③ 15. ④ 16. ② 17. ④ 18. ④ 19. ①

20 천연갱신과 인공조림에 대한 설명으로 옳지 않은 것은?

① 천연갱신으로 조성된 숲에서 생산된 목재는 균일하다.
② 천연갱신은 새로운 숲이 조성되기까지 오랜 세월을 필요로 한다.
③ 천연갱신은 그 곳의 환경에 잘 적응된 나무들로 구성되고 갱신 비용이 적게 드는 것이 장점이다.
④ 인공조림은 좋은 씨앗으로 묘목을 길러 식재하고 무육에 힘써 좋은 목재를 생산한다는 것이 장점이다.

해설
인공조림으로 조성된 숲에서 생산된 목재가 균일한 편이다.

21 묘포장에서 뿌리혹선충 방제 방법으로 옳지 않은 것은?

① 침엽수는 돌려짓기를 한다.
② 활엽수는 이어짓기를 한다.
③ 살선충제로 토양을 소독한다.
④ 농작물을 재배했던 포지는 이용하지 않는다.

해설
뿌리혹선충은 이어짓기의 피해가 심한 수병으로 서로 다른 종류의 수종을 순차적으로 재배하는 윤작을 실시한다.

22 해충 방제와 관련하여 경제적 가해수준에 대한 설명으로 옳은 것은?

① 수목이 피해를 입을 때의 해충의 밀도
② 일반적 환경조건 하에서의 해충의 밀도
③ 방제가 가능한 단위면적당 해충의 밀도
④ 해충에 의한 피해비용과 방제비용이 같을 때의 해충의 밀도

해설
경제적 가해수준은 경제적으로 피해가 나타나는 해충의 최저밀도로 해충에 의한 피해액과 방제비가 같을 때의 해충밀도를 말한다.

23 번데기로 월동하는 해충은?

① 매미나방 ② 밤나무혹벌
③ 어스렝이나방 ④ 미국흰불나방

해설
미국흰불나방은 1년에 2회 발생하고 번데기 형태로 월동한다.

24 오리나무잎벌레의 생활사에 대한 설명으로 옳은 것은?

① 알로 월동하고 줄기에 산란한다.
② 유충으로 월동하고 잎에 산란한다.
③ 성충으로 월동하고 잎에 산란한다.
④ 번데기로 월동하고 줄기에 산란한다.

해설
오리나무잎벌레는 1년에 1회 발생하며 성충으로 지피물이나 흙속에 월동하고 잎에 산란하며 성충과 유충이 동시에 잎을 식해한다.

정답 20. ① 21. ② 22. ④ 23. ④ 24. ③

25 식물바이러스에 대한 설명으로 옳지 않은 것은?
① 전신 감염이 되는 경우가 많다.
② 인공 배지에서 배양이 가능하다.
③ 광학 현미경으로는 관찰이 매우 어렵다.
④ 영양번식 및 접목에 의하여 전염될 수 있다.

해설
식물바이러스는 살아있는 세포에서만 증식하는 절대기생체로 인공 배양이 어렵다.

26 빨아먹는 입틀을 가진 해충은?
① 메뚜기 ② 흰개미
③ 노린재 ④ 딱정벌레

해설
빨아먹는 입틀을 가진 흡즙성 해충은 노린재류, 깍지벌레류, 진딧물류 등이 있다.

27 석회 보르도액으로 방제효과가 가장 미비한 수목병은?
① 소나무 잎녹병
② 밤나무 흰가루병
③ 낙엽송 잎떨림병
④ 삼나무 붉은마름병

해설
석회보르도액을 방제에 이용하는 수목병에는 삼나무붉은마름병, 오리나무갈색무늬병, 소나무 잎떨림병, 잣나무털녹병, 낙엽송잎떨림병, 향나무녹병, 포플러잎녹병 등이 있으며 밤나무 흰가루병에는 효과가 미미하여 사용하지 않는 편이다.

28 천공성 해충이 아닌 것은?
① 소나무좀 ② 박쥐나방
③ 매미나방 ④ 알락하늘소

해설
매미나방은 식엽성 해충이다.

29 수목병 방제를 위한 방법이 다른 것은?
① 약제 살포
② 임지 정리 작업
③ 건전 묘목 육성
④ 적절한 수확 및 벌채

해설
약제 살포는 화학적 방제법이며 임지 정리, 건전 묘목 육성, 적절한 수확 및 벌채는 임업적 방제법이다.

30 급격한 저온에 따른 수목 조직의 수축 및 팽창으로 줄기가 갈라지는 현상은?
① 만상 ② 상렬
③ 상주 ④ 조상

해설
상렬은 추위로 인해 수액의 동결이 발생하여 나무의 줄기나 껍질이 수축 및 팽창으로 갈라지는 현상을 말한다.

31 감수성 식물에 대한 설명으로 옳은 것은?
① 병원체에 이미 감염된 식물
② 병원체에 감염될 가능성이 없는 식물
③ 병원체에 의해 가해 받을 수 있는 식물
④ 병원체에 감염되었으나 견디어 내는 식물

해설
감수성 식물은 특정 병원체 등에 저항성이 약한 것으로 가해를 받을 수 있는 식물을 말한다.

정답 25. ② 26. ③ 27. ② 28. ③ 29. ① 30. ② 31. ③

32 볕데기에 의한 수목 피해 예방법으로 옳은 것은?

① 해가림, 볏짚깔기 또는 흙깔기 등을 하여 지표의 고온화를 완화시킨다.
② 모래 등을 섞어 토질을 개량하거나 배수 처리를 하여 토양수분을 감소시킨다.
③ 토양의 온도를 낮추기 위한 관수나 해가림, 또는 토양피복처리를 하는 것이 좋다.
④ 고립목의 줄기를 짚으로 둘러주거나 석회유 등을 발라 직사광선을 막아주는 것이 효과적이다.

> **해설**
> 볕데기에 대한 피해를 예방하기 위해 해가림을 하거나 석회유, 점토 등으로 발라주거나 짚을 이용하여 주위를 감싸 직사광선을 막아준다.

33 대추나무 빗자루병 방제에 가장 효과적인 약제는?

① 페니실린
② 보르도액
③ 석회황합제
④ 옥시테트라사이클린

> **해설**
> 대추나무 빗자루병은 파이토플라스마에 의해 발생하며 방제를 위해 옥시테트라사이클린 약제를 이용한다.

34 화학적 해충 방제 방법에 대한 설명으로 옳지 않은 것은?

① 적용범위가 넓다.
② 효과가 신속하고 정확하다.
③ 특정 곤충의 돌발발생을 예방할 수 있다.
④ 살충제에 대한 저항성이 나타나기도 한다.

> **해설**
> 화학적 해충 방제는 특정 곤충이 돌발발생하면 저항성을 가지고 있을 경우 예방이 어려울수 있다.

35 기주교대를 하는 병원균은?

① 향나무 녹병균
② 밤나무 흰가루병균
③ 소나무 모잘록병균
④ 벚나무 빗자루병균

> **해설**
> 녹병균에는 기주교대하는 것이 다수 있으며 그 외에도 배나무 붉은무늬병균, 잣나무 털녹병균, 소나무 혹병균 등도 기주교대를 한다.

36 솔잎혹파리 방제 방법으로 옳지 않은 것은?

① 아세타미프리드 액제로 나무주사한다.
② 나무에 볏짚을 감아 월동 유충을 포살한다.
③ 밀생 임분은 간벌하고 불량치수 및 피압목을 제거한다.
④ 기생성 천적인 혹파리살이먹좀벌을 대량 사육하여 방사한다.

> **해설**
> 솔잎혹파리 방제법으로 유충이 성숙하기 전에 벌목하여 소각한다.

37 잣나무 털녹병균이 중간기주에서 형성하지 않는 포자는?

① 녹포자
② 여름포자
③ 겨울포자
④ 담자포자

> **해설**
> 잣나무 털녹병균의 중간기주에서는 여름포자, 겨울포자를 형성하고 겨울포자가 발아하여 담자포자가 되어 바람에 의해 전반된다.

38 산불 발생 및 위험이 가장 높은 시기는?

① 봄
② 여름
③ 가을
④ 겨울

> **해설**
> 1년 중 산불은 자연습도가 낮은 봄철에 가장 많이 발생하며 통계적으로 4월이 가장 발생률이 높다.

정답 32. ④ 33. ④ 34. ③ 35. ① 36. ② 37. ① 38. ①

39 식물 뿌리·줄기·잎을 통하여 식물체 내로 들어가 식물의 즙액과 함께 식물 전체에 퍼져 식물을 가해하는 해충에 작용하는 살충제는?

① 제충제 ② 접촉살충제
③ 소화중독제 ④ 침투성살충제

해설
침투성살충제는 식물에 약제를 투입시키며 흡즙성 해충 처리에 유리하며 다른 곤충이나 천적 등에 피해가 적다.

40 생물적 해충 방제 방법으로 옳은 것은?

① Bt 제를 이용하여 방제한다.
② 식재할 때에 내충성 품종을 선정한다.
③ 임목밀도를 조절하여 건전한 임분을 육성한다.
④ 생리활성물질인 키틴합성억제제를 이용하여 산림해충을 방제한다.

해설
생물적 해충 방제 방법은 산림생태계에 영향을 적게 주는 장점이 있으며 천적을 이용하는 방법이나 미생물 농약 BT제 등을 이용하는 방법이 있다.

41 산림경영 지도원칙 중 경제원칙에 해당하지 않는 것은?

① 공공성의 원칙
② 수익성의 원칙
③ 생산성의 원칙
④ 합자연성의 원칙

해설
합자연성의 원칙은 자연법칙을 존중하면서 산림을 경영하자는 원칙으로 경제원칙에는 해당하지 않는다.

42 회귀년과 관련된 작업종은?

① 개벌작업 ② 모수작업
③ 택벌작업 ④ 왜림작업

해설
택벌작업에서 맨 처음 택벌한 구역을 또다시 택벌하기까지 소요되는 기간을 회귀년이라 한다.

43 전국 단위의 산림계획에 따라 관할지역의 특수성을 고려하여 수립하는 산림경영계획은?

① 지역산림계획 ② 산림기본계획
③ 국유림경영계획 ④ 국유림종합계획

해설
지역산림계획은 특별시장, 광역시장, 도지사 및 지방산림청장이 산림기본계획에 따라 관할지역의 특수성을 고려하여 수립 및 시행한다.

44 임지의 지위를 사정하는데 주로 사용하는 방법은?

① 수고에 의한 방법
② 재적에 의한 방법
③ 토양인자에 의한 방법
④ 지피식물에 의한 방법

해설
임지의 지위를 사정하는데 특정 임령의 우세목의 평균수고를 이용한다.

45 임분이 처음 성립하여 생장하는 과정에 있어서 어느 성숙기에 도달하는 계획상의 연수는?

① 벌기령 ② 벌채령
③ 윤벌령 ④ 회귀령

해설
벌기령은 임목이 목표한 크기까지 성장하는데 걸리는 시간으로 성숙기에 도달하는 계획상의 연수이기도 하다.

정답 39. ④ 40. ① 41. ④ 42. ③ 43. ① 44. ① 45. ①

46 일반적으로 적용하는 침엽수의 조재율은?

① 0.1~0.3   ② 0.4~0.6
③ 0.6~0.9   ④ 1.0~1.1

해설
조재율은 벌채한 나무의 부피와 마름재목의 부피의 비율로 통상 침엽수종은 0.6~0.9 정도이다.

47 20년 전의 재적이 $100m^3$이고 현재의 재적이 $150m^3$ 일 때 프레슬러 공식을 적용하여 재적생장률을 구하면?

① 1%   ② 2%
③ 3%   ④ 4%

해설
프레슬러 공식

$$\frac{현재\ 재적 - n년전\ 재적}{현재\ 재적 + n년전\ 재적} \times \frac{200}{n}$$

$$\rightarrow \frac{150m^3 - 100m^3}{150m^3 + 100m^3} \times \frac{200}{20} = 2(\%)$$

48 취득 원가가 20만원인 기계톱의 내용년수가 5년이고 폐기 시 잔존가치가 5만원일 때 정액법에 의한 연간 감가상각비는?

① 1만원   ② 2만원
③ 3만원   ④ 4만원

해설
감가상각비 정액법

$$\frac{구입가격 - 폐물가격}{내용연수} = \frac{20만원 - 5만원}{5년} = 3만원$$

49 수목의 직경과 수고 측정이 모두 가능한 기구는?

① 섹타포크   ② 덴드로미터
③ 아브네이레블   ④ 스피겔릴라스코프

해설
섹타포크는 직경 측정을, 덴드로미터와 아브네이레블은 수고측정 기구이다.

50 손익분기점 분석에 설정하는 가정으로 옳지 않은 것은?

① 재고는 없다.
② 제품 단위당 비용은 일정하다.
③ 제품의 생산능률은 변함이 없다.
④ 제품의 판매가는 생산량에 따라 변한다.

해설
제품의 판매가격은 생산량과 판매량이 같으며 생산과 판매의 동시성이 있어 생산량에 따라 변하지 않는다.

51 임업경영 분석에 대한 설명으로 옳지 않은 것은?

① 임업소득은 임업조수익에서 임업경영비를 뺀 값이다.
② 임가소득은 임업소득, 농업소득, 기타소득을 더한 값이다.
③ 임업의존도는 임가소득을 임업소득으로 나누어 100을 곱한 값이다.
④ 임업소득율은 임업소득에서 임업조수익을 나누어 100을 곱한 값이다.

해설
임업의존도는 임업소득을 임가소득으로 나눈값을 백분율로 표현한 것이다.

52 임업의 기술적 특성이 아닌 것은?

① 생산 기간이 대단히 길다.
② 임목의 성숙기가 일정하지 않다.
③ 자연 조건의 영향을 많이 받는다.
④ 임업 노동은 계절적 제약을 크게 받지 않는다.

해설
임업 노동은 계절적 제약을 크게 받지 않는 특성은 산림 경영의 경제적 특성이다.

정답 46. ③   47. ②   48. ③   49. ④   50. ④   51. ③   52. ④

53 임업 이율을 분류할 때 용도에 따른 이율은?

① 경영이율   ② 장기이율
③ 평정이율   ④ 대부이율

해설
임업 이율에서 용도에 따른 이율의 종류로 경영이율, 환율이율이 있다.

54 산림평가와 관계있는 임업경영요소가 아닌 것은?

① 수익   ② 비용
③ 임업 기술   ④ 임업 이율

해설
산림평가에 관련된 임업경영요소로 수익, 비용, 임업 이율 등이 있다.

55 농지의 주변이나 둑, 농지와 산지와의 경계선 등지에 유실수, 특용수, 속성수 등을 식재하여 임업수입의 조기화를 도모하는 복합임업경영형태에 해당하는 것은?

① 혼농임업   ② 농지임업
③ 비임지임업 ④ 부산물임업

해설
농지임업은 농지의 주변 및 산지에 유실수, 속성수 등을 심어 빠른 수입을 얻는 형태를 말한다.

56 자산을 획득하기 위하여 제공한 경제적 가치의 측정치는?

① 손익   ② 수익
③ 비용   ④ 원가

해설
특정 목적이나 자산의 획득을 위해 발생한 가능성이 있는 가치를 화폐액으로, 즉 경제적 가치로 측정한 것을 원가라 한다.

57 Huber 식의 약 1.0053배 과대치를 주고 중앙단면이 원이 아닐 때 오차가 더 커지는 구적식은?

① 5분주법
② 호퍼스법
③ 브레레튼법
④ 스크리브너 로그 룰

해설
호퍼스 법은 Huber 식 대비 21.5% 과소치를 주며 5분주법은 1.0053 배 과대치를 주도록 한다

58 산림조사 결과 다음과 같을 때 평균임령은?

◎ 30년생 : 20주
◎ 35년생 : 10주
◎ 40년생 : 10주
◎ 45년생 : 10주

① 35년   ② 36년
③ 37.5년 ④ 38년

해설
$$\frac{(30년 \times 20주) + (35년 \times 10주) + (40년 \times 10주) + (45년 \times 10주)}{20 + 10 + 10 + 10}$$

$$= \frac{600 + 350 + 400 + 450}{50} = 36$$

59 현재 거래되고 있는 임지의 시가로써 평가하려는 임지와 조건이 유사한 다른 임지의 실제 거래가격을 비교하여 결정하는 평가방법은?

① 임지비용가   ② 임지매매가
③ 임지기망가   ④ 임지사정가

해설
임지매매가는 임지가 현실적으로 매매되는 가격을 말하며 평가하려는 임지의 조건과 비슷한 임지의 실제 거래 가격을 모델로 결정하는 평가방법이다.

정답 53. ① 54. ③ 55. ② 56. ④ 57. ① 58. ② 59. ②

60 유령림의 임목평가 방식으로 알맞은 것은?

① Glaser 법　② 임목비용가법
③ 시장가역산법　④ 임목기망가법

해설
유령림은 임목비용가법을 적용한다. Glaser 법은 중령림, 시장가역산법은 벌기 이상의 임목, 임목기망가법은 벌기 미만의 장령림에 적합하다.

61 해안사방에 주로 사용되는 공사는?

① 조공　② 기슭막이
③ 속도랑내기　④ 정사울세우기

해설
해안사방에 공종으로 정사울세우기, 퇴사울세우기, 사초심기 등이 있다.

62 야계사방에 있어서 합리식에 의한 유량을 산정하는 주요 인자가 아닌 것은?

① 유역면적
② 조도계수
③ 유출계수
④ 일정기간 동안의 강우 강도

해설
합리식을 산정하는 주요 인자로 유출계수, 최대시우량, 유역면적이 있다.

63 비탈다듬기 및 단끊기 시공과정에서 생기는 토사를 유치·고정하는 공사는?

① 조공　② 비탈덮기
③ 누구막이　④ 땅속흙막이

해설
땅속흙막이는 비탈다듬기로 인하여 발생되는 토사의 유실을 방지한다.

64 집재용 도구가 아닌 것은?

① 피비　② 펄프훅
③ 마세티　④ 파이크폴

해설
마세티는 나이프의 일종이다. 집재용 도구의 종류로 피비, 캔트훅, 사피, 펄프 훅, 파이크홀 등이 있다.

65 와이어로프의 폐기 기준으로 옳지 않은 것은?

① 현저하게 변형된 것
② 꼬임 상태가 발생한 것
③ 와이어로프 소선이 1/100 이상 절단된 것
④ 마모에 의한 직경 감소가 공칭 직경의 7%를 초과한 것

해설
와이어로프 소선이 10% 이상 절단된 것을 폐기 한다.

66 임도의 설계속도는 20km/h, 외쪽기울기가 3%, 타이어의 마찰계수는 0.1 일 때 최소곡선 반지름은?

① 약 12.3m　② 약 17.5m
③ 약 23.6m　④ 약 24.2m

해설
$$\frac{20^2}{127(0.1+0.03)} = \frac{400}{127 \times 0.13} ≒ 24.2$$

67 임도 시작점의 표고가 100m, 도착점의 표고는 500m인 산지에 종단기울기 6% 인 임도를 직선으로 시공할 경우 임도의 길이는?

① 1.7km　② 4.0km
③ 6.7km　④ 8.3km

해설
기울기 = $\frac{표고차}{임도길이}$ ⇒ 0.06
= $\frac{400}{임도길이}$ ⇒ 임도길이 : 약 $6.7km$

정답　60. ②　61. ④　62. ②　63. ④　64. ③　65. ③　66. ④　67. ③

68 상단면적 120m², 하단면적 200m², 상하단의 거리가 12m 인 경우 평균단면적법에 의한 토사량(m³)은?

① 192　　② 384
③ 1,920　　④ 3,840

해설

토사량 = $\dfrac{단면적 A + 단면적 B}{2}$ × 단면적사이거리

　　　 = $(\dfrac{120+200}{2}) \times 12 = 1920 m^3$

69 많은 토사와 오물을 포함한 유수로 인해 배수관이나 속도랑이 막히는 것을 방지하기 위한 임도의 구조물은?

① 곁도랑　　② 빗물받이
③ 돌림수로　　④ 횡단배수구

해설

빗물받이는 도로 옆에 물이 고이기 쉬운 장소나 L형 측구의 유하방향 하단부에 설치하여 유수로 인해 막히는 현상을 방지한다.

70 산사태와 땅밀림을 비교하여 설명한 것으로 옳지 않은 것은?

① 산사태는 지하수에 의한 영향이 크다.
② 산사태는 땅밀림에 비해 규모가 작다.
③ 땅밀림은 계속적으로 재발 가능성이 크다.
④ 산사태는 사질토로 된 지점에서 많이 발생한다.

해설

산사태보다는 땅밀림의 경우 지하수의 영향이 더 크다.

71 다음 설명에 해당되는 임도는?

◎ 계곡임도에서 시작되어 산록부와 산복부에 설치한다.
◎ 노선선정은 하단부로부터 점차적으로 선형을 계획하여 진행한다.
◎ 동일한 사면에서 배향곡선은 최소한으로 설치한다.

① 사면임도　　② 능선임도
③ 순환임도　　④ 산정임도

해설

사면임도는 계곡임도에서 시작하여 산록부와 산복부에 설치하는 임도로 하부에서 점차적으로 계획하여 진행하며 지그재그방식 혹은 대각선 방식이 적당하다.

72 다음 설명에 해당하는 식재는?

◎ 무게가 약 100kg 정도인 자연석으로 운반이 가능하고 공사용으로 쓸 수 있는 비교적 큰 돌이다.
◎ 주로 돌쌓기 현장 부근에서 채취하여 찰쌓기와 메쌓기에 사용한다.

① 호박돌　　② 야면석
③ 막깬돌　　④ 견치돌

해설

야면석은 자연석으로 무게 약 100kg 정도로 찰쌓기와 메쌓기에 사용된다.

73 임도의 교량 및 암거 설치 시에 고려하여야 하는 활하중의 무게 기준은?

① DB-10 이상　　② DB-13.5 이상
③ DB-18 이상　　④ DB-32.45 이상

해설

표준트럭하중을 DB 라하며 활하중의 무게 산정시 사하중 위에서 실제로 움직이는 DB-18 (32.45톤) 이상의 무게를 기준으로 한다.

정답 68. ③　69. ②　70. ①　71. ①　72. ②　73. ③

74 사방댐의 주요 기능 및 설치 목적이 아닌 것은?

① 계상기울기를 완화한다.
② 토사의 이동을 방지한다.
③ 산각을 고정하여 붕괴를 방지한다.
④ 황폐계류의 유심 방향을 변경한다.

해설
사방댐의 기능
· 계상물매를 완화하고 종침식을 방지한다.
· 산각을 고정하고 붕괴를 방지한다.
· 계상에 퇴적한 불안정 토사의 유동을 막고 양안의 산각을 고정한다.
· 산불 발생시 진화용수나 야생동물의 음용수로 이용된다.

75 벌도 작업의 안전을 위하여 다른 근로자가 들어오면 안되는 최소 작업 범위는?

① 벌도 대상목 수고의 0.5배
② 벌도 대상목 수고의 1.5배
③ 벌도 대상목 수고의 2.5배
④ 벌도 대상목 수고의 3.5배

해설
벌목 표준 안전 지침에 의거 인접한 곳에서 벌목할 때에는 절단 대상수목을 중심으로 수목 높이의 1.5배 이상 안전거리를 유지하여 작업하여야 한다.

76 임도설계 시 임시기표, 교각점, 측점번호 및 사유토지의 지번별 경계, 구조물 및 곡선 제원 등을 기입하는 도면은?

① 평면도   ② 구조도
③ 종단면도 ④ 횡단면도

해설
평면도는 축적 1 : 1200 을 기준으로 하고 기입 사항으로 임시기표, 교각점, 경계, 구조물, 지형지물, 곡선 제원 등이 있다.

77 중력에 의한 침식으로만 올바르게 나열한 것은?

① 붕괴형 침식, 지활형 침식, 침강침식
② 지활형 침식, 붕괴형 침식, 사구침식
③ 유동형 침식, 지활형 침식, 침강침식
④ 붕괴형 침식, 지활형 침식, 유동형 침식

해설
중력침식 종류에는 붕괴형, 지활형, 유동형, 사태형이 있다.

78 성·절토 비탈면 보호 및 녹화에 주로 이용되는 공법이 아닌 것은?

① 사초심기
② 자연석쌓기
③ 격자틀붙이기
④ 콘크리트블록쌓기

해설
사초심기는 해안사방 공법이다.

79 임도의 노체 하층부터 표면층까지의 구성 순서로 옳은 것은?(단, 순서는 바닥면부터 표시함)

① 노상 - 노반 - 기층 - 표층
② 노상 - 기층 - 표층 - 노반
③ 노반 - 노상 - 기층 - 표층
④ 기층 - 표층 - 노상 - 노반

해설
임도의 구조는 표면을 시작으로 표층, 기층, 노반, 노상으로 구성되며 이때 노상과 노반을 합쳐 노면이라 부르기도 한다.

정답 74. ④ 75. ② 76. ① 77. ④ 78. ① 79. ①

80 집재된 전목재의 가지 제거, 절단, 초두부제거, 집적 등 조재작업을 전문적으로 실행하는 임업기계는?

① 포워더　　② 프로세서
③ 타워야더　④ 펠러번쳐

해설
프로세서는 가지제거, 절단, 초두부 제거 등의 조재작업을 전문으로 하는 기기이다.

80. ②

2019년 제3회 산림산업기사

01 가지치기의 효과로 옳지 않은 것은?

① 무절재를 생산할 수 있다.
② 하목의 수광량을 증가시킨다.
③ 산불이 있을 때 수관화를 경감시킨다.
④ 연륜폭을 조절해서 수간의 완만도를 낮춘다.

해설
옹이가 없고 수간의 완만도를 높이는 것은 가지치기의 특징이다.

02 모수작업법에 대한 설명으로 옳지 않은 것은?

① 벌채가 집중되므로 경비가 절약된다.
② 토양침식과 유실이 발생할 가능성이 낮다.
③ 작업의 용이성으로 보아서는 개벌작업과 상당히 유사하다.
④ 모수는 종자의 결실량이 많고 비산능력이 좋은 수종으로 선택한다.

해설
모수작업법은 임지의 노출로 토양침식 및 유실이 우려되는 작업이다.

03 풀베기 방법으로 모두베기에 대한 설명으로 옳은 것은?

① 한풍해가 예상되는 곳에서 실시한다.
② 조림목이 양수 수종인 경우에 적용한다.
③ 조림목에 광선을 제대로 주지 못하는 단점이 있다.
④ 조림목이 심어진 줄에 따라 모든 잡초목을 제거하는 방법이다.

해설
모두베기는 소나무, 낙엽송 등의 양수 식재시 적합한 방법이다.

04 동일한 수목의 양엽과 음엽을 비교한 설명으로 옳지 않은 것은?

① 양엽은 음엽보다 광포화점이 높다.
② 음엽은 양엽보다 잎의 두께가 두껍다.
③ 음엽은 양엽보다 엽록소 함량이 더 많다.
④ 양엽은 음엽보다 책상조직이 빽빽하게 배열되어 있다.

해설
양엽이 음엽보다 색이 진하고 잎이 두껍다.

정답 01. ④ 02. ② 03. ② 04. ②

05 대상 산벌갱신에 대한 설명으로 옳지 않은 것은?

① 일반적으로 양수 수종 갱신에 유리하다.
② 대상지의 폭은 수고의 2~3배 정도이다.
③ 벌채는 주풍방향과 반대방향으로 진행하는 것이 유리하다.
④ 풍해를 예방하기 위한 방법으로 상방하종 및 측방하종도 가능하다.

해설
산벌작업은 음수 수종 갱신에 유리하다.

06 묘목의 가식에 대한 설명으로 옳지 않은 것은?

① 1~2개월 장기간 가식을 할 경우에는 관수가 필요하다.
② 가급적 비가 오거나 비가 온 후 바로 가식하여 묘목이 건조하지 않게 한다.
③ 묘목을 심기 전 일시적으로 땅에 뿌리를 묻어 건조하지 않도록 해 주는 작업이다.
④ 추위나 바람의 피해가 우려되는 곳은 묘목의 정단 부분을 바람과 반대방향으로 되도록 눕혀 묻어준다.

해설
비가 오거나 비가 온 후에는 가식을 피한다.

07 종자의 결실 주기가 2~3년인 수종은?

① *Salix koreensis*
② *Picea jezoensis*
③ *Larix kaempferi*
④ *Quercus acutissima*

해설
상수리나무(*Quercus acutissima*), 느티나무, 삼나무 등의 종자 결실 주기는 2~3년이다

08 다음 설명에 해당하는 원소는?

◎ 결핍될 경우 왜성화로 인해 묘목의 생장이 불량하다.
◎ 초기에는 뚜렷한 다른 증세가 나타나지 않으나 소나무의 경우에는 자주색을 띤다.

① P   ② N
③ K   ④ Mg

해설
인산은 식물체에서 이동이 용이하고 결핍될 경우 왜성화로 묘목이 잘 자라지 않는다. 또한 소나무에서 인산이나 마그네슘 등의 결핍이 발생되면 잎이 자주색 혹은 담적색으로 변하기도 한다.

09 온대남부의 조림수종으로 상록성인 참나무류로만 올바르게 나열한 것은?

① 개가시나무, 먼나무
② 개가시나무, 황칠나무
③ 붉가시나무, 종가시나무
④ 붉가시나무, 홍가시나무

해설
온대남부의 상록성 참나무류로 종가시나무, 붉가시나무, 참가시나무 등이 있다.

10 토양수 중 식물이 쉽게 이용할 수 있는 pF 1.8~4.2에 상당하는 유효수분은?

① 화합수   ② 흡습수
③ 모관수   ④ 중력수

해설
모관 인력에 의하여 토양 내의 작은 공극을 상승하는 수분을 모관수라 하며 pF 1.8~4.2 에 해당한다.

정답 05. ① 06. ② 07. ④ 08. ① 09. ③ 10. ③

11 1-2-1묘는 몇 번 판갈이 작업한 묘인가?

① 1번　　　② 2번
③ 3번　　　④ 4번

해설

1-2-1 묘는 파종상에서 1년, 옮겨심고 2년, 다시 옮겨 심어 1년이 지난 4년생 실생묘로서 판갈이 작업을 2번 실시하였다.

12 편백과 화백에 대한 설명으로 옳지 않은 것은?

① 편백과 화백은 측백나무과이다.
② 편백과 화백은 모두 암수딴그루이다.
③ 편백은 잎 끝이 예리하고 화백의 잎은 비늘모양이다.
④ 편백은 잎의 뒷면이 백색기공선이 Y자형이고 화백은 V 또는 W자형이다.

해설

잎 끝이 둔하고 뒷면에 흰색 기공이 Y 자 모양인 경우 편백, 잎 끝이 예리하고 흰색 기공선이 W 모양인 경우 화백이다

13 수목의 개화생리 순서로 옳은 것이다.

| 가 : 화아형성 | 나 : 화아분화 |
| 다 : 수정 | 라 : 수분 |

① 가 - 나 - 라 - 다
② 가 - 나 - 다 - 라
③ 나 - 가 - 다 - 라
④ 나 - 라 - 가 - 다

해설

먼저 화아형성 및 분화를 통해 꽃눈이 형성되고 암술, 수술의 꽃눈들이 서로 만나는 과정인 수분이 다음과정으로 이루어진다. 이러한 수분의 과정을 거쳐 마지막으로 수정이 이루어진다.

14 교림에 대한 설명으로 옳은 것은?

① 맹아에 의하여 갱신된 산림
② 순수한 원시림으로 유지된 산림
③ 숲가꾸기가 적기에 실시된 산림
④ 주로 실생묘로 성립된 키 큰 산림

해설

교림은 수고 10m 이상의 키 큰 나무를 생산하는 것을 목적으로 주로 실생묘로 성립된 키 큰 산림이라 정의한다.

15 종자의 순량율 기준이 가장 낮은 수종은?

① 잣나무　　　② 밤나무
③ 오리나무　　④ 은행나무

해설

보기 중 잣나무, 밤나무, 은행나무는 순량률이 90% 이상이나 오리나무는 73% 정도로 가장 낮다.

16 묘목의 단근 작업에 대한 설명으로 옳지 않은 것은?

① 묘목의 철늦은 자람을 억제한다.
② 측근과 세근의 발달을 촉진시킨다.
③ 묘목을 포지에 세워두고 도구를 이용해서 절단한다.
④ 단근 작업을 통해서 건전한 묘목을 생산할 수는 있어도 산지에 식재하는 경우에는 활착률은 떨어진다.

해설

단근작업을 통해 뿌리 발달 및 활착률을 높일 수 있다.

17 산림 갱신을 위한 작업종에 해당되지 않는 것은?

① 간벌　　　② 개벌
③ 산벌　　　④ 획벌

해설

간벌은 갱신이 목적이 아닌 임분 밀도 조절 및 중간 수입을 목적으로 한다.

정답 11. ② 12. ③ 13. ① 14. ④ 15. ③ 16. ④ 17. ①

18 비료목의 정의, 식재 및 관리에 대한 설명으로 옳지 않은 것은?

① 비료목을 식재한 지역에는 시비하지 않는다.
② 임지 비배효과 증대를 위해 비료목을 혼합 식재한다.
③ 임목의 건전한 생산성을 위해 심는 보조적 임목을 말한다.
④ 척박한 임지에 주임목의 생장촉진을 위해 비료목을 혼합 식재한다.

> **해설**
> 비료목은 임지의 지력을 향상시키는데 도움은 주지만 비료목 식재지역에 시비를 중단해야하는 것은 아니다.

19 종자를 채집하여 11월말까지는 노천매장을 해야 좋은 수종은?

① 전나무   ② 단풍나무
③ 층층나무   ④ 느티나무

> **해설**
> 종자를 채집하여 11월 중에 매장하는 것이 좋은 수종으로 팽나무, 물푸레나무, 층층나무, 피나무, 옻나무 등이 있다.

20 숲의 교란과 복원에 대한 설명으로 옳지 않은 것은?

① 산불, 산사태, 병충해 등으로 숲이 교란된다.
② 교란은 생태계의 구조와 기능에 심각한 영향을 끼친다.
③ 훼손된 생태계는 복원되기란 매우 어렵고 시간이 많이 걸린다.
④ 훼손은 발생빈도, 공간규모, 훼손강도가 일정한 패턴을 보인다.

> **해설**
> 산불이나 산사태 병충해 등의 훼손의 발생 및 규모 등이 일정한 패턴을 보이지는 않는다.

21 곤충의 내외부 형태에 대한 설명으로 옳지 않은 것은?

① 표피는 외표피와 원표피로 구분된다.
② 입틀은 윗입술, 큰턱, 작은턱, 아랫입술, 혀 등으로 구성된다.
③ 기체의 통로는 기문으로 하며 가슴에 2쌍, 배에 8쌍, 모두 10쌍이 일반적이다.
④ 가슴은 앞가슴, 가운데가슴, 뒷가슴이 있고, 앞가슴과 가운데가슴에는 보통 1쌍씩의 날개가 있다.

> **해설**
> 곤충의 가슴은 앞가슴, 가운데가슴, 뒷가슴으로 구성되어 있고 날개는 가운데가슴과 뒷가슴에 한쌍씩 달려 있다.

22 천공성 해충에 속하지 않는 것은?

① 박쥐나방   ② 밤나무혹벌
③ 알락하늘소   ④ 광릉긴나무좀

> **해설**
> 밤나무혹벌은 수목에 벌레혹인 충영을 형성한다.

23 다음 설명에 해당하는 농약살포 방법은?

> • 농약 원액 또는 유효 성분의 함량이 수십%인 고농도로 살포한다.
> • 주로 탑재 살포액의 양이 한정적인 항공살포에 많이 이용한다.

① 살분법   ② 살립법
③ 미량 살포   ④ 대량 살포

> **해설**
> 미량살포는 액제살포의 방법으로 원액에 가까운 농후액을 살포하는 것으로 항공방제에 많이 이용된다.

정답 18. ① 19. ③ 20. ④ 21. ④ 22. ② 23. ③

24 소나무좀이 월동하는 충태는?

① 알　　　　② 성충
③ 유충　　　④ 번데기

해설
소나무좀은 성충으로 월동한다.

25 향나무 녹병의 중간기주가 아닌 것은?

① 잎갈나무　　② 모과나무
③ 팥배나무　　④ 윤노리나무

해설
향나무 녹병의 중간기주는 사과나무, 산사나무, 야광나무, 윤노리나무, 팥배나무, 모과나무 등이 있다.

26 솔잎혹파리 방제를 위하여 나무주사를 실시할 때 가장 효과적인 시기는?

① 3월~4월　　② 5월~6월
③ 7월~8월　　④ 9월~10월

해설
솔잎혹파리 방제는 성충의 우화기인 5~7월쯤 수간주사하는 것이 효과적이다.

27 후약충으로 11월부터 이듬해 3월까지 수목에 피해를 주는 해충은?

① 솔나방　　　② 소나무좀
③ 솔잎혹파리　④ 솔껍질깍지벌레

해설
솔껍질깍지벌레는 11월경에 탈피하여 2령 약충이 되는데 11~3월에 2령약충이 수목에 가장 많은 피해를 준다.

28 다음 중 나무좀·하늘소·바구미 등의 해충 방제에 가장 적합한 방법은?

① 포살법
② 등화 유살법
③ 번식장소 유살법
④ 잠복장소 유살법

해설
천공성 해충은 나무를 직접 가해하는 습성을 이용하여 통나무와 같은 번식처에 유인하여 방제하는 유살법이 효율적이다.

29 대기오염에 의한 산림의 피해를 최소화시킬 수 있는 방안으로 거리가 먼 것은?

① 방음벽 시설 설치
② 공해 배출의 법적 규제
③ 공해 저항성 수종의 식재
④ 임지비배를 통한 산림관리

해설
방음벽 설치는 소음의 피해를 최소화하는 방법이다.

30 내화력이 가장 강한 수종은?

① 편백　　　② 소나무
③ 삼나무　　④ 가문비나무

해설
내화력이 강한 수종으로 은행나무, 잎갈나무, 황벽나무, 굴참나무, 음나무, 가문비나무 등이 있다.

31 포플러 모자이크병을 일으키는 병원체는?

① 세균　　　② 진균
③ 바이러스　④ 파이토플라스마

해설
포플러 모자이크병의 병원체는 바이러스이다.

정답 24. ② 25. ① 26. ② 27. ④ 28. ③ 29. ① 30. ④ 31. ③

32 해충의 개체군 동태를 알기 위해 주로 사용하는 것으로 충태별 사망수, 사망요인, 사망률 등의 항목으로 구성된 표는?

① 생명표　　② 생태표
③ 생식표　　④ 수명표

해설
생명표는 연령별 생명표와 시간별 생명표로 분류하며 곤충의 경우 시간별 생명표를 주로 이용한다. 해충의 개체군 현황을 알아보고자 해충별 사망수, 사망의 요인, 사망률 등을 조사한다.

33 소나무재선충병의 매개충은?

① 소나무좀　　② 솔잎혹파리
③ 솔수염하늘소　　④ 솔껍질깍지벌레

해설
소나무 재선충병의 매개충에는 솔수염하늘소와 북방수염하늘소가 있다.

34 균사에 격벽이 없는 균류는?

① 난균류　　② 담자균류
③ 자낭균류　　④ 불완전균류

해설
격벽이 없는 균류로 접합균류와 난균류가 있다.

35 침엽수 묘목의 모잘록병을 방제하는데 가장 알맞은 방법은?

① 중간 기주를 제거한다.
② 살균제로 토양소독과 종자소독을 한다.
③ 살충제를 뿌려서 매개 곤충을 구제한다.
④ 질소질비료를 충분히 주어 묘목을 튼튼하게 한다.

해설
주로 클로로피크린이라는 살균제를 이용하여 종자 및 토양을 소독한다.

36 해충의 생물학적 방제 방법으로 사용되는 천적이 아닌 것은?

① 먹좀벌류　　② 방패벌레류
③ 무당벌레류　　④ 풀잠자리류

해설
생물학적 방제법에 사용되는 천적으로 풀잠자리류, 딱정벌레류, 노린재류, 무당벌레류, 먹좀벌류 등이 있다.

37 뿌리혹병 방제 방법으로 옳지 않은 것은?

① 병이 없는 건전한 묘목을 식재한다.
② 접목할 때 쓰이는 도구는 소독하여 사용한다.
③ 재식할 묘목은 스트렙토마이신 용액에 침지하는 것이 좋다.
④ 심하게 발생한 지역에서는 내병성 수종인 포플러류를 식재한다.

해설
뿌리혹병이 심할 경우 건전한 나무에도 전파하므로 별도의 식재작업보다 소각을 하는 것이 효율적이다.

38 봄에 수목 생장 개시 후에 내리는 서리에 의해 발생하는 수목 피해는?

① 만상　　② 동상
③ 한상　　④ 조상

해설
만상은 늦서리 피해로 이른 봄에 수목의 발육이 시작되고 갑작스러운 온도저하로 인한 피해이다.

정답 32. ① 33. ③ 34. ① 35. ② 36. ② 37. ④ 38. ①

39 잣나무 털녹병 방제 방법으로 옳지 않은 것은?

① 중간기주를 제거한다.
② 내병성 품종을 심는다.
③ 토양 소독을 철저히 한다.
④ 병든 나무는 지속적으로 제거한다.

해설
잣나무 털녹병의 방제방법으로 병든나무나 중간기주를 제거하고 내병성 품종을 심어주도록한다. 8월 쯤에는 보르도액을 살포하여 소생자의 침입을 방제하고 피해지역의 묘목은 다른 지역으로 반출을 금지한다.

40 담배장님노린재를 구제하여 방제가 가능한 수목병은?

① 소나무 잎녹병
② 잣나무 털녹병
③ 대추나무 빗자루병
④ 오동나무 빗자루병

해설
담배장님노린재는 오동나무 빗자루병의 매개충으로 구제시 수목병의 방제가 가능하다.

41 흉고직경 측정 자료가 2cm 괄약으로 정리되었을 경우, 흉고직경 10cm는 어떤 흉고직경의 측정범위에 속하는가?

① 8cm 이상 ~ 10cm 미만
② 9cm 이상 ~ 11cm 미만
③ 10cm 이상 ~ 12cm 미만
④ 9.5cm 이상 ~ 11.5cm 미만

해설
흉고직경 10cm의 괄약기준 측정범위는 9cm 이상 ~ 11cm 미만이다.

42 임업의 경제적 특성에 대한 설명으로 옳지 않은 것은?

① 임업생산은 조방적이다.
② 생산기간이 대단히 길다.
③ 공익성이 커서 제한성이 많다.
④ 육성임업과 채취임업이 병존한다.

해설
생산기간이 대단히 긴 것은 임업의 기술적 특성에 해당된다.

43 흉고형수에 영향을 미치는 인자가 아닌 것은?

① 수고   ② 지위
③ 수종   ④ 근원직경

해설
흉고형수는 원주와 수간의 재적의 비로서 수고, 생산성을 나타내는 지위, 수종 등은 흉고형수 결정에 영향을 주지만 근원직경은 상관이 없다.

44 법정림 개념을 적용하기에 가장 적합한 작업방법은?

① 개벌작업   ② 택벌작업
③ 산벌작업   ④ 중림작업

해설
법정림은 개벌작업의 보속성을 기초로 만들어졌으며 택벌작업 및 기타 다른 작업에는 적용하기가 곤란하다.

45 산림조사 항목으로 지황 조사항목이 아닌 것은?

① 지세   ② 지위
③ 지리   ④ 임종

해설
임종은 임황 조사항목이다.

정답 39. ③ 40. ④ 41. ② 42. ② 43. ④ 44. ① 45. ④

46 산림경영계획에서 소반구획의 최소 면적은?

① 0.1ha ② 1ha
③ 10ha   ④ 100ha

[해설]
산림경영계획에서 소반은 최소 1ha 이상을 구획한다.

47 고정자산에 대한 설명으로 옳은 것은?

① 처분을 목적으로 소유하는 자산
② 물리적으로 이동이 불가능한 자산
③ 시간에 따른 가치의 변화가 없는 자산
④ 자산이 가지고 있는 생산능력을 이용하기 위해 소유하는 자산

[해설]
임업에서 고정자산에는 임지, 건물, 기계 등이 있으며 이는 자산이 가진 생산능력을 이용하고자 소유하는 자산으로 정의할 수 있다.

48 임업이율의 성격으로 옳지 않은 것은?

① 임업이율은 대부이자이다.
② 임업이율은 장기이율이다.
③ 임업이율은 명목적 이율이다.
④ 임업이율의 계산은 복리를 적용한다.

[해설]
임업이율은 대부이자가 아닌 자본이자이다.

49 임업경영의 성과분석에서 계산되는 다음의 항목 중에서 가장 큰 값은?

① 임가소득   ② 임업소득
③ 기타소득   ④ 임업순수익

[해설]
임가소득은 산림의 소득과 농업의 소득, 농업 이외의 소득의 합으로서 임가 전체 소득수준과 성과를 파악할 수 있어 보기의 항목 중 가장 큰 값을 가진다.

50 임목 생산에 들어간 각종 비용의 원리금 합계에서 육림기간 중에 얻은 간벌수입이나 기타 임산물 수입의 원리금 합계를 공제한 나머지를 가리키는 것은?

① 육림비   ② 수익가
③ 차액지대   ④ 임목원가

[해설]
육림비는 육림을 하는 기간 중에서 얻을 수 있는 수입의 원리합계를 공제한 것을 임목원가라 한다.

51 임분의 재적을 추정할 때 전 임목을 몇 개의 계급으로 나누어 각 계급의 본수를 동일하게 한 다음 각 계급에서 같은 수의 표준목을 선정하는 방법은?

① 단급법   ② Urich법
③ Hartig법   ④ Draudt법

[해설]
각 계급에서 같은수의 표준목을 선정하는 방법은 우리히법(Urich)이다.

52 임지생산능력을 판단하는 항목으로 옳지 않은 것은?

① 법정축적에 의한 방법
② 환경인자에 의한 방법
③ 지위지수에 의한 방법
④ 지표식물에 의한 방법

[해설]
임지의 생산능력을 판단하는 항목으로 환경인자에 의한 방법, 지위지수에 의한 방법, 지표식물에 의한 방법 등이 있다.

정답 46. ② 47. ④ 48. ① 49. ① 50. ④ 51. ② 52. ①

53 임업 경영의 지도원칙 중 보속성의 원칙에 대한 설명으로 옳은 것은?

① 국민의 복리 증진을 목표로 하는 원칙
② 최소의 비용으로 최대의 효과를 발휘하게 하는 원칙
③ 해마다 목재 수확을 양적 및 질적으로 계속적으로 균등하게 하는 원칙
④ 생산량을 투입한 생산 요소의 수량으로 나눈 값이 최고가 되도록 하는 원칙

> 해설
> 보속성의 원칙은 해마다 목재의 수확이 일정하도록 하는 원칙이다.

54 벌기 4년마다 순수익 R을 영속적으로 얻을 수 있는 임지가 있다. 연이율이 p%일 경우 이 임지에서 발생하는 수익의 전가합계식은?

① $R \div p^4$
② $R \div (1+p)^4$
③ $R \div (p^4-1)$
④ $R \div ((1+p)^4-1)$

> 해설
> 벌기 n 년마다 순수익 R을 영구적으로 얻을 수 있는 공식은 $R \div ((1+p)^4-1)$ 으로 무한정기이자의 전가합계식이다.

55 어떤 산림의 벌채권 취득원가가 5천만원이고 잔존가치는 없으며 벌채추정량이 1백만 m^3이고 당기벌채량이 1천m^3이라면 총감가상각비는?(단, 생산량 비례법 이용)

① 500원
② 5,000원
③ 50,000원
④ 500,000원

> 해설
> $(5,000만원 - 0만원) \times \frac{1,000 m^3}{1,000,000 m^3}$
> = 50,000원

56 아래와 같은 수확표가 주어질 때 벌기수확에 의한 법정축적은(단, 산림면적은 100ha, 윤벌기는 50년)

구분	임령				
	10	20	30	40	50
재적(m^3)	20	175	360	520	630

① 27,800m^3
② 31,250m^3
③ 31,500m^3
④ 32,250m^3

> 해설
> $\frac{50}{2} \times 630 \times \frac{100}{50} = 31,500$
> ※ 벌기수확 기준 법정축적
> $\frac{U}{2} m_u \times \frac{F}{U}$
> n : 수확표의 년차, m_u : 각 영급의 재적
> F : 산림면적, U : 윤벌기

57 말구직경 24cm, 중앙직경 28cm, 원구직경 34cm, 재장이 4m인 통나무를 Newton식(또는 Riecke)식으로 계산한 재적은?

① 약 0.246m^3
② 약 0.255m^3
③ 약 0.272m^3
④ 약 0.295m^3

> 해설
> $\frac{원구단면적 + 4 \times (중앙단면적) + 말구단면적}{6} \times 재장$
> $\frac{(\pi \times 0.12^2) + 4(\pi \times 0.14^2) + (\pi \times 0.17^2)}{6} \times 4 ≒ 0.255 m^3$

58 어떤 재화로부터 장차 얻을 수 있을 것으로 기대되는 수익을 일정한 이율로 할인하여 구한 현재가를 무엇이라 하는가?

① 기망가
② 매매가
③ 비용가
④ 자본가

> 해설
> 기망가는 장차 발생할 것으로 기대하는 수익의 합계이다.

정답   53. ③ 54. ④ 55. ③ 56. ③ 57. ② 58. ①

59 농지의 주변이나 농지와 산지의 경계선 등에 유실수나 특용수 또는 속성수 등을 식재하여 임업수입의 조기화를 도모하는 형태의 임업경영은?

① 혼농임업 ② 혼목임업
③ 농지임업 ④ 비임지임업

[해설]
농지임업은 농지의 주변 및 산지에 유실수, 속성수 등을 심어 빠른 수입을 얻는 형태를 말한다.

60 음(-)의 값이 나올 수 있는 투자효율 분석법은?

① 회수기간법 ② 투자이익률법
③ 순현재가치법 ④ 수익비용률법

[해설]
장기투자를 결정하는 순현재가치법은 미래에 대한 가치 판단을 기준으로 하기에 음의 값이 나올 수 있다.

61 시멘트에 대한 설명으로 옳지 않은 것은?

① 풍화된 시멘트는 강도가 저하된다.
② 시멘트의 강도는 경화의 강도로 표시한다.
③ 시멘트입자 1g에 대한 표면적(cm^2)을 분말도라 한다.
④ 시멘트의 분말도는 높을수록 콘크리트의 초기 강도가 크다.

[해설]
시멘트 강도는 압축강도, 인장강도 등 물리적 강도로 표시한다.

62 산악지대에서 임도의 노선 선정 방법으로 옳지 않은 것은?

① 계곡임도는 임지의 상부에서부터 개발되며 임지개발의 중추적 역할을 한다.
② 산정부 개발임도는 산정부의 안부에서부터 시작되는 순환식 노선방식을 주로 사용한다.
③ 능선임도는 산악지대 임도배치 중 건설비가 가장 적게 소요되며 계곡 및 늪지대에서 임도 개설 시 용이하다.
④ 사면임도는 계곡임도로부터 시작하며 지그재그방식이 적당하지만 완경사지에서는 대각선 방식도 사용된다.

[해설]
계곡임도는 임지의 하부로부터 개발해야 하므로 임지 개발의 중추적인 역할을 담당하는 산악지대 임도 노선형이다.

63 주로 사면 기울기가 1:1보다 완만한 곳에 흙이 털어지지 않은 온떼를 사용하여 전면 녹화를 목적으로 시공하는 산지사방 녹화 공법은?

① 띠떼심기 ② 줄떼다지기
③ 선떼붙이기 ④ 평떼붙이기

[해설]
평떼붙이기 시공장소는 경사가 45° 이하 혹은 기울기 1 : 1 보다 완만한 비탈에 비옥한 산지 사면에 적합한 공법이다.

정답 59. ③ 60. ③ 61. ② 62. ① 63. ④

64. 다음 조건에서도 임도 설계 시 적용하는 곡선 반지름으로 가장 적합한 것은?

- 설계속도 : 30km/h
- 노면의 외쪽기울기 : 5%
- 일반지형에서 가로미끄럼에 대한 노면과 타이어의 마찰계수 : 0.2

① 약 30m ② 약 45m
③ 약 60m ④ 약 75m

해설

$$\frac{설계속도^2}{127(타이어 마찰계수 + 노면횡단물매)}$$

$$= \frac{30^2}{127(0.2+0.05)} ≒ 28.34$$

65. 배향곡선지가 아닌 경우 길어깨와 옆도랑의 너비를 제외한 임도의 유효너비 기준은?

① 2m ② 3m
③ 4m ④ 6m

해설

임도의 너비 기준은 길어깨 및 옆도랑을 포함한 임도의 너비 3m를 기준으로 한다.

66. 사방댐 설치 목적으로 가장 거리가 먼 것은?

① 물 이용 ② 산각 고정
③ 식생 복구 ④ 토석류 피해 저지

해설

사방댐의 기능 및 목적
- 계상물매를 완화하고 종침식을 방지한다.
- 산각을 고정하고 붕괴를 방지한다.
- 계상에 퇴적한 불안정 토사의 유동을 막고 양안의 산각을 고정한다.
- 산불 발생시 진화용수나 야생동물의 음용수로 이용된다.

67. 비탈면 녹화에 사용하는 사방용 초본류 중 재래종이 아닌 것은?

① 김의털 ② 제비쑥
③ 오리새 ④ 까치수영

해설

오리새는 도입초종이다.

68. 비유량이 20m³/s/km²이고 유역면적이 15km²일 때 최대홍수유량은?

① 133m³/s ② 300m³/s
③ 450m³/s ④ 750m³/s

해설

유역면적의 단위가 km² 일 경우 합리식은
< Q = 0.2778CIA > 공식에 의거하며 비유량은
< 0.2778CI >를 의미한다. 비유량 및 유역면적을 이용하여 최대홍수유량을 산출하도록 한다.
최대홍수유량 = 20m³/s/km² × 15km²
          = 300m³/s

69. 임도에서 대피소 설치 간격 기준은?

① 300m 이내 ② 400m 이내
③ 500m 이내 ④ 600m 이내

해설

대피소의 간격 300m 이내, 너비 5m 이상, 유효길이 15m 이상을 기준으로 한다.

정답 64. ① 65. ② 66. ③ 67. ③ 68. ② 69. ①

70 산지 황폐의 진행상태가 초기 단계부터 순차적으로 올바르게 나열된 것은?

① 초기황폐지 – 임간나지 – 민둥산 – 척악임지 – 황폐이행지
② 초기황폐지 – 임간나지 – 민둥산 – 황폐이행지 – 척악임지
③ 임간나지 – 척악임지 – 초기황폐지 – 황폐이행지 – 민둥산
④ 척악임지 – 임간나지 – 초기황폐지 – 황폐이행지 – 민둥산

해설
황폐지 유형 및 단계는 <척악임지→임간나지→초기황폐지→황폐이행지→민둥산> 순서로 진행된다.

71 와이어로프 표기방법으로 "6×7 C/L 20mm B종"에서 B종이 의미하는 것은?

① 스트랜드의 본수
② 와이어 로프의 지름
③ 와이어 로프의 인장강도
④ 와이어 로프의 표면처리 상태

해설
와이어로프의 인장강도는 G종, A종, B종 등으로 표현한다.

72 트랙터에 의한 집재 방법이 아닌 것은?

① 팬   ② 설키
③ 지면끌기   ④ 인클라인

해설
트랙터의 집재방법으로 지면끌기집재, 팬집재, 설키집재 등이 있다.

73 고저측량에서 전시와 후시를 함께 읽는 점으로 오차발생 시 측량결과에 중요한 영향을 주는 것은?

① 중간점   ② 기계고
③ 미지점   ④ 이기점

해설
전시와 후시가 모두 있는 측점을 이기점 이라 한다.

74 거리 측정에 사용하는 장비는?

① 폴   ② 레벨
③ 트랜싯   ④ 컴퍼스

해설
거리 측정 관련 기준 장비로 폴이 있다.

75 벌목 작업 시 수구를 만드는 방향은?

① 계곡 쪽
② 임도가 있는 쪽
③ 작업자가 있는 쪽
④ 벌도목이 넘어지는 쪽

해설
수구는 30~45° 각으로 작업하여 벌도방향으로 하며 추구는 수구의 반대방향에서 작업한다.

76 산지사방에서 비탈다듬기에 대한 설명으로 옳지 않은 것은?

① 수정기울기는 대체로 최대 35° 전후로 한다.
② 산 아래부터 시작하여 산꼭대기로 진행한다.
③ 붕괴면 주변의 상부는 충분히 끊어내도록 설계한다.
④ 퇴적층의 두께가 3m 이상일 때에는 땅속흙막이 공작물을 설계한다.

해설
비탈다듬기는 산정상에서 아랫방향으로 진행한다.

정답 70. ④ 71. ③ 72. ④ 73. ④ 74. ① 75. ④ 76. ②

77 양각기계획법으로 1:25000 지형도상에 종단기울기가 5%인 노선을 배치할 때 양각기 조정 폭은?

① 0.2cm ② 0.4cm
③ 0.6cm ④ 0.8cm

해설
5 : 100 = 10 : 수평거리 → 수평거리 : 200m
양각기 조정폭 : 200m × 1/25000 = 8mm

78 임도개설 작업 시 측면 절토 또는 흙을 밀어낼 때 가장 적합한 장비는?

① 로드 롤러 ② 토우인 윈치
③ 앵글 도우저 ④ 모터 그레이더

해설
앵글도저는 측면의 절토, 정지, 흙메우기 등의 작업에 적합하며 블레이드를 좌우로 방향을 전환하여 흙을 좌우로 운반이 가능하다.

79 비탈 돌쌓기 시공요령으로 옳지 않은 것은?

① 귀돌이나 갓돌은 규격에 맞는 것으로 한다.
② 돌쌓기의 세로줄눈은 파선줄눈을 피하여 쌓는다.
③ 높은 돌쌓기는 아래로 내려오면서 돌쌓기의 뒷길이를 길게 한다.
④ 기초를 깊이 파고 단단히 다져야 하며 큰 돌부터 먼저 놓아가면서 차례로 쌓아 올린다.

해설
돌쌓기의 줄눈은 통줄눈을 피하고 파선줄눈으로 쌓는다.

80 임도 설계서 작성 순서로 옳은 것은?

① 시방서 – 설계사용서 – 예산내역서 – 수량산출서 – 예정공정표
② 시방서 – 수량산출서 – 예산내역서 – 설계설명서 – 예정공정표
③ 설계설명서 – 시방서 – 예정공정표 – 예산내역서 – 수량산출서
④ 설계설명서 – 시방서 – 예정공정표 – 수량산출서 – 예산내역서

해설
임도 설계서 작성은 < 설계설명서 - 일반, 특별 시방서 - 예정공정표 - 예산내역서 - 수량 산출서 > 순서로 작성한다.

정답 77. ① 78. ③ 79. ② 80. ③

2020년 제1·2회 산림산업기사

01 산벌작업의 순서로 옳은 것은?

① 전벌→하종벌→종벌
② 예비벌→전벌→종벌
③ 하종벌→예비벌→후벌
④ 예비벌→하종벌→후벌

해설
산벌작업은 크게 예비벌, 하종벌, 후벌의 단계를 거쳐 갱신한다.

02 수목 잎의 기공개폐에 대한 설명으로 옳지 않은 것은?

① 온도가 높아지면 기공이 닫힌다.
② 잎의 수분포텐셜이 낮으면 기공이 열린다.
③ 순광합성이 가능한 정도의 광도이면 기공은 충분히 열린다.
④ 엽육 조직의 세포간극에 있는 이산화탄소의 농도가 높으면 기공이 닫힌다.

해설
잎의 수분포텐셜이 높아지면 잎의 기공이 열리고 증산작용이 촉진된다.

03 조림지의 풀베기 작업 시기로 가장 적합한 것은?

① 여름철인 6~8월이 좋다.
② 잡초목의 생장이 완료된 늦가을에 실시한다.
③ 수목의 수액이 이동하기 전인 4월 이전이 좋다.
④ 잡초목의 생장이 시작되는 4~5월에 실시한다.

해설
풀베기 시기는 보통 6월 ~ 8월에 실시하며 9월 이후는 실시하지 않는다.

04 종자의 활력을 검사하는 방법이 아닌 것은?

① 절단법
② 양건법
③ X-선법
④ 효소검출법

해설
양건법은 종자건조법이자 탈곡법 중 하나이다.

05 단순히 토양 입자의 크기로만 평가하였을 때 단위 부피당 토양이 지닌 양이온치환용량이 가장 큰 것은?

① 역토
② 양토
③ 식토
④ 사토

해설
식토는 다른 토양에 비해 양이온치환용량이 크다.

06 간벌에 대한 설명으로 옳지 않은 것은?

① 임목을 건전하게 발육시킨다.
② 임분의 형질을 개선하는데 도움을 준다.
③ 직경 생장을 촉진시킬 목적으로 실시한다.
④ 정량간벌은 수관급의 고려를 하는 것이 가장 중요하다.

해설
정성간벌에서 수관급을 고려한다. 정량 간벌은 단순하게 작업할 양을 정해두고 기계적으로 작업을 한다.

정답 01. ④ 02. ② 03. ① 04. ② 05. ③ 06. ④

07 배주에 해당하지 않는 것은?

① 주피　② 자방
③ 주심　④ 난핵

해설
배주는 주피, 주심, 극핵, 난핵 등으로 구성되어 있다. 자방은 씨방으로 열매로 발달하며 배주에 해당하지 않는다.

08 잣나무의 특성 및 임분 관리 방법에 대한 설명으로 옳은 것은?

① 천연갱신이 잘 이루어진다.
② 식재 후 30~40년경 간벌을 시작한다.
③ 토양 수분이 충분한 계곡이나 산복의 비옥지에 식재한다.
④ 자연 번식력이 강하므로 어떠한 작업종을 선택하여도 갱신에 지장이 없다.

해설
잣나무는 온대이북의 산악지이면서 토심이 깊고 비옥한 적윤지가 식재하기 적당하다.

09 삽수의 발근을 촉진하는 방법으로 식물호르몬 처리에 해당하지 않는 것은?

① 분제 처리법
② 저농도액 침지법
③ 증산억제제 처리법
④ 고농도 순간침지법

해설
증산억제제는 식물의 증산을 억제하는 약제로 약제를 식물 표면에 뿌려 피막을 형성시키는 약제이다.

10 자연의 힘으로 이루어진 극상림의 숲은?

① 보안림　② 열대림
③ 원시림　④ 동령림

해설
원시림은 자연의 힘으로 이루어졌으며 인간의 힘이 작용한 적이 없는 극상림의 숲을 말한다.

11 다음 설명에 해당하는 갱신작업 방법은?

- 임관이 항상 울폐한 상태에 있어 임지 및 치수가 보호된다.
- 병충해에 대한 저항력과 심미적 가치가 높다.
- 음수수종 갱신에 적합하고 상층의 성층목은 일광을 잘 받아 결실이 잘 된다.

① 택벌작업　② 개벌작업
③ 산벌작업　④ 왜림작업

해설
택벌작업은 벌기, 벌채량, 방법 등 제한이 없고 성숙한 임목을 골라 벌채하는 방법으로 음수수종 갱신에 유리하며 좁은 면적의 산림에서도 보속적 수확이 가능하다. 또한 지력유지 및 토사유실 방지에 유리하며 미적 가치가 높고 산림생태계 유지에 유리하다.

12 육묘 시 해가림이 필요 없는 수종은?

① *Pinus rigida*
② *Larix kaempferi*
③ *Abies holophylla*
④ *Pinus koraiensis*

해설
① 리기다소나무　② 일본잎갈나무
③ 전나무　④ 잣나무
해가림은 리기다소나무와 같은 양수 수종에는 필요 없다.

13 종자의 순량률에 대한 설명으로 옳은 것은?

① 종피와 종자 크기에 대한 비율이다.
② 1000개의 종자 무게를 비율로 정한 것이다.
③ 충실종자와 미숙종자에 대한 무게의 비율이다.
④ 전체 시료종자 무게에 대한 순정종자 무게의 비율이다.

해설
순량률은 작업시료에서 협잡물, 파쇄립 등을 제외한 순정종자와의 중량의 백분율이다.

정답　07. ②　08. ③　09. ③　10. ③　11. ①　12. ①　13. ④

14 임목에 잎에 있는 엽록체가 주로 흡수하여 광합성에 이용하는 광선은?

① 적외선 ② 자외선
③ 근적외선 ④ 가시광선

> **해설**
> 광합성은 가시광선에 의해 이루어지며 청색광과 적색광에 광합성 효율이 가장 좋다.

15 묘목 식재 시 낙엽수종의 뿌리 돌림 작업시기로 가장 적합한 것은?

① 4~5월 ② 6~7월
③ 9~10월 ④ 11~12월

> **해설**
> 뿌리돌림은 세근이 잘 발달하지 않은 묘목에 실시하는 작업으로 낙엽수종은 11~12월에 작업을 하는 것이 좋다.

16 가지치기의 장점이 아닌 것은?

① 부정아 발생
② 무절재 생산
③ 하층목 생장 촉진
④ 산불로 인한 수관화 경감

> **해설**
> 가지치기에 의해 부정아가 발생하는 것은 가지치기의 단점이다.

17 난대림에 분포하는 주요 수종이 아닌 것은?

① 전나무 ② 동백나무
③ 가시나무 ④ 후박나무

> **해설**
> 전나무의 경우 온대림이나 한대림에 분포한다.

18 모수작업에 가장 알맞은 수종은?

① 잣나무 ② 소나무
③ 밤나무 ④ 일본잎갈나무

> **해설**
> 모수작업은 소나무와 같은 양수수종에 적합하다.

19 콩과 수목으로 비료목인 것은?

① 사시나무 ② 오리나무
③ 아까시나무 ④ 보리장나무

> **해설**
> 비료목인 콩과수목으로 아까시나무, 싸리나무, 칡, 자귀나무 등이 있다.

20 양분요구도가 가장 낮은 수종은?

① 밤나무 ② 소나무
③ 오동나무 ④ 느티나무

> **해설**
> 양분요구도가 낮은 수종으로 소나무, 해송, 향나무, 자작나무 등이 있다.

21 수목의 표피를 직접 뚫고 침입하는 병원균이 아닌 것은?

① 잣나무 털녹병균
② 묘목의 모잘록병균
③ 아밀라리아뿌리썩음병균
④ 뽕나무 자줏빛날개무늬병균

> **해설**
> 병원체가 식물 표면을 직접 뚫고 침입하는 것으로 뽕나무뿌리썩음병균, 자줏빛날개무늬병균, 호두나무탄저병균, 잿빛곰팡이병균, 묘목의 모잘록병균, 각종 녹병균 등이 있다.

22 모잘록병 방제방법으로 옳지 않은 것은?

① 병든 묘목은 발견 즉시 뽑아 태운다.
② 파종량을 적게 하고 복토를 두텁지 않게 한다.
③ 인산질 비료의 과용을 삼가고 질소질 비료를 충분히 준다.
④ 묘상의 배수를 철저히 하여 과습을 피하고 통기성을 양호하게 한다.

> **해설**
> 모잘록병 방제를 위해 인산질 비료를 충분히 공급하고 질소질 비료의 과용을 피한다.

정답 14. ④ 15. ④ 16. ① 17. ① 18. ② 19. ③ 20. ② 21. ① 22. ③

23 수화제에 대한 설명으로 옳은 것은?

① 분말이 비산하는 단점을 보완한 것이다.
② 용제로 석유계, 알코올류 등을 사용한다.
③ 물에 희석하면 유효 성분의 입자가 물에 골고루 분산하여 현탁액이 된다.
④ 증기압이 높은 농약의 원제를 액상, 고상 또는 압축가스상으로 용기 내에 충전한다.

해설
수화제는 물에 넣어 조제한 현탁액의 고체입자가 균일하게 분산 부유하는 성질을 가진다.

24 다음 ( ) 안에 해당하는 것은?

> 북부지방 추운 곳에서 남부지방 따뜻한 지역으로 옮겨진 수목은 ( )에 의한 피해에 가장 취약하다

① 조상 ② 만상
③ 상고 ④ 동상

해설
추운지역에서 따뜻한 지역으로 이동한 수목의 경우 환경에 적응을 하지 못하고 갑작스럽게 서리가 내리는 만상에 취약하게 된다.

25 소나무좀 방제방법으로 옳지 않은 것은?

① 등화로 유살한다.
② 기생성 천적을 보호한다.
③ 피해 입은 소나무를 제거한다.
④ 피해 입은 먹이 나무를 박피한다.

해설
소나무좀의 방제를 위해 쇠약목, 고사목 등은 벌채하고 4월쯤에는 수피를 제거하여 번식처를 없애거나 2~3월에는 먹이나무를 설치, 유인하여 먹이나무를 소각하도록 한다. 혹은 3월쯤 약제를 이용하거나 기생성 천적인 좀벌류 및 조류를 보호하도록 한다.

26 병환부에 표징이 가장 잘 나타나는 병원체는?

① 균류 ② 세균
③ 선충 ④ 바이러스

해설
흰가루병과 같은 균류의 경우 표징이 잘 나타난다.

27 밤나무혹벌에 대한 설명으로 옳은 것은?

① 양성생식한다.
② 성충으로 월동한다.
③ 1년에 2회 발생한다.
④ 천적으로는 긴꼬리좀벌류가 있다.

해설
밤나무혹벌의 생물적 방제법에 의한 천적으로 중국긴꼬리좀벌, 노란꼬리혹좀벌, 남색긴꼬리좀벌 등의 긴꼬리좀벌류가 있다.

28 해충의 생물적 방제방법으로 옳지 않은 것은?

① 잠복소 이용 ② 기생벌 이용
③ 포식충 이용 ④ 병원미생물 이용

해설
잠복소 이용은 기계적 방제법에 속한다.

29 오리나무잎벌레의 생태에 대한 설명으로 옳지 않은 것은?

① 성충으로 월동한다.
② 1년에 1회 발생한다.
③ 유충만이 수목을 가해한다.
④ 노숙 유충은 지피물 아래 또는 흙속에서 번데기가 된다.

해설
오리나무잎벌레는 성충과 유충이 동시에 잎을 식해한다.

정답 23. ③ 24. ② 25. ① 26. ① 27. ④ 28. ① 29. ③

30 옥시테트라사이클린으로 방제 효과가 가장 큰 수목병은?

① 오동나무 탄저병
② 밤나무 뿌리혹병
③ 포플러 모자이크병
④ 대추나무 빗자루병

해설
옥시테트라사이클린 약제는 대추나무빗자루병, 오동나무 빗자루병 등의 수목병에 방제 효과가 크다.

31 흰가루병균이 속하는 분류군은?

① 조균   ② 자낭균
③ 담자균 ④ 접합균

해설
흰가루병은 진균인 자낭균류에 속한다.

32 방풍림을 설치하면 방제 효과가 가장 큰 수목병은?

① 철쭉 떡병
② 소나무 혹병
③ 삼나무 붉은마름병
④ 낙엽송 가지끝마름병

해설
낙엽송 가지끝마름병의 방제를 위해 활엽수종 방풍림을 조성한다.

33 흡즙성 해충이 아닌 것은?

① 진딧물류   ② 나무이류
③ 나무좀류   ④ 깍지벌레류

해설
나무좀류는 천공성해충이다.

34 등화유살법으로 해충을 방제할 때 가장 효과적인 광선은?

① 적외선   ② 방사선
③ 자외선   ④ 근적외선

해설
등화유살법은 해충의 주광성을 이용한 방제법으로 전등, 수은등, 자외선 등을 설치하는 것이 효과적이다.

35 솔나방이 월동하는 형태는?

① 알   ② 유충
③ 성충   ④ 번데기

해설
솔나방은 유충으로 지피물이나 나무껍질 사이에 월동한다.

36 다음 설명에 해당하는 것은?

> 알에서 부화한 유충이 여러 차례 탈피를 거듭한 후에 성충으로 변하는 현상이다.

① 주성   ② 휴면
③ 생식   ④ 변태

해설
알에서 부화한 유충이 탈피를 통해 성충으로 변하는 현상을 변태라하며 번데기 과정의 유무에 따라 완전변태, 불완전변태로 분류한다.

37 임지에 쌓여있는 낙엽과 지피물, 갱신치수 및 지상 관목 등이 타는 산림화재의 종류는?

① 지중화   ② 지표화
③ 수관화   ④ 수간화

해설
지표화는 지표의 낙엽과 지피물 등에 화재가 발생하는 것으로 치수들이 많은 피해를 받는다.

정답 30. ④ 31. ② 32. ④ 33. ③ 34. ③ 35. ② 36. ④ 37. ②

38 포플러 잎녹병 방제 방법으로 포플러 묘포지에서 가장 멀리해야 하는 수종은?

① 향나무　② 배나무
③ 신갈나무　④ 일본잎갈나무

해설
포플러 잎녹병의 중간기주로 낙엽송(일본잎갈나무)가 있으며 방제를 위해 포플러 묘포지와 멀리 있도록 해야 한다.

39 수목에 피해를 주는 주요 대기오염 물질이 아닌 것은?

① 오존　② 질소
③ 팬(PAN)　④ 이산화황

해설
수목에 피해를 주는 대기오염 물질로 아황산가스, 불화수소, 이산화질소, PAN, 오존 등이 있다.

40 수목병과 매개 곤충의 연결이 옳지 않은 것은?

① 뿌리혹병 - 진딧물
② 소나무 재선충병 - 솔수염하늘소
③ 오동나무 빗자루병 - 담배장님노린재
④ 대추나무 빗자루병 - 마름무늬매미충

해설
진딧물은 주로 바이러스를 전반하는 매개충이며 뿌리혹병은 세균에 의해 발생하는데 알칼리성 토양조건이나 상처에 의해 발생한다.

41 다음 4가지 형태의 산림구조 중에서 수입이 가장 적고 투자가 가장 많은 것은?

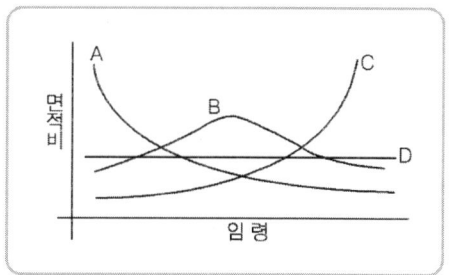

① A　② B
③ C　④ D

해설
산림구조에서 A형은 유령림이 많고 수입이 없으며 투자가 많은 것이 특징이다.

42 수확표의 주요 용도가 아닌 것은?

① 지위 판정
② 지리 판정
③ 경영성과 판정
④ 장래의 생장량과 수확량 예측

해설
수확표의 주요 용도로 임목도 및 벌기령의 결정, 수확량 예정, 지위 판정, 경영성과 판정, 경영기술의 지침, 산림평가 등이 있다.

43 우리나라 공·사유림의 경영계획 작성을 위한 임반의 크기 기준은?

① 0.1 ha 내외　② 1 ha 내외
③ 10 ha 내외　④ 100 ha 내외

해설
국내의 공, 사유림의 경영계획 작성시 임반은 가능한 100ha 내외 구획한다.

정답 38. ④　39. ②　40. ①　41. ①　42. ②　43. ④

44 임가소득은 4억원이고 임업소득이 1억 2천만원인 경우 임업의존도는?

① 3%   ② 4%
③ 30% ④ 40%

해설

임업의존도 = $\dfrac{\text{임업소득}}{\text{임가소득}} \times 100$

$= \dfrac{1.2억}{4억} \times 100 = 30\%$

45 법정상태를 위한 구비조건이 아닌 것은?

① 법정생장량   ② 법정수확률
③ 법정영급분배 ④ 법정임분배치

해설

법정림의 법정상태 요건으로 법정생장량, 법정축적, 법정임분배치, 법정영급분배이다.

46 재적수확 최대의 벌기령에 해당하는 경우는?

① 등귀생장이 최대일 때
② 형질생장이 최대일 때
③ 화폐수익이 최대일 때
④ 벌기평균생장량이 최대일 때

해설

재적수확 최대의 벌기령은 단위면적당 목재 생산량이 최대가 되는 벌기령으로 벌기평균생장량이 최대일 경우 해당된다.

47 중령림의 임목을 평가하는 방법으로 가장 적합한 것은?

① Glaser 법   ② 비용가법
③ 기망가법   ④ 매매가법

해설

중령림의 임목평가는 Glaser 법을 채택한다.

48 임지의 생산능력을 나타내는 지위와 연관성이 가장 큰 것은?

① 직경생장   ② 수고생장
③ 수관생장   ④ 이용고생장

해설

지위지수는 임지의 생산능력을 수치화한 것으로 특정 나무의 수고를 이용한다.

49 임업자본 중에서 유동자본에 해당하는 것은?

① 임도   ② 조림비
③ 벌목기구   ④ 제재소 설비

해설

유동자본의 종류로 종자, 묘목, 약제, 비료, 조림비가 있다.

50 단목의 연령측정 방법이 아닌 것은?

① 기록에 의한 방법
② 목측에 의한 방법
③ 생장추를 이용한 방법
④ 표본목령에 의한 방법

해설

단목에 의한 연령측정방법으로 기록에 의한 방법, 목측에 의한 방법, 지절에 의한 방법, 생장추에 의한 방법 등이 있다.

51 임목의 간재적이 $0.8m^3$이고 벌채 조재 후 원목재적은 $0.65m^3$일 때 조재율은?

① 약 8 %   ② 약 12 %
③ 약 81 %   ④ 약 123 %

해설

조재율은 <원목의 예상총재적 / 임목의 총재적> 으로 구한다.

조재율 = $\dfrac{\text{원목의 예상총재적}}{\text{임목의 총재적}} \times 100(\%)$

$= \dfrac{0.65}{0.8} \times 100 ≒ 81(\%)$

정답 44. ③ 45. ② 46. ④ 47. ① 48. ② 49. ② 50. ④ 51. ③

52 다음 조건에 해당하는 기계톱의 작업시간 비례법에 의한 감가상각비는?

- 취득원가 : 950,000원
- 폐기할 때의 잔존가치 : 50,000원
- 사용가능 시간 : 90,000시간
- 실제사용 시간 : 45,000시간

① 225,000원 ② 250,000원
③ 350,000원 ④ 450,000원

해설
작업시간비례법
$$\frac{실제작업시간 \times (취득원가 - 잔존가치)}{총추정작업시간}$$
$$= \frac{45,000 \times (950,000 - 50,000)}{90,000} = 450,000$$

53 부가가치가 가장 낮은 주업적 임업경영의 업무 순서로 옳은 것은?

① 식재→육림→임목매각
② 식재→육림→벌채→원목매각
③ 식재→육림→벌채→원료원목공급(제지)
④ 식재→육림→벌채→표고생산·제탄·제재

해설
주업적 임업경영의 형태는 4가지가 있으며 <식재→육림→임목매각>은 가장 일반적이나 부가가치가 높지 않은 형태이다.

54 벌채목의 원구와 말구의 단면적을 평균한 단면적을 사용하여 재적을 산출하는 방법은?

① 4분주식
② 후버(Huber)식
③ 뉴톤(Newton)식
④ 스말리안(Smalian)식

해설
스말리안공식은 벌채목의 원구와 말구의 단면적의 평균값에 벌목 목재의 길이를 통해 재적을 산출하는 공식이다.

55 임목 원가라고도 하며 간벌 이전의 유령 임목에 대한 가격 산정에 적용할 수 있는 것은?

① 임지기망가 ② 임목기망가
③ 임목비용가 ④ 임목매매가

해설
임목비용가법은 조림비, 지대, 관리비의 합계에서 간벌수입을 제외할 경우 임목비용가가 나타나며 이러한 방법은 주로 유령림의 임목평가에 활용된다.

56 측고기를 이용하여 수고를 측정할 때 주의 사항으로 옳지 않은 것은?

① 수목의 높이보다 가까운 거리에서 측정하면 오차를 줄일 수 있다.
② 측정하고자 하는 수목의 정단과 밑이 잘 보이는 지점에서 측정하여야 한다.
③ 경사진 곳에서는 오차가 생기기 쉬우므로 가능하면 등고선 방향에서 측정한다.
④ 측고기의 종류에 따라 사용 방법이 다르기 때문에 측고기 사용법을 숙지하는 것이 오차를 줄일 수 있는 방법이다.

해설
측고기 사용시 수목의 높이와 유사한 거리에서 측정하면 오차를 줄일 수 있다.

57 이율이 높아짐에 따라 임지기망가의 변화로 옳은 것은?

① 커진다.
② 작아진다.
③ 일시적으로 작아졌다가 다시 커진다.
④ 일시적으로 커졌다가 다시 작아진다.

해설
임지기망가에서 이율이 높아지면 지출되는 금액이 높아져 임지기망가가 작아진다.

정답 52. ④ 53. ① 54. ④ 55. ③ 56. ① 57. ②

58 임업조수익의 계산 항목에 포함되지 않는 것은?

① 임목성장액
② 임업현금수입
③ 임업현금지출
④ 미처분 임산물 증감액

> **해설**
> 임업조수익 = 임업현금수입 + 임산물가계소비액 + 미처분임산물증감액 + 임업생산 자재재고증감액 + 임목성장액

59 경급을 구분하는 기준으로 옳은 것은?

① 치수 : 흉고직경 8cm 미만
② 소경목 : 흉고직경 8~16cm
③ 중경목 : 흉고직경 18~28cm
④ 대경목 : 흉고직경 50cm 이상

> **해설**
> 수목의 경급 구분 기준으로 치수는 흉고직경 6cm 미만, 소경목은 흉고직경 6~16cm, 대경목은 흉고직경 30cm 이상을 기준으로 한다.

60 산림기본계획 수립 및 시행에 포함되지 않는 사항은?

① 지역산림 협력에 관한 사항
② 산림시책의 기본목표 및 추진방향
③ 산림의 공익기능 증진에 관한 사항
④ 산림자원의 조성 및 육성에 관한 사항

> **해설**
> 산림기본계획 수립 및 시행은 산림기본법에 의거하여 지속가능한 산림경영이 이루어지도록 전국의 산림을 대상으로 산림기본계획을 수립 및 시행한다. 여기에 특정 지역산림 협력에 관한 사항은 포함되어 있지 않다.

61 산지사방에서 분사식 씨뿌리기공법으로 시공시에 초본의 발아생립본수 기준은?

① 100본/m² ② 200본/m²
③ 1,000본/m² ④ 2,000본/m²

> **해설**
> 분사식 씨뿌리기 공법을 사용할 초본의 발아생립본수 기준은 초본이 2000 본/m², 목본이 100 본/m² 이다.

62 산지사방의 녹화공사에 해당되는 것은?

① 단쌓기
② 격자틀붙이기
③ 콘크리트블록쌓기
④ 콘크리트뿜어붙이기

> **해설**
> 산지사방 녹화공사에는 단쌓기, 바자얽기, 선떼붙이기 등의 방법이 있다.

63 밑판, 종자, 표면덮개의 3부분으로 구성된 녹화용 피복자재는?

① 식생대 ② 식생반
③ 식생자루 ④ 식생매트

> **해설**
> 식생반은 뜬 떼의 대용품으로 밑판, 종자, 표면덮개로 구성되어 있다. 대량의 유기물과 비료양분을 함유하기에 근계발달이 좋다.

64 임도 비탈면의 수직 높이가 2.5m이고, 수평 거리가 5m일 때의 비탈면 기울기는?

① 1:2 ② 2:1
③ 1:2.5 ④ 2.5:1

> **해설**
> 비탈면의 기울기는 수직높이 1에 대한 수평거리의 비로 < 2.5 : 5 = 1 : 2 > 이다.

정답 58. ③ 59. ③ 60. ① 61. ④ 62. ① 63. ② 64. ①

65 적정임도밀도가 40m/ha 인 임도에서 평균 집재거리는?

① 25m ② 31.25m
③ 40m ④ 62.5m

해설

평균집재거리(양방향집재)

$$집재거리 = \frac{10000}{적정임도밀도 \times 4}$$
$$= \frac{10000}{40 \times 4} = 62.5m$$

66 임도의 노체 구성 및 시공방법에 대한 설명으로 옳은 것은?

① 노상토는 조립토보다 세립토가 좋다.
② 보조기층의 두께는 15cm 이상으로 한다.
③ 종단 기울기가 8% 이하인 모든 구간은 자갈이나 콘크리트 포장을 하지 않아도 된다.
④ 기층을 생략하거나 자갈층 위에 기층을 두고 표층을 3~4cm 두께로 시공하는 것을 표면처리라고 한다.

해설

보조기층은 노상 위에 위치하는 층으로 포장층에서 발생하는 하중을 분산시켜 노상으로 전달하는 역할을 하며 두께는 15cm 이상으로 한다. 재료는 주로 자갈, 부순돌, 모래 등을 혼합하며 점질토는 10% 이상 함유하지 않는 것이 좋다.

67 유량 산정 시 합리식을 적용했을 때 유출계수값으로 옳지 않은 것은?

① 산지하천 : 0.75~0.85
② 평지소하천 : 0.45~0.75
③ 기복이 있는 토지와 수림 : 0.75~0.90
④ 유역의 반 이상이 평탄한 대하천 : 0.50~0.75

해설

기복이 있는 토지와 수림의 유출계수는 0.5 ~ 0.75 이다.

68 선떼붙이기 작업 시 일반적인 단끊기의 너비와 발디딤의 너비를 모두 올바르게 나열한 것은?

① 단끊기 : 30~45cm, 발디딤 : 10~20cm
② 단끊기 : 30~45cm, 발디딤 : 20~30cm
③ 단끊기 : 50~70cm, 발디딤 : 10~20cm
④ 단끊기 : 50~70cm, 발디딤 : 20~30cm

해설

비탈의 선떼붙이기 공법에서 단끊기의 나비는 50~70cm, 발디딤의 나비는 10~20cm 정도를 기준으로 한다.

69 임도시공 시 정지작업에 사용되는 장비가 아닌 것은?

① 불도져
② 파워 셔블
③ 모터 그레이드
④ 스크레이퍼 도져

해설

파워셔블은 굴착기계로서 지면보다 높은 곳을 굴착하기 적합하다.

70 임도의 비탈면 붕괴가 우려되는 경우로 가장 거리가 먼 것은?

① 연약한 지반에 흙쌓기한 경우
② 투수성의 불연속면을 절취한 경우
③ 미끄러지기 쉬운 급경사면에 흙쌓기한 경우
④ 침투수에 의하여 성토 내부의 간극수압이 낮은 경우

해설

토사 비탈면의 간극수압이 증가할 경우 붕괴가 발생할 수 있다.

정답 65. ④ 66. ② 67. ③ 68. ③ 69. ② 70. ④

71 뒷길이, 접촉면의 폭, 뒷면 등이 규격에 맞도록 지정하여 깬 석재는?

① 견치돌　② 부순돌
③ 호박돌　④ 야면석

해설
견치돌은 돌을 뜰 때 전면, 뒷면, 돌길이, 접촉부 사이의 치수를 특별한 규격을 두어 깬 석재이다.

72 유역면적이 60km² 이고, 비유량이 12m³/s/km² 일 때 최대홍수유량은?

① 36m³/s　② 72m³/s
③ 360m³/s　④ 720m³/s

해설
유역면적의 단위가 km² 일 경우 합리식은 < Q = 0.2778CIA > 공식에 의거하며 비유량은 < 0.2778CI > 를 의미한다. 비유량 및 유역면적을 이용하여 최대홍수유량을 산출하도록 한다.
최대홍수유량 = 12m³/s/km² × 60km² = 720m³/s

73 임도 설계업무의 순서로 옳은 것은?

① 예비조사 - 답사 - 예측 - 설계도작성 - 실측 - 공사수량산출 - 설계서작성
② 예비조사 - 답사 - 예측 - 실측 - 설계서작성 - 공사수량산출 - 설계도작성
③ 예비조사 - 답사 - 예측 - 실측 - 설계도작성 - 공사수량산출 - 설계서작성
④ 예비조사 - 답사 - 예측 - 실측 - 설계도작성 - 설계서작성 - 공사수량산출

해설
임도의 설계업무는 예비조사, 답사, 예측 및 실측, 설계도 작성, 공사량의 산출, 설계서 작성의 순서로 이루어진다.

74 해안사방에서 조기에 수림화를 유도하기 위해 밀식하는 경우 1ha당 가장 적당한 본수는?

① 상층 : 1,000본, 하층 : 3,000본
② 상층 : 2,000본, 하층 : 3,000본
③ 상층 : 1,000본, 하층 : 5,000본
④ 상층 : 2,000본, 하층 : 5,000본

해설
해안사방의 식재본수는 표준 10,000 본/ha 를 기준으로 하고 조기에 수림화를 유도하기 위해 밀식하는데 상층목은 2,000본 이상, 하층목은 5,000본 이상으로 한다.

75 가선집재와 비교한 트랙터집재의 특징이 아닌 것은?

① 기동성이 높다.
② 작업생산성이 높다.
③ 급경사지 작업이 가능하다.
④ 산림환경에 대한 피해가 크다.

해설
가선집재의 경우 급경사지에서 용이하지만 트랙터집재는 급경사지에서 작업의 능률이 낮고 사고의 위험성이 있다.

76 가선형 집재기계가 아닌 것은?

① 윈치　② 포워더
③ 타워야더　④ 케이블 크레인

해설
포워더는 벌목 후 집재한 원목을 적재하여 운반하는 기기이다.

정답 71. ① 72. ④ 73. ③ 74. ④ 75. ③ 76. ②

77 임도설치 관련 규정에 의한 임도의 종류에 포함되지 않은 것은?

① 사설임도 ② 단체임도
③ 공설임도 ④ 테마임도

해설
임도설치에 관련된 규정을 기준으로 국유임도, 공설임도, 사설임도, 테마임도 등이 있다.

78 임목수확작업 과정에 해당되지 않는 것은?

① 간재 ② 집재
③ 조재 ④ 벌목

해설
임목수확작업은 나무를 자르는 벌목, 가지등을 정리하는 조재, 다음으로 집재와 운재작업이 수행된다.

79 중심선측량과 영선측량의 편차가 많이 발생하는 지역은?

① 계곡부, 능선부 ② 능선부, 정상부
③ 사면부, 계곡부 ④ 정상부, 사면부

해설
능선부, 계곡부, 배향곡선 등은 영선과 중심선의 편차가 심하게 발생할 우려가 있다.

80 임도의 대피소 설치기준으로 옳지 않은 것은?

① 너비 : 5m 이상
② 간격 : 300m 이내
③ 유효길이 : 15m 이상
④ 종단 기울기 : 7% 이하

해설
대피소의 간격 300m 이내, 너비 5m 이상, 유효길이 15m 이상을 기준으로 한다.

정답 77. ② 78. ① 79. ① 80. ④

2020년 제3회 산림산업기사

01 가지치기 작업 시 부후의 위험성이 가장 높은 수종은?

① Cedrus deodara
② Pinus densiflora
③ Abies holophylla
④ Pruns serrulata

해설
① 개잎갈나무 ② 소나무 ③ 전나무 ④ 벚나무생가지치기 위험이 있는 수종으로 단풍나무, 느릅나무, 물푸레나무, 벚나무 등이 있다.

02 접목 실시 방법에 대한 설명으로 옳은 것은?

① 접수와 대목이 활동을 시작할 때 실시한다.
② 접수와 대목이 휴면상태에 있을 때 실시한다.
③ 접수는 활동을 시작하고 대목은 휴면상태일 때 실시한다.
④ 접수는 휴면상태에 있고 대목이 활동을 시작할 때 실시한다.

해설
접목을 실시하는 시기로 접수는 휴면상태, 대목은 활발한 상태일 때 접목의 적기이다.

03 우세목을 간벌재로 이용하고자 할 때 적용하는 간벌 방법은?

① 하층간벌 ② 수관간벌
③ 택벌식 간벌 ④ 기계적 간벌

해설
택벌식 간벌은 상층간벌로 우세목을 간벌재로 활용하고자 할 때 적합한 방법이다.

04 광색소에서 파이토크롬에 대한 설명으로 옳지 않은 것은?

① 햇빛을 받으면 합성이 일부 금지되거나 파괴된다.
② 높은 광 조건에서 생장한 수목에서 많이 검출된다.
③ 피롤(pyrrole) 4개가 모여서 이루어진 발색단을 가진다.
④ 분자량이 120000 Da(dalton) 가량 되는 두 개의 동일한 폴리펩타이드로 구성되어 있다.

해설
광색소인 파이토크롬은 낮은 광조건하에서 기른 식물에 내에서 많이 검출된다.

05 종자의 결실주기가 가장 긴 수종은?

① 소나무 ② 오리나무
③ 아까시나무 ④ 일본잎갈나무

해설
낙엽송, 너도밤나무 등은 결실주기가 5년 이상으로 긴 수종이다.

06 식물이 필요로 하는 필수원소 중에서 수목의 체내 이동이 상대적으로 어려운 원소는?

① 칼륨 ② 칼슘
③ 질소 ④ 마그네슘

해설
칼슘, 철, 붕소 등은 수목 체내에서 이동성이 낮은 편이다.

정답 01. ④ 02. ④ 03. ③ 04. ② 05. ④ 06. ②

07 비료목으로 적합하지 않은 수종은?
① 싸리   ② 고로쇠나무
③ 물오리나무   ④ 아까시나무

해설
대표적인 비료목으로 콩과수종에는 아까시나무, 싸리, 칡, 자귀나무 등이 있으며 비콩과수종에는 오리나무, 소귀나무, 보리수나무 등이 있다.

08 종자 결실량을 증가시키는 방법이 아닌 것은?
① 간벌 작업을 실시한다.
② 건조, 접목, 상처주기 등의 스트레스를 준다.
③ 꽃눈이 분화하는 시기에 비료를 주지 않는다.
④ 수피의 일부분을 제거하여 C/N 율을 조절한다.

해설
화아분화기에 시비를 하면 결실을 촉진할 수 있다.

09 식재 간격을 2.4m×2.4m 정방형으로 조림을 하고자 할 때에 1ha당 식재본수는?
① 약 1800본   ② 약 2400본
③ 약 3000본   ④ 약 4200본

해설
보기 중 정답에 근접한 식재본수는 약 1800 본이다.
$$\frac{10,000 m^2}{2.4m \times 2.4m} ≒ 1736$$

10 내음력이 가장 약한 수종은?
① 녹나무   ② 전나무
③ 자작나무   ④ 가문비나무

해설
자작나무는 극양수로 내음력이 약한 수종에 속한다.

11 산림 보육 작업에 해당되지 않는 것은?
① 제벌   ② 간벌
③ 개벌   ④ 풀베기

해설
산림무육작업에는 풀베기, 덩굴제거, 제벌, 가지치기, 간벌이 있다.

12 다음 설명에 해당하는 갱신 작업종은?

- 벌채지에서 종자를 공급할 수 있는 나무를 단독 또는 군상으로 남기고, 나머지는 벌채목으로 이용한다.
- 소나무, 곰솔 등이 적합하다.

① 모수작업   ② 개벌작업
③ 택벌작업   ④ 중림작업

해설
모수작업은 성숙임분을 대상으로 실시하는 것이 유리하며 모수만을 남기고 그 외 나무를 일시에 베어내는 작업을 말한다. 주로 소나무, 곰솔 등과 같은 양수 수종에 적용하는 것이 유리하다.

13 수종별 파종 방법으로 적합하지 않은 것은?
① 소나무 - 산파
② 호두나무 - 산파
③ 느티나무 - 조파
④ 상수리나무 - 점파

해설
호두나무는 대립종자로 점파를 한다.

14 암수딴그루에 해당하는 수종은?
① 편백   ② 소나무
③ 벚나무   ④ 은행나무

해설
암수딴그루에 해당하는 수종으로 은행나무, 식나무, 소철, 초피나무 등이 있다.

정답   07. ②   08. ③   09. ①   10. ③   11. ③   12. ①   13. ②   14. ④

15 인공조림과 비교한 천연갱신에 대한 설명으로 옳지 않은 것은?

① 임지가 나출되지 않아 지력이 유지된다.
② 전문적인 육림기술이 필요하지만 벌목과 운재 작업은 용이하다.
③ 임분 조성의 확실성이 결여되어 보완조림 등이 필요한 경우가 있다.
④ 치수가 모수의 보호를 받고, 여러 가지 위해에 대한 저항력이 강하다.

해설
천연갱신은 인공조림에 비해 벌목과 운재 작업이 상대적으로 어렵다.

16 종자 검사 항목에 대한 설명으로 옳지 않은 것은?

① 효율은 발아율과 순량률을 곱한 값이다.
② 순량률은 순정종자무게를 전체시료무게로 나눈 값이다.
③ 용적중은 100mL에 대한 무게를 그램 단위로 나타낸 것이다.
④ 소립종자의 실중은 1000립의 무게를 4번 반복하여 측정한 값의 평균치로 한다.

해설
용적중은 종자 1L에 대한 종자의 무게를 말한다.

17 중림작업에 대한 설명으로 옳지 않은 것은?

① 교림작업과 왜림작업을 혼합한 갱신작업이다.
② 일반적으로 하층임분은 개별에 의한 맹아갱신을 반복한다.
③ 동일 임지에서 일반용재와 신탄재 등을 동시에 생산하는 것을 목적으로 한다.
④ 하층목은 양수 수종, 상층목은 지하고가 높고 수관의 틈이 많은 음수 수종이 적합하다.

해설
중림작업은 용재생산이 목적인 교림작업과 연료재 생산이 목적인 왜림작업을 동시에 실시하는 산림작업종으로 하층목은 음수 수종, 상층목은 양수 수종이 적합하다.

18 뿌리의 내피에 발달한 카스페리안대(Casparian strip)의 역할에 대한 설명으로 옳은 것은?

① 뿌리털을 통해 흡수한 물의 이동을 효율적으로 차단하는 역할을 한다.
② 뿌리털을 통한 물의 흡수를 촉진하는 역할을 한다.
③ 뿌리털을 통해 흡수한 물에 녹아있는 무기양료를 모아서 보관하는 역할을 한다.
④ 뿌리털을 통해 흡수한 물에 녹아 있는 무기양료만 통과시키는 거름종이 역할을 한다.

해설
식물 뿌리 내피에 발달한 카스페리안대는 내피세포를 둘러싸고 있는 일종의 띠 형태를 보이고 있으며 이것은 뿌리털을 통해 흡수한 물이 뿌리 피층으로 빠져나가는 것을 막아주는 역할을 한다.

정답 15. ② 16. ③ 17. ④ 18. ①

19 종자 또는 삽목에 의해 시작된 숲으로 주로 높은 수고의 수목으로 이루어진 숲은?

① 교림   ② 왜림
③ 중림   ④ 죽림

해설
교림은 수고 10m 이상의 키 큰 나무를 생산하는 것을 목적으로 한다.

20 리기다소나무에 대한 설명으로 옳지 않은 것은?

① 맹아력이 약하다.
② 잎은 3개씩 나오고 비틀린다.
③ 소나무에 비해 송충이 피해가 적다.
④ 사방 조림 수종으로 사용할 수 있다.

해설
리기다소나무는 맹아력이 강해 줄기에서 잎이난다.

21 밤나무 줄기마름병 방제 방법으로 옳지 않은 것은?

① 저항성 품종인 옥광 등을 식재한다.
② 배수가 잘되는 토양에 건전한 묘목을 심는다.
③ 천공성 해충류의 피해가 없도록 살충제를 살포한다.
④ 초기의 병반이 발생했을 때는 병든 부분을 도려내고 소독한 후 도포제를 바른다.

해설
저항성 품종인 옥광 등을 식재하는 것은 밤나무혹벌에 대한 방제 방법 중 하나이다.

22 밤을 가해하는 종실 해충은?

① 복숭아명나방   ② 붉은매미나방
③ 버들재주나방   ④ 벚나무모시나방

해설
복숭아명나방은 밤나무, 복숭아나무, 감나무 등의 종실을 가해한다.

23 숲에 군집하여 수목을 고사시키는 조류가 아닌 것은?

① 백로   ② 왜가리
③ 딱따구리   ④ 가마우지

해설
딱따구리는 줄기를 가해하는 조류로 군집생활을 하지 않는다. 백로, 왜가리는 4~6월이 번식기로 산성인 배설물로 나무에 피해를 주며 군집생활을 하여 주변 주민들에게 냄새 및 소음 등으로 피해를 주기도 한다.

24 모잘록병 방제 방법으로 옳지 않은 것은?

① 파종상에서는 토양 소독을 한다.
② 묘상이 과습하지 않도록 주의한다.
③ 토양의 산도가 염기성이 되도록 한다.
④ 질소질 비료보다 인산, 칼륨질 비료를 더 많이 준다.

해설
모잘록병은 진균에 의해 발생하기에 과습하거나 너무 건조한 토양에서 주로 발생되며 산도에는 큰 영향을 받지 않는다.

25 해충의 생물적 방제 방법에 대한 설명으로 옳지 않은 것은?

① 친환경적인 방법으로 생태계가 안정된다.
② 해충밀도가 낮을 경우에도 효과를 거둘 수 있다.
③ 화학적 방제 방법에 비해 방제 효과가 영속성을 지닌다.
④ 해충밀도가 위험한 밀도에 달하였을 때 더욱 효과적이다.

해설
생물적 방제법은 해충밀도가 높을수록 방제효과가 낮아진다.

정답 19. ① 20. ① 21. ① 22. ① 23. ③ 24. ③ 25. ④

26 번데기로 월동하는 해충은?
① 매미나방 ② 박쥐나방
③ 차독나방 ④ 미국흰불나방

해설
미국흰불나방은 1년에 2회 발생하고 번데기 형태로 월동한다.

27 잣나무 털녹병의 중간기주는?
① 송이풀 ② 황벽나무
③ 등골나무 ④ 일본잎갈나무

해설
잣나무 털녹병의 중간기주로 송이풀, 까치밥나무가 있다.

28 소나무재선충을 매개하는 해충은?
① 왕바구미 ② 소나무좀
③ 북방수염하늘소 ④ 썩덩나무노린재

해설
소나무 재선충병의 매개충에는 솔수염하늘소와 북방수염하늘소가 있다.

29 미국흰불나방은 1년에 몇 회 발생하는가?
① 1회 ② 2~3회
③ 4~5회 ④ 6~8회

해설
미국흰불나방은 1년에 2~3회 발생한다.

30 완전변태를 하는 내시류에 속하는 곤충목은?
① 파리목 ② 메뚜기목
③ 흰개미목 ④ 잠자리목

해설
내시류는 생육기간에 완전변태를 하며 곤충 중에서 고등곤충 집단으로 가장 진화된 형태이다. 내시류에는 벌목, 딱정벌레목, 나비목, 파리목, 풀잠자리목 등이 있다.

31 뽕나무 오갈병의 원인이 되는 병원체는?
① 세균 ② 곰팡이
③ 바이러스 ④ 파이토플라스마

해설
대추나무 빗자루병, 오동나무 빗자루병, 뽕나무 오갈병의 병원체는 파이토플라스마이다.

32 병원생물 중 *Bacillus thuringiensis* 는 주로 어느 해충을 방제하는데 사용되는가?
① 나비류 유충
② 소나무좀 성충
③ 솔수염하늘소 번데기
④ 솔껍질깍지벌레 후약충

해설
BT(*Bacillus thuringiensis*) 수화제는 솔나방 등과 같은 나비류 유충 방제에 효과적이다.

33 성충 및 유충 모두가 수목을 가해하는 것은?
① 솔나방 ② 솔잎혹파리
③ 황다리독나방 ④ 오리나무잎벌레

해설
오리나무잎벌레는 성충과 유충이 동시에 오리나무잎을 식해하는 식엽성 해충이다.

34 소나무 재선충병 방제 방법으로 옳지 않은 것은?
① 감염된 수목은 벌채 후 소각한다.
② 밀생 임분은 간벌을 하여 쇠약목이 없도록 한다.
③ 포스티아제이트 액제를 이용한 토양 관주를 한다.
④ 매개충의 우화 최성기에 나무주사를 실시한다.

해설
소나무 재선충병의 방제를 위해 나무주사의 경우 11월~이듬해 3월 사이에 실시하며 매개충의 우화하기 전에 주입한다.

정답 26. ④ 27. ① 28. ③ 29. ② 30. ① 31. ④ 32. ① 33. ④ 34. ④

35 지표화로부터 연소되는 경우가 많고, 나무의 공동부가 굴뚝과 같은 작용을 하는 산불의 종류는?

① 수관화　② 수간화
③ 지상화　④ 지중화

해설
수간화는 나무 줄기에 발생하는 화재현상으로 지표화에 의해 번지는 경우가 많다.

36 솔잎혹파리 방제를 위한 나무주사용 약제는?

① 디밀린 수화제
② 헥사코나졸 유제
③ 디플루벤주론 액상수화제
④ 이미다클로프리드 분산성액제

해설
이미다클로프리드 분산성액제는 수간주사나 토양관주처리를 하며 솔잎혹파리 방제에 사용되는 약제이다.

37 잣나무 잎떨림병 방제 방법으로 가장 효과가 약한 것은?

① 풀베기와 가지치기를 실시한다.
② 2차 감염 방지를 위해 토양 소독을 철저히 한다.
③ 비배관리를 잘하고 병든 잎은 모두 모아서 태운다.
④ 자낭포자가 비산하는 시기에 적합한 약제를 살포한다.

해설
잣나무잎떨림병은 병든 잎에서 자낭반이 형성되어 자낭포자가 비산하여 잎의 기공으로 침입하기에 토양 소독은 효과가 없다.

38 약제의 유효성분을 가스 상태로 하여 해충의 기문을 통하여 호흡기에 침입시켜 사망시키는 것은?

① 훈증제　② 제충제
③ 소화중독제　④ 침투성 살충제

해설
훈증제는 기화하여 훈증효과를 나타내기에 휘발성이 있는 약제로 해충의 기문을 통해 호흡기로 침입하여 해충을 사망시키며 클로로피크린, 브로민화메틸 등이 있다.

39 볕데기가 잘 발생하지 않는 수종은?

① 호두나무　② 굴참나무
③ 오동나무　④ 가문비나무

해설
강한 직사광선에 의해 발생하는 볕데기 피해는 코르크층이 발달한 굴참나무, 상수리나무 등에는 잘 발생하지 않는다.

40 포플러 잎녹병균의 유성포자 형성을 나타낸 다음 그림에서 A에 해당하는 명칭은?

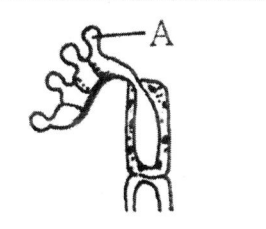

① 녹포자　② 담자포자
③ 여름포자　④ 겨울포자

해설
그림은 녹병균의 겨울포자가 발아한 모습으로 A 부분은 담자포자이다.

정답　35. ②　36. ④　37. ②　38. ①　39. ②　40. ②

41 다음 조건에서 정액법에 의한 감가상각비는?

> • 벌도목을 집재하기 위하여 10년 전에 7천5백만원으로 펠러번처를 구입한다.
> • 펠러번처의 중고 가격은 2천만원이다.

① 20만원/년   ② 55만원/년
③ 200만원/년 ④ 550만원/년

해설

$$\frac{구입가격 - 폐물가격}{내용연수}$$
$$= \frac{7,500만원 - 2,000만원}{10년}$$
$$= 550만원/년$$

42 다음 조건에서 스말리안식에 의한 재적은?

> • 말구직경 : 24cm
> • 중앙직경 : 30cm
> • 원구직경 : 32cm
> • 재장 : 4m

① 약 0.2317m³   ② 약 0.2512m³
③ 약 0.2617m³   ④ 약 0.3021m³

해설

$$V(m^3) = \frac{\pi}{4} \times \frac{d_0^2 + d_n^2}{2} \times L$$
$$= \frac{3.14}{4} \times \frac{0.32^2 + 0.24^2}{2} \times 4$$
$$= 0.2512$$

V : 재적, L : 목재 길이,
d_0 : 원구 지름, d_n : 말구 지름

43 정리기에 대한 설명으로 옳은 것은?

① 불법정인 영급관계를 법정인 영급으로 개량하는 기간이다.
② 산벌작업에서 예비벌을 시작하여 후벌을 마칠 때까지의 기간이다.
③ 보속작업에서 한 작업급에 속하는 모든 임분을 일순벌하는데 필요한 기간이다.
④ 벌구식 택벌작업에서 맨 처음 택벌한 구역을 또다시 택벌하는데 필요한 기간이다.

해설
정리기(갱정기)는 법정인 영급으로 정리 혹은 개량하는 기간을 말하며 경제적 불이익을 적게 하여 수확량을 균등하고 지속시키기 위한 생산기간이다.

44 임지가격의 결정 방법으로 옳지 않은 것은?

① 자산가에 의한 방법
② 매매가에 의한 방법
③ 기망가에 의한 방법
④ 비용가에 의한 방법

해설
임지가격의 결정 방법으로 비용가법, 기망가법, 환원가법, 매매가법 등이 있다.

45 임업자산 중 유동자산이 아닌 것은?

① 임도   ② 묘목
③ 비료   ④ 미처분 임산물

해설
유동자산에는 묘목, 비료, 약제, 미처분임산물 등이 있으며 임도는 고정자산에 속한다.

정답 41. ④ 42. ② 43. ① 44. ① 45. ①

46 공유림에 대한 설명으로 옳지 않은 것은?

① 공공복지 증진을 목적으로 한다.
② 경영기관의 재정수입 확보에 기여하여야 한다.
③ 사유림보다는 1ha 당 평균축적이 적은 편이다.
④ 모범적인 산림경영으로 사유림 경영의 시범이 되어야 한다.

해설
공유림의 평균축적은 사유림보다 1ha 당 평균축적이 많은 편이다.

47 산림경영계획 수립 시 소반구획을 달리하는 경우에 속하지 않는 것은?

① 지종이 상이할 때
② 작업종이 상이할 때
③ 지위, 지리가 상이할 때
④ 임종, 경급이 상이할 때

해설
산림경영계획에서 소반구획시 임종 및 경급이 상이한 경우는 해당되지 않는다.

48 산림경영계획 수립을 위한 임황조사에 대한 설명으로 옳지 않은 것은?

① 혼효림의 경우는 5종까지 주요 수종을 조사할 수 있다.
② 가슴높이지름 6cm 이상의 입목을 측정하여 총축적을 산정한다.
③ 인공 조림지에서는 조림년도를 아는 경우에도 측정 대상의 입목에 생장추를 이용하여 임령을 산정한다.
④ 임분 수고의 최저, 최고 및 평균을 측정하여 임분 수고의 범위를 분모로 하고 평균 수고를 분자로 하여 표시한다.

해설
인공조림지는 조림년도의 묘령을 기준으로 임령을 산출한다. 임령의 식별이 어려운 임지는 생장추를 이용하여 임령을 산출하게 된다.

49 이상적인 임분의 ha 당 재적이 $30m^3$이고, 현실임분의 ha 당 재적이 $15m^3$이라면 임분의 입목도는?

① 0.1
② 0.5
③ 1
④ 2

해설
임목도는 임목밀도로서 정상임분과 현실임분의 축적의 비를 이용하여 구한다.
$$\frac{15}{30} = 0.5$$

50 감가가 발생하는 요인 중 물리적 감가에 해당되는 것은?

① 부적응에 의한 감가
② 진부화에 의한 감가
③ 경제적 요인에 의한 감가
④ 마모 및 손상에 의한 감가

해설
물리적 감가는 시간의 흐름이나 외부 작용에 의해 마모, 마멸, 손상, 파손 등에 의한 감가를 말한다.

51 임업경영의 성과분석에 대한 설명으로 옳지 않은 것은?

① 임가소득, 임업소득, 임업순수익 등으로 파악할 수 있다.
② 임업소득은 임업조수익에서 임업경영비를 뺀 나머지를 말한다.
③ 짧은 기간 동안의 성과는 명확하게 계산할 수 없는 경우가 많다.
④ 임가소득으로 서로 다른 임가 사이의 경영성과에 대하여 직접 비교가 용이하다.

해설
임가소득은 서로 다른 임가 사이의 경영성과에 대하여 직접 비교할 수 없다.

정답 46. ③ 47. ④ 48. ③ 49. ② 50. ④ 51. ④

52 산림평가에서 복리산 공식에 해당되지 않는 것은?

① 증가 계산식
② 전가 계산식
③ 무한이자 계산식
④ 유한이자 계산식

해설
산림평가에서 복리산 공식으로 후가계산식, 전가계산식, 무한이자계산식, 유한이자계산식 등이 있다.

53 전체 임분을 본수가 같은 몇 개의 계급으로 나누고, 각 계급에서 같은 수의 표준목을 선정하여 임목 재적을 계산하는 방법은?

① 단급법
② Urich 법
③ Hartig 법
④ Draudt 법

해설
각 계급에서 같은수의 표준목을 선정하는 방법은 우리히법(Urich)이다.

54 산림평가에 대한 설명으로 옳지 않은 것은?

① 임도·저목장·건물 등 임지 안의 시설에 대하여 평가한다.
② 임지 안의 동물·토석·광물 등에 대하여는 평가하지 않는다.
③ 산림의 공익적 기능은 종류별로 분류하여 계량평가를 한다.
④ 임지는 자연적 요소, 지위 및 지리별 입목지·벌채적지·미립목지·시설부지·암석지·지소 등으로 나누어 평가한다.

해설
산림 평가에서 부산물은 임지 내의 동물, 토석, 광물 등에 대해서 평가한다.

55 우리나라의 경우 흉고직경은 입목의 지상 몇 미터 높이에서 측정하는가?

① 0.5m
② 1.0m
③ 1.2m
④ 1.5m

해설
국내의 경우 근원부에서 높이 1.2m 높이의 직경을 흉고직경이라 한다.

56 다음 그림에서 보속 생산이 가능한 형태의 산림 구성은?

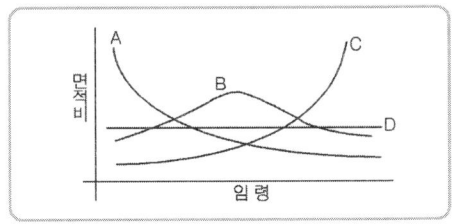

① A형
② B형
③ C형
④ D형

해설
D형은 유령림, 장령림, 성숙림이 혼재한 산림으로 보속 생산이 가능한 형태이다.

57 임업경영의 지도 원칙이 아닌 것은?

① 공정성의 원칙
② 경제성의 원칙
③ 수익성의 원칙
④ 보속성의 원칙

해설
임업경영의 지도원칙으로 수익성의 원칙, 경제성의 원칙, 생산성의 원칙, 보속성의 원칙, 합자연성의 원칙, 환경보전의 원칙이 있다.

정답 52. ① 53. ② 54. ② 55. ③ 56. ④ 57. ①

58 수확조정 방법 중 법정축적법에 대한 설명으로 옳은 것은?

① 교차법, 임분경제법, 등면적법 등이 있다.
② 법정축적에 도달하도록 하는 수식법이다.
③ 수확량을 산출하고 벌채장소를 규정한다.
④ 수확량을 기초로 생장량을 예측하는 협의의 생장량법이다.

해설
법정축적법은 일정 기간이 지나면 현실림이 법정림에 도달하는 개념으로 법정축적에 도달하는 수식법이다.

59 생장의 종류를 수목의 생장에 따른 분류와 임목의 부분에 따른 분류가 있을 때, 수목의 생장에 따른 분류에 속하지 않는 것은?

① 재적생장 ② 형질생장
③ 수고생장 ④ 등귀생장

해설
수목의 생장에 따라 재적생장, 형질생장, 등귀생장으로 분류하며 이러한 재적생장, 형질생장, 등귀생장의 합을 총가생장이라 한다.

60 유령림의 임목 평가방법으로 임목가격의 최저한도액을 이용하는 것은?

① 원가법 ② 매매가법
③ 비용가법 ④ 시장가역산법

해설
유령림의 임목 평가방법에서 비용가법은 일반적으로 임목가의 최저 한도액을 나타내며 임목을 현재까지 육성하는데 소요된 순비용의 후가합계로 나타낸다.

61 통나무의 길이가 16m, 임도의 노폭은 4m인 경우 임도의 최소곡선반지름은?

① 4m ② 8m
③ 12m ④ 16m

해설
$$\text{최소곡선반지름} = \frac{\text{곡선반지름}^2}{4 \times \text{노폭}} = \frac{16^2}{4 \times 4} = 16$$

62 가선집재와 비교한 트랙터 집재에 대한 설명으로 옳지 않은 것은?

① 작업비가 절약된다.
② 작업생산성이 높다.
③ 급경사지에서도 가능하다.
④ 기동성이 있고 탄력적으로 작업할 수 있다.

해설
트랙터 집재는 급경사지에서는 작업 능률이 낮고 사고의 위험성이 있다.

63 임도가 가장 이상적으로 배치되었을 경우에 개발지수는?

① 0 ② 1
③ 10 ④ 100

해설
균일하게 임도가 배치되었을 때 개발지수는 1 이다.

64 암반 비탈면의 녹화 조성에 가장 효과가 작은 것은?

① 새집공법
② 차폐수벽공
③ 분사식씨뿌리기
④ 종비토뿜어붙이기

해설
분사식씨뿌리기는 종자와 비료, 전착제 등을 물에 섞어 압축공기로 분사하는 방법으로 종자가 자라는데 시간이 오래 걸려 녹화 조성 효과가 상대적으로 적은편이다.

정답 58. ② 59. ③ 60. ③ 61. ④ 62. ③ 63. ② 64. ③

65 생성 원인이 다른 암석은?

① 편마암　② 화강암
③ 안산암　④ 현무암

> **해설**
> 화강암, 안산암, 현무암은 화성암의 종류로 마그마나 용암이 냉각된 것이며 편마암은 화강암이 고온, 고압의 영향으로 변성된 것이다.

66 임도 설치를 위한 현지측량 결과가 다음과 같을 때 전체 구간에서 절토량은?

측점	절토 횡단면적
측점1	100m²
측점2	200m²
측점2+5.0	300m²

① 2750m³　② 4250m³
③ 6750m³　④ 8000m³

> **해설**
> 측점 간의 거리는 20m를 기준으로 하며 양단면적 평균법을 이용하여 절토량을 구하도록 한다.
> · 측점1 ~ 측점2 : $\frac{100+200}{2} \times 20 = 3000\,m^3$
> · 측점2 ~ +5.0m : $\frac{200+300}{2} \times 5 = 1250\,m^3$
> · 전체 구간 절토량 : 3000 + 1250 = 4250m³

67 1:25,000 지형도에서 임도의 종단기울기 8%의 노선을 긋고자 할 때 도면상에 표시되는 주곡선간의 길이는?

① 0.5mm　② 1mm
③ 5mm　④ 10mm

> **해설**
> 1:25000에서 주곡선의 간격은 10m이고 종단기울기가 8%이므로 주곡선간의 길이는 아래와 같이 구한다.
> $\frac{10}{실제거리} \times 100 = 8(\%) \rightarrow 실제거리 : 125m$
> $125m \times \frac{1}{25000} = 0.005m = 5mm$

68 비탈다듬기 또는 단끊기에 의하여 발생한 토사를 산복의 깊은 곳에 넣어 고정 및 유지시키며 침식을 방지하고자 시공하는 것은?

① 땅속흙막이　② 산복수로공
③ 비탈힘줄박기　④ 산비탈흙막이

> **해설**
> 땅속흙막이는 비탈다듬기나 단끊기 등의 흙깎기 과정에서 부토가 많고 깊게 퇴적되는 곳에서는 강우 등에 의해 토괴가 미끄러져 내리기 쉬운데 이러한 토사의 유실을 방지하기 위해 땅속에 설치하며 지표면에는 드러나지 않는다.

69 목재수확작업에 주로 사용되는 와이어로프의 스트랜드의 수는?

① 3　② 4
③ 5　④ 6

> **해설**
> 임업용 와이어로프 스트랜드는 6개가 대부분이다.

70 산지사방에서 편책공 및 목책공에 대한 설명으로 옳지 않은 것은?

① 토사 유출 방지를 목적으로 시공한다.
② 한번 시설하면 영구적으로 사용할 수 있다.
③ 통나무를 이용하여 흙막이를 한 것을 목책공이라 한다.
④ 말뚝을 박고 섶가지 등을 엮어서 흙막이를 한 것을 편책공이라 한다.

> **해설**
> 토사 유실을 방지할 목적으로 만드는 편책공 및 목책공은 재료 조건상 영구적으로 사용이 불가능하다.

정답 65. ①　66. ②　67. ③　68. ①　69. ④　70. ②

71 상하 소단간의 경사거리가 길고 경사가 급하여 토사 유실이 예상되는 산지의 안정과 녹화에 가장 적합한 공법은?

① 떼단쌓기 ② 줄떼다지기
③ 평떼붙이기 ④ 선떼붙이기

해설
줄떼다지기는 비탈면 기울기를 유지하고 보호 및 녹화 목적으로 자연경관 회복, 침식과 붕괴 방지 효과가 있다.

72 롤러의 표면에 돌기를 만들어 부착한 것은?

① 탬핑롤러 ② 탠덤롤러
③ 진동롤러 ④ 머캐덤롤러

해설
롤러 표면에 다량의 돌기가 있어 흙의 압축이 용이한 장비를 탬핑롤러라 한다.

73 다음 ( ) 안에 내용으로 옳은 것은?

> 시장·군수·구청장 또는 국유림 관리소장은 ( ) 단위로 연도별 임도설치계획을 작성하여야 한다.

① 1년 ② 2년
③ 5년 ④ 10년

해설
임도설치 및 관리 등에 관한 규정에 의거하여 시장, 군수, 구청장 또는 국유림 관리소장은 5년 단위로 연도별 임도설치계획을 작성하여야 한다.

74 돌을 쌓는 방법에 따른 공법의 종류에 해당되지 않는 것은?

① 덧쌓기 공법 ② 메쌓기 공법
③ 찰쌓기 공법 ④ 켜쌓기 공법

해설
돌쌓기 공법으로 찰쌓기, 메쌓기, 골쌓기, 켜쌓기 등이 있다.

75 콘크리트의 강도에 대한 설명으로 옳은 것은?

① 인장강도가 압축강도보다 크다.
② 전단강도가 압축강도보다 크다.
③ 압축강도와 인장강도가 비슷하다.
④ 인장강도와 전단강도는 비슷하다.

해설
콘크리트의 인장강도는 전단강도와 비교시 다소 높거나 비슷한 경향을 보인다.

76 해안사방에서 모래언덕 조성방법에 속하지 않는 것은?

① 모래덮기 ② 파도막이
③ 퇴사울세우기 ④ 정사울세우기

해설
정사울세우기는 식재공법과 함께 사지조림 공법에 속한다.

77 소실수량(증발산량)에 대한 설명으로 옳은 것은?

① 강수량에서 유출량을 뺀 값이다.
② 유출량에서 강수량을 뺀 값이다.
③ 강수량과 유출량을 합한 값이다.
④ 강수량과 유출량을 곱한 값이다.

해설
소실수량은 강수량에서 유출량을 제외한 값이다.

정답 71. ② 72. ① 73. ③ 74. ① 75. ④ 76. ④ 77. ①

78 임도 노면의 유지보수에 대한 설명으로 옳지 않은 것은?

① 약화된 노체의 지지력을 보강한다.
② 노면에 생긴 바퀴 자국이나 골을 없앤다.
③ 길어깨가 노면보다 높으면 깎아내고 다진다.
④ 노면 정제는 습윤한 상태보다 건조한 상태에서 실시하는 것이 좋다.

> 해설
> 노면 고르기는 노면이 건조한 상태보다 어느 정도 습윤한 상태에서 실시한다.

79 임도에서 각 측점의 절성토 높이 및 지장목 제거 등의 물량을 산출하기 위한 내용이 기입된 설계도는?

① 평면도
② 횡단면도
③ 구조물도
④ 도로표준도

> 해설
> 횡단면도는 임도의 각 측점 단면마다 지반고, 계획고, 절·성토고 및 지장목 제거 등의 물량을 기입하는 도면이다.

80 하베스터가 수행하는 주요 작업에 대한 설명으로 옳은 것은?

① 벌도작업만 가능하다.
② 조재작업만 가능하다.
③ 벌도 및 조재작업이 가능하다.
④ 벌도 및 가선 집재작업이 가능하다.

> 해설
> 하베스터는 다공정 처리기기로 벌도 및 조재 작업을 수행한다.

정답 78. ④ 79. ② 80. ③

산업기사 CBT 제1회 — 산림산업기사

** 본문제는 수험생들의 기억을 바탕으로 작성 된 것으로 실제 문제와 차이가 있을 수 있습니다.

01 죽림을 조성 하는데 사용되는 번식재료로 가장 적당한 것은?

① 죽간 ② 종자
③ 지하경 ④ 지엽부

해설
죽림의 땅속의 줄기인 지하경을 굴취하여 번식하는데 이용한다.

02 다음 중 줄기를 해부했을 때 환공재로 특징되는 수종은?

① 참나무 ② 단풍나무
③ 포플러 ④ 호두나무

해설
환공재는 지름이 큰 관공이 연륜을 따라 고리모양의 환상으로 수열 배열되는 것으로 참나무속, 느티나무속, 느릅나무속, 아까시나무속, 음나무속, 오동나무속 등이 있다.

03 소나무 종자 1kg에 대한 협잡물이 0.1kg이고, 발아율이 88%인 경우 그 효율은?

① 79.2% ② 84.7%
③ 76.7% ④ 81.8%

해설
$$순량률(\%) = \frac{순정종자량(g)}{작업시료량(g)} \times 100$$
$$= \frac{900}{1000} \times 100 = 90(\%)$$
$$효율 = \frac{순량률 \times 발아율}{100} \rightarrow \frac{90 \times 88}{100} = 79.2(\%)$$

04 중림작업법에 대한 설명으로 틀린 것은?

① 교림과 왜림을 동일 임지에 함께 세워서 경영하는 작업법이다.
② 하목으로서의 왜림은 맹아로 갱신되며 일반적으로 연료재와 소경재를 생산한다.
③ 상목으로서의 교림은 일반용재로 생산할 수 없다.
④ 일반적으로 하층목은 개별되고 맹아갱신을 반복 한다.

해설
중림작업은 상층임관은 교림으로 형질이 좋은 목재를, 하층임관은 왜림으로 용재 및 연료재로 동시에 실시하는 것이 특징이다

05 Moller는 항속림 사상을 주장하였다. 다음에서 해당 하지 않는 것은?

① 항속림은 동령순림이다.
② 지표 유기물을 잘 보존한다.
③ 천연갱신을 원칙으로 한다.
④ 단목택벌을 원칙으로 한다.

해설
임지, 임목은 항속될 수 있도록 경영하는 사상이 뮬러(moller)의 항속림 사상이다. 그렇기에 단순 혹은 동령림으로 유도하는 개벌을 금한다.

정답 01. ③ 02. ① 03. ① 04. ③ 05. ①

06 테트라졸륨 테스트(TTC Test)는 다음 중에서 어디에 사용되는 방법인가?

① 종자의 발아 촉진 처리방법
② 화아분화 촉진 처리방법
③ 종자의 발아력 검정방법
④ 삽수의 발근 촉진 처리방법

> **해설**
> 테트라졸륨은 종자의 활력 검사를 목적으로 하며 건전한 배의 경우 반응시 적색 혹은 분홍색을 띤다.

07 군상 산벌작업은 다음 중 어떤 수종에 가장 알맞은 갱신법인가?

① 양수   ② 음수
③ 극양수 ④ 중용수

> **해설**
> 산벌작업은 양수에도 가능은 하지만 음수에 적용하는 것이 적합하다.

08 우량한 묘목을 능률적으로 양성하기 위하여 묘포 입지를 선정할 때 유의해야 할 조건이 아닌 것은?

① 단단한 점토질토양이 알맞다.
② 관개와 배수가 동시에 편리한 곳이 좋다.
③ 포지의 경사는 5°이하의 환경사지가 바람직하다.
④ 포지의 방위는 위도가 높고 한랭한 지역에서는 동남향이 좋다.

> **해설**
> 토양은 사질양토로서 토심이 30cm 이상인 곳이 적합하다.

09 하종벌은 다음 중 어느 때 적용하는 것이 옳은가?

① 갱신 주기 때
② 하층식생이 많을 때
③ 유령기 때
④ 결실량이 많을 때

> **해설**
> 하종벌은 종자가 성숙한 이후 벌채하면서 종자의 낙하를 유도해 발아시키는 방법으로 결실량이 많을 때 하는 것이 유리하다.

10 간벌의 실행에 관한 설명 중 바른 것은?

① 지위가 나쁠수록 자주 실행한다.
② 일반적으로 겨울 또는 봄에 실시한다.
③ 낙엽송의 간벌개시 임령은 30~40년경이다.
④ 활엽수의 경우 지위가 좋을수록, 개시시기가 느려진다.

> **해설**
> 간벌은 산가지치기를 수반하는 경우 11월~이듬해5월 사이 실시한다.

11 다음 풀베기 방법 가운데 모두베기에 대한 설명으로 맞는 것은?

① 한풍해가 예상되는 곳에서 실시한다.
② 조림목이 음수 수종에 적응하면 좋다.
③ 조림목에 광선을 제대로 주지 못하는 단점이 있다.
④ 조림목을 남겨두고 그 지역의 모든 잡초목을 제거하는 방법이다.

> **해설**
> 풀베기의 경우 모두베기는 지정한 지역의 모든 잡초목을 제거하는 것으로 주로 양수수종의 경우 적합한 방법이다.

정답 06. ③ 07. ② 08. ① 09. ④ 10. ② 11. ④

12 종자의 품질을 나타내는 순량률은 종자의 무엇을 기준으로 한 것인가?

① 무게　② 수량
③ 부피　④ 크기

해설
종자시료에서 순정종자가 차지하는 무게의 백분율로 표시한다.

13 파종조림의 성과가 비교적 용이한 수종이 아닌 것은?

① 소나무　② 전나무
③ 해송　④ 상수리나무

해설
파종조림은 발아가 용이하고 결실량이 많은 수종이 유리하며 대표적으로 소나무, 해송, 상수리나무, 굴참나무, 졸참나무 등이 있다.

14 파종하기 전에 종자의 정착 및 발아, 그리고 어린묘목의 발육이 잘 되도록 하기 위하여 정지작업을 한다. 이 작업의 진행 순서는?

① 쇄토 → 밭갈이 → 작상
② 밭갈이 → 쇄토 → 작상
③ 작상 → 쇄토 → 밭갈이
④ 쇄토 → 작상 → 밭갈이

해설
묘포 조성 작업시 밭갈이, 쇄토, 작상의 순서로 진행되며 이러한 작업을 정지작업이라 한다. 밭갈이 작업인 경운은 토양을 갈아주는 작업이며 쇄토는 경운한 흙을 곱게 부수어 지면을 평평하게 고르는 작업이다.

15 묘포장을 설계할 때 침엽수종의 경우 토양 산도(pH)는 어느 정도가 알맞은가?

① pH 3.0~4.0　② pH 5.0~6.5
③ pH 7.0~8.5　④ pH 9.0~10

해설
묘포 토양은 침엽수는 pH 5~5.5 정도에서 가장 적합하며 중성인 pH 5~6.5 범위에서도 생육이 가능하다.

16 산림이 발휘하는 공익적 기능이 아닌 것은?

① 홍수나 산사태를 방지한다.
② 이산화탄소를 흡수하고 산소를 방출한다.
③ 파티클 보드의 원료로 이용된다.
④ 휴양의 기회를 제공한다.

해설
파티클 보드와 같이 가공을 통한 생산물은 경제적 기능이다.

17 뿌리의 근류를 가지는 것만으로 나열된 것은?

① 아까시나무, 리기다소나무, 향나무
② 갈매나무, 싸리나무, 소나무
③ 오리나무, 보리수나무, 소귀나무
④ 물푸레나무, 오동나무, 자귀나무

해설
근류를 가지는 수종은 주로 콩과식물로 아까시나무, 싸리, 칡, 자귀나무 등이 있으며 비콩과식물 중에서도 오리나무, 소귀나무, 보리수나무 등이 있다.

18 최근 목재로써 인기가 높은 편백의 조림 적지를 가장 잘 나타낸 것은?

① 한대지방
② 온대중부지방
③ 온대북부지방
④ 온대남부, 난대지방

해설
편백은 1900년대 조림된 나무로 난대나 온대 남부지방 혹은 해발고도 400m 이하인 지역에서 생육하기 적합하다.

정답　12. ①　13. ②　14. ②　15. ②　16. ③　17. ③　18. ④

19 종자의 결실량을 증가시키기 위한 방법으로 옳지 않은 것은?

① 간벌을 실시하여 생육공간을 확장한다.
② 수피의 일부를 제거하여 C/N율을 높인다.
③ 단근을 실시하여 질소의 흡수를 조장한다.
④ 줄기에 환상박피, 철선묶기 등의 자극을 준다.

해설
단근은 나무의 활착에 도움을 주며 질소의 흡수에 영향을 주는 것은 아니다.

20 어린나무 가꾸기에 가장 적절한 시기는?

① 12 ~ 2월   ② 3 ~ 5월
③ 6 ~ 8월   ④ 10 ~ 12월

해설
어린나무가꾸기는 밑깎기와 간벌작업의 중간에 실시되는 작업으로 대상목이 왕성하게 성장하는 6~9월 사이 실시하는 것이 원칙이며 늦어도 11월에 실시한다.

21 식엽성 해충에 해당하지 않는 것은?

① 솔나방   ② 매미나방
③ 박쥐나방 ④ 미국흰불나방

해설
박쥐나방은 줄기를 가해하는 해충이다.

22 담배장님노린재에 의하여 매개 전염되는 병은?

① 소나무 잎녹병
② 잣나무 털녹병
③ 오동나무 빗자루병
④ 대추나무 빗자루명

해설
오동나무 빗자루병의 매개체는 담배장님노린재이며 병원은 파이토플라스마이다.

23 벚나무 빗자루병의 병원체는 무엇인가?

① 담자균   ② 자낭균
③ 바이러스 ④ 파이토플라즈마

해설
벚나무 빗자루병은 진균의 자낭균류이 병원체이다.

24 볕데기(피소)에 관한 설명으로 옳지 않은 것은?

① 남서면의 임연부에서 피해를 줄일 수 있다.
② 수피 일부에서 수분이 과도하게 손실되어 초래된다.
③ 수피에 코르크층이 발달되지 않은 수종이 피해가 심하다.
④ 고립목의 줄기는 짚으로 둘러주거나 석회유 등을 발라 피해를 줄인다.

해설
볕데기는 태양광산으로 인해 코르크 발달이 약한 오동나무, 호두나무, 가문비나무등에서 주로 수분증말로 인한 피해 현상이다.

25 수목병에 발생하는 병징이 아닌 것은?

① 탈락   ② 총생
③ 흰가루 ④ 시들음

해설
병징은 변색, 시들음, 비대, 부패 등이 있으며 포자에 의한 흰가루등은 표징에 속한다.

26 잣나무 털녹병의 병징과 표징이 나타나는 시기와 병환부는?

① 7 ~ 8월에 잎에 나타난다.
② 3 ~ 5월에 뿌리에 나타난다.
③ 4 ~ 6월에 줄기에 나타난다.
④ 9 ~ 10월에 가지에 나타난다.

해설
잣나무 털녹병은 4~6월 사이 줄기에 두드러기와 같이 부풀어 오르는 현상을 보인다.

정답 19. ③ 20. ③ 21. ③ 22. ③ 23. ② 24. ① 25. ③ 26. ③

27 곤충이 음식물을 먹는데 쓰이는 입틀을 구성하는 기관이 아닌 것은?

① 큰턱　② 작은턱
③ 윗입술　④ 아랫입술

해설
곤충의 입틀은 윗입술, 아랫입술, 1쌍의 큰턱, 1쌍의 작은턱이 있다. 이때 음식물을 먹을때 사용되는 기관은 음식물을 자르는 큰턱, 먹이를 전구강으로 이동시키는 아래턱, 음식이 빠지지 않도록 하는 아랫입술이 있다.

28 유충기가 가장 긴 해충은?

① 솔나방　② 매미나방
③ 어스렝이나방　④ 미국흰불나방

해설
솔나방은 성충이 되기 위해 약 1년 정도의 긴 유충기간을 가진다.

29 미국과 유럽의 밤나무림을 황폐하게 만든 밤나무 줄기마름병의 병원체는?

① 세균　② 자낭균
③ 담자균　④ 바이러스

해설
밤나무 줄기마름병의 병원균은 자낭균류에 속하며 발생 초기 황갈색, 적갈색으로 변해 수피가 부풀어 오른다.

30 우리나라 산불의 원인으로 가장 빈도수가 낮은 것은?

① 담뱃불
② 입산자 실화
③ 벼락에 의한 경우
④ 논과 밭두렁의 소각

해설
입산자의 실화나 담뱃불 실화 등등의 사람의 실수에 의한 산불 빈도가 대부분이며 자연적인 벼락 등은 그 빈도가 매우 낮다.

31 일반적으로 연간 발생횟수가 가장 많은 해충은?

① 매미나방　② 솔잎혹파리
③ 밤나무혹벌　④ 미국흰불나방

해설
미국흰불나방은 1년에 2회 발생하며 매미나방, 솔잎혹파리, 밤나무혹벌은 1년에 1회 발생한다.

32 완전변태를 하는 해충은?

① 대벌레　② 노린재
③ 가루깍지벌레　④ 도토리거위벌레

해설
도토리거위벌레는 알, 유충, 번데기, 성충의 완전변태과정을 거친다.

33 대기오염에 의한 산림의 피해를 최소화시킬수 있는 방안으로 거리가 먼 것은?

① 방음벽 시설 설치
② 공해배출의 법적 규제
③ 공해저항성 수종의 식재
④ 임지비배를 통한 산림관리

해설
방음벽 시설은 소음에 관련된 것으로 대기오염과는 거리가 멀다.

34 해충 방제에 사용되는 천적 곤충이 아닌 것은?

① 기생벌　② 무당벌레
③ 풀잠자리　④ 부리사이드

해설
주로 무당벌레는 응애류, 풀잠자리 및 기생벌은 진딧물의 천적 곤충이다.

정답　27. ③　28. ①　29. ②　30. ③　31. ④　32. ④　33. ①　34. ④

35 해충 방제를 위한 물리적 방제방법이 아닌 것은?

① 고온처리   ② 습도처리
③ 방사선처리   ④ 토양소독처리

> **해설**
> 토양소독은 약제를 사용하기에 화학적 방제법에 속한다.

36 솔잎혹파리에 대한 설명으로 옳지 않은 것은?

① 번데기로 월동한다.
② 주요 천적으로 기생벌류가 있다.
③ 암컷 성충은 소나무의 침엽사이에 알을 낳는다.
④ 산림 및 부화최성기에 아세타미프리드 액제를 이용한 나무주사를 실시하여 방제한다.

> **해설**
> 솔잎혹파리는 유충으로 월동한다.

37 리지나뿌리썩음병에 대한 설명으로 옳은 것은?

① 주로 활엽수에 발생한다.
② 담자포자에 의해 전염된다.
③ 자실체는 파상땅해파리버섯이다.
④ 우리나라에서만 발생하는 병이다.

> **해설**
> 리지나뿌리썩음병의 자실체는 파상땅해파리버섯이다.

38 충영을 형성하는 해충이 아닌 것은?

① 외줄면충   ② 밤나무혹벌
③ 솔잎혹파리   ④ 소나무솜벌레

> **해설**
> 충영해충은 기주식물에 혹을 만드는 해충으로 밤나무순혹벌, 솔잎혹파리, 진딧물류 등이 있으며 소나무솜벌레의 경우 수액을 빨아먹는 흡즙성 해충으로 별도의 충영을 형성하지는 않는다.

39 밤바구미 방제에 사용하는 약제가 아닌 것은?

① 테부코나졸 유제
② 펜토에이트 분제
③ 카보설판 수화제
④ 티아클로프리드 액상수화제

> **해설**
> 밤바구미 방제에 사용되는 약제로 펜토에이트분제, 클로티아니딘액상수화제, 티아클로프리드액상수화제, 펜토에이트유제, 펜발러레이트유제, 페니트로티온유제, 카보설판수화제 등이 있다.

40 바람으로 인한 피해로 가장 거리가 먼 것은?

① 수목의 형태 변형
② 토양의 양분 용탈
③ 수목의 동화 작용 방해
④ 수목의 과도한 증산 작용

> **해설**
> 토양의 양분 용탈은 주로 물에 의한 피해에 의해 발생한다.

41 감가상각비를 계산하기 위한 기본적 요소가 아닌 것은?

① 취득원가   ② 자본이율
③ 잔존가치   ④ 사용년수

> **해설**
> 감가상각비는 취득원가, 잔존가치, 추정내용연수(사용년수)를 이용하여 구하도록 한다.

정답   35. ④   36. ①   37. ③   38. ④   39. ①   40. ②   41. ②

42 법정림의 법정상태 요건으로 해당하지 않는 것은?

① 법정축적   ② 법정벌채량
③ 법정임분배치   ④ 법정영급분배

해설
법정림의 법정상태 요건으로 법정생장량, 법정축적, 법정임분배치, 법정영급분배이다.

43 임업의 경제적 특성으로 원목가격 구성요소에서 가장 큰 항목은?

① 지대   ② 육림비
③ 운반비   ④ 감가상각비

해설
임산물 가격의 대부분은 운반비이다.

44 임업이율의 특징으로 옳은 것은?

① 대부이율   ② 명목이율
③ 현실이율   ④ 단기이율

해설
임업이율의 성격
- 임업이율은 대부이율가 아닌 자본이율이다.
- 임업이율은 현실이율이 아닌 평정이율이다.
- 임업이율은 실질이율이 아닌 명목이율이다.
- 임업이율은 장기이율이다.

45 유동자본재가 아닌 것은?

① 임도   ② 묘목
③ 종자   ④ 비료

해설
유동자본재는 미처분임산물, 묘목, 비료, 종자 등이 있다.

46 임지평가기법 중 마이너스(-) 값이 나올 수 있는 것은?

① 대용법   ② 입지법
③ 임지기망가법   ④ 임지매매가법

해설
장차 발생될 것으로 기대되는 수익의 합계를 기망가라 하며 이때 고려되는 조림비와 관리비가 커질 경우 마이너스 값이 발생할 수 있다.

47 경영계획을 수립할 때 가장 먼저 구획하는 것은?

① 소반   ② 임반
③ 작업급   ④ 경영계획구

해설
산림 경영의 효율을 위해서 계획구 설정을 먼저하며 다음으로 임반, 소반 단위로 나누어 설정하도록 한다.

48 주업적 임업의 설명으로 옳지 않은 것은?

① 기업과 독림가의 임업이 해당된다.
② 주로 연료 및 농용재 생산을 위한 임업형태이다.
③ 임업을 주업으로 하는 100ha 이상의 임업형태이다.
④ 임업을 독립된 경영조직으로 운영하는 임업형태이다.

해설
연료 및 농용재 생산을 위한 임업은 종속적 임업이다.

정답 42. ② 43. ③ 44. ② 45. ① 46. ③ 47. ④ 48. ②

49 임가소득 중에서 임업소득이 차지하는 비율을 무엇이라 하는가?

① 임업의존도
② 임업소득률
③ 임업조수익
④ 임업소득가계충족률

해설
임업의존도는 임업소득을 임가소득으로 나눈값을 백분율로 표현한 것이다.

50 산림평가의 대상이 아닌 것은?

① 임지   ② 임목
③ 부산물 ④ 임업기계

해설
산림평가는 산림을 구성하는 임지, 임목, 부산물 등의 경제적 가치를 평가한다.

51 임업노동의 특성에 대한 설명으로 옳지 않은 것은?

① 단위면적당 노동량이 많고 노동강도가 강하다.
② 작업장소인 산림까지의 이동시간이 길어서 실제작업시간이 짧다.
③ 농업노동력을 벌채, 운반노동에 이용하려면 별도의 훈련이 필요하다.
④ 산림경영규모가 작아서 기계의 연속 가동 일수가 짧다.

해설
임업노동은 단위면적당 노동이 농업의 노동강도에 비해 적은편이다.

52 소반의 구획요건으로 옳지 않은 것은?

① 지종이 상이할 때
② 방위가 상이할 때
③ 임종, 임상 및 작업종이 상이할 때
④ 임령, 지위, 지리 및 운반계통이 현저히 상이할 때

해설
소반의 구획
· 기능이 상이할 때
· 지종이 상이할 때
· 임종, 임상, 작업종이 상이할 때
· 임령, 지위, 지리 또는 운반계통이 상이할 때

53 산림조사시 토양의 깊이(심도)는 천, 중, 심으로 구분하는데 심에 해당하는 것은?

① 30cm 이상   ② 40cm 이상
③ 50cm 이상   ④ 60cm 이상

해설
토심
· 천 : 토양 깊이 30cm 미만
· 중 : 토양 깊이 30~60cm미만
· 심 : 토양 깊이 60cm 이상

54 면적이 150ha 이고 윤벌기가 30년이며 1개의 영급이 10개의 영계로 구성되어 있는 산림의 법정 영급면적은?

① 3ha   ② 30ha
③ 50ha   ④ 300ha

해설
법정영급면적 = (면적/윤벌기)×영계수
           = 150/30 × 10 = 50

정답 49. ① 50. ④ 51. ① 52. ② 53. ④ 54. ③

55 임업의 기술적 특성이 아닌 것은?

① 생산 기간이 대단이 길다.
② 임목의 성숙기가 일정하지 않다.
③ 자연 조건의 영향을 많이 받는다.
④ 임업 노동은 계절적 제약을 크게 받지 않는다.

해설
임업 노동은 계절적 제약을 크게 받지 않는 특성은 산림 경영의 경제적 특성이다.

56 손익분기점 분석에 설정하는 가정으로 옳지 않은 것은?

① 재고는 없다.
② 제품 단위당 비용은 일정하다.
③ 제품의 생산능률은 변함이 없다.
④ 제품의 판매가는 생산량에 따라 변한다.

해설
제품의 판매가격은 생산량과 판매량이 같으며 생산과 판매의 동시성이 있어 생산량에 따라 변하지 않는다.

57 일반적으로 적용하는 침엽수의 조재율은?

① 0.1~0.3   ② 0.4~0.6
③ 0.6~0.9   ④ 1.0~1.1

해설
조재율은 벌채한 나무의 부피와 마름재목의 부피의 비율로 통상 침엽수종은 0.6~0.9 정도이다.

58 전국 단위의 산림계획에 따라 관할지역의 특수성을 고려하여 수립하는 산림경영계획은?

① 지역산림계획
② 산림기본계획
③ 국유림경영계획
④ 국유림종합계획

해설
지역산림계획은 특별시장, 광역시장, 도지사 및 지방산림청장이 산림기본계획에 따라 관할지역의 특수성을 고려하여 수립 및 시행한다.

59 산림경영 지도원칙 중 경제원칙에 해당하지 않는 것은?

① 공공성의 원칙   ② 수익성의 원칙
③ 생산성의 원칙   ④ 합자연성의 원칙

해설
합자연성의 원칙은 자연법칙을 존중하면서 산림을 경영하자는 원칙으로 경제원칙에는 해당하지 않는다.

60 유령림의 임목평가 방식으로 알맞은 것은?

① Glaser 법   ② 임목비용가법
③ 시장가역산법   ④ 임목기망가법

해설
유령림은 임목비용가법을 적용한다. Glaser 법은 중령림, 시장가역산법은 벌기 이상의 임목, 임목기망가법은 벌기 미만의 장령림에 적합하다.

61 임도의 대피소 설치기준으로 옳지 않은 것은?

① 너비 : 5m 이상
② 간격 : 300m 이내
③ 유효길이 : 15m 이상
④ 종단 기울기 : 7% 이하

해설
대피소의 간격 300m 이내, 너비 5m 이상, 유효길이 15m 이상을 기준으로 한다.

62 임도설치 관련 규정에 의한 임도의 종류에 포함되지 않은 것은?

① 사설임도   ② 단체임도
③ 공설임도   ④ 테마임도

해설
임도설치에 관련된 규정을 기준으로 국유임도, 공설임도, 사설임도, 테마임도 등이 있다.

정답 55. ④ 56. ④ 57. ③ 58. ① 59. ④ 60. ② 61. ④ 62. ②

63 해안사방에서 조기에 수림화를 유도하기 위해 밀식하는 경우 1ha 당 가장 적당한 본수는?

① 상층 : 1000, 하층 : 3000본
② 상층 : 2000, 하층 : 3000본
③ 상층 : 1000, 하층 : 5000본
④ 상층 : 2000, 하층 : 5000본

> **해설**
> 해안사방의 식재본수는 표준 10,000 본/ha 를 기준으로 하고 조기에 수림화를 유도하기 위해 밀식하는데 상층목은 2,000본 이상, 하층목은 5,000본 이상으로 한다.

64 뒷길이, 접촉면의 폭, 뒷면 등이 규격에 맞도록 지정하여 깬 석재는?

① 견치돌
② 부순돌
③ 호박돌
④ 야면석

> **해설**
> 견치돌은 돌을 뜰 때 전면, 뒷면, 돌길이, 접촉부 사이의 치수를 특별한 규격을 두어 깬 석재이다.

65 선떼붙이기 작업 시 일반적인 단끊기의 너비와 발디딤의 너비를 모두 올바르게 나열한 것은?

① 단끊기 : 30~45cm, 발디딤 : 10~20cm
② 단끊기 : 30~45cm, 발디딤 : 20~30cm
③ 단끊기 : 50~70cm, 발디딤 : 10~20cm
④ 단끊기 : 50~70cm, 발디딤 : 20~30cm

> **해설**
> 비탈의 선떼붙이기 공법에서 단끊기의 나비는 50~70cm, 발디딤의 나비는 10~20cm 정도를 기준으로 한다.

66 적정임도밀도가 40m/ha 인 임도에서 평균 집재거리는?

① 25m
② 31.25m
③ 40m
④ 62.5m

> **해설**
> 평균집재거리(양방향집재)
> $$집재거리 = \frac{10000}{적정임도밀도 \times 4}$$
> $$= \frac{10000}{40 \times 4} = 62.5m$$

67 임도 비탈면의 수직 높이가 2.5m 이고, 수평거리가 5m 일 때의 비탈면 기울기는?

① 1:2
② 2:1
③ 1:2.5
④ 2.5:1

> **해설**
> 비탈면의 기울기는 수직높이 1에 대한 수평거리의 비로 < 2.5 : 5 = 1 : 2 > 이다.

68 임도의 노체 하층부터 표면층까지의 구성 순서로 옳은 것은?(단, 순서는 바닥면부터 표시함)

① 노상 - 노반 - 기층 - 표층
② 노상 - 기층 - 표층 - 노반
③ 노반 - 노상 - 기층 - 표층
④ 기층 - 표층 - 노상 - 노반

> **해설**
> 임도의 구조는 표면을 시작으로 표층, 기층, 노반, 노상으로 구성되며 이때 노상과 노반을 합쳐 노면이라 부르기도 한다.

정답 63. ④ 64. ① 65. ③ 66. ④ 67. ① 68. ①

69 벌도 작업의 안전을 위하여 다른 근로자가 들어오면 안되는 최소 작업 범위는?

① 벌도 대상목 수고의 0.5배
② 벌도 대상목 수고의 1.5배
③ 벌도 대상목 수고의 2.5배
④ 벌도 대상목 수고의 3.5배

해설
벌목 표준 안전 지침에 의거 인접한 곳에서 벌목할 때에는 절단 대상수목을 중심으로 수목 높이의 1.5배 이상 안전거리를 유지하여 작업하여야 한다.

70 산사태와 땅밀림을 비교하여 설명한 것으로 옳지 않은 것은?

① 산사태는 지하수에 의한 영향이 크다.
② 산사태는 땅밀림에 비해 규모가 작다.
③ 땅밀림은 계속적으로 재발 가능성이 크다.
④ 산사태는 사질토로 된 지점에서 많이 발생한다.

해설
산사태보다는 땅밀림의 경우 지하수의 영향이 더 크다.

71 상단면적 120m², 하단면적 200m², 상하단의 거리가 12m 인 경우 평균단면적법에 의한 토사량(m³)은?

① 192   ② 384
③ 1920   ④ 3840

해설
토사량 = $\dfrac{단면적 A + 단면적 B}{2} \times 단면적사이거리$

$= \left(\dfrac{120+200}{2}\right) \times 12 = 1920 m^3$

72 집재용 도구가 아닌 것은?

① 피비   ② 펄프훅
③ 마세티   ④ 파이크폴

해설
마세티는 나이프의 일종이다. 집재용 도구의 종류로 피비, 캔트훅, 사피, 펄프 훅, 파이크홀 등이 있다.

73 반출할 목재의 길이가 10m 이고 임도의 나비가 5m 일 때 최소곡선반지름은?

① 3m   ② 4m
③ 5m   ④ 6m

해설
최소곡선반지름

$R = \dfrac{l^2}{4B} = \dfrac{10^2}{4 \times 5} = \dfrac{100}{20} = 5$

여기서, R : 곡선반지름(m)
  l : 통나무길이(m)
  B : 노폭(m)

74 퇴사울타리를 설치할 때 기준 높이는?

① 0.5m   ② 1.0m
③ 1.5m   ④ 2.0m

해설
퇴사울타리의 높이는 1m 정도로 한다.

75 산지사방의 목표와 거리가 먼 것은?

① 산사태의 방지
② 붕괴의 확대방지
③ 표토침식의 방지
④ 계상침식의 방지

해설
계상침식의 방지는 야계사방공사의 목표이다.

76 임도의 평면선형에서 사용되는 곡선이 아닌 것은?

① 단곡선　　② 이중곡선
③ 복심곡선　④ 배향곡선

> **해설**
> 평면선형에 사용되는 곡선으로 단곡선, 복심곡선, 배향곡선, 반대곡선이 있다.

77 녹화용 피복자재가 아닌 것은?

① 식생반　　② 그라우트
③ 볏짚거적　④ 쥬트네트

> **해설**
> 그라우트는 갈라진 건축물이나 지반의 틈을 채우는 공법이다.

78 임도의 종단기울기가 8%인 구간에 곡선부의 외쪽기울기를 6%로 설치할 때 합성기울기는?

① 2.0%　　② 6.9%
③ 10.0%　　④ 14.0%

> **해설**
> 합성기울기
> $= \sqrt{종단기울기^2 + 횡단기울기^2}$
> $= \sqrt{8^2 + 6^2} = 10(\%)$

79 와이어로프의 폐기기준으로 옳지 않은 것은?

① 꼬임상태인 것
② 현저하게 변형 또는 부식된 것
③ 와이어로프 소선이 10분의 1 이상 절단된 것
④ 마모에 의한 직경 감소가 공칭직경의 10%를 초과하는 것

> **해설**
> 마모에 의한 직경 감소가 공칭직경에 7% 초과할 경우 폐기한다.

80 시멘트에 탄산나트륨이나 탄산칼슘을 넣으면 어떻게 되는가?

① 빨리 굳는다.　② 동해에 강하다.
③ 느리게 굳는다.④ 방수효과가 있다.

> **해설**
> 시멘트 제조시 탄산칼슘이나 탄산나트륨을 넣으면 빠르게 굳게 되고 이를 급결성이라 한다.

정답　76. ②　77. ②　78. ③　79. ④　80. ①

산림산업기사

산업기사 CBT 제2회

** 본문제는 수험생들의 기억을 바탕으로 작성 된 것으로 실제 문제와 차이가 있을 수 있습니다.

01 다음 중 많이 쓰면 토양이 산성으로 되는 것은?

① 요소　　　② 황산암모니아
③ 석회질소　④ 용성인비

해설
황산암모니아는 생리적 산성비료에 해당하며 토양에 사용하게 되면 산성을 띠게 된다.

02 조림지에서 2m 간격의 정사각형 식재를 할 경우 1ha당 필요한 조림 본수는?

① 2500본　② 3500본
③ 5000본　④ 10000본

해설
$$\frac{10{,}000 m^2}{2m \times 2m} = 2500본$$

03 다음 수종 중 비교적 파종조림이 용이한 수종은?

① 분비나무　② 가래나무
③ 전나무　　④ 단풍나무

해설
파종조림에 용이한 수종으로 물푸레나무, 밤나무, 가래나무, 자작나무, 벚나무, 소나무, 해송, 리기다소나무, 잣나무, 박달나무, 들메나무, 느티나무 등이 있다.

04 수목의 가시적 양분 진단결과 어린잎 또는 어린 가지에 결핍증상이 나타났다면, 이 수목의 생장을 제한할 가능성이 가장 큰 양분원소는?

① 질소(N)　　② 인(P)
③ 마그네슘(Mg)　④ 칼슘(Ca)

해설
칼슘은 식물체내에서도 이동성이 낮아 신엽(새잎, 어린잎), 경엽등에서 결핍증상이 나타난다.

05 우세목을 간벌재로 이용하고자 할 때 적용하는 간벌 방법은?

① 하층간벌　② 수관간벌
③ 택벌식 간벌　④ 기계적 간벌

해설
택벌식 간벌은 상층간벌로 우세목을 간벌재로 활용하고자 할 때 적합한 방법이다.

06 비료목으로 적합하지 않은 수종은?

① 싸리　　　② 고로쇠나무
③ 물오리나무　④ 아까시나무

해설
대표적인 비료목으로 콩과수종에는 아까시나무, 싸리, 칡, 자귀나무 등이 있으며 비콩과수종에는 오리나무, 소귀나무, 보리수나무 등이 있다.

정답 01. ②　02. ①　03. ②　04. ④　05. ③　06. ②

07 암수딴그루에 해당하는 수종은?
① 편백 ② 소나무
③ 벚나무 ④ 은행나무

해설
암수딴그루에 해당하는 수종으로 은행나무, 식나무, 소철, 초피나무 등이 있다.

08 중림작업에 대한 설명으로 옳지 않은 것은?
① 교림작업과 왜림작업은 혼합한 갱신작업이다.
② 일반적으로 하층임분은 개벌에 의한 맹아갱신을 반복한다.
③ 동일 임지에서 일반용재와 신탄재 등을 동시에 생산하는 것을 목적으로 한다.
④ 하층목은 양수 수종, 상층목은 지하고가 높고 수관의 틈이 많은 음수 수종이 적합하다.

해설
중림작업은 용재 생산이 목적인 교림작업과 연료재 생산이 목적인 왜림작업을 동시에 실시하는 산림작업종으로 하층목은 음수 수종, 상층목은 양수 수종이 적합하다.

09 산림 입지를 결정하는 환경 조건으로 옳지 않은 것은?
① 기상환경 ② 작업환경
③ 생물환경 ④ 토양환경

해설
작업환경은 산림 입지 결정에는 영향을 미치지 않는다. 임목 개화결실 촉진 방법으로 시비, 화학적 처리, 기계적처리, 수형조절, 접목, 환상박피 등이 있다.

10 가지치기의 효과로 옳지 않은 것은?
① 무절재를 생산할 수 있다.
② 하목의 수광량을 증가시킨다.
③ 산불이 있을 때 수관화를 경감시킨다.
④ 연륜폭을 조절해서 수간의 완만도를 낮춘다.

해설
옹이가 없고 수간의 완만도를 높이는 것은 가지치기의 특징이다.

11 풀베기 방법으로 모두베기에 대한 설명으로 옳은 것은?
① 한풍해가 예상되는 곳에서 실시한다.
② 조림목이 양수 수종인 경우에 적용한다.
③ 조림목에 광선을 제대로 주지 못하는 단점이 있다.
④ 조림목이 심어진 줄에 따라 모든 잡초목을 제거하는 방법이다.

해설
모두베기는 소나무, 낙엽송 등의 양수 식재시 적합한 방법이다.

12 토양수 중 식물이 쉽게 이용할 수 있는 pF 1.8~4.2에 상당하는 유효수분은?
① 화합수 ② 흡습수
③ 모관수 ④ 중력수

해설
모관 인력에 의하여 토양 내의 작은 공극을 상승하는 수분을 모관수라 하며 pF 1.8 ~ 4.2 에 해당한다.

13 종자의 순량율 기준이 가장 낮은 수종은?
① 잣나무 ② 밤나무
③ 오리나무 ④ 은행나무

해설
보기 중 잣나무, 밤나무, 은행나무는 순량률이 90% 이상이나 오리나무는 73% 정도로 가장 낮다.

정답 07. ④ 08. ④ 09. ② 10. ④ 11. ② 12. ③ 13. ③

14 종자를 채집하여 11월말까지는 노천매장을 해야 좋은 수종은?

① 전나무 ② 단풍나무
③ 층층나무 ④ 느티나무

> **해설**
> 종자를 채집하여 11월 중에 매장하는 것이 좋은 수종으로 팽나무, 물푸레나무, 층층나무, 피나무, 옻나무 등이 있다.

15 지하자엽 발아형에 속하는 수종은?

① 버드나무 ② 단풍나무
③ 아까시나무 ④ 물푸레나무

> **해설**
> 지하자엽형에는 참나무류, 밤나무, 호두나무, 가래나무, 버드나무 등이 있다.

16 묘목 식재에 대한 설명으로 옳지 않은 것은?

① 겨울철에는 동해나 한해를 고려하여야 한다.
② 주로 봄에 식재하지만 가을에 식재하기도 한다.
③ 용기묘는 온실에서 키운 후 곧바로 산지에 식재한다.
④ 봄철 식재는 서리의 피해가 우려되지 않을 때 심는 것이 좋다.

> **해설**
> 용기묘는 온실에서 키운 후 주위의 환경 및 계절을 고려한 후 산지에 식재한다.

17 종자의 개화 결실을 촉진시키기 위한 방법으로 옳지 않은 것은?

① 줄기에 철선묶기 등의 자극을 준다.
② 간벌을 실시하여 생육공간을 확장한다.
③ 수피의 일부를 제거하여 C/N율을 높인다.
④ 단근을 실시하여 질소의 흡수를 증가시킨다.

> **해설**
> 개화 결실 촉진 방법으로는 환상박피, 단근, 시비, 생장호르몬, 밀도조절 등이 있다. 단근 작업이 개화 결실을 촉진시키지만 이는 탄수화물의 함량을 조절하는 것이며 질소의 흡수와는 관련이 없다.

18 택벌작업에 대한 설명으로 옳지 않은 것은?

① 양수 수종의 갱신에 적합하다.
② 작업한 임분의 심미적 가치가 높다.
③ 병해충에 대한 저항력을 높일 수 있다.
④ 보속 생산을 하는데 가장 적절한 방법이다.

> **해설**
> 택벌작업은 일부분 국소적으로 벌채하는 작업으로 양수수종에 적용이 어렵다.

19 산림용 묘목규격을 결정하는데 사용되지 않는 것은?

① 간장 ② 묘령
③ 근원경 ④ 흉고직경

> **해설**
> 묘목 규격의 측정기준으로 간장, H/D 율, 근원경, 묘령이 있다.

20 주로 5월 전후에 채종하는 수종은?

① 주목 ② 미루나무
③ 단풍나무 ④ 측백나무

> **해설**
> 5월 전후 종자가 성숙하는 수종의 경우 채종가능하며 대표적으로 버드나무, 미루나무, 사시나무, 황철나무가 있다.

정 답 14. ③ 15. ① 16. ③ 17. ④ 18. ① 19. ④ 20. ②

21 다음 중 병원체가 토양 중에서 월동하지 않는 것은 어느 것인가?

① 식물병원성바이러스
② 자줏빛날개무늬병균
③ 근두암종병균
④ 묘목의 잘록병균

해설
병원체가 토양 중에 월동하는 것으로 모잘록병균, 뿌리혹병균(근두암종병균), 오동나무빗자루병, 자줏빛날개무늬병균 등이 있다.

22 다음 중 오리나무잎벌레의 월동 형태로 가장 적합한 것은?

① 알   ② 유충
③ 번데기 ④ 성충

해설
오리나무잎벌레는 1년에 1회 발생하고 성충으로 지피물 아래나 흙 속에서 월동한다.

23 최근 우리나라 산불발생에 가장 많이 차지하는 원인은?

① 입산자의 실화
② 논, 밭두렁의 소각
③ 어린이의 불장난
④ 성묘객의 실화

해설
입산자의 실화가 대략 50%, 담뱃불 실화의 경우 대략 10~13%, 논 밭두렁의 경우 봄철에 많이 발생되어 약 20%, 가을에는 소각이 적어 5% 이내 정도의 발생 비율을 보인다.

24 수간의 인피부를 가해하는 해충 중 공동을 만드는 것은?

① 유리나방 ② 비단벌레
③ 하늘소   ④ 나무좀

해설
유리나방은 천공성 해충으로 수간의 인피부에 구멍을 뚫어 가해한다.

25 다음 중 표징에 해당되는 것은?

① 위축   ② 균사체
③ 시들음   ④ 줄기마름

해설
균사체는 표징에 해당한다.

26 일반적으로 1년에 2회 발생하고 월동은 번데기로 하며 주로 잎을 가해하는 해충은?

① 대벌레   ② 매미나방
③ 미국흰불나방 ④ 잣나무넓적잎벌

해설
미국흰불나방
• 피해수종으로 포플러, 버즘나무, 단풍나무 등이 있다.
• 1년에 2회 발생하고 번데기 형태로 월동한다.
• 초기에는 병든 잎을 소각하며, 유충가해기에는 BT 수화제를 이용한다.

27 단성생식으로 다음 세대를 이어가는 해충으로 옳은 것은?

① 솔노랑잎벌
② 밤나무혹벌
③ 천막벌레나방
④ 소나무노랑정바구미

해설
밤나무혹벌은 암컷만으로 단성생식을 한다.

28 가뭄 피해에 관한 설명으로 옳지 않은 것은?

① 주로 장령림에게 피해가 집중된다.
② 임지에 비해 묘포지는 피해가 적다.
③ 남쪽 또는 서쪽 사면의 토양의 깊이가 얕은 곳에 발생이 쉽다.
④ 토양의 수분 부족으로 나무의 끝이 말라 죽거나 생장이 감소하는 현상이다.

해설
장령림의 경우 가뭄에 대한 저항성이 있어 피해가 적은 편이다.

정답 21. ① 22. ④ 23. ① 24. ① 25. ② 26. ③ 27. ② 28. ①

29 농약의 부작용으로서 가장 좁은 의미의 약해의 설명으로 옳은 것은?

① 야생동물, 가축이 입는 피해
② 잔류농약에 의한 생태계의 피해
③ 방제대상이 아닌 식물이 입는 피해
④ 꿀벌, 누에 등 유용곤충이 입는 피해

해설
농약의 부작용 범위를 물었으며 이때 농약의 사용대상인 방제대상 외의 식물이 입을 경우가 가장 좁은 약해의 범위이며 그 외의 동물이나 곤충 등이 입는 부작용의 범위, 다음으로 큰 의미로 생태계의 부작용으로 정의할 수 있다.

30 늦가을 줄기에 짚을 감아 두었다가 봄에 이것을 모아 태워 해충과 익충도 함께 유실되는 방법은?

① 식이유살법 ② 등화유살법
③ 번식처유살법 ④ 잠복장소유살법

해설
먹이나무를 설치하거나 월동을 위한 장소를 제공하여 유인한 후 이것을 소각하는 방법으로 잠복장소유살법이라 한다.

31 대추나무 빗자루병에 관한 설명으로 옳지 않은 것은?

① 병원체는 바이러스이다.
② 주로 체관부(phloem)에 기생한다.
③ 마름무늬매미충에 의해 매개 전염된다.
④ 옥시테트라싸이클린 수간주사로 치료가 가능하다.

해설
대추나무 빗자루병의 병원체는 파이토플라스마이다.

32 오리나무잎벌레의 생활사에 대한 설명으로 옳은 것은?

① 알로 월동하고 줄기에 산란한다.
② 유충으로 월동하고 잎에 산란한다.
③ 성충으로 월동하고 잎에 산란한다.
④ 번데기로 월동하고 줄기에 산란한다.

해설
오리나무 잎벌레는 성충으로 지피물 혹은 흙속에 월동한다.

33 다음 수병 중 바이러스 발생 원인으로 옳은 것은?

① 불마름병 ② 뿌리혹병
③ 흰가루병 ④ 모자이크병

해설
모자이크병은 바이러스에 의한 병이다.

34 대기 중 공중습도가 30% 이하일 때 산불발생 위험도와의 관계는?

① 잘 발생하지 않는다.
② 발생하지만 진행이 더디다.
③ 발생하기 어렵지만 진화는 쉽다.
④ 대단히 발생하기 쉽고, 진화가 어렵다.

해설
상대습도 60% 이상에서는 거의 발생하지 않으며 40% 이하에서는 발생률이 높고 진화가 어렵다.

35 아황산가스에 대한 감수성이 가장 큰 것은?

① 편백 ② 소나무
③ 삼나무 ④ 은행나무

해설
아황산가스에 감수성이 큰 것은 저항성이 약한 것을 의미하며 보기 중 소나무가 가장 저항성이 약하다.

정답 29. ③ 30. ④ 31. ① 32. ③ 33. ④ 34. ④ 35. ②

36 수병과 중간 기주의 연결이 옳지 않은 것은?

① 포플러 잎녹병 - 낙엽송
② 소나무 혹병 - 황벽나무
③ 잣나무 털녹병 - 까치밥나무
④ 배나무 붉은별무늬병 - 향나무

해설
소나무 혹병의 기주는 소나무, 졸참나무, 신갈나무 등이며 중간기주는 참나무이다.

37 농약의 보조제에 대한 설명으로 옳지 않은 것은?

① 협력제는 주제의 살충 효력을 증진시킨다.
② 증량제는 주약제의 농도를 높이기 위해 사용한다.
③ 유화제는 유제의 유화성을 높이기 위해 사용한다.
④ 전착제는 식물이나 해충 표면에 살포액이 잘 부착시키기 위해 사용한다.

해설
증량제의 경우 주약제의 농도를 낮추기 위해 사용하는 보조제이다.

38 솔껍질깍지벌레는 어느 부류에 속하는가?

① 흡즙성 해충   ② 천공성 해충
③ 식엽성 해충   ④ 충영형성 해충

해설
흡즙성 해충은 수목의 수액을 빨아먹는 해충으로 응애, 진딧물, 깍지벌레 등이 있다.

39 야생동물 분포조사 방법에 해당하지 않는 것은?

① 포획조사   ② 육안조사
③ 지형조사   ④ 설문조사

해설
야생동물 분포도 작성을 위한 조사 방법으로 육안조사, 포획조사, 설문조사, 전수조사 등이 있다.

40 수목치료를 위한 수간주입방법 중 주입기 용량이 가장 작은 것은?

① 중력식   ② 삽입식
③ 흡수식   ④ 미세압력식

해설
삽입식의 방법의 목적이 약액을 나무에 천천히 주입하기 위한 방법으로 주입 직경 1cm 정도로 작다.

41 다음 임업자산 중 고정자산으로 옳지 않은 것은?

① 묘목   ② 차량
③ 임도   ④ 집재기

해설
묘목은 유동자산에 속한다.

42 산림경영의 목적을 달성하기 위한 지도원칙으로 옳지 않은 것은?

① 수익성의 원칙
② 공공성의 원칙
③ 합자연성의 원칙
④ 비교우위의 원칙

해설
산림경영 지도원칙으로는 수익성, 경제성, 생산성, 공공성, 보속성, 합자연성의 원칙이 있다.

43 산림경영계획의 사업실행 순서로 옳은 것은?

① 연차계획 → 사업예정 → 사업실행 → 조사업무
② 조사업무 → 연차계획 → 사업예정 → 사업실행
③ 조사업무 → 사업예정 → 연차계획 → 사업실행
④ 연차계획 → 조사업무 → 사업예정 → 사업실행

해설
산림경영계획은 연차계획이후 사업을 예정하고 실행 후 실행에 대한 조사 순서로 이루어진다.

정답 36. ② 37. ② 38. ① 39. ③ 40. ② 41. ① 42. ④ 43. ①

44 측고기 사용상의 주의사항으로 가장 옳은 것은?

① 수고 정도의 거리에서 측정한다.
② 수고보다 가까운 거리에서 측정한다.
③ 나무가 서 있는 등고선보다 높은 위치에 서만 측정 한다.
④ 나무가 서 있는 등고선보다 낮은 위치에 서만 측정 한다.

해설
측고기를 사용시 가장 정확한 수고 측정을 위해서는 수고 정도의 거리를 이격하여 측정한다.

45 임업을 경영하는 임가에서 2020년 한 해 동안 임가 소득은 3억원, 임업소득은 1억2천만원이라면 이임가의 2020년 임업의존도는 몇 %인가?

① 30% ② 40%
③ 45% ④ 50%

해설
$$임업의존도 = \frac{산림소득}{임가소득} \times 100(\%)$$
$$= \frac{1.2억}{3억} \times 100 = 40(\%)$$

46 임지기망가의 크기에 대한 설명으로 옳지 못한 것은?

① 벌기가 커질수록 임지기망가는 커진다.
② 이율이 높을수록 임지기망가는 작아진다.
③ 조림비와 관리비가 클수록 임지기망가는 작아진다.
④ 주벌수익과 간벌수익이 클수록 임지기망가는 커진다.

해설
벌기가 커지면 임지기망가는 증가한다. 단, 최대시기 도달 이후는 점차 감소한다.

47 법정림의 법정상태 요건으로 해당하지 않는 것은?

① 법정축적   ② 법정벌채량
③ 법정임분배치 ④ 법정영급분배

해설
법정림의 법정상태 요건으로 법정생장량, 법정축적, 법정임분배치, 법정영급분배이다.

48 임업이율의 특징으로 옳은 것은?

① 대부이율 ② 명목이율
③ 현실이율 ④ 단기이율

해설
임업이율의 성격
· 임업이율은 대부이율이 아닌 자본이율이다.
· 임업이율은 현실이율이 아닌 평정이율이다.
· 임업이율은 실질이율이 아닌 명목이율이다.
· 임업이율은 장기이율이다.

49 지황조사에서 제지에 해당하는 것은?

① 관련 법률에 의거 지정된 임지
② 입목본수 비율이 30% 이상인 임지
③ 입목본수 비율이 30% 이하인 임지
④ 암석 및 석력지로서 조림이 불가능한 임지

해설
제지는 암석이나 석력지 등 조림이 어려운 지역을 말한다. 주로 도로, 하천, 방화선, 암석지, 습지 등이 여기에 속한다.

50 임지평가기법 중 마이너스(−) 값이 나올 수 있는 것은?

① 대용법   ② 입지법
③ 임지기망가법 ④ 임지매매가법

해설
장차 발생될 것으로 기대되는 수익의 합계를 기망가라 하며 이때 고려되는 조림비와 관리비가 커질 경우 마이너스 값이 발생할 수 있다

정답 44. ① 45. ② 46. ① 47. ② 48. ② 49. ④ 50. ③

51 통나무의 길이가 7m, 원구의 단면적이 1.4m², 말구의 단면적이 0.6m²일 때 스말리안(Smalian)식에 의한 이 통나무의 재적은 얼마인가?

① 0.3m³ ② 1.2m³
③ 7.0m³ ④ 30m³

> **해설**
> 스말리안식 = $\dfrac{원구단면적 + 말구단면적}{2} \times 길이$
> $= \dfrac{1.4 + 0.6}{2} \times 7 = 7(m^3)$

52 주업적 임업의 설명으로 옳지 않은 것은?

① 기업과 독림가의 임업이 해당된다.
② 주로 연료 및 농용재 생산을 위한 임업형태이다.
③ 임업을 주업으로 하는 100ha 이상의 임업형태이다.
④ 임업을 독립된 경영조직으로 운영하는 임업형태 이다.

> **해설**
> 연료 및 농용재 생산을 위한 임업은 종속적 임업이다.

53 단목의 연령을 측정하는 방법에 관한 설명으로 옳은 것은?

① 목측으로도 나무의 크기에 관계없이 정확한 나무의 나이를 측정 할 수 있다.
② 기록에 의한 방법은 과거의 조림 기록에 의해 나무의 연령을 측정하는 방법이다.
③ 지절에 의한 방법은 가지의 모양에 관계없이 가지의 수를 세어 연령을 파악할 수 있는 방법이다.
④ 성장추를 이용하여 흉고부위에서 목편을 채취하여 연륜수를 파악하면 그것이 곧 그 나무의 연령이 된다.

> **해설**
> 기록에 의한 방법은 초기 조림을 했던 시기를 기록하여 그때를 기준으로 나무의 연령을 측정하는 방법이다.

54 다음 중 산림측량의 종류로 옳지 않은 것은?

① 주위측량 ② 시설측량
③ 구획측량 ④ 하해측량

> **해설**
> 산림측량의 종류로 주위측량, 구획측량, 시설측량이 있다. 하해측량은 호수, 해안지역 등에 시공을 위한 측량을 의미한다.

55 국유림경영계획을 위한 산림조사 항목에 대한 설명으로 옳지 않는 것은?

① 영급은 10년을 한 단위로 한다.
② 임령은 분모에 평균을 표시한다.
③ 임종은 인공림·천연림의 구분이다.
④ 소밀도는 조사면적에 대한 입목의 수관면적이 차지하는 비율을 백분율로 표시한다.

> **해설**
> 임령은 분자에 평균을 표시한다.

정답 51. ③ 52. ② 53. ② 54. ④ 55. ②

56 임목 생장률 계산식이 아닌 것은?

① 단리산식　② Pressler식
③ Brereton식　④ Schneider식

> **해설**
> 임목의 생장률 계산으로 단리산식, 복리산식, Pressler식, Schneider식이 있다. 보기의 Brereton식은 임목재적 계산식이다.

57 손익분기점 분석에 필요한 가정에 대한 설명으로 옳은 것은?

① 제품의 생산능률은 변함이 없다.
② 고정비는 생산량의 증감에 따라 변한다.
③ 생산량과 판매량은 항상 같은 것은 아니다.
④ 제품 한 단위당 변동비는 제품 생산이 늘어남에 따라 함께 증가한다.

> **해설**
> 손익분기점 분석을 위한 가정
> • 제품 판매량은 일정하다.
> • 비용이 고정비와 변동비로 구분된다.
> • 판매 단위당 변동비가 일정하다.
> • 고정비는 생산량 수준에 관계없이 생산능력은 일정하다.
> • 생산량과 판매량은 항상 같다.
> • 생산의 효율성은 항상 일정하다.

58 우리나라 수확표의 기준임령에서 지위지수의 결정 방법은 무엇인가?

① 토양의 환경인자에 의하여
② 임분의 우세목 평균수고에 의하여
③ 임분의 우세목, 피압목의 평균수고에 의하여
④ 임분의 우세목, 준우세목, 피압목의 평균수고에 의하여

> **해설**
> 지위지수는 산림의 잠재생산력 혹은 생산력의 판단지표로서 특정 임령의 우세목의 평균수고를 이용한다.

59 입목의 간재적이 $0.8m^3$이고, 이를 벌채 조재하여 원목재적을 계산하니 $0.65m^3$이었다. 이 나무의 조재율은?

① 약 15%　② 약 19%
③ 약 81%　④ 약 85%

> **해설**
> 조재율은 원목재적을 임목줄기의 재적으로 나눈 값이다.
> $\frac{0.65}{0.8} \times 100 ≒ 81\%$

60 이율의 고저를 좌우하는 요인이 아닌 것은?

① 대부기간
② 자본의 크기
③ 자본투하의 위험성
④ 투하자본의 유동성

> **해설**
> 이율의 크기 및 고저를 결정하는 요인으로 대출기간, 자본투하의 위험성, 투하자본의 유동성 등이 있다.

61 벌목 및 조재작업시 측척, 원목돌리기 등과 같은 작업은 작업의 분류시 어디에 속하는가?

① 준비작업　② 주체작업
③ 부대작업　④ 작업여유

> **해설**
> 부대작업은 주체작업에 부수되는 작업으로 측척, 원목돌리기와 같은 작업들이 있다.

62 다음 중 임목 조재작업에 사용되는 기구·기계가 아닌 것은?

① 도끼　② 톱
③ 무육낫　④ 팬(pan)

> **해설**
> 나무를 베어 조건에 맞도록 가지치기 및 규격에 맞추어 자르는 작업을 조재작업이라 하며 도끼, 톱, 무육낫 등을 활용한다.

정답　56. ③　57. ①　58. ②　59. ③　60. ②　61. ③　62. ④

63 비탈다듬기공사 후에 선떼붙이기를 위한 단끊기 공사를 설계할 때 계단나비는 일반적으로 얼마로 하는가?

① 30 ~ 50cm ② 50 ~ 70cm
③ 70 ~ 90cm ④ 90 ~ 110cm

해설
선떼붙이기공법은 비탈다듬기를 시행한 비탈에 높이 1~2m 단위로 수평 단끊기를 실시하고 소단폭은 50~70cm 정도로 한다.

64 임도설계를 위한 설계서 작성에 포함되는 내용이 아닌 것은?

① 공사설명서   ② 일반시방서
③ 평면도   ④ 예정공정표

해설
임도 설계서
목차, 공사설명서, 시방서, 예정공정표, 예산내역서, 일위대가표, 단가산출서, 원가계산서, 각종 중기경비계산서, 소요자재총괄표, 공정별 수량계산서, 토적표, 산출기초

65 다음 중 찰쌓기를 할 때 물빼기 구멍용 PVC 파이프(직경 3cm 정도)를 몇 m² 에 하나씩 설치하는가?

① 1m²   ② 2~3m²
③ 4m²   ④ 5m²

해설
찰쌓기 시공시 시공면적 2~3m² 마다 직경 3cm 정도의 물빼기 관을 설치한다.

66 임도 설계에서 교각법에 의하여 단곡선 설정 내각이 90°, 곡선 반경이 500m 이면 접선길이는?

① 100 m   ② 250 m
③ 500 m   ④ 1000 m

해설
교각법
$$곡선반지름 = 접선길이 \times \tan\left(\frac{\theta}{2}\right)$$
$$= 500 \times \tan 45 (=1) = 500$$

67 임도를 설계할 때 필요하지 않은 도면은?

① 평면도   ② 측면도
③ 종단면도 ④ 횡단면도

해설
임도 설계도면은 위치도, 평면도, 종단면도, 횡단면도, 구조물 설계도가 필요하다.

68 트랙터 주행장치의 유형에서 타이어방식과 비교한 크롤러 바퀴방식의 특징으로 옳지 않은 것은?

① 기동력이 높다.
② 회전 반지름이 작다.
③ 가격이 고가이고 수리 유지비가 많이 소요된다.
④ 견인력과 접지면적이 커서 험준한 지형에서도 주행성이 양호하다.

해설
크롤러형은 장궤형이라고도 하며 타이어방식과 비교하여 크롤러 방식은 회전반지름이 작고 기동력이 낮다.

정답 63. ② 64. ③ 65. ② 66. ③ 67. ② 68. ①

69 비탈면 녹화에 사용하는 사방용 초본류 중 재래종이 아닌 것은?

① 김의털 ② 오리새
③ 제비쑥 ④ 까치수영

해설
오리새는 도입초종이다.

70 반송기를 사용하는 장비는?

① 체인톱 ② 예불기
③ 펠러번처 ④ 타워야더

해설
반송기는 목재를 적재, 운반하는 기능을 가진 장비로 타워야더가 반송기에 해당한다.

71 임도의 유지 보수에 대한 설명으로 옳지 않은 것은?

① 작업임도에 대해서도 관리를 하여야 한다.
② 지선임도는 유지보수 관리 대상이 아니다.
③ 결함이 있을 때에는 보수공사를 하여야 한다.
④ 수시점검, 일상점검, 정기점검, 긴급점검 등이 있다.

해설
지선임도 역시 산림경영 및 보호를 목적으로 간선임도나 도로에서 연결되는 임도로서 임업적 기능을 가지기에 유지보수 관리 대상이다.

72 임도망 편성에 있어 설치 위치별 분류에 해당되지 않는 것은?

① 계곡임도 ② 사면임도
③ 임연임도 ④ 능선임도

해설
산악 임도망으로 계곡, 사면, 능선, 산정부, 계곡분지 등이 있다.

73 해안사지 조림용 수종의 구비조건으로 거리가 먼 것은?

① 바람에 대한 저항력이 클 것
② 양분과 수분에 대한 요구가 클 것
③ 온도의 급격한 변화에도 잘 견디어 낼 것
④ 울폐력이 좋고 낙엽, 낙지 등에 의하여 지력을 증진시킬 수 있을 것

해설
해안사지의 경우 양분과 수분의 요구도가 적어야 생존이 가능하며 대표 수종으로 해송, 사시나무, 아까시나무 등이 있다.

74 와이어로프의 폐기기준으로 옳지 않은 것은?

① 킹크 상태인 것
② 현저하게 변형된 것
③ 와이어로프 소선이 10% 이상 절단된 것
④ 마모에 의한 직경 감소가 공칭직경의 10%를 초과하는 것

해설
마모에 의한 직경 감소가 공칭직경에 7% 초과할 경우 폐기한다.

75 사방댐의 방수로 크기를 결정하는 주요 요인이 아닌 것은?

① 강수량 ② 집수면적
③ 댐의 종류 ④ 상류 하상의 상태

해설
사방댐의 방수로 크기 결정 요인으로 강수량, 집수면적, 산림상태, 경사가 있다.

정답 69. ② 70. ④ 71. ② 72. ③ 73. ② 74. ④ 75. ③

76 임도 설계시 곡선설치를 생략하는 기준은?

① 내각이 140도 이상
② 내각이 145도 이상
③ 내각이 150도 이상
④ 내각이 155도 이상

해설
임도 설계 규정에 의거 내각이 155도 이상인 장소는 곡선을 생략 가능하다.

77 임도의 합성기울기를 10%로 설정하려 할 때 외쪽기울기가 6% 라면 종단기울기는?

① 8 %
② 10 %
③ 12 %
④ 14 %

해설
합성기울기
합성기울기 = $\sqrt{종단기울기^2 + 횡단기울기^2}$
$10 = \sqrt{6^2 + x^2}$
$100 = 36 + x^2$
$x = 8$

78 옆도랑과 길어깨를 제외한 임도의 구조는?

① 대피소
② 유효나비
③ 도로나비
④ 합성기울기

해설
구조상 옆도랑과 길어깨를 제외한 부분을 유효나비라 하며 유효나비의 기준은 통상 3m 이다.

79 체인톱의 쏘체인 규격은 무엇으로 구분하는가?

① 피치
② 중량
③ 배기량
④ 엔진출력

해설
쏘체인의 규격은 피치(pitch)로서 서로 접한 3개의 리벳간격을 2로 나눈 값을 말한다.

80 기슭막이에 대한 설명으로 옳지 않은 것은?

① 황폐계천에서 유수에 의한 계안의 횡침식을 방지하기 위해 설치한다.
② 유로의 만곡에 의하여 물의 충격을 받거나 붕괴 위험성이 있는 계천변에 설치한다.
③ 계류의 둑쌓기 구간내에 시공할 경우 둑쌓기 계획비탈기울기와 동일한 기울기로 계획한다.
④ 침식이 심하고 유수의 충돌이 심한 곳에서는 통나무기슭막이나 바자기슭막이를 적용한다.

해설
침식이 심하거나 유수의 충돌이 심한 곳은 침식 방지를 위해 돌, 콘크리트, 블록, 돌망태기슭막이를 적용한다.

정답 76. ④ 77. ① 78. ② 79. ① 80. ④

산림산업기사 CBT 제3회

** 본문제는 수험생들의 기억을 바탕으로 작성 된 것으로 실제 문제와 차이가 있을 수 있습니다.

01 포지에 심한 가뭄이 들어서 관수를 하려고 한다. 가장 적당한 것은?

① 상에 직접 준다.
② 보도 및 우마도에 준다.
③ 상과 상 사이에 준다.
④ 상에 작은 골을 파고 준다.

해설
심한 가뭄이 발생하면 고랑(보도)에 관수하는 것이 좋다.

02 무육작업의 종류로만 조합된 것이 아닌 것은?

① 풀베기, 덩굴치기
② 가지치기, 간벌
③ 개벌작업, 파종작업
④ 임지시비, 비료목식재

해설
무육작업은 생육단계별로 적용하는 작업이 있으며 풀베기, 덩굴치기, 가지치기, 간벌, 임지시비, 비료목의 식재 등이 있다. 개벌작업은 갱신작업에 해당하며 파종 작업은 씨를 뿌리는 작업으로 무육작업을 하기 전에 해당한다.

03 제벌의 시기로 맞는 것은?

① 식재 후 바로 실시한다.
② 조림목의 수관이 거의 접촉하는 시기에 한다.
③ 수시로 한다.
④ 간벌 후 한다.

해설
제벌은 조림목의 수관 경쟁이 시작되는 즉 수관이 거의 접촉하는 시기에 실시한다.

04 접목 실시 방법에 대한 설명으로 옳은 것은?

① 접수와 대목이 활동을 시작 할 때 실시한다.
② 접수와 대목이 휴면상태에 있을 때 실시한다.
③ 접수는 활동을 시작하고 대목은 휴면상태일 때 실시한다.
④ 접수는 휴면상태에 있고 대목이 활동을 시작할 때 실시한다.

해설
접목을 실시하는 시기로 접수는 휴면상태, 대목은 활발한 상태일 때 접목의 적기이다.

05 종자의 결실주기가 가장 긴 수종은?

① 소나무
② 오리나무
③ 아까시나무
④ 일본잎갈나무

해설
낙엽송, 너도밤나무 등은 결실주기가 5년 이상으로 긴 수종에 속한다.

정답 01. ③ 02. ③ 03. ② 04. ④ 05. ④

06 종자 결실량을 증가시키는 방법이 아닌 것은?

① 간벌 작업을 실시한다.
② 건조, 접목, 상처주기 등의 스트레스를 준다.
③ 꽃눈이 분화하는 시기에 비료를 주지 않는다.
④ 수피의 일부분을 제거하여 C/N 율을 조절한다.

해설
화아분화기에 시비를 하면 결실을 촉진할 수 있다.

07 내음력이 가장 약한 수종은?

① 녹나무   ② 전나무
③ 자작나무 ④ 가문비나무

해설
자작나무는 극양수로 내음력이 약한 수종에 속한다.

08 수종별 파종 방법으로 적합하지 않은 것은?

① 소나무 - 산파
② 호두나무 - 산파
③ 느티나무 - 조파
④ 상수리나무 - 점파

해설
호두나무는 대립종자로 점파를 한다.

09 인공조림과 비교한 천연갱신에 대한 설명으로 옳지 않은 것은?

① 임지가 나출되지 않아 지력이 유지된다.
② 전문적인 육림기술이 필요하지만 벌목과 운재 작업이 용이하다.
③ 임분 조성의 확실성이 결여되어 보완조림 등이 필요한 경우가 있다.
④ 치수가 모수의 보호를 받고, 여러 가지 위해에 대한 저항력이 강하다.

해설
천연갱신은 인공조림에 비해 벌목과 운재 작업이 상대적으로 어렵다.

10 산벌작업의 순서로 옳은 것은?

① 전벌 → 하종벌 → 종벌
② 예비벌 → 전벌 → 종벌
③ 하종벌 → 예비벌 → 후벌
④ 예비벌 → 하종벌 → 후벌

해설
산벌작업은 크게 예비벌, 하종벌, 후벌의 단계를 거쳐 갱신한다.

11 조림지의 풀베기 작업 시기로 가장 적합한 것은?

① 여름철인 6~8월이 좋다.
② 잡초목의 생장이 완료된 늦가을에 실시한다.
③ 수목의 수액이 이동하기 전인 4월 이전이 좋다.
④ 잡초목의 생장이 시작되는 4~5월에 실시한다.

해설
풀베기 시기는 보통 6월 ~ 8월에 실시하며 9월 이후는 실시하지 않는다.

정답 06. ③ 07. ③ 08. ② 09. ② 10. ④ 11. ①

12 자연의 힘으로 이루어진 극상림의 숲은?

① 보안림　② 열대림
③ 원시림　④ 동령림

해설
원시림은 자연의 힘으로 이루어졌으며 인간의 힘이 작용한 적이 없는 극상림의 숲을 말한다.

13 가지치기의 장점이 아닌 것은?

① 부정아 발생
② 무절재 생산
③ 하층목 생장 촉진
④ 산불로 인한 수관화 경감

해설
가지치기에 의해 부정아가 발생하는 것은 가지치기의 단점이다.

14 동일한 수목의 양엽과 음엽을 비교한 설명으로 옳지 않은 것은?

① 양엽은 음엽보다 광포화점이 높다.
② 음엽은 양엽보다 잎의 두께가 두껍다.
③ 음엽은 양엽보다 엽록소 함량이 더 많다.
④ 양엽은 음엽보다 책상조직이 빽빽하게 배열되어 있다.

해설
양엽이 음엽보다 색이 진하고 잎이 두껍다.

15 묘목의 가식에 대한 설명으로 옳지 않은 것은?

① 1~2개월 장기간 가식을 할 경우에는 관수가 필요하다.
② 가급적 비가 오거나 비가 온 후 바로 가식하여 묘목이 건조하지 않게 한다.
③ 묘목을 심기 전 일시적으로 땅에 뿌리를 묻어 건조하지 않도록 해 주는 작업이다.
④ 추위나 바람의 피해가 우려되는 곳은 묘목의 정단 부분을 바람과 반대방향으로 되도록 눕혀 묻어준다.

해설
비가 오거나 비가 온 후에는 가식을 피한다.

16 토양수 중 식물이 쉽게 이용할 수 있는 pF 1.8~4.2에 상당하는 유효수분은?

① 화합수　② 흡습수
③ 모관수　④ 중력수

해설
모관 인력에 의하여 토양 내의 작은 공극을 상승하는 수분을 모관수라 하며 pF 1.8 ~ 4.2 에 해당한다.

17 1-2-1묘는 몇 번 판갈이 작업한 묘인가?

① 1번　② 2번
③ 3번　④ 4번

해설
1-2-1 묘는 파종상에서 1년, 옮겨심고 2년, 다시 옮겨심어 1년이 지난 4년생 실생묘로서 판갈이 작업을 2번하였다.

정답　12. ③　13. ①　14. ②　15. ②　16. ③　17. ②

18 종자의 순량율 기준이 가장 낮은 수종은?

① 잣나무 ② 밤나무
③ 오리나무 ④ 은행나무

> **해설**
> 보기 중 잣나무, 밤나무, 은행나무는 순량률이 90% 이상이나 오리나무는 73% 정도로 가장 낮다.

19 묘간거리 4m로 정방형 식재를 할 때 1ha당 식재 본수는?

① 63본 ② 250본
③ 625본 ④ 2500본

> **해설**
> 4m × 4m = 16m²
> 10,000 ÷ 16 = 625 본

20 수목에서 수분 통도 및 지탱의 역할을 하는 조직은?

① 밀선 ② 목부
③ 사부 ④ 유조직

> **해설**
> 수목의 목부는 수분의 이동 통로 역할을 하며 더 안쪽의 목부부위들은 기계적 지지 역할을 담당한다.

21 토양을 소독하면 방제 효과가 가장 높은 수목병은?

① 잎떨림병 ② 빗자루병
③ 모잘록병 ④ 줄기마름병

> **해설**
> 모잘록병은 토양에 의해 전반되기에 토양을 소독하면 방제효과가 크다.

22 모잘록병 예방 방법으로 가장 효과적인 것은?

① 햇볕을 막아 그늘지게 한다.
② 질소질 비료를 충분하게 준다.
③ 파종량을 적게 하고 복토를 두껍게 한다.
④ 배수와 통풍이 잘 되고 과습하지 않도록 한다.

> **해설**
> 모잘록병은 토양 및 종자에 의해 전반되기에 토양의 배수를 원활하게 하여 과습을 피한다.

23 대기오염물질에 의한 활엽수의 병징으로 옳지 않은 것은?

① PAN : 엽맥 사이 조직의 황화현상 및 잎의 비대화
② 아황산가스 : 잎의 끝 부분과 엽맥 사이 조직의 괴사
③ 질소산화물 : 초기에 흩어진 회녹색 반점이 생기다가 잎의 가장자리 조직 괴사
④ 오존 : 잎 표면에 주근깨 같은 반점이 형성되고 반점이 합쳐져 표면의 백색화

> **해설**
> PAN은 식물의 세포막이나 소기관을 파괴하여 기능을 상실시키며 광합성을 저하시킨다.

24 솔잎혹파리가 우화하는 최성기는?

① 4월 상순 ② 6월 상순
③ 8월 상순 ④ 10월 상순

> **해설**
> 솔잎혹파리의 우화 최성기는 5~6월이다.

정답 18. ③ 19. ③ 20. ② 21. ③ 22. ④ 23. ① 24. ②

25 외국에서 유입된 해충이 아닌 것은?

① 솔나방
② 솔잎혹파리
③ 아까시잎혹파리
④ 버즘나무방패벌레

해설
솔나방은 토종벌레이다.

26 소나무좀 방제 방법으로 옳지 않은 것은?

① 페니트로티온 유제를 살포한다.
② 6월 이전에 임내의 잡초를 없앤다.
③ 기생성 천적인 좀벌류, 기생파리류를 이용한다.
④ 성충을 산란하게 한 후 먹이나무를 박피하여 소각한다.

해설
소나무좀 방제법
- 쇠약목, 고사목 등은 벌채한다.
- 2~3월에 먹이나무를 설치하고 유인후 소각한다.
- 수세가 약한 나무는 제거하고 4월경 수피를 제거하여 번식처를 없앤다.
- 2~4월 페니트로티온 유제를 줄기에 살포한다.
- 기생성 천적인 좀벌류, 맵시벌류, 기생파리류를 보호한다.

27 같은 종의 곤충에 대하여 행동 및 생리에 영향을 주는 물질은?

① 알로몬
② 시노몬
③ 페로몬
④ 카이로몬

해설
페로몬은 곤충이 외부로 분비하는 일종의 화학물질로 곤충의 정보전달 수단 중 하나이다.

28 곤충의 호흡이 이루어지는 기관은?

① 기문
② 인두
③ 내분비계
④ 말피기관

해설
곤충의 호흡은 기문을 통해 이루어진다. 그래서 훈증제의 경우 가스 상태로 해충의 기문을 통해 침투하게 된다.

29 산불 관련 실효습도의 정의로 옳은 것은?

① 토양의 함수량
② 임분 내의 평균습도
③ 당일 대기 중 상대습도 3회의 평균치
④ 당일을 포함한 최근 일의 상대습도에 가중치를 붙인 평균 습도

해설
수일 전부터 당일까지의 습도를 합해 계수를 곱하여 계산한양 혹은 상대습도의 가중치를 붙인 평균습도이다. 목재를 이용하여 평가하기도 하여 화재 발생의 위험도를 표시하는 습도로 이용된다. 실효습도가 50% 이하가 될 경우 화재 발생의 가능성이 높다라고 한다.

30 수목에 발생하는 흰가루병의 표징에 대한 설명으로 옳은 것은?

① 병환부에 나타난 흰가루는 감로에 곰팡이가 자란 것이다.
② 병환부에 나타난 흰가루는 병원균의 완전세대이다.
③ 병환부에 나타난 흰가루는 병원균의 분생포자이다.
④ 봄철 병환부에 나타난 미세한 흑색의 알맹이는 불완전세대인 자낭구이다.

해설
병환부의 흰가루부분은 분생포자에 의한 병징이다.

정답 25. ① 26. ② 27. ③ 28. ① 29. ④ 30. ③

31 나무껍질 사이에서 월동하는 해충은?

① 밤바구미
② 솔잎혹파리
③ 어스렝이나방
④ 잣나무넓적잎벌

해설
어스렝이나방은 알 형태로 나무껍질 사이나 줄기의 수피위에 월동한다.

32 솔나방에 대한 설명으로 옳지 않은 것은?

① 종실을 가해한다.
② 7~8월에 우화한다.
③ 유충 상태로 월동한다.
④ 알을 무더기로 낳는다.

해설
솔나방은 식엽성 해충으로 잎을 가해한다.

33 아황산가스로 인한 수목의 피해 증상 및 영향에 대한 설명으로 옳지 않은 것은?

① 대기의 습도가 낮은 경우에는 가스가 정체되어 피해가 현저하게 나타난다.
② 만성증상은 수목의 생육이 왕성한 늦봄과 초여름에 최고로 민감하게 나타난다.
③ 급성증상은 잎의 주변부와 엽맥 사이에 조직의 괴사와 연반현상이 나타난다.
④ 기공으로 흡수된 아황산가스의 대부분은 황산 또는 황산염으로 되어 접촉부위 부근에 축적된다.

해설
아황산가스의 경우 습도가 높을 때 피해가 현저하게 나타난다.

34 한해(drought injury)의 피해를 가장 적게 받는 수종은?

① 소나무　② 오리나무
③ 버드나무　④ 포플러류

해설
한해의 피해가 발생하기 쉬운 수종으로 버드나무, 오리나무, 들메나무, 포플러 등이 있다.

35 유충기가 가장 긴 해충은?

① 솔나방　② 매미나방
③ 어스렝이나방　④ 미국흰불나방

해설
솔나방은 성충이 되기 위해 약 1년 정도의 긴 유충기간을 가진다.

36 미국흰불나방이 월동하는 형태는?

① 알　② 성충
③ 유충　④ 번데기

해설
미국흰불나방은 번데기 형태로 월동한다.

37 오리나무잎벌레에 대한 설명으로 옳지 않은 것은?

① 번데기를 형성한다.
② 1년에 1회 발생한다.
③ 유충과 성충이 모두 잎을 가해한다.
④ 낙엽이나 지피물 밑에서 유충으로 월동한다.

해설
오리나무잎벌레는 성충형태로 지피물 혹은 흙속에 월동한다.

정답　31. ③　32. ①　33. ①　34. ①　35. ①　36. ④　37. ④

38 단위생식에 의해서 증식하는 해충은?

① 솔잎혹파리
② 밤나무혹벌
③ 오리나무잎벌레
④ 아까시잎혹파리

해설
암컷만으로 하는 생식을 단위생식, 처녀생식이라 하며 대표적으로 밤나무혹벌, 민다듬이벌레 등이 대표적이다.

39 윤작은 어떤 병원균의 방제에 효과가 좋은가?

① 기주범위가 좁고, 기주가 없어도 오래 생존하는 것
② 기주범위가 넓고, 기주가 없어도 오래 생존하는 것
③ 기준범위가 넓고, 기주가 없으며 오래 생존하지 못하는 것
④ 기주범위가 좁고, 기주가 없으면 오래 생존하지 못하는 것

해설
윤작은 기주범위가 좁고 기주식물이 없으며 오래 생존할 수 없는 병원균에 효과가 좋으며 대표적으로 오동나무 탄저병, 오리나무갈색무늬병 등이 있다.

40 대추나무 빗자루병의 방제법으로 옳지 않은 것은?

① 썩덩나무노린재를 구제한다.
② 옥시테트라사이클린을 수간에 주입한다.
③ 병든 가지와 병든 줄기를 모두 소각한다.
④ 병든 나무는 분주를 통해 퍼져 나가므로 반드시 병든 나무도 제거해야 한다.

해설
대추나무 빗자루병의 매개충은 마름무늬매미충이며 이를 구제한다.

41 산림평가 방법 중 수익방식의 장점으로 옳지 않은 것은?

① 과학적이고 논리적이다.
② 일반 경제원칙에서 대체의 원칙과 부합한다.
③ 평가자의 주관이 개입될 여지가 비교적 적다.
④ 안정된 시장에서는 데이터만 정확하면 대체로 가격이 정확하게 평가된다.

해설
대체의 원칙은 말 그대로 대체가능한 다른 재화와 상호 연관성이 있어야 하며 용도, 유용성, 가격이 유사해야 성립이 된다. 그러나 수익방식의 경우 이러한 상호 대체 가능한 대상이 없어 부합하지 않는다.

42 n년 전의 재적을 v, 현재의 재적을 V 라고 할 때, m년 동안의 정기평균생장량은 V와 v의 평균재적에 대하여 몇 %에 해당하는지를 알아보기 위한 식은?

① Meyer
② Denzin
③ Pressler
④ Schneider

해설
Pressler 공식
$$P = \frac{V-v}{V+v} \times \frac{200}{n}$$
P : 생장률(%), V : 현재 재적
v : n 년 전 재적, n : 년수

43 임가소득 중에서 임업소득이 차지하는 비율은?

① 임업소득률
② 임업의존도
③ 임업조수익
④ 임업소득가계충족률

해설
임업의존도는 임업소득을 임가소득으로 나눈값을 백분율로 표현한 것이다.

정답 38. ② 39. ④ 40. ① 41. ② 42. ③ 43. ②

44 임목생산에 들어간 비용의 원리합계는?

① 지대 ② 육림비
③ 노동비 ④ 감가상각비

> **해설**
> 임목생산 비용의 원리합계인 육림비는 노동비, 직접재료비, 지대, 감가 상각비, 이자 등으로 구성된다.

45 손익분기점 분석에 필요한 가정의 설명으로 옳은 것은?

① 제품을 생산하는 능률은 변함이 없다.
② 고정비는 생산량의 증감에 따라 변한다.
③ 생산량과 판매량은 항상 같은 것은 아니다.
④ 제품 한 단위당 변동비는 제품 생산이 늘어남에 따라 함께 증가한다.

> **해설**
> 손익분기점 분석시 제품의 생산능력은 변화가 없음을 가정한다.

46 임업조수익을 계산하기 위해 사용되는 인자는?

① 감각상각액
② 현금지출액
③ 임업외 현금수입액
④ 미처분 임산물 증감액

> **해설**
> 임업조수익을 구하기 위한 구성요소로 산림현금수입, 미처분임산물증감액, 산림생산자재재고증가액, 임목생장액, 산림생산물가계소비액이 있으며 이들을 모두 더한 값이 임업조수익이다.

47 임지기망가에 대한 설명으로 옳지 않은 것은?

① 조림비가 클수록 임지기망가가 최대로 되는 시기가 늦어진다.
② 이율이 클수록 임지기망가가 최대로 되는 시기가 빨리 온다.
③ 간벌수익이 클수록 임지기망가가 최대로 되는 시기가 빨리 온다.
④ 지위가 양호한 임지일수록 임지기망가가 최대로 되는 시기가 늦어진다.

> **해설**
> 지위가 양호할수록 기대되는 임지기망가의 최대 시기는 빨리온다.

48 평가방법에 따른 대상으로 올바르게 짝지어진 것은?

① 기망가 - 성숙림
② 매매가 - 장령림
③ 비용가 - 유령림
④ 자본가 - 중령림

> **해설**
> 산림 평가 방법
> · 유령림 - 비용가법
> · 중령림 - Glaser 법
> · 장령림 - 임목기망가법
> · 성숙림 - 시장가역산법

49 우리나라 산림의 소유별 구조에서 가장 많은 비율을 차지하고 있는 것은?

① 국유림 ② 사유림
③ 도유림 ④ 군유림

> **해설**
> 사유림은 국내 산림면적의 약 60% 이상을 차지한다.

정답 44. ② 45. ① 46. ④ 47. ④ 48. ③ 49. ②

50 취득원가에서 감가상각비 누계액을 뺀 후 장부원가에 일정율의 감가율을 곱하여 감가상각비를 산출하는 방법은?

① 정률법　　② 연수합계법
③ 생산량비례법　④ 작업시간비례법

해설
정률법은 연도 초 가액의 일정 비율을 매년 감가상각액으로 감하는 방법이다.

51 어느 임분의 ha 당 20년 전 재적이 200m³이고 현재 재적이 300m³일 때, 이 임분의 재적을 Pressler 공식으로 계산한 생장률은?

① 2%　　② 3%
③ 4%　　④ 5%

해설
프레슬러 공식

$$\frac{\text{현재 재적} - n\text{년전 재적}}{\text{현재 재적} + n\text{년전 재적}} \times \frac{200}{n}$$

$$\rightarrow \frac{300만m^3 - 200만m^3}{300만m^3 + 200만m^3} \times \frac{200}{20} = 2(\%)$$

52 법정림에서 법정상태 요건이 아닌 것은?

① 법정축적　　② 법정수확
③ 법정생장량　④ 법정영급분배

해설
법정림의 법정상태 요건으로 법정생장량, 법정축적, 법정임분배치, 법정영급분배이다.

53 감가상각비의 계산방법 중에 감가상각비 총액을 각 사용연도에 할당하여 매년 균등하게 감가하는 방법은?

① 정액법　　② 정률법
③ 연수합계법　④ 작업시간비례법

해설
감가상각비(정액법)

$$\frac{구입가격 - 폐물가격}{내용연수}$$

54 임목 측정에서 불완전한 기계 또는 계산에 의해 발생하는 오차는?

① 과오　　② 누적오차
③ 상쇄오차　④ 표본오차

해설
임목 측정에서 불완전한 기계나 계산에 의해 발생되는 오차를 누적오차라 하며 이렇게 발생된 오차는 크기가 0에 가까워지지 않는 것이 특징이다.

55 법정축적은 일반적으로 어느 계절의 축적으로 계산하는가?

① 춘계　　② 하계
③ 추계　　④ 동계

해설
법정축적은 계절에 따라 상이하여 평균치인 하계축적을 사용한다.

56 임업의 경제적 특성에 해당되는 것은?

① 자연조건의 영향을 많이 받는다.
② 임목의 성숙기가 일정하지 않다.
③ 토지나 기후조건에 대한 요구도가 낮다.
④ 임업노동은 계절적 제약을 크게 받지 않는다.

해설
①,②,③ 은 임업의 기술적 특성이다
※ 임업의 경제적 특성
· 자본회수 기간이 장기적이다.
· 육성적, 채취적 임업이 함께한다.
· 임산물 가격의 대부분은 운반비이다.
· 임업노동은 계절적 영향을 크게 받지 않는다.
· 임업생산은 조방적이다.

정답 50. ① 51. ① 52. ② 53. ① 54. ② 55. ② 56. ④

57 산림자원의 효율적 조성과 육성을 위해 산림의 기능구분에 해당하지 않는 것은?

① 목재생산림 ② 산림휴양림
③ 수원함양림 ④ 기업경영림

해설
기업경영림은 소유주체에 의한 구분에 해당한다.

58 음(-)의 값이 나올 수 있는 투자효율 분석법은?

① 회수기간법 ② 순현재가치법
③ 투자이익률법 ④ 수익비용률법

해설
장기투자를 결정하는 순현재가치법은 미래에 대한 가치 판단을 기준으로 하기에 음의 값이 나올 수 있다.

59 수확조정기법 중 평분법에 대한 설명으로 옳지 않은 것은?

① 재적평분법은 일반적으로 경제변동에 대한 탄력성이 없는 것으로 평가된다.
② 절충평분법은 재적평분법과 면적평분법의 장점을 채택하여 절충한 것이다.
③ 면적평분법은 제 2 윤벌기에 산림이 법정상태가 되어 개별작업에는 응용할 수 없다.
④ 평분법의 특징은 윤벌기를 일정한 분기로 나누어 분기마다 수확량을 균등하게 하는 것이다.

해설
면적평분법은 제 2 윤벌기에 법정상태가 되면 분기의 면적을 균등하게 하므로 개별작업 응용이 가능하다. 반대로 택벌작업에 응용할 수가 없다.

60 삼각법을 응용한 수고 측고기는?

① 와이제 측고기
② 아소스 측고기
③ 크리스튼 측고기
④ 블루메라이스 측고기

해설
삼각법을 이용한 대표 수고 측고기로 하가측고기, 블루메라이스 측고기, 덴트로메타 등이 있다.

61 산림작업 기계화의 주목적으로 가장 거리가 먼 것은?

① 생산비용의 절감
② 노동생산성의 향상
③ 환경피해의 최소화
④ 중노동으로부터의 해방

해설
산림작업의 기계화는 여러 장점이 있으나 빠른 황폐화 등의 야기하여 환경피해적 측면에서 오히려 늘어난다.

62 정사울타리 공작물의 통풍비는?

① 1 : 1 ② 1 : 2
③ 1 : 3 ④ 1 : 4

해설
정사울 세우기 기준
• 정사울타리는 한 변이 7~15m의 정사각형이나 직사각형으로 구획
• 정사울타리의 높이는 1.0~1.2m 기준
• 통풍비는 1 : 1 로 시공
• 구획내부에 ha당 10,000본 묘목을 식재

63 임도의 대피소 유효길이 기준은?

① 10m 이상 ② 15m 이상
③ 20m 이상 ④ 25m 이상

해설
임도 대피소 설치 기준으로 간격은 300m이내, 유효길이 15m 이상, 너비 5m 이상이다.

정답 57. ④ 58. ② 59. ③ 60. ④ 61. ③ 62. ① 63. ②

64 돌망태 골막이에 대한 설명으로 옳지 않은 것은?

① 구곡에 호박돌 크기의 자연석이 많은 장소에서 이를 이용하여 축조하는 철선 돌망태 이다.
② 암석지대나 산사태, 토석류가 발생하는 지대의 활동성이 있는 구곡의 발달을 저지하고 산각을 고정하기 위해 이용한다.
③ 콘크리트 공작물보다 자연친화적이고 상수가 흐르는 곳에서는 수서생물 서식에 효과적이다.
④ 공작물 자체가 안정적이지만 철선은 쉽게 부식되므로 일시적인 소모품으로 취급되기도 한다.

해설
돌망태 골막이의 철선은 아연도금이나 PVC 코팅등을 사용하여 부식에 강하도록 만든다.

65 집재용 도구가 아닌 것은?

① 피비   ② 펄프훅
③ 마세티   ④ 파이크홀

해설
마세티는 나이프의 일종이다. 집재용 도구의 종류로 피비, 캔트훅, 사피, 펄프 훅, 파이크홀 등이 있다.

66 사방댐의 안정조건 중 지반지지력 안정을 위한 설명으로 옳지 않은 것은?

① 허용압력강도 대신 지반의 지지력 강도를 이용하면 된다.
② 지반이 받는 최대압력이 지반의 허용지지력 보다 커야 한다.
③ 제저에 발생되는 최대압력강도는 지반의 지지력 강도를 초과해서는 안 된다.
④ 기초지반이 사력인 경우에는 침투에 의한 파괴에 대해서도 안정되도록 설계해야 한다.

해설
지반이 받는 최대압력이 지반의 허용지지력보다 작아야 한다.

67 임도의 너비 설치 기준으로 옳지 않은 것은?

① 배향곡선지의 경우 유효너비는 6m이상으로 한다.
② 길어깨 및 옆도랑의 너비는 각 50cm~1m 범위로 한다.
③ 임도의 곡선 반경이 10m 이상일 경우 곡선부 너비를 확대한다.
④ 길어깨 및 옆도랑을 포함한 임도의 너비 3m를 기준으로 한다.

해설
임도의 유효너비는 길어깨, 옆도랑의 너비를 제외한 3m 정도를 기준으로 한다.

정답 64. ④ 65. ③ 66. ② 67. ④

68 시멘트 저장 중에 공기 중의 수분을 흡수하여 경미한 수화작용을 일으키고, 그 결과 생긴 수산화칼슘이 공기 중의 이산화탄소와 결합 하여 탄산칼슘이 만들어져 시멘트 강도가 약해지는 작용은?

① 풍화
② 응결
③ 경화
④ 분말도

해설
암석이 물리적, 화학적 작용에 의해 부서지는 현상을 풍화라고 하며 시멘트 역시 공기중 수분과 반응하여 화학적 작용으로 인해 강도가 약해지는 현상을 보인다.

69 단면 A의 면적은 180m², 단면 B의 면적은 600m²이고 양단면 사이의 거리가 20m이면 양단면적 평균법을 이용한 토량(m³)은?

① 7,800
② 8,600
③ 9,400
④ 12,600

해설
양단면 평균법
$$V = \frac{1}{2}(A_1 + A_2) \times L$$
$$= \frac{1}{2}(600+180) \times 20 = 7800$$

70 중력침식에 속하지 않는 것은?

① 산붕
② 산사태
③ 땅밀림
④ 해안사구

해설
중력침식의 형태로 산사태, 산붕, 땅밀림, 눈사태, 붕락, 포락 등이 있다.

71 벌도 시 벌목방향을 확정하고 벌도목이 쪼개지는 것을 방지하기 위하여 근원 부근에 만드는 것은?

① 추구
② 수구
③ 벌도구
④ 수평구

해설
수구는 벌목방향을 정하고 주로 30~45° 정도로 한다.

72 임도시공 시 사용하는 용어에 대한 설명으로 옳지 않은 것은?

① 준설 : 물 속의 흙을 파내는 것
② 취토장 : 흙이 남아서 버리는 곳
③ 매립 : 물에 흙을 메워 육지로 만드는 것
④ 흙일 : 흙을 깎거나 쌓아 올리는 모든 작업

해설
취토장은 흙이 부족할 경우 보급하기 위한 장소이다.

73 와이어로프 사용 금지 항목으로 옳지 않은 것은?

① 꼬임상태(킹크)인 것
② 와이어로프 소선이 10분의 1 이상 절단된 것
③ 와이어로프에 벌목된 나무의 껍질이 걸린 것
④ 마모에 의한 직경 감소가 공칭직경의 7퍼센트를 초과하는 것

해설
와이어 로프 사용 금지 항목
- 이음매가 있는것
- 한 꼬임에 끊어진 소선수 10%↑
- 지름의 감소가 공칭지름 7% 초과
- 심하게 변형되거나 부식
- 열과 전기 충격에 의한 손상

정답 68. ① 69. ① 70. ④ 71. ② 72. ② 73. ③

74 작업임도에 대한 설명으로 옳지 않은 것은?

① 산림사업을 위하여 필요한 지역에 설치한다.
② 각종 임내 작업을 능률적으로 실시하기 위하여 시설되는 간이 도로이다
③ 기계, 자재, 작업원 등을 가급적 작업지점에 가까운 곳까지 수송하여 집재 및 운재작업을 시작할 수 있도록 한다.
④ 산림의 다면적 기능 발휘가 기대되는 넓은 산림지역을 이용구역으로 하고 이것을 경영관리 하기 위하여 필요한 골격적인 노선이다.

해설
보기 ④ 번은 간선임도에 대한 설명이다.

75 지름 20~30cm 되는 자연석재로서 시공지 부근의 산이나 개울 등지에서 채취하며 기초공사, 잡석쌓기 기초바닥용, 콘크리트 기초바닥용 등에 많이 사용되는 석재는?

① 마름돌   ② 견치돌
③ 야면석   ④ 호박돌

해설
호박모양의 둥근 자연석재로 안정성이 낮은 편이라 강도가 요구되지 않는 비탈면의 안정을 위해 주로 사용되며 지름 20~30cm 정도의 잡석이다.

76 산지 녹화를 위한 씨뿌리기 공법의 종류로 옳지 않은 것은?

① 새심기   ② 점뿌리기
③ 줄뿌리기 ④ 항공파종공법

해설
새심기는 암반 사면에 잡석을 쌓고 내부에 흙을 채워 식생을 조성하는 공법이다.

77 1/50000 지형도에서 도면상 1cm의 실제거리는?

① 50m   ② 500m
③ 5000m ④ 50000m

해설
지도상 1cm 는 실제거리 50,000cm(500m) 를 의미한다.

78 기계톱의 취급 및 운전방법으로 옳지 않은 것은?

① 연료는 휘발유와 윤활유의 혼합유를 사용한다.
② 엔진을 시동한 뒤 2~3분간 저속으로 운전한다.
③ 안내판이 불량하면 쏘체인의 회전이 불안전하게 되고 진동이 생긴다.
④ 엔진을 정지할 때는 엔진회전을 고속으로 해서 이물질을 털어낸 뒤 스위치를 끈다.

해설
엔진을 정지할 때는 안전을 위해 시동을 끄고 이물질을 제거한다.

79 트랙터나 집재기 사용 제한에 가장 큰 인자는?

① 계절 및 온도
② 작업지의 경사
③ 기계의 사용경비
④ 노동력 투입 가능 정도

해설
트랙터는 평탄지나 완경사지에 적합하며 이는 경사가 심할 경우 작업이 불가능하기 때문이다.

정답 74. ④ 75. ④ 76. ① 77. ② 78. ④ 79. ②

80 빗방울의 튀김과 표면 유거수의 결과로 일어나는 침식은?

① 면상침식　② 누구침식
③ 구곡침식　④ 우격침식

해설
㉠ 우격침식 : 토양입자를 타격, 가장 초기과정
㉡ 면상침식 : 표면 전면이 얇게 유실
㉢ 누구침식 : 표면에 잔도랑이 발생
㉣ 구곡침식 : 도랑이 커지면서 심토까지 깎음

정답 80. ①

산업기사 CBT 제4회 — 산림산업기사

** 본문제는 수험생들의 기억을 바탕으로 작성 된 것으로 실제 문제와 차이가 있을 수 있습니다.

01 다음 그림은 어떤 수종의 종자인가?

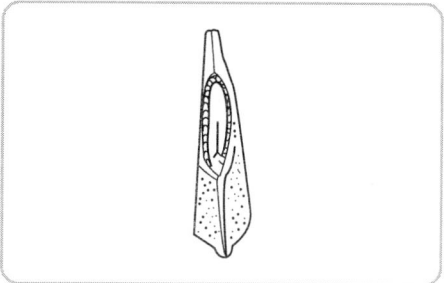

① 전나무 ② 플라타너스
③ 대추나무 ④ 가중나무

> **해설**
> 플라타너스 종자는 바람에 잘 날리도록 가볍고 곤충의 날개 모양에 털이 붙어 있는 것이 특징이다.

02 가지를 삽목할 때 발근이 잘되는 수종은?

① 은행나무 ② 소나무
③ 신갈나무 ④ 단풍나무

> **해설**
> 포플러, 은행나무, 주목, 개나리, 꽝꽝나무, 동백나무 등은 삽목발근이 용이한 수종이다.

03 파종 1개월 전에 노천매장을 하는 것이 좋은 수종들로 짝지어진 것은?

① 잣나무, 가래나무
② 삼나무, 편백
③ 은행나무, 주목
④ 벚나무, 느티나무

> **해설**
> 파종 1개월 전 노천매장하는 수종으로 소나무, 해송, 리기다소나무, 삼나무, 편백 등이 있다.

04 수목의 기본구조 중에서 영양기관만으로 짝지어진 것은?

① 종자, 열매, 줄기
② 뿌리, 줄기, 열매
③ 잎, 뿌리, 줄기
④ 꽃, 열매, 종자

> **해설**
> 잎, 뿌리, 줄기를 영양기관이라 하며 꽃, 열매, 종자는 생식기관이라 한다.

05 밤, 도토리 등의 저장에 이용되는 저장법은?

① 밀봉저장 ② 실온저장
③ 보호저장 ④ 노천매장

> **해설**
> 보호저장법은 모래와 종자를 섞어서 용기 안에 저장하는 방법으로 종자에 전반적으로 함수량이 많은 전분질 종자를 저장하는데 적합하다. 대표 수종 은행나무, 밤나무, 굴참나무 등이 있다.

정답 01. ② 02. ① 03. ② 04. ③ 05. ③

06 침엽수류의 줄기에서 대부분의 수분 이동을 담당하는 통로가 되는 주요 세포는?

① 도관
② 후막세포
③ 표피세포
④ 가도관

해설
침엽수의 가도관은 수분 이동을 담당하는 세포이다.

07 묘목의 식재요령에 대한 설명으로 맞는 것은?

① 교통이 불편한 곳일수록 묘목을 소식한다.
② 땅이 비옥하고 성장 속도가 빠르면 밀식한다.
③ 일반적으로 양수는 밀식한다.
④ 소나무처럼 피해를 많이 받는 수종은 소식한다.

해설
교통이 불편할 경우 운반에 어려움이 있어 묘목을 소식하도록 한다.

08 가지치기의 설명으로 옳은 것은?

① 역지 이상부의 가지는 끊어도 된다.
② 활엽수 가지치기에서 가지의 직경이 5cm 이상이 되어도 반드시 가지치기를 한다.
③ 가지가 나무 줄기와 직각으로 붙어 있는 것의 가지치기는 절단면을 줄기에 평행하도록 하고, 이 때 줄기의 껍질을 벗기는 일이 없도록 한다.
④ 가지의 기부가 굵은 활엽수의 가지치기를 실시할 경우 지융부는 남겨두지 않는다.

해설
① 역지 이상부의 가지는 남겨둔다.
② 활엽수는 직경 5cm 이상이 되면 가지치기 하지 않는다.
④ 활엽수 가지치기의 경우 지융부에 가깝게 제거하여 지융부를 남겨둔다.

09 테트라졸륨 테스트(TTC Test)는 다음 중에서 어디에 사용되는 방법인가?

① 종자의 발아 촉진 처리방법
② 화아분화 촉진 처리방법
③ 종자의 발아력 검정방법
④ 삽수의 발근 촉진 처리방법

해설
테트라졸륨은 종자의 활력 검사를 목적으로 하며 건전한 배의 경우 반응시 적색 혹은 분홍색을 띤다.

10 노천매장법과 관련된 내용 설명으로 틀린 것은?

① 봄에 파종하면 이듬해 봄에 발아하는 들메나무, 목련류의 종자에 적용한다.
② 땅속 50~100cm 깊이에 모래와 섞어 묻어 둔다.
③ 겨울에는 눈이나 빗물이 스며들지 않도록 한다.
④ 종자의 후숙을 도와 발아를 촉진시키도록 한다.

해설
노천매장법은 배수가 양호하기에 겨울에 눈이나 빗물이 스며든다.

11 자작나무, 오리나무의 발아시험기간은 얼마나 되는가?

① 14일간
② 21일간
③ 28일간
④ 42일간

해설
자작나무, 오리나무는 28일 간의 발아시험기간을 갖는다.

정답 06. ④ 07. ① 08. ③ 09. ③ 10. ③ 11. ③

12 한 임분을 구성하고 있는 임목 중 성숙한 임목만을 국소적으로 추출·벌채하고 그곳의 갱신이 이루어지게 하는 갱신법으로 어떤 설정된 갱신기간이 없고 임분을 항상 각 영급의 나무가 서로 혼생하도록 하는 작업방법은?

① 택벌작업　② 산벌작업
③ 모수작업　④ 중림작업

> **해설**
> 택벌작업은 일부분 국소적으로 벌채하는 작업으로 양수수종에 적용이 어렵다.

13 묘포장을 설계할 때 침엽수종의 경우 토양 산도(pH)는 어느 정도가 알맞은가?

① pH 3.0~4.0　② pH 5.0~6.5
③ pH 7.0~8.5　④ pH 9.0~10

> **해설**
> 모포 토양은 침엽수는 pH 5~5.5 정도에서 가장 적합하며 중성인 pH 5~6.5 범위에서도 생육이 가능하다.

14 산림이 발휘하는 공익적 기능이 아닌 것은?

① 홍수나 산사태를 방지한다.
② 이산화탄소를 흡수하고 산소를 방출한다.
③ 파티클 보드의 원료로 이용된다.
④ 휴양의 기회를 제공한다.

> **해설**
> 파티클 보드와 같이 가공을 통한 생산물은 경제적 기능이다.

15 간벌의 실행에 관한 설명 중 바른 것은?

① 지위가 나쁠수록 자주 실행한다.
② 일반적으로 겨울 또는 봄에 실시한다.
③ 낙엽송의 간벌개시 임령은 30~40년경이다.
④ 활엽수의 경우 지위가 좋을수록, 개시시기가 느려진다.

> **해설**
> 간벌은 산가지치기를 수반하는 경우 11월~이듬해 5월 사이 실시한다.

16 종자의 품질을 나타내는 순량률은 종자의 무엇을 기준으로 한 것인가?

① 무게　② 수량
③ 부피　④ 크기

> **해설**
> 종자시료에서 순정종자가 차지하는 무게의 백분율로 표시한다.

17 파종조림의 성과가 비교적 용이한 수종이 아닌 것은?

① 소나무　② 전나무
③ 해송　④ 상수리나무

> **해설**
> 파종조림은 발아가 용이하고 결실량이 많은 수종이 유리하며 대표적으로 소나무, 해송, 상수리나무, 굴참나무, 졸참나무 등이 있다.

18 인공조림에 비해 천연갱신의 특징으로 틀린 것은?

① 실행하기 용이하다.
② 조림비용을 절감할 수 있다.
③ 임지의 퇴화를 막을 수 있다.
④ 임목의 생육환경을 그대로 잘 유지할 수 있다.

> **해설**
> 천연갱신은 다양한 변수로 인하여 갱신의 시기가 확실하지 않다.

정답 12. ①　13. ②　14. ③　15. ②　16. ①　17. ②　18. ①

19 환경 변화에 따른 수목의 기공개폐를 설명한 것으로 틀린 것은?

① 온도가 높아지면(30~35℃) 기공이 닫힌다.
② 잎의 수분포텐셜이 낮으면 기공이 열린다.
③ 엽육조직의 세포간극에 있는 CO_2의 농도가 높으면 기공이 닫힌다.
④ 인공합성이 가능한 정도의 광도이면 기공은 충분히 열린다.

해설
잎의 수분포텐셜이 낮은것은 수분이 부족함을 의미하며 이러한 경우 수분을 지키기 위해 기공이 닫힌다.

20 양수 또는 음수에 관한 설명으로 옳지 않은 것은?

① 소나무는 양수이고, 주목은 음수이다.
② 양수는 음수보다 광포화점이 높다.
③ 양수는 음수보다 낮은 광도에서 광합성 효율이 낮다.
④ 양수와 음수는 햇빛을 좋아하는 정도가 아니라 그늘에 견딜 수 있는 내음성의 정도에 따라 구분 한다.

해설
음수는 양수보다 낮은 광도에서 광합성 효율이 높다.

21 다음 수병 중 바이러스 발생 원인으로 옳은 것은?

① 불마름병 ② 뿌리혹병
③ 흰가루병 ④ 모자이크병

해설
모자이크병은 바이러스에 의한 병이다.

22 임목에 군집하여 고사 시키는 조류로 옳지 않은 것은?

① 백로   ② 왜가리
③ 딱따구리 ④ 가마우지

해설
딱따구리는 줄기를 가해하는 조류로 군집생활을 하지 않는다. 백로, 왜가리는 4~6월이 번식기로 산성인 배설물로 나무에 피해를 주며 군집생활을 하여 주변 주민들에게 냄새 및 소음 등으로 피해를 주기도 한다.

23 다음 중 충영형성 해충으로 옳은 것은?

① 솔나방   ② 밤나무혹벌
③ 솔알락명나방 ④ 미끈이하늘소

해설
충영해충은 기주식물에 혹을 만드는 해충으로 밤나무순혹벌, 솔잎혹파리, 진딧물류 등이 있다.

24 일반적으로 1년에 2회 발생하고 월동은 번데기로 하며 주로 잎을 가해하는 해충은?

① 대벌레   ② 매미나방
③ 미국흰불나방 ④ 잣나무넓적잎벌

해설
미국흰불나방
· 피해수종으로 포플러, 버즘나무, 단풍나무 등이 있다.
· 1년에 2회 발생하고 번데기 형태로 월동한다.
· 초기에는 병든 잎을 소각하며, 유충가해기에는 BT 수화제를 이용한다.

정답 19. ② 20. ③ 21. ④ 22. ③ 23. ② 24. ③

25 산불을 인위적으로 조절하여 산림경영상 얻는 효용으로 옳지 않은 것은?

① 적당한 불로 병해충을 방제할 수 있다.
② 우량목의 경제적 가치 향상이 기대된다.
③ 낙엽, 죽은 가지, 고사목 등을 제거할 수 있다.
④ 관목류가 밀집된 지역의 야생목초의 양과 질이 개량된다.

해설
산불은 나무에 직접적인 피해를 주는 원인으로 우량목의 경제적 가치 향상과는 관련이 없다.

26 다음 포유류 가운데 천연기념물로 지정된 것이 아닌 것은?

① 삵
② 산양
③ 수달
④ 물범

해설
천연기념물의 종류로 삽살개, 물범, 하늘다람쥐, 산양, 진돗개, 수달 등이 있다. 삵은 멸종위기 야생동물로 지정되어 있다.

27 단성생식으로 다음 세대를 이어가는 해충으로 옳은 것은?

① 솔노랑잎벌
② 밤나무혹벌
③ 천막벌레나방
④ 소나무노랑정바구미

해설
밤나무혹벌은 암컷만으로 단성생식을 한다.

28 다음 중 수병의 잠복기간이 가장 짧은 것은?

① 잣나무 털녹병
② 포플러 잎녹병
③ 소나무 재선충병
④ 낙엽송 잎떨림병

해설
포플러 잎녹병은 잠복기간이 1주일 이내로 가장 짧으며 잣나무 털녹병은 3~4년 정도로 매우 길다.

29 다음 약제 중 훈증제가 아닌 것은?

① 시안화수소
② 크레오소트
③ 클로리피크린
④ 메틸브로마이드

해설
크레오소트는 목재 방부제의 종류이다.

30 다음 중 수병의 중간기주 연결이 틀린 것은?

① 소나무 혹병 - 황벽나무
② 잣나무 털녹병 - 송이풀
③ 포플러 잎녹병 - 일본잎갈나무
④ 배나무 붉은별무늬병 - 향나무

해설
소나무 혹병의 중간기주는 참나무이다.

31 수목의 흰가루병에 대한 설명으로 옳지 않은 것은?

① 2차 감염원은 잎 표면에 형성되는 자낭포자이다.
② 포플러류 및 참나무류 등 다양한 수종에 발병한다.
③ 가을에 병든 낙엽과 가지를 모아 소각하여 방제 한다.
④ 순의 생장이 위축되고 꽃과 열매가 달리지 못하는 피해가 나타난다.

해설
1차 감염원이 자낭포자이다.

정답 25. ② 26. ① 27. ② 28. ② 29. ② 30. ① 31. ①

32 밤나무 줄기마름병에 대한 설명으로 옳지 않은 것은?

① 바이러스에 의해 발병하는 수목병이다.
② 질소비료를 적게 주고 상처가 나지 않도록 한다.
③ 발생 초기에는 감염 수목의 수피가 갈색으로 변한다.
④ 동해 및 열해를 받아 형성층이 손상된 경우 쉽게 감염된다.

해설
밤나무 줄기마름병은 진균에 의한 수목병이다.

33 볕데기에 대한 설명으로 옳지 않은 것은?

① 강한 직사광선이 직접 투입되는 것을 막아 예방할 수 있다.
② 코르크층이 발달된 수종에서 특히 취약하다.
③ 피해부위는 움푹하게 들어가고 갈라져 터지므로 부후균의 침입을 받기 쉽다.
④ 고립목의 줄기는 짚으로 둘러주거나 석회유 등을 발라 피해를 입지 않게 한다.

해설
볕데기는 코르크층이 발달이 좋지 않은 경우 취약하며 코르크층이 잘 발달되지 않은 대표 수종으로 오동나무, 호두나무, 가문비나무 등이 있다.

34 소나무좀에 대한 설명으로 옳지 않은 것은?

① 번데기로 월동한다.
② 부화유충은 모갱과 직각으로 유충갱을 만든다.
③ 노숙유충은 목질섬유로 둘러싸고 그 속에서 번데기가 된다.
④ 5℃ 이상에서 활동하며 구멍을 뚫고 갱도를 만들어 알을 낳는다.

해설
소나무좀은 성충 형태로 월동한다.

35 식물선충에 관한 설명 중 옳지 않은 것은?

① 절대활물기생체이다.
② 대부분은 유충에서 성충이 되기까지 4회 탈피한다.
③ 기생하는 부위에 따라 내부, 외부, 반내부기생선충으로 나눌 수 있다.
④ 소나무재선충은 매개충의 몸속에서 나온 제2기 유충이 침입기에 해당한다.

해설
소나무 재선충은 매개충의 몸속에서 나온 제4기 유충이 침입기에 해당한다.

36 곤충의 입틀 구조가 찔러서 빨아 먹기에 알맞은 구조로 된 곤충으로 짝지어진 것은?

① 메뚜기, 풍뎅이
② 집파리, 나비류
③ 진딧물, 매미류
④ 등애류의 성충, 나비류

해설
찔러서 빨아먹는 형태의 해충을 흡즙성 해충이라 하며 주로 깍지벌레, 진딧물등이 있다.

37 수목병해충 예방과 구제를 위하여 살충제를 사용하여야 할 것은?

① 잎녹병   ② 그을음병
③ 잎떨림병 ④ 흰가루병

해설
그을음병은 진균에 의해 발생하여 주로 흡즙성 해충이 기생하였던 곳에 발생하기에 살충제를 사용하여 예방과 구제를 한다.

정답 32. ① 33. ② 34. ① 35. ④ 36. ③ 37. ②

38 아까시나무 모자이크병의 병원체 판별기주로 가장 적당한 것은?
① 명아주   ② 참나무류
③ 황벽나무 ④ 까치밥나무

해설
먼저 판별기주는 바이러스의 판별에 이용되는 식물을 의미한다. 이때 바이러스 병의 판별을 위해 명아주, 독말풀, 잠두, 천일홍, 동부 등이 있으며 아까시나무 모자이크병의 경우 명아주를 이용하며 단기간에 검출이 가능한 것이 특징이다.

39 향나무 녹병균의 생활사 중에 형성하지 않는 포자형은?
① 녹포자   ② 담자포자
③ 겨울포자 ④ 여름포자

해설
향나무 녹병균은 여름포자의 생성 과정이 없다.

40 향나무하늘소의 주요 피해 수종이 아닌 것은?
① 편백   ② 측백
③ 잣나무   ④ 삼나무

해설
향나무하늘소의 피해 수종으로 향나무, 측백나무, 삼나무, 편백 등이 있다.

41 임업조수익이 1,000만원이고, 임업경영비가 400만원일 때 임업소득은 얼마인가?
① 500만원 ② 600만원
③ 700만원 ④ 800만원

해설
임업소득 = 임업조수익 − 임업경영비
= 1000만원−400만원=600만원

42 회귀년에 대한 설명으로 옳은 것은?
① 임목이 실제로 벌채되는 연령이다.
② 택벌을 실시한 일정 구역에 또 다시 택벌하기까지의 기간이다.
③ 보속작업에서 작업급에 속하는 모든 임분을 벌채하는데 소요되는 기간이다.
④ 임분이 처음 성립되어 생장하는 과정에 있어 성숙기에 도달하는 계획상의 연수이다.

해설
회귀년은 택벌작업을 하는 산림에 설정된 기간으로 처음 작업한 곳으로 다시 돌아오는데 걸리는 기간을 말한다.

43 수간석해에서 원판측정 방법에 해당하는 것은?
① 표준목법   ② 수고곡선법
③ 직선연장법 ④ 원주등분법

해설
원판은 벌채점에 나타난 나이테 수에 벌채점이 자라는데 걸리는 연수를 합산하여 수령을 측정한다.

44 25년생 잣나무 임분의 입목재적이 45m^3/ha이고, 수확표의 입목재적은 50m^3/ha 이라면 입목도는?
① 0.5   ② 0.7
③ 0.9   ④ 1.1

해설
임목도는 수확표의 임목재적과 임분의 임목재적을 이용하며 아래와 같이 구한다.
45 ÷ 50 = 0.9

정답 38. ① 39. ④ 40. ③ 41. ② 42. ② 43. ④ 44. ③

45 이율의 크기를 결정하는 주요 요인이 아닌 것은?

① 대출 기간
② 자본의 크기
③ 자본 투하의 위험성
④ 투하 자본의 유동성

해설
이율의 크기 및 고저를 결정하는 요인으로 대출기간, 자본투하의 위험성, 투하자본의 유동성 등이 있다.

46 기계톱의 구입가가 100만원, 내용 연수는 10년, 폐기 시 가격이 20만원일 때 정액법에 의한 감가상각비는?

① 2만원/년   ② 8만원/년
③ 10만원/년   ④ 20만원/년

해설
$$\frac{구입가격 - 폐물가격}{내용연수} = \frac{100만원 - 20만원}{10년} = 8만원/년$$

47 임지기망가가 최대값에 도달하는 시기에 대한 설명으로 옳지 않은 것은?

① 조림비가 클수록 늦어진다.
② 이율의 값이 클수록 빨라진다.
③ 관리비가 많아질수록 늦어진다.
④ 간벌 수익이 많을수록 빨라진다.

해설
관리비는 임지기망가 최대값의 도달 시기와는 관련이 없다.

48 윤척을 사용하는 방법으로 옳지 않은 것은?

① 수간 축에 직각으로 측정한다.
② 흉고부(지상 1.2m)를 측정한다.
③ 경사진 곳에서는 임목보다 낮은 곳에서 측정한다.
④ 흉고부에 가지가 있으면 가지 위나 아래를 측정한다.

해설
경사진 곳에서는 임목보다 높은 곳에서 측정한다.

49 산림 조사에서 험준지에 해당하는 경사는?

① 15~20°   ② 20~25°
③ 25~30°   ④ 30° 이상

해설
험준지는 경사 25°~30° 미만 이다.

50 30년생 임목이 7본, 25년생 임목이 12본, 20년생 임목이 7본인 경우 본수령으로 계산한 평균임령은?

① 15년   ② 20년
③ 25년   ④ 30년

해설
$$\frac{(30년 \times 7) + (25년 \times 12) + (20년 \times 7)}{7 + 12 + 7}$$
$$= \frac{650}{26} = 25$$

51 임목재적을 측정하기 위한 흉고형수에 대한 설명으로 옳지 않은 것은?

① 지위가 양호할수록 형수가 작다.
② 수고가 작을수록 형수는 작아진다.
③ 연령이 많아질수록 형수는 커진다.
④ 흉고직경이 작아질수록 형수는 커진다.

해설
수고가 작을수록 형수는 커진다.

정답 45. ② 46. ② 47. ③ 48. ③ 49. ③ 50. ③ 51. ②

52 임업투자 결정 중 현금유입을 통하여 투자금액을 회수하는데 소요되는 기간을 가지고 투자 결정을 하는 방법은?

① 회수기간법　② 내부수익률법
③ 순현재가치법　④ 수익·비용비법

해설
회수기간은 투자에 소요된 모든 비용을 회수하는데 걸리는 기간을 말하며, 보통 연수로 표시한다. 회수기간법은 빨리 회수되는 투자안일수록 투자가치가 높다고 판단한다.

53 트레킹길 중 산줄기나 산자락을 따라 길게 조성하여 시점과 종점이 연결되지 않는 길은?

① 둘레길　② 탐방로
③ 트레일　④ 산림레포츠길

해설
트레일은 산줄기나 산자락을 따라 길게 조성하여 시점과 종점이 연결되지 않는 길이다.

54 법정림(개벌작업)에서 작업급의 윤벌기가 50년인 경우의 법정수확률은?

① 2%　② 3%
③ 4%　④ 5%

해설
개벌작업에 대한 법정 수확률은 다음과 같이 구할수 있다.

법정수확률 = $\dfrac{200}{윤벌기} = \dfrac{200}{50} = 4(\%)$

55 산림경영의 지도원칙 중 보속성의 원칙에 해당되지 않는 것은?

① 합자연성　② 목재수확 균등
③ 생산자본 유지　④ 화폐수확 균등

해설
산림경영 지도원칙에서 보속성의 원칙에는 목재 수확 균등의 보속, 목재생산의 보속, 화폐수확 균등의 보속, 생산자본 유지의 보속이 있다. 합자연성은 환경보전의 원칙과 함께 복지의 원칙에 해당한다.

56 다음 조건에서 시장가 역산법을 적용한 소나무 원목의 임목가는?

- 시장가격 : 300,000원
- 생산비용 : 100,000원
- 조재율 : 70%
- 투입 자본의 회수기간 : 5년
- 자본의 연이율 : 4%
- 기업 이익률 : 30%

① 55,000원　② 70,000원
③ 95,000원　④ 125,400원

해설
$X = 0.7 \times \left(\dfrac{300,000}{1+5\times 0.04+0.3} - 100,000\right)$
$= 70,000(원)$

57 공·사유림 산림경영계획을 작성하기 위한 임황조사 항목이 아닌 것은?

① 지위　② 경급
③ 임령　④ 총축적

해설
지위는 지황조사항목에 해당한다.

정답　52. ①　53. ③　54. ③　55. ①　56. ②　57. ①

58 자연휴양림 안에 설치할 수 있는 시설의 규모에 대한 설명으로 옳은 것은?

① 3층 이상의 건축물을 건축하면 안된다.
② 일반음식점영업소 또는 휴게음식점영업소의 연면적은 900m² 이하로 한다.
③ 자연휴양림시설 중 건축물이 차지하는 총 바닥면적은 10,000m² 이하가 되도록 한다.
④ 자연휴양림시설의 설치에 따른 산림의 형질변경 면적은 10,000m² 이하가 되도록 한다.

해설
자연휴양림 안에 설치할수 있는 시설의 규모
① 자연휴양림시설의 설치에 따른 산림의 형질변경 면적(자연휴양림 조성 전에 설치된 임도·순환로·산책로·숲체험코스 및 등산로의 면적은 산림의 형질변경 면적에서 제외한다)은 10만제곱미터 이하가 되도록 할 것
② 자연휴양림시설 중 건축물이 차지하는 총 바닥면적은 1만제곱미터 이하가 되도록 할 것
③ 개별 건축물의 연면적은 900제곱미터 이하로 할 것. 다만, 「식품위생법 시행령」에 따른 휴게음식점영업소 또는 일반음식점영업소의 연면적(국가 또는 지방자치단체 외의 자가 소유한 자연휴양림의 경우에는 각 층의 바닥면적 중 가장 넓은 바닥면적을 말한다)은 200제곱미터 이하로 하여야 한다.
④ 건축물의 층수는 3층 이하가 되도록 할 것

59 법정림을 구성하기 위한 법정상태의 요건에 해당되지 않는 것은?

① 법정축적   ② 법정생장량
③ 법정노동력   ④ 법정임분배치

해설
법정림의 법정상태 요건으로 법정생장량, 법정축적, 법정임분배치, 법정영급분배이다.

60 임업경영의 지표분석 중 수익성 분석 항목이 아닌 것은?

① 자본순수익   ② 자본이익률
③ 토지회전율   ④ 자본회전율

해설
임업경영의 지표분석에 수익성분석 항목에는 수익성, 자본순수익, 자본이익률, 자본회전율, 토지순수익이 있다.

61 임도의 횡단구조와 거리가 먼 것은?

① 노체   ② 노면
③ 곡선반지름   ④ 절·성토 비탈면

해설
곡선반지름은 평면구조와 관련이 있다.

62 돌쌓기에 대한 설명으로 옳지 않은 것은?

① 돌을 쌓을 때 통줄눈을 피하고 파선줄눈이 되도록 쌓는다.
② 찰쌓기를 할 때에는 석축뒷면의 물빼기에 유의해야 한다.
③ 돌을 쌓을 때 뒷채움의 사용여부에 따라 찰쌓기와 메쌓기로 구분한다.
④ 돌쌓기 높이가 3m 이상이면 전부 또는 하부를 찰쌓기로 시공한다.

해설
찰쌓기는 돌을 쌓아 올릴 때 뒤채움을 하고 줄눈에 모르타르를 사용하며 메쌓기의 경우 돌을 쌓아 올릴 때 뒤채움이나 줄눈에 모르타르를 사용하지 않고 쌓는 것이다.

정답 58. ③ 59. ③ 60. ③ 61. ③ 62. ③

63 빗방울의 튀김과 표면 유거수의 결과로 일어나는 침식은?

① 면상침식   ② 누구침식
③ 구곡침식   ④ 우격침식

해설
㉠ 우격침식 : 토양입자를 타격, 가장 초기과정
㉡ 면상침식 : 표면 전면이 얇게 유실
㉢ 누구침식 : 표면에 잔도랑이 발생
㉣ 구곡침식 : 도랑이 커지면서 심토까지 깎음

64 강제틀댐에 대한 설명으로 옳지 않은 것은?

① 수질정화를 위해 축설한다.
② 틀 속에 돌, 토사 등을 채운다.
③ 설치시 넘어짐 등의 안전사고에 유의해야한다.
④ 유수량이 적은 계류에는 강제틀댐 하류에 바닥막이 설치를 생략한다.

해설
불투과형인 강제틀댐은 정화를 목적으로 하며 주로 숯, 활성탄, 자갈등을 채우는데 유수량이 적은 계류에는 이러한 정화시설 하류에 바닥막이를 설치한다.

65 기계톱의 취급 및 운전방법으로 옳지 않은 것은?

① 연료는 휘발유와 윤활유의 혼합유를 사용한다.
② 엔진을 시동한 뒤 2~3분간 저속으로 운전한다.
③ 안내판이 불량하면 쏘체인의 회전이 불안전하게 되고 진동이 생긴다.
④ 엔진을 정지할 때는 엔진회전을 고속으로 해서 이물질을 털어낸 뒤 스위치를 끈다.

해설
엔진을 정지할 때는 안전을 위해 시동을 끄고 이물질을 제거한다.

66 조재작업이 가능한 기계가 아닌 것은?

① 체인톱   ② 포워더
③ 프로세서   ④ 하베스터

해설
포워더는 운반기기 이다.

67 1/50000 지형도에서 도면상 1cm의 실제거리는?

① 50m   ② 500m
③ 5000m   ④ 50000m

해설
지도상 1cm 는 실제거리 50,000cm(500m) 를 의미한다.

68 생산재의 품등에 영향을 미치고 규격이 맞는 경제성이 높은 목재를 생산하기 위하여 원목의 크기를 표시하는 것은?

① 조재목 검척   ② 가지치기 작업
③ 조재목 마름질   ④ 통나무 자르기

해설
집내목의 길이를 측정하여 원목의 크기를 표시하는 작업을 조재목 마름질 혹은 재장을 측정하는 작업이라 한다.

69 임도에서 대피소 설치 간격 기준은?

① 300m 이내   ② 400m 이내
③ 500m 이내   ④ 600m 이내

해설
임도의 대피소 설치 기준은 간격 300m, 너비 5m 이상, 유효길이 15m 이상이다.

정답 63. ① 64. ④ 65. ④ 66. ② 67. ② 68. ③ 69. ①

70 포장을 하지 않은 임도 노면의 경우에 횡단 기울기 시설 기준은?

① 0~1%   ② 1.5~2%
③ 3~5%   ④ 6~7%

해설
포장을 하지 않은 임도 노면의 횡단기울기 시설기준은 3~5%, 포장한 노면의 횡단기울기는 1.5~2% 이다.

71 사방댐의 시공적지로 옳지 않은 것은?

① 상류부의 계폭이 좁은 곳
② 계상과 양안에 암반이 존재하는 곳
③ 수생태계에 미치는 영향이 크지 않은 곳
④ 지류의 합류점 부근에서는 합류점의 하류지점

해설
사방댐 시공적지는 상류부의 계폭이 넓은 곳이다.

72 벌도작업 시 쐐기 사용의 주목적은?

① 작업 능률 향상
② 벌도 방향 결정
③ 박피 작업 유리
④ 작업 비용 절감

해설
쐐기는 벌목의 방향을 결정하는 것이 주목적이며 그 외에도 톱이 끼지 않도록 한다.

73 앞모래언덕의 뒤쪽으로 바람에 의한 모래 날림을 방지하고 식생의 생육환경을 조성하기 위해 가장 적합한 공법은?

① 모래덮기   ② 퇴사울세우기
③ 정사울세우기 ④ 구정바자얽기

해설
앞모래 언덕에 축설하여 후방지대의 풍속의 약하게 하고 모래의 이동을 막아 양호한 생육환경을 조성하는 방법으로 정사울 세우기가 있다. 그 외에도 해안사방공사의 방법으로 모래덮기, 사초심기등이 있다.

74 벌도 시 벌목방향을 확정하고 벌도목이 쪼개지는 것을 방지하기 위하여 근원 부근에 만드는 것은?

① 추구   ② 수구
③ 벌도구 ④ 수평구

해설
수구는 벌목방향을 정하고 주로 30~45° 정도로 한다.

75 중력침식에 속하지 않는 것은?

① 산붕   ② 산사태
③ 땅밀림 ④ 해안사구

해설
중력침식의 형태로 산사태, 산붕, 땅밀림, 눈사태, 붕락, 포락 등이 있다.

76 단면 A의 면적은 180m², 단면 B의 면적은 600m²이고 양단면 사이의 거리가 20m이면 양단면적 평균법을 이용한 토량(m³)은?

① 7,800   ② 8,600
③ 9,400   ④ 12,600

해설
양단면 평균법
$$V = \frac{1}{2}(A_1 + A_2) \times L$$
$$= \frac{1}{2}(600 + 180) \times 20 = 7800$$

정답 70. ③ 71. ① 72. ② 73. ③ 74. ② 75. ④ 76. ①

77 임도의 너비 설치 기준으로 옳지 않은 것은?

① 배향곡선지의 경우 유효너비는 6m이상으로 한다.
② 길어깨 및 옆도랑의 너비는 각 50cm~1m 범위로 한다.
③ 임도의 곡선 반경이 10m 이상일 경우 곡선부 너비를 확대한다.
④ 길어깨 및 옆도랑을 포함한 임도의 너비 3m를 기준으로 한다.

해설
임도의 유효너비는 길어깨, 옆도랑의 너비를 제외한 3m 정도를 기준으로 한다.

78 설계속도가 40km/시간이고 일반지형에서 설치하는 임도의 종단기울기 기준은?

① 7% 이하　② 8% 이하
③ 9% 이하　④ 10% 이하

해설
종단기울기 기준

설계속도	일반지형	특수지형
20	9% 이하	14% 이하
30	8% 이하	12% 이하
40	7% 이하	10% 이하

79 정사울타리 공작물의 통풍비는?

① 1 : 1　② 1 : 2
③ 1 : 3　④ 1 : 4

해설
정사울 세우기 기준
- 정사울타리는 한 변이 7~15m의 정사각형이나 직사각형으로 구획
- 정사울타리의 높이는 1.0~1.2m 기준
- 통풍비는 1 : 1 로 시공
- 구획내부에 ha당 10,000본 묘목을 식재

80 산림작업 기계화의 주목적으로 가장 거리가 먼 것은?

① 생산비용의 절감
② 노동생산성의 향상
③ 환경피해의 최소화
④ 중노동으로부터의 해방

해설
산림작업의 기계화는 여러 장점이 있으나 빠른 황폐화 등의 야기하여 환경피해적 측면에서 오히려 늘어난다.

정답 77. ④　78. ①　79. ①　80. ③

산림산업기사

산업기사 CBT 제5회

** 본문제는 수험생들의 기억을 바탕으로 작성 된 것으로 실제 문제와 차이가 있을 수 있습니다.

01 묘목의 식재요령에 대한 설명으로 맞는 것은?

① 교통이 불편한 곳일수록 묘목을 소식한다.
② 땅이 비옥하고 성장 속도가 빠르면 밀식한다.
③ 일반적으로 양수는 밀식한다.
④ 소나무처럼 피해를 많이 받는 수종은 소식한다.

해설
교통이 불편할 경우 운반에 어려움이 있어 묘목을 소식하도록 한다.

02 가지치기의 설명으로 옳은 것은?

① 역지 이상부의 가지는 끊어도 된다.
② 활엽수 가지치기에서 가지의 직경이 5cm 이상이 되어도 반드시 가지치기를 한다.
③ 가지가 나무 줄기와 직각으로 붙어 있는 것의 가지치기는 절단면을 줄기에 평행하도록 하고, 이 때 줄기의 껍질을 벗기는 일이 없도록 한다.
④ 가지의 기부가 굵은 활엽수의 가지치기를 실시할 경우 지융부는 남겨두지 않는다.

해설
① 역지 이상부의 가지는 남겨둔다.
② 활엽수는 직경 5cm 이상이 되면 가지치기 하지 않는다.
④ 활엽수 가지치기의 경우 지융부에 가깝게 제거하여 지융부를 남겨둔다.

03 Moller는 항속림 사상을 주장하였다. 다음에서 해당 하지 않는 것은?

① 항속림은 동령순림이다.
② 지표 유기물을 잘 보존한다.
③ 천연갱신을 원칙으로 한다.
④ 단목택벌을 원칙으로 한다.

해설
임지, 임목은 항속될 수 있도록 경영하는 사상이 물러(moller)의 항속림 사상이다. 그렇기에 단순 혹은 동령림으로 유도하는 개벌을 금한다.

04 중림작업법에 대한 설명으로 틀린 것은?

① 교림과 왜림을 동일 임지에 함께 세워서 경영하는 작업법이다.
② 하목으로서의 왜림은 맹아로 갱신되며 일반적으로 연료재와 소경재를 생산한다.
③ 상목으로서의 교림은 일반용재로 생산할 수 없다.
④ 일반적으로 하층목은 개벌되고 맹아갱신을 반복 한다.

해설
중림작업은 상층임관은 교림으로 형질이 좋은 목재를, 하층임관은 왜림으로 용재 및 연료재로 동시에 실시하는 것이 특징이다.

정답 01. ① 02. ③ 03. ① 04. ③

05 묘포에서 늦어도 7월 이전에 비료를 주어야 하는 가장 주된 이유는?

① 생장기가 짧기 때문이다.
② 비료를 흡수할 시간적 여유가 없기 때문이다.
③ 늦게까지 자라게 되어 월동기에 동해를 받기 때문이다.
④ 장마철에 비료분의 유실이 심하기 때문이다.

해설
늦어도 7월 이전에 주는 비료는 주로 추비로서 종자의 발아나 묘목 이식후 주는 일종의 추가 거름이다. 만약 7월 이후에 주게 되는 경우 자람이 지속되어 식물이 월동기 준비를 하지 못해 동해의 피해를 받을 수 있다.

06 다음 중 줄기를 해부했을 때 환공재로 특징되는 수종은?

① 참나무   ② 단풍나무
③ 포플러   ④ 호두나무

해설
환공재는 지름이 큰 관공이 연륜을 따라 고리모양의 환상으로 수열 배열되는 것으로 참나무속, 느티나무속, 느릅나무속, 아까시나무속, 음나무속, 오동나무속 등이 있다.

07 우리나라 산림에서 적용하는 지위지수(site index)를 올바르게 설명한 것은?

① 일정한 수령을 기준으로 하여 그때의 흉고직경의 평균치로 결정한다.
② 일정한 수령을 기준으로 하여 그때의 흉고직경으로 결정한다.
③ 일정한 수령을 기준으로 하여 그때의 재적으로 결정한다.
④ 일정한 수령을 기준으로 하여 그때의 수고로 결정한다.

해설
특정 나무에 있어 임령의 수고를 이용해 임지의 생산능력을 수치화한 것을 지위지수라 한다.

18 뿌리의 근류를 가지는 것만으로 나열된 것은?

① 아까시나무, 리기다소나무, 향나무
② 갈매나무, 싸리나무, 소나무
③ 오리나무, 보리수나무, 소귀나무
④ 물푸레나무, 오동나무, 자귀나무

해설
근류를 가지는 수종은 주로 콩과식물로 아까시나무, 싸리나무, 칡, 자귀나무 등이 있으며 비콩과식물 중에서도 오리나무, 소귀나무, 보리수나무 등이 있다.

09 노천매장법으로 파종하기 한 달쯤 전에 매장하는 것이 발아촉진에 도움을 주는 수종이 아닌 것은?

① 소나무   ② 낙엽송
③ 삼나무   ④ 가래나무

해설
파종 한달 전에 매장하는 수종으로 소나무, 해송, 낙엽송, 가문비나무, 삼나무, 편백 등이 있다.

10 다음 수종 중 생가지치기를 할 경우 부후의 위험성이 가장 높은 수종은?

① 단풍나무   ② 소나무
③ 일본잎갈나무   ④ 삼나무

해설
생가지치기 위험이 있는 수종으로 단풍나무, 느릅나무, 물푸레나무, 벚나무 등이 있다.

11 자작나무, 오리나무의 발아시험기간은 얼마나 되는가?

① 14일간   ② 21일간
③ 28일간   ④ 42일간

해설
자작나무, 오리나무는 28일 간의 발아시험기간을 갖는다.

정답 05. ③ 06. ① 07. ④ 08. ③ 09. ④ 10. ① 11. ③

12 묘포장을 설계할 때 침엽수종의 경우 토양 산도(pH)는 어느 정도가 알맞은가?

① pH 3.0~4.0 ② pH 5.0~6.5
③ pH 7.0~8.5 ④ pH 9.0~10

> **해설**
> 모표 토양은 침엽수는 pH 5~5.5 정도에서 가장 적합하며 중성인 pH 5~6.5 범위에서도 생육이 가능하다.

13 제벌작업에 대하여 가장 올바르게 설명하고 있는 것은?

① 산림보육 순서로 보면 간벌작업 후에 실시하는 작업이다.
② 중간 일체 수입을 목적으로 하지 않는다.
③ 농한기인 겨울철에 실시하는 것이 좋다.
④ 제벌 모수는 어느 수종이나 1회 실시하는 것으로 충분하다.

> **해설**
> 중간 수입을 기대하는 것은 간벌에 대한 설명이다.

14 나무의 수체에서 수분이 올라갈 때 최저의 저항을 받는 경로의 조직은?

① 피층   ② 사부
③ 부름켜   ④ 목부

> **해설**
> 나무의 목부부분은 수분의 이동통로이다.

15 환경 변화에 따른 수목의 기공개폐를 설명한 것으로 틀린 것은?

① 온도가 높아지면(30~35℃) 기공이 닫힌다.
② 잎의 수분포텐셜이 낮으면 기공이 열린다.
③ 엽육조직의 세포간극에 있는 CO_2의 농도가 높으면 기공이 닫힌다.
④ 인공합성이 가능한 정도의 광도이면 기공은 충분히 열린다.

> **해설**
> 잎의 수분포텐셜이 낮은것은 수분이 부족함을 의미하며 이러한 경우 수분을 지키기 위해 기공이 닫힌다.

16 양수 또는 음수에 관한 설명으로 옳지 않은 것은?

① 소나무는 양수이고, 주목은 음수이다.
② 양수는 음수보다 광포화점이 높다.
③ 높은 광도에서 음수의 생장속도가 빠르다.
④ 양수와 음수는 햇빛을 좋아하는 정도가 아니라 그늘에 견딜 수 있는 내음성의 정도에 따라 구분 한다.

> **해설**
> 높은 광도에서 양수가 광합성을 더 많이 하여 음수보다 생장속도가 빠르다.

17 일본잎갈나무의 꽃눈이 분화하는 시기는?

① 3월경   ② 5월경
③ 7월경   ④ 9월경

> **해설**
> 일본잎갈나무(낙엽송)은 7월쯤 암수의 꽃눈이 분화한다.

18 광색소에서 파이토크롬(phytochrome)의 설명으로 옳지 않은 것은?

① 암흑속에서 기른 식물체 내에서 적게 검출된다.
② 햇빛을 받으면 합성이 일부 금지되거나 파괴된다.
③ pyrrole 4개가 모여서 이루어진 발색단을 가진다.
④ 분자량이 120000 Dalton 가량 되는 두 개의 동일한 polypeptide로 구성되어 있다.

> **해설**
> 광색소인 파이토크롬은 낮은 광조건하에서 기른 식물에 내에서 많이 검출된다.

정답 12. ② 13. ② 14. ④ 15. ② 16. ③ 17. ③ 18. ①

19 종자에 수분침투와 가스교환이 잘 되지 않을 때 실시하는 발아 촉진 방법으로 옳은 것은?

① 탈납법　　② 재워묻기
③ 온탕 침적법　④ 냉수 침적법

> 해설
> 종자를 황산에 넣어 표면을 부식시킨 후 세척하여 파종하는 방법을 황산처리법(탈납법)이라 하며 주로 옻나무, 피나무, 콩과수목의 종자 처리에 효과적이다.

20 다음 중 성격이 다른 숲은?

① 맹아림　　② 천연림
③ 원시림　　④ 불완전 천연림

> 해설
> 산림의 분류시 천연림에 원시림과 불완전 천연림이 속하여 같은 성격을 가지며 맹아림은 왜림이라 하여 다른 분류에 속한다.

21 수목치료를 위한 수간주입방법 중 주입기 용량이 가장 적은 것은?

① 중력식　　② 삽입식
③ 흡수식　　④ 미세압력식

> 해설
> 삽입식의 방법의 목적이 약액을 나무에 천천히 주입하기 위한 방법으로 주입 직경 1cm 정도로 작다.

22 식물기생선충에 대한 설명으로 옳지 않은 것은?

① 고착성 선충과 이동성 선충으로 구분한다.
② 선충에 의해 병이 발생하면 병징은 지상부에서만 나타난다.
③ 생활사의 일부 또는 전부가 토양을 경유하는 토양선충이 대부분이다.
④ 선충이 분비하는 침과 분비물에 의해 식물의 생리적 변화가 발생한다.

> 해설
> 선충에 의해 병이 발생할 경우 지상부뿐 아니라 뿌리 부분인 지하부에도 피해를 주기도 하며 대표적으로 뿌리썩이선충병, 소나무재선충병 등이 있다.

23 소나무 재선충병 방제방법으로 옳지 않은 것은?

① 매개충의 방제
② 감염된 수목은 벌채 후 소각
③ 매개충 우화 최성기에 나무주사 처리
④ 포스티아제이트 액제를 이용한 토양관주

> 해설
> 소나무재선충 방제 방법
> · 고사목은 벌채후 소각
> · 무육관리를 통해 매개충 침입 예방
> · 먹이나무를 이용해 매개충 방제
> · 약제 항공살포

24 잣나무 털녹병 방제방법으로 적합하지 않은 것은?

① 중간기주를 제거한다.
② 내병성 품종을 심는다.
③ 토양소독을 철저히 한다.
④ 병든 나무는 지속적으로 제거한다.

> 해설
> 잣나무 털녹병은 주로 포자가 바람에 전반되기에 토양소독은 비효율적이다.

25 완전변태를 하는 해충은?

① 대벌레　　② 노린재
③ 가루깍지벌레　④ 도토리거위벌레

> 해설
> 도토리거위벌레는 알, 유충, 번데기, 성충의 완전변태과정을 거친다.

정답　19. ①　20. ①　21. ②　22. ②　23. ③　24. ③　25. ④

26 조류에 의한 수목의 피해로 옳지 않은 것은?

① 딱따구리 - 줄기 가해
② 직박구리 - 과실 가해
③ 올빼미 - 어린 순 가해
④ 백로류 - 배설물로 인한 나무의 고사

해설
올빼미는 멸종위기동물 2급 중 하나이며 수목에는 큰 피해를 주지 않는다. 딱따구리는 주로 줄기를 가해, 직박구리는 과실에 피해를 주며 백로류는 배설물로 인해 나무가 고사하는 피해를 준다.

27 밤나무 줄기마름병에 대한 설명으로 옳지 않은 것은?

① 병원체는 담자균이다
② 질소비료를 적게 주고 상처가 나지 않도록 한다.
③ 동해 및 열해를 받아 형성층이 손상된 경우 쉽게 감염된다.
④ 발생 초기에는 감염 수목의 수피가 황갈색 또는 적갈색으로 변한다.

해설
밤나무줄기마름병의 병원균은 자낭균이다.

28 잣나무 털녹병균의 침입 부위와 발병 부위가 옳게 짝지어진 것은?

① 잎의 기공 - 잎
② 줄기의 피목 - 잎
③ 잎의 기공 - 줄기
④ 줄기의 피목 - 줄기

해설
잣나무 털녹병균은 담자포자가 바람에 의해 전반되며 잎의 기공으로 침입, 줄기로 전파된다.

29 방화선의 설치 위치로 적절하지 않은 것은?

① 나지 또는 미립목지에 위치
② 급경사지, 관목 및 고사목 집적지역에 위치
③ 인공적 또는 천연적인 도로, 하천 등이 있는 위치
④ 산정 또는 능선 바로 뒤편 8~9부 능선에 위치

해설
급경사지 및 고사목 집적지역은 산불의 확산을 가속시켜 방화선의 설치 위치로는 적절하지 않다.

30 세균에 의하여 발병하는 수목병은?

① 철쭉 떡병
② 포플러 잎마름병
③ 호두나무 뿌리혹병
④ 낙엽송 가지끝마름병

해설
뿌리혹병은 주로 세균에 의해 발생된다.

31 1년에 2회 이상 발생하는 해충은?

① 솔잎혹파리
② 광릉긴나무좀
③ 미국흰불나방
④ 호두나무잎벌레

해설
미국흰불나방은 100 종류 이상의 활엽수종을 가해하며 1년에 2회 발생한다.

32 소나무 혹병의 중간기주로 방제를 위하여 제거해야 할 수종은?

① 오리나무   ② 단풍나무
③ 자작나무   ④ 신갈나무

해설
소나무 혹병의 중간기주로 신갈나무로서 이를 제거하면 방제 효과가 있다.

정답 26. ③ 27. ① 28. ③ 29. ② 30. ③ 31. ③ 32. ④

33 윤작의 연한이 짧아도 방제 효과가 가장 큰 수목병은?

① 흰비단병
② 자주빛날개무늬병
③ 침엽수의 모잘록병
④ 오리나무 갈색무늬병

해설
오리나무 갈색무늬병은 연작에 의한 피해가 심하기에 윤작을 통해 방제하는데 윤작의 연한이 짧아도 방제의 효과가 좋다.

34 밤나무 줄기마름병에 대한 설명으로 옳지 않은 것은?

① 과다한 질소 시비를 지양한다.
② 천공성 해충의 피해를 받은 경우 잘 발생한다.
③ 병원균의 중간기주인 포플러를 같이 심지 않는다.
④ 동해나 열해를 받아 수피와 형성층이 손상 입은 경우 잘 발생한다.

해설
밤나무 줄기마름병은 중간기주가 없고 상처부위를 통해 감염된다.

35 어스렝이나방이 월동하는 형태는?

① 알
② 유충
③ 성충
④ 번데기

해설
어스렝이나방은 알 형태로 월동한다.

36 수세가 쇠약한 수목의 줄기를 가해하는 것은?

① 독나방
② 소나무좀
③ 미국흰불나방
④ 오리나무잎벌레

해설
소나무좀은 벌채목과 쇠약목 혹은 죽은나무 등 모두 가해하는 2차 해충이다.

37 산불 피해에 대한 설명으로 옳지 않은 것은?

① 산불의 피해는 여름이 가장 크다.
② 은행나무가 소나무보다 산불의 피해가 작다.
③ 활엽수보다 침엽수가 산불의 피해를 심하게 받는다.
④ 수령이 낮은 임분일수록 산불의 피해를 많이 받는다.

해설
산불의 피해는 주로 봄에 가장 크다.

38 리지나뿌리썩음병에 대한 설명으로 옳은 것은?

① 주로 활엽수에 발생한다.
② 담자포자에 의해 전염된다.
③ 자실체는 파상땅해파리버섯이다.
④ 우리나라에서만 발생하는 병이다.

해설
리지나뿌리썩음병의 자실체는 파상땅해파리버섯이다.

39 해충 발생량의 변동을 조사할 때 한 지역 내의 개체군 밀도 결정에 관여하지 않는 요인은?

① 출생률
② 사망률
③ 변이율
④ 이입률

해설
개체군의 밀도 결정에 있어 출생률, 사망률, 이입률이 영향을 준다.

정답 33. ④ 34. ③ 35. ① 36. ② 37. ① 38. ③ 39. ③

40 잣나무 털녹병 방제방법으로 옳지 않은 것은?

① 벌기령을 단축한다.
② 가지치기를 실시한다.
③ 중간기주를 제거한다.
④ 병든 나무를 제거한다.

해설
잣나무 털녹병 방제
· 병든나무와 중간기주 제거
· 수고 1/3 까지 가지치기 실시(감염경로 차단)
· 피해지역의 묘목은 다른 지역 반출 금지
· 8월 쯤부터 보르도액 살포(소생자 침입 방지)

41 산림 경리의 업무 내용이 아닌 것은?

① 산림 조사   ② 조림 계획
③ 수확 규정   ④ 임업소득률 결정

해설
산림 경리의 업무로 산림측량, 구획, 조사 및 수확의 규정과 조림계획, 시설계획 등이 있다.

42 유령림의 임목 평가에 가장 적합한 방법은?

① 환원가법   ② 기망가법
③ 비용가법   ④ 매매가법

해설
유령림 임목평가의 경우 식재 및 육림의 투자액을 기준으로 평가하는 임목비용가법이 적합하다.

43 임업경영을 경제적 특성과 기술적 특성으로 구분할 때 기술적 특성에 해당하는 것은?

① 생산기간이 대단히 길다.
② 육성임업과 채취임업이 병존한다.
③ 원목가격의 구성요소 대부분이 운반비이다.
④ 임업노동은 계절적 제약을 크게 받지 않는다.

해설
임업의 기술적 특성
· 임목의 성숙기가 일정하지 않다.
· 토지나 기후조건에 대한 요구도가 낮다.
· 자연조건의 영향을 많이 받는다.
· 생산기간이 길다.

44 순현재가치를 영(0)이 되게 하는 할인율의 크기로 투자효율을 평가하는 방법은?

① 회수기간법   ② 순현재가치법
③ 내부수익률법 ④ 수익비용률법

해설
내부수익률법은 편익흐름의 현재가치의 합이 비용흐름의 현재가치의 합과 같아지는 할인율이다.

45 이상적인 임분의 재적 또는 흉고단면적에 대한 실제 임분의 재적 또는 흉고단면적의 비율로 나타내는 임분밀도의 척도는?

① 임목도   ② 상대밀도
③ 임분밀도지수 ④ 상대공간지수

해설
임목도는 이상적 임분의 밀도에 대한 실제 임분의 밀도의 비 또는 수확표상에 단면적에 대한 실제 단면적의 비를 말하며, 재적, 본수, 단면적 등을 기준으로 해서 나타낸다.

정답 40. ① 41. ④ 42. ③ 43. ① 44. ③ 45. ①

46 보속작업에서 한 작업급에 속하는 모든 임분을 일순벌하는데 필요한 기간을 나타내는 임업생산기간은?

① 윤벌기 ② 갱정기
③ 회귀년 ④ 정리기

> **해설**
> 윤벌기는 한 작업급에 속하는 숲을 벌채하고 순차적으로 계획벌채할 때 전체 숲의 벌채가 끝날 때 까지의 기간이다. 갱정기는 정리기라고도 하며 법정상태로 가는데 걸리는 기간을 말한다.

47 음(-)의 값이 나올 수 있는 투자효율 분석법은?

① 회수기간법 ② 순현재가치법
③ 투자이익률법 ④ 수익비용률법

> **해설**
> 장기투자를 결정하는 순현재가치법은 미래에 대한 가치 판단을 기준으로 하기에 음의 값이 나올 수 있다.

48 어떤 소나무림에서 간벌을 하면 500만원씩의 수입을 얻을 것으로 예상된다. 연중에는 3회 간벌을 하고, 5년간 연 이율을 5%로 적용할 경우 후가 계산에 적합한 식은?

① $\dfrac{500만원 \times [1.05^5 - 1]}{1.05^{15}}$

② $\dfrac{500만원 \times [1.05^{15} - 1]}{1.05^5}$

③ $\dfrac{500만원 \times [1.05^5 - 1]}{1.05^{15} - 1}$

④ $\dfrac{500만원 \times [1.05^{15} - 1]}{1.05^5 - 1}$

> **해설**
> m 년마다 A 씩 n 회 얻을 수 있는 후가
> $N = \dfrac{A(1+P)^{nm} - 1}{(1+P)^m - 1}$

49 산림평가가 임지와 임목의 평가 이외에도 여러분야에서 응용되고 있다. 다음 중 응용분야로 거리가 먼 것은?

① 산림의존도의 사정
② 산림과세의 기준 설정
③ 산림피해의 손해액 결정
④ 산림의 매매, 교환의 가격사정

> **해설**
> 산림의존도는 산림소득에 대한 임가소득의 백분율을 의미한다.

50 벌기령에 대한 설명으로 옳은 것은?

① 임목이 실제로 벌채되는 연령
② 모든 임분을 일순벌하는데 필요한 기간
③ 맨 처음 택벌한 일정구역을 또 다시 택벌하는데 필요한 기간
④ 임분이 생장하는 과정에 있어서 어느 성숙기에 도달하는 계획상의 연수

> **해설**
> 벌기령은 임목을 일정 성숙한 상태로 육성하는데 필요한 계획상의 연수 혹은 산림경영의 원칙하에 주벌수확기에 이른 나무의 나이를 의미한다.

51 말구직경 26cm, 중앙직경 30cm, 원구직경 36cm, 재장이 4m 인 통나무 Huber 식에 의하여 계산한 재적은?

① 약 0.212m³ ② 약 0.283m³
③ 약 0.302m³ ④ 약 0.407m³

> **해설**
> 중앙단면적×재장=π×반지름²×재장
> =3.14×0.15²×4≒0.2839(m³)

정답 46. ① 47. ② 48. ④ 49. ① 50. ④ 51. ②

52 임업의 경제적 특성으로 원목가격 구성요소에서 가장 큰 항목은?

① 지대 ② 육림비
③ 운반비 ④ 감가상각비

> **해설**
> 원목가격의 대부분은 운반비이다.

53 다음 조건에서 단일수입의 복리산식 중 전가계산식으로 옳은 것은?

- V_n : n 년 후의 후가
- V_0 : 전가
- p : 이율
- n : 년수

① $V_0 = \dfrac{V_n}{(1+p)^n}$

② $V_0 = \dfrac{V_n}{(1+p)^{n-1}}$

③ $V_n = \dfrac{V_0(1+p)^n}{p}$

④ $V_n = \dfrac{V_0(1+p)^{n-1}}{p}$

> **해설**
> 복리산식은 후가계산, 전가계산, 무한이자, 유한이자의 계산방법이 있으며 복리산식의 전가계산은
> $V_0 = \dfrac{V_n}{(1+p)^n}$ 공식에 따른다.

54 산림경영계획을 위한 지황조사 항목에 대한 설명으로 옳은 것은?

① 방위는 임지의 주 사면을 보고 4방위로 구분한다.
② 지리는 임지의 생산능력에 따라 m 단위로 표시한다.
③ 토양의 건습도는 일반적으로 습, 중, 건 3단계로 분류한다.
④ 경사도는 5단계로 구분하는데 가장 완만한 완경사지는 15° 미만을 말한다.

> **해설**
> 경사도는 완, 경, 급, 험, 절 5단계로 구분하며 완경사지는 15° 미만을 의미한다.

54 임분 재적이 ha 당 180m³, 임분 형수가 0.4, 임분 평균 수고가 15m 인 경우 ha당 흉고단면적은?

① 4.8m² ② 12m²
③ 30m² ④ 72m²

> **해설**
> 180 = 흉고단면적 × 15 × 0.4
> 흉고단면적(m²) = 30
> ※ 형수법
> 재적=단면적×높이×형수

56 어느 임분의 ha 당 20년 전 재적이 200m³이고 현재 재적이 300m³일 때, 이 임분의 재적을 Pressler 공식으로 계산한 생장률은?

① 2% ② 3%
③ 4% ④ 5%

> **해설**
> 프레슬러 공식
> $\dfrac{\text{현재 재적} - n\text{년전 재적}}{\text{현재 재적} + n\text{년전 재적}} \times \dfrac{200}{n}$
> → $\dfrac{300만m^3 - 200만m^3}{300만m^3 + 200만m^3} \times \dfrac{200}{20} = 2\,(\%)$

정답 52. ③ 53. ① 54. ④ 55. ③ 56. ①

57 임업경영 규모나 자산을 전년도와 비교하여 얼마나 변화하였는지 분석하는 방법은?

① 손익분석   ② 부채분석
③ 성장성 분석   ④ 감가상각비 분석

> **해설**
> 임업경영을 위해 경영규모와 자산을 이전의 데이터와 비교, 분석하는 것을 성장성 분석이라 하며 이러한 임목자산 성장성 분석지표 고려시 임목의 성장액, 임목자산의 증감률, 임목성장액의 내부 보유율을 지표로 활용한다.

58 단위면적에서 수확되는 목재생산량이 최대가 되는 연령을 벌기령으로 하는 방법은?

① 수익률 최대의 벌기령
② 화폐수익 최대의 벌기령
③ 재적수확 최대의 벌기령
④ 토지 순수익 최대의 벌기령

> **해설**
> 재적수확 최대 벌기령은 단위면적당 평균적인 목재생산량이 최대가 되는 시점이다.

59 산림조사에 관한 설명으로 옳지 않은 것은?

① 지위의 임지생산력 판단지표이다.
② 임종은 침엽수림, 활엽수림, 침활혼효림으로 구분한다.
③ 혼효율은 수종별 입목재적, 본수, 수관점유면적 비율에 의하여 백분율로 산정한다.
④ 소밀도는 조사면적에 대한 입목의 수관면적이 차지하는 비율을 백분율로 표시한다.

> **해설**
> 임종은 천연림, 인공림으로 구분한다.

60 윤벌기와 관련된 작업으로 가장 적합한 것은?

① 개벌작업   ② 택벌작업
③ 모수작업   ④ 왜림작업

> **해설**
> 보속작업에 있어서 하나의 작업급에 속하는 모든 임분을 일순벌 하는데 소요되는 기간을 윤벌기라 하며 이는 임분을 한번에 벌채하는 개벌작업에 관련된다.

61 목재의 충해와 균해를 방지(예방)하고, 장기간 보존하기 위하여 주로 사용되는 저목방법은?

① 수중저목   ② 최종저목
③ 중계저목   ④ 산지저목

> **해설**
> 목재의 충해와 균해를 방지하기 위한 효율적인 장기 보관방법으로 물속에 저장하는 수중저목방법이 있다.

62 체인톱을 소형, 중형, 대형으로 구분하는 기준으로 옳은 것은?

① 가격과 무게
② 출력과 무게
③ 부피와 출고년도
④ 제작회사 및 국가

> **해설**
> 체인톱은 출력과 무게로 소형, 중형, 대형으로 구분한다.

63 일반적인 도수라(道修羅)의 활로 너비는?

① 1～2m   ② 2～3m
③ 3～4m   ④ 4～5m

> **해설**
> 도수라의 활로의 너비는 1～2m 정도를 기준으로 한다.

정답 57. ③ 58. ③ 59. ② 60. ① 61. ① 62. ② 63. ①

64 다음 삭도방식 중 운재거리가 가장 긴 것은?

① 반가선식 삭도
② 복선순환식 삭도
③ 단선순환식 삭도
④ 반송줄부착교주식 삭도

해설
반송줄부착 교주식 삭도에서는 빈 반송기를 작업장소로 회송하는 반송전용의 가공삭 로프를 설치하는데 이것을 반송줄이라 하며 삭도방식 중에서 운재거리가 가장 긴 것이 특징이다.

65 임도에 관한 설명으로 옳지 않은 것은?

① 농·산촌간 지역교통 개선 기능이 있다.
② 삼림의 경영 및 관리를 위하여 설치한 도로이다.
③ 일반적으로 임도의 설계속도는 60km/h로 설정하여 계획한다.
④ 산림과 시장을 연결하여 임산물과 인원을 수송하는 등 중요한 역할을 가지고 있다.

해설
임도의 설계속도는 일반적으로 20~40km/h 범위에서 설정하여 계획한다.

66 산악지대에서 임도의 노선 선정 방법으로 옳지 않은 것은?

① 계곡임도는 임지의 상부에서부터 개발되며 임지개발의 중추적 역할을 한다.
② 산정부 개발임도는 산정부의 안부에서부터 시작되는 순환식 노선방식을 주로 사용한다.
③ 능선임도는 산악지대 임도배치 중 건설비가 가장 적게 소요되며 계곡 및 늪지대에서 임도 개설 시 용이하다.
④ 사면임도는 계곡임도로부터 시작하며 지그재그방식이 적당하지만 완경사지에서는 대각선 방식도 사용된다.

해설
계곡임도는 임지의 하부로부터 개발해야 하므로 임지 개발의 중추적인 역할을 담당하는 산악지대 임도 노선형이다.

67 배향곡선지가 아닌 경우 길어깨와 옆도랑의 너비를 제외한 임도의 유효너비 기준은?

① 2m   ② 3m
③ 4m   ④ 6m

해설
임도의 너비 기준은 길어깨 및 옆도랑을 포함한 임도의 너비 3m를 기준으로 한다.

68 와이어로프 표기방법으로 "6×7 C/L 20mm B종"에서 B종이 의미하는 것은?

① 스트랜드의 본수
② 와이어 로프의 지름
③ 와이어 로프의 인장강도
④ 와이어 로프의 표면처리 상태

해설
와이어로프의 인장강도는 G종, A종, B종 등으로 표현한다.

69 트랙터에 의한 집재 방법이 아닌 것은?

① 팬   ② 설키
③ 지면끌기   ④ 인클라인

해설
트랙터의 집재방법으로 지면끌기집재, 팬집재, 설키집재 등이 있다.

70 벌목 작업 시 수구를 만드는 방향은?

① 계곡 쪽
② 임도가 있는 쪽
③ 작업자가 있는 쪽
④ 벌도목이 넘어지는 쪽

해설
수구는 30~45° 각으로 작업하여 벌도방향으로 하며 추구는 수구의 반대방향에서 작업한다.

정답 64. ④ 65. ③ 66. ① 67. ② 68. ③ 69. ④ 70. ④

71. 임도 설계서 작성 순서로 옳은 것은?

① 시방서 – 설계사용서 – 예산내역서 – 수량산출서 – 예정공정표
② 시방서 – 수량산출서 – 예산내역서 – 설계설명서 – 예정공정표
③ 설계설명서 – 시방서 – 예정공정표 – 예산내역서 – 수량산출서
④ 설계설명서 – 시방서 – 예정공정표 – 수량산출서 – 예산내역서

해설
임도 설계서 작성은 < 설계설명서 - 일반, 특별 시방서 - 예정공정표 - 예산내역서 - 수량 산출서 > 순서로 작성한다.

72. 포장을 하지 않은 임도 노면의 경우에 횡단기울기 시설 기준은?

① 0~1%   ② 1.5~2%
③ 3~5%   ④ 6~7%

해설
포장을 하지 않은 임도 노면의 횡단기울기 시설기준은 3~5%, 포장한 노면의 횡단기울기는 1.5~2% 이다.

73. 벌도작업 시 쐐기 사용의 주목적은?

① 작업 능률 향상
② 벌도 방향 결정
③ 박피 작업 유리
④ 작업 비용 절감

해설
쐐기는 벌목의 방향을 결정하는 것이 주목적이며 그 외에도 톱이 끼지 않도록 한다.

74. 임도시공 시 사용하는 용어에 대한 설명으로 옳지 않은 것은?

① 준설 : 물 속의 흙을 파내는 것
② 취토장 : 흙이 남아서 버리는 곳
③ 매립 : 물에 흙을 메워 육지로 만드는 것
④ 흙일 : 흙을 깎거나 쌓아 올리는 모든 작업

해설
취토장은 흙이 부족할 경우 보급하기 위한 장소이다.

75. 트랙터의 구입가격이 5000만원이고 수명이 5000시간이며 잔존가치는 구입가격의 20%일 때 이 기계의 시간당 감가상각비는?

① 1,250원   ② 8,000원
③ 12,500원   ④ 80,000원

해설
- 잔존가치 = 5,000 만원 × 20 % = 1,000 만원
- $\dfrac{50,000,000원 - 10,000,000원}{5,000 시간} = 8,000 원$

76. 다음 중 임도설계 시 곡선설정법이 아닌 것은?

① 교각법   ② 편각법
③ 진출법   ④ 교회법

해설
임도노선 곡선 설정 방법으로 교각법, 편각법, 진출법이 있다. 교회법은 평판측량의 방법이다.

77. 중력침식에 속하지 않는 것은?

① 산붕   ② 산사태
③ 땅밀림   ④ 해안사구

해설
중력침식의 형태로 산사태, 산붕, 땅밀림, 눈사태, 붕락, 포락 등이 있다.

정답 71. ③ 72. ③ 73. ② 74. ② 75. ② 76. ④ 77. ④

78 사방댐의 안정조건 중 지반지지력 안정을 위한 설명으로 옳지 않은 것은?

① 허용항압강도 대신 지반의 지지력 강도를 이용하면 된다.
② 지반이 받는 최대압력이 지반의 허용지지력 보다 커야 한다.
③ 제저에 발생되는 최대압력강도는 지반의 지지력 강도를 초과해서는 안 된다.
④ 기초지반이 사력인 경우에는 침투에 의한 파괴에 대해서도 안정되도록 설계해야 한다.

해설
지반이 받는 최대압력이 지반의 허용지지력보다 작아야 한다.

79 1차로의 임도에서 설계속도가 40km/시간이고 자동차폭이 2.5m라면 적정 차도폭은?

① 3.5m ② 3.6m
③ 3.7m ④ 3.8m

해설
설계속도에 의한 차도폭

자동차폭 $+ \dfrac{설계속도}{50} + 0.5$

$= 2.5 + \dfrac{40}{50} + 0.5 = 3.8$

80 집재용 도구가 아닌 것은?

① 피비   ② 펄프훅
③ 마세티 ④ 파이크폴

해설
마세티는 나이프의 일종이다. 집재용 도구의 종류로 피비, 캔트훅, 사피, 펄프 훅, 파이크폴 등이 있다.

정답 78. ② 79. ④ 80. ③

산업기사 CBT 제6회 — 산림산업기사

** 본문제는 수험생들의 기억을 바탕으로 작성 된 것으로 실제 문제와 차이가 있을 수 있습니다.

01 산벌작업의 3단계를 바르게 묶어 놓은 것은?

① 산벌, 개벌, 택벌
② 예비벌, 하종벌, 후벌
③ 초벌, 중벌, 종벌
④ 정지벌, 무육벌, 성숙벌

해설
산벌작업은 갱신을 위해 크게 예비벌, 하종벌, 후벌의 과정으로 진행된다.

02 테트라졸륨 테스트(TTC Test)는 다음 중에서 어디에 사용되는 방법인가?

① 종자의 발아 촉진 처리방법
② 화아분화 촉진 처리방법
③ 종자의 발아력 검정방법
④ 삽수의 발근 촉진 처리방법

해설
테트라졸륨은 종자의 활력 검사를 목적으로 하며 건전한 배의 경우 반응시 적색 혹은 분홍색을 띤다.

03 1.8m×1.8m의 정방형 식재를 할 때 ha 당 소요되는 묘목의 본수는?

① 3086본
② 3776본
③ 5132본
④ 2887본

해설
1ha : 10,000m^2, 1.8m × 1.8m = 3.24m^2
10,000 ÷ 3.24 = 약 3086 본

04 풀베기작업에서 모두베기 방법을 적용하는 것이 가장 바람직한 조림지는?

① 1ha에 200본이 식재된 호두나무 조림지
② 한풍해가 심한 조림지
③ 소나무 밀식 조림지
④ 전나무 소식 조림지

해설
모두베기는 소나무, 낙엽송 등의 양수 식재시 적합한 방법이다.

05 임목의 잎에 있는 엽록체가 주로 흡수하여 광합성에 이용하는 광선은?

① 적외선
② 근적외선
③ 자외선
④ 가시광선

해설
임목은 주로 가시광선을 광합성에 이용한다.

정답 01. ② 02. ③ 03. ① 04. ③ 05. ④

06 다음 중 하층간벌에 대한 설명으로 가장 거리가 먼 것은?

① 가장 오랜 역사를 지닌 간벌방법으로 보통간벌이라고 한다.
② 우세목 중 결점이 있는 2급목만 벌채하는 방법이다.
③ 일반적으로 양수성의 수종으로 구성된 임분에 적용된다.
④ 처음에는 피압된 가장 낮은 수관층의 나무를 벌채 하고 그 후 점차 높은 층의 나무를 벌채하는 방법이다.

해설
하층간벌(보통간벌, 독일식 간벌)은 피압된 가장 낮은 수관층의 나무를 벌채하고 점차 높은 층의 나무를 벌채하는 방법이다. 강도 높은 하층간벌을 실시하면 우세목, 준우세목이 남게 된다.

07 최근 목재로써 인기가 높은 편백의 조림 적지를 가장 잘 나타낸 것은?

① 한대지방
② 온대중부지방
③ 온대북부지방
④ 온대남부, 난대지방

해설
편백은 1900년대 조림된 나무로 난대나 온대 남부지방 혹은 해발고도 400m 이하인 지역에서 생육하기 적합하다.

08 1년생 묘가 상당한 크기에 이르고 공간을 차지하는 수종의 파종방법은 줄로 뿌려주는 조파로 한다. 다음 중 조파로 하지 않는 수종은?

① 밤나무   ② 느티나무
③ 아까시나무 ④ 옻나무

해설
밤나무의 경우 대립종자로서 주로 점파를 한다.

09 밤나무를 조림 할 때 수분수를 혼식해야 한다. 수분수는 주품종의 몇%정도 식재하는 것이 가장 적합한가?

① 10~20%   ② 20~30%
③ 30~40%   ④ 40~50%

해설
수분수는 주품종의 20% 내외(20~30%) 비율로 혼식한다.

10 한 임분을 구성하고 있는 임목 중 성숙한 임목만을 국소적으로 추출·벌채하고 그곳의 갱신이 이루어지게 하는 갱신법으로 어떤 설정된 갱신기간이 없고 임분을 항상 각 영급의 나무가 서로 혼생하도록 하는 작업방법은?

① 택벌작업   ② 산벌작업
③ 모수작업   ④ 중림작업

해설
택벌작업은 일부분 국소적으로 벌채하는 작업으로 양수수종에 적용이 어렵다.

11 산림이 발휘하는 공익적 기능이 아닌 것은?

① 홍수나 산사태를 방지한다.
② 이산화탄소를 흡수하고 산소를 방출한다.
③ 파티클 보드의 원료로 이용된다.
④ 휴양의 기회를 제공한다.

해설
파티클 보드와 같이 가공을 통한 생산물은 경제적 기능이다.

정답 06. ② 07. ④ 08. ① 09. ② 10. ① 11. ③

12 묘포의 입지 조건으로 적합하지 못한 것은?

① 토양은 유기물의 함량이 많고 질소 함량이 많은 식양토일 것
② 관수와 배수가 편리할 것
③ 가능한 조림지의 환경과 같은 곳일 것
④ 노동작업 공급 등이 편리할 것.

해설
유기물 함량이 많고 질소 함량이 높은 식양토는 도장의 우려가 있다.

13 군상 산벌작업은 다음 중 어떤 수종에 가장 알맞은 갱신법인가?

① 양수 ② 음수
③ 극양수 ④ 중용수

해설
산벌작업은 양수에도 가능은 하지만 음수에 적용하는 것이 적합하다.

14 산림토양 내의 수분에서 개벌 전과 비교하여 개벌 후의 지하수위 높이는 어떻게 변하게 되는가?

① 높아진다.
② 낮아진다.
③ 낮아졌다가 높아진다.
④ 변화가 없다.

해설
개벌을 실시하게 임지가 노출되어 표면의 유실이 발생, 지하수위의 높이가 높아지게 된다.

15 하종벌은 다음 중 어느 때 적용하는 것이 옳은가?

① 갱신 주기 때
② 하층식생이 많을 때
③ 유령기 때
④ 결실량이 많을 때

해설
하종벌은 종자가 성숙한 이후 벌채하면서 종자의 낙하를 유도해 발아시키는 방법으로 결실량이 많을 때 하는 것이 유리하다.

16 종자의 결실량을 증가시키기 위한 방법으로 옳지 않은 것은?

① 간벌을 실시하여 생육공간을 확장한다.
② 수피의 일부를 제거하여 C/N율을 높인다.
③ 단근을 실시하여 질소의 흡수를 조장한다.
④ 줄기에 환상박피, 철선묶기 등의 자극을 준다.

해설
단근은 나무의 활착에 도움을 주며 질소의 흡수에 영향을 주는 것은 아니다.

17 제벌에 대한 설명으로 옳지 않는 것은?

① 소나무와 낙엽송의 첫 번째 제벌은 식재 후 7~8년이 적정하다.
② 간벌이 시작될 때까지 2~3회 제벌하는 것을 원칙으로 한다.
③ 제벌은 비용만 투입되고 벌채되는 불량목은 거의 이용대상이 되지 못한다.
④ 제벌시기는 나무의 고사 상태를 알고 맹아력을 감소시키기 위해서는 겨울철에 실행하는 것이 좋다.

해설
제벌은 6~9월쯤인 여름철에 실시한다.

정답 12. ① 13. ② 14. ① 15. ④ 16. ③ 17. ④

18 산림작업종의 주요 인자로 옳지 않은 것은?
① 벌채의 종류
② 임도의 위치
③ 새로운 임분의 기원
④ 벌채 및 갱신의 작업면적 크기

해설
산림작업종의 분류시 임분의 기원은 교림, 왜림, 중림으로 분류되며 그 외 기준으로 벌채종, 벌채구의 크기 및 형태가 있다.

19 적지적수는 종자의 산지와 조림지와의 밀접한 관계가 있다. 어떤 점에 가장 중점을 두어야 하는가?
① 채종원에서 채취한 종자에 의한 묘목을 식재한다.
② 결실되는 지조가 적은 나무에서 채취한 종자에 의한 묘목을 식재한다.
③ 병충해에 대한 저항력이 강한 나무에서 채취한 종자에 의한 묘목을 식재한다.
④ 조림지 부근에서 또는 기후풍토가 비슷한 곳에서 채취한 종자에 의한 묘목을 식재한다.

해설
적지적수는 입지에 가장 잘 적응할 수 있는 수종의 나무를 선택하는 것이다.

20 발아시험에 있어서 단기간 내 일시에 발아된 종자의 수를 전체 시료 종자의 수로 나누어 백분율로 나타낸 것은?
① 효율   ② 발아세
③ 발아력   ④ 발아율

해설
발아세는 발아시험을 위한 일정 기간동안 발아하는 종자수의 비율을 의미한다.

21 소나무좀 신성충이 가해하는 부위는?
① 잎   ② 수간
③ 새가지   ④ 오래된가지

해설
신성충은 갓 성충이 된 벌레를 말하며 6월쯤 우화하여 1년생 신초, 즉 새가지를 가해한다.

22 모잘록병 방제방법으로 옳지 않은 것은?
① 파종상에서는 토양소독을 한다.
② 토양산도가 염기성이 되도록 한다.
③ 묘상이 과습하지 않도록 주의한다.
④ 질소질 비료보다 인산, 칼륨질 비료를 더 많이 준다.

해설
모잘록병은 진균에 의해 발생하기에 과습하거나 너무 건조한 토양에서 주로 발생되며 산도에는 큰 영향을 받지 않는다.

23 우리나라 산불의 원인으로 가장 빈도수가 낮은 것은?
① 담뱃불
② 입산자 실화
③ 벼락에 의한 경우
④ 논과 밭두렁의 소각

해설
입산자의 실화나 담뱃불 실화 등등의 사람의 실수에 의한 산불 빈도가 대부분이며 자연적인 벼락 등은 그 빈도가 매우 낮다.

24 나무의 수피와 목질부 표면을 환상으로 식해하며 거미줄을 토하여 벌레똥과 먹이 잔재물을 식해부위에 철하여 놓는 해충은?
① 박쥐나방   ② 알락하늘소
③ 광릉긴나무좀 ④ 잣나무넓적잎벌

해설
박쥐나방의 특징은 식물의 줄기 속을 파먹으며 구멍 난 곳을 관찰시 섬유질과 박쥐나방의 배설물이 섞여 있는 것을 관찰할 수 있다.

정답 18. ② 19. ④ 20. ② 21. ③ 22. ② 23. ③ 24. ①

25 대기오염에 의한 산림의 피해를 최소화시킬수 있는 방안으로 거리가 먼 것은?

① 방음벽 시설 설치
② 공해배출의 법적 규제
③ 공해저항성 수종의 식재
④ 임지비배를 통한 산림관리

해설
방음벽 시설은 소음에 관련된 것으로 대기오염과는 거리가 멀다.

26 해충 방제에 사용되는 천적 곤충이 아닌 것은?

① 기생벌   ② 무당벌레
③ 풀잠자리 ④ 투리사이드

해설
무당벌레는 응애류 및 풀잠자리의 천적이며 기생물은 진딧물의 천적 곤충이다.

27 낙엽송 잎떨림병의 방제방법으로 가장 효과적인 것은?

① 10월 경 낙엽을 모아 태운다.
② 중간기주인 참나무류를 제거한다.
③ 매개충인 끝동매미충을 방제한다.
④ 일본잎갈나무의 단순림을 조성한다.

해설
낙엽송잎떨림병은 병든낙엽이 1차 전염원이기에 방제방법으로 태우는것이 효과적이다.

28 솔잎혹파리에 대한 설명으로 옳지 않은 것은?

① 우화 최성기가 5~6월이다.
② 10~11월에 번데기로 월동한다.
③ 낙엽 밑이나 흙속에서 월동한다.
④ 유충이 솔잎 기부에 벌레혹을 형성한다.

해설
솔잎혹파리는 유충형태로 땅속에 월동한다.

29 파이토플라스마에 의한 수목병 방제에 사용되는 약제는?

① 아바멕틴
② 테부코나졸
③ 에마멕틴벤조에이트
④ 옥시테트라사이클린

해설
옥시테트라사이클린은 대추나무, 오동나무 빗자루병을 일으키는 파이토플라스마의 방제 약제이며 주로 수간주입을 한다.

30 침엽수 묘목의 모잘록병을 방제하는데 가장 알맞은 방법은?

① 중간 기주로 제거한다.
② 살균제로 토양소독과 종자소독을 한다.
③ 살충제를 뿌려서 매개 곤충을 구제한다.
④ 질소질비료를 충분히 주어 묘목을 튼튼하게 한다.

해설
주로 클로로피크린이라는 살균제를 이용하여 종자 및 토양을 소독한다.

31 곤충과 비교한 거미의 특징으로 옳지 않은 것은?

① 홑눈만 있다.
② 날개가 없다.
③ 더듬이가 2쌍이다.
④ 탈바꿈(변태)을 하지 않는다.

해설
거미는 더듬이가 없다.

정답 25. ① 26. ④ 27. ① 28. ② 29. ④ 30. ② 31. ③

32 해충 방제를 위한 임업적 방제방법으로 옳지 않은 것은?

① 단순림 조성의 확대
② 내충성 수종의 식재
③ 적당한 간벌로 임분밀도 조절
④ 토양 및 기후에 적합한 수종의 조림

> **해설**
> 단순림의 조성은 오히려 피해를 확산시키게 된다.

33 밤나무 흰가루병균으로 잎의 앞뒷면에 밀가루를 뿌려 놓은 것 같이 보이는 것은?

① 분생포자 ② 자낭포자
③ 후벽포자 ④ 담자포자

> **해설**
> 병환부의 흰가루부분(흰색 반점)은 분생포자에 의한 표징이다.

34 토양훈증제의 설명으로 옳지 않은 것은?

① 메탐소듐, 메틸브로마이드 등이 있다.
② 인화성이 있고 구석가지 침투하는 확산 능력이 있어야 한다.
③ 비등점이 낮은 원제를 액체, 고체 또는 압축가스의 형태로 용기에 충전한 것이다.
④ 일정한 시간 내에 기화하여 훈증효과를 나타내야 하므로 휘발성이 큰 약제를 써야 한다.

> **해설**
> 인화성이 있을 경우 산불의 위험성이 있으므로 인화성이 없는 토양훈증제를 사용해야 한다.

35 해안 방풍림 조성에 가장 적당한 수종은?

① 곰솔 ② 포플러류
③ 사시나무 ④ 일본잎갈나무

> **해설**
> 해안 방풍림 조성으로 염풍에 강한 수종이 적합하며 곰솔, 향나무, 사철나무, 팽나무 등이 있다.

36 공동충전제로 사용되는 발포성 수지 중 폴리우레탄 폼의 배합 비율로 가장 적합한 것은?

① 주제(P.P.G) : 발포경화제(M.D.I) = 2 : 1
② 주제(P.P.G) : 발포경화제(M.D.I) = 1 : 3
③ 주제(P.P.G) : 발포경화제(M.D.I) = 1 : 2
④ 주제(P.P.G) : 발포경화제(M.D.I) = 1 : 1

> **해설**
> 폴리우레탄은 주제와 발포경화제를 1:1 로 배합하여 중합반응을 일으키게 되면 부피가 약 20배 가량 증가하게 된다.

37 주로 가지나 줄기에서 발생하는 수목병은?

① 벚나무 빗자루병
② 느티나무 흰색무늬병
③ 벚나무 갈색무늬구멍병
④ 오동나무 자줏빛날개무늬병

> **해설**
> 감염시 비대해진 가지부위에서 잔가지가 다량 발생하여 빗자루의 형태를 띠는 것이 특징이다. 이러한 피해가 반복될 경우 결국 가지가 말라 고사하게 된다.

38 소나무류 잎녹병의 중간기주가 아닌 것은?

① 참취 ② 쑥부쟁이
③ 황벽나무 ④ 참나무류

> **해설**
> 소나무 잎녹병의 중간기주로 황벽나무, 잔대, 참취가 있다. 참나무를 중간기주로 하는 것으로는 소나무 혹병이 있다.

정답 32. ① 33. ① 34. ② 35. ① 36. ④ 37. ① 38. ④

39 수목의 뿌리혹병을 방제하는 방법으로 가장 거리가 먼 것은?

① 건전한 묘목 식재
② 석회 사용량 증가
③ 4~5년간 휴경 실시
④ 병든 묘목 즉시 제거

> **해설**
> 뿌리혹병의 경우 고온다습한 알칼리성 토양에서 주로 발생하기에 석회의 사용량을 늘리게 될 경우 발병 가능성이 높아진다.

40 충영을 형성하는 해충이 아닌 것은?

① 외줄면충 ② 밤나무혹벌
③ 솔잎혹파리 ④ 소나무솜벌레

> **해설**
> 충영해충은 기주식물에 혹을 만드는 해충으로 밤나무순혹벌, 솔잎혹파리, 진딧물류 등이 있으며 소나무솜벌레의 경우 수액을 빨아먹는 흡즙성 해충으로 별도의 충영을 형성하지는 않는다.

41 총비용과 총수익이 같아져서 이익이 0(Zero)이 되는 판매액의 수준을 무엇이라 하는가?

① 고정비 ② 변동비
③ 손실영역 ④ 손익분기점

> **해설**
> 손익분기점은 총수익과 총비용이 같아져 이익이나 손실이 발생하지 않는 시점을 말한다.

42 수확조정 방법에 대한 설명으로 옳지 않은 것은?

① 면적조정법은 주로 택벌작업에 응용된다.
② 임분경제법과 등면적법은 영급법에 속한다.
③ 재적배분법, 재적평분법 등은 재적수확의 보속을 추구한다.
④ 면적 평분법, 순수영급법 등은 법정상태의 실현을 추구한다.

> **해설**
> 면적조정법은 수확조정의 기준을 면적에 두는 것으로 개벌작업이나 왜림작업에 적합하다.

43 임분의 재적을 추정할 때 전 임목을 몇 개의 계급으로 나누어 각 계급의 본수를 동일하게 한 다음 각 계급에서 같은 수의 표준목을 선정하는 방법은?

① 단급법 ② Urich 법
③ Hartig 법 ④ Draudt 법

> **해설**
> 우리히법은 표준목 선정 방법의 하나로 전체의 임목을 몇 개의 계급으로 나누고, 각 계급의 본수를 동일하게 한 다음 각 계급에서 같은 수의 표준목을 선정하는 방법이다.

44 10년 후에 100만원의 가치가 있는 산림의 전가(현재가)는?(단, 이율은 5%)

① 약 853,000 원 ② 약 613,900 원
③ 약 653,000 원 ④ 약 813,900 원

> **해설**
> 전가합계
> $$V = \frac{N}{(1+P)^n} = \frac{100만원}{(1+0.05)^{10}} = 613913 ≒ 613900원$$

정답 39. ② 40. ④ 41. ④ 42. ① 43. ② 44. ②

45 주벌수확의 임목가격을 사정(결정)하기 위해 일반적으로 고려하지 않는 것은?

① 조재율
② 단위재적당 채취비
③ 총재적의 재종별 재적
④ 화폐가치 하락에 의한 임목가격의 상대적 등귀

해설
조재율, 채취비, 재적 등은 임목 가격 결정요인이나 화폐가치의 변화는 동일한 비율로 영향을 주는 외부적 요인으로서 임목가격 결정의 고려대상이 아니다.

46 감가상각비 계산을 위한 요소가 아닌 것은?

① 취득원가
② 잔존가치
③ 자산상태
④ 추정내용연수

해설
감가상각비는 취득원가, 잔존가치, 추정내용연수를 이용하여 구하도록 한다.

47 다음 ( ) 안에 들어갈 용어로 가장 적합한 것은?

> 임업경영은 일정한 목적을 가지고 ( )을 하는 조직과 활동을 말한다.

① 경제활동
② 임업생산
③ 경제적 기능
④ 공익적 기능

해설
임업경영이란 산림을 계획적으로 갱신, 생육하여 목재를 생산하여 소득을 올리는 것을 주목적으로 하는 경제활동을 말하며 이러한 목재생산을 위한 활동들을 임업생산이라 한다.

48 면적이 150ha 이고 윤벌기가 30년이며 1개의 영급이 10개의 영계로 구성되어 있는 산림의 법정 영급면적은?

① 3 ha
② 30 ha
③ 50 ha
④ 300 ha

해설
법정영급면적
영급면적 = (산림면적÷벌기령) × 1영급 포함 영계수
(150 / 30) × 10 = 50

49 흉고형수에 영향을 미치는 인자가 아닌 것은?

① 수고
② 지위
③ 수종
④ 근원직경

해설
흉고형수는 원주와 수간의 재적의 비로서 수고, 생산성을 나타내는 지위, 수종 등은 흉고형수 결정에 영향을 주지만 근원직경은 상관이 없다.

50 수확조정기법 중 평분법에 대한 설명으로 옳지 않은 것은?

① 재적평분법은 일반적으로 경제변동에 대한 탄력성이 없는 것으로 평가된다.
② 절충평분법은 재적평분법과 면적평분법의 장점을 채택하여 절충한 것이다.
③ 면적평분법은 제 2 윤벌기에 산림이 법정상태가 되어 개벌작업에는 응용할 수 없다.
④ 평분법의 특징은 윤벌기를 일정한 분기로 나누어 분기마다 수확량을 균등하게 하는 것이다.

해설
면적평분법은 제 2 윤벌기에 법정상태가 되면 분기의 면적을 균등하게 하므로 개벌작업 응용이 가능하다. 반대로 택벌작업에 응용할 수가 없다.

정답 45. ④ 46. ③ 47. ② 48. ③ 49. ④ 50. ③

51 수고 곡선 유도방법으로 자료가 많은 경우 또는 정확도를 요구할 때 사용하는 것은?

① 이동평균법　② 자유곡선법
③ 최소자승법　④ 드라우트법

해설
최소자승법은 정확도가 높으나 상대적으로 복합한 통계분석을 요구한다.

52 임지 취득 후 조림 등 임목육성에 적합한 상태로 개량하는데 소요된 모든 비용의 후가에서 그 동안의 수입의 후가를 공제한 값으로 평가하는 방법은?

① 대용법　② 수익환원법
③ 임지비용가　④ 임지기망가법

해설
임지비용가는 임지에서 취득하고 이를 조림 및 임목육성에 적합하게 개량하는데 소요된 순 비용의 현재가의 합계를 의미한다. 즉 후가합계로 평가하는 방법이다.

53 법정축적은 일반적으로 어느 계절의 축적으로 계산하는가?

① 춘계　② 하계
③ 추계　④ 동계

해설
법정축적은 계절에 따라 상이하여 평균치인 하계축적을 사용한다.

54 25년생 잣나무 임분의 임목재적이 45m³/ha 이고 수확표의 임목재적은 50m³/ha 이라면 입목도는?

① 0.5　② 0.7
③ 0.9　④ 1.1

해설
입목도는 수확표의 임목재적과 임분의 임목재적을 이용하며 아래와 같이 구한다.
45 ÷ 50 = 0.9

55 임목 측정에서 불완전한 기계 또는 계산에 의해 발생하는 오차는?

① 과오　② 누적오차
③ 상쇄오차　④ 표본오차

해설
임목 측정에서 불완전한 기계나 계산에 의해 발생되는 오차를 누적오차라 하며 이렇게 발생된 오차는 크기가 0에 가까워지지 않는 것이 특징이다.

56 산림경리의 업무내용 중 본업에 속하지 않는 것은?

① 수확규정　② 조림계획
③ 시설계획　④ 산림구획

해설
산림경리의 업무에서 본업은 주업이라 하며 시업체계의 조직, 수확규정, 조림계획, 시설계획이 있다. 산림구획은 전업에 해당된다.

57 법정림에서 법정상태 요건이 아닌 것은?

① 법정축적　② 법정수확
③ 법정생장량　④ 법정영급분배

해설
법정림의 법정상태 요건으로 법정생장량, 법정축적, 법정임분배치, 법정영급분배이다.

58 주로 원가관리 목적과 재고자산 평가 등의 용도로 활용하는 원가는?

① 표준원가　② 변동원가
③ 고정원가　④ 기회원가

해설
원가관리를 위해 실제원가와 비교할수 있는 표준원가를 계산하는데 이때 사용되는 표준원가는 원가관리 목적과 재고자산 평가의 용도로 활용된다.

정답 51. ③　52. ③　53. ②　54. ③　55. ②　56. ④　57. ②　58. ①

59 법정림에 대한 설명으로 옳은 것은?

① 법으로 정해진 산림
② 목재 수확을 위해 지정한 산림
③ 해마다 균등하게 목재를 수확할 수 있는 산림
④ 산림 파괴를 막기 위해 정부가 보호하는 산림

해설
법정림은 보속적인 목재 수확이 가능한 산림으로 경제성과 보속성을 동시에 만족시키는 산림을 말한다.

60 일반적으로 사용하는 원가 비교 방법이 아닌 것은?

① 기간비교　② 상호비교
③ 표준실제비교　④ 부가가치비교

해설
원가비교 방법은 기간비교, 상호비교, 표준실제비교가 있다.

61 노동자 1000인에 대하여 연간 발생하는 사상자 수가 의미하는 것은 옳은 것은?

① 강도율　② 도수율
③ 연천인률　④ 종합재해지수

해설
안전성 평가시 근로자 1000명당 1년간에 발생하는 사상자 수를 연천인률이라 한다.
※연천인률
$$연천인률 = \frac{1년간 사상자수}{1년간 평균 근로자수} \times 1000$$

62 다음 설명의 (　)안에 들어갈 기간은?

> 산림작업에 있어 표준공정은 "표준적인 작업자가 합리적인 작업방법에 의해 보통의 노력으로 얻은 (　　)의 작업량" 이라고 규정된다

① 1시간　② 1일
③ 1개월　④ 1년

해설
산림작업에 있어 표준공정은 표준작업자가 합리적인 작업방법으로 작업하였을 경우 표준시간인 하루의 작업량을 의미하며 보통 하루의 8시간을 기준으로 한다.

63 돌망태에 관한 설명으로 옳지 않은 것은?

① 작업실행이 쉽다
② 표면 조도가 크다.
③ 가설공사에 주로 사용된다.
④ 내구성이 길어 영구적이다.

해설
돌망태는 내구성이 약하여 영구적이지 않다.

64 외래초본류를 도입하여 사용하는 녹화파종 공법에 관한 설명으로 옳지 않은 것은?

① 생육이 왕성하여 뿌리의 자람이 좋은 편이다.
② 일반적으로 발아가 빠르고 조기에 식피(植被)를 형성한다.
③ 지표의 유기물질을 집적하여 토양의 성질을 개선해 준다.
④ 안전식생상을 형성하기 위해서는 재래초본은 심지 않는다.

해설
외래 초본류는 일반적으로 발아가 빠르고 지표의 피복효과가 기대되며 토양의 긴박력이 크기 때문에 재래초본류와 함께 혼합하여 사용한다.

정답 59. ③　60. ④　61. ③　62. ②　63. ④　64. ④

65 다음 중 비탈면 녹화에 적당한 사방용 초류의 구비 조건으로 옳지 않은 것은?

① 재생력이 강해야 한다.
② 척박지와 건조에 잘 견디어야 한다.
③ 일년생으로 초장이 높고 널리 퍼져야 한다.
④ 뿌리, 줄기 및 지상경의 번식력이 커야 한다.

해설
비탈면 녹화의 경우 교목 혹은 키가 작은 초류를 식재하는 것이 일반적이다.

66 일반적으로 무근콘크리트를 사용하는 옹벽 공법은?

① T자형옹벽   ② L자형옹벽
③ 부벽식옹벽   ④ 중력식옹벽

해설
중력식 옹벽은 무근콘크리트로 만들어지며 자중에 의해 안정이 유지가 된다.

67 주로 사면 기울기가 1:1보다 완만한 곳에 흙이 털어지지 않은 온떼를 사용하여 전면 녹화를 목적으로 시공하는 산지사방 녹화 공법은?

① 띠떼심기   ② 줄떼다지기
③ 선떼붙이기   ④ 평떼붙이기

해설
평떼붙이기 시공장소는 경사가 45° 이하 혹은 기울기 1 : 1 보다 완만한 비탈에 비옥한 산지 사면에 적합한 공법이다.

68 사방댐 설치 목적으로 가장 거리가 먼 것은?

① 물 이용   ② 산각 고정
③ 식생 복구   ④ 토석류 피해 저지

해설
사방댐의 기능 및 목적
· 계상물매를 완화하고 종침식을 방지한다.
· 산각을 고정하고 붕괴를 방지한다.
· 계상에 퇴적한 불안정 토사의 유동을 막고 양안의 산각을 고정한다.
· 산불 발생시 진화용수나 야생동물의 음용수로 이용된다.

69 산지 황폐의 진행상태가 초기 단계부터 순차적으로 올바르게 나열된 것은?

① 초기황폐지 – 임간나지 – 민둥산 – 척악임지 – 황폐이행지
② 초기황폐지 – 임간나지 – 민둥산 – 황폐이행지 – 척악임지
③ 임간나지 – 척악임지 – 초기황폐지 – 황폐이행지 – 민둥산
④ 척악임지 – 임간나지 – 초기황폐지 – 황폐이행지 – 민둥산

해설
황폐지 유형 및 단계는 <척악임지→임간나지→초기황폐지→황폐이행지→민둥산> 순서로 진행된다.

70 고저측량에서 전시와 후시를 함께 읽는 점으로 오차발생 시 측량결과에 중요한 영향을 주는 것은?

① 중간점   ② 기계고
③ 미지점   ④ 이기점

해설
전시와 후시가 모두 있는 측점을 이기점 이라 한다.

정답 65. ③ 66. ④ 67. ④ 68. ③ 69. ④ 70. ④

71 산지사방에서 비탈다듬기에 대한 설명으로 옳지 않은 것은?

① 수정기울기는 대체로 최대 35° 전후로 한다.
② 산 아래부터 시작하여 산꼭대기로 진행한다.
③ 붕괴면 주변의 상부는 충분히 끊어내도록 설계한다.
④ 퇴적층의 두께가 3m 이상일 때에는 땅속 흙막이 공작물을 설계한다.

> 해설
> 비탈다듬기는 산정상에서 아랫방향으로 진행한다.

72 비탈 돌쌓기 시공요령으로 옳지 않은 것은?

① 귀돌이나 갓돌은 규격에 맞는 것으로 한다.
② 돌쌓기의 세로줄눈은 파선줄눈을 피하여 쌓는다.
③ 높은 돌쌓기는 아래로 내려오면서 돌쌓기의 뒷길이를 길게 한다.
④ 기초를 깊이 파고 단단히 다져야 하며 큰 돌부터 먼저 놓아가면서 차례로 쌓아 올린다.

> 해설
> 돌쌓기의 줄눈은 통줄눈을 피하고 파선줄눈으로 쌓는다.

73 임도의 사면 붕괴 원인으로 옳지 않은 것은?

① 사면 토양의 점착력 감소
② 사면 토양의 공극 수압 감소
③ 온도변화에 의한 사면 토양의 입자 신축
④ 눈 및 빗물로 인한 사면 토양의 과다한 하중 발생

> 해설
> 임도의 사면 붕괴 원인으로 토양의 공극 수압이 증가가 있다.

74 앞모래언덕의 뒤쪽으로 바람에 의한 모래 날림을 방지하고 식생의 생육환경을 조성하기 위해 가장 적합한 공법은?

① 모래덮기 ② 퇴사울세우기
③ 정사울세우기 ④ 구정바자얽기

> 해설
> 앞모래 언덕에 축설하여 후방지대의 풍속의 약하게 하고 모래의 이동을 막아 양호한 생육환경을 조성하는 방법으로 정사울 세우기가 있다. 그 외에도 해안 사방공사의 방법으로 모래덮기, 사초심기등이 있다.

75 횡단배수구 설치에 대한 설명으로 옳지 않은 것은?

① 옆도랑의 물을 처리하기 위해 설치
② 표면배수 또는 지하배수를 처리하기 위해 설치
③ 배수관의 연결부 또는 배수시설의 단면이 변화하는 곳에 설치
④ 작은 골짜기 유역으로부터 집수되는 유수 처리를 처리하기 위해 설치

> 해설
> 횡단배수구 설치 장소로는 유하방향의 종단기울기 변이점, 구조물의 앞 혹은 뒤, 외쪽물매로 옆도랑물이 역류하는 곳, 흙이 부족하여 속도랑으로 부적당한 곳, 체류수가 있는 곳이다.

76 단면 A의 면적은 180m², 단면 B의 면적은 600m²이고 양단면 사이의 거리가 20m이면 양단면적 평균법을 이용한 토량(m³)은?

① 7,800 ② 8,600
③ 9,400 ④ 12,600

> 해설
> 양단면 평균법
> $V = \frac{1}{2}(A_1 + A_2) \times L = \frac{1}{2}(600+180) \times 20 = 7800$

정답 71. ② 72. ② 73. ② 74. ③ 75. ③ 76. ①

77 시멘트 저장 중에 공기 중의 수분을 흡수하여 경미한 수화작용을 일으키고, 그 결과 생긴 수산화칼슘이 공기 중의 이산화탄소와 결합 하여 탄산칼슘이 만들어져 시멘트 강도가 약해지는 작용은?

① 풍화   ② 응결
③ 경화   ④ 분말도

해설
암석이 물리적, 화학적 작용에 의해 부서지는 현상을 풍화라고 하며 시멘트 역시 공기중 수분과 반응하여 화학적 작용으로 인해 강도가 약해지는 현상을 보인다.

78 임도의 너비 설치 기준으로 옳지 않은 것은?

① 배향곡선지의 경우 유효너비는 6m이상으로 한다.
② 길어깨 및 옆도랑의 너비는 각 50cm~1m 범위로 한다.
③ 임도의 곡선 반경이 10m 이상일 경우 곡선부 너비를 확대한다.
④ 길어깨 및 옆도랑을 포함한 임도의 너비 3m를 기준으로 한다.

해설
임도의 유효너비는 길어깨, 옆도랑의 너비를 제외한 3m 정도를 기준으로 한다.

79 황폐지의 녹화를 위해 분사식 씨뿌리기 공법을 사용할 경우 초본의 발아 생립 본수 기준(본/m²)은?

① 1500   ② 2000
③ 2500   ④ 3000

해설
분사식 씨뿌리기 공법을 사용할 초본의 발아생립본수 기준은 초본이 2000 본/m², 목본이 100 본/m² 이다

80 임도의 횡단면도에 나타나지 않는 것은?

① 누가거리   ② 절성토 높이
③ 절성토 면적   ④ 지장목 제거 물량

해설
횡단면도는 각 측점의 단면의 지반고, 계획고, 절토고, 성토고, 단면적, 지장목의 제거, 사면보호공의 물량등을 기입하여 토적계산 자료로 활용한다.

정답 77. ① 78. ④ 79. ② 80. ①

산림산업기사
산업기사 CBT 제7회

** 본문제는 수험생들의 기억을 바탕으로 작성 된 것으로 실제 문제와 차이가 있을 수 있습니다.

01 다음 목본식물내 지질의 종류 가운데 수목의 2차대 사물질인 isoprenoid 화합물이 아닌 것은?
① 고무 ② 수지
③ terpenes ④ lignin

해설
이소프레노이드(isoprenoid)는 이소프렌이 중합한 화합물을 의미하며 리그닌(lignin)은 페닐프로판을 골격으로 중합한 화합물이다.

02 종자의 활력 검정방법(Viability test method)이 아닌 것은?
① 절단법 ② X-선법
③ 효소검출법 ④ 양건법

해설
양건법은 종자 건조 방법 중 하나이다.

03 노천매장법과 관련된 내용 설명으로 틀린 것은?
① 봄에 파종하면 이듬해 봄에 발아하는 들메나무, 목련류의 종자에 적용한다.
② 땅속 50~100cm 깊이에 모래와 섞어 묻어 둔다.
③ 겨울에는 눈이나 빗물이 스며들지 않도록 한다.
④ 종자의 후숙을 도와 발아를 촉진시키도록 한다.

해설
노천매장법은 배수가 양호하기에 겨울에 눈이나 빗물이 스며든다.

04 소나무 종자 1kg에 대한 협잡물이 0.1kg이고, 발아율이 88%인 경우 그 효율은?
① 79.2% ② 84.7%
③ 76.7% ④ 81.8%

해설
$$순량률(\%) = \frac{순정종자량(g)}{작업시료량(g)} \times 100$$
$$= \frac{900}{1000} \times 100 = 90(\%)$$
$$효율 = \frac{순량률 \times 발아율}{100} \rightarrow \frac{90 \times 88}{100} = 79.2(\%)$$

05 느티나무, 아까시나무에 알맞은 파종법은?
① 점파 ② 조파
③ 산파 ④ 상파

해설
느티나무, 아까시나무, 옻나무, 물푸레나무 등은 발아력이 좋고 성장이 빨라 주로 줄을 지어 뿌리는 조파 방법을 이용한다.

06 죽림을 조성하는데 사용되는 번식재료로 가장 적당한 것은?
① 죽간 ② 종자
③ 지하경 ④ 지엽부

해설
죽림의 땅속의 줄기인 지하경을 굴취하여 번식하는데 이용한다.

정답 01. ④ 02. ④ 03. ③ 04. ① 05. ② 06. ③

07 다음 수종 가운데 풍매화가 아닌 것은?

① 호두나무 ② 자작나무
③ 포플러류 ④ 피나무

해설
버드나무, 피나무 등은 충매화에 속한다.

08 산벌작업의 작업순서로 맞는 것은?

① 하종벌 → 후벌 → 예비벌 → 갱신완료
② 후벌 → 예비벌 → 하종벌 → 갱신완료
③ 하종벌 → 예비벌 → 후벌 → 갱신완료
④ 예비벌 → 하종벌 → 후벌 → 갱신완료

해설
산벌작업은 갱신을 위해 크게 예비벌, 하종벌, 후벌의 과정으로 진행된다.

09 하목 식재 수종의 구비요건에 대한 설명으로 거리가 먼 것은?

① 내음성이 클 것
② 가지가 적은 수종일 것
③ 소목이라도 약간의 이용가치가 있을 것
④ 낙엽의 비효가 클 것

해설
하목 식재의 경우 임지의 수분보존과 토양의 유실 방지를 위해 가지가 많은 수종이어야 한다.

10 파종하기 전에 종자의 정착 및 발아, 그리고 어린묘목의 발육이 잘 되도록 하기 위하여 정지작업을 한다. 이 작업의 진행 순서는?

① 쇄토 → 밭갈이 → 작상
② 밭갈이 → 쇄토 → 작상
③ 작상 → 쇄토 → 밭갈이
④ 쇄토 → 작상 → 밭갈이

해설
묘포 조성 작업시 밭갈이, 쇄토, 작상의 순서로 진행되며 이러한 작업을 정지작업이라 한다. 밭갈이후 경운은 토양을 갈아주는 작업이며 쇄토는 경운한 흙을 곱게 부수어 지면을 평평하게 고르는 작업이다.

11 조림 수종을 선택하는 요건으로 틀린 것은?

① 성장속도가 빠르고 재적성장량이 높은 것
② 지하고가 낮고 조림의 실패율이 적은 것
③ 가지가 가늘고 짧으며, 줄기가 곧은 것
④ 입지에 대하여 적응력이 큰 것

해설
조림수종 선택시 지하고가 높고 조림 실패율이 낮은 것으로 선택한다.

12 우량한 묘목을 능률적으로 양성하기 위하여 묘포 입지를 선정할 때 유의해야 할 조건이 아닌 것은?

① 단단한 점토질토양이 알맞다.
② 관개와 배수가 동시에 편리한 곳이 좋다.
③ 포지의 경사는 5°이하의 환경사지가 바람직하다.
④ 포지의 방위는 위도가 높고 한랭한 지역에서는 동남향이 좋다.

해설
토양은 사질양토로서 토심이 30cm 이상인 곳이 적합하다.

13 일반적으로 식재 후 13~15년에 이른 임령에서 첫번째 제벌작업을 실시하는 수종은?

① 소나무 ② 삼나무
③ 낙엽송 ④ 전나무

해설
전나무나 가문비의 경우 13~15년 정도에 제벌을 실시한다.

14 종자발아촉진법 중에서 종자의 발아를 돕는 화학 자극제가 아닌 것은?

① 지베렐린 ② 에틸렌
③ 메틸렌   ④ 질산칼륨

해설
종자발아촉진을 위한 대표 약품으로 지베렐린, 시토키닌, 에틸렌, 질산칼륨 등이 있다.

정답 07. ④ 08. ④ 09. ② 10. ② 11. ② 12. ① 13. ④ 14. ③

15 다음중 우량묘목이라 할 수 있는 것은?
① 줄기가 곧으며 도장된 것
② 묘목의 가지가 균형 있게 뻗고 정아가 완전한 것
③ 근계 중에 주근이 같고 곧고 세근이 적은 것
④ T/R률의 값이 큰 것

해설
우량묘목은 도장되지 않아야하고, 뿌리가 발달하며 T/R 률이 작아야 한다.

16 산림 입지를 결정하는 환경 조건으로 옳지 않은 것은?
① 기상환경   ② 작업환경
③ 생물환경   ④ 토양환경

해설
작업환경은 산림 입지 결정에는 영향을 미치지 않는다.

17 파종량 산출 공식(산파)에서 득묘율(또는 잔존율)은?
① 0.7 ~ 0.9   ② 0.5 ~ 0.7
③ 0.3 ~ 0.5   ④ 0.1 ~ 0.3

해설
산파에 대한 파종량 산출공식의 득묘율은 0.3~0.5 정도를 기준으로 한다.

18 종자를 산파할 때 필요한 파종량을 산출하려고 한다. $1m^2$에 잔존본수 400그루, 득묘율 30%, 종자효율 70%, 1g당 종자알수 150개일 때 m^2당 파종량은?
① 3.8g   ② 8.8g
③ 10.5g   ④ 12.7g

해설
$$파종량 = \frac{1 \times 400}{150 \times 0.7 \times 0.3} = \frac{400}{31.5} ≒ 12.7(g)$$

19 신엽 또는 정엽부터 결핍증상이 나타나는 영양소는?
① 인   ② 칼슘
③ 칼륨   ④ 질소

해설
칼슘은 식물체내에서 이동성이 낮아 신엽 등에서 결핍증상이 나타난다.

20 다음 중 낙엽활엽수의 접수 채취 시기로 옳은 것은?
① 12월 초순   ② 10월 하순
③ 4월 중순   ④ 2월 중순

해설
접수는 봄철(2~3월)에 수액이 유동하기 전에 채취하여 저장 후 사용하는 것이 좋다.

21 수목병을 일으키는 바이러스의 전염 수단이나 방법으로 가장 거리가 먼 것은?
① 바람   ② 접목
③ 종자   ④ 토양선충

해설
바이러스는 진균이나 세균과 같이 스스로 이동이 어려워 전염원이 필요하기에 바람에 의해 전연되는 것이 어렵다.

22 일반적으로 연간 발생횟수가 가장 많은 해충은?
① 매미나방   ② 솔잎혹파리
③ 밤나무혹벌   ④ 미국흰불나방

해설
미국흰불나방은 1년에 2회 발생하며 매미나방, 솔잎혹파리, 밤나무혹벌은 1년에 1회 발생한다.

정 답 15. ② 16. ② 17. ③ 18. ④ 19. ② 20. ④ 21. ① 22. ④

23 솔껍질깍지벌레에 대한 설명으로 옳지 않은 것은?

① 전성충은 수컷에서만 볼 수 있다.
② 암컷은 수컷보다 2령 약충 기간이 길다.
③ 암컷은 불완전변태를 수컷은 완전변태를 한다.
④ 주로 소나무에 피해를 주며 곰솔에는 피해를 주지 않는다.

해설
솔껍질깍지벌레는 주로 해안지방에 있는 곰솔(해송)에 많은 피해를 준다.

24 병원체임을 입증하는 방법으로 파이토플라스마와 같은 절대 기생체에 적용되지 않는 조건은?

① 병원균은 반드시 환부에 존재한다.
② 분리된 병원균은 인공 배지상에서 배양될 수 있어야 한다.
③ 배양한 병원균을 접종하여 동일한 병이 발생되어야 한다.
④ 발병한 환부에서 접종균과 동일한 병원균이 재분리되어야 한다.

해설
바이러스나 파이토플라스마는 다른 미생물처럼 인공배양되지 않고 특정 살아있는 세포에서만 증식하는 절대기생체이다.

25 해충 방제를 위한 물리적 방제방법이 아닌 것은?

① 고온처리   ② 습도처리
③ 방사선처리 ④ 토양소독처리

해설
토양소독은 약제를 사용하기에 화학적 방제법에 속한다.

26 병징은 있으나 표징이 없는 수목병은?

① 뽕나무 오갈병
② 낙엽송 잎떨림병
③ 삼나무 붉은 마름병
④ 소나무 리지나뿌리썩음병

해설
뽕나무 오갈병은 파이토플라스마에 의한 수목병으로 표징이 나타나지 않는다. 일반적으로 바이러스, 파이토플라스마에 의한 수목병은 병징만 나타난다.

27 뿌리혹병의 방제법으로 옳지 않은 것은?

① 병이 없는 건전한 묘목을 식재한다.
② 접목할 때 쓰이는 도구는 소독하여 사용한다.
③ 재식할 묘목은 스트렙토마이신 용액에 침지하는 것이 좋다.
④ 심하게 발생한 지역에서는 내병성 수종인 포플러류를 식재한다.

해설
뿌리혹병이 심할 경우 건전한 나무에도 전파하므로 별도의 식재작업보다 소각을 하는 것이 효율적이다.

28 곤충이 부적합한 환경에서 발육을 일시 정지하는 것은?

① 이주   ② 탈피
③ 변태   ④ 휴면

해설
부적합한 환경에 발육을 일시정지하는 것은 휴면에 대한 정의이다. 이주는 이동을 의미하며 탈피는 곤충이 허물을 벗는 과정, 변태는 유충에서 성충이 되어가는 과정을 의미한다.

정답 23. ④ 24. ② 25. ④ 26. ① 27. ④ 28. ④

29 동물에 의한 수목 피해로 옳지 않은 것은?

① 두더지는 묘목의 뿌리를 가해한다.
② 고라니는 새순과 나무 열매를 가해한다.
③ 다람쥐는 겨울철에 나무 뿌리를 가해한다.
④ 멧토끼는 겨울에 어린 나무의 수피를 가해한다.

해설
다람쥐는 종자의 어린싹, 새잎에 피해를 준다. 뿌리를 가해하는 동물은 두더지가 있다.

30 잣나무의 구과를 가해하는 해충은?

① 소나무좀   ② 솔알락명나방
③ 잣나무넓적잎벌 ④ 북방수염하늘소

해설
솔알락명나방은 1년에 1회 발생하며 잣나무 종실을 가해한다.

31 곤충의 기관에서 체외로 방출되어 같은 종끼리 통신을 하는 데 이용되는 물질은?

① 페로몬   ② 호르몬
③ 알로몬   ④ 카이로몬

해설
페로몬은 곤충이 외부로 분비하는 일종의 화학물질로 곤충의 정보전달 수단 중 하나이다.

32 봄철 수목 생장이 시작된 후 내리는 서리에 의해 수목이 입는 피해는?

① 상렬   ② 상주
③ 조상   ④ 만상

해설
만상은 늦서리 피해로 이른 봄에 수목의 발육이 시작되고 갑작스러운 온도저하로 인한 피해이다.

33 종실을 가해하는 해충으로만 올바르게 나열한 것은?

① 밤나무혹벌, 굼벵이류
② 가루나무좀, 버들바구미
③ 밤바구미, 복숭아명나방
④ 미끈이하늘소, 미국흰불나방

해설
종실 및 구과 가해 해충으로 도토리바구미, 밤나방, 밤바구미, 복숭아명나방, 솔알락명나방, 하늘소류 등이 있다.

34 잎에 기생하며 흡즙 가해하는 것으로 노린재목에 속하는 해충은?

① 대벌레
② 솔노랑잎벌
③ 배나무방패벌레
④ 백송애기잎말이나방

해설
배나무방패벌레는 노린재목의 방패벌레과로 흡즙성 해충이다.

35 전염성 수목병에 있어서 주인에 해당하는 것은?

① 수종   ② 병원체
③ 재배법 ④ 토양조건

해설
병의 발병조건은 병원균, 기주, 환경, 시간 등의 요소가 있는데 여기서 직접적으로 관여하는 요인인 주인은 병원균과 병원체의 전염성이 있다.

36 어린 조림목에 가장 큰 피해를 주는 동물은?

① 어치   ② 다람쥐
③ 왜가리 ④ 멧토끼

해설
멧토끼는 농경지에서 산악지대까지 다양한 환경에서 서식하며 초식성으로 종자나 줄기를 식해한다.

정 답 29. ③ 30. ② 31. ① 32. ④ 33. ③ 34. ③ 35. ② 36. ④

37 잣나무넓적잎벌에 대한 설명으로 옳지 않은 것은?

① 유충으로 월동한다.
② 우화 최성기는 7월경이다.
③ 나뭇잎 뒷면에서 월동한다.
④ 1년에 1회 또는 2년에 1회 발생한다.

해설
주로 흙속에서 월동한다.

38 수목병의 방제를 위한 예방법과 가장 거리가 먼 것은?

① 숲가꾸기　② 임지 정리
③ 환상박피 작업　④ 건전한 묘목 육성

해설
환상박피는 주로 개화결실을 촉진하는 방법이다.

39 묘목에 발생하는 수목병으로 병원체가 토양중에서 월동하지 않는 것은?

① 뿌리혹병　② 모잘록병
③ 바이러스병　④ 자주빛날개무늬병

해설
토양에서 월동하는 대표 병원체로는 뿌리혹선충류, 모잘록병, 오동나무빗자루병, 자줏빛날개무늬병균 등이 있다.

40 산불을 인위적으로 적당히 활용하는 처방화입의 효용으로 옳지 않은 것은?

① 병충해를 방제할 수 있다.
② 야생 목초의 질과 양을 개량시킨다.
③ 임지의 조부식층을 보존할 수 있다.
④ 일부 수종의 천연하종을 가능하게 한다.

해설
조부식은 지형적으로 건조하기 쉽거나 한랭다습한 조건에서 미생물의 활동이 활발하지 않아 분해작용이 덜 일어나는 곳을 말한다. 여기서 처방화입을 활용하면 영양소의 재순환을 촉진하여 생산성을 향상시킬수 있어 미생물의 활동을 좀더 활발하게 할수 있다.

41 중령림, 평가방법으로 원가수익절충 방식을 적용하는 대표적인 평가방법은?

① Glaser 법　② 매매가법
③ 수익환원법　④ 임목기망가법

해설
원가수익절충 방식의 대표적인 방법으로 Glaser 법, 임지기망가응용법이 있다.

42 벌채목의 중앙단면적과 재장의 길이로 재적을 측정하는 방법은?

① 후버식　② 뉴턴식
③ 스말리안식　④ 브레레튼식

해설
후버식은 가장 널리 쓰이는 간편한 방법으로 중앙단면적식이라고도 한다.

43 산림평가에 영향을 끼칠 수 있는 주요 산림 구성비용이 아닌 것은?

① 임지　② 임목
③ 관리비　④ 부산물

해설
산림평가를 정의하기를 산림을 구성하는 임지, 임목, 부산물 등의 경제적 가치를 평가한다.

44 삼각법을 응용한 수고 측고기는?

① 와이제 측고기
② 아소스 측고기
③ 크리스튼 측고기
④ 블루메라이스 측고기

해설
삼각법을 이용한 대표 수고 측고기로 하가측고기, 블루메라이스 측고기, 덴트로메타 등이 있다.

정답　37. ③　38. ③　39. ③　40. ③　41. ①　42. ①　43. ③　44. ④

45 임업경영 지도원칙 중에서 보속성 원칙에 대한 설명으로 옳은 것은?

① 수익률을 가장 크게 하는 원칙
② 해마다 목재수확을 균등하게 할 수 있는 원칙
③ 최소의 비용으로 최대의 효과를 발휘하는 원칙
④ 생산량을 생산요소의 수량으로 나눈 값이 최고가 되도록 하는 원칙

해설
임업경영의 지도원칙은 수익성 원칙, 경제성 원칙, 생산성 원칙, 공공성 원칙, 보속성 원칙, 합자연성 원칙, 환경보전 원칙이 있으며 그 중에서 보속성의 원칙은 매년 수확을 균등하게 영구적으로 할 수 있도록 하는 것을 의미한다.

46 임업경영의 성과를 나타내는 가장 정확한 지표로 임업경영의 결과에 의하여 직접적으로 얻은 소득에 해당하는 것은?

① 임업소득
② 임업조수익
③ 임업총수입
④ 임업현금수입

해설
임업소득은 경영의 성과를 나타내는 지표로 임업조수익과 임업경영비의 차를 이용하여 구한다.

47 우리나라 산림 소유 구분에 따른 분류로 옳지 않은 것은?

① 법정림
② 공유림
③ 국유림
④ 사유림

해설
법정림은 경제성과 보속성 두 가지를 만족시키는 것으로 목적에 따른 분류에 해당한다.

48 산림자원의 효율적 조성과 육성을 위해 산림의 기능구분에 해당하지 않는 것은?

① 목재생산림
② 산림휴양림
③ 수원함양림
④ 기업경영림

해설
기업경영림은 소유주체에 의한 구분에 해당한다.

49 유령림의 임목평가 방법으로 가장 적합한 것은?

① 비용가법
② 기망가법
③ 매매가법
④ 환원가법

해설
유령림은 비용가법을, 중령림은 Glaser 법을, 벌기미만의 장령림은 임목기망가법을 채택하는 것이 효율적이다.

50 고정자본재에 해당하는 것은?

① 농약
② 묘목
③ 임도
④ 산림용비료

해설
고정자본재로 건물, 기계, 운반시설, 임도 등이 있다.

51 감가상각비의 계산방법 중에 감가상각비 총액을 각 사용연도에 할당하여 매년 균등하게 감가하는 방법은?

① 정액법
② 정률법
③ 연수합계법
④ 작업시간비례법

해설
감가상각비(정액법)
$$\frac{구입가격 - 폐물가격}{내용연수}$$

정답 45. ② 46. ① 47. ① 48. ④ 49. ① 50. ③ 51. ①

52 임업조수익을 계산하기 위해 사용되는 인자는?

① 감가상각액
② 현금지출액
③ 임업외 현금수입액
④ 미처분 임산물 증감액

해설
임업조수익을 구하기 위한 구성요소로 산림현금수입, 미처분임산물증감액, 산림생산자재재고증가액, 임목생장액, 산림생산물가계소비액이 있으며 이들을 모두 더한 값이 임업조수익이다.

53 임지기망가에 대한 설명으로 옳은 것은?

① 관리비는 임지기망가가 최대로 되는 시기와 관계없다.
② 이율이 높을수록 임지기망가가 최대로 되는 시기가 늦게 온다.
③ 간벌수익이 클수록 임지기망가가 최대로 되는 시기가 늦게 온다.
④ 임지기망가가 최대로 되는 때를 벌기로 한 것을 시장가격 최대의 벌기령이라 한다.

해설
관리비는 임지기망가가 최대로 되는 시기에 관계없다.

54 임분의 재적을 측정하는 방법 중에서 표본점을 필요로 하지 않기 때문에 플롯레스 샘플링(plotless sampling)이라고 하는 방법은?

① 표본조사법   ② 원형 표준지법
③ 대상 표준지법   ④ 각산정 표준지법

해설
플롯레스 샘플링은 각산정 표준지법이라 하여 표준지 설정과 매목조사가 필요없고 임분의 흉고단면적의 합계를 이용하여 임분의 재적을 구하는 방법이다.

55 임분밀도를 나타내는 척도 중 우세목의 수고에 대한 임목간 평균거리의 백분율을 의미하는 것은?

① 입목도   ② 상대밀도
③ 상대공간지수   ④ 임분밀도지수

해설
우세목의 수고를 기준으로 임목간의 평균거리의 백분율은 상대공간지수를 의미한다. 이때 임목간격은 직경, 수고, 수관 등의 요인에 의해 영향을 받는다.
· 임도밀도지수 : 지위지수와 임령을 이용하며 동령림에 대한 밀도
· 상대밀도 : 흉고단면적과 평균임분직경의 비율
· 임목도 : 법정임분재적과 현재 재적의 비율

56 취득원가에서 감가상각비 누계액을 뺀 후 장부원가에 일정율의 감가율을 곱하여 감가상각비를 산출하는 방법은?

① 정률법   ② 연수합계법
③ 생산량비례법   ④ 작업시간비례법

해설
정률법은 연도 초 가액의 일정 비율을 매년 감가상각액으로 감하는 방법이다.

57 경영규모의 확장으로 인하여 물리적으로는 고정자산의 사용이 가능하지만 경제적 이유로 이를 사용할 수 없기 때문에 폐기시키는 경우에 해당하는 것은?

① 물리적 감가   ② 부적응 감가
③ 진부화 감가   ④ 부패, 부식 감가

해설
사업의 변화 및 확장 등으로 인한 설비의 부적응의 경우 이를 부적응의 감가라 한다.

정답 52. ④ 53. ① 54. ④ 55. ③ 56. ① 57. ②

58 산림평가 방법 중 수익방식의 장점으로 옳지 않은 것은?

① 과학적이고 논리적이다.
② 일반 경제원칙에서 대체의 원칙과 부합한다.
③ 평가자의 주관이 개입될 여지가 비교적 적다.
④ 안정된 시장에서는 데이터만 정확하면 대체로 가격이 정확하게 평가된다.

해설
대체의 원칙은 말 그대로 대체가능한 다른 재화와 상호 연관성이 있어야 하며 용도, 유용성, 가격이 유사해야 성립이 된다. 그러나 수익방식의 경우 이러한 상호 대체 가능한 대상이 없어 부합하지 않는다.

59 산림경영의 지도원칙 중 보속성의 원칙에 대한 설명으로 옳은 것은?

① 공공경제성의 원칙, 경제후생의 원칙이라고도 한다.
② 최소 비용에 대한 최대 효과의 원칙이라고 할 수 있다.
③ 자연에 순응하고 어울리는 복지적 경영을 해야 하는 고차원적 원칙이다.
④ 산림에서 매년 수확을 균등적, 항상적으로 계속되도록 경영하려는 원칙이다.

해설
보속성의 원칙은 해마다 목재의 수확이 일정하도록 하는 원칙이다.

60 감가가 발생하는 요인 중 물리적 감가에 해당되는 것은?

① 부적응에 의한 감가
② 진부화에 의한 감가
③ 경제적 요인에 의한 감가
④ 마모, 손상 및 오손에 의한 감가

해설
물리적 감가는 시간의 흐름이나 외부 작용에 의해 마모, 마멸, 손상, 파손 등에 의한 감가를 말한다.

61 와이어로프 폐기 기준으로 옳지 않은 것은?

① 킹크된 것
② 현저하게 변형된 것
③ 와이어로프 1피치 사이에 와이어의 단선수가 5% 이상인 것
④ 마모에 의한 와이어로프 지름의 감소가 공칭지름의 7%를 초과하는 것

해설
와이어로프 폐기 기준으로 1피치 사이 와이어의 단선수가 10% 이상인 것으로 한다.

62 산림관리기반시설의 설계 및 시설기준에서 직선부의 간선 및 지선임도 유효너비로 옳은 것은?(단, 길어깨, 옆도랑을 제외하고 배향곡선지가 아닌 경우임)

① 3m ② 4m
③ 5m ④ 6m

해설
길어깨, 옆도랑 너비를 제외한 임도의 유효너비는 3m로 하며 배향곡선지의 경우 6m 이상을 기준으로 한다.

63 체인톱에 의한 벌목 및 조재작업을 효율적으로 실행하기 위한 조건으로 옳지 않은 것은?

① 무선(리모콘)으로 조작이 가능할 것
② 소음과 진동이 적고, 내구성이 높을 것
③ 무게가 가볍고, 소형이며 취급이 간편할 것
④ 연료의 소비, 수리비, 유지비 등 경비가 적게 소요될 것

해설
체인톱의 안전한 사용을 위해서 무선 조작 방법은 사용하지 않는다.

정답 58. ② 59. ④ 60. ④ 61. ③ 62. ① 63. ①

64 토공작업에 적합한 장비로 옳지 않은 것은?

① 굴착 - 파워쇼벨, 백호우
② 운반 - 불도저, 덤프트럭
③ 다지기 - 로드롤러, 탬퍼
④ 정지 - 모터그레이더, 트렌쳐

해설
트렌쳐의 경우 굴착작업용 기기이다.

65 평상시에는 유량이 적지만 강우시에 유량이 급격히 증가하는 지역 등과 같은 곳에 설치하는 배수장치는?

① 도랑
② 세월시설
③ 빗물받이
④ 횡단배수관

해설
세월교(세월시설)는 갑작스럽게 많은 비가 올 때 유량이 급증하는 지역에 적합한 시설이다.

66 시멘트에 대한 설명으로 옳지 않은 것은?

① 풍화된 시멘트는 강도가 저하된다.
② 시멘트의 강도는 경화의 강도로 표시한다.
③ 시멘트입자 1g에 대한 표면적(cm^2)을 분말도라 한다.
④ 시멘트의 분말도는 높을수록 콘크리트의 초기 강도가 크다.

해설
시멘트 강도는 압축강도, 인장강도 등 물리적 강도로 표시한다.

67 비탈면 녹화에 사용하는 사방용 초본류 중 재래종이 아닌 것은?

① 김의털
② 제비쑥
③ 오리새
④ 까치수영

해설
오리새는 도입초종이다.

68 임도에서 대피소 설치 간격 기준은?

① 300m 이내
② 400m 이내
③ 500m 이내
④ 600m 이내

해설
대피소의 간격 300m 이내, 너비 5m 이상, 유효길이 15m 이상을 기준으로 한다.

69 거리 측정에 사용하는 장비는?

① 폴
② 레벨
③ 트랜싯
④ 컴퍼스

해설
거리 측정 관련 기준 장비로 폴이 있다.

70 양각기계획법으로 1:25000 지형도상에 종단기울기가 5%인 노선을 배치할 때 양각기 조정 폭은?

① 0.2cm
② 0.4cm
③ 0.6cm
④ 0.8cm

해설
5 : 100 = 10 : 수평거리 → 수평거리 : 200m
양각기 조정폭 : 200m × 1/25000 = 8mm

71 임도개설 작업 시 측면 절토 또는 흙을 밀어낼 때 가장 적합한 장비는?

① 로드 롤러
② 토우인 윈치
③ 앵글 도우저
④ 모터 그레이더

해설
앵글도저는 측면의 절토, 정지, 흙메우기 등의 작업에 적합하며 블레이드를 좌우로 방향을 전환하여 흙을 좌우로 운반이 가능하다.

정답 64. ④ 65. ② 66. ② 67. ③ 68. ① 69. ① 70. ④ 71. ③

72 스키더 또는 타워야더 등에 의해 집재된 전목재의 가지제거, 절단, 초두부 제거, 집적 등의 조재작업을 전문으로 실행하는 기계는?

① 포워더   ② 하베스터
③ 프로세서 ④ 펠러번쳐

해설
목재의 조재작업을 전문으로 하는 기계에 프로세서가 있다.

73 사방댐의 시공적지로 옳지 않은 것은?

① 상류부의 계폭이 좁은 곳
② 계상과 양안에 암반이 존재하는 곳
③ 수생태계에 미치는 영향이 크지 않은 곳
④ 지류의 합류점 부근에서는 합류점의 하류지점

해설
사방댐 시공적지는 상류부의 계폭이 넓은 곳이다.

74 임도 설계업무의 순서로 옳은 것은?

① 예비조사→답사→예측→실측→설계도 작성
② 예비조사→예측→답사→실측→설계도작성
③ 답사→예비조사→예측→실측→설계도작성
④ 답사→예비조사→실측→예측→설계도작성

해설
임도의 설계업무는 예비조사, 답사, 예측 및 실측, 설계도 작성, 공사량의 산출, 설계도 작성의 순서로 이루어진다.

75 산복수로공에 대한 설명으로 옳지 않은 것은?

① 유수가 집중되는 凹부에 설치한다.
② 떼수로공은 집수구역이 좁은 곳에 설치한다.
③ 수로의 시작과 끝에는 반드시 수평대공 작물을 적용한다.
④ 가급적 수로의 기울기는 상부에서 하부로 내려가면서 감소하게 계획한다.

해설
수로의 기울기는 가급적 상부에서 하부에 이르기까지 일정하게 계획한다.

76 가선집재작업이 수행 가능한 장비로 가장 효율적인 것은?

① 하베스터   ② 펠러번쳐
③ 프로세서   ④ 타워야더

해설
타워야더는 철재 기둥과 가선집재 장치인 원치를 트랙터 혹은 트럭에 탑재한 장비로 경사가 급한 지역에도 작업이 가능하다.

77 지선임도 밀도가 10m/ha이며, 임도효율요인이 4인 경우 트랙터를 이용한 평균집재거리는?

① 2.5m   ② 40m
③ 400m   ④ 2,500m

해설
임도밀도(m/ha)
= 임도효율계수/평균집재거리(km)
$10 = \dfrac{4}{x} \Rightarrow x = 400m$

정답 72. ③ 73. ① 74. ① 75. ④ 76. ④ 77. ③

78 산지에서 발생하는 침식의 형태 중 중력침식에 해당하지 않는 것은?

① 붕괴형 침식 ② 지활형 침식
③ 유동형 침식 ④ 곡상형 침식

해설
중력침식에는 붕괴형, 지활형, 유동형이 있다.

79 황폐계류의 유역면적이 1~10km²에 해당하는 비유량(m³/s)은?

① 10 ② 15
③ 20 ④ 25

해설
황폐계류 비유량

유역면적(km²)	1~10	11~20
비유량(m³/s)	25	20

80 임도 설계에 필요한 도면이 아닌 것은?

① 투시도 ② 평면도
③ 종단면도 ④ 횡단면도

해설
임도 설계시 평면도, 종단면도, 횡단면도, 구조물 및 도로 표준도, 위치도 등이 필요하다.

정답 78. ④ 79. ④ 80. ①

산림산업기사

산업기사 CBT 제8회

** 본문제는 수험생들의 기억을 바탕으로 작성 된 것으로 실제 제와 차이가 있을 수 있습니다.

01 파종하기 전에 종자의 정착 및 발아, 그리고 어린묘목의 발육이 잘 되도록 하기 위하여 정지작업을 한다. 이 작업의 진행 순서는?

① 쇄토 → 밭갈이 → 작상
② 밭갈이 → 쇄토 → 작상
③ 작상 → 쇄토 → 밭갈이
④ 쇄토 → 작상 → 밭갈이

해설
묘포 조성 작업시 밭갈이, 쇄토, 작상의 순서로 진행되며 이러한 작업을 정지작업이라 한다. 밭갈이후 경운은 토양을 갈아주는 작업이며 쇄토는 경운한 흙을 곱게 부수어 지면을 평평하게 고르는 작업이다.

02 산벌작업의 작업순서로 맞는 것은?

① 하종벌 → 후벌 → 예비벌 → 갱신완료
② 후벌 → 예비벌 → 하종벌 → 갱신완료
③ 하종벌 → 예비벌 → 후벌 → 갱신완료
④ 예비벌 → 하종벌 → 후벌 → 갱신완료

해설
산벌작업은 갱신을 위해 크게 예비벌, 하종벌, 후벌의 과정으로 진행된다.

03 뿌리의 근류를 가지는 것만으로 나열된 것은?

① 아까시나무, 리기다소나무, 향나무
② 갈매나무, 싸리나무, 소나무
③ 오리나무, 보리수나무, 소귀나무
④ 물푸레나무, 오동나무, 자귀나무

해설
근류를 가지는 수종은 주로 콩과식물로 아까시나무, 싸리, 칡, 자귀나무 등이 있으며 비콩과식물 중에서도 오리나무, 소귀나무, 보리수나무 등이 있다.

04 자작나무, 오리나무의 발아시험기간은 얼마나 되는가?

① 14일간   ② 21일간
③ 28일간   ④ 42일간

해설
자작나무, 오리나무는 28일 간의 발아시험기간을 갖는다.

05 수정이 되어서 종자가 성숙되어 가는 과정 가운데 배유안에서 분화되서 자엽, 유아, 배축, 유근 등을 형성한다. 이 때 다음 침엽수종 가운데 자엽의 수가 가장 많은 것은?

① 소나무   ② 측백나무
③ 향나무   ④ 주목

해설
소나무는 다자엽 수종으로 보기중 가장 많은 자엽을 보유한다.

정답 01. ② 02. ④ 03. ③ 04. ③ 05. ①

06 산림이 발휘하는 공익적 기능이 아닌 것은?

① 홍수나 산사태를 방지한다.
② 이산화탄소를 흡수하고 산소를 방출한다.
③ 파티클 보드의 원료로 이용된다.
④ 휴양의 기회를 제공한다.

해설
파티클 보드와 같이 가공을 통한 생산물은 경제적 기능이다.

07 동일한 수목의 양엽과 음엽을 비교한 설명으로 옳지 않은 것은?

① 양엽은 음엽보다 광포화점이 높다.
② 음엽은 양엽보다 잎의 두께가 두껍다.
③ 음엽은 양엽보다 엽록소 함량이 더 많다.
④ 양엽은 음엽보다 책상조직이 빽빽하게 배열되어 있다.

해설
양엽이 음엽보다 색이 진하고 잎이 두껍다.

08 수관급에 기초해서 행하여지는 간벌방법으로 옳지 않은 것은?

① 정량간벌   ② 하층간벌
③ 상층간벌   ④ 택벌식간벌

해설
정성적 간벌의 경우 수관급을 기준으로 하며 종류로 상층간벌, 하층간벌, 택벌식간벌, 기계적 간벌 등이 대표적이다. 정량간벌의 경우 양을 기준으로 하며 정성적 간벌과는 기준이 다르다.

09 채종원의 입지조건으로 옳지 않은 것은?

① 통풍이 잘 되고 냉해가 없는 곳
② 500m 이내에 동종 임분이 있는 곳
③ 기후조건이 개화, 결실에 알맞은 곳
④ 노동력 공급이 잘 되고 교통이 편리한 곳

해설
채종원은 외부 화분에 의한 수정을 막기 위하여 동종 임분에서 500m 이상 떨어진 곳으로 선택한다.

10 산 가지치기의 실행시기로 적합한 것은?

① 여름철 장마 직후
② 수목의 생장이 활발할 때
③ 봄부터 가을까지 비가 온 직후
④ 수목생장 휴지기 중 수액 유동 직전

해설
가지치기는 수액 유동이 줄어드는 생장휴지기 기간인 11월에서 이듬해 3월이 적합하다

11 중림작업법에 대한 설명으로 다음 빈 칸에 알맞은 것은?

> 중림작업법이란 (①) 구역 안에서 용재 생산을 목적으로 하는 (②)과 땔감 생산을 목적으로 하는 (③)을 함께 세워 경영하는 작업법을 말한다.

① ① : 같은 ② : 교림 ③ : 왜림
② ① : 다른 ② : 교림 ③ : 왜림
③ ① : 같은 ② : 왜림 ③ : 교림
④ ① : 다른 ② : 왜림 ③ : 교림

해설
중림작업은 같은 구역에 용재 생산을 목적으로 하는 교림과 연료재 생산을 목적으로 하는 왜림을 함께 실시한다.

정답 06. ③ 07. ② 08. ① 09. ② 10. ④ 11. ①

12 광색소에서 파이토크롬에 대한 설명으로 옳지 않은 것은?

① 햇빛을 받으면 합성이 일부 금지되거나 파괴된다.
② 높은 광 조건에서 생장한 수목에서 많이 검출된다.
③ 피롤(pyrrole) 4개가 모여서 이루어진 발색단을 가진다.
④ 분자량이 120000 Da(dalton) 가량 되는 두 개의 동일한 폴리펩타이드로 구성되어 있다.

해설
광색소인 파이토크롬은 낮은 광조건하에서 기른 식물체 내에서 많이 검출된다.

13 종자 결실량을 증가시키는 방법이 아닌 것은?

① 간벌 작업을 실시한다.
② 건조, 접목, 상처주기 등의 스트레스를 준다.
③ 꽃눈이 분화하는 시기에 비료를 주지 않는다.
④ 수피의 일부분을 제거하여 C/N 율을 조절한다.

해설
화아분화기에 시비를 하면 결실을 촉진할 수 있다.

14 식재 간격을 2.4m×2.4m 정방형으로 조림을 하고자 할 때에 1ha 당 식재본수는?

① 약 1800본 ② 약 2400본
③ 약 3000본 ④ 약 4200본

해설
보기 중 정답에 근접한 식재본수는 약 1800 본이다.
$$\frac{10,000\,m^2}{2.4m \times 2.4m} ≒ 1736$$

15 산림 보육 작업에 해당되지 않는 것은?

① 제벌 ② 간벌
③ 개벌 ④ 풀베기

해설
산림무육작업에는 풀베기, 덩굴제거, 제벌, 가지치기, 간벌이 있다.

16 암수딴그루에 해당하는 수종은?

① 편백 ② 소나무
③ 벚나무 ④ 은행나무

해설
암수딴그루에 해당하는 수종으로 은행나무, 식나무, 소철, 초피나무 등이 있다.

17 종자 또는 삽목에 의해 시작된 숲으로 주로 높은 수고의 수목으로 이루어진 숲은?

① 교림 ② 왜림
③ 중림 ④ 죽림

해설
교림은 수고 10m 이상의 키 큰 나무를 생산하는 것을 목적으로 한다.

18 가지치기의 효과로 옳지 않은 것은?

① 무절재를 생산할 수 있다.
② 하목의 수광량을 증가시킨다.
③ 산불이 있을 때 수관화를 경감시킨다.
④ 연륜폭을 조절해서 수간의 완만도를 낮춘다.

해설
옹이가 없고 수간의 완만도를 높이는 것은 가지치기의 특징이다.

정답 12. ② 13. ③ 14. ① 15. ③ 16. ④ 17. ① 18. ④

19 풀베기 방법으로 모두베기에 대한 설명으로 옳은 것은?

① 한풍해가 예상되는 곳에서 실시한다.
② 조림목이 양수 수종인 경우에 적용한다.
③ 조림목에 광선을 제대로 주지 못하는 단점이 있다.
④ 조림목이 심어진 줄에 따라 모든 잡초목을 제거하는 방법이다.

해설
모두베기는 소나무, 낙엽송 등의 양수 식재시 적합한 방법이다.

20 묘목의 가식에 대한 설명으로 옳지 않은 것은?

① 1~2개월 장기간 가식을 할 경우에는 관수가 필요하다.
② 가급적 비가 오거나 비가 온 후 바로 가식하여 묘목이 건조하지 않게 한다.
③ 묘목을 심기 전 일시적으로 땅에 뿌리를 묻어 건조하지 않도록 해 주는 작업이다.
④ 추위나 바람의 피해가 우려되는 곳은 묘목의 정단 부분을 바람과 반대방향으로 되도록 눕혀 묻어준다.

해설
비가 오거나 비가 온 후에는 가식을 피한다.

21 고형 약제 중에서 입경의 크기가 가장 큰 것은?

① 분제   ② 입제
③ 미립제   ④ 세립제

해설
입제의 입경 크기는 0.5~2.5mm 정도로 보기 중 가장 크다.

22 소나무 재선충병 진단에 대한 설명으로 옳지 않은 것은?

① 피해목은 수지(송진)의 분비가 감소한다.
② 묵은 잎과 새잎이 아래로 처지며 시든 현상이 나타난다.
③ 수지 분비 상태를 이용한 피해목 식별은 겨울철에 확인한다.
④ 목편에서 선충을 분리 후 분자생물학적 진단기술로 동정한다.

해설
수지 분비 상태를 이용한 피해목의 식별은 여름~초가을(6~10월)에 확인한다.

23 생물적 해충 방제를 위한 천적 선택 조건으로 옳지 않은 것은?

① 단식성이어야 한다.
② 소량으로 증식해야 한다.
③ 천적에 기생하는 곤충이 없어야 한다.
④ 해충의 출현과 천적의 생활사가 잘 일치해야 한다.

해설
생물적 해충 방제를 위한 천적들은 소량으로 증식할 경우 해충처리 효율이 떨어지기에 대량으로 증식해야 한다.

24 외국에서 유입된 해충이 아닌 것은?

① 솔나방
② 솔잎혹파리
③ 아까시잎혹파리
④ 버즘나무방패벌레

해설
솔나방은 토종벌레이다.

정답 19. ② 20. ② 21. ② 22. ③ 23. ② 24. ①

25 수목병과 중간기주의 연결이 옳지 않은 것은?

① 소나무 혹병 - 황벽나무
② 잣나무 털녹병 - 송이풀
③ 포플러 잎녹병 - 일본잎갈나무
④ 배나무 붉은별무늬병 - 향나무

해설
황벽나무는 소나무잎녹병의 중간기주이다.

26 난균류에 의해 발생하는 수목병이 아닌 것은?

① 역병   ② 탄저병
③ 모잘록병 ④ 뿌리썩음병

해설
탄저병은 진균에 의해 발생한다.

27 오리나무 갈색무늬병 방제 방법으로 옳지 않은 것은?

① 종자를 소독한다.
② 매개충을 구제한다.
③ 연작을 하지 않는다.
④ 떨어진 병든 잎을 모아 소각한다.

해설
오리나무 갈색무늬병의 방제 방법으로 종자를 소독하고 윤작을 실시하며 병든 낙엽은 태워준다

28 대추나무 빗자루병의 전반 가능성이 가장 높은 것은?

① 종자에 의한 전반
② 토양에 의한 전반
③ 공기에 의한 전반
④ 분주에 의한 전반

해설
대추나무 빗자루병은 병에 걸린 모수에서 접수나 혹은 포기나누기인 분주에 의해 감염된다.

29 산불이 토양에 미치는 영향으로 옳지 않은 것은?

① 토양이 척박해진다.
② 토양의 이화학적 성질을 악화시킨다.
③ 낙엽이 탄 결과로 토양의 투수성이 감소된다.
④ 지표의 보호물이 사라져 지표유하수가 감소한다.

해설
산불에 의해 지표의 보호물이 사라지면 지표 유하수는 증가한다.

30 곤충의 다리에 대한 설명으로 옳지 않은 것은?

① 곤충에도 발톱이 있다.
② 다리는 가슴에 붙어 있다.
③ 곤충의 다리는 대부분 3마디이다.
④ 다리의 기부에서부터 볼 때 마지막 마디는 발마디(tarsus)이다.

해설
곤충의 다리는 5마디로 되어 있다.

31 솔껍질깍지벌레의 생태적 특성으로 옳지 않은 것은?

① 부화약충의 발생시기는 4월경이다.
② 연 1회 발생하며 후약충으로 월동한다.
③ 암컷은 알주머니를 형성한 후 산란한다.
④ 수컷은 완전변태를 하며 암컷은 불완전변태를 한다.

해설
부화약충의 발생시기는 5월 상순 ~ 6월 상순이다.

정답 25. ① 26. ② 27. ② 28. ④ 29. ④ 30. ③ 31. ①

32 군집생활을 하며 임목을 고사시키는 조류는?

① 할매새 ② 동박새
③ 왜가리 ④ 산비둘기

해설
백로, 왜가리는 4~6월이 번식기로 산성인 배설물로 나무에 피해를 주며 군집생활을 하여 주변 주민들에게 냄새 및 소음 등으로 피해를 주기도 한다.

33 윤작은 어떤 병원균의 방제에 효과가 좋은가?

① 기주범위가 좁고, 기주가 없이도 오래 생존하는 것
② 기주범위가 넓고, 기주가 없이도 오래 생존하는 것
③ 기준범위가 넓고, 기주가 없으며 오래 생존하지 못하는 것
④ 기주범위가 좁고, 기주가 없으면 오래 생존하지 못하는 것

해설
윤작은 기주범위가 좁고 기주식물이 없으며 오래 생존할 수 없는 병원균에 효과가 좋으며 대표적으로 오동나무 탄저병, 오리나무갈색무늬병 등이 있다.

34 해안 방풍림 조성에 가장 적당한 수종은?

① 곰솔 ② 포플러류
③ 사시나무 ④ 일본잎갈나무

해설
해안 방풍림 조성으로 염풍에 강한 수종이 적합하며 곰솔, 향나무, 사철나무, 팽나무 등이 있다.

35 밤나무 줄기마름병에 대한 설명으로 옳지 않은 것은?

① 과다한 질소 시비를 지양한다.
② 천공성 해충의 피해를 받은 경우 잘 발생한다.
③ 병원균의 중간기주인 포플러를 같이 심지 않는다.
④ 동해나 열해를 받아 수피와 형성층이 손상 입은 경우 잘 발생한다.

해설
밤나무 줄기마름병은 중간기주가 없고 상처부위를 통해 감염된다.

36 어린 조림목에 가장 큰 피해를 주는 동물은?

① 어치 ② 다람쥐
③ 왜가리 ④ 멧토끼

해설
멧토끼는 농경지에서 산악지대까지 다양한 환경에서 서식하며 초식성으로 종자나 줄기를 식해한다.

37 주로 가지나 줄기에서 발생하는 수목병은?

① 벚나무 빗자루병
② 느티나무 흰색무늬병
③ 벚나무 갈색무늬구멍병
④ 오동나무 자줏빛날개무늬병

해설
감염시 비대해진 가지부위에서 잔가지가 다량 발생하여 빗자루의 형태를 띠는 것이 특징이다. 이러한 피해가 반복될 경우 결국 가지가 말라 고사하게 된다.

정답 32. ③ 33. ④ 34. ① 35. ③ 36. ④ 37. ①

38 잣나무넓적잎벌에 대한 설명으로 옳지 않은 것은?

① 유충으로 월동한다.
② 우화 최성기는 7월경이다.
③ 나뭇잎 뒷면에서 월동한다.
④ 1년에 1회 또는 2년에 1회 발생한다.

해설
주로 흙속에서 월동한다.

39 완전변태를 하는 해충은?

① 대벌레
② 노린재
③ 가루깍지벌레
④ 도토리거위벌레

해설
도토리거위벌레는 알, 유충, 번데기, 성충의 완전변태과정을 거친다.

40 병원체임을 입증하는 방법으로 파이토플라스마와 같은 절대 기생체에 적용되지 않는 조건은?

① 병원균은 반드시 환부에 존재한다.
② 분리된 병원균은 인공 배지상에서 배양될 수 있어야 한다.
③ 배양한 병원균을 접종하여 동일한 병이 발생되어야 한다.
④ 발병한 환부에서 접종균과 동일한 병원균이 재분리되어야 한다.

해설
바이러스나 파이토플라스마는 다른 미생물처럼 인공배양되지 않고 특정 살아있는 세포에서만 증식하는 절대기생체이다.

41 다음 조건에서 스말리안식에 의한 재적은?

- 말구직경 : 24cm
- 중앙직경 : 30cm
- 원구직경 : 32cm
- 재장 : 4m

① 약 $0.2317 \, m^3$
② 약 $0.2512 \, m^3$
③ 약 $0.2617 \, m^3$
④ 약 $0.3021 \, m^3$

해설

$$V(m^3) = \frac{\pi}{4} \times \frac{d_0^2 + d_n^2}{2} \times L$$

$$= \frac{3.14}{4} \times \frac{0.32^2 + 0.24^2}{2} \times 4 = 0.2512$$

V : 재적, L : 목재 길이
d_0 : 원구 지름, d_n : 말구 지름

42 정리기에 대한 설명으로 옳은 것은?

① 불법정인 영급관계를 법정인 영급으로 개량하는 기간이다.
② 산벌작업에서 예비벌을 시작하여 후벌을 마칠 때까지의 기간이다.
③ 보속작업에서 한 작업급에 속하는 모든 임분을 일순벌하는데 필요한 기간이다.
④ 벌구식 택벌작업에서 맨 처음 택벌한 구역을 또다시 택벌하는데 필요한 기간이다.

해설
정리기(갱정기)는 법정인 영급으로 정리 혹은 개량하는 기간을 말하며 경제적 불이익을 적게 하여 수확량을 균등하고 지속시키기 위한 생산기간이다.

정답 38. ③ 39. ④ 40. ② 41. ② 42. ①

43 임지가격의 결정 방법으로 옳지 않은 것은?

① 자산가에 의한 방법
② 매매가에 의한 방법
③ 기망가에 의한 방법
④ 비용가에 의한 방법

> 해설
> 임지가격의 결정 방법으로 비용가법, 기망가법, 환원가법, 매매가법 등이 있다.

44 임업자산 중 유동자산이 아닌 것은?

① 임도
② 묘목
③ 비료
④ 미처분 임산물

> 해설
> 유동자산에는 묘목, 비료, 약제, 미처분임산물 등이 있으며 임도는 고정자산에 속한다.

45 감가가 발생하는 요인 중 물리적 감가에 해당되는 것은?

① 부적응에 의한 감가
② 진부화에 의한 감가
③ 경제적 요인에 의한 감가
④ 마모 및 손상에 의한 감가

> 해설
> 물리적 감가는 시간의 흐름이나 외부 작용에 의해 마모, 마멸, 손상, 파손 등에 의한 감가를 말한다.

46 임업경영의 성과분석에 대한 설명으로 옳지 않은 것은?

① 임가소득, 임업소득, 임업순수익 등으로 파악할 수 있다.
② 임업소득은 임업조수익에서 임업경영비를 뺀 나머지를 말한다.
③ 짧은 기간 동안의 성과는 명확하게 계산할 수 없는 경우가 많다.
④ 임가소득으로 서로 다른 임가 사이의 경영성과에 대하여 직접 비교가 용이하다.

> 해설
> 임가소득은 서로 다른 임가 사이의 경영성과에 대하여 직접 비교할 수 없다.

47 산림평가에서 복리산 공식에 해당되지 않는 것은?

① 증가 계산식
② 전가 계산식
③ 무한이자 계산식
④ 유한이자 계산식

> 해설
> 산림평가에서 복리산 공식으로 후가계산식, 전가계산식, 무한이자계산식, 유한이자계산식 등이 있다.

48 전체 임분을 본수가 같은 몇 개의 계급으로 나누고, 각 계급에서 같은 수의 표준목을 선정하여 임목 재적을 계산하는 방법은?

① 단급법
② Urich 법
③ Hartig 법
④ Draudt 법

> 해설
> 각 계급에서 같은수의 표준목을 선정하는 방법은 우리히법(Urich)이다.

정답 43. ① 44. ① 45. ④ 46. ④ 47. ① 48. ②

49 수확조정 방법 중 법정축적법에 대한 설명으로 옳은 것은?

① 교차법, 임분경제법, 등면적법 등이 있다.
② 법정축적에 도달하도록 하는 수식법이다.
③ 수확량을 산출하고 벌채장소를 규정한다.
④ 수확량을 기초로 생장량을 예측하는 협의의 생장량법이다.

해설
법정축적법은 일정 기간이 지나면 현실림이 법정림에 도달하는 개념으로 법정축적에 도달하는 수식법이다.

50 생장의 종류를 수목의 생장에 따른 분류와 임목의 부분에 따른 분류가 있을 때 수목의 생장에 따른 분류에 속하지 않는 것은?

① 재적생장   ② 형질생장
③ 수고생장   ④ 등귀생장

해설
수목의 생장에 따라 재적생장, 형질생장, 등귀생장으로 분류하며 이러한 재적생장, 형질생장, 등귀생장의 합을 총가생장이라 한다.

51 음(-)의 값이 나올 수 있는 투자효율 분석법은?

① 회수기간법   ② 투자이익률법
③ 순현재가치법 ④ 수익비용률법

해설
장기투자를 결정하는 순현재가치법은 미래에 대한 가치 판단을 기준으로 하기에 음의 값이 나올수 있다.

52 농지의 주변이나 농지와 산지의 경계선 등에 유실수나 특용수 또는 속성수 등을 식재하여 임업수입의 조기화를 도모하는 형태의 임업경영은?

① 혼농임업   ② 혼목임업
③ 농지임업   ④ 비임지임업

해설
농지임업은 농지의 주변 및 산지에 유실수, 속성수 등을 심어 빠른 수입을 얻는 형태를 말한다.

53 임업이율의 성격으로 옳지 않은 것은?

① 임업이율은 대부이자이다.
② 임업이율은 장기이율이다.
③ 임업이율은 명목적 이율이다.
④ 임업이율의 계산은 복리를 적용한다.

해설
임업이율은 대부이자가 아닌 자본이자이다.

54 고정자산에 대한 설명으로 옳은 것은?

① 처분을 목적으로 소유하는 자산
② 물리적으로 이동이 불가능한 자산
③ 시간에 따른 가치의 변화가 없는 자산
④ 자산이 가지고 있는 생산능력을 이용하기 위해 소유하는 자산

해설
임업에서 고정자산에는 임지, 건물, 기계 등이 있으며 이는 자산이 가진 생산능력을 이용하고자 소유하는 자산으로 정의할 수 있다.

55 흉고형수에 영향을 미치는 인자가 아닌 것은?

① 수고   ② 지위
③ 수종   ④ 근원직경

해설
흉고형수는 원주와 수간의 재적의 비로서 수고, 생산성을 나타내는 지위, 수종 등은 흉고형수 결정에 영향을 주지만 근원직경은 상관이 없다.

정답 49. ② 50. ③ 51. ③ 52. ③ 53. ① 54. ④ 55. ④

56 임업의 경제적 특성에 대한 설명으로 옳지 않은 것은?

① 임업생산은 조방적이다.
② 생산기간이 대단히 길다.
③ 공익성이 커서 제한성이 많다.
④ 육성임업과 채취임업이 병존한다.

해설
생산기간이 대단히 긴 것은 임업의 기술적 특성에 해당된다.

57 산림의 관리경영에 소요되는 관리비에 포함되지 않는 것은?

① 채취비   ② 보험료
③ 감가상각비 ④ 산림보호비

해설
관리비는 조림비와 채취비를 제외한 비용을 말한다.

58 20m × 20m의 정방형 표준지에서 매목조사를 통하여 측정된 임목 본수는 60본인 경우, 해당 임분의 ha당 본수는 얼마로 추정되는가?

① 900   ② 1200
③ 1500 ④ 1800

해설
20m×20m 면적당 60본이 존재하므로 비례식을 통해 1ha 당의 본수를 구하도록 한다.
$400m^2 : 60본 = 10000m^2 : x$
→ x = 1500 본

59 개별원가계산방법에 대한 설명으로 옳지 않은 것은?

① 공정별 원가계산방법이라고도 한다.
② 주로 주문에 의하여 제품을 생산하는 경우에 많이 사용한다.
③ 제품의 원가를 개개의 제품단위별로 직접 계산 하는 방법이다.
④ 소비자에게 제품의 원가와 일정한 이익을 합계한 제품가격을 청구하는데 도움이 된다.

해설
개별원가계산방법은 제품별 원가계산이라고 한다.

60 일반적으로 사용하는 원가 비교 방법이 아닌 것은?

① 기간비교   ② 상호비교
③ 표준실제비교 ④ 부가가치비교

해설
원가비교 방법은 기간비교, 상호비교, 표준실제비교가 있다.

61 밑판, 종자, 표면 덮개의 3부분으로 구성된 녹화용 피복자재는?

① 식생대   ② 식생반
③ 식생자루 ④ 식생매트

해설
식생반은 뜬 떼의 대용품으로 밑판, 종자, 표면덮개로 구성되어 있다. 대량의 유기물과 비료양분을 함유하기에 근계발달이 좋다.

62 임도설치 관련 규정에 의한 임도의 종류에 포함되지 않는 것은?

① 사설임도 ② 공설임도
③ 단체임도 ④ 테마임도

해설
임도설치에 관련된 규정을 기준으로 국유임도, 공설임도, 사설임도, 테마임도 등이 있다.

정답 56. ② 57. ① 58. ③ 59. ① 60. ④ 61. ② 62. ③

63 임도망 편성에 있어 설치 위치별 분류에 해당되지 않는 것은?
① 계곡임도 ② 사면임도
③ 임연임도 ④ 능선임도

해설
산악 임도망으로 계곡, 사면, 능선, 산정부, 계곡분지 등이 있다.

64 반송기를 사용하는 장비는?
① 체인톱 ② 예불기
③ 펠러번처 ④ 타워야더

해설
반송기는 목재를 적재, 운반하는 기능을 가진 장비로 타워야더가 반송기에 해당한다.

65 비탈안정공법에 해당하지 않는 것은?
① 자연석 쌓기
② 격자틀 붙이기
③ 비탈힘줄박기
④ 종비토뿜어붙이기

해설
종비토뿜어붙이기는 녹화공법의 일종이다.

66 임도의 선형 설계에서의 제약요소로 가장 거리가 먼 것은?
① 기상 조건의 제약
② 시공상에서의 제약
③ 지질, 지형에서의 제약
④ 사업비, 유지관리비 등에서의 제약

해설
임도 설계시 지형, 사업비 등의 작업조건이 우선 고려되나 기상 조건은 차후 현장문서로 제약요소와는 거리가 멀다.

67 벌목 작업시 수구를 만드는 방향은?
① 계곡 쪽
② 임도가 있는 쪽
③ 작업자가 있는 쪽
④ 벌도목이 넘어지는 쪽

해설
수구는 30~45° 각으로 작업하여 벌도방향으로 하며 추구는 수고의 반대방향에서 작업한다.

68 임도 설계에서 교각법에 의하여 단곡선 설정 내각이 90°, 곡선 반경이 500m 이면 접선길이는?
① 100 m ② 250 m
③ 500 m ④ 1000 m

해설
교각법
곡선반지름 = 접선길이 × $\tan\left(\dfrac{\theta}{2}\right)$
= $500 \times \tan 45 (=1) = 500$

69 유수에 의한 계상면의 침식을 방지하고 현 계상면을 유지하기 위하여 시설하는 횡구조물은?
① 구곡막이 ② 바닥막이
③ 기슭막이 ④ 누구막이

해설
바닥막이는 주로 황폐한 계천 바닥의 종침식을 방지하고 바닥에 퇴적한 불안정한 토사석력의 유실을 방지함으로써 황폐계천의 안정을 도모하기 위하여 계류를 횡단하여 구축하는 사방공작물이다.

정답 63. ③ 64. ④ 65. ④ 66. ① 67. ④ 68. ③ 69. ②

70 사면붕괴의 전조현상으로 옳지 않은 것은?

① 용수가 맑아짐
② 용출현상이 생김
③ 사면에 균열이 생김
④ 작은 돌이 사면에서 떨어짐

해설
용수가 맑을 경우 사면붕괴전에 나타나는 흙의 이동이나 변화가 없는 것을 의미한다. 반대로 용수가 흙이 섞여 탁해지는 등의 현상을 보일 경우 붕괴의 가능성이 있는 것이다.

71 수로의 횡단면에 있어서 물과 접촉하는 수로 주변의 길이는?

① 유적 ② 윤변
③ 경심 ④ 동수반지름

해설
윤변은 유로의 횡단면에 있어서 물과 접촉하는 유로 주변의 길이를 의미한다.

72 다목적 공정기계인 프로세서(processor)의 기능으로 옳지 않은 것은?

① 송재 ② 절단
③ 벌목 ④ 조재목 마름질

해설
프로세서의 경우 벌목의 작업이 불가능한 장비이다.

73 암반 비탈면 녹화에 주로 사용하는 공법이 아닌 것은?

① 새집공법
② 피복녹화 공법
③ 선떼붙이기 공법
④ 덩굴받침망 공법

해설
선떼붙이기는 산복비탈면의 녹화공법이다.

74 최대강우량이 50mm/hr, 집수면적이 50ha, 유출계수가 0.5일 때의 유량(m³/sec)은?

① 3.21 ② 3.47
③ 4.86 ④ 5.12

해설
유량 공식
· 시우량법

$$Q = K \times \frac{A \times \frac{m}{1000}}{60 \times 60}$$

$$= 0.5 \times \frac{500000 \times \frac{50}{1000}}{3600} ≒ 3.47$$

· 합리식법
$Q = 0.002778\ CIA$
$= 0.00278 \times 0.5 \times 50 \times 50 ≒ 3.47$

75 임도 설계서 작성 순서로 옳은 것은?

① 시방서 – 설계사용서 – 예산내역서 – 수량산출서 – 예정공정표
② 시방서 – 수량산출서 – 예산내역서 – 설계설명서 – 예정공정표
③ 설계설명서 – 시방서 – 예정공정표 – 예산내역서 – 수량산출서
④ 설계설명서 – 시방서 – 예정공정표 – 수량산출서 – 예산내역서

해설
임도 설계서 작성은 < 설계설명서 – 일반, 특별 시방서 - 예정공정표 - 예산내역서 - 수량 산출서 > 순서로 작성한다.

76 거리 측정에 사용하는 장비는?

① 폴 ② 레벨
③ 트랜싯 ④ 컴퍼스

해설
거리 측정 관련 기준 장비로 폴이 있다.

정답 70. ① 71. ② 72. ③ 73. ③ 74. ② 75. ③ 76. ①

77 임도에 설치된 교량이 받는 활하중에 속하는 것은?

① 교량의 시설물
② 교량 바닥틀의 무게
③ 교량을 지나는 트럭의 무게
④ 교량 주트러스(main truss) 무게

> **해설**
> 활하중은 임도교량에 움직임을 가지는 것으로 보행자 및 차량에 의한 하중이다. 사하중은 교상의 시설 및 바닥판 등의 시설물 무게이다.

78 일반지형에서 임도의 설계속도가 20km/h인 경우 종단기울기 기준은?

① 7% 이하 ② 9% 이하
③ 12% 이하 ④ 14% 이하

> **해설**
> 설계속도 20km/h의 일반지형은 종단기울기 9% 이다.

79 임도의 곡선부에서 곡률반경이 4m, 트럭의 길이가 2m, 트럭의 폭이 1m 일 때 확폭량은?

① 0.1m ② 0.2m
③ 0.5m ④ 1.5m

> **해설**
> $\dfrac{2^2}{2 \times 4} = 0.5m$
> ※ 곡선부의 확폭
> 확폭 = $\dfrac{(차량 앞바퀴 \sim 뒷바퀴까지 길이)^2}{2 \times 곡선반지름}$

80 임도의 세월시설에 대한 설명으로 옳은 것은?

① 계상기울기가 완만한 계류통과부에 설치한다.
② 하류부가 황폐계류인 경우에 설치하는 것이 효과적이다.
③ 유로에 해당되는 부분은 사다리꼴의 단면으로 한다.
④ 평상시에 관거 등을 통해 배수하고 홍수 시는 월류할 수 있게 한다.

> **해설**
> 세월교(세월시설)는 갑작스럽게 많은 비가 올 때 유량이 급증하는 지역에 적합한 시설이다.

정답 77. ③ 78. ② 79. ③ 80. ④

산림산업기사

산업기사 CBT 제9회

** 본문제는 수험생들의 기억을 바탕으로 작성 된 것으로 실제 제와 차이가 있을 수 있습니다.

01 다음 중 하층간벌에 대한 설명으로 가장 거리가 먼 것은?

① 가장 오랜 역사를 지닌 간벌방법으로 보통간벌이라고 한다.
② 우세목 중 결점이 있는 2급목만 벌채하는 방법이다.
③ 일반적으로 양수성의 수종으로 구성된 임분에 적용된다.
④ 처음에는 피압된 가장 낮은 수관층의 나무를 벌채 하고 그 후 점차 높은 층의 나무를 벌채하는 방법 이다.

해설
하층간벌(보통간벌, 독일식 간벌)은 피압된 가장 낮은 수관층의 나무를 벌채하고 점차 높은 층의 나무를 벌채하는 방법이다. 강도 높은 하층간벌을 실시하면 우세목, 준우세목이 남게 된다

02 하목 식재 수종의 구비요건에 대한 설명으로 거리가 먼 것은?

① 내음성이 클 것
② 가지가 적은 수종일 것
③ 소목이라도 약간의 이용가치가 있을 것
④ 낙엽의 비효가 클 것

해설
하목 식재의 경우 임지의 수분보존과 토양의 유실 방지를 위해 가지가 많은 수종이어야 한다.

03 다음 수종 중 생가지치기를 할 경우 부후의 위험성이 가장 높은 수종은?

① 단풍나무   ② 소나무
③ 일본잎갈나무   ④ 삼나무

해설
생가지치기 위험이 있는 수종으로 단풍나무, 느릅나무, 물푸레나무, 벚나무 등이 있다.

04 1년생 묘가 상당한 크기에 이르고 공간을 차지하는 수종의 파종방법은 줄로 뿌려주는 조파로 한다. 다음 중 조파로 하지 않는 수종은?

① 밤나무   ② 느티나무
③ 아까시나무   ④ 옻나무

해설
밤나무의 경우 대립종자로서 주로 점파를 한다.

05 묘포장을 설계할 때 침엽수종의 경우 토양 산도(pH) 는 어느 정도가 알맞은가?

① pH 3.0~4.0   ② pH 5.0~6.5
③ pH 7.0~8.5   ④ pH 9.0~10

해설
모표 토양은 침엽수는 pH 5~5.5 정도에서 가장 적합하며 중성인 pH 5~6.5 범위에서도 생육이 가능하다.

정답 01. ② 02. ② 03. ① 04. ① 05. ②

06 종자 발아능력 검사방법 중 생리적인 면을 다룰 수 없는 것은?

① 발아시험   ② 배추출시험
③ X선사진법   ④ 테트라졸리움시험

해설
X선 사진법은 내부의 촬영을 통해 상처나 해충의 피해 식별이 가능하나 생리적인 측면은 확인이 어렵다.

07 풀베기(밑깎기) 작업에 대한 설명으로 옳지 않은 것은?

① 둘러베기는 조림목의 주변에 나는 잡초목만을 제거한다.
② 줄베기는 조림목이 심어진 줄에 따라 잡초목을 제거한다.
③ 풀베기란 조림목의 생육에 지장을 주는 잡초 또는 쓸데없는 관목을 제거한다.
④ 모두베기는 지상식생의 피압으로 수형이 나빠지기 쉬운 음수에 적용한다.

해설
모두베기는 주로 양수에 적용한다.

08 개벌작업의 장점으로 옳지 않은 것은?

① 비용이 절약된다.
② 음수성 수종에 적당하다.
③ 작업의 실행이 쉽고 빠르다.
④ 비슷한 크기의 목재를 생산할 수 있다.

해설
개벌작업은 주로 양수 수종에 적합하다.

09 택벌작업에 대한 설명으로 옳은 것은?

① 양수 수종의 갱신에 적당하다.
② 일시 벌채량이 많아 경제적이다.
③ 소면적 임지에서 보속생산이 가능하다.
④ 임목 벌채가 쉽고 치수에 손상을 주지 않는다.

해설
택벌작업은 성숙한 임목을 선택하여 벌채하는 작업으로 소면적 임지에서 보속생산이 가능하다.

10 다음 중 내음력이 가장 약한 수종은?

① 녹나무   ② 전나무
③ 자작나무   ④ 가문비나무

해설
내음력이 약한 수종은 양수 수종을 의미하며 보기 중 자작나무는 극양수로서 내음력이 가장 약한 수종이다.

11 다음 중 겉씨식물에 속하는 것은?

① 구상나무   ② 오동나무
③ 신갈나무   ④ 오리나무

해설
소나무과에 속하는 구상나무는 겉씨식물이다.

12 우세목을 간벌재로 이용하고자 할 때 적용하는 간벌 방법은?

① 하층간벌   ② 수관간벌
③ 택벌식 간벌   ④ 기계적 간벌

해설
택벌식 간벌은 상층간벌로 우세목을 간벌재로 활용하고자 할 때 적합한 방법이다.

정답 06. ③ 07. ④ 08. ② 09. ③ 10. ③ 11. ① 12. ③

13 종자의 결실주기가 가장 긴 수종은?

① 소나무 ② 오리나무
③ 아까시나무 ④ 일본잎갈나무

해설
낙엽송, 너도밤나무 등은 결실주기가 5년 이상으로 긴 수종에 속한다.

14 비료목으로 적합하지 않은 수종은?

① 싸리 ② 고로쇠나무
③ 물오리나무 ④ 아까시나무

해설
대표적인 비료목으로 콩과수종에는 아까시나무, 싸리나무, 칡, 자귀나무 등이 있으며 비콩과수종에는 오리나무, 소귀나무, 보리수나무 등이 있다.

15 다음 설명에 해당하는 갱신 작업종은?

- 벌채지에서 종자를 공급할 수 있는 나무를 단독 또는 군상으로 남기고, 나머지는 벌채목으로 이용한다.
- 소나무, 곰솔 등이 적합하다.

① 모수작업 ② 개벌작업
③ 택벌작업 ④ 중림작업

해설
모수작업은 성숙임분을 대상으로 실시하는 것이 유리하며 모수만을 남기고 그 외 나무를 일시에 베어내는 작업을 말한다. 주로 소나무, 곰솔 등과 같은 양수 수종에 적용하는 것이 유리하다.

16 종자 검사 항목에 대한 설명으로 옳지 않은 것은?

① 효율은 발아율과 순량율을 곱한 값이다.
② 순량율은 순정종자무게를 전체시료무게로 나눈 값이다.
③ 용적중은 100ml에 대한 무게를 그램 단위로 나타낸 것이다.
④ 소립종자의 실중은 1000립의 무게를 4번 반복하여 측정한 값의 평균치로 한다.

해설
용적중은 종자 1L에 대한 종자의 무게를 말한다.

17 중림작업에 대한 설명으로 옳지 않은 것은?

① 교림작업과 왜림작업을 혼합한 갱신작업이다.
② 일반적으로 하층임분은 개벌에 의한 맹아갱신을 반복한다.
③ 동일 임지에서 일반용재와 신탄재 등을 동시에 생산하는 것을 목적으로 한다.
④ 하층목은 양수 수종, 상층목은 지하고가 높고 수관의 틈이 많은 음수 수종이 적합하다.

해설
중림작업은 용재 생산이 목적인 교림작업과 연료재 생산이 목적인 왜림작업을 동시에 실시하는 산림작업종으로 하층목은 음수 수종, 상층목은 양수 수종이 적합하다.

18 동일한 수목의 양엽과 음엽을 비교한 설명으로 옳지 않은 것은?

① 양엽은 음엽보다 광포화점이 높다.
② 음엽은 양엽보다 잎의 두께가 두껍다.
③ 음엽은 양엽보다 엽록소 함량이 더 많다.
④ 양엽은 음엽보다 책상조직이 빽빽하게 배열되어 있다.

해설
양엽이 음엽보다 색이 진하고 잎이 두껍다.

정답 13. ④ 14. ② 15. ① 16. ③ 17. ④ 18. ②

19 온대남부의 조림수종으로 상록성인 참나무류로만 올바르게 나열한 것은?

① 개가시나무, 먼나무
② 개가시나무, 황칠나무
③ 붉가시나무, 종가시나무
④ 붉가시나무, 홍가시나무

해설
온대남부의 상록성 참나무류로 종가시나무, 붉가시나무, 참가시나무 등이 있다.

20 1-2-1묘는 몇 번 판갈이 작업한 묘인가?

① 1번 ② 2번
③ 3번 ④ 4번

해설
1-2-1 묘는 파종상에서 1년, 옮겨심고 2년, 다시 옮겨심어 1년이 지난 4년생 실생묘로서 판갈이 작업을 2번하였다.

21 토양을 소독하면 방제 효과가 가장 높은 수목병은?

① 잎떨림병 ② 빗자루병
③ 모잘록병 ④ 줄기마름병

해설
모잘록병은 토양에 의해 전반되기에 토양을 소독하면 방제효과가 크다.

22 모잘록병 예방 방법으로 가장 효과적인 것은?

① 햇볕을 막아 그늘지게 한다.
② 질소질 비료를 충분하게 준다.
③ 파종량을 적게 하고 복토를 두껍게 한다.
④ 배수와 통풍이 잘 되고 과습하지 않도록 한다.

해설
모잘록병은 토양 및 종자에 의해 전반되기에 토양의 배수를 원활하게 하여 과습을 피한다.

23 볕데기로 인한 피해가 가장 적은 수종은?

① 오동나무 ② 호두나무
③ 상수리나무 ④ 가문비나무

해설
굴참나무, 상수리나무는 코르크층이 잘 발달해서 볕데기의 피해를 거의 받지 않는다.

24 솔잎혹파리가 우화하는 최성기는?

① 4월 상순 ② 6월 상순
③ 8월 상순 ④ 10월 상순

해설
솔잎혹파리의 우화 최성기는 5~6월이다.

25 제 5령 충으로 월동을 하여 이듬해 4월경부터 잎을 갉아먹는 해충은?

① 솔나방 ② 천막벌레나방
③ 어스렝이나방 ④ 복숭아심식나방

해설
솔나방은 5령충이 지피물이나 나무껍질 사이에 월동하여 이듬해 4월쯤 잎에 피해를 준다.

26 곤충의 특징으로 옳지 않은 것은?

① 겹눈과 홑눈이 있다.
② 다리는 보통 3쌍이고 5마디로 되어 있다.
③ 몸은 머리, 가슴, 배 3부분으로 구분된다.
④ 배에 마디가 없고 더듬이는 1쌍이 있다.

해설
곤충은 배에는 마디가 있고 더듬이는 1쌍이 있다.

27 토양소독을 위한 물리적 방법이 아닌 것은?

① 소토법 ② 훈증법
③ 전기가열법 ④ 증기소독법

해설
훈증법은 약품을 사용하는 화학적 방법이다.

정답 19. ③ 20. ② 21. ③ 22. ④ 23. ③ 24. ② 25. ① 26. ④ 27. ②

28 천공성 해충에 해당하는 것은?

① 솔나방 ② 독나방
③ 박쥐나방 ④ 참나무재주나방

해설
박쥐나방은 주로 줄기를 가해하는 천공성 해충이다.

29 주로 기공 감염을 하는 수목병은?

① 소나무 잎떨림병
② 밤나무 줄기마름병
③ 오동나무 빗자루병
④ 뽕나무 자줏빛날개무늬병

해설
소나무잎떨림병균은 자연개구부 중 잎의 기공으로 침입한다.

30 유충기가 가장 긴 해충은?

① 솔나방 ② 매미나방
③ 어스렝이나방 ④ 미국흰불나방

해설
솔나방은 성충이 되기 위해 약 1년 정도의 긴 유충기간을 가진다.

31 밤나무 줄기마름병의 방제 방법으로 가장 효과적인 것은?

① 매개충을 구제한다.
② 중간기주를 제거한다.
③ 병든 부위를 도려내고 도포제를 발라준다.
④ 항생제 계통 약제로 나무주사를 실시한다.

해설
상처부위로 감염되기에 상처에 주의하고 병든 부위는 도려내 도포제로 처리한다.

32 단위생식에 의해서 증식하는 해충은?

① 솔잎혹파리
② 밤나무혹벌
③ 오리나무잎벌레
④ 아까시잎혹파리

해설
암컷만으로 하는 생식을 단위생식, 처녀생식이라 하며 대표적으로 밤나무혹벌, 민다듬이벌레 등이 대표적이다.

33 대추나무 빗자루병의 방제법으로 옳지 않은 것은?

① 썩덩나무노린재를 구제한다.
② 옥시테트라사이클린을 수간에 주입한다.
③ 병든 가지와 병든 줄기를 모두 소각한다.
④ 병든 나무는 분주를 통해 퍼져 나가므로 반드시 병든 나무도 제거해야 한다.

해설
대추나무 빗자루병의 매개충은 마름무늬매미충이며 이를 구제한다.

34 종실을 가해하는 해충으로만 올바르게 나열한 것은?

① 밤나무혹벌, 굼벵이류
② 가루나무좀, 버들바구미
③ 밤바구미, 복숭아명나방
④ 미끈이하늘소, 미국흰불나방

해설
종실 및 구과 가해 해충으로 도토리바구미, 밤나방, 밤바구미, 복숭아명나방, 솔알락명나방, 하늘소류 등이 있다.

정답 28. ③ 29. ① 30. ① 31. ③ 32. ② 33. ① 34. ③

35 잎에 기생하며 흡즙 가해하는 것으로 노린재목에 속하는 해충은?

① 대벌레
② 솔노랑잎벌
③ 배나무방패벌레
④ 백송애기잎말이나방

해설
배나무방패벌레는 노린재목의 방패벌레과로 흡즙성 해충이다.

36 수세가 쇠약한 수목의 줄기를 가해하는 것은?

① 독나방   ② 소나무좀
③ 미국흰불나방 ④ 오리나무잎벌레

해설
소나무좀은 벌채목과 쇠약목 혹은 죽은나무 등 모두 가해하는 2차 해충이다.

37 소나무류 잎녹병의 중간기주가 아닌 것은?

① 참취   ② 쑥부쟁이
③ 황벽나무   ④ 참나무류

해설
소나무 잎녹병의 중간기주로 황벽나무, 잔대, 참취가 있다. 참나무를 중간기주로 하는 것으로는 소나무혹병이 있다.

38 수목의 뿌리혹병을 방제하는 방법으로 가장 거리가 먼 것은?

① 건전한 묘목 식재
② 석회 사용량 증가
③ 4~5년간 휴경 실시
④ 병든 묘목 즉시 제거

해설
뿌리혹병의 경우 고온다습한 알칼리성 토양에서 주로 발생하기에 석회의 사용량을 늘리게 될 경우 발병 가능성이 높아진다.

39 수목병의 방제를 위한 예방법과 가장 거리가 먼 것은?

① 숲가꾸기   ② 임지 정리
③ 환상박피 작업 ④ 건전한 묘목 육성

해설
환상박피는 주로 개화결실을 촉진하는 방법이다.

40 소나무좀 신성충이 가해하는 부위는?

① 잎   ② 수간
③ 새가지   ④ 오래된가지

해설
신성충은 갓 성충이 된 벌레를 말하며 6월쯤 우화하여 1년생 신초, 즉 새가지를 가해한다.

41 수확조정 기법과 관계가 없는 것으로 연결된 것은?

① 생장량법 - 연년생장량
② 조사법 - 택벌림에서 실행
③ 재적평분법 - 개위면적 산출
④ 임분경제법 - 법정상태 실현추구

해설
개위면적 산출은 구획윤벌법에 관련된다.

42 임지 생산력을 판단하는 기준 중 가장 정확한 지위사정 방법은?

① 환경인자에 의한 방법
② 지위지수에 의한 방법
③ 지표식물에 의한 방법
④ 종자 생산량에 의한 방법

해설
지위는 임지의 임목생산능력을 말하며 이를 지수화한것을 지위지수라 정의하며 임지의 생산력을 판단하는 가장 정확한 방법이다.

정답 35. ③ 36. ② 37. ④ 38. ② 39. ③ 40. ③ 41. ③ 42. ②

43 임목 평가 방법이 아닌 것은?

① 임목상각가　② 임목매매가
③ 임목비용가　④ 임목기망가

해설
임목평가 방법으로 비용가법, 기망가법, 수익환원법, 매매가법, 시장가 역산법 등이 있다.

44 주벌수익에 해당하지 않는 것은?

① 제벌 과정에서 벌채 작업으로 수확한 것
② 갱신과정에서 병충해 피해로 인한 벌채 작업으로 수확한 것
③ 적합한 벌채시기에 완전한 생산물로 된 임목을 벌채 작업으로 수확한 것
④ 임지를 임목육성 이외의 용도로 사용하기 위하여 벌채 작업으로 수확한 것

해설
제벌은 밑깎기와 간벌의 중간 작업으로 주벌수익에 해당되지 않는다.

45 임업경영의 지도원칙에서 협의의 보속 개념이란?

① 사경제적 보속성
② 공경제적 보속성
③ 목재 생산의 보속성
④ 목재 공급의 보속성

해설
임업경영 보속성의 원칙
· 협의의 보속개념 : 목재공급의 보속성
· 광의의 보속개념 : 목재생산의 보속성

46 조림비가 500만원이 소요된 산림에서 30년 뒤의 후가는? (단, 이율은 5%임)

① 524만원　② 1500만원
③ 2160만원　④ 15000만원

해설
500만원 $\times (1+0.05)^{30} ≒ 2160$만원

47 다음 조건에서 시장가역산법에 의한 임목의 m³당 매매가는?

· 원목의 시장평균가격 : 10만원/m³
· 벌채·운반 기타 비용 : 6만원/m³
· 조재율 : 80%
· 예상이익률 : 13%

① 약 21,100원　② 약 22,800원
③ 약 25,600원　④ 약 29,700원

해설
시장가 역산법

조재율 $\times \left(\dfrac{원목시장가}{1+자본회수기간 \times 월이율+기업이율} - 기타비용 \right)$

$0.8 \times \left(\dfrac{100000}{1+0.13} - 60000 \right) ≒ 22796 ≒ 22800$

48 10년 후에 산림의 가치가 백만원이고 산림의 연간 생장률(총 가격생장률)이 6%이면 현재가는?

① 458,400원　② 558,400원
③ 1,690,800원　④ 1,790,800원

해설
$\dfrac{1,000,000}{(1+0.06)^{10}} = \dfrac{1,000,000}{1.79} ≒ 558,400$

49 어떤 재화로부터 장차 얻을 수 있을 것으로 기대되는 수익을 일정한 이율로 할인하여 구한 현재가를 무엇이라 하는가?

① 매매가　② 비용가
③ 기망가　④ 자본가

해설
기망가는 장차 발생할 것으로 기대되는 수익의 합계이다.

정답　43. ①　44. ①　45. ④　46. ③　47. ②　48. ②　49. ③

50 임업경영요소 중 유동자본에 속하는 것은?

① 임도　② 종자
③ 기계톱　④ 사무실

해설
유동자본의 종류로 종자, 묘목, 약제, 비료가 있다.

51 20m × 20m의 정방형 표준지에서 매목조사를 통하여 측정된 임목 본수는 60본인 경우, 해당 임분의 ha당 본수는 얼마로 추정되는가?

① 900　② 1200
③ 1500　④ 1800

해설
20m×20m 면적당 60본이 존재하므로 비례식을 통해 1ha 당의 본수를 구하도록 한다.
$400m^2 : 60본 = 10000m^2 : x$
→ x = 1500 본

52 다음 중 임목 직경 측정에 적합하지 않은 기구는?

① 포물선윤척
② 빌티모아스틱
③ 아브네이레블
④ 스피겔릴라스코프

해설
아브네이레블은 수고 측정 장비이다.

53 임목수관의 지상투영면적의 백분율로 나타내는 임분밀도의 척도는?

① 상대밀도
② 임분밀도지수
③ 상대공간지수
④ 수관경쟁인자

해설
수관경쟁인자는 임목 수관의 지상투영면적의 비율이다.

54 산림경영계획 수립을 위한 임황조사에 대한 설명으로 옳지 않은 것은?

① 혼효림의 경우는 5종까지 주요 수종을 조사할 수 있다.
② 가슴높이지름 6cm 이상의 입목을 측정하여 총축적을 산정한다.
③ 인공 조림지에서는 조림년도를 아는 경우에도 측정 대상의 입목에 생장추를 이용하여 임령을 산정한다.
④ 임분 수고의 최저, 최고 및 평균을 측정하여 임분 수고의 범위를 분모로 하고 평균 수고를 분자로 하여 표시한다.

해설
인공조림지는 조림년도의 묘령을 기준으로 임령을 산출한다. 임령의 식별이 어려운 임지는 생장추를 이용하여 임령을 산출하게 된다.

55 수확조정 방법 중 법정축적법에 대한 설명으로 옳은 것은?

① 교차법, 임분경제법, 등면적법 등이 있다.
② 법정축적에 도달하도록 하는 수식법이다.
③ 수확량을 산출하고 벌채장소를 규정한다.
④ 수확량을 기초로 생장량을 예측하는 협의의 생장량법이다.

해설
법정축적법은 일정 기간이 지나면 현실림이 법정림에 도달하는 개념으로 법정축적에 도달하는 수식법이다.

56 임업의 경제적 특성에 대한 설명으로 옳지 않은 것은?

① 임업생산은 조방적이다.
② 생산기간이 대단히 길다.
③ 공익성이 커서 제한성이 많다.
④ 육성임업과 채취임업이 병존한다.

해설
생산기간이 대단히 긴 것은 임업의 기술적 특성에 해당된다.

정답　50. ②　51. ③　52. ③　53. ④　54. ③　55. ②　56. ②

57 산림경영계획에서 소반구획의 최소 면적은?

① 0.1ha   ② 1ha
③ 10ha   ④ 100ha

해설
산림경영계획에서 소반은 최소 1ha 이상을 구획한다.

58 고정자산에 대한 설명으로 옳은 것은?

① 처분을 목적으로 소유하는 자산
② 물리적으로 이동이 불가능한 자산
③ 시간에 따른 가치의 변화가 없는 자산
④ 자산이 가지고 있는 생산능력을 이용하기 위해 소유하는 자산

해설
임업에서 고정자산에는 임지, 건물, 기계 등이 있으며 이는 자산이 가진 생산능력을 이용하고자 소유하는 자산으로 정의할 수 있다.

59 음(-)의 값이 나올 수 있는 투자효율 분석법은?

① 회수기간법   ② 투자이익률법
③ 순현재가치법 ④ 수익비용률법

해설
장기투자를 결정하는 순현재가치법은 미래에 대한 가치 판단을 기준으로 하기에 음의 값이 나올 수 있다.

60 농지의 주변이나 둑, 농지와 산지와의 경계선 등지에 유실수, 특용수, 속성수 등을 식재하여 임업수입의 조기화를 도모하는 복합임업경영형태에 해당하는 것은?

① 혼농임업   ② 농지임업
③ 비임지임업 ④ 부산물임업

해설
농지임업은 농지의 주변 및 산지에 유실수, 속성수 등을 심어 빠른 수입을 얻는 형태를 말한다.

61 와이어로프의 폐기기준으로 옳지 않은 것은?

① 킹크 상태인 것
② 현저하게 변형된 것
③ 와이어로프 소선이 10% 이상 절단된 것
④ 마모에 의한 직경 감소가 공칭직경의 10%를 초과하는 것

해설
마모에 의한 직경 감소가 공칭직경에 7% 초과할 경우 폐기한다.

62 임도의 유지 보수에 대한 설명으로 옳지 않은 것은?

① 작업임도에 대해서도 관리를 하여야 한다.
② 지선임도는 유지보수 관리 대상이 아니다.
③ 결함이 있을 때에는 보수공사를 하여야 한다.
④ 수시점검, 일상점검, 정기점검, 긴급점검 등이 있다.

해설
지선임도 역시 산림경영 및 보호를 목적으로 간선임도나 도로에서 연결되는 임도로서 임업적 기능을 가지기에 유지보수 관리 대상이다.

63 외래 초본류를 도입하여 사용하는 파종공법에 대한 설명으로 옳지 않은 것은?

① 재래 초본류를 혼합하여 사용하지 않는다.
② 일반적으로 발아가 빠르고 조기에 피복한다.
③ 생육이 왕성하여 뿌리의 자람이 좋은 편이다.
④ 지표의 유기물질을 집적하여 토양의 성질을 개선해 준다.

해설
재래 초본류와 외래 초본류를 혼합하여 사용한다.

정답 57. ② 58. ④ 59. ③ 60. ② 61. ④ 62. ② 63. ①

64 산지사방 기초공사에 해당되지 않는 것은?

① 바자얽기 ② 누구막이
③ 비탈다듬기 ④ 땅속흙막이

해설
바자얽기는 산지녹화공사에 해당한다.

65 임도를 설계할 때 필요하지 않은 도면은?

① 평면도 ② 측면도
③ 종단면도 ④ 횡단면도

해설
임도 설계도면은 위치도, 평면도, 종단면도, 횡단면도, 구조물 설계도가 필요하다.

66 사방댐 중에서 흙댐의 경우 댐 높이가 10m 일때 댐 마루 나비는?

① 2m ② 2.5m
③ 3m ④ 3.5m

해설
댐마루나비
너비 = $\dfrac{댐 높이}{5} + 1.5 = \dfrac{10}{5} + 1.5 = 3.5$

67 육상 저목장에 관한 설명으로 옳지 않은 것은?

① 수중 저목장보다 저목량이 더 적다.
② 일반적인 저목은 되도록 단기간으로 한다.
③ 목재쌓기 방법으로는 직각쌓기와 평행쌓기가 있다.
④ 산지저목장, 중계저목장, 최종저목장으로 설치할 수 있다.

해설
수중 저목장은 물속이라는 특수성으로 공간의 한계가 있다. 상대적으로 면적의 제한이 적은 육상 저목장의 저목량이 더 많다.

68 설계속도가 40km/h일 때 일반지형에서 임도의 최소 곡선 반지름은?

① 40m ② 50m
③ 60m ④ 70m

해설
곡선반지름

설계속도 (km/hr)	최소곡선반지름(m)	
	일반지형	특수지형
40	60	40
30	30	20
20	15	12

69 산지사방에서 비탈다듬기에 대한 설명으로 옳지 않은 것은?

① 수정기울기는 대체로 최대 35° 전후로 한다.
② 산 아래부터 시작하여 산꼭대기로 진행한다.
③ 붕괴면 주변의 상부는 충분히 끊어내도록 설계한다.
④ 퇴적층의 두께가 3m 이상일 때에는 땅속 흙막이 공작물을 설계한다.

해설
비탈다듬기는 산정상에서 아랫방향으로 진행한다.

70 벌목 작업 시 수구를 만드는 방향은?

① 계곡 쪽
② 임도가 있는 쪽
③ 작업자가 있는 쪽
④ 벌도목이 넘어지는 쪽

해설
수구는 30~45° 각으로 작업하여 벌도방향으로 하며 추구는 수구의 반대방향에서 작업한다.

정답 64. ① 65. ② 66. ④ 67. ① 68. ③ 69. ② 70. ④

71 임도에서 대피소 설치 간격 기준은?

① 300m 이내　② 400m 이내
③ 500m 이내　④ 600m 이내

해설
대피소의 간격 300m 이내, 너비 5m 이상, 유효길이 15m 이상을 기준으로 한다.

72 비탈면 녹화에 사용하는 사방용 초본류 중 재래종이 아닌 것은?

① 김의털　② 제비쑥
③ 오리새　④ 까치수영

해설
오리새는 도입초종이다.

73 배향곡선지가 아닌 경우 길어깨와 옆도랑의 너비를 제외한 임도의 유효너비 기준은?

① 2m　② 3m
③ 4m　④ 6m

해설
임도의 너비 기준은 길어깨 및 옆도랑을 포함한 임도의 너비 3m를 기준으로 한다.

74 다음 조건에서도 임도 설계 시 적용하는 곡선 반지름으로 가장 적합한 것은?

- 설계속도 : 30km/h
- 노면의 외쪽기울기 : 5%
- 일반지형에서 가로미끄럼에 대한 노면과 타이어의 마찰계수 : 0.2

① 약 30m　② 약 45m
③ 약 60m　④ 약 75m

해설
$$\frac{설계속도^2}{127(타이어 마찰계수+노면횡단물매)}$$
$$=\frac{30^2}{127(0.2+0.05)} ≒ 28.34$$

75 주로 사면 기울기가 1:1보다 완만한 곳에 흙이 털어지지 않은 온떼를 사용하여 전면 녹화를 목적으로 시공하는 산지사방 녹화 공법은?

① 띠떼심기　② 줄떼다지기
③ 선떼붙이기　④ 평떼붙이기

해설
평떼붙이기 시공장소는 경사가 45° 이하 혹은 기울기 1 : 1 보다 완만한 비탈에 비옥한 산지 사면에 적합한 공법이다.

76 시멘트에 대한 설명으로 옳지 않은 것은?

① 풍화된 시멘트는 강도가 저하된다.
② 시멘트의 강도는 경화의 강도로 표시한다.
③ 시멘트입자 1g에 대한 표면적(cm^2)을 분말도라 한다.
④ 시멘트의 분말도는 높을수록 콘크리트의 초기 강도가 크다.

해설
시멘트 강도는 압축강도, 인장강도 등 물리적 강도로 표시한다.

77 와이어로프의 안전계수를 바르게 나타낸 식은?

① $\dfrac{와이어로프의 절단하중(kg)}{와이어로프에 걸리는 최대장력(kg)}$

② $\dfrac{와이어로프의 자체하중(kg)}{와이어로프에 걸리는 최대장력(kg)}$

③ $\dfrac{와이어로프에 걸리는 최대장력(kg)}{와이어로프의 절단하중(kg)}$

④ $\dfrac{와이어로프에 걸리는 최대장력(kg)}{와이어로프의 자체하중(kg)}$

해설
와이어로프 안전계수는 로프의 절단하중 나누기 로프에 걸리는 최대장력으로 구한다. 일반적으로 이러한 공식을 통해 구한 가공본줄의 안전계수는 2.7의 값을 가진다.

정답 71. ① 72. ③ 73. ② 74. ① 75. ④ 76. ② 77. ①

78 선떼붙이기에 대한 설명으로 옳지 않은 것은?

① 기울기는 1 : 0.2~0.3 으로 한다.
② 경사가 급할수록 큰 급수를 적용한다.
③ 지표수를 분산시켜 침식을 방지하기 위한 공법이다.
④ 떼붙이기의 사용매수에 따라 1~9급으로 구분한다.

해설
선떼붙이기의 경우 1급에 가까울수록 고급, 9급에 가까울수록 저급이다. 급수의 경우 목적에 따라 급수를 정하며 표토이동 및 강수차단의 경우 5급이상, 사방지 식재 및 파종의 경우 6급이하로 한다.

79 빗물침식에 해당되지 않는 것은?

① 용출침식   ② 구곡침식
③ 면상침식   ④ 누구침식

해설
용출침식은 지중침식에 속한다.

80 산지사방 공작물의 종류와 기능에 대한 설명으로 옳지 않은 것은?

① 누구막이는 누구로 인한 침식을 방지한다.
② 땅속흙막이는 비탈 다듬기로 생긴 토사의 활동을 방지한다.
③ 산비탈흙막이는 산비탈의 경사를 완화하여 산비탈의 붕괴를 방지한다.
④ 골막이는 속도랑에 의하여 집수된 물을 지표에 도출하고 안전하게 배수한다.

해설
골막이는 공작물 상류 측에 쌓이는 퇴적토사에 의해 산각을 고정하고 양쪽 기슭으로 이어진 산비탈의 붕괴를 방지한다.

정답 78. ② 79. ① 80. ④

산림산업기사

산업기사 CBT 제10회

** 본문제는 수험생들의 기억을 바탕으로 작성 된 것으로 실제 제와 차이가 있을 수 있습니다.

01 최근 목재로써 인기가 높은 편백의 조림 적지를 가장 잘 나타낸 것은?

① 한대지방
② 온대중부지방
③ 온대북부지방
④ 온대남부, 난대지방

해설
편백은 1900년대 조림된 나무로 난대나 온대 남부지방 혹은 해발고도 400m 이하인 지역에서 생육하기 적합하다.

02 노천매장법으로 파종하기 한 달쯤 전에 매장하는 것이 발아촉진에 도움을 주는 수종이 아닌 것은?

① 소나무 ② 낙엽송
③ 삼나무 ④ 가래나무

해설
파종 한달 전에 매장하는 수종으로 소나무, 해송, 낙엽송, 가문비나무, 삼나무, 편백 등이 있다.

03 조림 수종을 선택하는 요건으로 틀린 것은?

① 성장속도가 빠르고 재적성장량이 높은 것
② 지하고가 낮고 조림의 실패율이 적은 것
③ 가지가 가늘고 짧으며, 줄기가 곧은 것
④ 입지에 대하여 적응력이 큰 것

해설
조림수종 선택시 지하고가 높고 조림 실패율이 낮은 것으로 선택한다.

04 밤나무를 조림 할 때 수분수를 혼식해야 한다. 수분수는 주품종의 몇%정도 식재하는 것이 가장 적합한가?

① 10~20% ② 20~30%
③ 30~40% ④ 40~50%

해설
수분수는 주품종의 20% 내외(20~30%) 비율로 혼식한다.

05 한 임분을 구성하고 있는 임목 중 성숙한 임목만을 국소적으로 추출·벌채하고 그곳의 갱신이 이루어지게 하는 갱신법으로 어떤 설정된 갱신기간이 없고 임분을 항상 각 영급의 나무가 서로 혼생하도록 하는 작업방법은?

① 택벌작업 ② 산벌작업
③ 모수작업 ④ 중림작업

해설
택벌작업은 일부분 국소적으로 벌채하는 작업으로 양수수종에 적용이 어렵다.

06 칼슘이온의 양이온치환용량 1 M.E.(milliequivalenet : Meq)의 양은?(단, 칼슘의 원자량은 40 이고 원자가는 2 이다)

① 2g   ② 4g
③ 0.02g ④ 0.2g

해설
양이온치환용량은 토양에 양이온 흡착할 수 있는 정도로서 원자량을 원자가로 나누어 구한다.
40 ÷ 2 = 20mg = 0.02g

정답 01. ④ 02. ④ 03. ② 04. ② 05. ① 06. ③

07 1.8m 간격으로 정방형 식재를 할 때 1ha의 면적에 필요한 묘목 소요량은?(단, 평지일 경우이다)

① 2506주　② 3086주
③ 4186주　④ 5016주

해설
10000 ÷ (1.8×1.8) = 약 3086 주

08 종자 크기가 대립인 수종으로만 구성된 것은?

① 소나무, 단풍나무
② 잣나무, 자작나무
③ 전나무, 은행나무
④ 밤나무, 호두나무

해설
대립종자로 밤나무, 호두나무, 참나무 종류 등이 있다.

09 다음 중 많이 쓰면 토양이 산성으로 되는 것은?

① 요소　② 용성인비
③ 석회질소　④ 황산암모니아

해설
황산암모니아에는 황이 함유되어 있어 산성화로 인하여 산성토양이 될 수 있다.

10 묘포의 구획으로 가장 적합한 것은?

① 묘상은 동서방향, 상 너비 1~2m, 보도 너비 1m
② 묘상은 동남방향, 상 너비 1.5~2.5m, 보도 너비 1m
③ 묘상은 동서방향, 상 너비 1~2m, 보도 너비 30cm~50cm
④ 묘상은 남북방향, 상 너비 1.5~2.5m, 보도 너비 30cm~50cm

해설
묘상은 동서로 길게 하며 상의 너비는 1~2m, 통로인 보도의 너비는 30~50cm 정도로 한다.

11 비료목에 대한 설명으로 옳지 않은 것은?

① 비료목을 식재한 지역에는 시비하지 않는다.
② 임지 비배효과 증대를 위해 비료목을 혼효식재한다.
③ 임목의 건전한 생산성을 위하여 심는 보조적 임목을 말한다.
④ 척박한 임지에 주임목의 생장촉진을 위해 비료목을 혼효식재한다.

해설
비료목은 임지의 지력을 향상시키는데 도움은 주지만 그 지역에 시비를 중단하는 것은 아니다.

12 균사가 뿌리피층의 세포간극에 균사망을 형성하는 균근은?

① 의균근　② 내생균근
③ 외생균근　④ 내외생균근

해설
외생균근은 균사가 식물의 뿌리 표면에 번식하면서 뿌리 피층 세포간극에 균사망을 형상하게 된다.

13 접목 실시 방법에 대한 설명으로 옳은 것은?

① 접수와 대목이 활동을 시작 할 때 실시한다.
② 접수와 대목이 휴면상태에 있을 때 실시한다.
③ 접수는 활동을 시작하고 대목은 휴면상태일 때 실시한다.
④ 접수는 휴면상태에 있고 대목이 활동을 시작할 때 실시한다.

해설
접목을 실시하는 시기로 접수는 휴면상태, 대목은 활발한 상태일때 접목의 적기이다.

정답 07. ② 08. ④ 09. ④ 10. ③ 11. ① 12. ③ 13. ④

14 식물이 필요로 하는 필수 원소 중에서 수목의 체내 이동이 상대적으로 어려운 원소는?

① 칼륨　② 칼슘
③ 질소　④ 마그네슘

> **해설**
> 칼슘, 철, 붕소 등은 수목 체내에서 이동성이 낮은 편이다.

15 내음력이 가장 약한 수종은?

① 녹나무　② 전나무
③ 자작나무　④ 가문비나무

> **해설**
> 자작나무는 극양수로 내음력이 약한 수종에 속한다.

16 수종별 파종 방법으로 적합하지 않은 것은?

① 소나무 - 산파
② 호두나무 - 산파
③ 느티나무 - 조파
④ 상수리나무 - 점파

> **해설**
> 호두나무는 대립종자로 점파를 한다.

17 인공조림과 비교한 천연갱신에 대한 설명으로 옳지 않은 것은?

① 임지가 나출되지 않아 지력이 유지된다.
② 전문적인 육림기술이 필요하지만 벌목과 운재 작업은 용이하다.
③ 임분 조성의 확실성이 결여되어 보완조림 등이 필요한 경우가 있다.
④ 치수가 모수의 보호를 받고, 여러 가지 위해에 대한 저항력이 강하다.

> **해설**
> 천연갱신은 인공조림에 비해 벌목과 운재 작업이 상대적으로 어렵다.

18 모수작업법에 대한 설명으로 옳지 않은 것은?

① 벌채가 집중되므로 경비가 절약된다.
② 토양침식과 유실이 발생할 가능성이 낮다.
③ 작업의 용이성으로 보아서는 개벌작업과 상당히 유사하다.
④ 모수는 종자의 결실량이 많고 비산능력이 좋은 수종으로 선택한다.

> **해설**
> 모수작업법은 임지의 노출로 토양침식 및 유실이 우려되는 작업이다.

19 대상 산벌갱신에 대한 설명으로 옳지 않은 것은?

① 일반적으로 양수 수종 갱신에 유리하다.
② 대상지의 폭은 수고의 2~3배 정도이다.
③ 벌채는 주풍방향과 반대방향으로 진행하는 것이 유리하다.
④ 풍해를 예방하기 위한 방법으로 상방하종 및 측방하종도 가능하다.

> **해설**
> 산벌작업은 음수 수종 갱신에 유리하다.

20 토양수 중 식물이 쉽게 이용할 수 있는 pF 1.8~4.2에 상당하는 유효수분은?

① 화합수　② 흡습수
③ 모관수　④ 중력수

> **해설**
> 모관 인력에 의하여 토양 내의 작은 공극을 상승하는 수분을 모관수라 하며 pF 1.8 ~ 4.2 에 해당한다.

정답　14. ②　15. ③　16. ②　17. ②　18. ②　19. ①　20. ③

21 솔잎혹파리 방제를 위한 가장 효과적인 나무주사 약제는?

① 메탐소듐
② 석회유황합제
③ 아세타미프리드
④ 옥시테트라사이클린

해설
솔잎혹파리는 나무주사를 통해 방제하며 주로 포스팜액제와 아세타미프리드 액제를 이용한다.

22 대기오염물질에 의한 활엽수의 병징으로 옳지 않은 것은?

① PAN : 엽맥 사이 조직의 황화현상 및 잎의 비대화
② 아황산가스 : 잎의 끝 부분과 엽맥 사이 조직의 괴사
③ 질소산화물 : 초기에 흩어진 회녹색 반점이 생기다가 잎의 가장자리 조직 괴사
④ 오존 : 잎 표면에 주근깨 같은 반점이 형성되고 반점이 합쳐져 표면의 백색화

해설
PAN은 식물의 세포막이나 소기관을 파괴하여 기능을 상실시키며 광합성을 저하시킨다.

23 목질부를 가해하는 천공성 해충이 아닌 것은?

① 선녀벌레 ② 소나무좀
③ 버들바구미 ④ 측백하늘소

해설
선녀벌레는 흡즙성 해충이다.

24 미국흰불나방에 대한 설명으로 옳지 않은 것은?

① 번데기로 월동한다.
② 1년에 2회 이상 발생한다.
③ 약 50개 정도의 알을 낳는다.
④ 1화기 성충 발생 기간은 5월 ~ 6월 이다.

해설
미국흰불나방은 잎 뒷면에 600~700개 알을 산란한다.

25 옥시테트라사이클린을 주입하여 방제하는 수목병은?

① 잣나무 털녹병
② 포플러 모자이크병
③ 밤나무 근두암종병
④ 오동나무 빗자루병

해설
옥시테트라사이클린을 주입하여 방제하는 수목병으로 오동나무 빗자루병, 대추나무 빗자루병 등이 있다.

26 내화력이 가장 약한 수종은?

① 은행나무 ② 고로쇠나무
③ 가문비나무 ④ 아까시나무

해설
내화력이 약한 수종으로 소나무, 해송, 편백, 녹나무, 아까시나무 등이 있다.

27 유충으로 월동하는 해충은?

① 소나무좀
② 솔잎혹파리
③ 참나무재주나방
④ 오리나무잎벌레

해설
솔잎혹파리는 지피물아래나 땅속에서 유충형태로 월동한다.

정답 21. ③ 22. ① 23. ① 24. ③ 25. ④ 26. ④ 27. ②

28 한해(drought injury)의 피해를 가장 적게 받는 수종은?

① 소나무 ② 오리나무
③ 버드나무 ④ 포플러류

> 해설
> 한해의 피해가 발생하기 쉬운 수종으로 버드나무, 오리나무, 들메나무, 포플러 등이 있다.

29 미국흰불나방이 월동하는 형태는?

① 알 ② 성충
③ 유충 ④ 번데기

> 해설
> 미국흰불나방은 번데기 형태로 월동한다.

30 오리나무잎벌레에 대한 설명으로 옳지 않은 것은?

① 번데기를 형성한다.
② 1년에 1회 발생한다.
③ 유충과 성충이 모두 잎을 가해한다.
④ 낙엽이나 지피물 밑에서 유충으로 월동한다.

> 해설
> 오리나무잎벌레는 성충형태로 지피물 혹은 흙속에 월동한다.

31 참나무 시들음병의 전반 경로는?

① 물 ② 바람
③ 종자 ④ 매개충

> 해설
> 참나무 시들음병은 매개충인 광릉긴나무좀에 의해 전반된다.

32 소나무 재선충병의 방제법으로 옳지 않은 것은?

① 피해목을 훈증한다.
② 광릉긴나무좀을 구제한다.
③ 이목을 설치하여 소각 및 폐쇄한다.
④ 소나무 주변으로 토양관주를 실시한다.

> 해설
> 소나무 재선충병의 매개충은 솔수염하늘소로 이를 구제한다.

33 솔잎혹파리에 대한 설명으로 옳지 않은 것은?

① 벌레혹을 만든다.
② 1년에 2회 발생한다.
③ 5~7월경에 우화한다.
④ 유충은 땅속에서 월동한다.

> 해설
> 솔잎혹파리는 1년에 1회 발생한다.

34 윤작의 연한이 짧아도 방제 효과가 가장 큰 수목병은?

① 흰비단병
② 자주빛날개무늬병
③ 침엽수의 모잘록병
④ 오리나무 갈색무늬병

> 해설
> 오리나무 갈색무늬병은 연작에 의한 피해가 심하기에 윤작을 통해 방제하는데 윤작의 연한이 짧아도 방제의 효과가 좋다.

35 어스렝이나방이 월동하는 형태는?

① 알 ② 유충
③ 성충 ④ 번데기

> 해설
> 어스렝이나방은 알 형태로 월동한다.

정답 28. ① 29. ④ 30. ④ 31. ④ 32. ② 33. ② 34. ④ 35. ①

36 전염성 수목병에 있어서 주인에 해당하는 것은?

① 수종
② 병원체
③ 재배법
④ 토양조건

해설
병의 발병조건은 병원균, 기주, 환경, 시간 등의 요소가 있는데 여기서 직접적으로 관여하는 요인인 주인은 병원균과 병원체의 전염성이 있다.

37 솔나방에 대한 설명으로 옳지 않은 것은?

① 보통 5령충으로 월동한다.
② 성충은 4월 전후에 발생한다.
③ 1년에 1회, 일부 남부지방에서는 2회 발생한다.
④ 부화유충기인 8월에 비가 많이 오면 사망률이 높아진다.

해설
솔나방의 성충은 7~8월에 나타난다.

38 산불 피해에 대한 설명으로 옳지 않은 것은?

① 산불의 피해는 여름이 가장 크다.
② 은행나무가 소나무보다 산불의 피해가 작다.
③ 활엽수보다 침엽수가 산불의 피해를 심하게 받는다.
④ 수령이 낮은 임분일수록 산불의 피해를 많이 받는다.

해설
산불의 피해는 주로 봄에 가장 크다.

39 나무의 수피와 목질부 표면을 환상으로 식해하며 거미줄을 토하여 벌레똥과 먹이 잔재물을 식해부위에 철하여 놓는 해충은?

① 박쥐나방
② 알락하늘소
③ 광릉긴나무좀
④ 잣나무넓적잎벌

해설
박쥐나방의 특징은 식물의 줄기 속을 파먹으며 구멍 난 곳을 관찰시 섬유질과 박쥐나방의 배설물이 섞여 있는 것을 관찰할 수 있다.

40 일반적으로 연간 발생횟수가 가장 많은 해충은?

① 매미나방
② 솔잎혹파리
③ 밤나무혹벌
④ 미국흰불나방

해설
미국흰불나방은 1년에 2회 발생하며 매미나방, 솔잎혹파리, 밤나무혹벌은 1년에 1회 발생한다.

41 다음 조건에서 정액법에 의한 감가상각비는?

- 벌도목을 집재하기 위하여 10년 전에 7천5백만원으로 펠러번처를 구입한다.
- 펠러번처의 중고 가격은 2천만원이다.

① 20만원/년
② 55만원/년
③ 200만원/년
④ 550만원/년

해설
$$\frac{구입가격 - 폐물가격}{내용연수}$$
$$= \frac{7,500만원 - 2,000만원}{10년}$$
$$= 550만원/년$$

정답 36. ② 37. ② 38. ① 39. ① 40. ④ 41. ④

42 임목평가의 방법 중에서 유령림의 평가에 가장 적합한 것은?

① Glaser 법   ② 시장가역산법
③ 임목기망가법 ④ 임목비용가법

해설
유령림에서 임목평가는 식재 및 보육을 위한 투자액을 기준으로 하는 임목비용가법이 적합하다.

43 산림경영계획 수립 시 소반구획을 달리하는 경우에 속하지 않는 것은?

① 지종이 상이할 때
② 작업종이 상이할 때
③ 지위, 지리가 상이할 때
④ 임종, 경급이 상이할 때

해설
산림경영계획에서 소반구획시 임종 및 경급이 상이한 경우는 해당되지 않는다.

44 이상적인 임분의 ha 당 재적이 $30m^3$ 이고, 현실임분의 ha 당 재적이 $15m^3$ 이라면 임분의 입목도는?

① 0.1   ② 0.5
③ 1   ④ 2

해설
임목도는 임목밀도로서 정상임분과 현실임분의 축적의 비를 이용하여 구한다.
$\frac{15}{30}=0.5$

45 산림평가에 대한 설명으로 옳지 않은 것은?

① 임도.저목장.건물 등 임지 안의 시설에 대하여 평가한다.
② 임지 안의 동물, 토석, 광물 등에 대하여는 평가하지 않는다.
③ 산림의 공익적 기능은 종류별로 분류하여 계량평가를 한다.
④ 임지는 자연적 요소, 지위 및 지리별 입목지, 벌채적지, 미립목지, 시설부지, 암석지, 지소 등으로 나누어 평가한다.

해설
산림 평가에서 부산물은 임지 내의 동물, 토석, 광물 등에 대해서 평가한다.

46 우리나라의 경우 흉고직경은 입목의 지상 몇 미터 높이에서 측정하는가?

① 0.5m   ② 1.0m
③ 1.2m   ④ 1.5m

해설
국내의 경우 근원부에서 높이 1.2m 높이의 직경을 흉고직경이라 한다.

47 임업경영의 지도 원칙이 아닌 것은?

① 공정성의 원칙 ② 경제성의 원칙
③ 수익성의 원칙 ④ 보속성의 원칙

해설
임업경영의 지도원칙으로 수익성의 원칙, 경제성의 원칙, 생산성의 원칙, 보속성의 원칙, 합자연성의 원칙, 환경보전의 원칙이 있다.

정답 42. ④ 43. ④ 44. ② 45. ② 46. ③ 47. ①

48 어떤 재화로부터 장차 얻을 수 있을 것으로 기대되는 수익을 일정한 이율로 할인하여 구한 현재가를 무엇이라 하는가?

① 기망가　② 매매가
③ 비용가　④ 자본가

> 해설
> 기망가는 장차 발생할 것으로 기대되는 수익의 합계이다.

49 말구직경 24cm, 중앙직경 28cm, 원구직경 34cm, 재장이 4m인 통나무를 Newton식(또는 Riecke)식으로 계산한 재적은?

① 약 $0.246m^3$　② 약 $0.255m^3$
③ 약 $0.272m^3$　④ 약 $0.295m^3$

> 해설
> $$\frac{원구단면적+4\times(중앙단면적)+말구단면적}{6}\times 재장$$
> $$\frac{(\pi\times 0.12^2)+4(\pi\times 0.14^2)+(\pi\times 0.17^2)}{6}\times 4 ≒ 0.255m^3$$

50 임지생산능력을 판단하는 항목으로 옳지 않은 것은?

① 법정축적에 의한 방법
② 환경인자에 의한 방법
③ 지위지수에 의한 방법
④ 지표식물에 의한 방법

> 해설
> 임지의 생산능력을 판단하는 항목으로 환경인자에 의한 방법, 지위지수에 의한 방법, 지표식물에 의한 방법 등이 있다.

51 임목 생산에 들어간 각종 비용의 원리금 합계에서 육림기간 중에 얻은 간벌수입이나 기타 임산물 수입의 원리금 합계를 공제한 나머지를 가리키는 것은?

① 육림비　② 수익가
③ 차액지대　④ 임목원가

> 해설
> 육림비는 육림을 하는 기간 중에서 얻을수 있는 수입의 원리합계를 공제한 것을 임목원가라 한다.

52 산림경영계획에서 소반구획의 최소 면적은?

① 0.1ha　② 1ha
③ 10ha　④ 100ha

> 해설
> 산림경영계획에서 소반은 최소 1ha 이상을 구획한다.

53 산림조사 항목으로 지황 조사항목이 아닌 것은?

① 지세　② 지위
③ 지리　④ 임종

> 해설
> 임종은 임황 조사항목이다.

54 노령림과 미숙림이 함께 존재하는 임분을 벌채할 때 어느 쪽이든지 경제적 불이익을 감소시키기 위하여 설정하는 기간은?

① 갱신기　② 윤벌기
③ 회기년　④ 정리기

> 해설
> 정리기(갱정기)는 법정인 영급으로 정리하는 기간을 말하며 경제적 불이익을 적게 하여 수확량을 균등하고 지속시키기 위한 생산기간이다.

정답 48. ①　49. ②　50. ①　51. ④　52. ②　53. ④　54. ④

55 흉고직경 측정 자료가 2cm 괄약으로 정리되었을 경우, 흉고직경 10cm는 어떤 흉고직경의 측정범위에 속하는가?

① 8cm 이상 ~ 10cm 미만
② 9cm 이상 ~ 11cm 미만
③ 10cm 이상 ~ 12cm 미만
④ 9.5cm 이상 ~ 11.5cm 미만

해설
흉고직경 10cm 의 괄약기준 측정범위는 9cm 이상 ~ 11cm 미만이다.

56 다음 중 임목 직경 측정에 적합하지 않은 기구는?

① 포물선윤척   ② 빌티모아스틱
③ 아브네이레블 ④ 스피겔릴라스코프

해설
아브네이레블은 수고 측정 장비이다.

57 산림경영임지의 확보, 임업기술개발 및 학술연구를 위하여 보존할 필요가 있는 국유림은?

① 학술국유림   ② 필요국유림
③ 보존국유림   ④ 요존국유림

해설
요존국유림은 국토보존, 산림경영, 학술연구, 임업기술개발, 문화재의 보호 등의 국가가 보존할 필요가 있는 산림을 의미한다.

58 다음 중 민유림의 의미로 옳은 것은?

① 사유림
② 국유림과 사유림
③ 국유림과 공유림
④ 공유림과 사유림

해설
민유림은 국가 이외의 것이 소유하는 산림을 의미하며 공유림이나 개인, 단체 등의 사유림이 포함된다.

59 다음 중 산림측량의 종류로 옳지 않은 것은?

① 주위측량   ② 시설측량
③ 구획측량   ④ 하해측량

해설
산림측량의 종류로 주위측량, 구획측량, 시설측량이 있다. 하해측량은 호수, 해안지역 등에 시공을 위한 측량을 의미한다.

60 단목의 연령을 측정하는 방법에 관한 설명으로 옳은 것은?

① 목측으로도 나무의 크기에 관계없이 정확한 나무의 나이를 측정 할 수 있다.
② 기록에 의한 방법은 과거의 조림 기록에 의해 나무의 연령을 측정하는 방법이다.
③ 지절에 의한 방법은 가지의 모양에 관계없이 가지의 수를 세어 연령을 파악할 수 있는 방법이다.
④ 성장추를 이용하여 흉고부위에서 목편을 채취하여 연륜수를 파악하면 그것이 곧 그 나무의 연령이 된다.

해설
기록에 의한 방법은 초기 조림을 했던 시기를 기록하여 그때를 기준으로 나무의 연령을 측정하는 방법이다.

61 해안사지 조림용 수종의 구비조건으로 거리가 먼 것은?

① 바람에 대한 저항력이 클 것
② 양분과 수분에 대한 요구가 클 것
③ 온도의 급격한 변화에도 잘 견디어 낼 것
④ 울폐력이 좋고 낙엽, 낙지 등에 의하여 지력을 증진시킬 수 있을 것

해설
해안사지의 경우 양분과 수분의 요구도가 적어야 생존이 가능하며 대표 수종으로 해송, 사시나무, 아까시나무 등이 있다.

정답 55. ② 56. ③ 57. ④ 58. ④ 59. ④ 60. ② 61. ②

62 비탈면 녹화에 사용하는 사방용 초본류 중 재래종이 아닌 것은?

① 김의털 ② 오리새
③ 제비쑥 ④ 까치수영

> **해설**
> 오리새는 도입초종이다.

63 가선집재와 비교한 트랙터 집재에 대한 설명으로 옳지 않은 것은?

① 작업비가 절약된다.
② 작업생산성이 높다.
③ 급경사지에서도 가능하다.
④ 기동성이 있고 탄력적으로 작업할 수 있다.

> **해설**
> 트랙터 집재는 급경사지에서는 작업 능률이 낮고 사고의 위험성이 있다.

64 비탈면의 녹화를 위한 사방공사에 속하지 않는 것은?

① 조공 ② 비탈덮기
③ 바자얽기 ④ 비탈다듬기

> **해설**
> 비탈다듬기는 산지사방 기초공사에 속한다.

65 임도의 노선 결정시 주요 통과지에 대한 유의사항으로 옳지 않은 것은?

① 지형에 순응한 선형으로 한다.
② 붕괴지, 암석지, 습지는 가급적 피한다.
③ 너무 많은 흙깎기, 흙쌓기가 필요한 곳은 피한다.
④ 가급적 교량, 옹벽 등 구조물 시설이 많은 곳으로 한다.

> **해설**
> 임도의 노선 설정시 고조물 시설이 많은 곳은 오히려 공사비가 추가로 들기에 피하도록 한다.

66 비탈면 붕괴에 관여하는 주요 요인이 아닌 것은?

① 임상 ② 토질
③ 임령 ④ 지형

> **해설**
> 비탈면 붕괴는 침식, 임상, 지형, 작업 등의 요인들이 있으며 임령은 나무의 나이를 의미한다.

67 벌목 운재 계획을 위한 예비조사가 아닌 것은?

① 임황 및 지황 조사
② 반출방법에 대한 조사
③ 벌목구역의 개황 조사
④ 기존 실행결과에 의한 조사

> **해설**
> 임황 및 지황조사의 경우 산림 생산력에 대한 조사 내용이다.

68 톱체인(saw chain)의 날세우기와 점검시 주의사항으로 옳지 않은 것은?

① 드라이브링크의 끝을 뾰족하게 한다.
② 깊이제한부의 어깨부위를 뾰족하게 한다.
③ 창날각, 가슴각, 지붕각을 일정하게 한다.
④ 날의 길이와 커터의 높이를 일정하게 한다.

> **해설**
> 깊이제한부는 어깨부위를 연마를 통해 둥근형태로 부드럽게 해주어야 한다.

69 임도를 기능에 따라 분류할 때 성격이 다른 것은?

① 주임도 ② 부임도
③ 사리도 ④ 작업도

> **해설**
> 사리도는 자갈길이라 하여 재료에 따른 분류에 속한다.

정답 62. ② 63. ③ 64. ④ 65. ④ 66. ③ 67. ① 68. ② 69. ③

70 비탈 돌쌓기 시공요령으로 옳지 않은 것은?

① 귀돌이나 갓돌은 규격에 맞는 것으로 한다.
② 돌쌓기의 세로줄눈은 파선줄눈을 피하여 쌓는다.
③ 높은 돌쌓기는 아래로 내려오면서 돌쌓기의 뒷길이를 길게 한다.
④ 기초를 깊이 파고 단단히 다져야 하며 큰 돌부터 먼저 놓아가면서 차례로 쌓아 올린다.

> **해설**
> 돌쌓기의 줄눈은 통줄눈을 피하고 파선줄눈으로 쌓는다.

71 임도개설 작업 시 측면 절토 또는 흙을 밀어 낼 때 가장 적합한 장비는?

① 로드 롤러 ② 토우인 윈치
③ 앵글 도우저 ④ 모터 그래이더

> **해설**
> 앵글도저는 측면의 절토, 정지, 흙메우기 등의 작업에 적합하며 블레이드를 좌우로 방향을 전환하여 흙을 좌우로 운반이 가능하다.

72 고저측량에서 전시와 후시를 함께 읽는 점으로 오차발생 시 측량결과에 중요한 영향을 주는 것은?

① 중간점 ② 기계고
③ 미지점 ④ 이기점

> **해설**
> 전시와 후시가 모두 있는 측점을 이기점 이라 한다.

73 트랙터에 의한 집재 방법이 아닌 것은?

① 팬 ② 설키
③ 지면끌기 ④ 인클라인

> **해설**
> 트랙터의 집재방법으로 지면끌기집재, 팬집재, 설키 집재 등이 있다.

74 산지 황폐의 진행상태가 초기 단계부터 순차적으로 올바르게 나열된 것은?

① 초기황폐지 – 임간나지 – 민둥산 – 척악임지 – 황폐이행지
② 초기황폐지 – 임간나지 – 민둥산 – 황폐이행지 – 척악임지
③ 임간나지 – 척악임지 – 초기황폐지 – 황폐이행지 – 민둥산
④ 척악임지 – 임간나지 – 초기황폐지 – 황폐이행지 – 민둥산

> **해설**
> 황폐지 유형 및 단계는 <척악임지→임간나지→초기황폐지→황폐이행지→민둥산> 순서로 진행된다.

75 산지와 절개지에서 발생한 황폐지 복구 방법으로 옳지 않은 것은?

① 빗물을 분산시켜 일정한 장소에 모이거나 흐르게 한다.
② 도랑이나 작은 구곡 수로에는 떼로 수로와 누구막이를 만들어 침식을 막는다.
③ 불규칙한 지반을 정리하고 녹화공법 위주로 식생을 조성하여 표토를 피복한다.
④ 경사가 완만한 경우는 단을 끊고 가급적 파종상을 만들지 않아 표토의 이동이 없도록 한다.

> **해설**
> 경사가 완만한 황폐지의 경우 단을 끊지 않고 가급적 표토 이동없이 파종상을 만든다.

76 가선집재 작업이 수행 가능한 장비로 가장 효율적인 것은?

① 타워야더 ② 하베스터
③ 펠러번처 ④ 프로세서

> **해설**
> 타워야더는 철재 기둥과 가선집재 장치인 윈치를 트랙터 혹은 트럭에 탑재한 장비로 경사가 급한 지역에도 작업이 가능하다.

정답 70. ② 71. ③ 72. ④ 73. ④ 74. ④ 75. ④ 76. ①

77 생산재의 품등에 영향을 미치고, 규격이 맞는 경제성이 높은 목재를 생산하기 위하여 실시하는 것은?

① 조재목 검척 ② 조재목 마름질
③ 가지제거 작업 ④ 통나무 자르기

[해설]
집재목의 길이를 측정하여 원목의 크기를 표시하는 작업을 조재목 마름질 혹은 재장을 측정하는 작업이라 한다.

78 산악지대에 임도를 배치하는 방법으로 개설비용이 가장 적고 토사 유출이 적지만 상향집재만 가능한 것은?

① 능선임도 ② 계곡임도
③ 사면임도 ④ 산복임도

[해설]
능선임도형은 축조비용이 가장 적게 소요되며 토사 유출이 적으나 제한된 범위 내에서만 이용이 가능하고 상향집재에만 의지한다.

79 시멘트의 경화 촉진제로 쓰이는 것은?

① 석고 ② 염화칼슘
③ 탄산칼슘 ④ 탄산나트륨

[해설]
응결경화 촉진제는 수화반응을 통해 조기에 강도를 상승시키는 작용을 하며 염화칼슘, 염화알루미늄 등이 있다.

80 벌목작업 시 벌도목이 인근 나무에 걸렸을 때 해결방법으로 가장 적합한 것은?

① 걸려있는 인근 나무를 베도록 한다.
② 걸치고 있는 나무를 벌도하여 함께 넘긴다.
③ 걸린 나무에 올라가 흔들어 떨어뜨리도록 한다.
④ 지렛대를 사용하여 걸린 나무를 돌려 낙하되도록 한다.

[해설]
벌목작업 도중에 옆의 나무에 걸렸을 경우 지렛대를 이용하여 작업자의 반대 방향으로 나무를 돌려 낙하시킨다.

정답 77. ② 78. ① 79. ② 80. ④

참고문헌

- **산림과임업기술**, 산림청
- **조림학**, 이돈구·권기원, 향문사
- **조림학원론**, 임경빈, 향문사
- **수목학**, 이창복, 향문사
- **토양학**, 조성진, 향문사
- **산림토양학**, 진현오, 향문사
- **산림보호학**, 현신규, 향문사
- **수목병리학**, 나용준·신현동, 향문사
- **산림생태학**, 이경준, 향문사
- **산림경영학**, 안종만, 향문사
- **임업경영학**, 박태식, 향문사
- **사방공학**, 우보명, 향문사
- **임업토목공학**, 우보명, 향문사
- **산림측정학**, 김갑덕, 향문사

 **이러닝 강의 및 교재내용 문의**

올배움 홈페이지 www.kisa.co.kr 에
방문하시면 본 교재의 저자직강 강의를 통하여
자격증 단기합격을 할 수 있습니다.
또한 본 교재의 정오표는
올배움 홈페이지를 통해 확인이 가능하며
그 밖의 다른 의견 및 오탈자를 제보해주시면
더 좋은 강의와 교재로 보답하겠습니다.

www.kisa.co.kr

 1544-8509　 카톡 ID : kisa

올배움BOOK
홈페이지
바로가기 >

산림기사 · 산업기사 필기

1판1쇄 발행　2018년　01월　20일		2판1쇄 발행　2019년　01월　20일
3판1쇄 발행　2020년　01월　20일		4판1쇄 발행　2021년　01월　20일
5판1쇄 발행　2022년　01월　10일		6판1쇄 발행　2023년　01월　10일
7판1쇄 발행　2024년　01월　10일		8판1쇄 발행　2025년　01월　10일
9판1쇄 발행　2026년　01월　10일		

지 은 이 • 권　현　준
펴 낸 이 • 이　정　훈
펴 낸 곳 •
주　　소 • 서울시 금천구 가산디지털1로 168 B동 B105(가산동, 우림라이온스밸리)
전　　화 • 1544-8509 / FAX 0505-909-0777
홈페이지 • www.kisa.co.kr

법인등록번호 • 110111-5784750
I S B N • 979-11-6517-181-0 (13520)

정가 29,000원

이 책에서 내용의 일부 또는 도해를 다음과 같은 행위자들이 사전 승인없이 인용할 경우에는
저작권법 제93조「손해배상청구권」에 적용 받습니다.
① 단순히 공부할 목적으로 부분 또는 전체를 복제하여 사용하는 학생 또는 복사업자
② 공공기관 및 사설교육기관(학원, 인정직업학교), 단체 등에서 영리를 목적으로 복제·배포
　 하는 대표, 또는 당해 교육자
③ 디스크 복사 및 기타 정보 재생 시스템을 이용하여 사용하는 자

※ 파본은 구입하신 서점에서 교환해 드립니다.